소성가공 시뮬레이션
- 이론과 활용 -

Metal Forming Simulation
- Theory and Application -

편집자: 전만수 (Editor: M. S. Joun)

저자 : 김민철, 문호근, 엄재근, 유동현,
이광오, 이민철, 전만수, 정석환,
정완진, 홍석무, M. Irani

Author: M. C. Kim, M. G. Moon, D. H. Yoo,
G. W. Lee, M. C. Lee, M. S. Joun,
S. H. Jeong, W. J. Jeong, S. M. Hong,
M. Irani

머리말

소성가공 기술은 제조업의 경쟁력을 좌우하는 요체이며, 소성가공의 경쟁력은 소재 기술, 장비 기술, 공정 기술, 금형 기술, 자동화 기술, 윤활 기술, 열처리 기술, 품질 보증/인증 기술 등에 좌우된다. 이 중에서도 공정 기술은 모든 기술의 중심에 위치하고 있다. 공정 기술이 장비, 소재, 금형, 자동화, 윤활, 열처리 등의 기술과 직결되기 때문이다.

과거 소성가공, 특히 단조의 공정 기술을 확보하는데 오랜 시간과 많은 노력과 자금이 소요되었다. 이로 인하여 소성가공 기술은 산업 선진국의 전유물로 여겨져 왔으며, 아직도 단조산업 강국은 산업 선진국과 일치하고 있다.

소성가공 시뮬레이션 기술은 이러한 단조산업 진입을 오랜 세월 동안 방해해 왔던 높은 장벽을 무너뜨리는 역할을 해 왔다. 과거 단조 기술자의 머릿속에 머물던 많은 창의적 아이디어들이 소성가공 시뮬레이션 기술에 의하여 가상 세계에서 실현될 수 있게 되었다. 이러한 과정을 통하여 경험에 의존하던 과거의 공정 개발 방식에 혁신이 일어났으며, 단조 시뮬레이션 활용 기술의 경쟁력이 그 집단의 경쟁력과 점점 일치되어 가고 있다.

이 교재는 단조 공정 개발의 과거와 현재, 그리고 미래를 한 눈에 볼 수 있도록 저자들이 범용 소성가공 시뮬레이터 AFDEX의 개발 과정과 학술연구 및 응용연구 활동을 통하여 경험한 내용을 담고 있다. 일부의 내용은 기업체에 종사하는 연구원 또는 기술자들이 학술대회 및 사용자 모임에서 발표된 것을 정리한 것이다.

이 교재의 저자들은 AFDEX의 개발에 직간접적으로 참여한 연구자들로 구성되어 있다. 그러나 실제 이 교재에는 수많은 산업체 종사자들의 아이디어가 결집되어 있으며, 그들이 사실상 이 교재의 저자이다. 소성가공 특히 단조는 창의가 생명이다. 이 교재의 예제들은 대부분 현장에서 발굴된 것으로 결함적 요소 또는 교육적 요소를 담고 있다. 따라서 창의를 살리는 목적과 소성가공 연구자 및 기술자들을 교육하고 스스로 학습하는 목적으로 활용하기 바란다.

편집자　전만수

Contents

1. 소성역학 이론

1.1 응력

1.1.1 응력의 정의

공학에서 힘 그 자체도 중요하지만, 단위면적당 작용하는 힘, 즉 응력(stress)이 이론의 전개와 응용 목적으로 매우 긴요하게 사용되고 있다. 응력의 물리적 의미는 단위면적당 작용하는 힘이며, 차원은 [힘][길이]$^{-2}$이다. 응력은 일반적으로 각 질점마다 다르므로 질점의 위치, 즉 좌표 x_i 또는 (x_1, x_2, x_3)의 함수이다. 3차원 공간에서 벡터는 세 개의 성분을 갖지만 응력은 아홉 개의 성분으로 표현되며, 이중 독립적인 응력 성분의 수는 여섯 개이다.

응력의 수학적 정의에 앞서 응력벡터(stress vector)를 공부하자. 그림 1.2에서 대상물체 내부 또는 경계상의 임의의 점 O를 지나는 가상의 단면(hypothetical cut)을 생각해 보자. 이 단면에는 힘의 균형을 유지시키기 위하여 그림 1.3에서 보는 바와 같이, 작용과 반작용 법칙을 따르는 내력이 분포하중의 형태로 작용하고 있다. 그림에서 보는 바와 같이 단면의 외향법선단위벡터(outwardly directed unit normal vector)를 $\mathbf{n}$ 또는 n_i라고 하고, 점 O를 중심으로 하는 단면적 ΔA에 작용하는 내력의 합력을 $\Delta\mathbf{F}$라고 하자. 이 때, 점 O에서 $\mathbf{n}$에 대한 응력벡터는 다음과 같이 정의된다.

$$\mathbf{t}^{(\mathbf{n})} = \lim_{\Delta A \to 0} \frac{\Delta \mathbf{F}}{\Delta A} \tag{1.2}$$

응력벡터는 고체상의 점에서 정의되므로 위치의 함수이다. 식 (1.2)의 응력벡터의 정의에서 외향법선단위벡터 $\mathbf{n}$과 $\Delta A \to 0$을 유념해야 한다. 즉, 점은 면적 또는 체적을 가지고 있지 않지만, 한 점의 응력벡터를 정의하기 위하여 대상 면적의 방향과 크기를 고려하고 있다. 그림 1.4는 응력 또는 응력벡터를 설명하기 위하여 면을 정의하고 있다. 면의 외향법선벡터가 x_1－축과 일치하면 양의 x_1－면(positive x_1 －face)이라고 정의하고, x_1－축과 반대 방향을 향하면 음의 x_1－면(negative x_1 －face)이라고 칭한다. x_2－면과 x_3－면도 마찬가지로 정의된다. 면적 자체는 본래 음수가 될 수 없지만, 한 점을 지나는 단면이 두 개 있으므로 그 면을 구분하기 위한 목적으로 양의 면과 음의 면이 정의된 것이다.

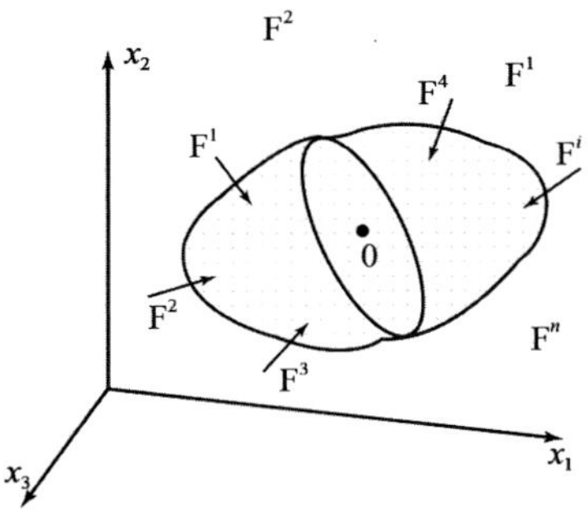

그림 1.2 대상 물체와 하중

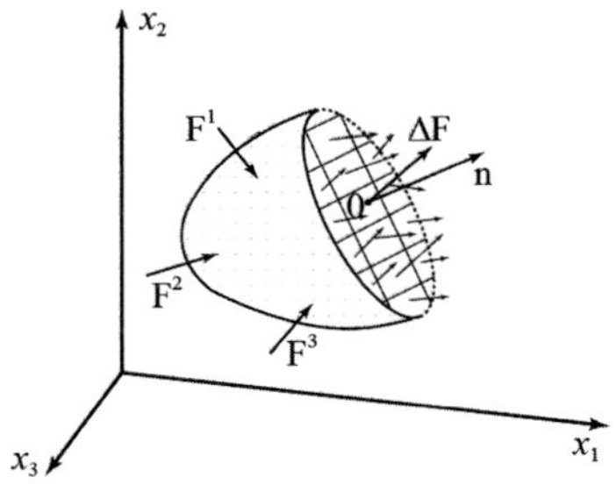

그림 1.3 외향법선단위벡터가 **n**인 면에 작용하는 내력

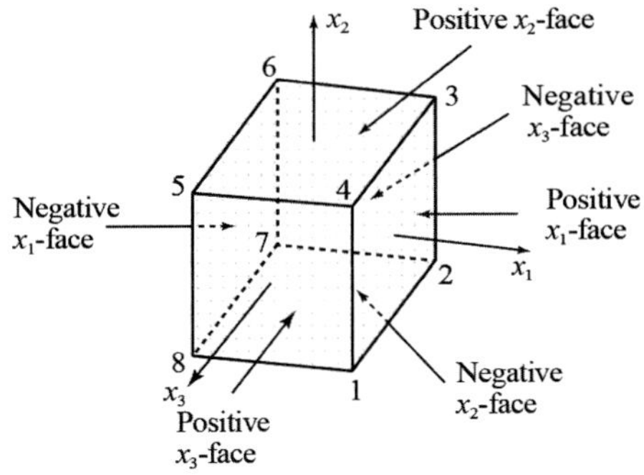

그림 1.4 양의 면과 음의 면의 정의

한편, 그림 1.5에서 보는 바와 같이 임의의 점 P에서 물체를 분리하면 두 개의 면이 생기고 이 두 면은 외향법선벡터 **n**과 $-\mathbf{n}$에 의하여 정의된다. 분리된 면에서 점 P에 작용하는 단위면적당 힘, 즉 $\mathbf{t}^{(\mathbf{n})}$과 $\mathbf{t}^{(-\mathbf{n})}$은 뉴우톤의 제3운동법칙, 즉 작용과 반작용의 법칙에 의하여 그 크기는 같고 방향이 반대가 되어야 한다. 즉,

$$\mathbf{t}^{(\mathbf{n})} = -\mathbf{t}^{(-\mathbf{n})} \quad \text{또는} \quad t_i^{(\mathbf{n})} = -t_i^{(-\mathbf{n})} \tag{1.3}$$

이다.

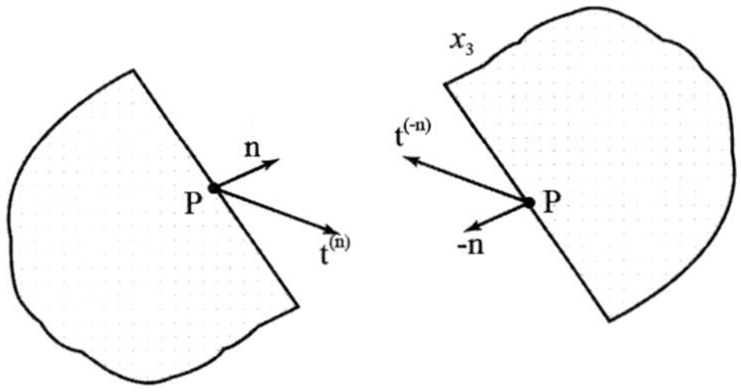

그림 1.5 작용과 반작용의 법칙

벡터 **n**이 x_1−축과 일치하는 경우, 즉 $n = \mathrm{I}$ 또는 ei인 경우, 응력벡터 $\mathbf{t}^{(\mathbf{n})}$의 x_1, x_2, x_3−성분을 각각 σ_{11}, σ_{12}, σ_{13} (또는 σ_{xx}, σ_{xy}, σ_{xz})으로 정의한다. 즉,

$$\mathbf{t}^{(\mathbf{e}_1)} \equiv \sum_{i=1}^{3} \sigma_{1i}\,\mathbf{e}_i \quad \text{또는} \quad t_j^{(\mathbf{e}_1)} \equiv \sigma_{1j} = \lim_{\Delta A_1 \to 0} \frac{\Delta F_j}{\Delta A_1} \tag{1.4}$$

이다. 여기서 ΔA_1은 합력 $\Delta\mathbf{F}$가 정의된 x_1 −면상의 미소면적을 의미하며, ei는 그림 2.1에서 보는 바와 같이 xi 축의 단위벡터이다. 마찬가지로 응력 성분 σ_{21}, σ_{22}, σ_{23}, σ_{31}, σ_{32}, σ_{33} 등이 정의된다. 즉, 식 (1.4)를 일반화시키면 다음과 같다.

$$t_j^{(\mathbf{e}_i)} \equiv \sigma_{ij} = \lim_{\Delta A_i \to 0} \frac{\Delta F_j}{\Delta A_i} \tag{1.5}$$

따라서 응력 σ_{ij}는 i 면에 작용하는 j 방향의 단위면적당 힘을 의미한다. 첨자 i와 j가 동일한 σ_{11}, σ_{22}, σ_{33}은 법선응력(normal stress)이며, 첨자가 서로 다른 σ_{12}, σ_{23}, σ_{31}, σ_{21}, σ_{32}, σ_{13} 등은 전단응력(shear stress)이다. 흔히 전단응력을 $\sigma_{12}(\sigma_{xy})$ 대신 $\tau_{12}(\tau_{xy})$ 등으로 표현하며, 법선응력을 $\sigma_{11}(\sigma_{xx})$ 대신 σ_x 등으로 표현하기도 한다. 법선응력은 힘이 면에 수직하게 작용하는 경우이므로 인장 또는 압축 응력을 나타낸다. 전단응력은 면적에 평행한 방향으로 작용하므로 단위면적당 전단력의 의미를 갖는다. 응력 성분을 행렬 형태로 표현하면 다음과 같다.

$$\begin{bmatrix} \sigma_{11} & \sigma_{12} & \sigma_{13} \\ \sigma_{21} & \sigma_{22} & \sigma_{23} \\ \sigma_{31} & \sigma_{32} & \sigma_{33} \end{bmatrix} \quad \text{또는} \quad \begin{bmatrix} \sigma_{xx} & \sigma_{xy} & \sigma_{xz} \\ \sigma_{yx} & \sigma_{yy} & \sigma_{yz} \\ \sigma_{zx} & \sigma_{zy} & \sigma_{zz} \end{bmatrix} \tag{1.6}$$

응력의 부호를 고려해 보자. 고체의 한 점을 통과하는 가상적 단면은 두 개가 된다. 전술한 바와 같이 하나를 $\mathbf{n}$면(양의 면)이라고 하면, 다른 한 면은 $-\mathbf{n}$면(음의 면)이 될 것이다. 식 (1.3)의 작용과 반작용의 법칙에 의하여 양의 면과 음의 면에는 크기는 같고 방향이 다른 힘이 작용한다. 그러므로 한 번의 절단으로 만들어진 두 개의 가상적 단면상의 동일 점에 작용하는 응력 성분은 동일함을 다음의 식으로부터 알 수 있다.

$$t_j^{(\mathbf{e}_i)} = -t_j^{(-\mathbf{e}_i)} \equiv \sigma_{ij} \tag{1.7}$$

이 식으로부터 응력 성분의 (+)부호는 양의 면에 양의 방향의 하중이 작용하거나 음의 면에 음의 방향의 하중이 작용하는 경우를 뜻하며, 그 이외의 경우에는 (−)부호의 응력이 된다. 따라서 법선응력 성분이 양수라는 것은 그 성분의 방향으로 인장응력이 작용한다는 것을 의미한다.

한 점의 응력을 표현하는 과정을 재고해 보자. 물체, 즉 고체의 모양을 수치적으로 표현하기 위하여 좌표계가 필요하다. 좌표계는 문제에 따라 편리한대로 잡을 수 있다. 고체역학 문제의 수치해석(유한요소해석 등)에서 직각좌표계만으로 모든 문제의 해결이 사실상 가능하므로 지금부터 직각좌표계를 중점적으로 설명한다. 물론 축대칭 문제의 경우, 원통좌표계로 수식화하면 2차원적 접근방법이 적용될 수 있으므로 주로 원통좌표계를 사용한다. 직각좌표계의 방향은 편리한대로 잡으면 된다. 일반적으로 널리 사용되는 수평선과 수직선으로 이루어진 $x-y$ 좌표계가 보기에도 좋고 공간의 활용면에서도 효과적이다. 그러나 역학의 관점에서 특수한 방향의 직각좌표계를 사용하는 것이 효과적일 수 있다. 예를 들면 주응력축과 일치하는 좌표계를 사용하면, 이론의 전개와 물리적 의미 파악의 관점에서 매우 유리하다. 이에 관한 구체적 내용은 1.2.3절에서 상술한다.

응력은 2차 텐서량이다. 따라서 서로 다른 좌표계에 관한 동일점의 응력텐서(stress tensor)는 다음의 좌표변환 법칙을 따른다.

$$\sigma_{i'j'} = \sum_{p=1}^{3} \sum_{q=1}^{3} T_{i'p} T_{j'q} \sigma_{pq}$$

또는

$$\begin{pmatrix} \sigma_{1'1'} & \sigma_{1'2'} & \sigma_{1'3'} \\ \sigma_{2'1'} & \sigma_{2'2'} & \sigma_{2'3'} \\ \sigma_{3'1'} & \sigma_{3'2'} & \sigma_{3'3'} \end{pmatrix} = \begin{pmatrix} T_{1'1} & T_{1'2} & T_{1'3} \\ T_{2'1} & T_{2'2} & T_{2'3} \\ T_{3'1} & T_{3'2} & T_{3'3} \end{pmatrix} \begin{pmatrix} \sigma_{11} & \sigma_{12} & \sigma_{13} \\ \sigma_{21} & \sigma_{22} & \sigma_{23} \\ \sigma_{31} & \sigma_{32} & \sigma_{33} \end{pmatrix} \begin{pmatrix} T_{1'1} & T_{2'1} & T_{3'1} \\ T_{1'2} & T_{2'2} & T_{3'2} \\ T_{1'3} & T_{2'3} & T_{3'3} \end{pmatrix} \tag{1.8}$$

여기서 $T_{i'p}$ 는 변환행렬의 성분이고, $x_{i'}$ −축과 x_p −축이 이루는 각도의 cosine 값이다. 즉,

$$T_{i'p} = \cos(x_{i'}, x_p) \tag{1.9}$$

이다.

응력텐서 중에서 하나의 축(대개 x_3 −축(또는 z −축)으로 간주함)에 대한 성분이 모두 0일 경우, 평면응력(plane stress)이라고 한다. 직사각단면 보, 박판 등의 문제가 평면응력의 대표적인 예이다. 평면응력에 대한 그림 1.6의 두 좌표계 간의 변환관계는 다음과 같다.

$$\begin{bmatrix} \sigma_{1'1'} & \sigma_{1'2'} \\ \sigma_{2'1'} & \sigma_{2'2'} \end{bmatrix} = \begin{bmatrix} \cos\theta & \sin\theta \\ -\sin\theta & \cos\theta \end{bmatrix} \begin{bmatrix} \sigma_{11} & \sigma_{12} \\ \sigma_{21} & \sigma_{22} \end{bmatrix} \begin{bmatrix} \cos\theta & -\sin\theta \\ \sin\theta & \cos\theta \end{bmatrix} \tag{1.10}$$

여기서 강조해 두어야 할 점은 비록 그 수치가 다르더라도 식 (1.10)에서 두 집합의 응력 성분들은 동일한 물리적 의미를 갖는다는 사실이다. 특히 식 (1.10)은 상사변환(similarity transformation)이므로 두 응력텐서의 고유치(eigenvalue), 즉 주응력(principal stress)은 동일하다. 물론 이 점은 3차원 공간에서도 마찬가지로 성립한다.

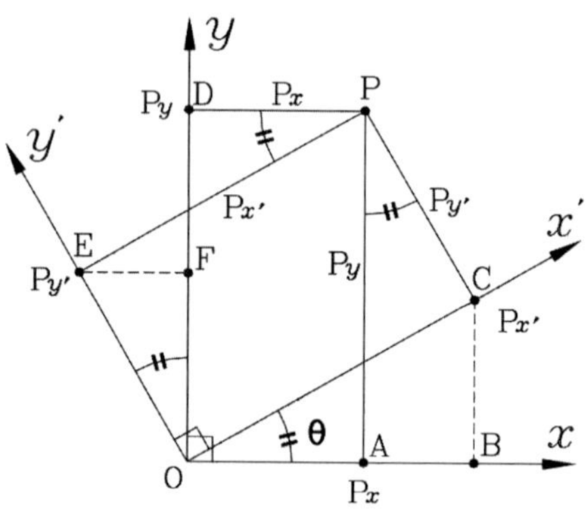

그림 1.6 좌표변환

한편, 응력벡터 $\mathbf{t}^{(\mathbf{n})}$ 과 응력텐서 σ_{ij} 는 다음의 관계에 있다.

$$t_i^{(\mathbf{n})} = \sum_{j=1}^{3} \sigma_{ji} n_j$$

또는

$$\begin{bmatrix} t_x^{(\mathbf{n})} \\ t_y^{(\mathbf{n})} \\ t_z^{(\mathbf{n})} \end{bmatrix} = \begin{bmatrix} \sigma_{xx} & \sigma_{xy} & \sigma_{xz} \\ \sigma_{yx} & \sigma_{yy} & \sigma_{yz} \\ \sigma_{zx} & \sigma_{zy} & \sigma_{zz} \end{bmatrix} \begin{bmatrix} n_x \\ n_y \\ n_z \end{bmatrix} \tag{1.11}$$

이 관계식을 Cauchy의 공식(Cauchy's formula)이라고 한다. 이 공식으로부터 한 점에서 응력이 알려져 있다면 임의의 방향에 대한 응력벡터, 즉 단위면적당 작용하는 힘을 구할 수 있으며, 표면력벡터가 $t_i^{(\mathbf{n})} = \bar{t}_i$ 로 주어진 경계 S_{t_i} 에서 경계조건을 응력 성분으로 표현할 수

있다. 즉,

$$\sum_{j=1}^{3} \sigma_{ji} n_j = \overline{t_i} \quad \text{on} \quad S_{t_i} \tag{1.12}$$

이다. 이 식에서 우변은 기지의 값이고 좌변에서 벡터 n_j는 경계에서 기하학적으로 결정되는 기지의 값이므로, 표면력벡터가 주어진 경계는 응력에 관한 조건이 주어진 경계이다.

1.1.2 평형방정식

가속도의 영향을 무시할 경우, 평형조건으로부터 모든 외력의 합은 **0**이 되어야 하며, 외력의 1차 모멘트의 합도 **0**이 되어야 한다. 그리고 이 조건은 그림 1.7의 대상 고체로부터 가상적으로 분리된 임의의 체적 V'에 대해서도 성립해야 한다. 물론 분리된 체적 V'에 평형조건을 적용할 때, 분리 이전의 경계 S'상에 작용하던 내력은 분리된 체적 V'의 경계인 S'상에 작용하는 외력으로 간주되어야 한다. 외력에는 체적력(body force)과 표면력이 있으며, 평형조건으로부터 외력의 합이 **0**이 되어야 하므로

$$\int_{S'} t_i^{(\mathbf{n})}\, dS + \int_{V'} f_i\, dV = 0 \quad (i = 1, 2, 3) \tag{1.13}$$

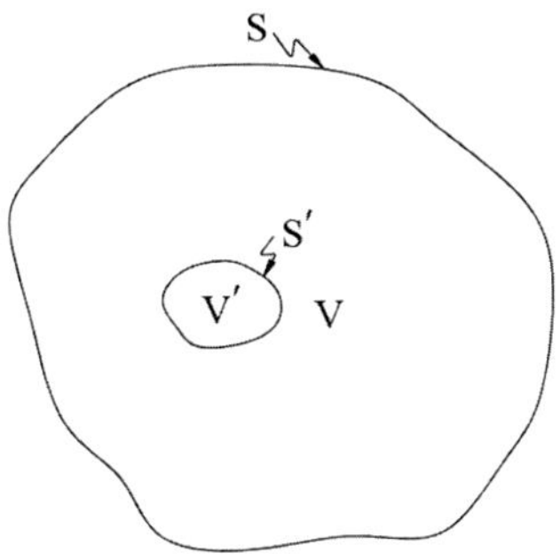

그림 1.7 고체와 부분계

이다. 여기서 f_i는 단위부피당 체적력을 의미한다. 식 (1.11)의 Cauchy의 공식과 발산이론을 이용하면, 식(1.13)은

$$\int_{V'} \left(\sum_{j=1}^{3} \frac{\partial \sigma_{ji}}{\partial x_j} + f_i\right) dV = 0 \tag{1.14}$$

이 되고, 이 식은 임의의 부분계 V'에 대하여 성립해야 하므로

$$\sum_{j=1}^{3}\frac{\partial \sigma_{ji}}{\partial x_j}+f_i=0 \quad \text{또는} \quad \begin{aligned} &\frac{\partial \sigma_{xx}}{\partial x}+\frac{\partial \sigma_{yx}}{\partial y}+\frac{\partial \sigma_{zx}}{\partial z}+f_x=0 \\ &\frac{\partial \sigma_{xy}}{\partial x}+\frac{\partial \sigma_{yy}}{\partial y}+\frac{\partial \sigma_{zy}}{\partial z}+f_y=0 \\ &\frac{\partial \sigma_{xz}}{\partial x}+\frac{\partial \sigma_{yz}}{\partial y}+\frac{\partial \sigma_{zz}}{\partial z}+f_z=0 \end{aligned} \tag{1.15}$$

이 성립해야 한다. 이 방정식을 평형방정식(equation of equilibrium)이라고 한다. 탄성역학이나 소성역학에서는 식 (1.15)의 평형방정식을 지배방정식으로 한다.

한편, 부분계에 대한 모멘트의 합이 **0**이 되어야 한다는 조건으로부터

$$\int_{S'} \mathbf{x}\times\mathbf{t}^{(\mathbf{n})}\,dS+\int_{V'} \mathbf{x}\times\mathbf{f}\,dV=\mathbf{0}$$

또는

$$\sum_{j=1}^{3}\sum_{k=1}^{3}\int_{S'}\varepsilon_{ijk}x_j t_k^{(\mathbf{n})}\,dS+\sum_{j=1}^{3}\sum_{k=1}^{3}\int_{V'}\varepsilon_{ijk}x_j f_k\,dV=0 \quad (i=1,2,3) \tag{1.16}$$

이다. 여기서 ε_{ijk} 는 교반기호(permutation symbol)이며, 지수 i, j, k 에 따라 다음과 같이 정의된다.

$$\varepsilon_{ijk}=\begin{cases} 0 & \text{if } \ i=j \ \text{ or } \ k=i \\ 1 & \text{if } \ (i,\ j,\ k)=(1,\ 2,\ 3) \ \text{ or } \ (2,\ 3,\ 1) \ \text{ or } \ (3,\ 2,\ 1) \\ -1 & \text{if } \ (i,\ j,\ k)=(1,\ 3,\ 2) \ \text{ or } \ (2,\ 1,\ 3) \ \text{ or } \ (3,\ 2,\ 1) \end{cases} \tag{1.17}$$

Cauchy의 공식과 발산이론으로부터

$$\sum_{j=1}^{3}\sum_{k=1}^{3} \int_{V'} \varepsilon_{ijk}[x_j(\sum_{p=1}^{3}\frac{\partial \sigma_{pk}}{\partial x_p}+f_k)+\sigma_{jk}]dV=0 \quad (i=1,2,3) \tag{1.18}$$

을 얻는다.

평형방정식으로부터 $\sum_{p=1}^{3}\partial\sigma_{pk}/\partial x_p + f_k = 0$ 이므로 $\sum_{j=1}^{3}\sum_{k=1}^{3} \varepsilon_{ijk}\sigma_{jk}=0 \;\; (i=1,2,3)$ 이다. 따라서, ε_{ijk} 가 j 와 k 에 대하여 의대칭(skew-symmetric)이므로 σ_{ij} 는 대칭이 되어야 한다. 즉,

$$\sigma_{ij}=\sigma_{ji} \quad \text{또는} \quad \sigma_{xy}=\sigma_{yx},\ \sigma_{yz}=\sigma_{zy},\ \sigma_{zx}=\sigma_{xz} \tag{1.19}$$

이다.

식 (1.15)와 (1.19)는 응력 성분 간의 상호관계를 맺어주는 것으로, 이 관계를 만족하는 응력 성분이 탄성역학과 소성역학 등의 정적 또는 준정적 역학문제에서 구하고자 하는 응력 분포가 되는 것이다.

1.1.3 주응력과 응력불변치

그림 1.8에서 보는 바와 같이, 응력벡터와 외향법선단위벡터를 내적하면

$$\sigma_N=\mathbf{t}^{(\mathbf{n})}\cdot\mathbf{n}=\sum_{i=1}^{3} t_i^{(\mathbf{n})}n_i=\sum_{i=1}^{3}\sum_{j=1}^{3}\sigma_{ji}n_in_j \tag{1.20}$$

이며, σ_N 은 응력벡터의 법선성분, 즉 법선응력 성분이 된다. 이 법선응력 성분이 최대가 되는 방향을 주응력의 방향이라고 하고 그 크기를 주응력이라고 한다. 주응력축에서 보면 응력벡터와 외향법선벡터는 일직선상에 있게 된다. 즉 $t_i^{(\mathbf{n})}\propto n_i$ 이다. 따라서 주응력축에서 전단응력 성분은 0 이며, 주응력의 방향 $\mathbf{n}$ 과 주응력의 크기 σ_N은 다음의 관계를 만족해야 한다.

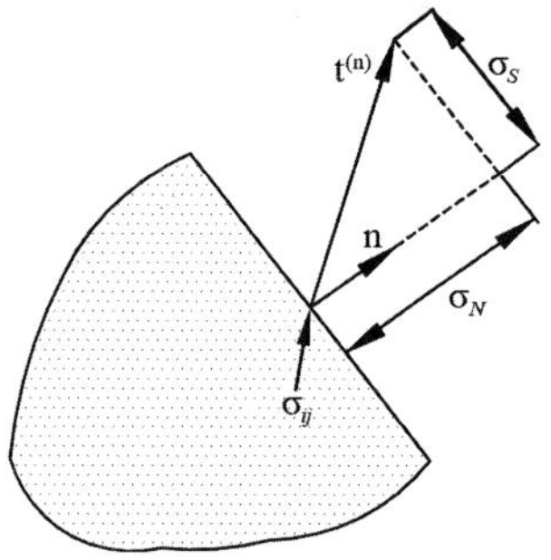

그림 1.8 응력벡터와 법선 및 접선 응력 성분

$$t_i^{(\mathbf{n})} = \sum_{j=1}^{3} \sigma_{ij} n_j = \sigma_N n_i \quad \text{또는} \quad \begin{bmatrix} \sigma_{xx} & \sigma_{xy} & \sigma_{xz} \\ \sigma_{yx} & \sigma_{yy} & \sigma_{yz} \\ \sigma_{zx} & \sigma_{zy} & \sigma_{zz} \end{bmatrix} \begin{bmatrix} n_x \\ n_y \\ n_z \end{bmatrix} = \sigma_N \begin{bmatrix} n_x \\ n_y \\ n_z \end{bmatrix} \tag{1.21}$$

식 (1.21)은 제차선형방정식(homogeneous linear equation)이며, 고유치 문제(eigen-value problem)이다. 이 고유치 문제가 의미있는 해를 갖기 위해서는 다음의 특성방정식(characteristic equation)을 만족해야 한다.

$$\left| \sigma_{ij} - \sigma_N \delta_{ij} \right| = 0 \quad \text{또는} \quad \begin{vmatrix} \sigma_{xx} - \sigma_N & \sigma_{xy} & \sigma_{xz} \\ \sigma_{yx} & \sigma_{yy} - \sigma_N & \sigma_{yz} \\ \sigma_{zx} & \sigma_{zy} & \sigma_{zz} - \sigma_N \end{vmatrix} = 0 \tag{1.22}$$

이 특성방정식은 방정식 (1.21)이 부정이 되도록 함으로써 무수히 많은 해를 갖도록 하는 의미를 내포하고 있다. 즉, 선형방정식이 선형종속(linearly dependent)되도록 하는 것이다. 이 조건을 정리하면 다음의 3차 대수방정식이 유도된다.

$$\sigma_N^3 - I_1 \sigma_N^2 - I_2 \sigma_N - I_3 = 0 \tag{1.23}$$

여기서 I_1, I_2, I_3은 다음과 같이 정의된다.

$$I_1 = \sum_{i=1}^{3} \sigma_{ii} = \sigma_{xx} + \sigma_{yy} + \sigma_{zz} \tag{1.24}$$

$$\begin{aligned} I_2 &= \frac{1}{2} \sum_{i=1}^{3} \sum_{j=1}^{3} (\sigma_{ij} \sigma_{ij} - \sigma_{ii} \sigma_{jj}) \\ &= -\sigma_{xx} \sigma_{yy} - \sigma_{yy} \sigma_{zz} - \sigma_{zz} \sigma_{xx} + \sigma_{xy}{}^2 + \sigma_{yz}{}^2 + \sigma_{zx}{}^2 \end{aligned} \tag{1.25}$$

$$I_3 = \left| \sigma_{ij} \right| = \sigma_{xx} \sigma_{yy} \sigma_{zz} + 2 \sigma_{xy} \sigma_{yz} \sigma_{zx} - \sigma_{xx} \sigma_{yz}{}^2 - \sigma_{yy} \sigma_{zx}{}^2 - \sigma_{zz} \sigma_{xy}{}^2 \tag{1.26}$$

응력텐서가 대칭이므로 선형대수학의 이론에 의하여 방정식 (1.23)은 세 개의 실근 σ_1,

σ_2, σ_3 (일반적으로 $\sigma_1 \geq \sigma_2 \geq \sigma_3$ 순으로 둠)을 갖는다. σ_1, σ_2, σ_3 은 주응력이라는 물리적 의미를 가지며, 응력텐서의 고유치이다. 주응력 중에서 최대값과 최소값은 각각 최대와 최소 법선응력이 된다. 각 주응력 σ_i 를 식 (1.21)의 σ_N 에 대입하여 구한 벡터 $\mathbf{n}^{(i)}$ 의 방향이 주응력 σ_i 에 상응하는 주응력축의 방향이 된다. 주목할 점은 주응력축에 대한 전단응력이 0이라는 사실이다. 그리고 세 개의 주응력축은 서로 직교하고 $\mathbf{n}^{(i)}$ 가 단위벡터이므로 다음의 관계가 성립한다.

$$\mathbf{n}^{(i)} \cdot \mathbf{n}^{(j)} = \delta_{ij} \tag{1.27}$$

여기서 δ_{ij} 는 크로네커델타(Kronecker delta)이며, i 와 j 가 동일하면 1의 값을 갖고 다르면 0의 값을 갖는다.

주응력(고유치)은 응력이 2차 텐서량이므로 좌표계에 무관한 값이다. 즉, 한 점의 응력상태가 주어진 경우, 주응력의 크기와 방향은 이미 결정된 것이다. 좌표계란 위치와 기계량을 표현하거나 정량화하기 위한 기준을 제공할 뿐이다. 따라서 방정식 (1.23)에서 I_1, I_2, I_3 은 좌표계와 무관하게 결정되는 값이며, 응력불변치(stress invariants)이다. 그러므로 식 (1.24)~(1.26)의 응력불변치를 주응력축에 대하여 표시하면, 주응력축에서 전단응력은 0이므로

$$I_1 = \sigma_1 + \sigma_2 + \sigma_3 \tag{1.28}$$

$$I_2 = -\sigma_1\sigma_2 - \sigma_2\sigma_3 - \sigma_3\sigma_1 \tag{1.29}$$

$$I_3 = \sigma_1\sigma_2\sigma_3 \tag{1.30}$$

로 간소화되며, I_1, I_2, I_3 을 각각 첫번째 응력불변치, 두번째 응력불변치, 세번째 응력불변치라고 한다. 식 (1.28)~(1.30)에서 보는 바와 같이 주응력축은 응력불변치들을 간결하게 표현하도록 하고, 이론의 전개를 용이하게 한다.

1.1.4 편차응력텐서와 유효응력

$\sigma_m = I_1/3$ 은 평균응력(mean stress)이며 평균응력의 부, 즉 $p = -\sigma_m$ 을 정수압(hydro-static pressure) 이라고 한다. 일반적으로 정수압은 소재의 소성변형에 큰 영향을 주지 않는 것으로 밝혀져 있다. 따라서 응력텐서의 법선성분에서 평균응력을 뺀 편차응력텐서

$$\sigma_{ij}' = \sigma_{ij} - \sum_{k=1}^{3} \frac{\sigma_{kk}}{3}\delta_{ij} \tag{1.31}$$

를 이론 전개 목적으로 빈번히 사용하고 있다. 여기서 δ_{ij}는 크로네커델타(Kronecker delta)이다.

편차응력텐서 σ_{ij}' 은 2차 텐서량이며 다음의 세 개의 불변치를 갖는다.

$$J_1 = 0 \tag{1.32}$$

$$J_2 = \frac{1}{2}\sum_{i=1}^{3}\sum_{j=1}^{3} \sigma_{ij}'\sigma_{ij}' = \frac{1}{2}(\sigma_1'^2 + \sigma_2'^2 + \sigma_3'^2) \tag{1.33}$$

$$J_3 = \left|\sigma_{ij}'\right| = \sigma_1'\sigma_2'\sigma_3' \tag{1.34}$$

따라서 편차응력텐서의 첫 번째 불변치는 항상 0이므로 편차텐서의 불변치는 사실상 두 개이다.

한편, I_2 에서 I_1 의 영향을 분리하면 I_2 는 다음과 같이 정리된다.

$$\begin{aligned} I_2 &= -\frac{1}{3}I_1^2 + \frac{1}{6}[(\sigma_{xx}-\sigma_{yy})^2 + (\sigma_{yy}-\sigma_{zz})^2 + (\sigma_{zz}-\sigma_{xx})^2 + 6\sigma_{xy}^2 + 6\sigma_{yz}^2 + 6\sigma_{zx}^2] \\ &= -\frac{1}{3}I_1^2 + \frac{1}{6}[(\sigma_1-\sigma_2)^2 + (\sigma_2-\sigma_3)^2 + (\sigma_3-\sigma_1)^2] \\ &= -\frac{1}{3}I_1^2 + \frac{1}{2}\sum_{i=1}^{3}\sum_{j=1}^{3} \sigma_{ij}'\sigma_{ij}' \\ &= -\frac{1}{3}I_1^2 + J_2 \end{aligned} \tag{1.35}$$

따라서 J_2 는 I_2 에서 정수압의 영향(I_1)을 제외한 것임을 알 수 있다.

유효응력(effective stress) 또는 상당응력(equivalent stress) $\bar{\sigma}$ 를 다음과 같이 정의한다.

$$
\begin{aligned}
\bar{\sigma} &= \sqrt{3J_2} \\
&= \sqrt{\frac{3}{2}\sum_{i=1}^{3}\sum_{j=1}^{3} \sigma_{ij}'\sigma_{ij}'} \\
&= \sqrt{\frac{1}{2}[(\sigma_{xx}-\sigma_{yy})^2+(\sigma_{yy}-\sigma_{zz})^2+(\sigma_{zz}-\sigma_{xx})^2+6\sigma_{xy}{}^2+6\sigma_{yz}{}^2+6\sigma_{zx}{}^2]} \\
&= \sqrt{\frac{1}{2}[(\sigma_1-\sigma_2)^2+(\sigma_2-\sigma_3)^2+(\sigma_3-\sigma_1)^2]}
\end{aligned}
\tag{1.36}
$$

유효응력은 3차원 또는 2차원 응력을 단순인장시험 시의 응력에 상응하는 값으로 표현한 것이다.

1.1.5 2차원 소성역학 문제와 축대칭 문제

2차원 고체역학 문제는 평면응력(plane stress) 문제와 평면변형(plane strain) 문제로 수식화되며, 축대칭 문제도 2차원 문제로 분류된다. 실제 대부분의 2차원 문제는 엄밀한 의미에서 볼 때 3차원 문제에 속하지만, 2차원 평면응력 또는 평면변형 문제의 가정하에서 해결되고 있다. 공학적으로 3차원 해석결과를 얻는데는 많은 노력과 비용이 투입되어야 하고, 3차원 해석결과를 문제 해결 목적으로 직접 활용하는 것이 용이하지 않기 때문이다.

그림 1.9에서 보는 바와 같이 3차원 공간에서 어떤 하나의 방향에 대한 응력 성분이 모두 0인 경우를 평면응력이라고 한다. 일반적으로 $z(x_3)$−방향을 응력 성분이 0인 방향과 일치하도록 한다. 따라서 평면응력 문제의 응력은 다음 식으로 표현된다.

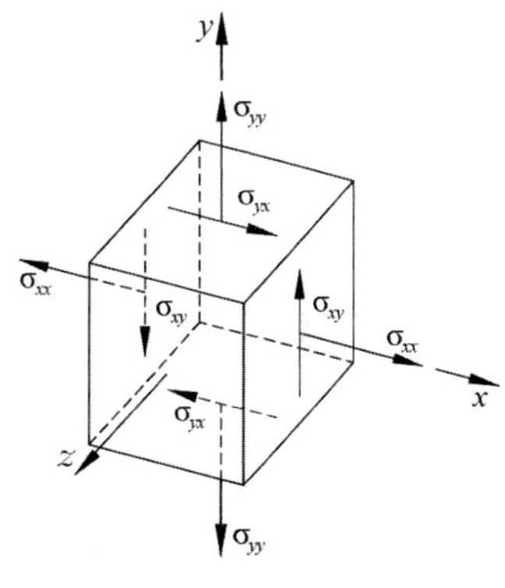

그림 1.9 평면응력

$$
\begin{bmatrix} \sigma_{11} & \sigma_{12} \\ \sigma_{21} & \sigma_{22} \end{bmatrix} \quad \text{또는} \quad \begin{bmatrix} \sigma_{xx} & \sigma_{xy} \\ \sigma_{yx} & \sigma_{yy} \end{bmatrix}
\tag{1.37}
$$

한편, 하중 조건, 재료의 성질, 경계조건 등이 모두 축대칭인 고체역학 문제를 축대칭 문제(axisymmetric problem)라고 한다. 축대칭이기 위하여 축에 수직한 단면의 중심을 지나는 모든 선분과 축이 이루는 면이 대칭면이어야 한다. 축대칭 문제는 실제 3차원 문제이지만 2차원 평면상에서의 해석이 가능하다. 모든 대칭면에서의 역학적 거동이 동일하기 때문이다. 축대칭 문제를 2차원 평면상의 해석 문제로 수식화하는 과정에서 어떠한 가정 및 근사화도

개입되지 않는다.

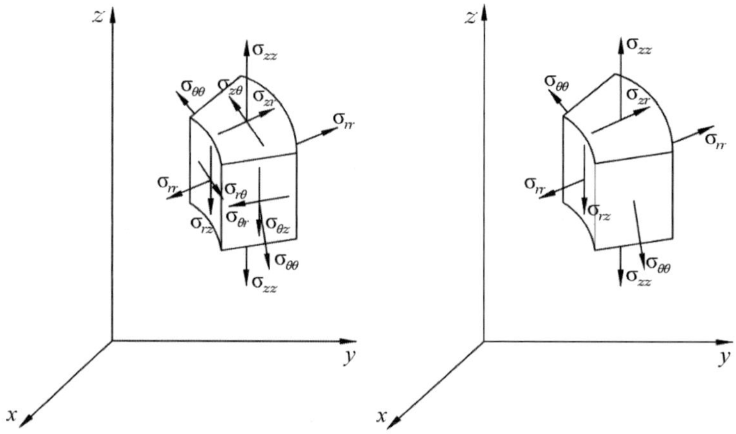

(a) 3차원 문제 (b) 축대칭 문제

그림 1.10 원통좌표계의 응력텐서와 축대칭 문제

축대칭 문제는 $r-\theta-z$ 원통좌표계로 수식화되고 있다. 그림 1.10(a)는 원통좌표계에서 응력텐서

$$\begin{bmatrix} \sigma_{rr} & \sigma_{r\theta} & \sigma_{rz} \\ \sigma_{\theta r} & \sigma_{\theta\theta} & \sigma_{\theta z} \\ \sigma_{zr} & \sigma_{z\theta} & \sigma_{zz} \end{bmatrix} \tag{1.38}$$

를 정의하고 있다. 축대칭 문제의 경우 대칭성 논리로부터 원통좌표계에서

$$\sigma_{r\theta} = \sigma_{\theta z} = 0 \tag{1.39}$$

이므로 축대칭 문제의 응력 성분은 그림 1.10(b)에서 보는 바와 같다. 즉, 축대칭 문제에서 비영(non-zero) 응력 성분은 다음과 같다.

$$\begin{bmatrix} \sigma_{rr} & 0 & \sigma_{rz} \\ 0 & \sigma_{\theta\theta} & 0 \\ \sigma_{zr} & 0 & \sigma_{zz} \end{bmatrix} \tag{1.40}$$

1.1.6 항복이론

자중의 영향을 고려하지 않을 경우 고체에 힘을 가하지 않으면, 모든 응력 성분이 0이고 변형이 발생하지 않는다. 어떤 크기 이하의 하중을 가했다가 하중을 제거하면, 원래의 모양으로 되돌아온다. 이 때의 변형을 탄성변형(elastic deformation)이라고 일컫는다. 어떤 크기 이상의 힘을 가했다가 제거하면, 일부의 변형은 탄성회복되고 나머지는 영구변형으로 물체에 남게 되는데 이를 소성변형(plastic deformation)이라고 일컫는다.

해저 10000m에 존재하는 모래나 망간 덩어리는 약 1000기압의 매우 큰 정수압 p의 영향을 받고 있다. 이 물체에는 재료의 항복강도에 비하여 절대값이 매우 큰 법선응력, 즉 $\sigma_x = \sigma_y = \sigma_z = -p$가 작용하고 있다. 만약 이 응력상태에 의하여 파괴되거나 소성변형이 발생한다면, 바다는 점점 깊어지고 궁극적으로는 지구가 붕괴될 것이다. 지구가 붕괴되지 않고 있다는 사실은 응력 성분이 단순히 크다고 소성변형 또는 파괴를 발생시키는 것이 아님을 말해 주고 있다. 문제는 소재가 어떤 응력상태에 도달하면 소성변형을 발생시키느냐는 것이다. 엄밀히 말하면 이 문제에 대한 정답은 없다. 단지 가설 및 이론, 즉 항복이론이 있을 뿐이며, 항복이론의 타당성은 재료마다 조금씩 다르다.

먼저 단축인장 시에 소재의 변형거동에 관하여 공부해 보자. 그림 1.11에 단축인장시험 시의 응력상태와 진응력 σ_t −진변형률 ε_t 곡선을 도시하였다. 이 문제에서는 $\sigma_{11} = \sigma_t$ 이외의 응력은 0이다. 잔류응력이 없는 상태에서 σ_{11}을 0으로부터 증가시켜 초기항복응력 Y_o에 도달할 때($\sigma_{11} = Y_o$), 초기소성변형이 발생한다. 일반적으로 소성변형이 발생하면, 금속재료의 대부분은 추가적인 변형을 저지하려는 능력, 즉 변형경화(strain hardening)의 성질을 보인다. 그림 1.11에서 보는 바와 같이 변형률의 증가와 함께 그 순간의 항복응력, 즉 유동응력 Y는 증가한다. 대다수의 금속재료는 소성변형을 야기시킨 후 힘을 제거하면, 그림 1.11에서 선 OA에 평행한 BC선을 따라 탄성회복된다. 다시 힘을 가하면 CB를 따라 항복점 B에 도달하게 된다고 간주한다. 물론 실제는 조금 차이가 날 수 있으나 대부분 그 차이는 무시할 수 있다. 따라서 어떤 상태, 즉 $\varepsilon = \varepsilon_t$에서 응력 σ_{11}이 유동응력 $Y(\varepsilon_t)$보다 작으면, 즉 $\sigma_{11} < Y(\varepsilon_t)$이면 탄성상태에 있게 된다. 그런데 $\sigma_{11} > Y(\varepsilon_t)$가 될 수 있을까? 점 B에서는 $\sigma_{11} > Yo$ 이지만 이미 소성변형이 일어나 변형경화된 소재에서 Yo는 무의미하다. 결코 $\sigma_{11} > Y(\varepsilon_t)$가 될 수 없다.

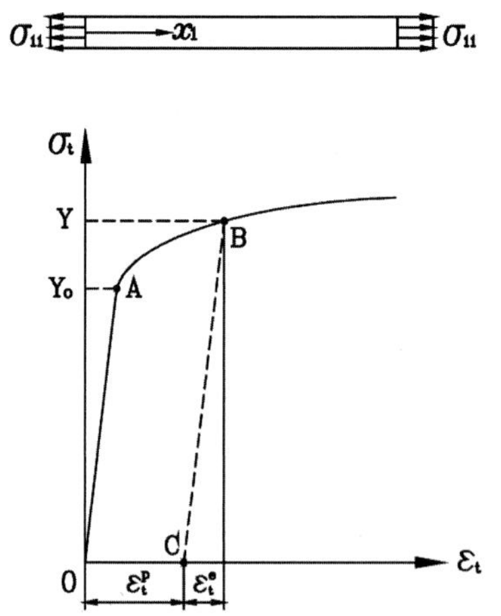

그림 1.11 인장시험과 진응력-진변형률 곡선

응력상태를 평가하고 소성변형을 정량화하기 위하여 항복함수(yield function) f를 정의한다. 항복함수는 응력의 함수, 즉

$$f = f(\sigma_{ij}) \tag{1.41}$$

이며, 어떤 점의 응력에 대한 함수값 f가 음수이면 그 점은 탄성영역에 존재하고, 함수값이 0이면 소성영역에 속한다는 의미를 가진 함수이다. 그러나 항복함수는 양수가 될 수 없다. 즉,

$f(\sigma_{ij}) < 0$: σ_{ij} 는 탄성영역 내에 존재한다.

$f(\sigma_{ij}) = 0$: σ_{ij} 는 항복면 상에 존재한다.

$f(\sigma_{ij}) > 0$: 불가능하다.

이다. 전술한 인장시험에서 항복함수는 $f = \sigma_{11} - Y$ 이다.

Drucker의 가설은 소성역학의 이론 전개에 매우 중요한 역할을 한다. 즉, Drucker의 가설은 항복면(곡면)은 볼록해야 하고 항복면 상의 한 점에 상응하는 변형률속도텐서는 항복면에 수직해야 한다는 결과로 귀결된다. Drucker의 가설을 요약하면 다음과 같다.

① 하중을 가하는 과정에서 추가되는 응력은 반드시 양의 일을 한다.
② 추가적인 응력을 가하였다가 제거할 때 소성변형이 발생한 경우 전체 행한 일은 양수가 되어야 한다. 그리고 변형경화 재료의 경우 변형이 탄성범위 내에서 이루어졌다면 행한 일은 0이 되어야 한다.

③ 결과적으로 진응력–진변형률 곡선의 형태가 그림 1.12(a)와 같아야 하고, 그림 1.12(b)와 그림 1.12(c)는 Drucker의 가설에 위배된다.

④ Drucker의 가설은 항복곡면이 볼록해야 하고 소성변형률속도는 항복곡면에 수직한 방향으로 발생한다는 결과를 낳는다.

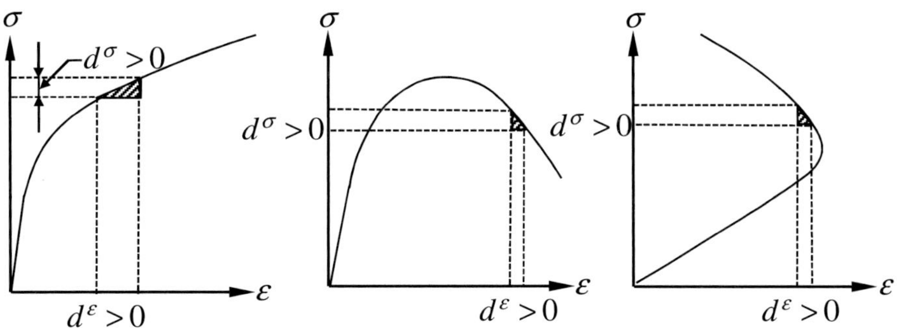

(a) 가능　　(b) 불가능　　(c) 불가능

그림 1.12 Drucker의 가설

항복을 일으키는 어떤 상태의 응력은 좌표계에 따라 다른 성분값으로 표현될 수 있지만 근본적으로 항복현상 자체를 피할 수 없다. 즉, 응력텐서는 방향에 따라 다른 값으로 표현되지만, 응력의 크기와 직결되어 있는 항복현상은 응력을 정의하는데 사용된 좌표계와 무관하다. 따라서 응력불변치와 항복현상 사이에는 깊은 연관관계가 있음을 예상할 수 있다. 소재가 등방성경화능을 가진 경우, 항복이 좌표계에 무관해야 하므로 항복함수 f는 응력불변치 I_1, I_2, I_3의 함수가 되어야 한다. 즉, 항복함수는 다음의 형태가 되어야 한다.

$$f(I_1, I_2, I_3) = 0 \tag{1.42}$$

일반적으로 다공질재료가 아닌 경우 소재는 적정한 크기의 정수압 상태에서 파괴 또는 소성변형을 일으키지 않는다. 따라서 I_1이 소재의 항복에 미치는 영향을 무시한다. 이 경우의 항복함수는

$$f(J_2, J_3) = 0 \tag{1.43}$$

가 되어야 한다. 여기서 J_2와 J_3는 편차응력의 불변치이며, 다음 식으로 정의된다.

$$J_2 = \frac{1}{2}\sum_{i=1}^{3}\sum_{j=1}^{3} \sigma'_{ij}\sigma'_{ij} = \frac{1}{2}(\sigma_1'^2 + \sigma_2'^2 + \sigma_3'^2) = \frac{1}{3}I_1^2 + I_2 \tag{1.44}$$

$$J_3 = |\sigma'_{ij}| = \sigma'_1\sigma'_2\sigma'_3 \tag{1.45}$$

이 식에서 σ'_i 에 대하여 J_2는 우함수이고, J_3은 기함수임을 알 수 있다. 등방성재료의 경우, 응력상태가 $(\sigma'_1,\ \sigma'_2, \sigma'_3)$ 일 때 항복이 발생하였다면, $(-\sigma'_1,\ \sigma'_2, \sigma'_3)$ 일 때도 항복이 발생해야 한다. 그런데 $J_3(\sigma'_1,\ \sigma'_2, \sigma'_3) = -J_3(-\sigma'_1,\ \sigma'_2, \sigma'_3)$ 이므로 항복함수 f는 J_3에 관하여 우함수가 되어야 한다.

재료의 변형경화 현상은 등방성경화(isotropic hardening)와 기구학적경화(kinematic hardening)로 설명되고 있다. 등방성경화는 비록 소재가 압축변형을 받아 경화되었더라도 인장변형이 가해지면 동일한 경화능을 나타낸다는 가정에 바탕을 둔 이상적 경화특성을 일컫는 용어이다. 즉, 등방성경화란 어떤 재료의 인장시편에 압축변형을 가하여 항복응력이 Y_1에서 Y_2로 증가한 상태에서 인장력을 가하면, Y_2의 인장응력이 작용할 때 초기항복이 발생한다는 가정에 바탕을 둔 경화특성이다. 이러한 특성을 나타내는 소재는 엄밀한 의미에서 없다고 할 수 있다. 그러나 소성가공중 변형모드의 변화가 극심하지 않으며, 극심할 경우엔 열처리를 통하여 경화성을 완화시켜 주는 과정이 있기 때문에, 경험적으로 볼 때 등방성경화의 가정은 큰 오차를 발생시키지 않는다. 그러나 바우싱거 효과(Bauschinger effect) 등을 등방성경화에서는 표현할 수 없다.

앞에서 항복함수가 가져야 할 기본적 요건에 관하여 공부하였다. 이러한 요건을 만족하면서 널리 사용되고 있는 다수의 항복이론(yield criterion)이 소개되어 있다. von Mises(또는 Huber-von Mises) 항복이론과 Tresca 항복이론이 대표적인 항복이론이다.

1.1.6.1 von Mises 항복이론

von Mises 항복이론은 항복이론 중 소성가공공정의 해석 목적에 가장 널리 사용되는 이론이다. 관련 유동법칙이 명확한 수학적 형태(closed-form)로 표현될 뿐만 아니라 실험적으로도 그 우수성이 입증되어 있기 때문이다.

von Mises 항복이론은 응력상태가 다음과 같이 될 때, 소재가 항복을 일으킨다는 학설이다.

$$f = J_2 - k^2 = \frac{1}{2}\sum_{i=1}^{3}\sum_{j=1}^{3} \sigma'_{ij}\sigma'_{ij} - k^2 = 0$$

또는

$$\bar{\sigma} = \sqrt{\frac{1}{2}\left[(\sigma_{xx}-\sigma_{yy})^2+(\sigma_{yy}-\sigma_{zz})^2+(\sigma_{zz}-\sigma_{xx})^2\right]+3\sigma_{xy}^2+3\sigma_{yz}^2+3\sigma_{zx}^2} = Y \tag{1.46}$$

여기서 $\bar{\sigma}$ 는 유효응력(effective stress) 또는 상당응력(equivalent stress)이다. Y와 k는 각각 소재의 항복응력(yield stress)과 순수전단항복응력(yield stress in pure shear)이다. 순수비틀림 시험에서 항복상태의 소재에 작용하는 순수전단항복응력이 k일 때 주응력이 $\sigma_1 = k$, $\sigma_2 = 0$, $\sigma_3 = -k$ 이기 때문에, 식 (1.46)로부터 k와 Y는 다음의 관계를 만족한다.

$$k = \frac{Y}{\sqrt{3}} \tag{1.47}$$

항복응력 Y는 소재의 성질과 관련된 값이며, 변형률, 변형률속도, 온도, 재료의 손상도(damage), 재료의 미세구조(microstructure) 등의 함수이다. 따라서 von Mises 항복이론은 유효응력이 소재의 항복응력에 도달하면 항복 또는 소성변형이 일어난다는 학설이다. 이 학설이 실제 현상을 매우 잘 반영한다는 사실을 여러 실험적 연구결과와 적용 경험이 뒷받침해주고 있다.

1.1.6.2 Tresca 항복이론

Tresca 항복이론(최대전단응력항복이론, maximum shear stress yield criterion)도 널리 사용되고 있다. Tresca 항복이론은 다음과 같이 수식화된다.

$$f = \tau_{\max} - k = 0 \tag{1.48}$$

즉, 최대전단응력이 소재의 허용전단응력 k에 도달하면, 항복이 발생한다는 뜻이다. 인장시험에서 항복이 발생하는 시점에서의 최대주응력 σ_1 은 Y이고 최소주응력 σ_3 은 0이다. 따라서 인장시험에서 항복에 도달했을 때 최대전단응력 $\tau_{\max}$ 가

$$\tau_{\max} = \frac{\sigma_{\max} - \sigma_{\min}}{2} = \frac{Y}{2} \tag{1.49}$$

이므로, 소재의 허용전단응력 k와 항복응력 Y는

$$k = \frac{Y}{2} \tag{1.50}$$

의 관계에 있다. Tresca 항복이론은 강도해석 등의 목적으로 수계산 및 근사해석 시에 널리 사용되고 있으나, 소성가공공정의 시뮬레이션 목적으로는 거의 활용되지 않고 있다.

1.1.6.3 평면응력 문제의 항복함수

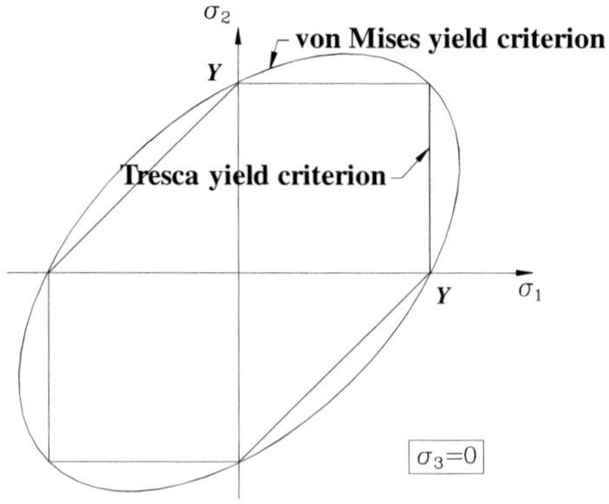

그림 1.13 평면응력 문제의 항복함수와 항복궤적

평면응력에서는 평면에 수직한 방향이 항상 하나의 주응력축이 되며 그 방향에 대한 주응력의 크기는 0이다. 따라서 편의상 $\sigma_3 = 0$ 으로 두자.

(1) von Mises 항복함수

$J_2 = \frac{1}{6}[(\sigma_1 - \sigma_2)^2 + (\sigma_2 - \sigma_3)^2 + (\sigma_3 - \sigma_1)^2]$ 와 $\sigma_3 = 0$ 을 식 (1.46)에 대입하여 정리하면, 평면응력 문제에서 von Mises 항복조건은 다음과 같이 요약된다.

$$f = \sigma_1^2 - \sigma_1\sigma_2 + \sigma_2^2 - Y^2 = 0 \tag{1.51}$$

이 항복궤적(yield locus)은 그림 1.13에서 보는 바와 같이 타원이며, 볼록하다.

(2) Tresca 항복함수

Tresca 항복함수는 다음과 같이 여섯 개 구간에서 다른 함수로 표현된다.

① $\sigma_1 > \sigma_2 > 0$ 일 경우: $\tau_{max} = \sigma_1 / 2 = k = Y/2, \quad f = \sigma_1 - Y$

② $\sigma_2 > \sigma_1 > 0$ 일 경우: $\tau_{max} = \sigma_2 / 2 = k = Y/2, \quad f = \sigma_2 - Y$

③ $\sigma_2 > 0 > \sigma_1$ 일 경우: $\tau_{max} = (\sigma_2 - \sigma_1)/2 = k = Y/2, \quad f = \sigma_2 - \sigma_1 - Y$

④ $0 > \sigma_2 > \sigma_1$ 일 경우: $\tau_{max} = -\sigma_1 / 2 = k = Y / 2, \quad f = -\sigma_1 - Y$ (1.52)

⑤ $0 > \sigma_1 > \sigma_2$ 일 경우: $\tau_{max} = -\sigma_2 / 2 = k = Y / 2, \quad f = -\sigma_2 - Y$

⑥ $\sigma_1 > 0 > \sigma_2$ 일 경우: $\tau_{max} = (\sigma_1 - \sigma_2) / 2 = k = Y / 2, \quad f = \sigma_1 - \sigma_2 - Y$

각 구간별 항복궤적을 도시하면 그림 1.13과 같다. 그림에서 Tresca 항복궤적 역시 볼록함을 알 수 있다. 즉, 궤적 상의 두 점을 연결한 선분은 항복궤적 내부 또는 항복궤적 상에 존재한다.

1.1.6.4 3차원 문제의 von Mises 항복함수

등방성재료의 항복 현상은 좌표계와 무관하므로 주응력으로 항복함수를 표현하는 것이 바람직하다. 이 경우 세 개의 전단응력이 0이 되므로 3차원 응력 문제의 경우라도 3차원 공간(주응력축 공간)에서 항복곡면을 표현할 수 있다. 그러나 일반좌표계에서 항복곡면을 표현하려면 여섯 개의 좌표축이 필요하므로 수학적 개념의 가시화는 가능하지만 기하학적 표현은 불가능하다.

먼저, 편차주응력 $\sigma_1' - \sigma_2' - \sigma_3'$ 좌표계에서 항복곡면을 도시해 보자. von Mises 항복이론으로부터 항복함수 $f(\sigma_1', \sigma_2', \sigma_3')$ 는

$$f(\sigma_1', \sigma_2', \sigma_3') = \frac{1}{2}(\sigma_1'^2 + \sigma_2'^2 + \sigma_3'^2) - k^2 \tag{1.53}$$

이다. 항복조건 $f(\sigma_1', \sigma_2', \sigma_3') = 0$ 은 그림 1.14(a)에서 보는 바와 같이 구의 방정식이다.

이제 주응력 $\sigma_1 - \sigma_2 - \sigma_3$ 좌표계에서 항복곡면을 도시해 보자. 항복함수 $f(\sigma_1, \sigma_2, \sigma_3)$ 가 다음과 같으므로

$$f(\sigma_1, \sigma_2, \sigma_3) = \frac{1}{6}[(\sigma_1 - \sigma_2)^2 + (\sigma_2 - \sigma_1)^2 + (\sigma_3 - \sigma_1)^2] - k^2 \tag{1.54}$$

3차원 문제의 경우 항복곡면 $f(\sigma_1, \sigma_2, \sigma_3) = 0$ 은 그림 1.14(b)와 같이 표현된다. 그림에서 보는 바와 같이 항복곡면은 중심축이 원점을 통과하고 중심축의 방향이 (1, 1, 1)인 실린더이다. $\sigma_1 + \sigma_2 + \sigma_3 = 0$ 인 면을 π면(π−plane)이라고 하고 이 면과 항복곡면이 만나는 궤적을 항복궤적 C(yield locus C)라고 한다. $\sigma_3 = 0$ 인 면과 항복곡면이 만나는 궤적은 타원이며, 그림 1.13의 타원과 동일하다.

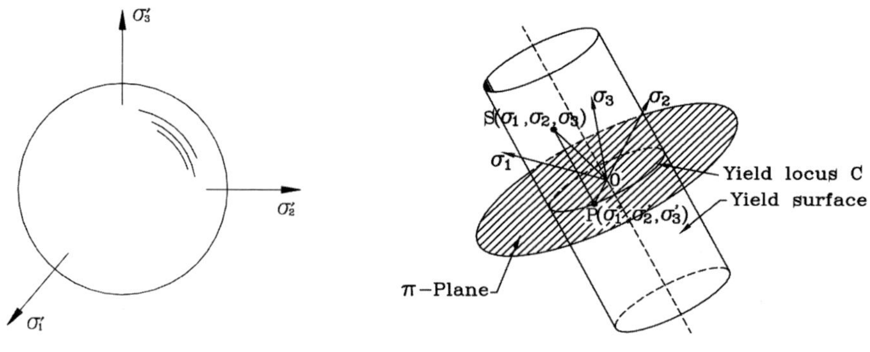

(a) $\sigma_1' - \sigma_2' - \sigma_3'$ 좌표계 (b) $\sigma_1 - \sigma_2 - \sigma_3$ 좌표계

그림 1.14 3차원 항복곡면 및 항복궤적

어떤 점의 응력상태가 항복곡면 내부에 속할 경우 그 점은 탄성영역에 존재하고, 응력상태가 실린더 상에 존재할 경우 그 점은 소성영역에 존재한다. 그러나 전술한 바와 같이 항복곡면 외부에는 존재할 수 없다.

1.2 고체의 변형

이제 물체의 변형을 정량화시켜 보자. 변위는 강체운동과 변형으로 구성되어 있다. 강체운동을 하는 물체에는 변형이 발생하지 않으며, 모든 질점 간의 길이가 변화하지 않는다. 따라서 길이의 변화는 물체의 변형을 정량화하는 척도로 사용될 수 있다.

1.2.1 변위장과 변형률

본 절에서는 임의의 점에서 변형을 정량적으로 표현하기 위하여 도입된 변형률(strain)에 관하여 공부한다.

변위는 그림 1.15에서 보는 바와 같이 고체의 위치변화를 정량화시킨 것이다. 각 질점에서 변위는 일반적으로 다르다. 따라서 변위벡터 **u**의 각 성분은 위치의 함수이며, 변위장이라고 불린다. 변위는 변형과 강체운동으로 구분되며, 탄성역학, 소성역학, 진동학 등에서는 변형을 중시하는 반면, 강체동역학에서는 변형을 무시하고 있다. 변형체 동역학에서는 둘 다를 중시한다. 탄성역학과 소성역학에서 물체의 전체적인 강체운동은 일반적으로 없지만 부분적으로는 강체운동이 발생하고 있다. 동역학에서는 변형에 의한 변위보다 강체운동에 의한 변위가 훨씬 크기 때문에 변형을 무시하는 경우가 많다. 한 질점의 변위는 벡터에 의하여 표현되는 반면, 고체의 변위, 즉 변위장은 각 성분이 실수함수인 벡터함수로 표현된다. 변위장을 최종 미지함수로 간주하여 고체역학 문제를 수식화하는 방법을 변위법이라고 하며, 대부분의 역학 문제는 변위법에 의하여 해결되고 있다.

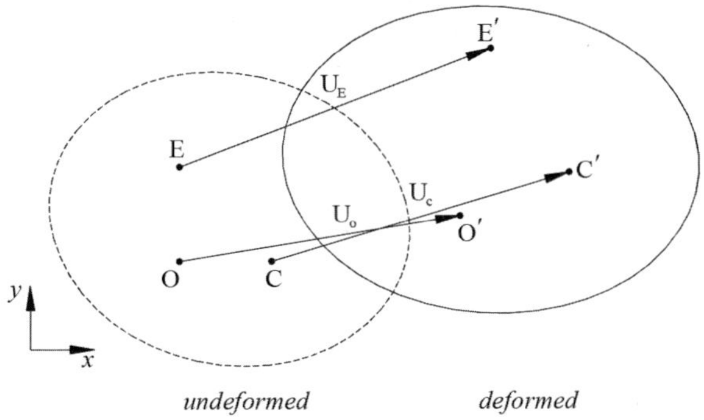

그림 1.15 변위장의 가시화

고체가 작은 변형(small deformation)을 받고 있다는 가정하에서 그림 1.16의 2차원 평면상의 점 O의 변형을 정량화시켜 보자(일차원변형의정량화는 1.4절의인장시험에관한내용으로대신한다). 이 점에서의 변형은 점 O에 인접하면서 각각 x–축과 y–축에 평행한 선분 OC와 OE의 단위길이당 길이변화와 각도 $\angle EOC$ 의 변화로 정량화된다. x–방향의 선분 OC의 길이변화율, 즉 단위길이당 길이변화량을

$$\lim_{C \to O}(\overline{O'C'} - \overline{OC})/\overline{OC} \equiv \varepsilon_{xx} \tag{1.55}$$

라고 정의하고, x–축과 y–축의 각도감소량을 다음과 같이 정의한다.

$$\lim_{C,E \to O}(\angle EOC - \angle E'O'C') \equiv 2\varepsilon_{xy} \tag{1.56}$$

그 이외의 변형률 성분 ε_{yy}, ε_{zz}, ε_{yz}, ε_{zx}, ε_{yx}, ε_{zy}, ε_{xz} 등도 마찬가지로 정의된다. 3차원 공간상의 한 점에서 변형률은 다음의 행렬 형태로 표현된다.

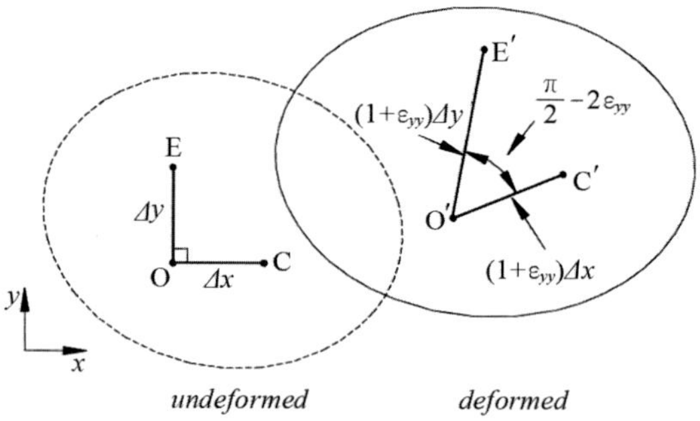

그림 1.16 고체의 변형의 정량화

$$\varepsilon_{ij},\ \ [\varepsilon_{ij}]=\begin{bmatrix}\varepsilon_{11} & \varepsilon_{12} & \varepsilon_{13}\\ \varepsilon_{21} & \varepsilon_{22} & \varepsilon_{23}\\ \varepsilon_{31} & \varepsilon_{32} & \varepsilon_{33}\end{bmatrix}=\begin{bmatrix}\varepsilon_{xx} & \varepsilon_{xy} & \varepsilon_{xz}\\ \varepsilon_{yx} & \varepsilon_{yy} & \varepsilon_{yz}\\ \varepsilon_{zx} & \varepsilon_{zy} & \varepsilon_{zz}\end{bmatrix} \tag{1.57}$$

여기서 ε_{ii} (i에 대한 덧셈규약 따르지 않음)는 x_i −축 방향의 선분의 단위길이당 길이변화량을 의미하며, 법선변형률이다. $\varepsilon_{ij}(i \neq j)$는 직교하는 x_i −축 방향과 x_j −축 방향의 선분요소의 각도변화량의 1/2을 의미하며, 전단변형률이다. 법선변형률이 양수인 경우, 선분의 길이가 증가한 것을 의미하고, 전단변형률이 양수인 경우는 각도 $\angle EOC$가 감소한 것을 의미한다.

$x-y-z$ 직각좌표계를 사용할 경우, 3차원 물체의 한 점에서 변형률(ε_{xx}, ε_{yy}, ε_{zz}, ε_{xy}, ε_{yz}, ε_{zx})과 변위장 $\mathbf{u}=[u_x,\ u_y,\ u_z]^{\mathrm{T}}$의 관계는 다음과 같다.

$$\varepsilon_{ij}=\frac{1}{2}\left(\frac{\partial u_i}{\partial x_j}+\frac{\partial u_j}{\partial x_i}\right) \quad \text{또는} \quad \begin{aligned}\varepsilon_{xx}&=\frac{\partial u_x}{\partial x}\\ \varepsilon_{yy}&=\frac{\partial u_y}{\partial y}\\ \varepsilon_{zz}&=\frac{\partial u_z}{\partial z}\\ \varepsilon_{xy}&=\frac{1}{2}\left(\frac{\partial u_x}{\partial y}+\frac{\partial u_y}{\partial x}\right)\\ \varepsilon_{yz}&=\frac{1}{2}\left(\frac{\partial u_y}{\partial z}+\frac{\partial u_z}{\partial y}\right)\\ \varepsilon_{xy}&=\frac{1}{2}\left(\frac{\partial u_z}{\partial x}+\frac{\partial u_x}{\partial z}\right)\end{aligned} \tag{1.58}$$

식 (1.58)로부터 변형률은 $\varepsilon_{ij}=\varepsilon_{ji}$임을 알 수 있다. 흔히 $i \neq j$일 때, $\gamma_{ij}=2\varepsilon_{ij}$로 두고 γ_{ij}를 공학전단변형률(engineering shear strain)이라고 한다. 이 때 유념해야 할 점은 γ_{ij}가 2차 텐서량이 아니라는 사실이다.

변형률은 2차 텐서이므로 다음의 변환법칙을 따른다.

$$\varepsilon_{i'j'} = \sum_{p=1}^{3}\sum_{q=1}^{3} T_{i'p}T_{j'q}\varepsilon_{pq}$$

또는

$$\begin{pmatrix} \varepsilon_{1'1'} & \varepsilon_{1'2'} & \varepsilon_{1'3'} \\ \varepsilon_{2'1'} & \varepsilon_{2'2'} & \varepsilon_{2'3'} \\ \varepsilon_{3'1'} & \varepsilon_{3'2'} & \varepsilon_{3'3'} \end{pmatrix} = \begin{pmatrix} T_{1'1} & T_{1'2} & T_{1'3} \\ T_{2'1} & T_{2'2} & T_{2'3} \\ T_{3'1} & T_{3'2} & T_{3'3} \end{pmatrix} \begin{pmatrix} \varepsilon_{11} & \varepsilon_{12} & \varepsilon_{13} \\ \varepsilon_{21} & \varepsilon_{22} & \varepsilon_{23} \\ \varepsilon_{31} & \varepsilon_{32} & \varepsilon_{33} \end{pmatrix} \begin{pmatrix} T_{1'1} & T_{2'1} & T_{3'1} \\ T_{1'2} & T_{2'2} & T_{3'2} \\ T_{1'3} & T_{2'3} & T_{3'3} \end{pmatrix} \quad (1.59)$$

그림 1.17에서 보는 바와 같이 $r-\theta-z$ 원통좌표계에서 변형률(ε_{rr}, $\varepsilon_{\theta\theta}$, ε_{zz}, $\varepsilon_{r\theta}$, $\varepsilon_{\theta z}$, ε_{zr}) 과 변위 $\mathbf{u} = [u_r, u_\theta, u_z]^{\mathrm{T}}$ 의 관계는 다음과 같다.

$$\begin{aligned} \varepsilon_{rr} &= \frac{\partial u_r}{\partial r} \\ \varepsilon_{\theta\theta} &= \frac{1}{r}\frac{\partial u_\theta}{\partial \theta} + \frac{u_r}{r} \\ \varepsilon_{zz} &= \frac{\partial u_z}{\partial z} \\ \varepsilon_{r\theta} &= \frac{1}{2}\left(\frac{1}{r}\frac{\partial u_r}{\partial \theta} + \frac{\partial u_\theta}{\partial r} - \frac{u_\theta}{r}\right) \\ \varepsilon_{\theta z} &= \frac{1}{2}\left(\frac{\partial u_\theta}{\partial z} + \frac{1}{r}\frac{\partial u_z}{\partial \theta}\right) \\ \varepsilon_{zr} &= \frac{1}{2}\left(\frac{\partial u_z}{\partial r} + \frac{\partial u_r}{\partial z}\right) \end{aligned} \quad (1.60)$$

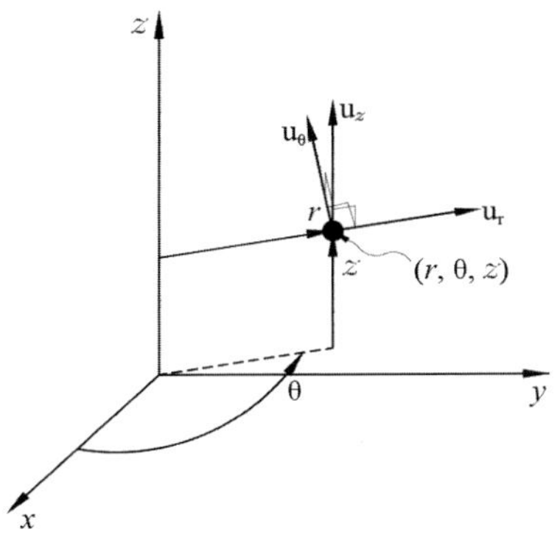

그림 1.17 원통좌표계에서 변위

1.2.2 속도장과 변형률속도

변위장은 위치와 시간의 함수이다. 변위장을 시간으로 미분함으로써 속도장을 다음과 같이 구할 수 있다.

$$\mathbf{v} = \frac{d\mathbf{u}}{dt},\ v_i = \frac{du_i}{dt} \quad \text{또는} \quad v_i = \dot{u}_i \tag{1.61}$$

여기서 속도장 v_i에 의하여 변위가 Δt 동안 발생하였다고 가정하자. 단, Δt는 이 시간 동안 속도의 변화를 무시할 수 있고 충분히 작은 변형을 야기시킨다고 가정한다. 그러면 $u_i = v_i \Delta t$가 되므로 이 시간 동안 증가된 변형률 증분 $\Delta\varepsilon_{ij}$와 $d\varepsilon_{ij}$는 각각 다음과 같다.

$$\begin{aligned} \Delta\varepsilon_{ij} &= \frac{1}{2}\left(\frac{\partial(v_i\Delta t)}{\partial x_j} + \frac{\partial(v_j\Delta t)}{\partial x_i}\right) = \frac{1}{2}\left(\frac{\partial v_i}{\partial x_j} + \frac{\partial v_j}{\partial x_i}\right)\Delta t \\ d\varepsilon_{ij} &= \frac{1}{2}\left(\frac{\partial v_i}{\partial x_j} + \frac{\partial v_j}{\partial x_i}\right)dt \end{aligned} \tag{1.62}$$

한편, 속도구배 텐서, $\dfrac{\partial v_i}{\partial x_j}$의 대칭부분

$$\dot{\varepsilon}_{ij} \equiv \frac{1}{2}\left(\frac{\partial v_i}{\partial x_j} + \frac{\partial v_j}{\partial x_i}\right) \tag{1.63}$$

을 변형률속도(strain rate)라고 부른다. 변형률속도는 2차 텐서량에 속한다. 시간매개변수(time parameter) t는 가상의 시간을 의미하며, 경우에 따라 실제의 시간으로 간주될 수도 있다. 가령 속도의 영향이 없다고 가정한 소성가공공정의 해석 시에 실제 공정의 속도를 입력하지 않은 경우의 t는 가상의 시간이며, 점소성 문제의 경우에는 속도가 공정에 영향을 미치므로 이 때의 t는 실제 시간의 의미를 지닌다.

일반적으로 $\varepsilon_{ij} \neq \int_0^t \dot{\varepsilon}_{ij}\, dt$이다. 주변형률축이 변위장의 발생과 함께 변하기 때문이다.

1.2.3 주변형률, 주변형률속도, 불변치

변형률과 변형률속도는 2차 텐서량이다. 따라서 응력텐서와 마찬가지로 변형률 텐서 ε_{ij}와

변형률속도 텐서 $\dot{\varepsilon}_{ij}$ 에 관한 다음의 고유치 문제로부터

$$\sum_{j=1}^{3} \varepsilon_{ij} n_j = \varepsilon n_i \quad \text{또는} \quad \begin{bmatrix} \varepsilon_{xx} & \varepsilon_{xy} & \varepsilon_{xz} \\ \varepsilon_{yx} & \varepsilon_{yy} & \varepsilon_{yz} \\ \varepsilon_{zx} & \varepsilon_{zy} & \varepsilon_{zz} \end{bmatrix} \begin{bmatrix} n_x \\ n_y \\ n_z \end{bmatrix} = \varepsilon \begin{bmatrix} n_x \\ n_y \\ n_z \end{bmatrix} \tag{1.64}$$

$$\sum_{j=1}^{3} \dot{\varepsilon}_{ij} n_j = \dot{\varepsilon} n_i \quad \text{또는} \quad \begin{bmatrix} \dot{\varepsilon}_{xx} & \dot{\varepsilon}_{xy} & \dot{\varepsilon}_{xz} \\ \dot{\varepsilon}_{yx} & \dot{\varepsilon}_{yy} & \dot{\varepsilon}_{yz} \\ \dot{\varepsilon}_{zx} & \dot{\varepsilon}_{zy} & \dot{\varepsilon}_{zz} \end{bmatrix} \begin{bmatrix} n_x \\ n_y \\ n_z \end{bmatrix} = \dot{\varepsilon} \begin{bmatrix} n_x \\ n_y \\ n_z \end{bmatrix} \tag{1.65}$$

세 개의 주변형률 $\varepsilon = \varepsilon_1,\ \varepsilon_2,\ \varepsilon_3$ 및 주변형률속도 $\dot{\varepsilon} = \dot{\varepsilon}_1,\ \dot{\varepsilon}_2,\ \dot{\varepsilon}_3$ 가 정의된다.

변형률과 변형률속도가 2차 텐서량이므로 다음의 불변치가 정의된다.

$$L_1 = \sum_{i=1}^{3} \varepsilon_{ii} = \varepsilon_{xx} + \varepsilon_{yy} + \varepsilon_{zz} \tag{1.66}$$

$$L_2 = \frac{1}{2}\sum_{i=1}^{3}\sum_{j=1}^{3} (\varepsilon_{ij}\varepsilon_{ij} - \varepsilon_{ii}\varepsilon_{jj}) = -\varepsilon_{xx}\varepsilon_{yy} - \varepsilon_{yy}\varepsilon_{zz} - \varepsilon_{zz}\varepsilon_{xx} + \varepsilon_{xy}{}^2 + \varepsilon_{yz}{}^2 + \varepsilon_{zx}{}^2 \tag{1.67}$$

$$L_3 = \left|\varepsilon_{ij}\right| = \varepsilon_{xx}\varepsilon_{yy}\varepsilon_{zz} + 2\varepsilon_{xy}\varepsilon_{yz}\varepsilon_{zx} - \varepsilon_{xx}\varepsilon_{yz}{}^2 - \varepsilon_{yy}\varepsilon_{zx}{}^2 - \varepsilon_{zz}\varepsilon_{xy}{}^2 \tag{1.68}$$

$$\dot{L}_1 = \sum_{i=1}^{3} \dot{\varepsilon}_{ii} = \dot{\varepsilon}_{xx} + \dot{\varepsilon}_{yy} + \dot{\varepsilon}_{zz} \tag{1.69}$$

$$\dot{L}_2 = \frac{1}{2}\sum_{i=1}^{3}\sum_{j=1}^{3} (\dot{\varepsilon}_{ij}\dot{\varepsilon}_{ij} - \dot{\varepsilon}_{ii}\dot{\varepsilon}_{jj}) = -\dot{\varepsilon}_{xx}\dot{\varepsilon}_{yy} - \dot{\varepsilon}_{yy}\dot{\varepsilon}_{zz} - \dot{\varepsilon}_{zz}\dot{\varepsilon}_{xx} + \dot{\varepsilon}_{xy}{}^2 + \dot{\varepsilon}_{yz}{}^2 + \dot{\varepsilon}_{zx}{}^2 \tag{1.70}$$

$$\dot{L}_3 = \left|\dot{\varepsilon}_{ij}\right| = \dot{\varepsilon}_{xx}\dot{\varepsilon}_{yy}\dot{\varepsilon}_{zz} + 2\dot{\varepsilon}_{xy}\dot{\varepsilon}_{yz}\dot{\varepsilon}_{zx} - \dot{\varepsilon}_{xx}\dot{\varepsilon}_{yz}{}^2 - \dot{\varepsilon}_{yy}\dot{\varepsilon}_{zx}{}^2 - \dot{\varepsilon}_{zz}\dot{\varepsilon}_{xy}{}^2 \tag{1.71}$$

여기서 L_1 과 $\dot{L}_1$ 의 물리적 의미는 각각 체적변화율과 체적변화율속도이다. 만약 소재가 비압축성일 경우 이 값이 0이 되어야 한다. 따라서 비압축성 조건은 다음 식으로 표현된다.

$$L_1 = \sum_{i=1}^{3} \varepsilon_{ii} = 0,\ \ \dot{L}_1 = \sum_{i=1}^{3} \dot{\varepsilon}_{ii} = 0 \tag{1.72}$$

유효변형률 $\bar{\varepsilon}$ 와 유효변형률속도 $\dot{\bar{\varepsilon}}$ 는 다음과 같이 정의된다.

$$\bar{\varepsilon} = \sqrt{\frac{2}{3}\sum_{i=1}^{3}\sum_{j=1}^{3}\varepsilon_{ij}{}'\varepsilon_{ij}{}'} = \frac{\sqrt{2}}{3}[(\varepsilon_{xx} - \varepsilon_{yy})^2 + (\varepsilon_{yy} - \varepsilon_{zz})^2 + (\varepsilon_{zz} - \varepsilon_{xx})^2 + 6(\varepsilon_{xy}{}^2 + \varepsilon_{yz}{}^2 + \varepsilon_{zx}{}^2)]^{\frac{1}{2}} \tag{1.73}$$

$$\dot{\bar{\varepsilon}} = \sqrt{\frac{2}{3}\sum_{i=1}^{3}\sum_{j=1}^{3}\dot{\varepsilon}_{ij}{}'\dot{\varepsilon}_{ij}{}'} = \frac{\sqrt{2}}{3}[(\dot{\varepsilon}_{xx} - \dot{\varepsilon}_{yy})^2 + (\dot{\varepsilon}_{yy} - \dot{\varepsilon}_{zz})^2 + (\dot{\varepsilon}_{zz} - \dot{\varepsilon}_{xx})^2 + 6(\dot{\varepsilon}_{xy}{}^2 + \dot{\varepsilon}_{yz}{}^2 + \dot{\varepsilon}_{zx}{}^2)]^{\frac{1}{2}} \tag{1.74}$$

1.2.4 평면변형 문제와 축대칭 문제

변형률 텐서 또는 변형률속도 텐서의 성분에서 어떤 하나의 방향에 대한 성분이 모두 0일 때, 평면변형(plane strain)이라고 한다. 편의상 그 방향을 $z(x_3)$-축 방향이라고 가정하자. 평면변형일 때의 변위와 속도는

$$u_x = u_x(x, y), \quad u_y = u_y(x, y), \quad u_z = 0 \tag{1.75}$$

$$v_x = v_x(x, y), \quad v_y = v_y(x, y), \quad v_z = 0 \tag{1.76}$$

이며, 변형률 및 변형률속도 텐서는 다음과 같이 축약되어 표현된다.

$$[\varepsilon_{ij}] = \begin{bmatrix} \varepsilon_{xx} & \varepsilon_{xy} \\ \varepsilon_{yx} & \varepsilon_{yy} \end{bmatrix} = \begin{bmatrix} \varepsilon_{11} & \varepsilon_{12} \\ \varepsilon_{21} & \varepsilon_{22} \end{bmatrix} \tag{1.77}$$

$$[\dot{\varepsilon}_{ij}] = \begin{bmatrix} \dot{\varepsilon}_{xx} & \dot{\varepsilon}_{xy} \\ \dot{\varepsilon}_{yx} & \dot{\varepsilon}_{yy} \end{bmatrix} = \begin{bmatrix} \dot{\varepsilon}_{11} & \dot{\varepsilon}_{12} \\ \dot{\varepsilon}_{21} & \dot{\varepsilon}_{22} \end{bmatrix} \tag{1.78}$$

공학적으로 평면변형 문제에 속하는 대표적인 문제는 댐과 박판압연이다. 댐은 길이방향으로의 변위가 물이 흘러가는 방향에 비하여 매우 작다. 박판압연의 경우 폭퍼짐량이 매우 작기 때문에 식 (1.76)의 가정이 공학적으로 유용하다. 따라서 평면변형 문제에 속한다. 소성가공공정의 2차원 해석은 주로 평면변형 문제의 가정하에서 실시되고 있다. 평면변형 문제는 $z(x_3)$ −축 방향으로 재료의 유동이 발생하지 않는다는 가정에 바탕을 둔 것이다.

축대칭 문제는 3차원 문제 중에서도 특이한 문제에 속한다. 축대칭 문제란 기하학적으로 축대칭이어야 하고, 하중 및 경계조건 등 역학적인 면에서도 축대칭이어야 하며, 재료의 측면에서도 축대칭이어야 한다. 전술한 바와 같이 축대칭의 조건이 까다롭기는 하지만, 공학해석 문제에서 축대칭 문제로 간주될 수 있는 문제는 매우 많다. 축대칭 문제는 일반적으로 $r-\theta-z$ 원통좌표계로 수식화되고 있다. 그림 1.18(a)는 원통좌표계에서 변위벡터 $[u_r, u_\theta, u_z]^{\mathrm{T}}$를 정의하고 있다. 축대칭일 경우 원주방향의 변위는 없으며, 다른 변위 성분도 원주방향의 좌표 θ의 함수가 아니다. 즉,

$$u_r = u_r(r, z), \quad u_\theta = 0, \quad u_z = u_z(r, z) \tag{1.79}$$

이다. 따라서 0이 아닌 변형률 성분과 변위의 관계는 다음과 같다.

$$\begin{bmatrix} \varepsilon_{rr} \\ \varepsilon_{\theta\theta} \\ \varepsilon_{zz} \\ \varepsilon_{rz} \end{bmatrix} = \begin{bmatrix} \dfrac{\partial u_r}{\partial r} \\ \dfrac{u_r}{r} \\ \dfrac{\partial u_z}{\partial z} \\ \dfrac{1}{2}(\dfrac{\partial u_r}{\partial z} + \dfrac{\partial u_z}{\partial r}) \end{bmatrix} \tag{1.80}$$

마찬가지로 변형률속도 성분과 속도의 관계는 다음과 같다.

$$\begin{bmatrix} \dot{\varepsilon}_{rr} \\ \dot{\varepsilon}_{\theta\theta} \\ \dot{\varepsilon}_{zz} \\ \dot{\varepsilon}_{rz} \end{bmatrix} = \begin{bmatrix} \dfrac{\partial v_r}{\partial r} \\ \dfrac{v_r}{r} \\ \dfrac{\partial v_z}{\partial z} \\ \dfrac{1}{2}(\dfrac{\partial v_r}{\partial z} + \dfrac{\partial v_z}{\partial r}) \end{bmatrix} \tag{1.81}$$

축대칭 문제는 그림 1.18에서 보는 바와 같이 변위장 u_r 과 u_z 또는 속도장 v_r 과 v_z 에 의하여 결정된다. 따라서 해석영역은 2차원 평면이지만 실제 계산에서는 체적을 고려한 3차원 해석을 실시한다.

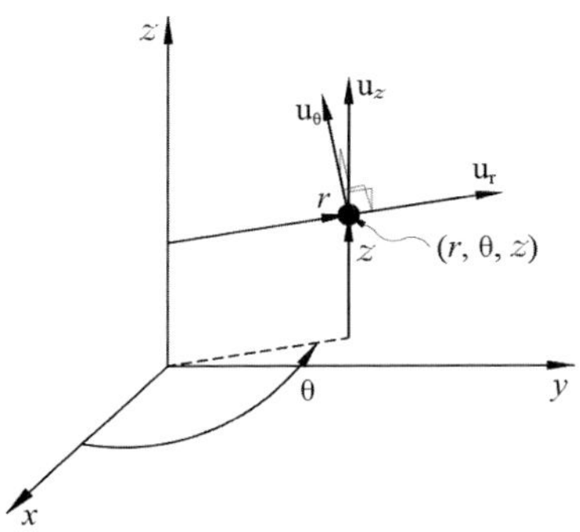

(a) 3차원 문제

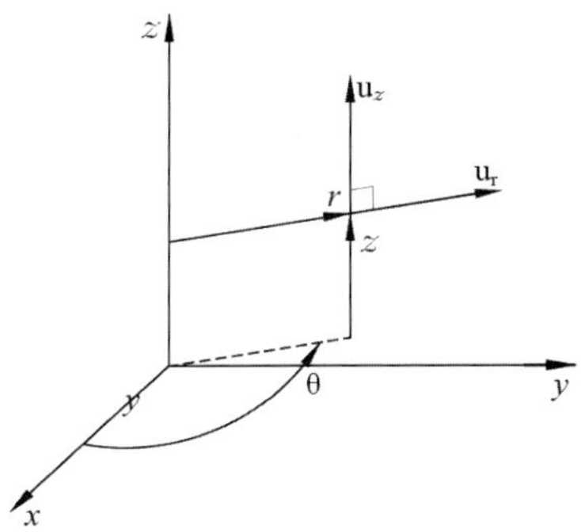

(b) 축대칭 문제

그림 1.18 원통좌표계에서 변위벡터의 정의와 축대칭 문제

1.2.5 변형률속도의 이상화

변형률속도는 하중을 제거하였을 때 회복되지 않는 양 $(\dot{\varepsilon}_{ij}{}^{p})$과 그 이외의 양 $(\dot{\varepsilon}_{ij}{}^{d})$으로 구분된다. 즉,

$$\dot{\varepsilon}_{ij} = \dot{\varepsilon}_{ij}{}^{p} + \dot{\varepsilon}_{ij}{}^{d} \tag{1.82}$$

로 표현되며, $\dot{\varepsilon}_{ij}{}^{p}$와 $\dot{\varepsilon}_{ij}{}^{d}$를 각각 소성변형률속도(plastic strain rate) 성분과 차이변형률속도(difference strain rate) 성분이라고 한다. 소성변형률속도 성분의 기하학적 의미는 회복되지 않는 변형으로 명확하게 설명된다. 반면 차이변형률속도 성분은 탄성, 크립, 거시적 관점에서 불명확한 요소 등을 포함하므로 다소 포괄적인 의미로 사용된다. 대부분 차이변형률속도 성분을 탄성변형률속도 성분이라고 간주하거나 무시하고 있다. 이 때, 전자인 경우, 즉

$$\dot{\varepsilon}_{ij}{}^{d} = \dot{\varepsilon}_{ij}{}^{e} \tag{1.83}$$

라고 가정한 경우를 탄소성(elastic-plastic)이라고 하고, 후자인 경우, 즉

$$\dot{\varepsilon}_{ij}{}^{d} = 0 \tag{1.84}$$

라고 가정한 경우를 강소성(rigid-plastic)이라고 한다. 따라서 강소성 이론에서 $\dot{\varepsilon}_{ij}$와 $\dot{\bar{\varepsilon}}$는 각각 $\dot{\varepsilon}_{ij}{}^{p}$와 $\dot{\bar{\varepsilon}}^{p}$를 의미한다.

1.3 후크법칙과 소성유동법칙

1.3.1 인장시험

인장시험은 소재의 거시적 성질을 규명하기 위한 목적으로 널리 사용되고 있다. 그림 1.19는 상온상태의 금속재료에 대한 인장시험 곡선의 전형적인 예이다. 가로축은 표점 간의 길이 증가량 Δl을 표점 간의 초기거리 l_0로 나눈 값, 즉 공칭변형률(nominal strain, engineering strain) ε_e이고, 세로축은 현재의 하중 P를 초기의 단면적 A_0로 나눈 값, 즉 공칭응력(nominal stress, engineering stress) σ_e이다.

인장시험 곡선에서 최대의 공칭응력을 인장강도(tensile strength) σ_u라고 하며, 최대공칭변형률(ε_F)×100(%)을 연신(elongation)이라고 한다. 그리고 초기항복이 발생하는 점 Y에 해당하는 공칭응력 σ_Y 를 초기항복응력(initial yield stress) 또는 항복강도(yield strength)라고 한다. 공칭응력 σ_e 와 공칭변형률 ε_e가 선형비례 관계에 있을 때, 선형탄성(linear elastic)이라고 하며, 그 한계공칭응력을 비례한도(proportional limit)라고 한다. 그리고 직선의 기울기를 탄성계수(modulus of elasticity) 또는 영률(Young's modulus)이라고 한다. 비례한도로부터 초기항복까지를 비선형탄성 영역으로 간주해도 공학적으로 무방하다.

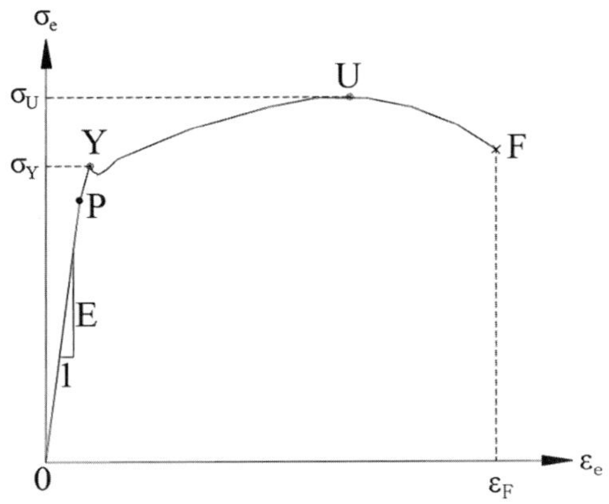

그림 1.19 공칭응력과 공칭변형률 곡선
(OP: 선형탄성, PY: 비선형탄성, YF: 소성)

인장시험 중 시편은 균일하게 늘어나지 않고 국부의 소성변형 영역이 이동되면서 점진적으로 늘어나게 된다. 어떤 부위가 소성변형을 받게 되면 단면이 줄어들고 그만큼 단위면적당 응력이 커지게 된다. 따라서 역학, 즉 응력의 관점에서 보면, 먼저 변형이 발생하여 반경이 작아진 부위가 허약하다. 그런데 일반적으로 변형이 발생하면 소재는 변형저항을 일으켜 저항능력이 오히려 커진다. 변형저항에 의한 저항능력의 증가가 단면감소로 인한 저항능력의 감소보다 크면 소성영역은 다른 곳으로 옮겨 간다. 그런데 만약 단면감소로 인한 저항능력 감소가 변형저항에 의한 저항능력의 증가보다 크게 되면 인장시편은 불안정한 상태가 되며, 단면적의 감소로 약해진 부위에서 계속적인 변형이 발생하게 된다. 즉, 네킹(necking)이 발생하게 되어 파단으로 연결된다. 이 때 최대하중이 작용하므로 최대 공칭응력점을 곧 네킹의 시작점으로 간주하고 있다. 인장시편에서 네킹 발생 부위를 역학적으로 예측할 때 유일해(unique solution)를 얻을 수 없다. 그러므로 네킹은 일종의 불안정성 문제(instability problem, bifurcation problem)에 속한다. 네킹이 시작되는 지점에서 최대공칭응력, 즉 인장강도에 도달한다.

일반적으로 인장시험 결과는 공칭응력과 공칭변형률의 관계이다. 실제 역학해석에서는 진응력(true stress)과 진변형률(true strain)의 관계를 필요로 한다.

공칭변형률 ε_e 와 진변형률 ε_t 가 각각 다음과 같이 정의되므로

$$\varepsilon_e = \frac{l - l_0}{l_0} = \frac{\Delta l}{l_0} \tag{1.85}$$

$$\varepsilon_t = \log_e \frac{l}{l_0} = \log_e \left(1 + \frac{\Delta l}{l_0}\right) \tag{1.86}$$

공칭변형률과 진변형률 사이에는 다음의 관계가 성립한다.

$$\varepsilon_t = \log_e (1 + \varepsilon_e) \tag{1.87}$$

식 (1.85)와 식 (1.86)에서 l 은 인장시험 중 현재 시점의 표점 간 거리를 의미한다.

한편 공칭응력 σ_e 와 진응력 σ_t 는 다음과 같이 정의된다.

$$\sigma_e = \frac{P}{A_0} \tag{1.88}$$

$$\sigma_t = \frac{P}{A} \tag{1.89}$$

여기서 A 는 인장시험 중 현재 시점의 단면적이다. 소성변형 시에 금속재료의 부피변화는 무시할 수 있을 정도로 작으므로 이를 무시하면, 항복점과 네킹 시작점 사이에서 다음의 조건이 성립한다.

$$l_0 A_0 = lA \tag{1.90}$$

식 (1.88), (1.89), (1.90) 등으로부터 다음의 관계식을 유도할 수 있다.

$$\sigma_t = \frac{P}{A_0}\frac{A_0}{A} = \sigma_e (1 + \varepsilon_e) \tag{1.91}$$

이 책에서 하첨자 e 가 뒤따르지 않는 응력 σ 와 변형률 ε 은 각각 진응력 σ_t 와 진변형률 ε_t 를 의미한다.

인장시험곡선과 재료의 용도를 생각해 보자. 구조용 재료의 경우, 구조물의 운용중 응력은 점 O 주위에 머물러야 한다. 구조물의 설계 시에 안전계수 S 가 고려되므로 실제 사용영역은

$\sigma < \sigma_Y / S$ 이내의 범위이다. 소성가공의 경우, 소성변형에 의존하여 재료를 성형하므로 소성변형이 주 관심사이다. 물론 소성가공에서 탄성회복(springback) 등으로 탄성변형이 문제가 되는 경우가 많기는 하지만 성형공정 자체는 소성변형에 의존한다. 이 두 경우는 Y 로부터 멀리 떨어져 있는 경우이다. 그러나 설계 목적상 Y 주위에 존재하도록 하는 경우, 즉 탄성과 소성 및 파괴를 동시에 동반하는 경우도 있다. 기계적 안전장치나 캔의 따개 등이 이에 속한다.

1.3.2 후크법칙

후크법칙(Hooke's law, De potentia restitutiva(1678) by R. Hooke)은 물체에 힘을 가했을 때 늘어난 길이와 힘 사이에는 선형적 비례관계에 있다는 것이다. 스프링상수가 k 인 스프링을 예로 들면, 늘어난 길이 δ 는 힘 P 와 다음의 관계에 있다.

$$\delta = \frac{P}{k} \quad \text{또는} \quad P = k\delta \tag{1.92}$$

봉재 또는 인장시편도 하나의 스프링이다. 역학적 관점에서 봉재와 스프링의 차이는 사실상 없다. 대부분의 구조용 재료의 인장시험곡선에서 인장시편이 늘어난 길이와 하중 간에 직선적으로 변한다고 간주할 수 있는 영역, 즉 후크법칙이 적용되는 영역이 뚜렷하게 존재한다. 그림 1.19의 구간 OP 가 그것이다. 이 영역에서는 공칭응력과 진응력, 공칭변형률과 진변형률의 차이가 매우 작기 때문에 일반적으로 동일하다고 가정한다. 그림 1.19의 응력-변형률 곡선으로부터 단축하중의 후크법칙은 다음과 같이 표현된다.

$$\sigma = E\varepsilon \quad \text{또는} \quad \sigma_{xx} = E\varepsilon_{xx} \tag{1.93}$$

따라서 후크법칙은 그림 1.19에서 OP 구간, 즉 선형탄성영역의 하중-변형 특성을 표현하는 구성방정식이다.

후크법칙의 일반형은

$$\sigma_{ij} = \sum_{k=1}^{3}\sum_{l=1}^{3} C_{ijkl}\varepsilon_{kl} \tag{1.94}$$

로 표현된다. 여기서 C_{ijkl} 은 탄성상수(elastic constants)이며, 총 81개의 성분으로 구성된 4

차 텐서량이다. 응력과 변형률이 대칭이므로

$$C_{ijkl} = C_{jikl}, \quad C_{ijkl} = C_{ijlk} \tag{1.95}$$

이다. 이 조건으로부터 독립적인 탄성계수의 수는 36개로 줄어든다. 한편, 변형이 일어난 과정과 무관한 변형에너지밀도함수가 존재하기 위해서는

$$C_{ijkl} = C_{klij} \tag{1.96}$$

가 만족되어야 하며, 이 조건으로부터 21개의 독립변수만 남게 된다. 식 (1.96)은 Maxwell의 상호작용 원리(Maxwell's reciprocal theorem)와 동등한 의미를 갖는다. 만약 소재가 어떤 특정한 방향에 대하여 탄성역학적으로 대칭이면, 탄성상수의 수는 더 줄게 된다. 가령 하나의 대칭면이 존재할 경우에는 13개로, 세 개의 대칭면이 존재할 경우(직교이방성 재료, orthotropic material)에는 아홉 개로 준다. 하나의 축을 포함하는 모든 면이 대칭면이고 그 이외의 면은 비대칭면인 횡방향등방성 재료(transversely isotropic material)의 경우, 탄성상수는 다섯 개로 줄며, 모든 면이 대칭면인 등방성 재료(isotropic material)의 경우, 탄성상수는 탄성계수 E와 포아송비(Poisson's ratio) ν의 두 개로 준다.

탄성역학에서 하중은 기계적 하중(mechanical load)과 열하중(thermal load)으로 구분된다. 일반적으로 금속은 온도가 상승하면 열팽창을 발생시킨다. 물체의 변형은 기계적 하중에 의한 변형과 열하중에 의한 변형이 복합되어 나타난다. 물론 탄성역학에서는 소변형이란 가정하에서 두 종류의 변형이 독립적으로 발생하는 것으로 가정한다. 따라서 등방성 재료에 대한 후크법칙은 다음과 같이 요약된다.

$$\begin{aligned}
\varepsilon_{xx} &= \frac{1}{E}[\sigma_{xx} - \nu(\sigma_{yy} + \sigma_{zz})] + \alpha\Delta T \\
\varepsilon_{yy} &= \frac{1}{E}[\sigma_{yy} - \nu(\sigma_{zz} + \sigma_{xx})] + \alpha\Delta T \\
\varepsilon_{zz} &= \frac{1}{E}[\sigma_{zz} - \nu(\sigma_{xx} + \sigma_{yy})] + \alpha\Delta T \\
\varepsilon_{xy} &= \frac{(1+\nu)}{E}\sigma_{xy} \\
\varepsilon_{yz} &= \frac{(1+\nu)}{E}\sigma_{yz} \\
\varepsilon_{zx} &= \frac{(1+\nu)}{E}\sigma_{zx}
\end{aligned} \tag{1.97}$$

여기서 E, ν, α는 각각 탄성계수, 포아송비, 열팽창계수이며, $\Delta T = T - T_0$은 온도변화량이다.

이론적으로 포아송비는 $-1 \le \nu \le 0.5$를 만족해야 한다.

열변형이 없는 경우, 선형등방성 재료의 성질은 E와 ν에 의하여 결정됨을 후크법칙은 말해 주고 있다. 한편 식 (1.97)를 응력에 관하여 정리하면,

$$\sigma_{ij} = 2\mu\varepsilon_{ij} + \lambda\sum_{k=1}^{3} \varepsilon_{kk}\delta_{ij} - (3\lambda + 2\mu)\alpha\Delta T\delta_{ij} \tag{1.98}$$

가 된다. 여기서

$$\mu = \frac{E}{2(1+\nu)}, \quad \lambda = \frac{\nu E}{(1+\nu)(1-2\nu)} \tag{1.99}$$

를 Lame′ 상수라고 한다.

식 (1.98)에서 응력 σ_{ij}와 변형률 ε_{ij}의 관계를 종종 다음의 형태로 표현한다.

$$\sigma_i = \sum_{j=1}^{3} D_{ij}\varepsilon_j \tag{1.100}$$

여기서 탄성행렬(elasticity matrix) D, 응력텐서 벡터 σ_i, 변형률텐서 벡터 ε_i는 다음과 같이 정의된다.

$$\mathbf{D} = \frac{E(1-\nu)}{(1+\nu)(1-2\nu)}\begin{bmatrix} 1 & \gamma & \gamma & 0 & 0 & 0 \\ \gamma & 1 & \gamma & 0 & 0 & 0 \\ \gamma & \gamma & 1 & 0 & 0 & 0 \\ 0 & 0 & 0 & \beta & 0 & 0 \\ 0 & 0 & 0 & 0 & \beta & 0 \\ 0 & 0 & 0 & 0 & 0 & \beta \end{bmatrix}, \quad \sigma_i = \begin{bmatrix} \sigma_{xx} \\ \sigma_{yy} \\ \sigma_{zz} \\ \sigma_{xy} \\ \sigma_{yz} \\ \sigma_{zx} \end{bmatrix}, \quad \varepsilon_i = \begin{bmatrix} \varepsilon_{xx} \\ \varepsilon_{yy} \\ \varepsilon_{zz} \\ 2\varepsilon_{xy} \\ 2\varepsilon_{yz} \\ 2\varepsilon_{zx} \end{bmatrix} \tag{1.101}$$

여기서

$$\gamma = \nu/(1-\nu), \quad \beta = (1-2\nu)/2(1-\nu) \tag{1.102}$$

이다.

평면응력, 평면변형, 축대칭 문제에 관한 후크법칙을 정리해 볼 필요가 있다. 먼저 평면응력에 관한 구성방정식을 유도해 보자. 평면응력에서 $\sigma_{zz} = \sigma_{zx} = \sigma_{zy} = 0$이므로, 이 조건을 식 (1.97)에 대입하여 정리하면,

$$\varepsilon_{xx} = \frac{1}{E}(\sigma_{xx} - \nu\sigma_{yy})$$
$$\varepsilon_{yy} = \frac{1}{E}(\sigma_{yy} - \nu\sigma_{xx}) \tag{1.103}$$

$$\varepsilon_{zz} = -\frac{\nu}{E}(\sigma_{xx} + \sigma_{yy})$$
$$2\varepsilon_{xy} = \frac{2(1+\nu)}{2E}\sigma_{xy}$$

가 되며, 이 식을 응력텐서 벡터에 대하여 정리하면 다음과 같다.

$$\begin{bmatrix} \sigma_{xx} \\ \sigma_{yy} \\ \sigma_{xy} \end{bmatrix} = \frac{E}{1-\nu^2}\begin{bmatrix} 1 & \nu & 0 \\ \nu & 1 & 0 \\ 0 & 0 & (1-\nu)/2 \end{bmatrix}\begin{bmatrix} \varepsilon_{xx} \\ \varepsilon_{yy} \\ 2\varepsilon_{xy} \end{bmatrix} \text{ 또는 } \sigma_i = D_{ij}\varepsilon_j \tag{1.104}$$

여기서 $\mathbf{D}$, σ_i, ε_i 는 각각 다음과 같이 정의된다.

$$\mathbf{D} = \frac{E}{1-\nu^2}\begin{bmatrix} 1 & \nu & 0 \\ \nu & 1 & 0 \\ 0 & 0 & (1-\nu)/2 \end{bmatrix}, \quad \sigma_i = \begin{bmatrix} \sigma_{xx} \\ \sigma_{yy} \\ \sigma_{xy} \end{bmatrix}, \quad \varepsilon_i = \begin{bmatrix} \varepsilon_{xx} \\ \varepsilon_{yy} \\ 2\varepsilon_{xy} \end{bmatrix} \tag{1.105}$$

마찬가지로 평면변형에서 식 (1.104)과 식 (1.105)에 대응하는 식은 각각 다음과 같다.

$$\begin{bmatrix} \sigma_{xx} \\ \sigma_{yy} \\ \sigma_{xy} \end{bmatrix} = \frac{E(1-\nu)}{(1+\nu)(1-2\nu)}\begin{bmatrix} 1 & \nu/(1-\nu) & 0 \\ \nu/(1-\nu) & 1 & 0 \\ 0 & 0 & \nu/(1-2\nu)/2(1-\nu) \end{bmatrix}\begin{bmatrix} \varepsilon_{xx} \\ \varepsilon_{yy} \\ 2\varepsilon_{xy} \end{bmatrix} \tag{1.106}$$

$$\mathbf{D} = \frac{E(1-\nu)}{(1+\nu)(1-2\nu)}\begin{bmatrix} 1 & \nu/(1-\nu) & 0 \\ \nu/(1-\nu) & 1 & 0 \\ 0 & 0 & (1-2\nu)/2(1-\nu) \end{bmatrix} \tag{1.107}$$

축대칭 문제의 경우, 영이 아닌 변형률 성분이 ε_{rr}, $\varepsilon_{\theta\theta}$, ε_{zz}, ε_{rz} 밖에 없으며, 영이 아닌 응력 성분이 σ_{rr}, $\sigma_{\theta\theta}$, σ_{zz}, σ_{rz} 밖에 없다. 따라서 후크법칙을 풀어 쓰면 다음과 같다.

$$\begin{aligned}
\varepsilon_{rr} &= \frac{1}{E}[\sigma_{rr} - \nu(\sigma_{\theta\theta} + \sigma_{zz})] \\
\varepsilon_{rr} &= \frac{1}{E}[\sigma_{\theta\theta} - \nu(\sigma_{zz} + \sigma_{rr})] \\
\varepsilon_{zz} &= \frac{1}{E}[\sigma_{zz} - \nu(\sigma_{rr} + \sigma_{\theta\theta})] \\
\varepsilon_{rz} &= \frac{(1+\nu)}{E}\sigma_{rz}
\end{aligned} \tag{1.108}$$

이 식을 응력텐서 벡터에 관한 식으로 표현하면 다음과 같다.

$$\sigma_i = \sum_{j=1}^{3} D_{ij}\varepsilon_j \tag{1.109}$$

여기서

$$\mathbf{D} = \frac{E(1-\nu)}{(1+\nu)(1-2\nu)}\begin{bmatrix} 1 & \gamma & \gamma & 0 \\ \gamma & 1 & \gamma & 0 \\ \gamma & \gamma & 1 & 0 \\ 0 & 0 & 0 & \beta \end{bmatrix},\ \sigma_i = \begin{bmatrix} \sigma_{rr} \\ \sigma_{\theta\theta} \\ \sigma_{zz} \\ \sigma_{rz} \end{bmatrix},\ \varepsilon_i = \begin{bmatrix} \varepsilon_{rr} \\ \varepsilon_{\theta\theta} \\ \varepsilon_{zz} \\ 2\varepsilon_{rz} \end{bmatrix} \tag{1.110}$$

이다. 식 (1.110)에서 $\gamma = \nu/(1-\nu)$, $\beta = (1-2\nu)/2(1-\nu)$ 이다.

우리는 앞에서 후크법칙은 $\sigma_i = D_{ij}\varepsilon_j$ 의 일반 형태로 표현되며, 문제에 따라 D_{ij}, σ_i, ε_i 가 다르게 정의됨을 공부하였다. 한편, 초기변형률 ε_j^o 와 초기응력 σ_i^o 를 고려한 후크법칙은 다음과 같이 수식화된다.

$$\sigma_i = \sum_{j=1}^{3} D_{ij}(\varepsilon_j - \varepsilon_j^o) + \sigma_i^o \tag{1.111}$$

여기서 열팽창을 초기변형률로 간주한다면, ε_j^o 와 σ_i^o 는 3차원 문제의 경우

$$\varepsilon_j^o = \begin{bmatrix} \alpha\Delta T \\ \alpha\Delta T \\ \alpha\Delta T \\ 0 \\ 0 \\ 0 \end{bmatrix},\ \sigma_i^o = \begin{bmatrix} \sigma_{xx}^o \\ \sigma_{yy}^o \\ \sigma_{zz}^o \\ \sigma_{xy}^o \\ \sigma_{yz}^o \\ \sigma_{zx}^o \end{bmatrix} \tag{1.112}$$

평면응력 문제의 경우

$$\varepsilon_j^o = \begin{bmatrix} \alpha\Delta T \\ \alpha\Delta T \\ 0 \end{bmatrix},\ \sigma_i^o = \begin{bmatrix} \sigma_{xx}^o \\ \sigma_{yy}^o \\ \sigma_{xy}^o \end{bmatrix} \tag{1.113}$$

평면변형 문제의 경우

$$\varepsilon_j^o = (1+\nu)\begin{bmatrix} \alpha\Delta T \\ \alpha\Delta T \\ 0 \end{bmatrix},\ \sigma_i^o = \begin{bmatrix} \sigma_{xx}^o \\ \sigma_{yy}^o \\ \sigma_{xy}^o \end{bmatrix} \tag{1.114}$$

축대칭 문제의 경우

$$\varepsilon_j^o = \begin{bmatrix} \alpha\Delta T \\ \alpha\Delta T \\ \alpha\Delta T \\ 0 \end{bmatrix},\ \sigma_i^o = \begin{bmatrix} \sigma_{rr}^o \\ \sigma_{\theta\theta}^o \\ \sigma_{zz}^o \\ \sigma_{rz}^o \end{bmatrix} \tag{1.115}$$

이다.

전술한 초기변형률은 금형의 열박음 해석 목적으로 사용될 수 있다.

1.3.3 소성유동법칙

공작물에 하중을 가했을 때 발생하는 전체변형량은 소성변형량과 그 나머지의 차이변형량으로 구성되어 있다. 일반적으로 차이변형량을 탄성변형량이라고 간주해도 큰 무리는 없다. 소성변형은 하중을 제거했을 때 원상태로 복구되지 않으며, 탄성변형은 원상태로 복구된다. 소성가공은 소성변형에 근거한 성형방법이다. 일반적으로 소성가공에서 소성변형량에 비하여 탄성변형량은 매우 작다. 탄성변형량을 무시한 경우를 강소성이라고 부른다. 강소성 이론에서는 탄성변형이 무시되는 반면, 탄소성 이론에서는 탄성변형과 소성변형이 동시에 고려된다. 탄소성은 강소성에 비하여 실제의 현상을 보다 정확하게 반영할 수 있으나, 이론의 이해와 활용이 어렵고 계산시간이 훨씬 많이 소요되는 단점을 지니고 있다. 그리고 잘못 사용했을 경우, 예측결과가 오히려 실제의 현상에서 크게 멀어질 수 있다. 즉, 불확실성이 증가한다. 반면, 강소성은 탄성의 영향을 무시한 단점은 있으나 해의 안전성 측면에서 유리하다. 현재 강소성 이론은 체적소성가공(bulk metal forming) 분야에서 공정 적용 단계에 와 있으나, 이 분야에서 탄소성 이론은 강소성 이론에 비하여 그 적용이 많지 않다. 여기서는 강소성 이론을 중점적으로 설명한다.

von Mises 항복함수는 다음과 같이 표현된다.

$$f(\sigma_{pq}') = \frac{1}{2}\sum_i\sum_j \sigma_{ij}'\sigma_{ij}' - k^2 \qquad (1.116)$$

Drucker의 가설은 일반적인 소성가공 문제에 적합하다. Drucker의 가설에 의하면, 항복곡면은 볼록(convex)해야 하며, 소성변형률의 증분은 항복곡면에 직교해야 한다. 식 (1.116)에서 항복함수 f는 볼록하므로 Drucker의 가설을 만족한다. 소성변형률속도가 항복함수에 직교해야 한다는 조건으로부터 다음의 관계가 성립해야 한다.

$$\Delta\varepsilon_{ij}' = \Delta\lambda\frac{\partial f}{\partial\sigma_{ij}'} = \Delta\lambda\sigma_{ij}' \quad \text{또는} \quad \dot{\varepsilon}_{ij}' = \dot{\lambda}\frac{\partial f}{\partial\sigma_{ij}'} = \dot{\lambda}\sigma_{ij}' \qquad (1.117)$$

여기서 $\Delta\lambda$ 및 $\dot{\lambda}$는 비례상수이다.

식 (1.74)의 유효변형률속도의 정의와 식 (1.36)의 유효응력의 정의로부터

$$\dot{\lambda} = \frac{3}{2}\frac{\dot{\bar{\varepsilon}}}{\bar{\sigma}} \tag{1.118}$$

가 되어야 하므로, von Mises 항복이론을 따르는 강소성재료의 유동법칙은 다음과 같다.

$$\sigma_{ij}' = \frac{2}{3}\frac{\bar{\sigma}}{\dot{\bar{\varepsilon}}}\dot{\varepsilon}_{ij}' = \frac{2}{3}\frac{\bar{\sigma}}{\sqrt{\frac{2}{3}\sum_{k}\sum_{l}\dot{\varepsilon}_{kl}'\dot{\varepsilon}_{kl}'}}\dot{\varepsilon}_{ij}' \tag{1.119}$$

여기서 강소성 이론에서는 $\dot{\varepsilon}_{ij} = \dot{\varepsilon}_{ij}^{p}$ 이다.

식 (1.119)에서 $\bar{\sigma}$ 는 재료의 성질을 반영하는 것으로 유동응력(flow stress) 또는 변형저항식이라고 일컫는다. 유동응력은 변형률, 변형률속도, 온도, 손상도 등의 함수이며, 실험적으로 구해진다.

1.3.4 유동응력

재료가 다르다고 해서 역학적 법칙이 달라지는 것은 없다. 구성방정식과 관련된 소재계수들이 달라질 뿐이다. 소성변형을 받고 있는 재료의 항복응력 $\bar{\sigma}$ 는 유효변형률 $\bar{\varepsilon}$, 유효변형률속도 $\dot{\bar{\varepsilon}}$, 온도 T, 손상도, 결정크기 및 미세구조 등의 함수이며, 재료의 기계적 성질 또는 상태를 반영한다. 이 함수를 유동응력 함수 또는 변형저항식이라고 한다.

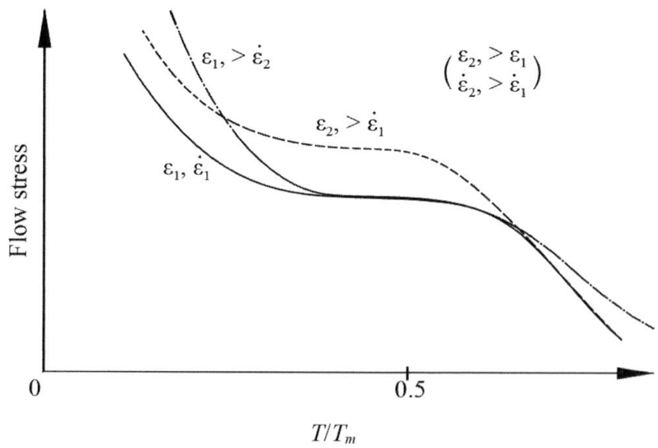

그림 1.20 온도, 변형률, 변형률속도가 유동응력에 미치는 영향

그림 1.20은 온도, 변형률, 변형률속도 등이 재료의 유동응력 함수에 미치는 영향을 도시한 것이다. 그림에서 Tm 은 재료의 용융점 온도를 의미한다. 저온에서는 변형률과 변형률속도가 유동응력 함수에 비교적 큰 영향을 미치며, 상온 주위에 이르러 변형률속도의 영향이 작아짐을 알 수 있다. 그리고 상온에서 재결정온도 직전까지는 변형률의 영향이 크고 변형률속도의 영향이 무시할 수 있을 정도로 작은 반면, 재결정온도 이상에서는 변형률의 영향이 작아짐을 알 수 있다. 그래서 일반적으로 상온에서는 변형률 의존 재료, 고온에서는 변형률속도 의존 재료라는 가정하에서 소성역학 문제가 해결되고 있다.

그림 1.21은 변형률이 유동응력 함수에 미치는 영향을 나타내고 있다. 고온에서는 변형률이 임계치에 이르면, 재결정이 발생하므로 변형률의 증가에 따른 유동응력 함수의 변화가 미미함을 알 수 있다. 저온에서 공업용 재료의 변형률 의존도가 비교적 높다. 그림 1.22는 고온에서 변형률속도가 유동응력 함수에 미치는 영향을 나타내고 있다. 유동응력 함수는 크게 세 구간으로 구성되어 있다. 변형률속도가 일정 이하이거나 일정 크기 이상일 경우에는 변형률속도의 증가에 따라 유동응력은 증가한다. 중간영역에서는 변형률속도의 증가에 따른 유동응력의 변화가 크지 않다. 일반적인 소성가공은 중간영역과 좌측영역에서 이루어지고 있고, 폭발성형과 같은 초고속 가공에서는 변형률속도가 우측의 영역에 속할 수 있다.

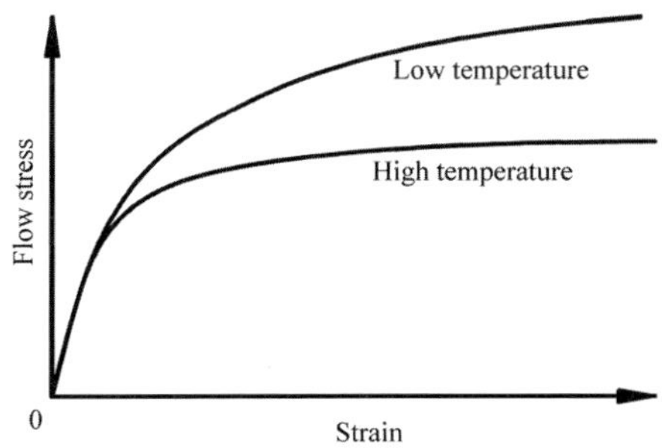

그림 1.21 변형률과 유동응력

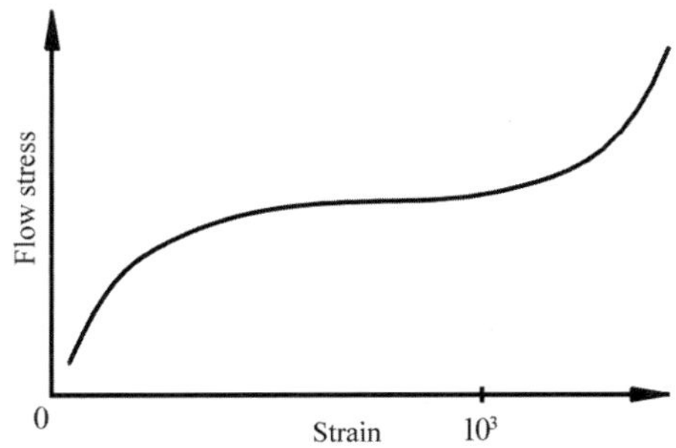

그림 1.22 고온에서 변형률속도와 유동응력에 미치는 영향

유동응력 함수가 변형률 및 변형률속도에 의존하지 않을 경우, 즉 일정할 경우를 완전소성(perfectly plastic) 재료라고 하고, 소성변형률 $\bar{\varepsilon}^p$ 만의 함수, 즉

$$\bar{\sigma} = \bar{\sigma}(\bar{\varepsilon}^p) \tag{1.120}$$

인 경우를 강소성(rigid−plastic) 재료라고 한다. 강점소성(rigid−viscoplastic) 재료와 강열점소성(rigid−thermoviscoplastic) 재료의 유동응력 함수는 각각 다음 식으로 표현된다.

$$\bar{\sigma} = \bar{\sigma}(\bar{\varepsilon}^p,\ \dot{\bar{\varepsilon}}^p) \tag{1.121}$$

$$\bar{\sigma} = \bar{\sigma}(\bar{\varepsilon}^p,\ \dot{\bar{\varepsilon}}^p,\ T) \tag{1.122}$$

강열점소성 소재의 경우, 온도가 응력에 영향을 미치므로 온도해석과 유동해석이 동시에 실시되어야 한다. 이를 비등온공정(non-isothermal process)이라고 하고, 그 해석을 비등온해석(non-isothermal analysis) 또는 연계해석(coupled analysis)이라고 한다. 만약 공정중 온도가 일정하다고 가정하면, 강점소성재료가 되며, 이 공정을 해석상 등온공정(isothermal process)이라고 한다.

냉간가공 공정의 경우, 일반적으로 유동응력은 유효변형률만의 함수로 간주될 수 있으며, 인장시험을 통하여 그 관계식을 손쉽게 얻을 수 있다. 물론, 참고문헌으로부터 재료 정보를 손쉽게 얻을 수 있다. 냉간소재의 유동응력을 모델링하기 위한 수식모델로 다음의 수식들이 널리 사용되고 있다.

$$\bar{\sigma} = Y_o\left(1+\bar{\varepsilon}/b\right)^n \tag{1.123}$$

$$\bar{\sigma} = K\ \bar{\varepsilon}^n \tag{1.124}$$

$$\bar{\sigma} = Y_o + K\ \bar{\varepsilon}^n \tag{1.125}$$

$$\bar{\sigma} = C_1 + C_2\bar{\varepsilon} \tag{1.126}$$

여기서 Y_o는 초기항복응력이고, K와 n을 각각 강도계수(strength coefficient)와 변형경화지수(strain hardening exponent)라고 한다. 이 중에서 식 (1.124)가 가장 널리 사용되고 있다. 식 (1.124)을 Hollomon의 유동응력식이라고 하고, 식 (1.125)를 Ludwik의 유동응력식이라고 한다.

이론에 의하면, 변형경화지수 n은 인장시험 시에 네킹이 발생하는 지점에서의 진변형률 ε_N과 일치한다. 즉,

$$n = \varepsilon_N \tag{1.127}$$

이다. 이를 Considère 조건[1.7]이라고 한다. 그러나 실제 식 (1.127)에 의하여 구한 값과 곡선피팅으로부터 구한 값은 다소 차이를 보일 수 있다. 그런데 경험적으로 볼 때, 식 (1.127)에 의하여 결정된 값은 인장시험의 시뮬레이션 시에 네킹의 발생 시점을 비교적 정확하게 예측해 준다. 따라서 네킹이 발생하는 시점과 네킹으로 인한 시편의 변형모양 및 거

동특성이 중요한 문제에서는 식 (1.127)의 변형경화지수를 사용하고, 소성가공공정적용을 위하여 전체적인 유동응력 정보를 얻고자 할 경우에는 변형률과 유동응력에 관한 전체적인 거동을 고려하여 구한 재료상수를 사용하는 것이 바람직하다.

소재의 고온 유동응력은 구하기 어렵고, 문헌에서 찾기도 쉽지 않은 것이 사실이다. 그 이유는 소재가 고온고압의 극한 상태에서 변형하기 때문이다. 다행인 점은 제한적인 자료로부터 얻은 유동응력과 관련된 정보를 이용해도 소성유동은 비교적 잘 맞다는 사실이다.

흔히 그림 1.20 ~ 1.22의 특성을 반영하기 위한 열점소성 재료의 유동응력을 다음과 같이 수식화하여 사용하고 있다.

$$\bar{\sigma} = C\bar{\varepsilon}^n \dot{\bar{\varepsilon}}^m \tag{1.128}$$

여기서 n, m 등은 각각 변형률경화지수와 변형률속도의존지수(strain rate dependency)라고 하며, 고온강도계수 C와 함께 온도와 변형률 등의 함수이다.

실제 식 (1.128)의 소재 정보를 획득하는데는 많은 어려움이 따른다. 소재의 고온특성이 매우 복잡한데다 고온고압의 극한 상황이라 소재정보의 계측이 용이하지 않기 때문이다. 이런 이유로 참고문헌에서 획득할 수 있는 소재정보도 한정되어 있다. 경험적으로 볼 때 변형률속도 의존 재료를 사용하여 실시한 등온해석의 결과가 실제의 현상을 비교적 잘 반영한다. 변형률속도 의존 재료의 거동특성곡선은 그림 1.22와 같으며, 이 곡선에서 좌측의 유동응력 함수는 흔히 다음의 수식모델로 표현되고 있다.

$$\bar{\sigma} = C\dot{\bar{\varepsilon}}^m \tag{1.129}$$

이 이외에도 다양한 형태의 유동응력 수식이 개발되어 있으며, 각 수식모델들은 나름대로의 장단점을 지니고 있다. 그리고 재료상수는 재료시험과 수식모델을 이용한 곡선피팅에 의하여 획득된다. 재료 물성치 획득을 위한 재료시험은 주로 인장시험, 압축시험, 비틀림시험 등을 이용한다. 시험을 통하여 획득된 정보는 최소자승법에 바탕을 둔 곡선피팅법에 의하여 구해진다.

1.4 경계조건과 마찰

지배방정식이 미분방정식일 경우, 유일해를 얻기 위하여 경계조건 또는 초기조건이 필수적이다. 경계조건은 두 종류로 나누어진다. 지배방정식이 $2p$차의 미분방정식일 경우, 0차에서 $p-1$차까지의 미분항 또는 도함수가 포함된 경계조건을 필수경계조건이라고 하고, p차부터 $2p-1$차까지의 도함수가 포함된 경계조건을 자연경계조건이라고 한다. 상미분방정식의 경계조건은 점에서 실수값으로 주어지고, 편미분방정식의 경우에는 경계를 정의구역으로 하는 함수의 형태로 주어진다.

탄성역학 문제의 경우, 필수경계조건은 변위(각도 포함)와 관련된 기하학적 조건이며, 자연경계조건은 힘(모멘트 포함)과 관련된 역학적 경계조건이다. 소성역학 문제의 경우, 필수경계조건은 속도와 관련된 기하학적 조건이며, 자연경계조건은 힘과 관련된 역학적 경계조건이다. 열전달 문제의 경우 온도가 주어진 경계는 필수경계조건이고 열전달율이 주어진 경계는 자연경계조건이다.

일반적으로 경계의 한 점에는 (미지수의 수$\times p$)만큼의 경계조건이 부과된다. 가령 온도분포를 구하는 문제에서는 1차원 직선, 2차원 평면, 3차원 공간 모두 미지수의 수는 하나이다. 그러므로 고체의 차원과 무관하게 하나의 점에 하나의 경계조건이 부과된다. 그러나 변위 또는 속도가 2차 미분방정식의 미지함수로 수식화되는 고체역학 문제에서는 그렇지 않다. 2차원 평면의 한 점에서 두 개의 변위 또는 속도 성분이 미지수이고, 3차원 공간의 한 점에서 세 개의 변위 및 속도 성분이 미지수이다. 따라서 이러한 부류의 문제에서는 차원 수만큼의 경계조건이 하나의 점에 부과되어야 한다.

한편 소성가공공정의 해석에서 마찰은 공정의 특성을 결정짓는 주요인자 중의 하나이다. 압연공정에서 롤과 소재 간의 적절한 마찰력은 필수적이다. 그러나 과도한 마찰력은 압하력을 증가시키고 롤의 마모를 가속화시키므로 적절히 통제되어야 한다. 단조공정의 경우, 마찰은 금속유동(metal flow)의 형태를 결정짓는 역할을 하지만 금형의 마모수명을 떨어뜨리므로 적절히 통제되어야 한다. 냉간가공에서는 변형저항이 크기 때문에 윤활제를 사용하는 것이 일반화되어 있다. 열간에서도 극심한 금형의 마모를 줄이기 위하여 흔히 윤활제를 사용하고 있다. 마찰에 영향을 미치는 주요 인자에는 접촉면의 압력, 윤활상태, 상대속도, 온도, 소재의 성질, 조도 등이 있다. 소성가공에서 마찰면은 고온고압의 극한 상황이므로 마찰 인자가 마찰력에 미치는 영향을 정확히 분석하기란 쉽지 않으며, 물리학, 재료학, 소성역학 등의 주요 관심사 중의 하나이다.

소성역학에서는 마찰력을 전통적으로 쿨롱마찰법칙(law of Coulomb friction)과 일정전단마찰법칙으로 수식화하고 있다. 쿨롱마찰모델에서는 접촉면에서 상대적인 운동이 발생할 경우 마찰력이 법선력에 비례한다고 간주하는 반면, 일정전단마찰법칙(law of constant sheer friction)에서는 전단항복응력의 일정비율의 전단응력이 작용한다고 간주하고 있다. 즉, 미끄럼이 발생할 때, 마찰응력 (접선응력) σ_t 의 크기 $|\sigma_t|$ 는

$$|\sigma_t| = \mu|\sigma_n| \text{ (쿨롱마찰법칙)} \tag{1.130}$$

$$|\sigma_t| = mk \text{ (일정전단마찰법칙)} \tag{1.131}$$

이다. 여기서 μ 와 σ_n 은 각각 마찰계수(coefficient of Coulomb friction)와 법선응력이며, m 과 $k = Y/\sqrt{3}$ 은 각각 마찰상수(friction factor)와 전단항복응력이다. 마찰력은 운동을 저지하려는 방향으로 작용한다. 미끄러지지 않을 때는

$$|\sigma_t| \le \mu|\sigma_n| \qquad \text{또는} \qquad |\sigma_t| \le mk \tag{1.132}$$

이고, 두 물체의 변위 또는 속도의 접선성분이 모두 동일해야 한다.

일정전단마찰법칙에서는 마찰력과 법선력 간의 상호관계가 없으며, 기하학적으로 접촉하면 일정한 값의 마찰력이 작용하는 것으로 간주한다. 마찰력은 법선력과 함수관계에 있으므로 쿨롱마찰모델 또는 유사 형태의 마찰법칙이 실제의 현상을 보다 정확하게 표현할 것이다. 일정전단마찰법칙은 계산시간, 수식화의 단순함 등의 장점 때문에 단조, 압연, 압출, 인발 등의 체적소성가공공정의 해석을 위하여 광범위하게 사용되어 왔다. 인발 및 유선형 금형을 사용한 압출의 경우, 법선응력의 변화가 금형의 전 접촉구간에서 비교적 작으므로 일정전단마찰법칙과 쿨롱마찰법칙은 유사한 결과를 낳는다. 그러나 압연공정과 변형형태가 비교적 복잡한 단조공정의 경우에는 일정전단마찰법칙의 사용이 소성유동 해석 목적에 부적절할 수도 있다.

1.5 소성역학에서의 변분이론

$\tilde{v}_i$ 를 가용속도장(kinematically admissible velocity field)이라고 하자. 이 속도장은 필수경계조건과 비압축성 조건을 만족해야 한다. σ_{ij} 와 $\tilde{\sigma}_{ij}$ 를 각각 실제의 응력과 가용속도장 $\tilde{v}_i$ 에 상응하는 응력으로 정의하자. 그림 1.24에서 보는 바와 같이 항복곡면의 볼록한 성질(convexity)과 변형률속도의 직교성(normality)으로부터 다음의 관계가 항상 성립한다.

$$\sum_{i=1}^{3}\sum_{j=1}^{3} (\tilde{\sigma}_{ij} - \sigma_{ij})\dot{\tilde{\varepsilon}}_{ij} \geq 0 \tag{1.133}$$

여기서 등식은 $\tilde{\sigma}_{ij} = \sigma_{ij}$ 일 때만 성립한다. 한편

$$\begin{aligned}\sum_i\sum_j \int_V \sigma_{ij}\dot{\tilde{\varepsilon}}_{ij} dV &= \sum_i\sum_j \int_V \sigma_{ij}\frac{\partial \tilde{v}_i}{\partial x_j} dV \\ &= \sum_i\sum_j \left[\int_{S_{t_i}} \bar{t}_i\tilde{v}_i\, dS + \int_{S_{v_i}} \sigma_{ij}n_j\bar{v}_i\, dS - \int_V \frac{\partial \sigma_{ij}}{\partial x_j}\tilde{v}_i\, dV\right] \\ &= \sum_i\sum_j \left[\int_{S_{t_i}} \bar{t}_i\tilde{v}_i\, dS + \int_{S_{v_i}} \sigma_{ij}n_j\bar{v}_i\, dS\right]\end{aligned} \tag{1.134}$$

이므로 식 (1.133)를 대입하면 다음의 부등식을 얻게 된다.

$$\sum_i\sum_j \int_V \tilde{\sigma}_{ij}\dot{\tilde{\varepsilon}}_{ij}\, dV - \sum_i \int_{S_{t_i}} \bar{t}_i\tilde{v}_i\, dS \geq \sum_i\sum_j \int_{S_{v_i}} \sigma_{ij}n_j\bar{v}_i\, dS \tag{1.135}$$

위 식에서 등식은 $\tilde{\sigma}_{ij} = \sigma_{ij}$ 일 때 성립한다. 즉, 가용속도장이 정답과 일치할 때, 좌변의 범함수가 최소값을 갖는다. 그러므로 이 문제는 범함수의 극화 문제로 수식화된다. 한편, 재료가 von Mises 항복이론을 따르고 등방성경화 성질을 가질 경우, $\sum_i\sum_j \tilde{\sigma}_{ij}\dot{\tilde{\varepsilon}}_{ij} = \tilde{\bar{\sigma}}\,\dot{\tilde{\bar{\varepsilon}}}$ 이므로 다음의 범함수를 얻는다.

$$\phi = \int_V \tilde{\bar{\sigma}}\,\dot{\tilde{\bar{\varepsilon}}}\, dV - \sum_i \int_{S_{t_i}} \bar{t}_i\tilde{v}_i\, dS \tag{1.136}$$

즉, 식 (1.136)를 최소화시키는 가용속도장 $\tilde{v}_i$ 가 구하고자 하는 해가 된다.

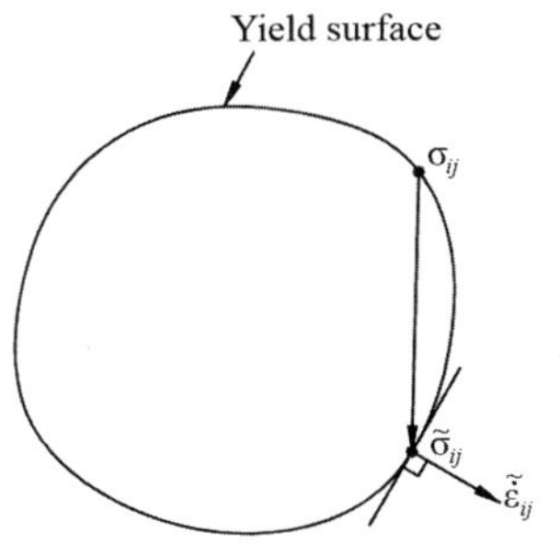

그림 1.23 응력과 변형률속도의 관계

2. Metal Forming with emphasis on Forging

2.1 General consideration
2.2 Metal formed products
2.3 Important factors of forging industry
2.4 Basic and applied processes of forging
2.5 Process development

저자: 전만수

2.1 General considerations

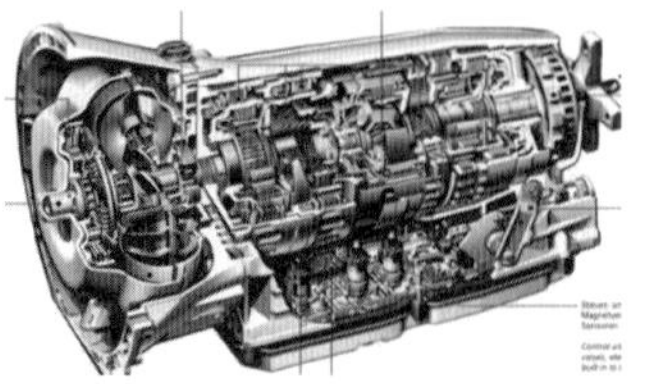

Forgings

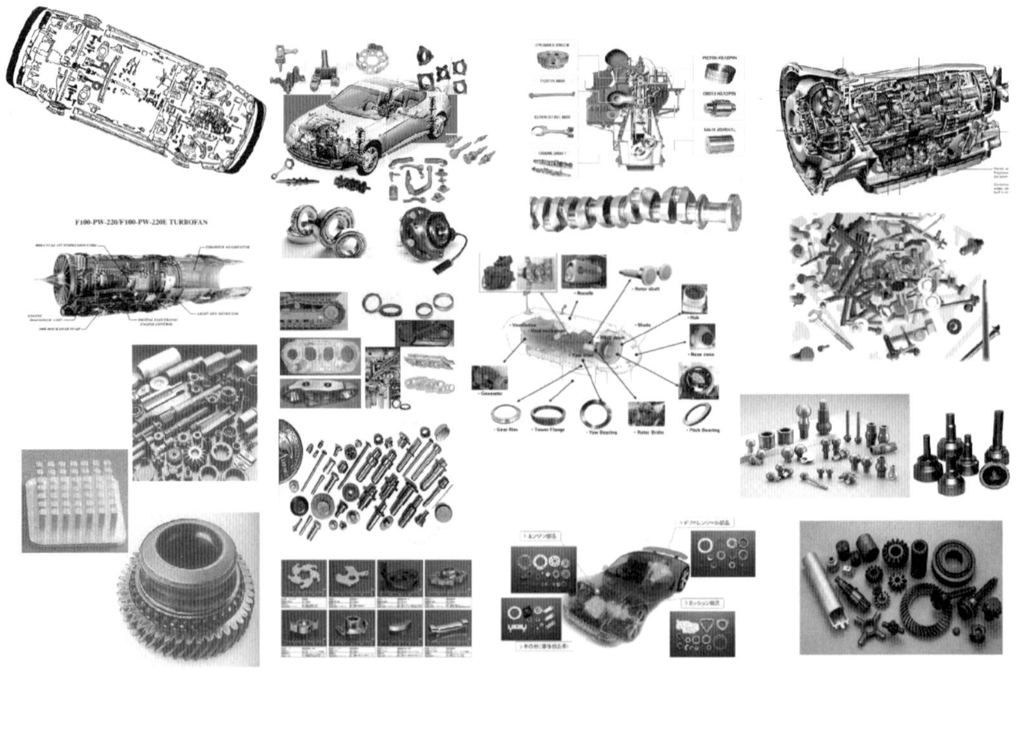

Manufacturing and Metal Forming

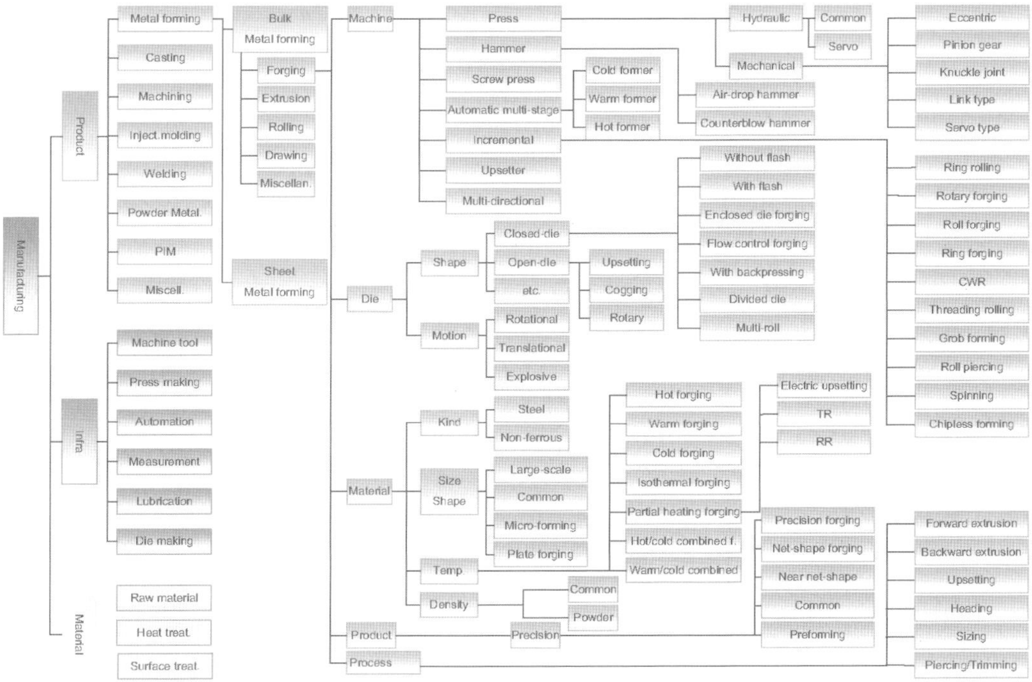

Why are forgings better?

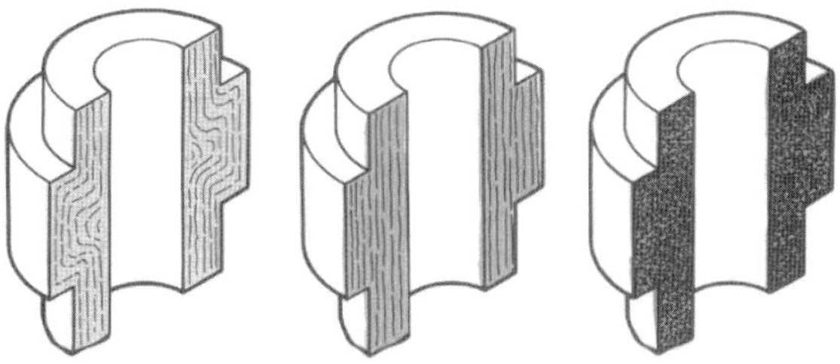

Forged　　Machined from solid bar　　Cast

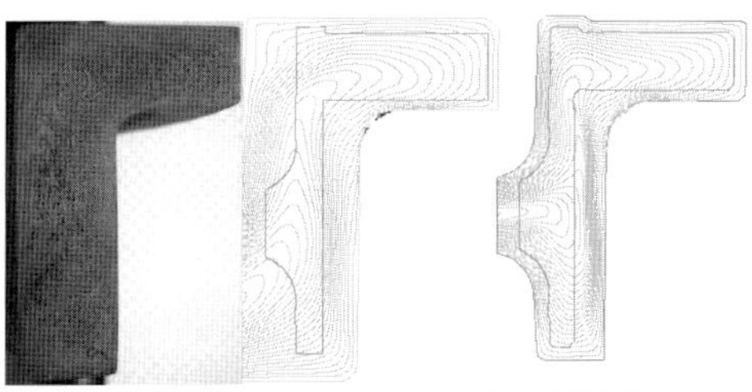

Old (1.1kg)　　New (0.82kg)

Mass production of parts with good quality

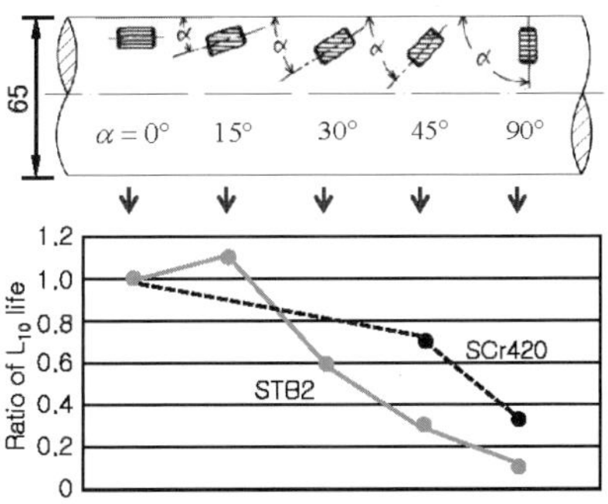

Ito, S., Tusuhima, N., Muro, H., "Accelerated rolling. Contact fatigue test by a cylinder-To-Ball Rig", Rolling contact fatigue testing of bearing steels, ASTM STP 771, J, J, C. Hoo, Ed., American society for testing and materials, 1982, pp. 125~135

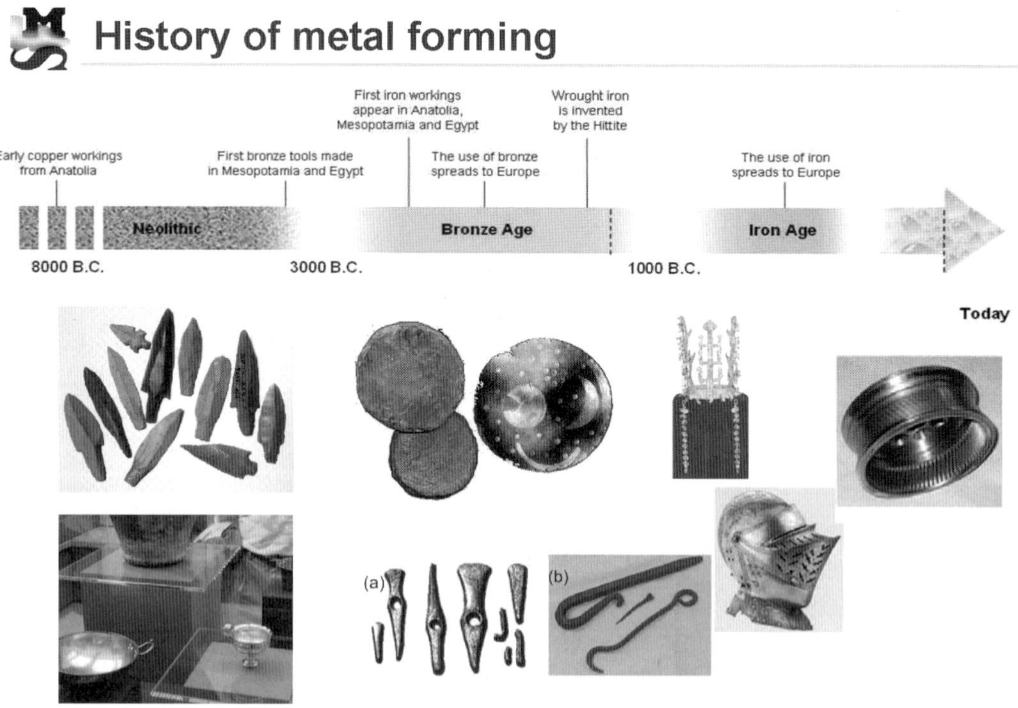
History of metal forming
First iron workings appear in Anatolia, Mesopotamia and Egypt
Wrought iron is invented by the Hittite
Early copper workings from Anatolia
First bronze tools made in Mesopotamia and Egypt
The use of bronze spreads to Europe
The use of iron spreads to Europe
Neolithic
Bronze Age
Iron Age
8000 B.C.
3000 B.C.
1000 B.C.
Today
(a)
(b)

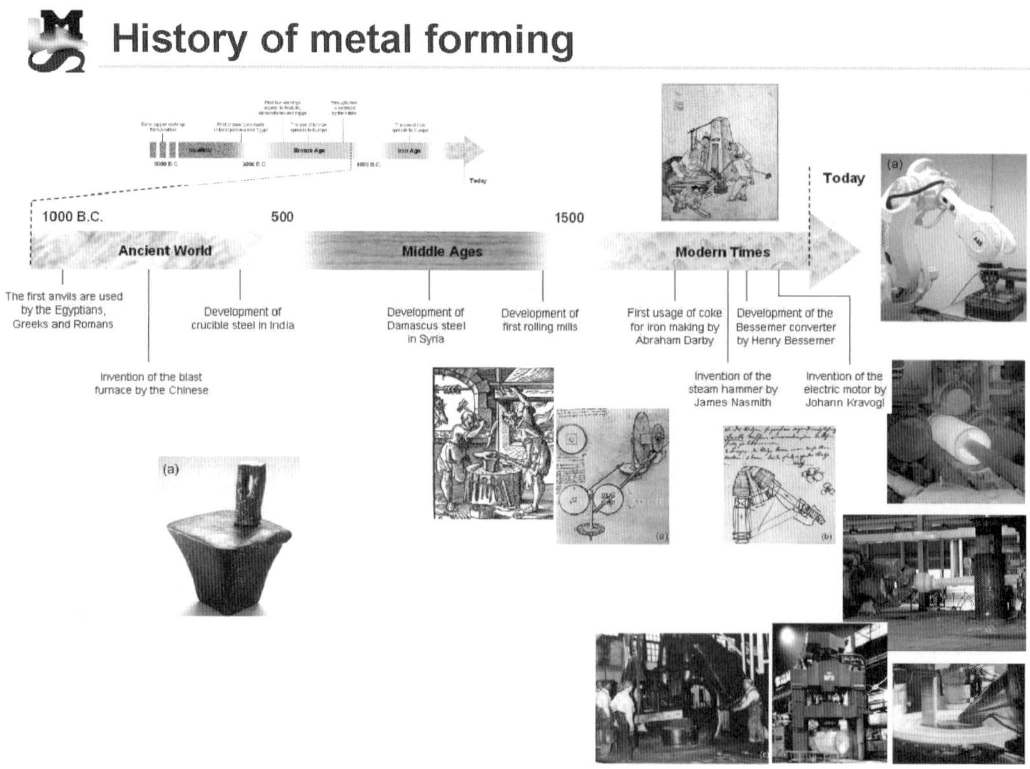
History of metal forming
1000 B.C.
500
1500
Today
Ancient World
Middle Ages
Modern Times
The first anvils are used by the Egyptians, Greeks and Romans
Invention of the blast furnace by the Chinese
Development of crucible steel in India
Development of Damascus steel in Syria
Development of first rolling mills
First usage of coke for iron making by Abraham Darby
Development of the Bessemer converter by Henry Bessemer
Invention of the steam hammer by James Nasmith
Invention of the electric motor by Johann Kravogl
(a)
(b)

Evolution of forgings

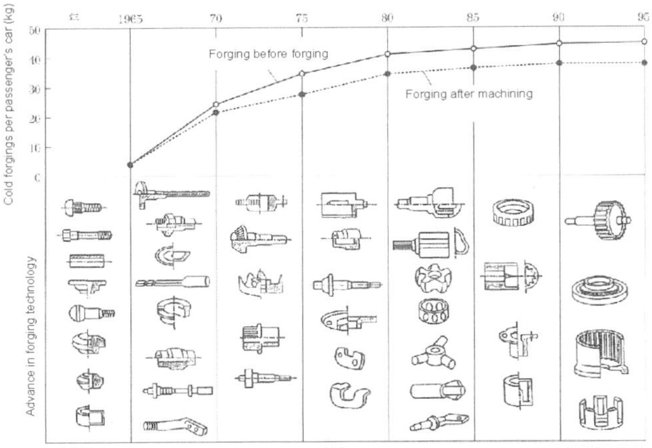

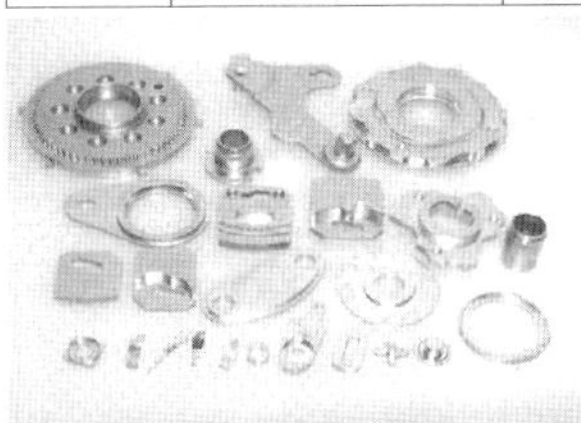

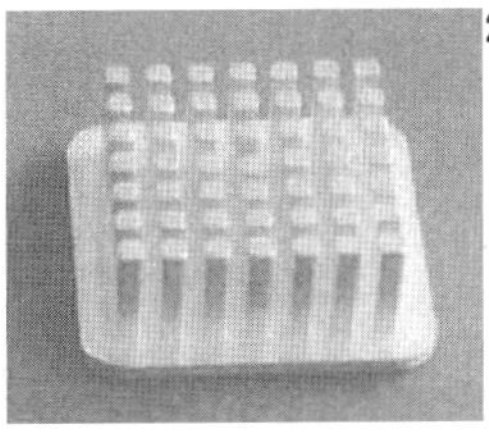

2000-

Easy-to-understand forging (JSTP)

China forging market for auto parts

北京机电研究所
BRIMET Beijing Research Institute of Mechanical and Electrical Technology

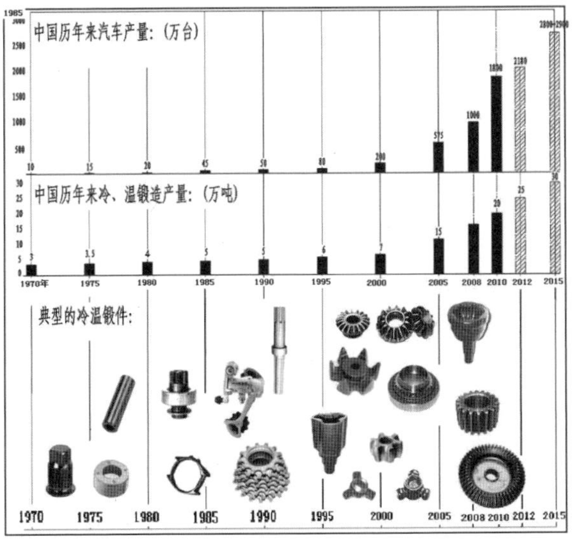

据中汽协统计，2013年中国汽车产量为2211.68万辆，同比增长14.76%。很多关键零件必须用冷锻或温锻工艺制造。在这些关键零部件本土化生产中，冷温锻造获得了新的发展机遇。

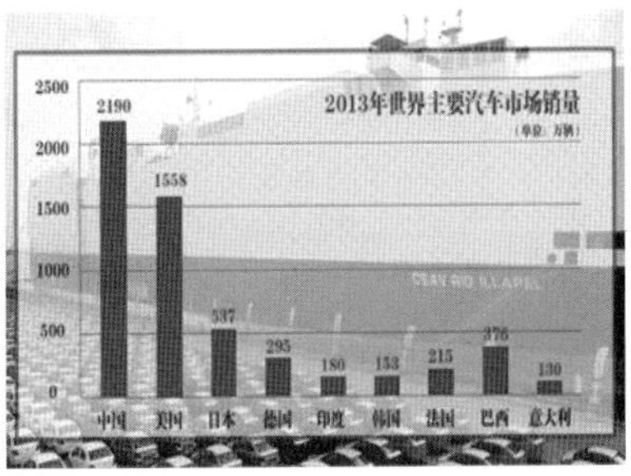

Concept of forging and terminologies

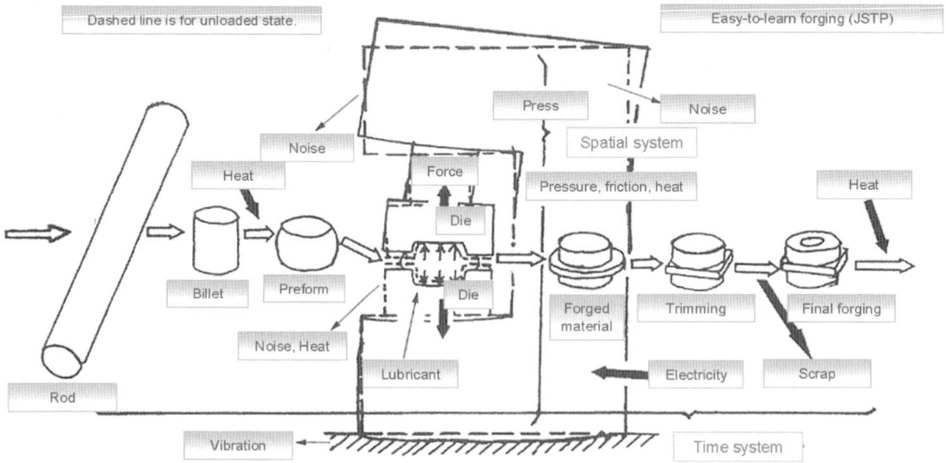

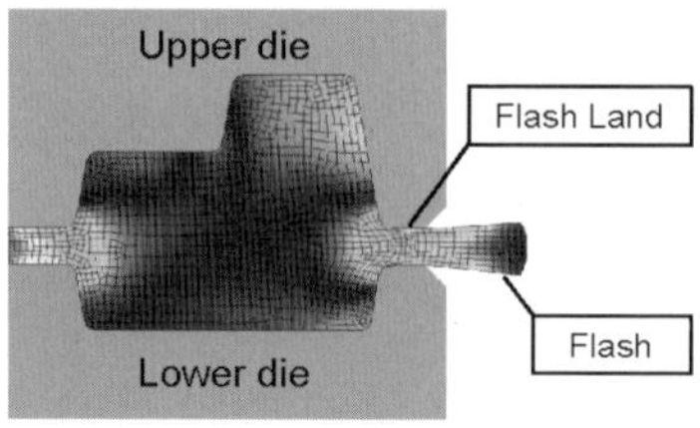

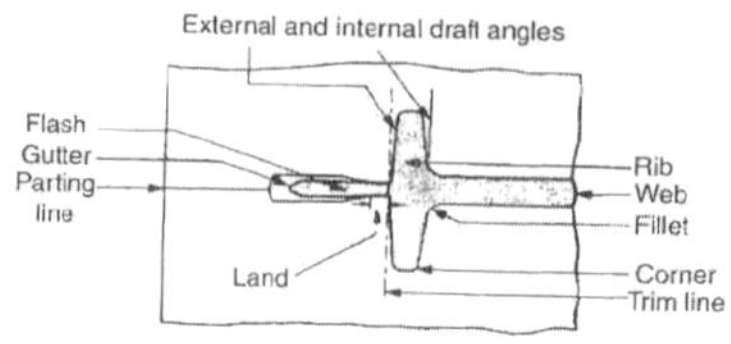

World market of forgings

WORLDWIDE PRODUCTION PER REGION in '000 Tons in 2013
(From AFM 2014, Taiwan)

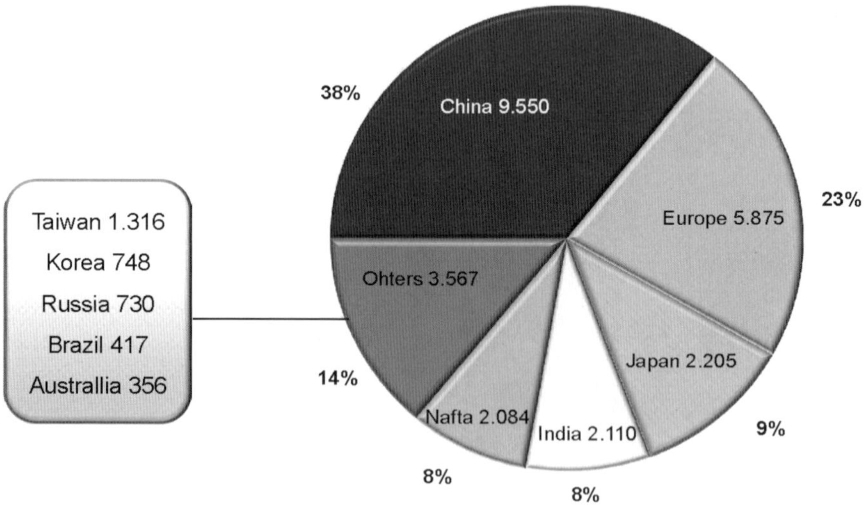

Customer segments in Asia

(unit: million tons)

	China	India	Japan	Korea	Taiwan	Total
Automobile	4.645	1.239	1.577	0.679	0.691	8.832
Industrial, engineer and construction machinery	3.252	0.410	0.373	0.325	0.235	4.595
Transportation Equipment	0.110	0.086	0.022	0.008	0.006	0.226
Others	2.014	0.270	0.234	0.233	0.185	2.936

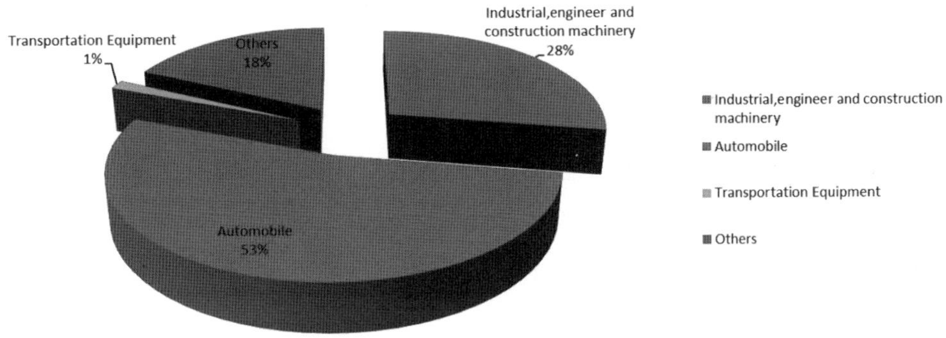

Forging process statistics in Asia

(unit: million tons)

	Taiwan	China	India	Japan	Korea	Total
Hot forging	0.995	9.319	2.008	2.089	1.144	15.555
Cold forging	0.122	0.696	0.096	0.118	0.101	1.133

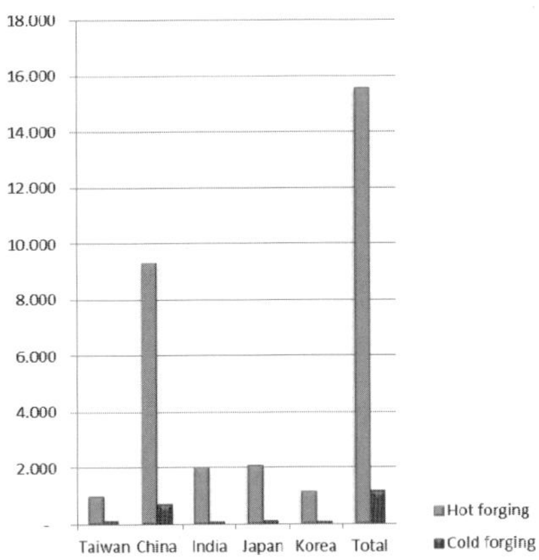

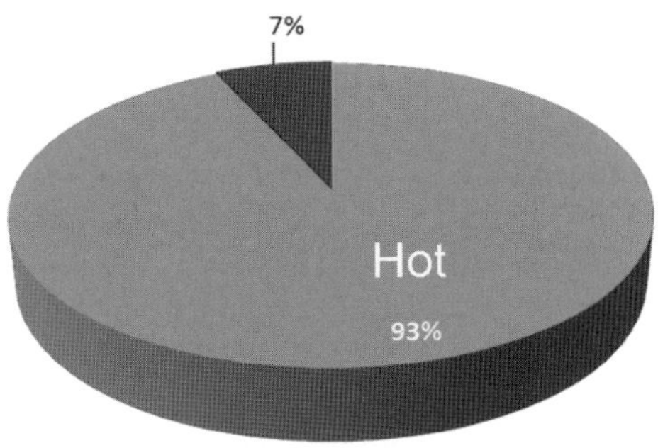

Hot forging statistics in Asia

(unit: million tons)

	China	India	Japan	Korea	Taiwan	Total
Close die	5.073	1.462	1.721	0.998	0.954	10.208
Open die	2.864	0.304	0.111	0.045	0.012	3.336
Ring rolling	0.901	0.077	0.234	0.079	0.010	1.301

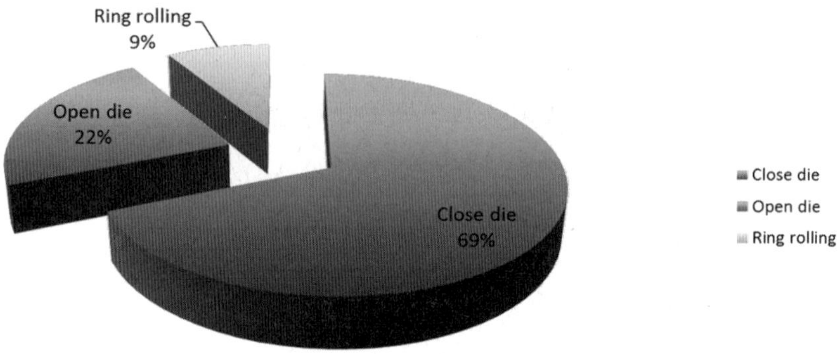

Labor statistics in Asia

China	India	Japan	Korea	Taiwan	Total
143,000	21,042	14,413	5,265	7,763	191,483

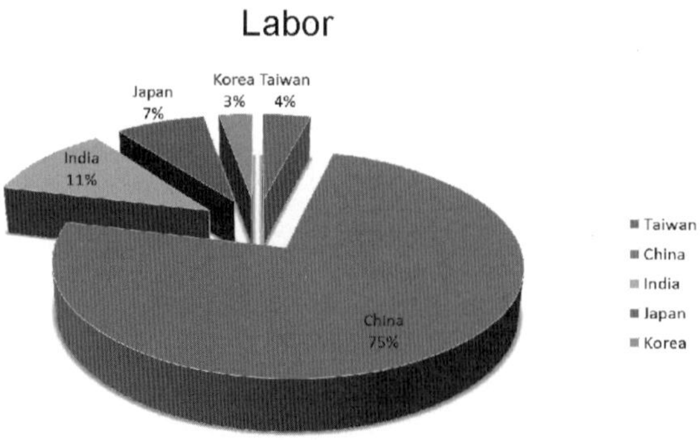

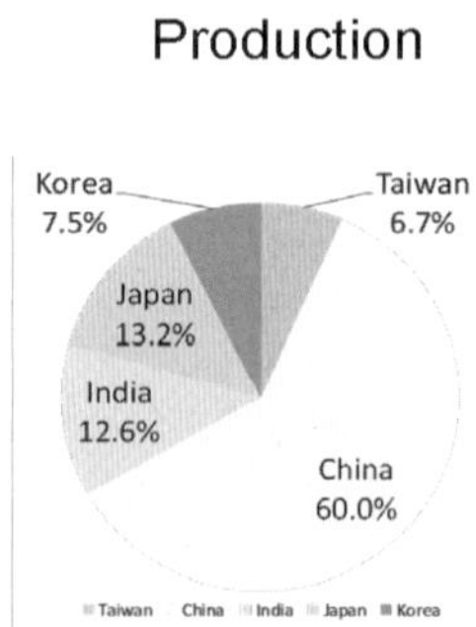

Japan 7%
Korea 3%

Japan 13.2%
Korea 7.5%

Energy consumption ratio

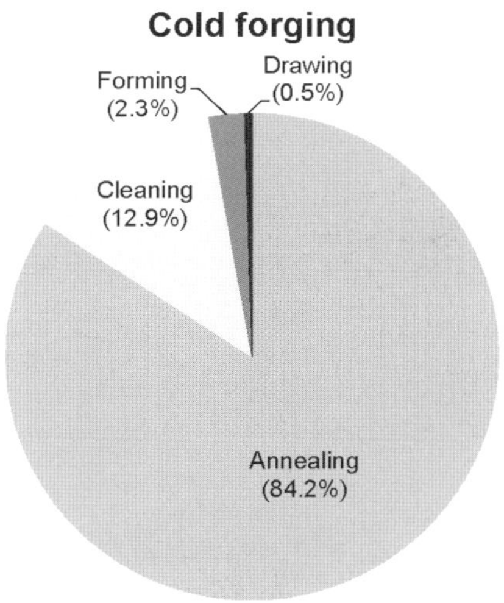

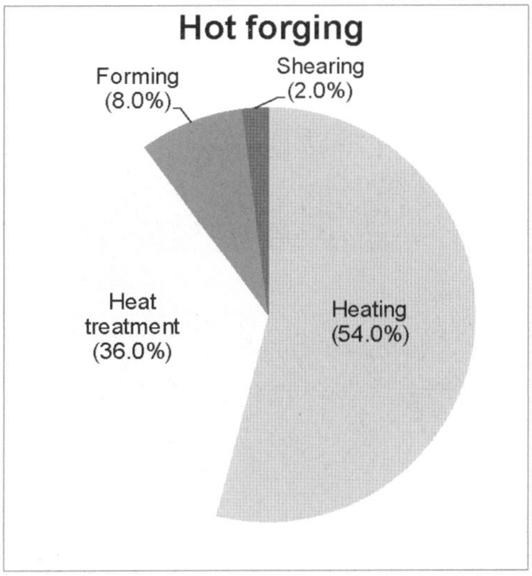

2.2 Metal formed products

Metal formed products

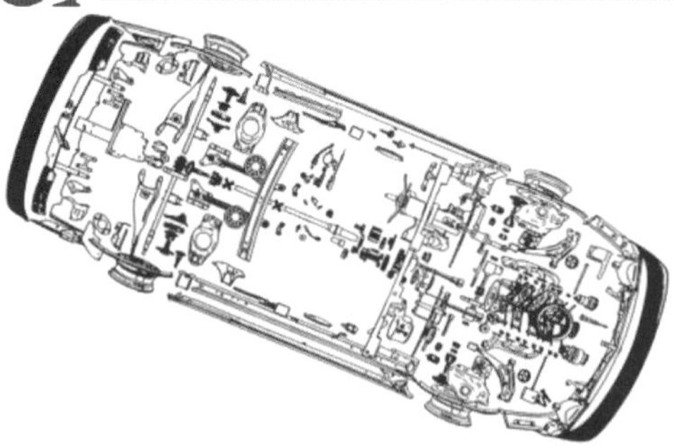

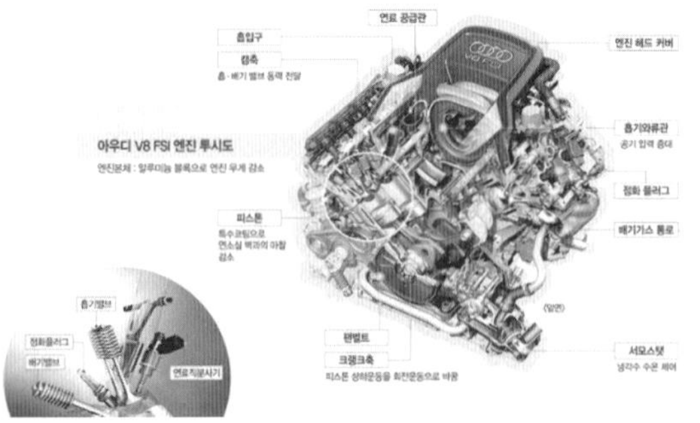

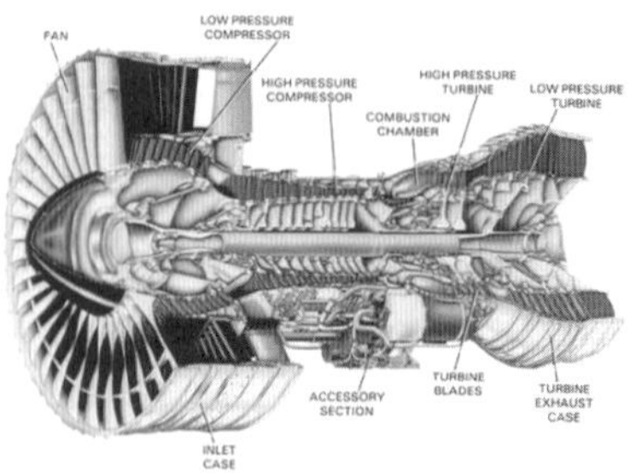

Auto-transmission

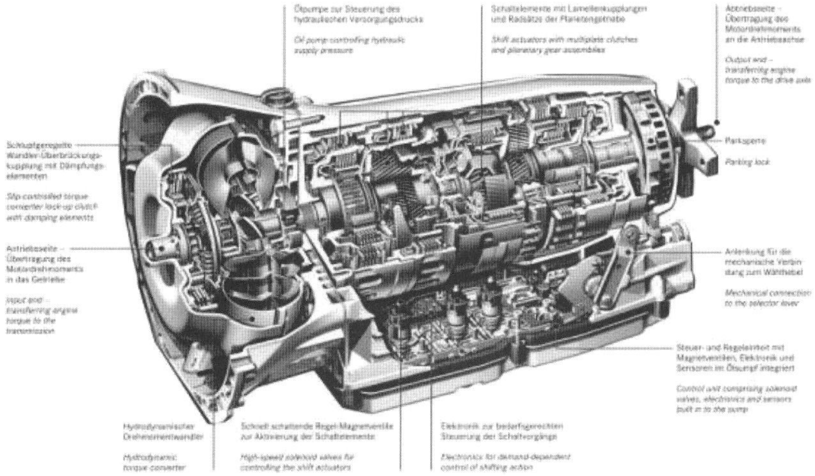

Mercedes Benz, 7 stage auto-transmission

Bearing parts

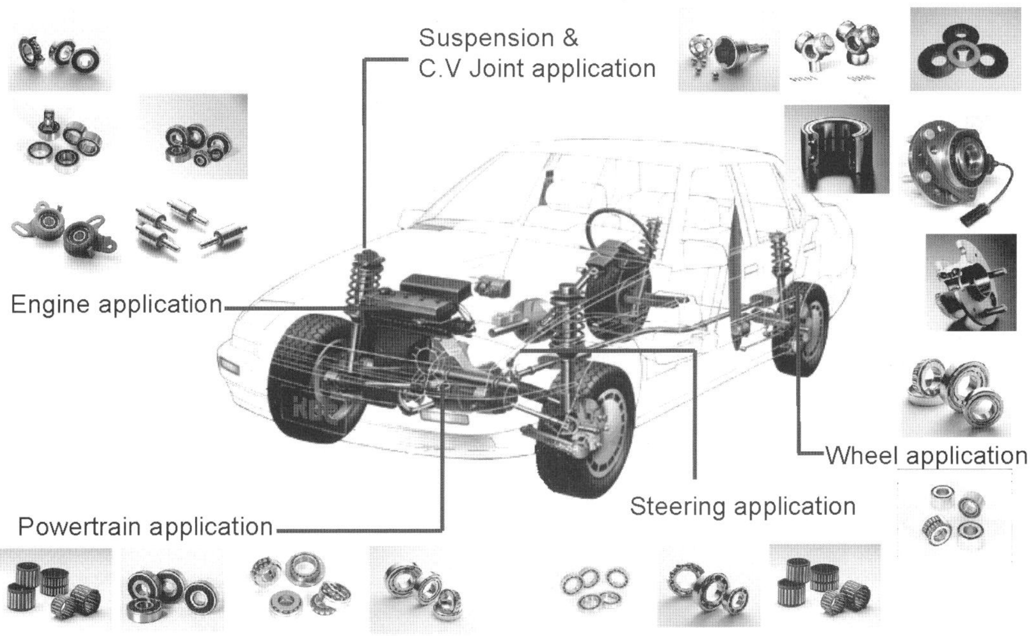

Detailed view of hub bearings, CV joint, etc.

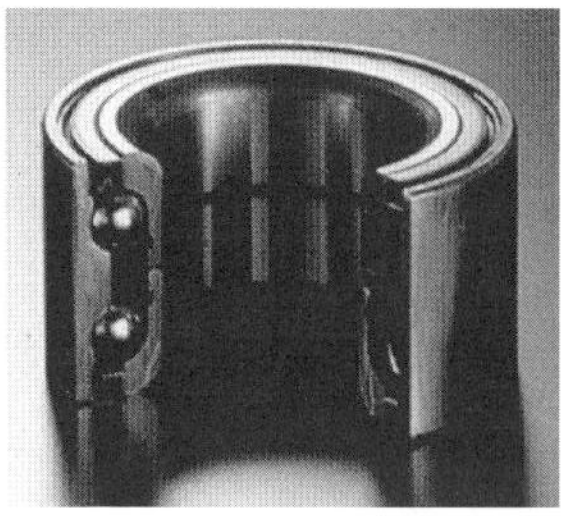

First generation

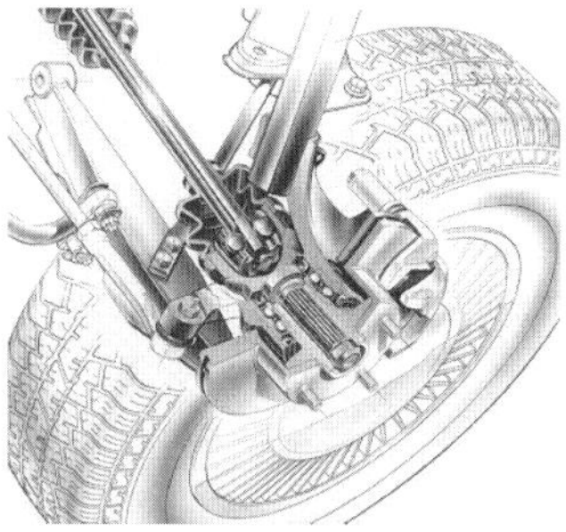

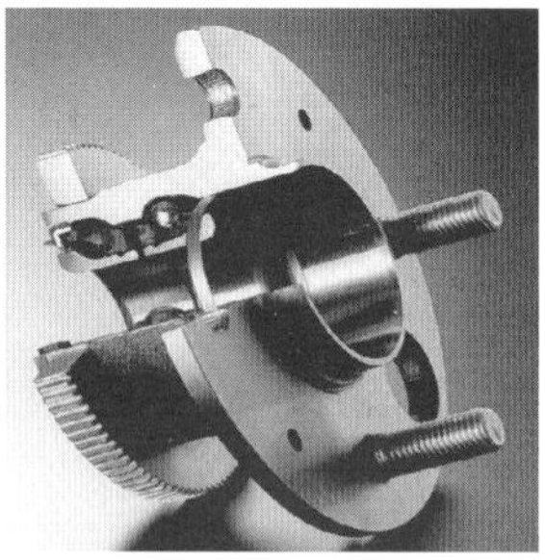

Second generation

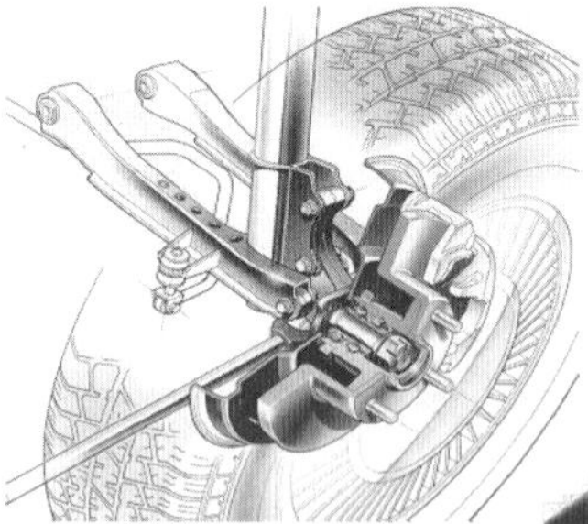

Aluminum forgings for automobile parts

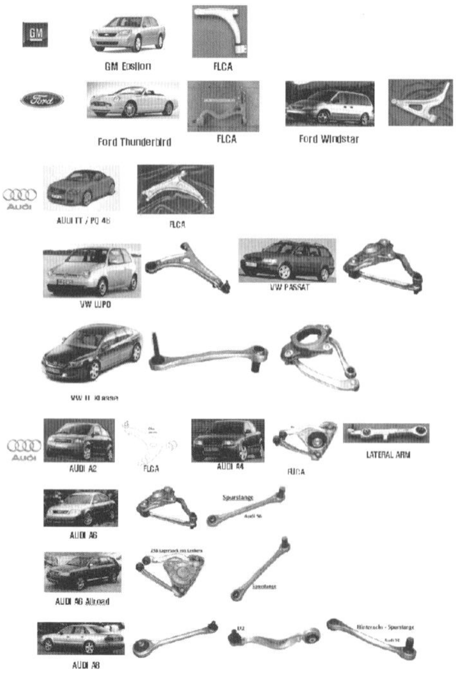

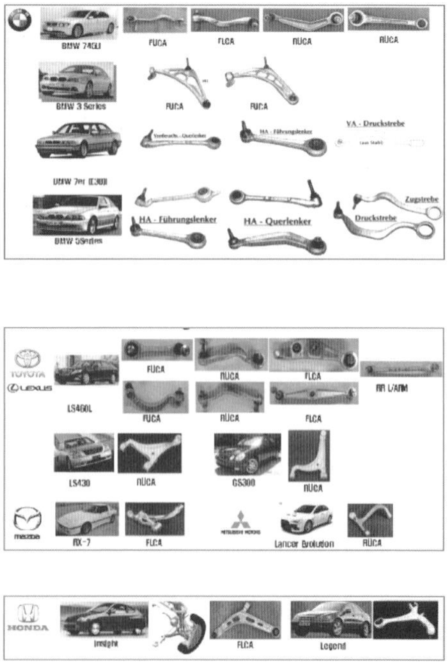

Precision forgings for automobile parts

<Spider>

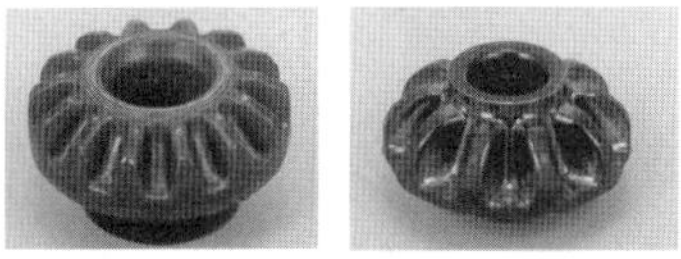

<CVJ-Inner Race>

<Scroll>

<Helical Gear>

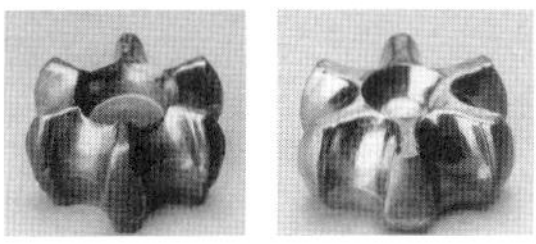

<Diff Side Gear>

<Outer Cone>

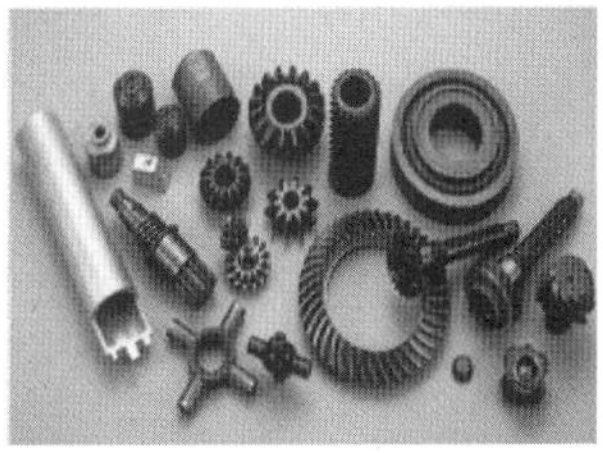

Hot forgings for automobile parts

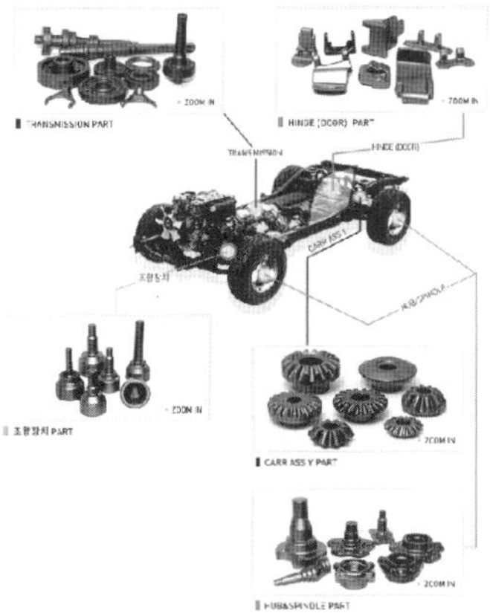

Steering parts

Hub/spindle parts

Bevel gear parts

Trans mission parts

Hinge parts

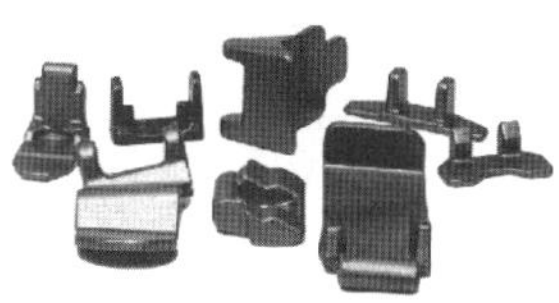

Hot forgings

Axi-symmetric hot forgings and variants

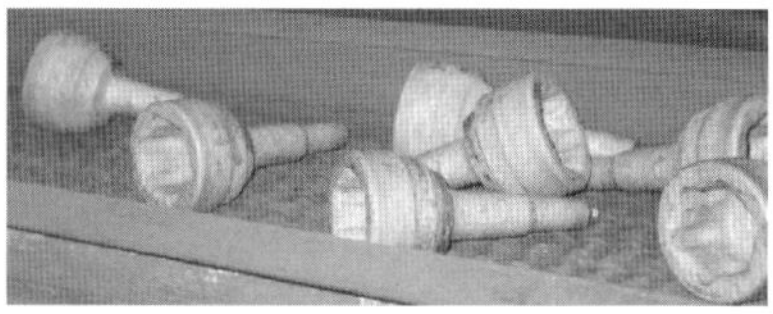

CV joint outer race

Gear blank

Combined warm and cold forgings

Cold former forgings for automobile parts

Seongjin FOMA

Fasteners

Engine or chassis	Steering & function bolt	Special bolt

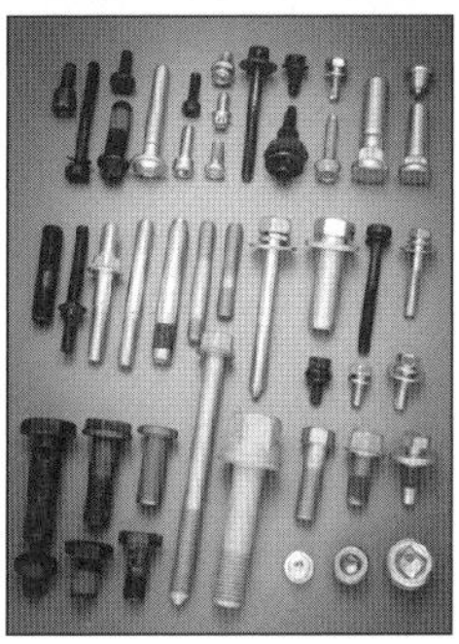

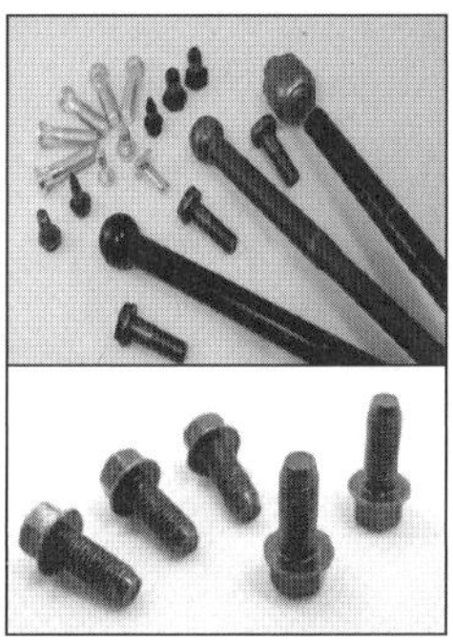

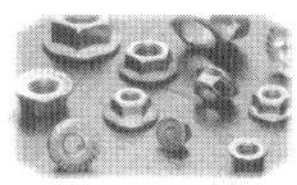

Jinhap, Poongang, Taeyang Metal, Yungshin Metal

Construction vehicle, agricultural or defense vehicle

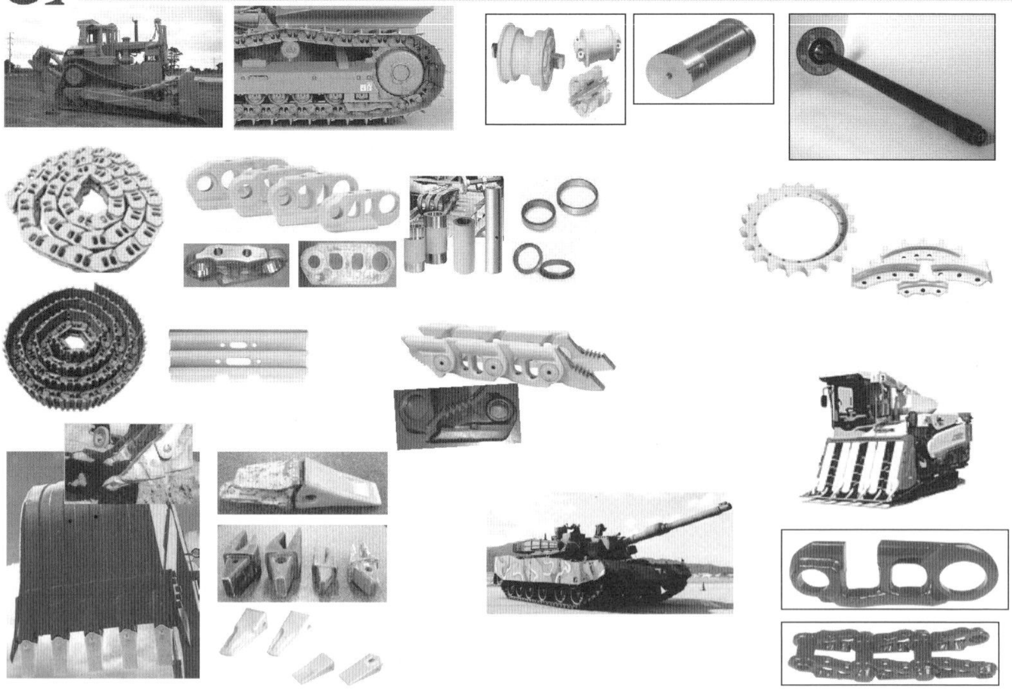

Aircraft forgings

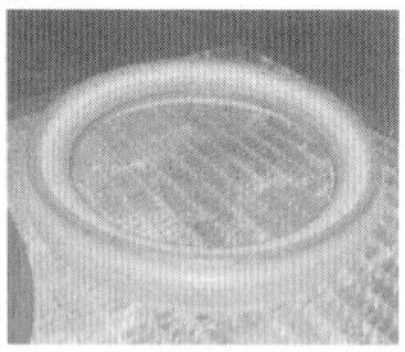

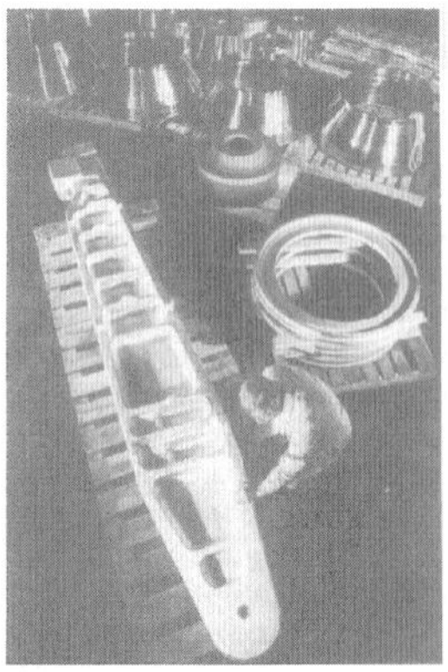

Boeing 777, Support beam of landing gear, Al forging

Ti alloy forging, Boeing 747, Support beam of landing gear (50,000ton press)

Ring disk of large aircraft engine (600kg)

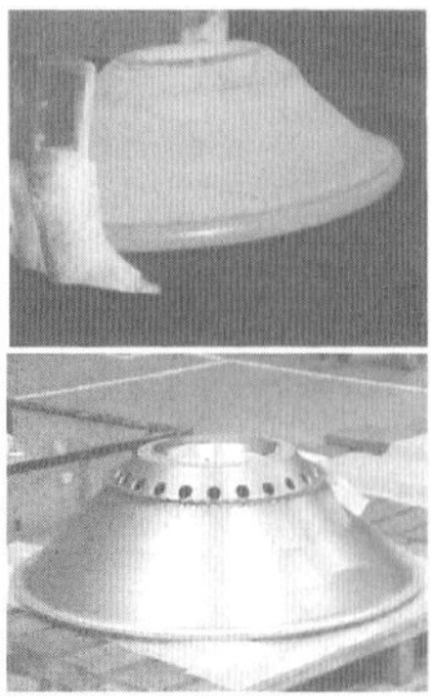

Disk shaft of large aircraft engine

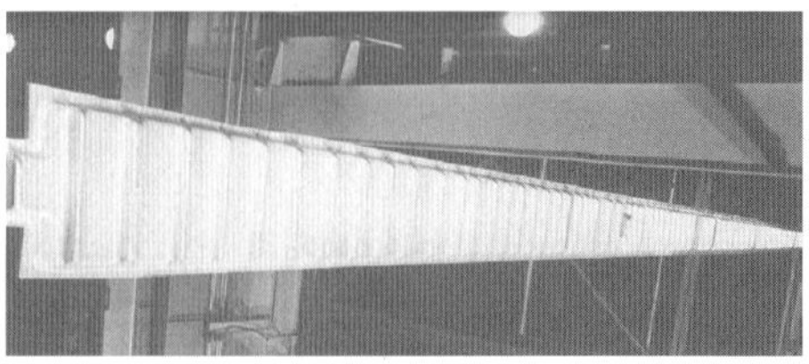

23 ft aircraft wing spa

Very large open die forgings

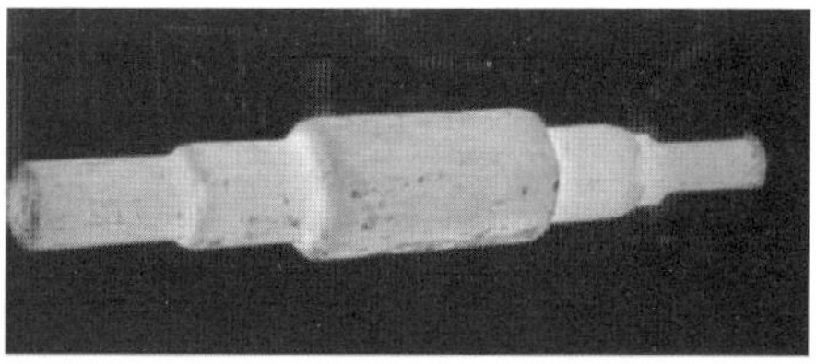

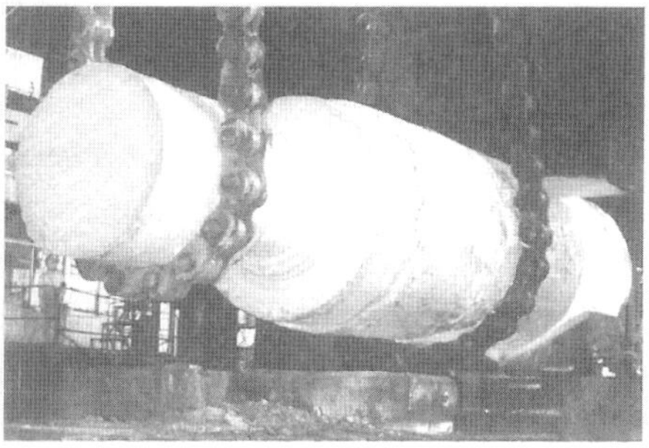

1992, low pressure turbine rotor, 25 ton, open die forged by 10000ton press

Ship engine or power generation engine

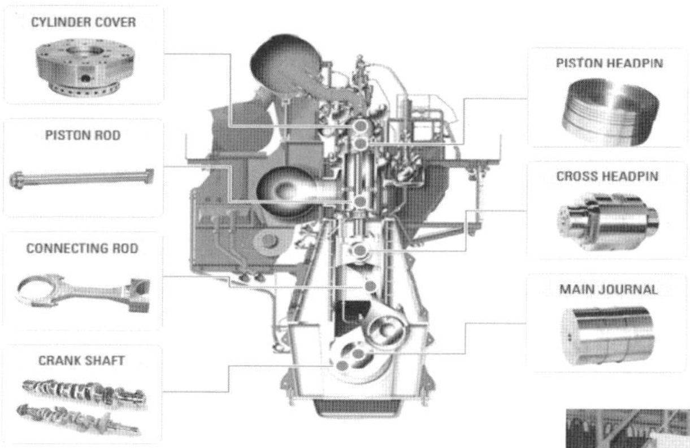

Himsen engine

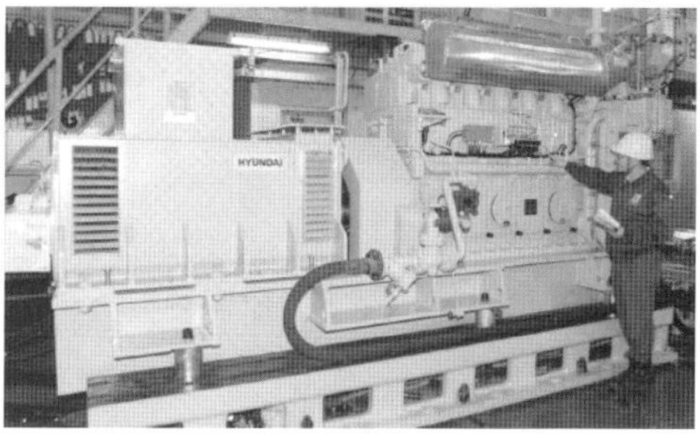

Wind power generator

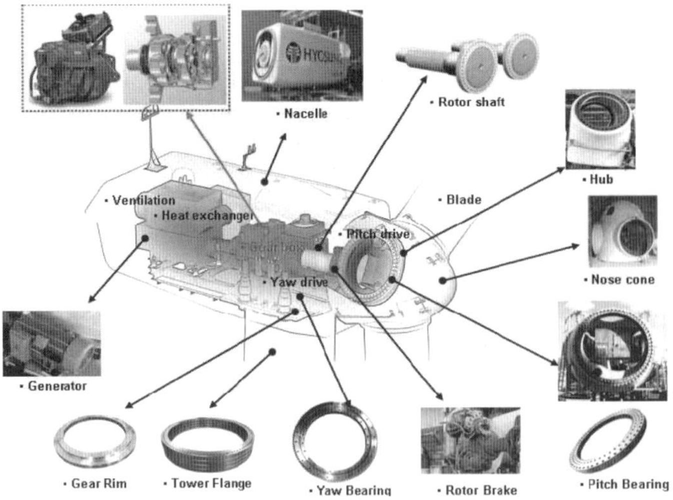

Micro-forming

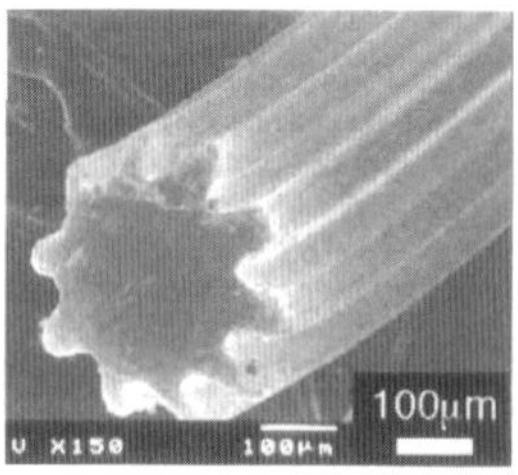

<Forward-extruded micro gear shaft>

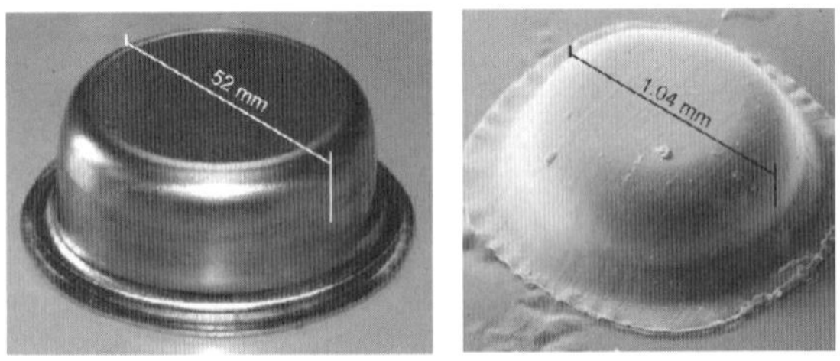

<Comparison of macro and micro deep drawing cups >

<Cold headed micro parts>

Tools

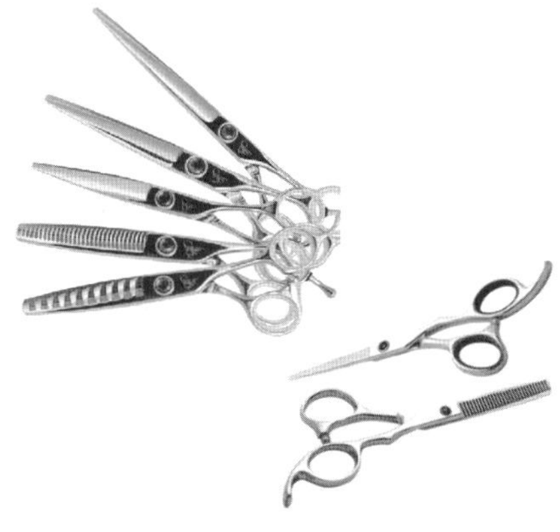

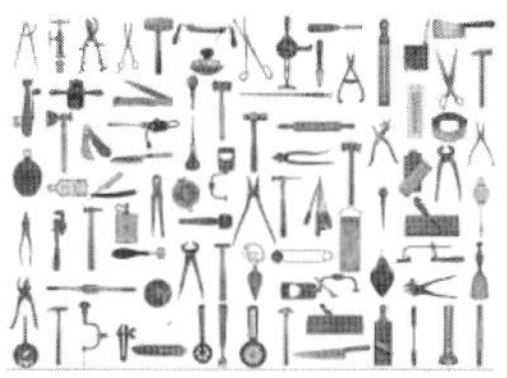

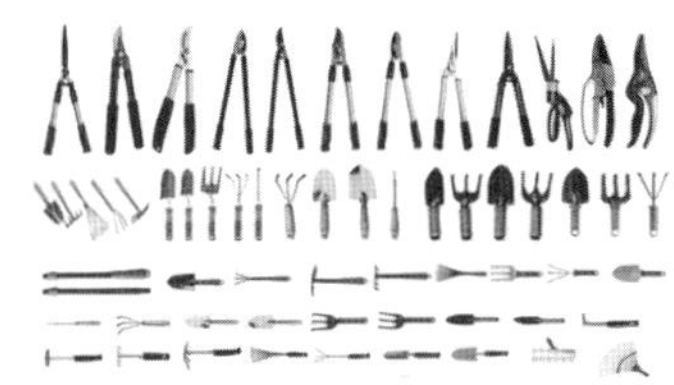

Coin and medal, accessory

Swaged parts

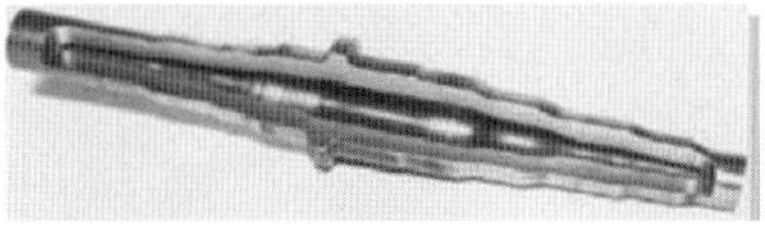

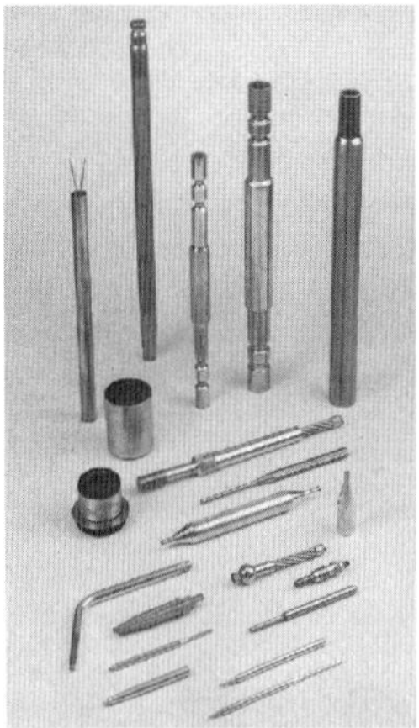

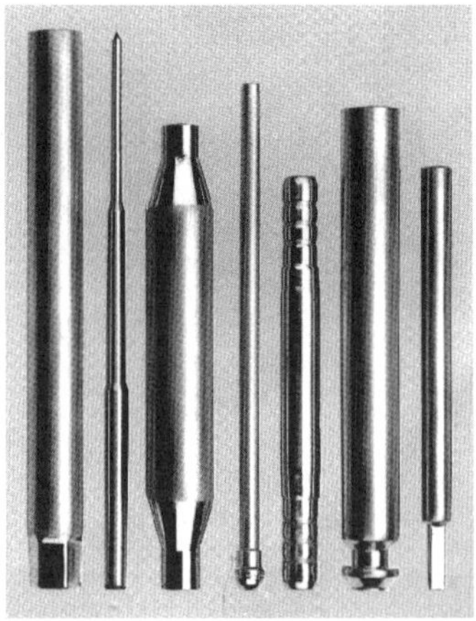

Flow formed parts

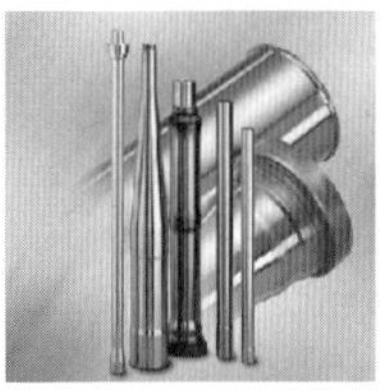

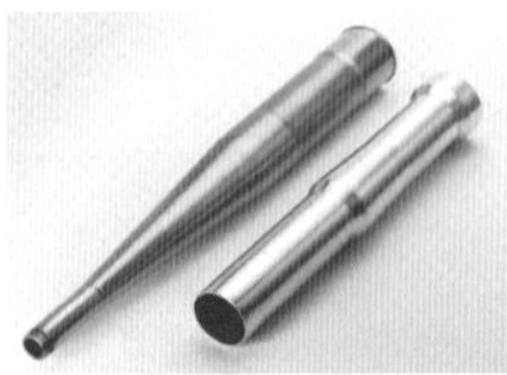

Spun parts

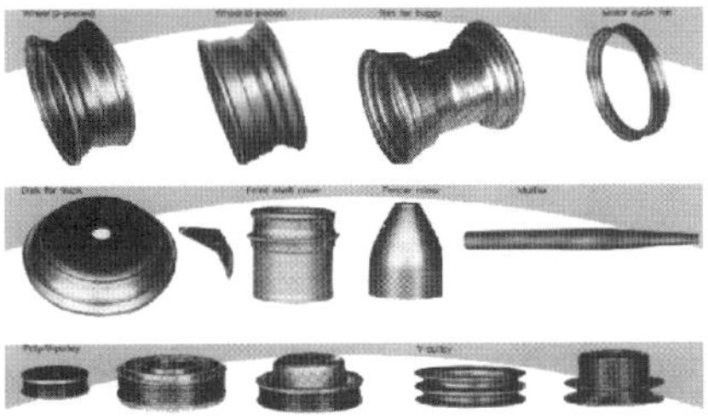
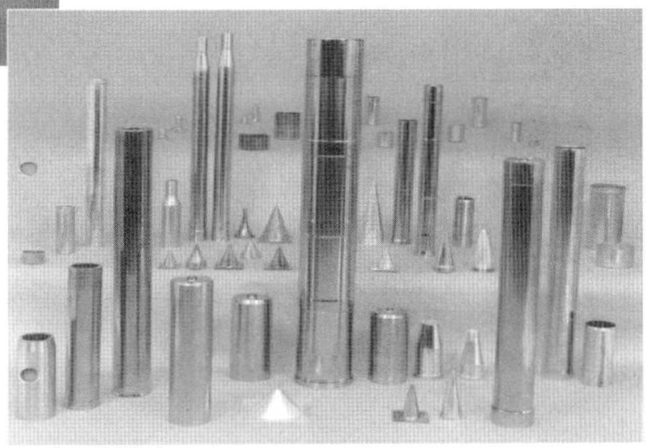

Miscellaneous parts

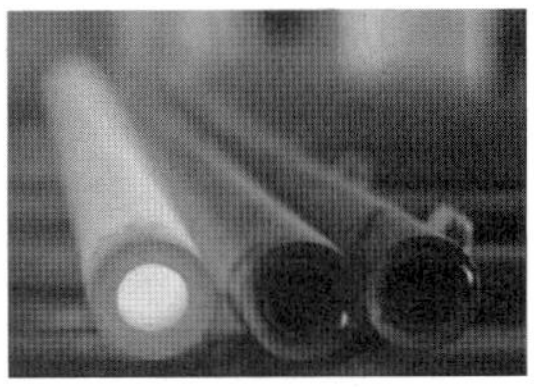

2.3 Important factors of forging industry

Various forging machines

Hydraulic press

Hot forging press

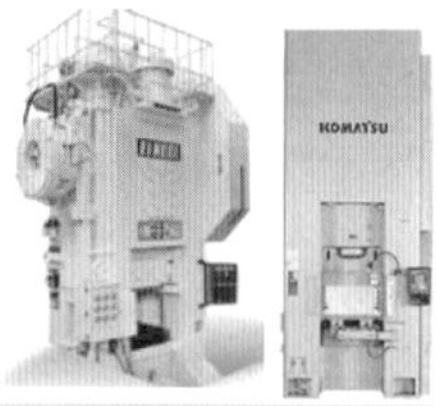

Cold forging press

Servo press

High speed tendum press

Bolt part former

Part former

Transfer press

Blanking press I

Open die forging m/c

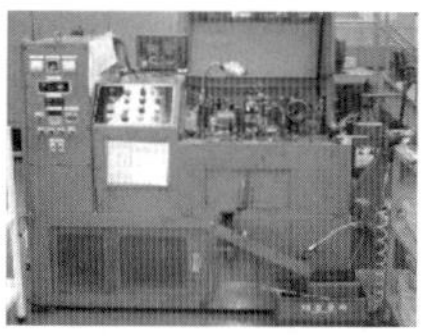

Micro-former

Counter-blow hammer m/c

Hot former

Ring rolling mill

Various forging machines

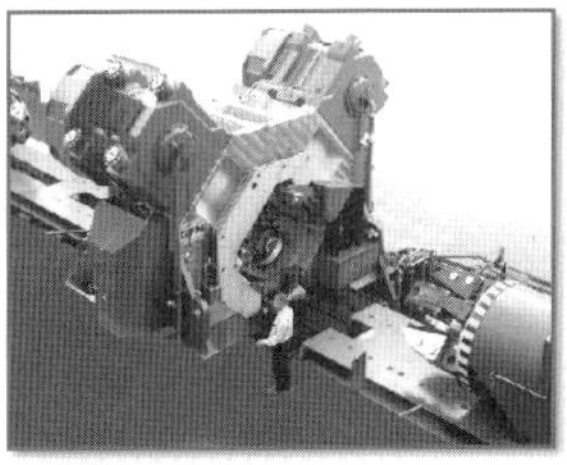

Radial forging m/c

Chipless forging m/c

Roll forging m/c

Small ring rolling m/c

Cross-wedge rolling m/c

Upsetter

Air drop hammer

Swaging m/c

Roll piercing m/c

Die set

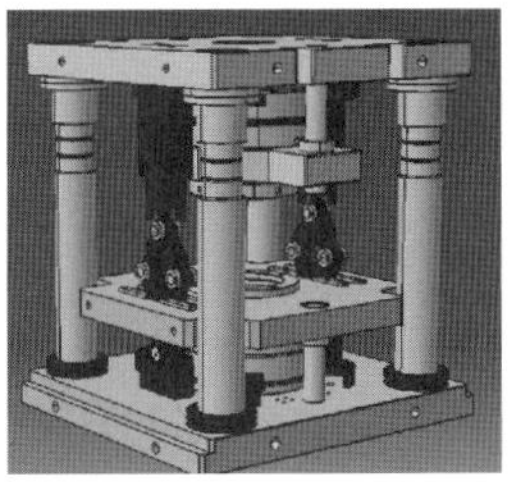

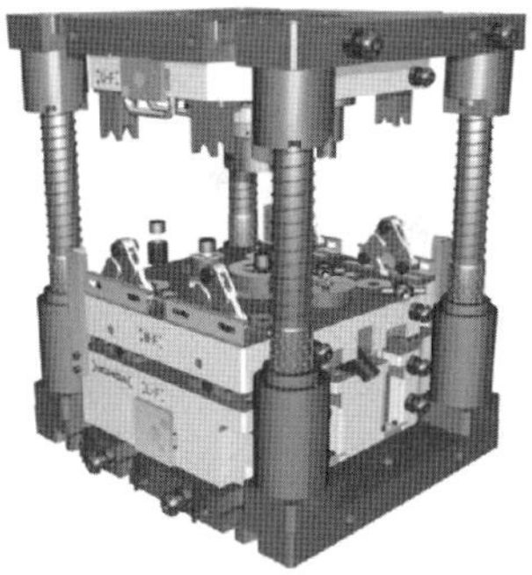

Die

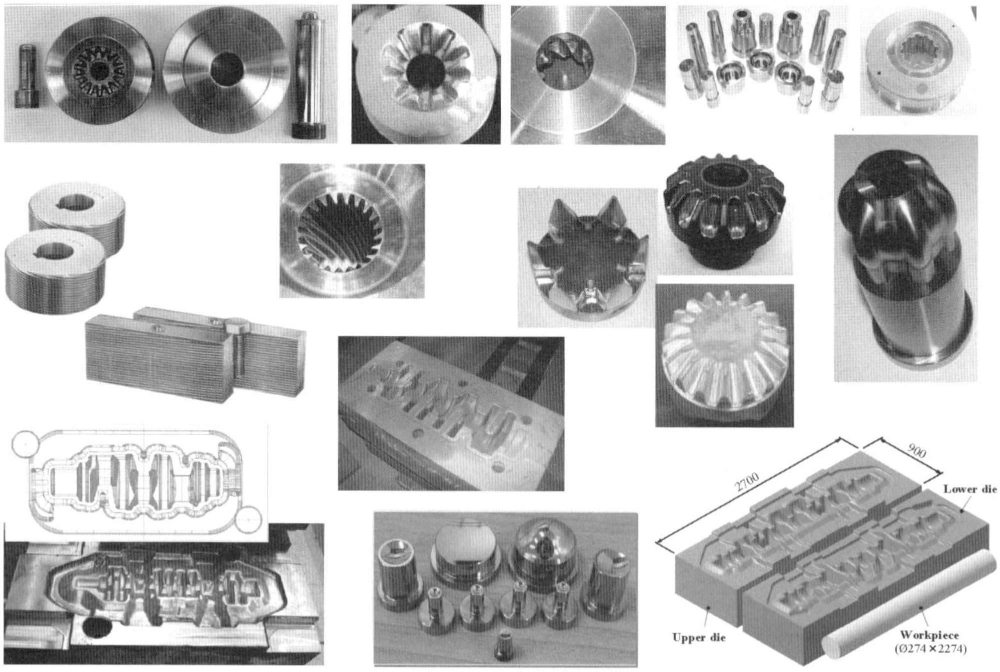

Automation

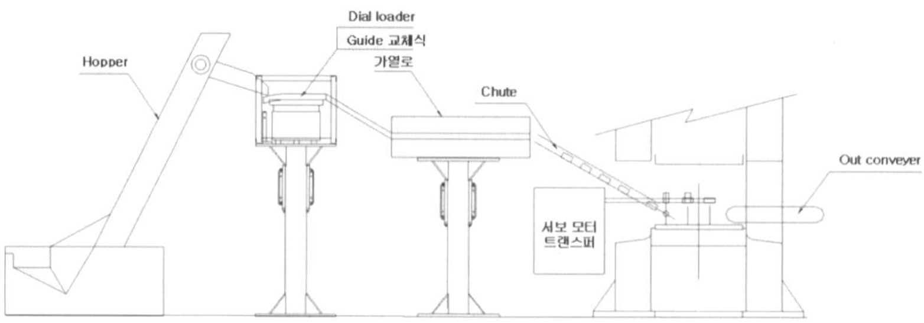

○ Multi-linkage robot

○ Servo transfer

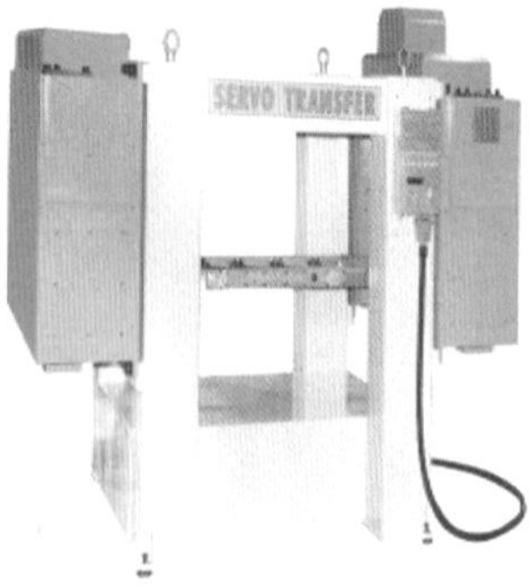

○ Mechanical transfer

Die making machines

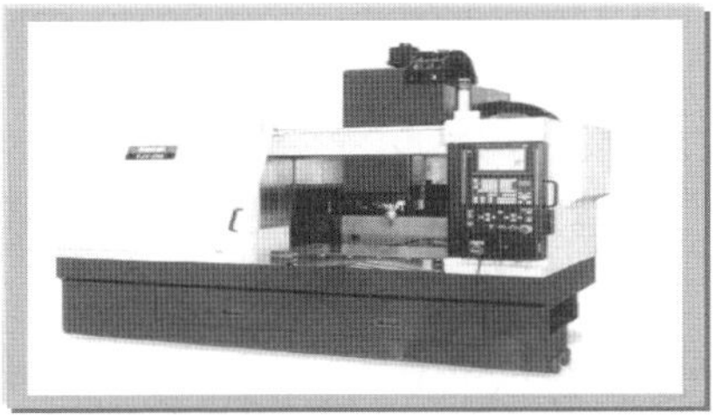

Vertical Machining Center

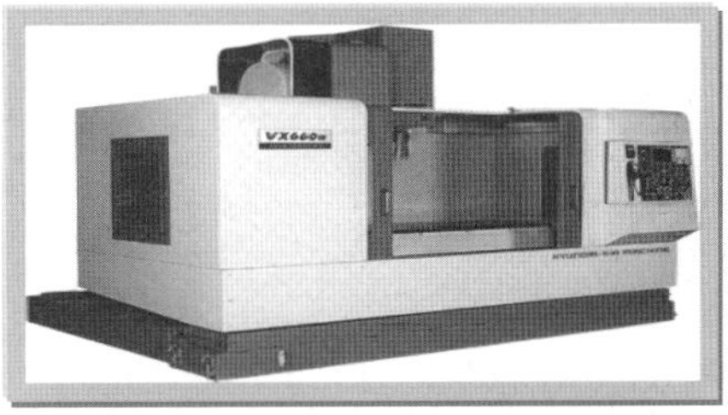

Vertical Machining Center

E.D.M

WireE.D.M D/Machime

Milling

Die making machines

1 선반 (현대위아 NARA 6020) (Ø620×2000L)

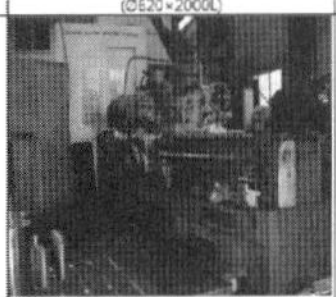

2 선반 (ONG-IL) (Ø850×1500L)

3 선반 (SEL6LL KO KI) (Ø1200×2500L)

4 밀링 (BONG SHIN BM-U6N) (1000×300×450)

5 밀링 (KITAMURA KMU-5) (1600×360×600)

6 머시닝센터 (BONG SHIN ON-3V) (1200×400×500)

7 머시닝센터(현대위아(KV75)) (1700×650×600)

8 머시닝센터(BONG SHIN(1100 VNC)) (2200×1100×900)

9 고속가공기(KITAMURA 3XIF) (950×400×500)

10 고속가공기(현대위아 HI-V560M) (1200×500×600)

11 고속가공기(현대위아 F660M) (1400×660×635)

12 CNC보링(현대위아 KBN 135CL) (4000×2000×2000)

13 방전기(XERMAC XHC-240) (1200×700×700)

14 방전기(XERMAC X40B) (2600×1400×1100)

15 방전기(XERMAC X20) (1200×500×1000)

16 머시닝센터(현대 AJU 25/405) (1400×600×600)

Measurement and test equipments

- Magnetic Particles Inspector
- Spectrometer
- Universal Testing Machine
- Co-ordinate Measurement Machine
- Contracer
- Spot Thermometer
- Metal Microscope
- Ultrasonic Tester
- Brinell, Rockwell & Equo–Tip Hardness Tester
- Polishing & Cutting Machine

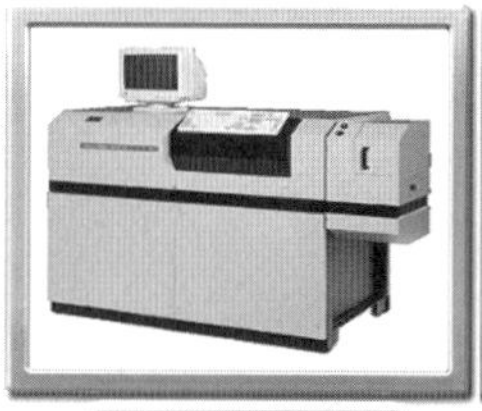

Spectrometer

U.T.M

C.M.M

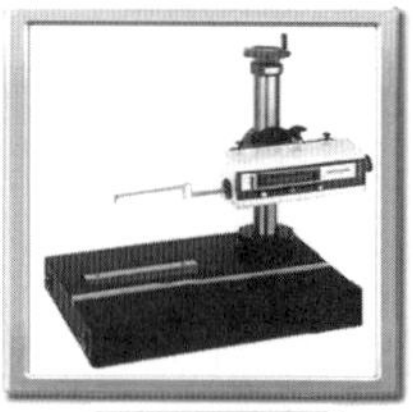

Contracer

Metal Microscope

Heat treatment

Heat treatment equipment for dies

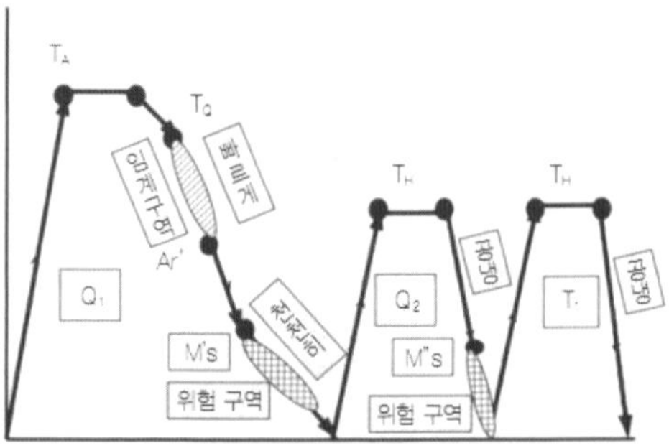

Annealing equipment for materials

Forging line and automation

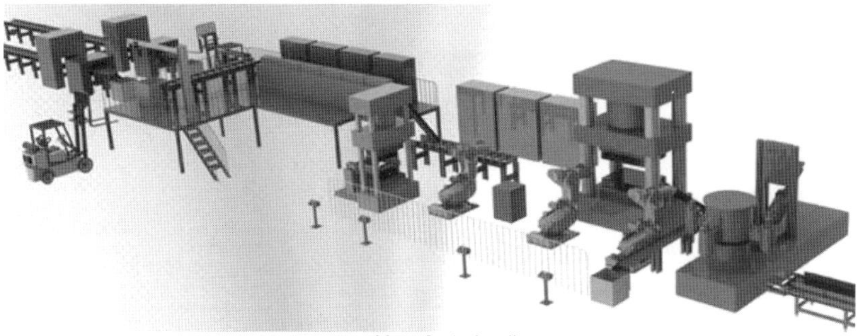

Manufacturing line

Robot

AC servo transfer feeder

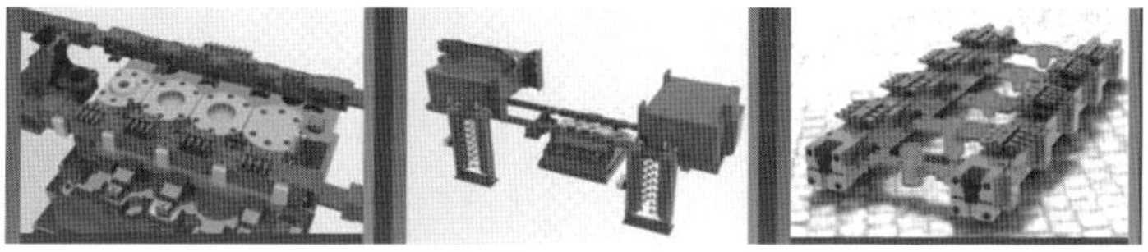

Material for cold forging

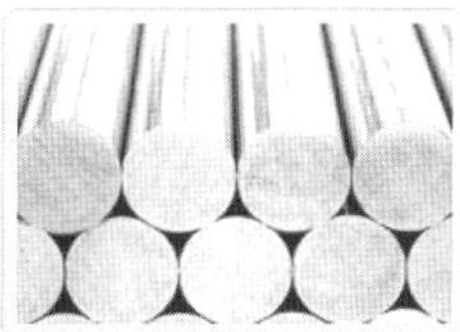

Material test

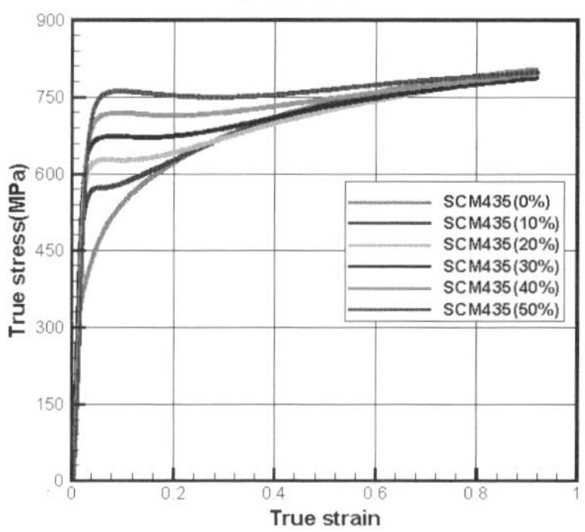

Material for hot forging

STB2 tensile test

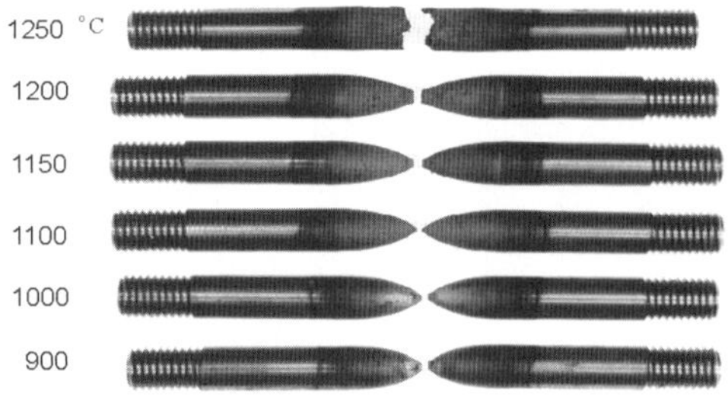

Maximum elongation

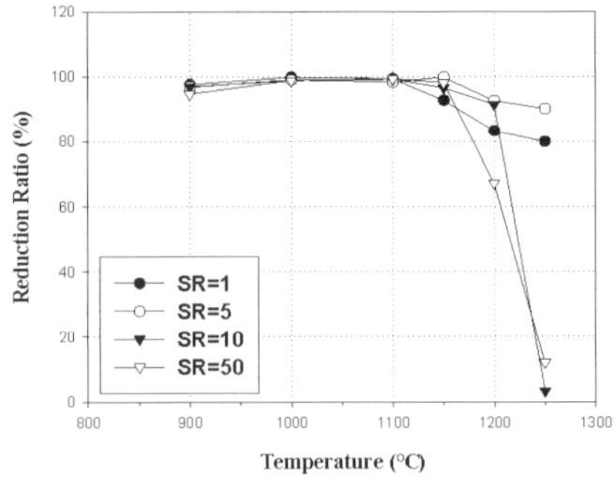

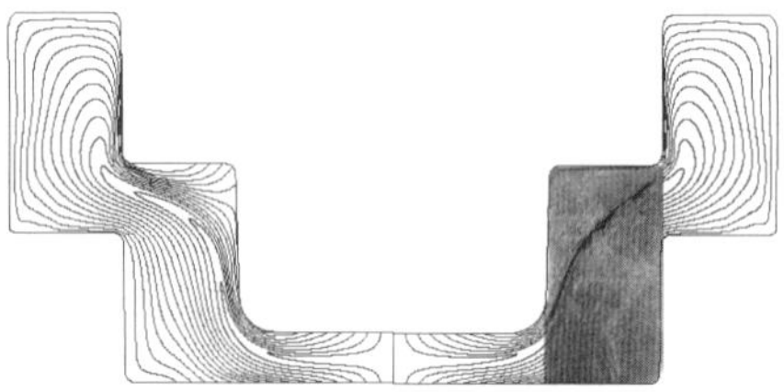

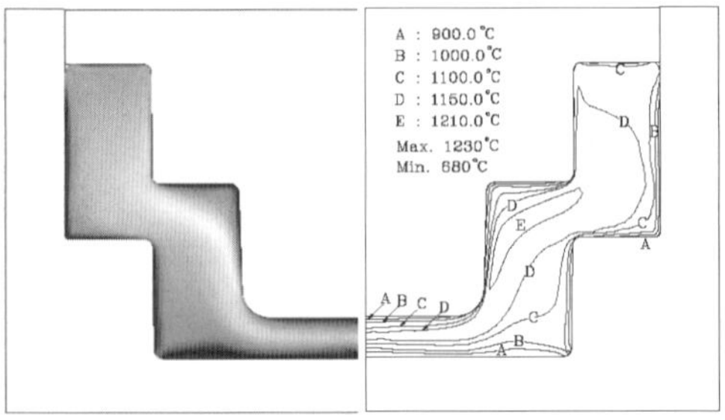

Friction and lubricants, coating

Lubricated coil

Lubricated billet

Lubricants

TiN coated punches and dies

TD treated WC punches

Graphite powder

Sequence of bolt making process

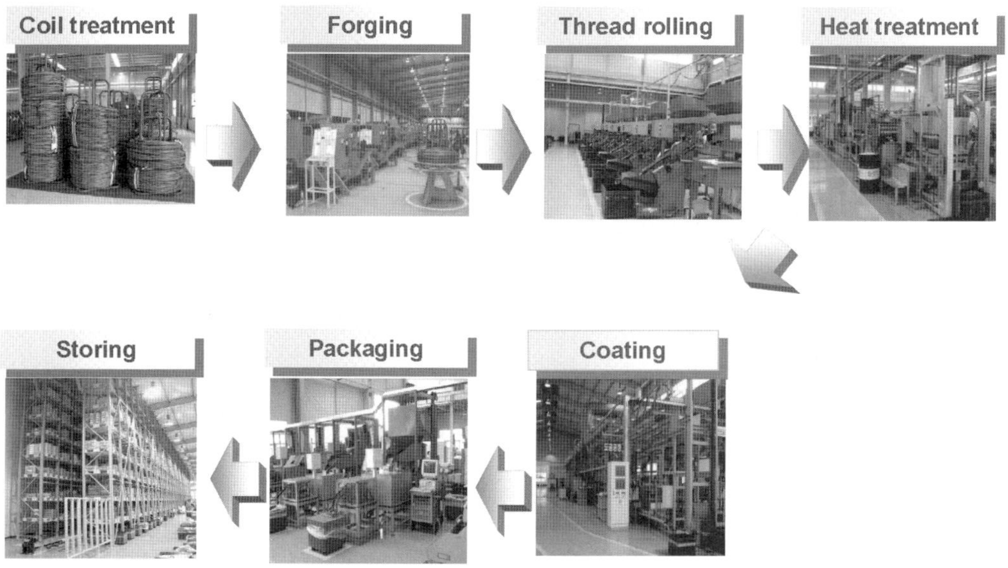

Ball bearing manufacturing process

	Raw material	Forging	Annealing	Cold rolling		Soft grinding	Turning
Process flow	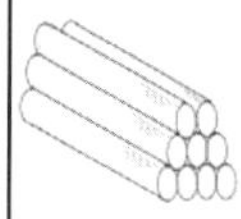	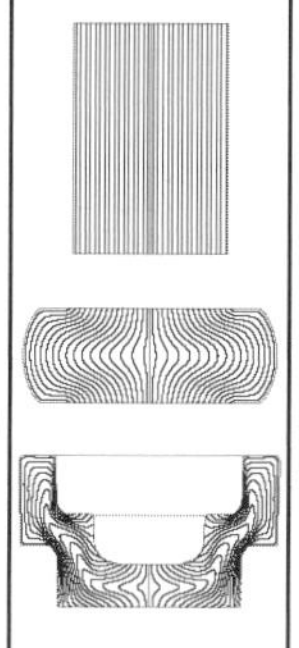		Outer ring	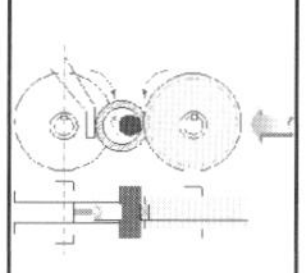	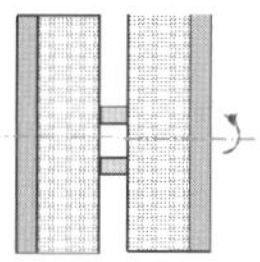	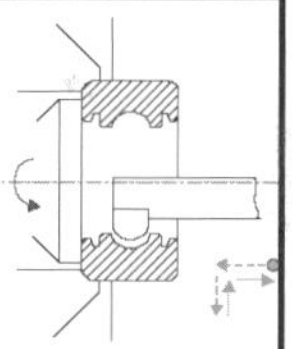
				Inner ring	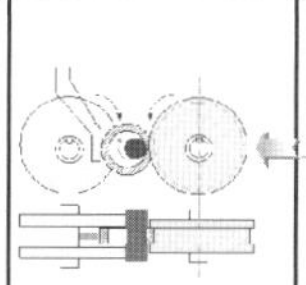	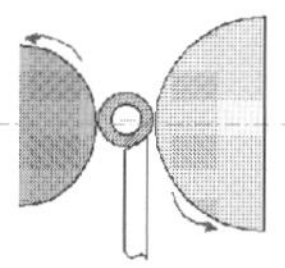	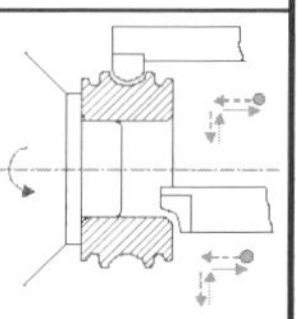
Machine		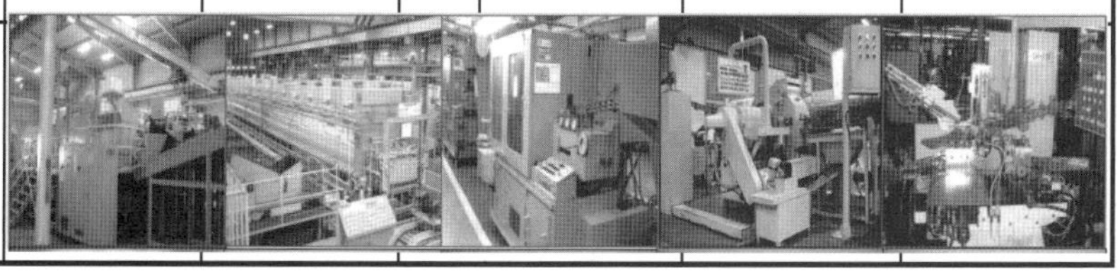					

Coining process

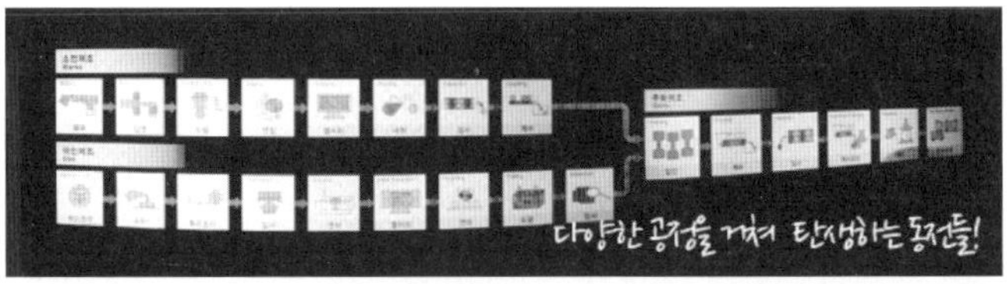

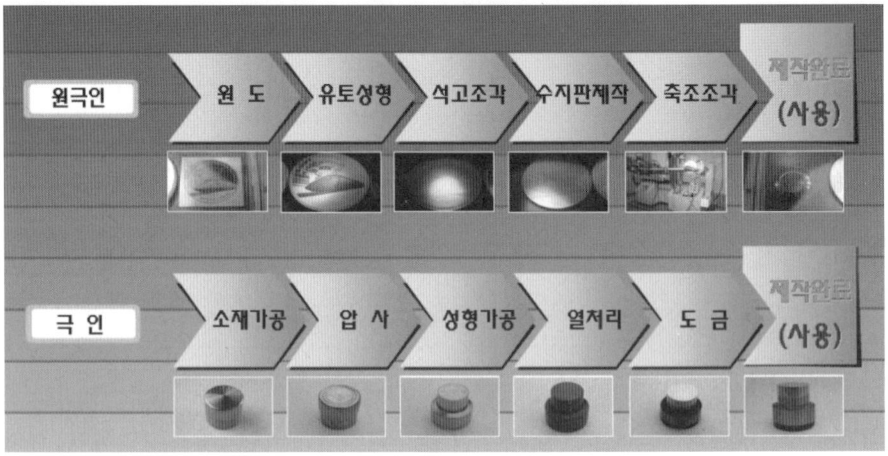

2.4 Basic and applied processes of forging

Basic process - Upsetting

Upsetting

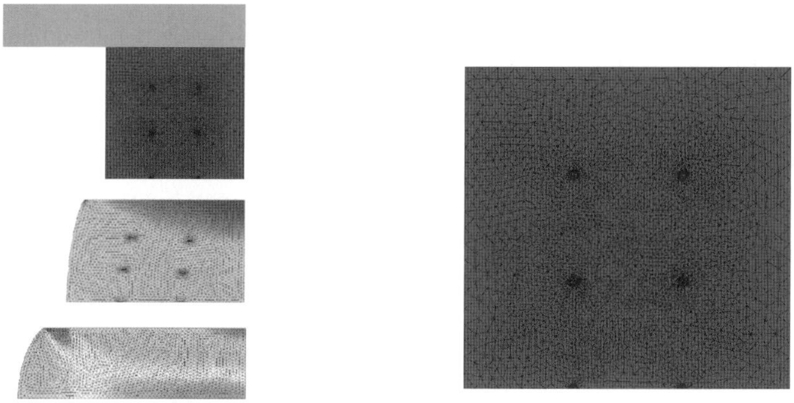

Basic process – Forward extrusion

Forward extrusion

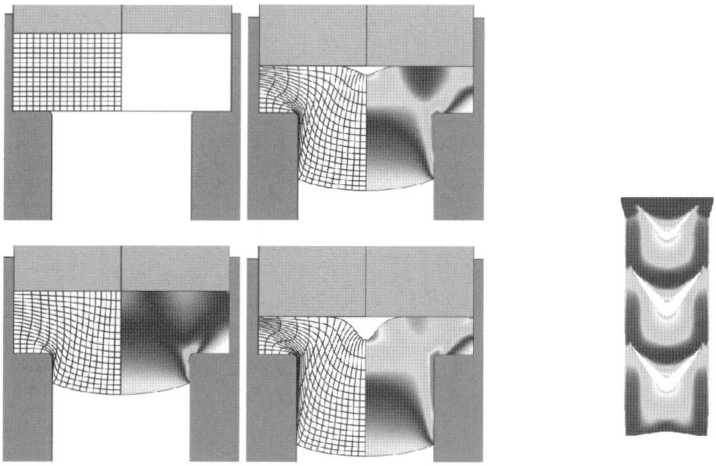

Basic process – Backward extrusion

Backward extrusion

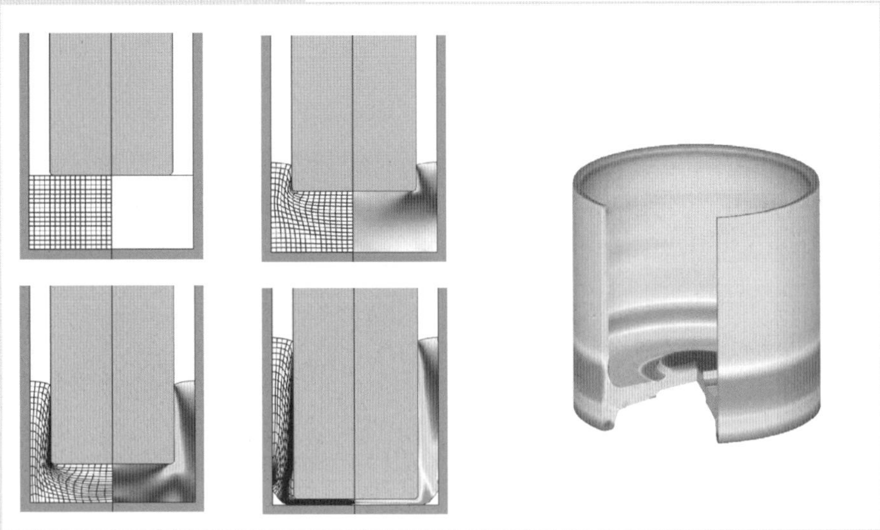

Basic process – Forward/backward extrusion

Forward/backward extrusion

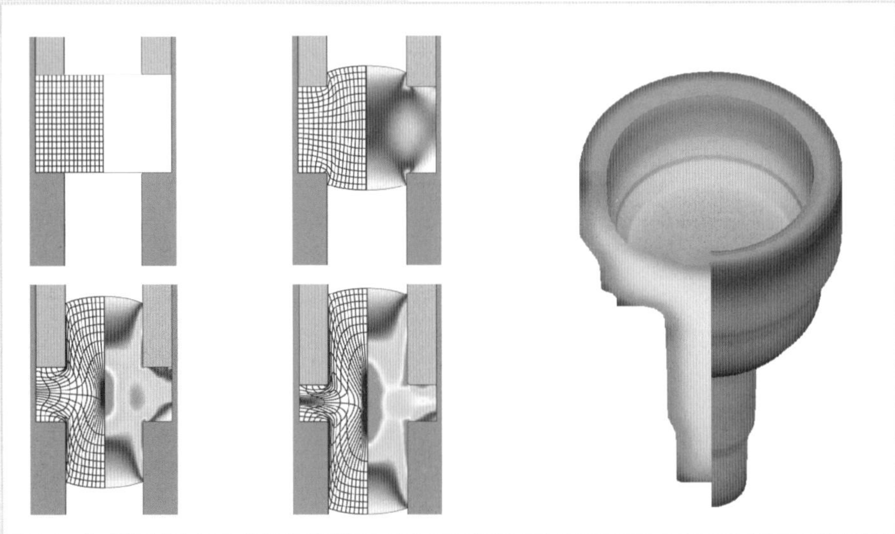

Basic process – Heading

Heading

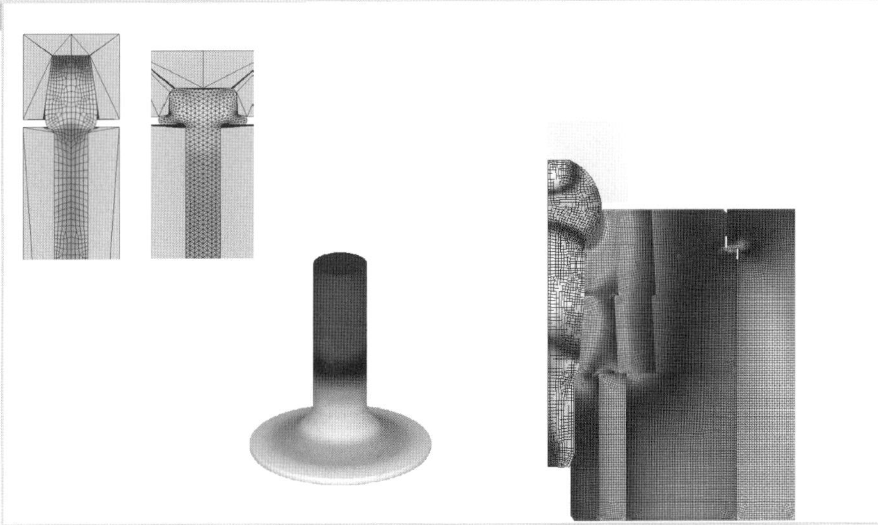

Basic process – Shearing/piercing/trimming

Shearing/piercing/trimming

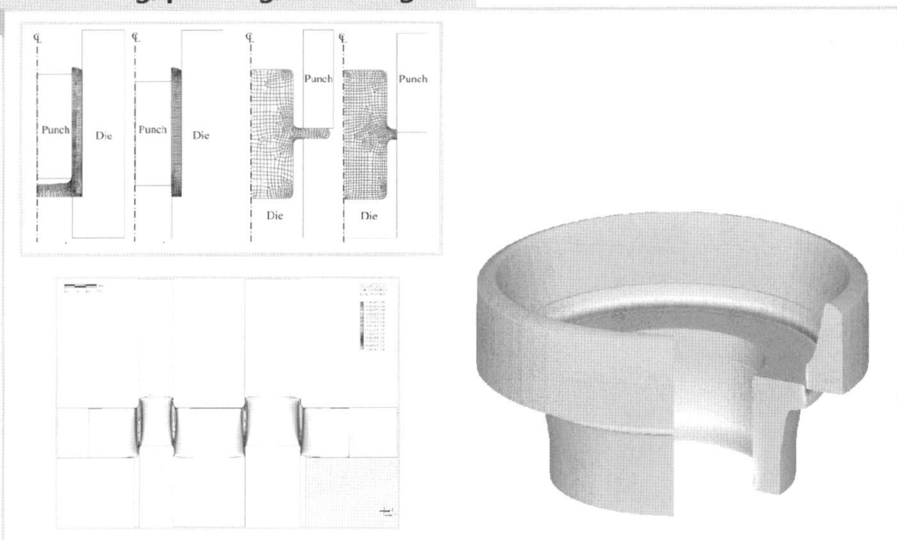

Basic process – Ring or thread rolling

Ring or thread rolling

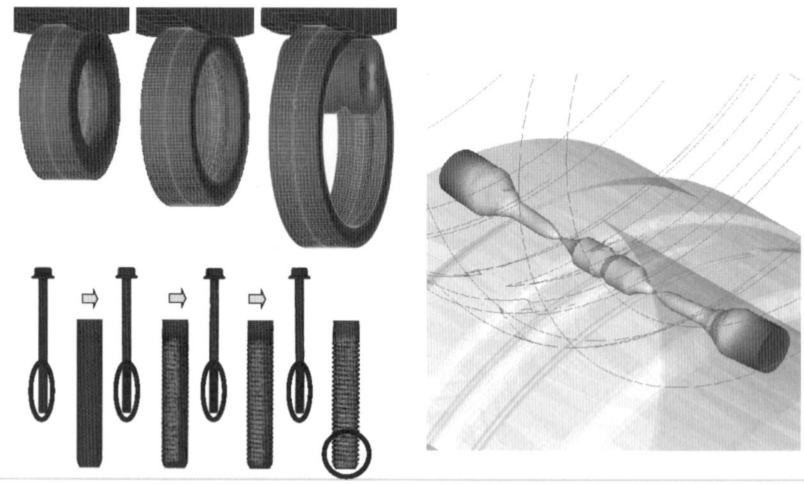

Basic process – Sizing

Sizing

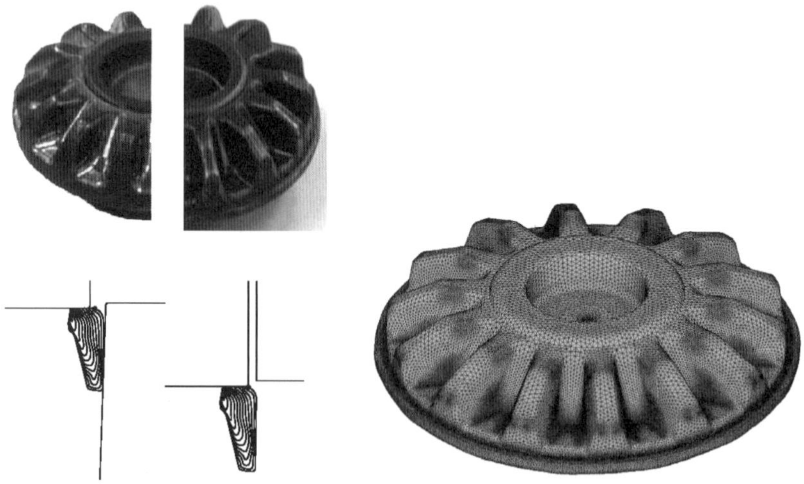

Basic process – Bending

Beanding

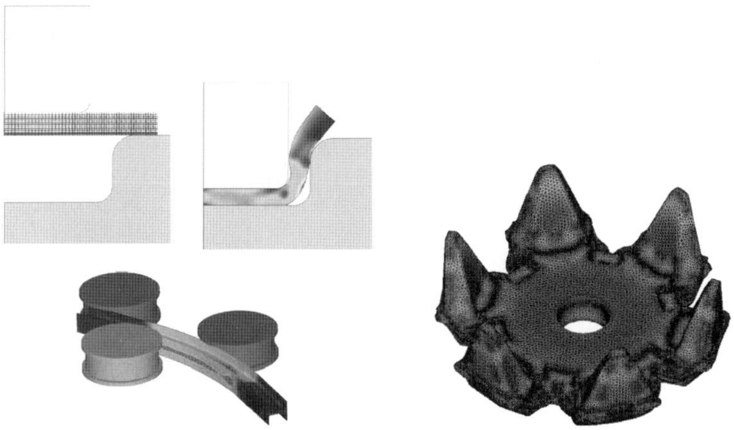

Basic process – Deep drawing

Deep drawing

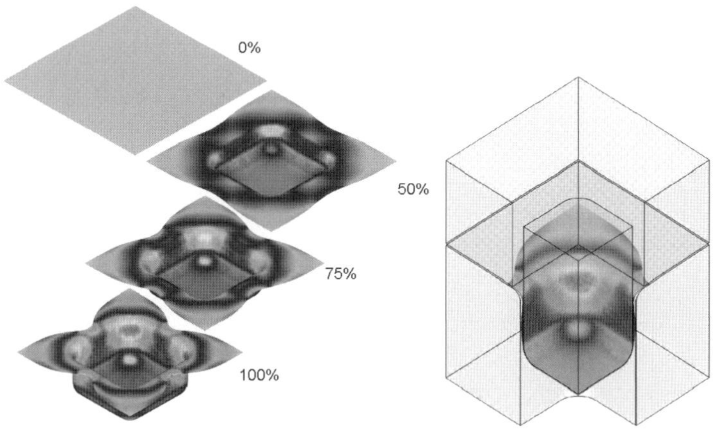

Applied process – Bevel gear with long shaft

Process design

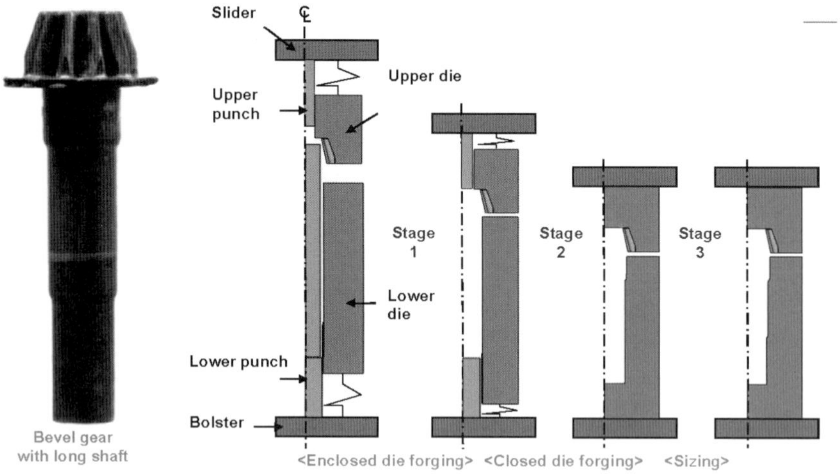

Applied process – Bolt forming

Process design

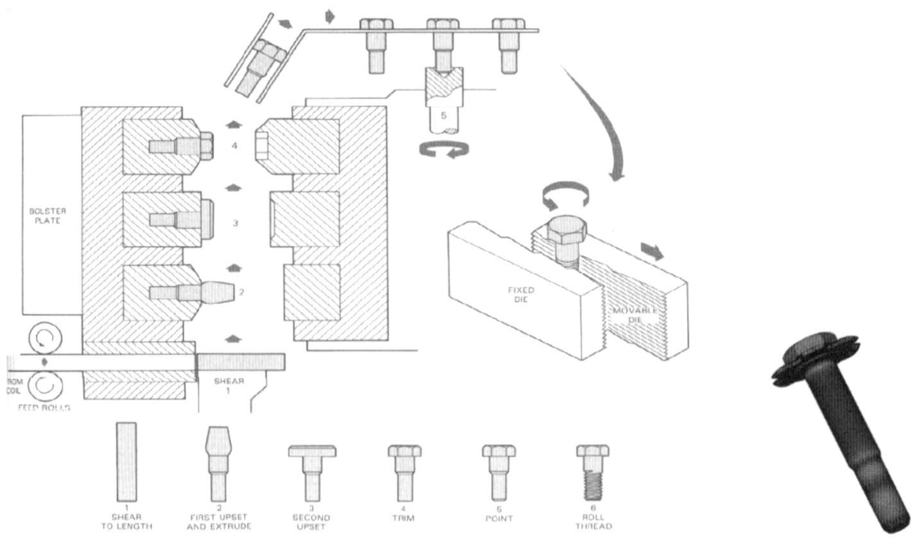

Applied process – Bearing races forging

Process design of bearing inner and outer races

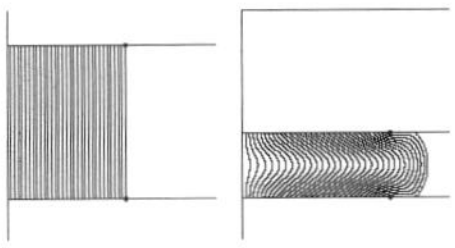

Stage 1- Hot upsetting

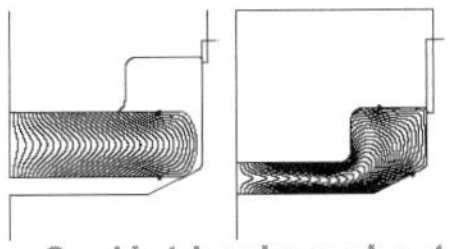

Stage 2 – Hot backward extrusion

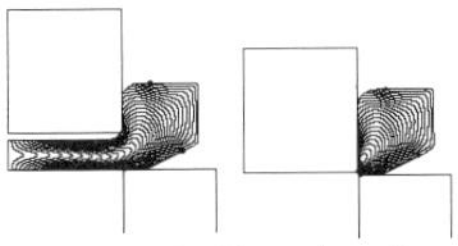

Stage 3- Hot piercing

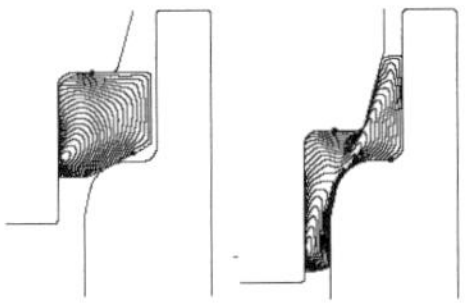

Stage 4– Cold forward/backward extrusion

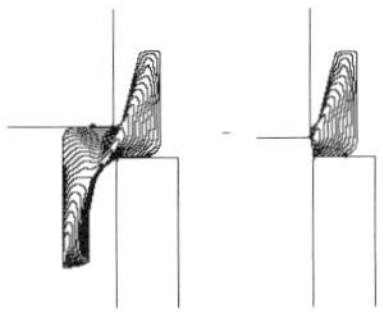

Stage 5- Cold shearing

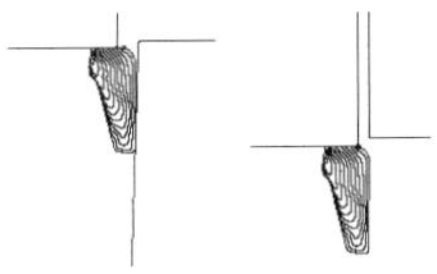

Stage 6 – Cold sizing

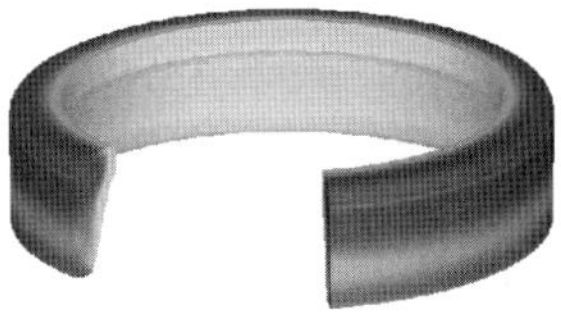

Applied process – Automatic multi-stage forging

Process design

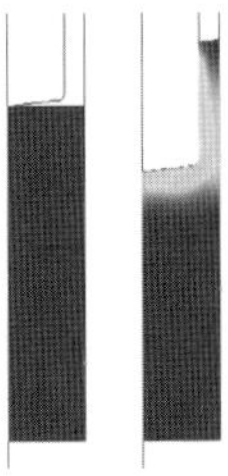

<Backward extrusion>

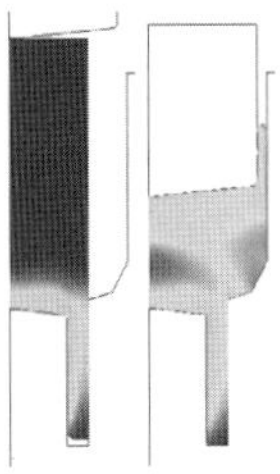

<Backward extrusion after upsetting>

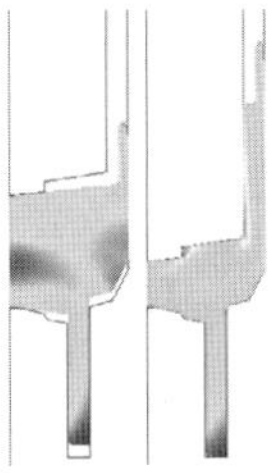

<Backward extrusion>

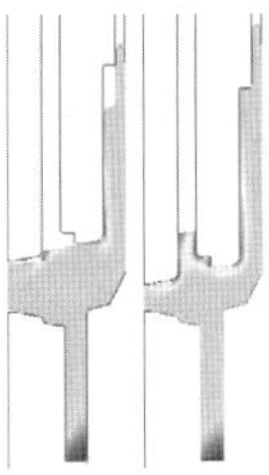

<Backward extrusion>

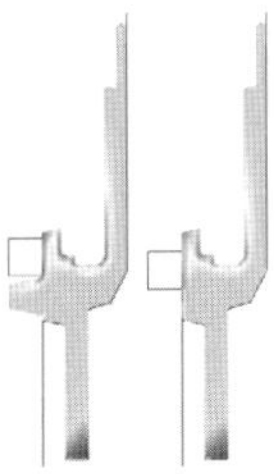

<Piercing>

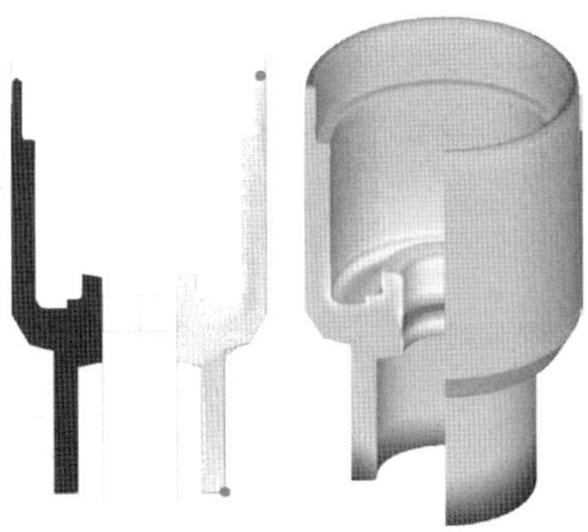

2.5 Process development

Process design and CAE

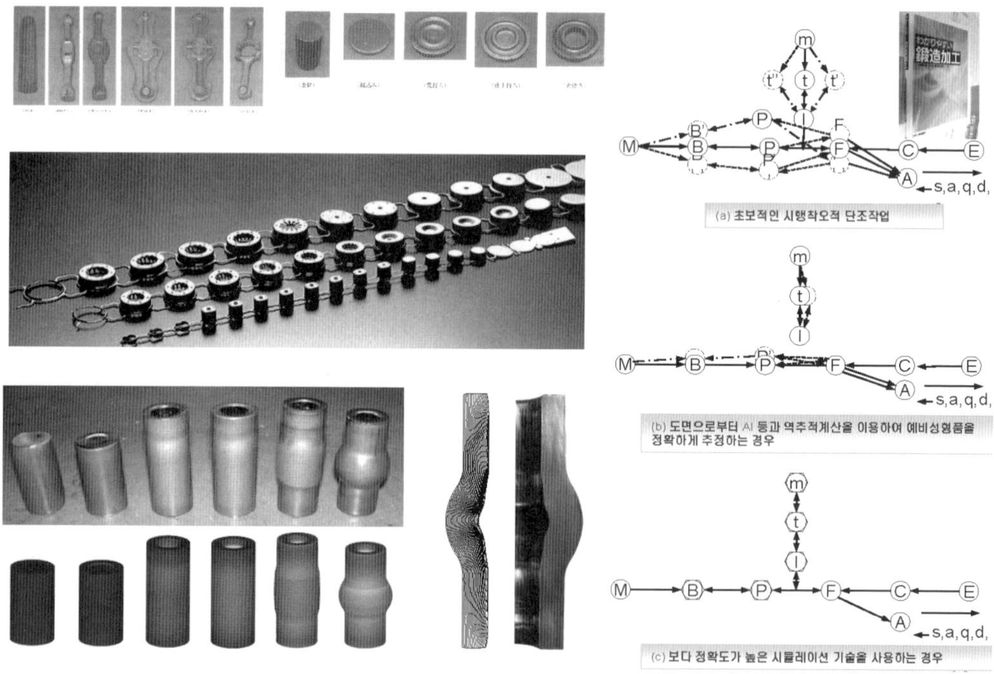

Development procedure of forging process

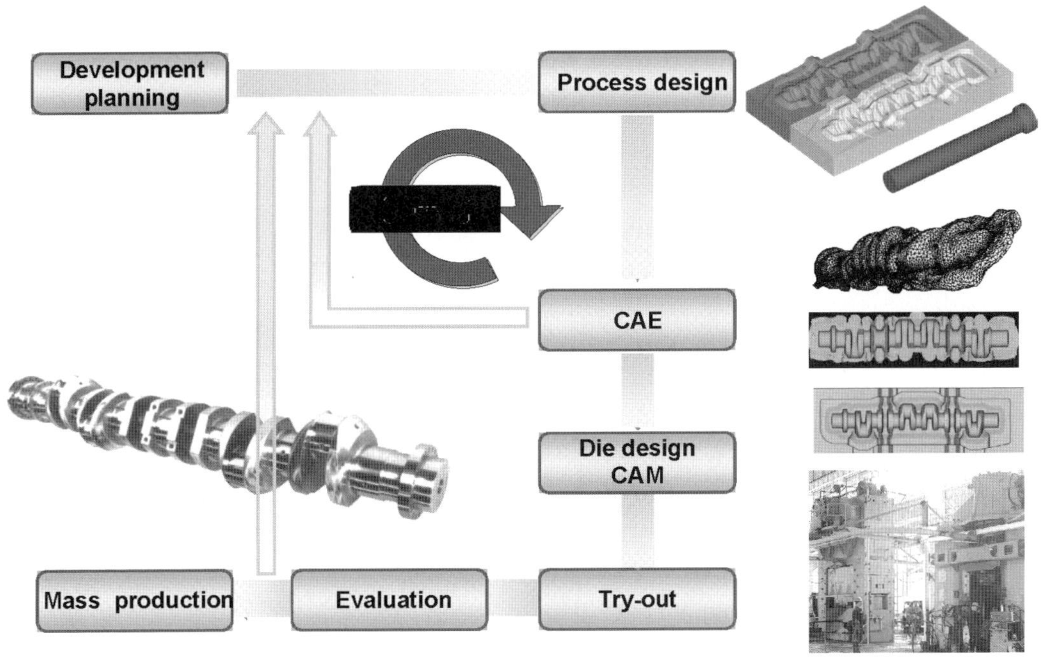

Development procedure of bevel gears in GTIC

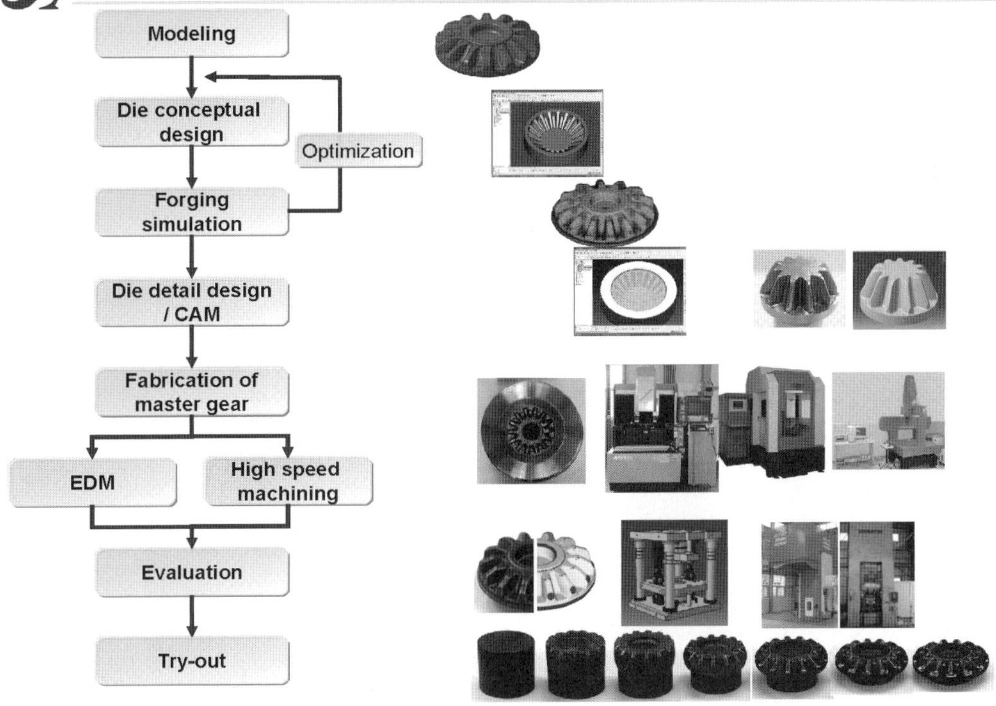

Bevel gear cold forging – Modeling, CAD

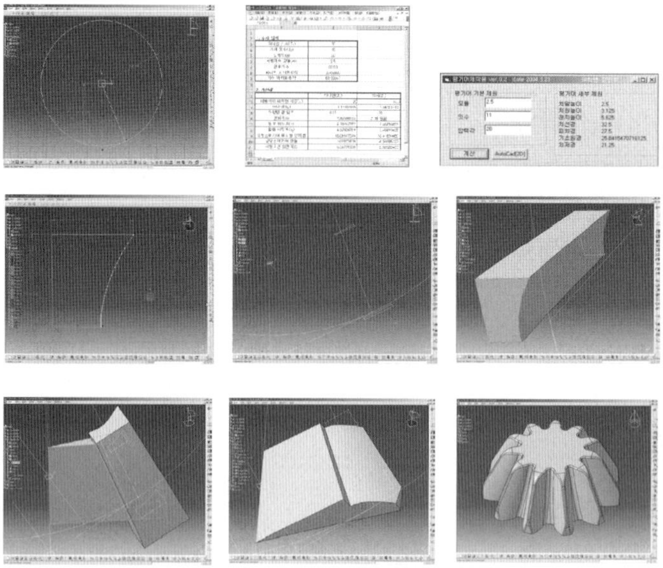

Modeling of bevel gear

Compare the Master gear and Modeling

Bevel gear cold forging – Examples of CAD model

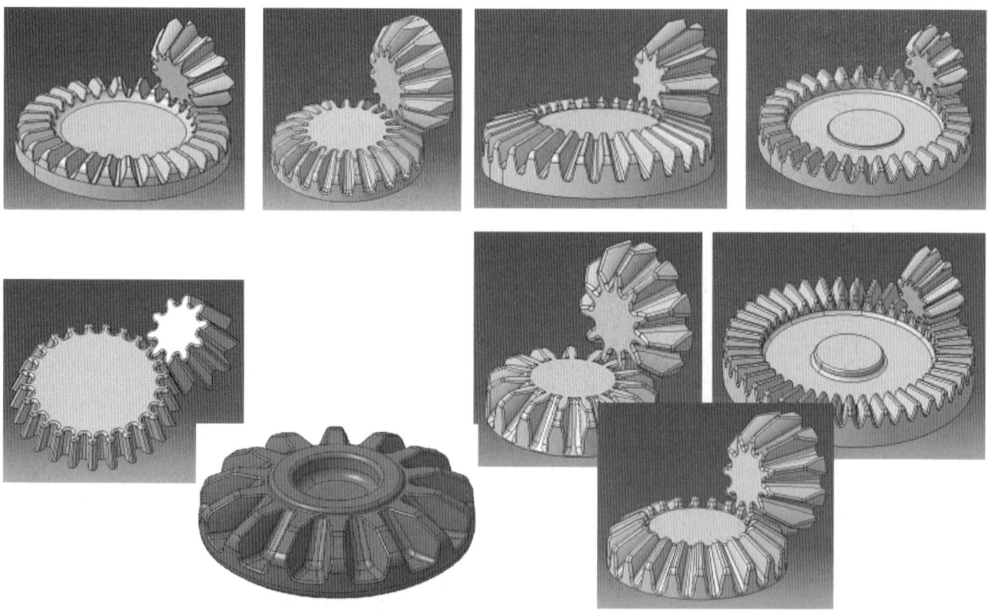

Bevel gear cold forging – FE Simulation

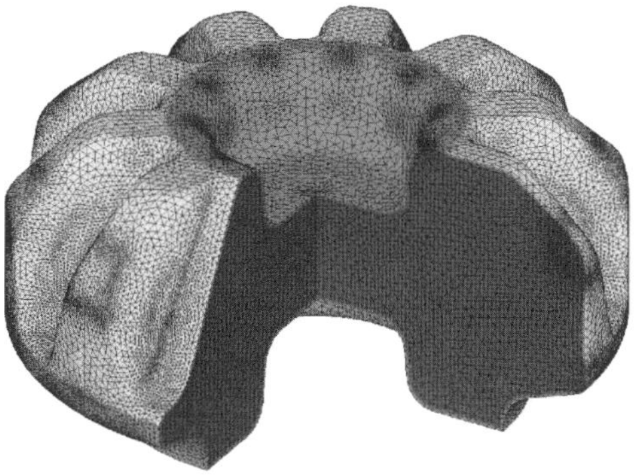

Bevel gear cold forging – CAM, Die making

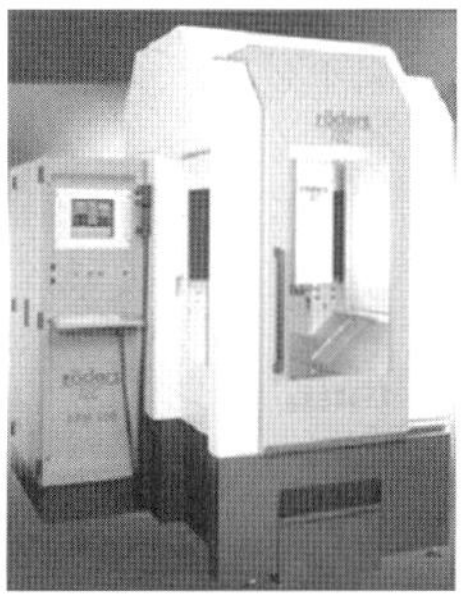

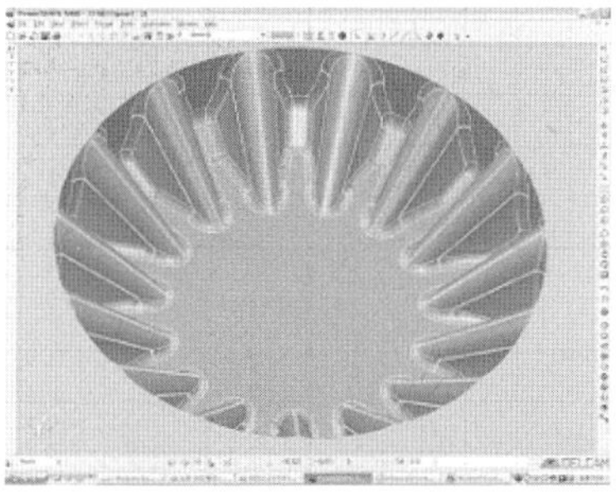

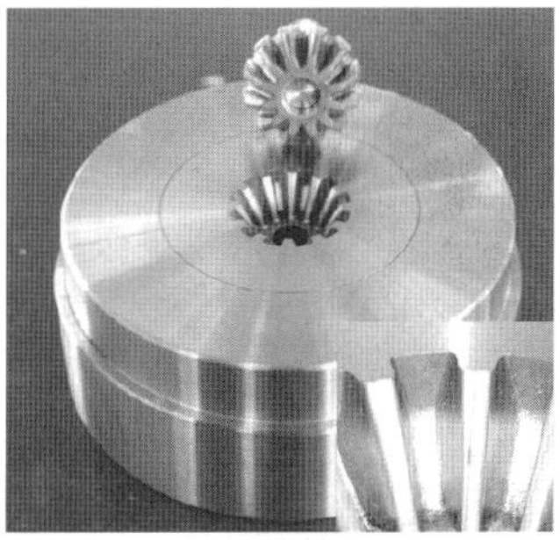

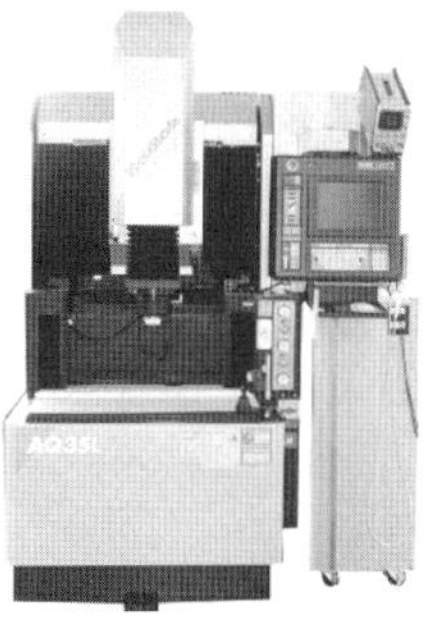

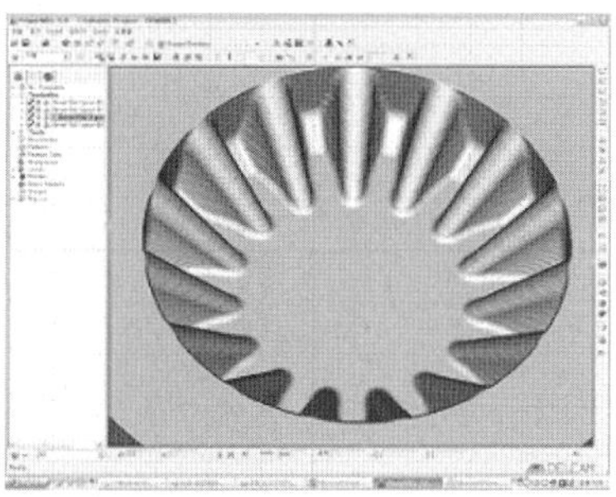

Bevel gear cold forging – Try-out

- Forging equipment
- Enclosed die set
- Dies

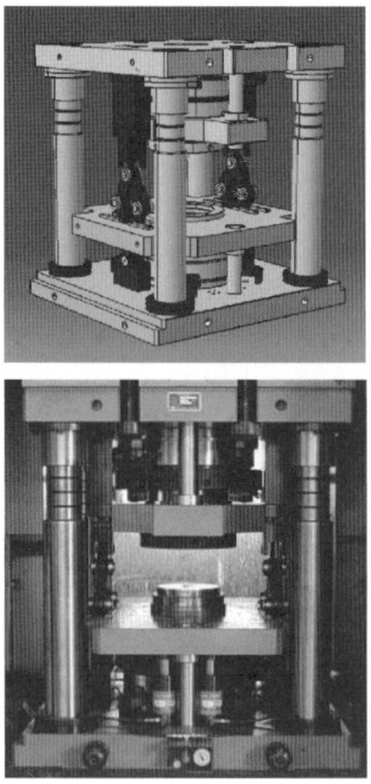

Bevel gear cold forging – Evaluation

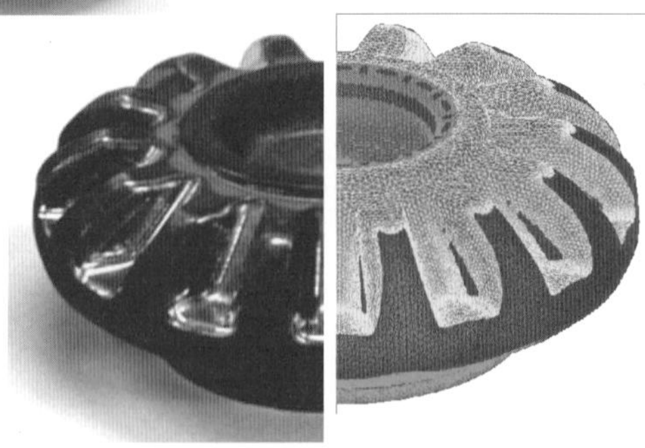

3. Metal Forming Simulation

3.1 About metal forming simulation

3.2 Applications

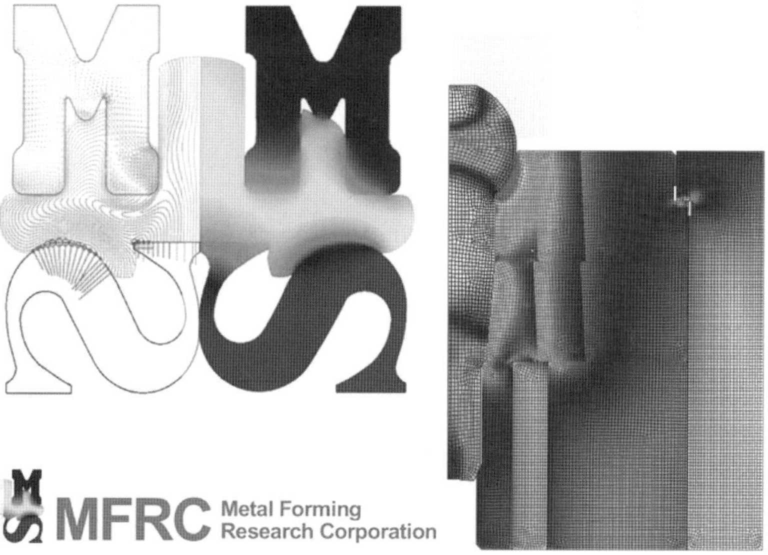

MFRC Metal Forming Research Corporation

3.1 About metal forming simulation

저자: 전만수

3.1.1 General consideration

Intelligent metal forming simulator, AFDEX

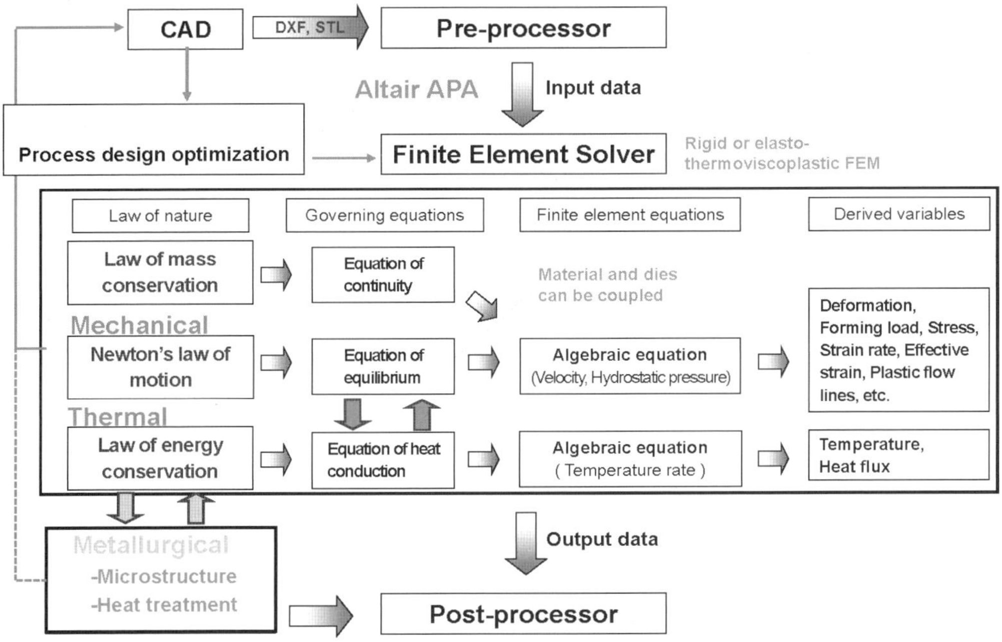

A general-purpose metal forming simulator AFDEX

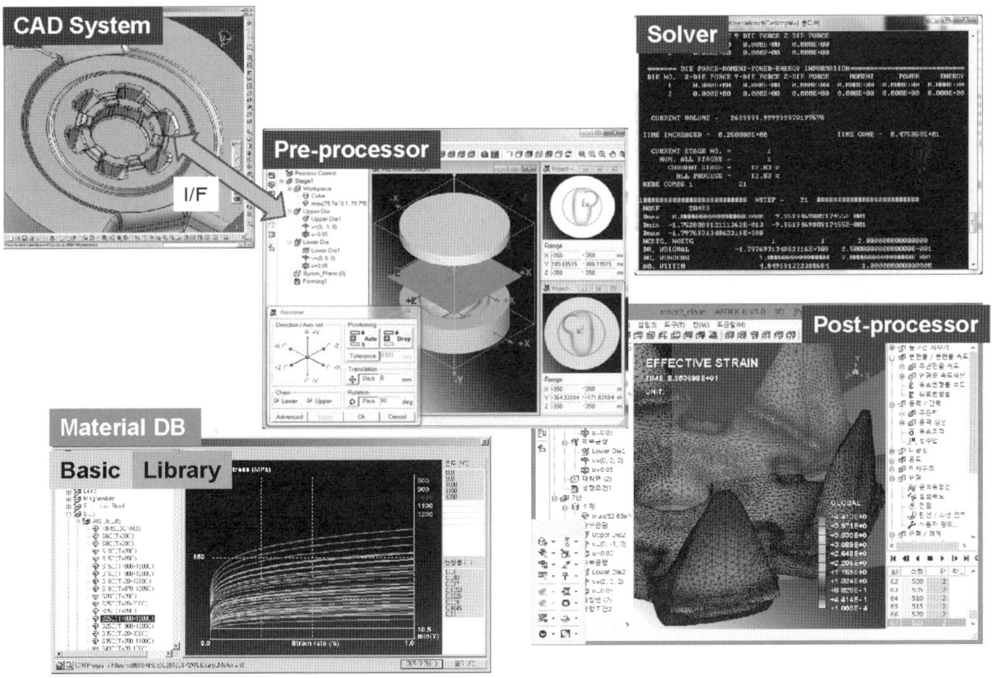

2D mesh density control

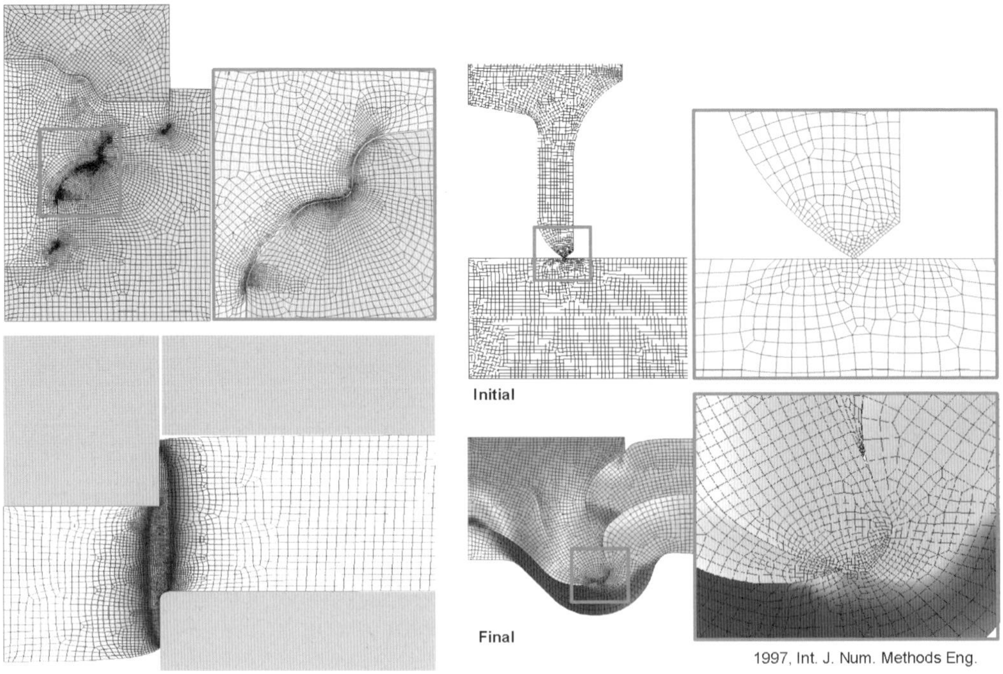

1997, Int. J. Num. Methods Eng.

3D mesh density control - Automatic

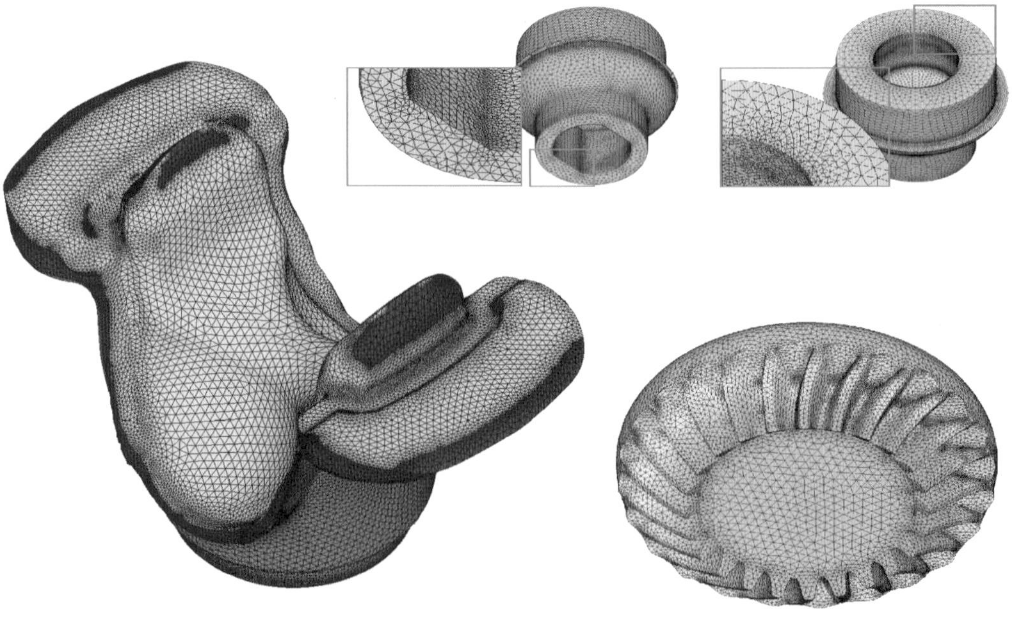

3D mesh density control – User-defined

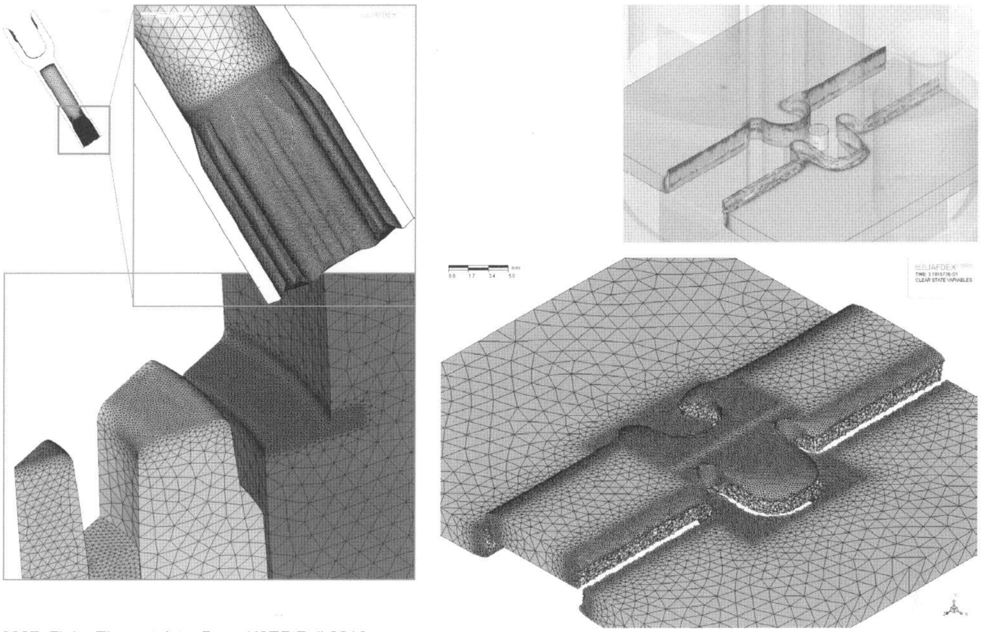

2007, Finite Element Ana. Des.; KSTP Fall 2016.

Finite element solutions

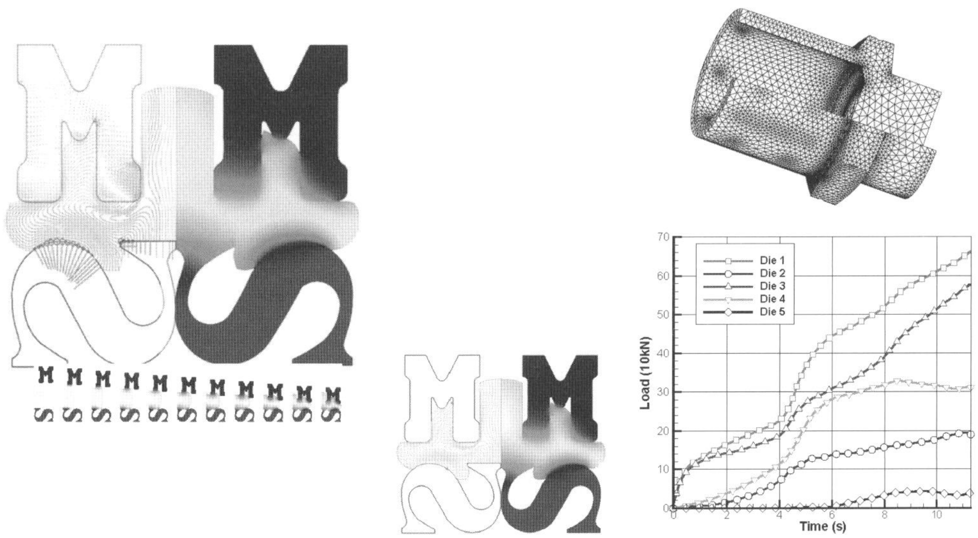

Major predictions: Metal flow, Forming load, Temperature, Die pressure, Die stress, Strain, Stress, Damage, etc.

2D simulation

For 2D simulation, quadrilateral elements are more advantageous than triangular elements because both elements are free from remeshing problem and the former is farther away from numerical uncertainties of the two.

Axi-symmetric

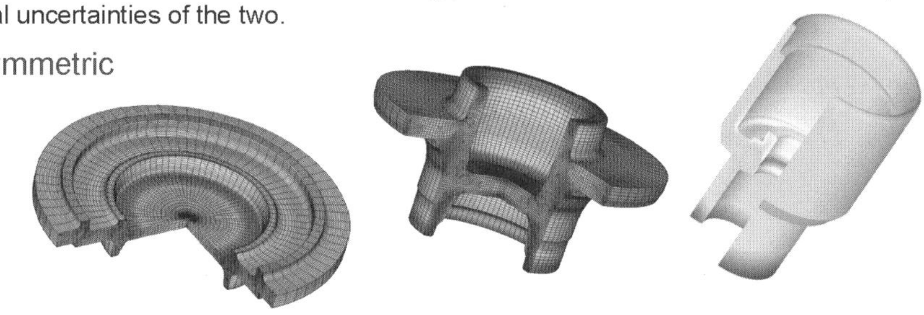

Plane strain

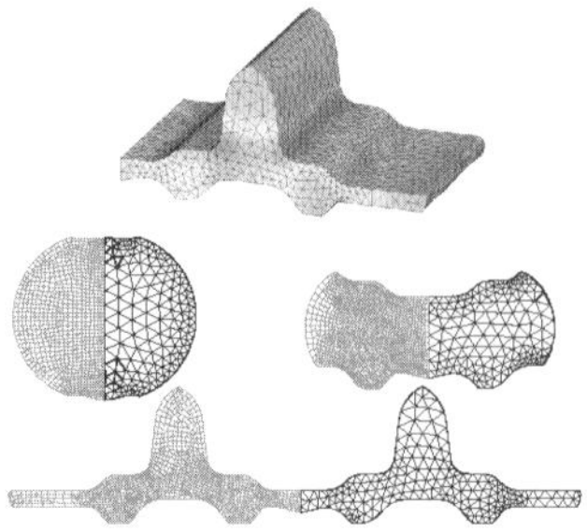

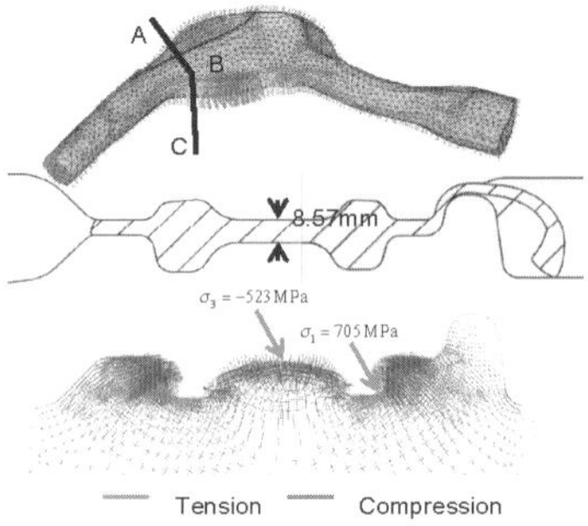

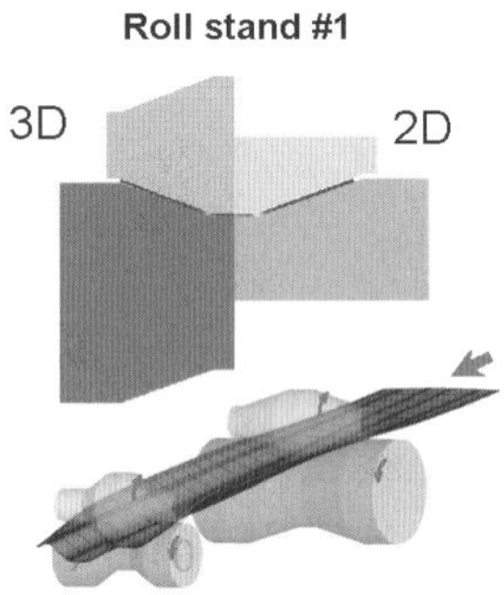

3D simulation

Because of automatic mesh generation problem, tetrahedral mesh system is usually employed even though it has numerical uncertainty due to MINI-element treatment.

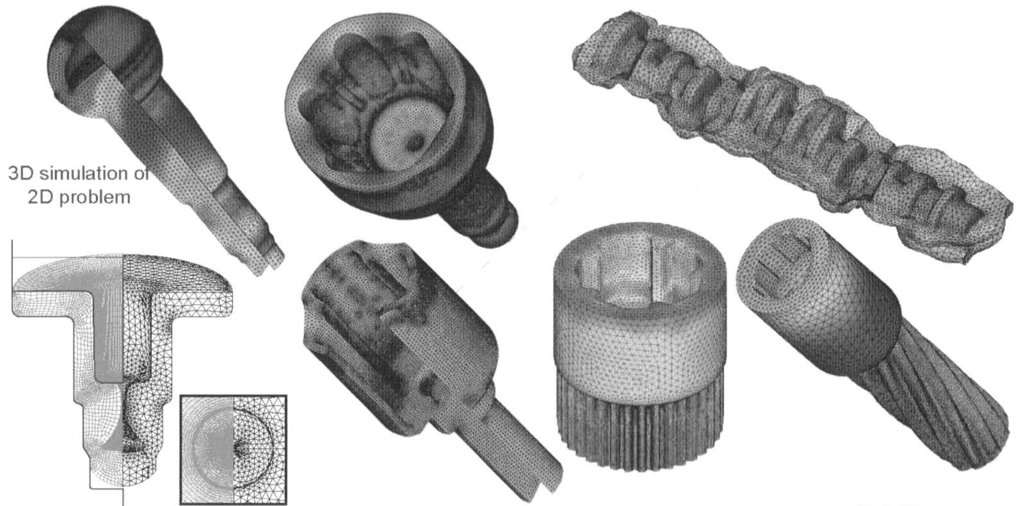

3D simulation of mechanically 3D problem with axi-symmetric geometries

Plane of symmetries considered

Full 3D simulation

2D/3D combined simulation

Five-stage automatic cold forging sequence

-Stage 1-4: Axis-symmetric

-Stage 5: 3D

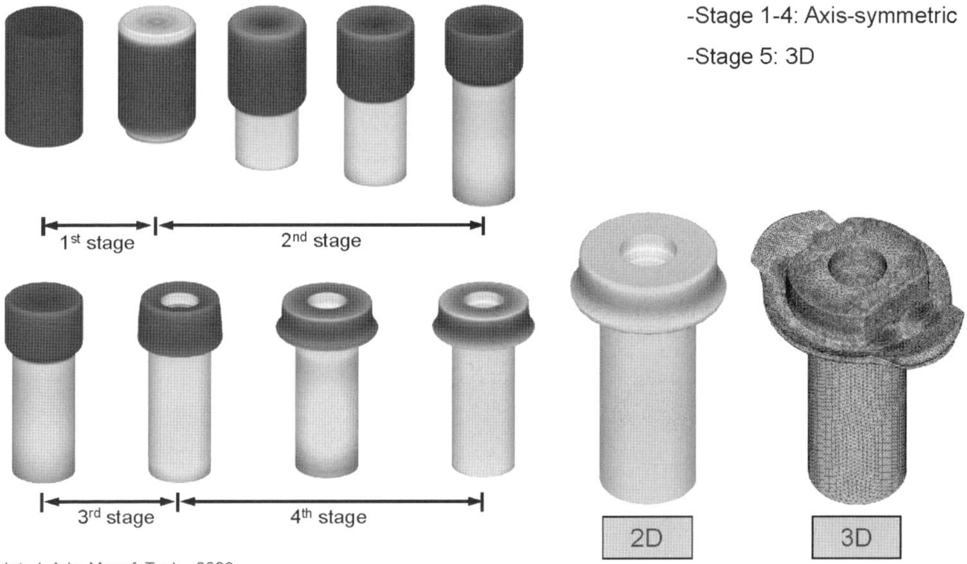

Int. J. Adv. Manuf. Tech., 2008

Comparison between 2D and 3D predictions

2D

3D

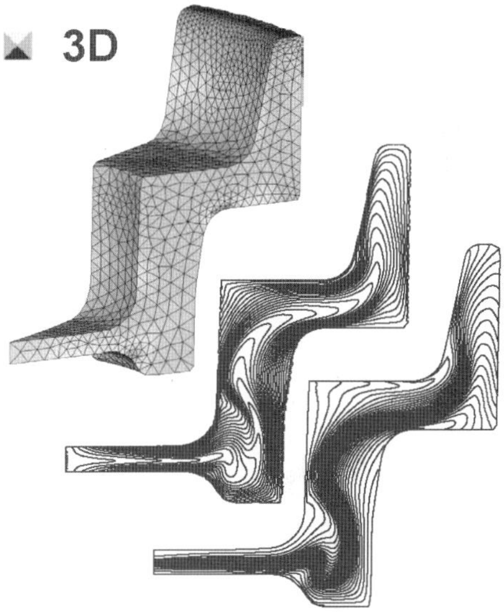

2D simulation of 3D problems

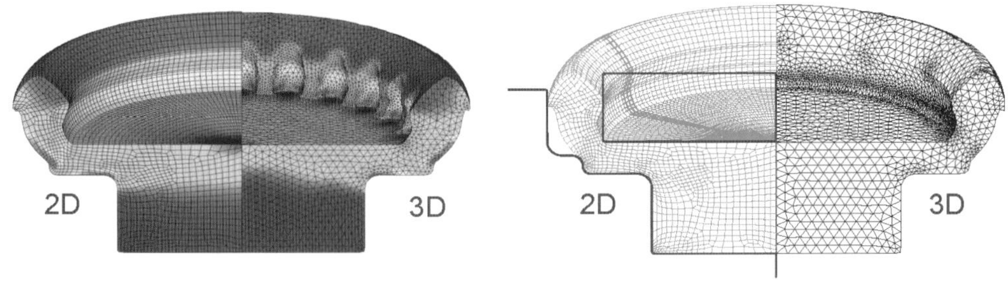

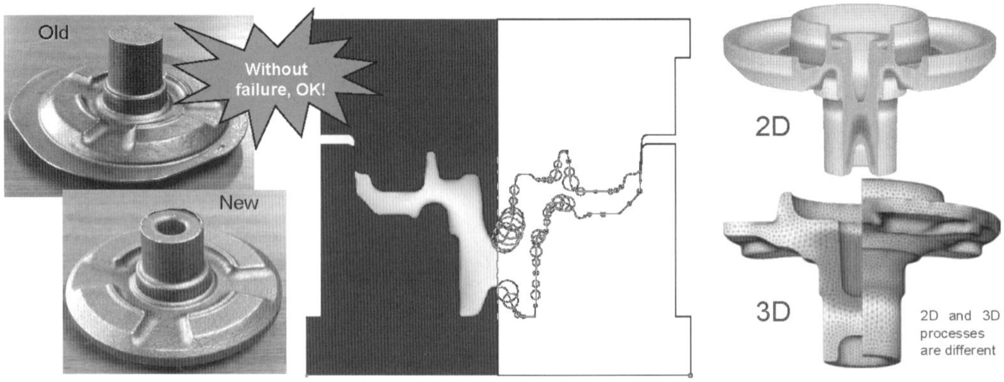

Representative application examples

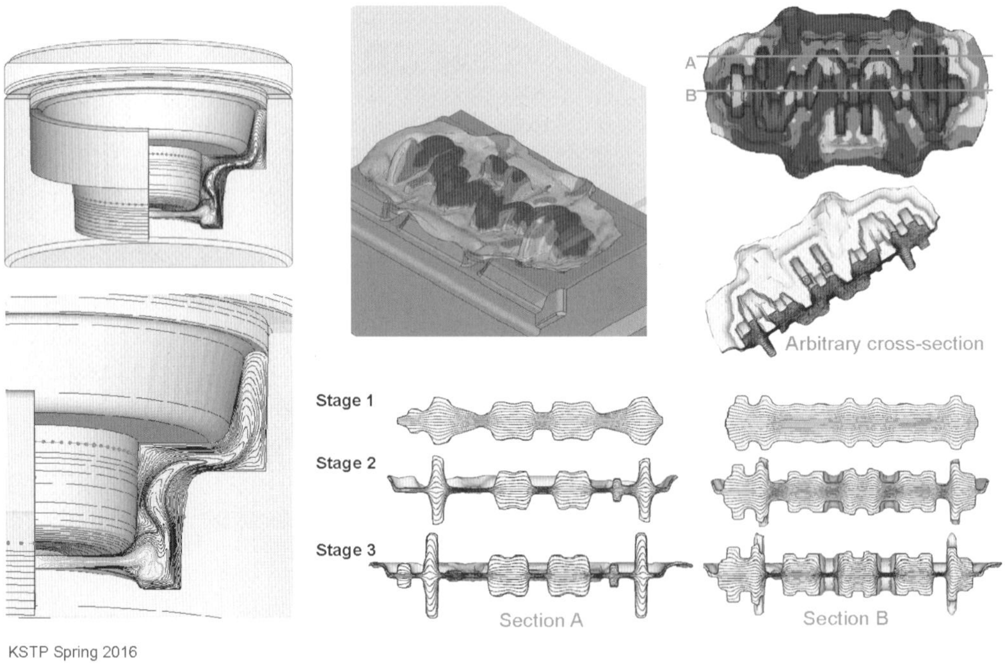

KSTP Spring 2016

User-Friendliness - Automatic multi-stage simulation

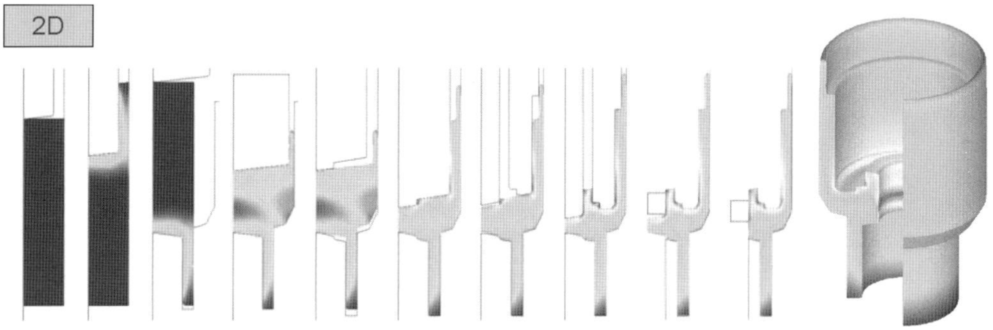

3.1.2 Accuracy

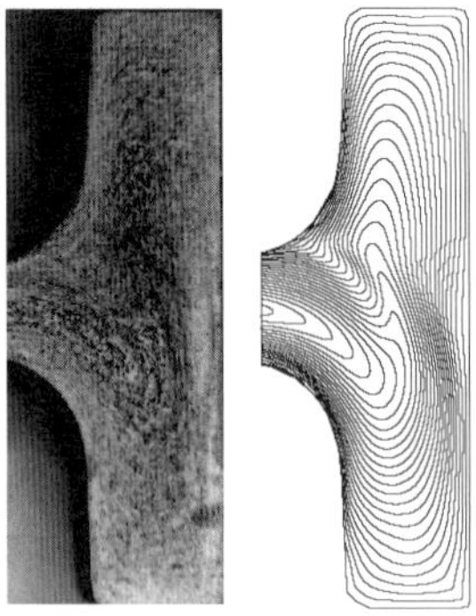

Accuracy – Prediction of fracture, Tensile test

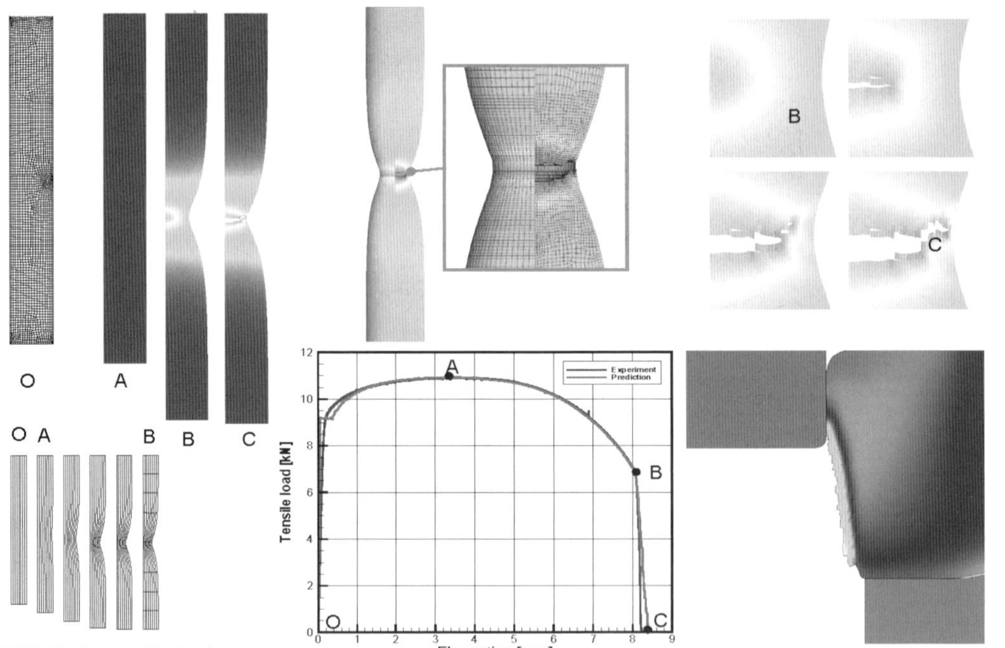

2008, Mechanics of Material

Accuracy - Extrusion test

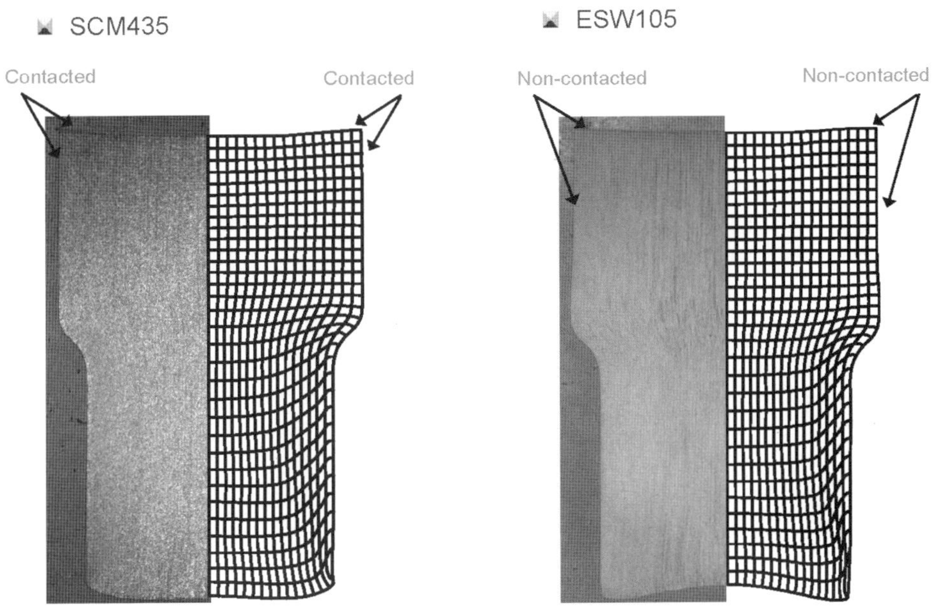

Accuracy - Hot forging, bearing race

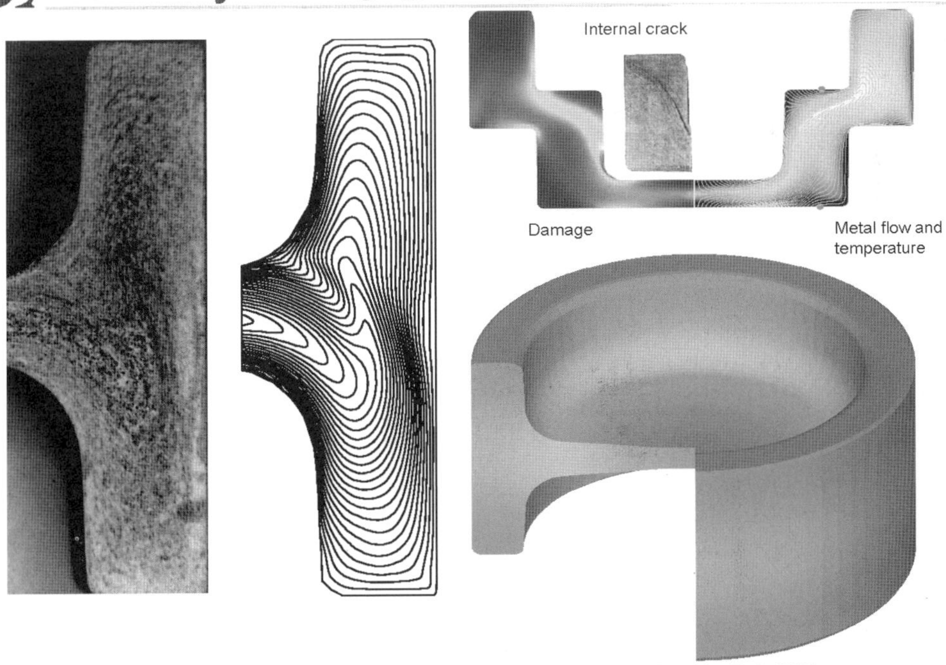

Trans. ASME J. Eng. Mat. Tech. 1998 / Int. J. Mach Tools Manuf. 2000 / Trans. ASME J. Eng. Mat. Tech. 2007.

Accuracy - Cold forging, automobile part

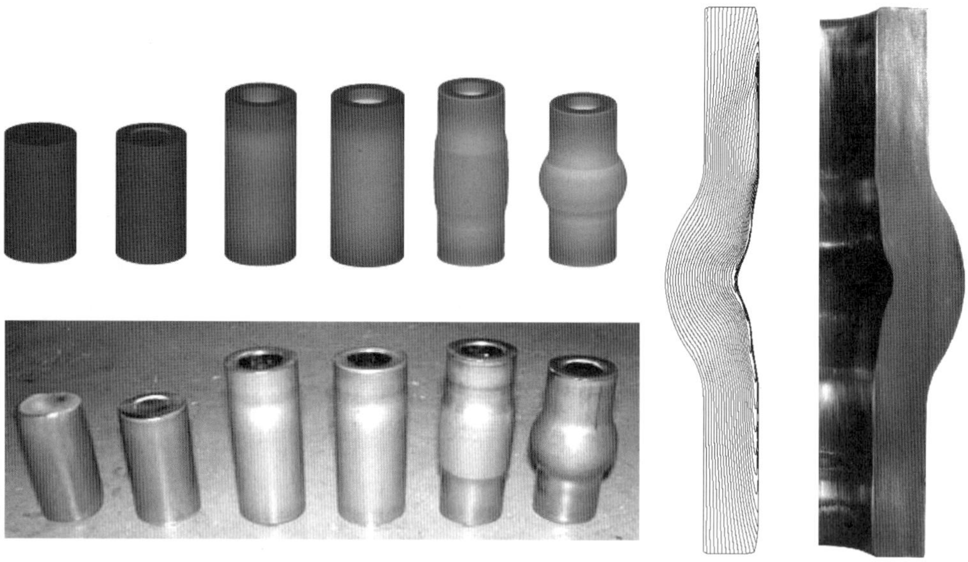

KSME Spring 2006

Accuracy - Cold forging, rotor pole

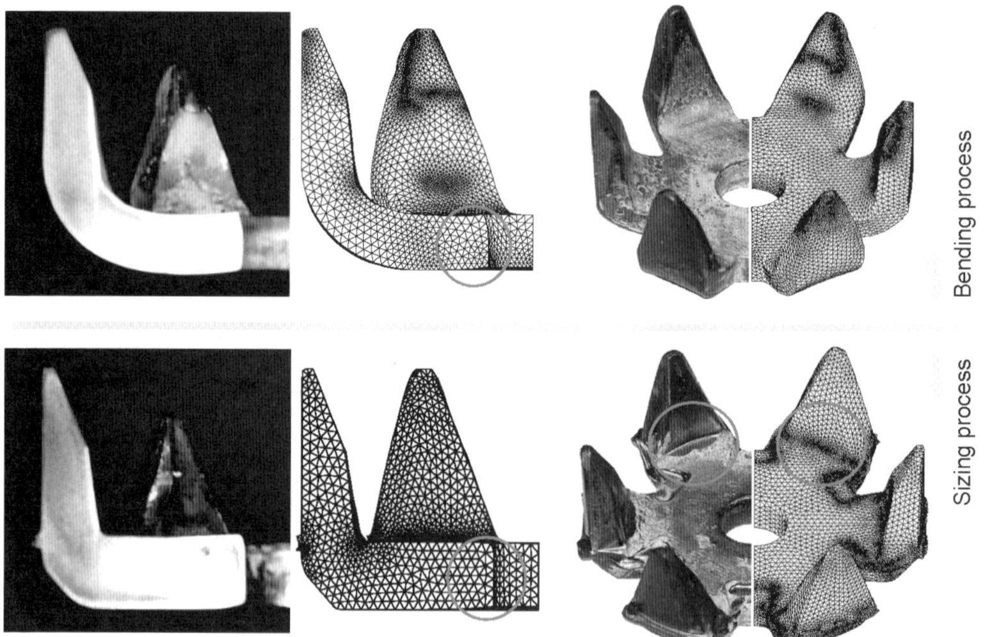

Finite Element Ana. Des. 2009

Accuracy - Enclosed die forging, bevel gear

Enclosed die forging　　Sizing

KSPE Fall 2007

Accuracy - Hammer forging, ship engine part

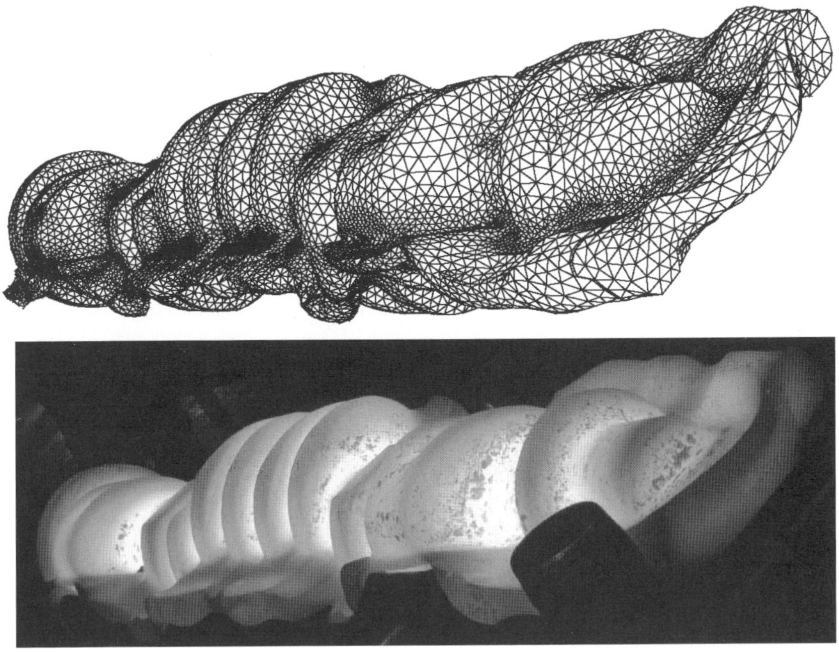

Minimized process development time

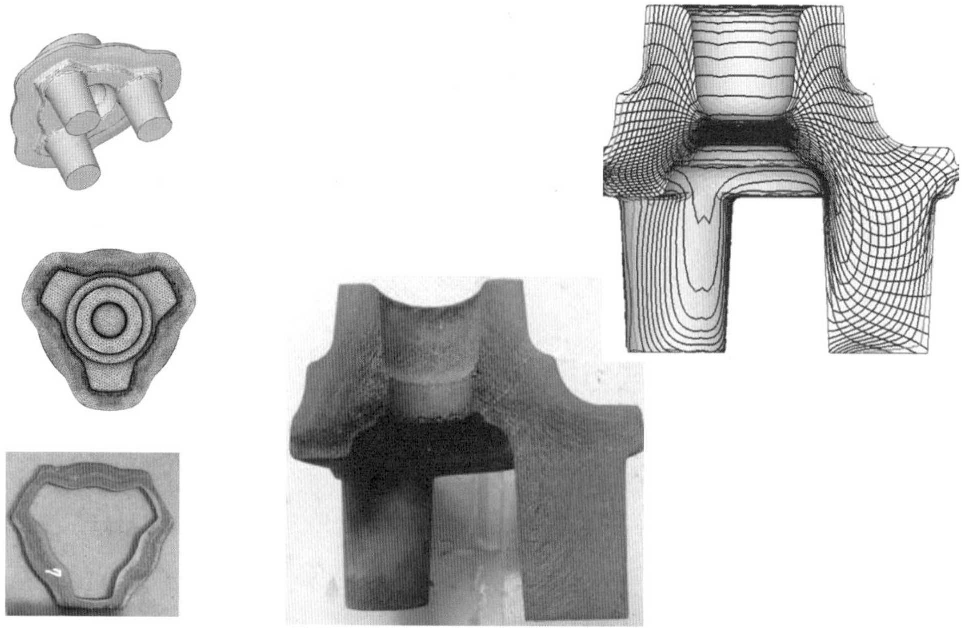

Metal flow lines of a forged battery case

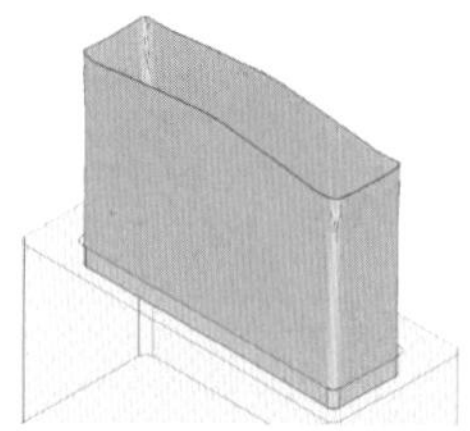

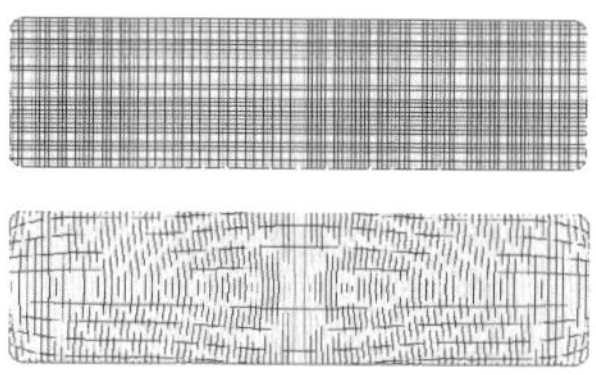

Experiments

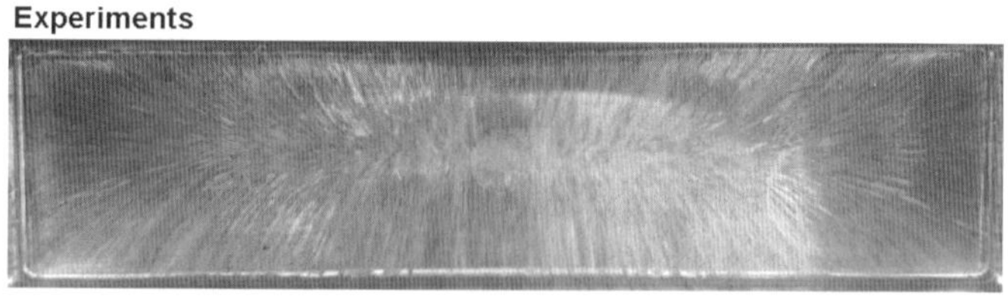

Predictions

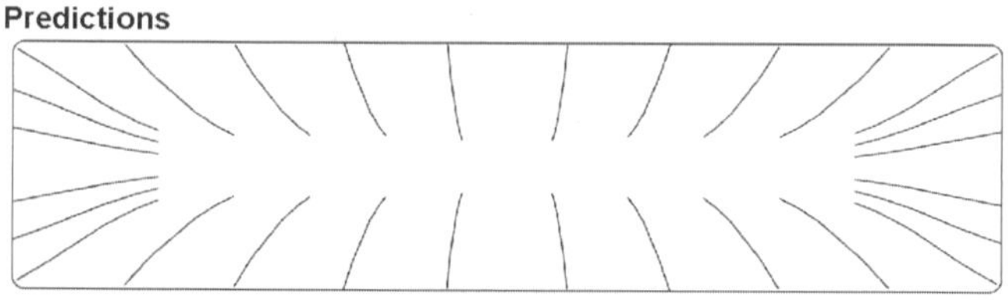

Comparison

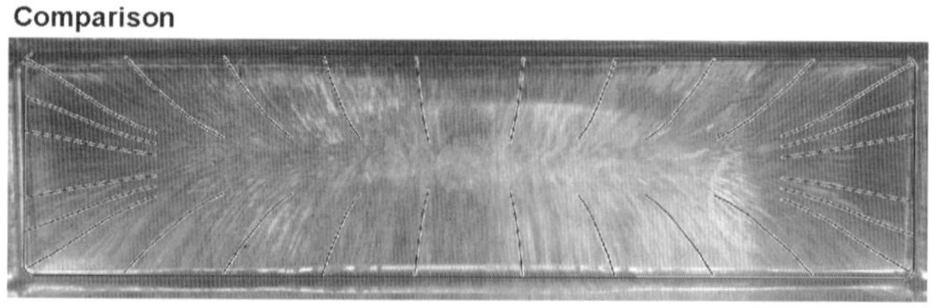

Die fracture prediction in scroll forging

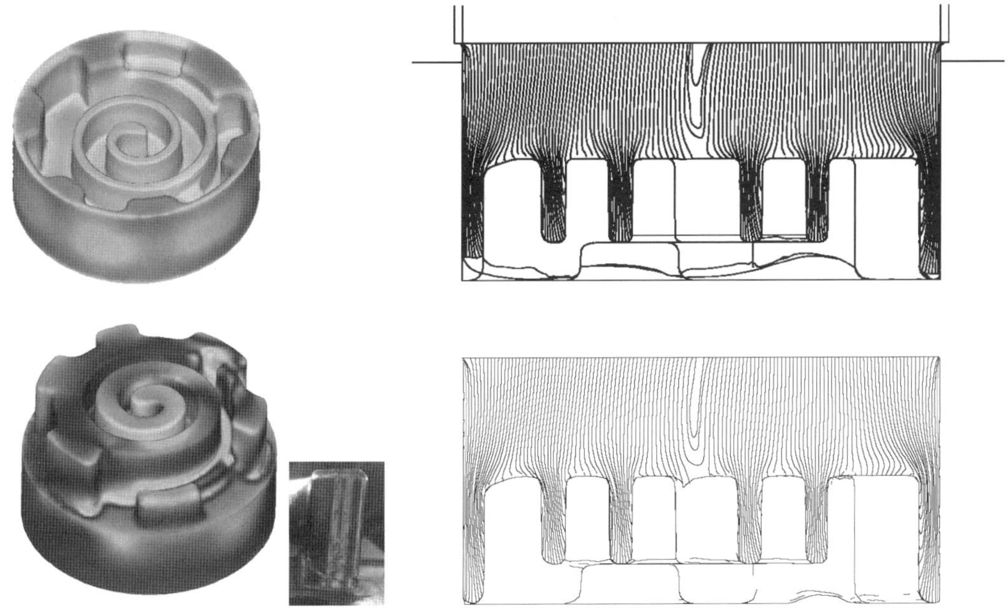

Ring-rolled-after-forged bearing part

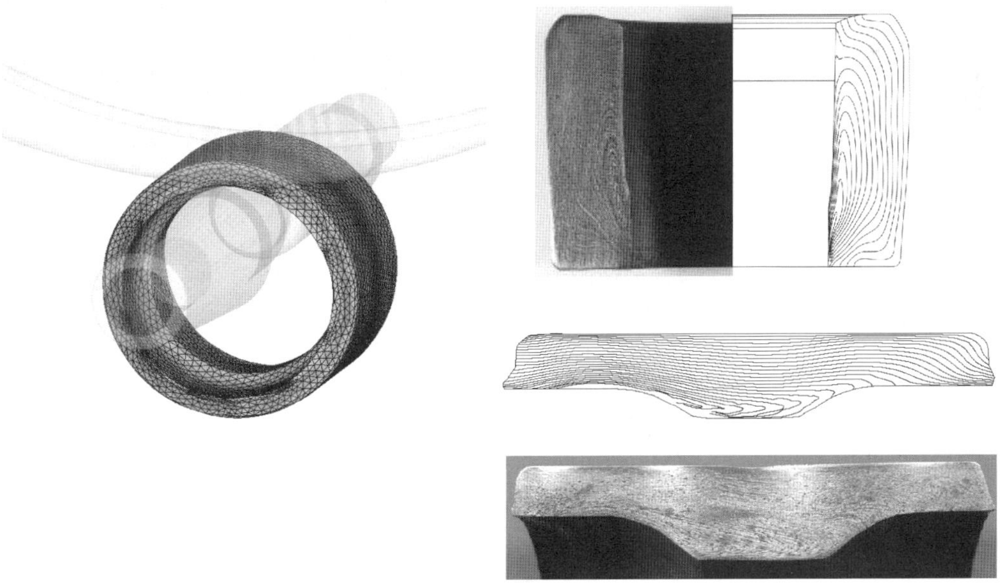

Accuracy - Marking simulation and evaluation

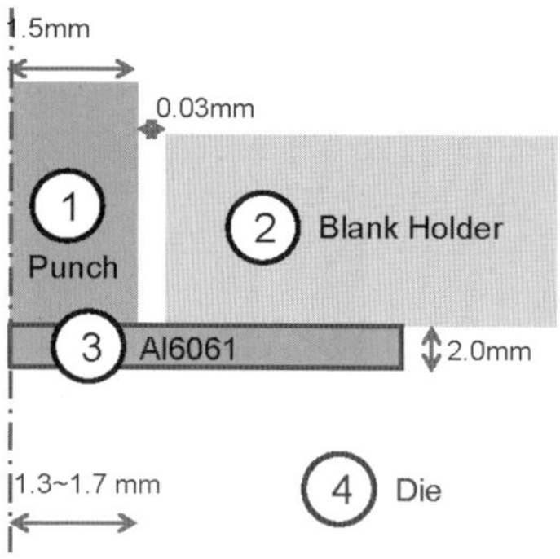

Parameter	Value
n	0.1936
K (MPa)	207.64
Frictional coeff.	0.15
Punch speed	0.833 mm/s
Blank holder force	210.92 N

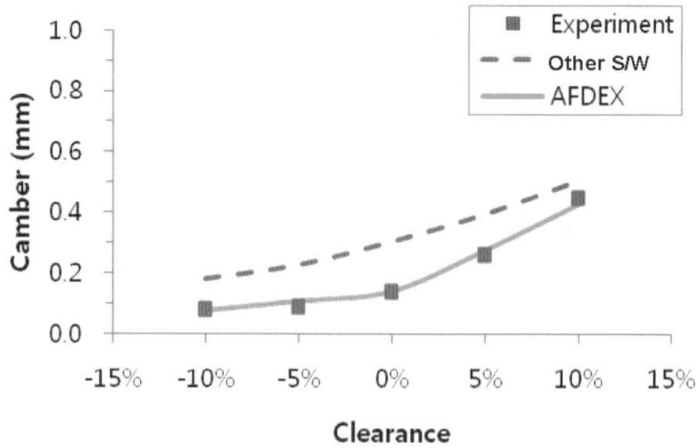

By Prof. W. J. Chung, Seoul National Univ. of Sci. and Tech.

Accuracy – USRP(Ultrasonic surface rolling process)

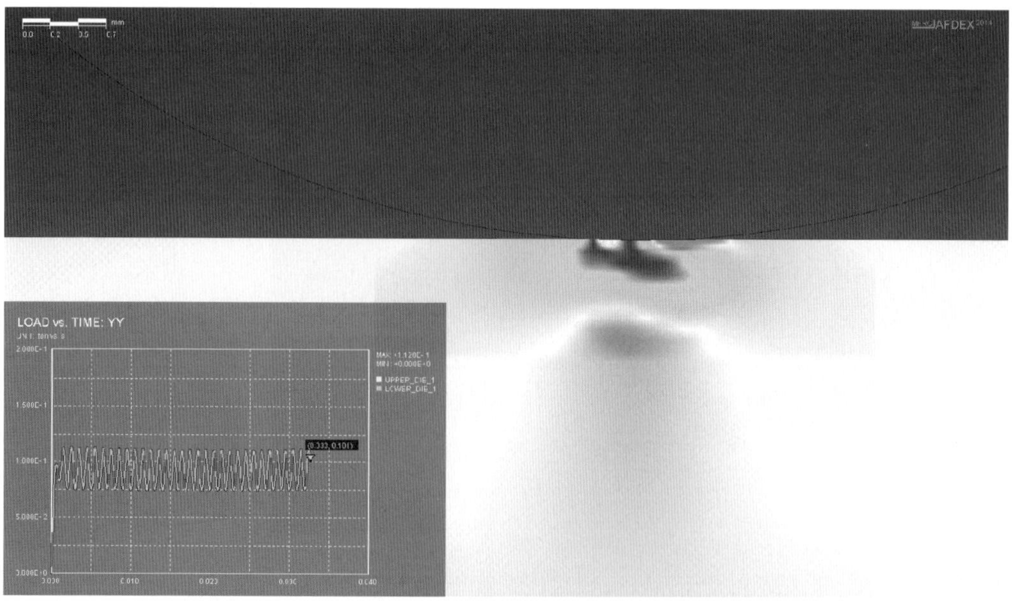

Accuracy – Springback, Tensile test

- Specimen: KS B 0801 – No. 4

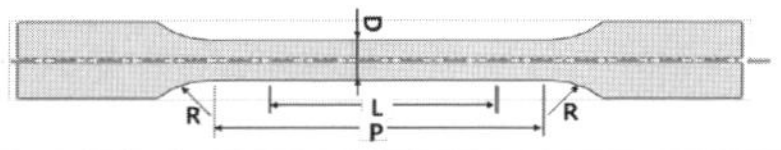

D	L	P	R
10mm	50mm	70mm	More than 15mm

▶ Case1 : 12mm (Uniform elongation region)

	AFDEX	ABAQUS
von Mises **Max.**	477.51 MPa	477.11 MPa
Effective Strain	0.1556	0.1542
R_1	4.626 mm	4.628 mm
단면 감소율	14.55 %	14.55 %
연신율	15.82 %	15.82 %

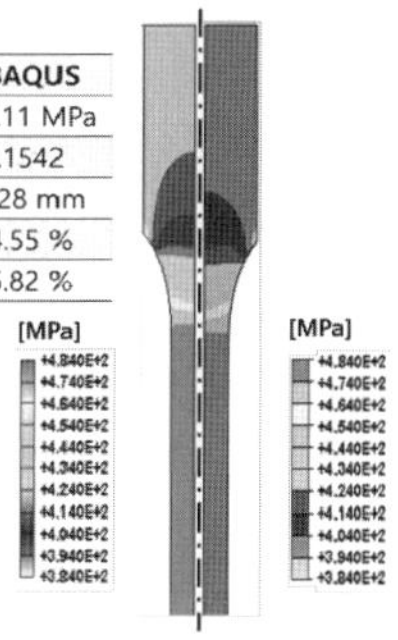

<AFDEX> <ABAQUS>

AFDEX vs. ABAQUS

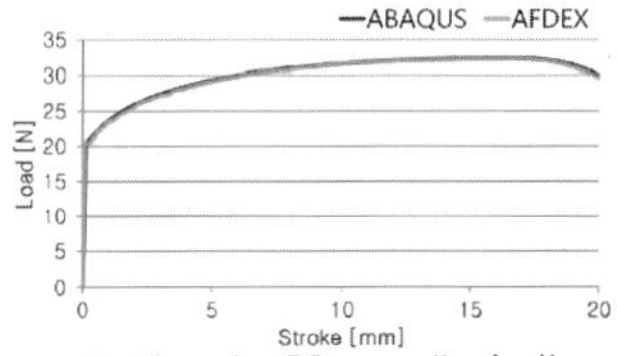

▶ Case1 : 20 mm (Including non-uniform elongation region)

	AFDEX	ABAQUS
von Mises **Max.**	643.19 MPa	636.98 MPa
Effective Strain	0.6221	0.5806
R_1	3.710 mm	3.772 mm
단면 감소율	44.94 %	43.09 %
연신율	30.20 %	31.16 %

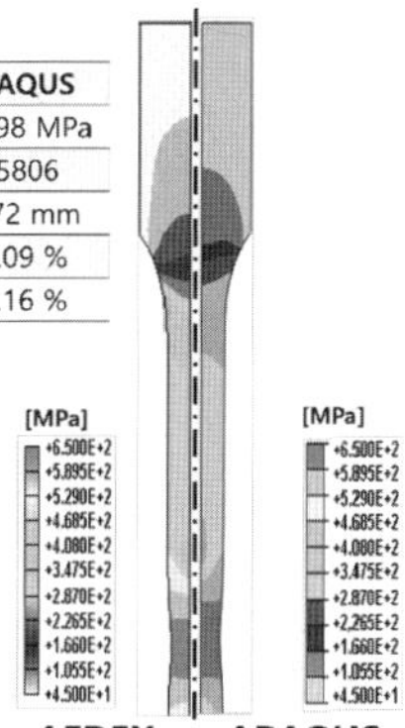

<AFDEX> <ABAQUS>

Accuracy – 3D, Coupled analysis of deformation

➢ **Comparison with ABAQUS before remeshing**

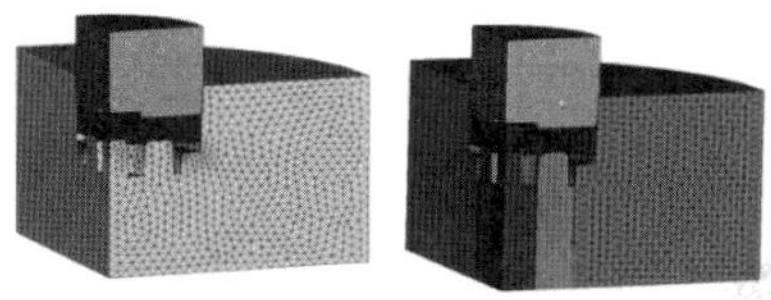

(d) 3D 90도 모델

■ Displacement 비교

행정 : 3.208mm/8.110mm

	ABAQUS	AFDEX
Die	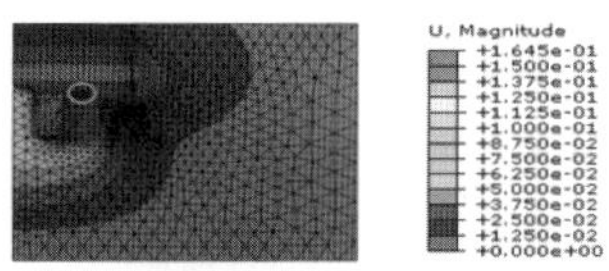	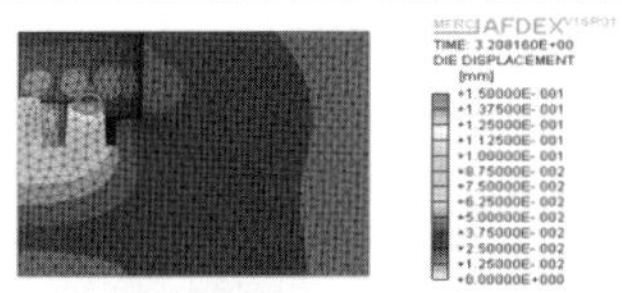
Punch	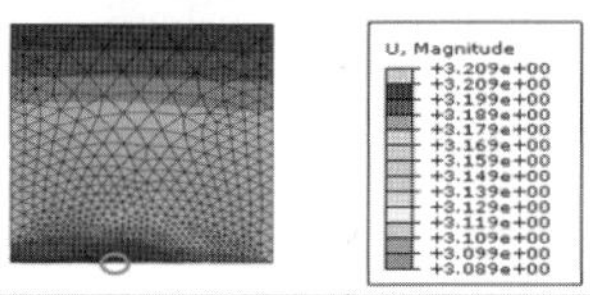	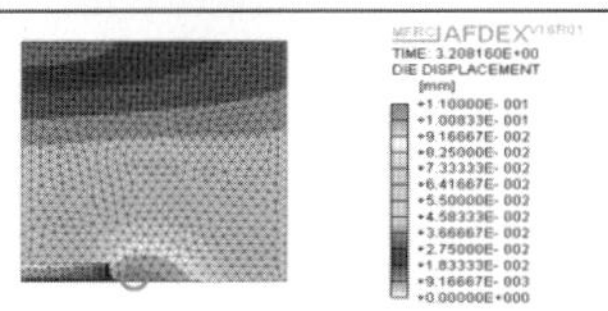

※ 차이는 ABAQUS를 기준으로 계산

	ABAQUS	AFDEX	차 이
Die	0.158mm	0.154mm	-2.53%
Punch	0.120mm	0.110mm	-8.33%

Accuracy – Springback, Multi-stage automatic forging, Yoke

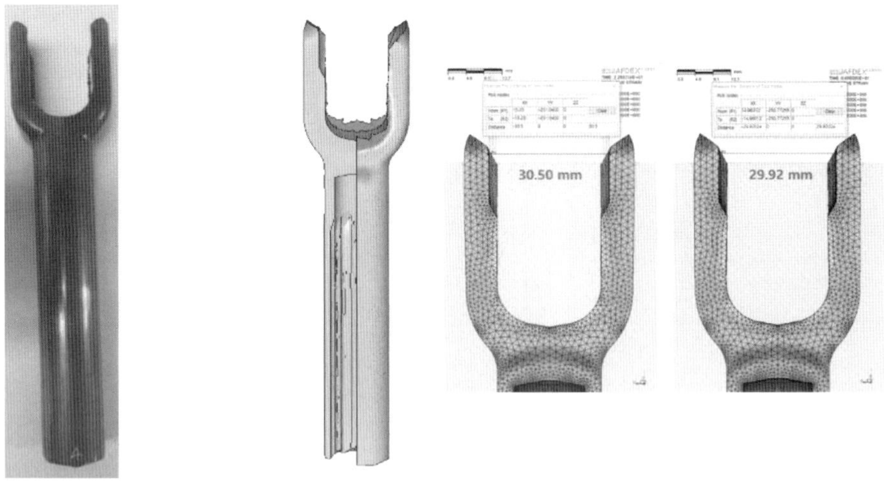

Experiments: 0.50 mm **Predictions: 0.58 mm**

KSTP spring 2017

Accuracy – Hot and cold ring rolling

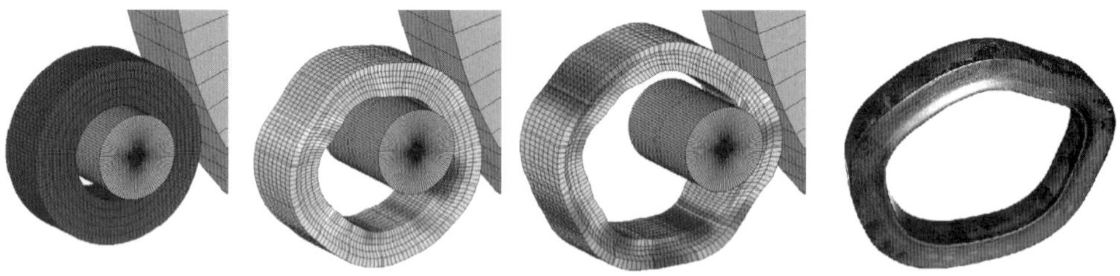

Hot ring rolling

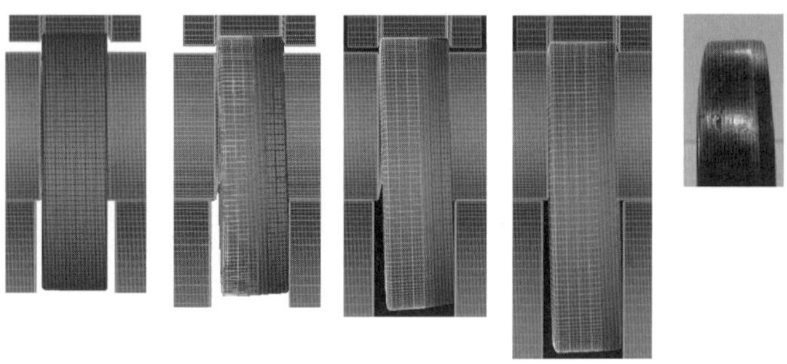

Cold profile ring rolling

Int. J. Mech. Sci. 2007 / ICTP 2008

Accuracy - Radial forging of stepped bar

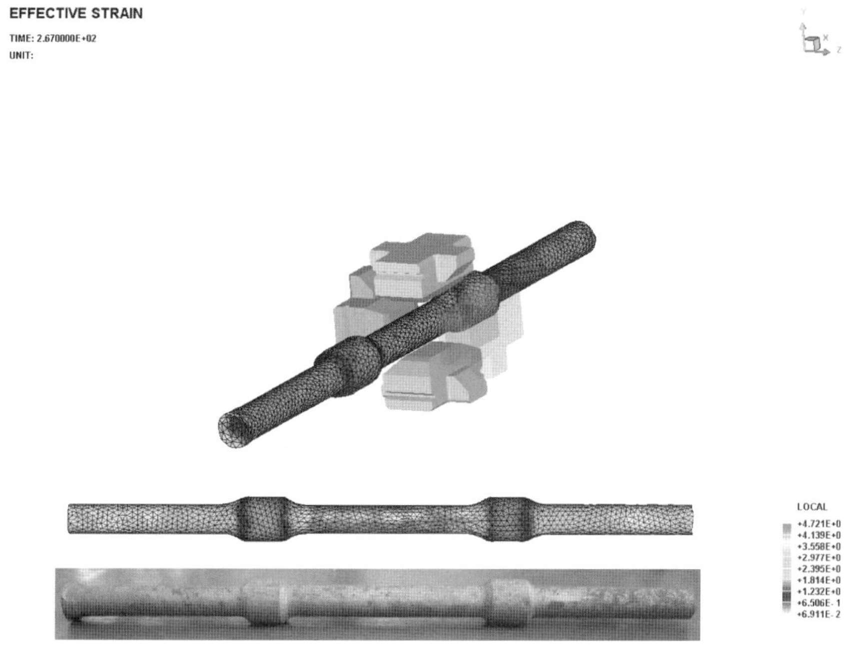

Steady results and robustness

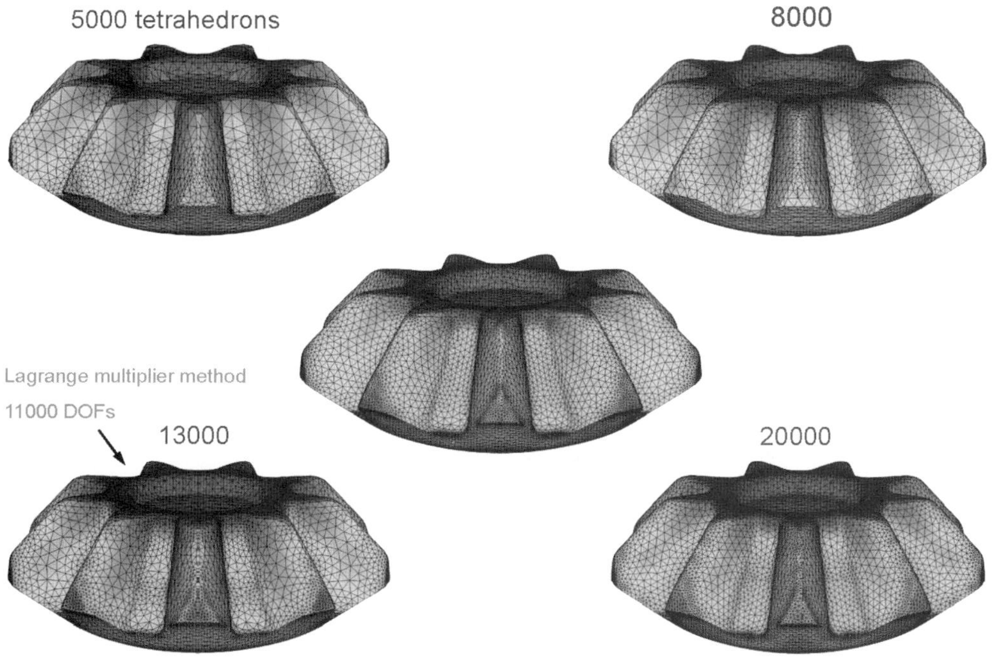

3.1.3 Effects of MFS

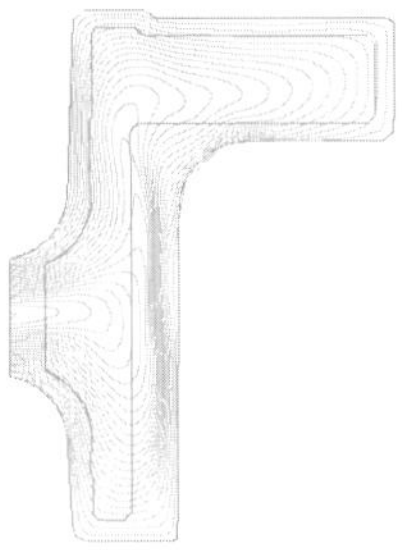

Innovation in Korean forging industries from 1995

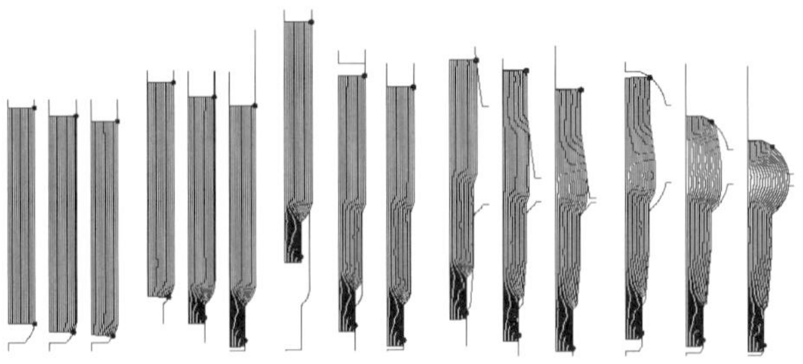

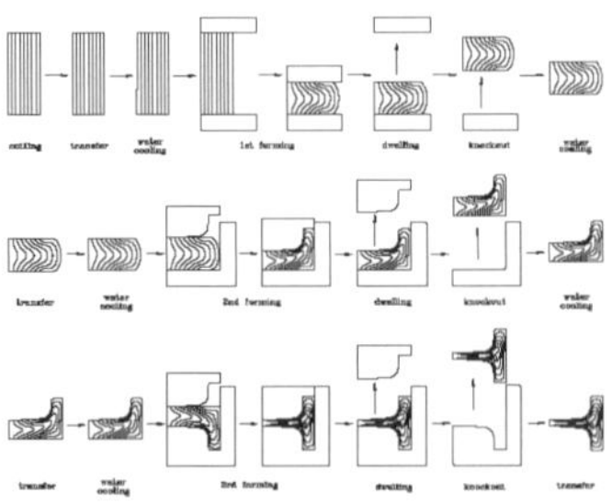

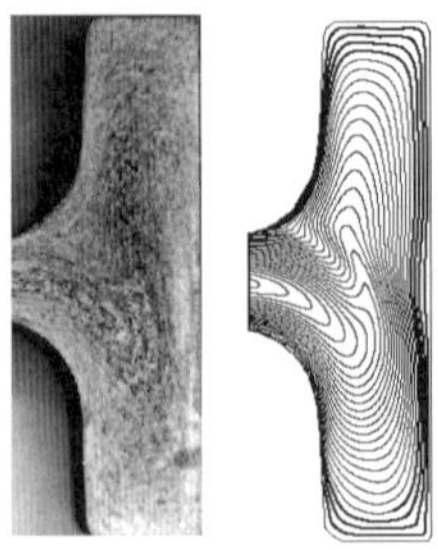

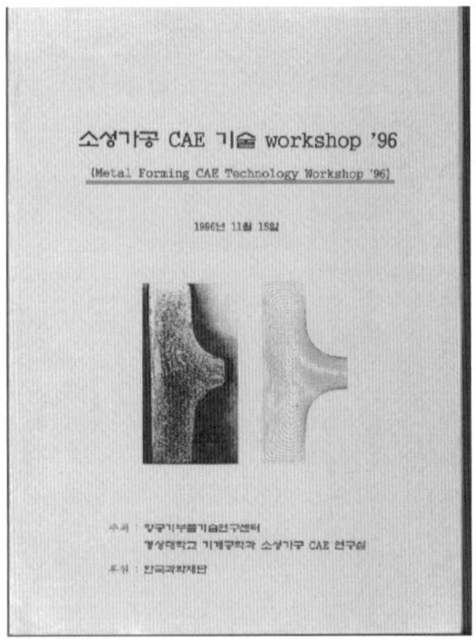

Before AFDEX was developed in 1995, Korean ball-stud companies were just makers and they became independent of industrialized countries from 1995.

Innovation in Korean forging industries started from 1995

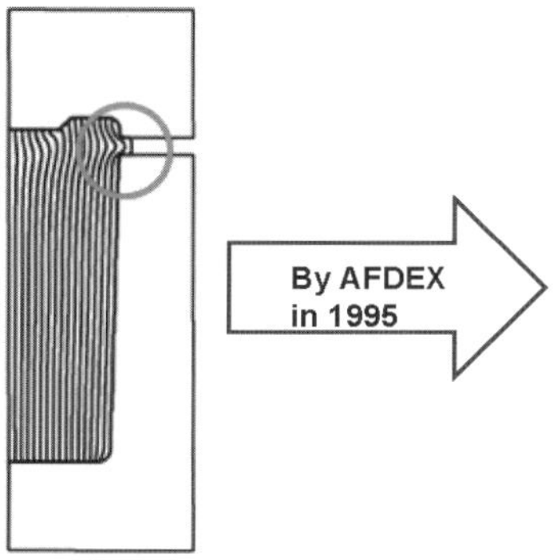

Education and spreading of technology

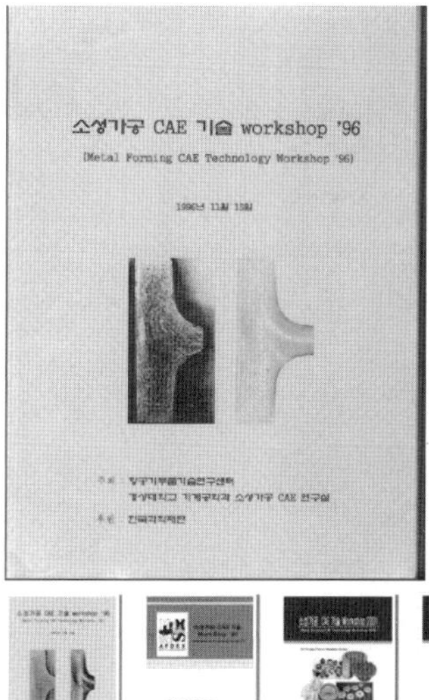

A homework done by a junior team

This process was found
from a metal forming handbook

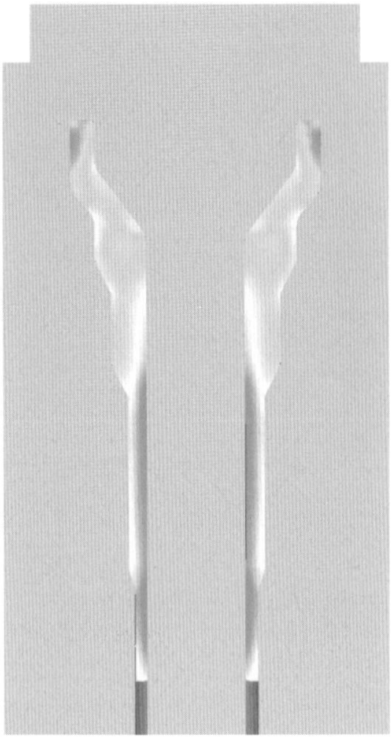

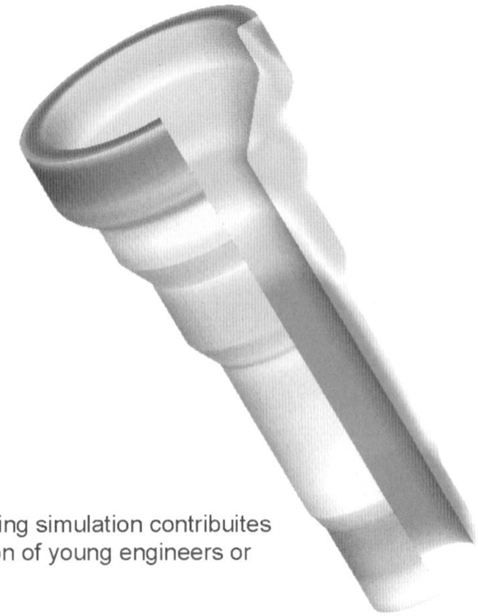

Metal forming simulation contribuites to education of young engineers or beginners

Most contributed industry – Bearing industry

-Total pages = 350.
-Chapter of technology = 62 pages.

-Two pages were related with AFDEX applications

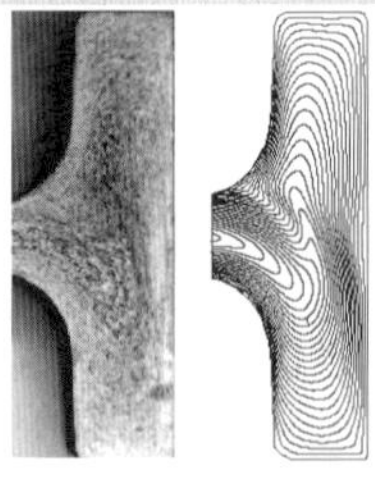

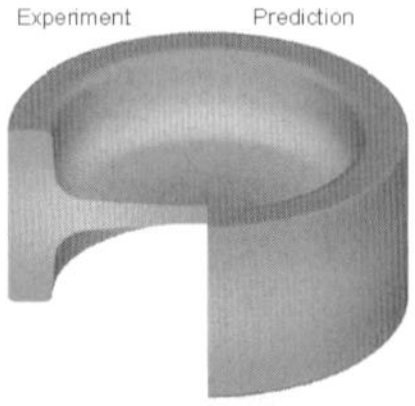

Development time reduced from 6 months to 1 month.

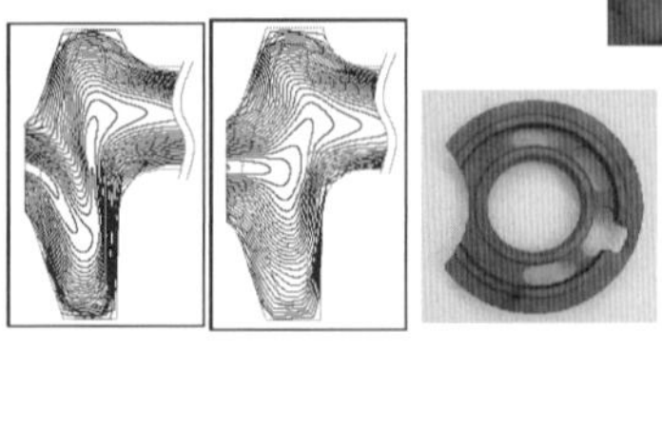

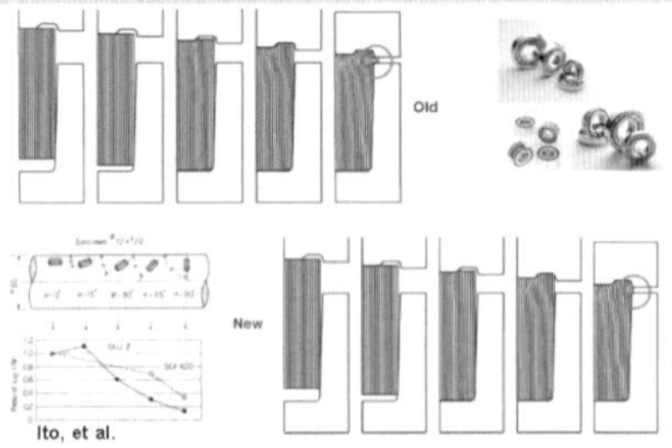

Hanwha Mach. (now, Schaeffler Korea) optimized taper roller forming processes in 1995. It still keeps world-competitiveness in taper-roller bearing.

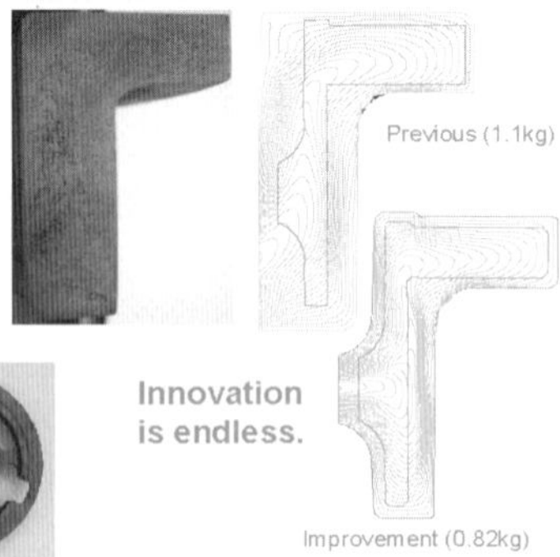

Innovation is endless.

Easy Problem/Conflict Solving or Prevention

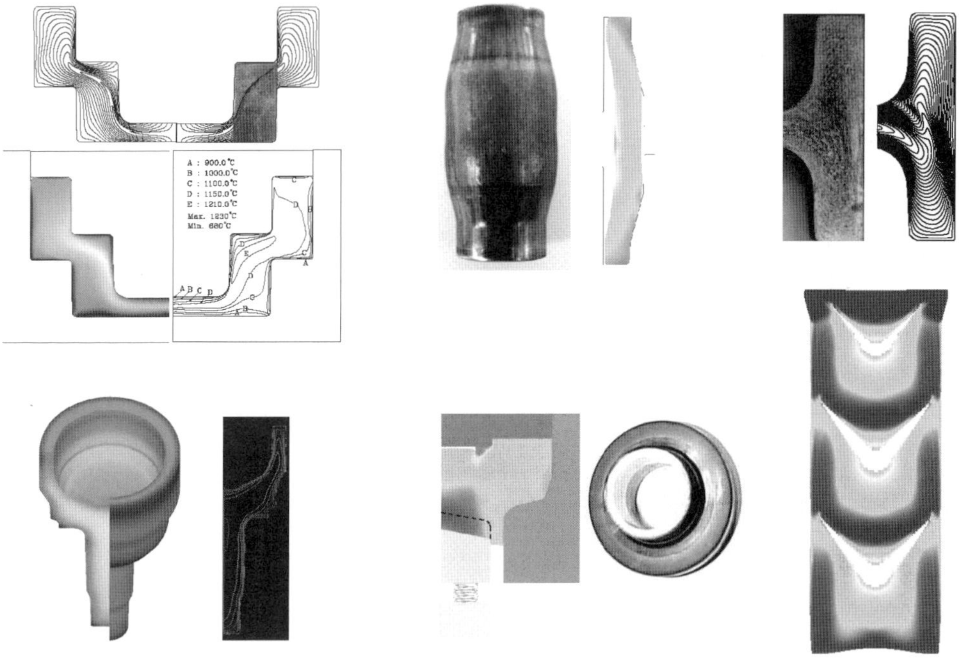

Patent-Friendliness

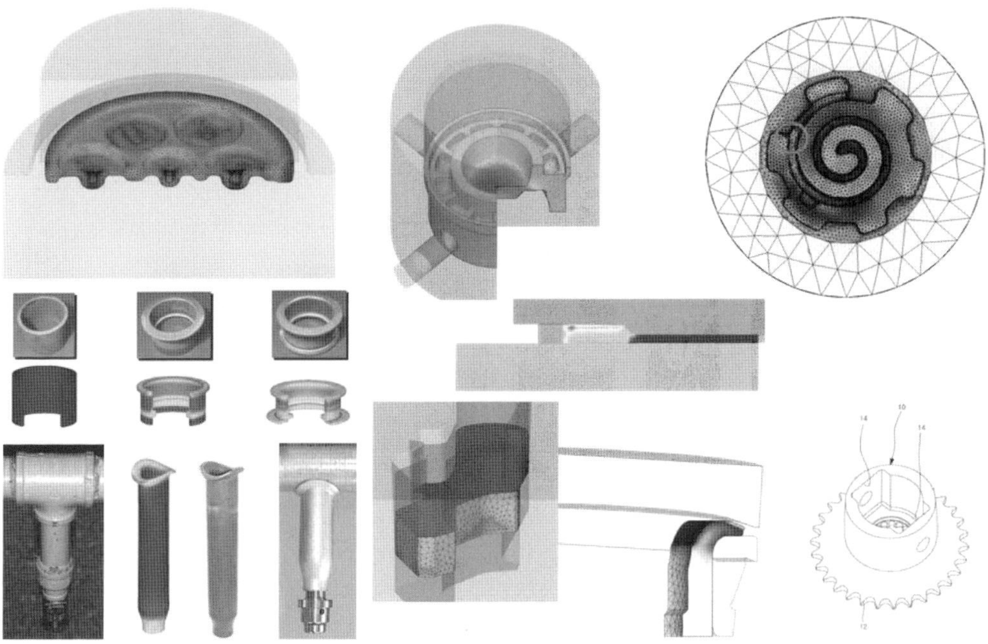

Difficult-to-test process

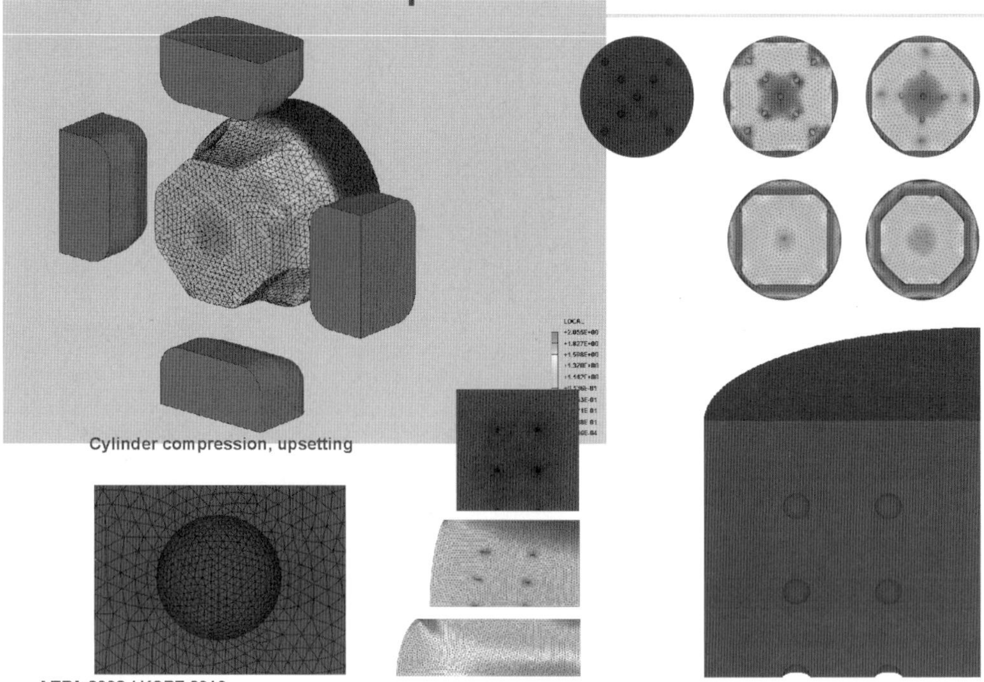

Cylinder compression, upsetting

AEPA 2008 / KSPT 2010

Decrease in manufacturing cost

By Hyundai Motors

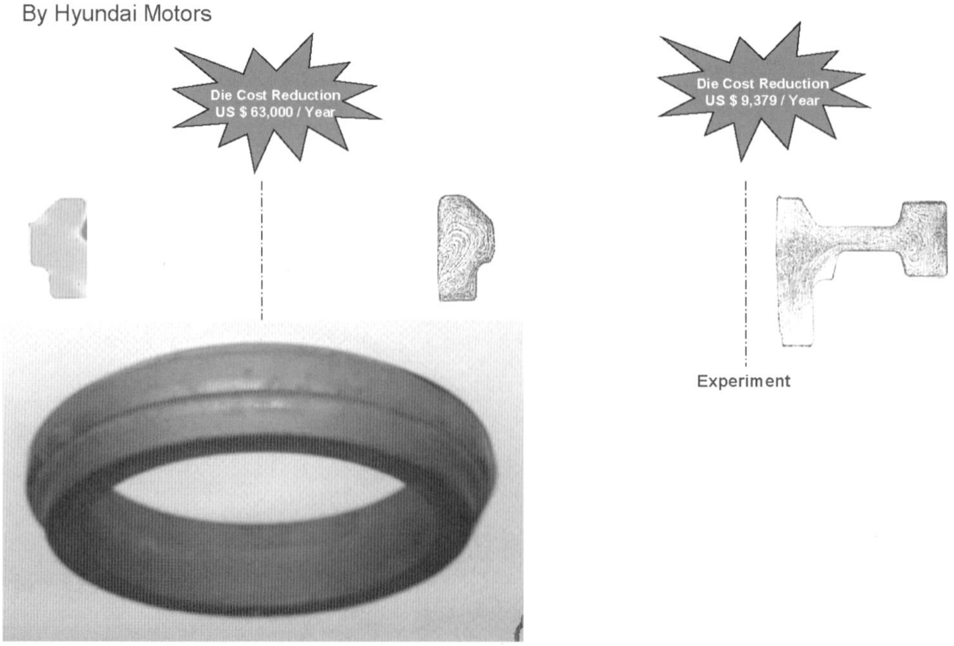

Minimization of scrap – Green manufacturing

Dongeun Forging Co.

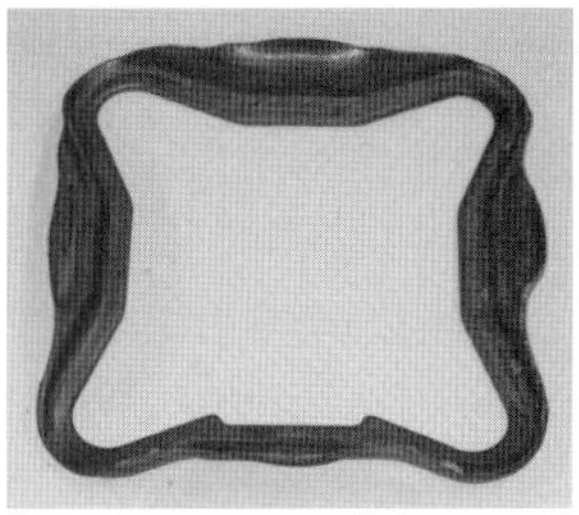

Fixing creatively a process design problem

Overlapping occurred

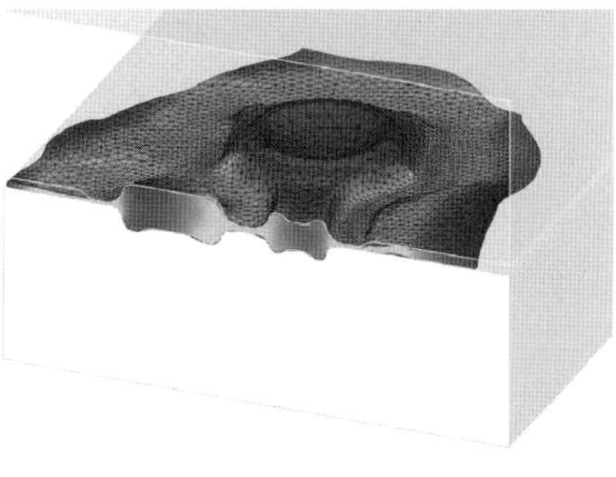

MFCAE 2016.

No overlapping occurred

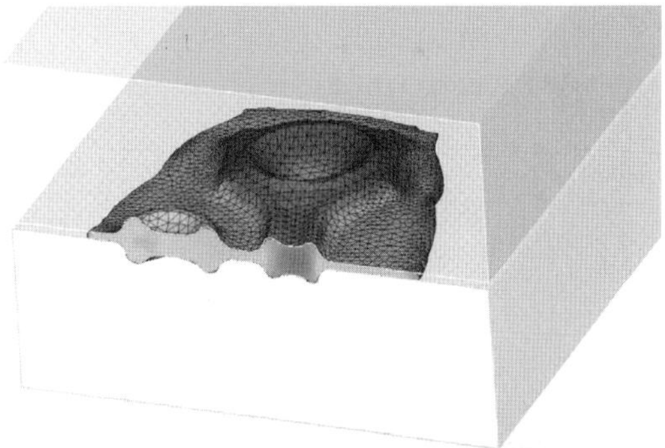

Optimized metal flow lines

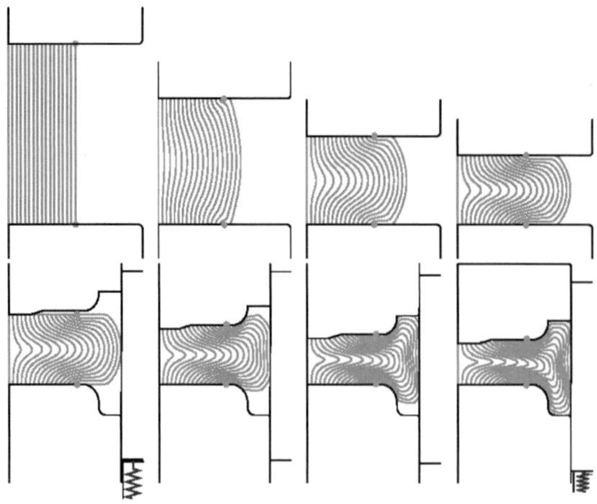

Precision simulation of metal flows

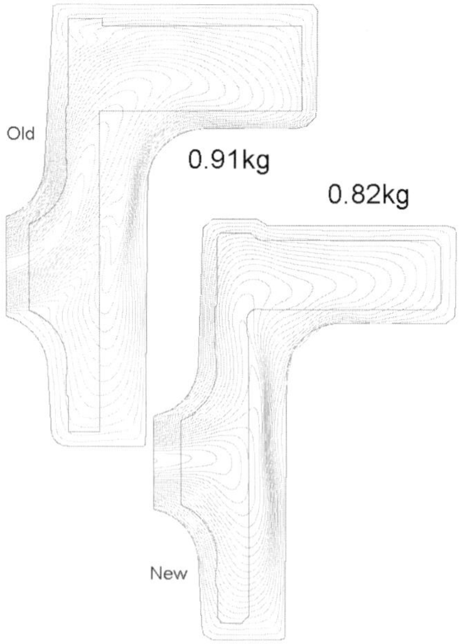

Metal flow lines for design

Int. J. Mach. Tools Manuf. 1998

Optimal parts design considering metal flow lines

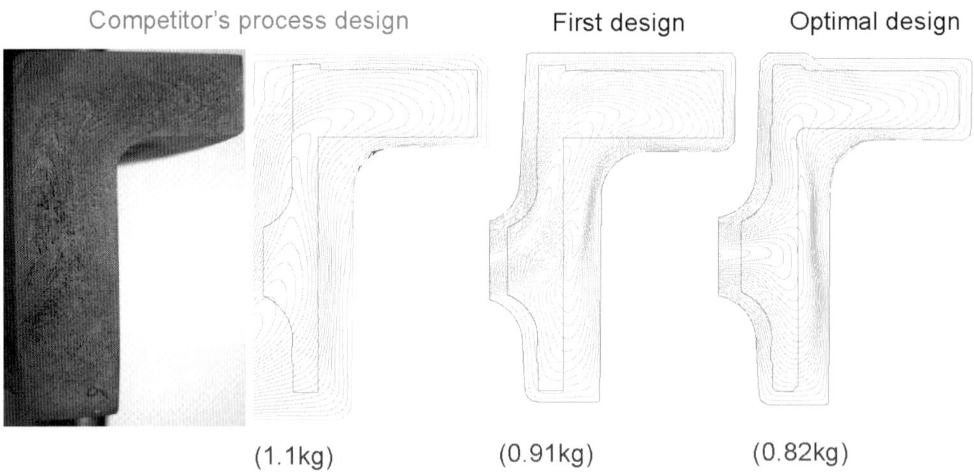

KSTP 2007

Optimal parts design considering metal flow lines

■ Improvement of macrosegregation region

Non-optimized

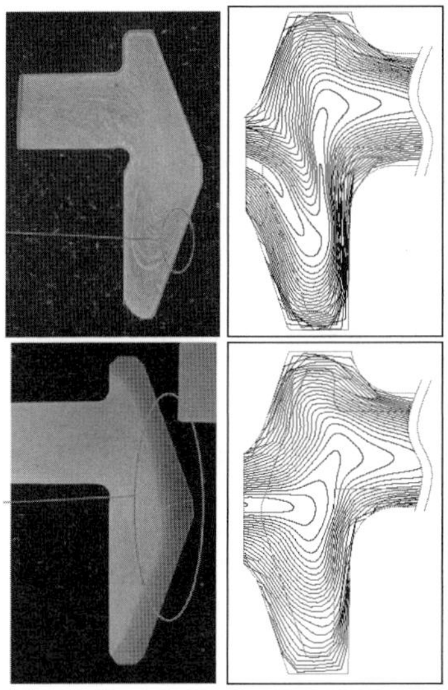

Optimized

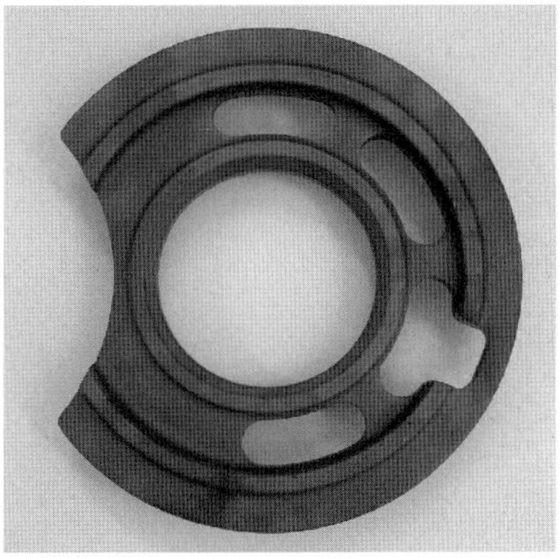

3.2 Applications

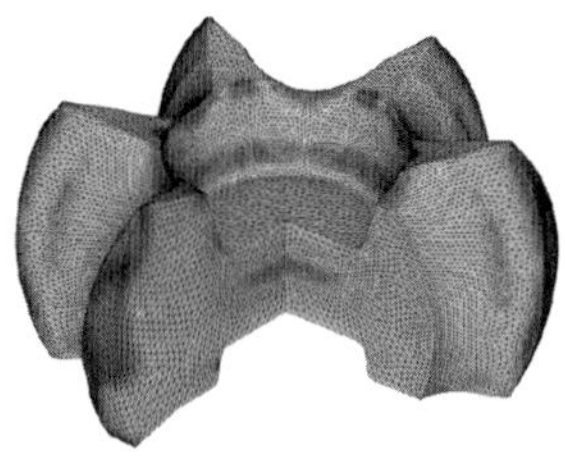

Fine blanking

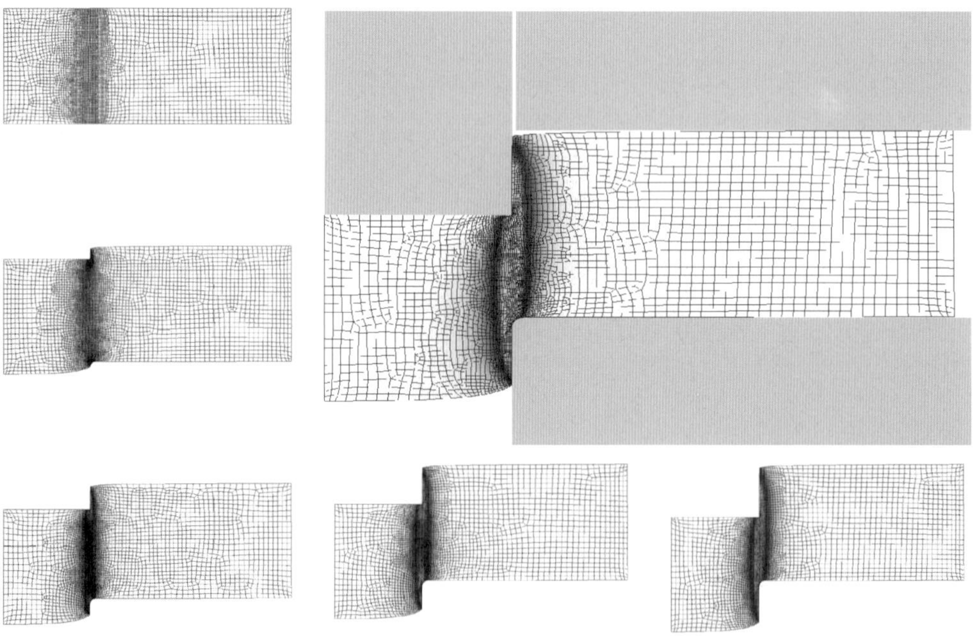

Central bursting defect predictions

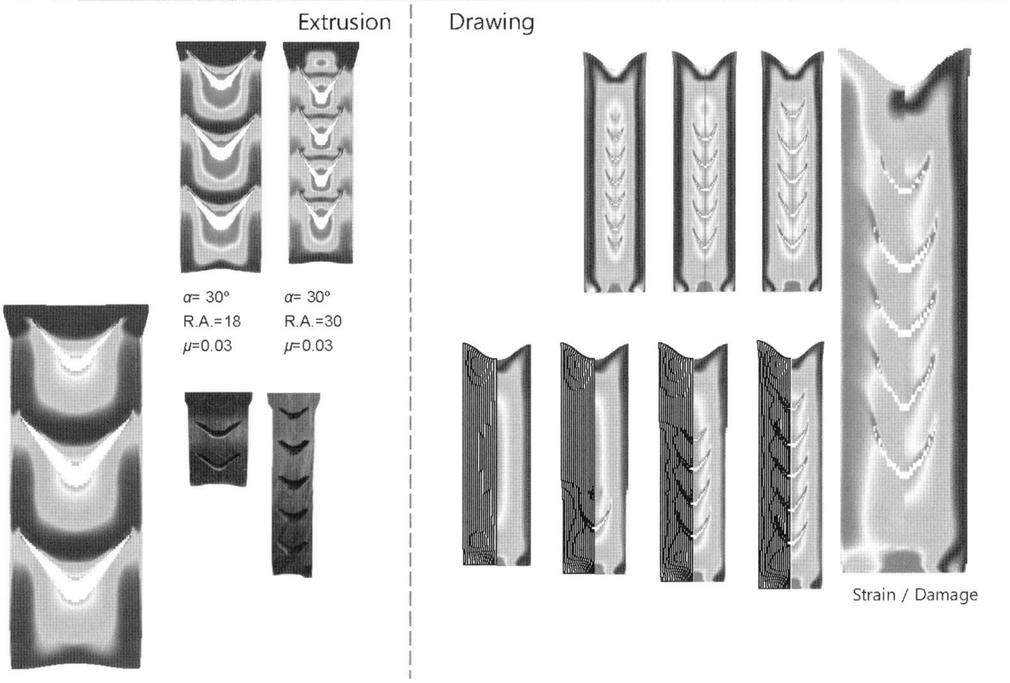

Springback analysis, 2D

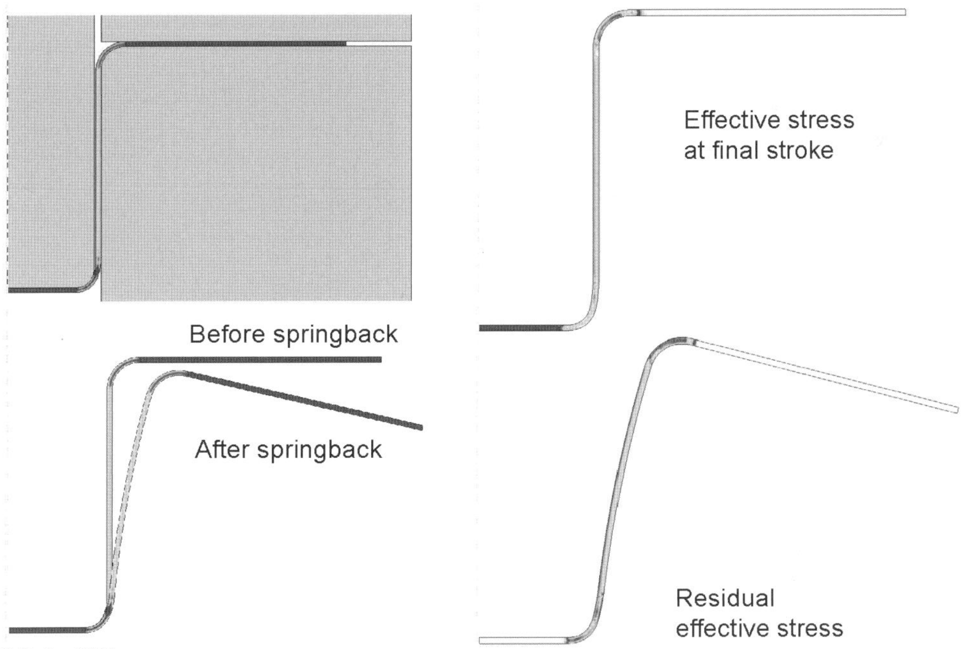

KSTP Spring 2016.

Springback analysis, 3D

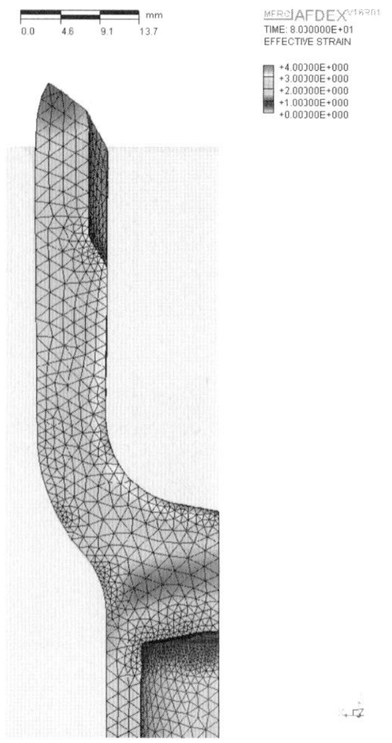

➢ **Before**

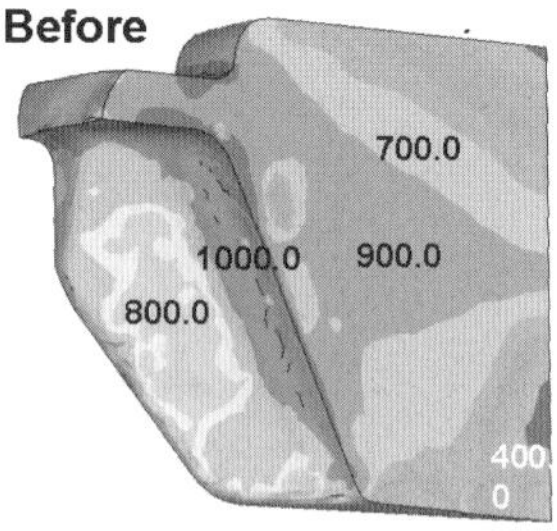

➢ **After**

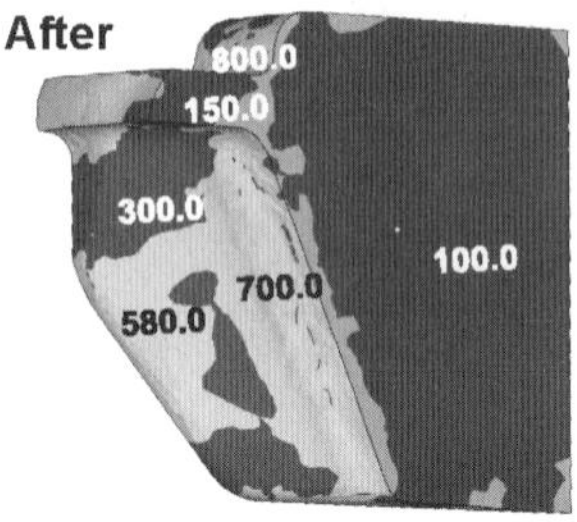

KSTP Fall 2016.

Springback after forging and material removal

After forging (AF)

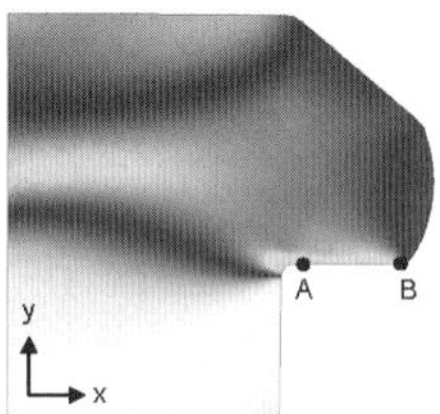

$B_x - A_x$=8.573

$B_y - A_y$=0.035

$\tan^{-1}$(0.035/8.573)=0.23°

Measurements

	W = 2.0		W = 4.0	
	AF	AM	AF	AM
Measure 1	0.45	0.68	0.54	0.62
2	0.58	0.74	0.52	0.60
3	0.53	0.71	0.48	0.58
4	0.49	0.70	0.52	0.61
5	0.51	0.71	0.53	0.64
Mean	0.51	0.71	0.52	0.61
Difference	0.20		0.09	

After material removal (AM, MR)

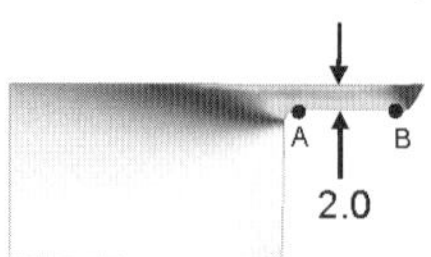

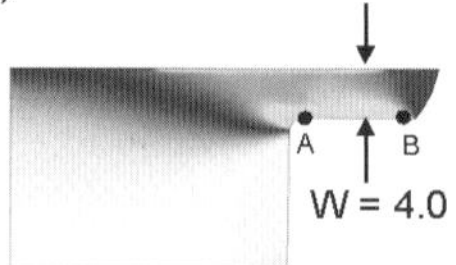

$B_x - A_x$=8.572

$B_y - A_y$=0.056

$\tan^{-1}$(0.056/8.572)=0.37°

AM–AF=0.14°

$B_x - A_x$=8.521

$B_y - A_y$=0.043

$\tan^{-1}$(0.042/8.521)=0.29°

AM–AF=0.06°

Displacement after MR (mm)

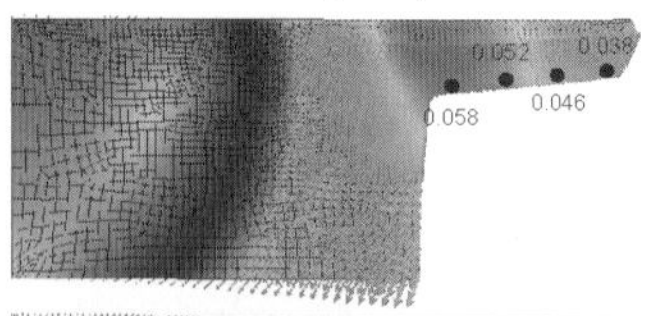

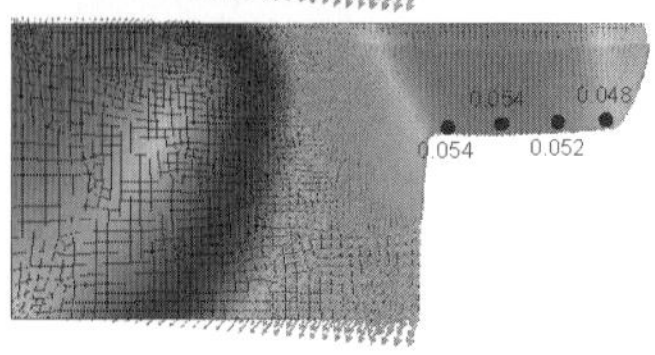

Press deformation

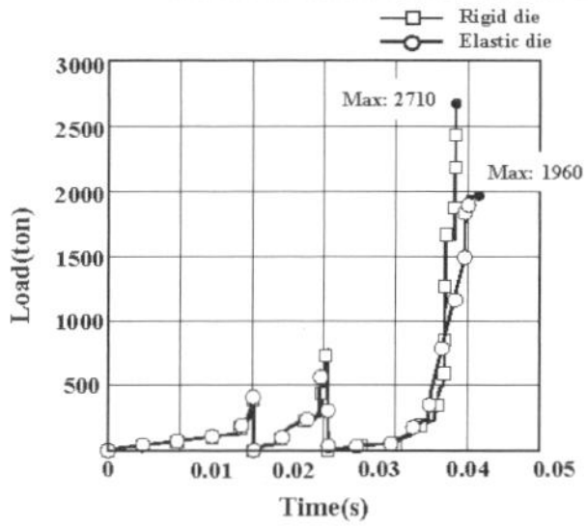

Case	Die	Press
1	Rigid	Rigid
2	Rigid	Elastic
3	Elastic	Rigid
4	Elastic	Elastic

✓ Conceptual diagram

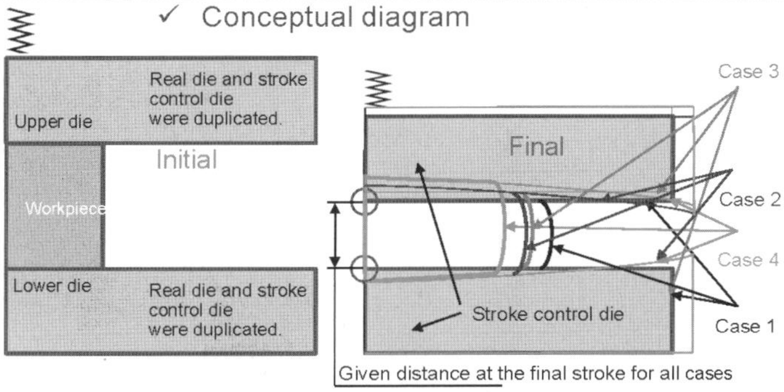

✓ Application

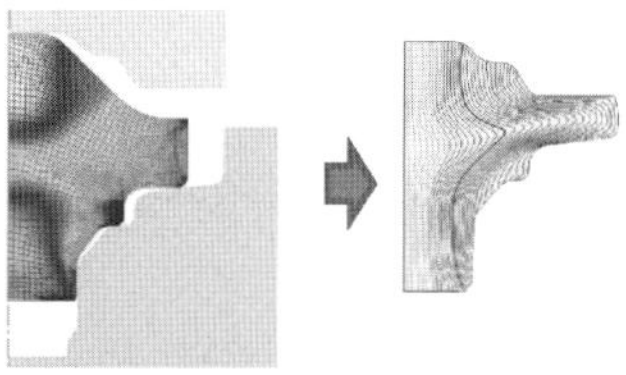

KSTP Fall 2016.

	Kp = 3500 kN/mm		Kp = 7000 kN/mm	
Case	Deflection of die + press (mm)	Forming load (ton)	Deflection of die + press (mm)	Forming load (ton)
1	0.0 + 0.000	564	0.0 + 0.000	564
2	0.0 + 0.535	192	0.0 + 0.420	316
3	0.034 + 0.0	532	0.034 + 0.0	532
4	0.541	188	0.433	300

Recursive analysis

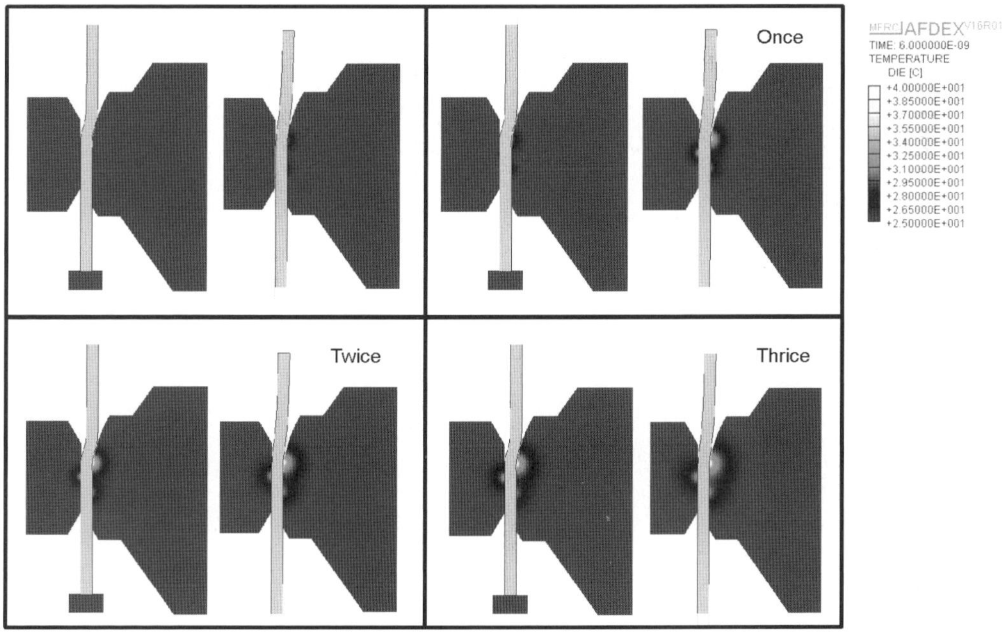

Boolean operation

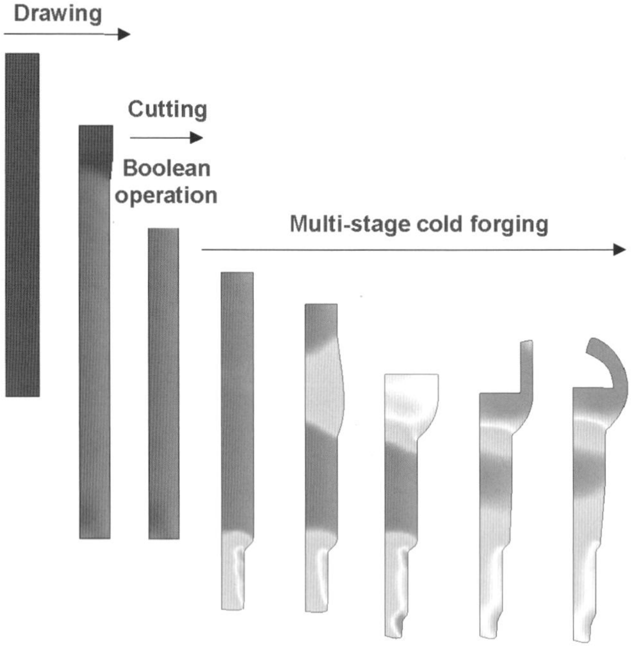

KSTP Fall 2016.

Micro patterning

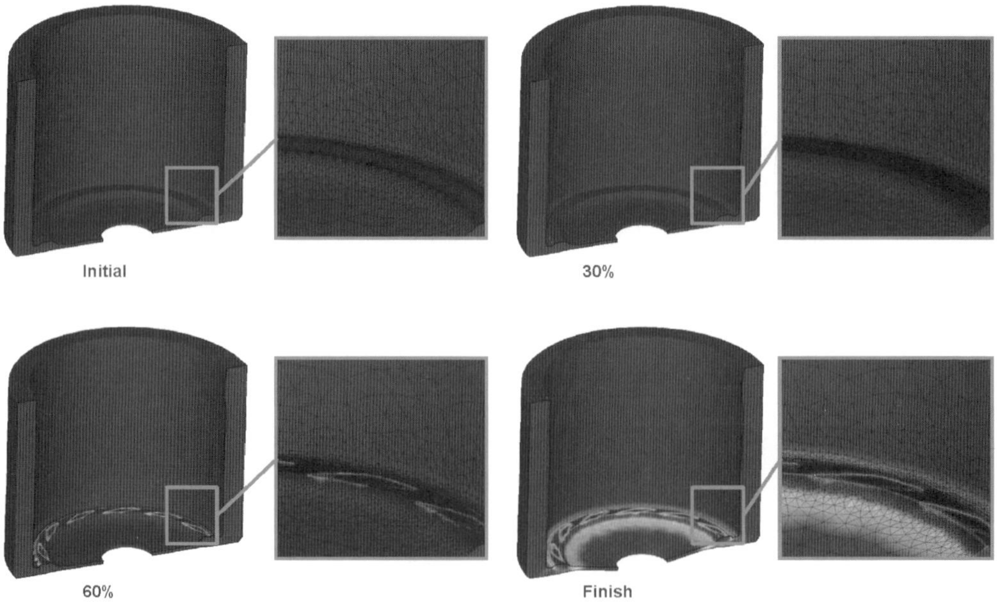

KSPE Spring Conference 2012

Enclosed die forging

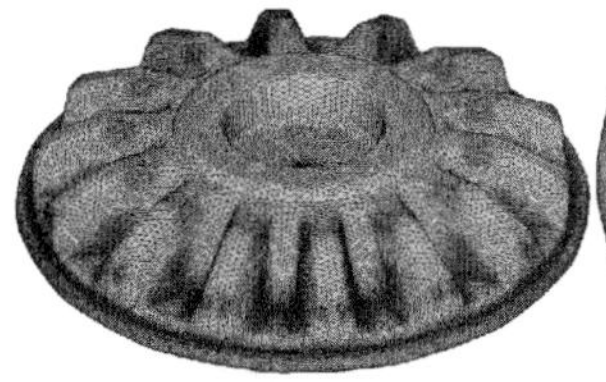

Bevel gear

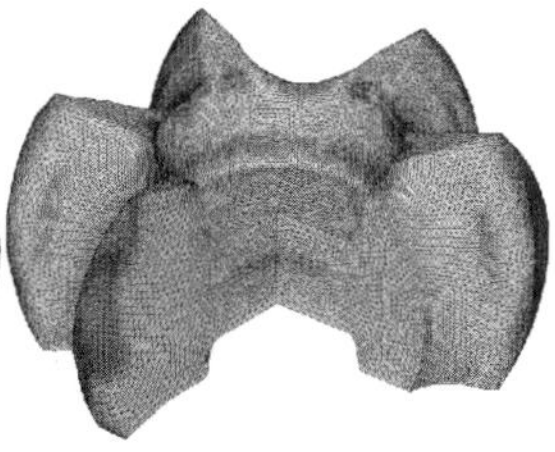

Inner race

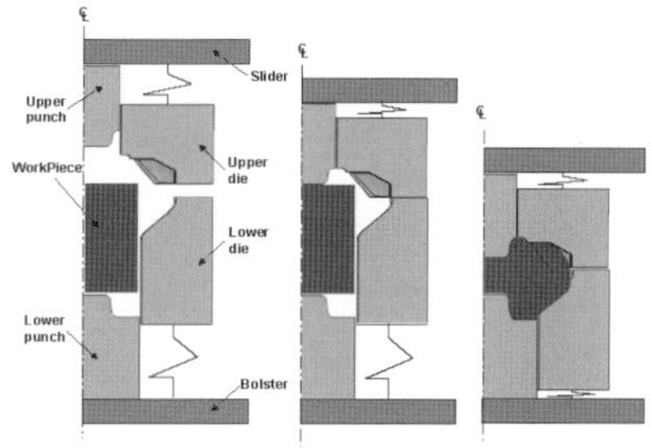

Enclosed die forging

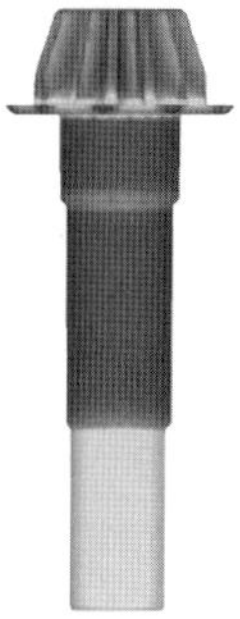

Long shaft bevel gear

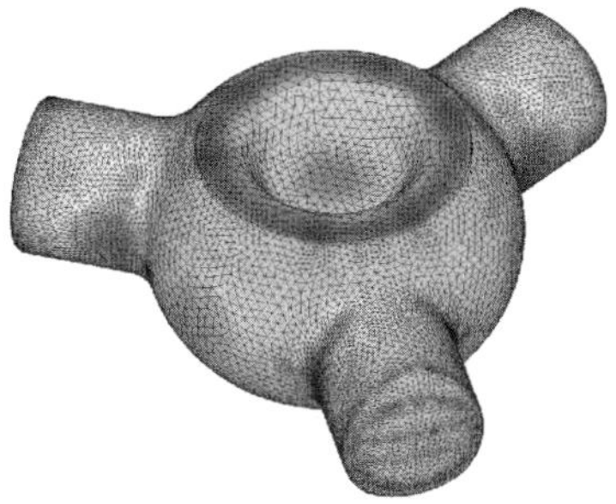

Tripod

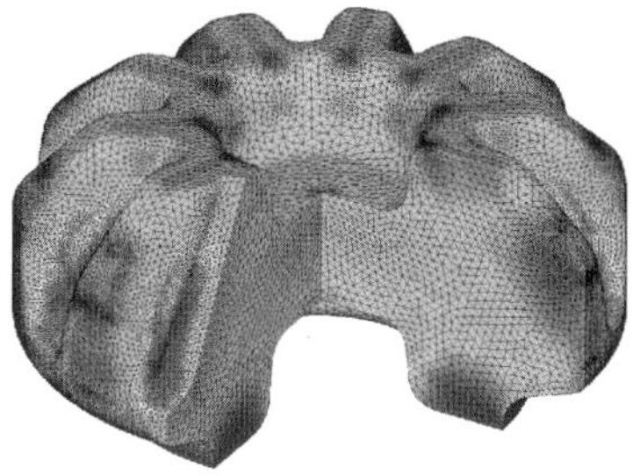

Closed die forging, link

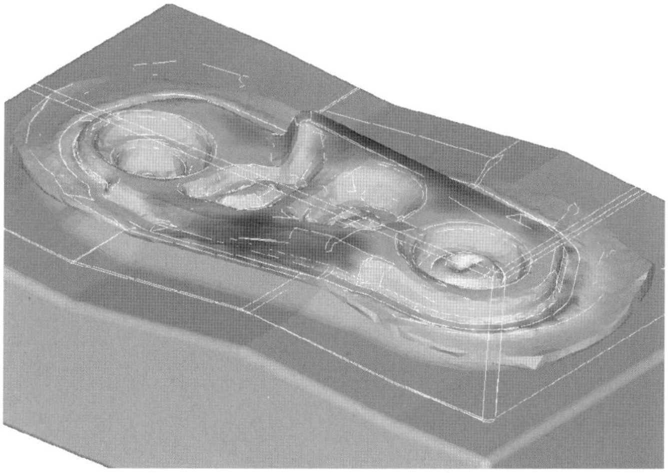

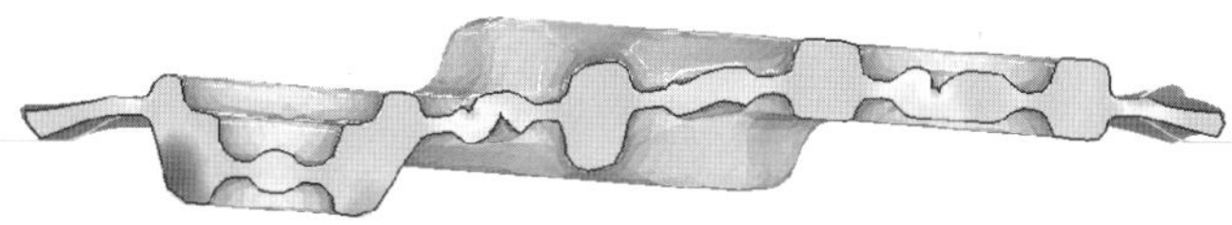

Combined dies, Shrink fit

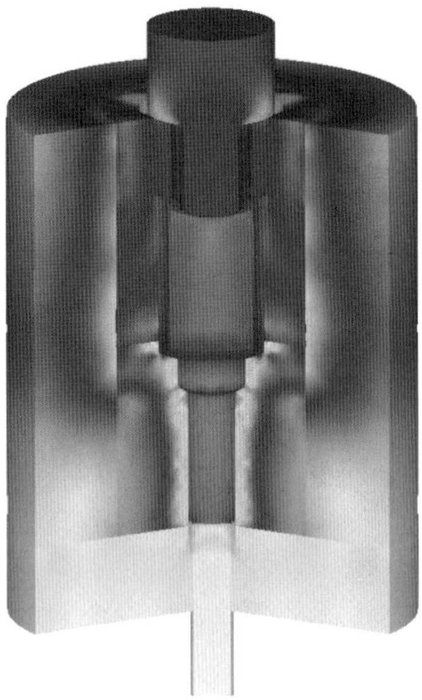

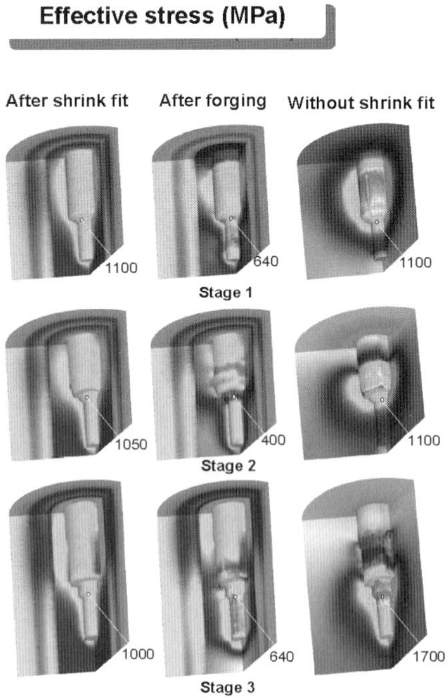

KSTP Fall 2016

Roll forging

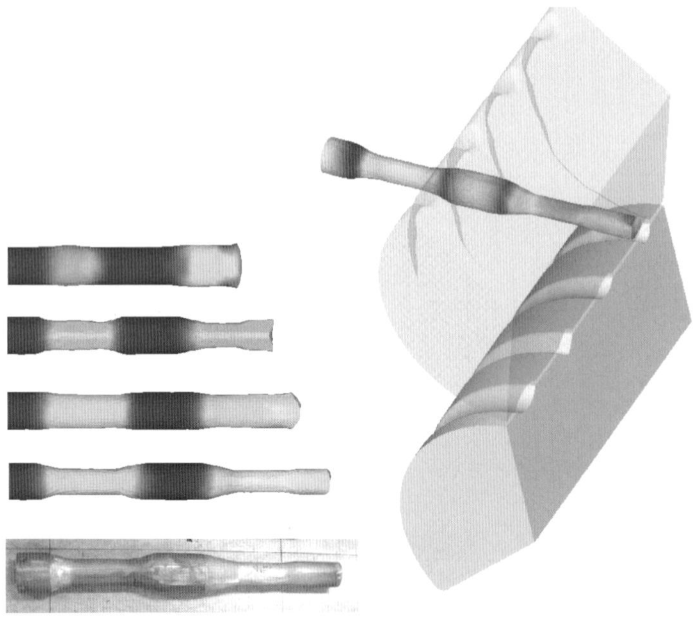

Ring rolling

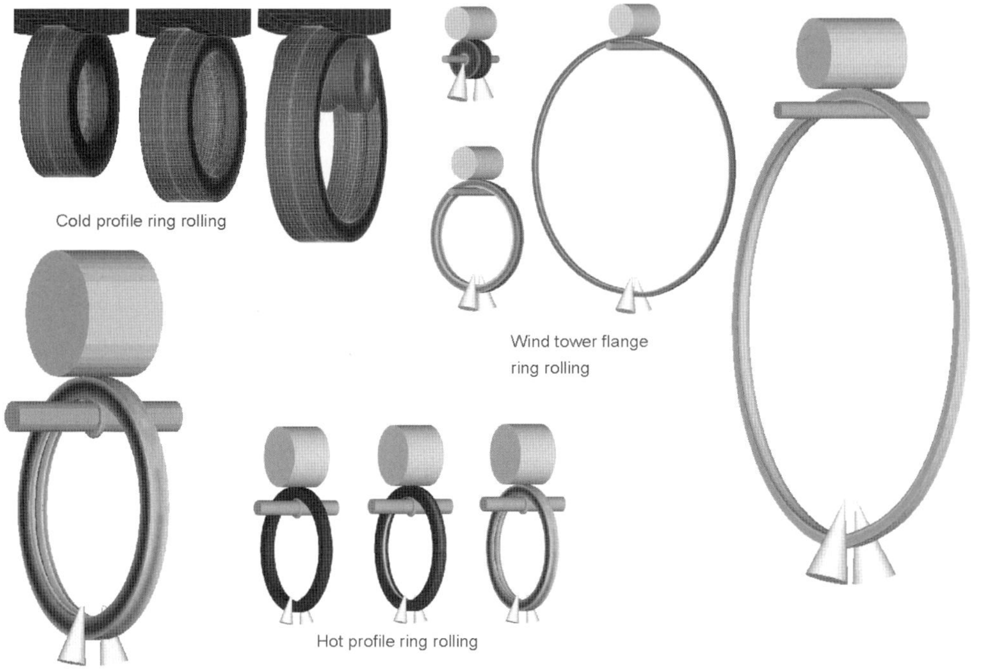

Cold profile ring rolling

Wind tower flange ring rolling

Hot profile ring rolling

Ring Rolling

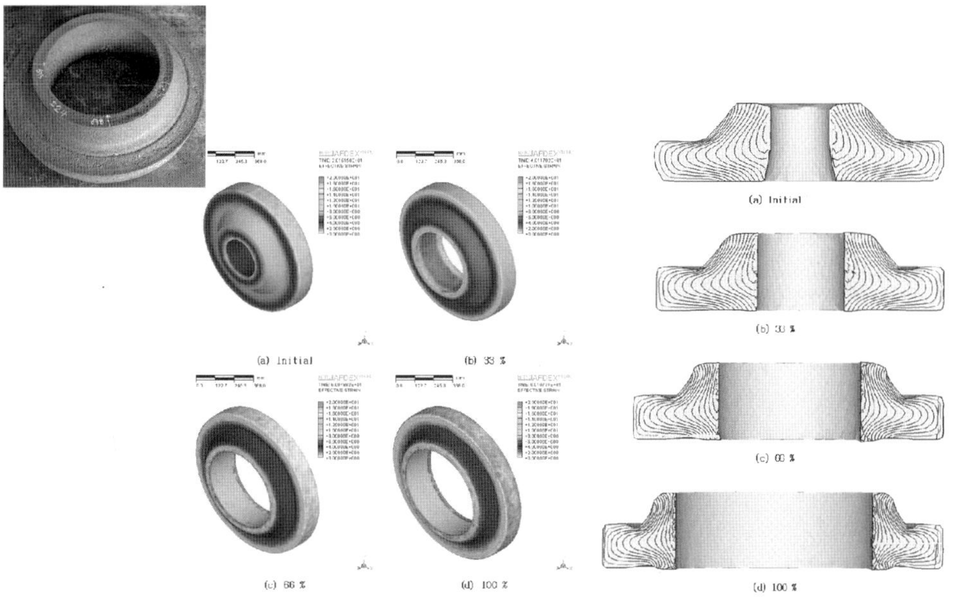

Radial forging

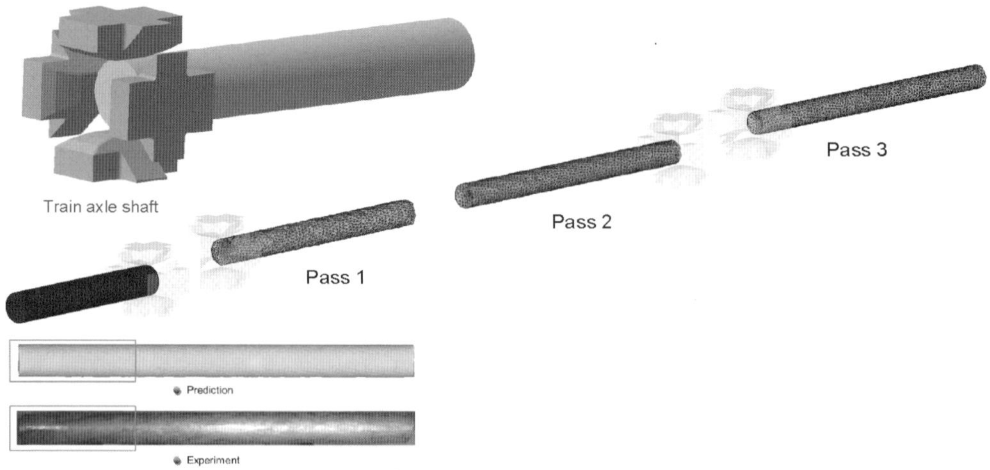

Round rod radial forging

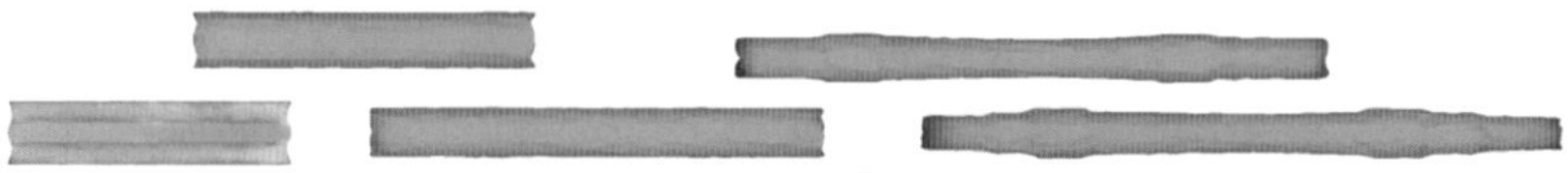

Train axle shaft

Radial forging of prismatic bar

Square bar

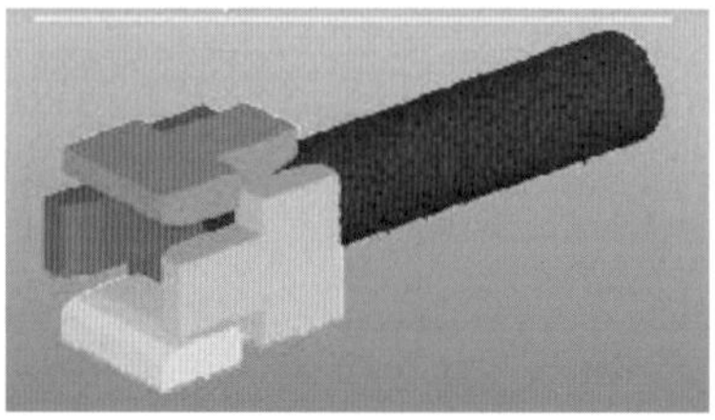

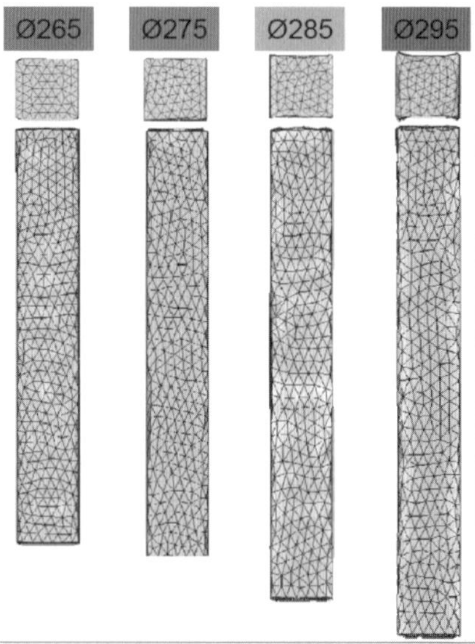

Roll piercing

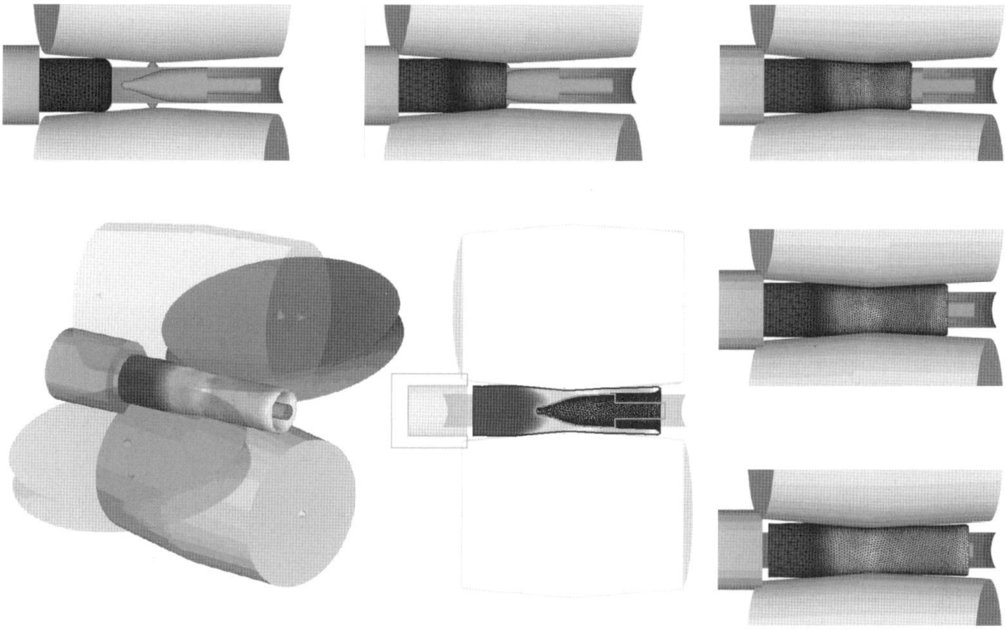

Swaging

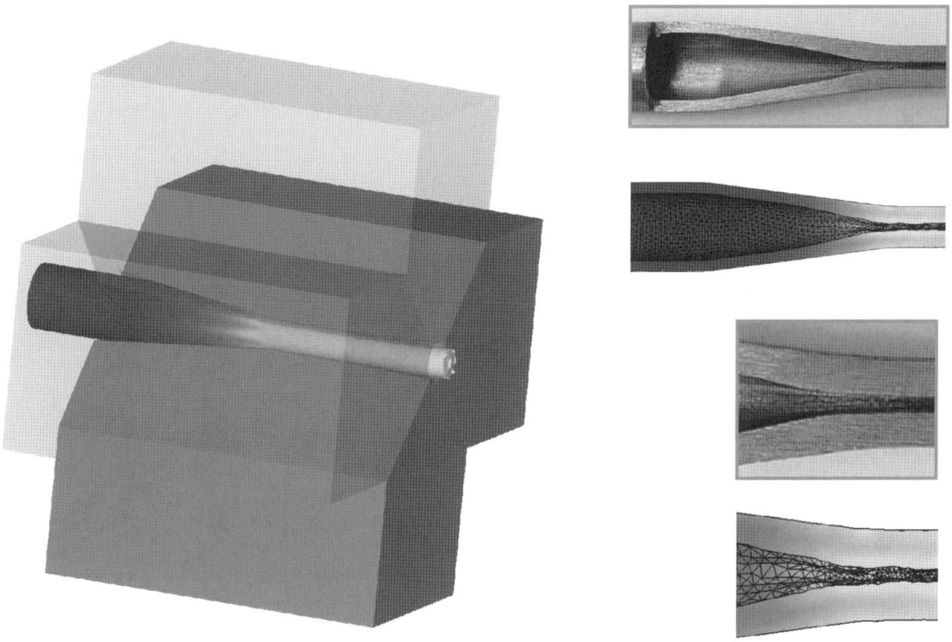

Radial ring forging

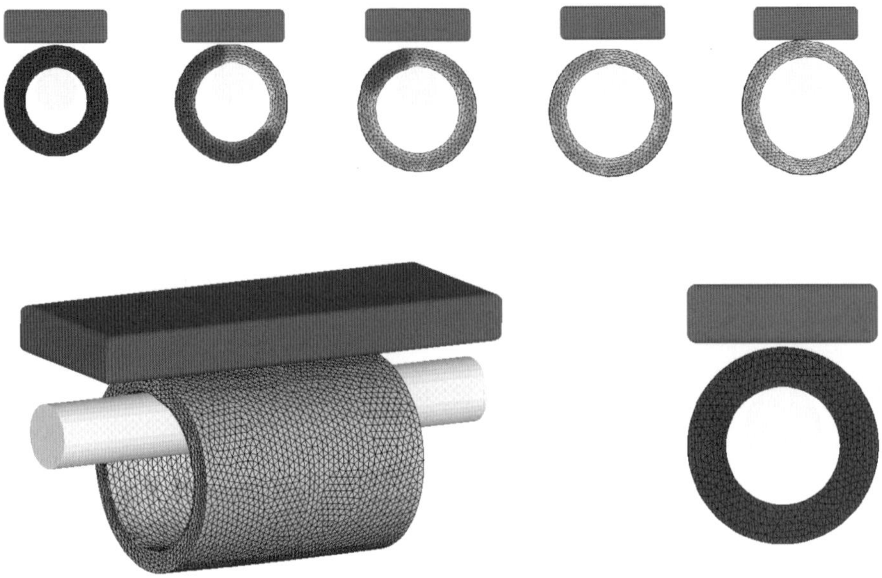

Rack-bar forming process

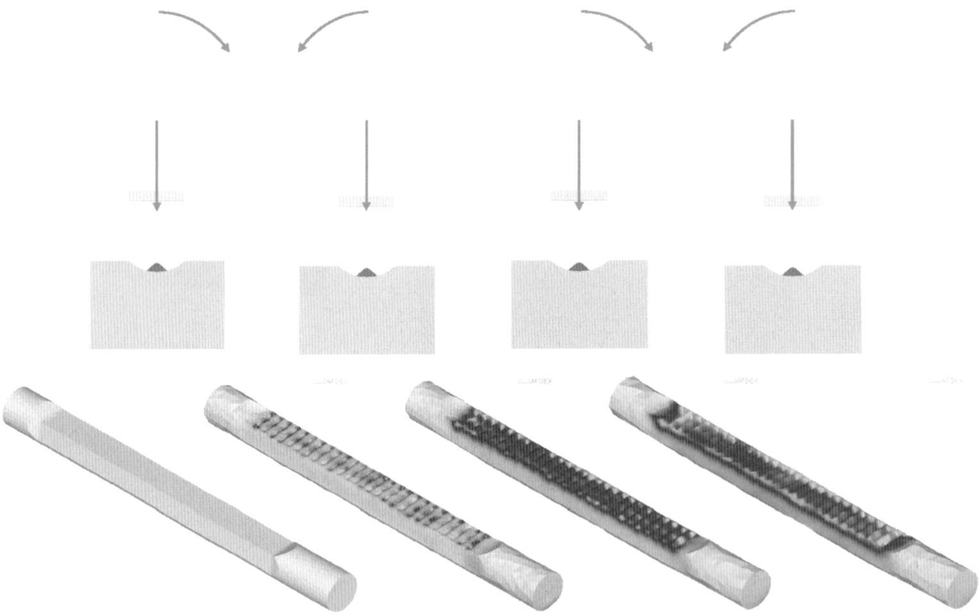

Initial   at 35s   at 70s   Final

Tube drawing with backpressing

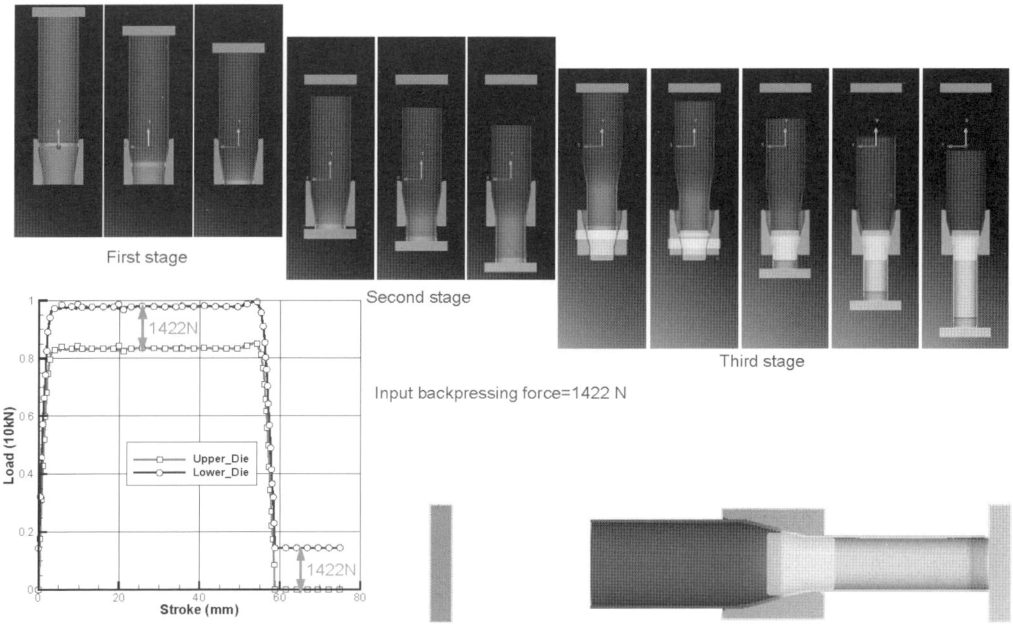

KSTP 2009

Thread rolling

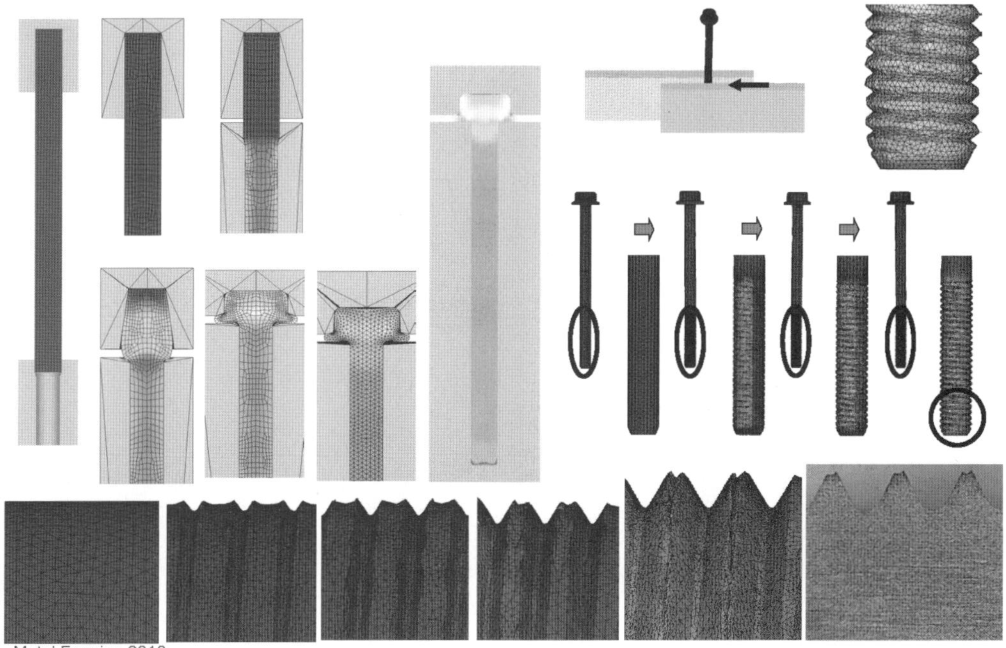

Metal Forming 2010

Chevron defect in extrusion

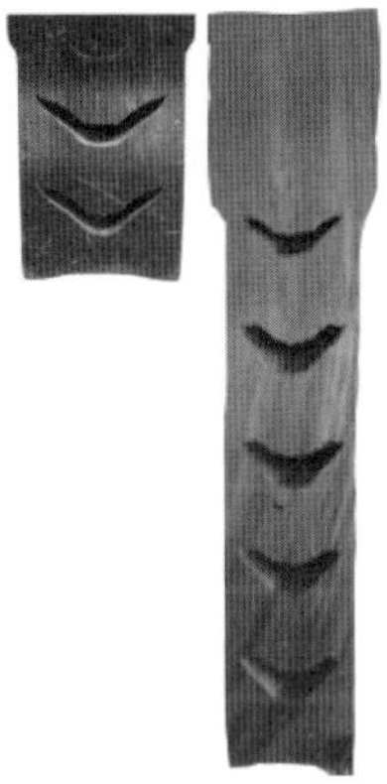

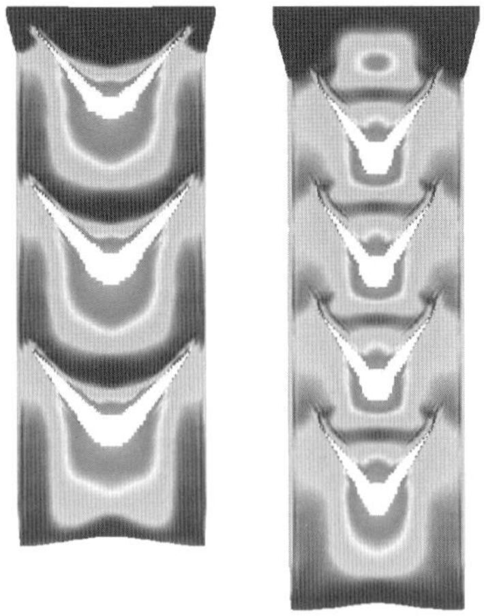

α= 30°
R.A.=18
μ=0.03

α= 30°
R.A.=30
μ=0.03

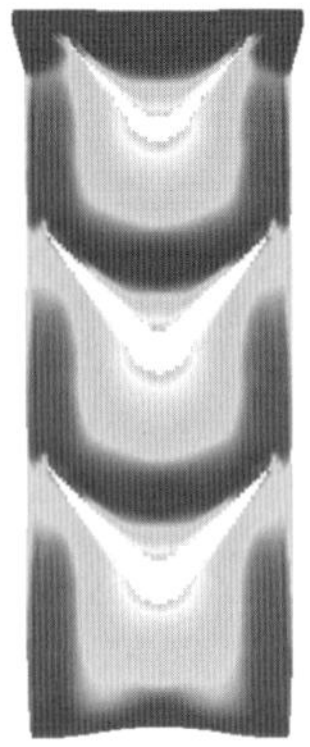

KSPT 2010

Central bursting defect In six-stage drawing

Back tension exerted

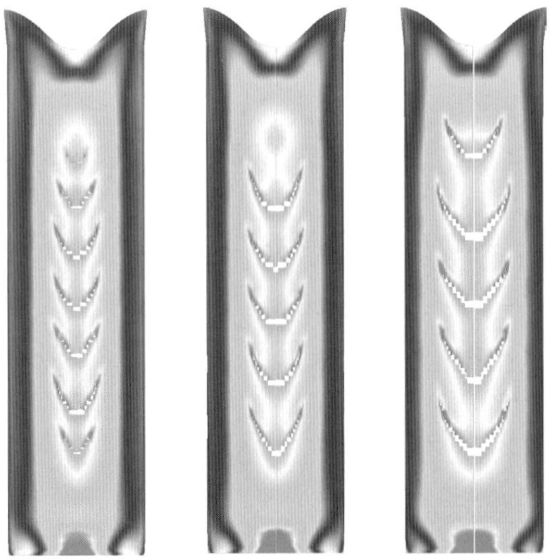

0% 10% 20%

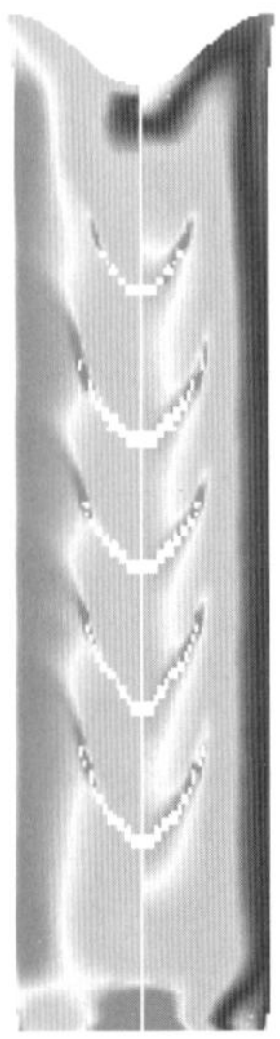

Chipless forming (flow forming)

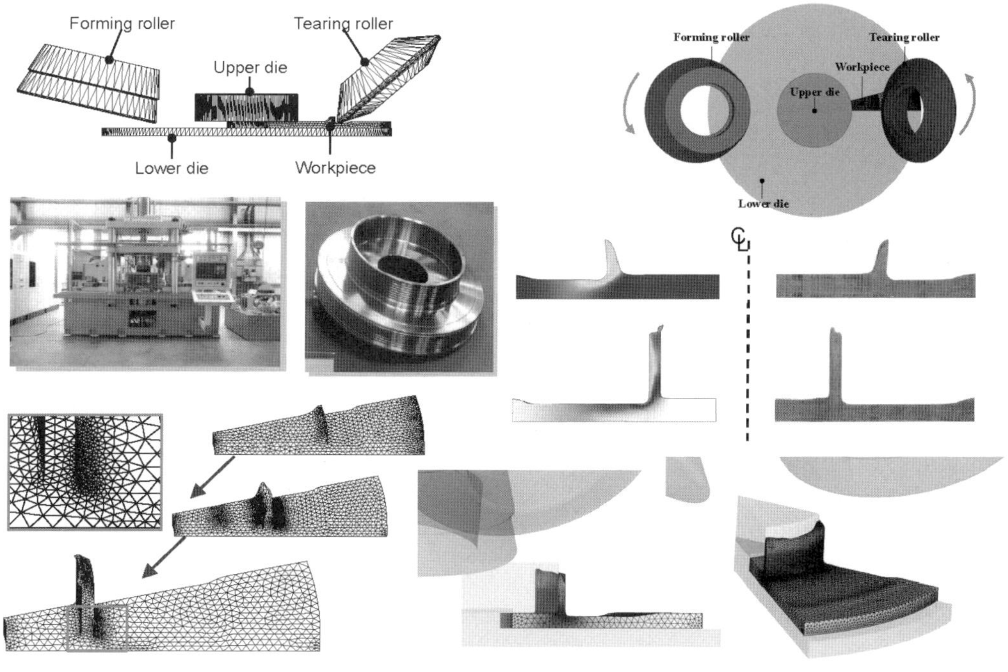

Rotary forging simulation

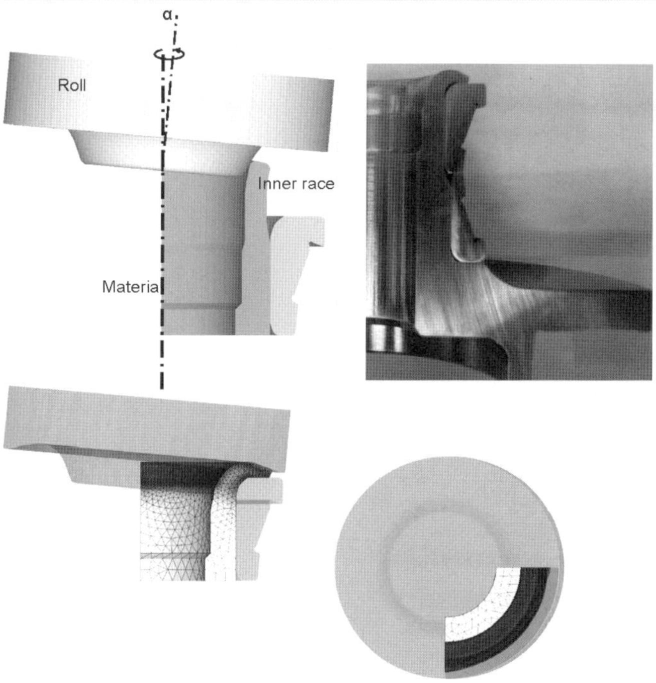

Heat sink forging simulation

⊙ Effective strain distributions

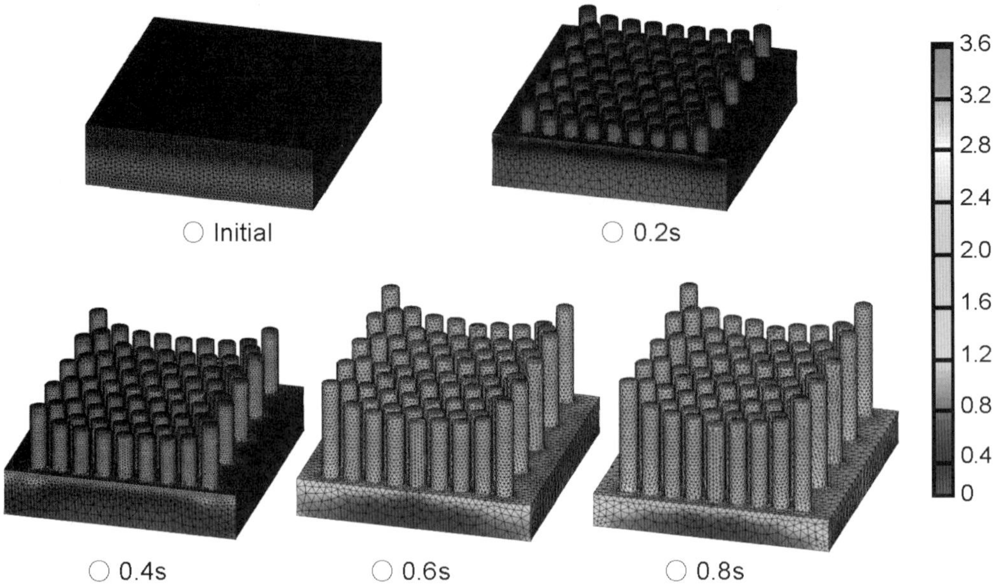

Cross-wedge rolling

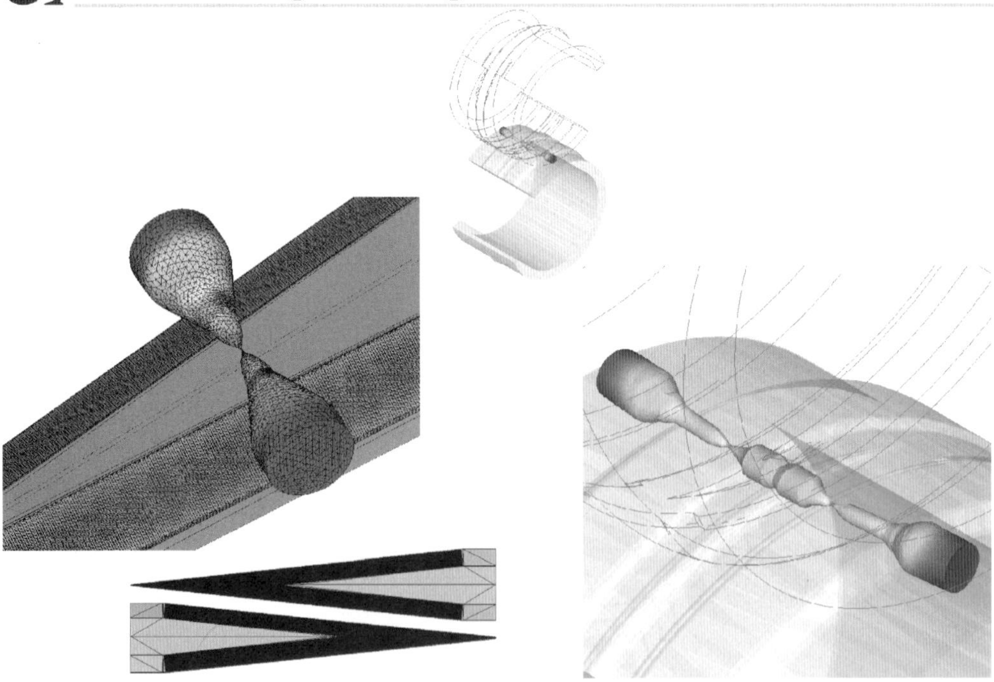

Flexible thermal boundary condition treatment

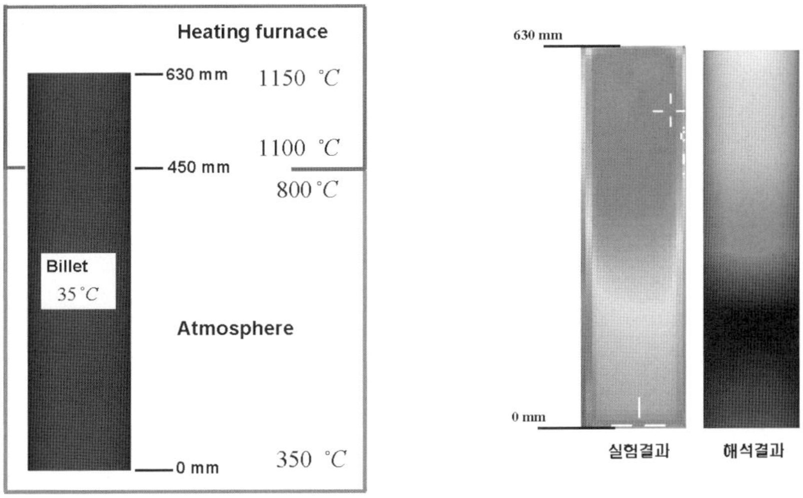

Successive die structural analysis

Stress in tube drawing

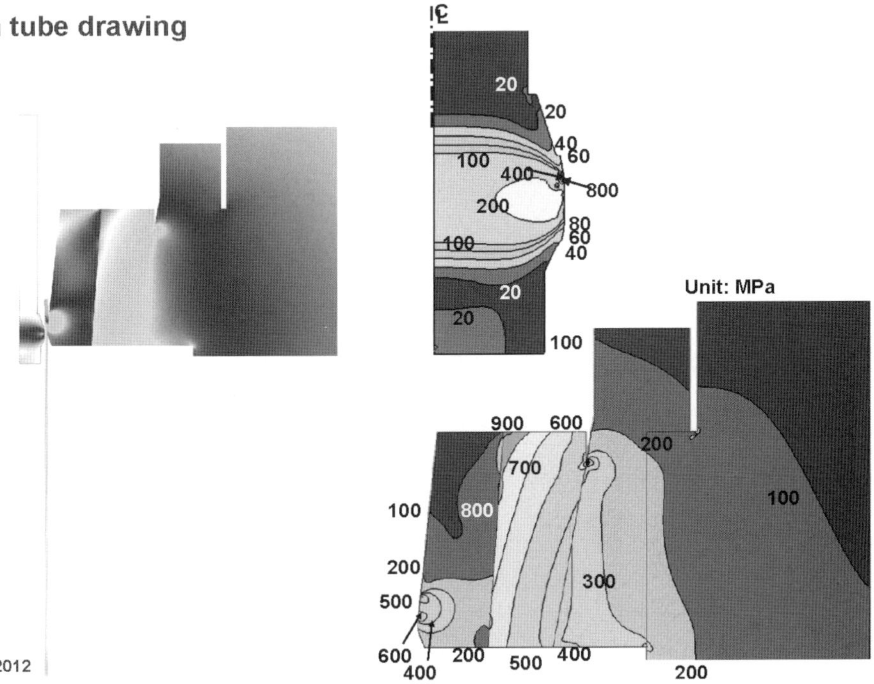

Fine blanking simulation and evaluation

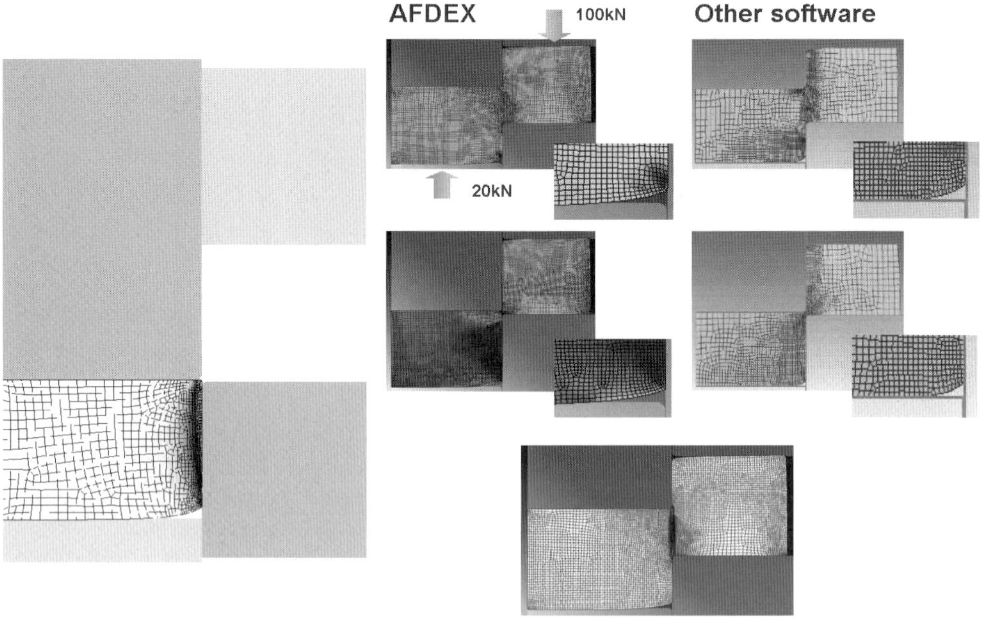

Effective strain-rate

ASPF 2012 (China, Suzhou)

Fine blanking simulation

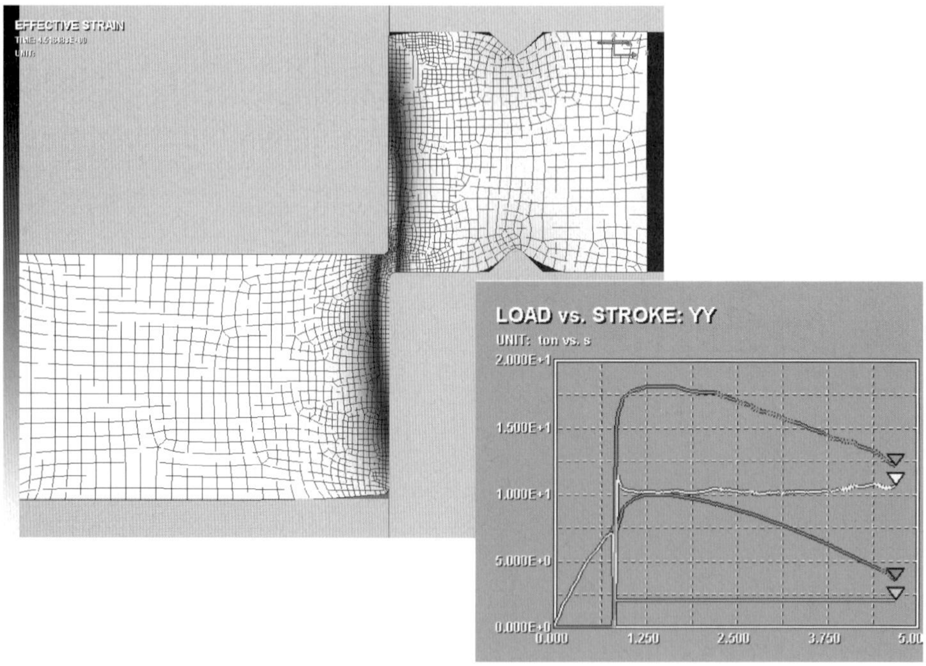

Superplastic forming processs simulation

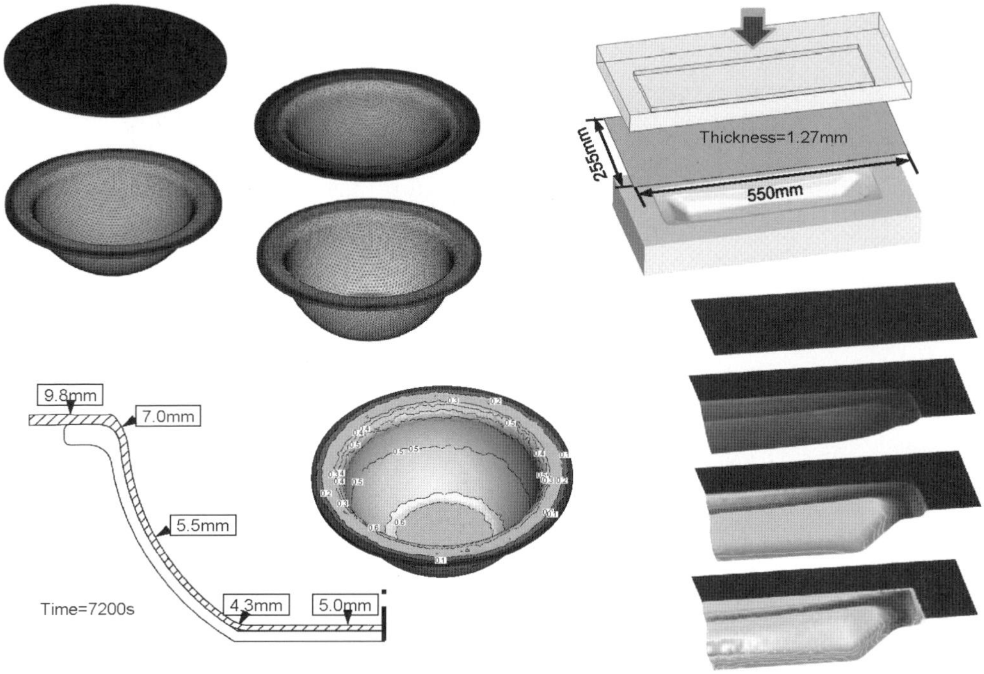

Plate forging simulation

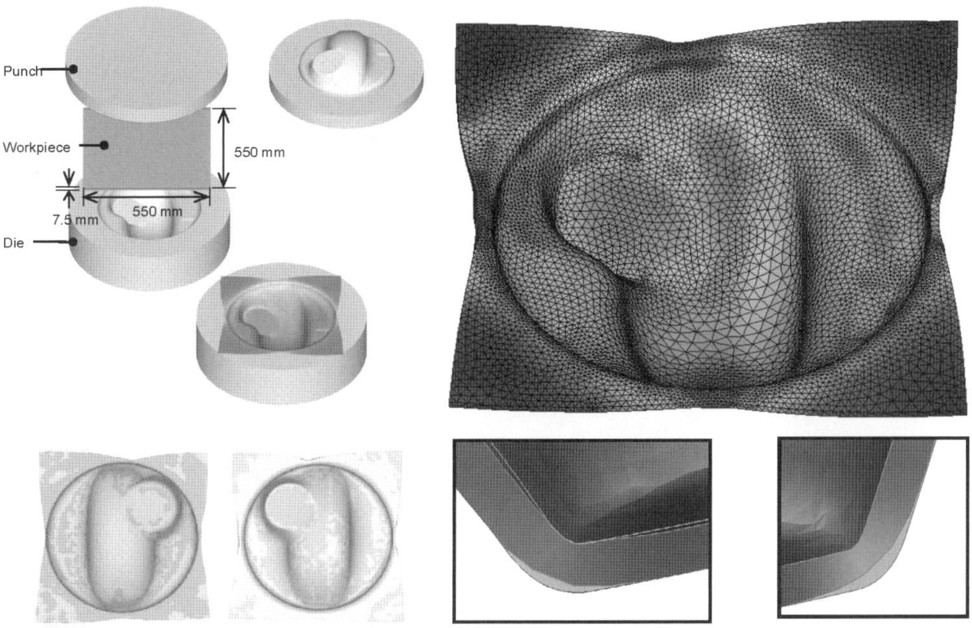

Square-cup deep drawing

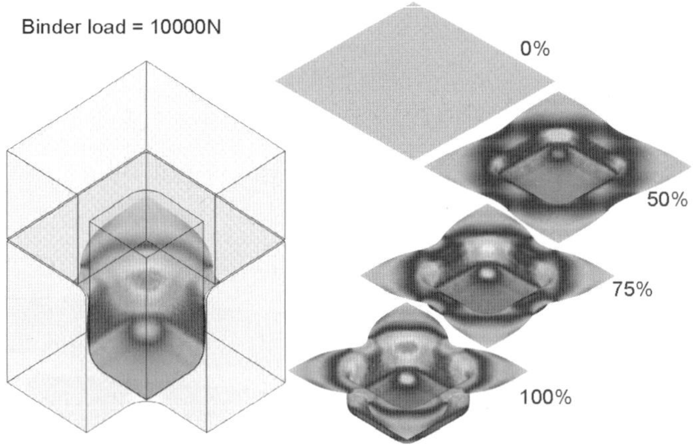

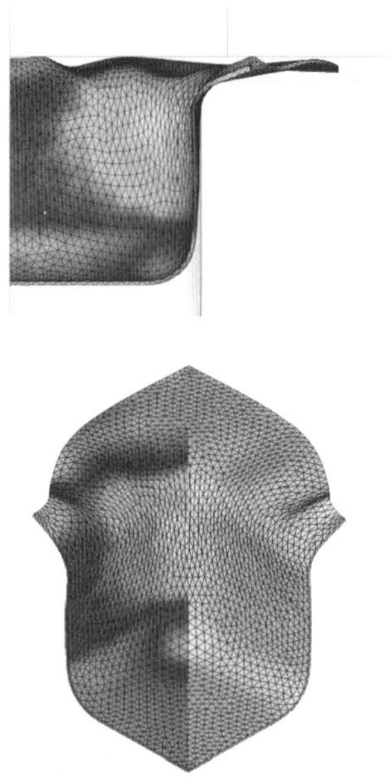

	DX, DY (mm)	Erorr (%)	DD (mm)	Erorr (%)
Experiment results	27.95		15.36	
Tetrahedral, Single-layer (Fixed binder)	27.61	1.23	13.85	10.90
Tetrahedral, Single-layer (Binder)	**27.07**	**3.25**	**15.28**	**0.52**
Solid-shell (Xu et al.)	27.17	2.87	14.79	3.85
MTLFRM (shell)	28.90	3.29	16.20	5.19
LS-DYNA3D (shell)	30.03	6.93	16.43	6.51
PAM-STAMP (shell)	28.43	1.69	15.46	0.65

Air pocketing phenomenon analysis

- Cold forging

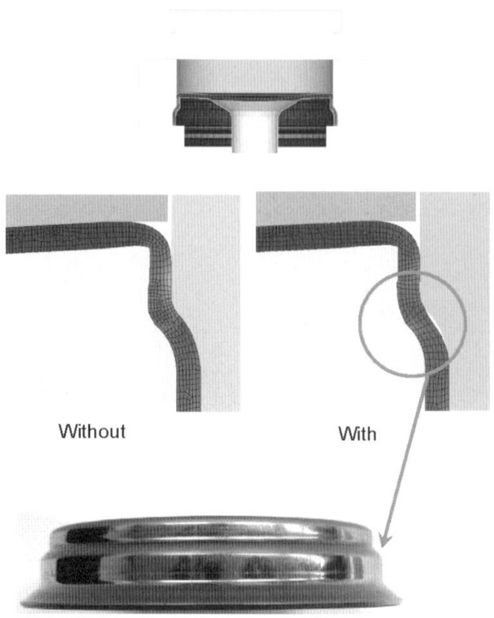

- Hot forging

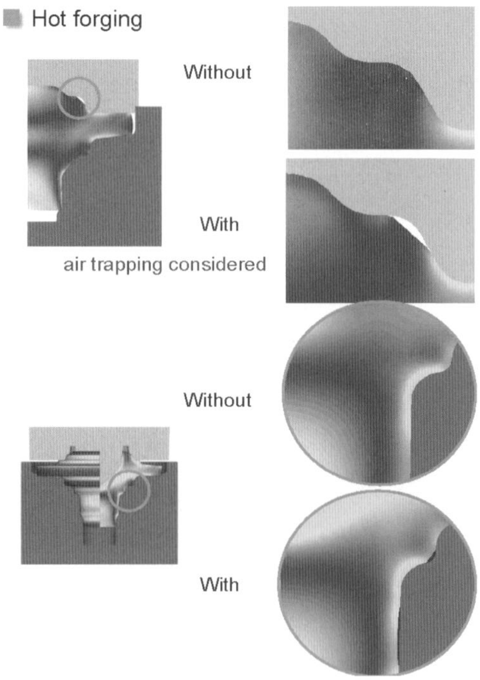

Hot plate forging

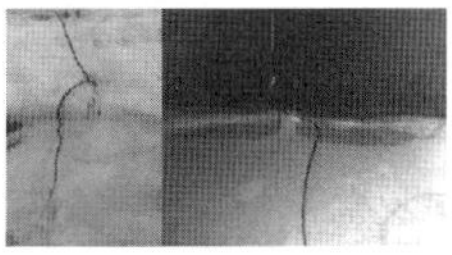

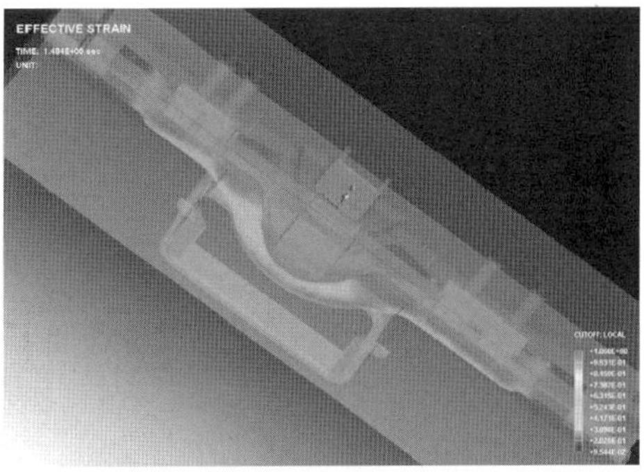

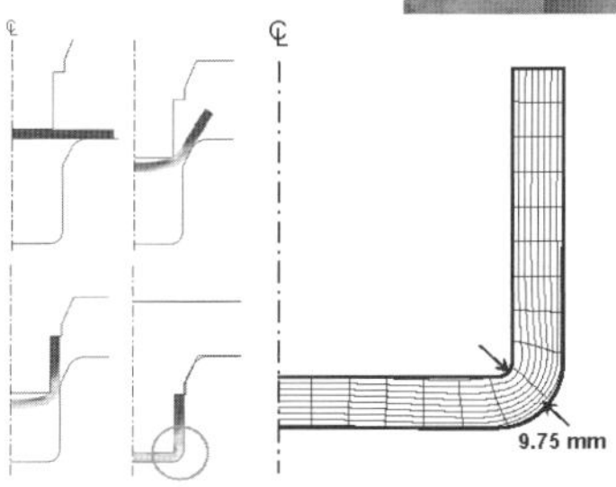

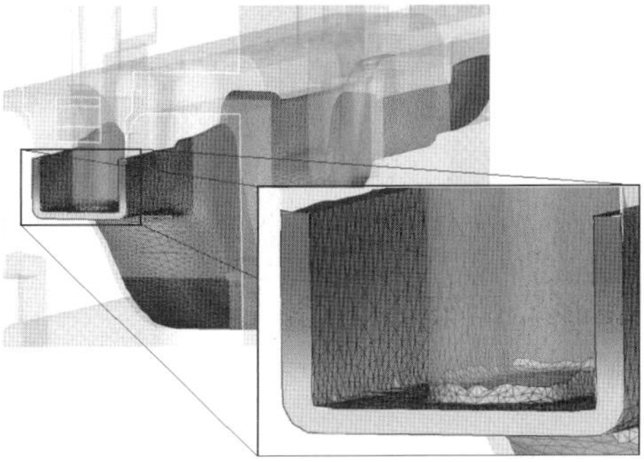

AFDEX / Powder forging

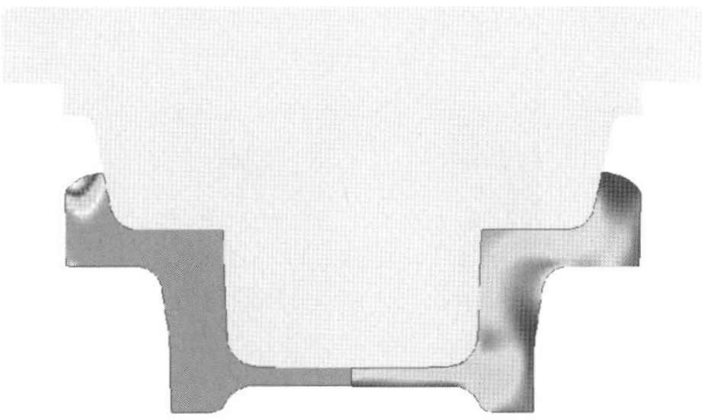

Relative density Effective strain

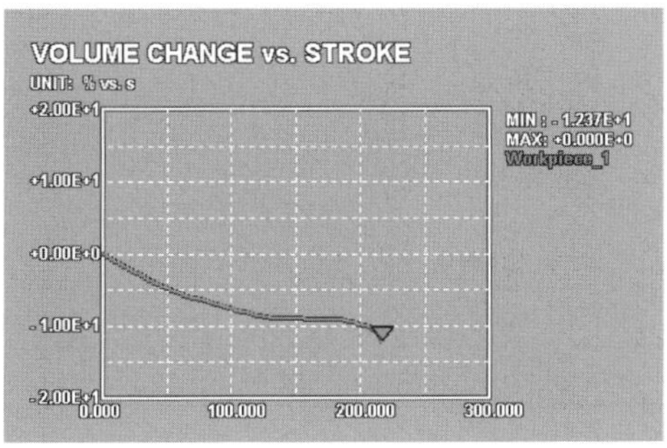

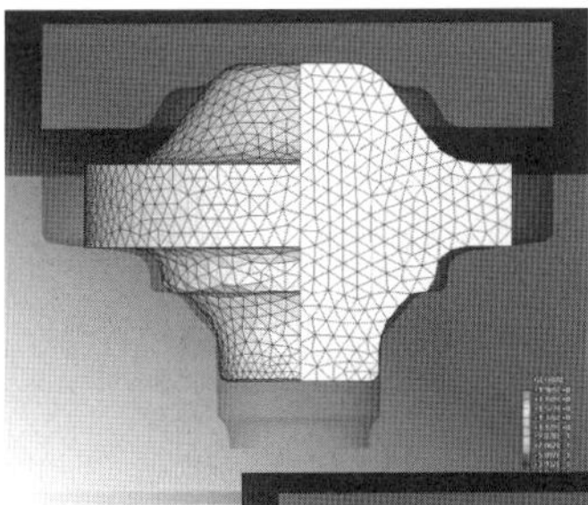

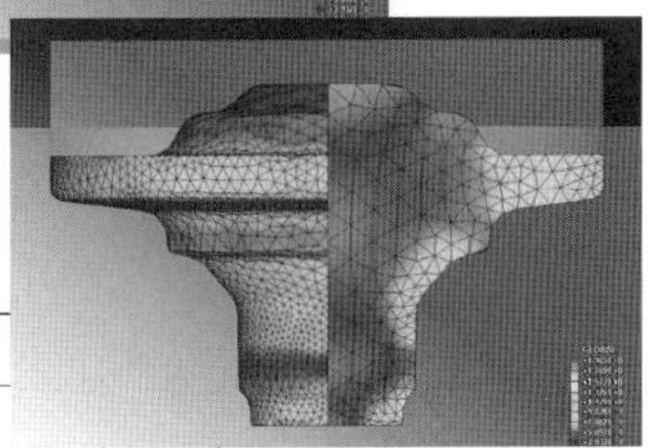

Relative density

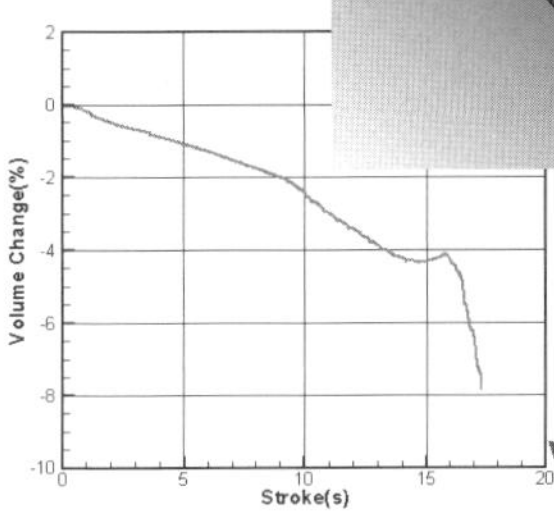

Volumetric change

Self-riveting simulation

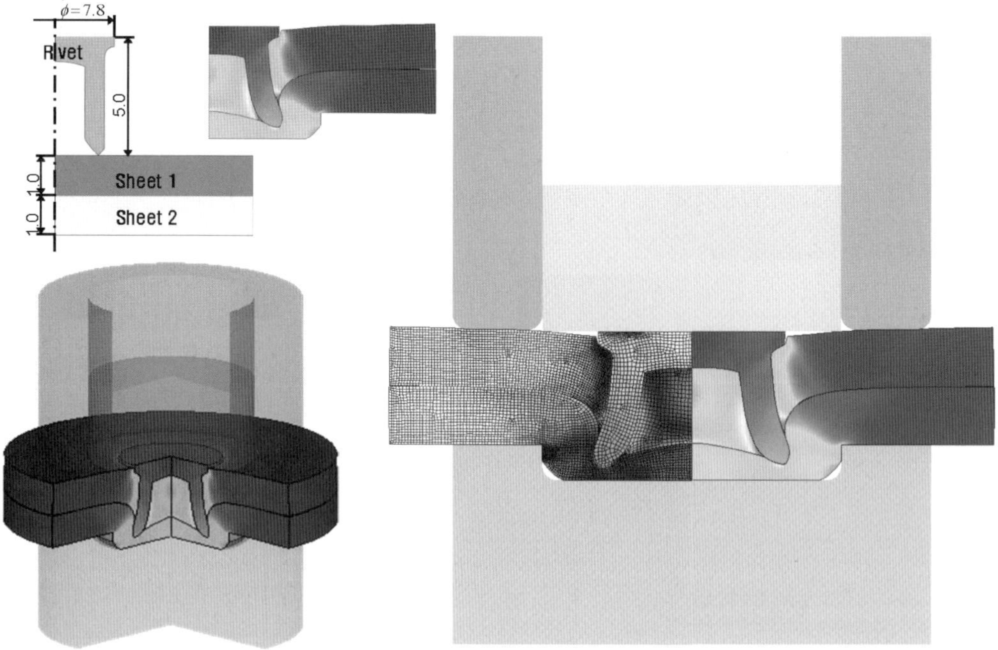

Extrusion of multi-body with back pressing

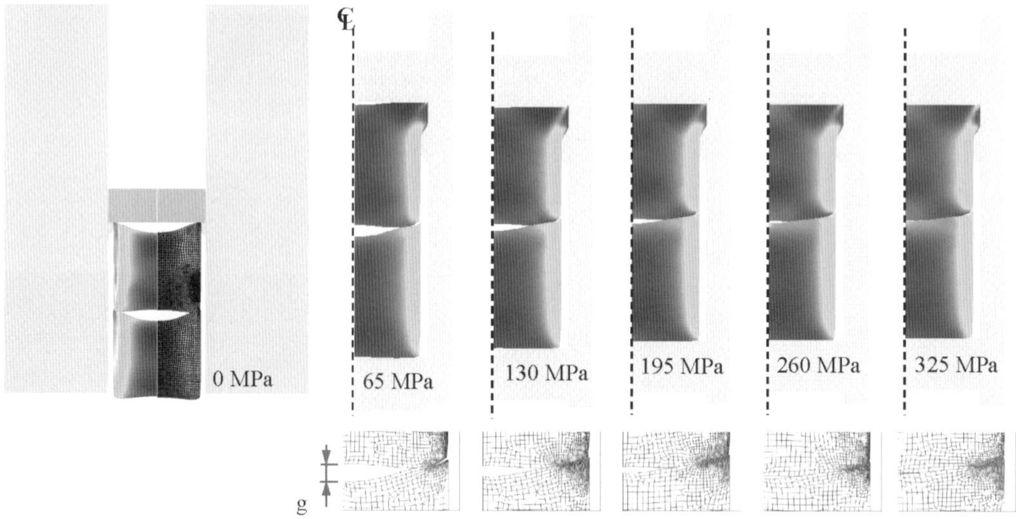

Pressure (MPa)	0	65	130	195	260	325
g (mm)	1.65	1.16	0.67	0.43	0.26	0.05

Beam bending

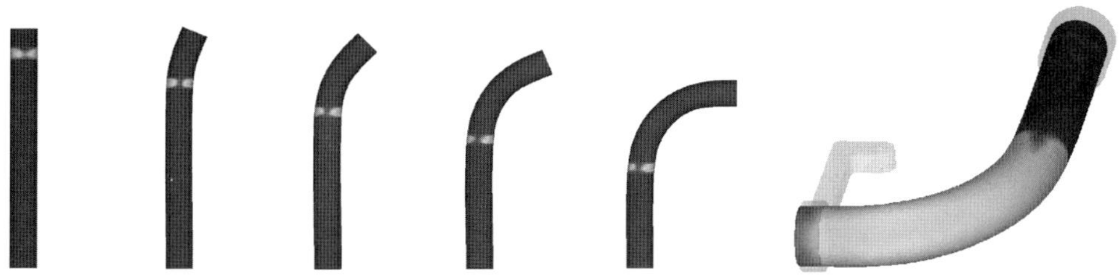

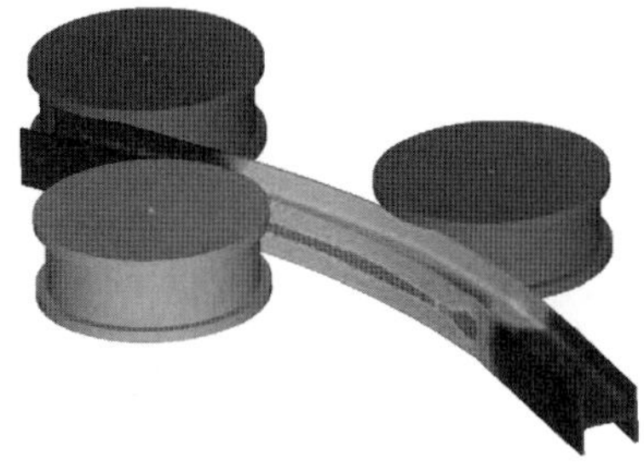

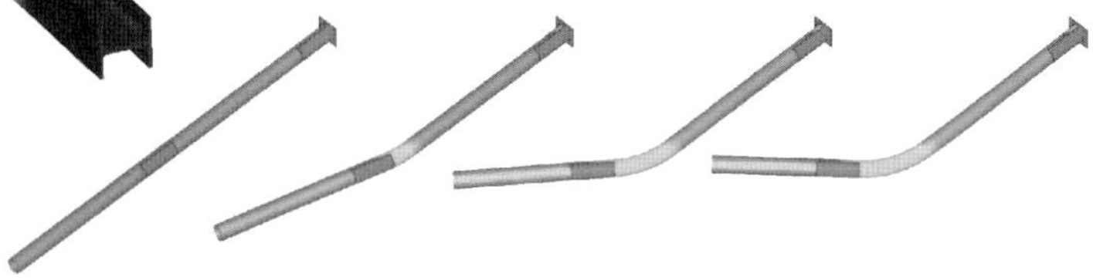

2D rolling simulation

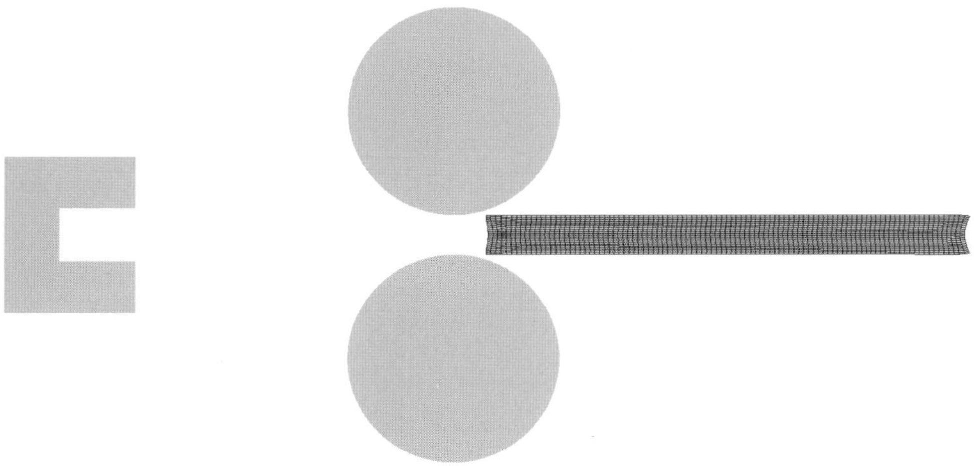

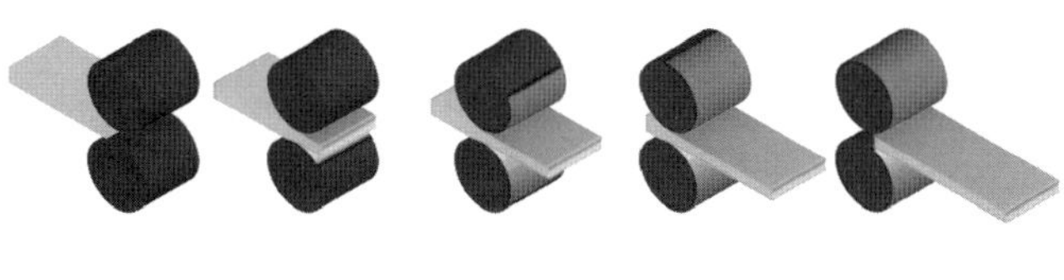

Shape rolling

Square → Oval → Round

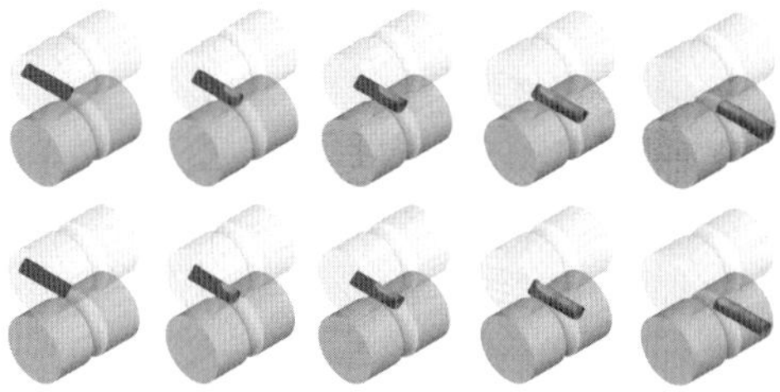

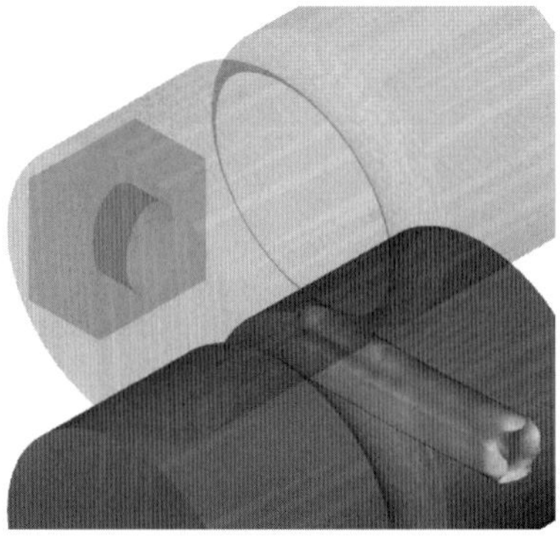

Roll forming simulation

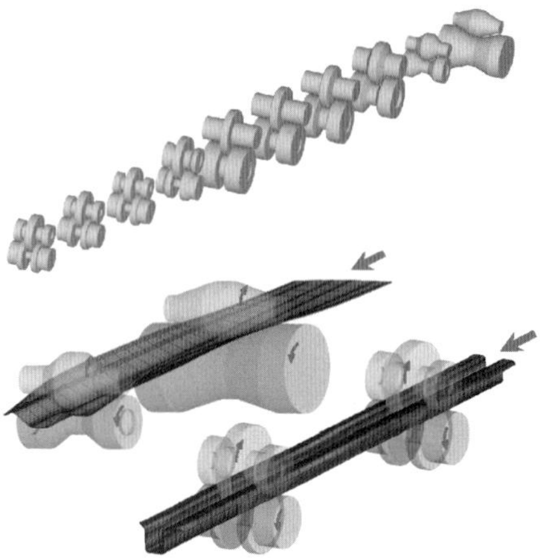

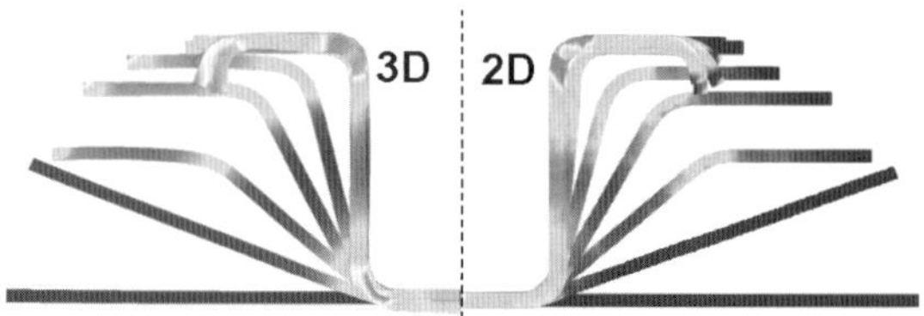

Flower pattern

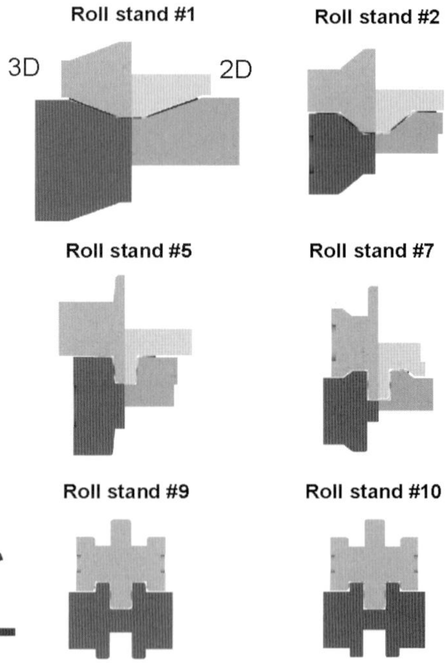

Machining process simulation

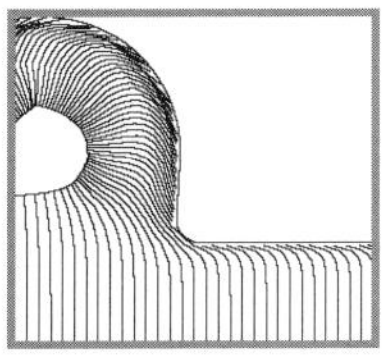

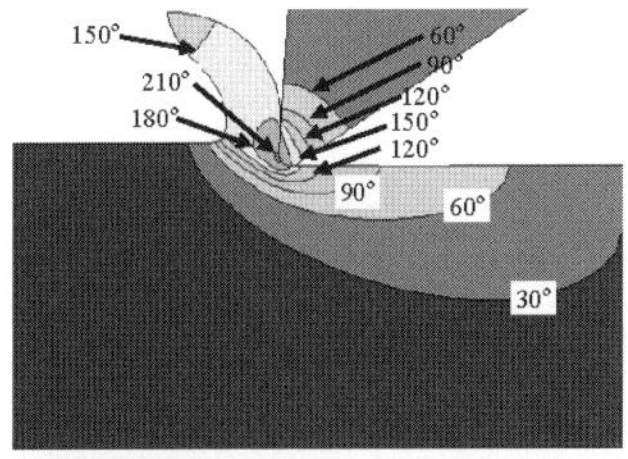

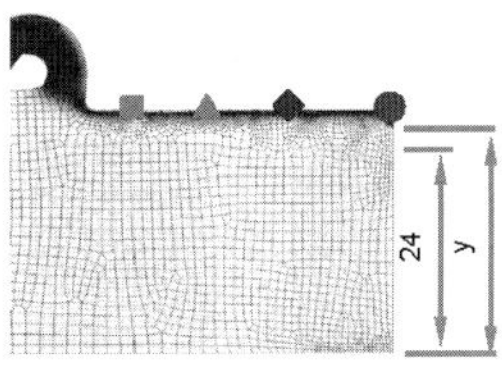

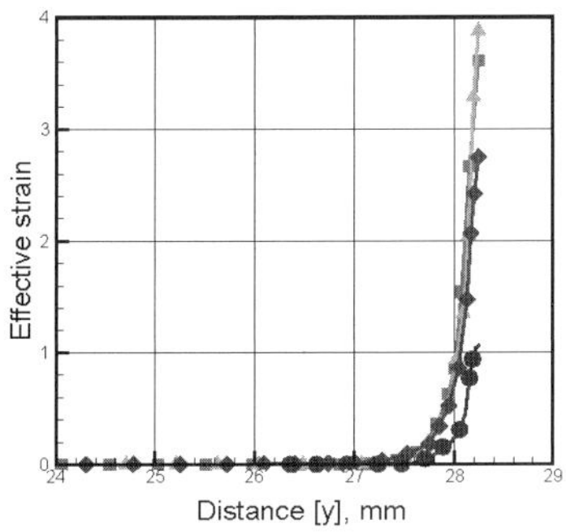

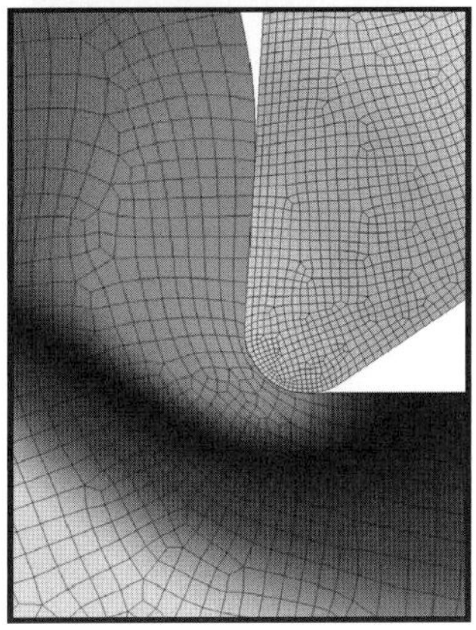

KSTP Autumn 2012

Springback analysis

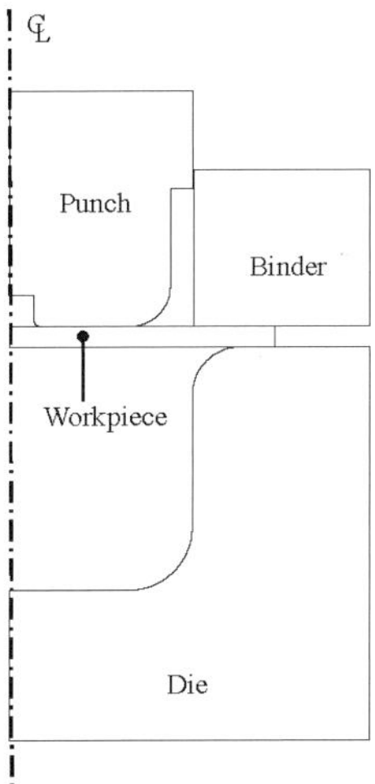

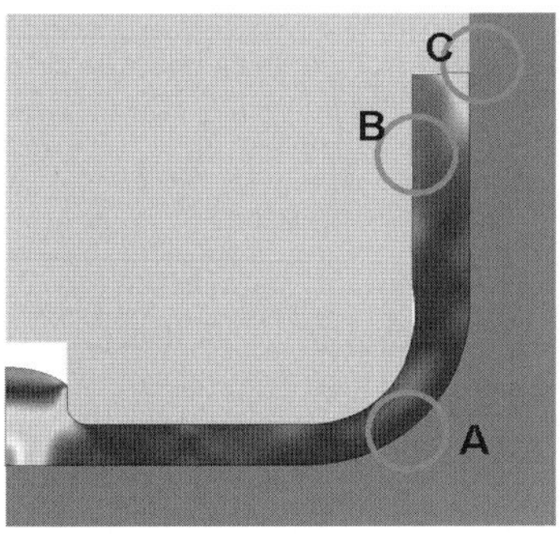

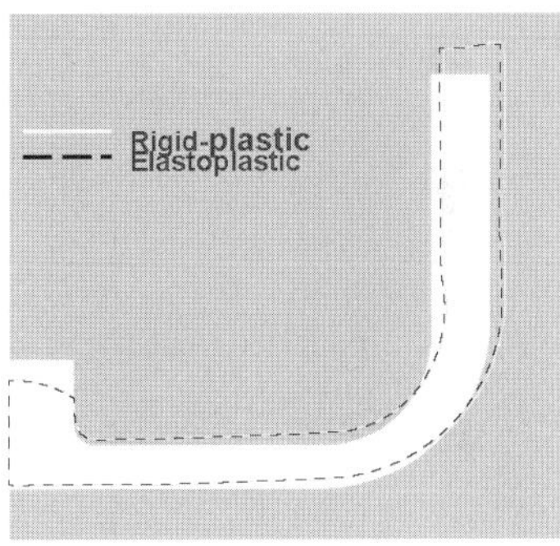

	Elastoplastic	Rigid-plastic
A	0.20 (0.0943, 0.1764)	0.14 (0.1181, 0.0815)
B	0.28 (0.0327, 0.2777)	0.22 (0.0891, 0.1964)
C	0.32 (0.0239, 0.3215)	0.26 (0.0867, 0.2401)

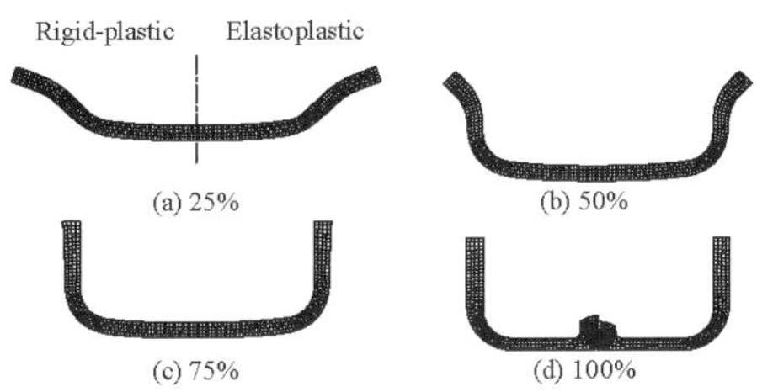

Plate forging with shadow die

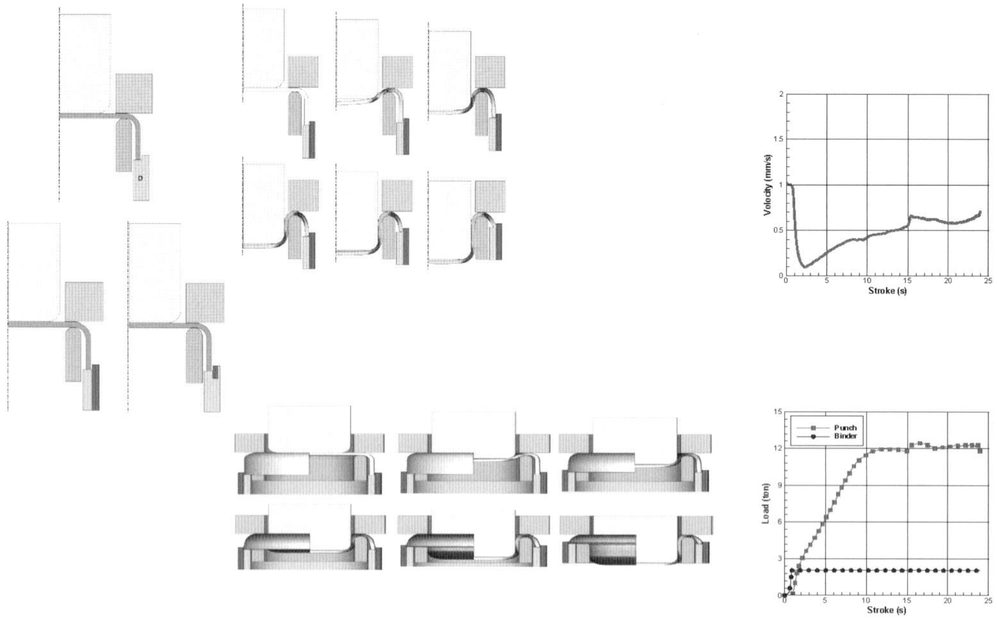

Extrusion – residual stress

Elasto-plastic Rigid-plastic

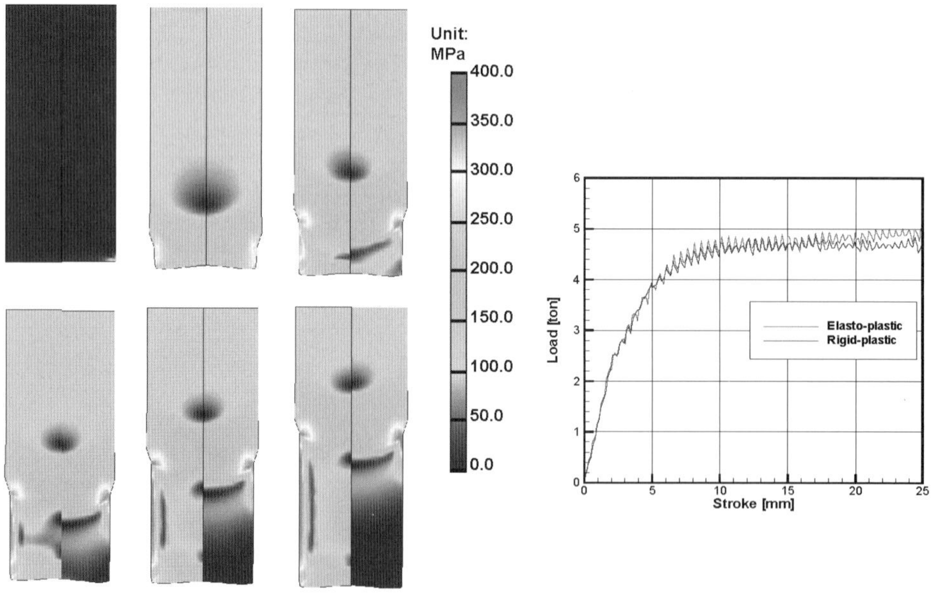

Drawing – Elastoplastic finite element analysis

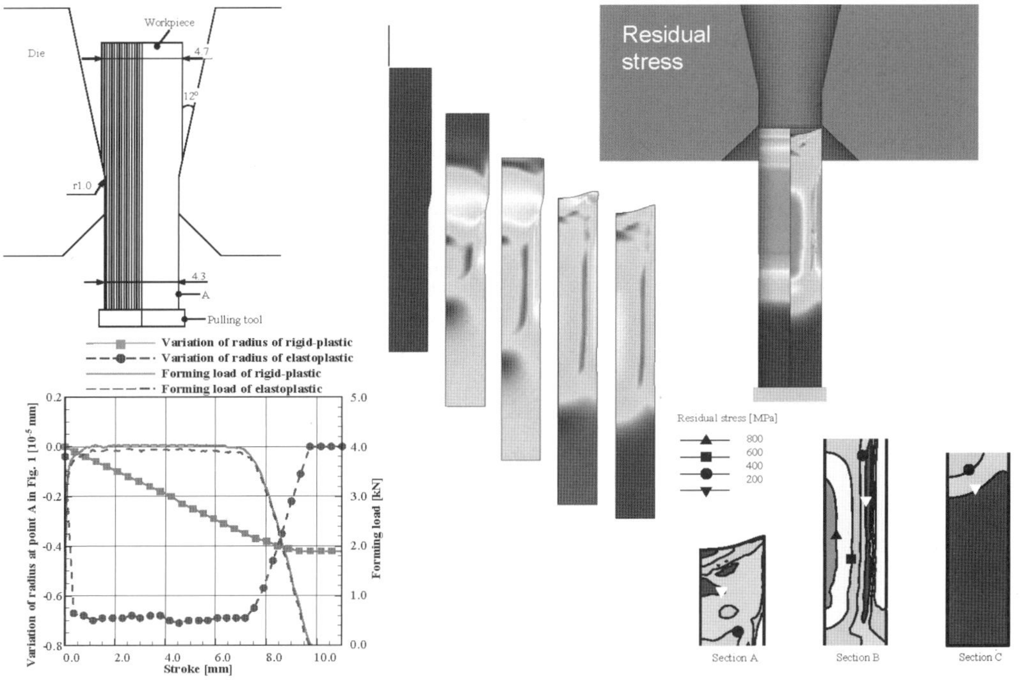

Forward extrusion simulation

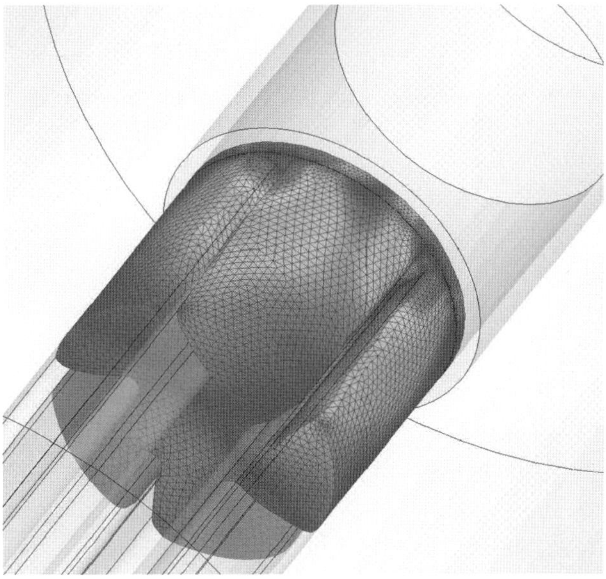

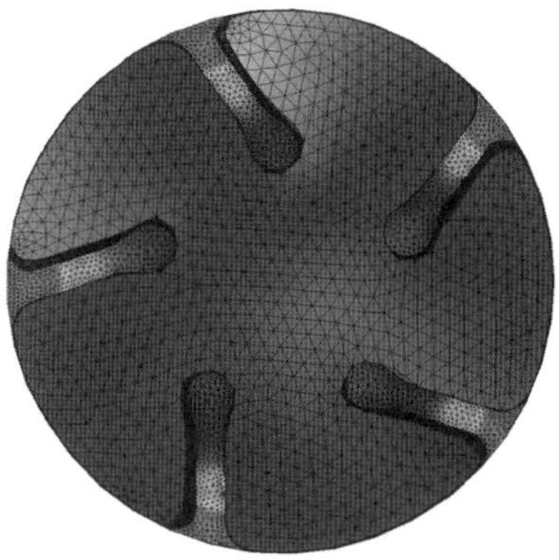

Coupled analysis of deformation of dies and material

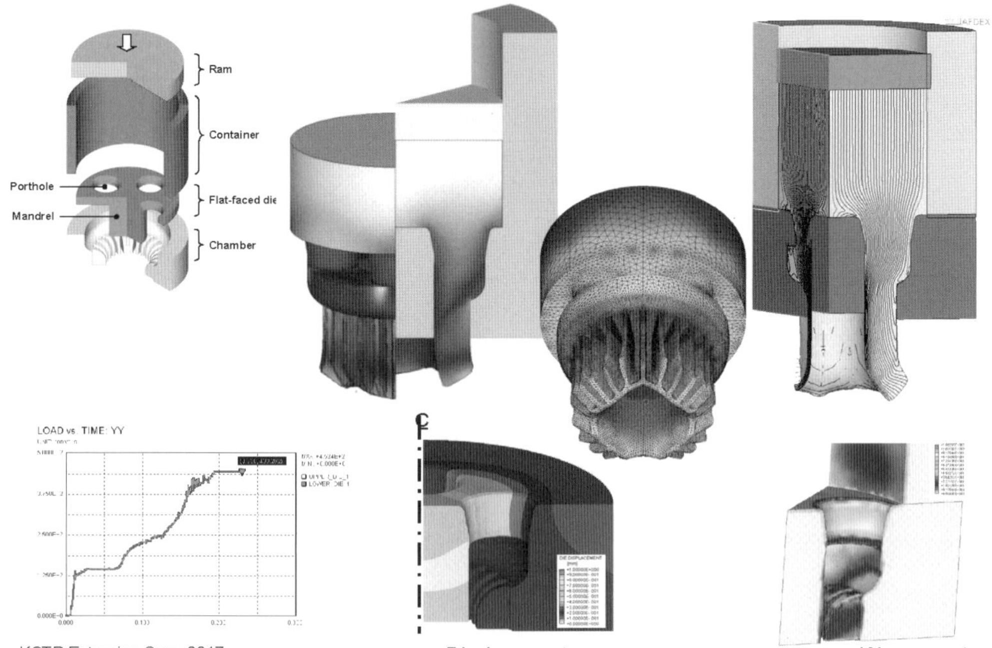

KSTP Extrusion Sym. 2017

Displacement

Wear

Thick plate piercing simulation

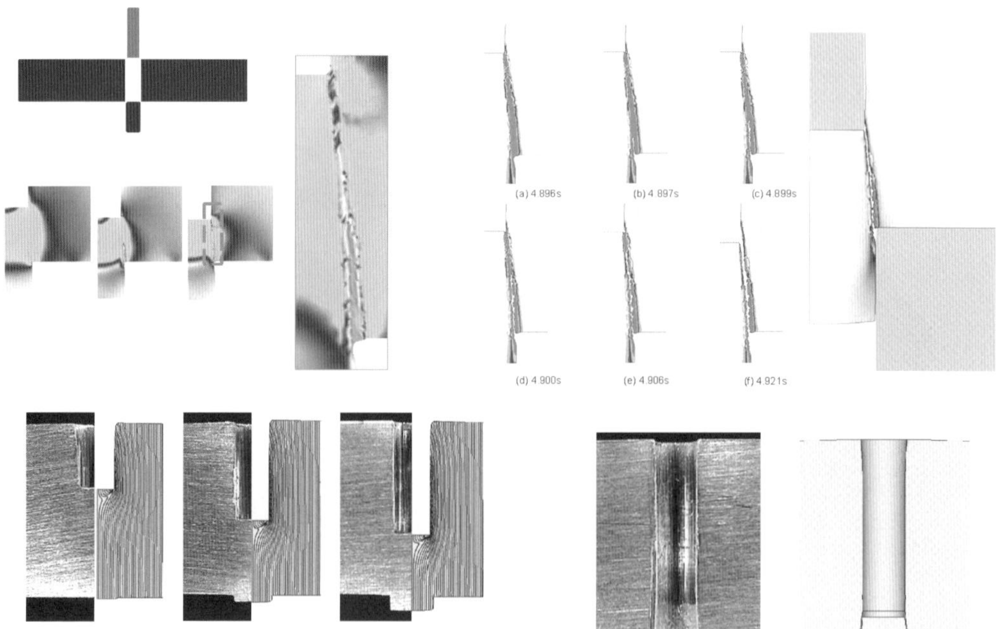

2.25 3.43 4.02

Large bearing manufacturing simulation

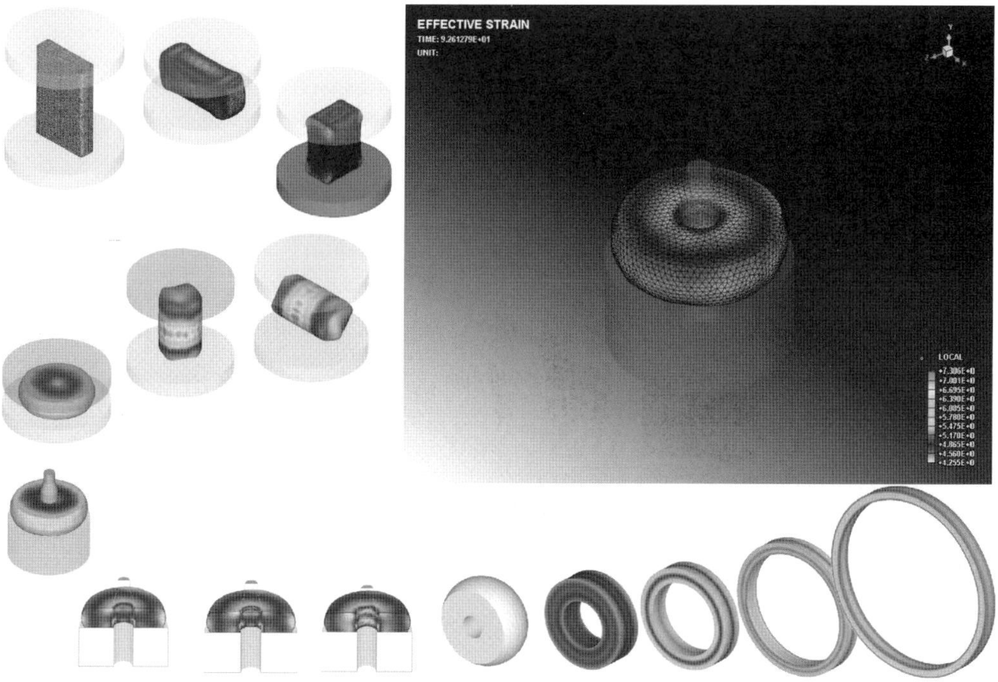

Structural analysis, die with shrink fit

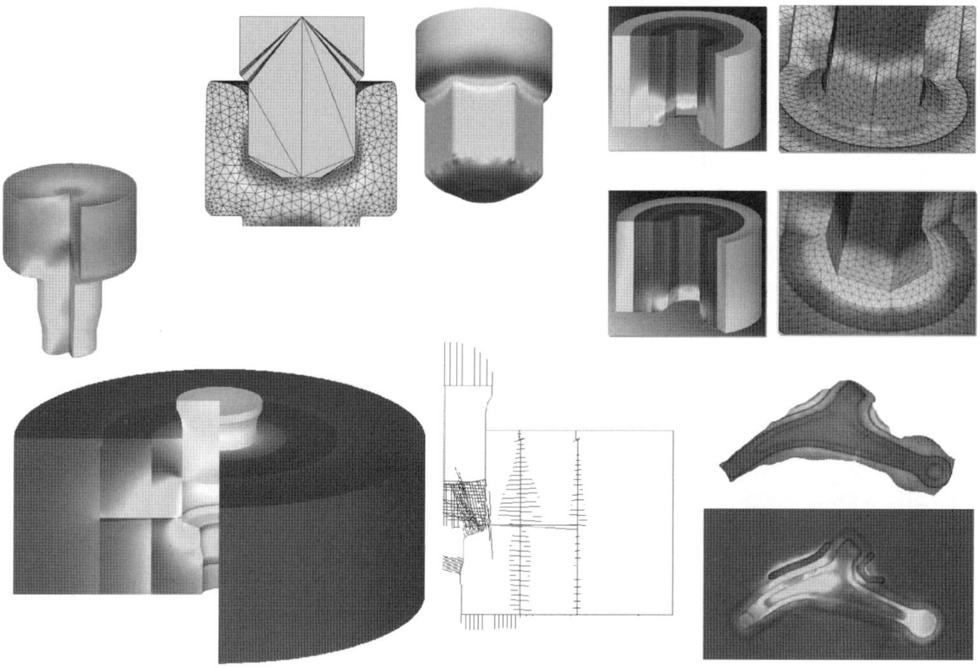

Structural analysis, die with shrink fit

✓ **Die fracture and die design**

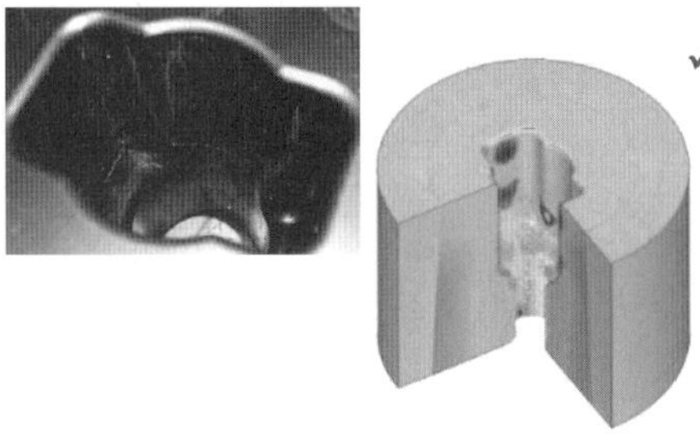

✓ **Die pressure**

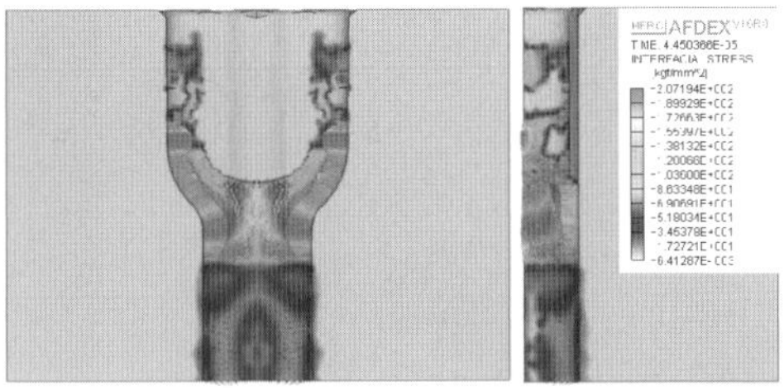

✓ **Minimum principal stress**

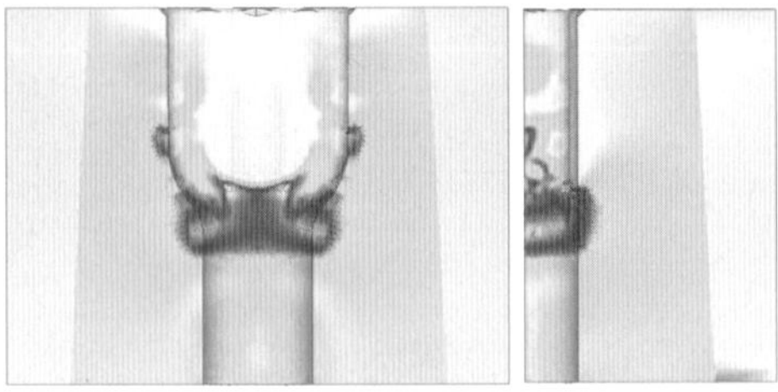

✓ **Maximum principal stress**

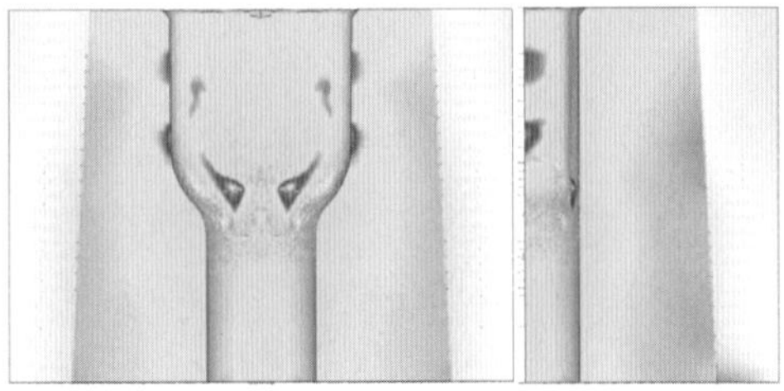

Applications

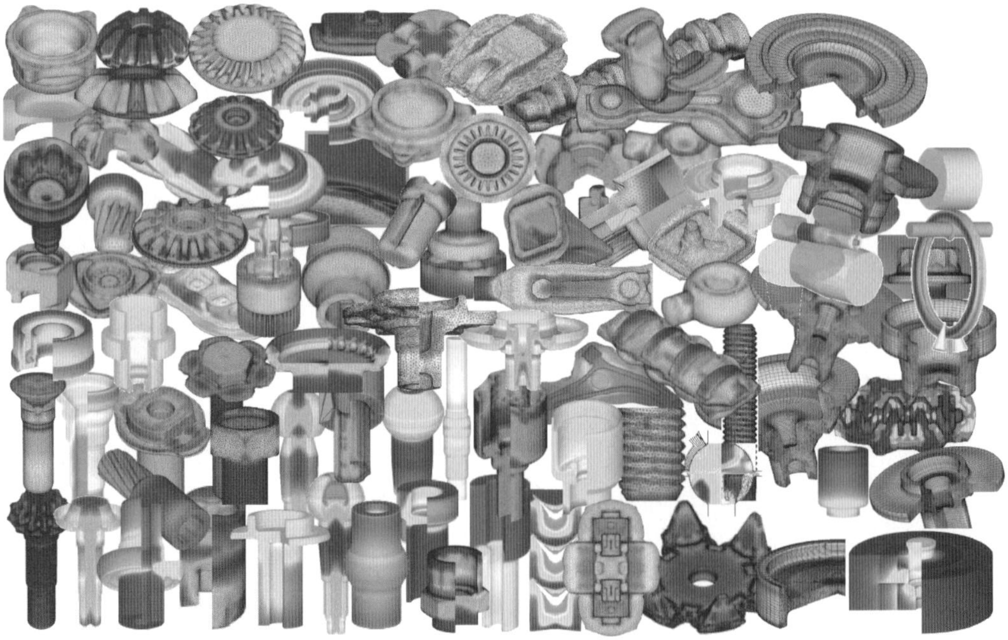

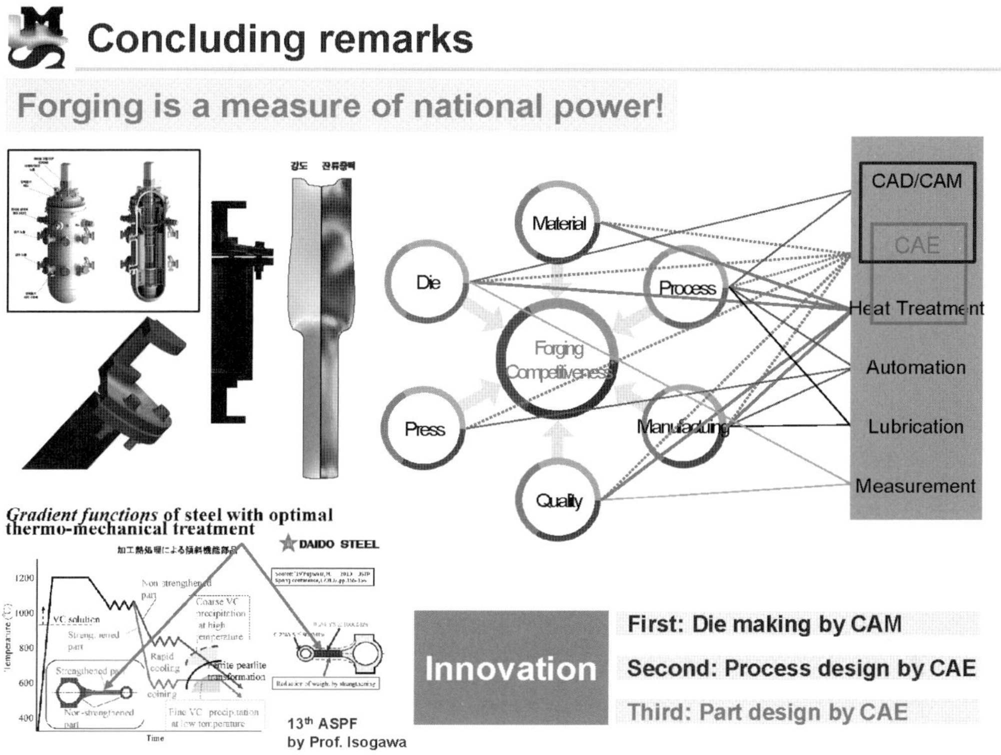
Concluding remarks
Forging is a measure of national power!
Gradient functions of steel with optimal thermo-mechanical treatment
DAIDO STEEL
13th ASPF
by Prof. Isogawa
Material
Die
Process
Forging Competitiveness
Press
Manufacturing
Quality
CAD/CAM
CAE
Heat Treatment
Automation
Lubrication
Measurement
Innovation
First: Die making by CAM
Second: Process design by CAE
Third: Part design by CAE

4. How to Use AFDEX with Basic Applications

4.1 2D applications
4.2 3D applications

저자: 김민철, 엄재근, 이민철, 정승원

4.1 2D applications

4.1.1 Double-stage cold forging process

4.1.2 Automatic multi-stage cold forging process

4.1.3 Trimming process

4.1.1 Double-stage cold forging process

Problem description

Ex01-02

- Process type: Isothermal analysis, Cold, Two-stage
- Information about material
  - ▶ AISI1010(T=20ºC)
  - ▶ Solid cylindrical slice of rod
  - ▶ Dimensions: 9.75mm X 75.73mm
  - ▶ Initial temperature: Room temperature
  - ▶ Annealing the double- stage materials
- Information about dies
  - ▶ Geometry: See the figures
  - ▶ Friction : Soap_Cold(Steel)
  - ▶ Die velocity: Constant

    (Upper die : -1.0 mm/s, Lower die : 0.0 mm/s)

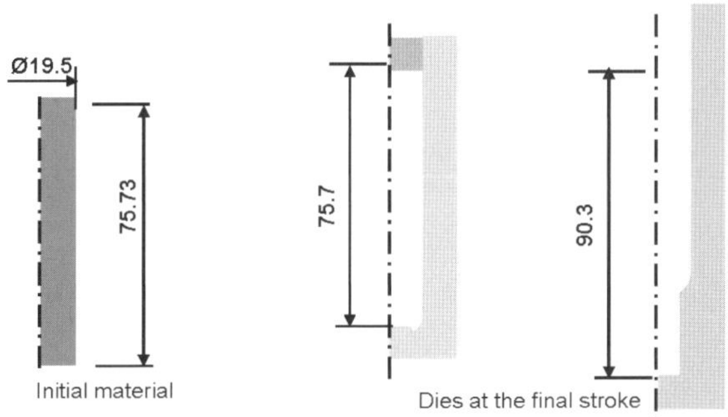

<Process design>

Inputting Process Information

Ex01-03

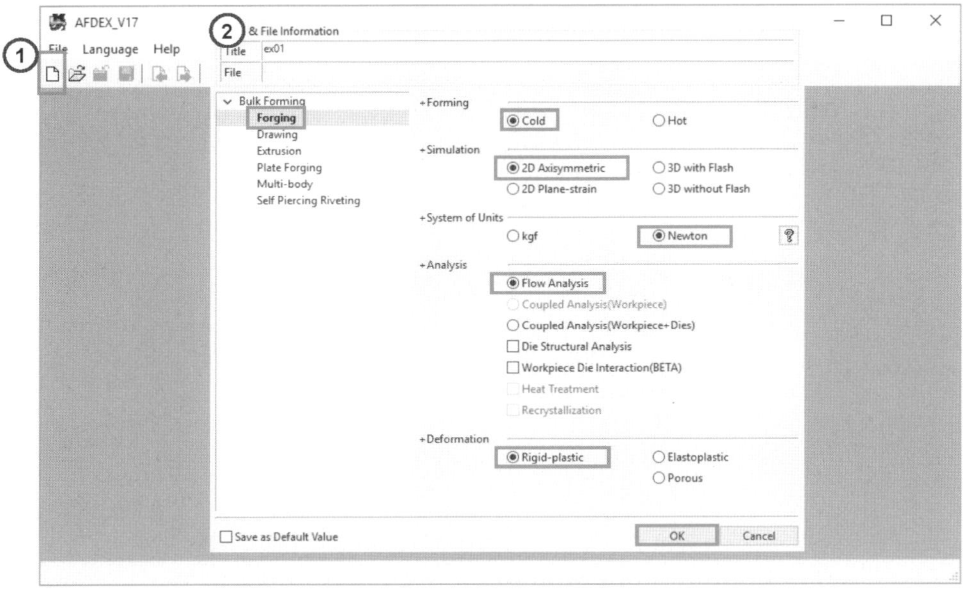

1. Click 'New' icon after executing AFDEX.
2. After inputting Title(Ex01), Bulk Forming(Forging), Forming(Cold), Simulation(2D Axisymmetric), System of Units(Newton), Analysis(Flow Analysis), Deformation(Rigid-plastic) click 'OK' button.

Importing CAD drawing

Ex01-04

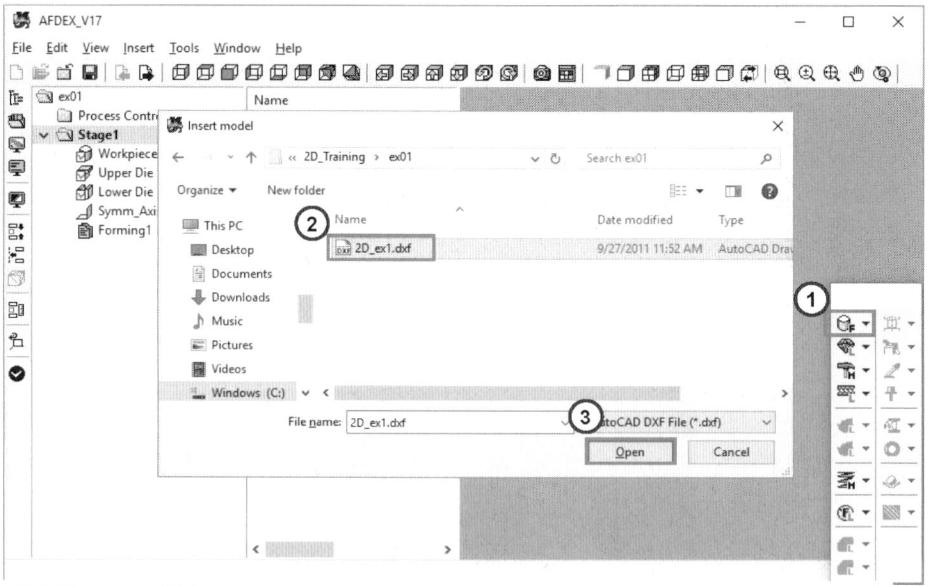

1. Click “Model: From File” in the tool window.
2. Select “2D_ex1.dxf”.
3. Click “open”.

Importing Geometries of Material and Dies

Ex01-05

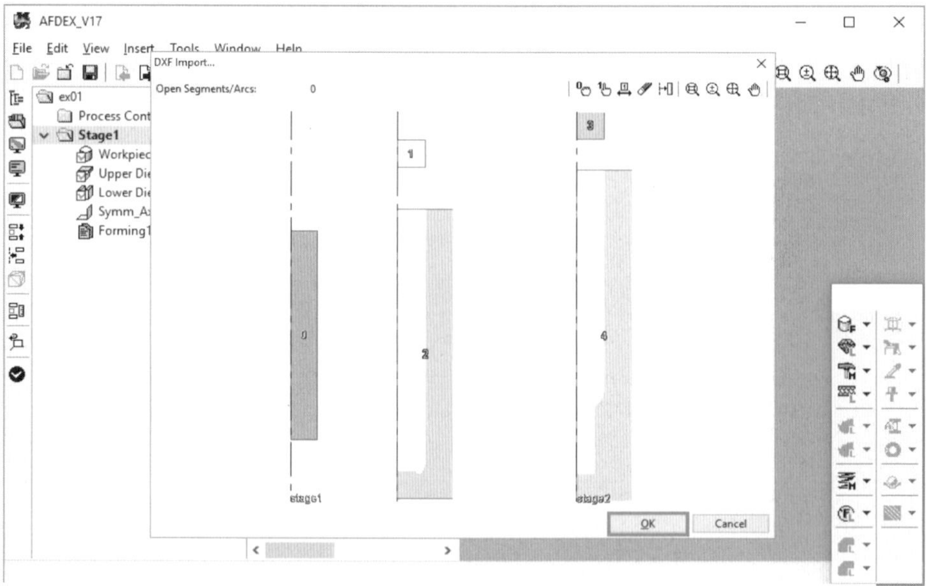

1. Click "OK"

Importing Geometries of Material and Dies Ex01-07

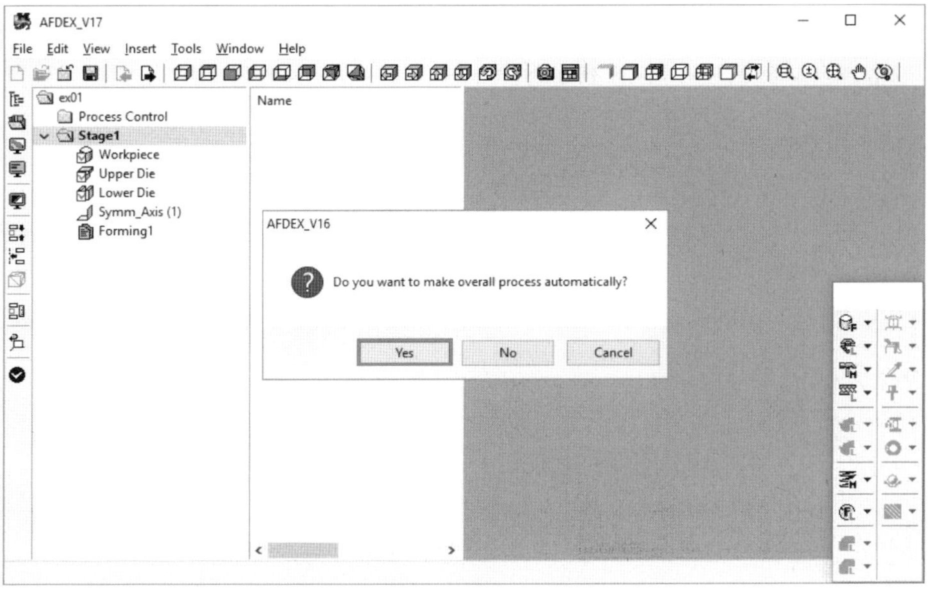

1. A window appears to ask if automatic inputting scheme is applied. Click "Yes(Y)".

Inputting Flow Stress Information Ex01-08

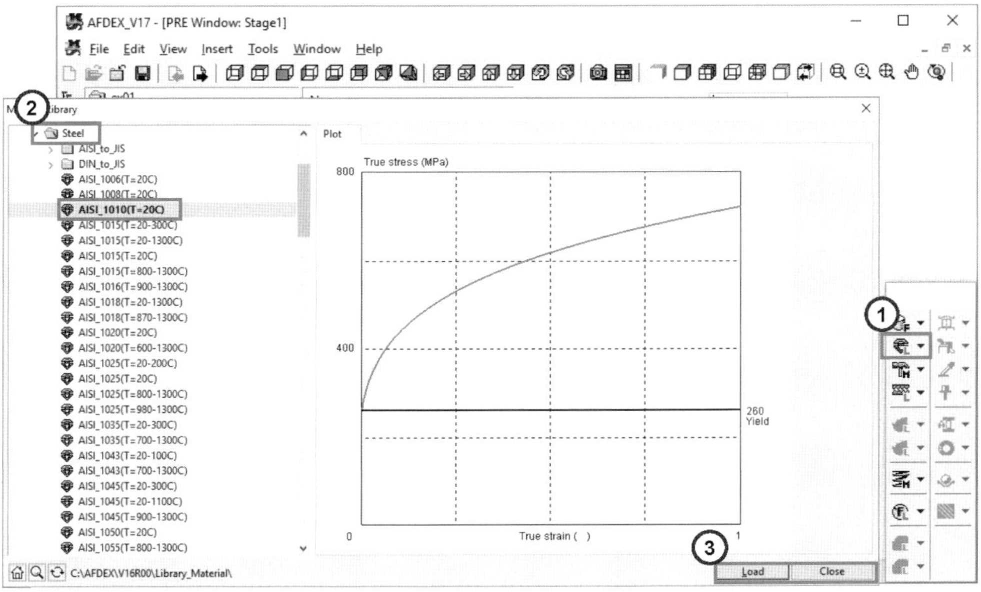

1. Click "Material: From Library" in the tool window.
2. Click "Load" button after selecting "Steel" and "AISI_1010(T=20C) in turn in "Material Library" window.
3. Click "Close" button

Inputting Die Velocity Information

Ex01-09

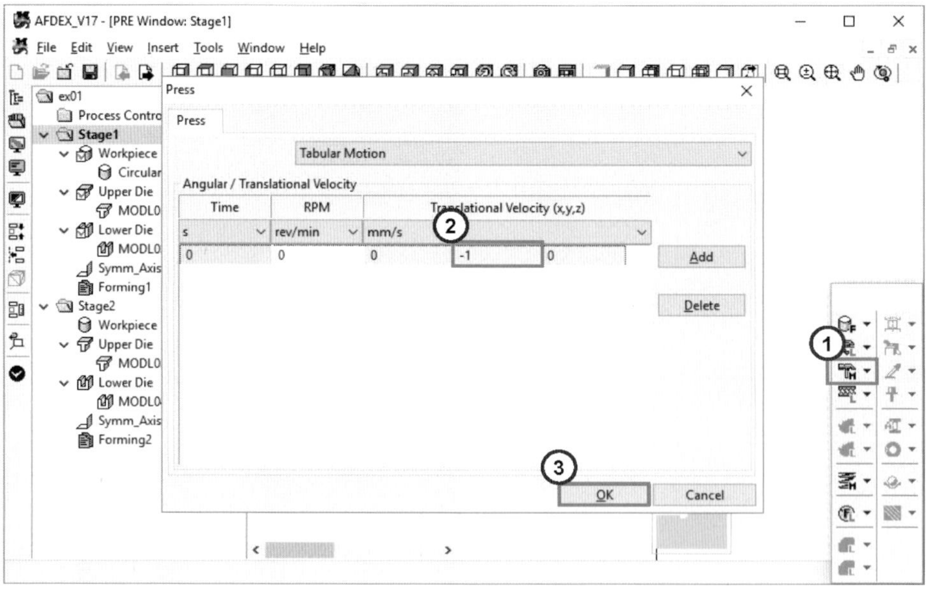

1. Click "Press: Manual" in the tool window.
2. Enter "-1.0" for y-directional velocity component in "Press" window, and click "OK" button.

Inputting Frictional Conditions

Ex01-10

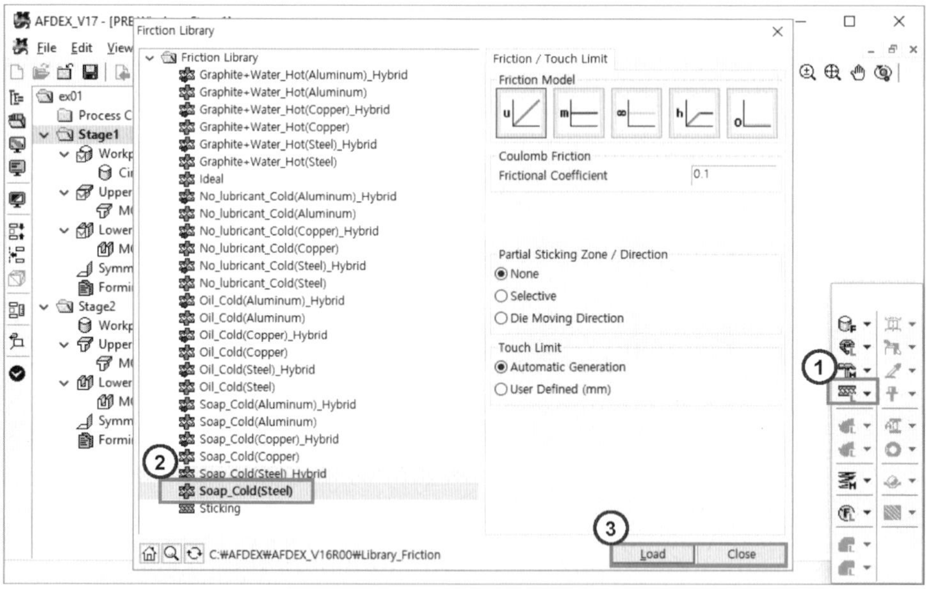

1. Click "Friction: From Library" in the tool window.
2. Click "Load" button after choosing "Soap_Cold(Steel)" in "Friction Library" window..
3. Click "Close" button.

Applying Specified Inputs

Ex01-11

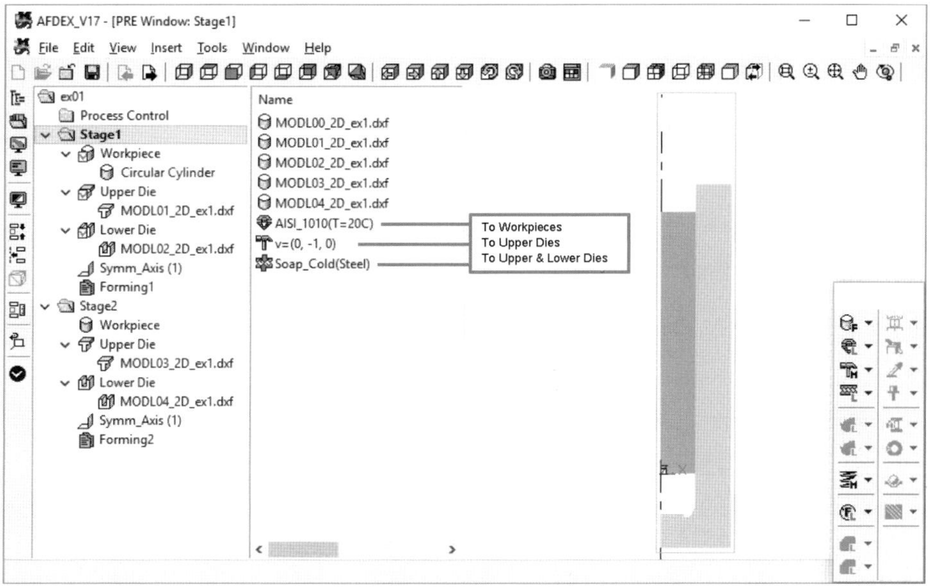

1. Right-click the Properties / speed / friction / heat information to put on each Project Explorer Window.

Initializing die positions

Ex01-12

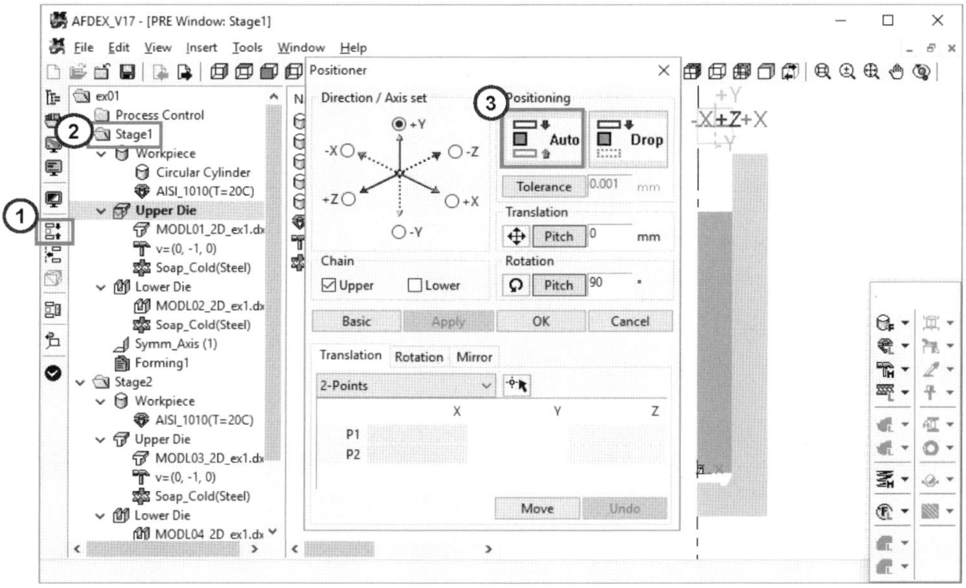

1. Click "Positioner" icon.
2. After clicking "Stage1", click "Auto".

Initializing die positions

Ex01-13

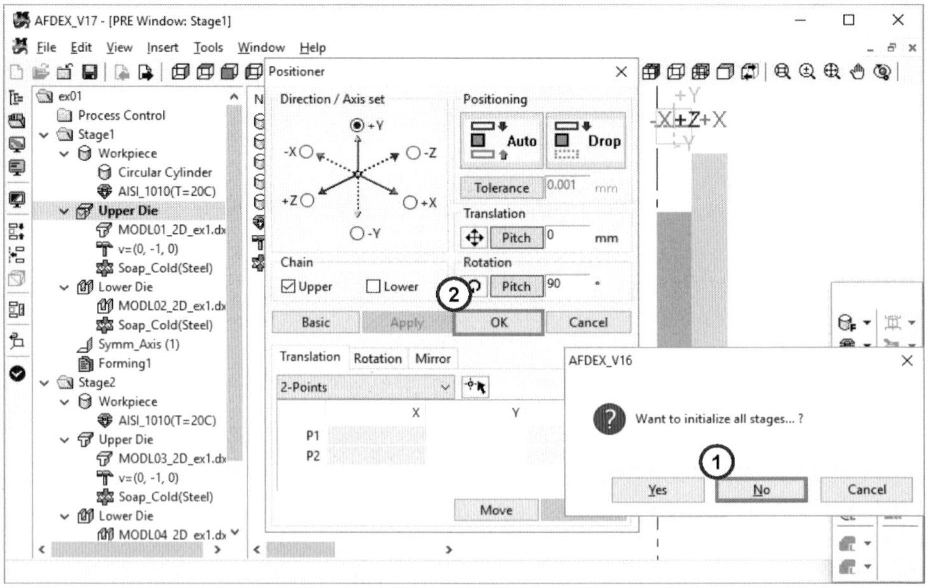

1. Click "No" to answer the question that asks if the whole stages need to be initialized.
2. Click "OK" button in "Positioner" window.

Inputting process information - Stroke

Ex01-14

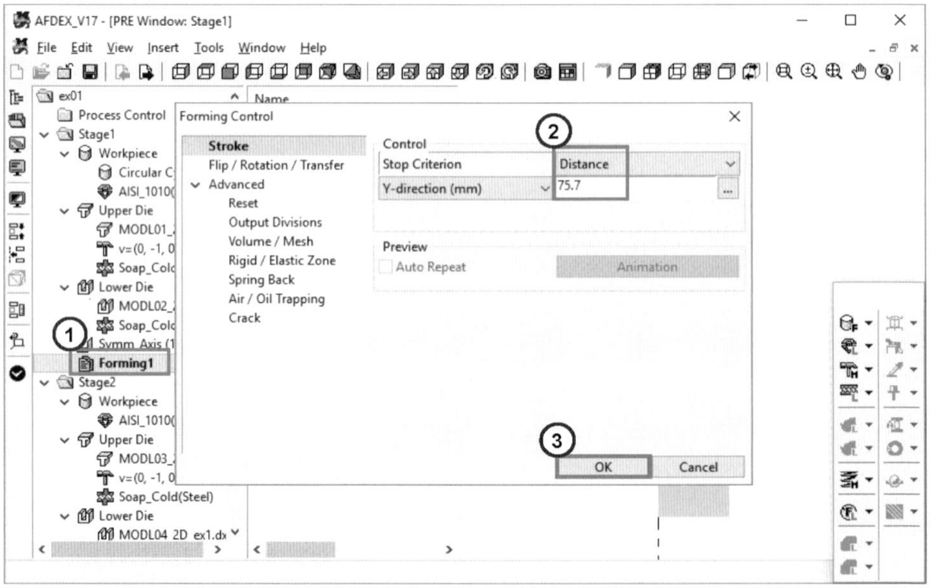

1. Double-click "Forming1".
2. Enter 75.7 after clicking "Distance" in "Forming Control" window.
3. Click "OK".

Inputting process information - Stroke

Ex01-15

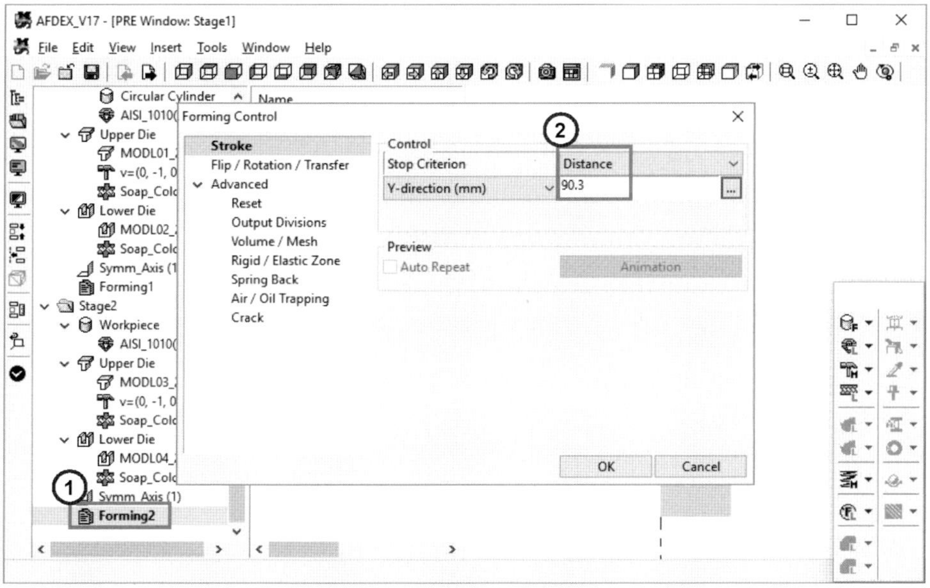

1. Double-click “Forming2”.
2. Enter 90.3 after clicking "Distance" in "Forming Control" window.

Setting annealing conditions

Ex01-16

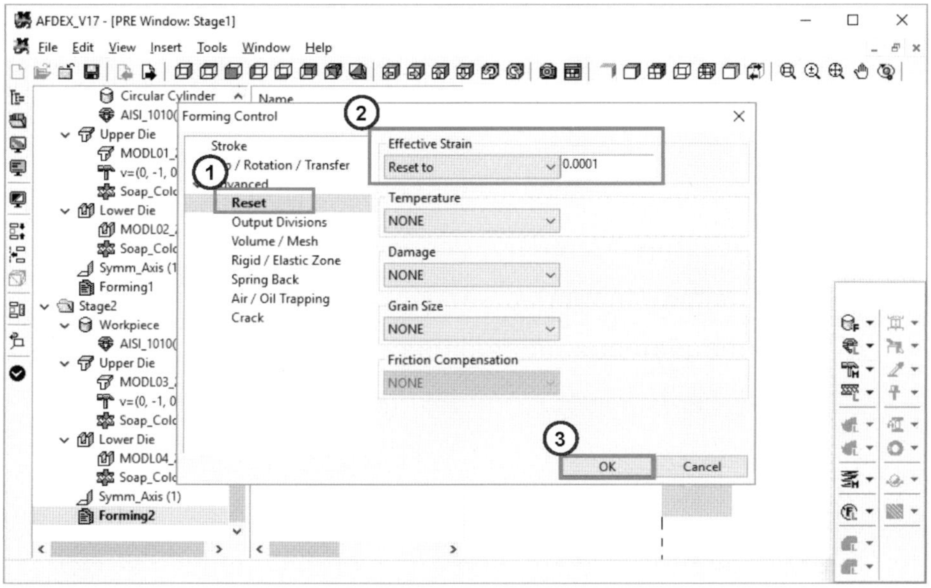

1. Click “Reset” button in the left side of "Forming Control" window.
2. After selecting “Reset to” in the effective strain, input 0.0001 on blank.
3. Click “OK”.

Executing simulation and storing files

Ex01-17

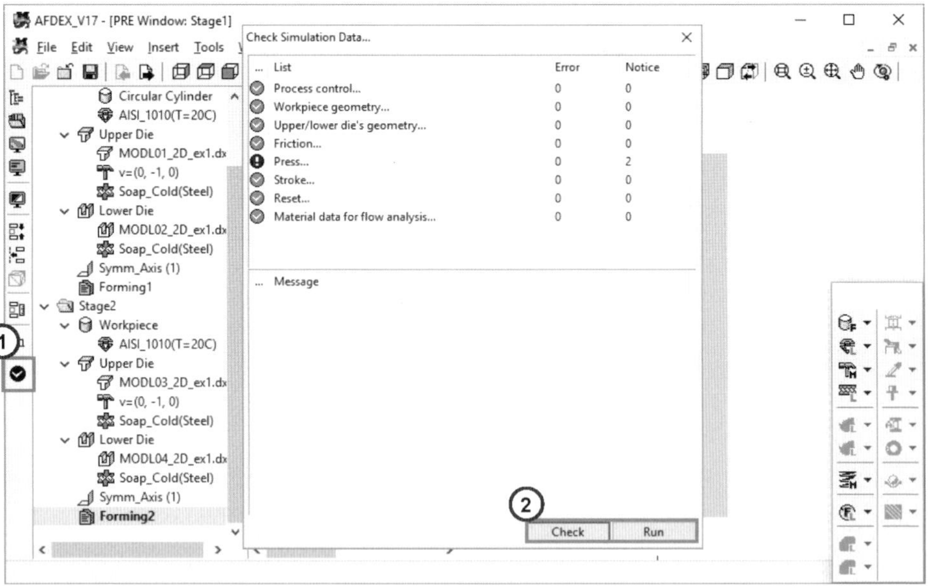

1. Click "Simulation: Check" in the tool window.
2. Click "Check".
3. To start simulation, click "Run" icon.

Executing simulation and storing files

Ex01-18

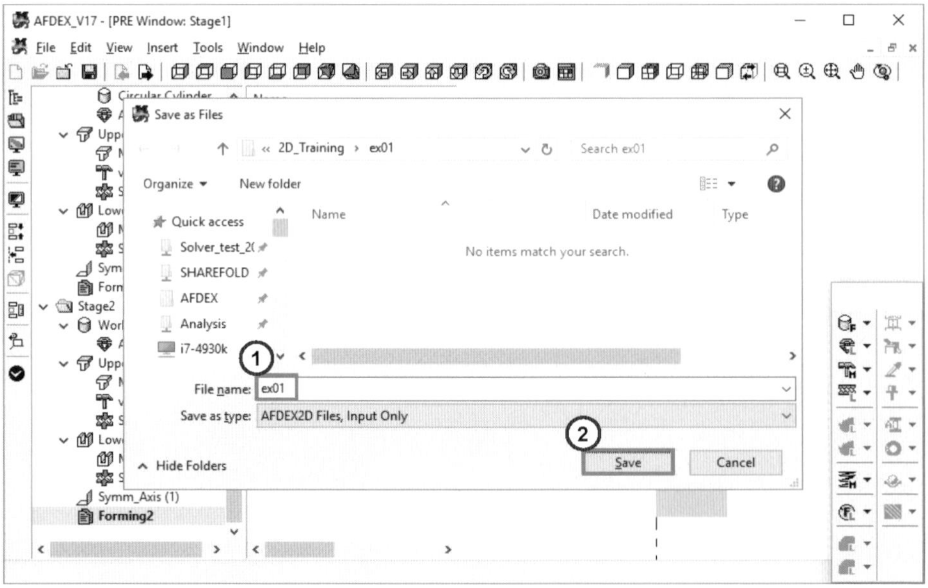

1. Enter "ex01", the file name, and click "Save" button in "Save as Files" window.

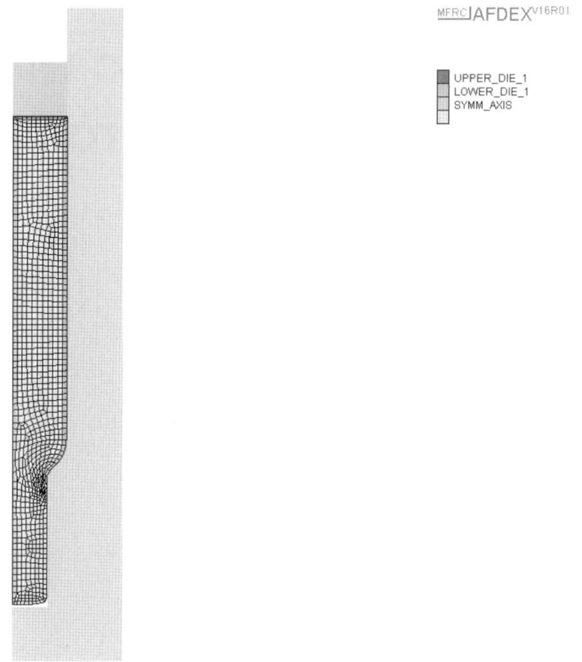
MFRC AFDEX V16R01
UPPER_DIE_1
LOWER_DIE_1
SYMM_AXIS

4.1.2 Automatic multi-stage cold forging process

Problem description

Ex02-02

- Process type: Isothermal analysis, Cold, Five-stage
- Information about material
  - AISI1010(T=20°C)
  - Solid cylindrical slice of rod
  - Dimensions: 7.85mm X 79.0mm
  - Initial temperature: Room temperature
- Information about dies
  - Geometry: See the figures
  - Friction : Oil_Cold(Steel)
  - Die velocity: Constant

  (Upper die : -1.0 mm/s, Lower die : 0.0 mm/s)

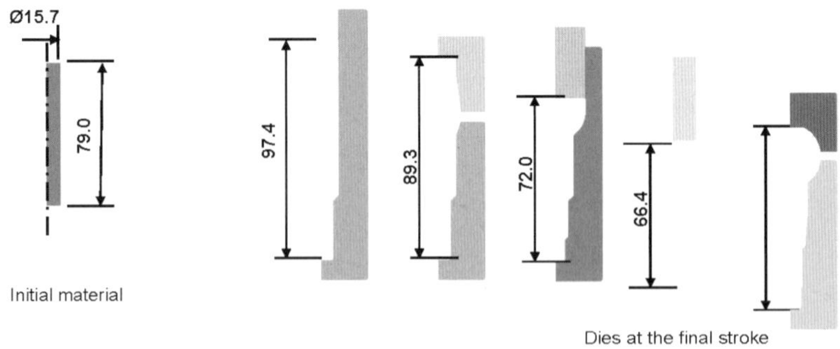

<Process design>

Inputting process information

Ex02-03

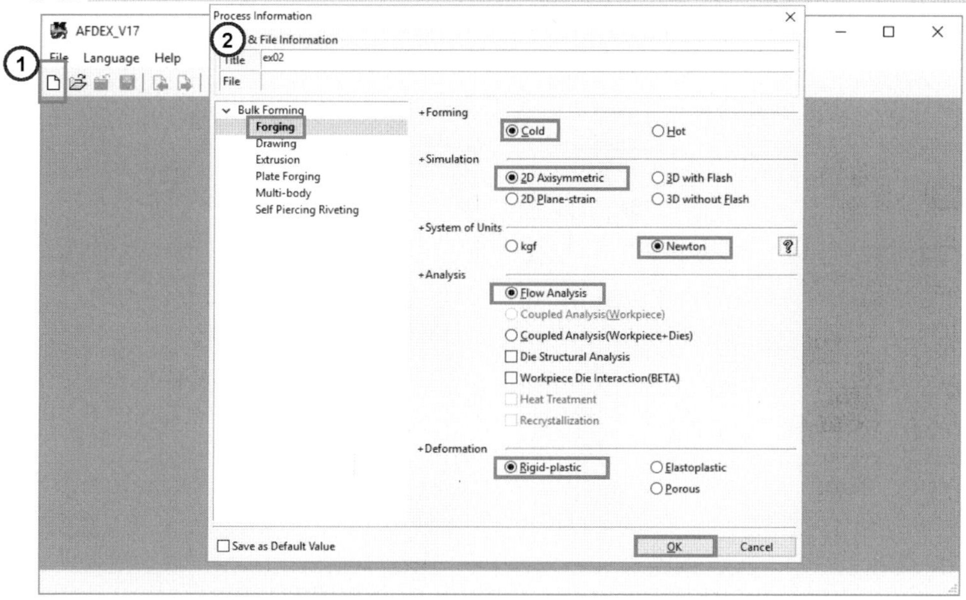

1. Click 'New' icon after executing AFDEX.
2. After inputting Title(ex02), Bulk Forming(Forging), Forming(Cold), Simulation(2D Axisymmetric), System of Units(Newton), Analysis(Flow Analysis), Deformation(Rigid-plastic) click 'OK' button.

Importing CAD drawing

Ex02-04

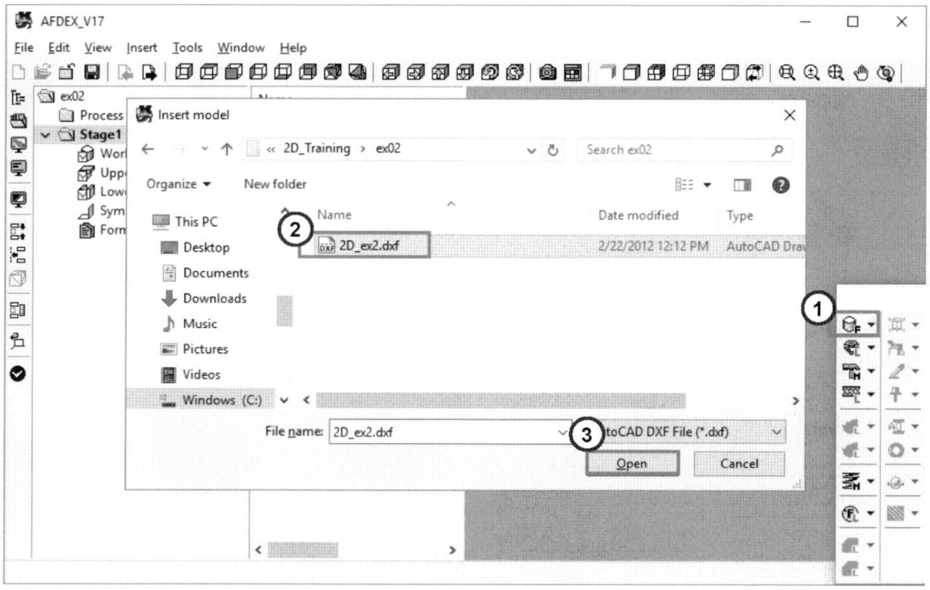

1. Click "Model: From File" in the tool window.
2. Choose "2D_ex2.dxf".
3. Click "Open".

Importing CAD drawing

Ex02-05

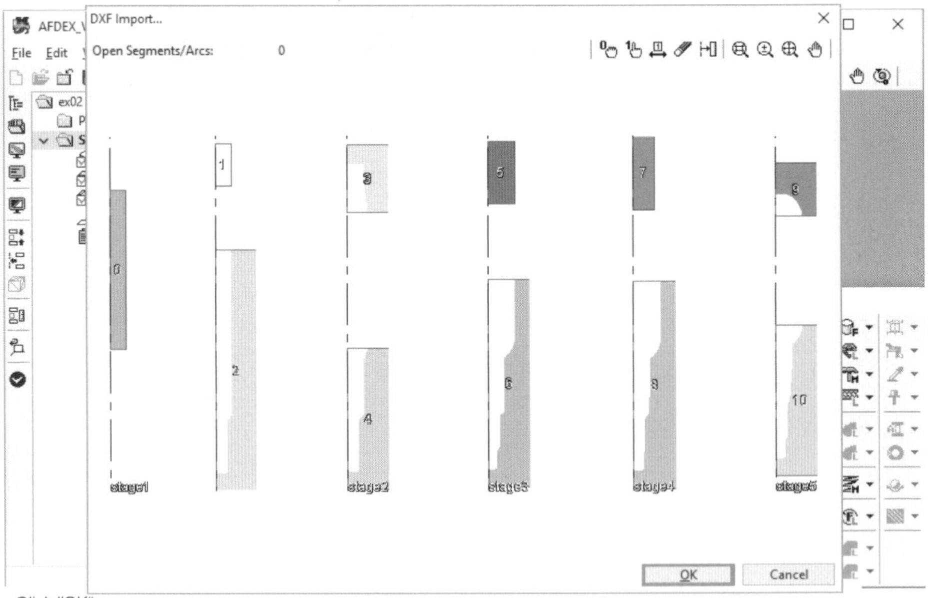

1. Click "OK".

Importing CAD drawing

Ex02-06

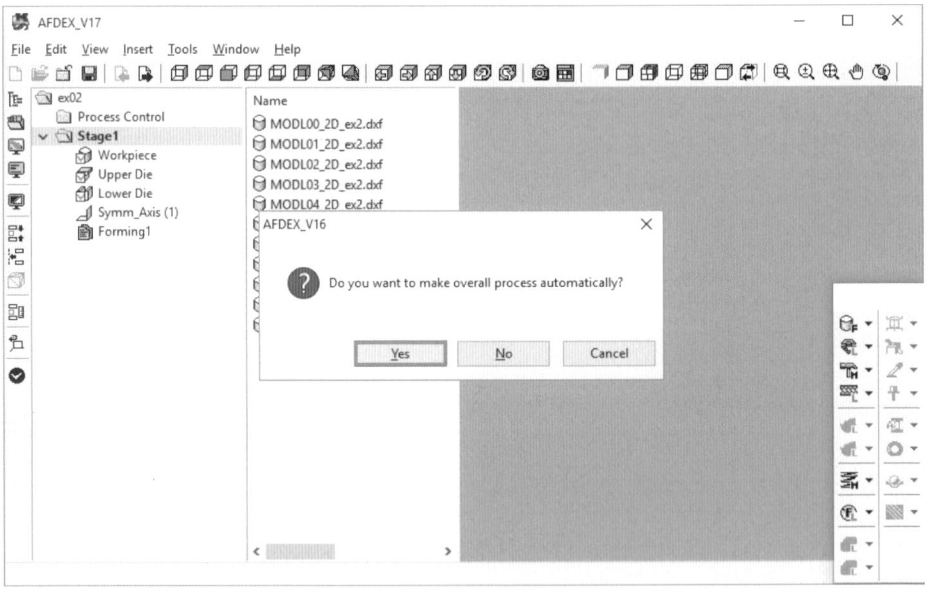

1. A window appears to ask if automatic inputting scheme is applied. Click "Yes(Y)".

Inputting flow stress information

Ex02-07

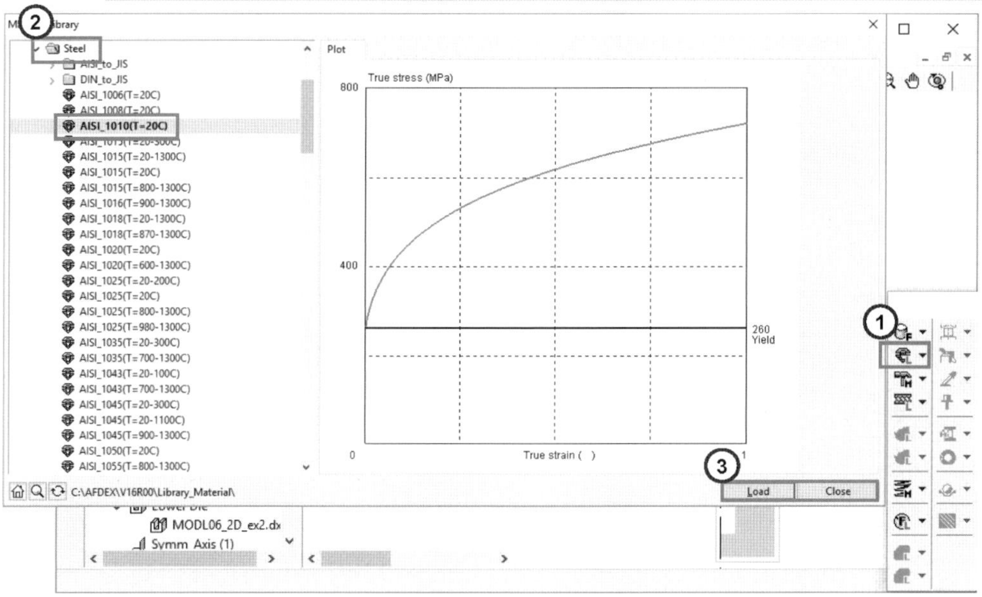

1. Click "Material: From Library" in the tool window.
2. Click "Load" button after selecting "Steel" and "AISI_1010(T=20C) in turn in "Material Library" window.
3. Click "Close" button.

Inputting die velocity information

Ex02-08

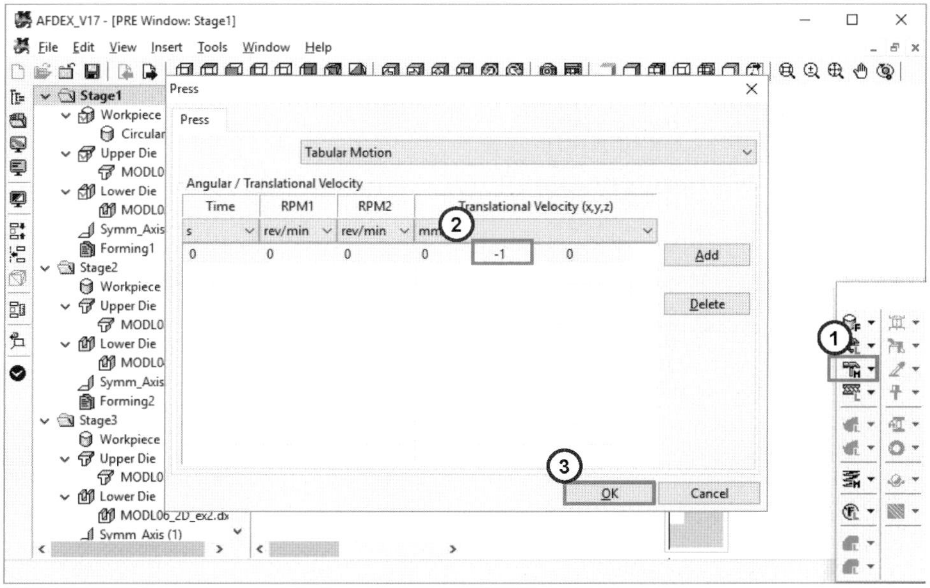

1. Click "Press: Manual" in the tool window.
2. Enter -1.0 for y-directional velocity component in "Press" window, and click "OK" button.

Inputting frictional conditions

Ex02-09

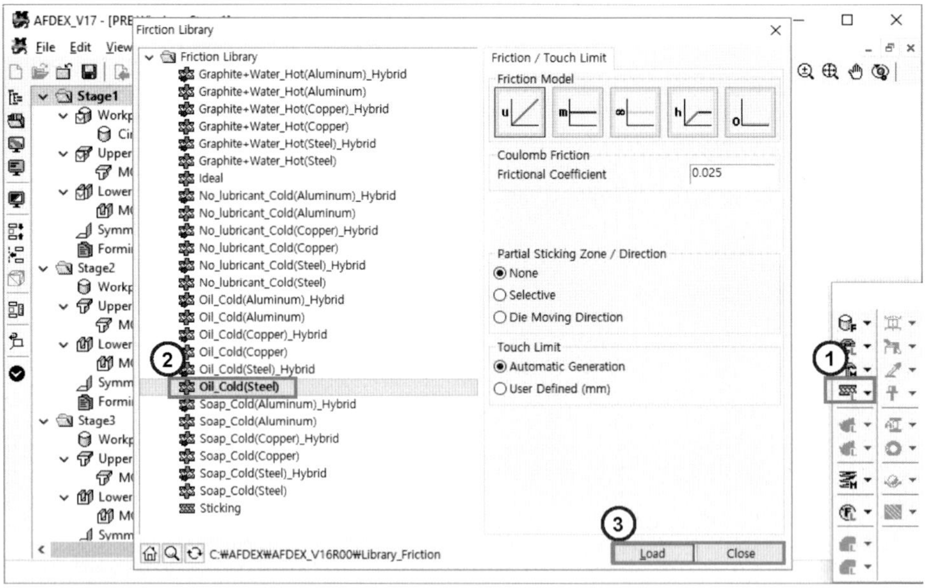

1. Click "Friction: From Library" in the tool window.
2. Click "Load" button after choosing "Oil_Cold(Steel)" in "Friction Library" window.
3. Click "Close" button.

Applying specified inputs

Ex02-10

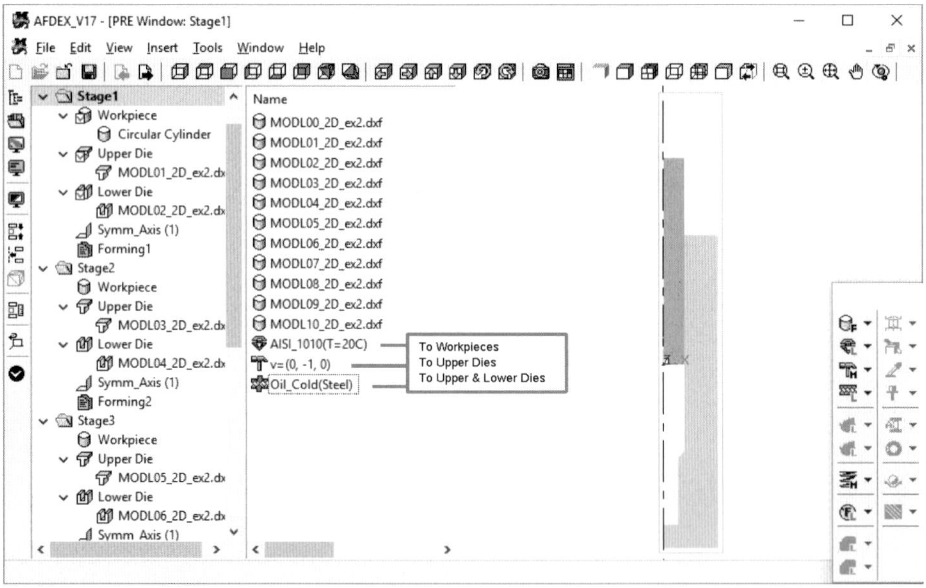

1. Right-click the Properties / speed / friction / heat information to put on each Project Explorer Window

Initializing die positions

Ex02-11

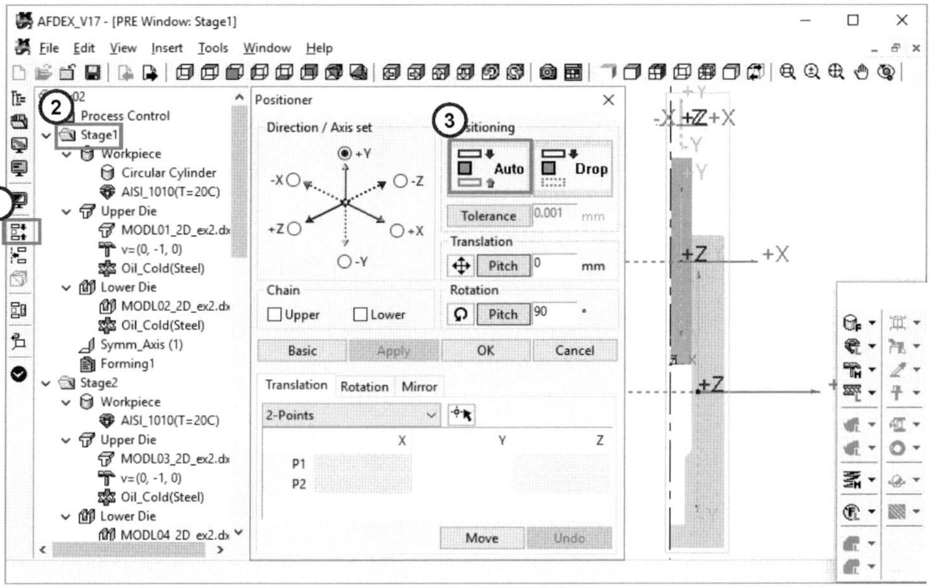

1. Click "Positioner" icon.
2. After double clicking Stage1, click "Auto"..

Initializing die positions

Ex02-12

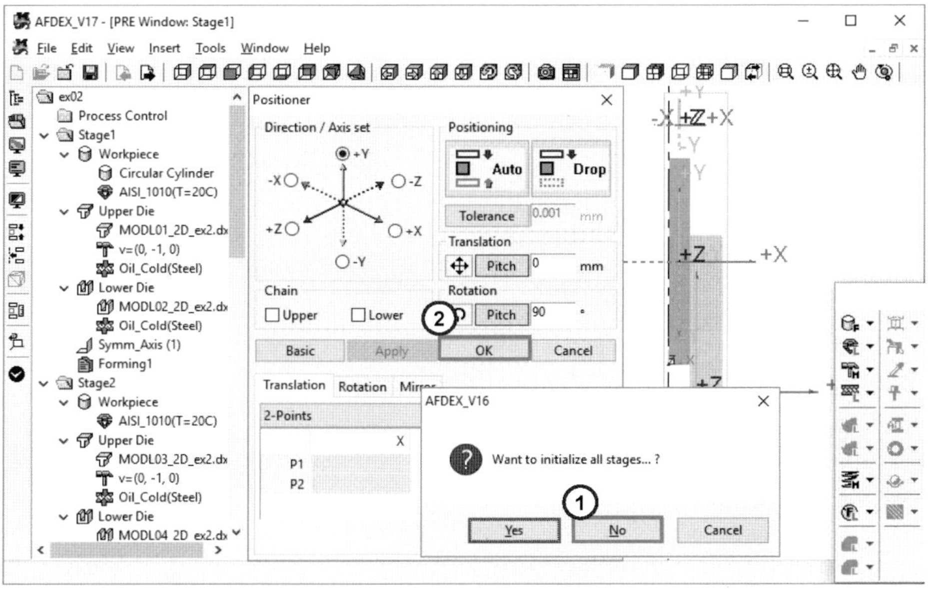

1. Click "No" to answer the question that asks if the whole stages need to be initialized.
2. Click "Ok" button in "Positioner" window.

Inputting process information - Stroke

Ex02-13

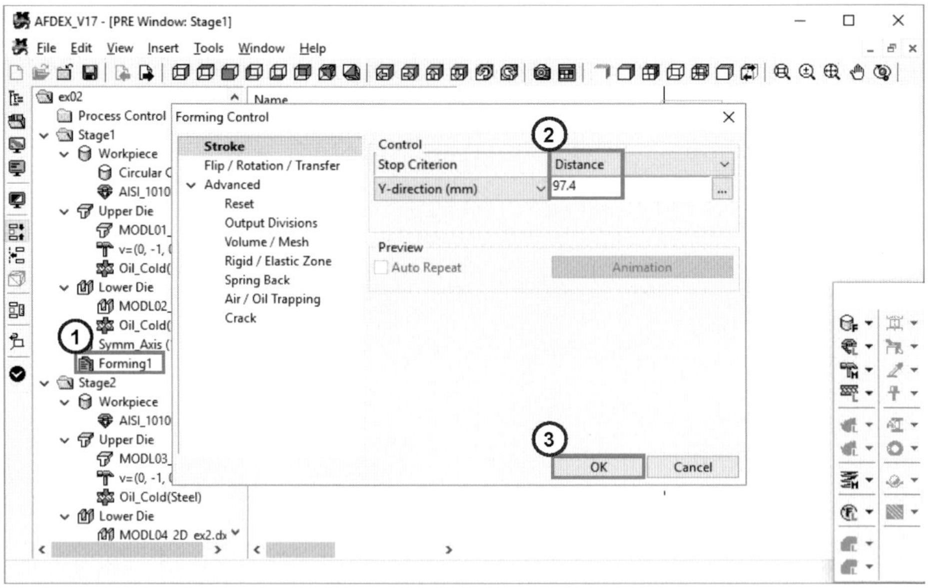

1. Double-click "Forming1".
2. Enter 97.4 after clicking "Distance" button in "Forming Control" window.

Inputting process information - Stroke

Ex02-14

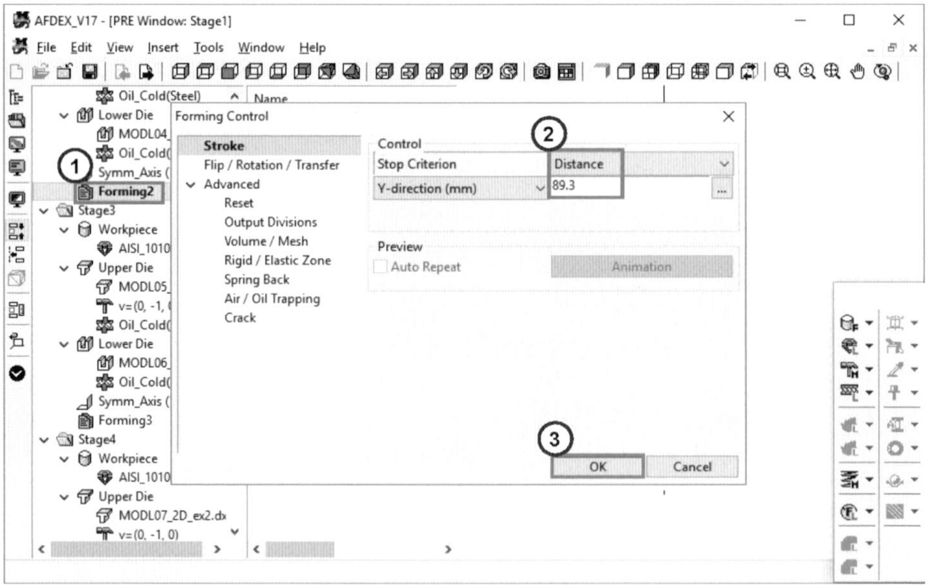

1. Double-click "Forming2".
2. Enter 89.3 after clicking "Distance" button in "Forming Control" window.

Inputting process information - Stroke

Ex02-15

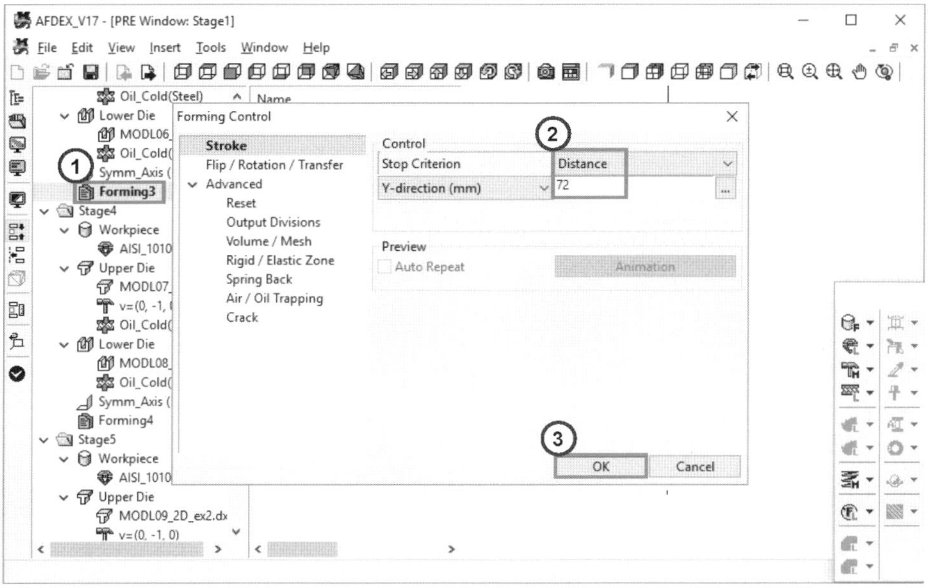

1. Double-click “Forming3”.
2. Enter 72.0 after clicking "Distance" button in "Forming Control" window.

Inputting process information - Stroke

Ex02-16

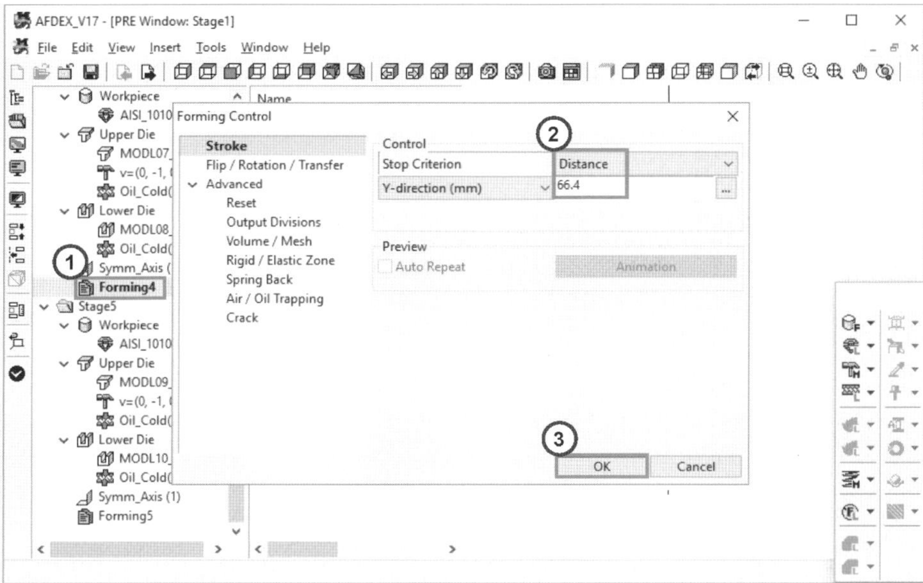

1. Double-click “Forming4”.
2. Enter 66.4 after clicking "Distance" button in "Forming Control" window.

Inputting process information - Stroke

Ex02-17

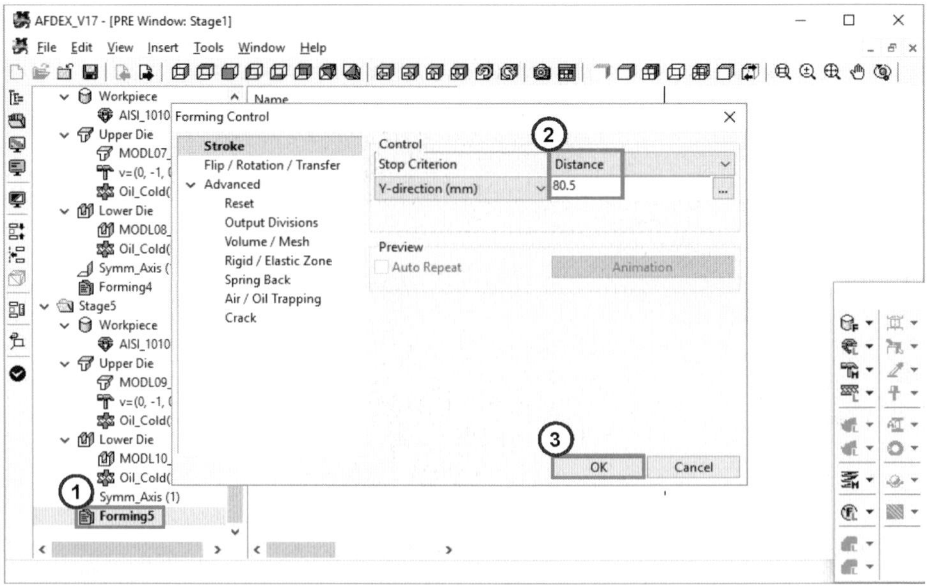

1. Double-click "Forming5".
2. Enter 80.5 after clicking "Distance" button in "Forming Control" window.

Executing simulation and storing files

Ex02-18

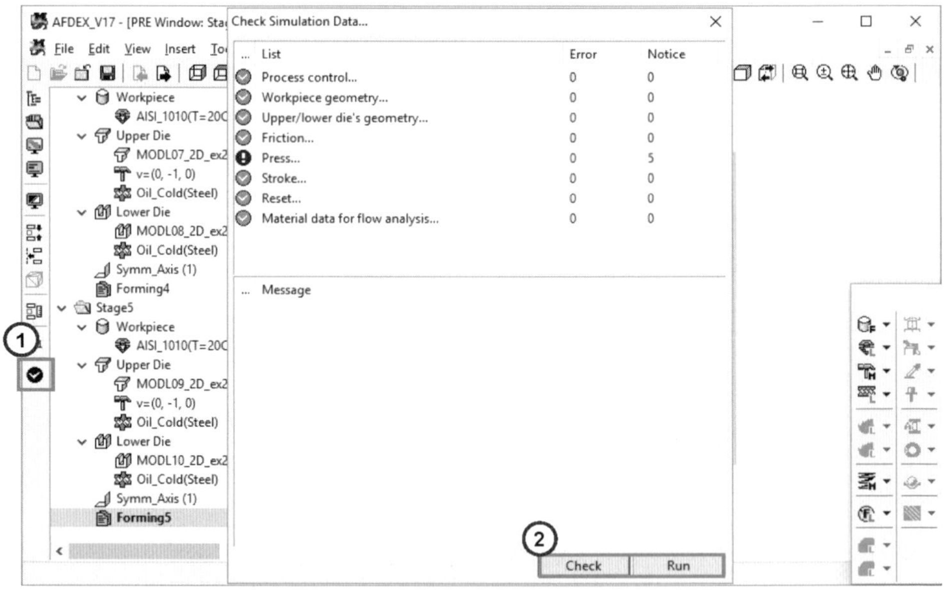

1. Click "Simulation: Check" in the tool window.
2. Click "Run".

Executing simulation and storing files

Ex02-19

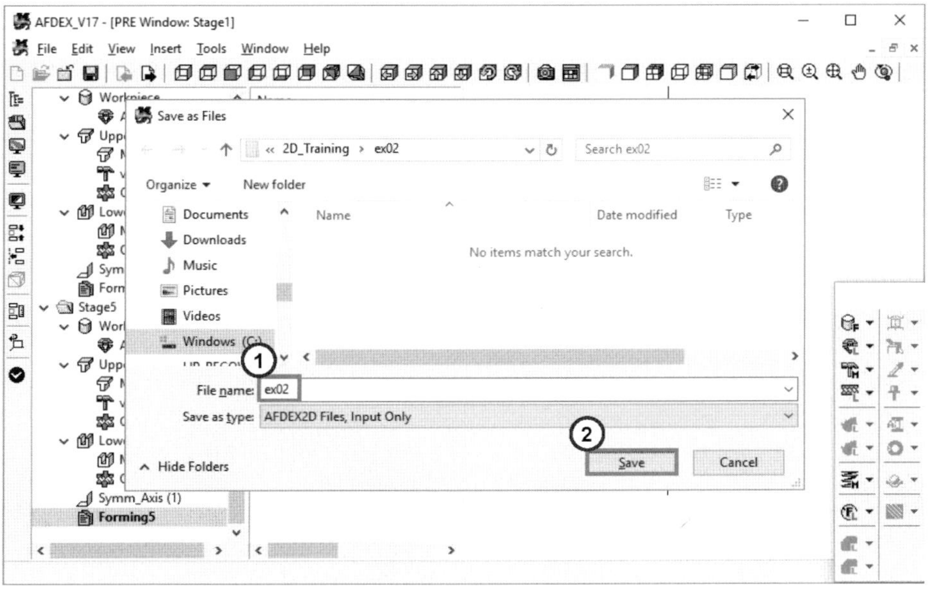

1. Enter "Ex02", the file name, and click "Save" button in "Save as Files" window.

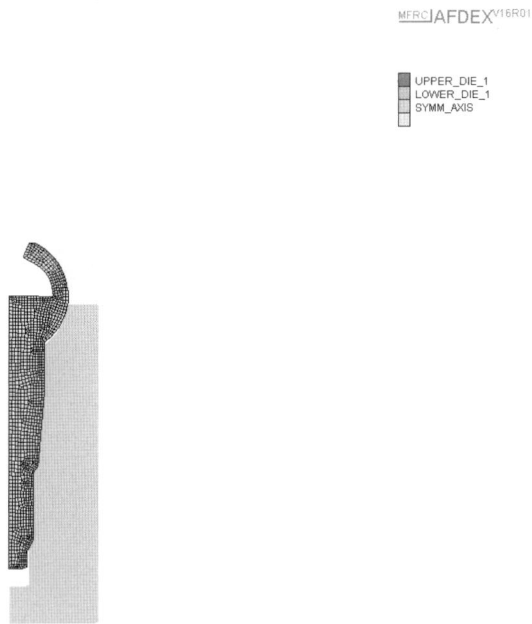

4.1.3 Trimming process

Problem description

Ex04-02

- Process type: Isothermal analysis, Hot, Two-stage
- Information about material
  - AISI1020(T=600-1300°C)
  - Solid cylindrical slice of rod
  - Dimensions: 12.5mm X 85.0mm
  - Initial temperature: 1200°C
- Information about dies
  - Geometry: See the figures
  - Graphite+Water_Hot(Steel)_Hybrid
  - Die velocity: Constant

  (Upper die : -200.0 mm/s, Lower die : 0.0 mm/s)

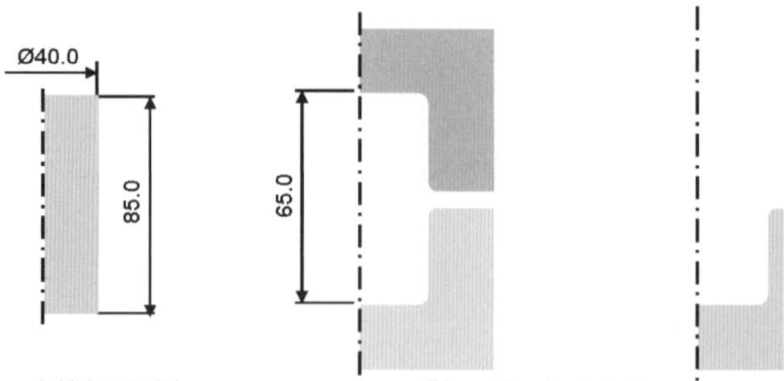

Initial material

Dies at the final stroke

ratio=0.3

<Process design>

Inputting process information

Ex04-03

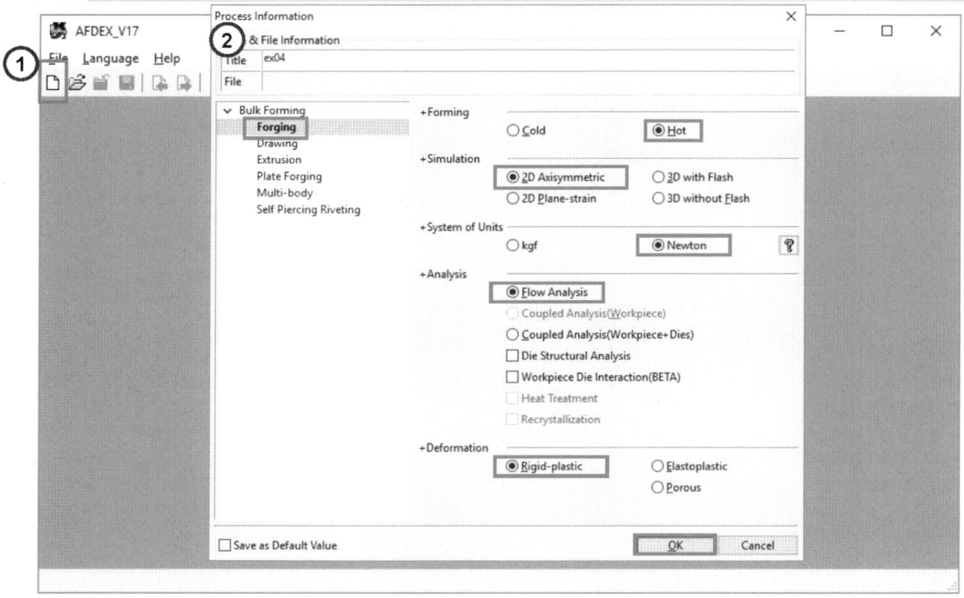

1. Click 'New' icon after executing AFDEX.
2. After inputting Title(ex04), Bulk Forming(Forging), Forming(Hot), Simulation(2D Axisymmetric), System of Units(Newton), Analysis(Flow Analysis), Deformation(Rigid-plastic) click 'OK' button.

Importing CAD drawing

Ex04-04

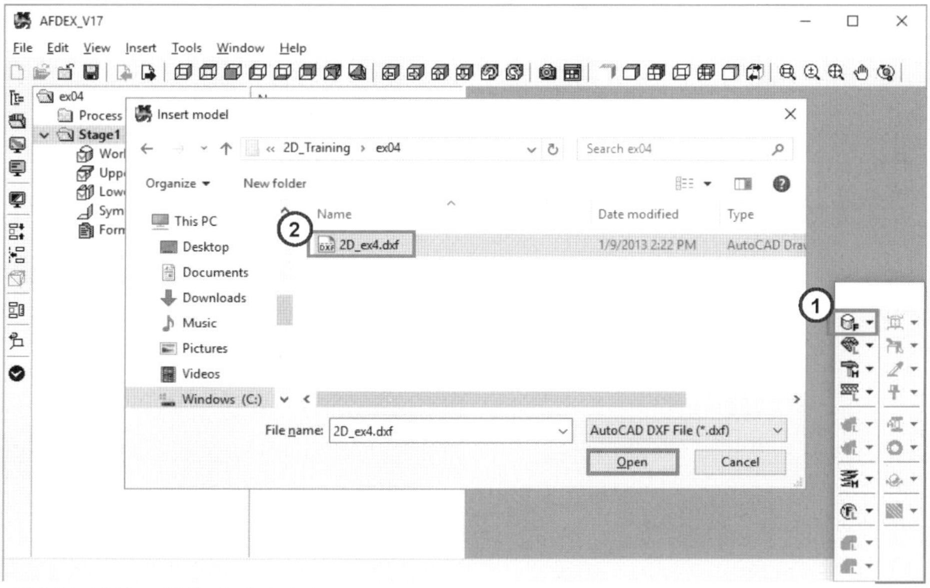

1. Click "Model: From File" in the tool window.
2. Choose "2D_ex4.dxf".
3. Click "Open".

Importing CAD drawing

Ex04-05

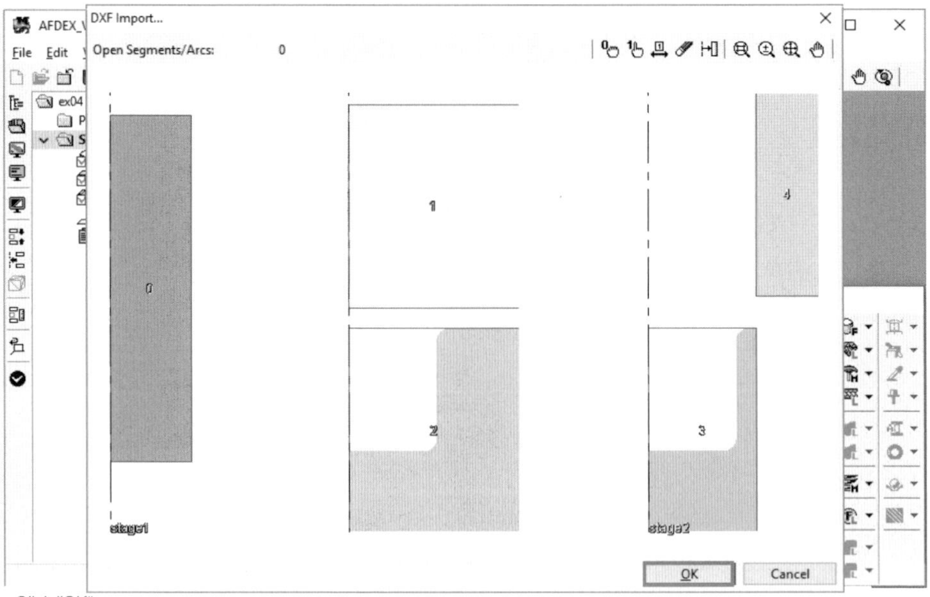

1. Click "OK".

Importing CAD drawing

Ex04-06

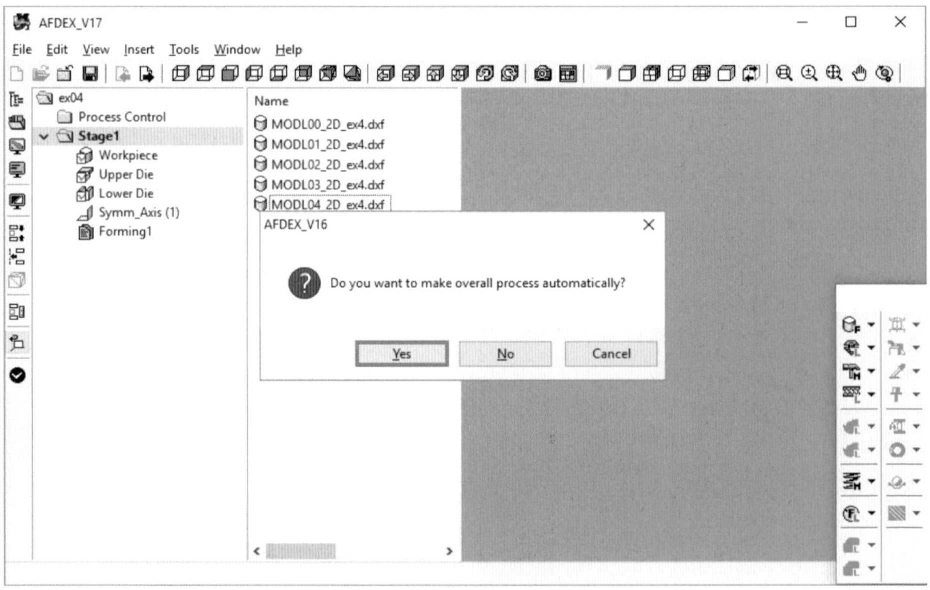

1. A window appears to ask if automatic inputting scheme is applied. Click "Yes(Y)".

Inputting flow stress information

Ex04-07

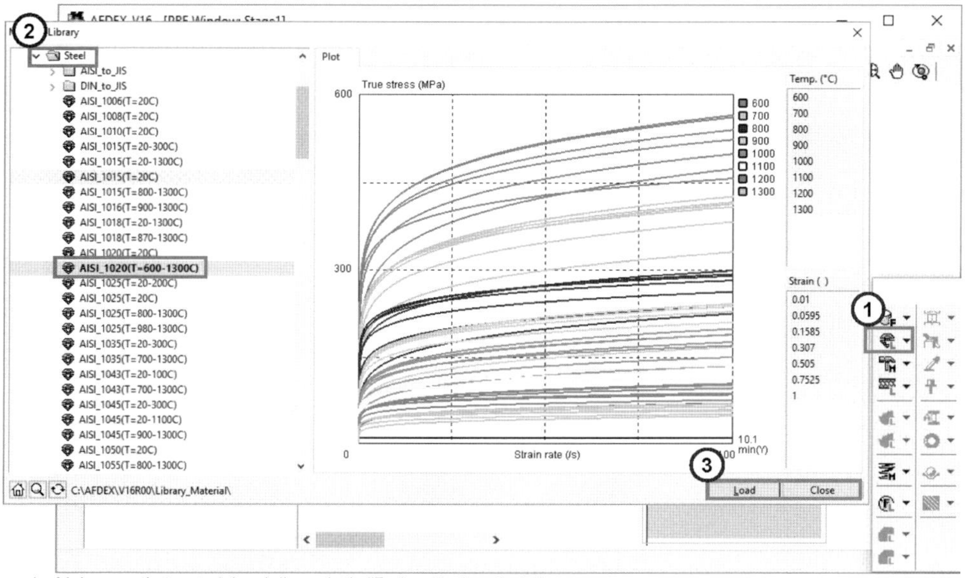

1. Make sure that material and dies exist in "Project Explorer" window.
2. Click "Material: From Library" in the tool window.
3. Click "Load" button after selecting "Steel" and "AISI_1020(T=600-1300C) in turn in "Material Library" window.
4. Click "Close" button.

Inputting die velocity information

Ex04-08

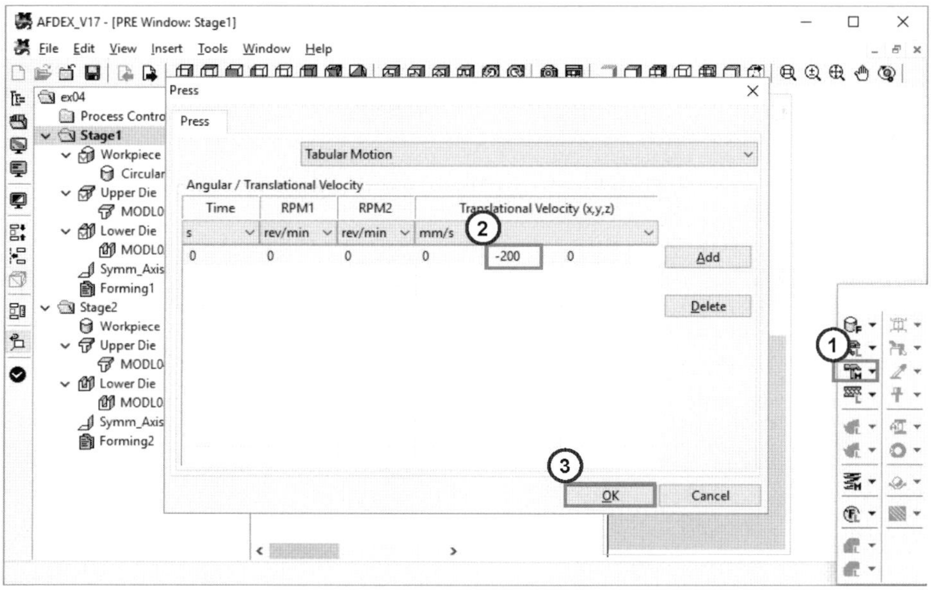

1. Click "Press: Manual" in the tool window.
2. Enter "-200.0" for y-directional velocity component in "Press" window, and click "OK" button.

Inputting frictional conditions

Ex04-09

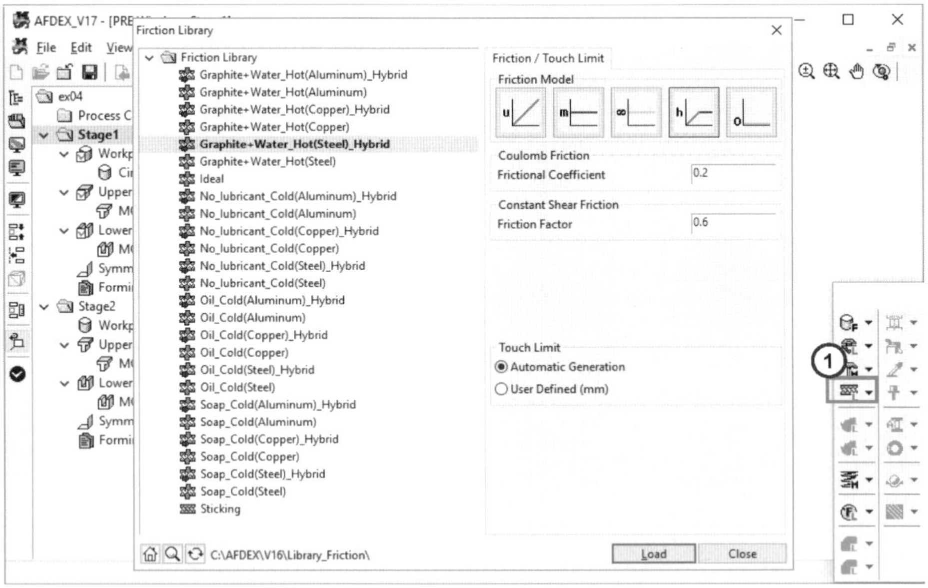

1. Click "Friction: From Library" in the tool window.
2. Click "Load" button after choosing "Graphite + Water_Hot(Steel)_Hybrid" in "Friction Library" window.
3. Click "Close" button.

Applying specified inputs

Ex04-10

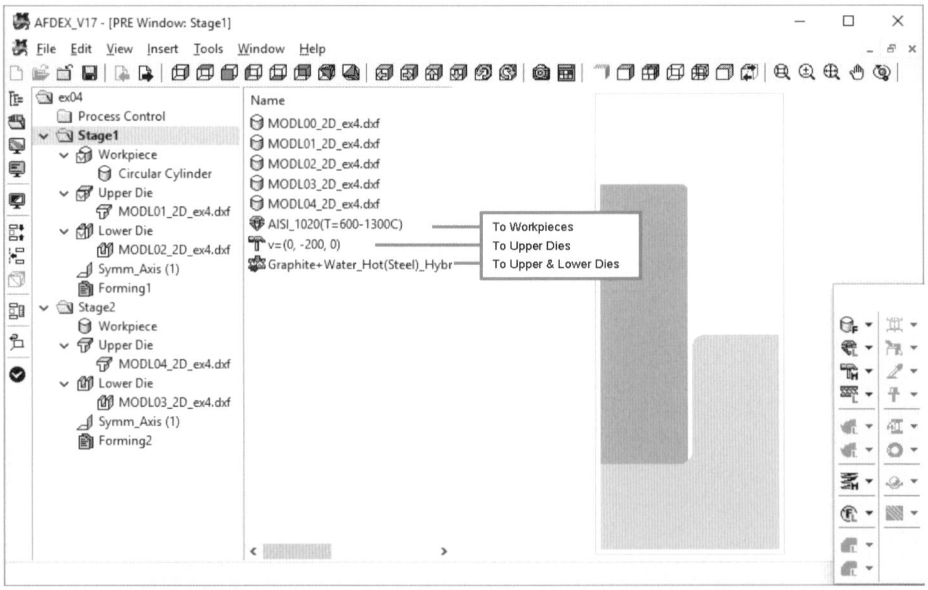

1. Right-click the Properties / speed / friction / heat information to put on each Project Explorer Window

Initializing die positions

Ex04-11

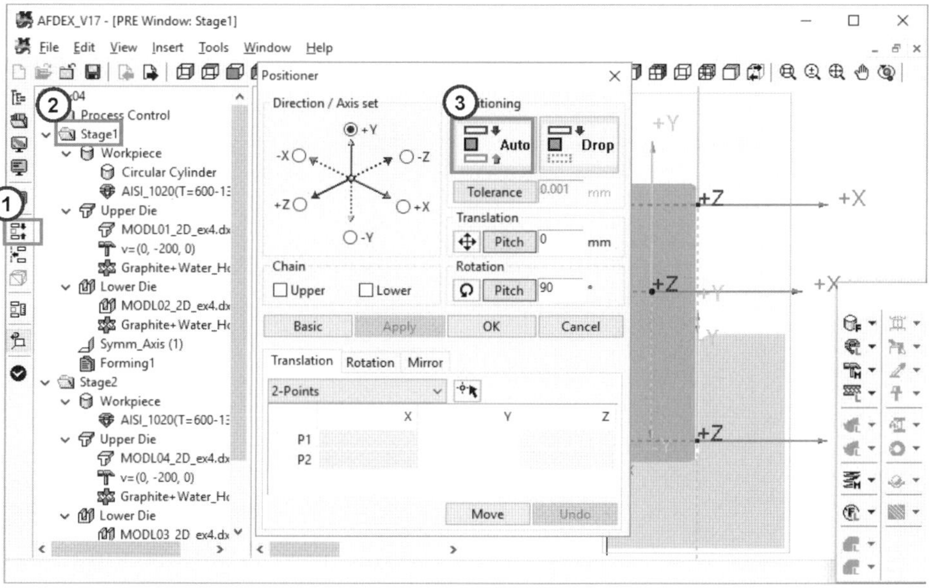

1. Click "Positioner" icon.
2. Initializing die positions.
3. After double clicking Stage1, click "Auto".

Initializing die positions

Ex04-12

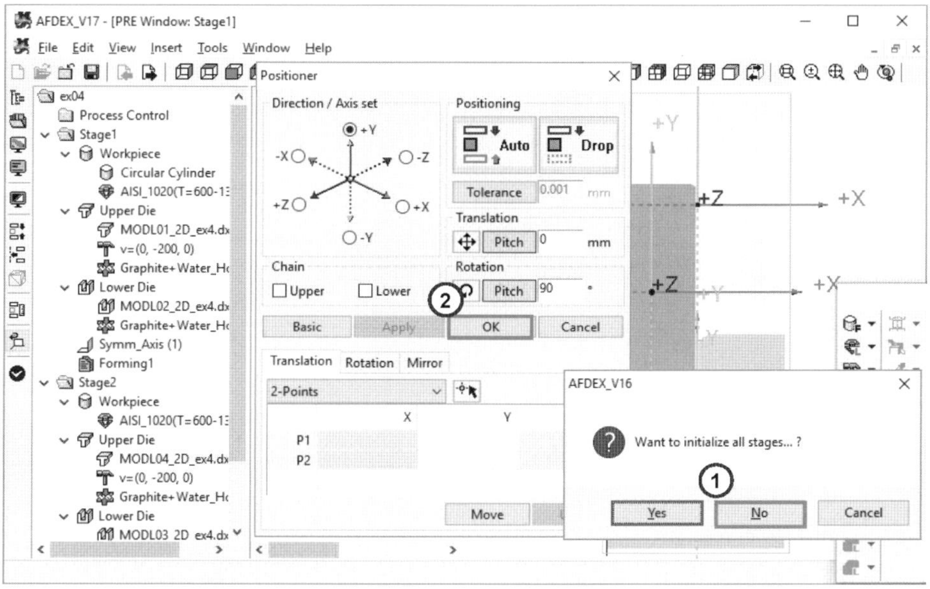

1. Click "No" to answer the question that asks if the whole stages need to be initialized.
2. Click "OK" button in "Positioner" window.

Inputting process information - Stroke

Ex04-13

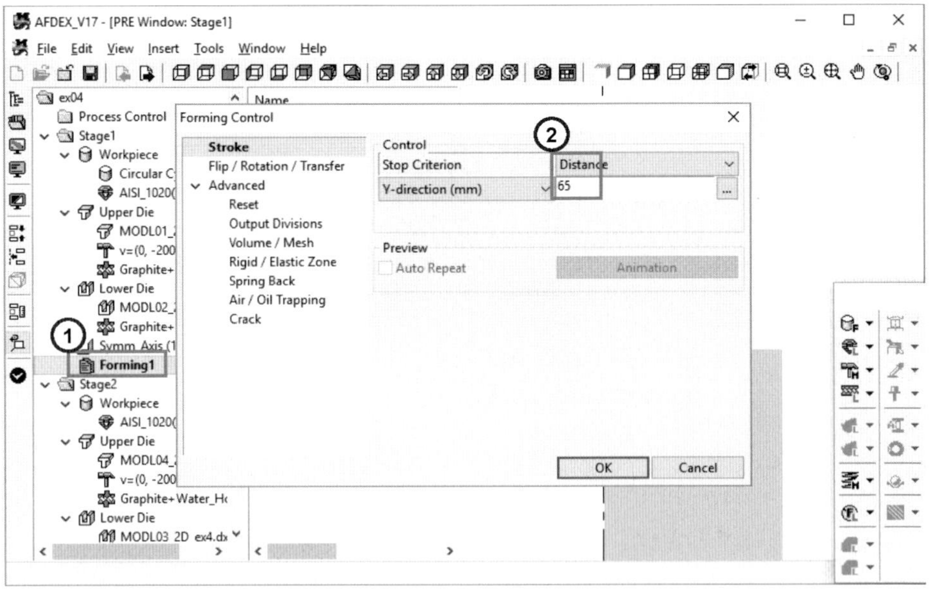

1. Double-click "Forming1".
2. Enter 65.0 after clicking "Distance" button in "Forming Control" window.

Setting initial temperature

Ex04-14

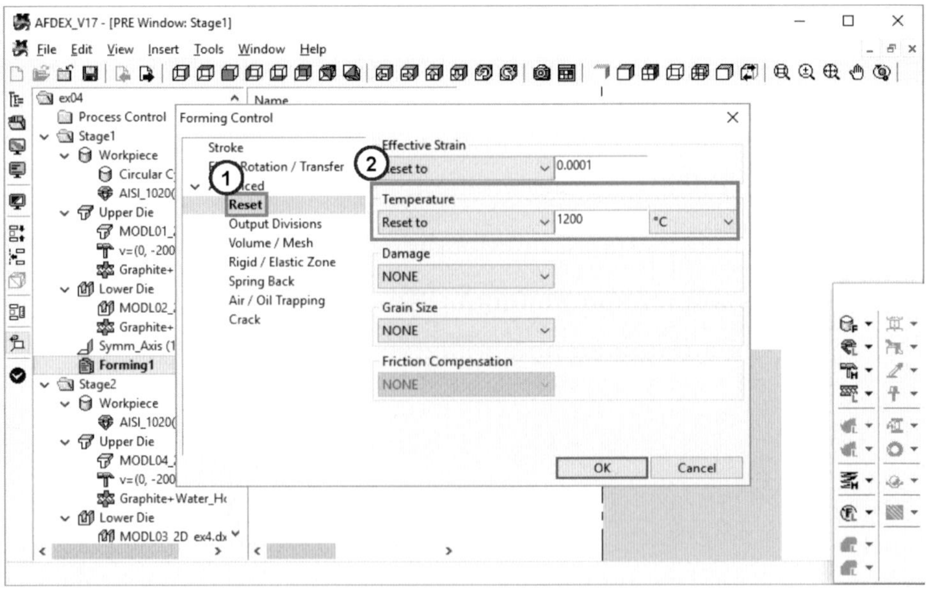

1. Click "Reset".
2. Enter 1200 beside "Reset to" in the "Temperature".

Inputting volume compensation factor

Ex04-15

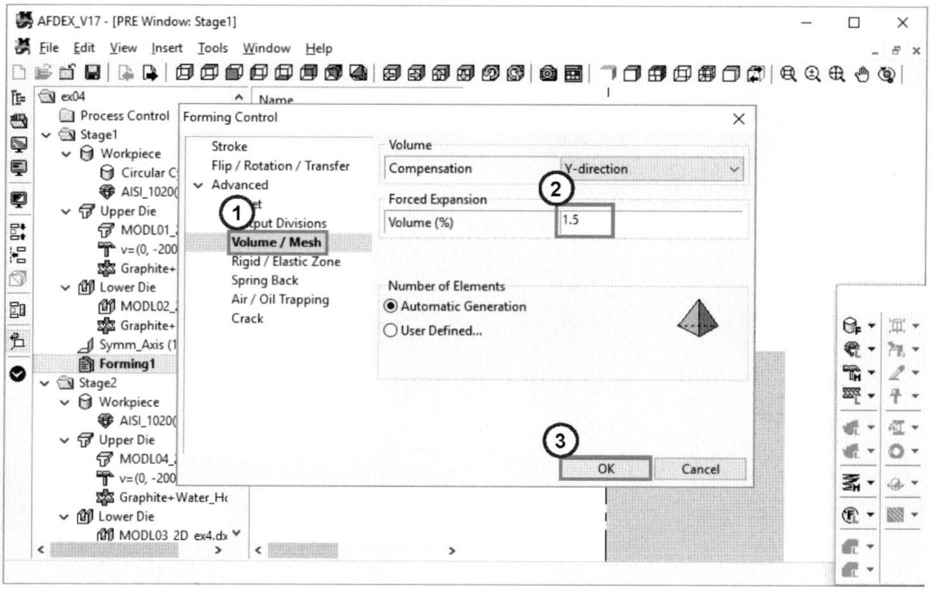

1. Click "Volume / Mesh".
2. Enter 1.5 beside Volume (%).
3. Click "Ok".

Inputting process information - Stroke

Ex04-16

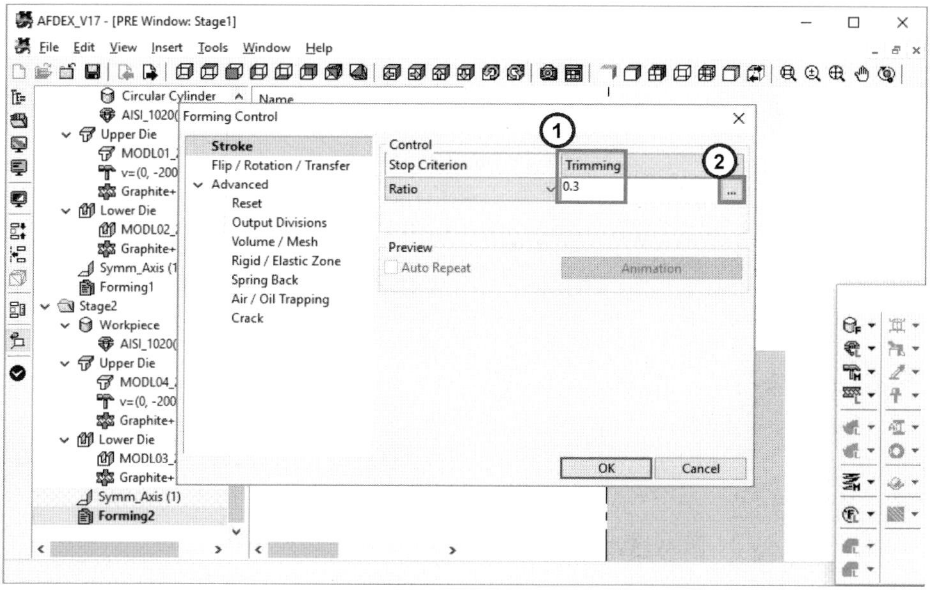

1. Double-click "Forming2".
2. Enter 0.3 after clicking "Trimming" button in "Forming Control" window.
3. Click "..." icon.

Inputting process information - Stroke

Ex04-17

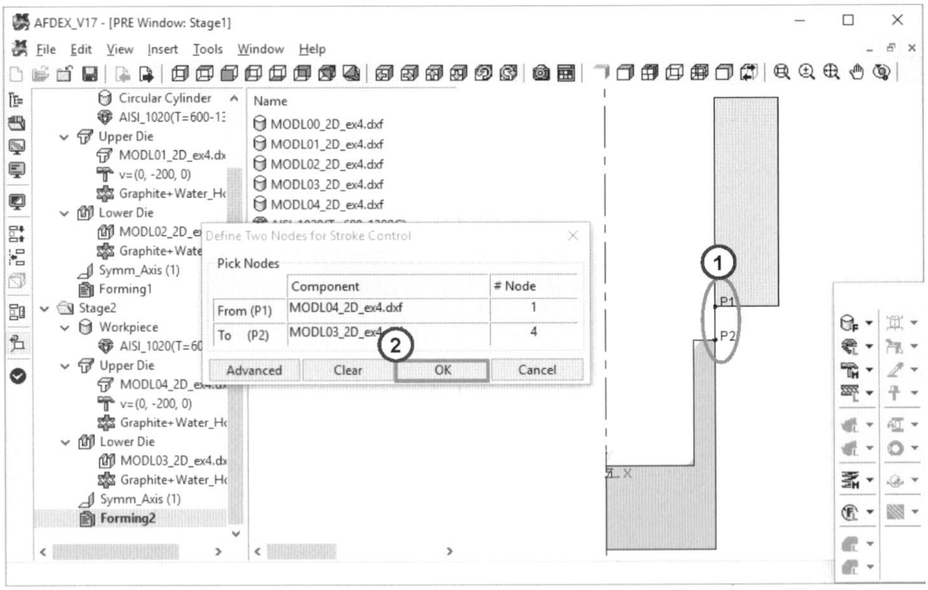

1. Click "OK" button after clicking Point P1 and Point P2 in "Define two nodes for stroke control" window.
2. Click "OK" button in "Forming Control" window.

Inputting process information - Stroke

Ex04-18

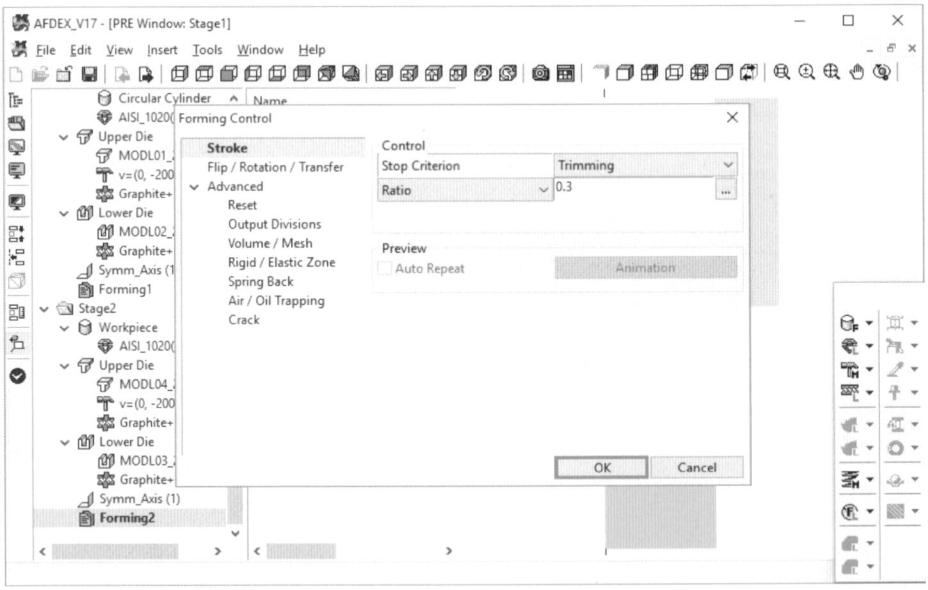

1. 1. Click "OK" button.

Executing simulation and storing files

Ex04-19

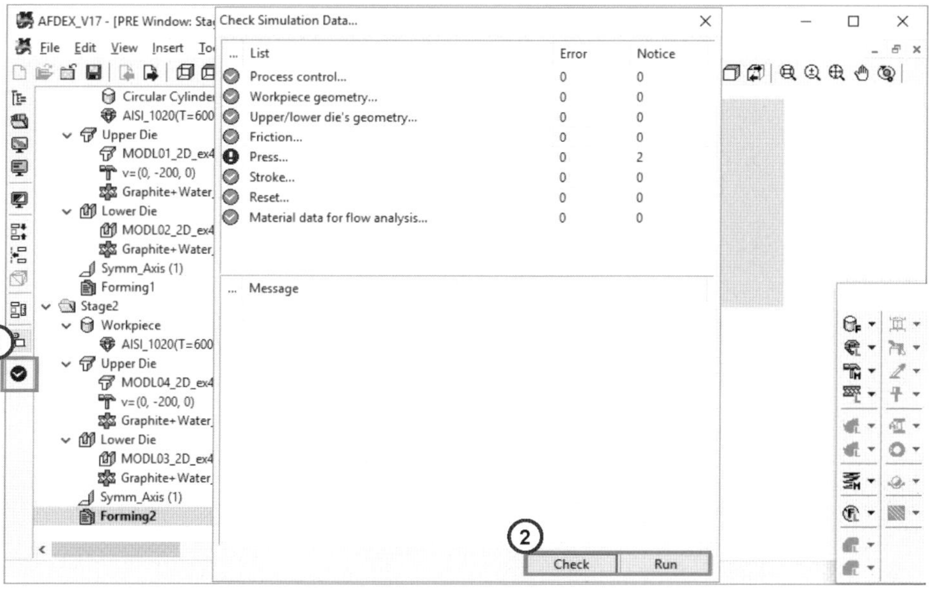

1. Click "Simulation: Check" in the tool window.
2. Click "Check".
3. To start simulation, click "Run" icon.

Executing simulation and storing files

Ex04-20

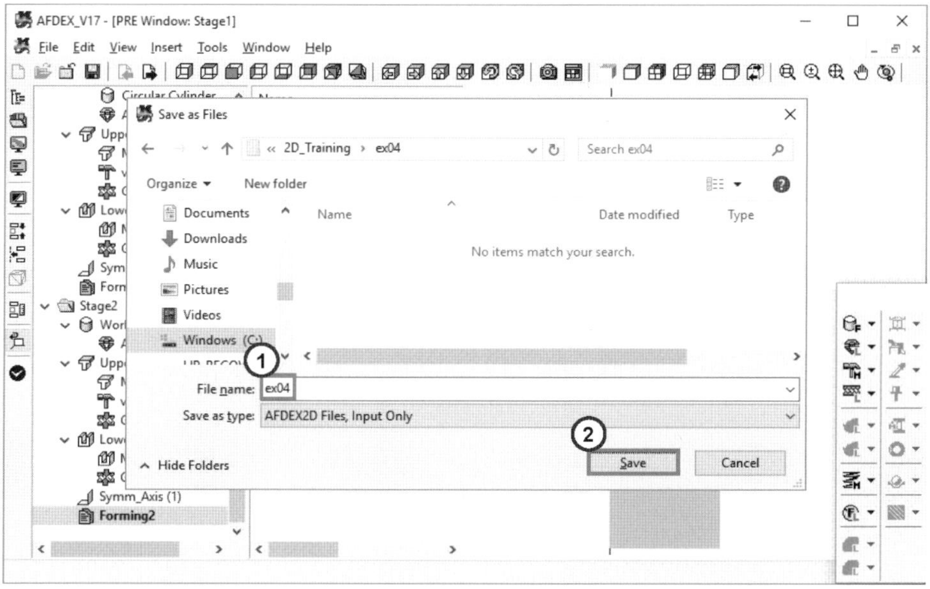

1. Enter "Ex04", the file name, and click "Save" button in "Save as Files" window.

MFRC AFDEX V16R01
UPPER_DIE_1
LOWER_DIE_1
SYMM_AXIS

4.2 3D applications

4.2.1 Automatic multi-stage hot forging process

Problem description

Ex03-02

- Process type: Isothermal analysis, Hot, Three-stage
- Analysis domain defined by symmetry plane: 30°
- Information about material
  - AISI 1020 (T=600-1300°C)
  - A slice of solid cylindrical rod
  - Dimension: 16.0mm X 70.2mm
  - Initial temperature: 1200°C
- Information about dies
  - Geometry: See the figures
  - Friction: Graphite+Water(Steel)_Hybrid
  - Die velocity: Constant
    - Upper die: -200.0 mm/s
    - Lower die: 0.0 mm/s

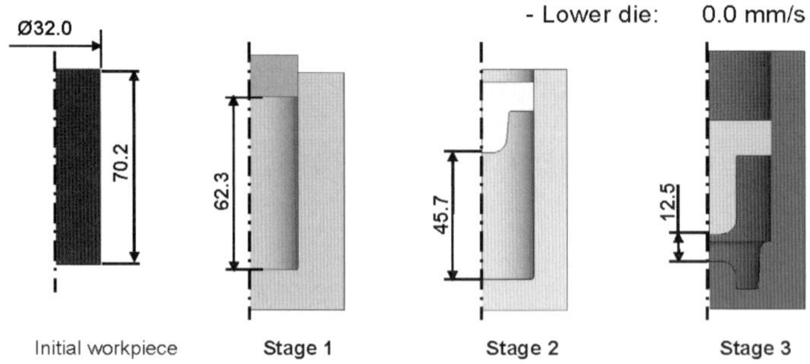

<Process design>

Input the process information

Ex03-03

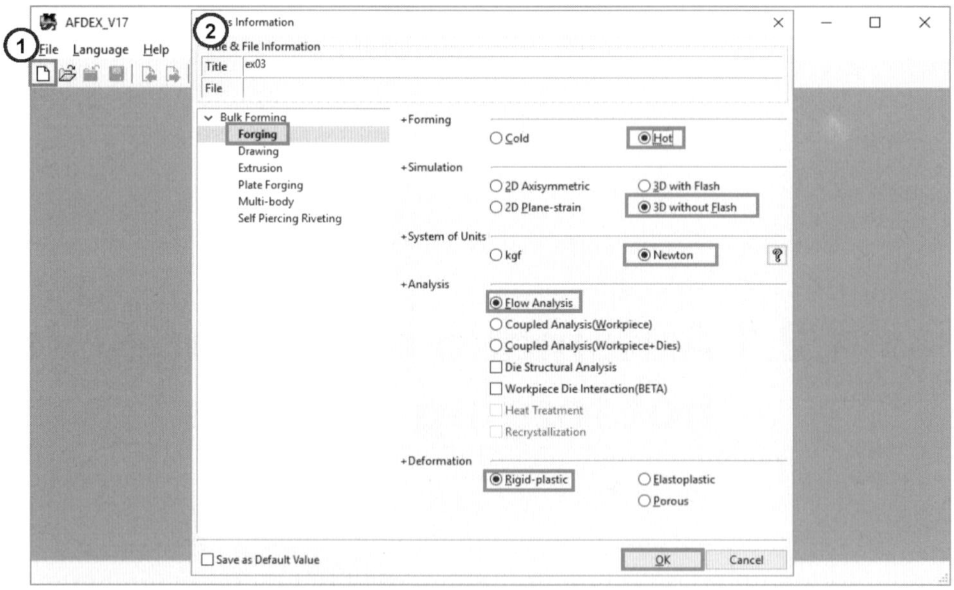

1. Click 'New' icon after executing AFDEX_V16.
2. Input Title (ex03), Bulk Forming (Forging), Forming (Hot), Simulation (3D without Flash), System of Units (Newton), Analysis (Flow Analysis) and Deformation (Rigid-plastic). Then click "OK" button.

Import CAD drawings

Ex03-04

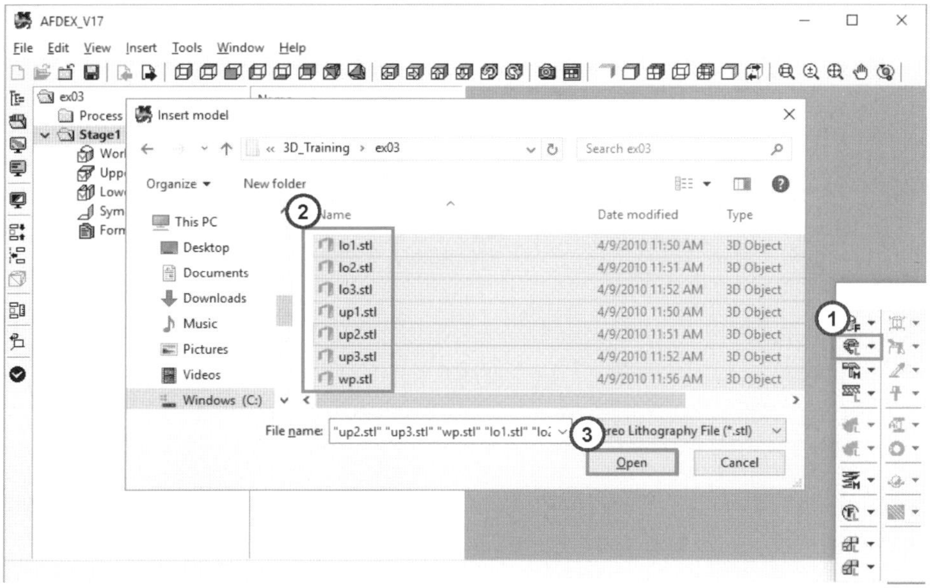

1. Click "Model : From File" in the Tool window.
2. Click "Open" after choosing CAD drawings necessary for the workpiece and dies.

Input flow stress information

Ex03-05

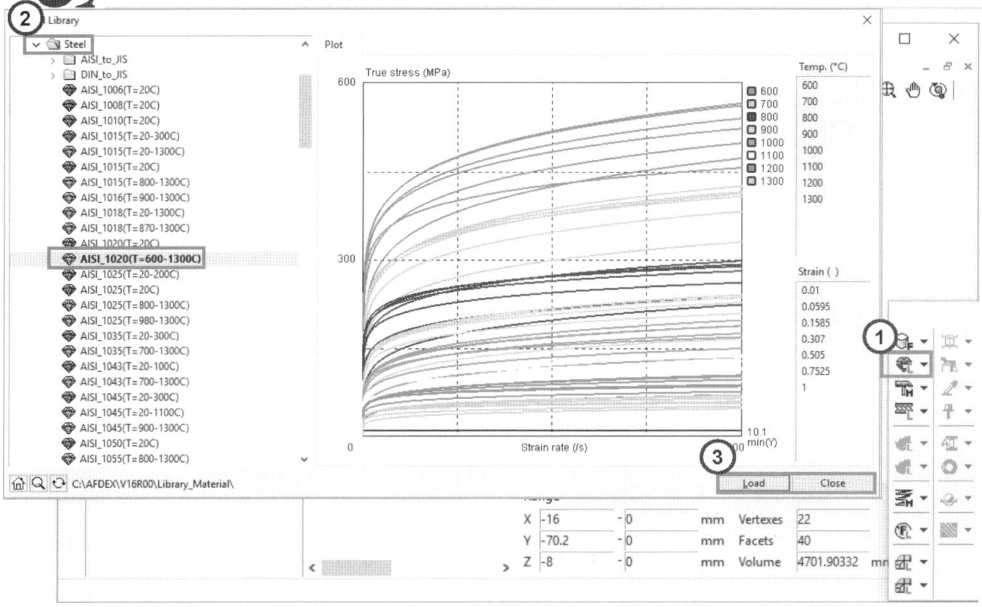

1. Click "Material: From Library" in the Tool window.
2. Click "Load" after clicking "Steel" and " AISI1020(T=600-1300C)" in turn in the "Material Library".
3. Click "Close" button.

Input the die velocity

Ex03-06

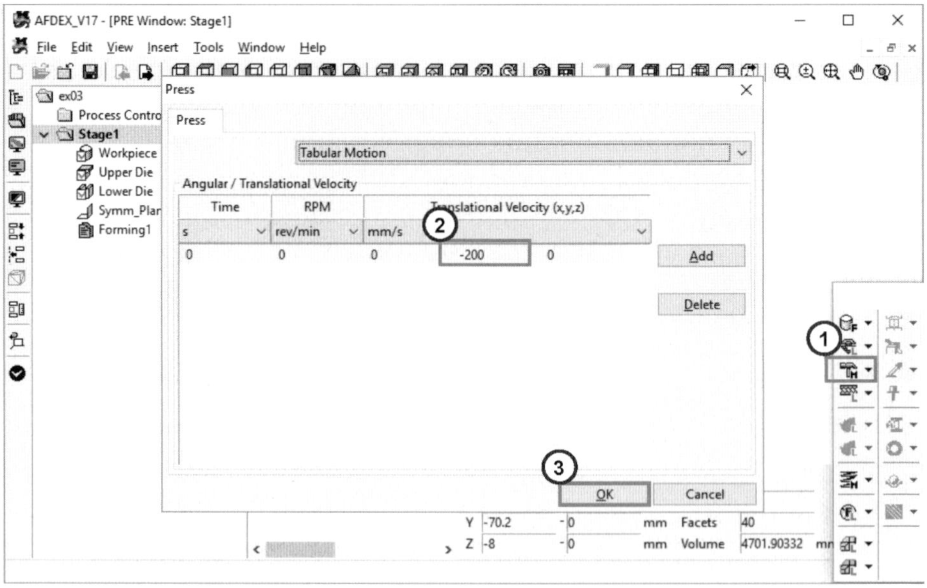

1. Click "Press: Manual" in the Tool window.
2. Enter -200.0 mm/s for y-directional velocity component in the "Press" window and click "OK" button.

Input frictional conditions

Ex03-07

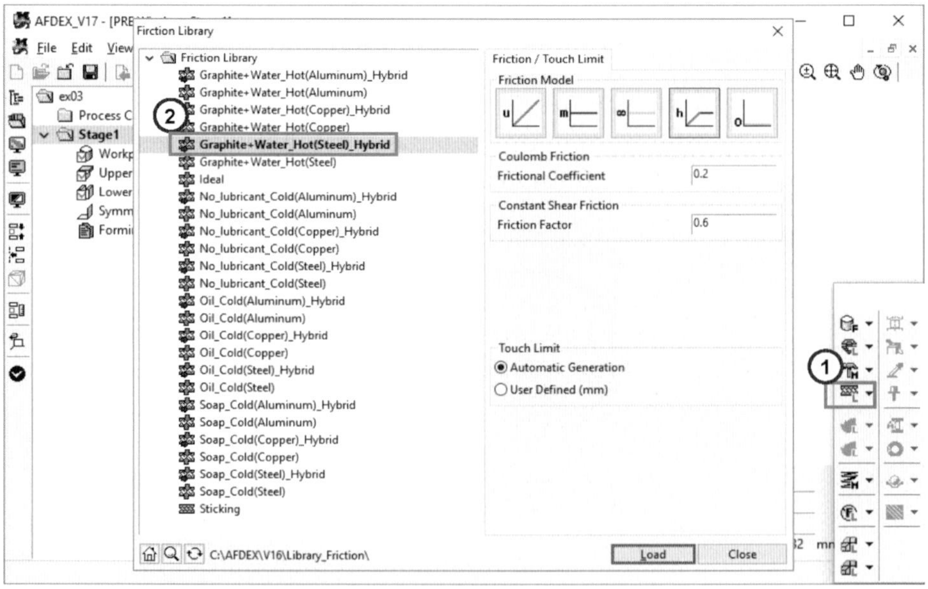

1. Click “Friction: From Library” in the Tool window.
2. Click “Load” button after choosing “Graphite + Water_Hot(Steel)_Hybrid” in “Friction Library” window.
3. Click “Close” button.

Adding stages

Ex03-08

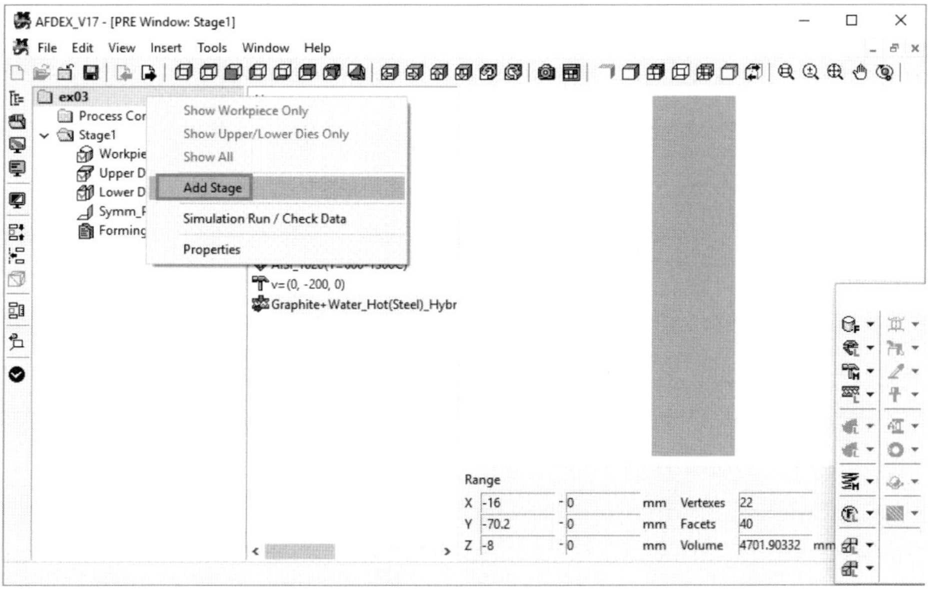

1. After Right-clicking Title (ex03), click "Insert stage".
2. Repeat this 2 times to create 3 stages.

Apply specified inputs

Ex03-09

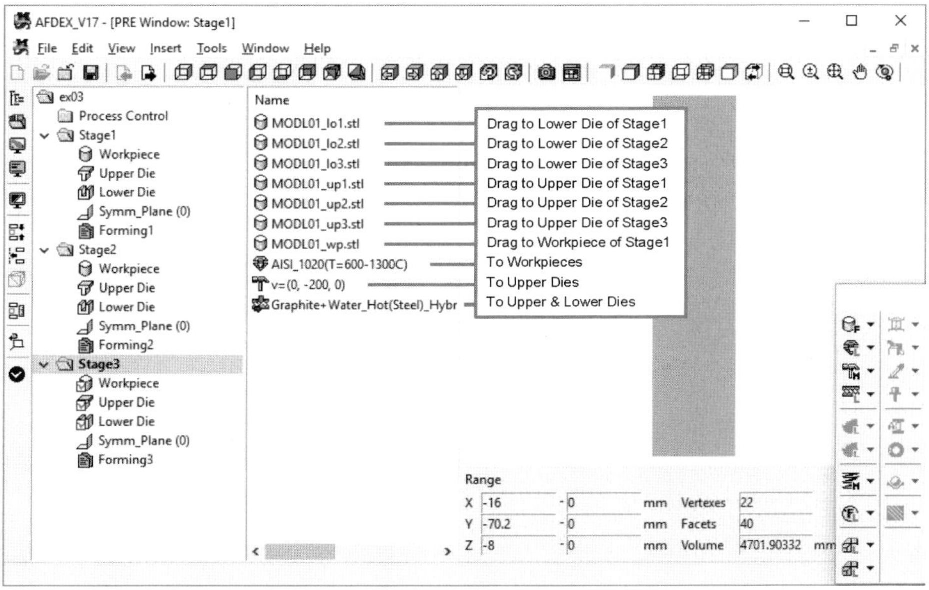

1. Drag .stl files to each stage.
2. Right-click each information for flow stress/ velocity/ friction, and apply them as shown in the figure above.

Initialize die positions

Ex03-10

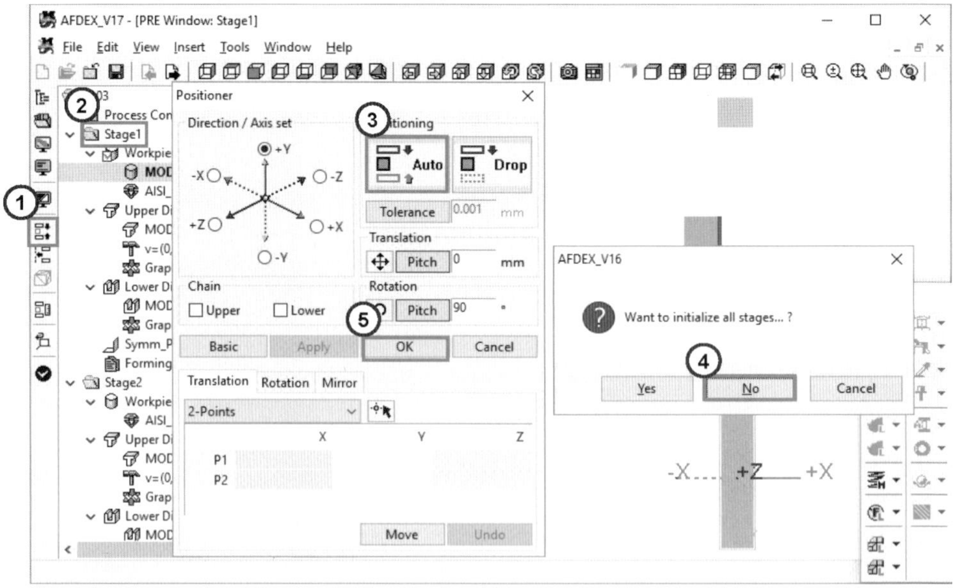

1. Click "Positioner" icon.
2. After double-clicking Stage1, click "Auto".
3. Click "No", and "OK".

Set symmetry planes

Ex03-11

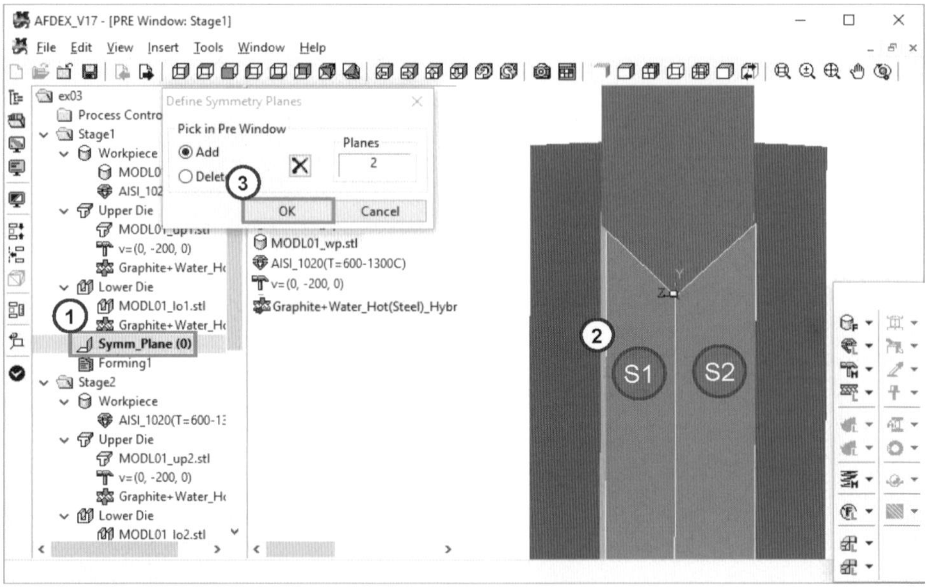

1. Double-click "Symm_Plane(0)".
2. Select S1, S2, and click OK.

Input the process information - Stroke

Ex03-12

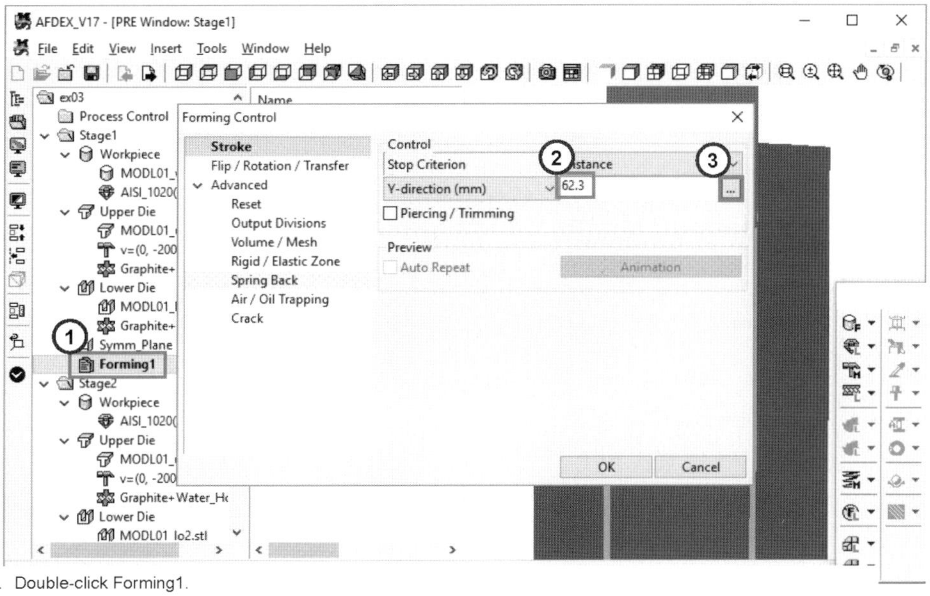

1. Double-click Forming1.
2. Enter 62.3 after clicking "Distance" in the "Forming Control" window.
3. Click the "···", icon.

Input the process information - Stroke

Ex03-13

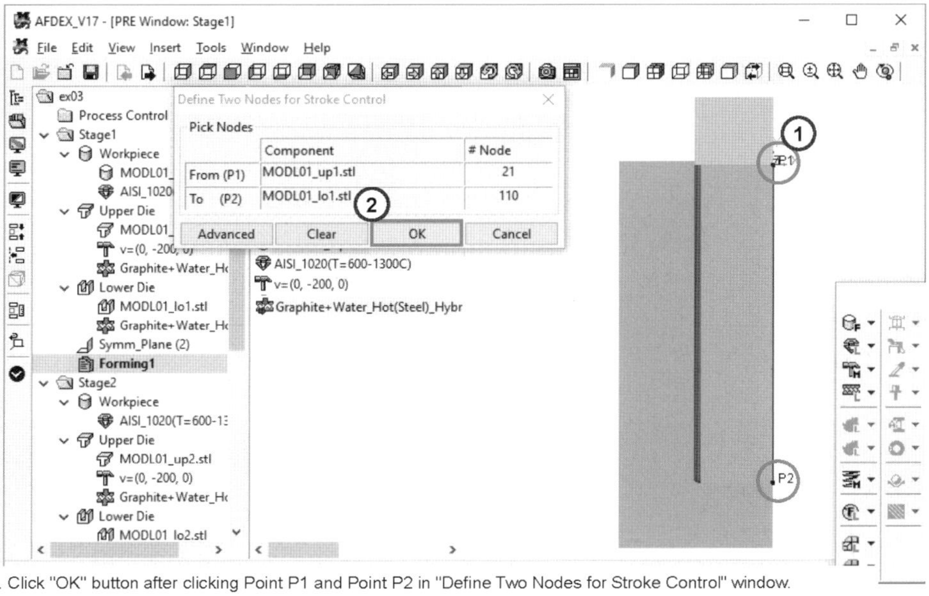

1. Click "OK" button after clicking Point P1 and Point P2 in "Define Two Nodes for Stroke Control" window.

Input volume compensation factor

Ex03-14

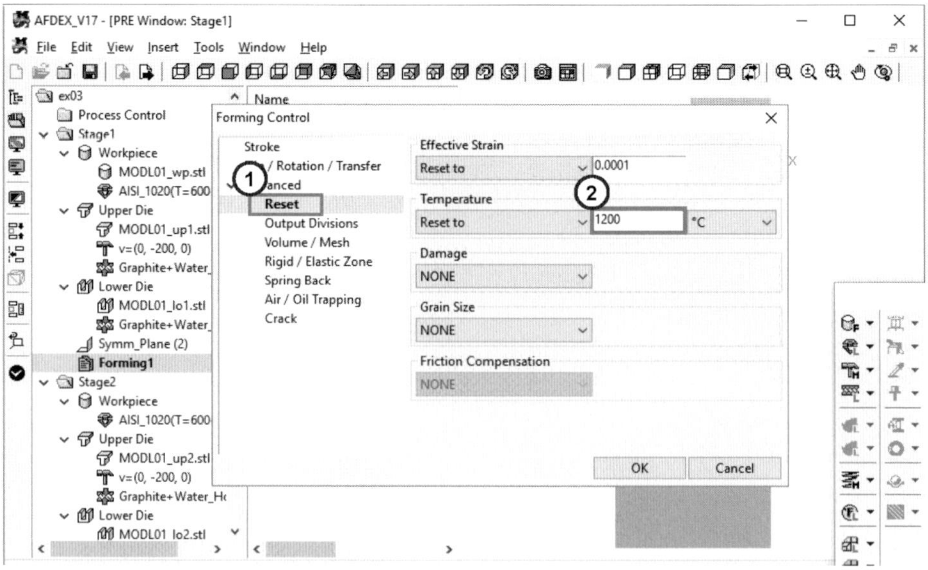

1. Click "Reset".
2. Enter 1200 for Temperature.

Set initial temperature

Ex03-15

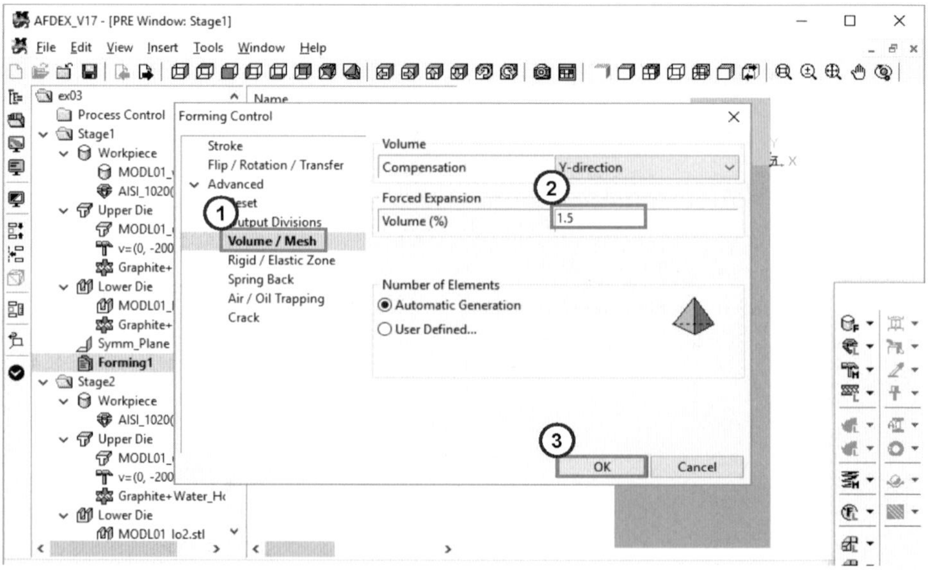

1. Click "Volume / Mesh".
2. Enter 1.5 for the Volume.
3. Click "OK" button.

Input the process information

Ex03-16

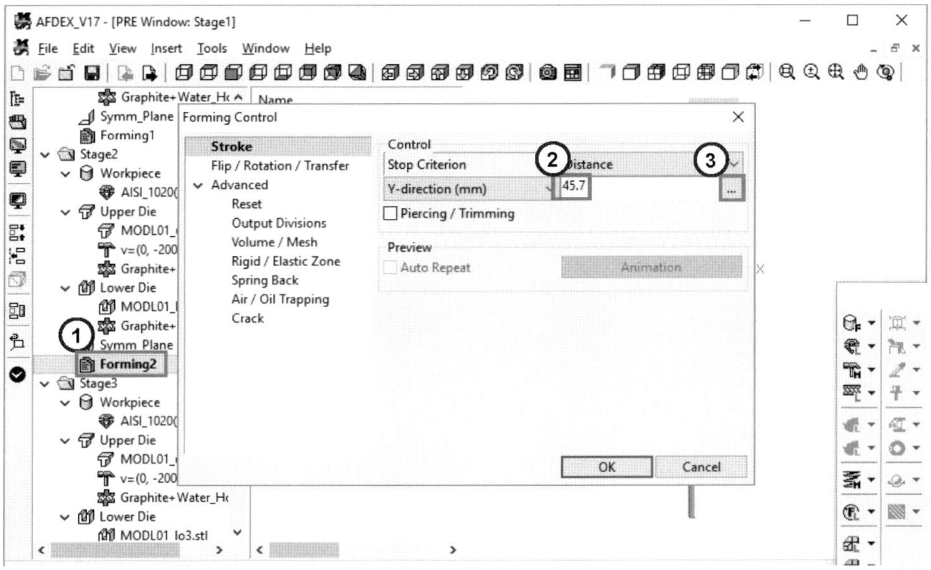

1. Double-click Forming2.
2. Enter 45.7 after clicking "Distance" in the "Forming Control" window.
3. Click the "···" icon.

Input the process information

Ex03-17

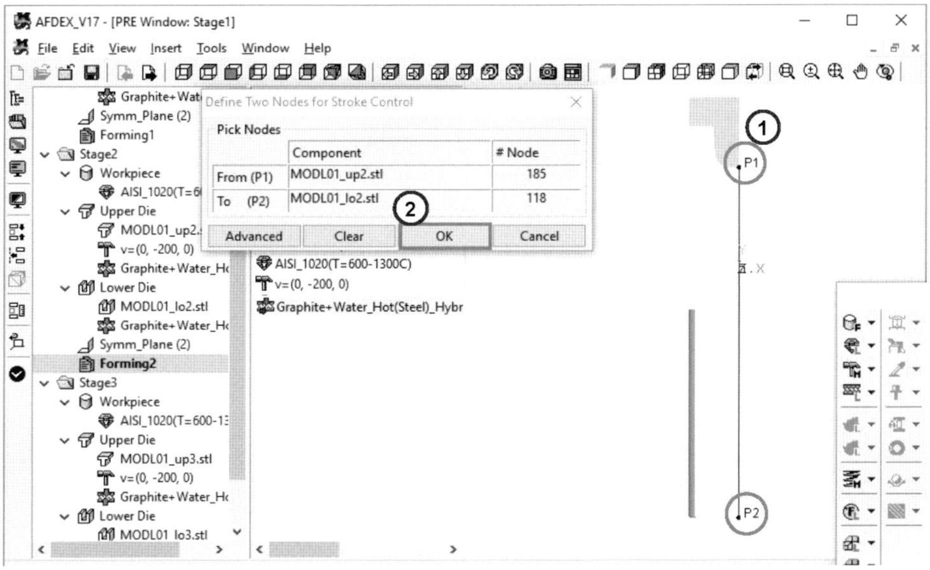

1. Click "OK" button after clicking Point P1 and Point P2 in "Define Two Nodes for Stroke Control" window.

Input the process information - Stroke

Ex03-18

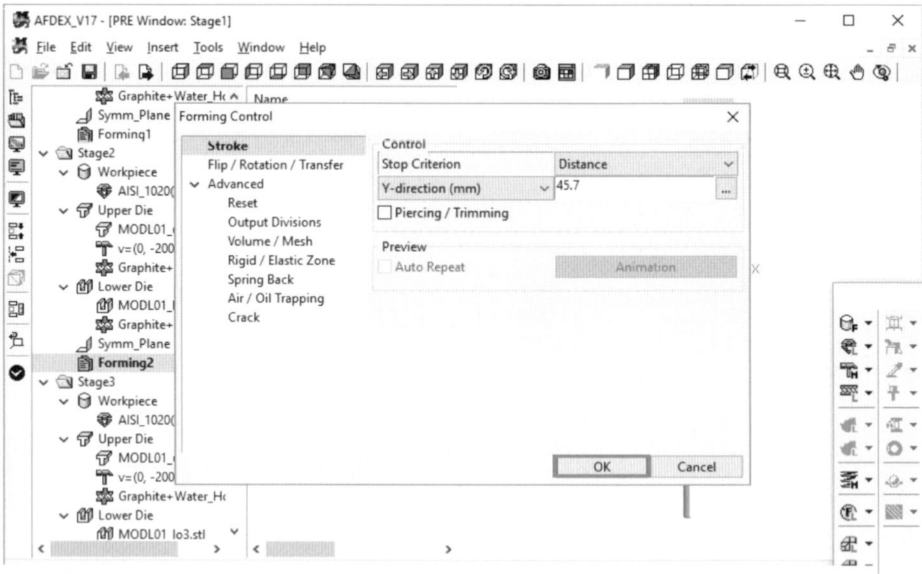

1. Click "OK".

Input the process information - Stroke

Ex03-19

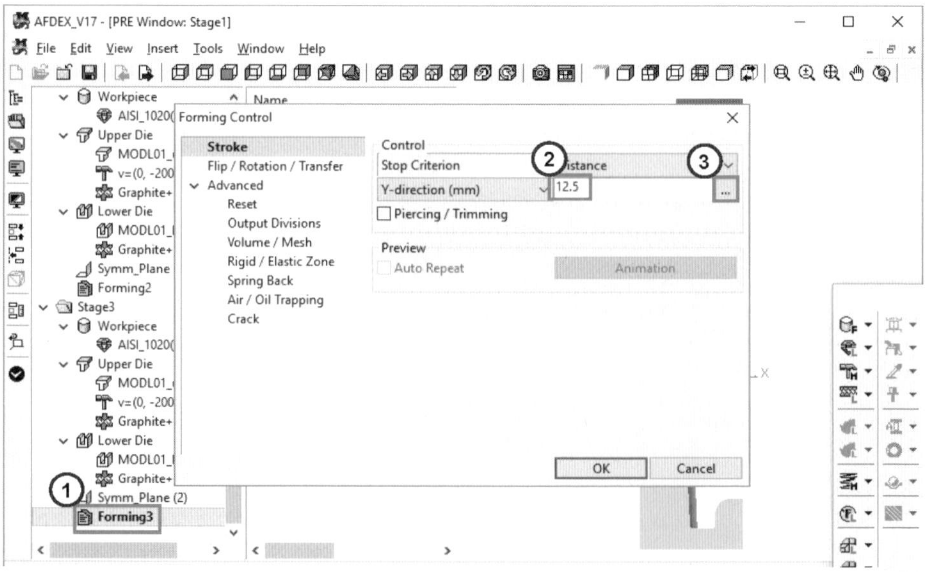

1. Double-click Forming3.
2. Enter 12.5 after clicking "Distance" in "Forming Control" window.
3. Click the "···", icon.

Input the process information - Stroke

Ex03-20

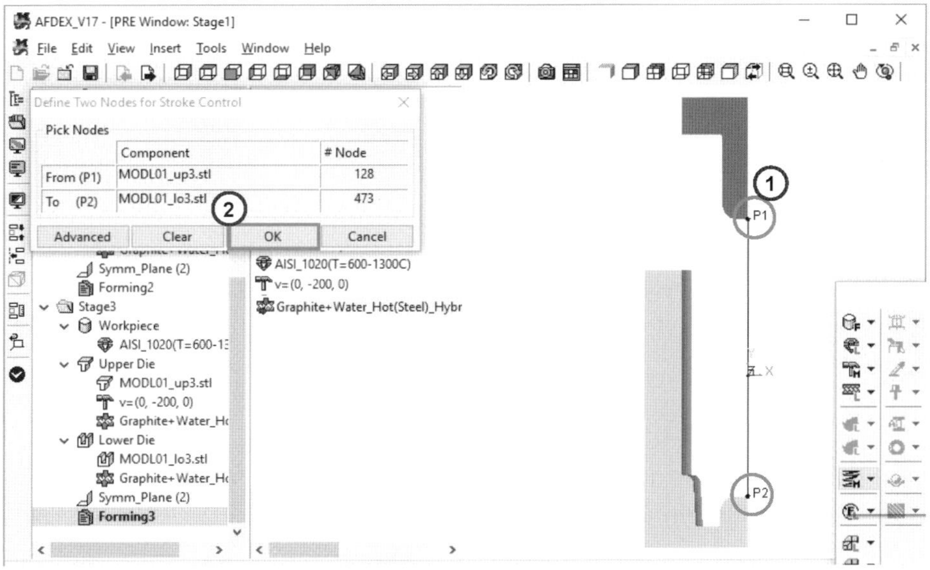

1. Click "OK" button after clicking Point P1 and Point P2 in the "Define Two Nodes for Stroke Control" window.

Input the process information

Ex03-21

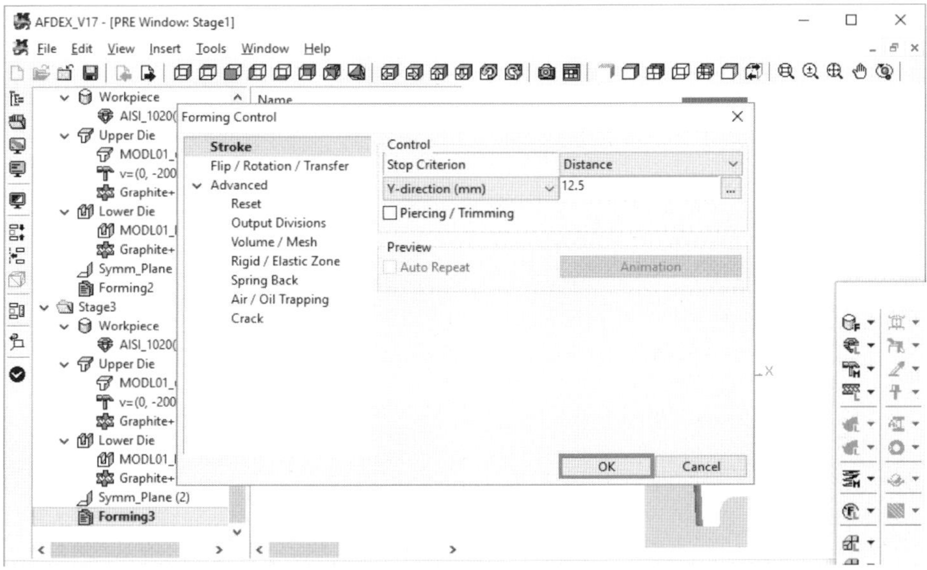

1. Click "OK".

Execute simulation and store files

Ex03-22

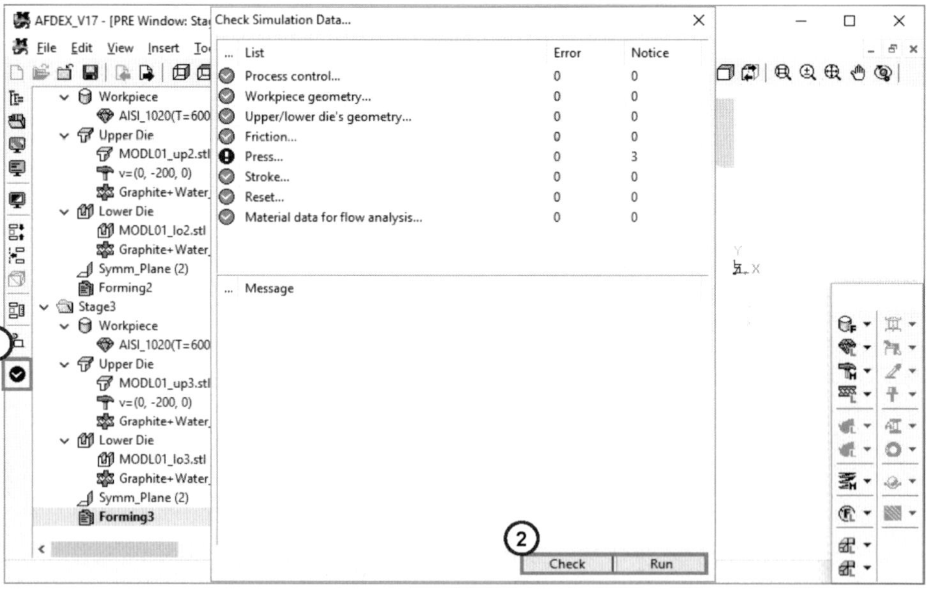

1. Click "Simulation: Check" in the Tool window.
2. Click "Check".
3. To start a simulation, click "Run" icon.

Execute simulation and store files

Ex03-23

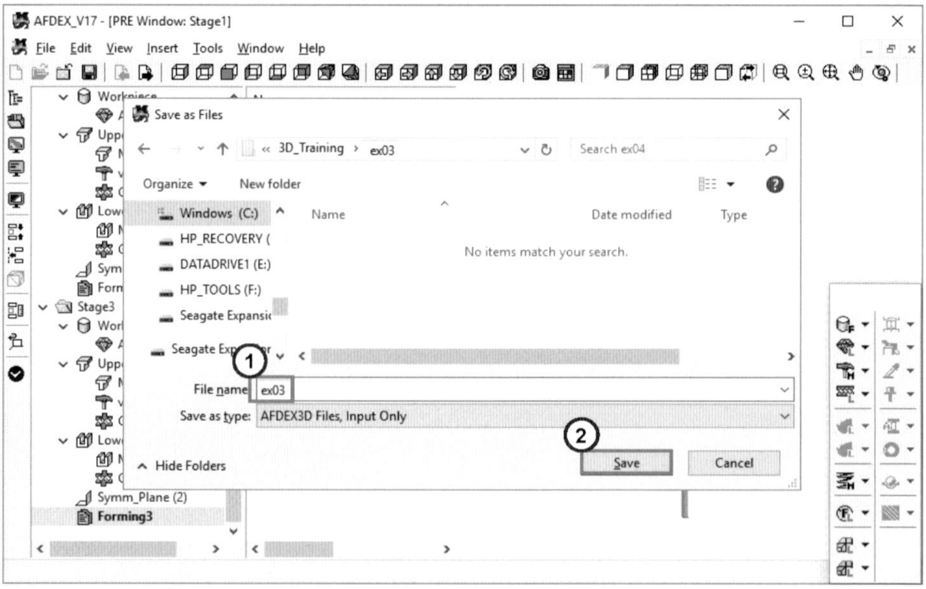

1. Enter "ex03", the file name, and click "Save" button in the "Save as Files" window.

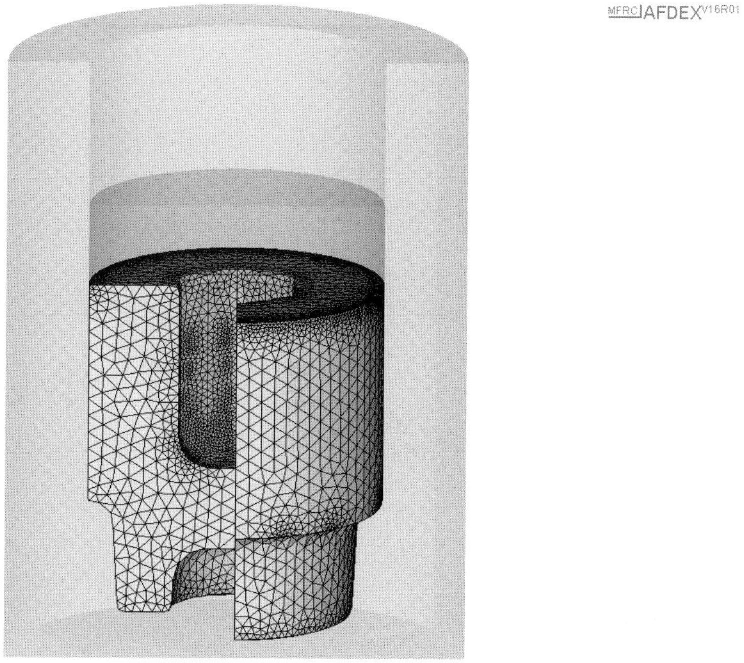
MFRC AFDEX V16R01

4.2.2 Piercing process

Problem description

Ex04-02

- Process type : Isothermal analysis, Cold, Two-stage (Including a piercing process)
- Analysis domain defined by symmetry plane : 30°
- Information about material
  - ▶ AISI 1010 (T=20°C)
  - ▶ A slice of solid cylindrical rod
  - ▶ Dimension: 14.0mm X 16.0mm
  - ▶ Initial temperature: Room temperature
- Information about dies
  - ▶ Geometry: See the figures
  - ▶ Friction: Soap_Cold(Steel)
  - ▶ Die velocity: Constant
    - -Upper die: -1.0 mm/s
    - -Lower die: 0.0 mm/s

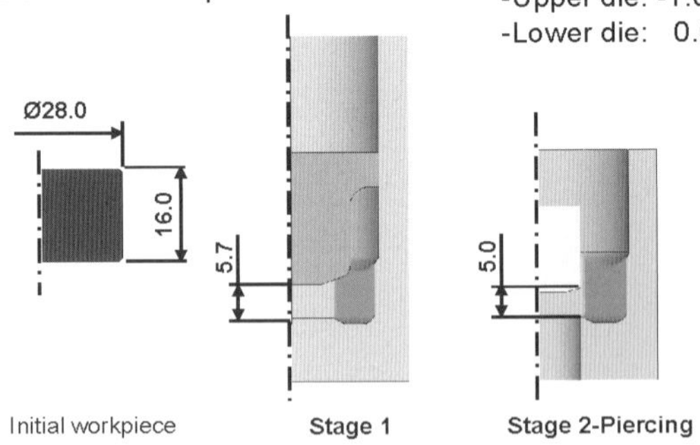

<Process design>

Input the process information

Ex04-03

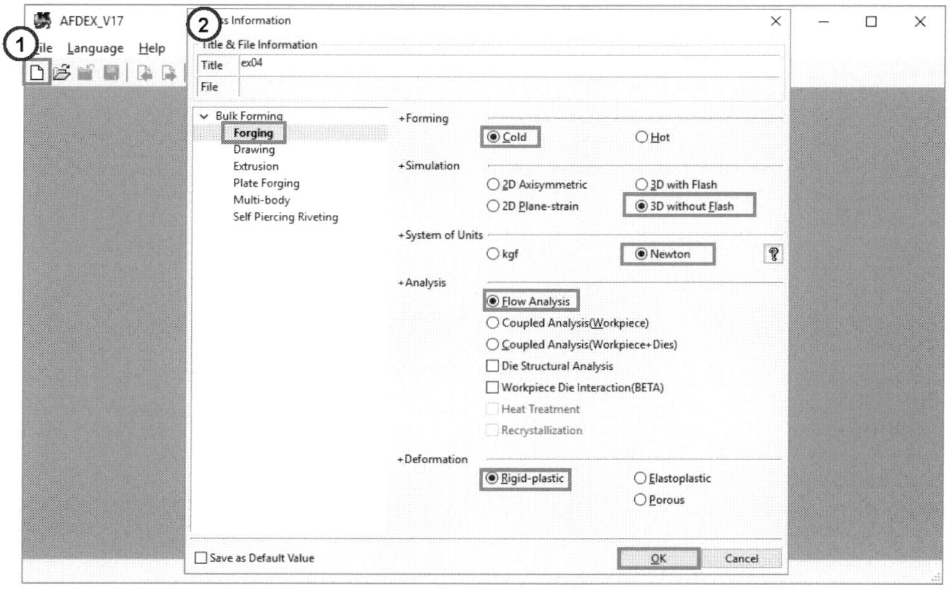

1. Click 'New' icon after executing AFDEX_V16.
2. Input Title (ex04), Bulk Forming (Forging), Forming (Cold), Simulation (3D without Flash), System of Units (Newton), Analysis (Flow Analysis) and Deformation (Rigid-plastic). Then click "OK" button.

Import CAD drawings

Ex04-04

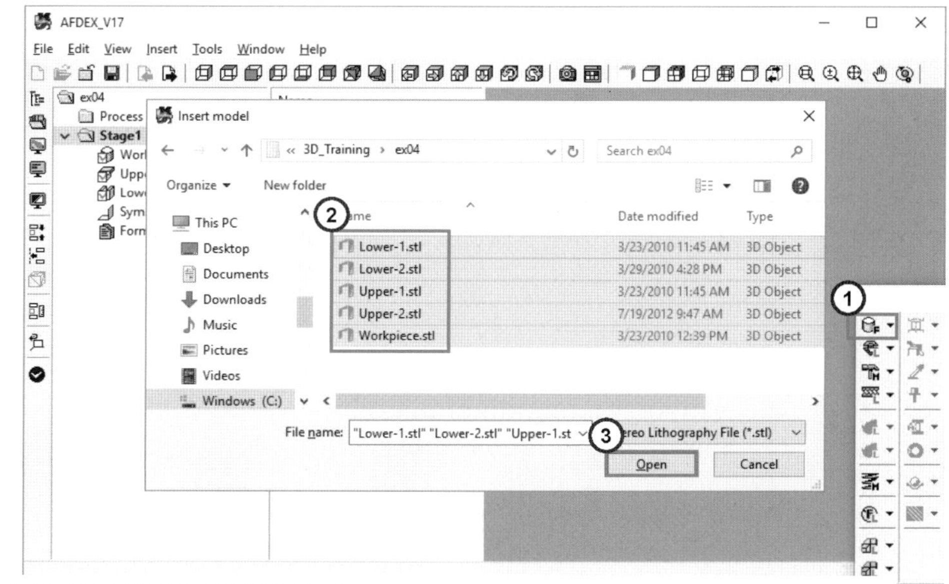

1. Click "Model : From File" in the Tool window.
2. Click "Open" after choosing CAD drawings necessary for the workpiece and dies.

Input flow stress information

Ex04-05

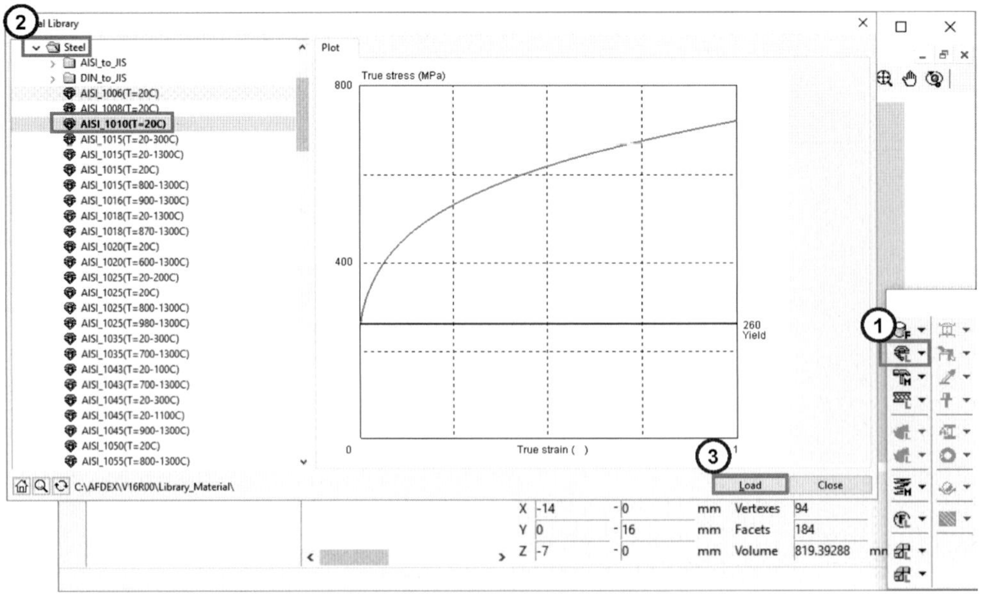

1. Click "Material: From Library" in the Tool window.
2. Click "Load" after clicking "Steel" and "AISI_1010(T=20C)" in turn in "Material Library".
3. Click "Close" button.

Input the die velocity

Ex04-06

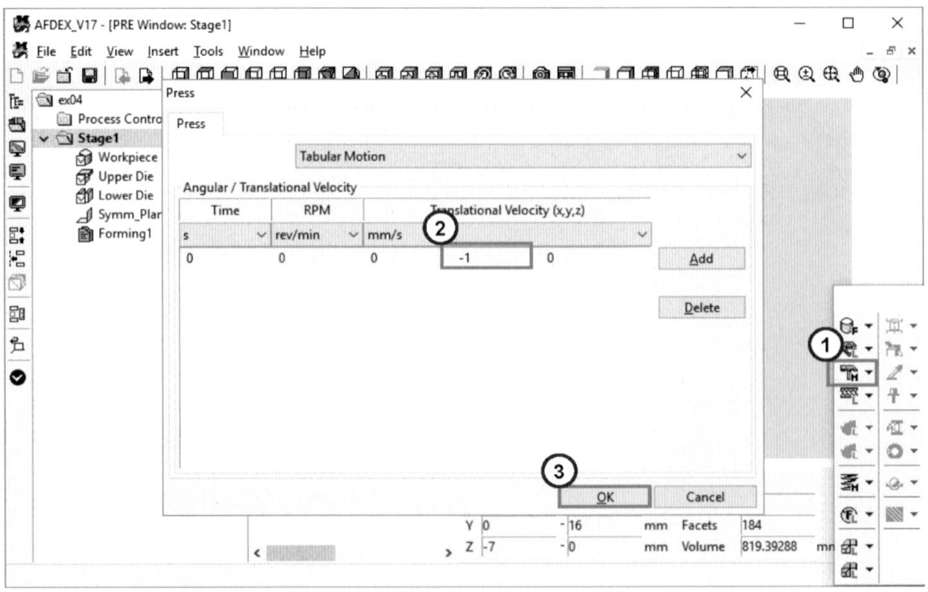

1. Click "Press: Manual" in the Tool window.
2. Enter -1.0 mm/s for y-directional velocity component in the "Press" window and click "OK" button.

Input frictional conditions

Ex04-07

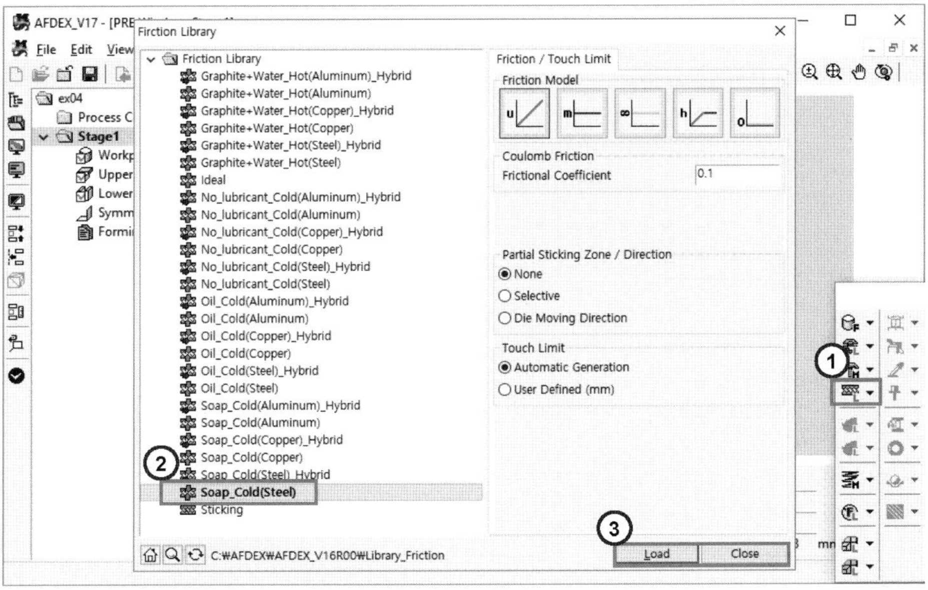

1. Click "Friction: From Library" in the Tool window.
2. Click "Load" button after choosing "Soap_Cold(Steel)" in "Friction Library" window.
3. Click "Close" button.

Adding stages

Ex04-08

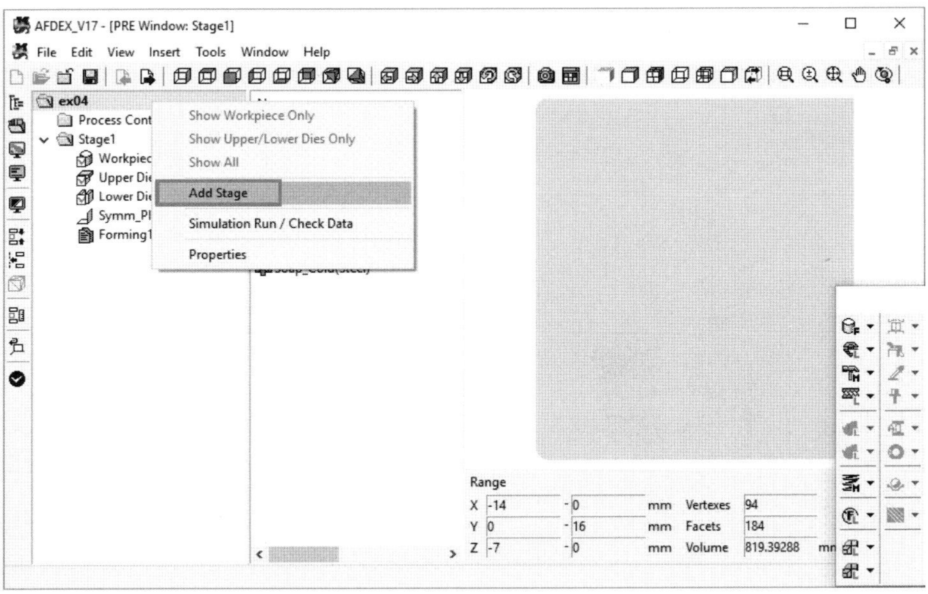

1. After Right-clicking Title(ex04), click "Insert stage".

Apply specified inputs

Ex04-09

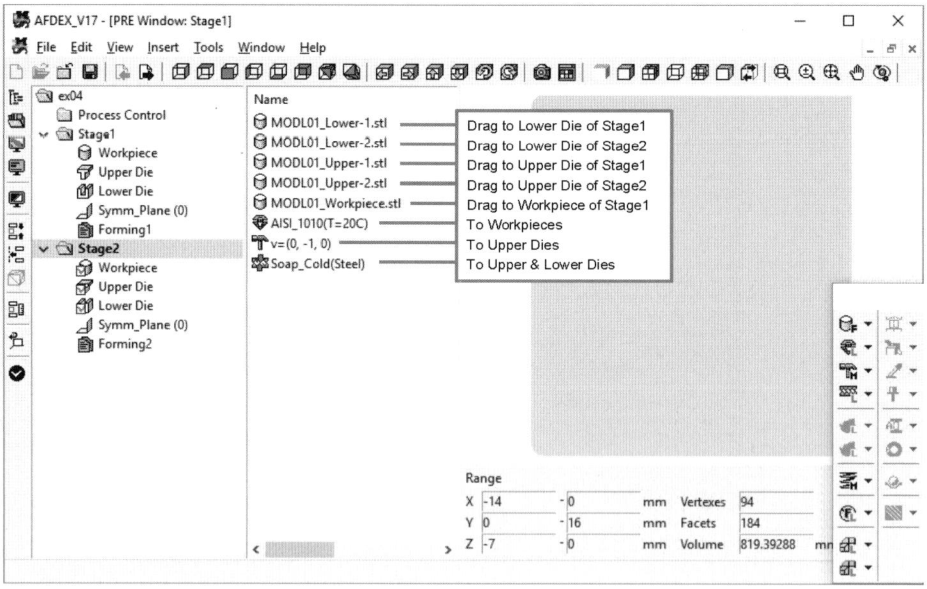

1. Drag .stl files to each stage.
2. Right-click each information for flow stress/ velocity/ friction, and apply them as shown in the figure above.

Initialize die positions

Ex04-10

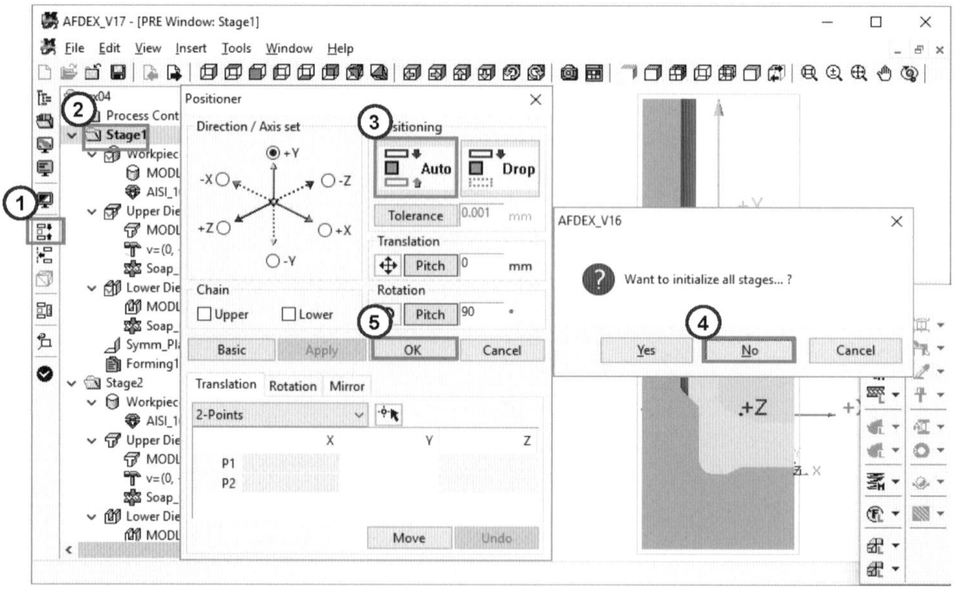

1. Click "Positioner" icon.
2. After double-clicking Stage1, click "Auto".
3. Click "No", and "OK".

Set symmetry planes

Ex04-11

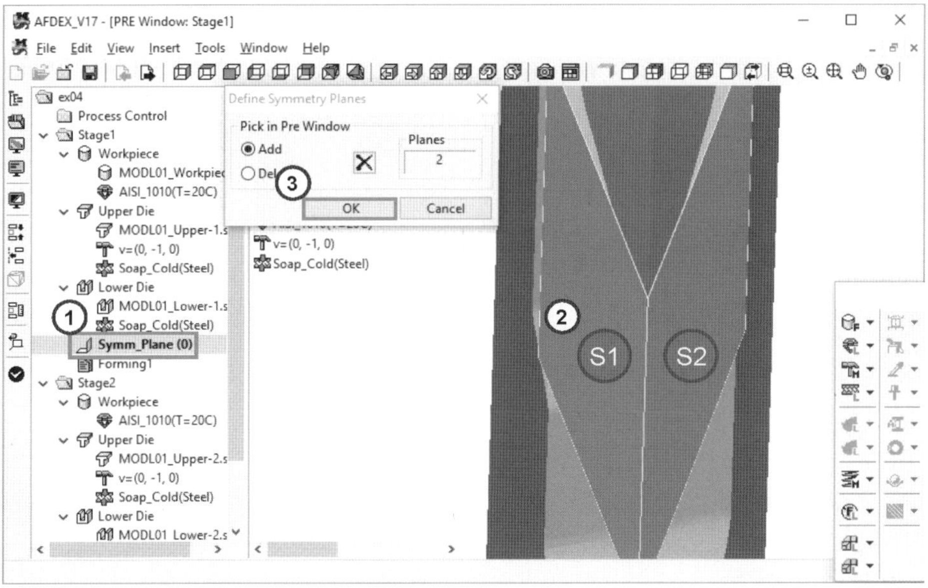

1. Double-click "Symm_Plane(0)".
2. Select S1, S2, and click OK.

Input the process information - Stroke

Ex04-12

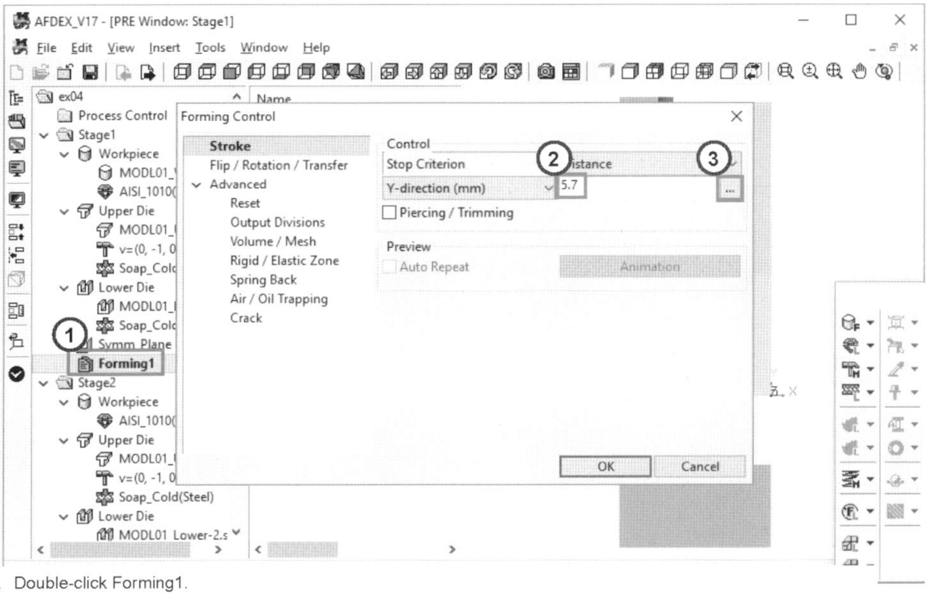

1. Double-click Forming1.
2. Enter 5.7 after clicking "Distance" in "Forming Control" window.
3. Click the "···", icon.

Input the process information - Stroke

Ex04-13

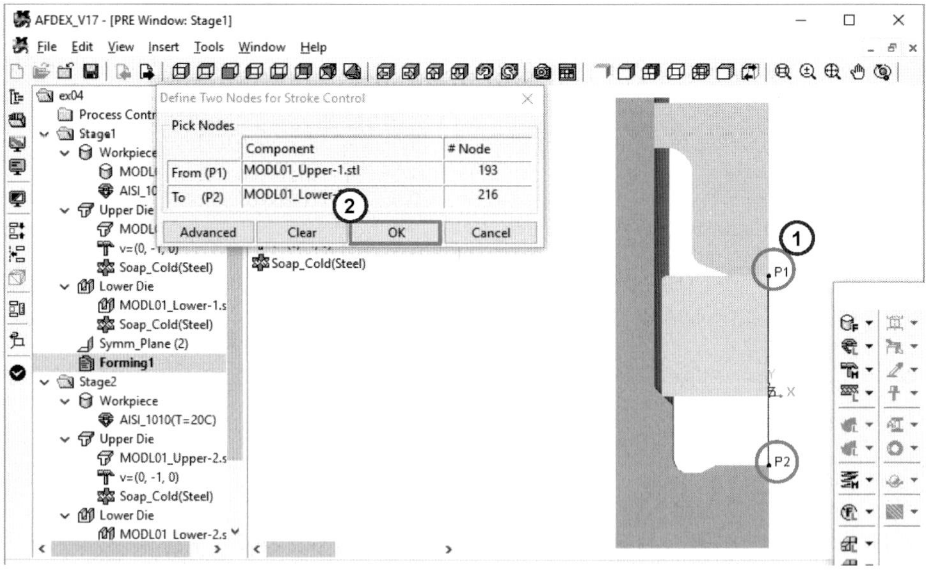

1. Click "OK" button after clicking Point P1 and Point P2 in "Define Two Nodes for Stroke Control" window.

Input the process information - Stroke

Ex04-14

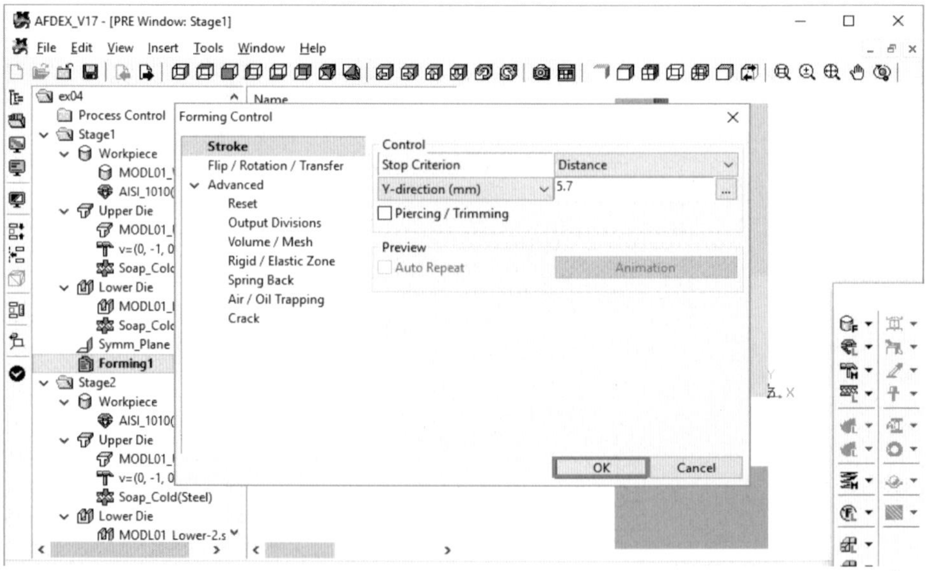

1. Click "OK".

Input the process information - Stroke

Ex04-15

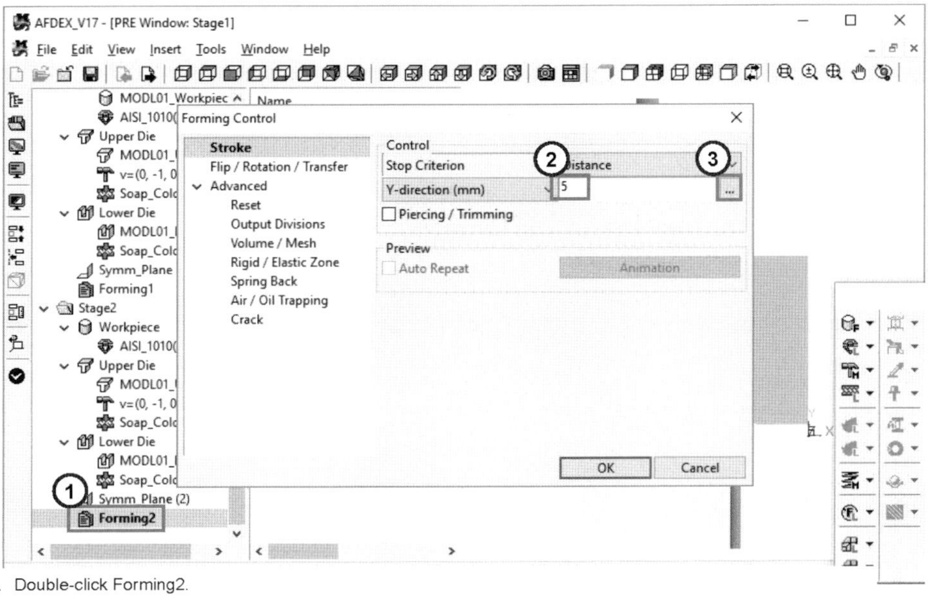

1. Double-click Forming2.
2. Enter 5.0 after clicking "Distance" in the "Forming Control" window.
3. Click "···", icon.

Input the process information - Stroke

Ex04-16

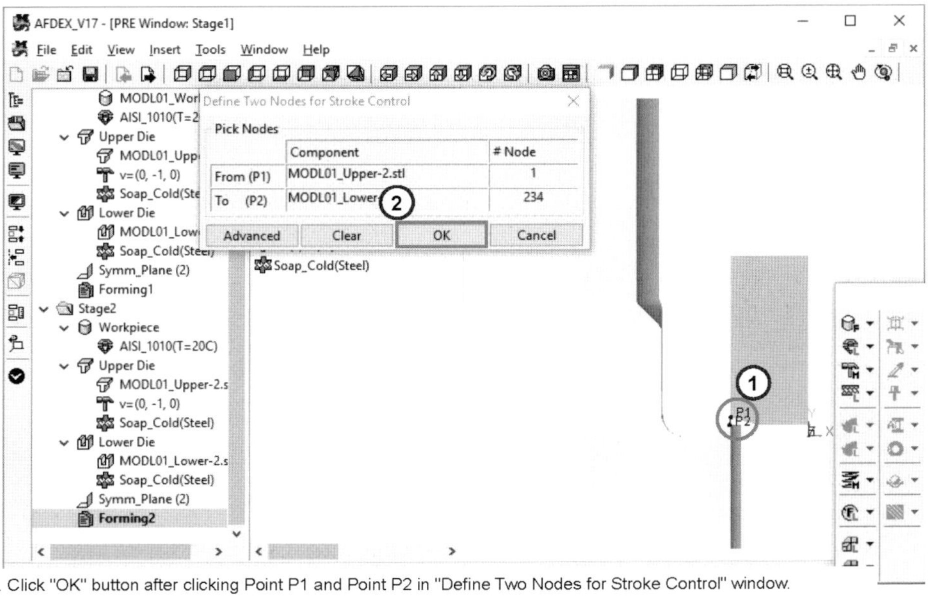

1. Click "OK" button after clicking Point P1 and Point P2 in "Define Two Nodes for Stroke Control" window.

Input the process information - Stroke

Ex04-17

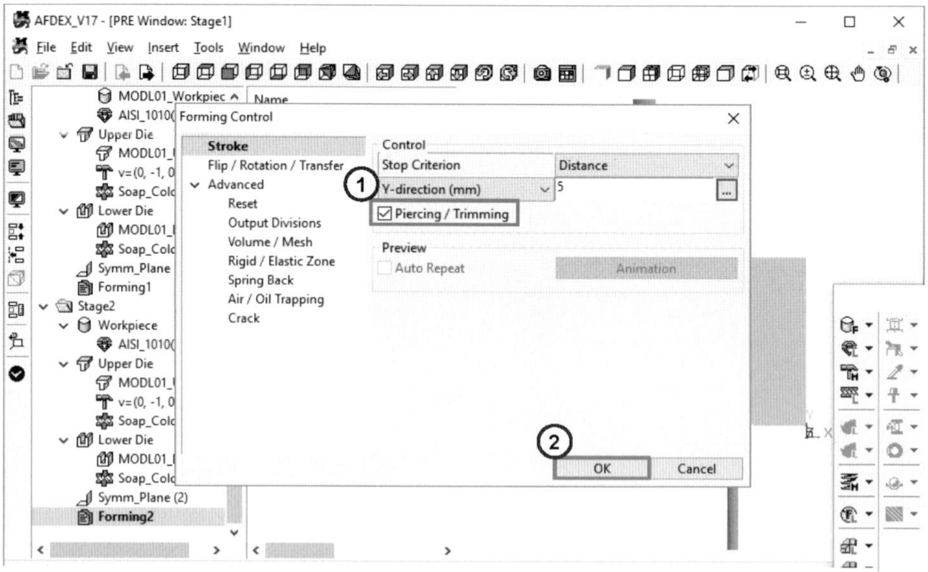

1. After checking "Piercing/Trimming", click "OK".

Execute simulation and store files

Ex04-18

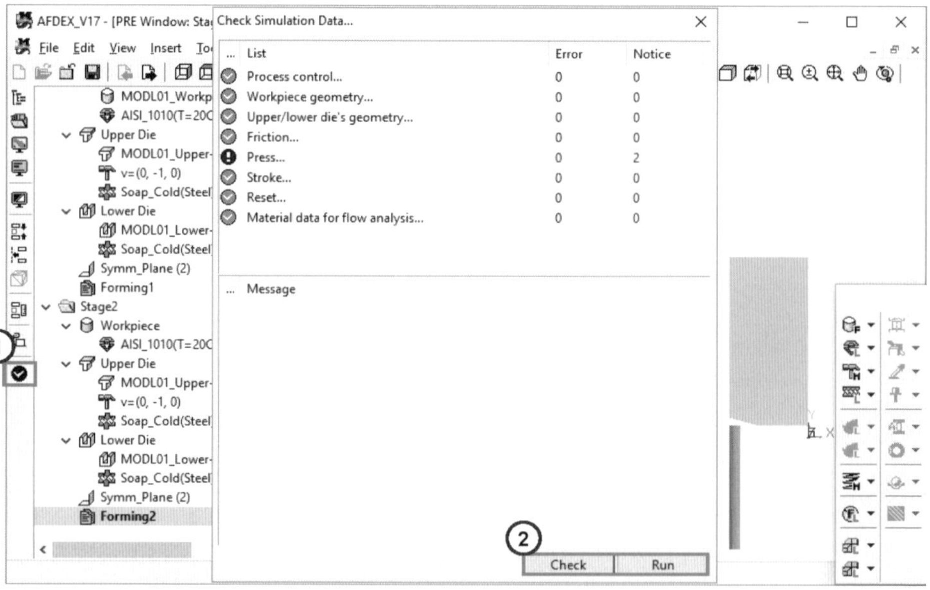

1. Click "Simulation: Check" in the Tool window.
2. Click "Check".
3. To start a simulation, click "Run" icon.

Execute simulation and store files

Ex04-19

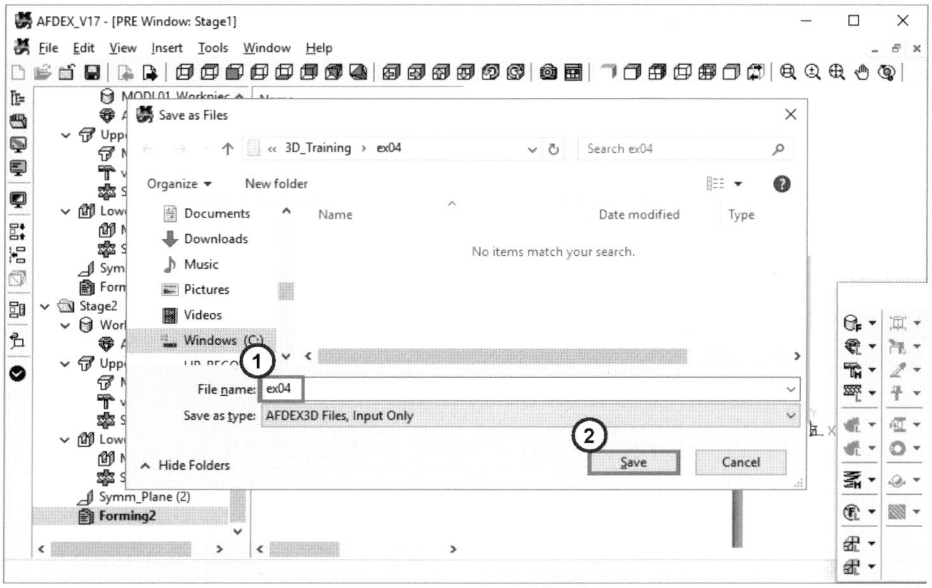

1. Enter "ex04", the file name, and click "Save" button in "Save as Files" window.

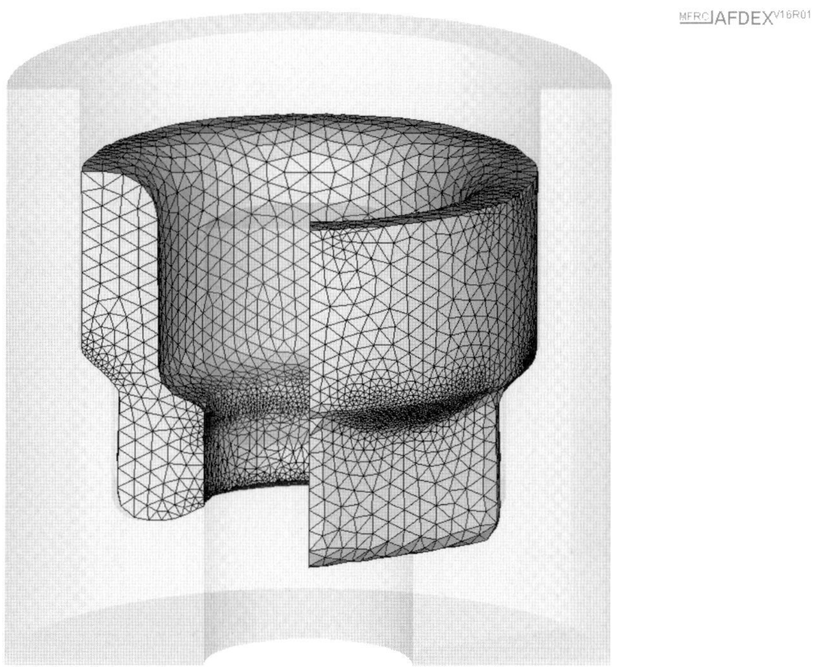

4.2.3 Non-isothermal analysis in a hot forging process

Problem description

Ex06-02

- Process type : Non-isothermal analysis, Hot, Two-stage
- Analysis domain defined by symmetry plane : 45°
- Information about material
  - ▶ AISI 1020 (T=600-1300°C)
  - ▶ A slice of solid cylindrical rod
  - ▶ Dimension: 16.0mm X 47.0mm
  - ▶ Initial temperature: 1200°C
- Information about dies
  - ▶ Geometry: See the figures
  - ▶ Friction: Graphite+Water_Hot(Steel)_Hybrid
  - ▶ Die velocity: Constant
    - -Upper die: -1.0 mm/s
    - -Lower die: 0.0 mm/s

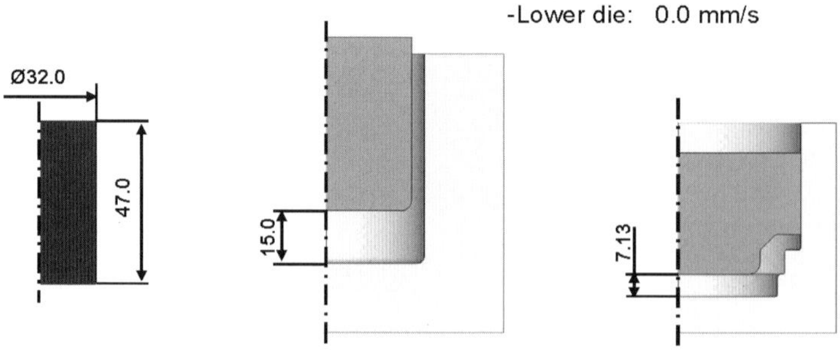

Initial workpiece　　Stage 1　　Stage 2

<Process design>

Input the process information

Ex06-03

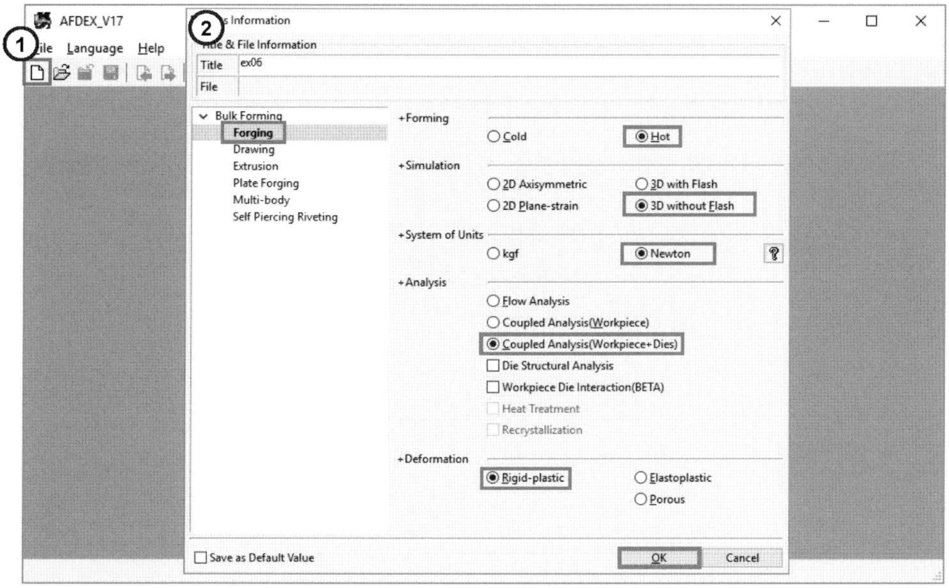

1. Click 'New' icon after executing AFDEX_V16.
2. Input Title (ex06), Bulk Forming (Forging), Forming (Hot), Simulation (3D without Flash), System of Units (Newton), Analysis (Coupled Analysis(Workpiece+Dies)) and Deformation (Rigid-plastic). Then click "OK" button.

Import CAD drawings

Ex06-04

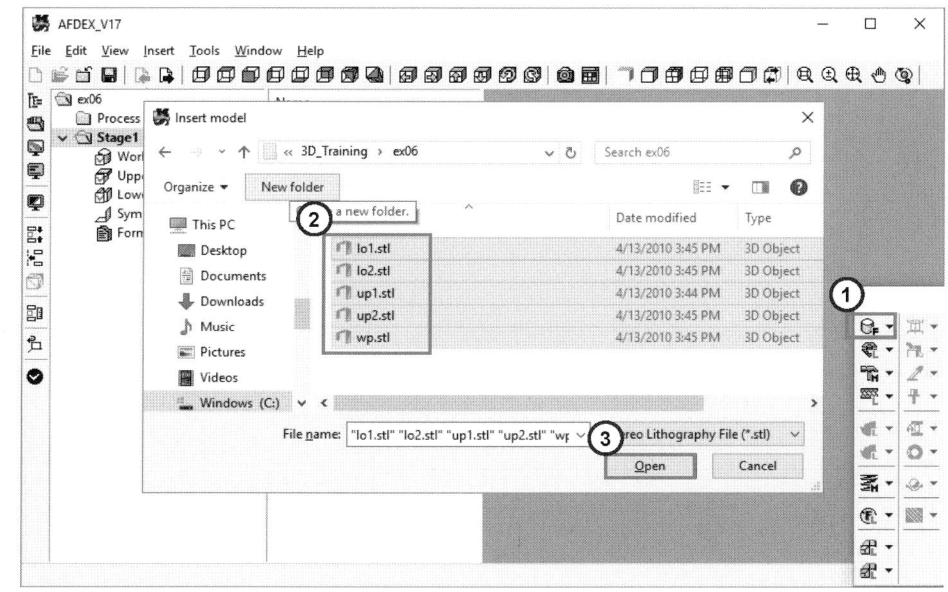

1. Click "Model : From File" in the Tool window.
2. Click "Open" after choosing CAD drawings necessary for the workpiece and dies.

Input flow stress information

Ex06-05

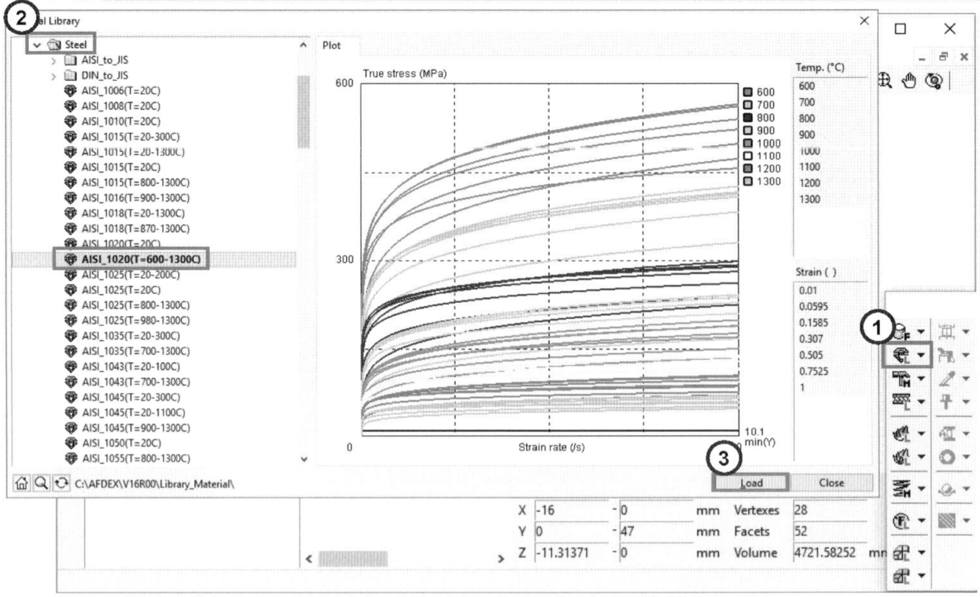

1. Click "Material: From Library" in the Tool window.
2. Click "Load" after clicking "Steel" and " AISI1020(T=600-1300C)" in turn in "Material Library".
3. Click “Close” button.

Input the die velocity

Ex06-06

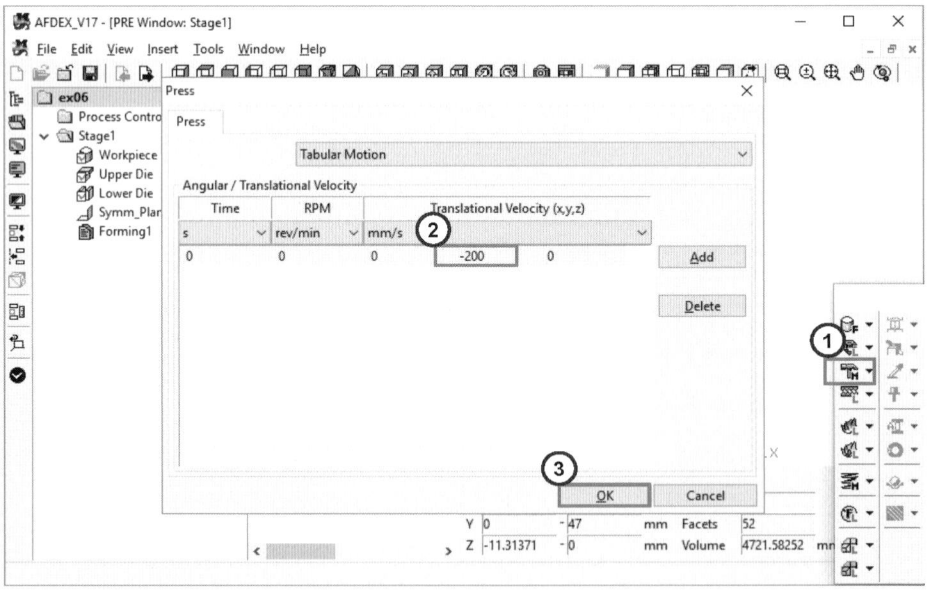

1. Click "Press: Manual" in the Tool window.
2. Enter -200.0 mm/s for y-directional velocity component in the "Press" window and click "OK" button.

Input frictional conditions

Ex06-07

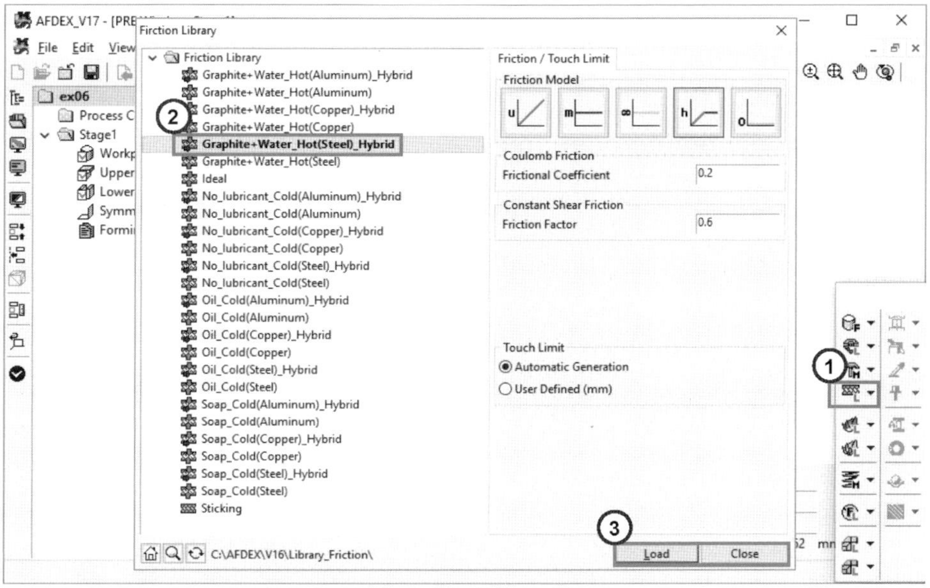

1. Click "Friction: From Library" in the Tool window.
2. Click "Load" button after choosing "Graphite + Water_Hot(Steel)_Hybrid" in "Friction Library" window.
3. Click "Close" button.

Input flow stress information

Ex06-08

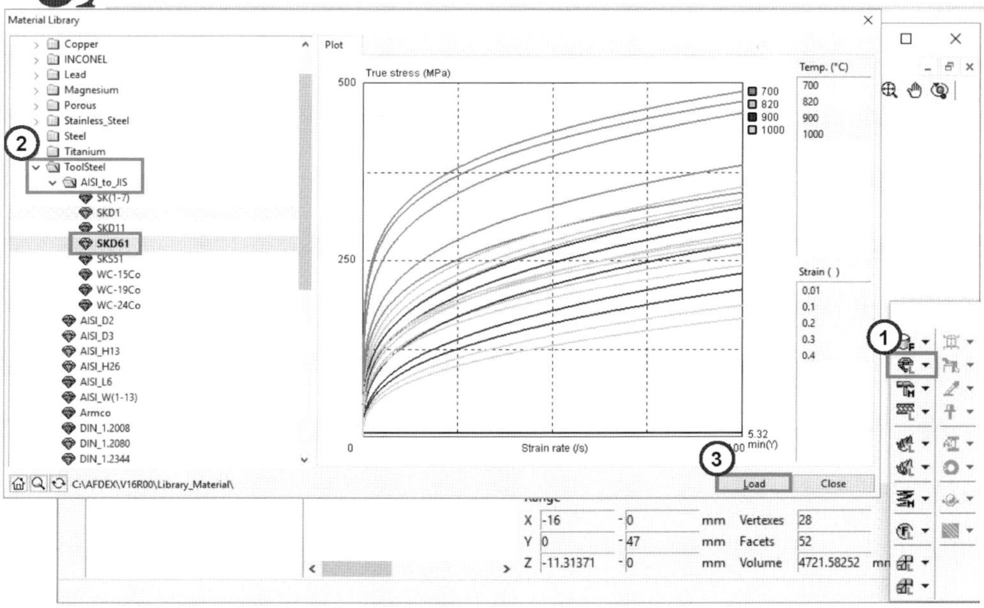

1. Click "Material: From Library" in the Tool window.
2. Choose "SKD61" in "AISI to JIS" in the "ToolSteel" tree.
3. Click "Load".

Input the workpiece temperature

Ex06-09

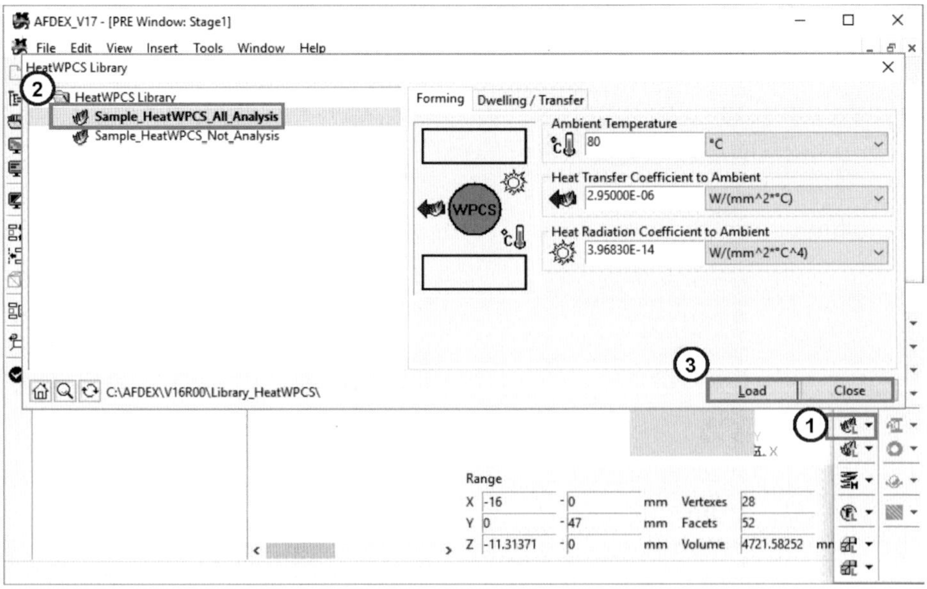

1. Click "Heat", "Workpiece : From Library" in the Tool window.
2. Choose "Sample_HeatWPCS_All_Analysis".
3. Click "Load".

Input the die temperature

Ex06-10

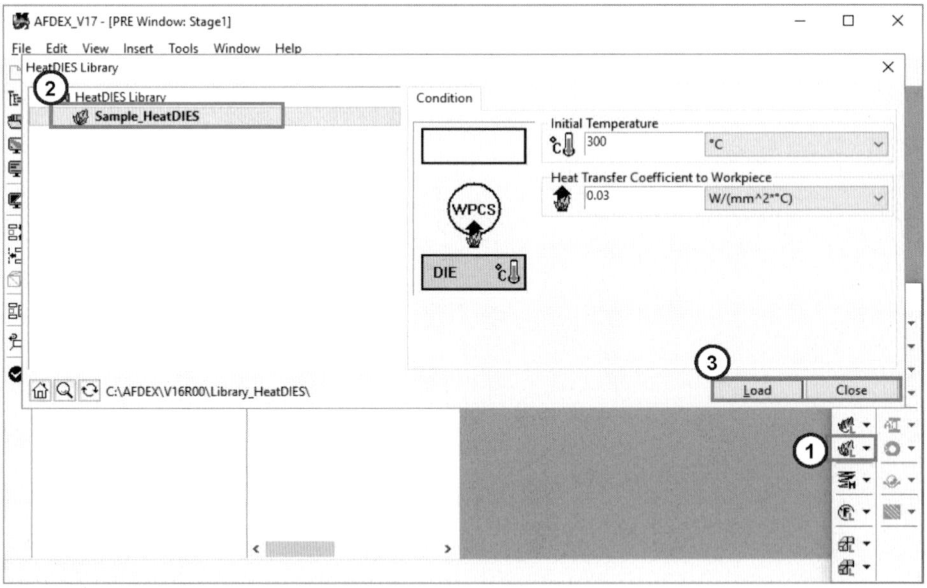

1. Click "Heat", "Die : From Library " in the Tool window.
2. Choose "Sample_HeatDIES".
3. Click "Load".

Adding stages

Ex06-11

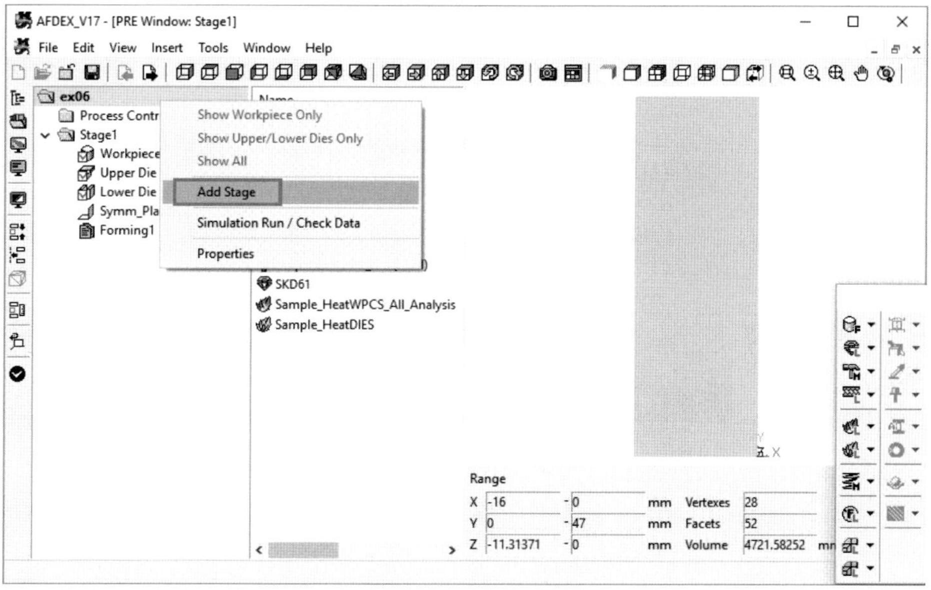

1. After Right-clicking Title(ex06), click "Insert stage".

Apply specified inputs

Ex06-12

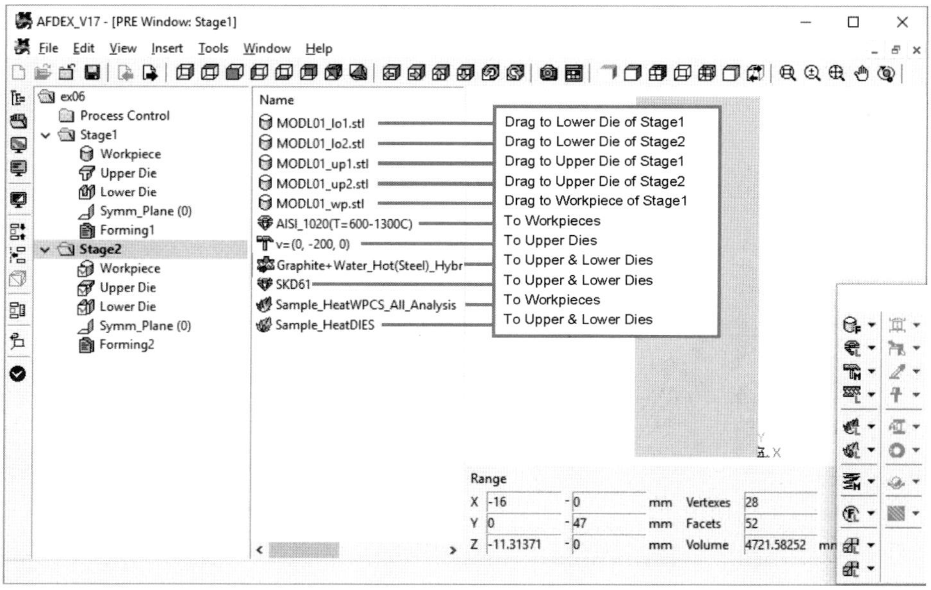

1. Drag .stl files to each stage.
2. Right-click each information for flow stress/ velocity/ friction, and apply them as shown in the figure above.

Changing the heat information of the workpiece in stage 2

Ex06-13

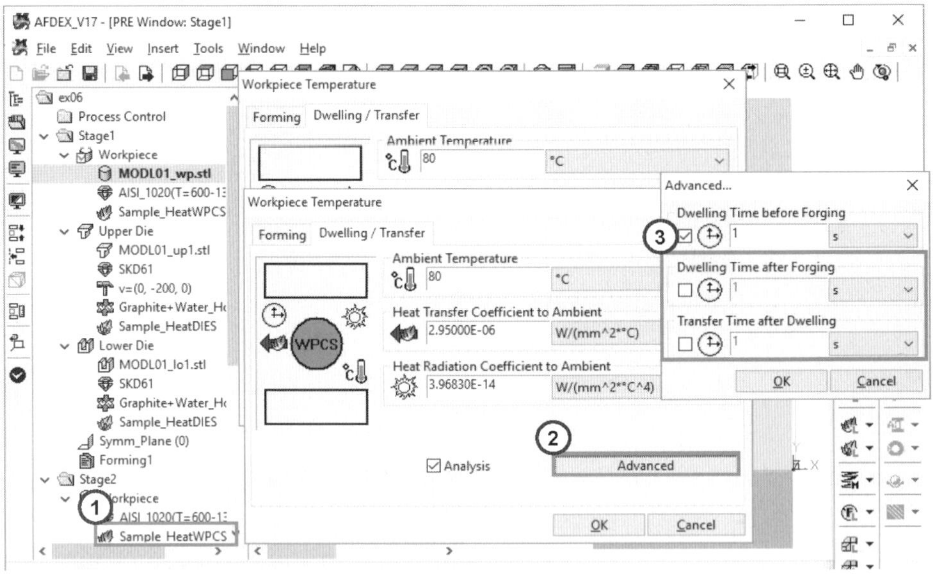

1. Double clicking "Sample_HeatWPCS_All_Analysis" of Workpiece of Stage 2.
2. Move to Dwelling / Transfer tab, and click "Advanced" botton.
3. Uncheck "Dwelling Time after Forging" and "Transfer Time after Dwelling"
4. Click "OK" button, and "OK" button.

Set symmetry planes

Ex06-14

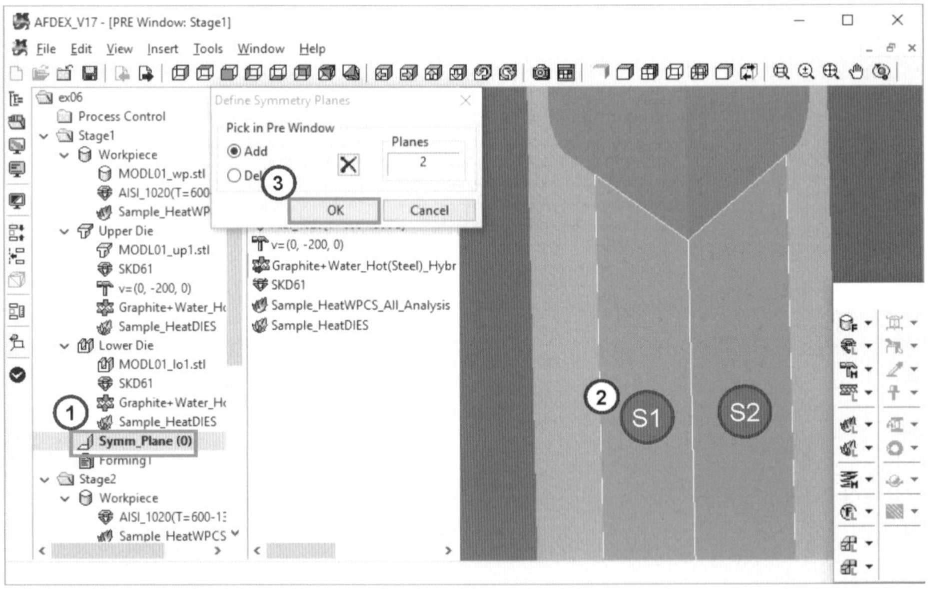

1. Double-click "Symm_Plane(0)".
2. Select S1, S2, and click OK.

Input the process information - Stroke

Ex06-15

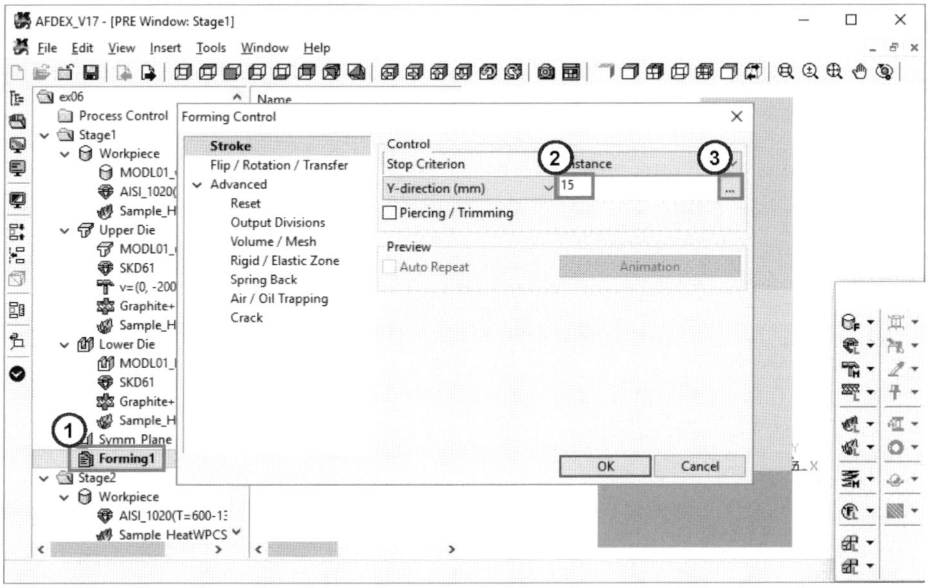

1. Double-click Forming1.
2. Enter 15.0 after clicking "Distance" in the "Forming Control" window.
3. Click the "···", icon.

Input the process information - Stroke

Ex06-16

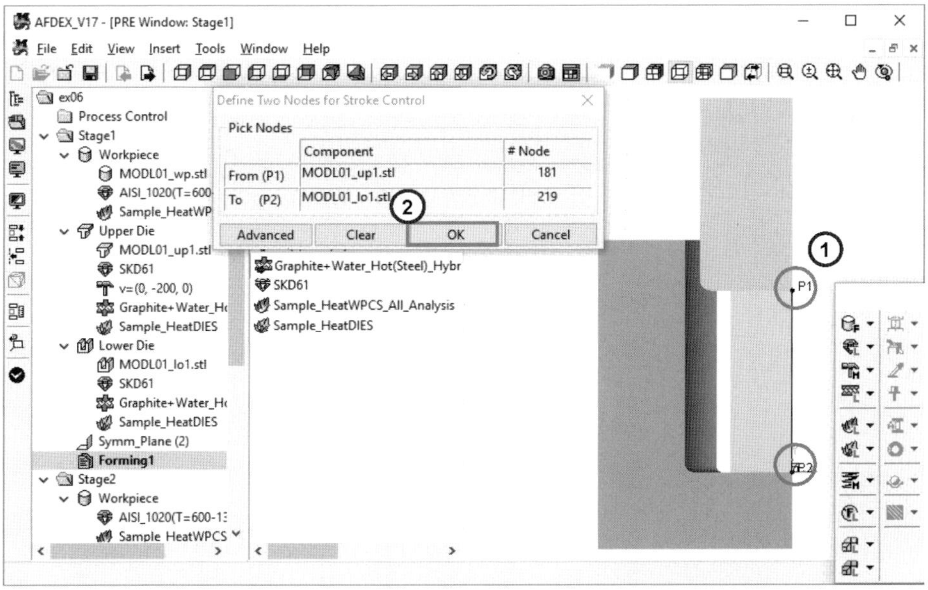

1. Click "OK" button after clicking Point P1 and Point P2 in the "Define Two Nodes for Stroke Control" window.

Input volume compensation factor

Ex06-17

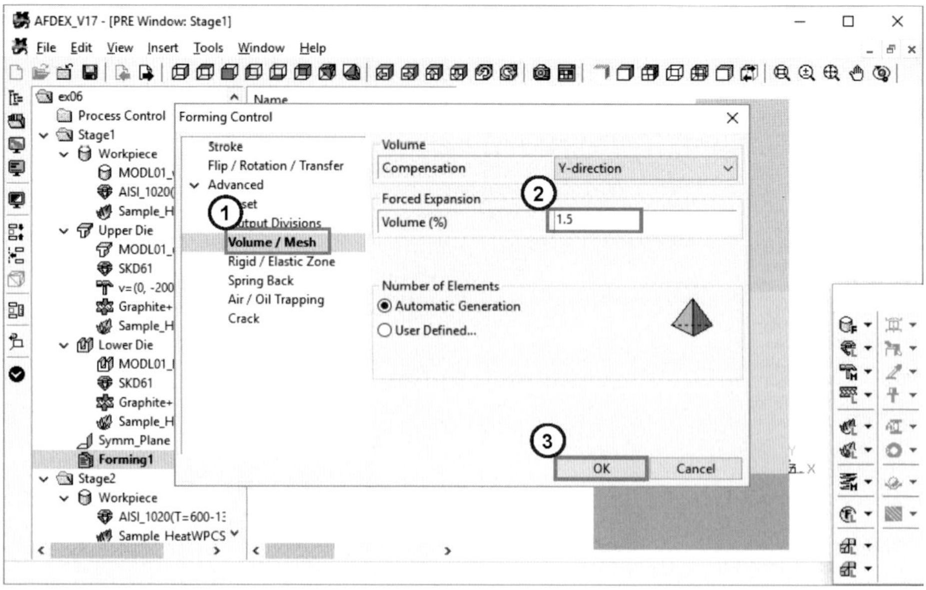

1. Click "Volume / Mesh".
2. Enter 1.5 for the Volume.
3. Click "OK" button.

Input the process information - Stroke

Ex06-18

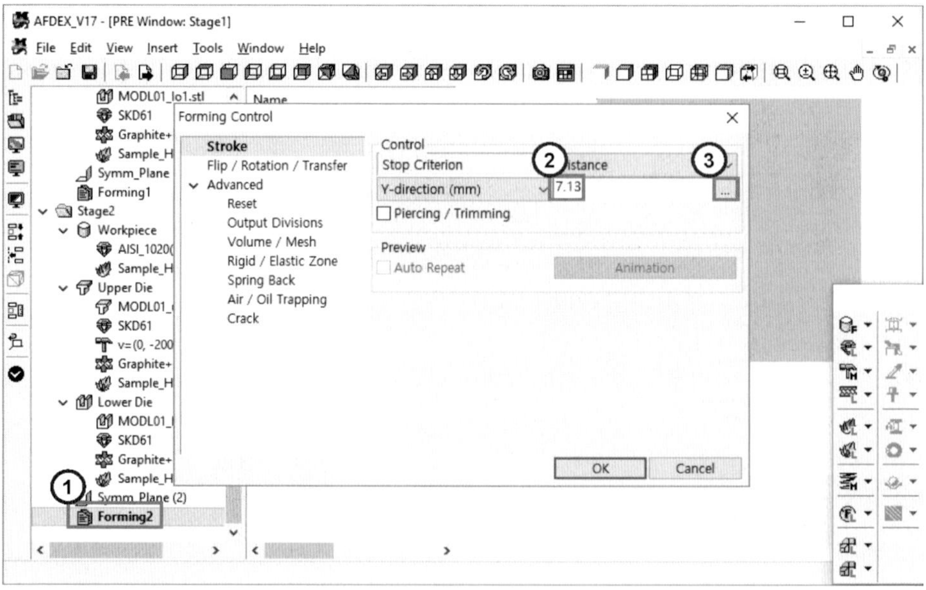

1. Double-click Forming2.
2. Enter 7.13 after clicking "Distance" in the "Forming Control" window.
3. Click the "···", icon.

Input the process information - Stroke

Ex06-19

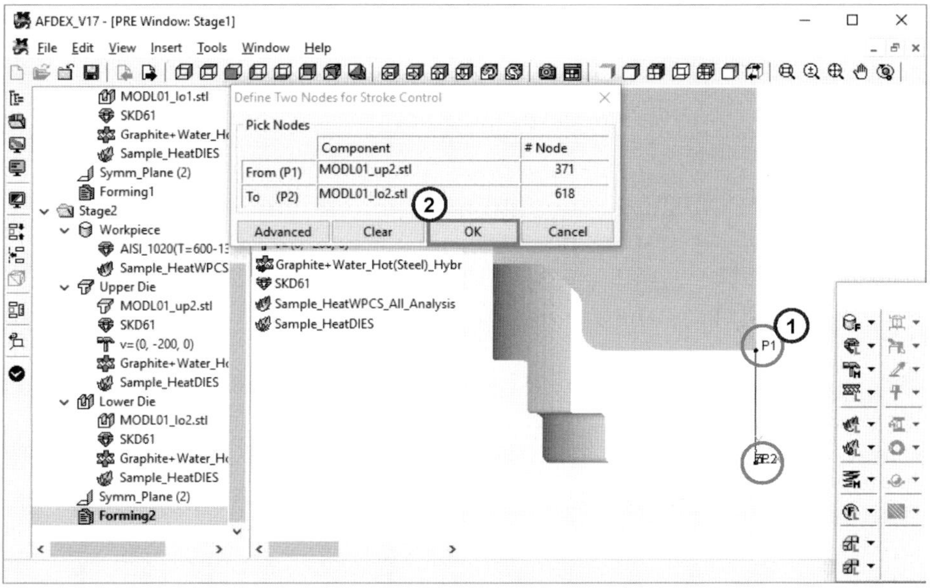

1. Click "OK" button after clicking Point P1 and Point P2 in the "Define Two Nodes for Stroke Control" window.

Input the process information - Stroke

Ex06-20

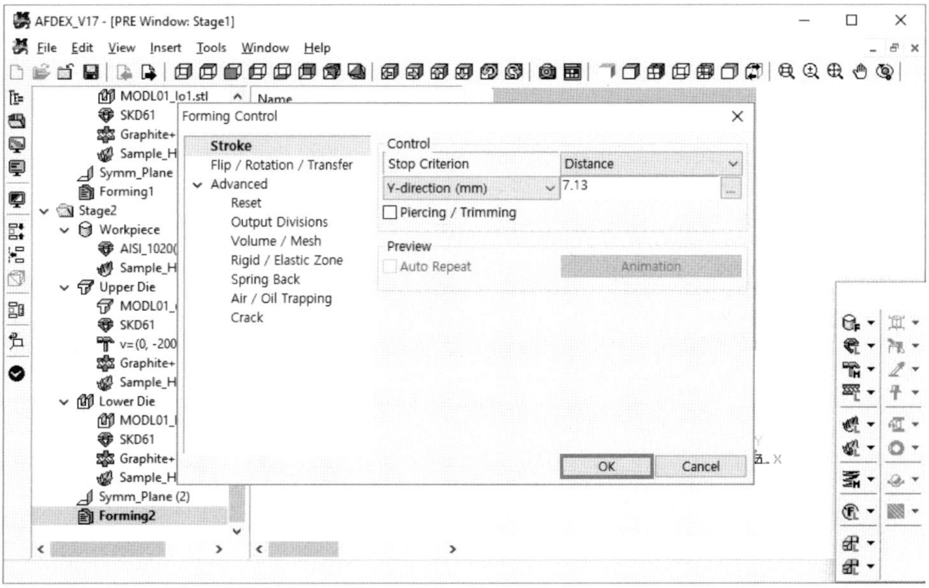

1. Click "OK".

Execute simulation and store files

Ex06-21

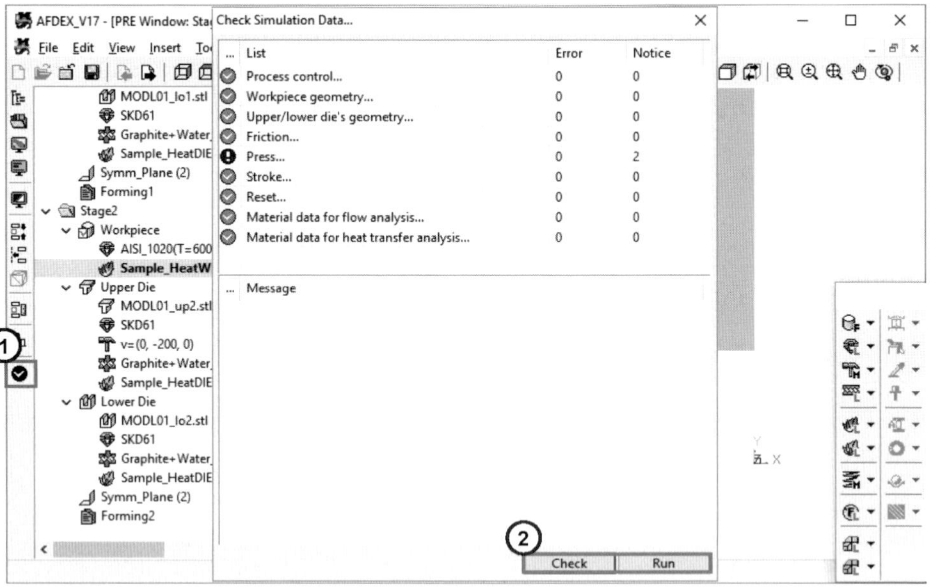

1. Click "Simulation: Check" in the Tool window.
2. Click "Check".
3. To start a simulation, click "Run" icon.

Execute simulation and store files

Ex06-22

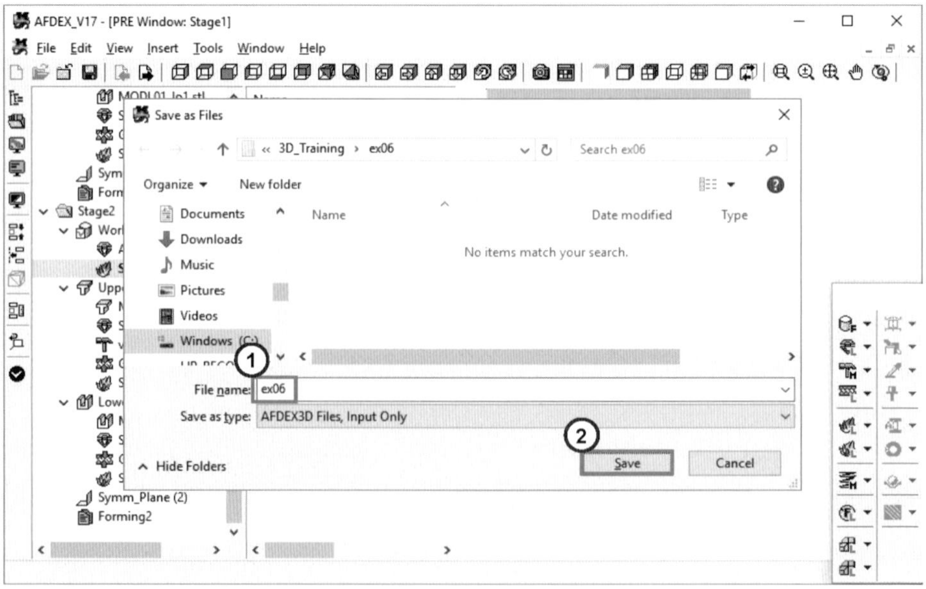

1. Enter "ex06", the file name, and click "Save" button in "Save as Files" window.

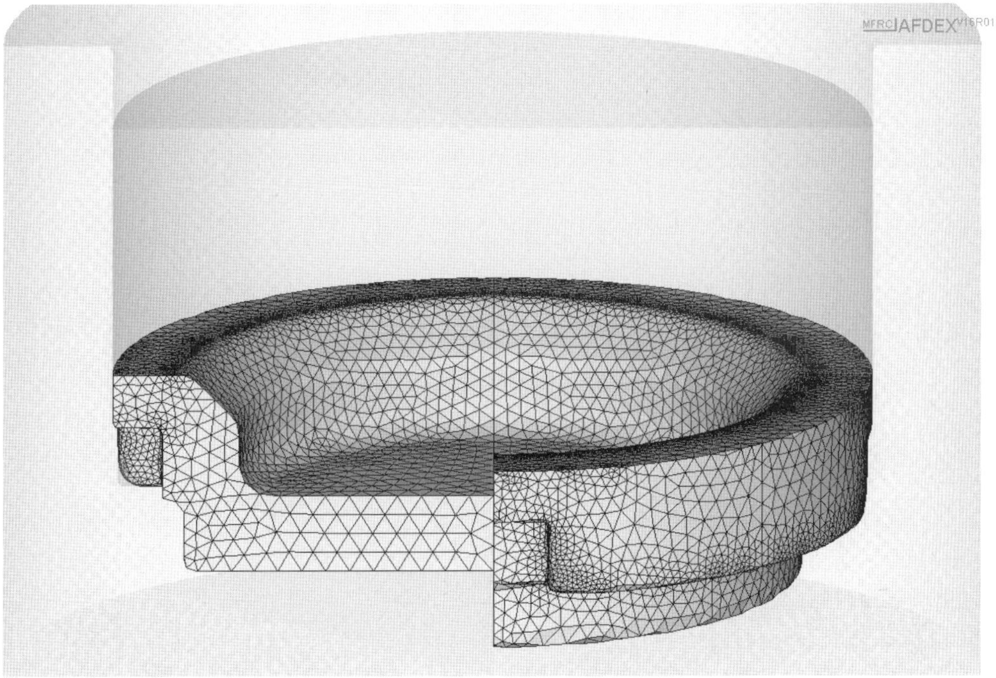
AFDEX

5. Mathematical Backgrounds and Finite Element Method

저자: 전만수

5.1 Mathematical Backgrounds

5.1.1 Vector

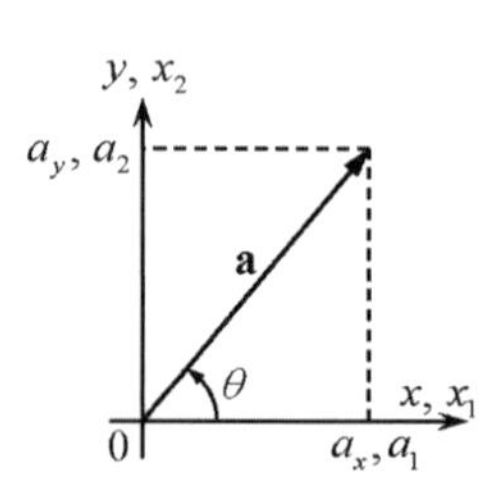

Mechanical quantities

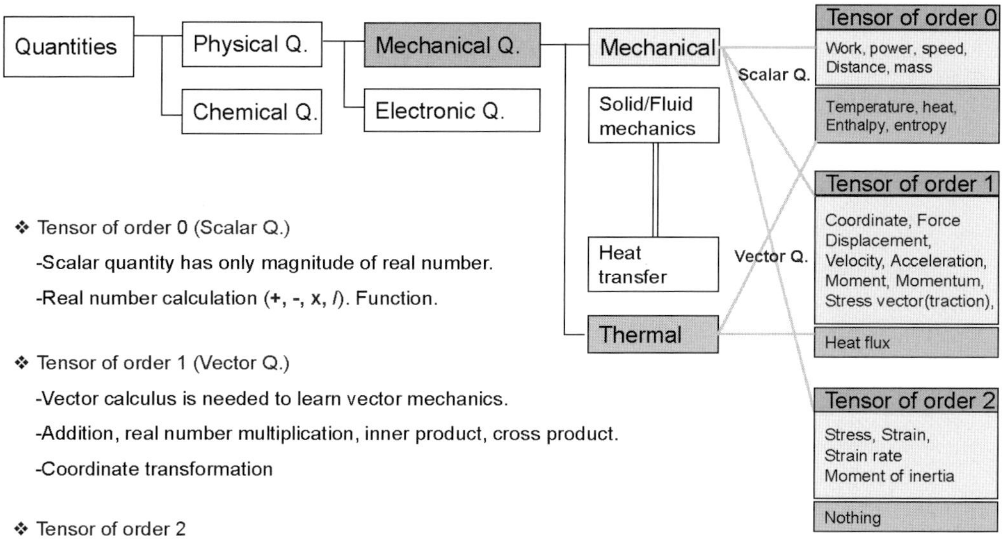

❖ Tensor of order 0 (Scalar Q.)

-Scalar quantity has only magnitude of real number.

-Real number calculation (+, -, x, /). Function.

❖ Tensor of order 1 (Vector Q.)

-Vector calculus is needed to learn vector mechanics.

-Addition, real number multiplication, inner product, cross product.

-Coordinate transformation

❖ Tensor of order 2

-Matrix algebra is needed to understand stress, strain, etc.

-Addition, real number multiplication, matrix multiplication

-Coordinate transformation. Eigenvalue problem.

What is CAE?

Preliminary - Special functions

○ Trigonometric function

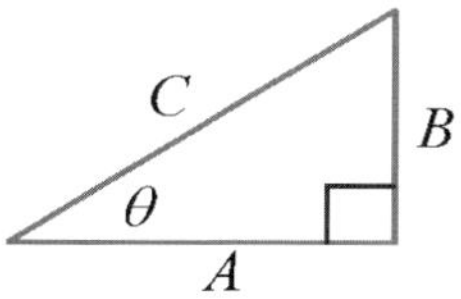

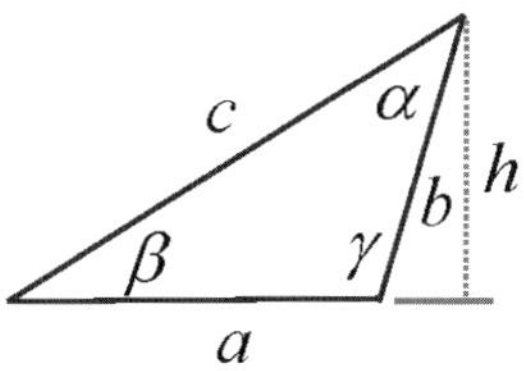

$$\frac{a}{\sin\alpha}=\frac{b}{\sin\beta}=\frac{c}{\sin\gamma}$$

$$\cos\alpha=\frac{b^2+c^2-a^2}{2bc}$$

$$\sin\theta=\frac{B}{C},\ \cos\theta=\frac{A}{C},\ \tan\theta=\frac{B}{A},\ \theta=\tan^{-1}\frac{B}{A}$$

$$\tan\theta=\frac{\sin\theta}{\cos\theta}=\frac{1}{\cot\theta}$$

$$\sin^2\theta+\cos^2\theta=1$$

$$\sin'\theta=\cos\theta,\ \cos'\theta=-\sin\theta,\ \tan'\theta=\sec^2\theta$$

$$\sin(-\theta)=-\sin\theta,\ \cos(-\theta)=\cos\theta$$

$$y=\sin\theta \ \Leftrightarrow\ \theta=\sin^{-1}y=\arcsin y$$

$$\sin x=x-\frac{x^3}{3!}+..,\quad \cos x=1-\frac{x^2}{2!}+..$$

$$\sin 0^\circ=0,\ \sin 30^\circ=1/2,\ \sin 45^\circ=\sqrt{2}/2$$
$$\sin 60^\circ=\sqrt{3}/2,\ \sin 90^\circ=1$$
$$\cos 0^\circ=1,\ \cos 30^\circ=\sqrt{3}/2,\ \cos 45^\circ=\sqrt{2}/2$$
$$\cos 60^\circ=1/2,\ \cos 90^\circ=0$$

○ Logarithmic function and exponential function

$$y=e^x,\ y'=e^x \qquad e^x=1+x+\frac{x^2}{2!}+\ldots \qquad y=\ln x,\ y'=\frac{1}{x}$$

Definition of vector

- Vector quantity: Vector quantity is defined as the quantity which has direction as well as magnitude. Vector is a mathematical description of vector quantity.

- Description of vector
  - O Vector: $\mathbf{a}$, $\mathbf{x}$, $\vec{a}$, $\vec{x}$, $\overrightarrow{AB}$
  - O Magnitude: $|\mathbf{a}|$, $|\vec{a}|$, a

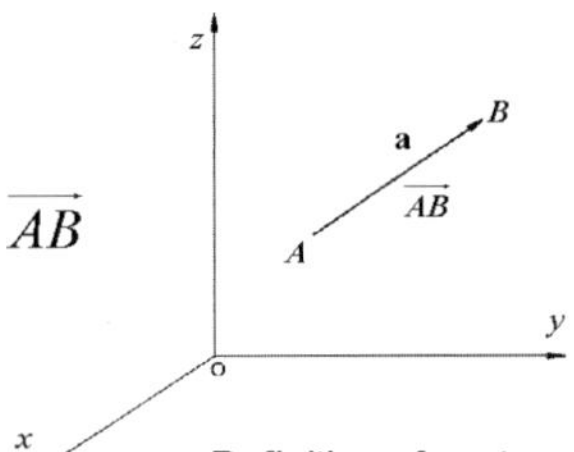

<Definition of vector>

- Factors of vector
  - O Essential factors (Mathematical requirements)
    - Magnitude: Distance between points *A* and *B*
    - Direction: Direction of arrow directing from point *A* to *B*
  - O Selective factors
    - Point of action: Point *B*
    - Line of action: Line passing points *A* and *B*

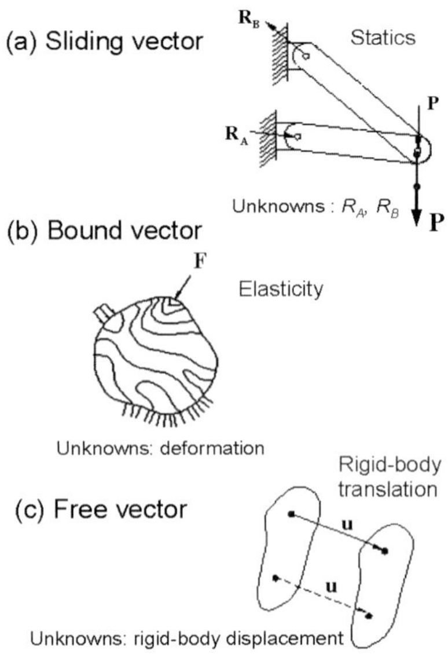

Mathematical description of vector

- Mathematical description: Component
  - O On 2D plane
    - Row vector: $\mathbf{a} = [a_x, a_y]$ or $[a_x \ a_y]$
    - Column vector: $\mathbf{a} = \begin{bmatrix} a_x \\ a_y \end{bmatrix} = [a_x, a_y]^T$
  - O In 3D space
    - Row vector: $\mathbf{a} = [a_x, a_y, a_z]$
    - Column vector: $\mathbf{a} = \begin{bmatrix} a_x \\ a_y \\ a_z \end{bmatrix} = [a_x, a_y, a_z]^T$

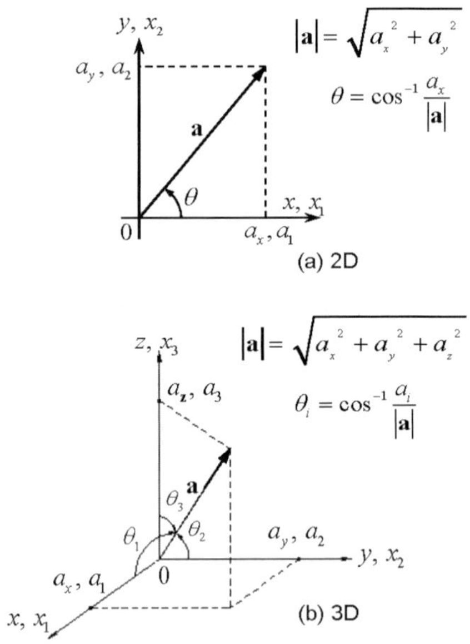

<Components in the rectangular coordinate system>

❁ Components can make us calculate direction as well as magnitude of a vector.

Basically, a vector in mechanics means row vector

Definition of terminology

- Zero vector: $\vec{0} = \mathbf{0} = [0,\ \ 0,\ \ 0]^{\mathrm{T}}$
- Magnitude of vector a : $|\mathbf{a}| = \sqrt{a_x^2 + a_y^2 + a_z^2}$ or $\sqrt{a_1^2 + a_2^2 + a_3^2}$
- Direction of vector a : $\theta_i = \cos^{-1} \dfrac{a_i}{|\mathbf{a}|}$ $(i = 1, 2, 3)$
- Directional cosine : $[\cos\theta_1, \cos\theta_2, \cos\theta_3]^{\mathrm{T}}$
- Unit vector: A vector with magnitude of unity
  - $|\mathbf{u}| = 1$ or $\mathbf{u} = \dfrac{\mathbf{a}}{|\mathbf{a}|}$ $(|\mathbf{a}| \neq 0)$
- Unit basis vector :
  - $\vec{i} = \mathbf{i} = [1,\ \ 0,\ \ 0]^{\mathrm{T}} = \mathbf{e}_1$
  - $\vec{j} = \mathbf{j} = [0,\ \ 1,\ \ 0]^{\mathrm{T}} = \mathbf{e}_2$
  - $\vec{k} = \mathbf{k} = [0,\ \ 0,\ \ 1]^{\mathrm{T}} = \mathbf{e}_3$

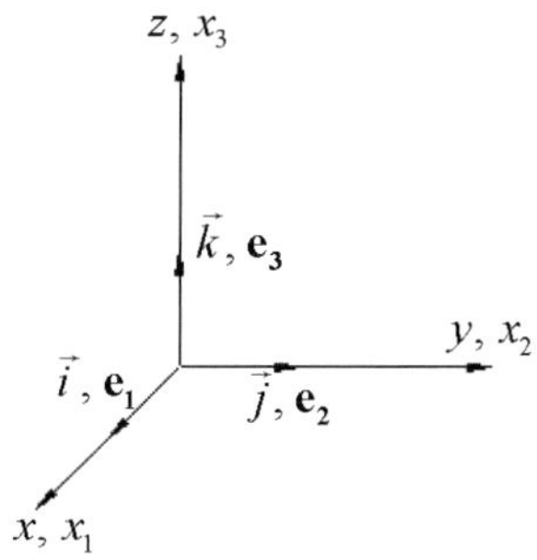

<x-y-z coordinate system and unit basis vector>

Algebra of vector – vector addition

- Addition of vectors

$$\mathbf{a} + \mathbf{b} \equiv [a_1 + b_1,\ a_2 + b_2,\ a_3 + b_3]^{\mathrm{T}}$$

- Multiplication of a scalar and a vector

$$\alpha\mathbf{a} \equiv [\alpha a_1,\ \alpha a_2,\ \alpha a_3]^{\mathrm{T}}$$

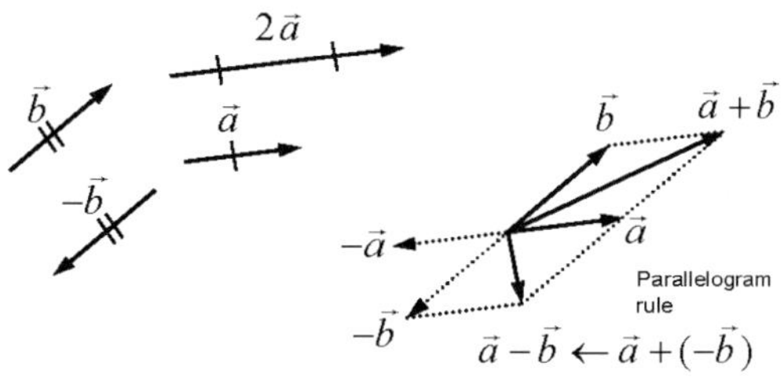

<Vector addition, scalar-vector multiplication>

- Characteristics of vector addition and scalar-vector multiplication
  - $\mathbf{a} + \mathbf{b} = \mathbf{b} + \mathbf{a}$
  - $(\mathbf{a} + \mathbf{b}) + \mathbf{c} = \mathbf{a} + (\mathbf{b} + \mathbf{c})$
  - $\mathbf{0} + \mathbf{a} = \mathbf{a}$ $\quad (\mathbf{0} = [0\ \ 0\ \ 0]^{\mathrm{T}})$
  - $\mathbf{a} + (-\mathbf{a}) = \mathbf{0}$
  - $\alpha(\mathbf{a} + \mathbf{b}) = \alpha\mathbf{a} + \alpha\mathbf{b}$
  - $(\alpha + \beta)\mathbf{a} = \alpha\mathbf{a} + \beta\mathbf{a}$
  - $\alpha(\beta\mathbf{a}) = (\alpha\beta)\mathbf{a}$
  - $1\mathbf{a} = \mathbf{a}$

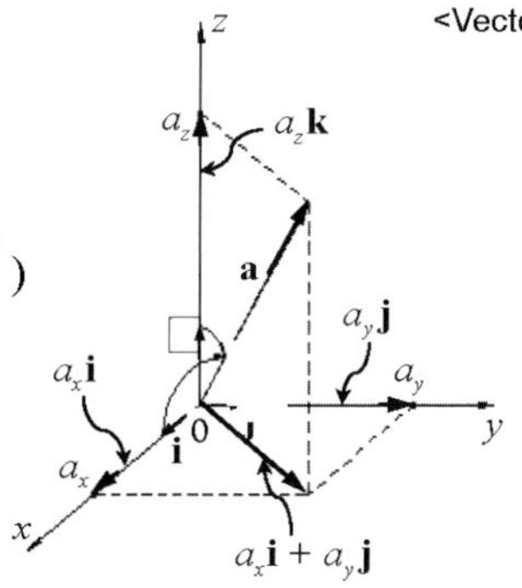

$$\mathbf{a} = [a_x,\ a_y,\ a_z]^{\mathrm{T}}$$

$$\mathbf{b} = [b_x,\ b_y,\ b_z]^{\mathrm{T}}$$

$$\mathbf{a} + \mathbf{b} = (a_x + b_x)\mathbf{i} + (a_y + b_y)\mathbf{j} + (a_z + b_z)\mathbf{k}$$

<Application of vector addition, scalar-vector multiplication>

$$\mathbf{a} + \mathbf{b} = [a_1 + b_1,\ a_2 + b_2,\ a_3 + b_3]^{\mathrm{T}} = [b_1 + a_1,\ b_2 + a_2,\ b_3 + a_3]^{\mathrm{T}} = \mathbf{b} + \mathbf{a}$$

Algebra of vector – Inner product

- Inner product, dot product, scalar product

  ○ $\mathbf{a}\cdot\mathbf{b} \equiv \sum_{i=1}^{3} a_i b_i = a_1 b_1 + a_2 b_2 + a_3 b_3 = \mathbf{a}^{\mathrm{T}}\ \mathbf{b} = (a_1, a_2, a_3)\begin{pmatrix} b_1 \\ b_2 \\ b_3 \end{pmatrix}$

- Geometric meaning of inner product

  ○ $\mathbf{a}\cdot\mathbf{b} = |\mathbf{a}||\mathbf{b}|\cos\theta$

  ○ $\mathbf{a}\cdot\mathbf{b} = 0$ means the two vectors are perpendicular.

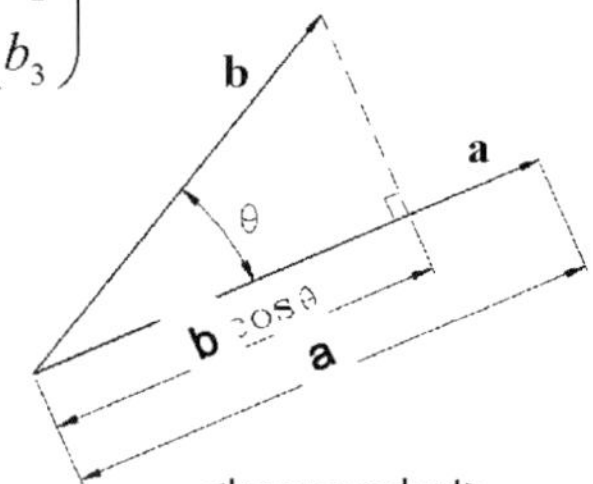

<Inner product>

- Characteristics of inner product

$\mathbf{a}\cdot\mathbf{b} = \mathbf{b}\cdot\mathbf{a}$

$\mathbf{a}\cdot(\mathbf{b}+\mathbf{c}) = \mathbf{a}\cdot\mathbf{b} + \mathbf{a}\cdot\mathbf{c}$

$(\alpha\,\mathbf{a})\cdot\mathbf{b} = \alpha(\mathbf{a}\cdot\mathbf{b})$

$\mathbf{a}\cdot\mathbf{a} \geq 0$

$\mathbf{a}\cdot\mathbf{a} = 0$ implies $\mathbf{a} = \mathbf{0}$

$\mathbf{a}\cdot\mathbf{b} \equiv \sum_{i=1}^{3} a_i b_i = \sum_{i=1}^{3} b_i a_i = \mathbf{b}\cdot\mathbf{a}$

⊙ Norm of vector $\mathbf{a}$: $\|\mathbf{a}\|$

○ $\|\mathbf{a}\| = (\mathbf{a}\cdot\mathbf{a})^{\frac{1}{2}}$

○ $\|\alpha\,\mathbf{a}\| = |\alpha|\|\mathbf{a}\|$

○ $|\mathbf{a}\cdot\mathbf{b}| \leq \|\mathbf{a}\|\|\mathbf{b}\|$

○ $\|\mathbf{a}+\mathbf{b}\| \leq \|\mathbf{a}\| + \|\mathbf{b}\|$

⊙ Miscellaneous

○ $\mathbf{i}\cdot\mathbf{j} = \mathbf{j}\cdot\mathbf{k} = \mathbf{k}\cdot\mathbf{i} = 0$

○ $\mathbf{i}\cdot\mathbf{i} = \mathbf{j}\cdot\mathbf{j} = \mathbf{k}\cdot\mathbf{k} = 1$

Algebra of vector – Vector product

- Vector product, cross product

  ○ $\mathbf{c} = \mathbf{a}\times\mathbf{b} \equiv \begin{vmatrix} \mathbf{i} & \mathbf{j} & \mathbf{k} \\ a_1 & a_2 & a_3 \\ b_1 & b_2 & b_3 \end{vmatrix} = (a_2 b_3 - a_3 b_2)\mathbf{i} + (a_3 b_1 - a_1 b_3)\mathbf{j} + (a_1 b_2 - a_2 b_1)\mathbf{k}$

- Geometric meaning of vector product

  ○ Magnitude: $|\mathbf{c}| = |\mathbf{a}||\mathbf{b}|\sin\theta \quad (0 \leq \theta \leq \pi)$

  - Area of parallelogram constructed by the two vectors

  ○ Direction: Perpendicular to the plane constructed by the two vectors, following the right-hand rule shown in the figure

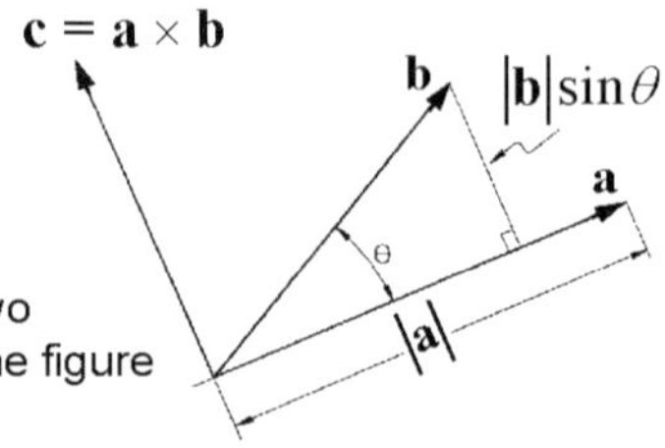

<Definition of vector product>

- Characteristics

$\mathbf{a}\times\mathbf{b} = -\mathbf{b}\times\mathbf{a}$

$\mathbf{a}\times(\mathbf{b}+\mathbf{c}) = \mathbf{a}\times\mathbf{b} + \mathbf{a}\times\mathbf{c}$

$(\mathbf{a}\times\mathbf{b})\times\mathbf{c} = (\mathbf{a}\cdot\mathbf{c})\mathbf{b} - (\mathbf{a}\cdot\mathbf{b})\mathbf{c}$

$\mathbf{a}\cdot(\mathbf{b}\times\mathbf{c}) = (\mathbf{a}\times\mathbf{b})\cdot\mathbf{c} = \mathbf{a}\cdot\mathbf{b}\times\mathbf{c}$

$\mathbf{a}\times\mathbf{b} = \mathbf{0} \rightarrow \mathbf{a}//\mathbf{b}$

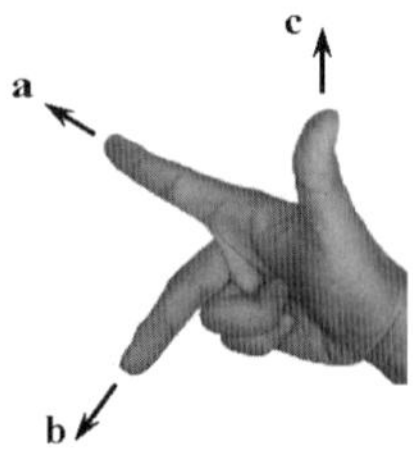

<Right-hand rule>

⊙ Miscellaneous

○ $\mathbf{i}\times\mathbf{j} = \mathbf{k},\ \mathbf{j}\times\mathbf{k} = \mathbf{i},\ \mathbf{k}\times\mathbf{i} = \mathbf{j}$

○ $\mathbf{i}\times\mathbf{i} = \mathbf{j}\times\mathbf{j} = \mathbf{k}\times\mathbf{k} = \mathbf{0}$

Euclidean space and linear combination

- k-dimensional Euclidean space R^k

  O Dimension of vector
  = Number of components

$$\mathbf{a} = \begin{bmatrix} a_1 & a_2 & \cdots & a_k \end{bmatrix}^{\mathrm{T}} = \begin{bmatrix} a_1 \\ a_2 \\ \vdots \\ a_k \end{bmatrix}$$

  O R^k : k-dimensional Euclidean vector space, or k-dimensional real number vector space

$$R^k \equiv \left\{ \mathbf{a} \mid \mathbf{a} = [a_1, a_2, \cdots, a_k]^{\mathrm{T}};\ a_i\text{'s are real} \right\}$$

$$\mathbf{a} + \mathbf{b} \equiv [a_1 + b_1, a_2 + b_2, \cdots, a_k + b_k]^{\mathrm{T}}$$

$$\alpha\,\mathbf{a} \equiv [\alpha a_1, \alpha a_2, \cdots, \alpha a_n]^{\mathrm{T}}$$

$$\mathbf{a} \cdot \mathbf{b} = \sum_{l=1}^{k} a_l b_l$$

$$\| \mathbf{a} \| = (\mathbf{a} \cdot \mathbf{a})^{\frac{1}{2}}$$

- Linear combination

  O $\sum_{i=1}^{n} c_i \mathbf{a}_i = c_1 \mathbf{a}_1 + c_2 \mathbf{a}_2 + \cdots + c_n \mathbf{a}_n$

Linearly independent

$$C_1[1,\ 0]^T + C_2[0,\ 1]^T = \mathbf{0} \Rightarrow C_1 = C_2 = 0$$

- Linearly independent

  O The case that the linear combination vanishes only when all c_i 's are zero.

- Linearly dependent

  O The case that the linear combination vanishes when any c_i is not zero.

$[1,\ 2,\ 3]^T$
$[1,\ 0,\ 1]^T$
$[3,\ 2,\ 5]^T$

Linearly dependent

$$[1,\ 2,\ 3]^T + 2[1,\ 0,\ 1]^T - [3,\ 2,\ 5]^T = \mathbf{0}$$

Coordinate system (C.S) and coordinates

- Coordinates

  O Position (components) of a point relative to R.C.S.

  O A vector quantity

- Reference coordinate system(R.C.S.) and local C.S.

- Orthogonal coordinate system

  O Rectangular coordinate system

  O Cylindrical coordinate system

  O Spherical coordinate system

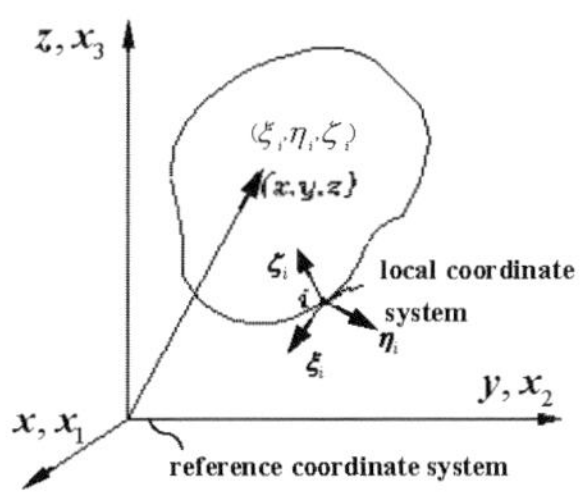

<Coordinate systems and coordinates>

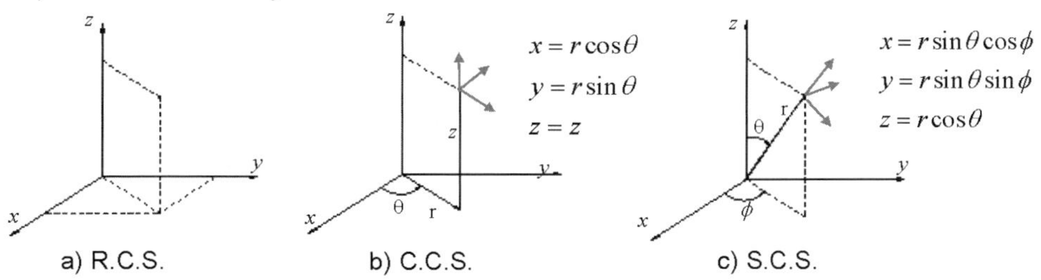

<Typical orthogonal coordinate systems>

Examples of vector calculus

Vectors $\mathbf{a} = [2,\ -5,\ 3]^T$ **and** $\mathbf{b} = [6,\ 2,\ -1]^T$ **are given and find the followings:**

a) $\mathbf{a}+2\mathbf{b}$ b) $2\mathbf{a}-\mathbf{b}$ c) $\mathbf{a}\cdot\mathbf{b}$ d) $\mathbf{b}\cdot\mathbf{a}$ e) Angle between **a** and **b**

f) $\mathbf{a}\times\mathbf{b}$ g) $\mathbf{b}\times\mathbf{a}$ h) $\mathbf{b}\times\mathbf{a} = -\mathbf{a}\times\mathbf{b}$

☞ a) $\mathbf{a}+2\mathbf{b} = [14,\ -1,\ 1]^T$ b) $2\mathbf{a}-\mathbf{b} = [-2,\ -12,\ 7]^T$

c) $\mathbf{a}\cdot\mathbf{b} = 2\times6+(-5)\times2+3\times(-1) = -1$ d) $\mathbf{b}\cdot\mathbf{a} = 6\times2+2\times(-5)+(-1)\times3 = -1$

e) $\mathbf{a}\cdot\mathbf{b} = |\mathrm{a}||\mathrm{b}|\cos\theta = \sqrt{2^2+5^2+3^2}\sqrt{6^2+2^2+1^2}\cos\theta = \sqrt{1558}\cos\theta$

From $\mathbf{a}\cdot\mathbf{b} = -1$, $\theta = \cos^{-1}(-1/\sqrt{1588}) = 91.45°$.

f) $\mathbf{a}\times\mathbf{b} = (2\mathbf{i}-5\mathbf{j}+3\mathbf{k})\times(6\mathbf{i}+2\mathbf{j}-\mathbf{k}) = 4\mathbf{k}+2\mathbf{j}+30\mathbf{k}+5\mathbf{i}+18\mathbf{j}-6\mathbf{i} = -\mathbf{i}+20\mathbf{j}+34\mathbf{k}$

g) $\mathbf{b}\times\mathbf{a} = (6\mathbf{i}+2\mathbf{j}-\mathbf{k})\times(2\mathbf{i}-5\mathbf{j}+3\mathbf{k}) = -30\mathbf{k}-18\mathbf{j}-4\mathbf{k}+6\mathbf{i}-2\mathbf{j}-5\mathbf{i} = \mathbf{i}-20\mathbf{j}-34\mathbf{k}$

h) From a) and b), $\mathbf{b}\times\mathbf{a} = -\mathbf{a}\times\mathbf{b}$.

Example of vector calculus

Area of triangle

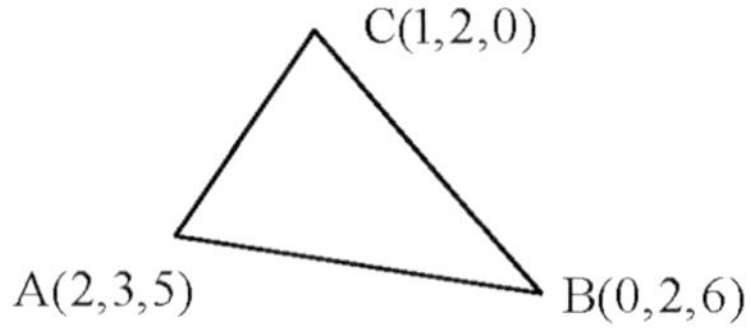

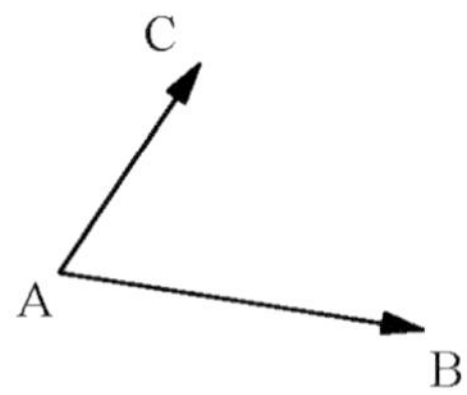

☞ $\overrightarrow{AC} = -\mathbf{i}-\mathbf{j}-5\mathbf{k}$

$\overrightarrow{AB} = -2\mathbf{i}-\mathbf{j}+\mathbf{k}$

$\Delta ABC = \frac{1}{2}\left|\overrightarrow{AC}\times\overrightarrow{AB}\right|$

$$\overrightarrow{AC}\times\overrightarrow{AB} = \begin{vmatrix} \mathbf{i} & \mathbf{j} & \mathbf{k} \\ -1 & -1 & -5 \\ -2 & -1 & 1 \end{vmatrix} = (-1-5)\mathbf{i}+(10+1)\mathbf{j}+(1-2)\mathbf{k} = -6\mathbf{i}+11\mathbf{j}-\mathbf{k}$$

$\Delta ABC = \frac{1}{2}\times\sqrt{6^2+11^2+1^2} = 6.285$

Example of vector calculus

- Calculate vector $\overrightarrow{OB}$

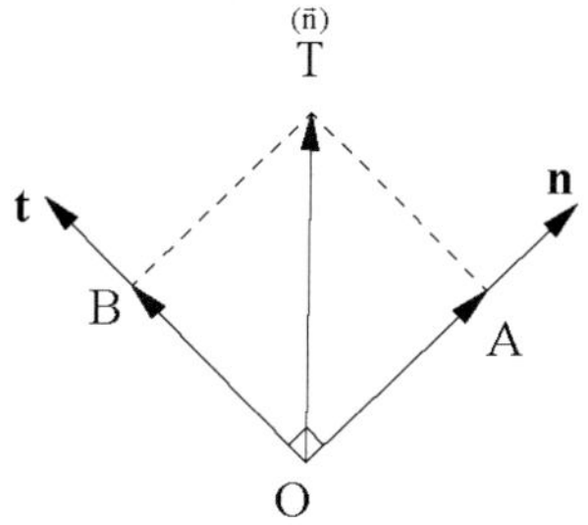

$$\overset{(n)}{T} = 20\mathbf{i} - 40\mathbf{j}$$

$$\mathbf{n} = \frac{\sqrt{2}}{2}\mathbf{i} + \frac{\sqrt{2}}{2}\mathbf{j}$$

$$\overrightarrow{OB} = ?$$

☞ $\overrightarrow{OA} + \overrightarrow{OB} = \overset{(n)}{T}$

$$\overrightarrow{OB} = \overset{(n)}{T} - \overrightarrow{OA}$$

$$\overrightarrow{OA} = \left|\overrightarrow{OA}\right|\mathbf{n} = (\overset{(n)}{T}\cdot\mathbf{n})\mathbf{n} = (10\sqrt{2} - 20\sqrt{2})\times(\frac{\sqrt{2}}{2}\mathbf{i} + \frac{\sqrt{2}}{2}\mathbf{j})$$

$$\overrightarrow{OA} = -10\mathbf{i} - 10\mathbf{j}$$

$$\overrightarrow{OB} = (20\mathbf{i} - 40\mathbf{j}) - (-10\mathbf{i} - 10\mathbf{j}) = 30\mathbf{i} - 30\mathbf{j}$$

Example of vector calculus

- For two given vectors **a** and **b**, calculate the vector starting from the end of vector **b** and perpendicularly ending onto the vector **a**.

$$\mathbf{a} = 12\mathbf{i} - 3\mathbf{j} + 4\mathbf{k}$$

$$\mathbf{b} = -2\mathbf{i} + 3\mathbf{j} + 5\mathbf{k}$$

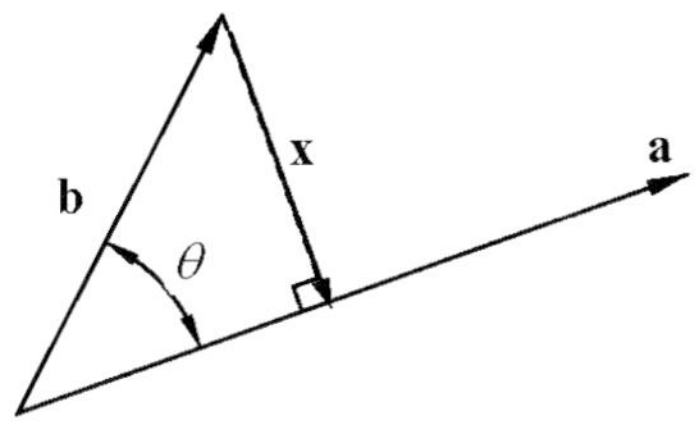

☞ Calculate $\mathbf{u}_a$, the unit vector of **a**.

$$\mathbf{u}_a = \frac{12\mathbf{i} - 3\mathbf{j} + 4\mathbf{k}}{\sqrt{12^2 + 3^2 + 4^2}} = \frac{12}{13}\mathbf{i} - \frac{3}{13}\mathbf{j} + \frac{4}{13}\mathbf{k}$$

$$\mathbf{x} = \overrightarrow{BX} = \overrightarrow{OX} - \mathbf{b}$$

$$\overrightarrow{OX} = \left|\overrightarrow{OX}\right|\mathbf{u}_a = \overline{OX}\mathbf{u}_a$$

$$\overline{OX} = \mathbf{u}_a \cdot \mathbf{b} = \left|\mathbf{b}\right|\cos\theta = -\frac{24}{13} - \frac{9}{13} + \frac{20}{13} = -1$$

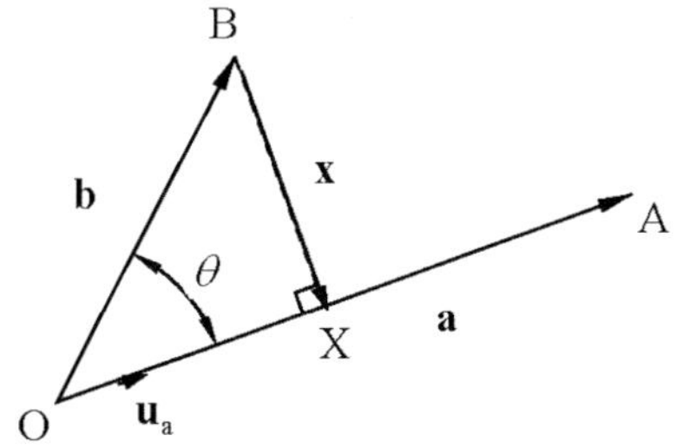

$$\mathbf{x} = -1\times(\frac{12}{13}\mathbf{i} - \frac{3}{13}\mathbf{j} + \frac{4}{13}\mathbf{k}) - (-2\mathbf{i} + 3\mathbf{j} + 5\mathbf{k}) = \frac{14}{13}\mathbf{i} - \frac{36}{13}\mathbf{j} - \frac{69}{13}\mathbf{k}$$

Example of vector calculus

Calculate σ_T in the three-dimensional space.

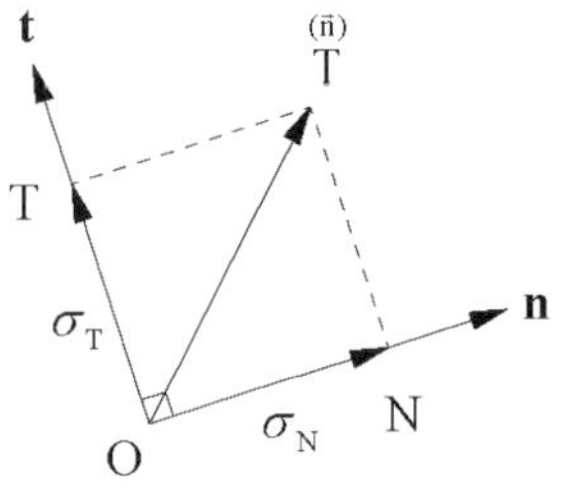

$$\overset{(\mathbf{n})}{T} = 27\mathbf{i} - 18\mathbf{j} + 36\mathbf{k}$$

$$\mathbf{n} = \frac{\sqrt{3}}{3}\mathbf{i} + \frac{\sqrt{3}}{3}\mathbf{j} + \frac{\sqrt{3}}{3}\mathbf{k}$$

$$\sigma_T = ?$$

$$\overrightarrow{ON} + \overrightarrow{OT} = \overset{(\mathbf{n})}{T}$$

$$\sigma_T = \left|\overrightarrow{OT}\right| = \left|\overset{(\mathbf{n})}{T} - \overrightarrow{ON}\right|$$

$$\overrightarrow{ON} = \left|\overrightarrow{ON}\right|\mathbf{n} = (\overset{(\mathbf{n})}{T} \cdot \mathbf{n})\mathbf{n} = (9\sqrt{3} - 6\sqrt{3} + 12\sqrt{3}) \times (\frac{\sqrt{3}}{3}\mathbf{i} + \frac{\sqrt{3}}{3}\mathbf{j} + \frac{\sqrt{3}}{3}\mathbf{k}) = 15\mathbf{i} + 15\mathbf{j} + 15\mathbf{k}$$

$$\sigma_T = \left|(27\mathbf{i} - 18\mathbf{j} + 36\mathbf{k}) - (15\mathbf{i} + 15\mathbf{j} + 15\mathbf{k})\right| = \left|12\mathbf{i} - 33\mathbf{j} + 21\mathbf{k}\right|$$

$$\sigma_T = 40.915$$

5.1.2 Matrix and linear algebra

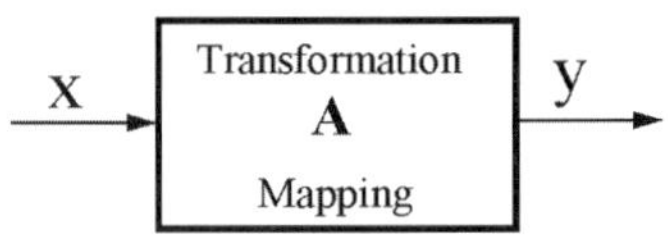

Definition of matrix and terminology

- Matrix: Rectangular array of numbers, called elements

O $m \times n$ matrix : $\mathbf{A} = [a_{ij}] = \begin{bmatrix} a_{11} & a_{12} & \cdots & a_{1n} \\ a_{21} & a_{22} & \cdots & a_{2n} \\ \cdot & \cdot & \cdots & \cdot \\ a_{m1} & a_{m2} & \cdots & a_{mn} \end{bmatrix}$

O Upper triangular matrix

$$\mathrm{U} = \begin{bmatrix} a_{11} & a_{12} & \cdots & a_{1n} \\ 0 & a_{22} & \cdots & a_{2n} \\ \cdot & \cdot & \cdots & \cdot \\ 0 & 0 & \cdots & a_{nn} \end{bmatrix}$$

- Terminologies :

O Row vector : $1 \times n$ matix

O Column vector : $m \times 1$ matrix

O Square matrix : $n \times n$ matrix

O Off-diagonal term : a_{ij} $(i \neq j)$

O Diagonal term : a_{ii} $(i = 1, 2, \cdots, n)$ for an $n \times n$ square matrix

O Lower triangular matrix

$$\mathrm{L} = \begin{bmatrix} a_{11} & 0 & \cdots & 0 \\ a_{21} & a_{22} & \cdots & 0 \\ \cdot & \cdot & \cdots & \cdot \\ a_{n2} & a_{n2} & \cdots & a_{nn} \end{bmatrix}$$

O Zero matrix

$$\mathbf{0} = \begin{bmatrix} 0 & 0 & \cdots & 0 \\ 0 & 0 & \cdots & 0 \\ \cdot & \cdot & \cdots & \cdot \\ 0 & 0 & \cdots & 0 \end{bmatrix}$$

O Diagonal matrix

$$\mathbf{D} = \begin{bmatrix} a_{11} & 0 & \cdots & 0 \\ 0 & a_{22} & \cdots & 0 \\ \cdot & \cdot & \cdots & \cdot \\ 0 & 0 & \cdots & a_{nn} \end{bmatrix}$$

O Unit (identity) matrix

$$\mathbf{I} = [\delta_{ij}] = \begin{bmatrix} 1 & 0 & \cdots & 0 \\ 0 & 1 & \cdots & 0 \\ \cdot & \cdot & \cdots & \cdot \\ 0 & 0 & \cdots & 1 \end{bmatrix}$$

Kronecker delta

Definition of terminologies continued

O **Submatrix**: A matrix made by deleting some rows or columns from the original matrix

O **Principal submatrix**: A submatrix made by deleting simultaneously some i-th row(s) and the same i-th column(s) of a square matrix

O **Transpose of a matrix $\mathbf{A}$, $\mathbf{A}^{\mathrm{T}}$** : A matrix of which (i,j) component is equal to the (j,i) component of matrix $\mathbf{A}$, $a_{ij}^{T} = a_{ji}$

$$\begin{bmatrix} a_{11} & a_{12} & \cdots & a_{1n} \\ a_{21} & a_{22} & \cdots & a_{2n} \\ \cdot & \cdot & \cdots & \cdot \\ a_{m1} & a_{m2} & \cdots & a_{mn} \end{bmatrix}^{\mathrm{T}} = \begin{bmatrix} a_{11} & a_{21} & \cdots & a_{m1} \\ a_{12} & a_{22} & \cdots & a_{m2} \\ \cdot & \cdot & \cdots & \cdot \\ a_{1n} & a_{2n} & \cdots & a_{mn} \end{bmatrix}$$

O **Symmetric matrix**: $\mathbf{A}^{\mathrm{T}} = \mathbf{A}$, $a_{ij} = a_{ji}$

O **Skew-symmetric matrix**: $\mathbf{A}^{\mathrm{T}} = -\mathbf{A}$, $a_{ij} = -a_{ji}$

O **Rank**: Number of independent rows = number of independent columns

O **Singular matrix**: n square matrix of which rank is less than n

$$\mathrm{A} = \begin{bmatrix} 1 & 1 & 3 \\ 2 & 0 & 2 \\ 3 & 1 & 5 \end{bmatrix}$$

Rank(**A**) = 2

Principal submatrix

$$\begin{bmatrix} a_{11} & a_{12} & a_{13} \\ a_{21} & a_{22} & a_{23} \\ a_{31} & a_{32} & a_{33} \end{bmatrix} \begin{bmatrix} a_{22} & a_{23} \\ a_{32} & a_{33} \end{bmatrix} \begin{bmatrix} a_{11} & a_{13} \\ a_{31} & a_{33} \end{bmatrix} \begin{bmatrix} a_{11} & a_{12} \\ a_{21} & a_{22} \end{bmatrix} [a_{11}]\ [a_{22}]\ [a_{33}]$$

Skew-symmetric

$$\begin{bmatrix} 0 & -a_{12} & \cdots & -a_{1n} \\ a_{12} & 0 & \cdots & -a_{2n} \\ \cdot & \cdot & \cdots & \cdot \\ a_{1n} & a_{2n} & \cdots & 0 \end{bmatrix}$$

Symmetric

$$\begin{bmatrix} a_{11} & a_{12} & \cdots & a_{1n} \\ a_{12} & a_{22} & \cdots & a_{2n} \\ \cdot & \cdot & \cdots & \cdot \\ a_{1n} & a_{2n} & \cdots & a_{nn} \end{bmatrix}$$

Matrix and vector

Expression of mxn matrix using m row vectors or n column vectos

$$\mathbf{A}=\left[a_{ij}\right]=\begin{pmatrix} a_{11} & a_{12} & a_{1n} \\ a_{21} & a_{22} & a_{2n} \\ \vdots & \vdots & \\ a_{m1} & a_{m2} & a_{mn} \end{pmatrix}=\begin{pmatrix} \mathbf{a}_1^T \\ \mathbf{a}_2^T \\ \mathbf{a}_m^T \end{pmatrix}=(\mathbf{b}_1, \mathbf{b}_2, \cdots \mathbf{b}_n) \qquad \mathbf{a}_i=\begin{pmatrix} a_{i1} \\ a_{i2} \\ \vdots \\ a_{in} \end{pmatrix} \qquad \mathbf{b}_j=\begin{pmatrix} a_{1j} \\ a_{2j} \\ \vdots \\ a_{mj} \end{pmatrix}$$

Addition of matrixes and multiplication of real number and matrix

Definition of matrixes

○ $\mathbf{C} \equiv \mathbf{A}+\mathbf{B} \ \rightarrow \ c_{ij} \equiv a_{ij}+b_{ij}$

Multiplication of real number and matrix

○ $\mathbf{C} \equiv \alpha\mathbf{A} \ \rightarrow \ c_{ij} \equiv \alpha a_{ij}$

Properties

○ $\mathbf{A}+\mathbf{B}=\mathbf{B}+\mathbf{A}$ $\qquad a_{ij}+b_{ij} \equiv b_{ij}+a_{ij} \Leftrightarrow \mathbf{A}+\mathbf{B}=\mathbf{B}+\mathbf{A}$

○ $\mathbf{A}+(\mathbf{B}+\mathbf{C})=(\mathbf{A}+\mathbf{B})+\mathbf{C}$

○ $\mathbf{A}+\mathbf{0}=\mathbf{A}$ ○ $\mathbf{A}+(-\mathbf{A})=\mathbf{0}$

○ $\alpha(\mathbf{A}+\mathbf{B})=\alpha\mathbf{A}+\alpha\mathbf{B}$

○ $(\alpha+\beta)\mathbf{A}=\alpha\mathbf{A}+\beta\mathbf{A}$

○ $\alpha(\beta\mathbf{A})=(\alpha\beta)\mathbf{A}$ ○ $1\mathbf{A}=\mathbf{A}$

○ $(\mathbf{A}+\mathbf{B})^{\mathrm{T}}=\mathbf{A}^{\mathrm{T}}+\mathbf{B}^{\mathrm{T}}$ ○ $(\alpha\mathbf{A})^{\mathrm{T}}=\alpha\mathbf{A}^{\mathrm{T}}$

Product of matrixes

Definition of product of matrixes **A** and B

- $\mathbf{C}=\mathbf{A}\,\mathbf{B}$: Product of $m\times p$ matrix $\mathbf{A}=[a_{ij}]$ and $q\times n$ matrix $\mathbf{B}=[b_{ij}]$
  - $p=q\equiv l$ is the essential requirement for c_{ij} to be defined.
  - $c_{ij}=\sum_{k=1}^{l}a_{ik}b_{kj}=\mathbf{a}_i\cdot\mathbf{b}_j=\mathbf{a}_i^{\mathrm{T}}\mathbf{b}_j$

$$i\begin{pmatrix} & \vdots & \\ \cdots\cdots & c_{ij} & \cdots \\ & \vdots & \end{pmatrix}^{j} = i\begin{pmatrix} \vdots & \vdots & \vdots & & \vdots \\ a_{i1} & a_{i2} & a_{i3} & \cdots & a_{il} \\ \vdots & \vdots & \vdots & & \vdots \end{pmatrix}\begin{pmatrix} \cdots b_{1j}\cdots \\ \cdots b_{2j}\cdots \\ \cdots b_{3j}\cdots \\ \vdots \\ \cdots b_{lj}\cdots \end{pmatrix}^{j}$$

$m\times n$ **matrix** $\quad m\times l$ **matrix** $\quad l\times n$ **matrix**

Properties of matrix product

- $(\alpha\mathbf{A})\mathbf{B}=\alpha(\mathbf{AB})=\mathbf{A}(\alpha\mathbf{B})$
- $\mathbf{A}(\mathbf{BC})=(\mathbf{AB})\mathbf{C}$
- $(\mathbf{A}+\mathbf{B})\mathbf{C}=\mathbf{AC}+\mathbf{BC}$
- $\mathbf{A}(\mathbf{B}+\mathbf{C})=\mathbf{AB}+\mathbf{AC}$
- $(\mathbf{AB})^{\mathrm{T}}=\mathbf{B}^{\mathrm{T}}\mathbf{A}^{\mathrm{T}}$
- In general, $\mathbf{AB}\neq\mathbf{BA}$ **and** $\mathbf{AB}=\mathbf{0}$ **does not always mean** $\mathbf{A}=\mathbf{0}$ **or** $\mathbf{B}=\mathbf{0}$
- $\mathbf{IA}=\mathbf{A},\ \mathbf{AI}=\mathbf{A},\ \mathbf{Ix}=\mathbf{x}$

Eaxmple: Show $(\mathbf{AB})^{\mathrm{T}}=\mathbf{B}^{\mathrm{T}}\mathbf{A}^{\mathrm{T}}$ using the following two matrixes

$$\mathbf{A}=\begin{bmatrix}1&-2&-4\\2&-5&3\\4&1&3\end{bmatrix},\quad \mathbf{B}=\begin{bmatrix}5&-2\\2&-1\\0&2\end{bmatrix}$$

☞ $\mathbf{AB}=\begin{bmatrix}1&-8\\0&7\\22&-3\end{bmatrix}$ gives $(\mathbf{AB})^{\mathrm{T}}=\begin{bmatrix}1&0&22\\-8&7&-3\end{bmatrix}$,

$\mathbf{B}^{\mathrm{T}}\mathbf{A}^{\mathrm{T}}=\begin{bmatrix}5&2&0\\-2&-1&2\end{bmatrix}\begin{bmatrix}1&2&4\\-2&-5&1\\-4&3&3\end{bmatrix}=\begin{bmatrix}1&0&22\\-8&7&-3\end{bmatrix}$. Therefore $(\mathbf{AB})^{\mathrm{T}}=\mathbf{B}^{\mathrm{T}}\mathbf{A}^{\mathrm{T}}$.

Role of matrix

Role of matrix : $\mathbf{Ax}=\mathbf{y}$

- Mathematical operator
- Transfer function or transformation

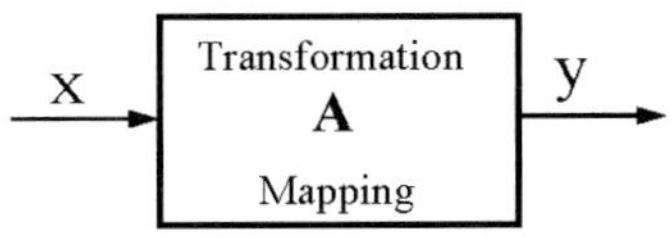

Law of coordinate transformation of a vector :

Transformation matrix

- $\begin{bmatrix}F_{x'}\\F_{y'}\end{bmatrix}=\begin{bmatrix}\cos\theta&\sin\theta\\-\sin\theta&\cos\theta\end{bmatrix}\begin{bmatrix}F_x\\F_y\end{bmatrix}\qquad \mathbf{T}=\begin{bmatrix}\cos\theta&\sin\theta\\-\sin\theta&\cos\theta\end{bmatrix}$

$$\begin{aligned}F_{x'}\cos\theta&=F_x+F_{y'}\sin\theta\\F_{y'}\cos\theta&=F_y-F_{x'}\sin\theta\end{aligned}\ \rightarrow\ \begin{pmatrix}F_x\\F_y\end{pmatrix}=\begin{pmatrix}\cos\theta-\sin\theta\\\sin\theta+\cos\theta\end{pmatrix}\begin{pmatrix}F_{x'}\\F_{y'}\end{pmatrix}$$

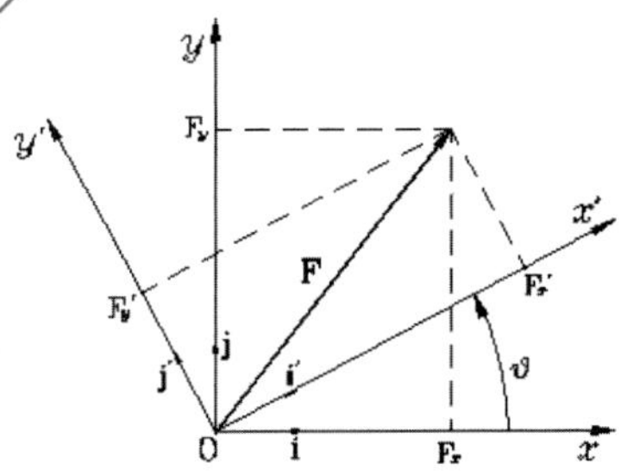

<Coordinate transformation>

- Transformation matrix $\mathbf{T}=[\mathbf{t}_1,\mathbf{t}_2]\quad \mathbf{t}_1=[\cos\theta,-\sin\theta]^{\mathrm{T}}\ \ \mathbf{t}_2=[\sin\theta,\cos\theta]^{\mathrm{T}}$

  $|\mathbf{t}_1|=|\mathbf{t}_2|=1,\quad \mathbf{t}_1\cdot\mathbf{t}_2=0\ \leftarrow$ **Orthonormal matrix**

  $\mathbf{T}^{-1}=\mathbf{T}^{\mathrm{T}}$

Inverse matrix

$$\begin{bmatrix}\cos\theta&\sin\theta\\-\sin\theta&\cos\theta\end{bmatrix}^{-1}=\frac{1}{|\mathbf{T}|}\begin{bmatrix}\cos\theta&-\sin\theta\\\sin\theta&\cos\theta\end{bmatrix}=\begin{bmatrix}\cos\theta&-\sin\theta\\\sin\theta&\cos\theta\end{bmatrix}=\mathbf{T}^{\mathrm{T}}$$

- $\begin{bmatrix}\mathbf{i}'\\\mathbf{j}'\end{bmatrix}=\begin{bmatrix}\cos\theta&-\sin\theta\\\sin\theta&\cos\theta\end{bmatrix}\begin{bmatrix}\mathbf{i}\\\mathbf{j}\end{bmatrix}$

Application of the role of matrix

Matrix in mechanics

○ Displacement-load relation

$$\frac{L}{AE}\begin{bmatrix} 1 & -1 \\ -1 & 2\sqrt{2}+1 \end{bmatrix}\begin{bmatrix} Q \\ P \end{bmatrix} = \begin{bmatrix} u_x \\ u_y \end{bmatrix} \qquad \mathbf{AF=U}$$

$$\frac{AE}{2\sqrt{2}L}\begin{bmatrix} 2\sqrt{2}+1 & 1 \\ 1 & 1 \end{bmatrix}\begin{bmatrix} u_x \\ u_y \end{bmatrix} = \begin{bmatrix} Q \\ P \end{bmatrix} \qquad \mathbf{KU=F}$$

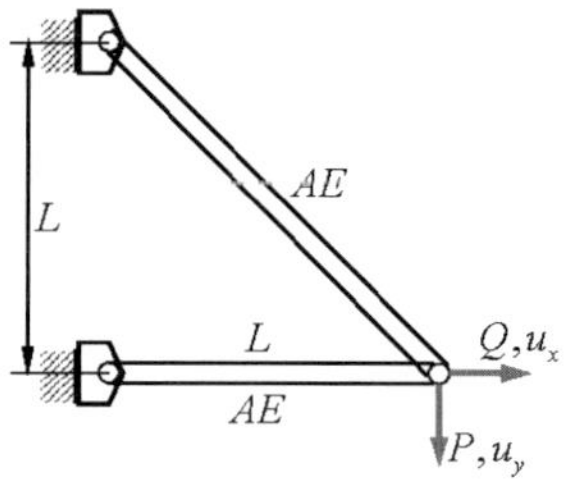

○ Displacement-load relation

$$\frac{\partial \sigma_{xx}}{\partial x} + \frac{\partial \sigma_{yx}}{\partial y} + \frac{\partial \sigma_{zx}}{\partial z} + f_x = 0$$
$$\frac{\partial \sigma_{xy}}{\partial x} + \frac{\partial \sigma_{yy}}{\partial y} + \frac{\partial \sigma_{zy}}{\partial z} + f_y = 0$$
$$\frac{\partial \sigma_{xz}}{\partial x} + \frac{\partial \sigma_{yz}}{\partial y} + \frac{\partial \sigma_{zz}}{\partial z} + f_z = 0$$

Approximate approach to differential equation
+ Finite element approximation

$$\longrightarrow \mathbf{KU} = \mathbf{F}, \qquad (\mathbf{K} - \omega^2 \mathbf{M})\mathbf{U} = 0$$

Stiffness matrix, Displacement vecor, Load vector

Expression of the second order of tensor

Stress tensor

$$\sigma_{ij} = \begin{pmatrix} \sigma_{xx} & \sigma_{xy} & \sigma_{xz} \\ \sigma_{yx} & \sigma_{yy} & \sigma_{yz} \\ \sigma_{zx} & \sigma_{zy} & \sigma_{zz} \end{pmatrix}$$

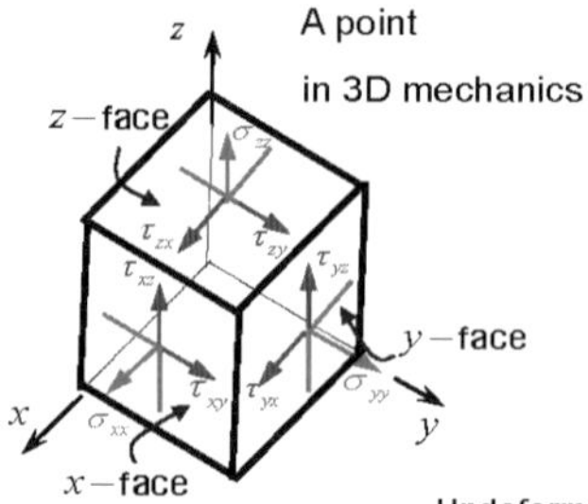

Stress tensor

$$\varepsilon_{ij} = \begin{pmatrix} \varepsilon_{xx} & \varepsilon_{xy} & \varepsilon_{xz} \\ \varepsilon_{yx} & \varepsilon_{yy} & \varepsilon_{yz} \\ \varepsilon_{zx} & \varepsilon_{zy} & \varepsilon_{zz} \end{pmatrix}$$

Coordinate transformation

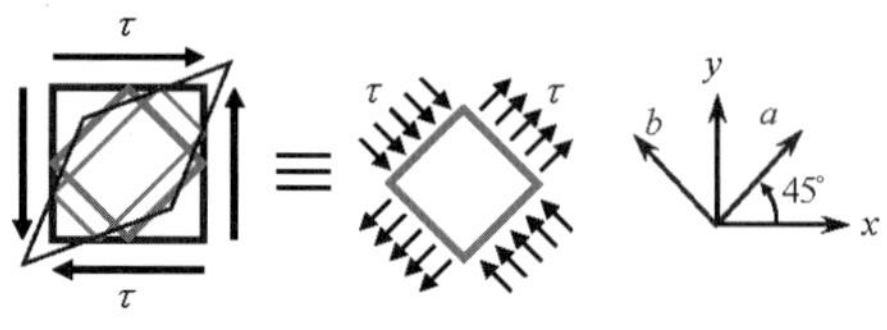

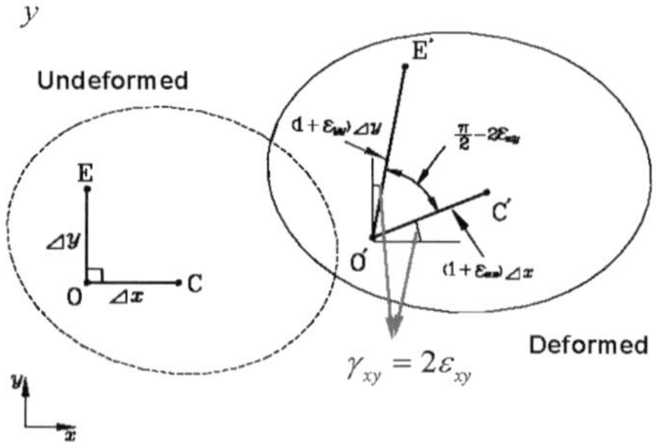

$$\begin{pmatrix} \tau & 0 \\ 0 & \tau \end{pmatrix} = \begin{pmatrix} 1/\sqrt{2} & 1/\sqrt{2} \\ -1/\sqrt{2} & 1/\sqrt{2} \end{pmatrix}\begin{pmatrix} 0 & \tau \\ \tau & 0 \end{pmatrix}\begin{pmatrix} 1/\sqrt{2} & -1/\sqrt{2} \\ 1/\sqrt{2} & 1/\sqrt{2} \end{pmatrix}$$

$$\begin{pmatrix} \sigma_{x'} & \tau_{x'y'} \\ \tau_{y'x'} & \sigma_{y'} \end{pmatrix} = \begin{pmatrix} \cos\theta & \sin\theta \\ -\sin\theta & \cos\theta \end{pmatrix}\begin{pmatrix} \sigma_x & \tau_{xy} \\ \tau_{yx} & \sigma_y \end{pmatrix}\begin{pmatrix} \cos\theta & -\sin\theta \\ \sin\theta & \cos\theta \end{pmatrix} \qquad \begin{pmatrix} \varepsilon_{x'} & \varepsilon_{x'y'} \\ \varepsilon_{y'x'} & \varepsilon_{y'} \end{pmatrix} = \begin{pmatrix} \cos\theta & \sin\theta \\ -\sin\theta & \cos\theta \end{pmatrix}\begin{pmatrix} \varepsilon_x & \varepsilon_{xy} \\ \varepsilon_{yx} & \varepsilon_y \end{pmatrix}\begin{pmatrix} \cos\theta & -\sin\theta \\ \sin\theta & \cos\theta \end{pmatrix}$$

Determinant of a matrix

- Determinant of a 2×2 matrix:

$$\begin{pmatrix} a_{11} & a_{12} \\ a_{21} & a_{22} \end{pmatrix}\begin{pmatrix} x_1 \\ x_2 \end{pmatrix} = \begin{pmatrix} b_1 \\ b_2 \end{pmatrix} \qquad \mathbf{Ax} = \mathbf{b}$$

O $D = \det \mathbf{A} = \begin{vmatrix} a_{11} & a_{12} \\ a_{21} & a_{22} \end{vmatrix} = a_{11}a_{22} - a_{12}a_{21}$

$$\begin{pmatrix} x_1 \\ x_2 \end{pmatrix} = \frac{1}{a_{11}a_{22} - a_{12}a_{21}}\begin{pmatrix} a_{22} & -a_{12} \\ -a_{21} & a_{11} \end{pmatrix}\begin{pmatrix} b_1 \\ b_2 \end{pmatrix} = \frac{1}{\det \mathbf{A}}\begin{pmatrix} a_{22}b_1 - a_{12}b_2 \\ -a_{21}b_1 + a_{11}b_2 \end{pmatrix}$$

- Determinant of a 3×3 matrix :

O $D = \det \mathbf{A} = \begin{vmatrix} a_{11} & a_{12} & a_{13} \\ a_{21} & a_{22} & a_{23} \\ a_{31} & a_{32} & a_{33} \end{vmatrix} = a_{11}\begin{vmatrix} a_{22} & a_{23} \\ a_{32} & a_{33} \end{vmatrix} - a_{12}\begin{vmatrix} a_{21} & a_{23} \\ a_{31} & a_{33} \end{vmatrix} + a_{13}\begin{vmatrix} a_{21} & a_{22} \\ a_{31} & a_{32} \end{vmatrix}$

If $\det \mathbf{A} = 0.0$, $\mathbf{A}$ is singular.

- Determinant of an n×n matrix :

O $D = \det \mathbf{A} = \begin{vmatrix} a_{11} & a_{12} & \cdots & a_{1n} \\ a_{21} & a_{22} & \cdots & a_{2n} \\ \vdots & & & \vdots \\ a_{n1} & a_{n2} & \cdots & a_{nn} \end{vmatrix} = a_{11}\begin{vmatrix} a_{22} & a_{23} & \cdots & a_{2n} \\ a_{32} & a_{33} & \cdots & a_{3n} \\ \vdots & & & \vdots \\ a_{n2} & a_{n3} & \cdots & a_{nn} \end{vmatrix} - a_{12}\begin{vmatrix} a_{21} & a_{22} & \cdots & a_{2n} \\ a_{31} & a_{33} & \cdots & a_{3n} \\ \vdots & & & \vdots \\ a_{n1} & a_{n3} & \cdots & a_{nn} \end{vmatrix} + \cdots = a_{11}\mathrm{M}_{11} - a_{12}\mathrm{M}_{12}\cdots$

$= a_{11}\mathrm{C}_{11} + a_{12}\mathrm{C}_{12} + \cdots$

O $D = \sum_{i=1}^{n} a_{ji}C_{ji} = \sum_{i=1}^{n} a_{ij}C_{ij} \qquad (j = 1, 2, \cdots, n), \quad C_{ij} = (-1)^{i+j}M_{ij} \quad (C_{ij}$: cofactor)

O $D = \sum_{i=1}^{n} (-1)^{i+j} a_{ji}M_{ji} = \sum_{i=1}^{n} (-1)^{i+j} a_{ij}M_{ij}$

O M_{ij}: **Minor**, Determinant of the (***n***-1)×(***n***-1) submatrix, *i*-row and *j*-column were removed.

Characteristics of determinant of matrix

- Characteristics

① $|\mathbf{A}| = |\mathbf{A}^{\mathrm{T}}|$

② $|\mathbf{AB}| = |\mathbf{BA}| = |\mathbf{A}||\mathbf{B}|$

③ If a row or a column of a matrix is multiplied by *c*, determinant of the newly formed matrix is c-multiple of the original value.

④ When two rows (or columns) are changed, the resulting determinant becomes negative of the original value.

⑤ When a row (or column) is added by any other row (or column) multiplied by a constant, the resulting determinant does not change.

⑥ When row vectors (or column vectors) of a matrix are linearly dependent, its determinant vanishes.

- Applications

$$D = \det \mathbf{A} = \begin{vmatrix} a_{11} & a_{12} & a_{13} \\ a_{21} & a_{22} & a_{23} \\ a_{31} & a_{32} & a_{33} \end{vmatrix} = a_{11}\begin{vmatrix} a_{22} & a_{23} \\ a_{32} & a_{33} \end{vmatrix} - a_{21}\begin{vmatrix} a_{12} & a_{13} \\ a_{32} & a_{33} \end{vmatrix} + a_{31}\begin{vmatrix} a_{12} & a_{13} \\ a_{22} & a_{23} \end{vmatrix}$$

① $D' = \det \mathbf{A}' = \begin{vmatrix} a_{11} & a_{12} & a_{13} \\ ca_{21} & ca_{22} & ca_{23} \\ a_{31} & a_{32} & a_{33} \end{vmatrix} = c\det \mathbf{A}$

② $D'' = \det \mathbf{A}'' = \begin{vmatrix} a_{11} & a_{12} & a_{13} \\ a_{31} & a_{32} & a_{33} \\ a_{21} & a_{22} & a_{23} \end{vmatrix} = -\det \mathbf{A}$

③ $\tilde{D} = \det \tilde{\mathbf{A}} = \begin{vmatrix} a_{11} & a_{12} & a_{13} \\ a_{21} & a_{22} & a_{23} \\ 2a_{11} + a_{21} & 2a_{12} + a_{22} & 2a_{13} + a_{23} \end{vmatrix} = 0$

Quadratic form and kind of matrices

- Quadratic form: $f = \frac{1}{2}\mathbf{x}^T\mathbf{A}\mathbf{x}$ $\quad U = \frac{1}{2}\mathbf{u}^T\mathbf{K}\mathbf{u},\ K = \frac{1}{2}\mathbf{v}^T\mathbf{M}\mathbf{v}$
- Positive definiteness of $\mathbf{A}$
  ① When all eigenvalues are positive.
  $\begin{bmatrix} a_{11} & a_{12} & a_{13} \\ a_{21} & a_{22} & a_{23} \\ a_{31} & a_{32} & a_{33} \end{bmatrix} \begin{bmatrix} a_{22} & a_{23} \\ a_{32} & a_{33} \end{bmatrix} \begin{bmatrix} a_{11} & a_{13} \\ a_{31} & a_{33} \end{bmatrix} \begin{bmatrix} a_{11} & a_{12} \\ a_{21} & a_{22} \end{bmatrix} [a_{11}]\ [a_{22}]\ [a_{33}]$
  ② When determinants of all principal submatrices are all positive.
  $\begin{bmatrix} a_{11} & a_{12} & a_{13} \\ a_{21} & a_{22} & a_{23} \\ a_{31} & a_{32} & a_{33} \end{bmatrix} \begin{bmatrix} a_{22} & a_{23} \\ a_{32} & a_{33} \end{bmatrix} [a_{33}]$
  ③ $\mathbf{x}^T\mathbf{A}\mathbf{x} \geq 0$ for any $\mathbf{x}$ and $\mathbf{x}^T\mathbf{A}\mathbf{x} = 0$ only when $\mathbf{x} = \mathbf{0}$.
- Positive semi-definiteness of $\mathbf{A}$
  ① When all eigenvalues are non-negative.
  Positive definite
  $(x_1 - x_2)^2 + x_2^2 = (x_1, x_2)\begin{bmatrix} 1 & -1 \\ -1 & 2 \end{bmatrix}\begin{bmatrix} x_1 \\ x_2 \end{bmatrix}$
  ② When determinants of all principal submatrices are all non-negative.
  ③ $\mathbf{x}^T\mathbf{A}\mathbf{x} \geq 0$ for any $\mathbf{x}$.
- Positive definiteness of $\mathbf{A}$ = Negative definiteness of $-\mathbf{A}$

Positive semi-definite

$$(x_1 - x_2)^2 + (x_2 - x_3)^2 = (x_1, x_2, x_3)\begin{bmatrix} 1 & -1 & 0 \\ -1 & 2 & -1 \\ 0 & -1 & 1 \end{bmatrix}\begin{bmatrix} x_1 \\ x_2 \\ x_3 \end{bmatrix} \quad \begin{vmatrix} 1 & -1 & 0 \\ -1 & 2 & -1 \\ 0 & -1 & 1 \end{vmatrix} = 0 \quad \begin{vmatrix} 2 & -1 \\ -1 & 1 \end{vmatrix} = 1$$

Inverse matrix

- Inverse matrix of $n \times n$ matrix A: A^{-1}
  O $\mathbf{A}\mathbf{A}^{-1} = \mathbf{I}$ or $\mathbf{A}^{-1}\mathbf{A} = \mathbf{I}$
  O $\mathbf{A}^{-1} = \frac{1}{\det \mathbf{A}}[C_{ij}]^T = \frac{1}{\det \mathbf{A}}[A_{ij}]^*$
  $[A_{ij}]^* = [C_{ij}]^T$: Adjoint of matrix $\mathbf{A}$
  $$[A_{ij}]^* = \begin{bmatrix} C_{11} & C_{21} & \cdots & C_{n1} \\ C_{12} & C_{22} & \cdots & C_{n2} \\ \cdot & \cdot & \cdots & \cdot \\ C_{1n} & C_{2n} & \cdots & C_{nn} \end{bmatrix}$$
- Inverse of matrix A multiplied by B
  O $(\mathbf{A}\mathbf{B})^{-1} = \mathbf{B}^{-1}\mathbf{A}^{-1}$
  O $(\mathbf{A}\mathbf{B}\mathbf{C}\mathbf{D}\cdots)^{-1} = \cdots\mathbf{D}^{-1}\mathbf{C}^{-1}\mathbf{B}^{-1}\mathbf{A}^{-1}$
- Linear equation
  O $\mathbf{A}\mathbf{x} = \mathbf{b}$
  O $\mathbf{A}^{-1}\mathbf{A}\mathbf{x} = \mathbf{A}^{-1}\mathbf{b},\ \mathbf{I}\mathbf{x} = \mathbf{A}^{-1}\mathbf{b},\ \mathbf{x} = \mathbf{A}^{-1}\mathbf{b}$

※ **Kronecker delta**

$$\delta_{ij} = \begin{cases} 1 & if\ i = j \\ 0 & if\ i \neq j \end{cases} \qquad \mathbf{I} = [\delta_{ij}] = \begin{bmatrix} 1 & 0 & \cdots & 0 \\ 0 & 1 & \cdots & 0 \\ \vdots & \vdots & \cdots & \vdots \\ 0 & 0 & \cdots & 1 \end{bmatrix}$$

- Orthonomal matrix and transformation matrix
  O If $\mathbf{A}\mathbf{A}^{-1} = \mathbf{D}$, i.e., diagonal matrix, the matrix $\mathbf{A}$ is **orthogonal matrix**.
  O If $\mathbf{A}\mathbf{A}^T = \mathbf{I},\ \mathbf{a}_i \cdot \mathbf{a}_j = \delta_{ij}$, the matrix $\mathbf{A}$ is **orthonomal matrix,** i.e., $\mathbf{A}^{-1} = \mathbf{A}^T$.
  O Transformation matrix is othonomal, i.e., $\mathbf{T}\mathbf{T}^T = \mathbf{I}$. Therefore, $\mathbf{T}^{-1} = \mathbf{T}^T$.

$$\begin{bmatrix} \cos\theta & \sin\theta \\ -\sin\theta & \cos\theta \end{bmatrix}^{-1} = \frac{1}{|\mathbf{T}|}\begin{bmatrix} \cos\theta & -\sin\theta \\ \sin\theta & \cos\theta \end{bmatrix} = \begin{bmatrix} \cos\theta & -\sin\theta \\ \sin\theta & \cos\theta \end{bmatrix} = \mathbf{T}^T \qquad \begin{pmatrix} 0.85 & -0.53 \\ 0.53 & 0.85 \end{pmatrix}\begin{pmatrix} 0.85 & 0.53 \\ -0.53 & 0.85 \end{pmatrix} = \begin{pmatrix} 1 & 0 \\ 0 & 1 \end{pmatrix}$$

Similarity transformation

- What is similarity transformation?

$$\begin{pmatrix} \sigma_{x'} & \tau_{x'y'} \\ \tau_{y'x'} & \sigma_{y'} \end{pmatrix} = \begin{pmatrix} \cos\theta & \sin\theta \\ -\sin\theta & \cos\theta \end{pmatrix} \begin{pmatrix} \sigma_x & \tau_{xy} \\ \tau_{yx} & \sigma_y \end{pmatrix} \begin{pmatrix} \cos\theta & -\sin\theta \\ \sin\theta & \cos\theta \end{pmatrix}$$

$$\tilde{\mathbf{A}} = \mathbf{RAR}^{-1}$$

- Characteristics of the similarity transformation
  - O Eigenvalues of $\tilde{\mathbf{A}}$ and $\mathbf{A}$ are identical.
  - O Relationship of eigenvectors : $\tilde{\mathbf{x}} = \mathbf{R}^{-1}\mathbf{x}$
    ($\mathbf{x}$: eigenvector of matrix $\mathbf{A}$, $\tilde{\mathbf{x}}$: eigenvector of matrix $\tilde{\mathbf{A}}$)

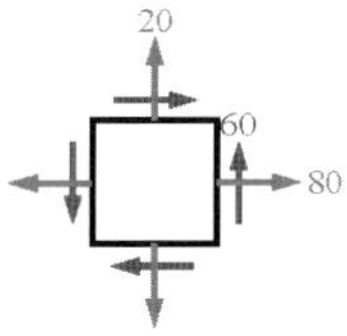

- Application of transformation matrix

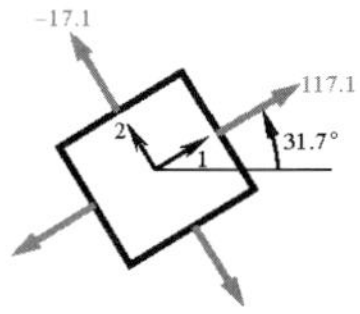

  - O $\sigma_{i'j'} = T_{i'p}T_{j'q}\sigma_{pq} = T_{i'p}\sigma_{pq}T_{j'q} \rightarrow [\sigma_{i'p'}] = [T_{i'p}][\sigma_{pq}][T_{j'q}]$

$$[\tilde{\sigma}] = [T][\sigma][T]^{\mathrm{T}} = [T][\sigma][T]^{-1}$$

$$\begin{bmatrix} 0.85 & -0.53 \\ 0.53 & 0.85 \end{bmatrix} \begin{bmatrix} 80 & 60 \\ 60 & 20 \end{bmatrix} \begin{bmatrix} 0.85 & 0.53 \\ -0.53 & 0.85 \end{bmatrix} = \begin{bmatrix} 117.1 & 0 \\ 0 & -17.1 \end{bmatrix}$$

Eigenvalue problem

- **Homogeneous linear equation:** $\mathbf{Ax} = \mathbf{0}$
  - O $\mathbf{x} = \mathbf{0}$: Trivial solution, meaningless solution
  - O IF $|\mathbf{A}| = 0$, there is $\mathbf{x} \neq 0$ but $\mathbf{Ax} = \mathbf{0}$.

$$\begin{matrix} x - 2y = 0 \\ x - cy = 0 \end{matrix} \rightarrow \begin{bmatrix} 1 & -2 \\ 1 & -c \end{bmatrix} \begin{bmatrix} x \\ y \end{bmatrix} = \begin{bmatrix} 0 \\ 0 \end{bmatrix}$$

$$\begin{vmatrix} 1 & -2 \\ 1 & -c \end{vmatrix} = 0 \rightarrow c = 2 \Rightarrow x : y = \frac{2\sqrt{5}}{5} : \frac{\sqrt{5}}{5}$$

- **Eigenvalue problem :** $\mathbf{Ax} = \lambda\mathbf{x}$ or $(\mathbf{A} - \lambda\mathbf{I})\mathbf{x} = \mathbf{0}$
  - O Rows or columns of the $n \times n$ matrix $(\mathbf{A} - \lambda\mathbf{I})$ should be linearly dependent.
  - O λ: **Eigenvalue** or **characteristic value**
  - O $\mathbf{x}$: **Eigenvector** or **characteristic vector**

- **Characteristic equation:** $|\mathbf{A} - \lambda\mathbf{I}| = 0$
  - O Requirement that rank of $\mathbf{A} - \lambda\mathbf{I}$ is less than n, or that $\mathbf{A} - \lambda\mathbf{I}$ is singular.
  - O Non-linear equation of order n.
  - O If the matrix $\mathbf{A}$ is symmetric, the n real-value solutions exist, i.e., $\lambda = \lambda_1, \lambda_2, \cdots, \lambda_n$

$$(\mathbf{A} - \lambda_i\mathbf{I})\mathbf{x}_i = \mathbf{0}$$

- **Orthogonality of eigenvectors :** $\mathbf{x}_i \cdot \mathbf{x}_j = 0$
  - O $\mathbf{Ax}_i = \lambda_i\mathbf{x}_i$, $\mathbf{Ax}_j = \lambda_j\mathbf{x}_i \rightarrow \mathbf{x}_j^T\mathbf{Ax}_i = \lambda_i\mathbf{x}_j^T\mathbf{x}_i$, $(\mathbf{x}_i^T\mathbf{Ax}_j) = \lambda_j\mathbf{x}_i^T\mathbf{x}_j$
  - O $\mathbf{x}_j^T(\mathbf{A} - \mathbf{A}^{\mathrm{T}})\mathbf{x}_i = (\lambda_i - \lambda_j)\mathbf{x}_i \cdot \mathbf{x}_j$
  - O If $\mathbf{A} - \mathbf{A}^{\mathrm{T}} = \mathbf{0}$, $(\lambda_i - \lambda_j)\mathbf{x}_i \cdot \mathbf{x}_j = 0 \rightarrow \mathbf{x}_i \cdot \mathbf{x}_j = 0$

Eigenvalue problem – buckling

Problem

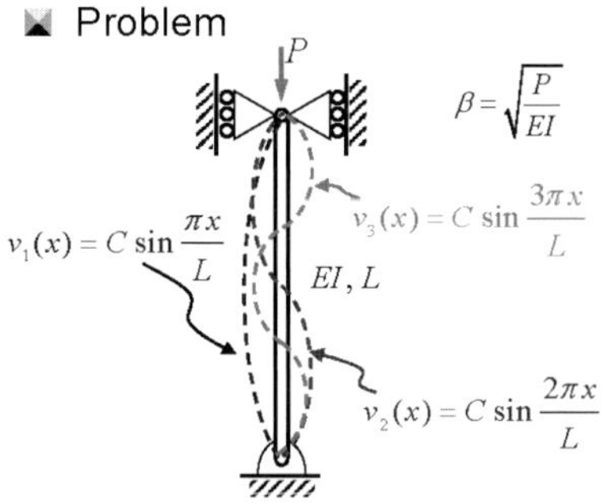

O GE and homegeneous solution

$$v^{(4)}(x)+\frac{P}{EI}v''(x)=0,\ \beta^2=\frac{P}{EI}$$

$$v(x)=C_1+C_2x+C_3\sin\beta x+C_4\cos\beta x$$

O BCs

$$v(0)=0,\quad v(L)=0$$

$$M_b(0)=0\ \rightarrow\ v''(0)=0$$

$$M_b(L)=0\ \rightarrow v''(L)=0$$

O Solving $\quad v''(x)=-C_3\beta^2\sin\beta x-C_4\beta^2\cos\beta x$

$$v(0)=C_1+C_4=0$$

$$v(L)=C_1+C_2L+C_3\sin\beta L+C_4\cos\beta L=0$$

$$v''(0)=-C_4\beta^2=0$$

$$v''(L)=-C_3\beta^2\sin\beta L-C_4\beta^2\cos\beta L=0$$

$$\begin{bmatrix}1&0&0&1\\1&L&\sin\beta L&\cos\beta L\\0&0&0&\beta^2\\0&0&\beta^2\sin\beta L&\beta^2\cos\beta L\end{bmatrix}\begin{bmatrix}C_1\\C_2\\C_3\\C_4\end{bmatrix}=\begin{bmatrix}0\\0\\0\\0\end{bmatrix}$$

$$\sin\beta L=0\rightarrow\beta L=n\pi\rightarrow\beta=n\pi/L(n=1,2,\cdots,\infty)$$

$$v(x)=C_3\sin\beta x$$

$$\sqrt{\frac{P_n}{EI}}L=n\pi\rightarrow P_n=n^2\pi^2\frac{EI}{L^2}\rightarrow v_n(x)=C\sin\frac{n\pi x}{L}$$

$$\sqrt{\frac{P_{cr}}{EI}}L=\pi\rightarrow P_{cr}=\pi^2\frac{EI}{L^2}$$ ← Buckling load

Eigenvalue problem – Principal stresses

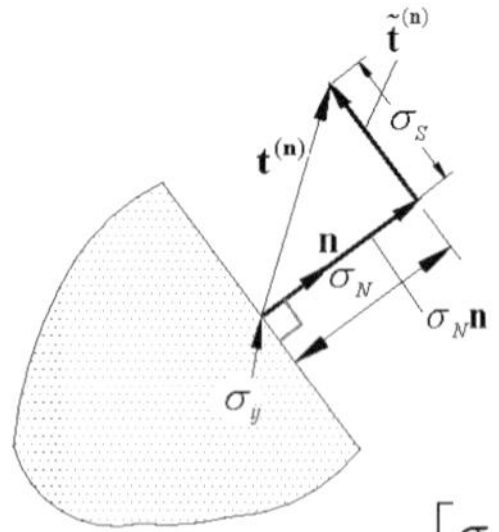

$$\begin{bmatrix}t_x^{(\mathbf{n})}\\t_y^{(\mathbf{n})}\\t_z^{(\mathbf{n})}\end{bmatrix}=\begin{bmatrix}\sigma_{xx}&\sigma_{xy}&\sigma_{xz}\\\sigma_{yx}&\sigma_{yy}&\sigma_{yz}\\\sigma_{zx}&\sigma_{zy}&\sigma_{zz}\end{bmatrix}\begin{bmatrix}n_x\\n_y\\n_z\end{bmatrix}$$

Cauchy's formula

$$\boldsymbol{\sigma}'=\mathbf{T}\,\boldsymbol{\sigma}\,\mathbf{T}^{-1}$$

↑

Coordinate transformation rule of tensor of order 2

-Similarity transformation-

O Problem:

$$\begin{bmatrix}\sigma_{xx}-\sigma&\sigma_{xy}&\sigma_{xz}\\\sigma_{yx}&\sigma_{yy}-\sigma&\sigma_{yz}\\\sigma_{zx}&\sigma_{zy}&\sigma_{zz}-\sigma\end{bmatrix}\begin{bmatrix}n_x\\n_y\\n_z\end{bmatrix}=\begin{bmatrix}0\\0\\0\end{bmatrix}\ \Leftarrow\ \begin{bmatrix}\sigma_{xx}&\sigma_{xy}&\sigma_{xz}\\\sigma_{yx}&\sigma_{yy}&\sigma_{yz}\\\sigma_{zx}&\sigma_{zy}&\sigma_{zz}\end{bmatrix}\begin{bmatrix}n_x\\n_y\\n_z\end{bmatrix}=\sigma\begin{bmatrix}n_x\\n_y\\n_z\end{bmatrix}$$

Characteristic equation

O Solution:

$$\begin{vmatrix}\sigma_{xx}-\sigma&\sigma_{xy}&\sigma_{xz}\\\sigma_{yx}&\sigma_{yy}-\sigma&\sigma_{yz}\\\sigma_{zx}&\sigma_{zy}&\sigma_{zz}-\sigma\end{vmatrix}=-\left[\sigma^3-I_1\sigma^2-I_2\sigma-I_3\right]=0\ \rightarrow\ \sigma=\sigma_1,\sigma_2,\sigma_3$$

Principal value

$$\begin{bmatrix}\sigma_{xx}&\sigma_{xy}&\sigma_{xz}\\\sigma_{yx}&\sigma_{yy}&\sigma_{yz}\\\sigma_{zx}&\sigma_{zy}&\sigma_{zz}\end{bmatrix}\begin{bmatrix}n_x\\n_y\\n_z\end{bmatrix}=\sigma_i\begin{bmatrix}n_x\\n_y\\n_z\end{bmatrix}\ \Rightarrow\ \mathbf{n}=\mathbf{n}^{(i)}$$

Invariants (stress, strain, etc.)

First, second, third invariant

Principal direction

Example of determining principal stresses

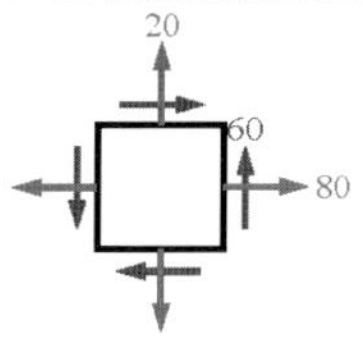

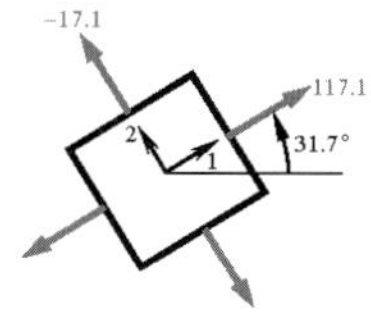

O Eigenvalue problem and its characteristic equation, eigenvalue (principal stress)

$$\begin{bmatrix} 80 & 60 \\ 60 & 20 \end{bmatrix}\begin{bmatrix} n_1 \\ n_2 \end{bmatrix} = \sigma \begin{bmatrix} n_1 \\ n_2 \end{bmatrix} \rightarrow \begin{vmatrix} 80-\sigma & 60 \\ 60 & 20-\sigma \end{vmatrix} = 0 \rightarrow \begin{matrix} \sigma_1 = 117.1 \\ \sigma_2 = -17.1 \end{matrix}$$

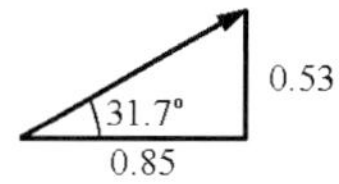

O Eigenvector (Principal direction)

$$\theta = \tan^{-1}\frac{0.53}{0.85} = 31.7°$$

i) $\sigma_1 = 117.1$

$$\begin{bmatrix} 80-117.1 & 60 \\ 60 & 20-117.1 \end{bmatrix}\begin{bmatrix} n_1 \\ n_2 \end{bmatrix} = \begin{bmatrix} 0 \\ 0 \end{bmatrix} \Rightarrow -37.1n_1 + 60n_2 = 0$$

$$\mathbf{n}^{(1)} = \begin{pmatrix} n_1 \\ n_2 \end{pmatrix}^{(1)} = \begin{pmatrix} 0.85 \\ 0.53 \end{pmatrix}$$

ii) $\sigma_1 = -17.1$

$$\begin{bmatrix} 80+17.1 & 60 \\ 60 & 20+17.1 \end{bmatrix}\begin{bmatrix} n_1 \\ n_2 \end{bmatrix} = \begin{bmatrix} 0 \\ 0 \end{bmatrix} \Rightarrow 60n_1 + 37.1n_2 = 0 \longrightarrow \mathbf{n}^{(2)} = \begin{pmatrix} n_1 \\ n_2 \end{pmatrix}^{(2)} = \begin{pmatrix} -0.53 \\ 0.85 \end{pmatrix}$$

Application of Mohr's circle

O Given stress state

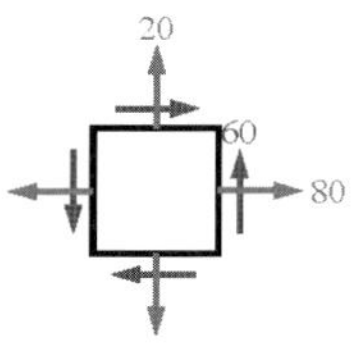

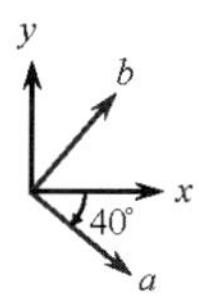

O Calculation of principal stresses

- $\sigma_1 = c + R = 117.1$
- $\sigma_2 = c - R = -17.1$

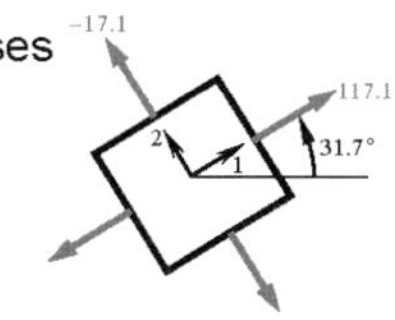

Principal stresses and directions

O Mohr's circle

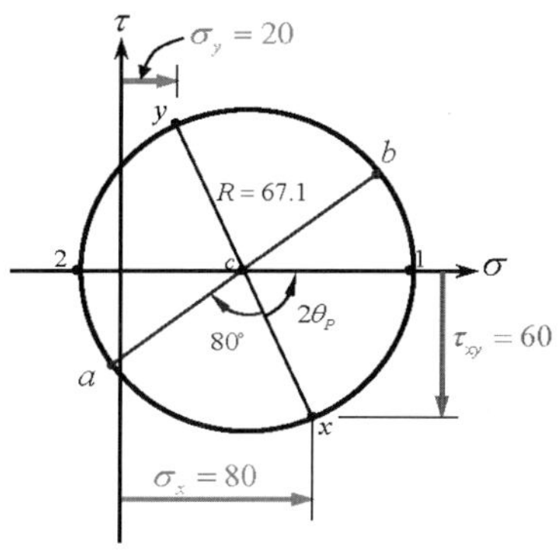

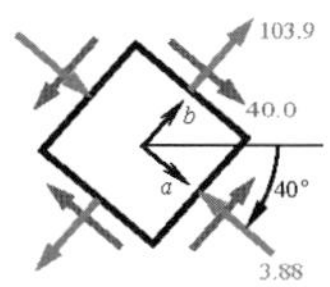

O σ_a, σ_b, τ_{ab} ?

- $R = \sqrt{\left(\dfrac{80-20}{2}\right)^2 + 60^2} = 61.7$
- $2\theta_p = \sin^{-1}\dfrac{\tau_{xy}}{R} = 63.43° \Rightarrow \theta_p = 31.7°$
- $\sigma_a = c - R\cos(180° - 80° - 2\theta_p)$
  $= \dfrac{80+20}{2} - 67.1\cos 36.57° = -3.88$
- $\sigma_b = 50 + 67.1\cos 36.57° = 103.9$
- $\tau_{ab} = \sin 36.57° = 40.0$

5.1.3 Function and differentiation

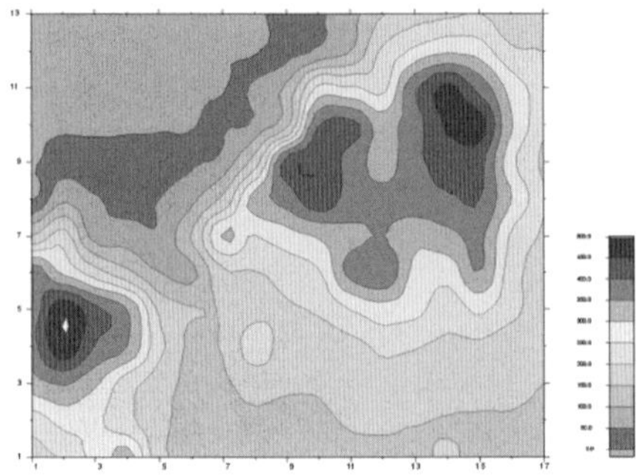

Quantification of a function in 2D

Height of mountain

$$h = h(x, y)$$

Atmospheric pressure

$$p = p(x, y)$$

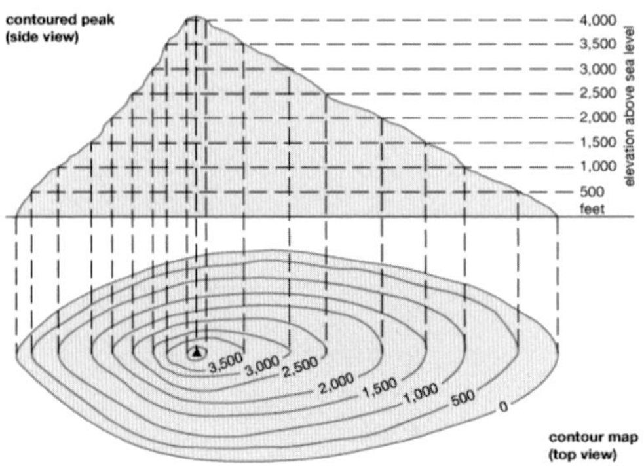

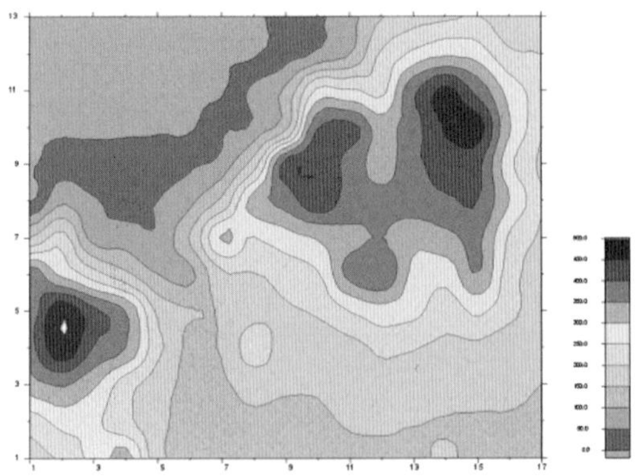

Mechanics and unknown functions

- 1-Dimensional
- 2-Dimensional
- 3-Dimensional

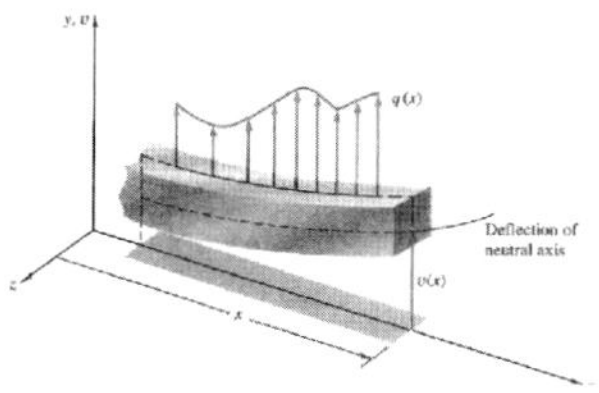

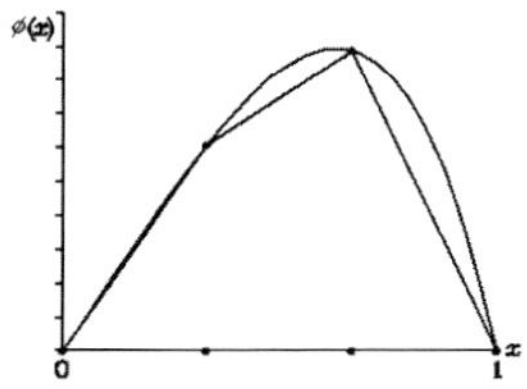

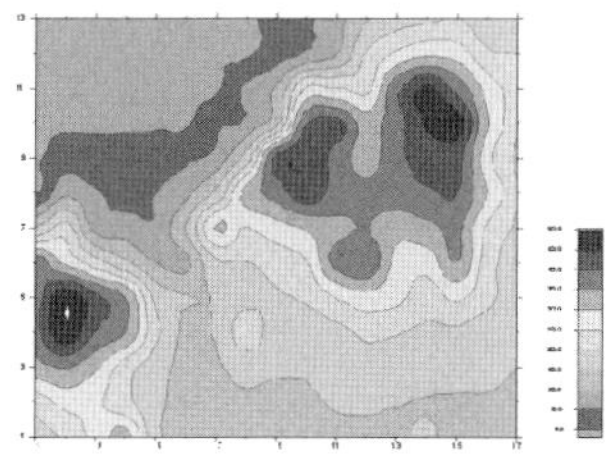

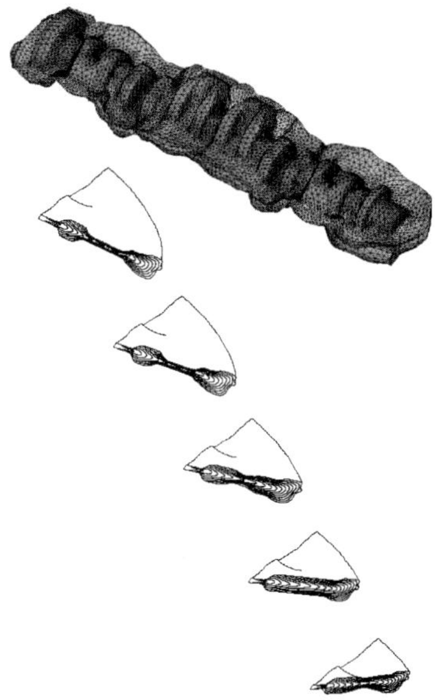

Rate of change

- Average rate of change

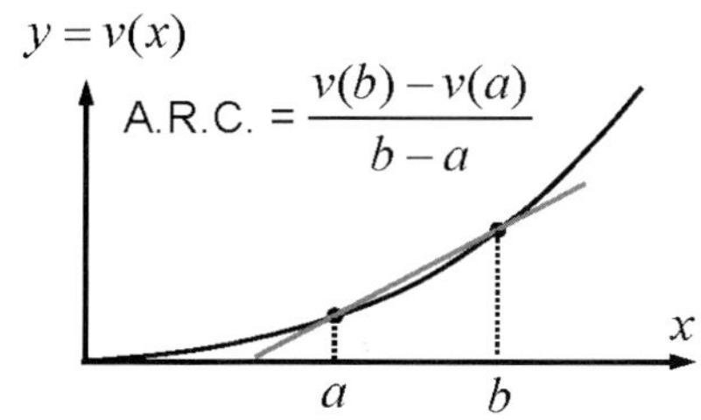

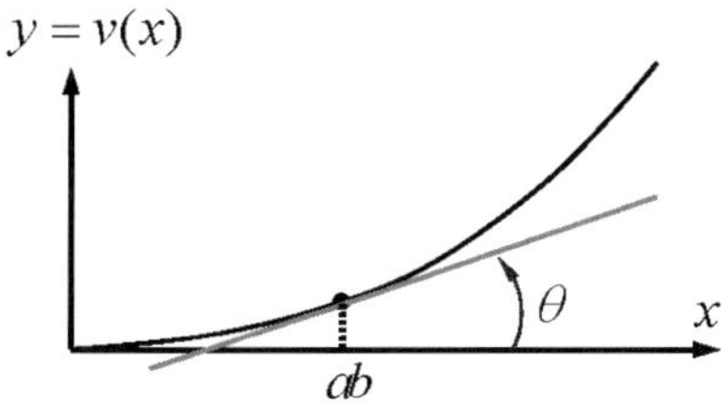

- Instantaneous rate of change

$$v'(a) = \lim_{b\to a}\frac{v(b)-v(a)}{b-a}$$
$$= \lim_{\Delta x\to 0}\frac{v(a+\Delta x)-v(a)}{\Delta x}$$
$$= \tan\theta$$

- Derivative

$$v'(x) = \lim_{\Delta x\to 0}\frac{v(x+\Delta x)-v(x)}{\Delta x} = \frac{dv}{dx}$$

- Mexicans in Mexico city do not recognize its height. Height itself does not make things slip while the slope decides the slipping speed of them.
- Dust wind in Africa does not affect on me. However, that in Gobi desert has much influence on me, implying that rate of change is of great importance.

Ordinary differentiation and slope

Beam deflection

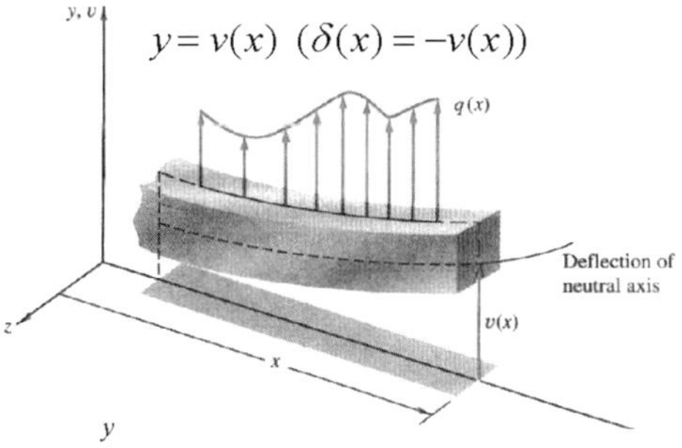

Differentiation

$$v'(x) = \lim_{\Delta x \to 0} \frac{v(x+\Delta x) - v(x)}{\Delta x} = \frac{dv}{dx}$$

$v(x)$ in beam theory

$$EIv''(x) = M_b(x) \qquad M_b{}'(x) = -V(x)$$

$$V(x) = -(EIv''(x))'$$

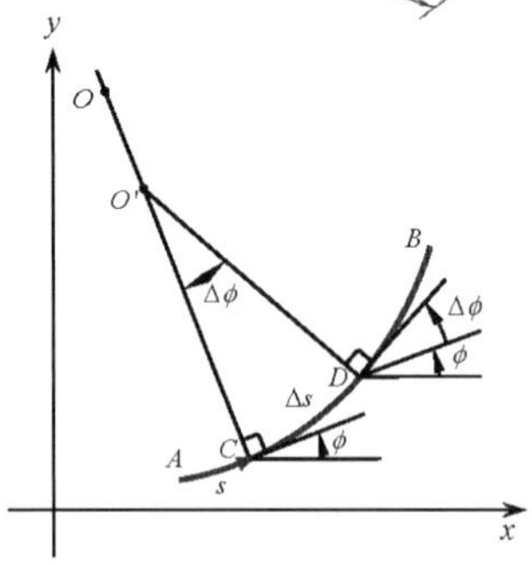

$$\kappa = \frac{1}{\rho} = \frac{d\phi}{ds} = \lim_{\Delta s \to 0} \frac{\Delta\phi}{\Delta s}$$

$$\kappa = \frac{1}{\rho} = \frac{d\phi}{ds} = \frac{d\phi}{dx} \cdot \frac{dx}{ds} = \frac{v''(x)}{\left(1 + v'^2(x)\right)^{\frac{3}{2}}} \approx v''(x)$$

Ordinary differentiation

- Average rate of change : $\dfrac{\Delta y}{\Delta x} = \dfrac{f(x+\Delta x) - f(x)}{\Delta x}$

- Ordinary differentiation

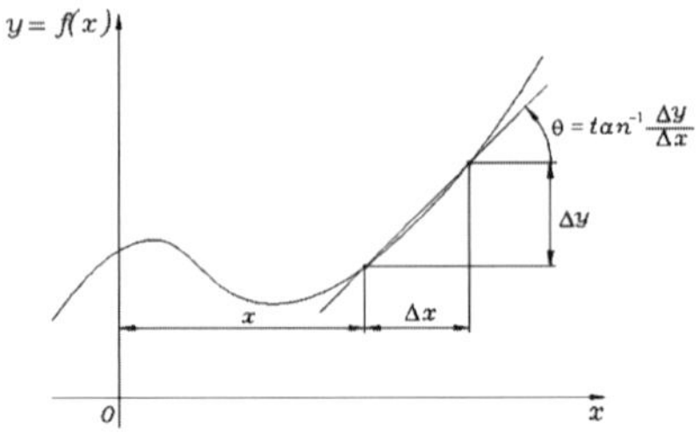

○ Setting $\Delta x \to 0$ on the average rate of change

○ Only for functions with one dependent variable

※ **Partial differentiation: For functions with more than 2 independent variables**

○ Ordinary differentiation of $y = f(x)$, $y' = \dfrac{dy}{dx}$

- $y' = \dfrac{dy}{dx} = \lim\limits_{\Delta x \to 0} \dfrac{\Delta y}{\Delta x} = \lim\limits_{\Delta x \to 0} \dfrac{f(x+\Delta x) - f(x)}{\Delta x} = f'(x) = \dfrac{df}{dx}$
- It is defined when $\lim\limits_{\Delta x \to 0+} \dfrac{\Delta y}{\Delta x} = \lim\limits_{\Delta x \to 0-} \dfrac{\Delta y}{\Delta x}$
- Geometric meaning: Slope at a point on curve
- Mathematical meaning: Instant rate of change
- Name: First derivative

○ Dimension of y' $\quad [y'] : [y]/[x] \qquad [\mathbf{a} = \dfrac{d^2\mathbf{u}}{dt^2}] = \dfrac{[L]^1}{[T]^2},\ \mathrm{m/s^2}$

Approximation of a function

- First order of approximation

When $f(a)$ and $f'(a)$ are known at $x=a$

O $\tilde{f}_1(x)=f(a)+f'(a)(x-a)$

O $f(x)=\tilde{f}_1(x)+O(\varepsilon^2)=f(a)+f'(a)(x-a)+O(\varepsilon^2)$

- Second order of approximation

When $f(a)$, $f'(a)$ and $f''(a)$ are known at $x=a$

O $\tilde{f}_2(x)=f(a)+f'(a)(x-a)+\frac{1}{2}f''(a)(x-a)^2$

O $f(x)=\tilde{f}_2(x)+O(\varepsilon^3)$

- Third order of approximation

When $f(a)$, $f'(a)$, $f''(a)$ and $f'''(a)$ are known at $x=a$

O $\tilde{f}_3(x)=f(a)+f'(a)(x-a)+\frac{1}{2}f''(a)(x-a)^2+\frac{1}{6}f'''(a)(x-a)^3$

O $f(x)=\tilde{f}_3(x)+O(\varepsilon^4)$

- n-th order of approximation

O $f(x)=\tilde{f}_n(x)+O(\varepsilon^{n+1})=\sum_{i=0}^{n}\frac{1}{i!}f^{(i)}(a)x^i+O(\varepsilon^{n+1})$ $\lim_{x\to a}O(\varepsilon^{(i+1)})/(x-a)^i=0$

Taylor series

- First order of approximation of the function $f(x)$ at $x=a+\Delta x$

O $f(a+\Delta x)\approx\tilde{f}_1(a+\Delta x)=f(a)+f'(a)\Delta x$

O $f(x+\Delta x)\approx\tilde{f}_1(x+\Delta x)=f(x)+f'(x)\Delta x$

$x\Leftarrow a+\Delta x$ $x\Leftarrow x+\Delta x$

$\tilde{f}_1(x)=f(a)+f'(a)(x-a)$

- n-th order of approximation of the function $f(x)$ at $x=a+\Delta x$

O $f(a+\Delta x)\approx\tilde{f}_n(a+\Delta x)=\sum_{i=0}^{n}\frac{1}{i!}f^{(i)}(a)\Delta x^i$

$a\Leftarrow x$

O $f(x+\Delta x)\approx\tilde{f}_n(x+\Delta x)=f(x)+f'(x)\Delta x+\frac{1}{2!}f''(x)\Delta x^2+\cdots+\frac{1}{n!}f^{(n)}(x)\Delta x^n$

O $f(x+\Delta x)\approx\tilde{f}_n(x+\Delta x)=f(x)+\Delta f+\Delta^2 f+\cdots+\Delta^n f$

$\Delta f\equiv\frac{1}{1!}\frac{df}{dx}\Delta x,\ \Delta^2 f\equiv\frac{1}{2!}\frac{d^2 f}{dx^2}\Delta x^2,\ \cdots,\ \Delta^n f\equiv\frac{1}{n!}\frac{d^n f}{dx^n}\Delta x^n$

O $\tilde{f}_n(a+\Delta x), \tilde{f}_n(x+\Delta x)$: n-th Taylor series expansion

$a\Leftarrow 0$

$\Delta x\Leftarrow x$

- $\Delta f=\frac{df}{dx}\Delta x$: First approximation
- $\lim_{\Delta x\to 0}\Delta^{n+1}f/\Delta x^n=0$

$$f(x)=\sum_{i=0}^{\infty}\frac{1}{i!}f^{(i)}(0)x^i$$

$$e^x=\sum_{i=0}^{\infty}\frac{1}{i!}x^i=1+x+\frac{1}{2}x^2+\frac{1}{6}x^3+\frac{1}{24}x^4+\cdots$$

Ordinary differential equation (ODE)

- ODE: Equation having ordinary derivatives.
- Order of ODE: The maximum order of differentiation of the derivatives in ODE
- Linear and nonlinear ODEs: A linear ODE has all linear terms with respect to functions and derivatives. Otherwise, the DE is a non-linear equation.
  - O Example of linear DE: $y'' + p(x)y' + q(x)y = f(x)$
  - O Example of non-linear DE: $y'' + y'y = f(x), \quad y' + y^2 = f(x)$
- Examples in solid mechanics
  - O $\dfrac{dM_b(x)}{dx} + V(x) = 0, \quad \dfrac{dV(x)}{dx} + q(x) = 0$
  - O $(EIv''(x))'' = M_b'' = q(x)$

Equation, solution = discrete real value

$$\begin{bmatrix} 1 & -1 \\ 1 & 1 \end{bmatrix}\begin{bmatrix} x \\ y \end{bmatrix} = \begin{bmatrix} 0 \\ 2 \end{bmatrix} \Rightarrow \begin{bmatrix} x \\ y \end{bmatrix} = \begin{bmatrix} 1 \\ 1 \end{bmatrix}$$

- Solution of linear ODE = Homogeneous solution (y_h) + particular solution (y_p)
  - O y_h: $y_h'' + p(x)y_h' + q(x)y_h = 0$
  - O y_p: Particular solution which satisfy balance between the right and left of the DE.
  - O Homogeneous solution involves unknown constants which are determined by boundary conditions and initial conditions.

Boundary conditions, boundary value problem

- Boundary Value Problem (BVP) = DE + Boundary conditions (BC)
- Differential equation
  - O Order of DEs in mechanics is even, denoted as $2p$.
  - O Number of unknown constants is equal to order of the DE, which are determined by boundary or initial conditions.
- Classification of boundary conditions
  - O Essential BC: Boundary conditions involving the derivatives of order $0 \sim (p-1)$.
  - O Natural BC: Boundary conditions involving the derivatives of order $p \sim (2p-1)$.
- Examples
  - O DE: $EI\dfrac{d^4v}{dx^4} = q(x)$

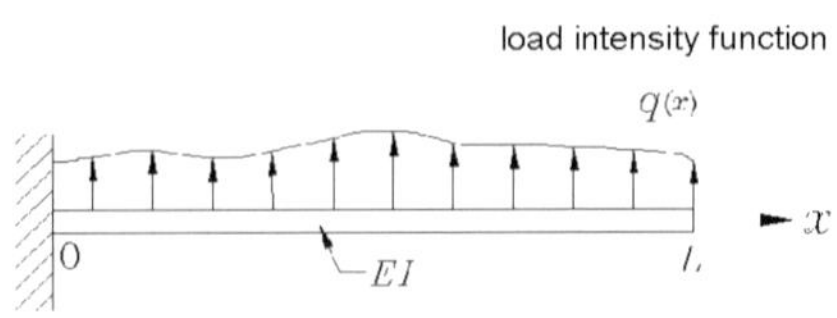

  - O BC: (Essential BC) $v(0) = 0, \; v'(0) = 0$

    (Natural BC) $M_b(L) = EI\,v''(L) = 0, \; V(L) = -EI\,v'''(L) = 0$

Ordinary differential equation

Beam deflection

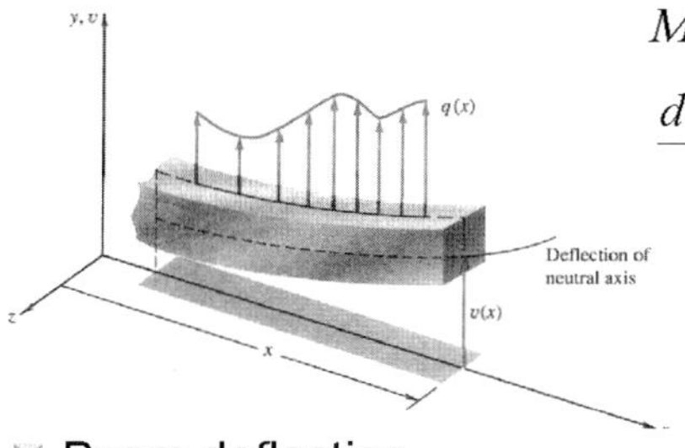

$$M_b'(x) = -V(x)$$

$$\frac{dV(x)}{dx} = -q(x)$$

$$\kappa = v''(x) = \frac{M_b(x)}{EI}$$

$$EIv''(x) = M_b(x)$$

$$(EIv''(x))' = -V(x)$$

$$(EIv''(x))'' = q(x)$$

Beam deflection

○ Essential BC: $v(0)=0,\ \ v(L)=0,\ \ v'(0)=0,\ \ v'(L)=0$

○ Natural BC: $V(0)=P,\ \ M_b(0)=M,\ \ V(L)=P,\ \cdots$

$M_b(x) = EIv''(x)$

$V(x) = -M_b'(x) = -(EIv''(x))'$

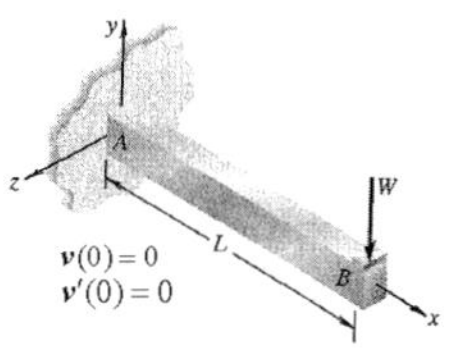

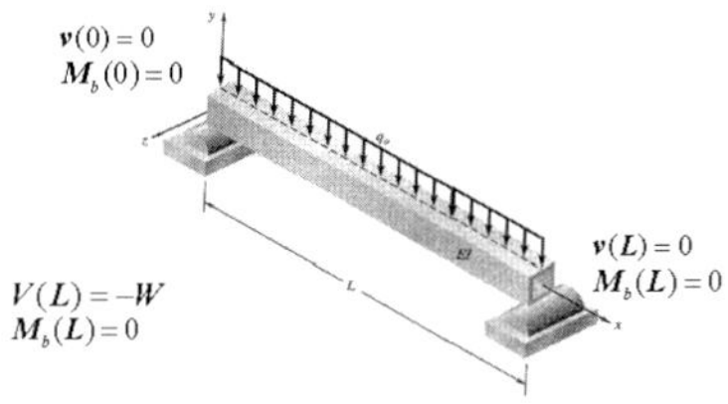

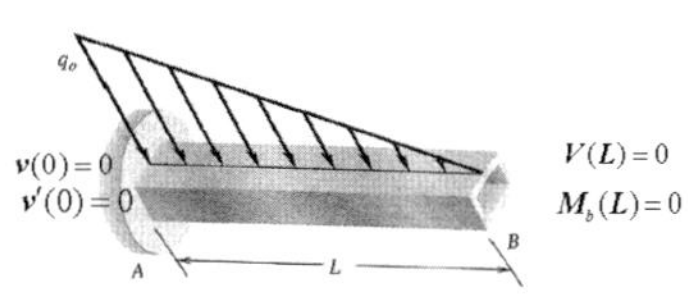

Multi-variable vector function

Multi-variable function

○ Function of two or more independent variables

○ For two or more dimensional problem

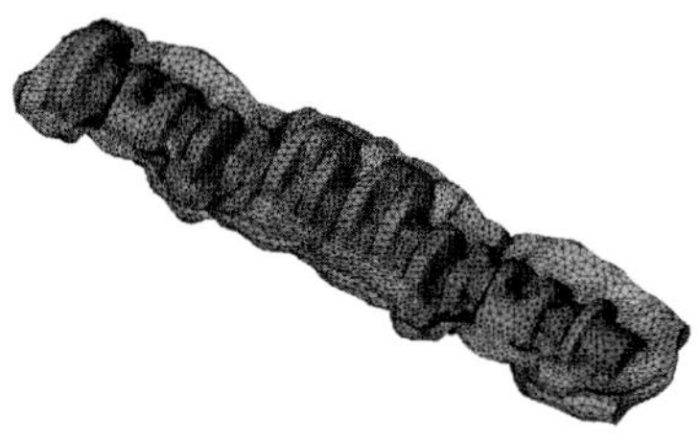

Classification of multi-variable function

○ Only one dependent variable: Scalar function

○ Two or more dependent variables: Vector function

Multi-variable function in mechanics

○ Two independent variables:

- Beam deflection curve $v = v(x, t)$ when exerted load is a function of time, i.e., $P = P(t)$
- In plane strain problem, displacement or velocity is described by $u_i = u_i(x, y)$ or $v_i = v_i(x, y)$, i.e., a function of coordinates.

$$u_x = xy \qquad u_y = \frac{1}{2}(x^2 y + 1)$$

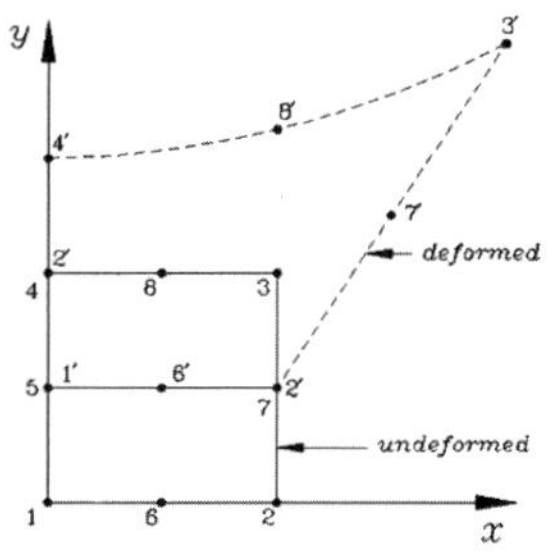

Partial differentiation and gradient

Height of a mountain $h = h(x, y)$

$$\left.\frac{\Delta h}{\Delta x}\right|_{\left(\substack{x=20\\y=10}\right)} = \frac{h(30,10)-h(20,10)}{\Delta x} = \frac{500-600}{10} = -10$$

$$\left.\frac{\Delta h}{\Delta y}\right|_{\left(\substack{x=20\\y=10}\right)} = \frac{h(20,15)-h(20,10)}{\Delta y} = \frac{700-600}{5} = 20$$

$$\frac{\partial h}{\partial x} = \lim_{\Delta x \to 0} \frac{h(x+\Delta x, y)-h(x,y)}{\Delta x} = \lim_{\Delta x \to 0} \left.\frac{\Delta h}{\Delta x}\right|_{y\ fixed}$$

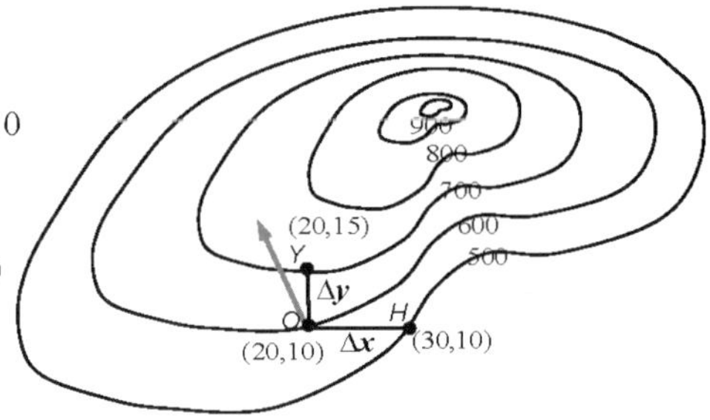

Stress in 2D $\sigma_x = \sigma_x(x, y)$

$$\frac{\partial \sigma_x}{\partial x} = \lim_{\Delta x \to 0} \frac{\sigma_x(x+\Delta x, y)-\sigma_x(x,y)}{\Delta x} = \lim_{\Delta x \to 0} \left.\frac{\Delta \sigma_x}{\Delta x}\right|_{y\ fixed}$$

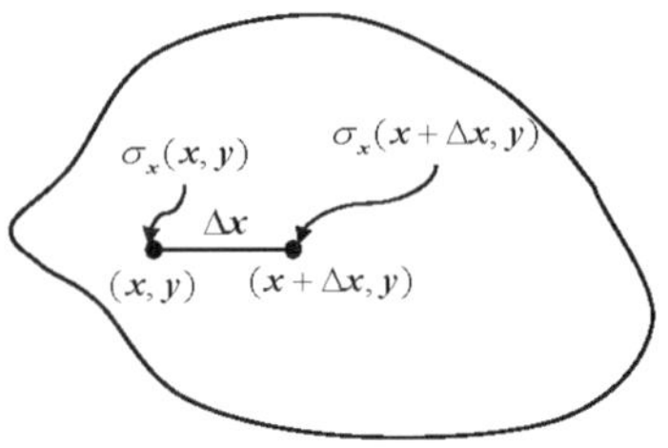

Definition of partial differentiation

Average change of multi-variable function

O Average change of multi-variable function in two directions are defined as follows:

$$\left.\frac{\Delta \phi}{\Delta x}\right|_{y\ fixed} \equiv \frac{\phi(x+\Delta x, y)-\phi(x,y)}{\Delta x}$$

$$\left.\frac{\Delta \phi}{\Delta y}\right|_{x\ fixed} \equiv \frac{\phi(x, y+\Delta y)-\phi(x,y)}{\Delta y}$$

O Example:

A set of points of which x-coordinates are $x+\Delta x$.

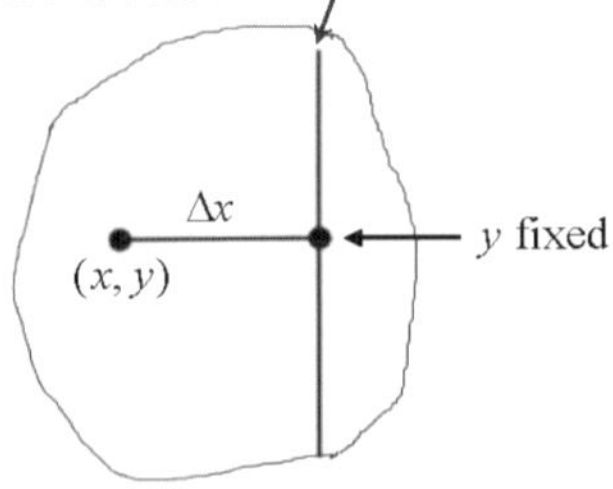

Partial differentiation:

$$\frac{\partial \phi}{\partial x} \equiv \lim_{\Delta x \to 0} \left.\frac{\Delta \phi}{\Delta x}\right|_{y\ fixed} = \lim_{\Delta x \to 0} \frac{\phi(x+\Delta x, y)-\phi(x,y)}{\Delta x}$$

$$\frac{\partial \phi}{\partial y} \equiv \lim_{\Delta y \to 0} \left.\frac{\Delta \phi}{\Delta y}\right|_{x\ fixed} = \lim_{\Delta y \to 0} \frac{\phi(x, y+\Delta y)-\phi(x,y)}{\Delta y}$$

O When $\phi = \phi(x,y)$ is a function of independent variables x and y, the following ordinary derivative can not be defined because there are so many points which are apart from (x,y) by Δx in the x-direction.

$$\frac{d\phi}{dx} = \lim_{\Delta x \to 0} \frac{\Delta \phi}{\Delta x}$$

Gradient of function

- Definition of gradient of $\phi = \phi(x, y, z)$
  - O $\nabla\phi \equiv [\frac{\partial\phi}{\partial x}, \frac{\partial\phi}{\partial y}, \frac{\partial\phi}{\partial z}]^{\mathrm{T}} = \frac{\partial\phi}{\partial x}\mathbf{i} + \frac{\partial\phi}{\partial y}\mathbf{j} + \frac{\partial\phi}{\partial z}\mathbf{k}$

- Differential operator ∇
  - O $\nabla = \frac{\partial}{\partial x}\mathbf{i} + \frac{\partial}{\partial y}\mathbf{j} + \frac{\partial}{\partial z}\mathbf{k}$
  - O $\nabla(f \pm g) = \nabla f \pm \nabla g$
  - O $\nabla(fg) = g\nabla f + f\nabla g$
  - O $\nabla(f / g) = \frac{1}{g^2}(g\nabla f - f\nabla g)$

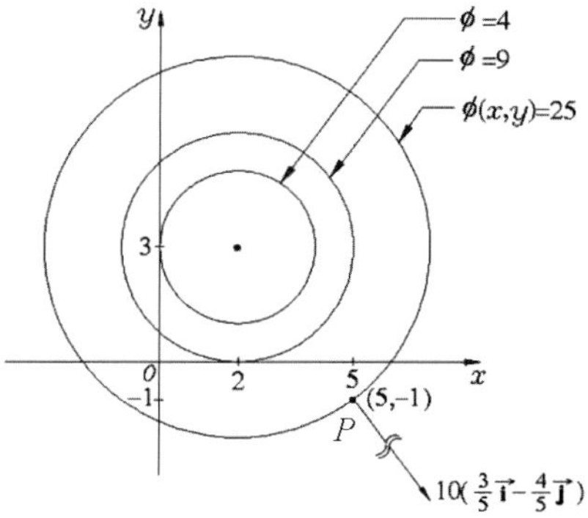

- Geometric meaning of gradient
  - O Example: $\phi(x,y) = (x-2)^2 + (y-3)^2$
    - Gradient at P (5,-1): $\nabla\phi = 10\,(0.6\,\mathbf{i} - 0.8\,\mathbf{j})$
    - Magnitude: 10, Direction: $\mathbf{n} = 0.6\mathbf{i} - 0.8\mathbf{j}$
  - O Normal to the contour toward the increasing direction of function
  - O Steepest descent method: Minimization scheme of function in which a new point is iteratively determined following the negative of gradient.

Taylor series of multi-variable function

- First order approximation of $\phi = \phi(x_1, x_2, \cdots, x_n)$
  - O $\phi(x_1+\Delta x_1, x_2+\Delta x_2, \cdots, x_n+\Delta x_n) = \phi(x_1, x_2, \cdots, x_n) + \sum_{i=1}^{n}\frac{\partial\phi}{\partial x_i}\Delta x_i + O(\varepsilon^2)$

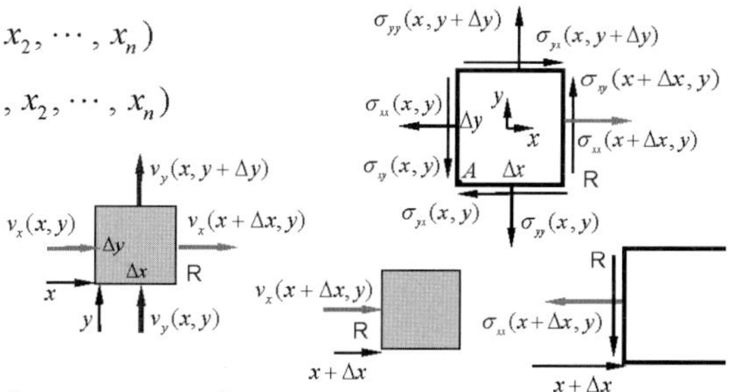

- Second order approximation of $\phi = \phi(x_1, x_2, \cdots, x_n)$
  - O $\phi(x_1+\Delta x_1, x_2+\Delta x_2, \cdots, x_n+\Delta x_n) = \phi(x_1, x_2, \cdots, x_n) + \sum_{i=1}^{n}\frac{\partial\phi}{\partial x_i}\Delta x_i + \frac{1}{2}\sum_{i=1}^{n}\sum_{j=1}^{n}H_{ij}\Delta x_i\Delta x_j + O(\varepsilon^3)$

    Hessian matrix

- Total differential, $d\phi$
  - O $\Delta\phi = \phi(x_1+\Delta x_1, x_2+\Delta x_2, \cdots, x_n+\Delta x_n) - \phi(x_1, x_2, \cdots, x_n) = \sum_{i=1}^{n}\frac{\partial\phi}{\partial x_i}\Delta x_i + O(\varepsilon^2)$
  - O $d\phi = \frac{\partial\phi}{\partial x_1}dx_1 + \frac{\partial\phi}{\partial x_2}dx_2 + \cdots + \frac{\partial\phi}{\partial x_n}dx_n = \sum_{i=1}^{n}\frac{\partial\phi}{\partial x_i}dx_i = \nabla\phi \cdot d\mathrm{r}$ • $d\mathrm{r} = [dx_1, dx_1, \cdots, dx_1]^{\mathrm{T}}$

Partial differential equations

- Continuity equation of incompressible material

$$\frac{\partial v_x}{\partial x}+\frac{\partial v_y}{\partial y}=0$$

$$(v_x(x+\Delta x,y)-v_x(x,y))\Delta y+(v_y(x,y+\Delta y)-v_y(x,y))\Delta x=0$$
$$(v_x(x+\Delta x,y)-v_x(x,y))/\Delta x+(v_y(x,y+\Delta y)-v_y(x,y))/\Delta y=0$$

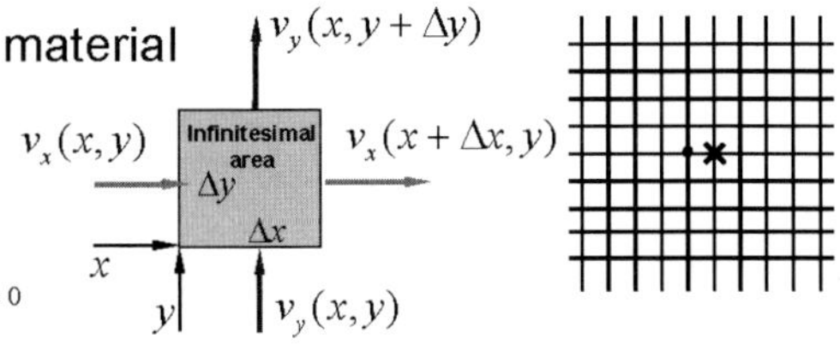

- Equation of conduction under steady-state condition

$$\frac{\partial q_x}{\partial x}+\frac{\partial q_y}{\partial y}=0 \quad \Rightarrow\Rightarrow\Rightarrow \quad \frac{\partial}{\partial x}\left(k\frac{\partial \phi}{\partial x}\right)+\frac{\partial}{\partial x}\left(k\frac{\partial \phi}{\partial y}\right)=0$$

$$q_x=-k\frac{\partial \phi}{\partial x},\quad q_y=-k\frac{\partial \phi}{\partial y}$$

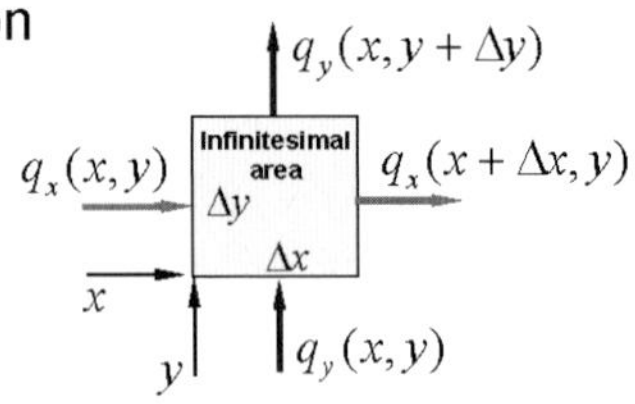

$$q_x(x+\Delta x,y)=q_x(x,y)+\frac{\partial q_x}{\partial x}\Delta x$$
$$q_y(x,y+\Delta y)=q_y(x,y)+\frac{\partial q_y}{\partial y}\Delta y$$

- Equation of equilibrium

$$\frac{\partial \sigma_x}{\partial x}+\frac{\partial \tau_{yx}}{\partial y}=0,\quad \frac{\partial \tau_{xy}}{\partial x}+\frac{\partial \sigma_y}{\partial y}=0$$

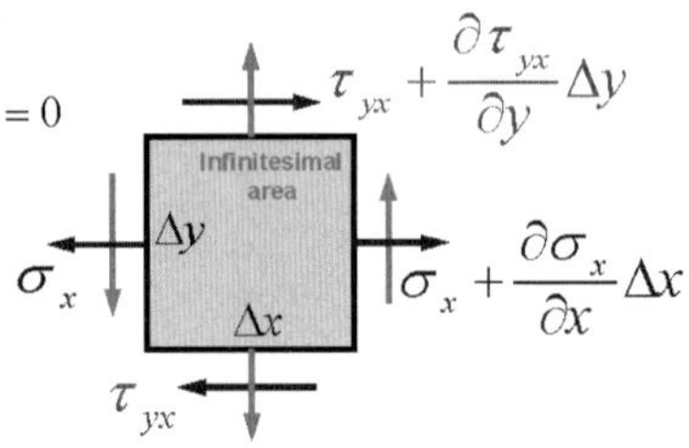

- Miscellaneous

$$\varepsilon_x=\lim_{\Delta x\to 0}\frac{\Delta u_x}{\Delta x}\bigg|_{y\ fixed}=\frac{\partial u_x}{\partial x}$$

Boundary value problem – Heat conduction

- Partial differential problem

$$\frac{\partial}{\partial x}\left(k\frac{\partial \phi}{\partial x}\right)+\frac{\partial}{\partial y}\left(k\frac{\partial \phi}{\partial y}\right)+\frac{\partial}{\partial z}\left(k\frac{\partial \phi}{\partial z}\right)+q_g=\rho c\frac{\partial \phi}{\partial t}$$

$$\left(k\phi_{,i}\right)_{,i}+q_g=\rho c\frac{\partial \phi}{\partial t}$$

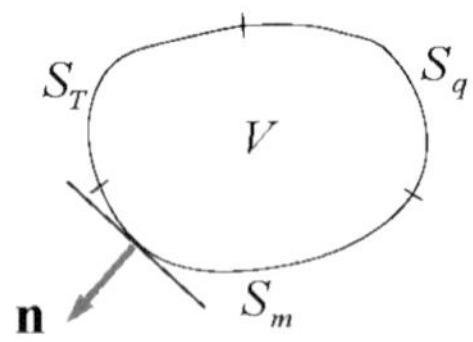

- Boundary conditions

O Dirichlet condition: $\phi=\bar{\phi}$ on S_T ← Essential BC

O Neumann(flux) condition: $\frac{\partial \phi}{\partial n}=(\nabla\phi\cdot\mathbf{n})=\bar{q}$ on S_q ← Natural BC

O Robin or mixed condition: $\alpha\phi+\beta\frac{\partial \phi}{\partial n}=g$ on S_m ← Natural/Essential BC

- $\alpha,\ \beta,\ g,\ \bar{\phi},\ \bar{q}$: Functions of their related boundaries or constants
- $\mathbf{n}$: Outwardly directed normal unit vector
- Surface definition: $S=S_\phi\cup S_q\cup S_m,\quad \varnothing=S_\phi\cap S_q,\quad \varnothing=S_\phi\cap S_m,\quad \varnothing=S_q\cap S_m$

Boundary value problem – Elasticity

- Partial differential problem

$$\sigma_{ij,j} + f_i = 0 \text{ in } V \longrightarrow \begin{aligned} &\frac{\partial \sigma_{xx}}{\partial x} + \frac{\partial \sigma_{yx}}{\partial y} + \frac{\partial \sigma_{zx}}{\partial z} + f_x = 0 \\ &\frac{\partial \sigma_{xy}}{\partial x} + \frac{\partial \sigma_{yy}}{\partial y} + \frac{\partial \sigma_{zy}}{\partial z} + f_y = 0 \\ &\frac{\partial \sigma_{xz}}{\partial x} + \frac{\partial \sigma_{yz}}{\partial y} + \frac{\partial \sigma_{zz}}{\partial z} + f_z = 0 \end{aligned}$$

$$\varepsilon_{ij} = \frac{1}{2}(u_{i,j} + u_{j,i})$$

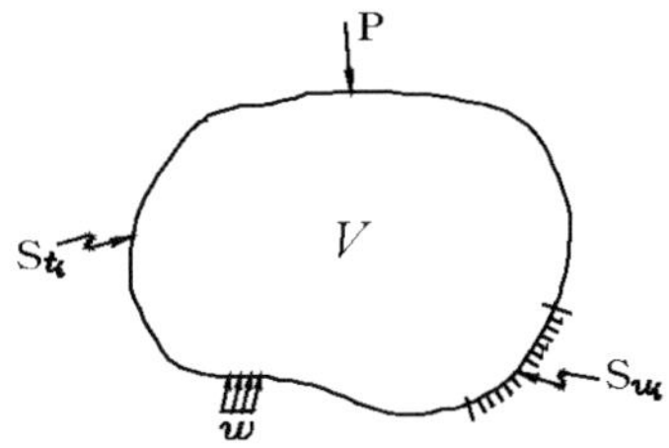

$$\sigma_{ij} = 2\mu\varepsilon_{ij} + \lambda\varepsilon_{kk}\delta_{ij} - (3\lambda + 2\mu)a\Delta T\delta_{ij}$$

Indicial notation

$$\varepsilon_{ij} = \frac{1}{2}\left(\frac{\partial u_i}{\partial x_j} + \frac{\partial u_j}{\partial x_i}\right)$$

$$\varepsilon_{xx} = \frac{\partial u_x}{\partial x},\ \varepsilon_{yy} = \frac{\partial u_y}{\partial y},\ \varepsilon_{zz} = \frac{\partial u_z}{\partial z}$$

$$\varepsilon_{xy} = \frac{1}{2}\left(\frac{\partial u_x}{\partial y} + \frac{\partial u_y}{\partial x}\right),\ etc.$$

$$\begin{pmatrix} \varepsilon_x = \frac{1}{E}\left[\sigma_x - \nu(\sigma_y + \sigma_z)\right] + \alpha\Delta T \\ \varepsilon_y = \frac{1}{E}\left[\sigma_y - \nu(\sigma_x + \sigma_z)\right] + \alpha\Delta T \\ \varepsilon_z = \frac{1}{E}\left[\sigma_z - \nu(\sigma_x + \sigma_y)\right] + \alpha\Delta T \\ \gamma_{xy} = \frac{1}{G}\tau_{xy},\ \gamma_{yx} = \frac{1}{G}\tau_{yz},\ \gamma_{zx} = \frac{1}{G}\tau_{zx} \end{pmatrix}$$

- Boundary conditions
  - $u_i = \overline{u}_i$ on S_{u_i}
  - $t_i^{(n)} = \overline{t}_i$ on S_{t_i}
  - $\alpha u_i + \beta t_i^{(n)} = g$ on S_{m_i}
  - $S = S_{u_i} \cup S_{t_i} \cup S_{m_i}$, $\phi = S_{u_i} \cap S_{t_i}$, $\phi = S_{u_i} \cap S_{m_i}$, $\phi = S_{t_i} \cap S_{m_i}$ $\quad (i = 1, 2, 3)$

Discrete description of a complicated function

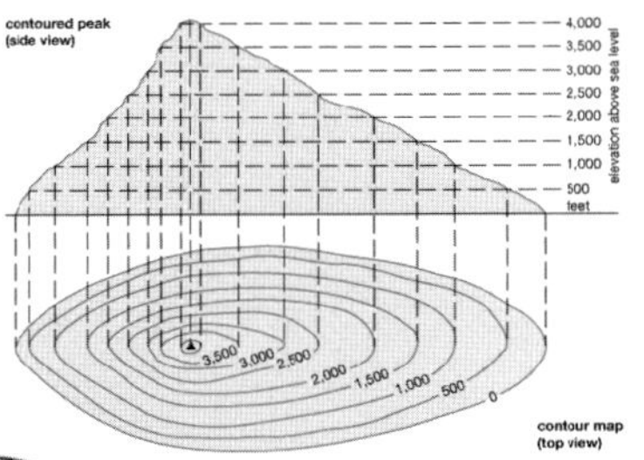

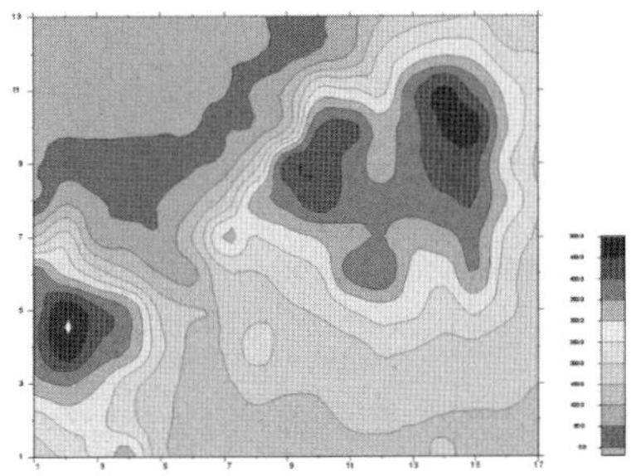

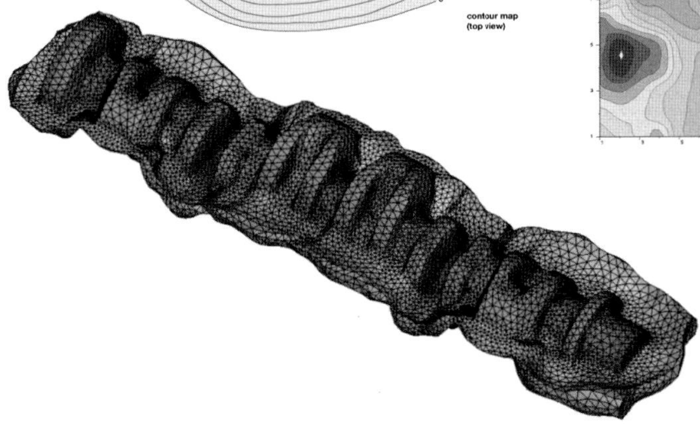

Extremization of one variable scalar function

- Extremization of $y = f(x)$
- $f(x^* + \varepsilon) = f(x^*) + \varepsilon f'(x^*) + \frac{1}{2!}\varepsilon^2 f''(x^*) + \frac{1}{3!}\varepsilon^3 f^{(3)}(x^*) + \frac{1}{4!}\varepsilon^4 f^{(4)}(x^*) + \cdots$:

O Local minimization

- $f(x^* + \varepsilon) - f(x^*) = \varepsilon f'(x^*) + \frac{1}{2!}\varepsilon^2 f''(x^*) + \frac{1}{3!}\varepsilon^3 f^{(3)}(x^*) + \frac{1}{4!}\varepsilon^4 f^{(4)}(x^*) + \cdots > 0$
- $f(x^*) \le f(x) = f(x^* + \varepsilon)$: Condition for extremum point at $x = x^*$
  - $f(x^*) = 0$ and $f''(x^*) > 0$
  - $f'(x^*) = f''(x^*) = \cdots = f^{(2n-1)}(x^*) = 0$ and $f^{(2n)}(x^*) > 0$
  - ε : real number of which absolute is sufficiently small.

$f(x^*) \ge f(x^* + \varepsilon)$: $x = x^*$

O Local maximization

- $f(x^*) \ge f(x^* + \varepsilon)$: Condition for extremum point at $x = x^*$
  - $f(x^*) = 0$ and $f''(x^*) < 0$
  - $f'(x^*) = f''(x^*) = \cdots = f^{(2n-1)}(x^*) = 0$ and $f^{(2n)}(x^*) < 0$

O Conditions

- $f'(x^*) = 0$: **Necessary condition for an extremum point, Necessary and sufficient condition for a stationary point which may be an extremum point or inflection point.**

$y = x^4,\ y' = 4x^3,\ y'' = 12x^2,\ y''' = 24x$

Unconstrained extr. of multi-variable function

- Extremization of $\phi = \phi(x_1, x_2, \cdots, x_n) = \phi(\mathbf{x})$ at $\mathbf{x} = \mathbf{x}^*$

O $\phi(x_1^*, x_2^*, \cdots, x_n^*) \ge \phi(x_1^* + \varepsilon_1, x_2^* + \varepsilon_2, \cdots, x_n^* + \varepsilon_n)$

- $\boldsymbol{\varepsilon}^{\mathrm{T}} = [\varepsilon_1, \varepsilon_2, \cdots, \varepsilon_n]$: Arbitrary vector of which magnitude is sufficiently small.
- Necessary condition: $\frac{\partial \phi}{\partial x_i}\Big|_{x=x^*} = 0, \quad i = 1, 2, \cdots, n$
- Sufficient condition for local maximization at $\mathbf{x} = \mathbf{x}^*$:
  Hessian matrix H should be negative-definite
  - $\frac{1}{2}\boldsymbol{\varepsilon}^{\mathrm{T}} \mathbf{H}(x^*)\boldsymbol{\varepsilon} + O(\|\boldsymbol{\varepsilon}\|^3) \le 0$
  - $\phi(x_1^* + \varepsilon_1, x_2^* + \varepsilon_2, \cdots, x_n^* + \varepsilon_n) = \phi(x_1^*, x_2^*, \cdots, x_n^*) + \sum_{i=1}^{n} \frac{\partial \phi}{\partial x_i}\varepsilon_i$

$$+ \frac{1}{2}\sum_{i=1}^{n}\sum_{j=1}^{n} H_{ij}\varepsilon_i\varepsilon_j + O(\|\boldsymbol{\varepsilon}\|^3)$$

- Sufficient condition for local minimization at $\mathbf{x} = \mathbf{x}^*$:
  Hessian matrix H should be positive-definite

Generalization of Lagrange's multiplier method

○ Extremization problem with equality constraints

$$\textit{Extremize} \quad \phi = \phi(x_1, x_2, \cdots, x_n)$$
$$\textit{subject to} \quad h_i(x_1, x_2, \cdots, x_n) = 0, \quad i = 1, 2, \cdots, m$$

$$\Downarrow$$

○ Unconstrained extremization problem

$$\textit{Extremize} \quad \Lambda(x_1, x_2, \cdots, x_n, \lambda_1, \lambda_2, \cdots, \lambda_m)$$
$$= \phi(x_1, x_2, \cdots, x_n) + \sum_{i=1}^{m} \lambda_i h_i(x_1, x_2, \cdots, x_n)$$

● Necessary conditions

- $\nabla_{x_i} \Lambda(x_1, x_2, \cdots, x_n, \lambda_1, \lambda_2, \cdots, \lambda_m) = 0, \quad i = 1, 2, \cdots, n$
- $\nabla_{\lambda_i} \Lambda(x_1, x_2, \cdots, x_n, \lambda_1, \lambda_2, \cdots, \lambda_m) = 0, \quad i = 1, 2, \cdots, m$

Generalization of Lagrange's multiplier method

○ Extremization problem with equality constraints

$$\textit{Extremize} \quad \phi = \phi(x_1, x_2, \cdots, x_n)$$
$$\textit{subject to} \quad h_i(x_1, x_2, \cdots, x_n) = 0, \quad i = 1, 2, \cdots, m$$

$$\Downarrow$$

○ Unconstrained extremization problem

$$\textit{Extremize} \quad \Lambda(x_1, x_2, \cdots, x_n, \lambda_1, \lambda_2, \cdots, \lambda_m)$$
$$= \phi(x_1, x_2, \cdots, x_n) + \sum_{i=1}^{m} \lambda_i h_i(x_1, x_2, \cdots, x_n)$$

● Necessary conditions

- $\nabla_{x_i} \Lambda(x_1, x_2, \cdots, x_n, \lambda_1, \lambda_2, \cdots, \lambda_m) = 0, \quad i = 1, 2, \cdots, n$
- $\nabla_{\lambda_i} \Lambda(x_1, x_2, \cdots, x_n, \lambda_1, \lambda_2, \cdots, \lambda_m) = 0, \quad i = 1, 2, \cdots, m$

Lagrange's multiplier method for extremization

- An example of minimization problem

$$Minimize\ \phi(x,y) = (x-2)^2 + (y-3)^2$$
$$subject\ to\ \ y - x - 3 = 0$$

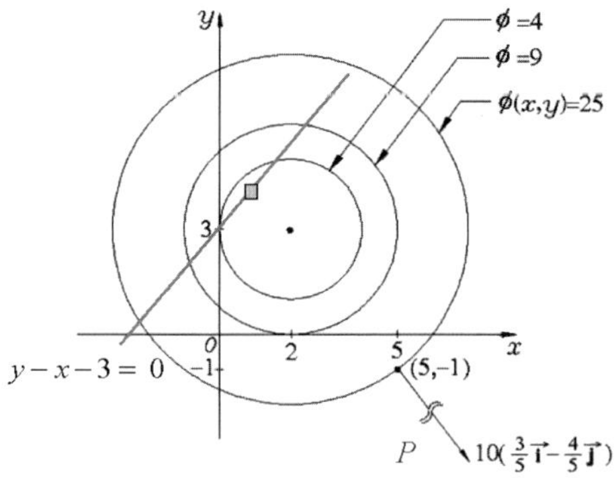

$$Extremize\ \ \phi(x,y,\lambda) = (x-2)^2 + (y-3)^2 + \lambda(y-x-3)$$

$$2(x-2) - \lambda = 0$$
$$2(y-3) + \lambda = 0 \quad \Rightarrow x = 1,\ y = 4,\ \lambda = -4$$
$$y - x - 3 = 0$$

Extremization using penalty method

○ Extremization problem with equality constraints

$$Extremize\ \ \phi = \phi(x_1, x_2, \cdots, x_n)$$
$$subject\ to\ \ h_i(x_1, x_2, \cdots, x_n) = 0, \quad i = 1, 2, \cdots, m$$

$$\Downarrow$$

○ Unconstrained extremization problem

$$Extremize\ \ P(x_1, x_2, \cdots, x_n) = \phi(x_1, x_2, \cdots, x_n) + \sum_{i=1}^{m} P_i h_i^2(x_1, x_2, \cdots, x_n)$$

○ P_i: Penalty constant

○ Necessary conditions: $\nabla_{x_i} P(x_1, x_2, \cdots, x_n) = 0\ ,\ \ i = 1, 2, \cdots, n$

5.1.4 Integration

Lebesque integral and Riemann integral

O Integration:

- Definite integration: Integral with its integration region specified
  - $\int_a^b f(x)dx,\ \int_A \phi(x,y)dA,\ \int_V \phi(x,y,z)dV$
- Indefinite integration: Integral with its integration region unspecified
  - $\int f(x)dx,\ \int \phi(x,y)dA,\ \int \phi(x,y,z)dV$

O Riemann integral(*RI*) and Lebesque integral(*LI*)

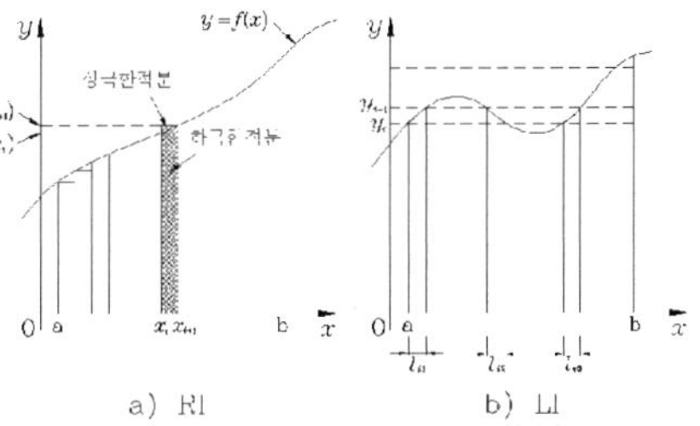

< Definition of *RI* and *LI* >

- $RI = \lim_{n\to\infty}\sum_{i=1}^{n}(x_{i+1}-x_i)f(x_i) = \lim_{n\to\infty}\sum_{i=1}^{n}(x_{i+1}+x_i)f(x_{i+1})$
  - When upper limit integral should be identical to lower limit integral, *RI* exists.
- $LI = \lim_{n\to\infty}\sum_{i=1}^{n} y_i \sum_{i=1} l_{ik} = \lim_{n\to\infty}\sum_{i=1}^{n} y_{i+1}\sum_{i=1} l_{ik}$
  - When the above requirement meets, *LI* exists.

- *LI* is defined whenever *RI* is defined. However, *RI* can not be always defined when *LI* is defined.
  - Example: Mixed liquid of 1*kg* of water and 1*kg* of alcohol.

Line integration and its standard form

Line integration

- When $|f(x)| \le K$ $\quad \int_a^b f(x)dx = \int_a^{c-} f(x)dx + \int_{c+}^b f(x)dx$
- $\int_a^b f(x)dx = \int_a^b f(\xi)d\xi \quad \longleftarrow \quad x, \xi$ are dummy parameters
- $\int_a^b u'v\,dx = uv\big|_a^b - \int_a^b uv'\,dx \quad \longleftarrow \quad \int_a^b (uv)'\,dx = uv\big|_a^b = \int_a^b (uv'+u'v)\,dx$
- When $f(x)=dg/dx$, the integral can be calculated using function values at the integration boundaries as follow:

$$\int_a^b f(x)\,dx = \int_a^b \frac{dg(x)}{dx}\,dx = g(x)\big|_a^b = g(b) - g(a)$$

$x=2t,\ dx=2dt$
$x=4 \rightarrow t=2,\ x=2 \rightarrow t=1,$

$$\int_2^4 4x^2 dx = \int_1^2 4(2t)^2 \times 2dt$$
$$= \int_{-1}^1 4(\xi+3)^2 d\xi = 4(\frac{1}{\sqrt{3}}+3)^2 + 4(\frac{-1}{\sqrt{3}}+3)^2$$

$x = 4\times\frac{1+\xi}{2} + 2\times\frac{1-\xi}{2} = \xi+3,\ dx = d\xi$

Standard form $\int_{-1}^1 f(x(\xi))\frac{dx}{d\xi}d\xi$

- $\int_a^b f(x)dx = \int_\alpha^\beta f(x(\xi))\frac{dx}{d\xi}d\xi$ $\quad$ ($x=x(\xi)$)

$$x = x(\xi) = N_1(\xi)a + N_2(\xi)b \longleftarrow N_1(\xi) = \frac{1-\xi}{2},\ N_2(\xi) = \frac{1+\xi}{2}$$

$\alpha=-1,\ \beta=1 \longrightarrow \int_a^b f(x)dx = \int_{-1}^1 f(x(\xi))Jd\xi$

$$x = x(\xi) = \frac{1-\xi}{2}a + \frac{1+\xi}{2}b$$

- $J = \frac{b-a}{2} \quad \longleftarrow$ Jacobian

Path integral

Path integral: Integration following the path C

- $W = \int_C \mathbf{F}\cdot d\mathbf{r} = \int_C (F_x\,dx + F_y dy + F_z dz)$
  - $d\mathbf{r} = dx\,\mathbf{i} + dy\,\mathbf{j} + dz\,\mathbf{k}$
  - $\oint_C$: It is used instead of $\int_C$ when the path C is closed.
- $W = \int_{t_1}^{t_2} (F_x(t)x'(t) + F_y(t)y'(t) + F_z(t)z'(t))\,dt$
  - $\mathbf{r} = \mathbf{r}(t) = x(t)\,\mathbf{i} + y(t)\,\mathbf{j} + z(t)\,\mathbf{k}$
  - $d\mathbf{r} = dx\,\mathbf{i} + dy\,\mathbf{j} + dz\,\mathbf{k} = x'\,dt\,\mathbf{i} + y'\,dt\,\mathbf{j} + z'\,dt\,\mathbf{k}$

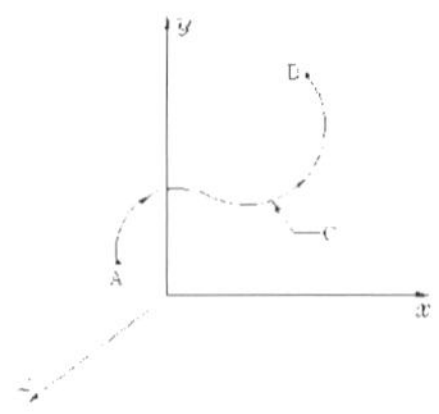

< Path integral >

- Path independent integral: Path integral which can be calculated only by function values at both ends of the path
  - $\mathbf{F} = \nabla\Phi$ or $F_x = \frac{\partial\Phi}{\partial x},\ F_y = \frac{\partial\Phi}{\partial y},\ F_z = \frac{\partial\Phi}{\partial z}$
    - $\Phi = \Phi(x, y, z)$: Potential
    - Total differential: $d\Phi = \frac{\partial\Phi}{\partial x}dx + \frac{\partial\Phi}{\partial y}dy + \frac{\partial\Phi}{\partial z}dz$
  - $\int_C \mathbf{F}\cdot d\mathbf{r} = \int_B^A d\Phi = \Phi(A) - \Phi(B)$
  - $\nabla\times\mathbf{F} = 0 \quad \frac{\partial F_z}{\partial y} = \frac{\partial F_y}{\partial z},\ \frac{\partial F_x}{\partial z} = \frac{\partial F_z}{\partial x},\ \frac{\partial F_y}{\partial x} = \frac{\partial F_x}{\partial y}$
    - When potential Φ is defined such that $\mathbf{F} = \nabla\Phi$, $\nabla\times\nabla\Phi = \mathbf{0}$.

Area integration

- $\int_A \phi(x,y)dA$ or $\int_A \phi(x,y)dxdy$

$$J \equiv \frac{\partial(x,y)}{\partial(\xi,\eta)} = \begin{vmatrix} \frac{\partial x}{\partial \xi} & \frac{\partial x}{\partial \eta} \\ \frac{\partial y}{\partial \xi} & \frac{\partial y}{\partial \eta} \end{vmatrix}$$

O Transformation of integration area

- $\int_A \phi(x,y)dxdy = \int_{A'} \phi(x(\xi,\eta),\ y(\xi,\eta))\ J\ d\xi\, d\eta$

$x = x(\xi,\eta),\ y = y(\xi,\eta)$:Transformation functions which meet one-to-one corresponding.

O Standard form for integration over a quadrilateral

$$x = x(\xi) = \frac{1-\xi}{2}a + \frac{1+\xi}{2}b$$

$$N_1(\xi) = \frac{1-\xi}{2},\ N_2(\xi) = \frac{1+\xi}{2}$$

- $\int_A \phi(x,y)dxdy = \int_{-1}^{1}\int_{-1}^{1} \phi(x(\xi,\eta),y(\xi,\eta))J\ d\xi d\eta$

$$x = \sum_{i=1}^{4} N_i(\xi,\eta)x_i,\ y = \sum_{i=1}^{4} N_i(\xi,\eta)y_i$$

$$N_i(\xi,\eta) = \frac{(1+\xi_i\xi)(1+\eta_i\eta)}{4}$$

$$\xi_1 = \xi_2 = \eta_2 = \eta_3 = 1,\quad \xi_3 = \xi_4 = \eta_1 = \eta_2 = -1$$

$$N_1(\xi,\eta) = \frac{(1+\xi)(1-\eta)}{4}$$

- Four internal corner angles should be less than 180°.
- (x_i, y_i): Four corner points of a quadrilateral

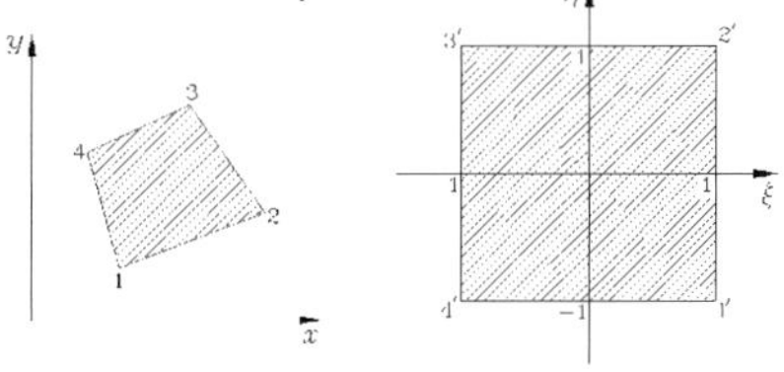

< Integration region transformation from quadrilateral to square>

Volume integration

- $\int_V \phi(x,y,z)dxdydz = \int_{V'} \phi(x(\xi,\eta,\varsigma),y(\xi,\eta,\varsigma),z(\xi,\eta,\varsigma))J\ d\xi\, d\eta\, d\varsigma$

$$x = x(\xi,\eta,\varsigma) \quad y = y(\xi,\eta,\varsigma) \quad z = z(\xi,\eta,\varsigma)$$

$$J \equiv \frac{\partial(x,y,z)}{\partial(\xi,\eta,\varsigma)} = \begin{vmatrix} \frac{\partial x}{\partial \xi} & \frac{\partial x}{\partial \eta} & \frac{\partial x}{\partial \varsigma} \\ \frac{\partial y}{\partial \xi} & \frac{\partial y}{\partial \eta} & \frac{\partial y}{\partial \varsigma} \\ \frac{\partial z}{\partial \xi} & \frac{\partial z}{\partial \eta} & \frac{\partial z}{\partial \varsigma} \end{vmatrix}$$

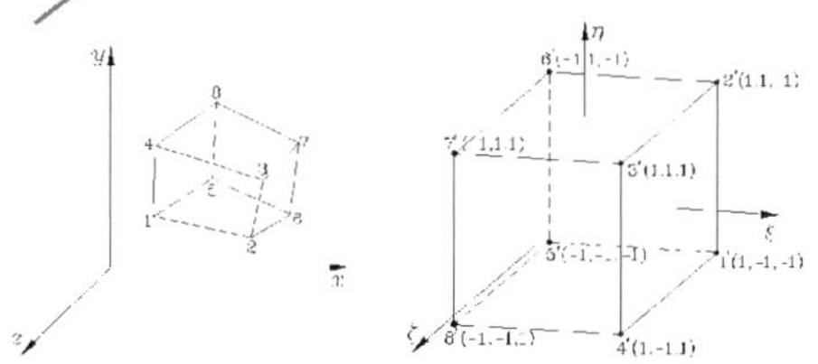

< Transformation from hexahedral to cube>

O Standard form: (-1,-1,-1), (-1,-1,1), (-1,1,-1), (-1,1,1), (1,-1,-1), (1,-1, 1), (1, 1,-1), (1, 1, 1)

- $\int_V \phi(x,y,z)dV = \int_{-1}^{1}\int_{-1}^{1}\int_{-1}^{1} \phi(x(\xi,\eta,\varsigma),\ y(\xi,\eta,\varsigma),z(\xi,\eta,\varsigma))Jd\xi d\eta d\varsigma$

$$x = \sum_{i=1}^{8} N_i(\xi,\eta,\varsigma)x_i,\quad y = \sum_{i=1}^{8} N_i(\xi,\eta,\varsigma)y_i\quad z = \sum_{i=1}^{8} N_i(\xi,\eta,\varsigma)z_i$$

- $N_i(\xi,\eta,\varsigma) = \dfrac{(1+\xi_i\xi)(1+\eta_i\eta)(1-\varsigma_i\varsigma)}{8}$
- $\xi_1 = \xi_2 = \xi_3 = \xi_4 = \eta_2 = \eta_3 = \eta_6 = \eta_7 = \varsigma_3 = \varsigma_4 = \varsigma_7 = \varsigma_8 = 1$
  $\xi_5 = \xi_6 = \xi_7 = \xi_8 = \eta_1 = \eta_4 = \eta_5 = \eta_8 = \varsigma_1 = \varsigma_2 = \varsigma_5 = \varsigma_6 = -1$

$$N_1(\xi,\eta,\varsigma) = \frac{(1+\xi)(1-\eta)(1-\varsigma)}{8}$$

Green theorem and Gauss theorem

Green theorem

$$\int_a^b \frac{dg(x)}{dx}\,dx = g(x)\Big|_a^b = g(b) - g(a)$$

○ $\int_A \left(\frac{\partial F_y}{\partial x} - \frac{\partial F_x}{\partial y} \right) dxdy = \oint_C (F_x dx + F_y dy)$

○ Example

- $A = \int_A dxdy = \oint_C xdy = -\oint_C ydx$
- $V = 2\pi \int_A xdxdy = \pi \oint_C x^2 dy$

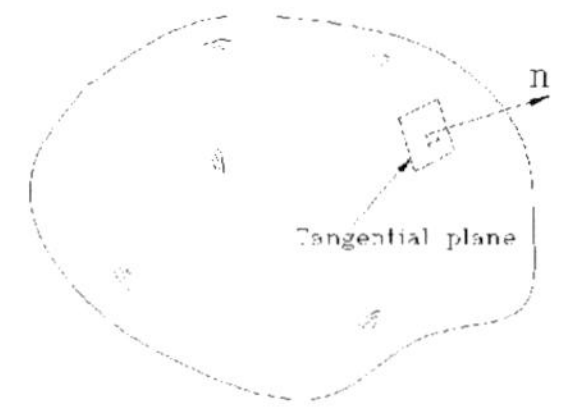

< outwardly directed unit normal vector on the boundary >

Gauss theorem(divergence Theorem) :

○ $\int_V \nabla \cdot \mathbf{F}\, dV = \int_V \mathrm{div}\,\mathbf{F}\, dV = \int_S \mathbf{F} \cdot \mathbf{n}\, dS$ or

$$\int_V \left(\frac{\partial F_x}{\partial x} + \frac{\partial F_y}{\partial y} + \frac{\partial F_z}{\partial z} \right) dV = \int_S (F_x n_x + F_y n_y + F_z n_z)\, dS$$

- $\mathbf{n}$: outwardly directed unit normal vector on the boundary

5.2 Finite Element Method

5.2.1 Concept of FEM

5.2.2 Ritz method to boundary value problem

5.2.3 Ritz solution to a beam bending problem

5.2.4 Weighted residual method to boundary value problem

5.2.5 Approximate method and FEM

5.2.1 Concept of FEM

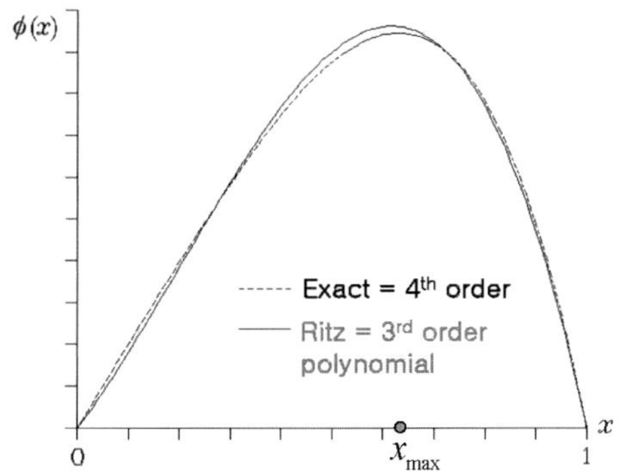

Finite element method

- **Natural phenomena** (Mechanics, Electromagnetics, etc.)

  = Boundary Value Problem, BVP (Differential equation + BCs)

  Mathematics

- **Approximate method of BVP** = Ritz or Galerkin methods

Impractical! (Integration/Solving linear equations+Treatment of BCs)

-Computer (Simple, Faithful, Fast calculation)
-Finite element technique = FE interpolation

FEM

Practical approximate approach

Forging simulation

- MFS= Forming analysis+Heat transfer analysis+Metallurgical analysis

5.2.2 Ritz method to boundary value problem

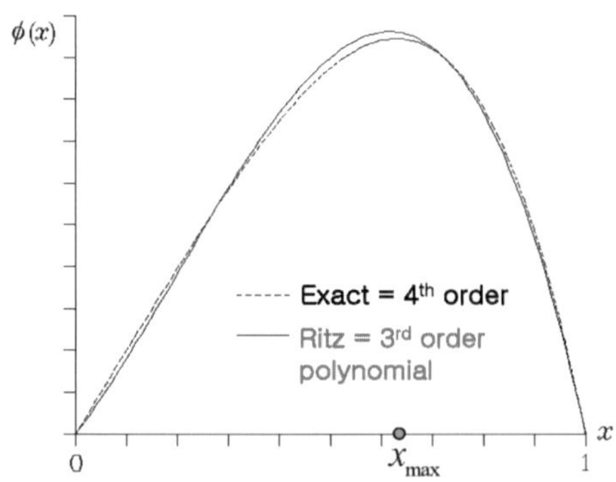

- 4 -

Ritz method to differential equation

- Problem definition

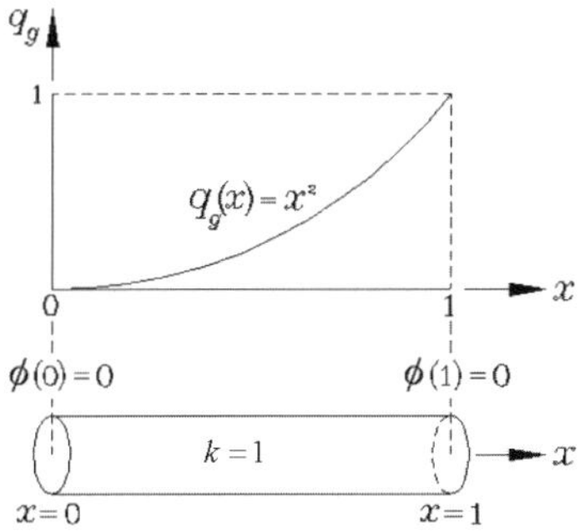

- Boundary value problem

Prob. 1
$$-\frac{d^2\phi}{dx^2}=x^2,\ 0<x<1$$
$$\phi(0)=0,\ \phi(1)=0$$

$$\phi''(x)=-x^2 \Rightarrow \phi'(x)=-\frac{1}{12}x^4+C_1x+C_2$$

○ Exact : $\phi^*(x)=-\frac{1}{12}\left(x^4-x\right)$

- Variational principle

Functional

$\phi=x \rightarrow F(\phi)=\frac{1}{2}\int_0^1[1-2x^3]dx=\frac{1}{4}$

Prob. 2 $$Extremize\ \ F(\phi)=\frac{1}{2}\int_0^1\left[\left(\frac{d\phi}{dx}\right)^2-2x^2\phi(x)\right]dx$$

$$subject\ to\ \ \phi(0)=0,\ \phi(1)=0$$

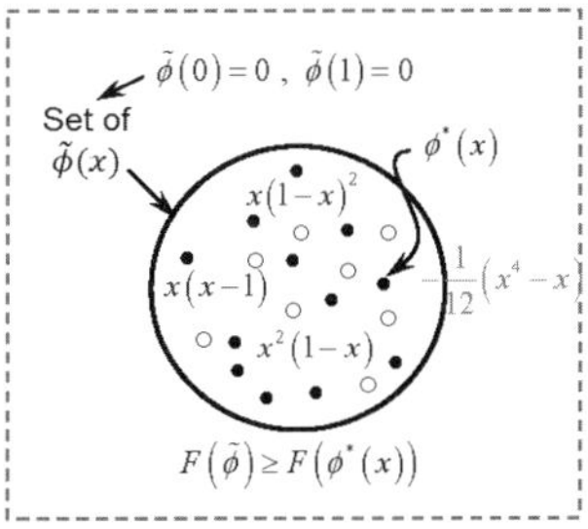

Ritz method to differential equation

- Extremization of a function and its related algebraic equation

$y'=x(x-1)(2x-1)=0$	⇄	$Extremize\ \ y=x^2(x-1)^2$

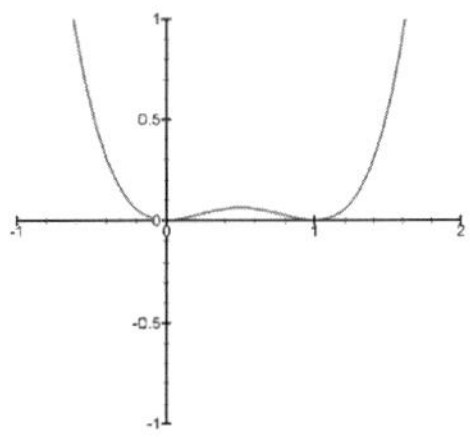

- Extremization of a functional and its related differentiation equation

$$-\frac{d^2T}{dx^2}=x^2,\ \ 0<x<1,\ T(0)=0,\ T(1)=0$$

⇑⇓

$$Extremize\ \ \ F(T)=\int_0^1\left[\left(\frac{dT}{dx}\right)^2-2x^2T(x)\right]dx$$
$$T(0)=0,\ T(1)=0$$

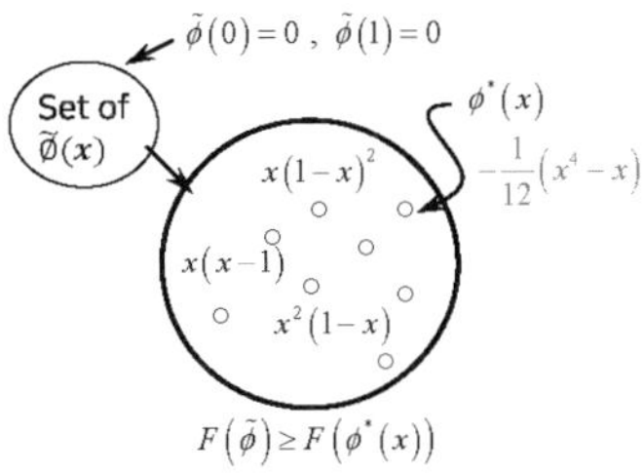

✓ Trial function: $\tilde{T}(x)=\sum_{i=1}^{n}C_if_i(x),\ \tilde{T}(0)=0,\ \tilde{T}(1)=0$

Why do we use 'Finite'?

Approximation in Ritz method

$$\text{Extremize } F(\phi)=\frac{1}{2}\int_0^1\left[\left(\frac{d\phi}{dx}\right)^2-2x^2\phi(x)\right]dx$$

$$\text{subject to } \phi(0)=0,\ \phi(1)=0$$

$$\tilde{\phi}(0)=0,\ \tilde{\phi}(1)=0$$

○ $\tilde{\phi}(x)=C_1x(1-x)+C_2x^2(1-x)$

Trial function — Basic function

$$\tilde{\phi}(x)=\sum_i C_i\zeta_i(x)$$

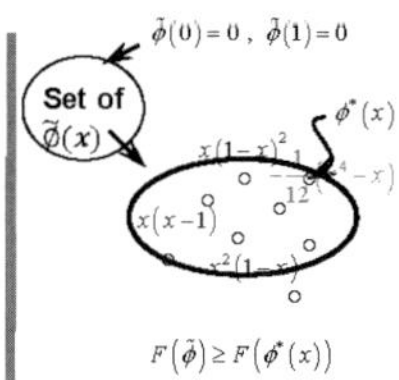

Function space = Infinite dimensional vector space

Mapping

Function space ⇒ Finite dimensional vector space

○ $F(\tilde{\phi})=\frac{1}{2}\int_0^1\left[\left\{C_1(1-2x)+C_2(2x-3x^2)\right\}^2-2C_1x^3(1-x)-2C_2x^4(1-x)\right]dx$

$$=\frac{1}{2}\int_0^1(1-2x)^2dx\cdot C_1^2+\frac{1}{2}\int_0^1(2x-3x^2)^2dx\cdot C_2^2$$

$$+\int_0^1(1-2x)(2x-3x^2)dx\cdot C_1C_2-\int_0^1x^3(1-x)\,dx\,C_1-\int_0^1x^4(1-x)\,dx\,C_2$$

○ $\tilde{F}(C_1,C_2)\equiv F(\tilde{\phi})=\frac{1}{6}C_1^2+\frac{1}{15}C_2^2+\frac{1}{6}C_1C_2-\frac{1}{20}C_1-\frac{1}{30}C_2$

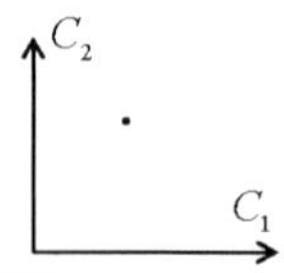

Finite dimensional vector space

Ritz method to differential equation

$$\text{Extremize } F(\phi)=\frac{1}{2}\int_0^1\left[\left(\frac{d\phi}{dx}\right)^2-2x^2\phi(x)\right]dx$$

$$\text{subject to } \phi(0)=0,\ \phi(1)=0$$

Approximation

Trial function

○ $\tilde{\phi}(x)=C_1x(1-x)+C_2x^2(1-x)$

○ Transformation: Function space ⇒ Finite dimensional vector space

$$F(\tilde{\phi})=\frac{1}{2}\int_0^1\left[\left\{C_1(1-2x)+C_2(2x-3x^2)\right\}^2-2C_1x^3(1-x)-2C_2x^4(1-x)\right]dx$$

$$=\frac{1}{2}\int_0^1(1-2x)^2dx\cdot C_1^2+\frac{1}{2}\int_0^1(2x-3x^2)^2dx\cdot C_2^2$$

$$+\int_0^1(1-2x)(2x-3x^2)dx\cdot C_1C_2-\int_0^1x^3(1-x)\,dx\,C_1-\int_0^1x^4(1-x)\,dx\,C_2$$

- **Definite integral**
  - $\int_0^1 x\,dx=\frac{1}{2}$
- **Indefinite integral**
  - $\int x\,dx=\frac{x^2}{2}$

○ $\tilde{F}(C_1,C_2)\equiv F(\tilde{\phi})=\frac{1}{6}C_1^2+\frac{1}{15}C_2^2+\frac{1}{6}C_1C_2-\frac{1}{20}C_1-\frac{1}{30}C_2$

Solution

$$\frac{1}{3}C_1+\frac{1}{6}C_2=\frac{1}{20}$$

$$\frac{1}{6}C_1+\frac{2}{15}C_2=\frac{1}{30}$$

○ Necessary condition for $\tilde{F}(C_1,C_2)$ to be extreme : $\frac{\partial\tilde{F}}{\partial C_1}=0,\quad \frac{\partial\tilde{F}}{\partial C_2}=0$

○ Linear equation: $\frac{1}{30}\begin{bmatrix}10 & 5\\ 5 & 4\end{bmatrix}\begin{bmatrix}C_1\\ C_2\end{bmatrix}=\frac{1}{60}\begin{bmatrix}3\\ 2\end{bmatrix}\ \Rightarrow\ C_1=\frac{1}{15},\ C_2=\frac{1}{6}$

○ Approximate solution: $\tilde{\phi}(x)=\frac{1}{30}(2x+3x^2-5x^3)$ ↔ Exact solution $\phi^*(x)=-\frac{1}{12}(x^4-x)$

Accuracy of the approximate solution

- Comparison between approximate and exact solutions
  - $\phi^*(x_{max}) = 0.029165,\ \tilde{\phi}(x_{max}) = 0.029799$ ⇒ Error 2.2%
  - $\phi^{*\prime}(0) = \frac{1}{12},\ \tilde{\phi}'(0) = \frac{1}{15},\ \phi^{*\prime}(1) = -\frac{1}{4},\ \tilde{\phi}'(1) = -\frac{7}{30}$ ⇒ Error 20%

- Requirements on basic function $\zeta_i(x)$
  - Linearly independent
  - $\zeta_i(x) \in H^p(\Omega)$ or $\zeta_i(x) \in C^{p-1}(\Omega)$

- Characteristics of solution convergence

  $Accuracy\ (\tilde{\phi}_1(x)) < Accuracy\ (\tilde{\phi}_2(x)) < Accuracy\ (\tilde{\phi}_3(x))$

  $\tilde{\phi}_1(x) = C_1x(1-x) + C_2x^2(1-x)$

  $\tilde{\phi}_2(x) = C_1x(1-x) + C_2x^2(1-x) + C_3x^2(1-x)^2$

  $\tilde{\phi}_3(x) = C_1x(1-x) + C_2x^2(1-x) + C_3x^2(1-x)^2 + C_4\sin\{x(1-x)\}$

  - $\tilde{\phi}(x) = \lim_{n\to\infty} \sum_{i=1}^{n} C_i\zeta_i(x) \quad \Rightarrow \quad \phi^*(x)$
  - When a trial function involves exact solution, the approximation is exact.

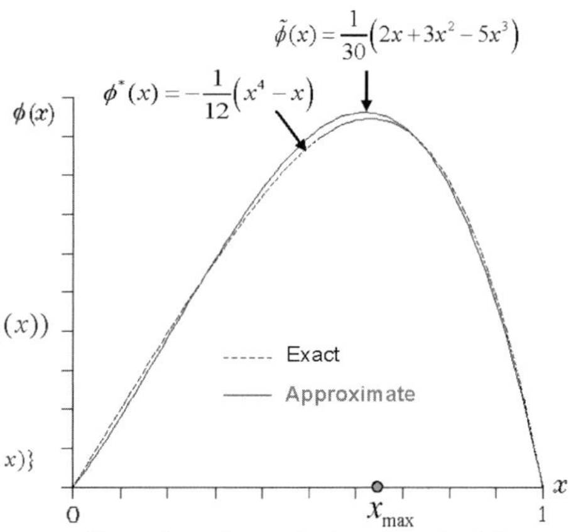

<Comparison of approximate and exact solutions>

5.2.3 Ritz solution to a beam bending problem

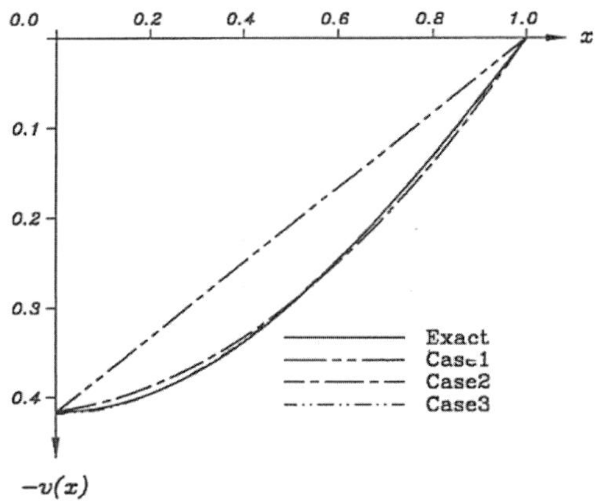

Ritz method to a beam deflection

- Definition of a beam deflection problem

$EIv''(x) = M_b(x)$, $v'(0) = 0$, $v(L) = 0$

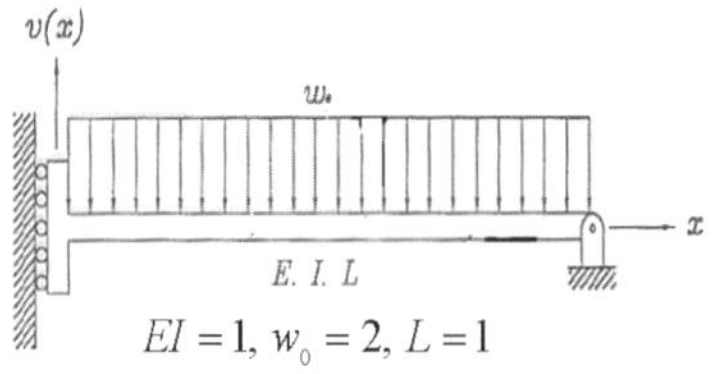

$EI = 1,\ w_0 = 2,\ L = 1$

- Variational principle:

$$Extremize\ \ F(v) = \int_0^1 \left[\left(\frac{dv}{dx} \right)^2 - 2(x^2 - 1)v(x) \right] dx$$

$$subject\ to\ \ v(1) = 0$$

- Ritz method
  - O It should satisfy essential boundary condition, $v(1)=0$
  - O [Case 1] $\tilde{v}(x) = C_1(1-x)$
  - O [Case 2] $\tilde{v}(x) = C_1(1-x^2) + C_2(1-x)$
  - O [Case 3] $\tilde{v}(x) = C_1 x^2(1-x) + C_2(1-x^2)$

O BVP based on beam theory:

$$\frac{d^2v}{dx^2} = 1 - x^2,\ \ 0 < x < 1$$

$$v'(0) = 0,\ \ v(1) = 0$$

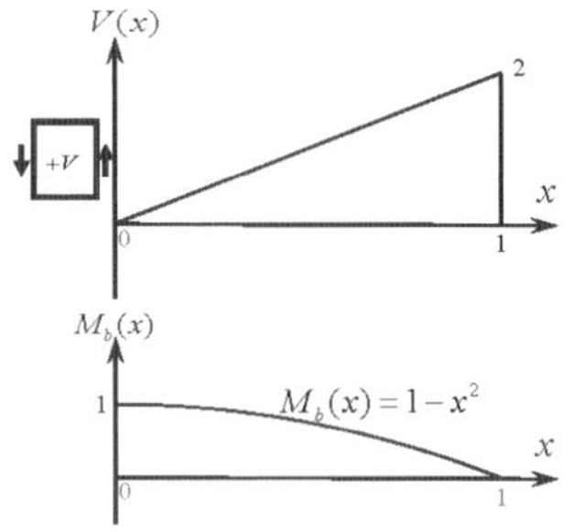

O Solution:

$$v^*(x) = -\frac{x^4}{12} + \frac{x^2}{2} - \frac{5}{12}$$

Ritz method to a beam deflection

- [Case 3]: $\tilde{v}(x) = C_1 x^2(1-x) + C_2(1-x^2)$

$$\tilde{F}(\tilde{v}) = \int_0^1 \left[\{C_1(2x - 3x^2) + C_2(-2x)\}^2 - 2(x^2 - 1)\{C_1(x^2 - x^3) + C_2(1 - x^2)\} \right] dx$$

$$= \frac{5}{12}C_1^2 + \frac{4}{3}C_2^2 + \frac{1}{3}C_1C_2 + \frac{1}{10}C_1 + \frac{16}{15}C_2 = F(C_1, C_2)$$

$$\begin{bmatrix} \frac{4}{15} & \frac{1}{3} \\ \frac{1}{3} & \frac{8}{3} \end{bmatrix} \begin{bmatrix} C_1 \\ C_2 \end{bmatrix} = \begin{bmatrix} -\frac{1}{10} \\ -\frac{16}{15} \end{bmatrix}$$

Approximate solution of the Case 3

$$\Rightarrow\ \tilde{v}(x) = -\frac{4}{27}x^3 - \frac{153}{270}x - \frac{113}{270}$$

Exact: $v^*(x) = -\frac{x^4}{12} + \frac{x^2}{2} - \frac{5}{12}$

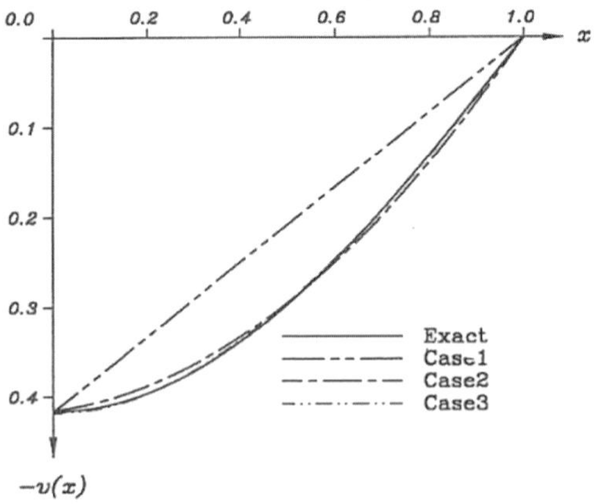

5.2.4 Weighted residual method to boundary value problem

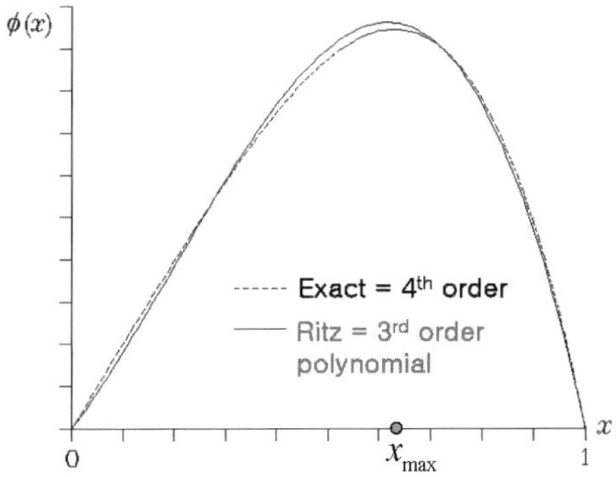

Weighted residual approach to differential equation

Prob. 1 $\dfrac{d^2\phi}{dx^2}+x^2=0,\ 0<x<1$

$\phi(0)=0,\ \phi(1)=0$

$\omega(x)$ is arbitrary.

Prob. 2 $\int_0^1 \omega(x)\left[\dfrac{d^2\phi}{dx^2}+x^2\right]dx=0$

$\phi(0)=\phi(1)=0$

$\omega(x)$: Weighting function

$$\int_a^b u'v = uv\Big|_a^b - \int_a^b uv'$$

$$\phi'(x)\omega(x)\Big|_0^1-\int_0^1\left[\phi'(x)\omega'(x)-x^2\omega(x)\right]dx=0$$

$\phi(0)=\phi(1)=0$

Assume $\omega(0)=\omega(1)=0$

$\phi(x)$: Unknown function

Set of functions

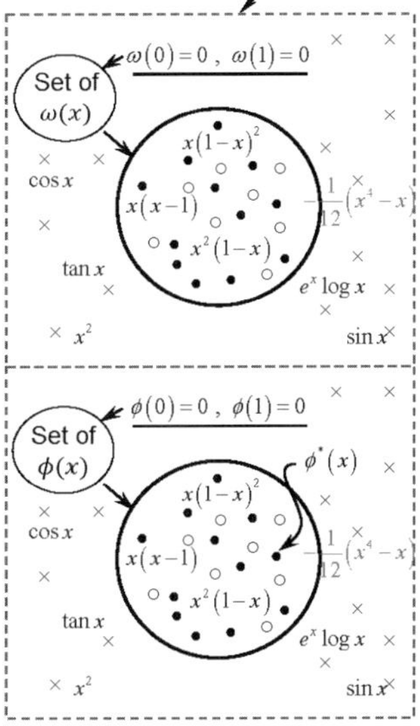

Weak form

$$\int_0^1[\phi'(x)\omega'(x)-x^2\omega(x)]dx=0$$

$\phi(0)=0,\ \phi(1)=0$

where $\omega(x)$ *is arbitrary except that* $\omega(0)=0$ *and* $\omega(1)=0$

Galerkin approach

Approximation of $\phi(x)$ and $\omega(x)$

Basic function

- $\tilde{\phi}(x) = C_1 x(1-x) + C_2 x^2(1-x)$; C_1 and C_2 are unknown ← Trial function
- $\omega(x) = W_1 x(1-x) + W_2 x^2(1-x)$; W_1 and W_2 are arbitrary ← Approximate weighting function

$$\begin{pmatrix} \varsigma_1(x) = x(1-x) \\ \varsigma_2(x) = x^2(1-x) \end{pmatrix}$$

- $\int_0^1 \left[\left\{ C_1(1-2x) + C_2(2x-3x^2) \right\} \left\{ W_1(1-2x) + W_2(2x-3x^2) \right\} dx - W_1 x^3(1-x) - W_2 x^4(1-x) \right] dx = 0$

- $W_1 \left[\int_0^1 (1-2x)(1-2x)dx\, C_1 + \int_0^1 (1-2x)(2x-3x^2)dx\, C_2 - \int_0^1 x^3(1-x)dx \right]$ $\equiv \Phi_1$

$+ W_2 \left[\int_0^1 (2x-3x^2)(1-2x)dx\, C_1 + \int_0^1 (2x-3x^2)(2x-3x^2)dx\, C_2 - \int_0^1 x^4(1-x)dx \right] = 0$ $\equiv \Phi_2$

$\int_0^1 x^5 dx = \frac{1}{6}$, $\int_0^1 x^4 dx = \frac{1}{5}$, etc.

$W_1\Phi_1 + W_2\Phi_2 = 0$

← W_1 are W_2 are arbitrary

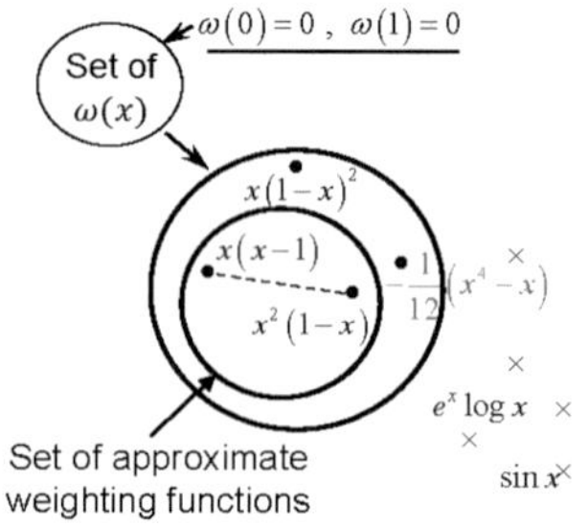

Linear equations

- $\Phi_1 = 0 \rightarrow$
- $\Phi_2 = 0 \rightarrow$

$$\frac{1}{30}\begin{bmatrix} 10 & 5 \\ 5 & 4 \end{bmatrix} \begin{bmatrix} C_1 \\ C_2 \end{bmatrix} = \frac{1}{60}\begin{bmatrix} 3 \\ 2 \end{bmatrix} \Rightarrow C_1 = \frac{1}{15},\ C_2 = \frac{1}{6}$$

Approx. solution : $\tilde{\phi}(x) = \frac{1}{30}\left(2x + 3x^2 - 5x^3\right)$

5.2.5 Approximate method and FEM

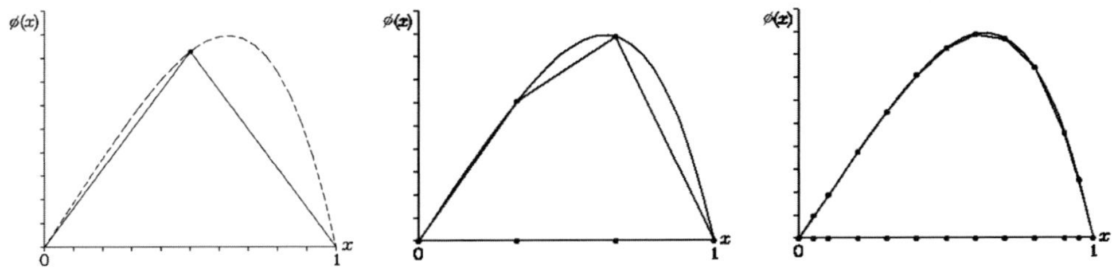

Concept of Finite Element Method (FEM)

$$\text{Extremize } F(\phi)=\frac{1}{2}\int_0^1\left[\left(\frac{d\phi}{dx}\right)^2-2x^2\phi(x)\right]dx$$

$$\text{subject to } \phi(0)=0,\ \phi(1)=0$$

- Trial function : $\tilde{\phi}(x)=C_1\left(1-2\left|x-\frac{1}{2}\right|\right)=\begin{cases}2C_1x & \text{for } 0\le x\le\frac{1}{2}\\ 2C_1x(1-x) & \text{for } \frac{1}{2}\le x\le 1\end{cases}$
- Approximate solution : $\tilde{\phi}(x)=\frac{7}{192}-\frac{7}{96}\left|x-\frac{1}{2}\right|$ $\quad C_1=\frac{7}{192}$

$C_1=?$

$\tilde{\phi}(0.5)=C_1$

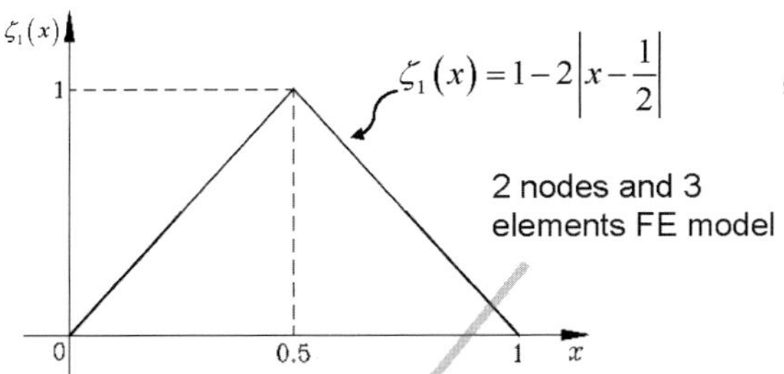

<Basic function = Interpolation function>

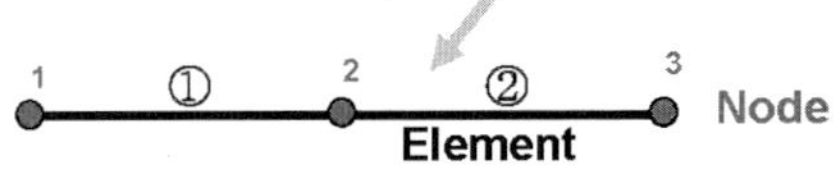

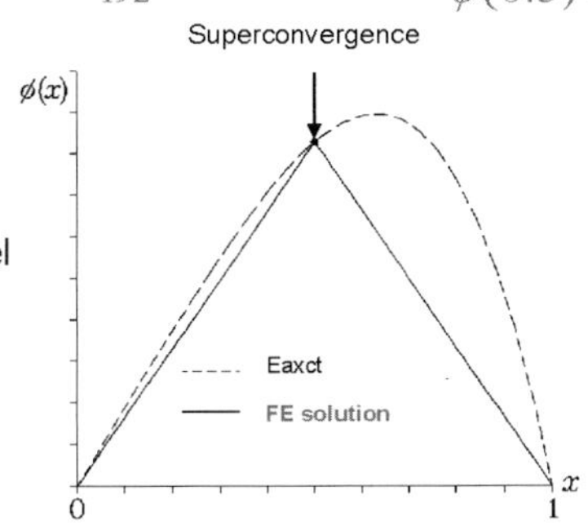

<Comparison of FE solution with exact solution>

Concept of Finite Element Method (FEM)

4 nodes FE model

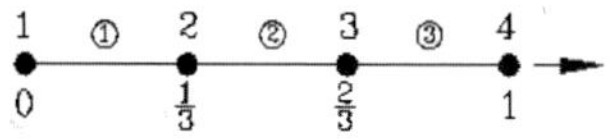

○ Element ①

$$\begin{bmatrix} 3 & -3 \\ -3 & 3 \end{bmatrix}\begin{bmatrix} \phi_1^{①} \\ \phi_2^{①} \end{bmatrix} = \frac{1}{4\times 3^4}\begin{bmatrix} 1 \\ 3 \end{bmatrix}$$

○ Element ③

$$\begin{bmatrix} 3 & -3 \\ -3 & 3 \end{bmatrix}\begin{bmatrix} \phi_1^{③} \\ \phi_2^{③} \end{bmatrix} = \frac{1}{4\times 3^4}\begin{bmatrix} 33 \\ 43 \end{bmatrix}$$

Interpolation function

$\phi(x) = \phi_1 N_1(x) + \phi_2 N_2(x) + \phi_3 N_3(x) + \phi_4 N_4(x)$

$$\tilde{\phi}(x) = \phi_2 N_2(x) + \phi_3 N_3(x)$$

Nodal values

BC

$(\phi(0) = 0,\ \phi(1) = 0)$

$$(\phi_1 = 0,\ \phi_4 = 0)$$

○ Element ②

$$\begin{bmatrix} 3 & -3 \\ -3 & 3 \end{bmatrix}\begin{bmatrix} \phi_1^{②} \\ \phi_2^{②} \end{bmatrix} = \frac{1}{4\times 3^4}\begin{bmatrix} 11 \\ 17 \end{bmatrix}$$

Element equation

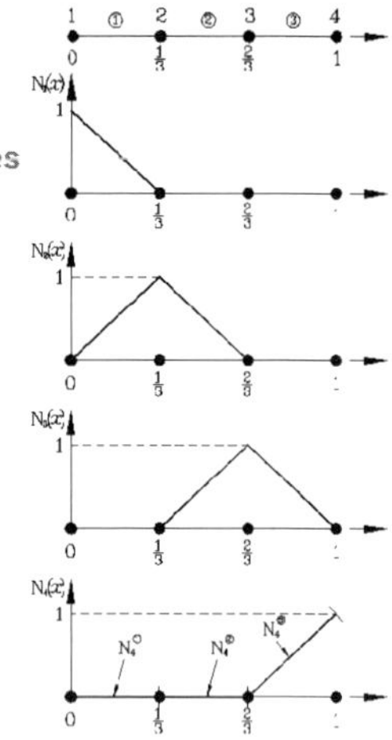

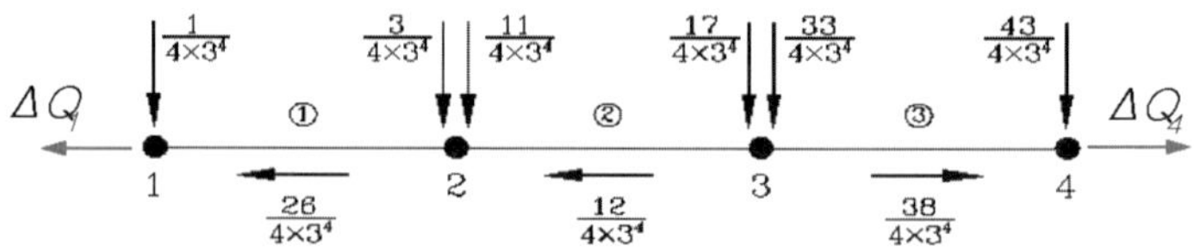

FE equations

$$\begin{bmatrix} 2 & -1 \\ -1 & 2 \end{bmatrix}\begin{bmatrix} \phi_2 \\ \phi_3 \end{bmatrix} = \frac{1}{4\times 3^5}\begin{bmatrix} 14 \\ 50 \end{bmatrix} \quad \left(\phi_1 = 0,\ \phi_2 = \frac{13}{486},\ \phi_3 = \frac{19}{486},\ \phi_4 = 0\right)$$

Comparison

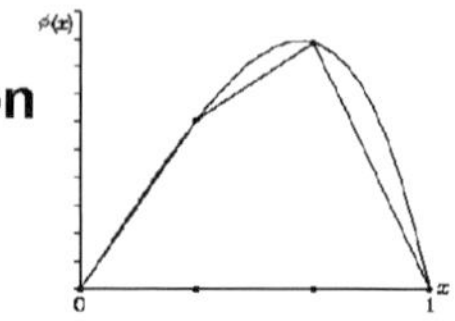

FE solutions with different FEA models

- FEM = Ritz or Galerkin method + FE discretization and interpolation (approximation)

Technique of making basic functions

- FE discretization and interpolation function: $N_i(x)$

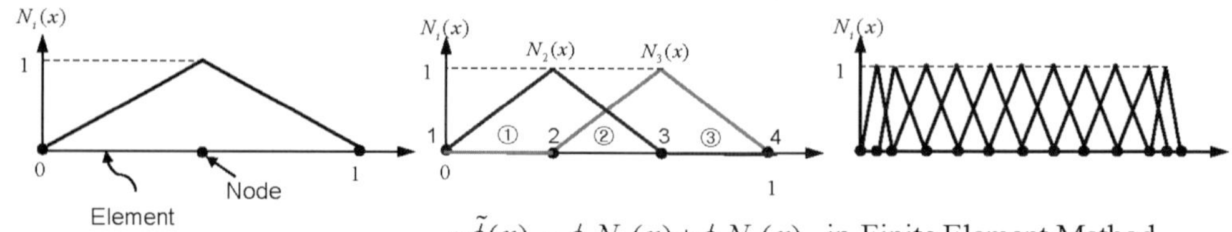

- $\tilde{\phi}(x) = \phi_2 N_2(x) + \phi_3 N_3(x)$ in Finite Element Method
- $\tilde{\phi}(x) = C_1\zeta_1(x) + C_2\zeta_2(x)$ in Ritz or Galerkin method

Finite element solutions

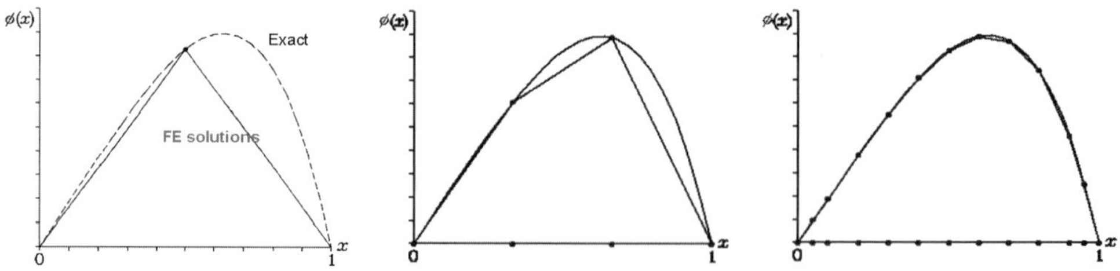

5.3 Finite element method of partial differential equations

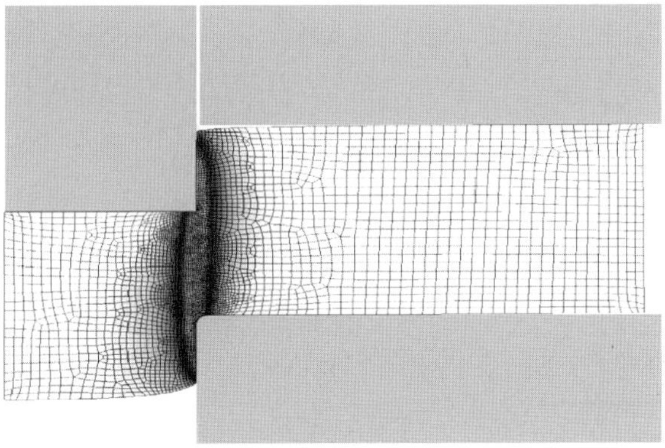

Poisson's equation

Poisson's equation

$$\frac{\partial}{\partial x}\left(k\frac{\partial \phi}{\partial x}\right)+\frac{\partial}{\partial y}\left(k\frac{\partial \phi}{\partial y}\right)+f(x,y)=0$$

$T=\overline{T}$ on S_T

1D $-\frac{d^2\phi}{dx^2}=x^2,\ 0<x<1$

$\phi(0)=0,\ \phi(1)=0$

2D

2D problem is mathematically similar to 3D

Variational principle

$$\text{Extremize } F(\phi)=\frac{1}{2}\int_0^1\left[\left(\frac{d\phi}{dx}\right)^2-2x^2\phi(x)\right]dx$$

subject to $\phi(0)=0,\ \phi(1)=0$

$$\textit{Extremize } F(\phi)=\frac{1}{2}\iint\left[k\left(\frac{\partial\phi}{\partial x}\right)^2+k\left(\frac{\partial\phi}{\partial y}\right)^2-2f(x,y)\phi(x,y)\right]dxdy$$

subject to $T=\overline{T}$ on S_T

$$\tilde{\phi}(x,y)=\phi_1N_1(x,y)+\phi_2N_2(x,y)+\cdots=\sum_J\phi_JN_J$$

$N_J=?,\ \phi_J=?$

Nodal value

Mapping and interpolation function on 2D

Mapping

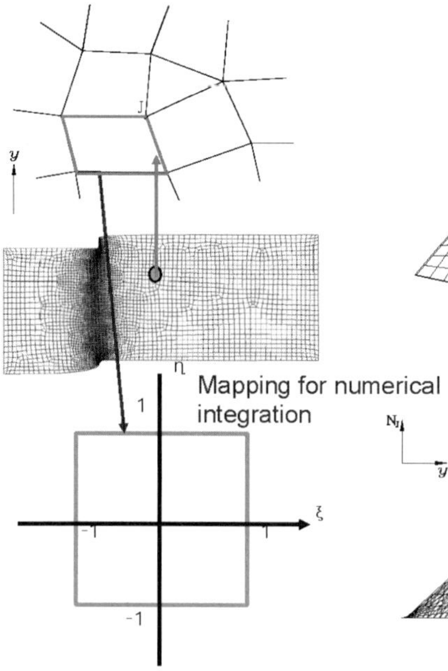

Interpolation function $N_J(x, y)$

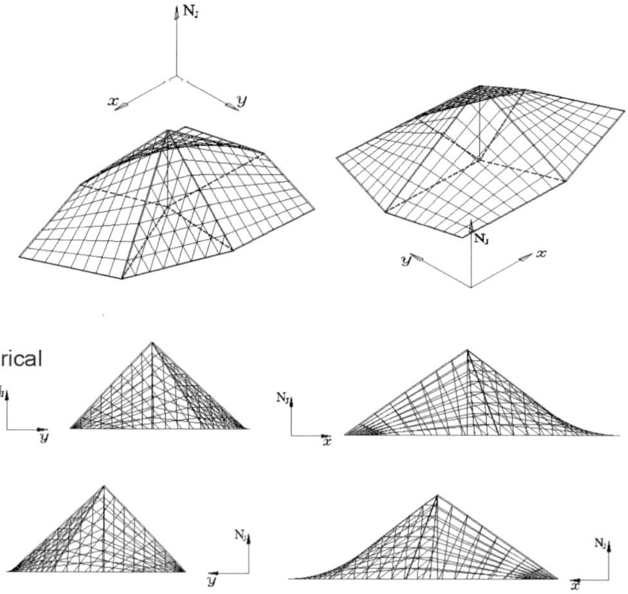

Intelligent remeshing of quadrilateral elements

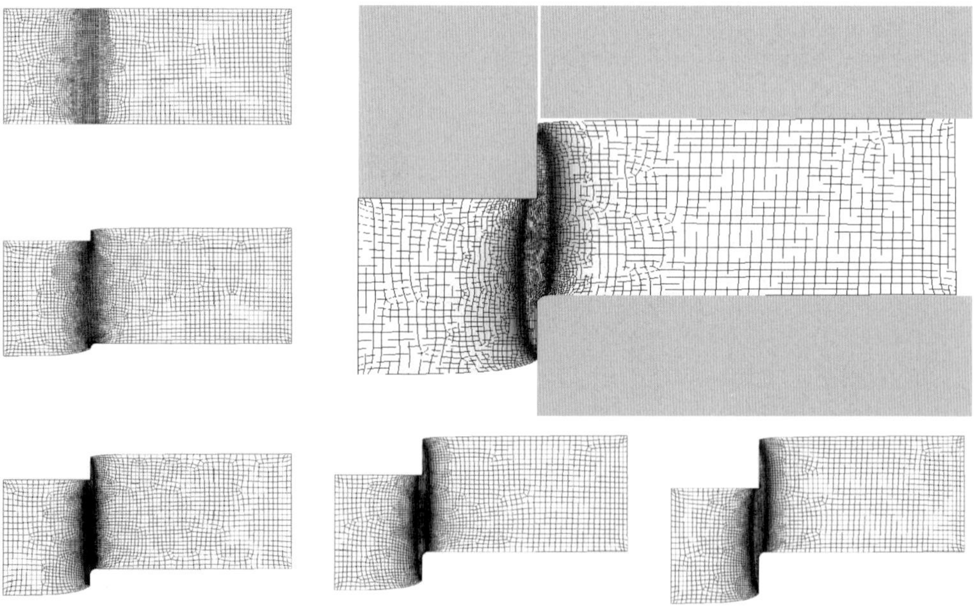

Intelligent remeshing of tetraheral elements

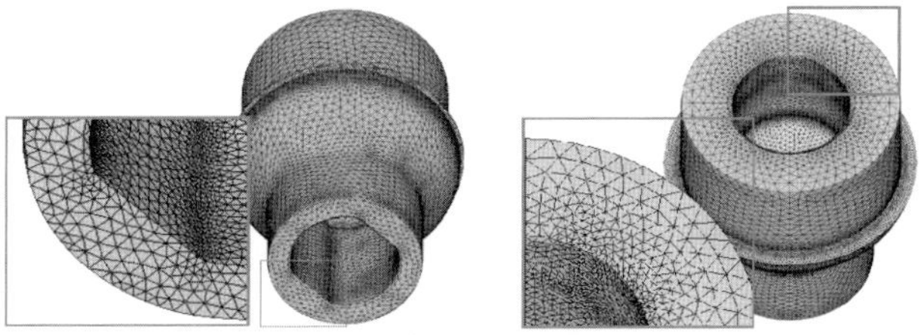

What is a good mesh system?

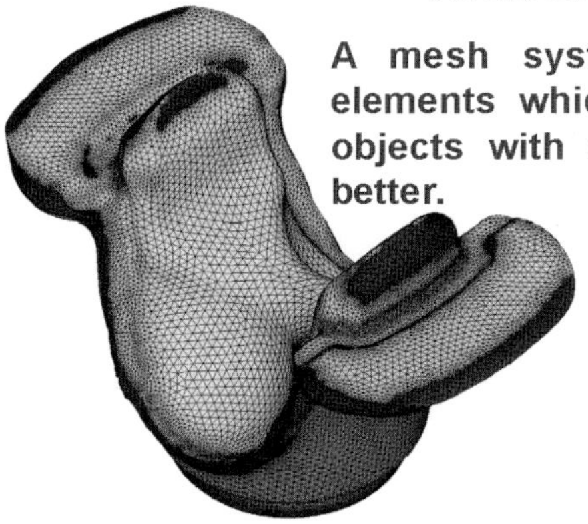

A mesh system with smaller number of elements which can, however, describe the objects with emphasis on their features is better.

High precision 2D mesh systems

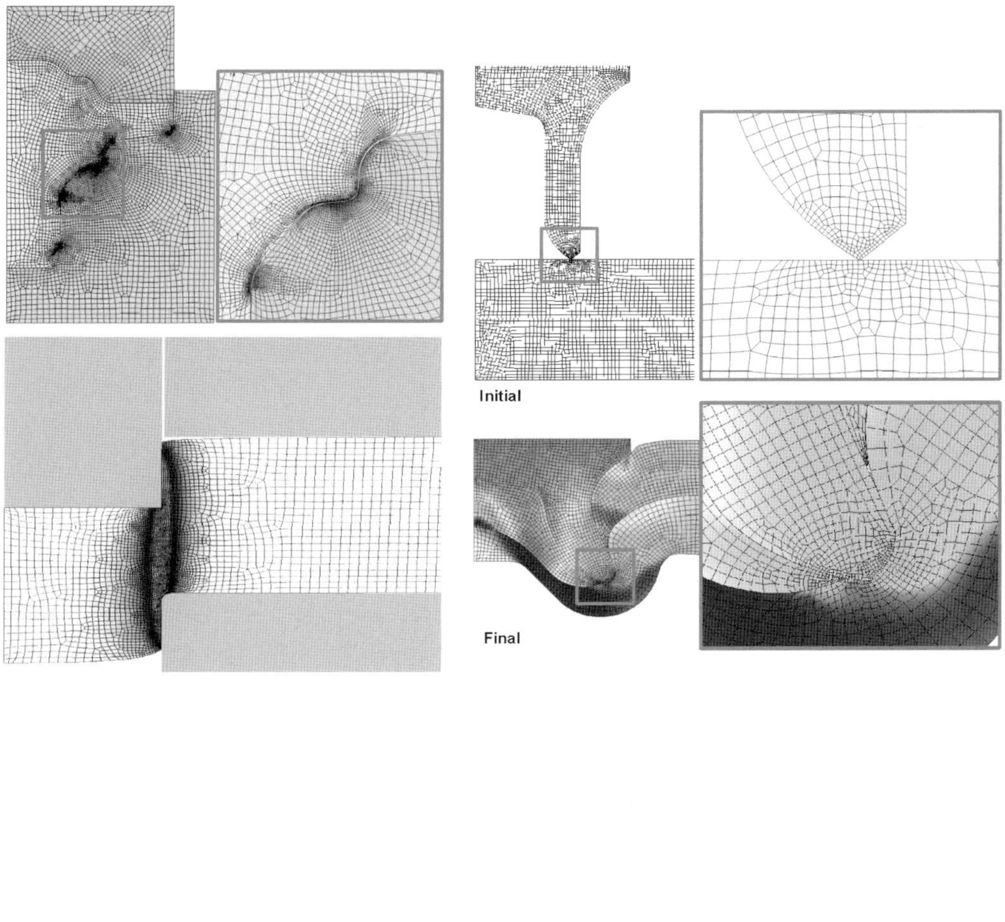

High precision 2D mesh systems

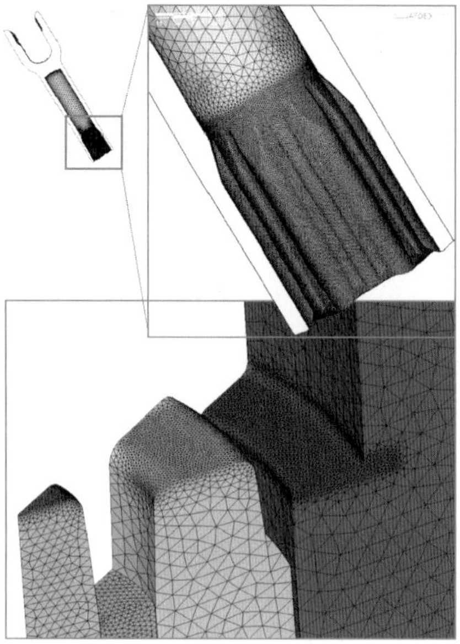

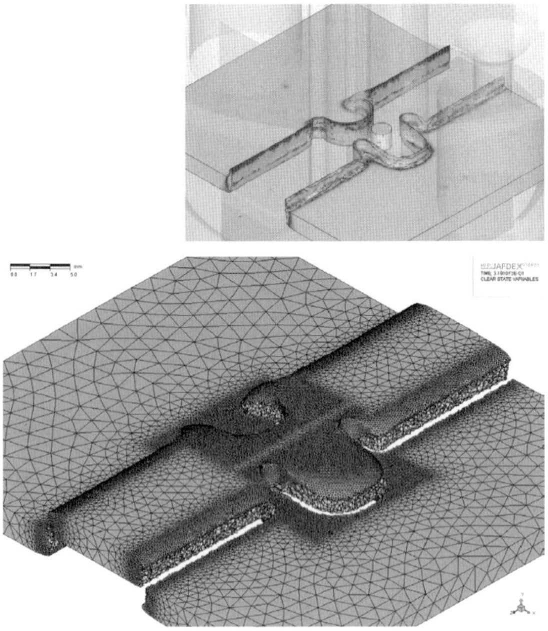

KSTP Fall 2016.

5.4 Finite element formulation of flow or deformation and heat transfer problems

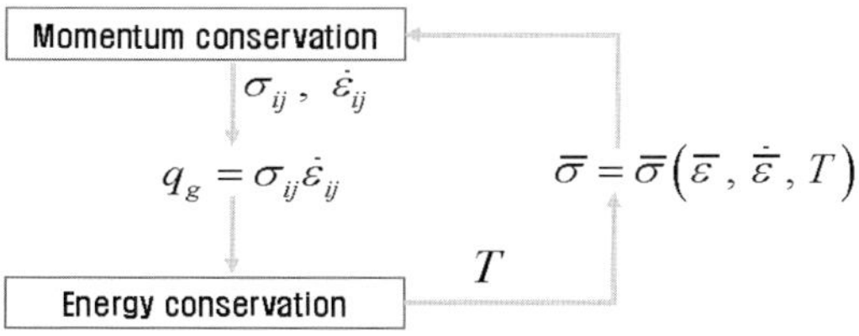

Tensor quantities and their indicial notation

Coordinate axis

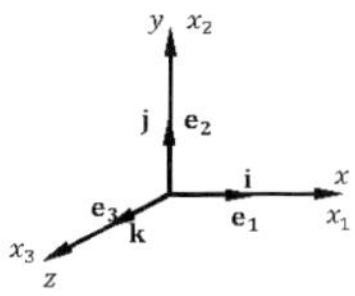

$x, y, z - axis \Rightarrow x_1, x_2, x_3$ – axis

Mechanical quantities

$(u_x, u_y) \Rightarrow (u_1, u_2)$
$\sigma_{xy}(or\ \tau_{xy}) \Rightarrow \sigma_{12}$

Unit vector

$\mathbf{i}, \mathbf{j}, \mathbf{k} \Rightarrow \mathbf{e}_1, \mathbf{e}_2, \mathbf{e}_3$

Kronecker delta δ_{ij}

$$\delta_{ij}\begin{Bmatrix} 0 & if\ i \neq j \\ 1 & if\ i = j \end{Bmatrix}$$

First and second order

$u_i = \mathbf{u}(or\ \vec{u})$

$$\sigma_{ij} = [\sigma_{ij}] = \begin{bmatrix} \sigma_{11} & \sigma_{12} & \sigma_{13} \\ \sigma_{21} & \sigma_{22} & \sigma_{23} \\ \sigma_{31} & \sigma_{32} & \sigma_{33} \end{bmatrix} = \begin{bmatrix} \sigma_{xx} & \sigma_{xy} & \sigma_{xz} \\ \sigma_{yx} & \sigma_{yy} & \sigma_{yz} \\ \sigma_{zx} & \sigma_{zy} & \sigma_{zz} \end{bmatrix}$$

Partial differentiation

$$\phi_{,i} = \frac{\partial \phi}{\partial x_i}, \phi_{,ij} = \frac{\partial^2 \phi}{\partial x_i \partial x_j}, v_{i,j} = \frac{\partial v_i}{\partial x_i}, \sigma_{ij,j} = \frac{\partial \sigma_{ij}}{\partial x_j}$$

Summation

$$\sum_{j=1}^{3} \sigma_{ij,j} + f_i = 0 \Rightarrow \sigma_{ij,j} + f_i = 0$$

Free index: once in a term (cannot be change)
Dummy index: twice in a term

Divergence theorem

$$\int_V Q_{jk,m..m,i}\, dV = \int_S Q_{jk,m..m} n_i\, dS$$

n_i: Outwardly directed unit normal vector

Permutation symbol ε_{ijk}

$$\varepsilon_{ijk}\begin{cases} 0 & if \quad i = j\ or\ j = k\ or\ k = i \\ 1 & if \quad (i,j,k) = (1,2,3)\ or\ (2,3,1) = (3,1,2) \\ -1 & if \quad (i,j,k) = (1,3,2)\ or\ (2,1,3) = (3,2,1) \end{cases}$$

Examples

$W = \mathbf{a} \bullet \mathbf{b} \Rightarrow W = a_i b_i$

$c = \mathbf{a} \times \mathbf{b} \Rightarrow c_i = \varepsilon_{ijk} a_j b_k$

$grad\ \phi \Rightarrow \phi_{,i}$

$div\ \mathbf{v} \Rightarrow v_{i,i}$

$curl\ \mathbf{v} \Rightarrow \varepsilon_{ijk} v_{k,j}$

$\nabla^2 \phi \Rightarrow \phi_{,ii}$

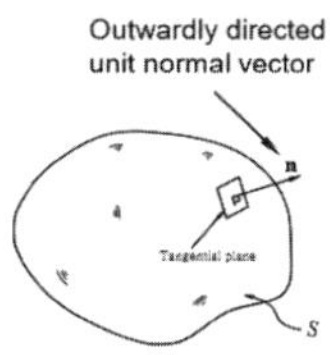

Deformation and heat transfer problems

Elasticity

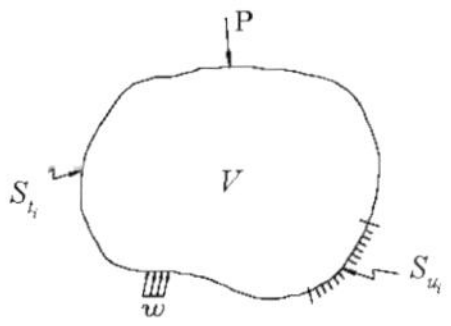

- **Equation of equilibrium**
  - $\sigma_{ij,j} + f_i = 0 \; in \; V$
- **displacement-strain relation**
  - $\varepsilon_{ij} = \frac{1}{2}(u_{i,j} + u_{j,i})$
- **stress-strain relation**
  - $\sigma_{ij} = 2\mu\varepsilon_{ij} + \lambda\varepsilon_{kk}\delta_{ij} - (3\lambda + 2\mu)\alpha\Delta T\delta_{ij}$
- **Boundary condition**
  - $u_i = \bar{u}_i \; on \; S_{u_i}$
  - $t_i^{(n)} = \sigma_{ij}n_j = \bar{t}_i \; on \, S_{t_i}$

Rigid-plasticity

- **Equation of equilibrium**
  - $\sigma_{ij,j} + f_i = 0 \; in \; V$
- **velocity-strainrate relation**
  - $\dot{\varepsilon}_{ij} = \frac{1}{2}(v_{i,j} + v_{j,i})$
- **stress-strainrate relation**
  - $\sigma_{ij} = -p\delta_{ij} + \sigma'_{ij}$
  - $\sigma'_{ij} = \frac{2}{3}\frac{\bar{\sigma}}{\dot{\bar{\varepsilon}}}\dot{\varepsilon}_{ij} = \frac{2}{3}\frac{\bar{\sigma}}{\sqrt{\frac{2}{3}\dot{\varepsilon}'_{kl}\dot{\varepsilon}'_{kl}}}\dot{\varepsilon}_{ij}$
- **Incompressibility condition**
  - $v_{ij} = 0$
- **Boundary condition**
  - $v_i = \bar{v}_i \; on \; S_{v_i}$
  - $t_i^{(n)} = \sigma_{ij}n_j = \bar{t}_i^{(n)} \; on \; S_{t_i}$
  - $v_n = \bar{v}_n \; on \; S_c$
  - $\sigma_t = -\mu\sigma_n g(v_t) \; on \; S_c$

    or
  - $\sigma_t = -mkg(v_t) \; on \; S_c$
  - $g(v_t) = -\frac{2}{\pi}\tan^{-1}\frac{(v_t - v_t)}{a}$

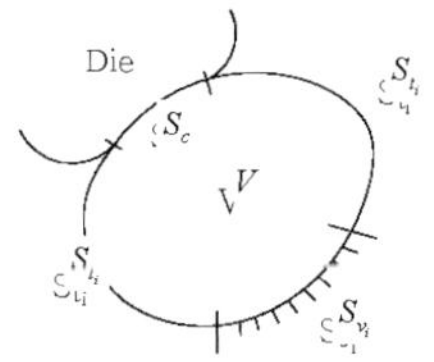

Heat transfer

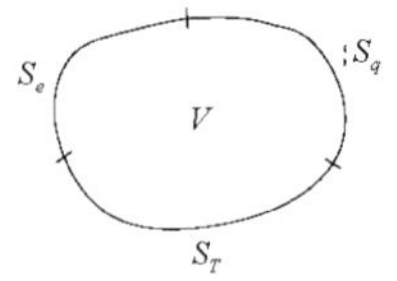

- **Equation of heat conduction**
  - $(kT_{,i})_{,i} + q_g = \rho c\frac{\partial T}{\partial t} \; in \; V$
- **Boundary condition**
  - $T = \bar{T} \; on \; S_T$
  - $kT_{,i}n_i = -h_q(T - T_q) \; on \; S_q$
  - $kT_{,i}n_i = -\sigma\varepsilon(T^4 - T_e^4) - h_e(T - T_e) \; on \; S_e$

Input: Young's modulus, Poisson's ratio, Flow stress, Frictional condition, Die velocity, Thermal conditions

3D linear elastic problem for isotropic materials

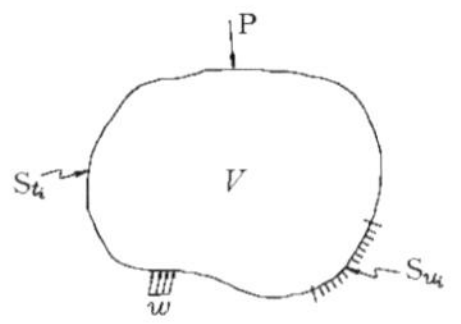

Weak form (Weighted residual method)

$$\int_V \sigma_{ij}\omega_{ij}dV - \int_{S_{t_i}} \bar{t}_i\omega_i dS - \int_V f_i\omega_i dV = 0$$

$$u_{i'} = \bar{u}_{i'}, \qquad \omega_{i'} = 0 \quad \text{on} \quad S_{u_{i'}}$$

$$\omega_{ij} = \frac{1}{2}(\omega_{i,j} + \omega_{j,i})$$

$$\sigma_{ij}\omega_{ij} = \sigma_{xx}\omega_{xx} + \sigma_{yy}\omega_{yy} + \sigma_{zz}\omega_{zz} + 2\sigma_{xy}\omega_{xy} + 2\sigma_{yz}\omega_{yz} + 2\sigma_{zx}\omega_{zx} \equiv \sigma_i\beta_i$$

Derivation of FE equations

$[\varepsilon_i] = [B_{iI}][U_I]$

Galerkin approximation

$$[\sigma_i] = [D_{ij}][\varepsilon_j]$$

$$\tilde{u}_i = \sum_{I=1}^{3N} N_{iI}U_I \qquad \omega_i = N_{iI}W_I \quad \text{(Shape function matrix)}$$

$$[\varepsilon_i] = [B_{iI}][U_I]$$

$$[\sigma_i] = [D_{ij}][B_{jJ}][U_J]$$

$$[\sigma] = [\sigma_{xx}, \sigma_{yy}, \sigma_{zz}, \sigma_{xy}, \sigma_{yz}, \sigma_{zx}]^T$$

$$[\beta_i] \equiv \begin{bmatrix} \omega_{xx} \\ \omega_{yy} \\ \omega_{zz} \\ 2\omega_{xy} \\ 2\omega_{yz} \\ 2\omega_{zx} \end{bmatrix} = \begin{bmatrix} \omega_{1,1} \\ \omega_{2,2} \\ \omega_{3,3} \\ \omega_{1,2}+\omega_{2,1} \\ \omega_{2,3}+\omega_{3,2} \\ \omega_{3,1}+\omega_{1,3} \end{bmatrix} \qquad [\varepsilon_i] \equiv \begin{bmatrix} \varepsilon_{xx} \\ \varepsilon_{yy} \\ \varepsilon_{zz} \\ 2\varepsilon_{xy} \\ 2\varepsilon_{yz} \\ 2\varepsilon_{zx} \end{bmatrix} = \begin{bmatrix} u_{1,1} \\ u_{2,2} \\ u_{3,3} \\ u_{1,2}+u_{2,1} \\ u_{2,3}+u_{3,2} \\ u_{3,1}+u_{1,3} \end{bmatrix}$$

Elastic matrix

$$\mathbf{D} = \frac{E(1-\nu)}{(1+\nu)(1-2\nu)}\begin{bmatrix} 1 & \gamma & \gamma & 0 & 0 & 0 \\ \gamma & 1 & \gamma & 0 & 0 & 0 \\ \gamma & \gamma & 1 & 0 & 0 & 0 \\ 0 & 0 & 0 & \beta & 0 & 0 \\ 0 & 0 & 0 & 0 & \beta & 0 \\ 0 & 0 & 0 & 0 & 0 & \beta \end{bmatrix}$$

$$\gamma = \nu/(1-\nu), \quad \beta = (1-2\nu)/2(1-\nu)$$

$$\beta_i = \begin{bmatrix} N_{1I,1} \\ N_{2I,2} \\ N_{3I,3} \\ N_{1I,2}+N_{2I,1} \\ N_{2I,3}+N_{3I,2} \\ N_{3I,1}+N_{1I,3} \end{bmatrix} W_I = B_{iI}W_I$$

Strain-displacement matrix

$$[B_{iI}] = \begin{bmatrix} N_{1,1} & 0 & 0 & N_{2,1} & 0 & 0 & \cdots & N_{N,1} & 0 & 0 \\ 0 & N_{1,2} & 0 & 0 & N_{2,2} & 0 & \cdots & 0 & N_{N,2} & 0 \\ 0 & 0 & N_{1,3} & 0 & 0 & N_{2,3} & \cdots & 0 & 0 & N_{N,3} \\ N_{1,2} & N_{1,1} & 0 & N_{2,2} & N_{2,1} & 0 & \cdots & N_{N,2} & N_{N,1} & 0 \\ 0 & N_{1,3} & N_{1,2} & 0 & N_{2,3} & N_{2,2} & \cdots & 0 & N_{N,3} & N_{N,2} \\ N_{1,3} & 0 & N_{1,1} & N_{2,3} & 0 & N_{2,1} & \cdots & N_{N,3} & 0 & N_{N,1} \end{bmatrix}$$

$$\sigma_{ij}\omega_{ij} = \sigma_i\beta_i = (D_{ij}B_{jJ}U_J)(B_{iI}W_I) = W_I B_{jI} D_{ij} B_{jJ} U_J = \mathbf{W}^T\mathbf{B}^T\mathbf{D}\,\mathbf{B}\,\mathbf{U}$$

$$W_I\left[\int_V B_{iI}D_{ij}B_{jJ}dV\,U_J - \int_{S_{t_i}} \bar{t}_i\,N_{iI}dS - \int_V f_i\,N_{iI}dV\right] = 0$$

Stiffness matrix, Nodal displacement, Force vector:

$$[K_{IJ}][U_J] = [F_I]$$

$$K_{IJ} = \int_V B_{iI}D_{ij}B_{jJ}dV \qquad F_I = \int_{S_{t_i}} \bar{t}_i\,N_{iI}dS + \int_V f_i\,N_{iI}dV$$

Rigid-plastic FEM

Weak form (Penalty)

Penalty constant

$$\int_V \sigma'_{ij}\omega_{ij}dV + \int_V K\dot{\varepsilon}_{ii}\omega_{jj}dV - \int_{S_{t_i}} \bar{t}_i\omega_i dS - \int_{S_c} \sigma_t\omega_t dS = 0$$

Weak form (Lagrange)

Lagrange multiplier

Mixed formulation: velocity and p are unknowns at once

$$\int_V \sigma'_{ij}\omega_{ij}dV - \int_V p\omega_{ii}dV - \int_V f_i\omega_i dV - \int_V v_{i,i}q dV - \int_{S_{t_i}} \bar{t}_i\omega_i dS - \int_{S_c} \sigma_t\omega_t dS = 0$$

$$\begin{aligned}\sigma'_{ij}\omega_{ij} &= \sigma'_i\beta_i \\ &= (D'_{ij}B_{jJ}U_J)(B_{iI}W_I) \\ &= W_I B_{iI} D'_{ij} B_{jJ} U_J \\ &= \mathbf{W}^T\mathbf{B}^T\mathbf{D}'\mathbf{B}\mathbf{U}\end{aligned}$$

Non-linear

$$\sigma'_{ij} = \frac{2}{3}\frac{\bar{\sigma}}{\dot{\bar{\varepsilon}}}\dot{\varepsilon}_{ij} = \frac{2}{3}\frac{\bar{\sigma}}{\sqrt{\frac{2}{3}\dot{\varepsilon}_{kl}\dot{\varepsilon}_{kl}}}\dot{\varepsilon}_{ij}$$

In elastic region, numerical problems may happen because of this term. Therefore its minimum value should be limited.

$$W_I\left[\int_V B_{iI}D'_{ij}B_{jJ}dV\,U_J - \int_V N_{iI,i}H_M dV\,P_M - \int_{S_{t_i}} \bar{t}_i\,N_{iI}dS - \int_V f_i\,N_{iI}dV\right]$$
$$-Q_M\left[-\int_V N_{iJ,i}H_M dV\,U_J\right] = 0$$

Finite element equations

$$\begin{bmatrix} K'_{ij} & C_{IQ} \\ C_{MJ} & 0_{MQ}\end{bmatrix}\begin{bmatrix} U_J \\ P_Q\end{bmatrix} = \begin{bmatrix} F_I \\ G_M\end{bmatrix} \qquad K'_{IJ} = \int_V B_{iI}D'_{ij}B_{jJ}dV \quad C_{IM} = -\int_V N_{iI,i}H_M dV$$

Overconstraining problem takes place.

-Reduced integration

-MINI-element

FEA of heat conduction equation

Weak form

$$\int_V \left(\rho c\frac{\partial T}{\partial t}\omega + kT_{,i}\omega_{,i} - Q\omega\right)dV - \int_{S_c}\left\{q_f - h_c(T - T_c)\right\}\omega\, dS + \int_{S_q} h_q(T - T_w)\,\omega dS$$
$$+\int_{S_e}\left\{\sigma\varepsilon(T^4 - T_e^4) + h_e(T - T_e)\right\}\omega\, dS = 0$$

$$Q = C_g\sigma_{ij}\dot{\varepsilon}_{ij}$$

Derivation of FE equations

$$W_I\Big[\int_V\left(\rho c N_J\dot{T}_J N_I + kN_{J,i}N_{I,i}T_J - QN_I\right)dV - \int_{S_c}\left\{q_f - h_c(N_JT_J - T_c)\right\}N_I dS$$
$$+\int_{S_q} h_q(N_JT_J - T_w)N_I dS + \int_{S_e}\left\{\sigma\varepsilon\left((\sum N_JT_J)^4 - T_e^4\right) + h_e(N_JT_J - T_e)\right\}N_I dS\Big] = 0$$

$$T = N_I\,T_I$$

$$\omega = N_I\,W_I$$

$$\frac{\partial T}{\partial t} = N_I\,\dot{T}_I$$

$$\dot{T}_I^{i+\theta} = \frac{T_I^{i+\theta} - T_I^i}{\theta\Delta t} = \frac{T_I^{i+1} - T_I^i}{\Delta t}$$

$$t^{i+\theta} = t^i + \theta\Delta t$$

$$T_I^{i+1} = T_I^i + \dot{T}_I^{i+\theta}\,\Delta t$$

$$C_{IJ}\dot{T}_J + (K_{IJ}^0 + K_{IJ}^1 + K_{IJ}^2 + K_{IJ}^3 + K_{IJ}^4)\,T_J = Q_I^1 + Q_I^2 + Q_I^3 + Q_I^4$$

$$(C_{IJ}^{i+\theta}/(\theta\Delta t) + K_{IJ}^{0,i+\theta} + K_{IJ}^{1,i+\theta} + K_{IJ}^{2,i+\theta} + K_{IJ}^{3,i+\theta} + K_{IJ}^{4,i+\theta})\,T_J^{i+\theta}$$
$$= Q_I^{1,i+\theta} + Q_I^{2,i+\theta} + Q_I^{3,i+\theta} + Q_I^{4,i+\theta} + C_{IJ}^{i+\theta}T_J^i/(\theta\Delta t)$$

$$C_{IJ} = \int_V \rho c N_I N_J dV$$

$$K_{IJ}^0 = \int_V k\,N_{I,i}N_{J,i}\,dV \qquad K_{IJ}^3 = \int_{S_e} h_e\,N_I N_J\,dS$$

$$K_{IJ}^1 = \int_{S_c} h_c\,N_I N_J\,dS \qquad K_{IJ}^2 = \int_{S_q} h_q\,N_I N_J\,dS$$

$$K_{IJ}^4 = \int_{S_e} \sigma\varepsilon(\sum N_I N_J)^3\,N_I N_J\,dS$$

$$Q_I^1 = \int_V Q\,N_I\,dV$$

$$Q_I^4 = \int_{S_e} (\sigma\varepsilon T_e^4 + h_e T_e)\,N_I\,dS$$

$$Q_I^2 = \int_{S_c} (q_f + h_c T_c)N_I\,dS$$

$$Q_I^3 = \int_{S_q} h_q T_w\,N_I\,dS$$

Coupled analysis of deformation and temperature

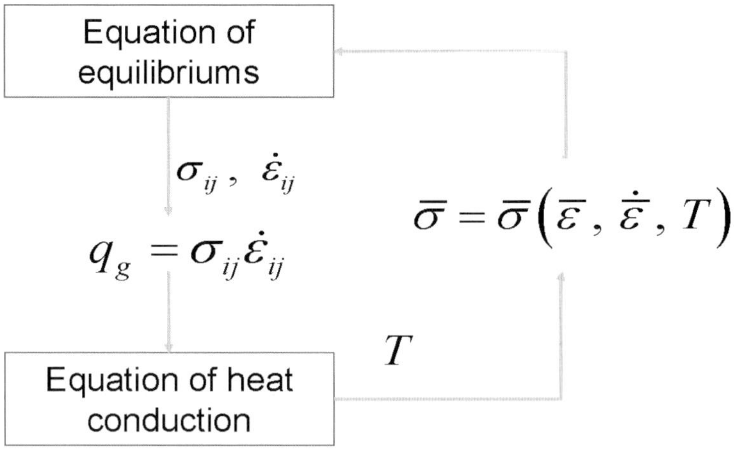

6. Theoretical Backgrounds of Metal Forming Simulation

6.1 Solid mechanics
6.2 Engineering plasticity
6.3 Heat transfer
6.4 Heat treatment and carburizing
6.5 Microstructural evolution
6.6 Damage model and fracture
6.7 Die life
6.8 Summary

저자: 신영철, 유동현, 이광오, 전만수, 정완진, 정석환,
주다솔, 홍석무, M. Irani, R. Sekar

6.1 Solid mechanics

6.1.1 Unit and dimension

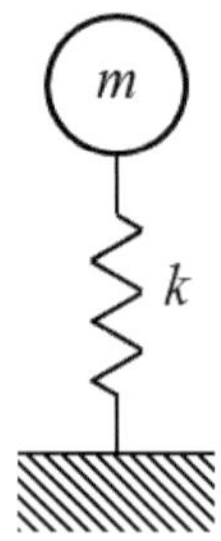

Unit and dimension

System of Units

※ Three basis units characterize the system of units.

O Conventional unit: Basis units are length, weight, time, current, temperature, etc.

O Science unit: Basis units are length, mass, time, current, temperature, etc.

Dimension

O [Length] ≡ [L], [Mass] ≡ [M], [Time] ≡ [T], [Weight] ≡ [F]

O Basis units of system of science units: [L], [M], [T]

O Basis units of system of conventional units : [L], [F], [T]

British unit and SI unit

British unit

- Basis unit: ft, lb, sec
- British unit belongs to conventional unit, i.e, lb means basically lb_f(pound force).
- Unit for mass : slug = lb · sec^2/ft

SI unit (The International System of Units)

- Basis unit: m, kg, s
- In SI unit, kg means basically kg_m(kilogram mass).
- Unit for force: N = kg · m/s^2

Entangled or mixed use of conventional and science units

- Many countries belonging to the Commonwealth of Nations are using British unit.
- The other countries are using SI unit. However, most people are using the SI unit like British unit, i.e, they are using kg (i.e., kg force) instead of N (Newton).
- Sometimes mass is expressed in kg · s^2/m, where kg means kg_f.

Basis unit, complement unit, assembled unit

Basis unit

- Length : m, ft
- Mass : kg, slug
- Time : s, sec
- Current : A
- Temperature : K
- Voltage : V

Complement unit

- rad

Assembled unit

- Velocity : m/s, ft/sec
- 1N = 1kg · m/s^2 , lb, kg
- Pressure : 1Pa = 1N/m^2, psi = lb/in^2, psf = lb/ft^2, kg/m^2, kg/mm^2
- Work : 1J = 1N · m, lb · ft, kg · m
- Power : 1W = 1J/s, lb · ft/sec, kg · m/s, PS, hp
- Moment : N · m, lb · ft, kg · m

Factors for unit

- T(10^{12}), G(10^9), M(10^6), k(10^3), c(10^{-2}), m(10^{-3}), μ(10^{-6}), n(10^{-9}), p(10^{-12})

Relationship between the two systems of unit

- 1ft = 0.3048 m, 1 in = 25.4 mm, 1lb = 0.4536 kg

All units should be expressed in Roman characters while variables in Italic or bold Roman characters.

Example 1 – One-dimensional vibration

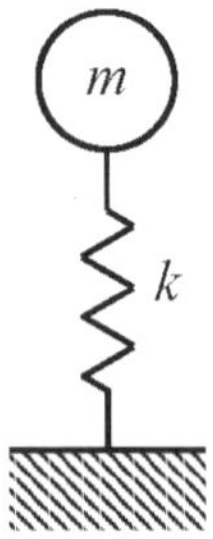

$$\omega_n = \sqrt{\frac{k}{m}}, \quad k = 1\text{kg/mm}, \quad m = 1\text{kg}$$

$$\omega_n = \sqrt{\frac{1\text{kg}_\text{f}/\text{mm}}{1\text{kg}_\text{m}}} = \sqrt{\frac{1\text{kg}_\text{m}\ g}{1\text{kg}_\text{m}\ \text{mm}}} = \sqrt{\frac{1\text{kg}_\text{m} \times 10^4\ \text{mm}}{1\text{kg}_\text{m}\ \text{mm}\cdot\text{s}^2}}$$

$$= 100\ \frac{1}{\text{s}}$$

$$\omega_n = \frac{1}{2\pi}\sqrt{\frac{k}{m}} = \frac{50}{\pi}\ (\text{Hz})$$

From a lecture note floating in internet

Physical quantities and dimensions	SI	U.S customary
mass [M]	kg	slug
length [L]	m	ft
time [T]	s	sec
force [F]	N	lb

$$\cancel{F} = m\cancel{a} \;\Rightarrow\; \cancel{N} = \cancel{k}g \cdot \cancel{m} / s\cancel{e}c^2$$

$$W(weight) = m(\cancel{k}g) \times g(\cancel{m} / s\cancel{e}c^2), \quad g = 9.806.\cancel{m} / s\cancel{e}c^2$$

Original

$$\mathbf{F} = m\mathbf{a} \;\Rightarrow\; \mathrm{N} = \mathrm{kg} \cdot \mathrm{m/s}^2$$

$$W(weight) = m(\mathrm{kg}) \times g(\mathrm{m/s}^2), \quad g = 9.806\mathrm{m/s}^2$$

Modified

6.1.2 General consideration

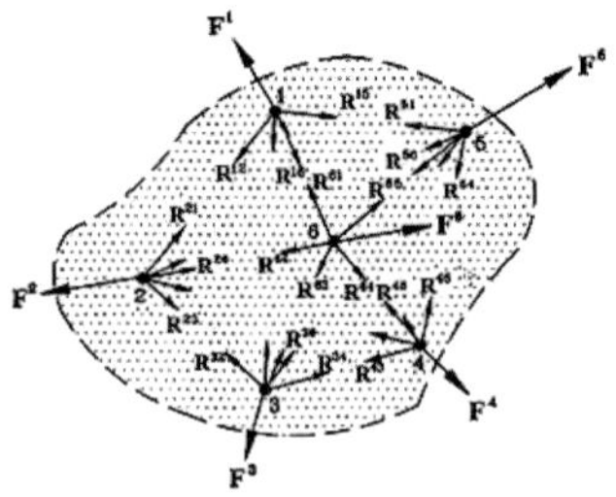

Basis of mechanics

- Three major factors

Force → Material → Displacement
- Rigid-body motion
- Deformation

- Material and Continuum, Deformation of material

O Solid

<Grain>

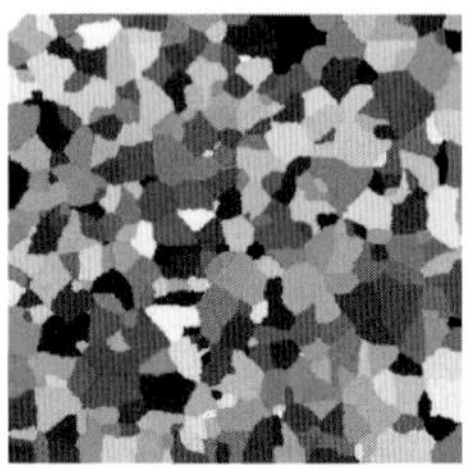

<Grain and boundary>

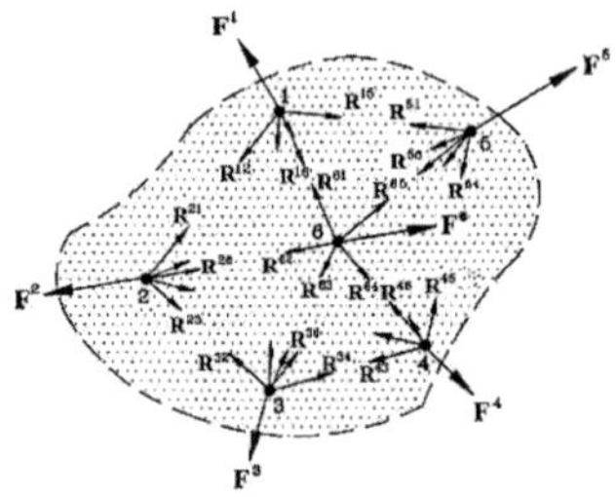

<Continuum>

- Rigid-body : No change in distance between particles occurs under external force.
- Elastic deformation: Deformation due to external force disappearing when it removes.
- Plastic deformation: Deformation due to external force remaining when it removes.

O Fluid including gas

Some details of the 3 major factors

■ Force

<table>
<tr><td rowspan="3">Force</td><td>Internal</td><td colspan="2">Action and reaction force</td></tr>
<tr><td rowspan="2">External</td><td>Traction</td><td>Exerted load, Reaction force</td></tr>
<tr><td>Body force</td><td>Gravity, Magnetic force</td></tr>
</table>

■ Displacement or motion

- Rigid-body motion
- Deformation

■ Material: Set of particles continuously distributed ⇨ Continuum

○ Solid

- Rigid-body: No relationship between force and displacement is needed.
- Elastically deformable body: Linear elastic(Hooke's law) and Non-elastic, Isotropic(Common material) and Anisotropic (Composite material)
- Plastic body: Yield criterion, Isotropic hardening, Kinematic hardening

○ Fluid including gas

Classification of solid mechanics (SM)

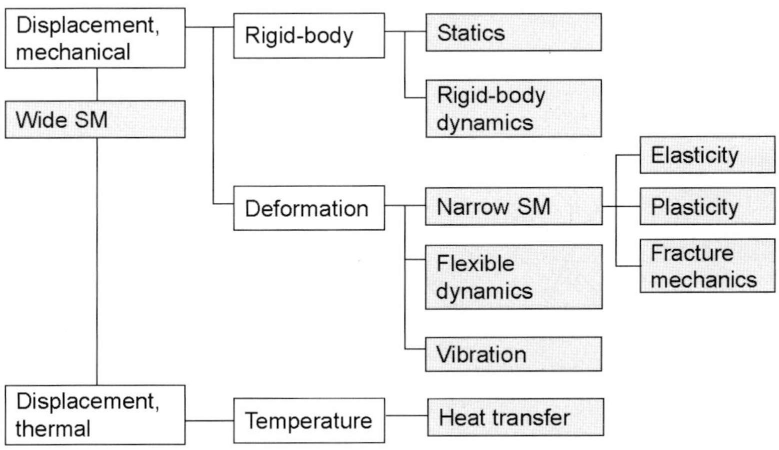

6.1.3 Newton's law of motion and statics

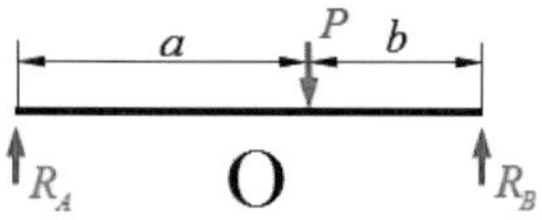

Newton's law of motion

Newton's law of motion	
2nd law	Sum of all the forces exerting on a particle (f) is equal to the acceleration (a) multiplied by the mass (m), i.e., f = ma.
3rd law	Action and reaction law: Two internal forces exerting between two particles have the same magnitude and line of action and the opposite direction.

$$\mathbf{F}^i + \sum_j \mathbf{R}^{ij} = \mathbf{0} \qquad i, j = 1, 2, \cdots, \infty$$

$$\sum_i (\mathbf{F}^i + \sum_j \mathbf{R}^{ij}) = \mathbf{0} \rightarrow \sum_i \mathbf{F}^i + \sum_i \sum_j \mathbf{R}^{ij} = \mathbf{0}$$

$$\mathbf{R}^{ij} = -\mathbf{R}^{ji}$$

$$\sum_i \sum_j \mathbf{R}^{ij} = \mathbf{0}$$

$$\begin{pmatrix} x-2=0 \\ y-3=0 \end{pmatrix} \begin{matrix} \rightarrow (O) \\ \leftarrow (X) \end{matrix} \quad x+y-5=0$$

$$\sum \mathbf{F}^i = \mathbf{0}$$

- A material is a set of infinite number of particles.
- $\mathbf{F}^i$: Sum of external force exerting on particle i
- $\mathbf{R}^{ij}$: Internal force exering on particle j from particle i
- All forces are bounding vectors.

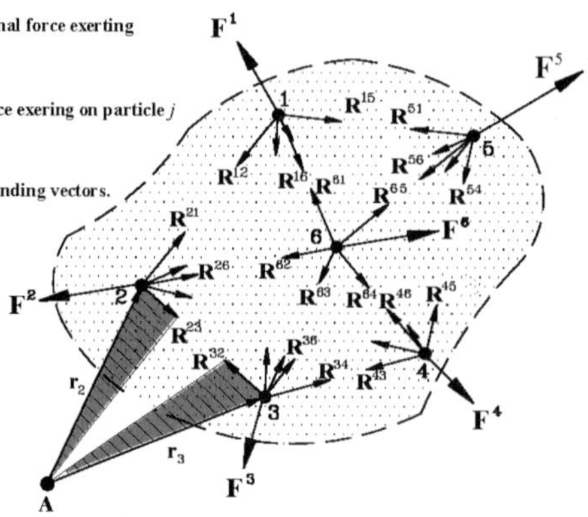

$$\mathbf{r}_2 \times \mathbf{R}^{23} + \mathbf{r}_3 \times \mathbf{R}^{32} = \mathbf{o}$$

$$\sum_i \mathbf{r}_i \times \left(\mathbf{F}^i + \sum_j \mathbf{R}^{ij} \right) = \mathbf{0} \rightarrow \sum_i \mathbf{r}_i \times \mathbf{F}^i + \sum_i \sum_j \mathbf{r}_i \times \mathbf{R}^{ij} = \mathbf{0}$$

$$\sum_i \sum_j \mathbf{r}_i \times \mathbf{R}^{ij} = \mathbf{0}$$

$$\sum_i \mathbf{r}_i \times \mathbf{F}^i = \mathbf{0}$$

Requirement on equilibrium			
	$\sum \mathbf{F}^i = \mathbf{0}$	or	$\sum \mathbf{F} = \mathbf{0}$
	$\sum_i \mathbf{r}_i \times \mathbf{F}^i = \mathbf{0}$	or	$\sum \mathbf{M}_A = \mathbf{0}$

- The above requirement of equilibrium should satisfy for all subsystem as well as the whole system.
  - → Leading to differential equations, for example, equations of equilibrium.

Derivation of requirement on equilibrium

using a six-particle body

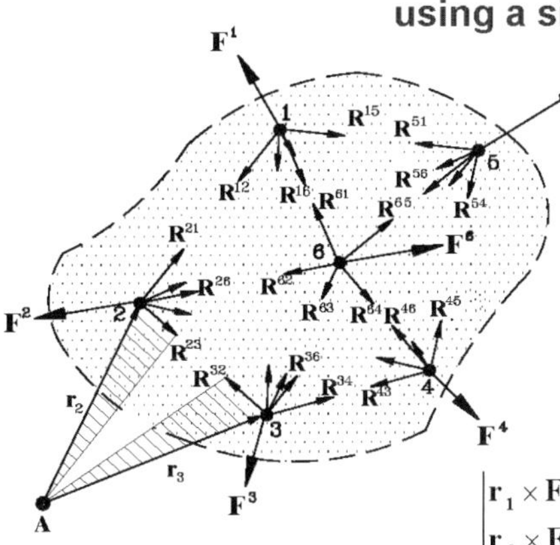

$$
\begin{array}{l}
\mathbf{F}^1+\mathbf{R}^{12}+\mathbf{R}^{13}+\mathbf{R}^{14}+\mathbf{R}^{15}+\mathbf{R}^{16}=\mathbf{0}\\
\mathbf{F}^2+\mathbf{R}^{21}+\mathbf{R}^{23}+\mathbf{R}^{24}+\mathbf{R}^{25}+\mathbf{R}^{26}=\mathbf{0}\\
\mathbf{F}^3+\mathbf{R}^{31}+\mathbf{R}^{32}+\mathbf{R}^{34}+\mathbf{R}^{35}+\mathbf{R}^{36}=\mathbf{0}\\
\mathbf{F}^4+\mathbf{R}^{41}+\mathbf{R}^{42}+\mathbf{R}^{43}+\mathbf{R}^{45}+\mathbf{R}^{46}=\mathbf{0}\\
\mathbf{F}^5+\mathbf{R}^{51}+\mathbf{R}^{52}+\mathbf{R}^{53}+\mathbf{R}^{54}+\mathbf{R}^{56}=\mathbf{0}\\
+\quad \mathbf{F}^6+\mathbf{R}^{61}+\mathbf{R}^{62}+\mathbf{R}^{63}+\mathbf{R}^{64}+\mathbf{R}^{65}=\mathbf{0}\\
\hline
\sum \mathbf{F}^i=\mathbf{0} \qquad \because \mathbf{R}^{ij}=-\mathbf{R}^{ji}
\end{array}
$$

$$
\begin{array}{l}
\mathbf{r}_1\times\mathbf{F}^1+\mathbf{r}_1\times\mathbf{R}^{12}+\mathbf{r}_1\times\mathbf{R}^{13}+\mathbf{r}_1\times\mathbf{R}^{14}+\mathbf{r}_1\times\mathbf{R}^{15}+\mathbf{r}_1\times\mathbf{R}^{16}=\mathbf{0}\\
\mathbf{r}_2\times\mathbf{F}^2+\mathbf{r}_2\times\mathbf{R}^{21}+\mathbf{r}_2\times\mathbf{R}^{23}+\mathbf{r}_2\times\mathbf{R}^{24}+\mathbf{r}_2\times\mathbf{R}^{25}+\mathbf{r}_2\times\mathbf{R}^{26}=\mathbf{0}\\
\mathbf{r}_3\times\mathbf{F}^3+\mathbf{r}_3\times\mathbf{R}^{31}+\mathbf{r}_3\times\mathbf{R}^{32}+\mathbf{r}_3\times\mathbf{R}^{34}+\mathbf{r}_3\times\mathbf{R}^{35}+\mathbf{r}_3\times\mathbf{R}^{36}=\mathbf{0}\\
\mathbf{r}_4\times\mathbf{F}^4+\mathbf{r}_4\times\mathbf{R}^{41}+\mathbf{r}_4\times\mathbf{R}^{42}+\mathbf{r}_4\times\mathbf{R}^{43}+\mathbf{r}_4\times\mathbf{R}^{45}+\mathbf{r}_4\times\mathbf{R}^{46}=\mathbf{0}\\
\mathbf{r}_5\times\mathbf{F}^5+\mathbf{r}_5\times\mathbf{R}^{51}+\mathbf{r}_5\times\mathbf{R}^{52}+\mathbf{r}_5\times\mathbf{R}^{53}+\mathbf{r}_5\times\mathbf{R}^{54}+\mathbf{r}_5\times\mathbf{R}^{56}=\mathbf{0}\\
+\quad \mathbf{r}_6\times\mathbf{F}^6+\mathbf{r}_6\times\mathbf{R}^{61}+\mathbf{r}_6\times\mathbf{R}^{62}+\mathbf{r}_6\times\mathbf{R}^{63}+\mathbf{r}_6\times\mathbf{R}^{64}+\mathbf{r}_6\times\mathbf{R}^{65}=\mathbf{0}\\
\hline
\sum \mathbf{r}_i\times\mathbf{F}^i=\mathbf{0} \qquad \because \mathbf{r}_i\times\mathbf{R}^{ij}=-\mathbf{r}_j\times\mathbf{R}^{ij}
\end{array}
$$

※Actual number of particles is infinite.

Subsystem

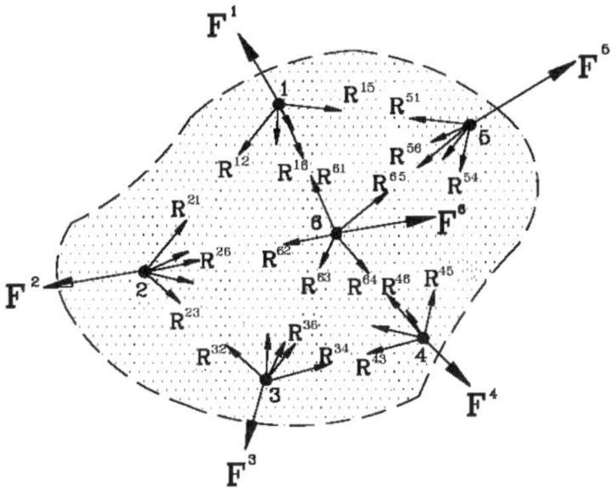

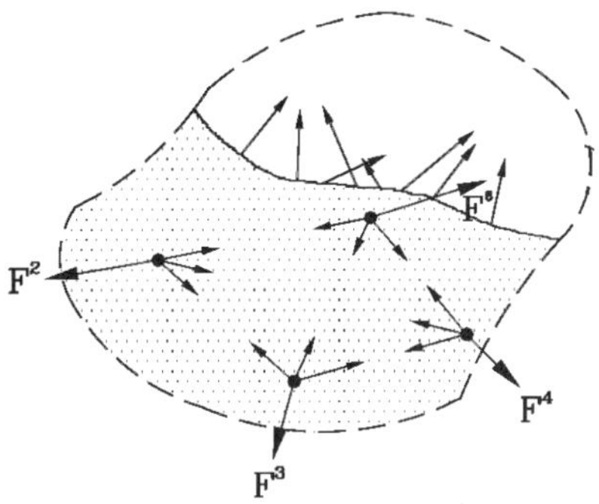

※ The requirement of equilibrium should satisfy for any subsystem. This statement is the same with the following statement: The requirement of equilibrium should satisfy for arbitrary infinitesimal area in 2D or volume in 3D, leading to differential equation. Note that we should define stress, i.e., force per unit area to define the force exerting on boundary of the infinitesimal area in 2D or volume in 3D.

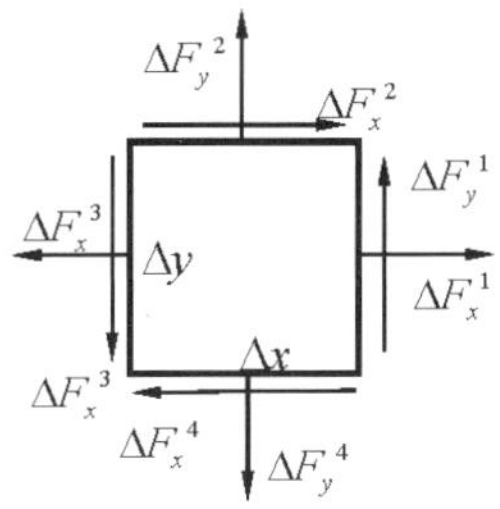

Requirement on equilibrium in 2D and 3D

2D plane	3D space	Tip
$\sum\vec{F}=0 \rightarrow \begin{pmatrix}\sum F_x=0\\ \sum F_y=0\end{pmatrix}$	$\sum\vec{F}=0 \rightarrow \begin{pmatrix}\sum F_x=0\\ \sum F_y=0\\ \sum F_z=0\end{pmatrix}$	x,y, and z can be replaced by any three independent directions
$\sum\vec{M}_A=0 \rightarrow \left(\sum M_{A,z}=0\right)$	$\sum\vec{M}_A=0 \rightarrow \begin{pmatrix}\sum M_{A,x}=0\\ \sum M_{A,y}=0\\ \sum M_{A,z}=0\end{pmatrix}$	
3 equations	6 equations	

Examples

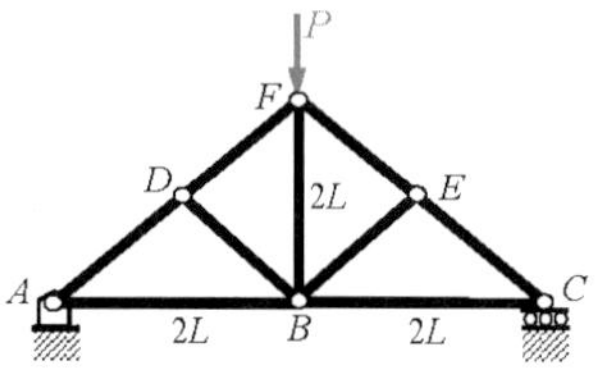

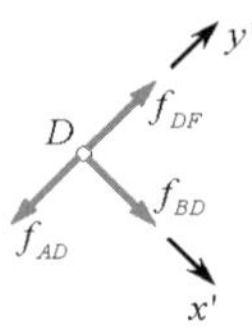

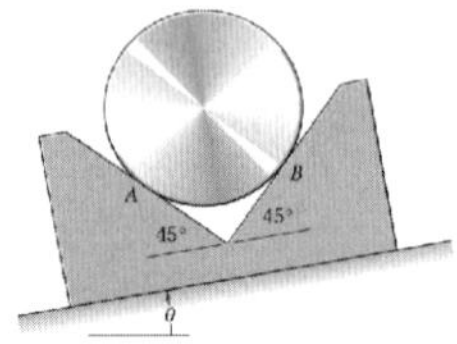

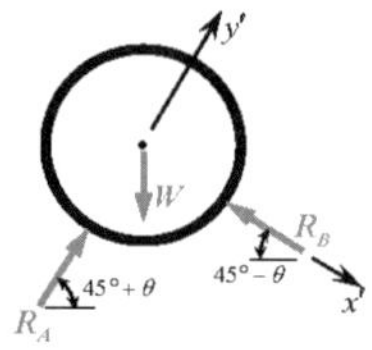

Caution in applying requirements on equilibrium

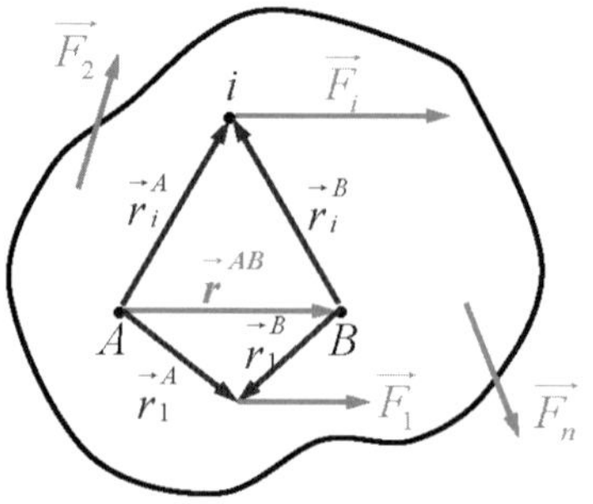

$$\vec{r}_i^{A} = \vec{r}^{AB} + \vec{r}_i^{B}$$

$\vec{r}_i^{A}$ and $\vec{r}_i^{B}$ are dependent on the position of point i, while $\vec{r}^{AB}$ is fixed.

$$\begin{pmatrix}\sum \vec{F}_i=\vec{0}\\ \sum \vec{M}_A=\sum_i \vec{r}_i^{A}\times\vec{F}_i=\vec{0}\end{pmatrix} \rightarrow \sum\vec{M}_B = ?$$

$$\begin{aligned}\sum\vec{M}_B &= \sum_i \vec{r}_i^{B}\times\vec{F}_i\\ &= \sum_i(\vec{r}_i^{A}-\vec{r}^{AB})\times\vec{F}_i\\ &= \sum_i \vec{r}_i^{A}\times\vec{F}_i-\sum_i \vec{r}^{AB}\times\vec{F}_i\\ &= \sum\vec{M}^{A}-\vec{r}^{AB}\times\sum\vec{F}_i\\ &= \vec{0}\end{aligned}$$

$$\therefore\ \sum\vec{F}=\vec{0},\ \sum\vec{M}_A=\vec{0}\ \rightarrow \sum\vec{M}_B=\vec{0}$$

$$\sum\vec{M}_A=\vec{0},\ \sum\vec{M}_B=\vec{0}\ \rightarrow \sum\vec{F}=\vec{0}$$

$$(\text{If } \vec{r}^{AB} \not\parallel \sum\vec{F})$$

Statics

Statics and solid mechanics with three factors of mechanics

Factor	Statics	Solid mechanics
Force	Requirement on equilibrium	Equation of equilibrium or motion
Deform-ation	Rigid-body	Displacement-strain relation, Geometric compatibility
Material	Rigid-body	Elastic body: Hooke's law Plastic body: Plastic flow rule
BC	Geometric(essential) BC	Geometric(essential) BC, mechanical(natural) BC

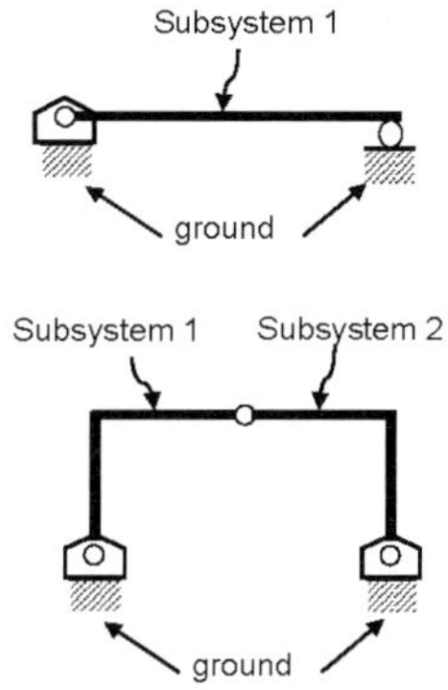

Entire system

- O Ground and support
- O Subsystem

Separation of subsystems

- O Essential separation of subsystems from support or ground
- O Division of subsystems if needed
  - -When number of equations should be greater than that of new knowns
  - -When internal resultant forces is to be seen

Newtonian mechanics ⟷ Analytical mechanics

Newtonian mechanics based on vector quantities ⟷ Analytical mechanics based on energy

Free-body diagram and application of RE on it

Simply supported beam

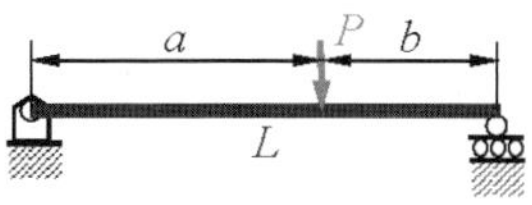

<F.B.D. No. 5>

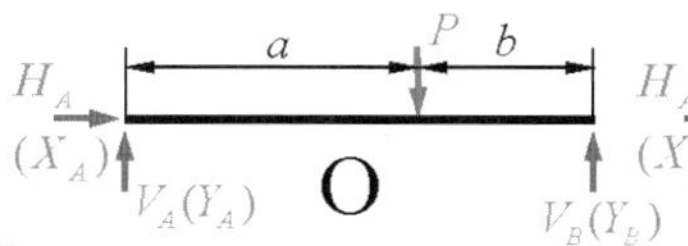

<F.B.D. No. 6>

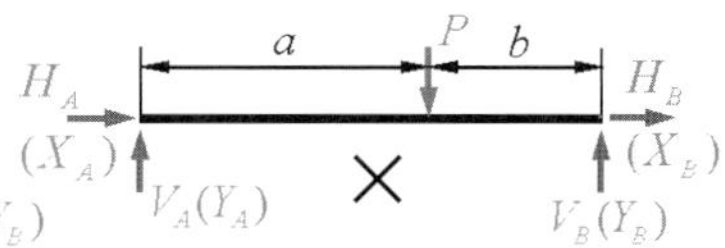

<F.B.D. No. 1>

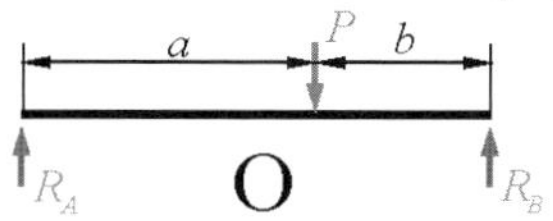

<F.B.D. No. 2>

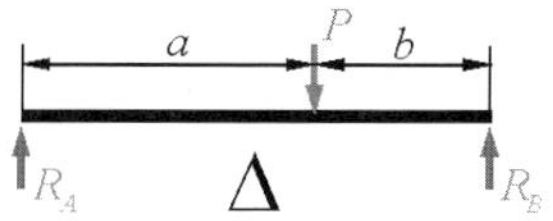

<F.B.D. No. 3>

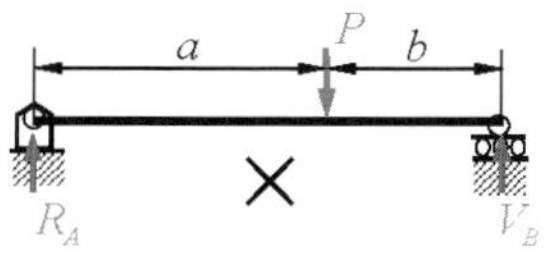

<F.B.D. No. 4>

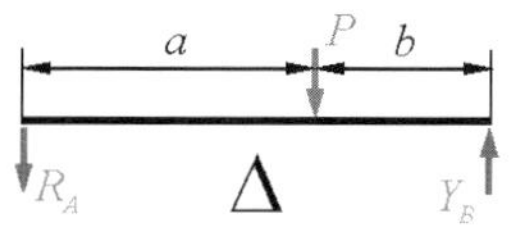

O Requirement on equilibrium

No. 1 $\begin{pmatrix} \sum F_y = 0\,;\, R_A + R_B - P = 0 \\ \sum F_x = 0\,;\, 0 = 0 \\ \sum M_A = 0;\, LR_B - aP = 0 \end{pmatrix} \rightarrow \begin{pmatrix} R_A = (b/L)P \\ R_B = (a/L)P \end{pmatrix}$

No. 2 $\begin{pmatrix} \sum M_A = 0;\, LR_B - aP = 0 \\ \sum F_x = 0\,;\, 0 = 0 \\ \sum M_B = 0;\, -LR_A + bP = 0 \end{pmatrix} \rightarrow \begin{pmatrix} R_A = (b/L)P \\ R_B = (a/L)P \end{pmatrix}$

No. 3 $\begin{pmatrix} \sum F_y = 0\,;\, V_A + V_B - P = 0 \\ \sum F_x = 0\,;\, H_A = 0 \\ \sum M_A = 0;\, LV_B - a\,p = 0 \end{pmatrix} \rightarrow \begin{pmatrix} H_A = 0 \\ V_A = (b/L)P \\ V_B = (a/L)P \end{pmatrix}$

Statically indeterminate system

3 points supporting beam

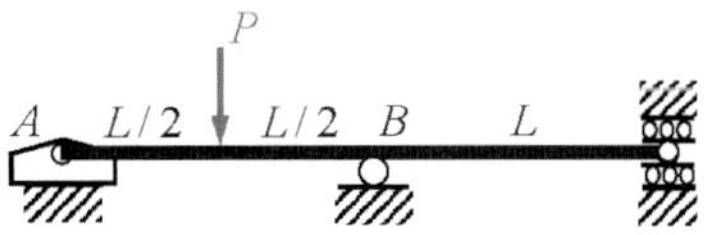

< F.B.D. >

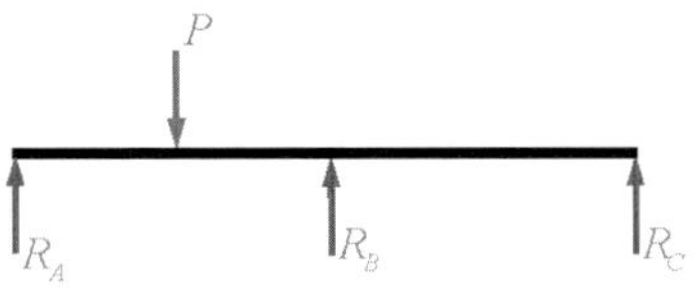

O Requirement on equilibrium

$$\sum F_x = 0 \ ; \ \ 0 = 0 \qquad ①$$

$$\sum F_y = 0 \ ; \ \ R_A + R_B + R_C - P = 0 \qquad ②$$

$$\sum M_A = 0 \ ; \ \ LR_B + 2LR_C - (L/2)P = 0 \qquad ③$$

$$\sum M_B = 0 \ ; \ \ -LR_A + LR_C + (L/2)P = 0 \qquad ④$$

$$\sum M_C = 0 \ ; \ \ -2LR_A - LR_B + (3/2)LP = 0 \qquad ⑤$$

O Eqs. ① ~ ⑤ have only two independent equations.

O Infinite number of equations can be made applying moment balance requirement at arbitrary point.

O Number of unknowns > number of equations
⇒ Statically indeterminate system

O Reactions in a statically indeterminate system can be determined not by statics but by solid mechanics.

Division of total system into subsystems

MODELING THE ACTION OF FORCES IN TWO-DIMENSIONAL ANALYSIS	
Type of Contact and Force Origin	**Action on Body to be Isolated**
1. Flexible cable, belt, chain, or rope Weight of cable negligible Weight of cable not negligible 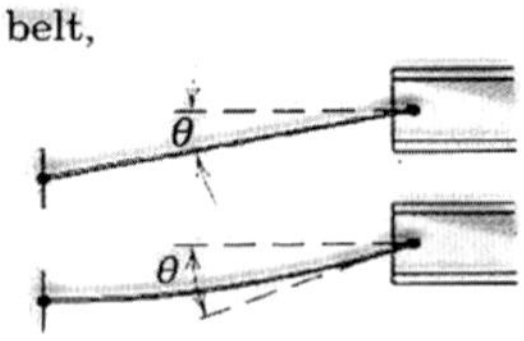	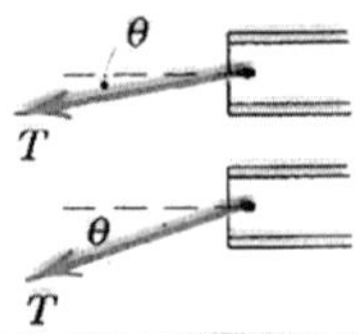 Force exerted by a flexible cable is always a tension away from the body in the direction of the cable.
2. Smooth surfaces 	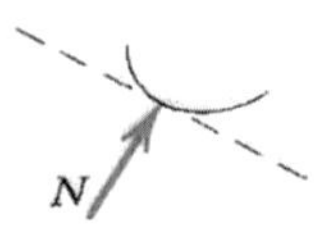 Contact force is compressive and is normal to the surface.
3. Rough surfaces 	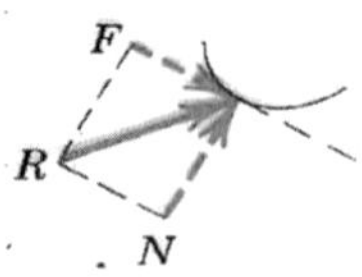 Rough surfaces are capable of supporting a tangential component *F* (frictional force) as well as a normal component *N* of the resultant contact force *R*.

From Meriam's Statics

Division of total system into subsystems

MODELING THE ACTION OF FORCES IN TWO-DIMENSIONAL ANALYSIS *(cont.)*		
Type of Contact and Force Origin	**Action on Body to be Isolated**	
4. Roller support 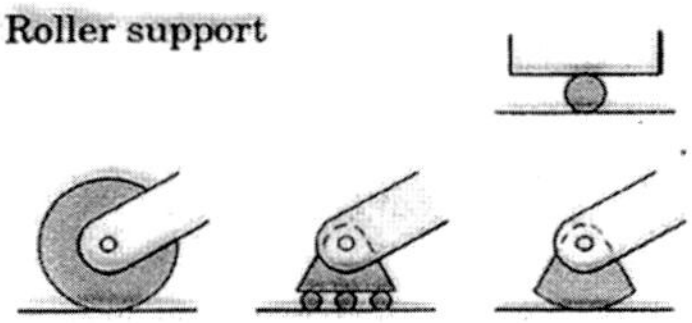	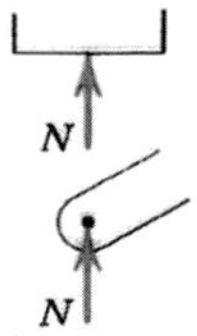	Roller, rocker, or ball support transmits a compressive force normal to the supporting surface.
5. Freely sliding guide 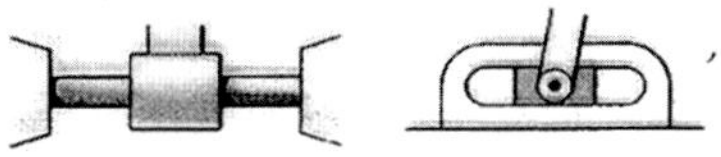	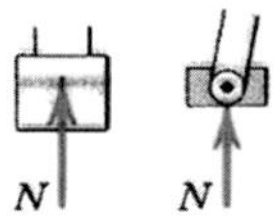	Collar or slider free to move along smooth guides; can support force normal to guide only.
6. Pin connection 	Pin free to turn / Pin not free to turn 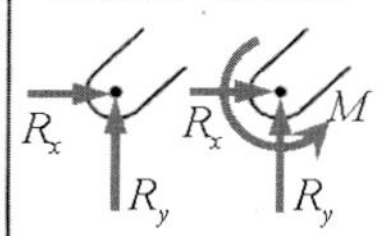	A freely hinged pin connection is capable of supporting a force in any direction in the plane normal to the axis; usually shown as two components R_x and R_y. A pin not free to turn may also support a couple M.

Division of total system into subsystems

MODELING THE ACTION OF FORCES IN TWO-DIMENSIONAL ANALYSIS *(cont.)*		
Type of Contact and Force Origin	**Action on Body to be Isolated**	
7. Built-in or fixed support 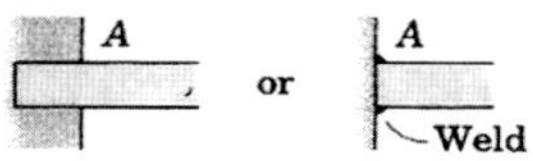	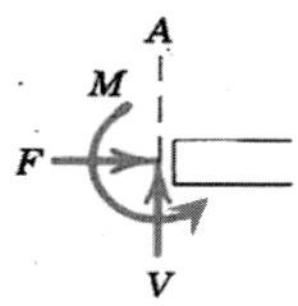	A built-in or fixed support is capable of supporting an axial force F, a transverse force V (shear force), and a couple M (bending moment) to prevent rotation.
8. Gravitational attraction 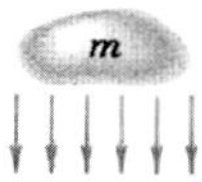	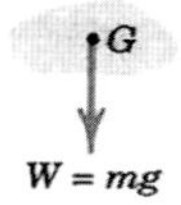	The resultant of gravitational attraction on all elements of a body of mass m is the weight $W = mg$ and acts toward the center of the earth through the center mass G.
9. Spring action 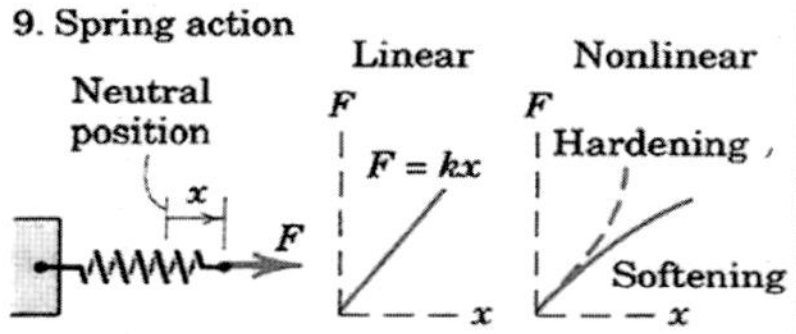	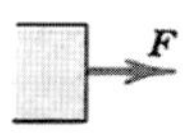	Spring force is tensile if spring is stretched and compressive if compressed. For a linearly elastic spring the stiffness k is the force required to deform the spring a unit distance.

Forces in members of a truss structure

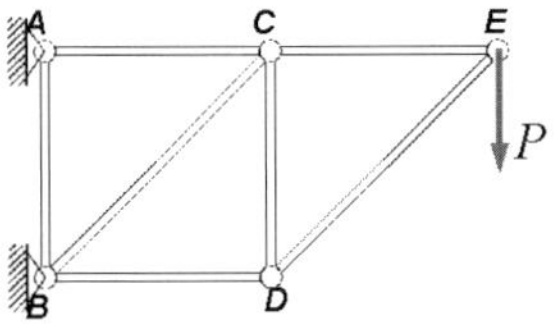

O At E

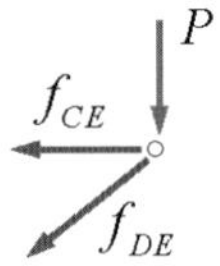

$$\sum F_x = 0\,;\; -f_{CE} - \frac{\sqrt{2}}{2} f_{DE} = 0$$

$$\sum F_y = 0\,;\; -P - \frac{\sqrt{2}}{2} f_{DE} = 0$$

$$\therefore\; f_{DE} = -\sqrt{2}P,\; f_{CE} = P$$

O At D

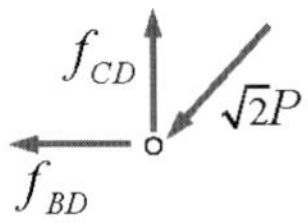

$$\sum F_x = 0\,;\; -f_{BD} - \sqrt{2}P \times \frac{\sqrt{2}}{2} = 0$$

$$\sum F_y = 0\,;\; F_{CD} - \sqrt{2}P \times \frac{\sqrt{2}}{2} = 0$$

$$\therefore\; f_{BD} = -P,\; f_{CD} = P$$

O At C

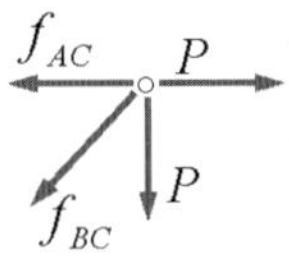

$$\sum F_x = 0\,;\; P - f_{AC} - \frac{\sqrt{2}}{2} f_{BC} = 0$$

$$\sum F_y = 0\,;\; -P - \frac{\sqrt{2}}{2} f_{BC} = 0$$

$$\therefore\; f_{BC} = -\sqrt{2}P,\; f_{AC} = 2P$$

$$Ans.\; f_{AC} = 2P(in\ tension)$$

$$f_{BC} = -\sqrt{2}P\,(in\ compression), \cdots$$

2D static problem

- Unknown: Tension of cable, T ?

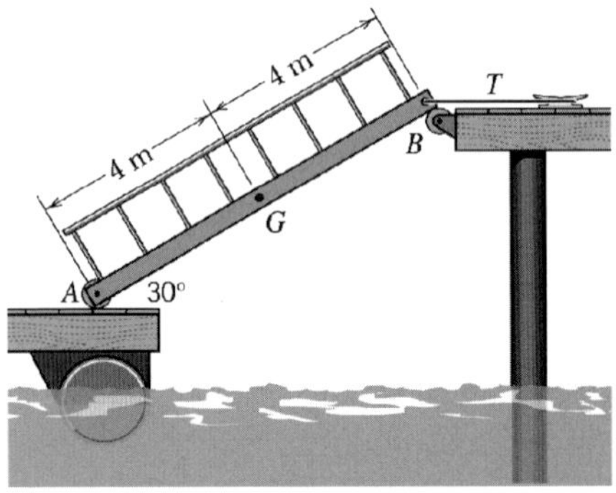

<F.B.D.>

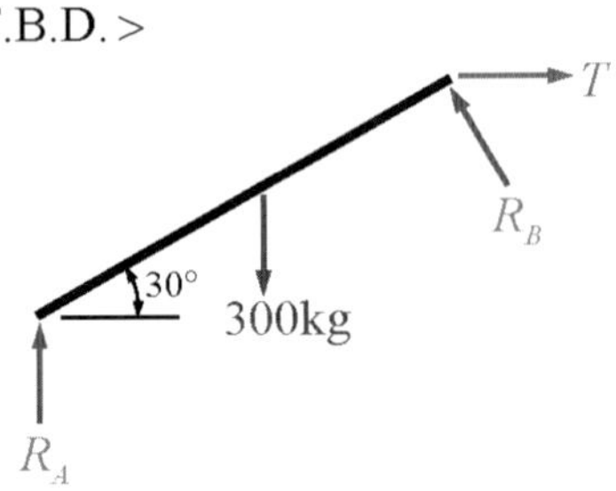

O Applying RE on FBD

$$\sum F_x = 0\,;\; T - R_B \sin 30^\circ = 0$$

$$\sum F_y = 0\,;\; R_A + R_B \cos 30^\circ - 300 = 0$$

$$\sum M_B = 0;\; -8\cos 30^\circ R_A + 4\cos 30^\circ \times 300 = 0$$

3D static problem

■ Unknown: Cable tension T ?

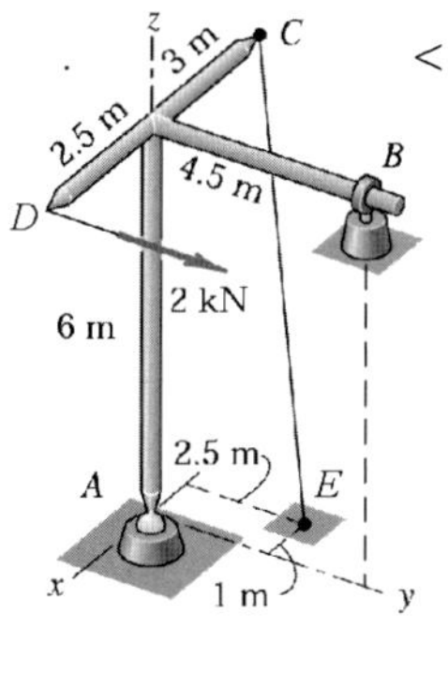

<F.B.D.>

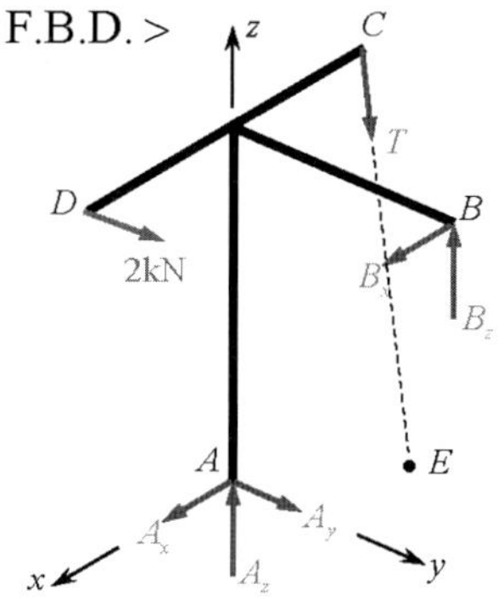

O Vector expression of line segments CA and CE

$$\overrightarrow{r_{CA}} = -3\vec{i} - 6\vec{k}, \overrightarrow{r_{CD}} = 5.5\vec{i}, \overrightarrow{r_{CB}} = 3\vec{i} - 4.5\vec{k}$$

$$\overrightarrow{CE} = (-\vec{i} + 2.5\vec{j}) - (-3\vec{i} + 6\vec{k}) = 2\vec{i} + 2.5\vec{j} - 6\vec{k}$$

$$\overrightarrow{CE}\Big/\left|\overrightarrow{CE}\right| \equiv \overrightarrow{ce} = (2\vec{i} + 2.5\vec{j} - 6\vec{k})/\sqrt{46.2}$$

O Requirement on equilibrium

$$\sum\vec{F} = 0;\ A_x + B_x + 2T\Big/\sqrt{46.2} = 0$$

$$A_y + 2 + 2.5T\Big/\sqrt{46.2} = 0$$

$$A_z + B_z + 2T\Big/\sqrt{46.2} = 0$$

$$\sum\overrightarrow{M_C} = 0;\ \overrightarrow{r_{CA}} \times (A_x\vec{i} + A_y\vec{j} + A_z\vec{k})$$

$$+ \overrightarrow{r_{CD}} \times (2\vec{j})$$

$$+ \overrightarrow{r_{CB}} \times (B_x\vec{i} + B_z\vec{k}) = \vec{0}$$

6.1.4 Material

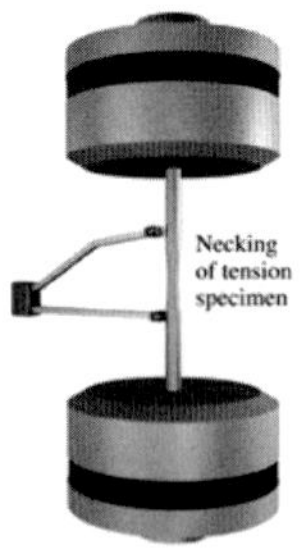

Tensile test

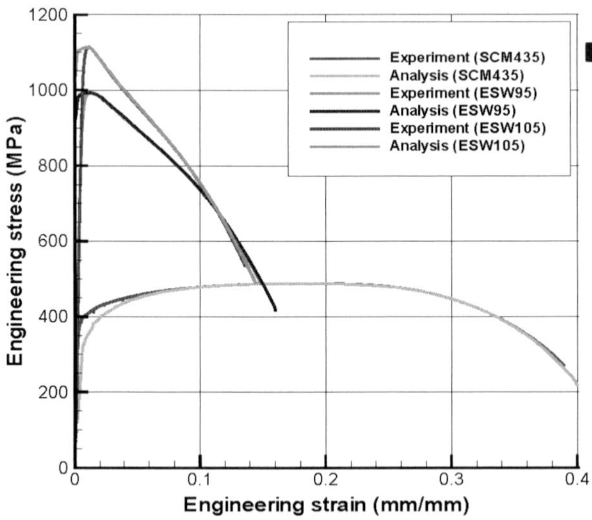

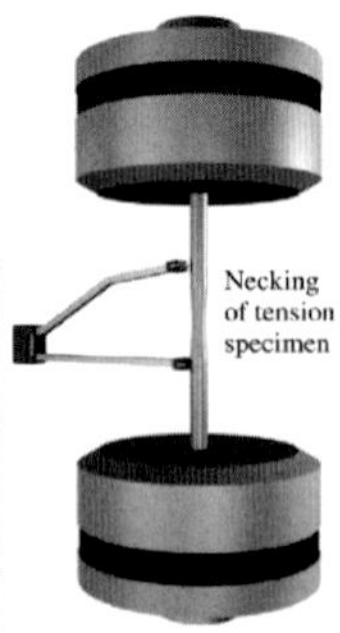

Tensile test

Tensile test

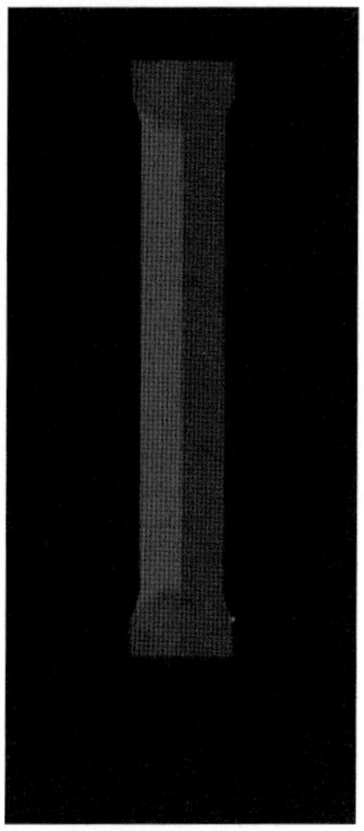

Predictions of tensile test

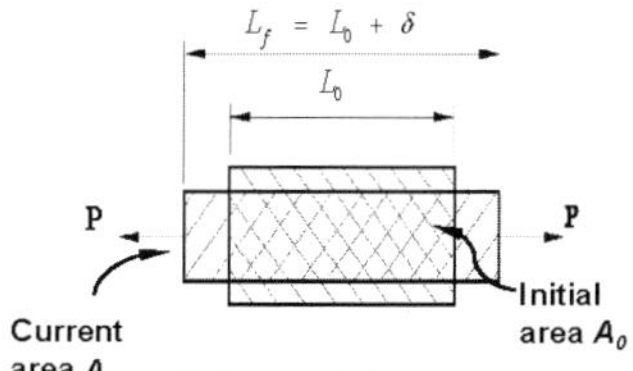

Before necking occurs

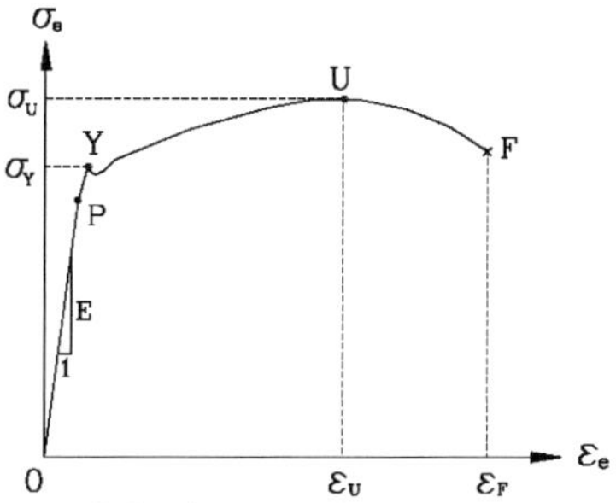

Engineering stress-engineering strain curve

σ_Y : Yield strength

σ_U : Tensile strength

$\varepsilon_{max} \times 100(\%)$: Elongation

Definition of ε_e and σ_e

• $\varepsilon_e = \dfrac{\delta}{L_0}$, $\sigma_e = \dfrac{P}{A_0}$ · e: engineering

Engineering strain, Engineering stress
(Engineering = Conventional=Nominal)

Hooke's law in uniaxial loading

• $\sigma_t = E\varepsilon_t$, $\sigma = E\varepsilon$

• $\sigma_x = E\varepsilon_x$, $\sigma_{xx} = E\varepsilon_{xx}$

Poisson's ratio

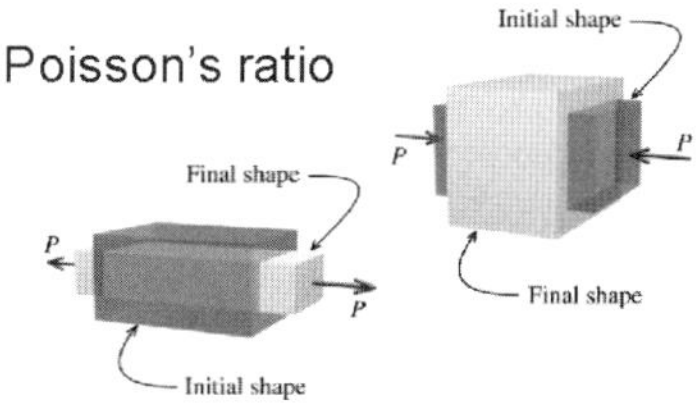

$$\nu = -\frac{\varepsilon_{lat}}{\varepsilon_{long}} = -\frac{\varepsilon_t}{\varepsilon_a}$$

Generalized Hooke's law for an isotropic material

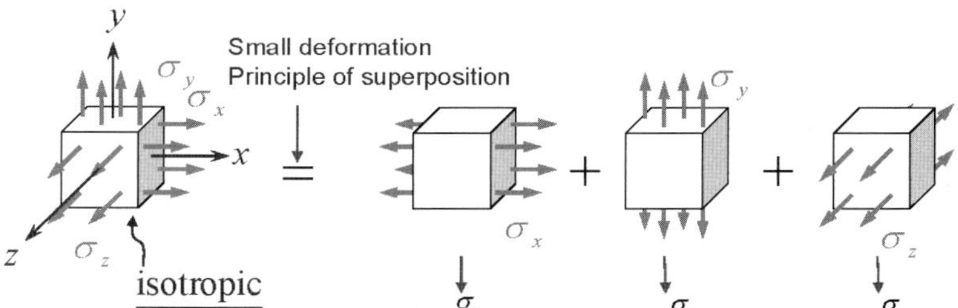

$\varepsilon_x = \dfrac{\sigma_x}{E}$, $\varepsilon_y = \varepsilon_z = -\nu\varepsilon_x$, $\gamma_{xy} = \gamma_{yz} = \gamma_{zx} = 0$

$\varepsilon_y = \dfrac{\sigma_y}{E}$, $\varepsilon_x = \varepsilon_z = -\nu\varepsilon_y$, $\gamma_{xy} = \gamma_{yz} = \gamma_{zx} = 0$

$\varepsilon_z = \dfrac{\sigma_z}{E}$, $\varepsilon_x = \varepsilon_y = -\nu\varepsilon_z$, $\gamma_{xy} = \gamma_{yz} = \gamma_{zx} = 0$

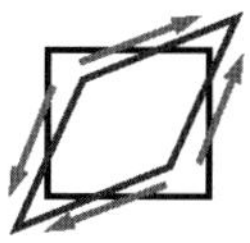

$\varepsilon_i = 0$ $\quad G = \dfrac{E}{2(1+\nu)}$

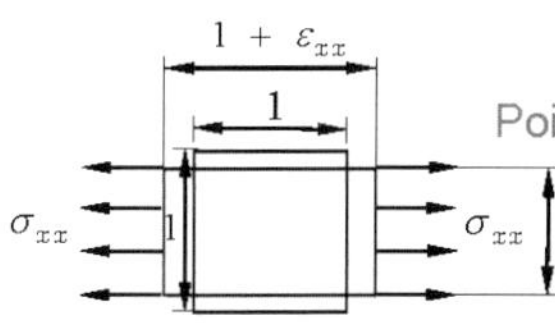

Poisson's ratio

$1 + (-\nu\varepsilon_{xx})$

$$\varepsilon_{yy} = \varepsilon_{zz} = -\nu\varepsilon_{xx} = -\frac{\nu}{E}\sigma_{xx}$$

$$\varepsilon_x = \frac{1}{E}\left[\sigma_x - \nu(\sigma_y + \sigma_z)\right] + \alpha\Delta T$$

$$\varepsilon_y = \frac{1}{E}\left[\sigma_y - \nu(\sigma_x + \sigma_z)\right] + \alpha\Delta T$$

$$\varepsilon_z = \frac{1}{E}\left[\sigma_z - \nu(\sigma_x + \sigma_y)\right] + \alpha\Delta T$$

$$\gamma_{xy} = \frac{1}{G}\tau_{xy}, \ \gamma_{yz} = \frac{1}{G}\tau_{yz}, \ \gamma_{zx} = \frac{1}{G}\tau_{zx}$$

Coefficient of thermal expansion (α)

Hooke's law for an isotropic material

Thermal load and shrink fit

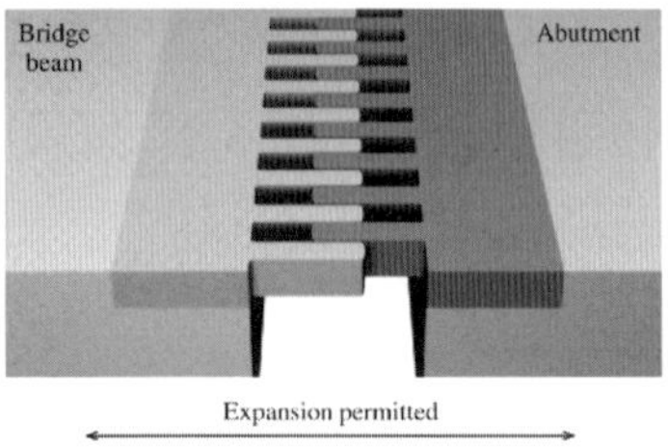

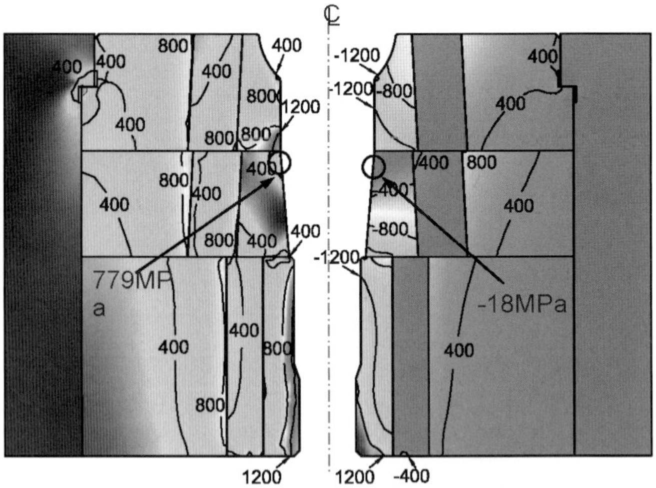

6.1.5 Solid mechanics of slender members

6.1.5.1 Uniaxial loading

6.1.5.2 Torsion

6.1.5.3 Beam theory

6.1.5.4 Buckling

6.1.5.5

Mechanics of slender members

○ Truss member or rod – Uniaxial loading

- Axial force
- Normal stress: $\sigma_x = \sigma_{xx} = \dfrac{F}{A}$

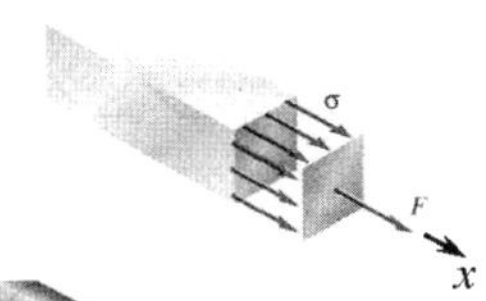

○ Circular shaft - Torsion

- Twisting moment
- Shear stress: $\tau_{z\theta} = \dfrac{Tr}{J}$

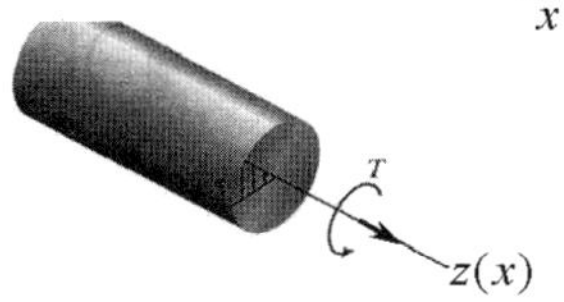

○ Beam

- Lateral force – Bending moment and shear force
- Normal and shear stress,
- I-beam, H-beam

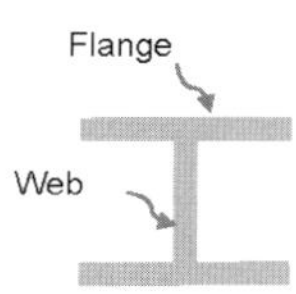

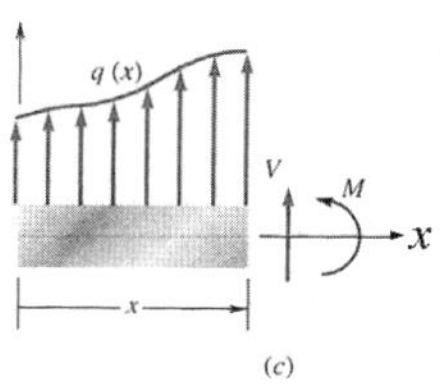

- Stresses in beam

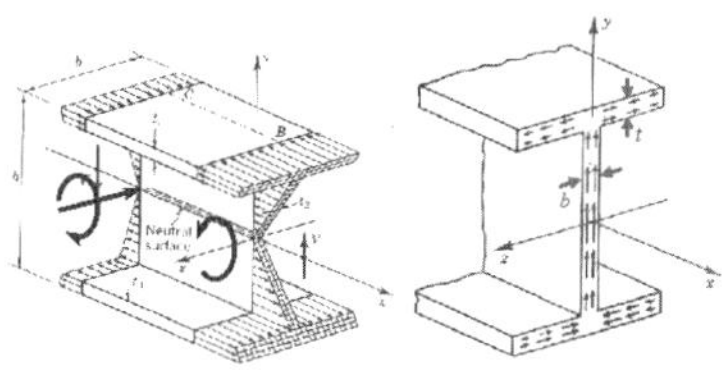

$$\sigma_x = -\frac{M_b y}{I_{zz}},\ \tau_{xy} = \frac{VQ}{bI_{zz}},\ \tau_{xz} = \frac{VQ}{tI_{zz}}$$

○ Column

- Compressive axial force
- Buckling

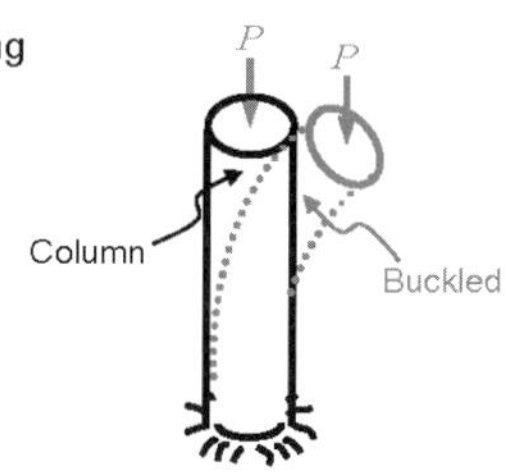

6.1.5.1 Uniaxial loading

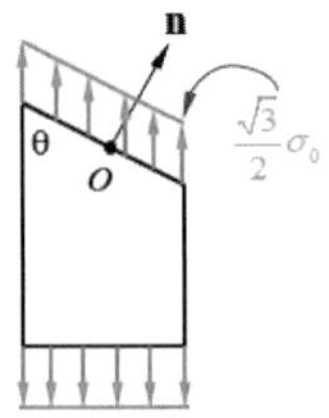

Deformation and stress in uniaxial loading

Spring)		Rod, truss member
$P \leftarrow$ (spring) $\rightarrow P, x$		$P \leftarrow$ ▭ $\rightarrow P, \delta$
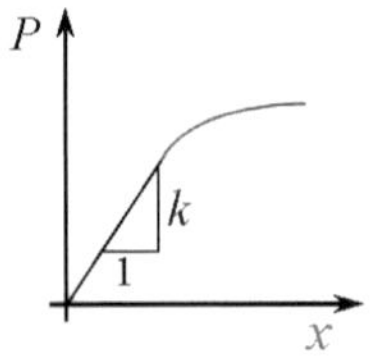 k : spring constant	Force-deformation relationship	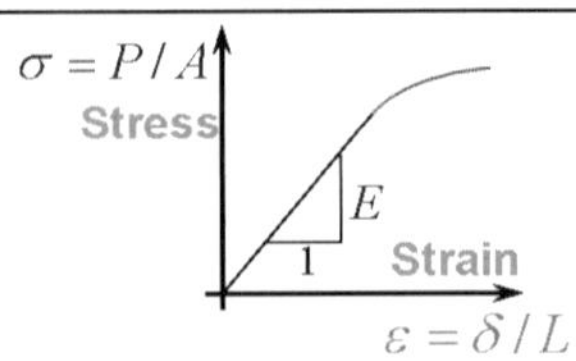 E : modulus of elasticity
$P = kx$	Hooke's law $k_{eq} = \frac{AE}{L}$	$P = \frac{AE}{L}\delta,\ \sigma = E\varepsilon,\ \frac{P}{A} = E\frac{\delta}{L}$
$x = \frac{1}{k}P$	Displacement	$\delta = \frac{L}{AE}P$
$U = \frac{1}{2}kx^2 = \frac{1}{2}\frac{1}{k}P^2$	Strain energy	$U = \frac{1}{2}k_{eq}\delta^2 = \frac{1}{2}\frac{L}{AE}P^2$

Displacement, strain and stress in rod

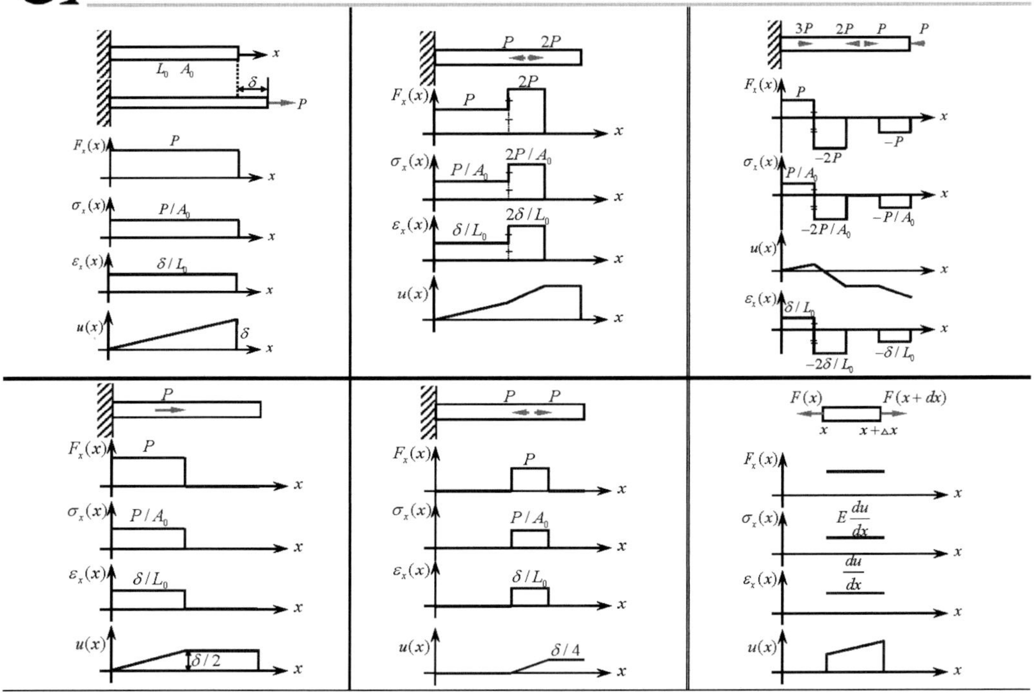

Rod

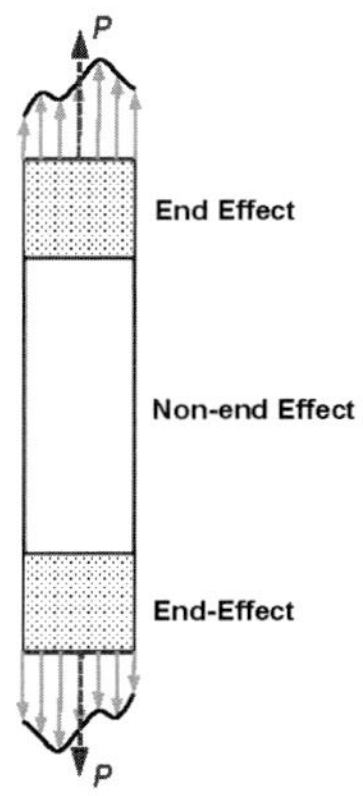

Saint-Venant's principle

⊙ Two statically equivalent loads have nearly the same influence on the material except the region near to the load exerting area.

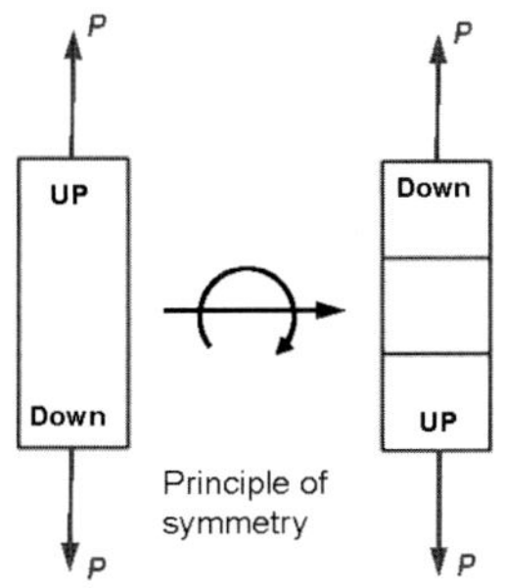

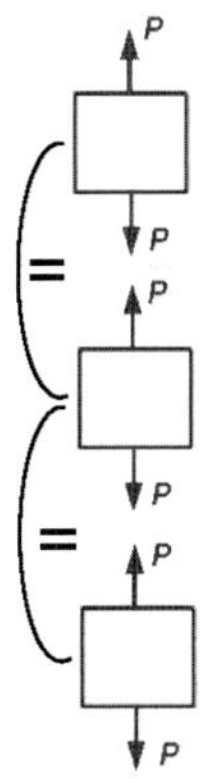

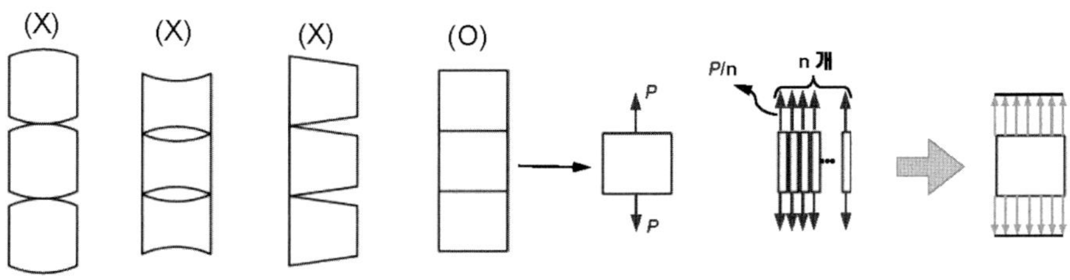

Internal force, stress vector in tensile test

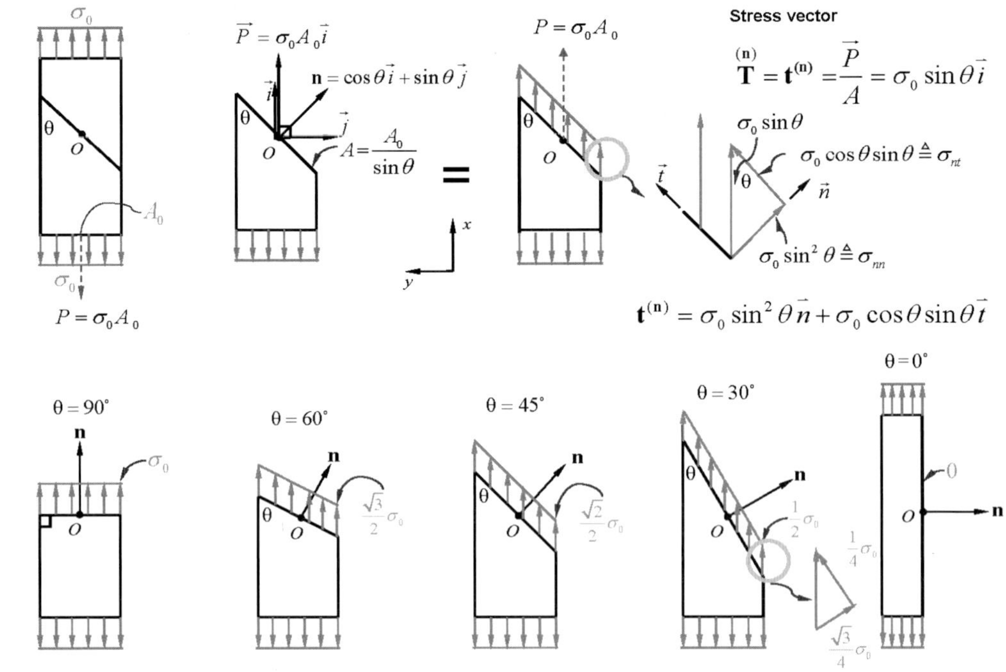

Stress vector

$$\overset{(\mathbf{n})}{\mathbf{T}} = \mathbf{t}^{(\mathbf{n})} = \frac{\vec{P}}{A} = \sigma_0 \sin\theta \vec{i}$$

$$\mathbf{t}^{(\mathbf{n})} = \sigma_0 \sin^2\theta \vec{n} + \sigma_0 \cos\theta \sin\theta \vec{t}$$

Internal force and stress components

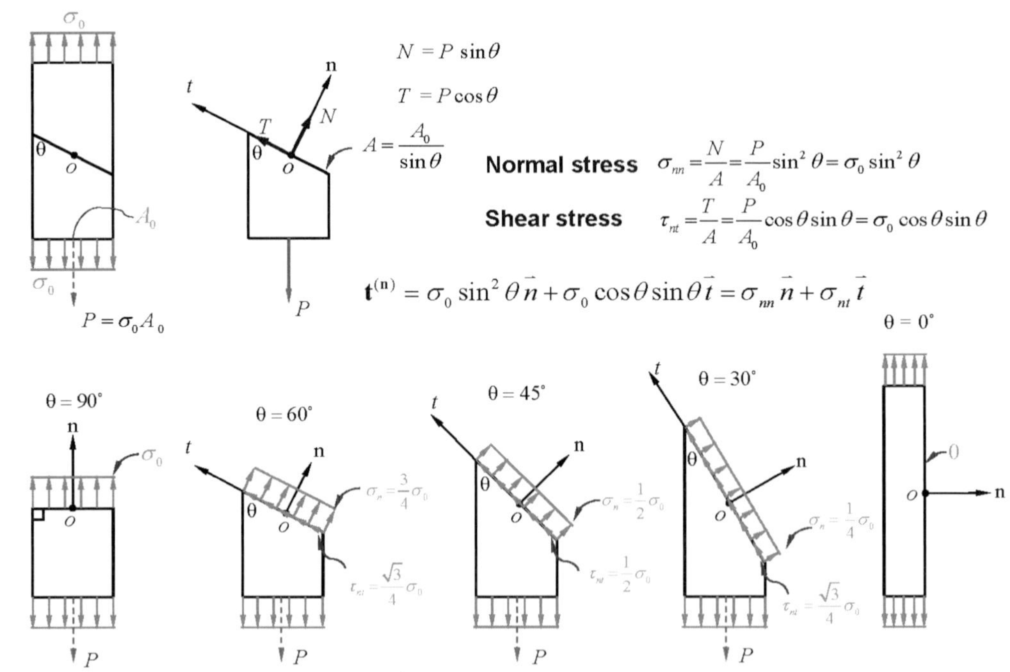

$$N = P\sin\theta$$

$$T = P\cos\theta$$

$$A = \frac{A_0}{\sin\theta}$$

Normal stress $\sigma_{nn} = \frac{N}{A} = \frac{P}{A_0}\sin^2\theta = \sigma_0 \sin^2\theta$

Shear stress $\tau_{nt} = \frac{T}{A} = \frac{P}{A_0}\cos\theta\sin\theta = \sigma_0 \cos\theta\sin\theta$

$$\mathbf{t}^{(\mathbf{n})} = \sigma_0 \sin^2\theta \vec{n} + \sigma_0 \cos\theta\sin\theta \vec{t} = \sigma_{nn}\vec{n} + \sigma_{nt}\vec{t}$$

Example

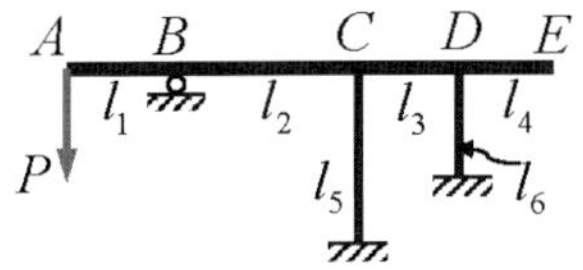

<F. B. D.>

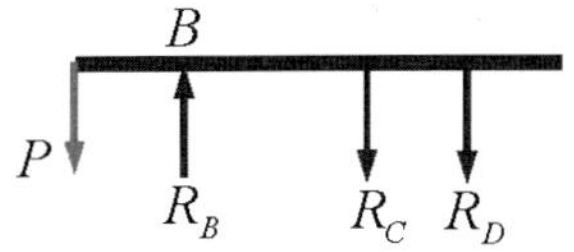

Ⓘ Force equilibrium

$$\sum F_y = -P + R_B - R_C - R_D = 0 \quad ①$$

$$\sum M_B = l_1 P - l_2 R_C - (l_2 + l_3) R_D = 0 \quad ②$$

※ x-directional displacement is neglected under small deformation.

Ⓘⓘⓘ Force-deformation relationship

$$\delta_C = \frac{R_C l_5}{A_C E_C} ③, \quad \delta_D = \frac{R_D l_6}{A_D E_D} ④$$

Ⓘⓘ Geometric compatibility

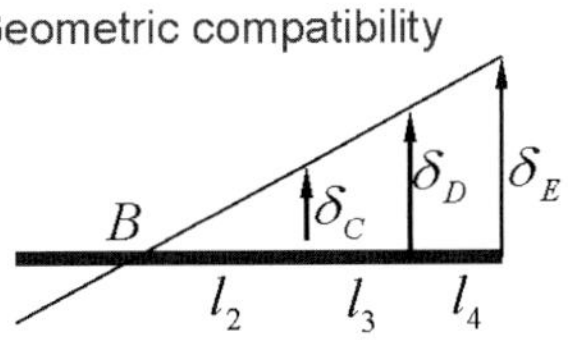

$$l_2 : \delta_C = (l_2 + l_3) : \delta_D \rightarrow \delta_D = (1 + \frac{l_3}{l_2})\delta_C \quad ⑤$$

O Reaction and displacement of point E

③④→⑤: $R_D = \frac{A_D R_C l_5}{A_C R_D l_6}(1 + \frac{l_3}{l_2}) R_C$ ⑥

①,②,⑥ → R_B, R_C, R_D

$$l_2 : \delta_C = (l_2 + l_3 + l_4) : \delta_E$$

Statically indeterminate system – thermal load

< Method Ⅰ>

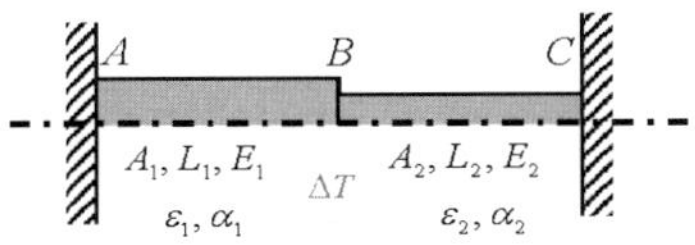

<F. B. D.>

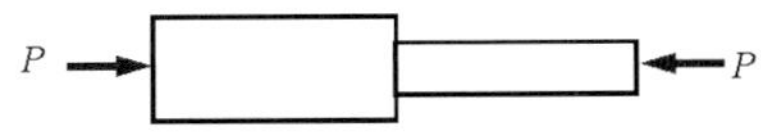

Ⓘⓘⓘ Force-deformation relationship

$$\delta_{BA} = \varepsilon_1 L_1 = (-P/EA_1 + \alpha\Delta T)L_1$$

$$\delta_{CB} = \varepsilon_2 L_2 = (-P/EA_2 + \alpha\Delta T)L_2$$

$$\delta_{CA} = \delta_{BA} + \delta_{CB}$$

$$= -P(\frac{L_1}{EA_1} + \frac{L_2}{EA_2}) + \alpha\Delta T(L_1 + L_2) \quad ②$$

Ⓘⓘ Geometric compatibility

$$\delta_{CA} = 0 \quad ①$$

O From Eqs. ① and ②

$$P = \frac{E\alpha\Delta T(L_1 + L_2)}{(\frac{L_1}{A_1} + \frac{L_2}{A_2})} = \frac{A_1 A_2 E\alpha\Delta T(L_1 + L_2)}{L_1 A_2 + L_2 A_1}$$

< Method Ⅱ>

$$\left.\begin{array}{l} \delta_{CA} \, due\,to\ \Delta T = \alpha\Delta T(L_1 + L_2) \\ \delta_{CA} \, due\,to\ P = -\frac{PL_1}{A_1 E} - \frac{PL_2}{A_2 E} \end{array}\right\rangle \triangleright \delta_{CA}(\Delta T) = -\delta_{CA}(P)$$

Deformation of cylindrical pressure vessel

<F. B. D.>

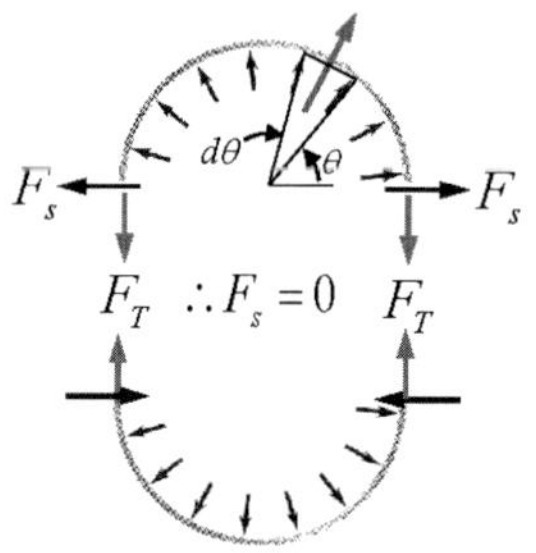

① Force equilibrium

$$\sum F_x = 0\;;$$

< Method Ⅰ >

$$-2F_T + \int_0^{\pi} rpb\sin\theta d\theta = 0$$

< Method Ⅱ>

$$-2F_T + p\cdot b\cdot 2r = 0 \rightarrow F_T = pbr$$

② Force-deformation relationship

$$\delta_T = \frac{(pbr)2\pi(r+\frac{t}{2})}{(bt)E} \quad \rightarrow \quad \delta_R = \frac{pr(r+\frac{t}{2})}{tE}$$

$$2\pi(r+\delta_R) = 2\pi r + 2\pi\delta_R \quad \rightarrow \quad \delta_R = \frac{\delta_T}{2\pi}$$

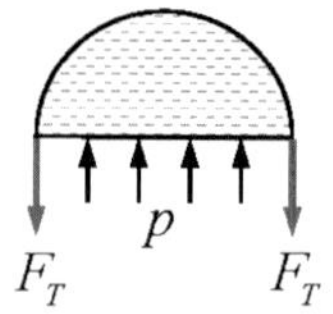

Tension in belt

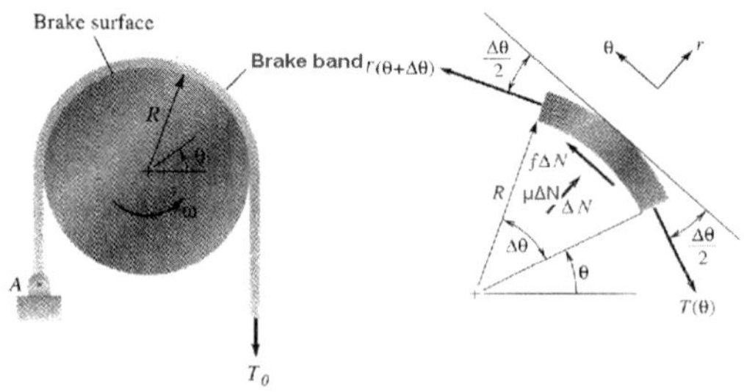

O Law of Coulomb friction

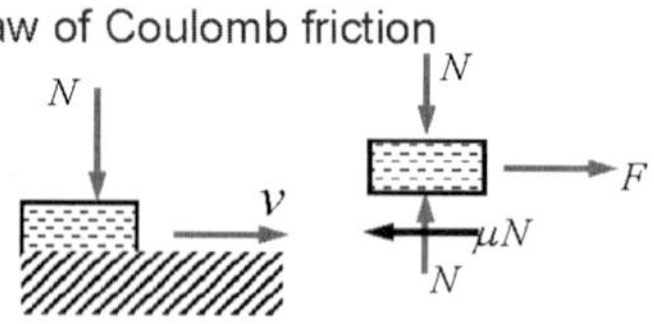

- Magnitude: $F = \mu N$
- Direction: Preventing relative motion
- μ: Coefficient of Coulomb friction,

O Applying RE on the FBD and governing equation

$$\begin{pmatrix} \sum F_r = 0\,;\ \Delta N - T\sin(\Delta\theta/2) - T(\theta+\Delta\theta)\sin(\Delta\theta/2) = 0 \\ \sum F_\theta = 0\,;\ \mu\Delta N - T\cos(\Delta\theta/2) + T(\theta+\Delta\theta)\cos(\Delta\theta/2) = 0 \end{pmatrix}$$

$$\downarrow T(\theta+\Delta\theta) = T(\theta) + \frac{dT}{d\theta}\Delta\theta,\ \sin\frac{\Delta\theta}{2} \cong \frac{\Delta\theta}{2},\ \cos\frac{\Delta\theta}{2} \cong 1$$

$$\begin{pmatrix} \Delta N - T\Delta\theta - T'\frac{\Delta\theta^2}{2} = 0 \\ \mu\Delta N + T'\Delta\theta = 0 \end{pmatrix} \xrightarrow{\Delta\theta\rightarrow 0} \begin{pmatrix} \frac{dN}{d\theta} = T \\ \frac{dN}{d\theta} = -\frac{T'}{\mu} \end{pmatrix} \rightarrow \frac{dT}{d\theta} = -\mu T$$

O Solving

$$\frac{dT}{T} = -\mu d\theta$$

$$\ln T = C - \mu\theta$$

$$T = Ce^{-\mu\theta}$$

O Boundary condition

$$T(0) = T_0$$

$$\rightarrow T = T_0 e^{-\mu\theta}$$

Strain energy in rod

<table>
<tr><td>Force-deformation relationship</td><td>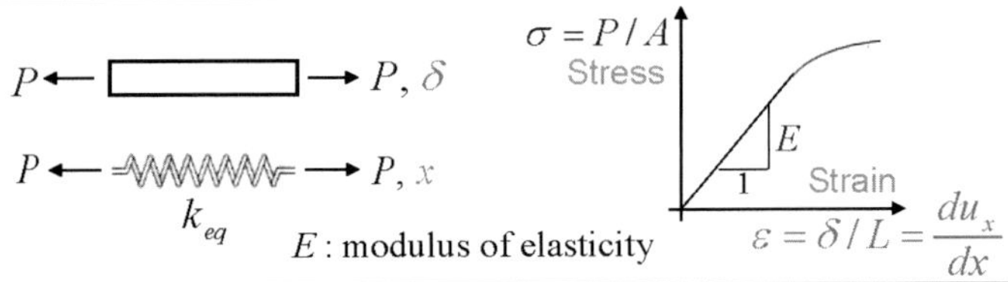
</td></tr>
<tr><td>Hooke's law</td><td>$\sigma = E\varepsilon,\ \frac{P}{A} = E\frac{\delta}{L},\ P = \frac{AE}{L}\delta,\ \delta = \frac{PL}{AE} = \frac{L}{AE}P,\ k_{eq} = \frac{AE}{L}$</td></tr>
<tr><td>Strain energy</td><td>$U = \frac{1}{2}k_{eq}\delta^2 = \frac{P^2L}{2AE} = \frac{1}{2}\frac{P}{A}\left(\frac{PL}{AE}/L\right)AL = \frac{1}{2}\frac{P}{A}\frac{\delta}{L}V$
$u = \frac{U}{V} = \frac{1}{2}\sigma\varepsilon$ ← strain energy density (function)
$U = \int_V u\,dV = \frac{1}{2}\int_V \sigma\varepsilon\,dV = \frac{1}{2}\int_V \frac{\sigma^2}{E}dV$
$= \frac{1}{2}\int_L \frac{P^2}{A^2E}\int_A dA\,dx = \frac{1}{2}\int_L \frac{P^2}{AE}dx$
$U = \frac{1}{2}\int_V E\varepsilon^2 dV = \frac{1}{2}\int_L E\frac{du_x}{dx}^2\int_A dA\,dx = \frac{1}{2}\int_L EA\frac{du_x}{dx}^2 dx$</td></tr>
</table>

Generalization of uniaxial loading

■ Strain in rod under uniaxial loading

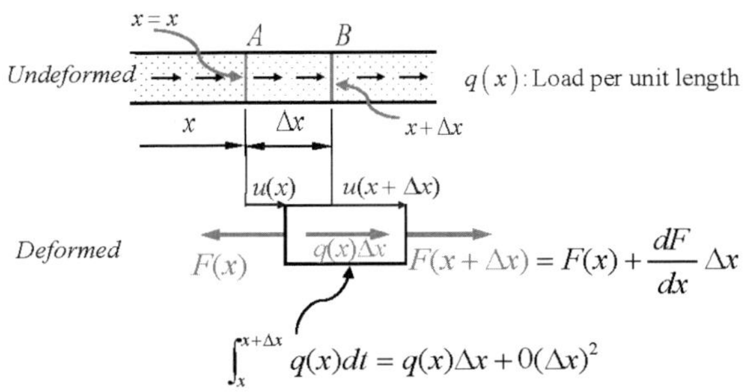

$$\varepsilon = \frac{A'B' - AB}{AB} = \lim_{\Delta x \to 0}\frac{u(x+\Delta x) - u(x)}{\Delta x} = \frac{du}{dx} = \varepsilon_x$$

$$\begin{pmatrix} \varepsilon_x & 0 & 0 \\ 0 & -\nu\varepsilon_x & 0 \\ 0 & 0 & -\nu\varepsilon_x \end{pmatrix}$$

Ⓘ Force equilibrium

$$\sum F_x = -F(x) + q(x)\Delta x + F(x+\Delta x) = 0$$

$$\rightarrow \frac{dF}{dx} = -q(x)$$

Ⓘⓘⓘ Stress-strain relation

$\sigma = E\varepsilon$ ⟵ Hooke's law

$$F(x) = A\sigma = AE\varepsilon = AE\frac{du}{dx}$$

$$\frac{dF}{dx} = -q(x)$$

$$\therefore \frac{d}{dx}\left(AE\frac{du}{dx}\right) = -q(x)$$

Governing equation

6.1.5.2 Torsion

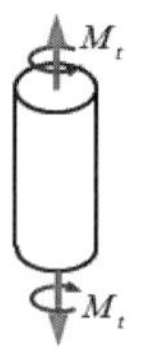

Torsion of cylindrical shaft, problem definition

- Cross-section: Circular shaft (CS)
- Role of CS: Power transmission, spring, etc.
- Assumption to apply rule of symmetry
  - O End-effects are negligible (Saint-Venant Principle)
  - O Uniform cross-section
  - O Geometry and material are axisymmetric
  - O Symmetric expansion and contraction are neglected
  - O Lengthening and shortening are neglected

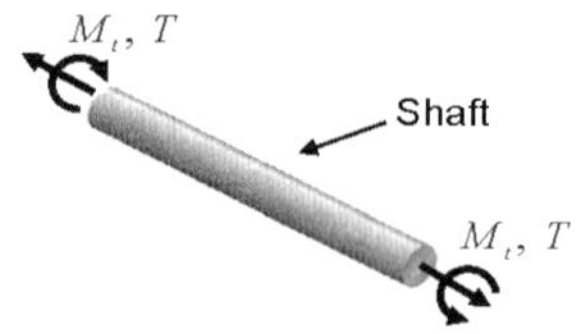

M_t Twisting moment, torque

- Rule of symmetry

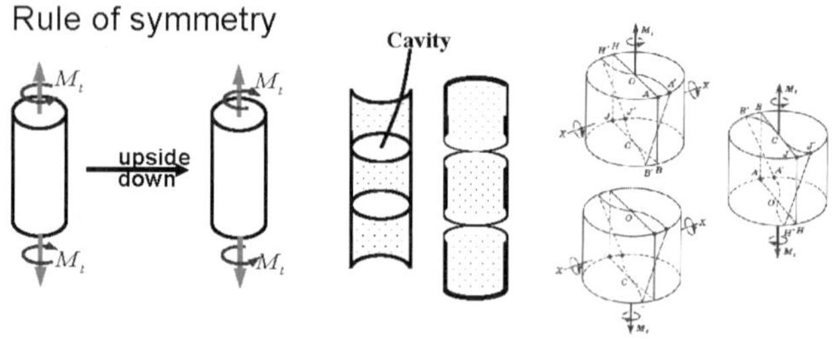

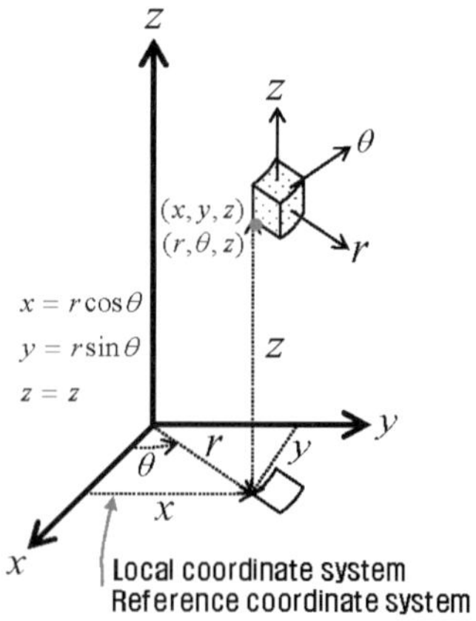

- Summary
  - O Diametrical straight line remains straight line
  - O Plane section, perpendicular to the central line, remains plane

Relation of strain and angle of twist

■ Strain components

$$\begin{pmatrix} \varepsilon_{xx} & \gamma_{xy} & \gamma_{xz} \\ \gamma_{yx} & \varepsilon_{yy} & \gamma_{yz} \\ \gamma_{zx} & \gamma_{zy} & \varepsilon_{zz} \end{pmatrix} \rightarrow \begin{pmatrix} \varepsilon_{rr} & \gamma_{r\theta} & \gamma_{rz} \\ \gamma_{\theta r} & \varepsilon_{\theta\theta} & \gamma_{\theta z} \\ \gamma_{zr} & \gamma_{z\theta} & \varepsilon_{zz} \end{pmatrix}$$

O Normal strain: $\varepsilon_{rr} = \varepsilon_{\theta\theta} = \varepsilon_{zz} = 0$

From assumption

O Shear strain: $\gamma_{r\theta}$

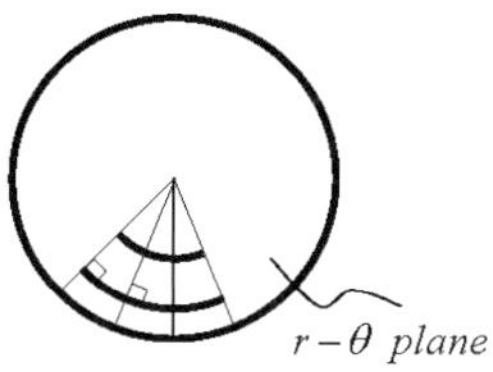

$\gamma_{r\theta} = \gamma_{\theta r} = 0$

O Shear strain: γ_{rz}

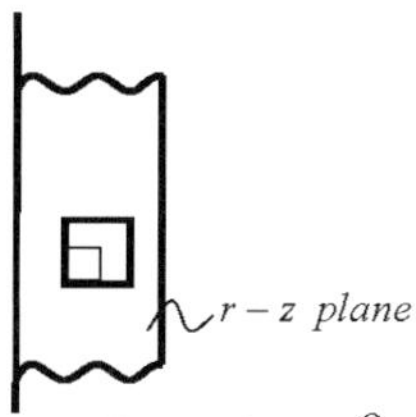

$\gamma_{rz} = \gamma_{zr} = 0$

O Shear strain $\gamma_{\theta z}$ and angle of twist

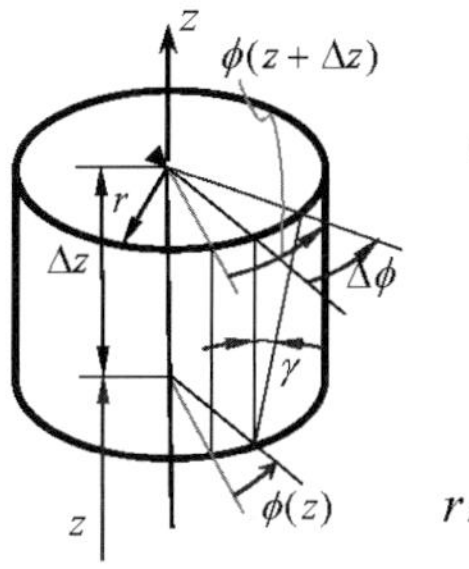

ϕ : Angle of twist

$\frac{d\phi}{dz}$: Rate of twist

$r\Delta\phi = \gamma_{\theta z}\Delta z$

$\rightarrow \gamma_{\theta z} = r\frac{\Delta\phi}{\Delta z}$

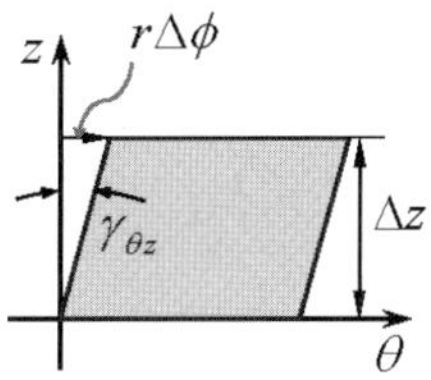

$$\gamma_{\theta z} = \gamma_{z\theta} = r\frac{d\phi}{dz}$$

$\gamma_{rx} = 0$

- ϕ : Angle of twist
- $\frac{d\phi}{dz}$: Rate of twist

Stress components

■ x-y-z coordinate system

$$\begin{pmatrix} \sigma_{xx} & \tau_{xy} & \tau_{yz} \\ \tau_{xy} & \sigma_{yy} & \tau_{yz} \\ \tau_{zx} & \tau_{zy} & \sigma_{zz} \end{pmatrix}$$

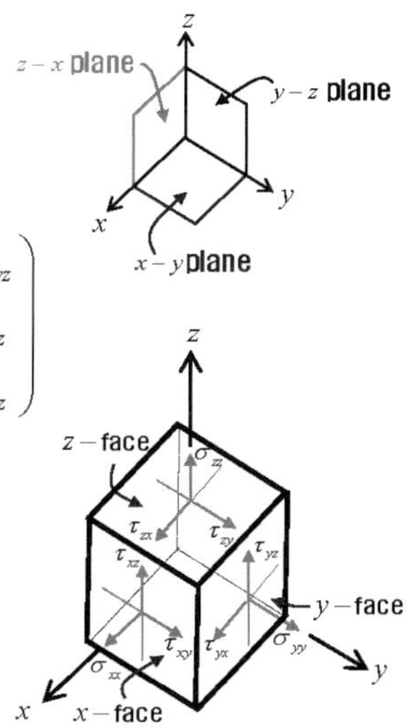

■ Cylindrical coordinate system

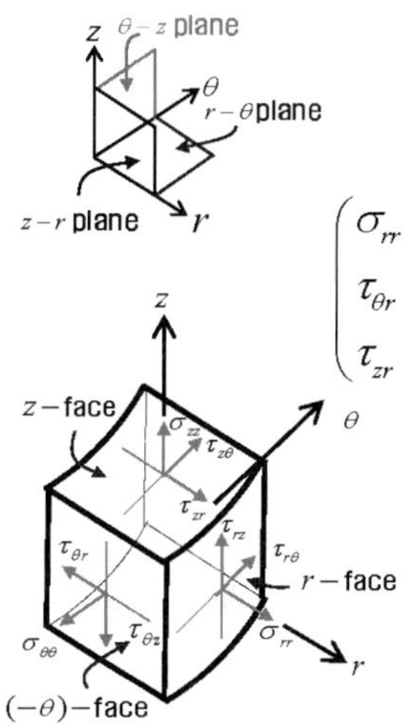

$$\begin{pmatrix} \sigma_{rr} & \tau_{r\theta} & \tau_{rz} \\ \tau_{\theta r} & \sigma_{\theta\theta} & \tau_{\theta z} \\ \tau_{zr} & \tau_{z\theta} & \sigma_{zz} \end{pmatrix}$$

Hooke's law

$$\tau_{\theta z} = G\gamma_{\theta z} = Gr\frac{d\phi}{dz} = Gr\frac{\phi_L}{L} \qquad \sigma_{xx} = E\varepsilon_{xx} = E\frac{du}{dx} = E\frac{u_L}{L}$$

$$G = \frac{E}{2(1+\nu)}$$

$$\bullet\varepsilon_{rr} = \frac{1}{E}\left[\sigma_{rr} - \nu\left(\sigma_{\theta\theta} + \sigma_{zz}\right)\right]$$

$$\bullet\varepsilon_{\theta\theta} = \frac{1}{E}\left[\sigma_{\theta\theta} - \nu\left(\sigma_{zz} + \sigma_{rr}\right)\right]$$

$$\bullet\varepsilon_{zz} = \frac{1}{E}\left[\sigma_{zz} - \nu\left(\sigma_{rr} + \sigma_{\theta\theta}\right)\right]$$

$$\bullet\gamma_{r\theta} = \frac{2(1+\nu)}{E}\sigma_{r\theta} = \frac{1}{G}\sigma_{r\theta}$$

$$\bullet\gamma_{\theta z} = \frac{2(1+\nu)}{E}\sigma_{\theta z} = \frac{1}{G}\sigma_{\theta z}$$

$$\bullet\gamma_{zr} = \frac{2(1+\nu)}{E}\sigma_{zr} = \frac{1}{G}\sigma_{zr}$$

○ Torsion test

$\tau = G\gamma$

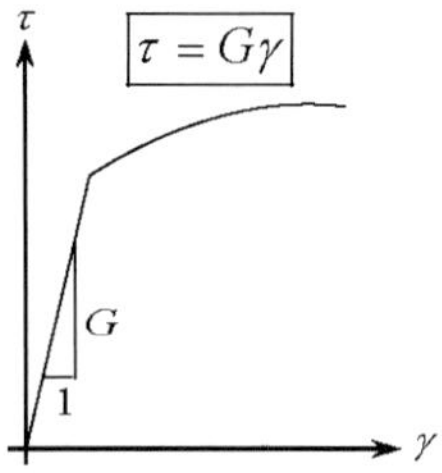

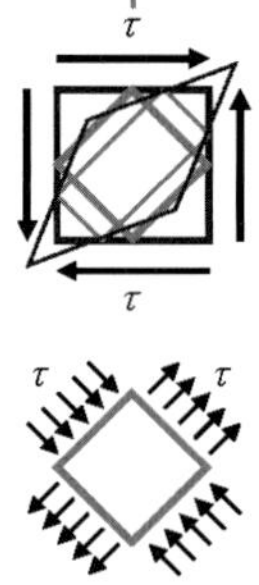

○ Tensile test

$\sigma = E\varepsilon$

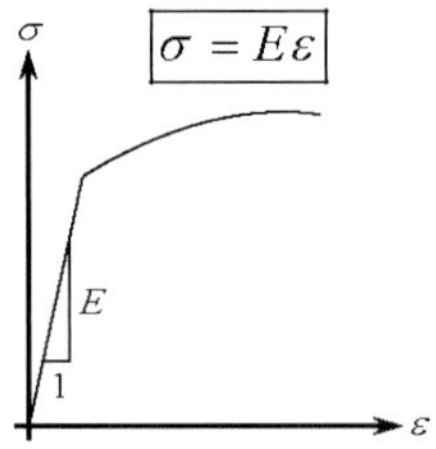

$$\begin{pmatrix} \varepsilon_{rr} & \gamma_{r\theta} & \gamma_{rz} \\ \gamma_{\theta r} & \varepsilon_{\theta\theta} & \gamma_{\theta z} \\ \gamma_{zr} & \gamma_{z\theta} & \varepsilon_{zz} \end{pmatrix} = \begin{pmatrix} 0 & 0 & 0 \\ 0 & 0 & rd\phi/dz \\ 0 & rd\phi/dz & 0 \end{pmatrix} \longrightarrow \begin{pmatrix} \sigma_{rr} & \tau_{r\theta} & \tau_{rz} \\ \tau_{\theta r} & \sigma_{\theta\theta} & \tau_{\theta z} \\ \tau_{zr} & \tau_{z\theta} & \sigma_{zz} \end{pmatrix} = \begin{pmatrix} 0 & 0 & 0 \\ 0 & 0 & Grd\phi/dz \\ 0 & Grd\phi/dz & 0 \end{pmatrix}$$

Requirement on equilibrium

■ Homogeneous shaft

$$M_t = \int_A rdF = \int_A r\tau dA = \frac{d\phi}{dz}\int_A Gr^2 dA \longleftarrow dF = \tau dA$$

$$M_t = \frac{d\phi}{dz}G\int_A r^2 dA \triangleq \frac{d\phi}{dz}GJ \longleftarrow GJ$$: Torsional rigidity

$$\frac{d\phi}{dz} = \frac{M_t}{GJ} \rightarrow \tau_{\theta z} = \tau_{z\theta} = \frac{M_t r}{J}$$

$$J = \int_A r^2 dA = 2\pi\int_{R_i}^{R_0} r^3 dr = \frac{\pi}{2}(R_0^4 - R_i^4) \longleftarrow$$ Polar second moment of inertia at the cross-section

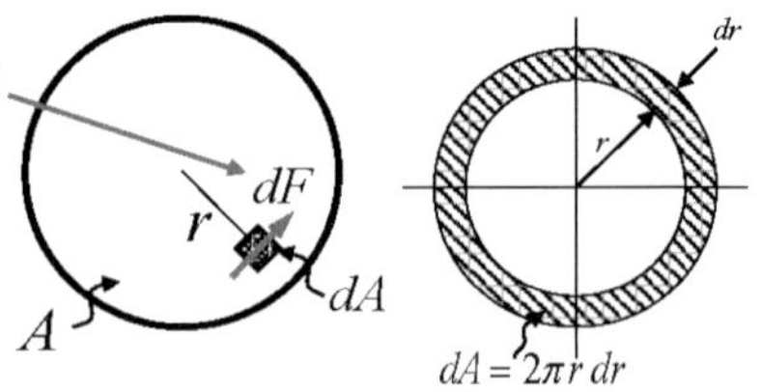

■ Composite shaft

$$M_t = \int_A rdF = \int_A r\tau dA = \frac{d\phi}{dz}\int_A Gr^2 dA$$

$$M_t = \frac{d\phi}{dz}\left[G_1\int_{A_1} r^2 dA + G_2\int_{A_2} r^2 dA\right] = \frac{d\phi}{dz}(G_1 J_1 + G_2 J_2)$$

$$\frac{d\phi}{dz} = \frac{M_t}{G_1 J_1 + G_2 J_2} \rightarrow \tau = \frac{G_i r M_t}{G_1 J_1 + G_2 J_2},\ G_i = \begin{pmatrix} G_1 & if & r \in A_1 \\ G_2 & if & r \in A_2 \end{pmatrix}$$

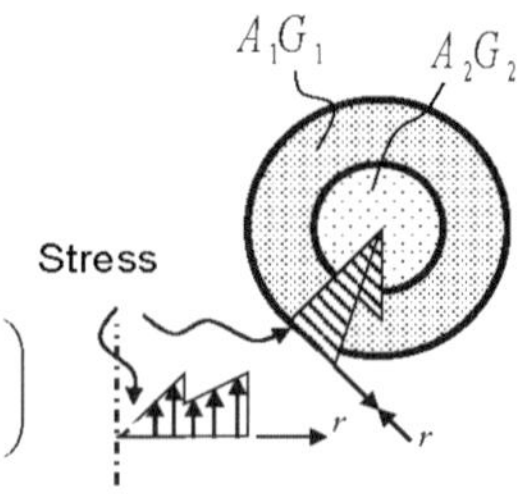

Example 1 – Statically determinate system

< F.B.D. >

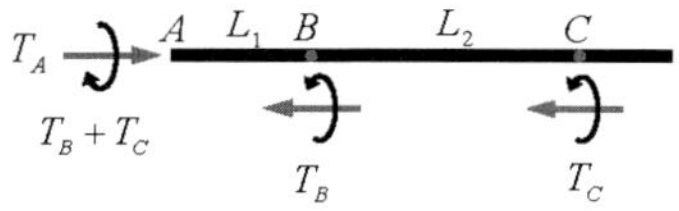

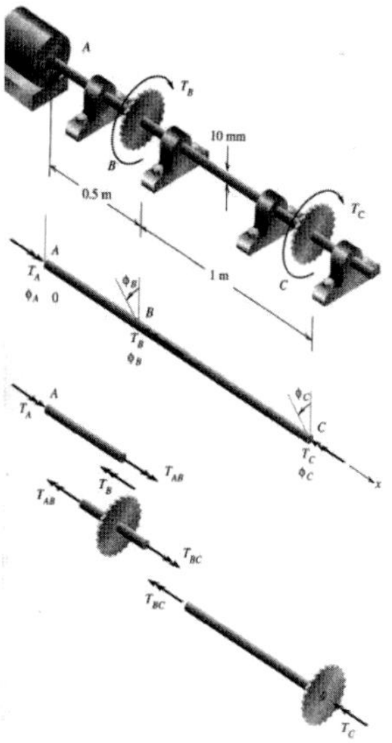

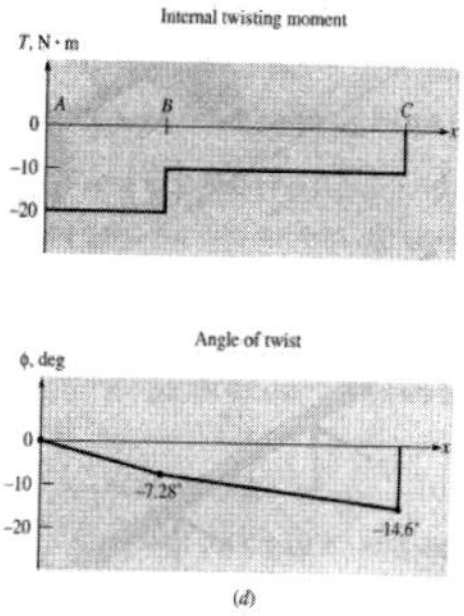

O Moment balance

$$\sum M_x = 0;$$

$$T_A - T_B - T_C = 0 \rightarrow T_A = T_B + T_C$$

$$M_{t,AB} = -T_B - T_C$$

$$M_{t,BC} = -T_C$$

O Maximum angle of twist and stress

$$\phi_{CA} = \frac{-1}{GJ}[(T_B + T_C)L_1 + T_C L_2]$$

$$\tau_{\max} = \frac{(T_B + T_C)(d/2)}{J}$$

Example 2 – Statically indeterminate system

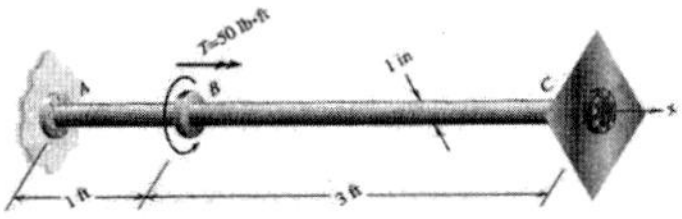

< F.B.D. >

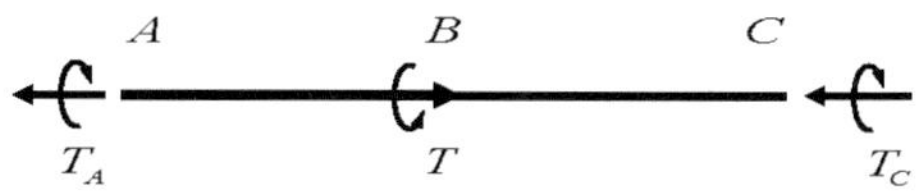

O Moment balance

$$\sum M_x = 0;$$

$$-T_A + T - T_C = 0 \rightarrow T_C = T - T_A$$

$$M_{t,AB} = T_A$$

$$M_{t,BC} = -T_C = T_A - T$$

O Geometric compatibility: $\phi_{CA} = 0$

$$\phi_{CA} = \phi_{BA} + \phi_{CB} = \frac{1}{GJ}[T_A L_1 + (T_A - T)L_2] = 0$$

$$\rightarrow T_A = \frac{L_2 T}{L_1 + L_2}$$

O Angle of twist at Point B and maximum shear stress

$$\phi_{BA} = \int \frac{M_{t,AB}}{GJ}dx = \frac{T_A L_1}{GJ} = \frac{1}{GJ}\left(\frac{L_1 L_2 T}{L_1 + L_2}\right) = \frac{L_1 L_2 T}{GJ(L_1 + L_2)}$$

$$\tau_{\max} = \frac{T_{\max} r}{J}, \; T_{\max} = \max(T_A, T_C)$$

Example 3 – Design of circular shaft

○ Given value

$P = 260$ hp, $n = 3800$ rpm, $\tau_a = 30{,}000$ psi

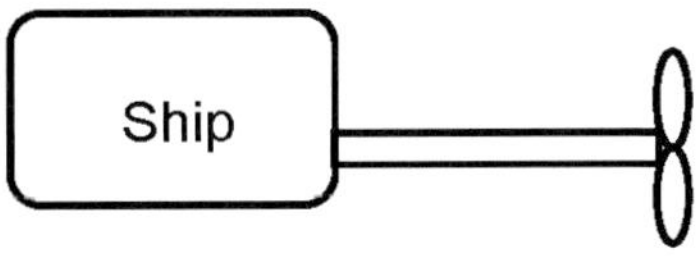

○ Determination of diameter of the shaft

$$P = 260 \text{ hp} = 260 \times 6600 \text{ in}\cdot\text{lb/s} = 1.716 \times 10^6 \text{ in}\cdot\text{lb/sec}$$

$$\omega = 3800 \text{ rpm} = 3800 \times \frac{2\pi}{60}\frac{\text{rad}}{\text{sec}} = 398\frac{\text{rad}}{\text{sec}}$$

$$P = T\omega \rightarrow T = 4.31 \times 10^3 \text{ in}\cdot\text{lb} \quad \text{—— ①}$$

$$\tau_{\max} = \frac{T(d/2)}{\frac{\pi}{32}d^4} = \frac{16T}{\pi d^3} = \tau_a (= 30 \times 10^3 \frac{\text{lb}}{\text{in}^2}) \rightarrow d = \sqrt[3]{\frac{16T}{\pi\tau_a}} \quad \text{—— ②}$$

① + ② ⟶ $d = \sqrt[3]{\frac{16T}{\pi\tau_a}} = 0.90$ in

• $1\text{hp} = 76\text{kg}\cdot\text{m/s} = 76 \times \frac{1}{0.453} \times \frac{1}{0.3048} \text{lb}\cdot\text{ft/sec}$

Summary of torsional problem of circular shaft

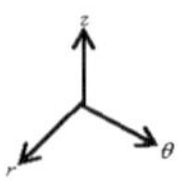

Strain

$$\begin{pmatrix} \varepsilon_{rr} & \gamma_{r\theta} & \gamma_{rz} \\ \gamma_{\theta r} & \varepsilon_{\theta\theta} & \gamma_{\theta z} \\ \gamma_{zr} & \gamma_{z\theta} & \varepsilon_{zz} \end{pmatrix}$$

Hooke's law →

$\cdot\varepsilon_{rr} = \frac{1}{E}[\sigma_{rr} - \nu(\sigma_{\theta\theta} + \sigma_{zz})]$

$\cdot\varepsilon_{\theta\theta} = \frac{1}{E}[\sigma_{\theta\theta} - \nu(\sigma_{zz} + \sigma_{rr})]$

$\cdot\varepsilon_{zz} = \frac{1}{E}[\sigma_{zz} - \nu(\sigma_{rr} + \sigma_{\theta\theta})]$

$\cdot\gamma_{r\theta} = \frac{\tau_{r\theta}}{G}$

$\cdot\gamma_{\theta z} = \frac{\tau_{\theta z}}{G}$

$\cdot\gamma_{zr} = \frac{\tau_{zr}}{G}$

Stress

$$\begin{pmatrix} 0 & 0 & 0 \\ 0 & 0 & Gr\frac{d\phi}{dz} \\ 0 & Gr\frac{d\phi}{dz} & 0 \end{pmatrix}$$

Force equilibrium → $\frac{d\phi}{dz} = \frac{M_t}{GJ}$

$$\tau_{z\theta} = \tau_{\theta z} = \frac{M_t r}{J}$$

For composite shaft

$$\frac{d\phi}{dz} = \frac{M_t}{G_1J_1 + G_2J_2 + \ldots}$$

$$\phi = \int_L \frac{d\phi}{dz}dz = \int_L \frac{M_t}{GJ}dz$$

$$U = \frac{1}{2}\int_L \frac{M_t^2}{GJ}dz$$

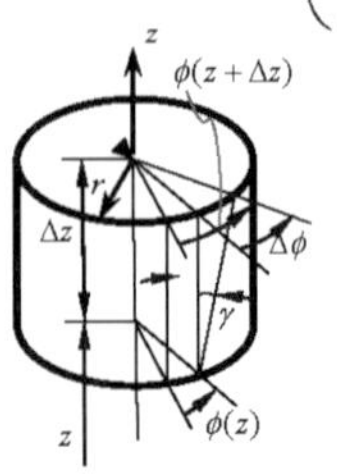

•Rule of symmetry
•Assumption: $\varepsilon_{rr} = \varepsilon_{\theta\theta} = \varepsilon_{zz} = 0$
•Geometric compatibility:

$\gamma_{z\theta} = \gamma_{\theta z} = r\frac{d\phi}{dz}$

$\gamma_{r\theta} = \gamma_{\theta r} = 0$

$\gamma_{rz} = \gamma_{zr} = 0$

6.1.5.3 Beam theory

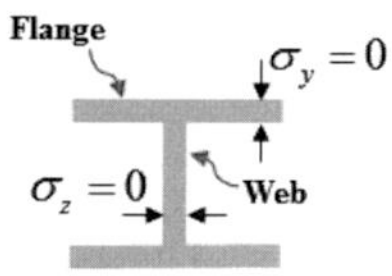

Beam and external load

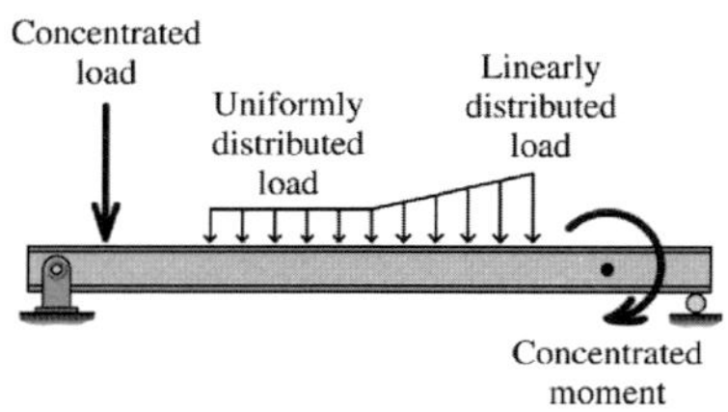

Resultant force

Statically the same concentrated force with a set of distributed force = Vector sum passing through centroid of loading diagram

O Concentrated force

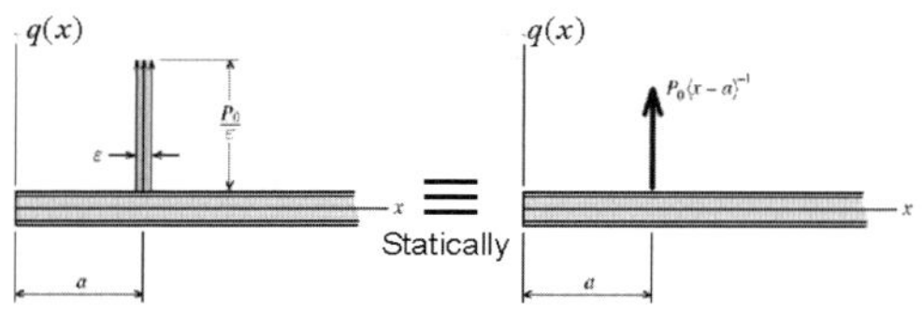

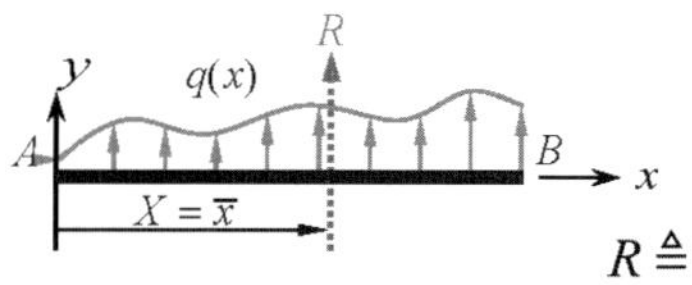

$$R \triangleq \int_L q(x)dx$$

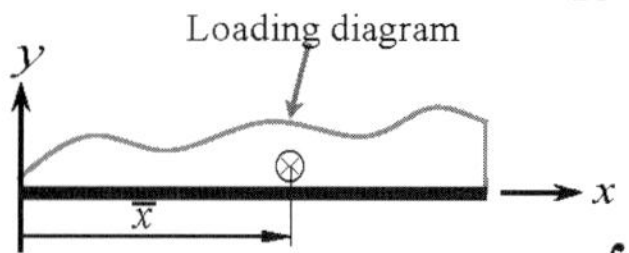

O Concentrated moment **Saint-Venant's principle**

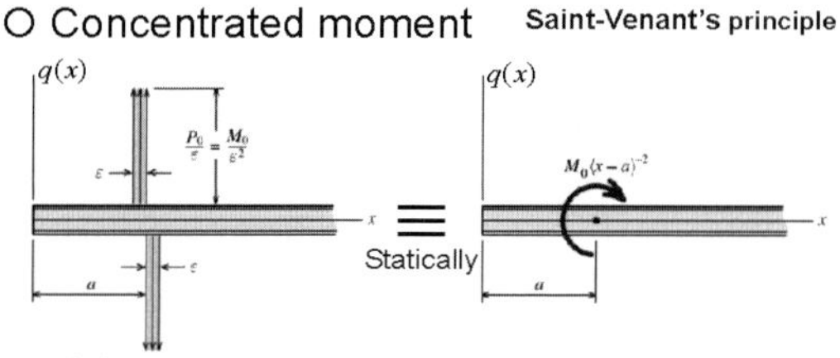

$$X R = \int_L x q(x) dx$$

$$X = \frac{\int_L xq(x)dx}{\int_L q(x)dx} = \frac{\int_A xdA}{\int_A dA} = \overline{x}$$

$q(x)dx = dA$

$q(x)$ = Load intensity function = Load/length

Pure bending

- $V(x)=0,\ \ M_b(x)=$ constant

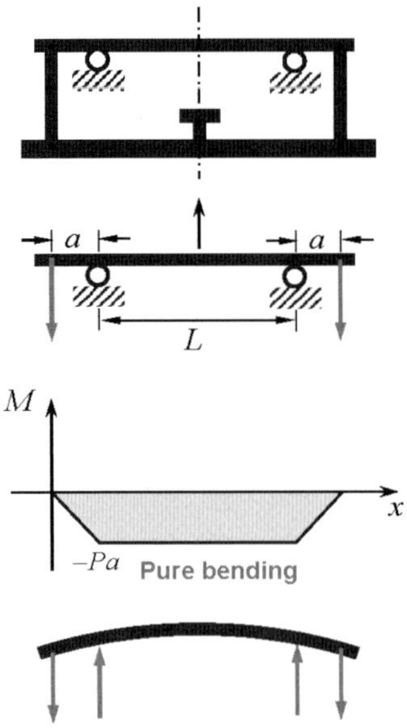

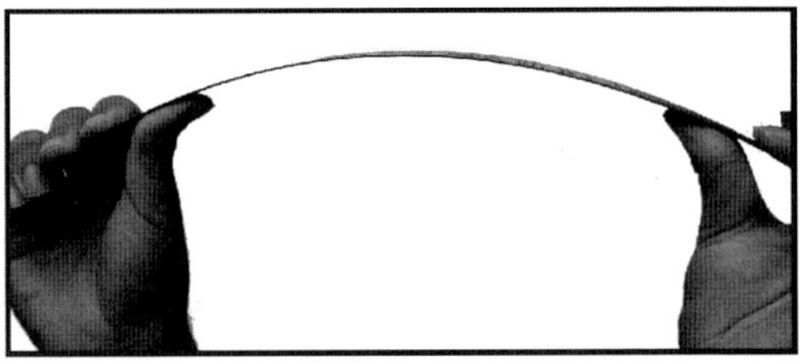

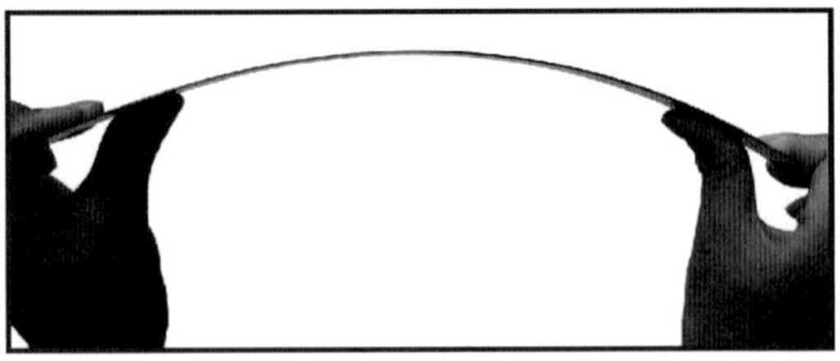

Derivation of relationship between κ and $v(x)$

○ $\kappa = \dfrac{1}{\rho} \equiv \dfrac{d\phi}{ds} = \dfrac{d\phi}{dx}\cdot\dfrac{dx}{ds}$

Curvature

○ ϕ' ?

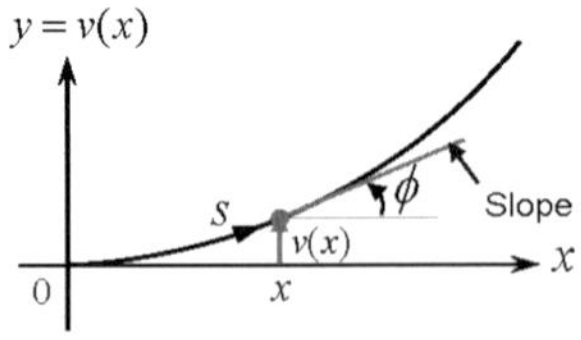

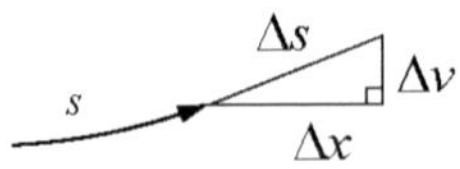

$$v'(x)=\tan\phi \ \rightarrow\ \cos^2\phi=\frac{1}{1+v'(x)^2}$$

$$v''(x)=\phi'\sec^2\phi$$

$$\phi' = \frac{d\phi}{dx} = \frac{v''(x)}{1+v'(x)^2}$$

○ $\kappa = \dfrac{1}{\rho} = \dfrac{d\phi}{ds} = \dfrac{d\phi}{dx}\cdot\dfrac{dx}{ds} = \dfrac{v''(x)}{\left(1+v'^2(x)\right)^{\frac{3}{2}}} \approx v''(x)$

○ $\dfrac{dx}{ds}$?

$$\Delta s = \sqrt{\Delta x^2+\Delta v^2} = \Delta x\sqrt{1+\left(\frac{\Delta v}{\Delta x}\right)^2}$$

$$\frac{\Delta x}{\Delta s} = \frac{1}{\sqrt{1+\left(\frac{\Delta v}{\Delta x}\right)^2}}$$

$$\frac{dx}{ds} = \frac{1}{\sqrt{1+v'^2(x)}}$$

Example – Find SFD and BMD by cut method

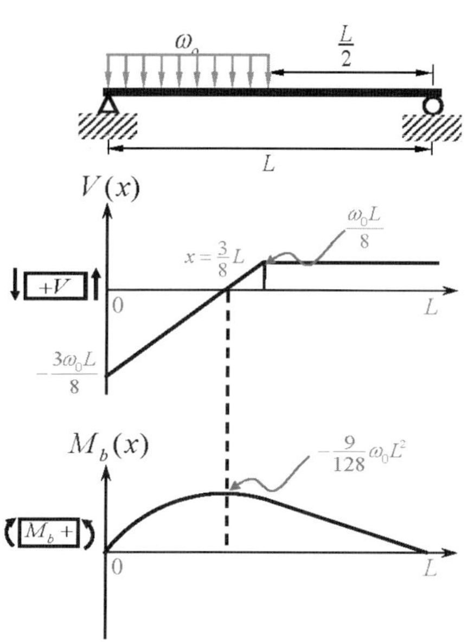

○ Reactions

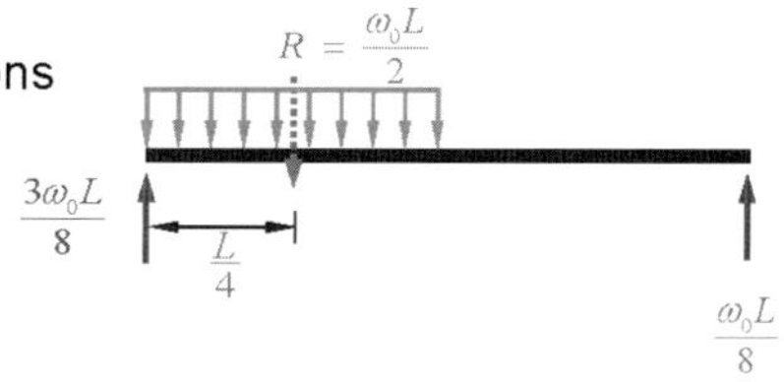

① $0 \le x < \frac{L}{2}$

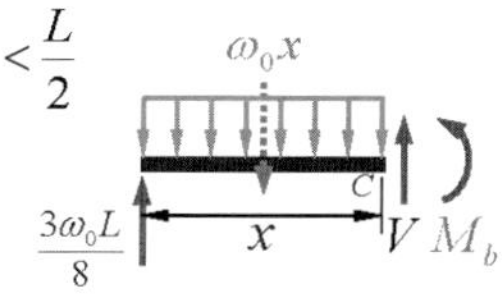

$$\sum F_y = 0\,;\; V(x) = \omega_0 x - \frac{3}{8}\omega_0 L$$

$$\sum M_C = 0\,;\; M_b(x) = -\frac{\omega_0}{2}x^2 + \frac{3}{8}\omega_0 L x$$

② $\frac{L}{2} \le x \le L$

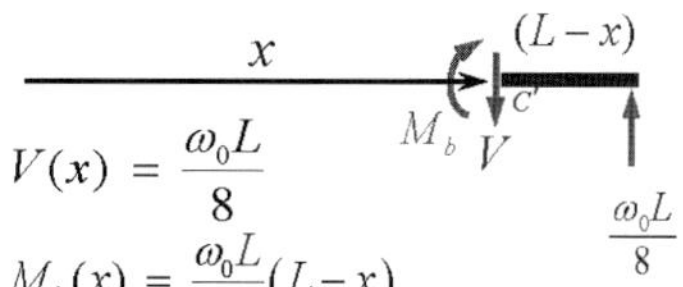

$$\sum F_y = 0\,;\; V(x) = \frac{\omega_0 L}{8}$$

$$\sum M_{C'} = 0\,;\; M_b(x) = \frac{\omega_0 L}{8}(L-x)$$

Relationship of $q(x)$-$V(x)$-$M_b(x)$

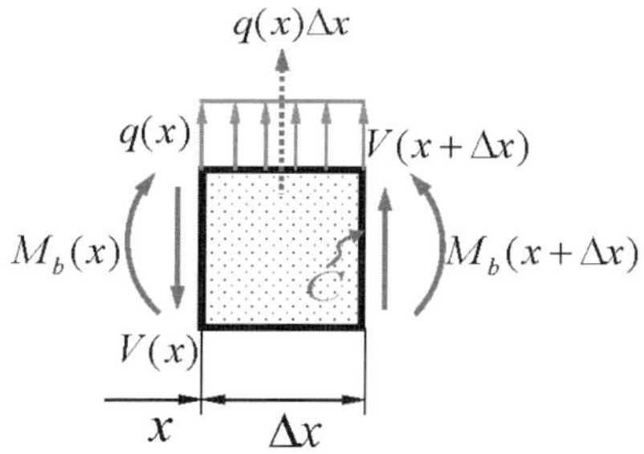

$$\sum F_y = 0;\; -V(x) + V(x+\Delta x) + q(x)\Delta x = 0$$

$$\lim_{\Delta x \to 0} \frac{V(x+\Delta x) - V(x)}{\Delta x} = -q(x)$$

$$\rightarrow \quad \underline{\frac{dV(x)}{dx} = -q(x)}$$

$$\sum M_C = 0;\; M_b(x+\Delta x) - M_b(x) + V(x)\Delta x - q(x)\Delta x \frac{\Delta x}{2} = 0$$

$$\lim_{\Delta x \to 0} \frac{M_b(x+\Delta x) - M_b(x)}{\Delta x} = -V(x) \quad \rightarrow \quad \underline{\frac{dM_b(x)}{dx} = -V(x)}$$

$$\left.\begin{aligned} \frac{dM_b(x)}{dx} &= -V(x),\; M_b'(x) + V(x) = 0 \\ \frac{dV(x)}{dx} &= -q(x),\; V'(x) + q(x) = 0 \end{aligned}\right\rangle \underline{M_b''(x) = q(x)}$$

Example – Find SFD and BMD using DE

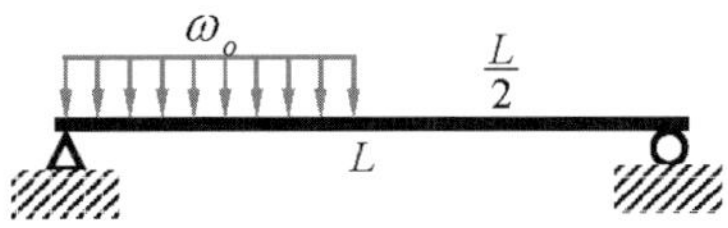

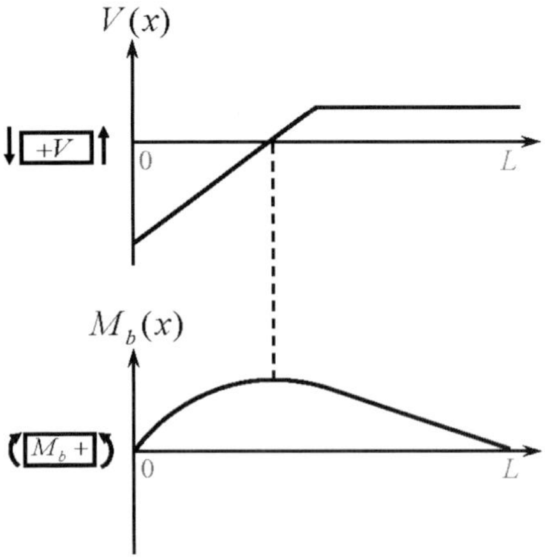

O Reactions

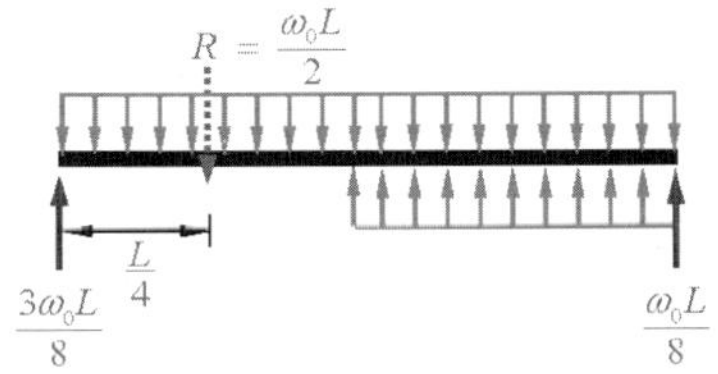

O Load intensity function

$$q(x)=\frac{3\omega_o L}{8}<x>_{-1}-\omega_o<x>^0+\omega_o<x-\frac{L}{2}>^0$$

O Shear force and bending moment diagram

$$V(x)=-\frac{3\omega_o L}{8}<x>^0+\omega_o<x>^1-\omega_o<x-\frac{L}{2}>^1$$

$$M_b(x)=\frac{3\omega_o L}{8}<x>^1-\frac{1}{2}\omega_o<x>^2+\frac{1}{2}\omega_o<x-\frac{L}{2}>^2$$

Distribution of internal force

- Bending moment and bending stress

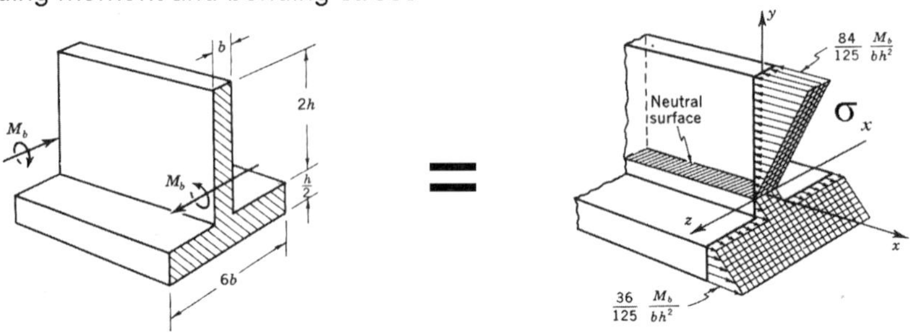

- Shear force and shear stress

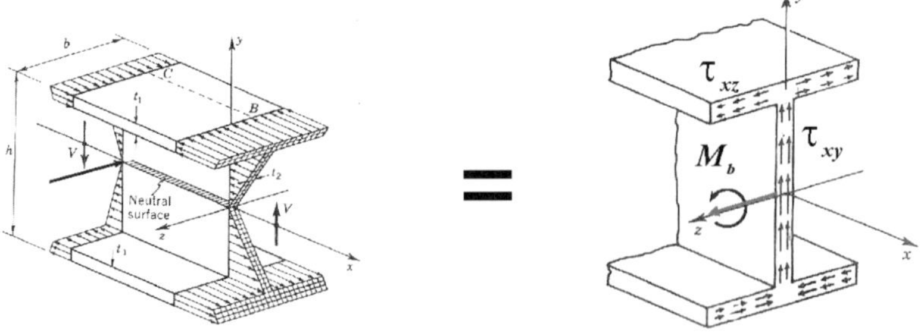

Pure bending – deflection curve-strain relation

Strain

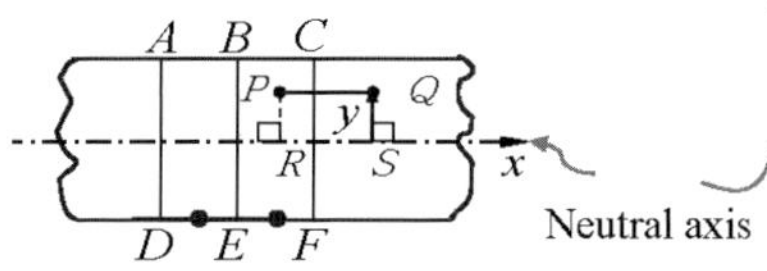

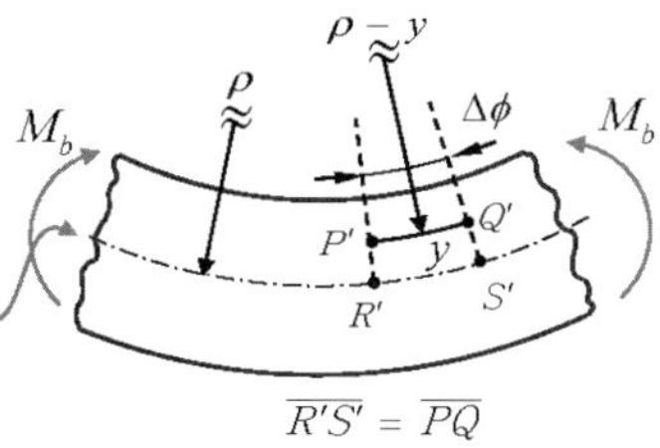

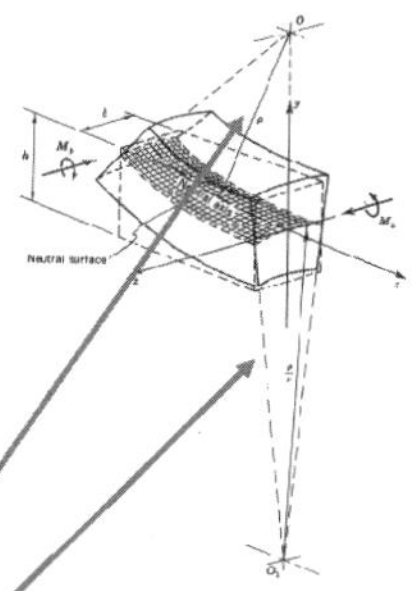

O $\varepsilon_{xx} = \varepsilon_x = \dfrac{\overline{P'Q'} - \overline{PQ}}{\overline{PQ}} = \dfrac{(\rho - y)\Delta\phi - \rho\Delta\phi}{\rho\Delta\phi} = -\dfrac{y}{\rho} = -y\,v''(x)$

O $\varepsilon_y = \varepsilon_z = -\nu\varepsilon_x = \dfrac{\nu y}{\rho}$

O $\gamma_{xy} = 0,\ \gamma_{yz} = 0,\ \gamma_{zx} = 0$

$$\varepsilon_{zz} = \varepsilon_z = -\frac{y}{(-\rho/\nu)}$$

$$\begin{pmatrix} \sigma_x & 0 & 0 \\ 0 & 0 & 0 \\ 0 & 0 & 0 \end{pmatrix}$$

$$\begin{pmatrix} \varepsilon_x & 0 & 0 \\ 0 & -\nu\varepsilon_x & 0 \\ 0 & 0 & -\nu\varepsilon_x \end{pmatrix}$$

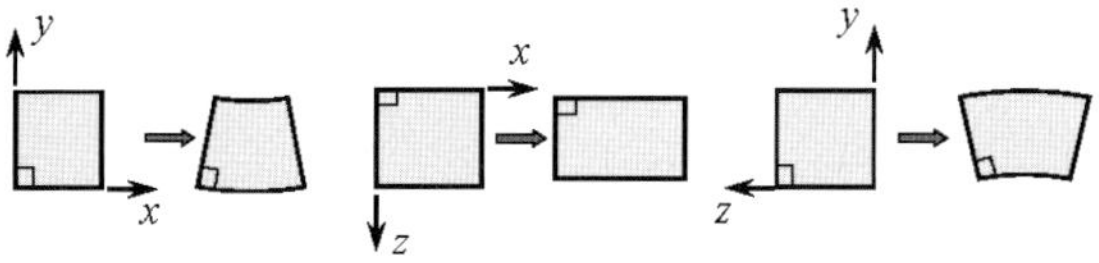

$\gamma_{xy} = 0$ $\gamma_{zx} = 0$ $\gamma_{yz} = 0$

Pure bending - stress-strain relation

Hooke's law of an isotropic material

- $\varepsilon_{xx} = \dfrac{1}{E}\left[\sigma_{xx} - \nu(\sigma_{yy} + \sigma_{zz})\right]$
- $\varepsilon_{yy} = \dfrac{1}{E}\left[\sigma_{yy} - \nu(\sigma_{zz} + \sigma_{xx})\right]$
- $\varepsilon_{zz} = \dfrac{1}{E}\left[\sigma_{zz} - \nu(\sigma_{xx} + \sigma_{yy})\right]$
- $\varepsilon_{xy} = \dfrac{\gamma_{xy}}{2} = \dfrac{(1+\nu)}{E}\sigma_{xy} = \dfrac{1}{2G}\sigma_{xy}$
- $\varepsilon_{yz} = \dfrac{\gamma_{yz}}{2} = \dfrac{(1+\nu)}{E}\sigma_{yz} = \dfrac{1}{2G}\sigma_{yz}$
- $\varepsilon_{zx} = \dfrac{\gamma_{zx}}{2} = \dfrac{(1+\nu)}{E}\sigma_{zx} = \dfrac{1}{2G}\sigma_{zx}$

O Stress

$$\begin{pmatrix} \sigma_x & \tau_{xy} & \tau_{xz} \\ \tau_{yx} & \sigma_y & \tau_{yz} \\ \tau_{zx} & \tau_{zy} & \sigma_z \end{pmatrix}$$

$\tau_{ij} = \tau_{ji}$

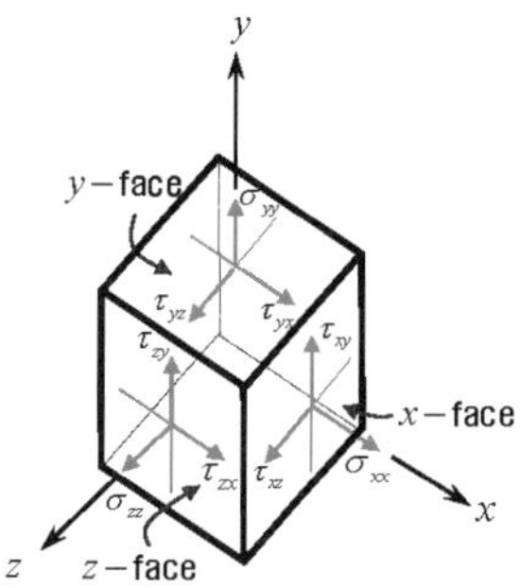

Application of Hooke's law

O Assumption: $\sigma_y = 0,\ \sigma_z = 0$

O $\sigma_x = E\varepsilon_x = -E\dfrac{y}{\rho},\ \ \varepsilon_{yy} = \varepsilon_{zz} = -\nu\varepsilon_{xx}$

O $\sigma_{xy} = 0,\ \sigma_{yz} = 0,\ \sigma_{zx} = 0(\tau_{xy} = 0,\ \tau_{yz} = 0,\ \tau_{zx} = 0)$

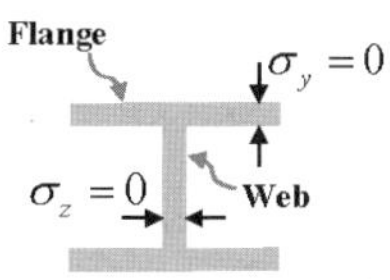

$\varepsilon_{xx} = \varepsilon_x$
$\varepsilon_{yy} = \varepsilon_y$
$\varepsilon_{zz} = \varepsilon_z$
$\sigma_{xx} = \sigma_x$
$\sigma_{yy} = \sigma_y$
$\sigma_{zz} = \sigma_{zz}$

Pure bending – Force equilibrium

- Application of requirement of force equilibrium

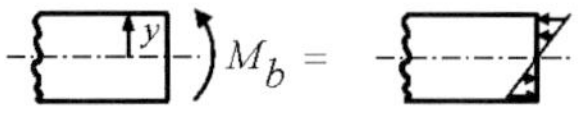

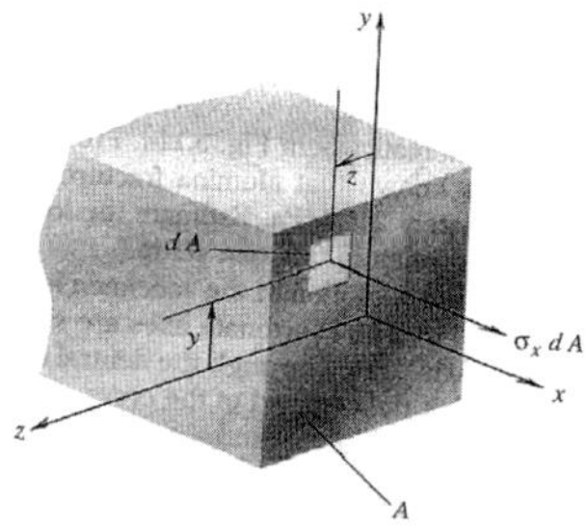

○ $\sum F_x = 0\,;\ \int_A \sigma_x dA = 0 \;\rightarrow\; \frac{1}{\rho}\int_A EydA = 0 \;\xrightarrow{\text{If } E = constant}\; \int_A ydA = 0$

$\sigma_x = -\frac{Ey}{\rho},\quad \rho \neq \rho(A)$

○ $\sum M_z = 0\,;\ -\int_A y\sigma_x dA = M_b \;\rightarrow\; \frac{1}{\rho}\int_A Ey^2 dA = M_b \;\xrightarrow{\text{If } E = constant}\; \boxed{\frac{EI_{zz}}{\rho} = M_b}$

$\sigma_x = -\frac{Ey}{\rho},\quad \rho \neq \rho(A)$

● EI_{zz} : Flexural rigidity

○ $\sum M_y = 0\,;\ -\int_A z\sigma_x dA = \frac{E}{\rho}\int_A yzdA = 0$

Automatically satisfied for symmetric beam

$I_{zz} \equiv \int_A y^2 dA$ — 2nd moment of inertia of the cross-section

$$\boxed{\sigma_x = -\frac{M_b y}{I_{zz}}}$$

Summary of pure bending beam theory

- $q(x) - v(x) - M_b(x)$

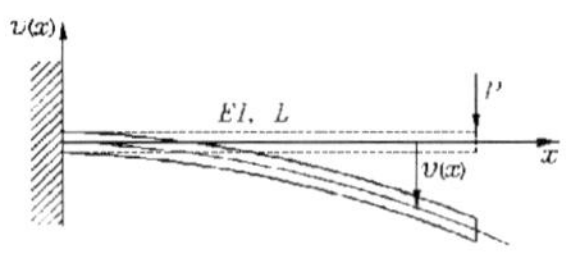

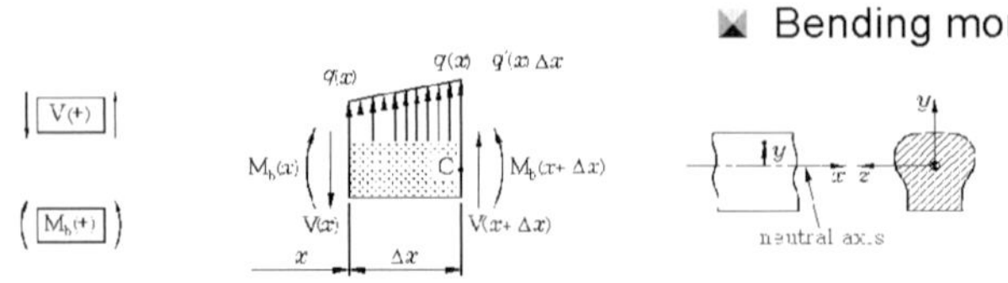

a) Positive V and M_b b) Free-body diagram c) Definition of coordinate system

- Curvature-deflection curve : $v''(x) = \frac{1}{\rho} = \kappa$
- Curvature-strain : $\varepsilon_{xx} = -\frac{y}{\rho}$
- Constitutive law : $\sigma_{xx} = -E\varepsilon_{xx} = -E\frac{y}{\rho}$
- Axial force : $\int_A \sigma_{xx} dA = 0 \rightarrow \int_A ydA = 0$
- Bending moment : $-\int_A \sigma_{xx} ydA = M_b \rightarrow \frac{1}{\rho} = \frac{M_b}{EI} = v''(x)$

$EIv''(x) = M_b(x)$

$(EIv''(x))'' = M_b'' = q(x)$

$\sigma_{xx} = -\frac{M_b y}{I_{zz}}$

- Boundary conditions
  - Geometric : $v(0) = 0,\ v'(0) = 0$
    $v(L) = 0,\ v'(L) = 0$
  - Mechanical : $V(0) = P,\ M_b(0) = M,\ V(L) = P, \cdots$
    $M_b(0) = EIv''(0) = M \rightarrow v''(0) = \frac{M}{EI}$
    $V = -M_b'(x) \rightarrow V(0) = -(EIv''(0))' \rightarrow v'''(0) = -\frac{P}{EI}$

$$\boxed{\frac{dV(x)}{dx} = -q(x)} \qquad \frac{d^2 M_b(x)}{dx^2} = q(x)$$

$$\boxed{\frac{dM_b(x)}{dx} = -V(x)}$$

Pure bending beam theory and uni-axial loading

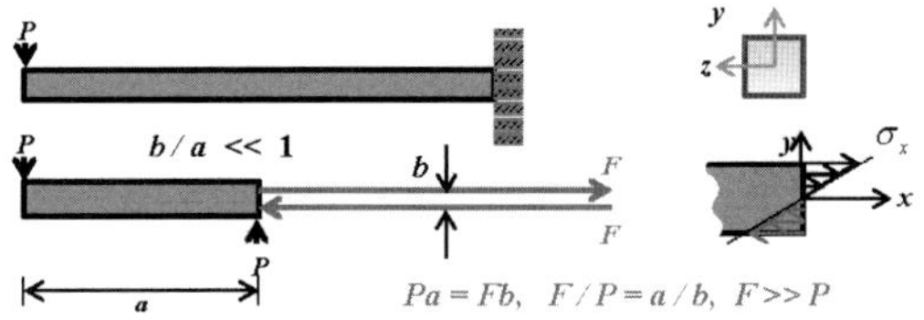

Assumption:

$$\sigma_y = \sigma_z = 0$$
$$\sigma_x = cy \quad \Longrightarrow \quad \sigma_x = E\varepsilon_x$$

Similar to uni-axial loading of rod

$$\int_A y dA = 0 \quad \leftarrow \quad \sum F_x = 0$$

$$c = -\frac{M_b}{I_{zz}} \quad \leftarrow \quad \sum M_z = 0$$

$$\sigma_x = -\frac{M_b y}{I_{zz}}$$

$$\varepsilon_x = -\frac{y}{\rho} = -y v''(x)$$

$$EI_{zz} v''(x) = M_b(x)$$

$$I_{zz} \equiv \int_A y^2 dA$$

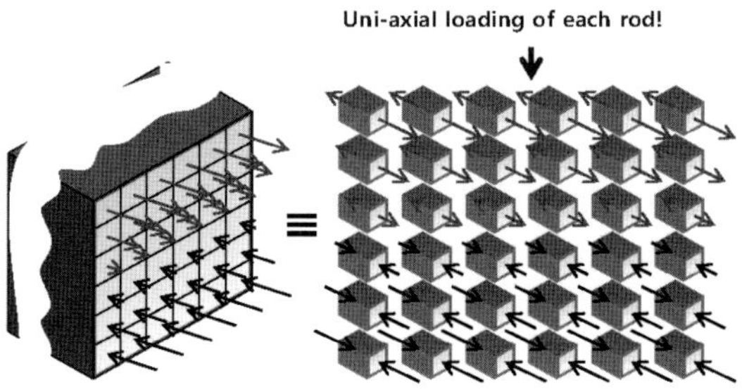

Engineering beam theory

- Purpose of engineering beam theory
  - O When shear force exists,
    - -bending moment varies from position to position.
    - -shear stress as well as bending stress exist.
  - O Purpose of engineering beam theory is to calculate the shear stress

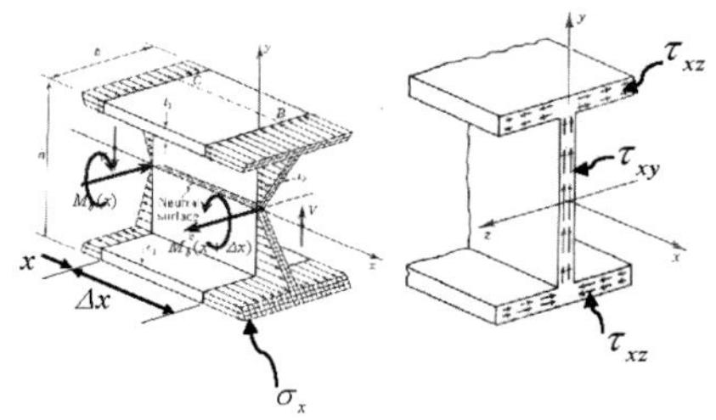

- Assumption of engineering beam theory
  - O The following relationships obtained by the pure bending beam theory are valid even though shear force does not vanish.

$$\sigma_x = -\frac{M_b y}{I_{zz}}, \quad \frac{1}{\rho} = v''(x) = \frac{M_b}{EI_{zz}}$$

- Results of engineering beam theory

$$\tau_{yx} = \tau_{xy} = \frac{VQ}{bI_{zz}}$$

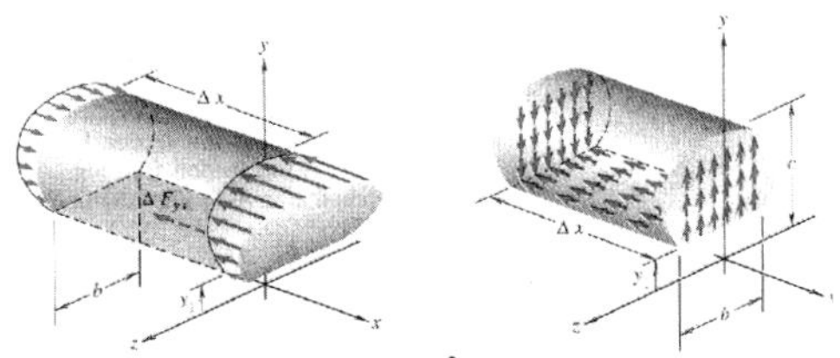

$$Q = \int_{A_1} y dA$$

Engineering beam theory – Shear stress

- Take a cut fraction having -y face in the cut surface at y = y1

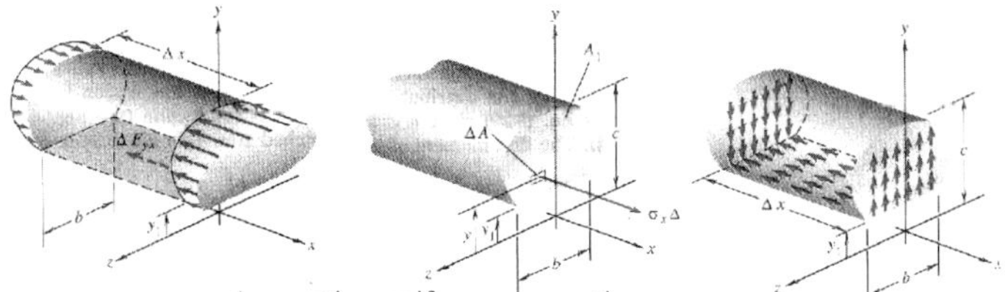

○ A_1: Cross-sectional area defined by $y = y1$

Assumption: uniform cross-section

○ $\sum F_x = \int_{A_1} \{(\sigma_x)_{x+\Delta x} - (\sigma_x)_x\} dA - \Delta F_{yx} = 0$ —⊗ $\quad (\sigma_x)_{x+\Delta x} - (\sigma_x)_x = -\dfrac{(M_b(x+\Delta x) - M_b(x))y}{I_{zz}}$

$$-\frac{M_b(x+\Delta x) - M_b(x)}{I_{zz}\Delta x} Q = \frac{\Delta F_{yx}}{\Delta x} \leftarrow \quad Q = \int_{A_1} y dA$$

$$f \equiv \frac{dF_{yx}}{dx} = -\frac{dM_b}{dx}\frac{Q}{I_{zz}} = \frac{VQ}{I_{zz}} \quad \leftarrow \text{Shear flow}$$

○ $\Delta F_{yx} = \tau_{yx} b \Delta x \rightarrow \dfrac{dF_{yx}}{dx} = \tau_{yx} b \longrightarrow \boxed{\tau_{yx} = \tau_{xy} = \dfrac{VQ}{bI_{zz}}}$

Assume: ΔF_{yx} is uniformly distributed over width b

Example 1 – Shear and bending stresses

○ Given values

$$\sigma_a = 1000\text{psi},\ b = h = 6'',\ P = 1000\text{lb}$$

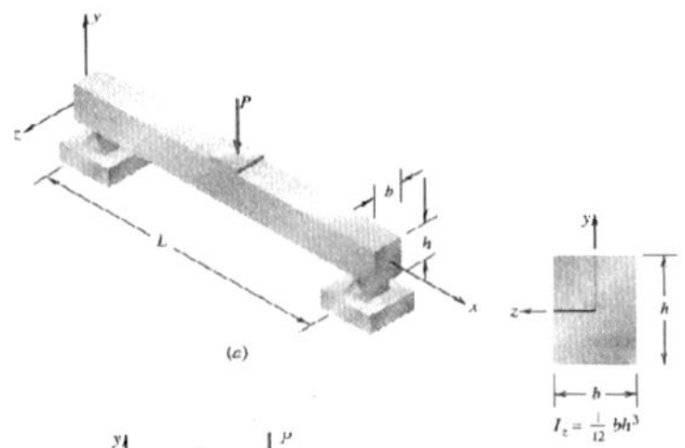

○ Calculated maximum shear force and bending moment

$$M_{b)\max} = \frac{LP}{4},\ V_{\max} = \frac{P}{2}$$

○ Allowable maximum beam length $L_{\max}$

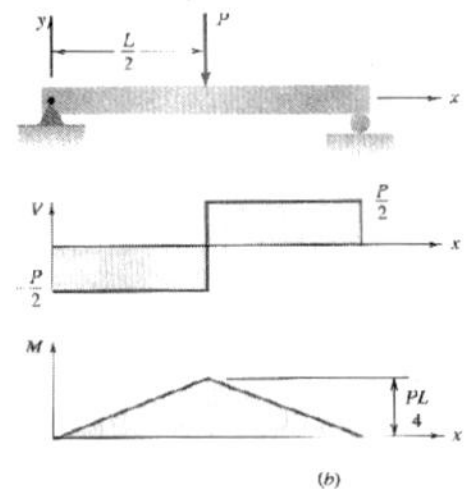

$$\sigma_{x)\max} = -\frac{M_b y}{I_z}\bigg|_{y=-h/2} = -\frac{LP/4 \times (-h/2)}{bh^3/12} = \frac{3LP}{2bh^2}$$

$$\sigma_{x)\max} = \sigma_a \rightarrow L_{\max} = \frac{2bh^2\sigma_a}{3P} = \frac{2\times 6^3\text{in}^3 \times 1000\text{lb}}{3000\text{lb}\cdot\text{in}^2} = 144\text{in}$$

○ Ratio of maximum shear stress to bending stress

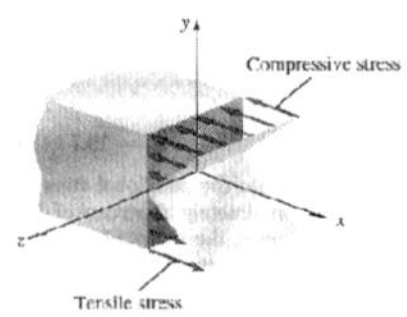

$$\tau_{xy)\max} = \frac{VQ}{bI} = \frac{P/2 \times bh/2 \times h/4}{b \times bh^3/12} = \frac{3P}{4bh} \rightarrow \frac{\tau_{xy)\max}}{\sigma_{x)\max}} = \frac{\dfrac{3P}{4bh}}{\dfrac{3LP}{2bh^2}} = \frac{h}{2L}$$

Example 2 – Ratio of shear to bending stresses

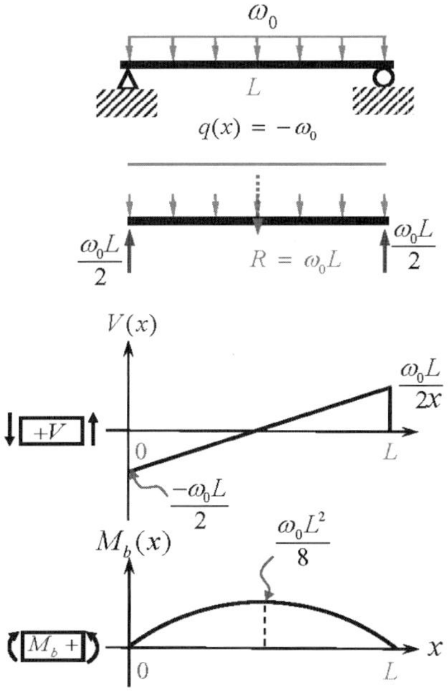

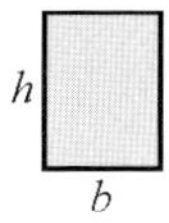

$$q(x) = \frac{\omega_o L}{2} < x >_{-1} - \omega_o < x >^0 + \frac{\omega_o L}{2} < x - L >_{-1}$$

$$V(x) = -\frac{\omega_o L}{2} < x >^0 + \omega_o < x >^1 - \frac{\omega_o L}{2} < x - L >^0$$

$$M_b(x) = \frac{\omega_o L}{2} < x >^1 - \frac{1}{2}\omega_o < x >^2 + \frac{\omega_o L}{2} < x - L >^1$$

$$M_b\left(\frac{L}{2}\right) = \frac{\omega_o L}{2} \times \frac{L}{2} - \frac{1}{2}\omega_o \times \frac{L^2}{4} = \frac{\omega_0 L^2}{8}$$

$$\tau_{xy)_{\max}} = \frac{\frac{\omega_0 L}{2} \times b \times \frac{h}{2} \times \frac{h}{4}}{b \times \frac{1}{12} bh^3} = \frac{3\omega_0 L}{4bh}$$

$$\sigma_{xy)_{\max}} = -\frac{\frac{\omega_0 L^2}{8} \times \left(-\frac{h}{2}\right)}{\frac{1}{12} bh^3} = \frac{3\omega_0 L^2}{4bh^2}$$

$$\therefore \frac{\tau_{xy)_{\max}}}{\sigma_{xy)_{\max}}} = \frac{h}{L}$$

Example 3 – Beam deflection

- Problem

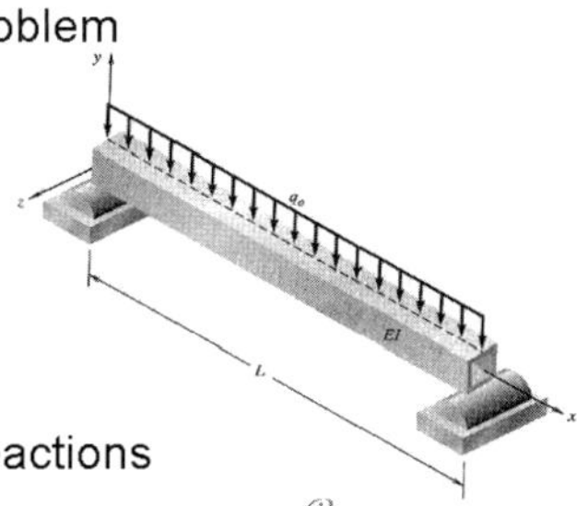

- Reactions

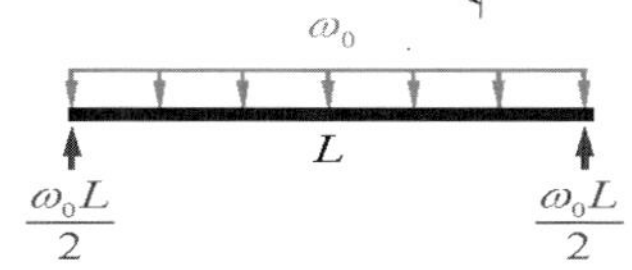

- Boundary conditions

○ $\begin{pmatrix} v(0) = 0 \\ v(L) = 0 \end{pmatrix}$

○ $\begin{pmatrix} M_b(0) = EIv''(0) = 0 \\ M_b(L) = EIv''(L) = 0 \end{pmatrix}$

○ $v(x)$?

- $q(x) = \frac{\omega_0 L}{2} \langle x \rangle_{-1} - \omega_0 \langle x \rangle^0$
- $EIv^{(4)}(x) = q(x) = \frac{\omega_0 L}{2} \langle x \rangle_{-1} - \omega_0 \langle x \rangle^0$
- $EIv'''(x) = \frac{\omega_0 L}{2} \langle x \rangle^0 - \omega_0 \langle x \rangle^1 + C_A$
- $EIv''(x) = \frac{\omega_0 L}{2} \langle x \rangle^1 - \frac{\omega_0}{2} \langle x \rangle^2 + C_A x + C_B$
- $EIv'(x) = \frac{\omega_0 L}{4} \langle x \rangle^2 - \frac{\omega_0}{6} \langle x \rangle^3 + C_1$
- $EIv(x) = \frac{\omega_0 L}{12} \langle x \rangle^3 - \frac{\omega_0}{24} \langle x \rangle^4 + C_1 x + C_2$

○ Determination of C_1, C_2

- $v(0) = 0 \rightarrow C_2 = 0$
- $v(L) = 0 \rightarrow \frac{\omega_0}{12} L^4 - \frac{\omega_0}{24} L^4 + C_1 L = 0 \rightarrow C_1 = -\frac{\omega_0 L^3}{24}$

$$v(x) = \frac{1}{EI}\left(\frac{\omega_0 L}{12} \langle x \rangle^3 - \frac{\omega_0}{24} \langle x \rangle^4 - \frac{\omega_0 L^3}{24} x\right)$$

$$= \frac{\omega_0}{24EI}\left(2Lx^3 - x^4 - L^3 x\right)$$

Principle of superposition

- **Problem description**

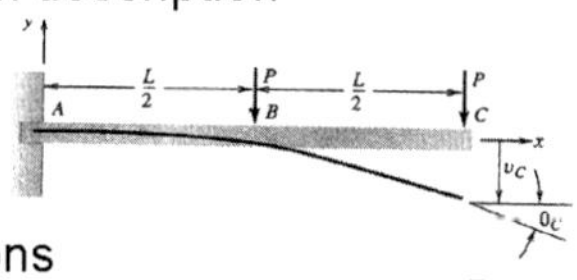

- **Reactions**

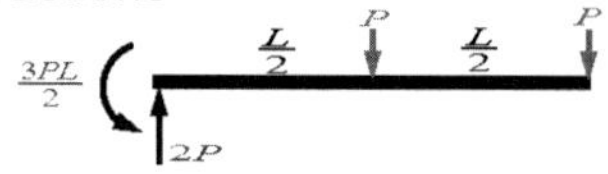

- **Boundary conditions**
  - O $v(0)=0, v'(0)=0$
  - O $v''(L)=0, v'''(L)=0$

- **Deflection and angle due to each force**

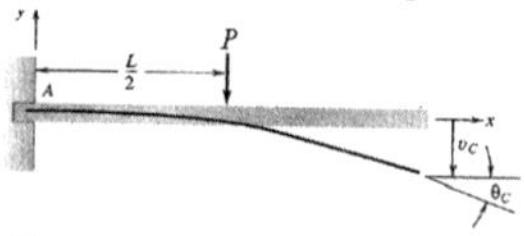

$v_1 = -\frac{5PL^3}{48EI}$

$\theta_1 = -\frac{PL^2}{8EI}$

$v_2 = -\frac{PL^3}{3EI}$

$\theta_2 = -\frac{PL^2}{2EI}$

O $M_b(x)$

- $q(x) = \frac{3}{2}PL\langle x\rangle_{-2} + 2P\langle x\rangle_{-1} - P\langle x-\frac{L}{2}\rangle_{-1}$
- $M_b(x) = -\frac{3}{2}PL + 2P\langle x\rangle^1 - P\langle x-\frac{L}{2}\rangle^1$

O $v(x), v(L), \theta(L) = v'(L)$

- $EIv''(x) = M_b(x)$
- $EIv'(x) = -\frac{3}{2}PLx + Px^2 - \frac{P}{2}\langle x-\frac{L}{2}\rangle^2 + \cancel{C_1} \quad (\because v'(0)=0)$
- $EIv(x) = -\frac{3}{4}PLx^2 + \frac{P}{3}x^3 - \frac{P}{6}\langle x-\frac{L}{2}\rangle^3 + \cancel{C_2} \quad (\because v(0)=0)$
- $v(L) = \frac{PL^3}{EI}\left(-\frac{3}{4}+\frac{1}{3}-\frac{1}{6\times 8}\right) = -\frac{7PL^3}{16EI}$
- $\theta(L) = -\frac{5PL^2}{8EI}$

O Application of principle of superposition

$$v = v_1 + v_2 = -\frac{PL^2}{EI}\left(\frac{1}{3}+\frac{5}{48}\right) = -\frac{7PL^2}{16EI}$$

$$\theta = \theta_1 + \theta_2 = -\frac{5PL^2}{8EI}$$

6.1.5.4 Buckling

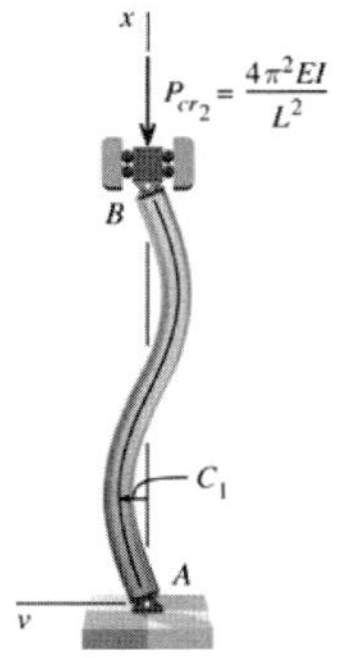

Governing equation of buckling of column

- Similarity and difference between beam and column
  - Similarity: Bending moment and shear force are exerted and pure bending theory is applied.
  - In beam theory, axial force (P) is neglected in calculating bending moment.
    However, in column theory, axial force should be considered in calculating bending moment.

- Relationship of M_b , V , P, and $q(x)$
  - $\sum F_y = 0$; $q(x)\Delta x + \frac{dV}{dx}\Delta x = 0 \rightarrow \frac{dV}{dx} + q(x) = 0 \rightarrow \frac{dV}{dx} = -q(x)$
  - $\sum M_C = 0$; $M_b(x+\Delta x) - M_b(x) + V(x)\Delta x$

    $-\frac{q(x)}{2}\Delta x^2 + P(v(x+\Delta x) - v(x)) = 0$

    $\rightarrow \frac{dM_b}{dx} + V + P\frac{dv}{dx} = 0$

    $\rightarrow \frac{d^2M_b}{dx^2} + \frac{dV}{dx} + \frac{d}{dx}(P\frac{dv}{dx}) = 0$

  - $\frac{d^2M_b}{dx^2} + \frac{d}{dx}(P\frac{dv}{dx}) = q(x)$

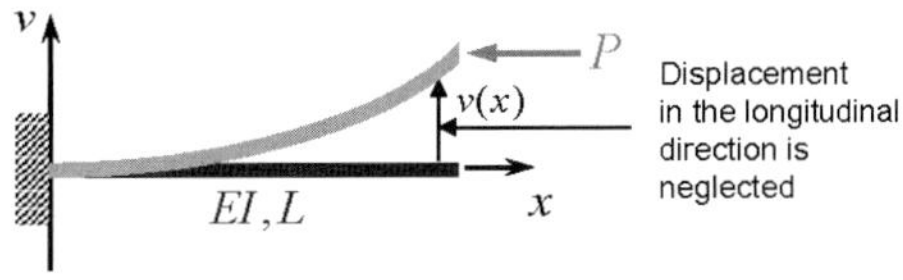

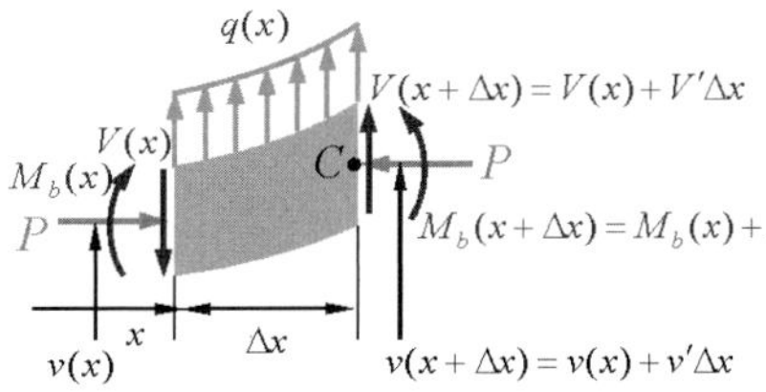

Governing equation of buckling of column

Assume: Pure bending theory is applied.

$$\kappa = \frac{1}{\rho} \cong v''(x)$$

$$EIv''(x) = M_b(x)$$

$$\Uparrow$$

$$\kappa = \frac{1}{\rho} = \frac{M_b}{EI}$$

$$\int_A y\,dA = 0$$

$$\Uparrow$$

$$\sigma_x = -E\frac{y}{\rho}$$

$$\Uparrow$$

$$\varepsilon_x = -\frac{y}{\rho}$$

$$\Uparrow$$

Pure bending

⊙ Governing equations

$$\frac{d^2}{dx^2}(M_b) + \frac{d}{dx}\left(P\frac{dv}{dx}\right) = q(x)$$

$$\frac{dV}{dx} + q(x) = 0 \qquad \frac{dM_b}{dx} + V + P\frac{dv}{dx} = 0$$

$$\frac{d^2}{dx^2}\left(EI\frac{d^2 v}{dx^2}\right) + \frac{d}{dx}\left(P\frac{dv}{dx}\right) = q(x)$$

$EI =$ constant, $q(x) = 0$

$$v^{(4)}(x) + \beta^2 v''(x) = 0, \quad \beta^2 = \frac{P}{EI}$$

$$\leftarrow v(x) = Ce^{sx}$$

$$s^4 + \beta^2 s^2 = 0 \rightarrow s = 0 \text{ multiple}, \; s = \pm\beta i$$

$$\therefore v(x) = C_1 + C_2 x + C_3 \sin\beta x + C_4 \cos\beta x$$

C_1, C_2, C_3, C_4 are calculated by BCs.

Example – buckling loads and modes

Problem

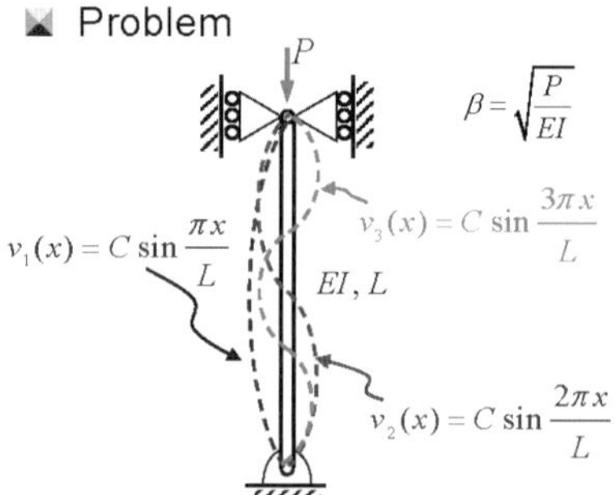

O GE and homegeneous solution

$$v^{(4)}(x) + \frac{P}{EI}v''(x) = 0, \; \beta^2 = \frac{P}{EI}$$

$$v(x) = C_1 + C_2 x + C_3 \sin\beta x + C_4 \cos\beta x$$

O BCs

$$v(0) = 0, \quad v(L) = 0$$

$$M_b(0) = 0 \rightarrow v''(0) = 0$$

$$M_b(L) = 0 \rightarrow v''(L) = 0$$

O Solving

$$v''(x) = -C_3\beta^2 \sin\beta x - C_4\beta^2 \cos\beta x$$

$$v(0) = C_1 + C_4 = 0 \quad ①$$

$$v(L) = C_1 + C_2 L + C_3 \sin\beta L + C_4 \cos\beta L = 0 \quad ②$$

$$v''(0) = -C_4\beta^2 = 0 \quad ③$$

$$v''(L) = -C_3\beta^2 \sin\beta L - C_4\beta^2 \cos\beta L = 0 \quad ④$$

O Because $\beta \neq 0$, $C_4 = 0$ from Eq. ③. $C_1 = 0$ from Eq. ①. In order to obtain non-trivial solution, $\sin\beta L = 0$.

$$v(x) = C_3 \sin\beta x$$

$$\sin\beta L = 0 \rightarrow \beta L = n\pi \rightarrow \beta = n\pi / L (n = 1, 2, \cdots, \infty)$$

$$\sqrt{\frac{P_n}{EI}}L = n\pi \rightarrow P_n = n^2\pi^2\frac{EI}{L^2} \rightarrow v_n(x) = C\sin\frac{n\pi x}{L}$$

$$\sqrt{\frac{P_{cr}}{EI}}L = \pi \rightarrow P_{cr} = \pi^2\frac{EI}{L^2} \leftarrow \text{Buckling load}$$

Mode of buckling

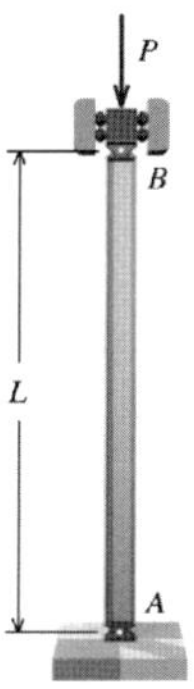

Non-buckled

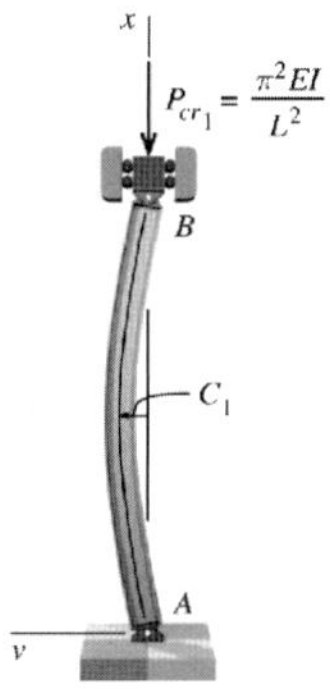

Buckling mode 1
(n=1)

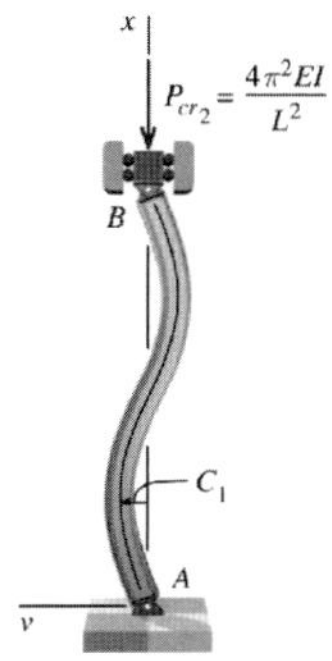

Buckling mode 2
(n=2)

6.1.6 Stress concentration

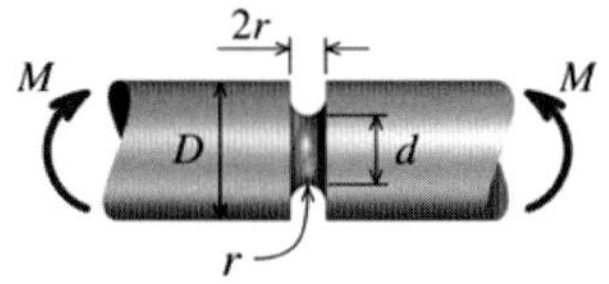

Stress concentration(SC) and SC factor K

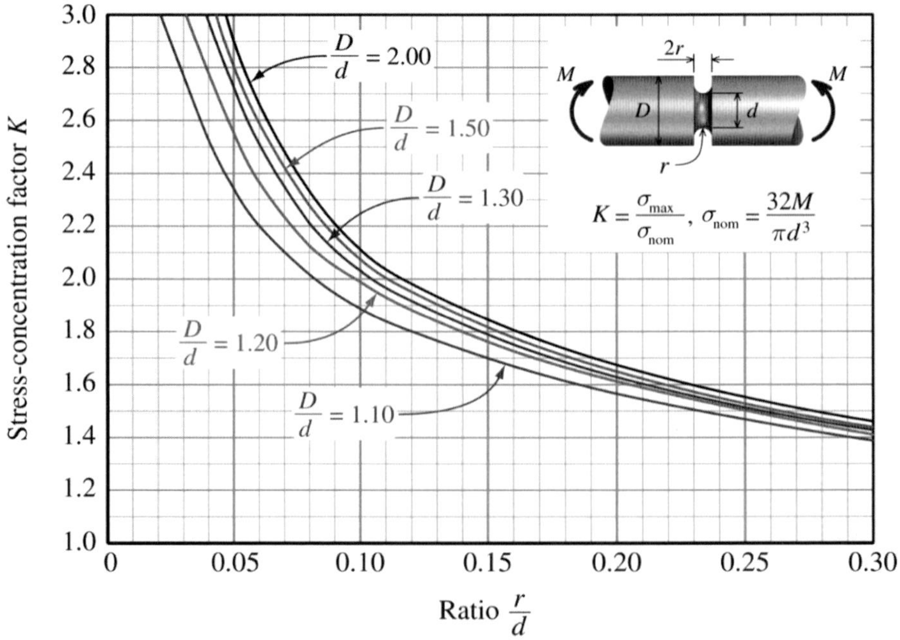

6.2 Engineering Plasticity

References

1. Forging simulation (M. S. Joun, 2013, Jinseam Media)
2. Advanced solid mechanics and finite element method
   (M. S. Joun, W. J. Chung, S. H. Chung, M. C. Lee, 2016, Jinseam Media)

6.2.1 Mechanical quantities and indicial notation

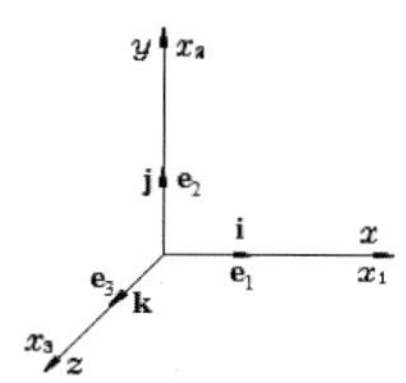

Tensor quantities and their indicial notation

Coordinate axis

- $x,\ y,\ z-\text{axis} \Rightarrow x_1,\ x_2,\ x_3-\text{axis}$

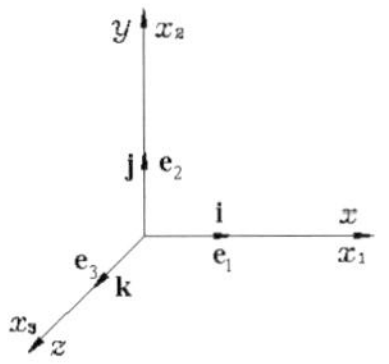

Mechanical quantities

- $(u_x, u_y) \Rightarrow (u_1, u_2),\ \sigma_{xy}(\text{or } \tau_{xy}) \Rightarrow \sigma_{12}$

Unit vector

- $\mathbf{i}, \mathbf{j}, \mathbf{k} \Rightarrow \mathbf{e}_1, \mathbf{e}_2, \mathbf{e}_3$

First and second order

- $u_i = \mathbf{u}(\text{or } \vec{u})$
- $\sigma_{ij} = [\sigma_{ij}] = \begin{bmatrix} \sigma_{11} & \sigma_{12} & \sigma_{13} \\ \sigma_{21} & \sigma_{22} & \sigma_{23} \\ \sigma_{31} & \sigma_{32} & \sigma_{33} \end{bmatrix} = \begin{bmatrix} \sigma_{xx} & \sigma_{xy} & \sigma_{xz} \\ \sigma_{yx} & \sigma_{yy} & \sigma_{yz} \\ \sigma_{zx} & \sigma_{zy} & \sigma_{zz} \end{bmatrix}$

Kronecker delta δ_{ij}

- $\delta_{ij} = \begin{Bmatrix} 0 & \text{if } i \neq j \\ 1 & \text{if } i = j \end{Bmatrix}$

Partial differentiation

- $\phi_{,i} = \dfrac{\partial \phi}{\partial x_i},\ \phi_{,ij} = \dfrac{\partial^2 \phi}{\partial x_i \partial x_j},\ \upsilon_{i,j} = \dfrac{\partial \upsilon_i}{\partial x_i},\ \sigma_{ij,j} = \dfrac{\partial \sigma_{ij}}{\partial x_j}$

Summation

- $\sum_{j=1}^{3} \sigma_{ij,j} + f_i = 0 \Rightarrow \sigma_{ij,j} + f_i = 0$
- Free index: once in a term
- Dummy index: twice in a term

Permutation symbol ε_{ijk}

- $\varepsilon_{ijk} = \begin{cases} 0 & \text{if } i=j \text{ or } j=k \text{ or } k=i \\ 1 & \text{if } (i,j,k)=(1,2,3) \text{ or } (2,3,1) \text{ or } (3,1,2) \\ -1 & \text{if } (i,j,k)=(1,3,2) \text{ or } (2,1,3) \text{ or } (3,2,1) \end{cases}$

Examples

- $W = \mathbf{a} \cdot \mathbf{b} \Rightarrow W = a_i b_i$
- $c = \mathbf{a} \times \mathbf{b} \Rightarrow c_i = \varepsilon_{ijk} a_j b_k$
- $grad\ \phi \Rightarrow \phi_{,i}$
- $div\ \mathbf{v} \Rightarrow \upsilon_{i,i}$
- $curl\ \mathbf{v} \Rightarrow \varepsilon_{ijk} \upsilon_{k,j}$
- $\nabla^2 \phi \Rightarrow \phi_{,ii}$

Outwardly directed unit normal vector

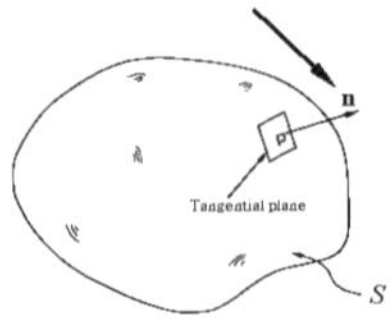

Divergence theorem

- $\int_V Q_{jk..m,i} dV = \int_S Q_{jk..m} n_i dS$

n_i : Outwardly directed unit normal vector

Mechanical quantities and their correlation

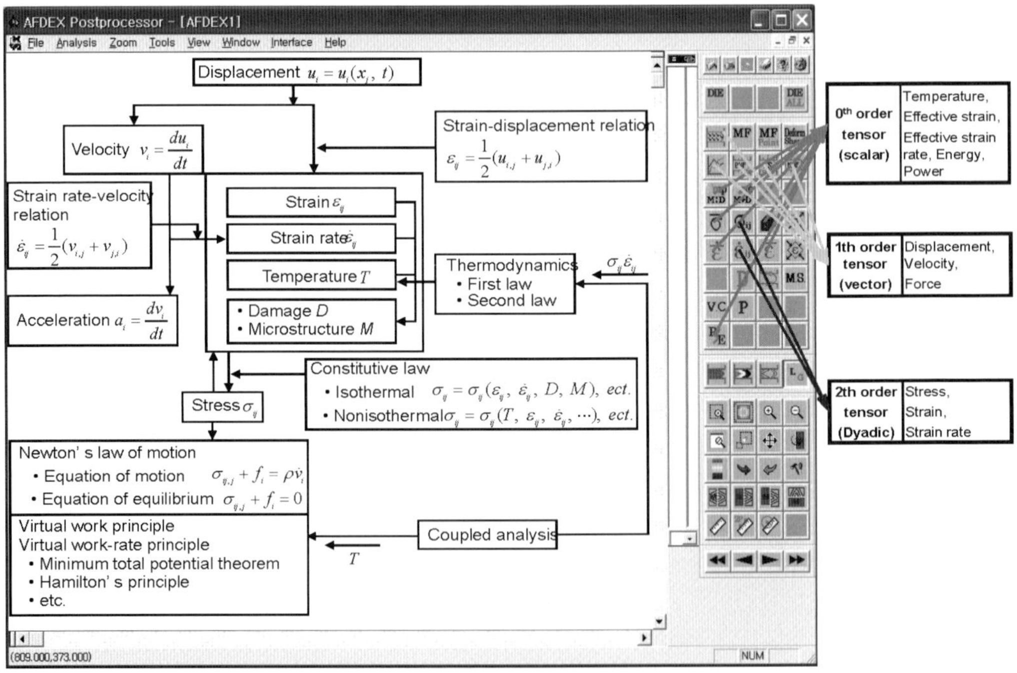

6.2.2 Tensile test

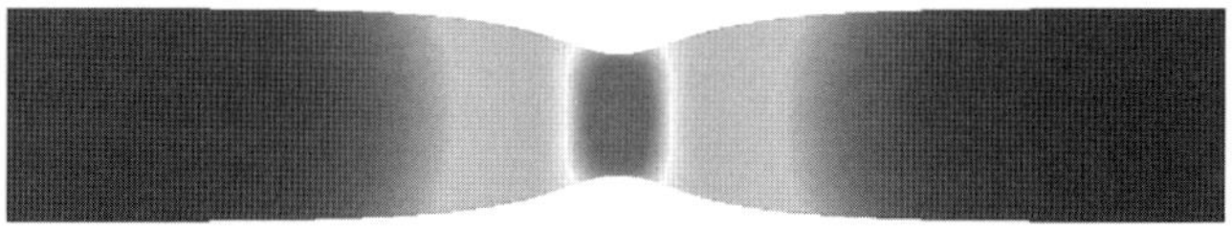

Tensile test

Tensile test

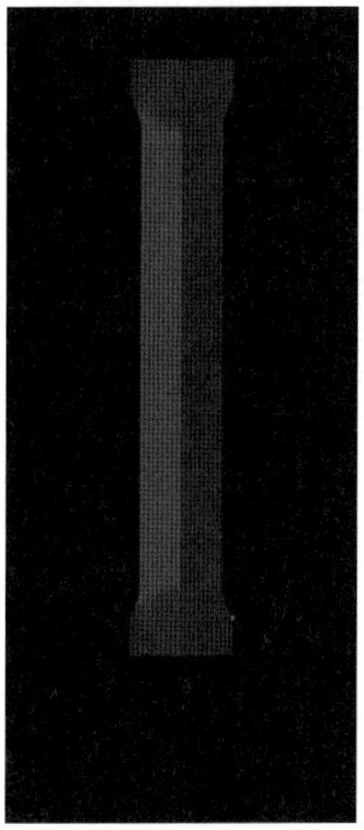

Predictions of tensile test

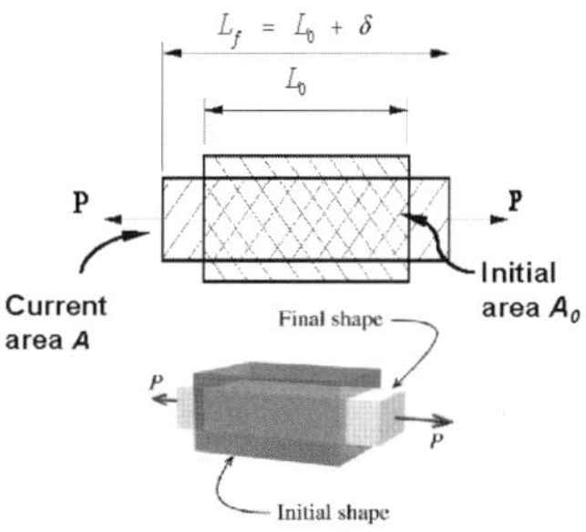

Before necking occurs

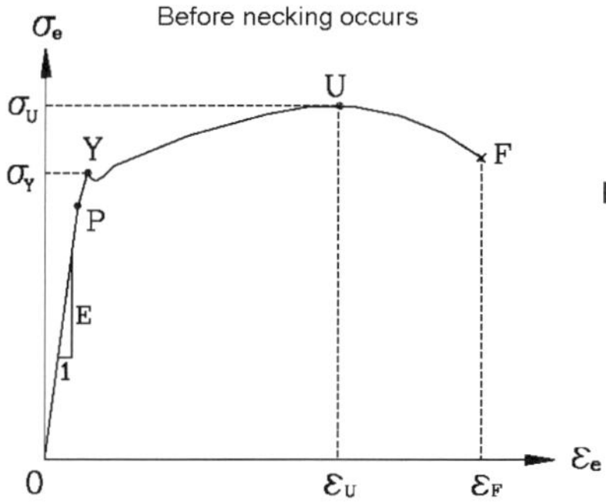

Engineering stress-engineering strain curve

Definition of ε_e and σ_e

- $\varepsilon_e = \dfrac{\delta}{L_0}, \quad \sigma_e = \dfrac{P}{A_0}$ · e: engineering

Engineering strain, Engineering stress
(Engineering = Conventional=Nominal)

Hooke's law in uniaxial loading

- $\sigma_t = E\varepsilon_t, \; \sigma = E\varepsilon$
- $\sigma_x = E\varepsilon_x, \; \sigma_{xx} = E\varepsilon_{xx}$

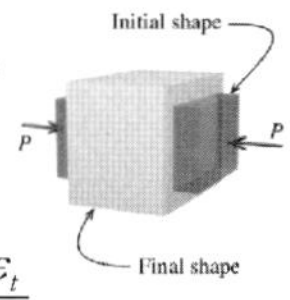

Poisson's ratio

$$\nu = -\frac{\varepsilon_{lat}}{\varepsilon_{long}} = -\frac{\varepsilon_t}{\varepsilon_a}$$

σ_Y : Yield strength
σ_U : Tensile strength
$\varepsilon_{max} \times 100(\%)$: Elongation

True strain and True stress

True strain

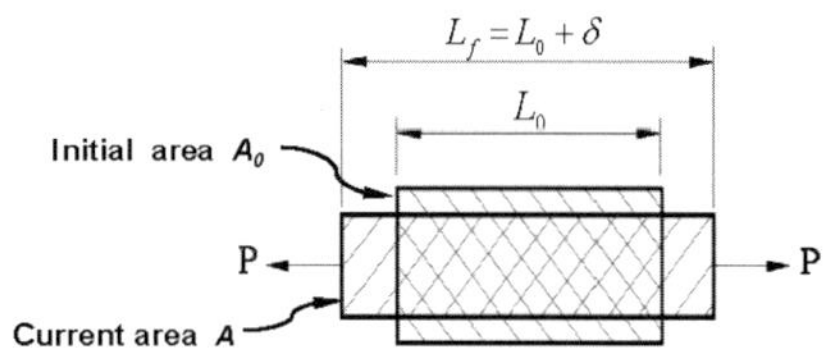

$$\varepsilon_e = \frac{\delta}{L_0} \leftarrow \textbf{Engineering strain}$$

$$\varepsilon_t = \ln\frac{L_f}{L_0} = \ln(1+\varepsilon_e) \leftarrow \textbf{True strain}$$

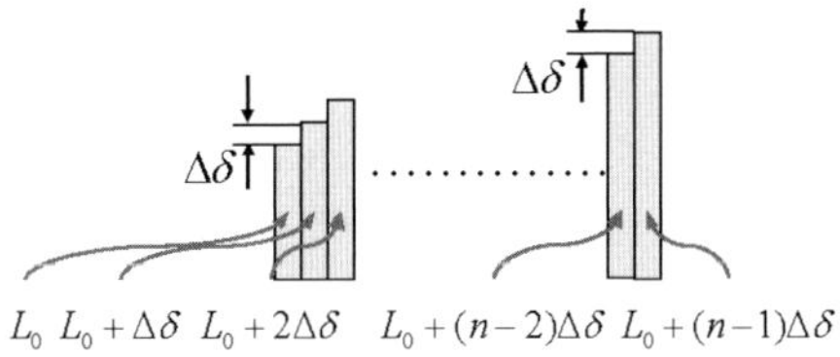

$$\varepsilon_t = \frac{\Delta\delta}{L_0} + \frac{\Delta\delta}{L_0+\Delta\delta} + \cdots + \frac{\Delta\delta}{L_0+(n-1)\Delta\delta}$$

$$= \sum_{i=1}^{n} \frac{\Delta\delta}{L_0+\Delta\delta(i-1)} = \int_{L_0}^{L_f} \frac{dL}{L}$$

$$= \ln\frac{L_f}{L_0} = \ln\left(\frac{L_0+\delta}{L_0}\right) = \ln\left(1+\frac{\delta}{L_0}\right) = \ln(1+\varepsilon_e)$$

True stress

$$\sigma_e = \frac{P}{A_0} \leftarrow \textbf{Engineering stress}$$

$$\sigma_t = \frac{P}{A} = \frac{P}{A_0}\cdot\frac{A_0}{A} = \sigma_e \cdot \frac{l}{l_0} = \sigma_e(1+\varepsilon_e) \leftarrow \textbf{True stress}$$

True and engineering stress-strain curves

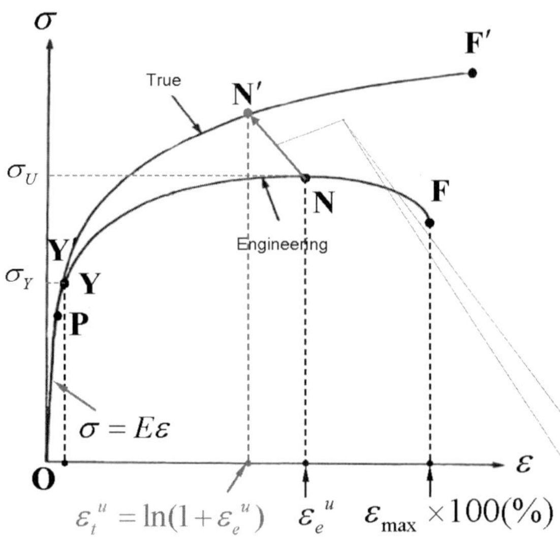

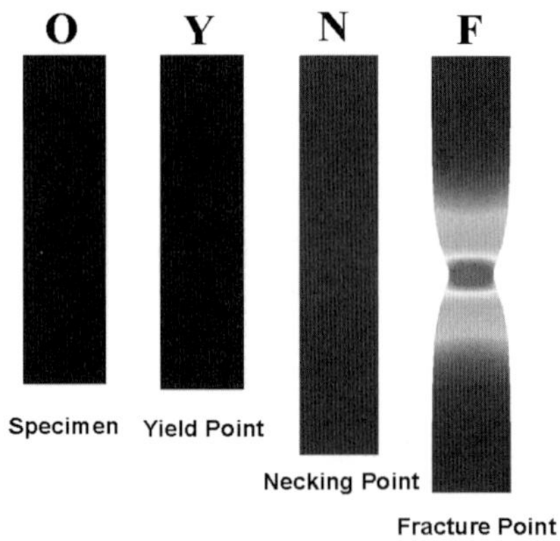

- $\varepsilon_e = \dfrac{\delta}{L_0}, \quad \sigma_e = \dfrac{P}{A_0}$
- $\varepsilon_t = \ln\dfrac{L_f}{L_0} = \ln(1+\varepsilon_e)$
- $\sigma_t = \dfrac{P}{A} = \dfrac{P}{A_0}\dfrac{A_0}{A}$

$$= \frac{P}{A_0}\frac{L_f}{L_0} = \sigma_e(1+\varepsilon_e)$$

6.2.3 Stress

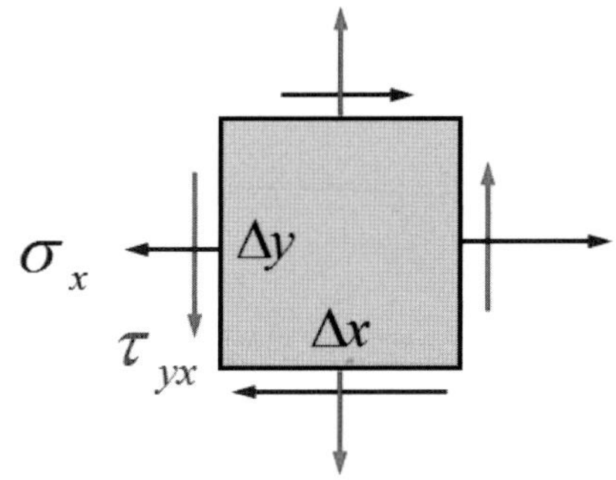

Internal force in tensile test before necking

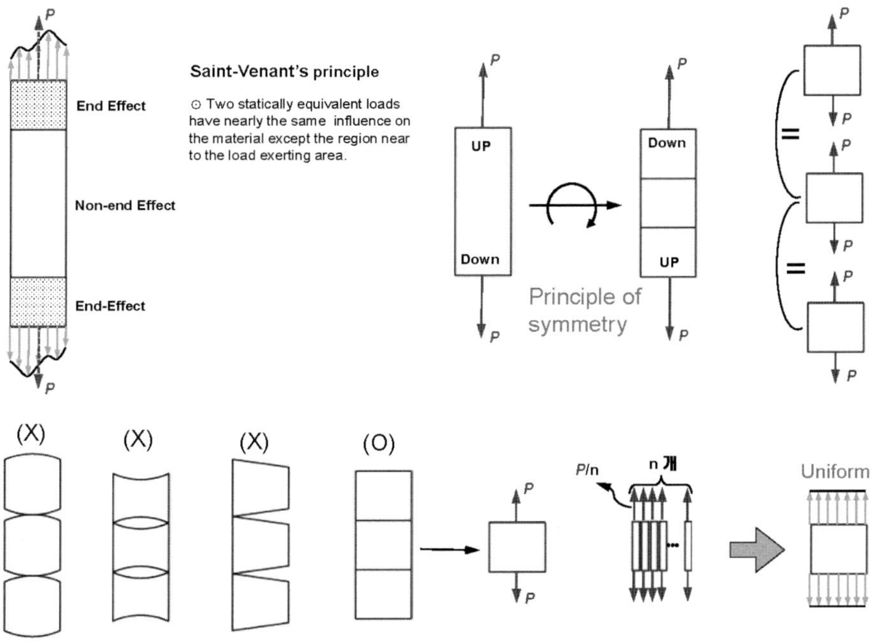

Internal force, stress vector in tensile test

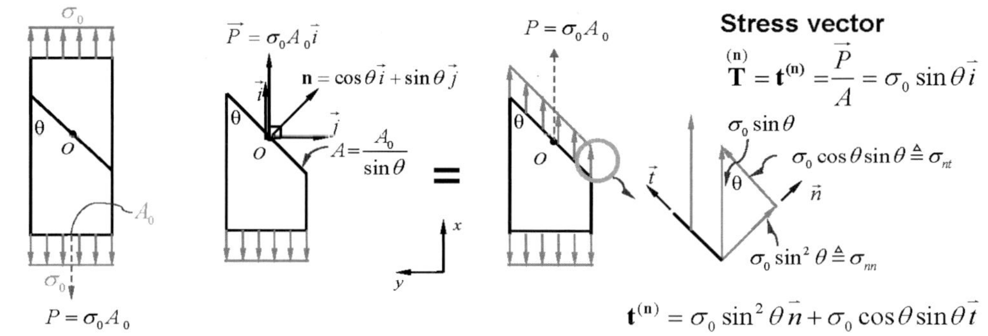

Stress vector

$$\overset{(\mathbf{n})}{\mathbf{T}} = \mathbf{t}^{(\mathbf{n})} = \frac{\vec{P}}{A} = \sigma_0 \sin\theta \vec{i}$$

$$\mathbf{t}^{(\mathbf{n})} = \sigma_0 \sin^2\theta \vec{n} + \sigma_0 \cos\theta \sin\theta \vec{t}$$

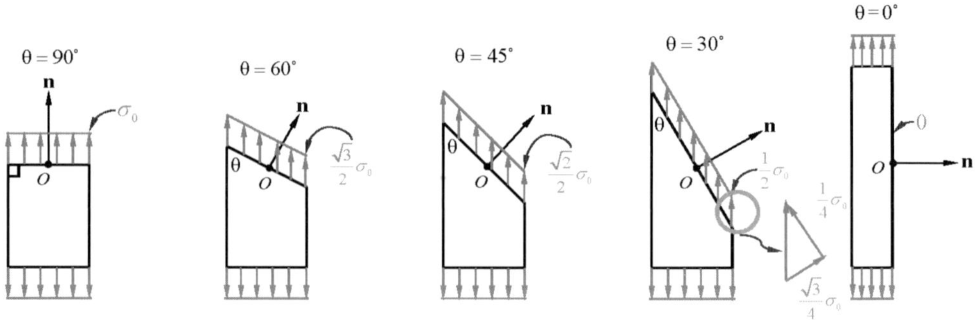

Internal force and stress components

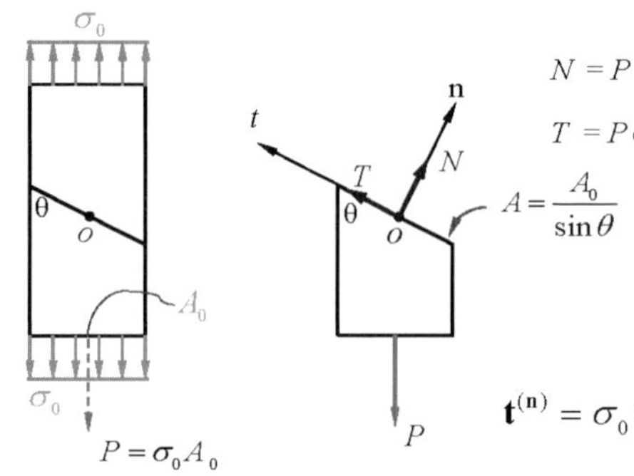

$$N = P \sin\theta$$

$$T = P \cos\theta$$

$$A = \frac{A_0}{\sin\theta}$$

Normal stress $\sigma_{nn} = \frac{N}{A} = \frac{P}{A_0}\sin^2\theta = \sigma_0 \sin^2\theta$

Shear stress $\tau_{nt} = \frac{T}{A} = \frac{P}{A_0}\cos\theta\sin\theta = \sigma_0 \cos\theta \sin\theta$

$$\mathbf{t}^{(\mathbf{n})} = \sigma_0 \sin^2\theta \vec{n} + \sigma_0 \cos\theta \sin\theta \vec{t} = \sigma_{nn}\vec{n} + \sigma_{nt}\vec{t}$$

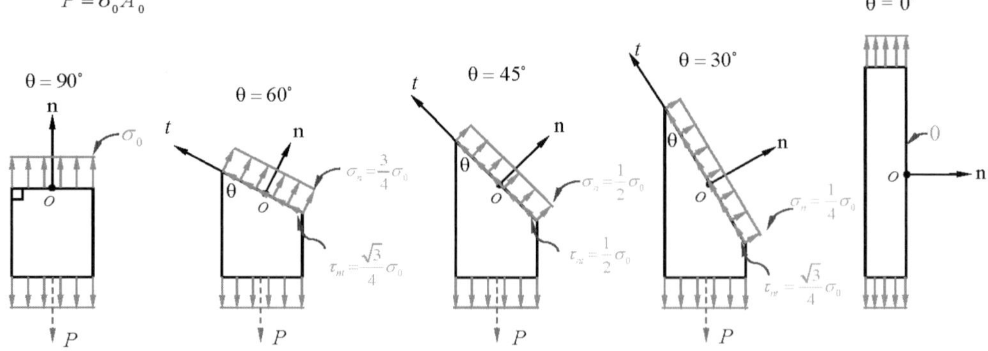

Stress vector and stress

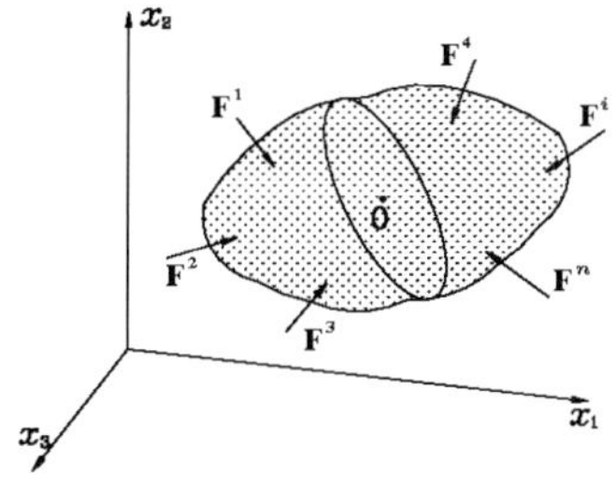

Stress vector $\overset{(\vec{n})}{\mathbf{T}} \equiv \lim_{\Delta A \to 0} \frac{\Delta \vec{F}}{\Delta A} = \overset{(\vec{n})}{T_x}\vec{i} + \overset{(\vec{n})}{T_y}\vec{j} + \overset{(\vec{n})}{T_z}\vec{k}$

$$\overset{(\vec{n})}{T_i} = \overset{(\mathbf{n})}{T_i} = t_i^{(\mathbf{n})}, \overset{(\mathbf{n})}{\mathbf{T}} = \mathbf{t}^{(\mathbf{n})}$$

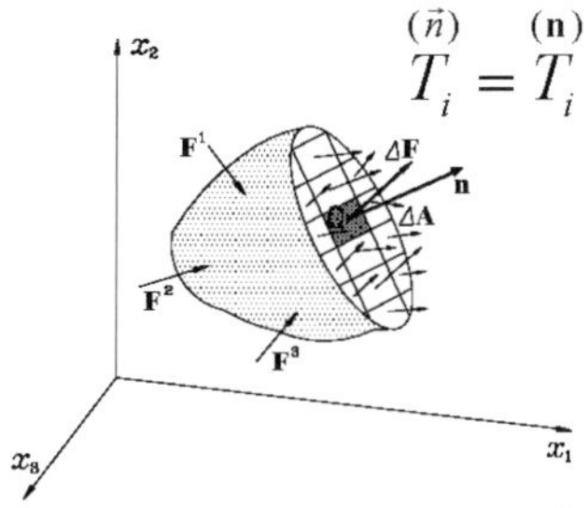

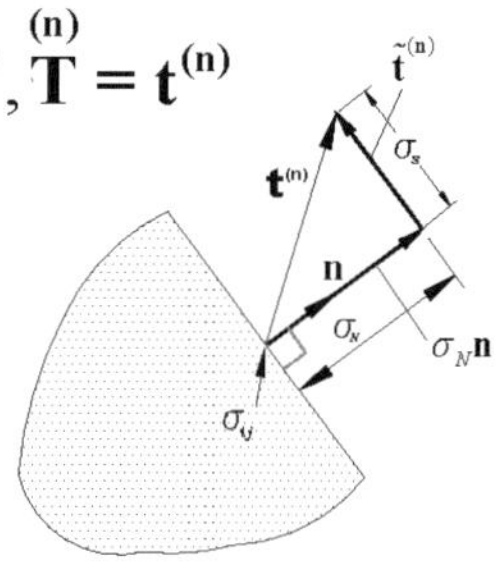

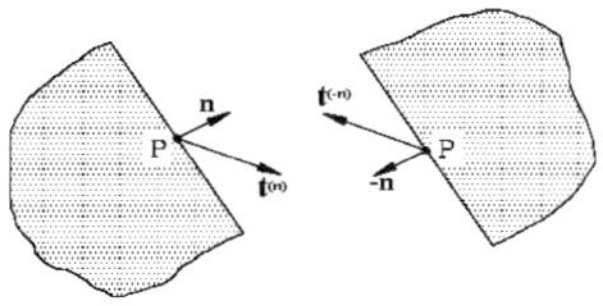

$$\mathbf{t}^{(-\mathbf{n})} = -\mathbf{t}^{(\mathbf{n})}$$
$$t_i^{(-\mathbf{n})} = -t_i^{(\mathbf{n})}$$

A point in 3D mechanics

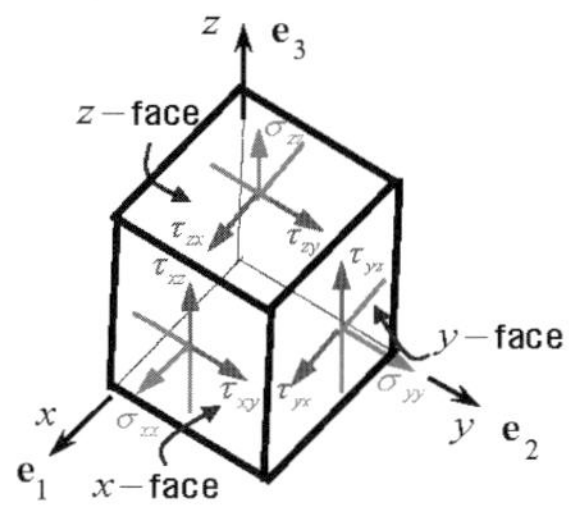

Stress

$$t_j^{(\mathbf{e}_i)} = \sigma_{ij}$$
$$\mathbf{t}^{(\mathbf{e}_i)} = \sigma_{i1}\mathbf{e}_1 + \sigma_{i2}\mathbf{e}_2 + \sigma_{i3}\mathbf{e}_3$$

$$\sigma_{ij} = \begin{bmatrix} \sigma_{xx} & \sigma_{xy} & \sigma_{xz} \\ \sigma_{yx} & \sigma_{yy} & \sigma_{yz} \\ \sigma_{zx} & \sigma_{zy} & \sigma_{zz} \end{bmatrix}$$

Stresses in 2D

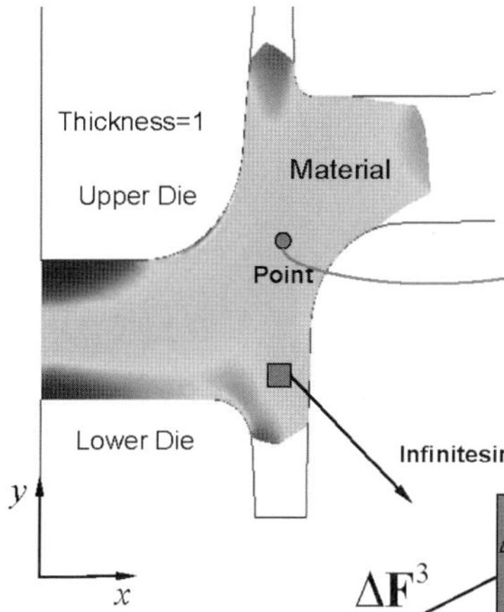

A point in 2D mechanics = Square

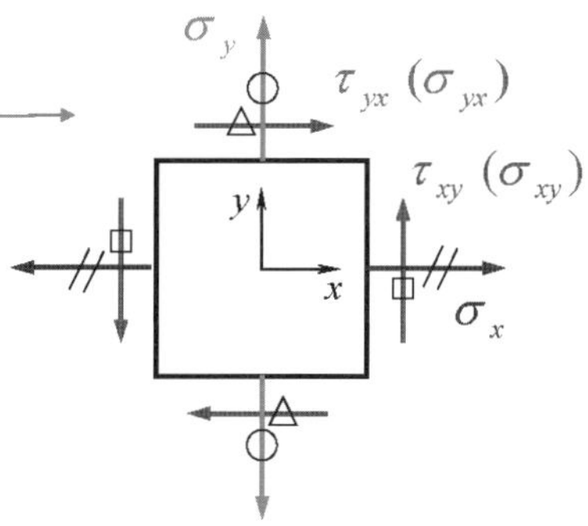

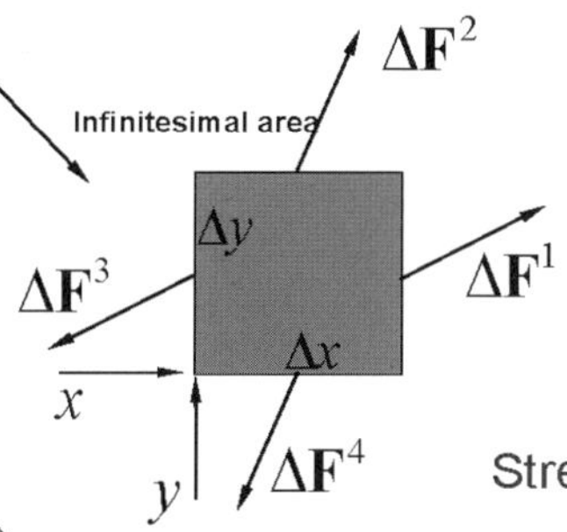

Plane stress

$$\begin{pmatrix} \sigma_{xx}(\sigma_x) & \sigma_{xy}(\tau_{xy}) & 0 \\ \sigma_{yx}(\tau_{yx}) & \sigma_{yy}(\sigma_y) & 0 \\ 0 & 0 & 0 \end{pmatrix}$$

Stress : Force exerting on unit area

$$\frac{\Delta \mathbf{F}^1}{\Delta y} = \mathbf{t}^{(\mathrm{i})} = \sigma_x \mathbf{i} + \tau_{xy} \mathbf{j}$$

Equation of equilibrium in 2D

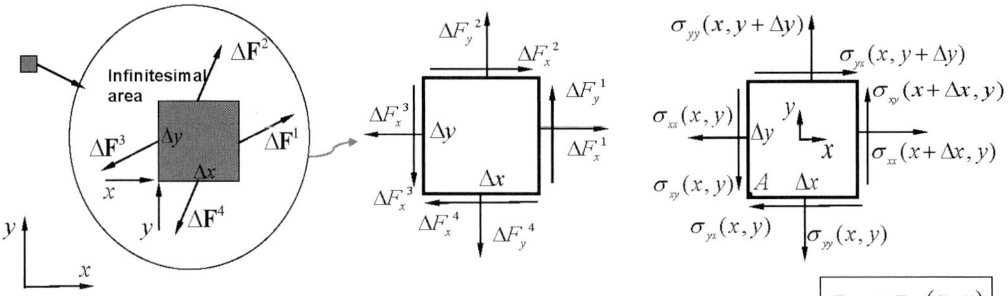

$$\sigma_{xx} = \sigma_{xx}(x,y)$$
$$\sigma_{yy} = \sigma_{yy}(x,y)$$
$$\sigma_{xy} = \sigma_{xy}(x,y)$$
$$\sigma_{yx} = \sigma_{yx}(x,y)$$

- $\sum F_x = 0\ ;\ \Delta F_x^1 - \Delta F_x^3 + \Delta F_x^2 - \Delta F_x^4 = 0$

$$\frac{\sigma_{xx}(x+\Delta x, y) - \sigma_{xx}(x,y)}{\Delta x} + \frac{\sigma_{yx}(x, y+\Delta y) - \sigma_{yx}(x,y)}{\Delta y} = 0$$

$$\frac{\partial \sigma_{xx}}{\partial x} + \frac{\partial \sigma_{yx}}{\partial y} = 0$$

Equation of equilibrium in 2D
(Plane stress, Plane strain, Axis-symmetric)

- $\sum F_y = 0\ ;\ \frac{\partial \sigma_{yx}}{\partial x} + \frac{\partial \sigma_{yy}}{\partial y} = 0$

Body force(weight) was neglected

- $\sum M_A = 0\ ;\ \sigma_{xy} = \sigma_{yx}$

$\sigma_{xx} \Rightarrow \sigma_x,\ \sigma_{xy} \Rightarrow \tau_{xy}$, etc.

Equation of equilibrium in 2D

Body force is neglected.

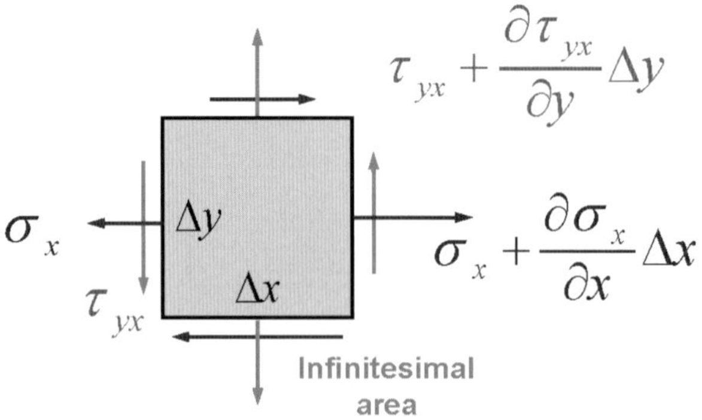

$$\frac{\partial \sigma_x}{\partial x} + \frac{\partial \tau_{yx}}{\partial y} = 0,$$

$$\frac{\partial \tau_{xy}}{\partial x} + \frac{\partial \sigma_y}{\partial y} = 0$$

Stresses in 3D and equation of equilibrium

Stress

$$\sigma_{ij} = \begin{pmatrix} \sigma_{xx} & \sigma_{xy} & \sigma_{xz} \\ \sigma_{yx} & \sigma_{yy} & \sigma_{yz} \\ \sigma_{zx} & \sigma_{zy} & \sigma_{zz} \end{pmatrix}$$

A point in 3D mechanics

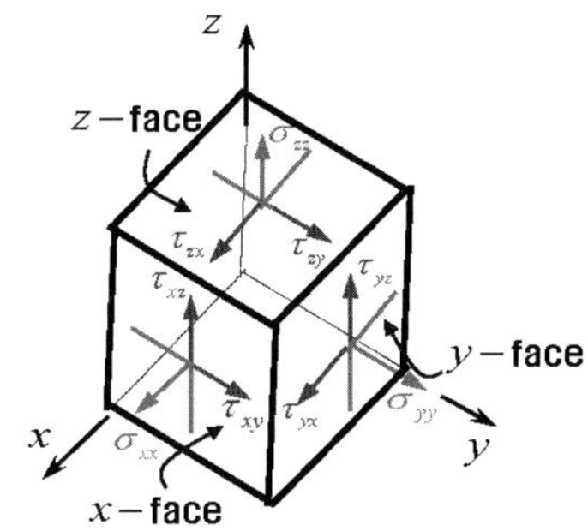

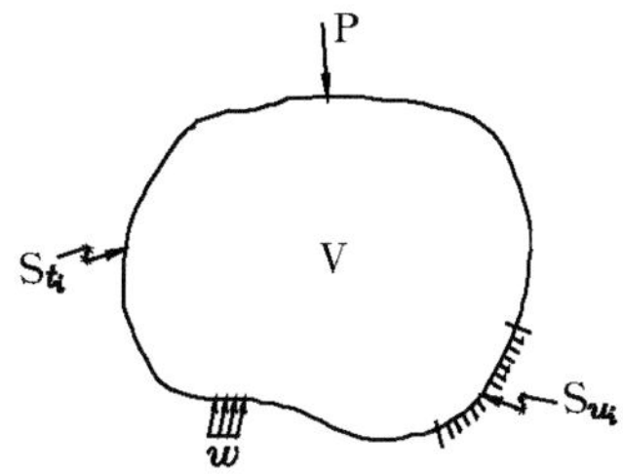

Equation of equilibrium

$$\frac{\partial \sigma_{xx}}{\partial x} + \frac{\partial \sigma_{yx}}{\partial y} + \frac{\partial \sigma_{zx}}{\partial z} + f_x = 0$$

$$\frac{\partial \sigma_{xy}}{\partial x} + \frac{\partial \sigma_{yy}}{\partial y} + \frac{\partial \sigma_{zy}}{\partial z} + f_y = 0 \quad \Rightarrow \sigma_{ij,j} + f_i = 0$$

$$\frac{\partial \sigma_{xz}}{\partial x} + \frac{\partial \sigma_{yz}}{\partial y} + \frac{\partial \sigma_{zz}}{\partial z} + f_z = 0$$

$$\int_{S'} t_i^{(\mathbf{n})} dS + \int_{V'} f_i dV = \int_{S'} \sigma_{ij} n_j dS + \int_{V'} f_i dV = 0$$

$$\int_{V'} (\sigma_{ij,j} + f_i) dV = 0 \Rightarrow \sigma_{ij,j} + f_i = 0$$

$$\int_{S'} \mathbf{x} \times \mathbf{t}^{(\mathbf{n})} dS + \int_{V'} \mathbf{x} \times \mathbf{f}\, dV = 0 \Rightarrow \varepsilon_{ijk} \sigma_{jk} = 0 \Rightarrow \sigma_{jk} = \sigma_{kj}$$

Symmetry of stress tensor

$$\sigma_{xy} = \sigma_{yx},\ \sigma_{yz} = \sigma_{zy},\ \sigma_{zx} = \sigma_{xz} \Rightarrow \sigma_{ij} = \sigma_{ji}$$

Cauchy's formula in 2D

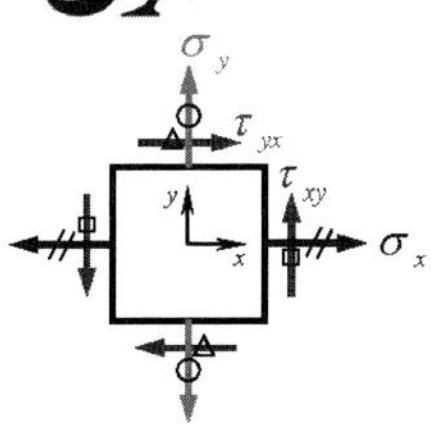

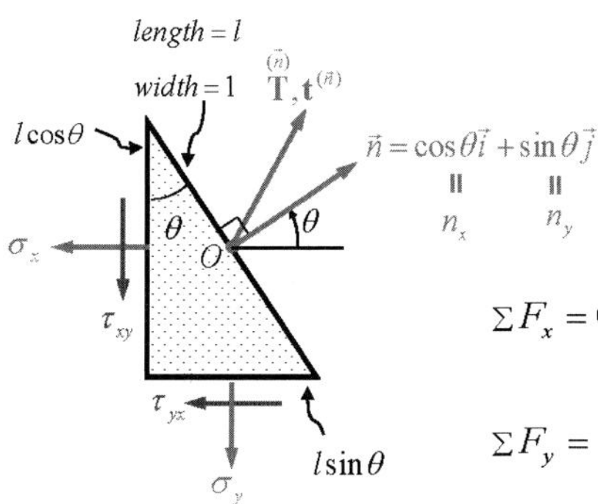

$\vec{n} = \cos\theta \vec{i} + \sin\theta \vec{j}$, with $n_x = \cos\theta$, $n_y = \sin\theta$

$$\Sigma F_x = 0\,;\ t_x^{(\vec{n})} l - \sigma_x l \cos\theta - \tau_{yx} l \sin\theta = 0$$

$$\rightarrow\ t_x^{(\vec{n})} = \sigma_x \cos\theta + \tau_{yx} \sin\theta$$

$$\Sigma F_y = 0\,;\ t_y^{(\vec{n})} l - \tau_{xy} l \cos\theta - \sigma_y l \sin\theta = 0$$

$$\rightarrow\ t_y^{(\vec{n})} = \tau_{xy} \cos\theta + \sigma_y \sin\theta$$

$$\vec{n} = [\cos\theta,\ \sin\theta] \rightarrow\ t_x^{(\vec{n})} = \sigma_x n_x + \tau_{yx} n_y = \Sigma \sigma_{ix} n_i$$

$$t_y^{(\vec{n})} = \tau_{xy} n_x + \sigma_y n_y = \Sigma \sigma_{iy} n_i$$

$$\begin{pmatrix} t_x^{(\vec{n})} \\ t_y^{(\vec{n})} \end{pmatrix} = \begin{pmatrix} \sigma_x & \tau_{xy} \\ \tau_{yx} & \sigma_y \end{pmatrix} \begin{pmatrix} n_x \\ n_y \end{pmatrix} \quad \Rightarrow \quad t_i^{(\vec{n})} = \sum_j \sigma_{ji} n_j = \sigma_{ji} n_j$$

Cauchy's formula

Cauchy's formula in 3D

Cauchy's formula in 3D

Stress vector

$$\overset{(\vec{n})}{T_i} = \overset{(\mathbf{n})}{T_i} = t_i^{(\mathbf{n})}, \ \overset{(\mathbf{n})}{\mathbf{T}} = \mathbf{t}^{(\mathbf{n})}$$

- $\Delta ABC = S$
- $\Delta OBC = n_1 S, \quad \Delta OAC = n_2 S, \quad \Delta OAB = n_3 S$
- $\sum F_i = 0: \ t_i^{(\mathbf{n})} S - t_i^{(\mathbf{e}_1)} n_1 S - t_i^{(\mathbf{e}_2)} n_2 S - t_i^{(\mathbf{e}_3)} n_3 S + \frac{1}{3} f_i h S = 0$

$S \to 0$, $h \to 0$

- $t_i^{(\mathbf{n})} = t_i^{(\mathbf{e}_j)} n_j = \sigma_{ji} n_j \quad \rightarrow \quad \begin{bmatrix} t_1^{(\mathbf{n})} \\ t_2^{(\mathbf{n})} \\ t_3^{(\mathbf{n})} \end{bmatrix} = \begin{bmatrix} \sigma_{11} & \sigma_{21} & \sigma_{31} \\ \sigma_{12} & \sigma_{22} & \sigma_{32} \\ \sigma_{13} & \sigma_{23} & \sigma_{33} \end{bmatrix} \begin{bmatrix} n_1 \\ n_2 \\ n_3 \end{bmatrix}$

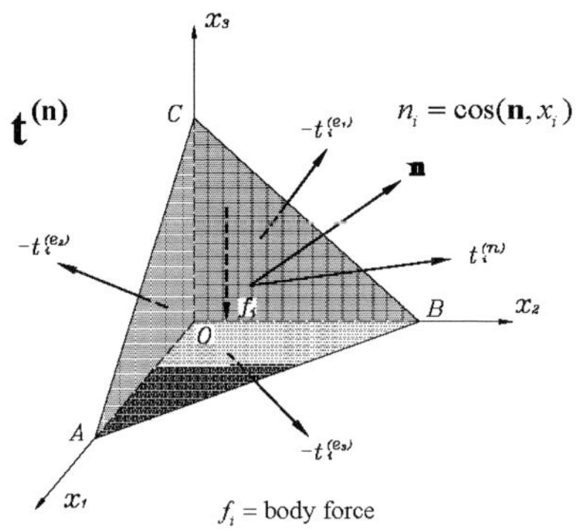

Stress vector and traction

- $\mathbf{n} = \begin{bmatrix} n_1 \\ n_2 \\ n_3 \end{bmatrix}$

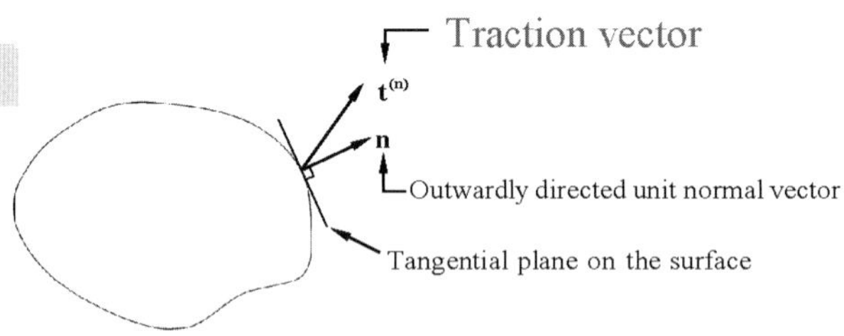

-Traction = stress vector normal to the tangential plane on the surface
-Force or moment prescribed boundary = traction prescribed boundary

Coordinate transformation in 2D

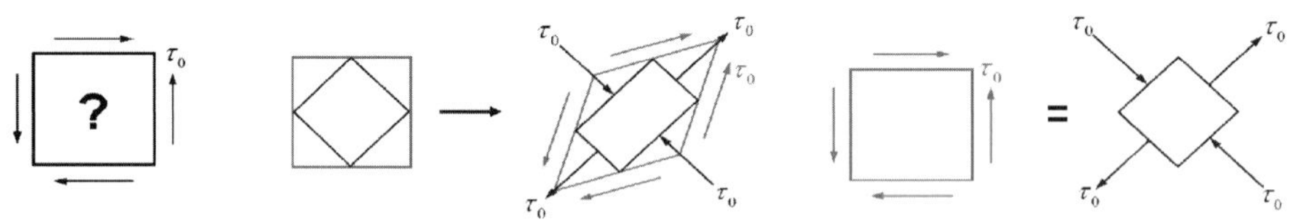

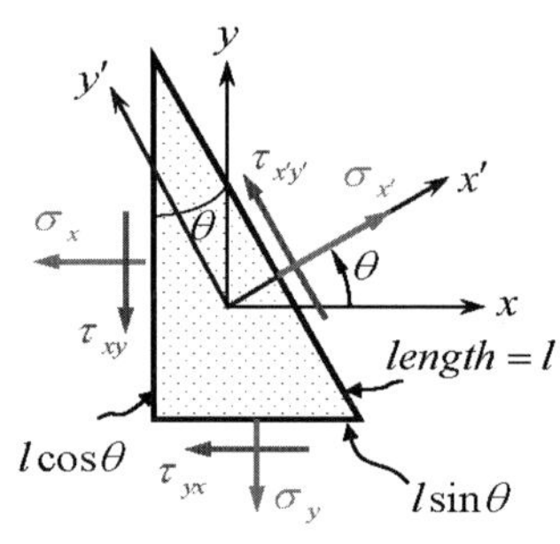

$$\sigma_{x'} = \sigma_x \cos^2\theta + \sigma_y \sin^2\theta + 2\tau_{xy} \sin\theta \cdot \cos\theta$$
$$\sigma_{y'} = \sigma_{x'}\ (\theta \Leftarrow \theta + 90^\circ) = \sigma_x \sin^2\theta + \sigma_y \cos^2\theta - 2\tau_{xy} \sin\theta \cdot \cos\theta$$
$$\tau_{x'y'} = -(\sigma_x - \sigma_y)\cos\theta \cdot \sin\theta - \tau_{xy}(\cos^2\theta - \sin^2\theta)$$

$$\begin{pmatrix} \sigma_{x'} & \tau_{x'y'} \\ \tau_{y'x'} & \sigma_{y'} \end{pmatrix} = \begin{pmatrix} \cos\theta & \sin\theta \\ -\sin\theta & \cos\theta \end{pmatrix} \begin{pmatrix} \sigma_x & \tau_{xy} \\ \tau_{yx} & \sigma_y \end{pmatrix} \begin{pmatrix} \cos\theta & -\sin\theta \\ \sin\theta & \cos\theta \end{pmatrix}$$

$$\sigma_{i'j'} = T_{i'p} T_{j'q} \sigma_{pq}$$

Since two transformation matrixes are used, stress is a tensor of order two!

Coordinate transformation in 3D

Transformation rule

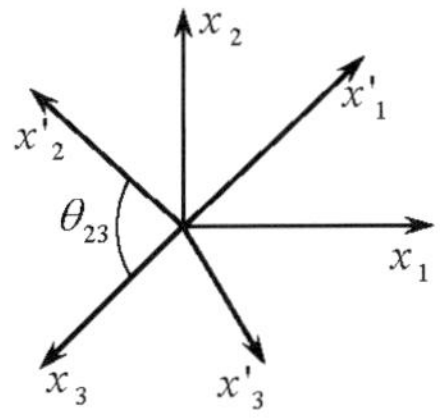

$$a_{23} = \cos\theta_{23}$$

$$\begin{bmatrix} \sigma_{x'} & \tau_{x'y'} & \tau_{x'z'} \\ \tau_{y'x'} & \sigma_{y'} & \tau_{y'z'} \\ \tau_{z'x'} & \tau_{z'y'} & \sigma_{z'} \end{bmatrix} = \begin{bmatrix} a_{11} & a_{12} & a_{13} \\ a_{21} & a_{22} & a_{23} \\ a_{31} & a_{32} & a_{33} \end{bmatrix} \begin{bmatrix} \sigma_{x} & \tau_{xy} & \tau_{xz} \\ \tau_{yx} & \sigma_{y} & \tau_{yz} \\ \tau_{zx} & \tau_{zy} & \sigma_{z} \end{bmatrix} \begin{bmatrix} a_{11} & a_{21} & a_{31} \\ a_{12} & a_{22} & a_{32} \\ a_{13} & a_{23} & a_{33} \end{bmatrix}$$

Similarity transformation

$$\underset{\sim}{\sigma}' = \mathbf{T}\underset{\sim}{\sigma}\mathbf{T}^{\mathrm{T}}, \qquad \mathbf{T} = \text{Transformation matrix}, \quad \mathbf{T}^{-1} = \mathbf{T}^{\mathrm{T}}$$

↳ Similarity transformation ⟶ Identical eigenvalues

Eigenvalue problem

$$\begin{bmatrix} \sigma_{x} & \tau_{xy} & \tau_{xz} \\ \tau_{yx} & \sigma_{y} & \tau_{yz} \\ \tau_{zx} & \tau_{zy} & \sigma_{z} \end{bmatrix} \begin{bmatrix} n_x \\ n_y \\ n_z \end{bmatrix} = \sigma \begin{bmatrix} n_x \\ n_y \\ n_z \end{bmatrix}; \quad \begin{bmatrix} \sigma_{x'} & \tau_{x'y'} & \tau_{x'z'} \\ \tau_{y'x'} & \sigma_{y'} & \tau_{y'z'} \\ \tau_{z'x'} & \tau_{z'y'} & \sigma_{z'} \end{bmatrix} \begin{bmatrix} n_{x'} \\ n_{y'} \\ n_{z'} \end{bmatrix} = \sigma' \begin{bmatrix} n_{x'} \\ n_{y'} \\ n_{z'} \end{bmatrix}$$

Eigenvalues of $\underset{\sim}{\sigma}$: $\sigma_1, \sigma_2, \sigma_3$
Eigenvalues of $\underset{\sim}{\sigma}'$: $\sigma'_1, \sigma'_2, \sigma'_3$
are identical, i.e., $\sigma'_1 = \sigma_1,\ \sigma'_2 = \sigma_2,\ \sigma'_3 = \sigma_3$

Principal stresses and stress invariants

Normal comp. of stress vector

- $\mathbf{t}^{(\mathbf{n})} = t_i^{(\mathbf{n})} = \sigma_{ji} n_j$ ← **Cauchy's formula**

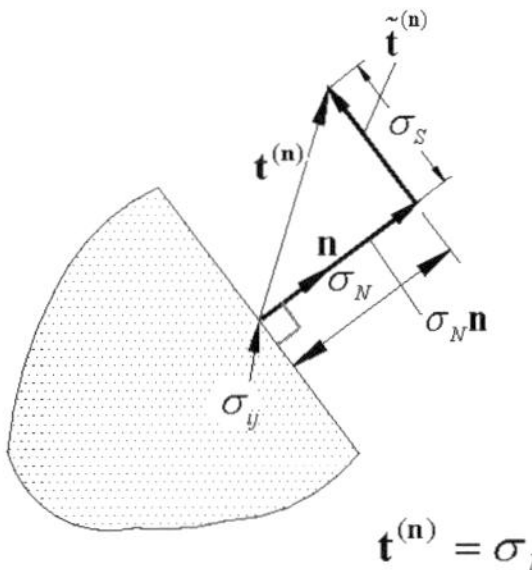

$$\mathbf{t}^{(\mathbf{n})} = \sigma_N \mathbf{n}$$

Eigenvalue problem

- $t_i^{(\mathbf{n})} = \sigma_{ji} n_j = \sigma_N n_i$

$$\begin{bmatrix} \sigma_{xx} & \sigma_{xy} & \sigma_{xz} \\ \sigma_{yx} & \sigma_{yy} & \sigma_{yz} \\ \sigma_{zx} & \sigma_{zy} & \sigma_{zz} \end{bmatrix} \begin{bmatrix} n_x \\ n_y \\ n_z \end{bmatrix} = \sigma_N \begin{bmatrix} n_x \\ n_y \\ n_z \end{bmatrix}$$

Characteristic equation

- $\begin{vmatrix} \sigma_{xx}-\sigma_N & \sigma_{xy} & \sigma_{xz} \\ \sigma_{yx} & \sigma_{yy}-\sigma_N & \sigma_{yz} \\ \sigma_{zx} & \sigma_{zy} & \sigma_{zz}-\sigma_N \end{vmatrix} = 0$
- $\sigma_N^3 - I_1\sigma_N^2 - I_2\sigma_N - I_3 = 0 \ \Rightarrow\ \sigma_N = \sigma_1, \sigma_2, \sigma_3$
- $\sigma_{ij} n_j^{(k)} = \sigma_k n_i^{(k)}, \quad k = 1, 2, 3$ ↖ Principal stress
- $\mathbf{n}^{(i)} \cdot \mathbf{n}^{(j)} = \delta_{ij}$
- $\mathbf{n}^{(k)}$: Direction of principal stress associated with σ_k

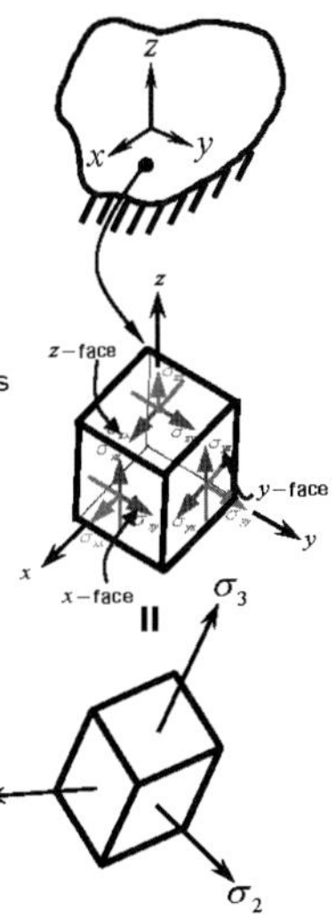

Stress invariants

- $I_1 = \sigma_{ii} = \sigma_{xx} + \sigma_{yy} + \sigma_{zz} = \sigma_1 + \sigma_2 + \sigma_3$
- $I_2 = \dfrac{1}{2}\left(\sigma_{ij}\sigma_{ij} - \sigma_{ii}\sigma_{jj}\right)$

$$= -\sigma_{xx}\sigma_{yy} - \sigma_{yy}\sigma_{zz} - \sigma_{zz}\sigma_{xx} + \sigma_{xy}^2 + \sigma_{yz}^2 + \sigma_{zx}^2$$

$$= -\sigma_1\sigma_2 - \sigma_2\sigma_3 - \sigma_3\sigma_1$$

- $I_3 = \left|\sigma_{ij}\right| = \sigma_{xx}\sigma_{yy}\sigma_{zz} + 2\sigma_{xy}\sigma_{yz}\sigma_{zx} - \sigma_{xx}\sigma_{yz}^2 - \sigma_{yy}\sigma_{zx}^2 - \sigma_{zz}\sigma_{xy}^2$

$$= \sigma_1\sigma_2\sigma_3$$

Examples of stress invariants

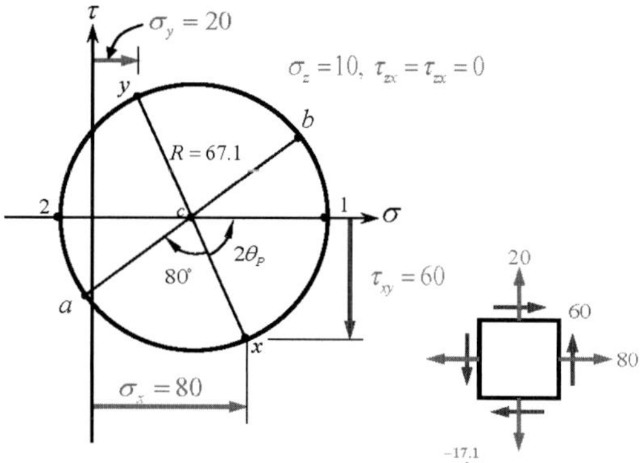

- $I_1 = \sigma_{ii} = \sigma_{xx} + \sigma_{yy} + \sigma_{zz} = \sigma_1 + \sigma_2 + \sigma_3$
- $I_2 = \dfrac{1}{2}\left(\sigma_{ij}\sigma_{ij} - \sigma_{ii}\sigma_{jj}\right)$
  $= -\sigma_{xx}\sigma_{yy} - \sigma_{yy}\sigma_{zz} - \sigma_{zz}\sigma_{xx} + \sigma_{xy}^2 + \sigma_{yz}^2 + \sigma_{zx}^2$
  $= -\sigma_1\sigma_2 - \sigma_2\sigma_3 - \sigma_3\sigma_1$
- $I_3 = \left|\sigma_{ij}\right| = \sigma_{xx}\sigma_{yy}\sigma_{zz} + 2\sigma_{xy}\sigma_{yz}\sigma_{zx} - \sigma_{xx}\sigma_{yz}^2 - \sigma_{yy}\sigma_{zx}^2 - \sigma_{zz}\sigma_{xy}^2$
  $= \sigma_1\sigma_2\sigma_3$

$I_1 = 80 + 20 + 10 = 110$
$I_2 = -80 \times 20 - 20 \times 10 - 10 \times 80 + 60 \times 60 = 1000$
$I3 = 80 \times 20 \times 10 + 2 \times 80 \times 0 - 80 \times 0 - 20 \times 0 - 10 \times 60 \times 60 = -20000$

$$\begin{bmatrix} 80 & 60 & 0 \\ 60 & 20 & 0 \\ 0 & 0 & 10 \end{bmatrix}$$

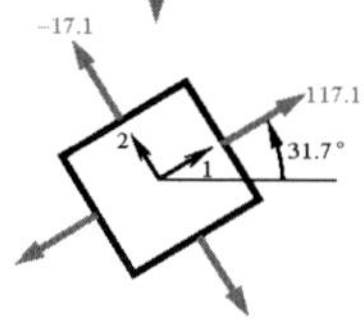

$I_1 = 117.1 - 17.1 + 10 = 110$
$I_2 = -117.1 \times (-17.1) - (-17.1) \times 10 - 10 \times 117.1 = 1000$
$I_3 = 117.1 \times (-17.1) \times 10 = -20000$

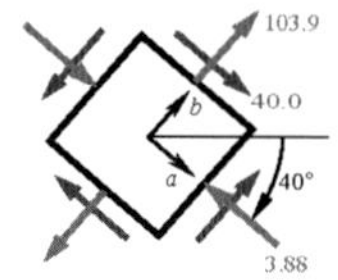

$I_1 = 103.9 - 3.9 + 10 = 110$
$I_2 = -103.9 \times (-3.9) - (-3.9) \times 10 - 10 \times 103.9 + 40 \times 40 = 1000$
$I_3 = 103.9 \times (-3.9) \times 10 + 2 \times 40 \times 0 - 103.9 \times 0 - (-3.9) \times 0$
$- 10 \times 40 \times 40 = -20000$

Effective (equivalent) stress

Mean stress and hydrostatic pressure

- $\sigma_m = \sum \sigma_{ii} / 3 = I_1 / 3 = -p$

Deviatoric stress σ'_{ij}

- $\sigma'_{ij} = \begin{pmatrix} \sigma_{xx} - \sigma_m & \sigma_{xy} & \sigma_{xz} \\ \sigma_{yx} & \sigma_{yy} - \sigma_m & \sigma_{yz} \\ \sigma_{zx} & \sigma_{zy} & \sigma_{zz} - \sigma_m \end{pmatrix}$

Second invariant of stress and deviatoric stress tensors

- $I_2 = -\dfrac{1}{3}I_1^2 + \dfrac{1}{6}\left[\left(\sigma_{xx} - \sigma_{yy}\right)^2 + \left(\sigma_{yy} - \sigma_{zz}\right)^2 + \left(\sigma_{zz} - \sigma_{xx}\right)^2 + 6(\sigma_{xy}{}^2 + \sigma_{yx}{}^2 + \sigma_{zx}{}^2)\right]$
  $= -\dfrac{1}{3}I_1^2 + \dfrac{1}{6}\left[\left(\sigma_1 - \sigma_2\right)^2 + \left(\sigma_2 - \sigma_3\right)^2 + \left(\sigma_3 - \sigma_1\right)^2\right]$
  $= -\dfrac{1}{3}I_1^2 + J_2$

Second invariant of σ'_{ij}

$$J_2 = \frac{1}{6}\left[(\sigma_1 - \sigma_2)^2 + (\sigma_2 - \sigma_3)^2 + (\sigma_3 - \sigma_1)^2\right]$$

Effective (equivalent) stress $\bar{\sigma}$

- $\bar{\sigma} = \sqrt{3J_2} = \sqrt{\dfrac{3}{2}\sigma'_{ij}\sigma'_{ij}} = \sqrt{\dfrac{1}{2}\left[\left(\sigma_{xx} - \sigma_{yy}\right)^2 + \left(\sigma_{yy} - \sigma_{zz}\right)^2 + \left(\sigma_{zz} - \sigma_{xx}\right)^2 + 6\sigma_{xy}{}^2 + 6\sigma_{yz}{}^2 + 6\sigma_{zx}{}^2\right]}$

$$= \sqrt{\frac{1}{2}\left[\left(\sigma_1 - \sigma_2\right)^2 + \left(\sigma_2 - \sigma_3\right)^2 + \left(\sigma_3 - \sigma_1\right)^2\right]}$$

$$\sigma_{ij} = \begin{bmatrix} 60 & 50 & 10 \\ 50 & 20 & 0 \\ 10 & 0 & 10 \end{bmatrix},\ \sigma_m = -p = 30,\ \sigma'_{ij} = \begin{bmatrix} 30 & 50 & 10 \\ 50 & -10 & 0 \\ 10 & 0 & -20 \end{bmatrix}$$

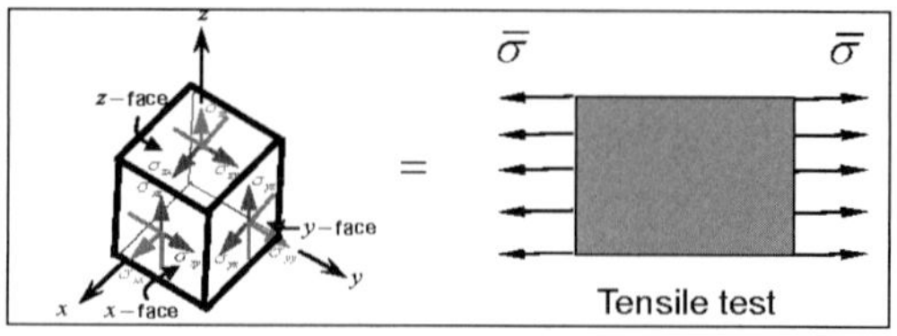

6.2.4 Strain and strain rate

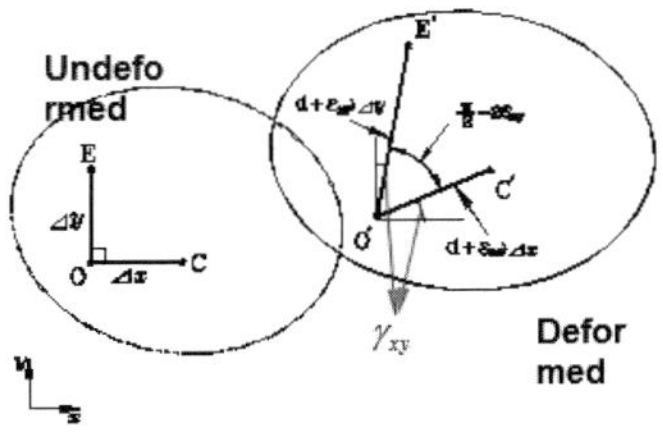

Displacement and deformation, velocity and rate of deformation

A displacement field

$$u_x(x, y) = xy$$
$$u_y(x, y) = \frac{1}{2}(x^2 y + 1)$$

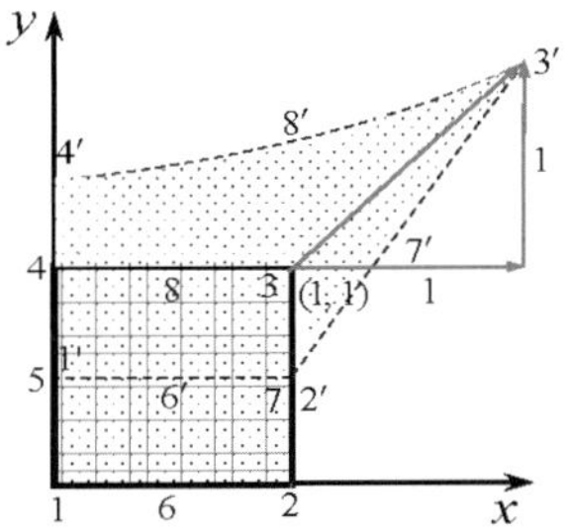

A velocity field in cross wedge rolling

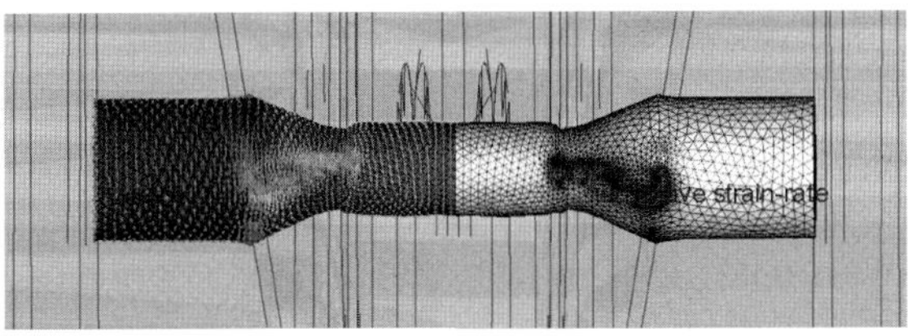

Deformation = displacement – rigid-body motion

Deformation of die, exaggerated

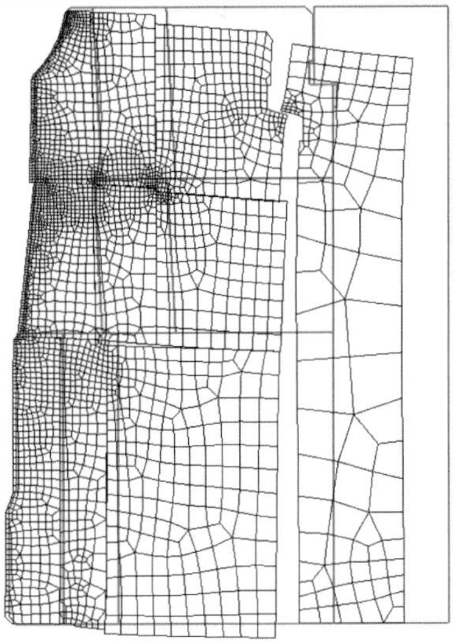

Strain tensor

Plane strain

$u_x, u_y = f(x, y),\ u_z = 0$ Ex.: Dam, Strip rolling

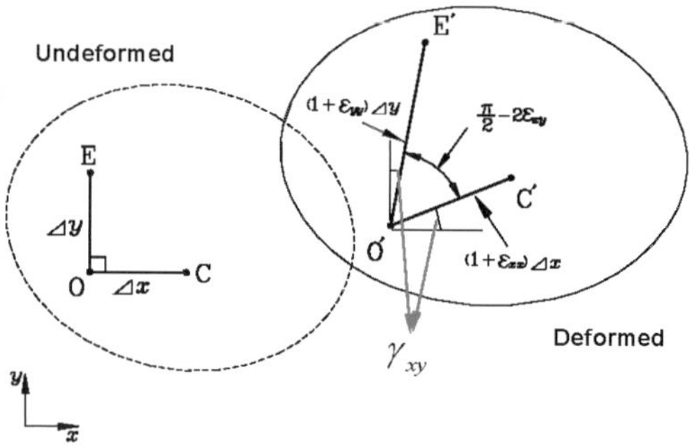

$\cdot\ \varepsilon_{xx} = \lim_{C \to O} \dfrac{\overline{O'C'} - \overline{OC}}{\overline{OC}}$

$\cdot\ \varepsilon_{yy} = \lim_{C \to O} \dfrac{\overline{O'E'} - \overline{OE}}{\overline{OE}}$

$\cdot\ \gamma_{xy} = 2\varepsilon_{xy} = \dfrac{\pi}{2} - \angle E'O'C'$

$u_x, u_y = f(x, y),\ u_z = 0$

$$\varepsilon_{ij} = \begin{pmatrix} \varepsilon_{xx} & \varepsilon_{xy} & 0 \\ \varepsilon_{yx} & \varepsilon_{yy} & 0 \\ 0 & 0 & 0 \end{pmatrix}$$

Strain tensor in 3D

$$\varepsilon_{ij} = \begin{pmatrix} \varepsilon_{xx} & \varepsilon_{xy} & \varepsilon_{xz} \\ \varepsilon_{yx} & \varepsilon_{yy} & \varepsilon_{yz} \\ \varepsilon_{zx} & \varepsilon_{zy} & \varepsilon_{zz} \end{pmatrix}$$

Displacement-strain relation

Deformation = Displacement − Rigid-body motion

$$\varepsilon_{xx} = \frac{\partial u_x}{\partial x},\ \varepsilon_{yy} = \frac{\partial u_y}{\partial y},\ \varepsilon_{zz} = \frac{\partial u_z}{\partial z}$$

$$\varepsilon_{xy} = \frac{1}{2}\left(\frac{\partial u_x}{\partial y} + \frac{\partial u_y}{\partial x}\right),\ etc.$$

$$\varepsilon_{ij} = \frac{1}{2}\left(\frac{\partial u_i}{\partial x_j} + \frac{\partial u_j}{\partial x_i}\right)$$

$$\frac{\partial u_x}{\partial y} = \lim_{\Delta y \to 0} \frac{\Delta u_x}{\Delta y}\Big|_{x\ \text{fixed}}$$

$\tan\theta = \theta,\ \theta << 1$

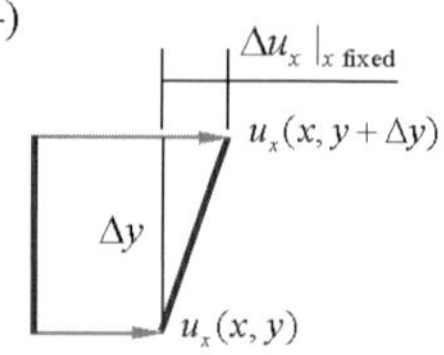

Quantification of rate of deformation-strain rate

Definition of strain rate

$t = t$

$t = t + \Delta t$

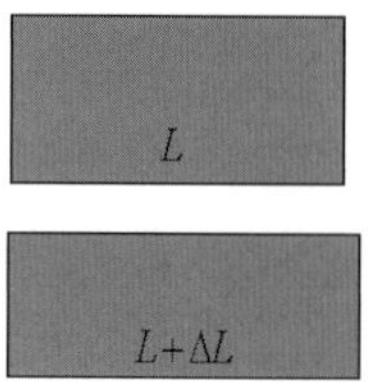

$$\Delta\varepsilon_{xx} = \frac{\Delta L}{L} = \frac{\frac{\Delta L}{\Delta t}}{L}\Delta t = \frac{\frac{\Delta L}{L}}{\Delta t}\Delta t = \frac{\Delta\varepsilon_{xx}}{\Delta t}\Delta t$$

$$d\varepsilon_{xx} = \frac{\dot{L}}{L}dt \equiv \dot{\varepsilon}_{xx}\,dt$$

$$d\varepsilon_{yy} = \dot{\varepsilon}_{yy}\,dt,\ d\varepsilon_{zz} = \dot{\varepsilon}_{zz}\,dt$$

$$d\varepsilon_{xy} = \dot{\varepsilon}_{xy}\,dt,\ d\varepsilon_{yz} = \dot{\varepsilon}_{yz}\,dt,\ d\varepsilon_{zx} = \dot{\varepsilon}_{zx}\,dt$$

Example

$t = 10.000$ (s)

$t = 10.001$ (s)

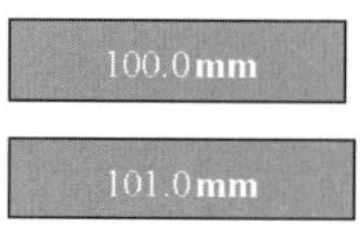

$$\Delta\varepsilon_{xx} = \frac{1.0}{100.0} = 0.01 \quad \dot{\varepsilon}_{xx} = \frac{\Delta\varepsilon_{xx}}{\Delta t} = \frac{0.01}{0.001} = 10.0\left(\frac{1}{s}\right)$$

$$\Delta\varepsilon_{xx} = \dot{\bar{\varepsilon}}_{xx}\,\Delta t$$

Strain rate $\dot{\varepsilon}_{ij}$

$$\dot{\varepsilon}_{ij} = \begin{pmatrix} \dot{\varepsilon}_{xx} & \dot{\varepsilon}_{xy} & \dot{\varepsilon}_{xz} \\ \dot{\varepsilon}_{yx} & \dot{\varepsilon}_{yy} & \dot{\varepsilon}_{yz} \\ \dot{\varepsilon}_{zx} & \dot{\varepsilon}_{zy} & \dot{\varepsilon}_{zz} \end{pmatrix} \Leftarrow \begin{pmatrix} \varepsilon_{ij} \neq \int_0^t \dot{\varepsilon}_{ij}dt \\ \dot{\varepsilon}_{ij} \neq \dfrac{d\varepsilon_{ij}}{dt} \end{pmatrix}$$

$$\dot{\varepsilon}_{ij} = \frac{1}{2}\left(\frac{\partial v_i}{\partial x_j} + \frac{\partial v_j}{\partial x_j}\right)$$

Principal strain and effective strain

Eigenvalue problem

- $\begin{bmatrix} \varepsilon_{xx} & \varepsilon_{xy} & \varepsilon_{xz} \\ \varepsilon_{yx} & \varepsilon_{yy} & \varepsilon_{yz} \\ \varepsilon_{zx} & \varepsilon_{zy} & \varepsilon_{zz} \end{bmatrix} \begin{bmatrix} n_x \\ n_y \\ n_z \end{bmatrix} = \varepsilon \begin{bmatrix} n_x \\ n_y \\ n_z \end{bmatrix}$

Strain invariants L_i

- $L_1 = \varepsilon_{ii} = \varepsilon_{xx} + \varepsilon_{yy} + \varepsilon_{zz}$ ← Volumetric strain
- $L_2 = \frac{1}{2}(\varepsilon_{ij}\varepsilon_{ij} - \varepsilon_{ii}\varepsilon_{jj}) = -\varepsilon_{xx}\varepsilon_{yy} - \varepsilon_{yy}\varepsilon_{zz} - \varepsilon_{zz}\varepsilon_{xx} + \varepsilon_{xy}^{2} + \varepsilon_{yz}^{2} + \varepsilon_{zx}^{2}$
- $L_3 = |\varepsilon_{ij}| = \varepsilon_{xx}\varepsilon_{yy}\varepsilon_{zz} - 2\varepsilon_{xy}\varepsilon_{yz}\varepsilon_{zx} - \varepsilon_{xx}\varepsilon_{yz}^{2} - \varepsilon_{yy}\varepsilon_{zx}^{2} - \varepsilon_{zz}\varepsilon_{xy}^{2}$

Characteristic equation

- $|\varepsilon_{ij} - \varepsilon\delta_{ij}| = 0$
- $\varepsilon^3 - L_1\varepsilon^2 + L_2\varepsilon - L_3 = 0$
- $\varepsilon = \varepsilon_1,\ \varepsilon_2,\ \varepsilon_3$ ← Principal strain

Incompressibility

- $\varepsilon_v = \frac{L_1}{3} = \frac{\varepsilon_{ii}}{3} = 0$

Deviatoric strain ε'_{ij}

- $\varepsilon'_{ij} = \begin{pmatrix} \varepsilon_{xx} - \varepsilon_m & \varepsilon_{xy} & \varepsilon_{xz} \\ \varepsilon_{yx} & \varepsilon_{yy} - \varepsilon_m & \varepsilon_{yz} \\ \varepsilon_{zx} & \varepsilon_{zy} & \varepsilon_{zz} - \varepsilon_m \end{pmatrix}$

Eigenvector

- $For\ \varepsilon = \varepsilon_k\ :\ \varepsilon_{ij}n_j = \varepsilon_k n_i \rightarrow n_i = n_i^{(k)}$

  n_i ; Direction of principal strain
- $\varepsilon_{ij}n_j^{(k)} = \varepsilon_k n_i^{(k)}$
- $n_i^{(k)}n_i^{(l)} = \delta_{kl}$ ←Directions of principal strains are orthogonal

Effective strain $\bar{\varepsilon}$

- $\bar{\varepsilon} = \sqrt{\frac{2}{3}\varepsilon'_{ij}\varepsilon'_{ij}}$

  $= \frac{\sqrt{2}}{3}\left[(\varepsilon_{xx} - \varepsilon_{yy})^2 + (\varepsilon_{yy} - \varepsilon_{zz})^2 + (\varepsilon_{zz} - \varepsilon_{xx})^2 + 6(\varepsilon_{xy}^{2} + \varepsilon_{yz}^{2} + \varepsilon_{zx}^{2})\right]^{\frac{1}{2}}$

Principal strain rate and effective strain rate

Eigenvalue problem

- $\begin{bmatrix} \dot{\varepsilon}_{xx} & \dot{\varepsilon}_{xy} & \dot{\varepsilon}_{xz} \\ \dot{\varepsilon}_{yx} & \dot{\varepsilon}_{yy} & \dot{\varepsilon}_{yz} \\ \dot{\varepsilon}_{zx} & \dot{\varepsilon}_{zy} & \dot{\varepsilon}_{zz} \end{bmatrix} \begin{bmatrix} n_x \\ n_y \\ n_z \end{bmatrix} = \dot{\varepsilon} \begin{bmatrix} n_x \\ n_y \\ n_z \end{bmatrix}$

Strainrate invariants $\dot{L}_i$

- $\dot{L}_1 = \dot{\varepsilon}_{ii} = \dot{\varepsilon}_{xx} + \dot{\varepsilon}_{yy} + \dot{\varepsilon}_{zz}$
- $\dot{L}_2 = \frac{1}{2}(\dot{\varepsilon}_{ij}\dot{\varepsilon}_{ij} - \dot{\varepsilon}_{ii}\dot{\varepsilon}_{jj}) = -\dot{\varepsilon}_{xx}\dot{\varepsilon}_{yy} - \dot{\varepsilon}_{yy}\dot{\varepsilon}_{zz} - \dot{\varepsilon}_{zz}\dot{\varepsilon}_{xx} + \dot{\varepsilon}_{xy}^{2} + \dot{\varepsilon}_{yz}^{2} + \dot{\varepsilon}_{zx}^{2}$
- $\dot{L}_3 = |\dot{\varepsilon}_{ij}| = \dot{\varepsilon}_{xx}\dot{\varepsilon}_{yy}\dot{\varepsilon}_{zz} - 2\dot{\varepsilon}_{xy}\dot{\varepsilon}_{yz}\dot{\varepsilon}_{zx} - \dot{\varepsilon}_{xx}\dot{\varepsilon}_{yz}^{2} - \dot{\varepsilon}_{yy}\dot{\varepsilon}_{zx}^{2} - \dot{\varepsilon}_{zz}\dot{\varepsilon}_{xy}^{2}$

Characteristic eq'n

- $|\dot{\varepsilon}_{ij} - \dot{\varepsilon}\delta_{ij}| = 0$
- $\dot{\varepsilon}^3 - \dot{L}_1\dot{\varepsilon}^2 + \dot{L}_2\dot{\varepsilon} - \dot{L}_3 = 0$
- $\dot{\varepsilon} = \dot{\varepsilon}_1,\ \dot{\varepsilon}_2,\ \dot{\varepsilon}_3$ ←Principal strain rate

Incompressibility

- $\dot{\varepsilon}_v = \dot{\varepsilon}_m = \frac{\dot{L}_1}{3} = \frac{\dot{\varepsilon}_{ii}}{3} = 0$

Deviatoric strain rate $\dot{\varepsilon}'_{ij}$

- $\dot{\varepsilon}'_{ij} = \begin{pmatrix} \dot{\varepsilon}_{xx} - \dot{\varepsilon}_m & \dot{\varepsilon}_{xy} & \dot{\varepsilon}_{xz} \\ \dot{\varepsilon}_{yx} & \dot{\varepsilon}_{yy} - \dot{\varepsilon}_m & \dot{\varepsilon}_{yz} \\ \dot{\varepsilon}_{zx} & \dot{\varepsilon}_{zy} & \dot{\varepsilon}_{zz} - \dot{\varepsilon}_m \end{pmatrix}$

Effective strain rate $\dot{\bar{\varepsilon}}$

- $\dot{\bar{\varepsilon}} = \sqrt{\frac{2}{3}\dot{\varepsilon}'_{ij}\dot{\varepsilon}'_{ij}}$

  $= \frac{\sqrt{2}}{3}\left[(\dot{\varepsilon}_{xx} - \dot{\varepsilon}_{yy})^2 + (\dot{\varepsilon}_{yy} - \dot{\varepsilon}_{zz})^2 + (\dot{\varepsilon}_{zz} - \dot{\varepsilon}_{xx})^2 + 6(\dot{\varepsilon}_{xy}^{2} + \dot{\varepsilon}_{yz}^{2} + \dot{\varepsilon}_{xy}^{2})\right]^{\frac{1}{2}}$

Eigen vector

- $For\ \dot{\varepsilon} = \dot{\varepsilon}_k\ :\ \dot{\varepsilon}_{ij}n_j = \dot{\varepsilon}_k n_i \rightarrow n_i = n_i^{(k)}$

  n_i ; Direction of principal strain rate
- $\dot{\varepsilon}_{ij}n_j^{(k)} = \dot{\varepsilon}_k n_i^{(k)}$
- $n_i^{(k)}n_i^{(l)} = \delta_{kl}$ ←Directions of principal strain rates are orthogonal

Effective strain ($\bar{\varepsilon}$) and effective strain rate ($\dot{\bar{\varepsilon}}$)

- $\bar{\varepsilon} = \int_0^1 \dot{\bar{\varepsilon}}dt \quad \left(\varepsilon_{ij} \neq \int_0^t \dot{\varepsilon}_{ij}dt\right)$

6.2.5 Constitutive law

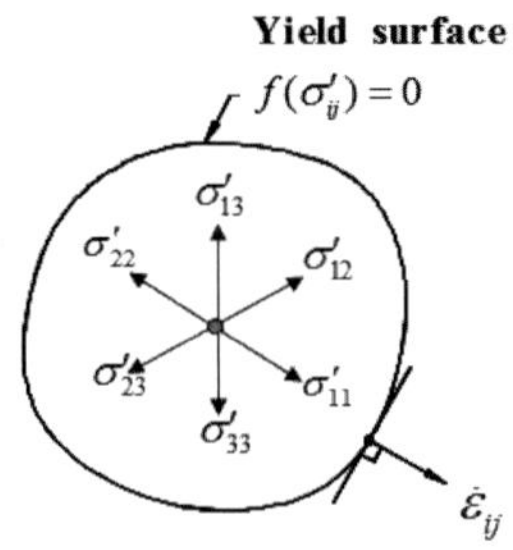

Yield criterion for isotropic hardening material

Huber-von Mises yield criterion

- $f = J_2 - k^2 = \frac{1}{2}\sigma'_{ij}\sigma'_{ij} - k^2 = 0, \quad \left(k = \frac{Y}{\sqrt{3}}\right)$
- $\bar{\sigma} = \sqrt{\frac{1}{2}\left\{(\sigma_1-\sigma_2)^2+(\sigma_2-\sigma_3)^2+(\sigma_3-\sigma_1)^2\right\}} = Y$
- $\bar{\sigma} = \sqrt{\frac{1}{2}\left\{(\sigma_{xx}-\sigma_{yy})^2+(\sigma_{yy}-\sigma_{zz})^2+(\sigma_{zz}-\sigma_{xx})^2+6\left(\sigma_{xy}{}^2+\sigma_{yz}{}^2+\sigma_{zx}{}^2\right)\right\}} = Y$
- $Y = Y\left(\bar{\varepsilon}^p, \dot{\bar{\varepsilon}}^p, T\right)$ or $Y\left(\bar{\varepsilon}, \dot{\bar{\varepsilon}}, T\right)$

Tresca yield criterion

- $f = \tau_{max} - k = 0$
- $k = \frac{Y}{2}$

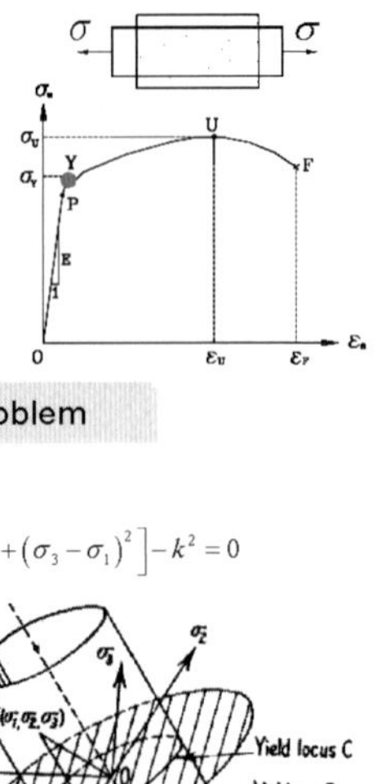

Yield function of plane stress problem

$\sigma_1 \ge 0 \ge \sigma_2$

$\tau_{max} = \frac{\sigma_1-\sigma_2}{2} = \frac{Y}{2}$

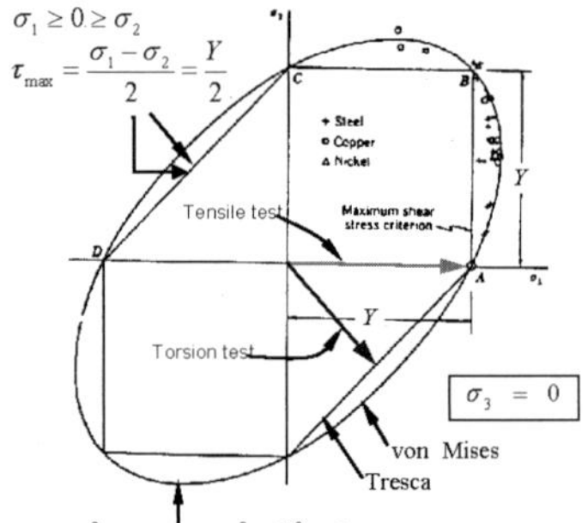

$\sigma_1{}^2 - \sigma_1\sigma_2 + \sigma_2{}^2 - Y^2 = 0$

<Yield locus>

von Mises yield function in 3D problem

- $f(\sigma'_1, \sigma'_2, \sigma'_3) = \frac{1}{2}\left(\sigma'^2_1, \sigma'^2_2, \sigma'^2_3\right) - k^2 = 0$
- $f(\sigma_1, \sigma_2, \sigma_3) = \frac{1}{6}\left[(\sigma_1-\sigma_2)^2+(\sigma_2-\sigma_3)^2+(\sigma_3-\sigma_1)^2\right] - k^2 = 0$

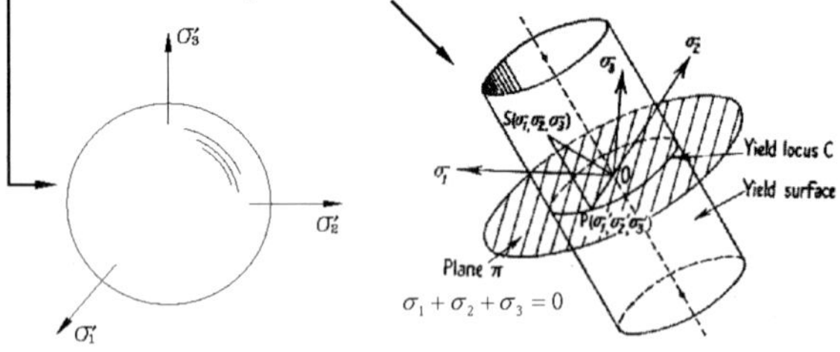

a) $\sigma'_1, \sigma'_2, \sigma'_3$ coordinate system b) $\sigma_1, \sigma_2, \sigma_3$ coordinate system

<Yield surface>

Yield locus in plane stress ($\sigma_3 = 0$)

- $\bar{\sigma}^2 = \frac{1}{2}\left[(\sigma_1 - \sigma_2)^2 + \sigma_2^2 + \sigma_1^2\right] = Y^2$

  $\sigma_1^2 - \sigma_1\sigma_2 + \sigma_2^2 = Y^2$ — von Mises

- i) $\sigma_1 > \sigma_2 > 0;\ \tau_{max} = \frac{\sigma_1 - 0}{2} = \frac{Y}{2} \rightarrow \sigma_1 = Y$

  ii) $\sigma_1 > 0 > \sigma_2;\ \tau_{max} = \frac{\sigma_1 - \sigma_2}{2} = \frac{Y}{2} \rightarrow \sigma_1 - \sigma_2 = Y$ — Tresca

  iii) ~~ omitted.

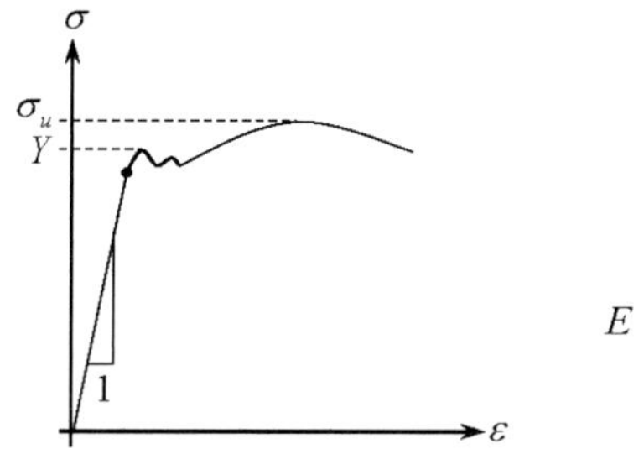

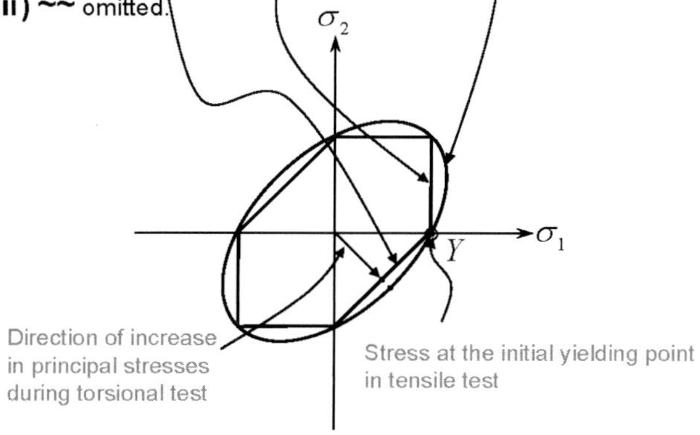

Strain hardening

- Causes of strain hardening
  - -Plastic deformation accompanies dislocation.
  - -Dislocation is a kind of defects occurring due to slip or twist of atomic structures.
  - -Existing dislocations play a role of prevention of generation of new dislocations which is called strain hardening

- Yield locus in the case of plane stress ; $\sigma_3 = 0$

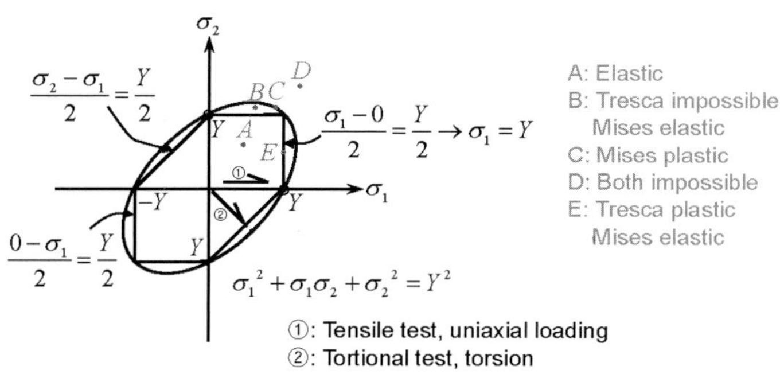

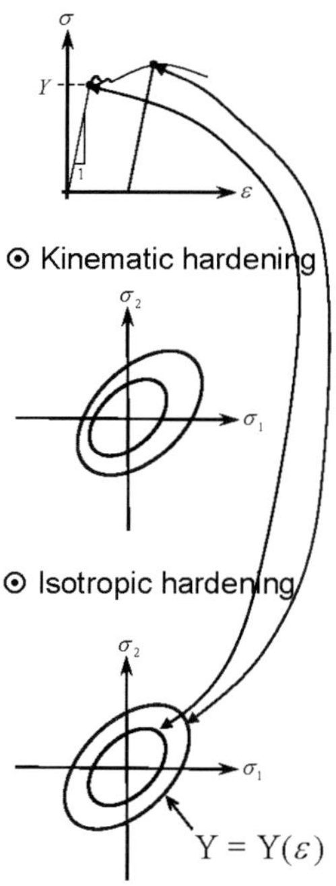

Generalized Hooke's law for an isotropic material

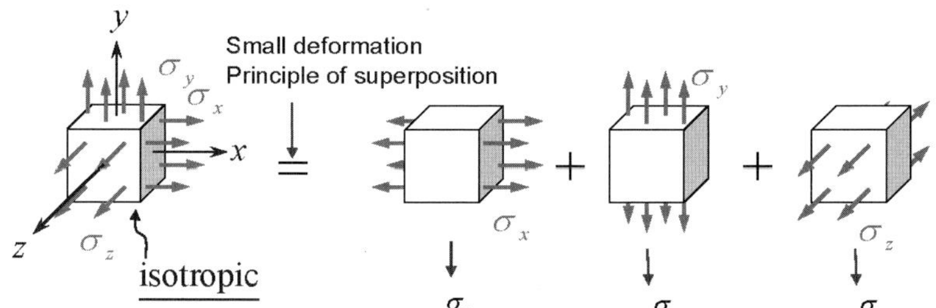

$$\varepsilon_x = \frac{\sigma_x}{E} \qquad \varepsilon_y = \frac{\sigma_y}{E} \qquad \varepsilon_z = \frac{\sigma_z}{E}$$

$$\varepsilon_y = \varepsilon_z = -\nu\varepsilon_x \qquad \varepsilon_x = \varepsilon_z = -\nu\varepsilon_y \qquad \varepsilon_x = \varepsilon_y = -\nu\varepsilon_z$$

$$\gamma_{xy} = \gamma_{yz} = \gamma_{zx} = 0 \qquad \gamma_{xy} = \gamma_{yz} = \gamma_{zx} = 0 \qquad \gamma_{xy} = \gamma_{yz} = \gamma_{zx} = 0$$

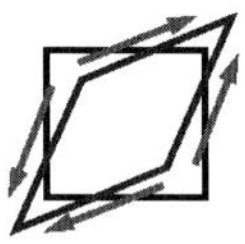

$\varepsilon_i = 0 \qquad G = \dfrac{E}{2(1+\nu)}$

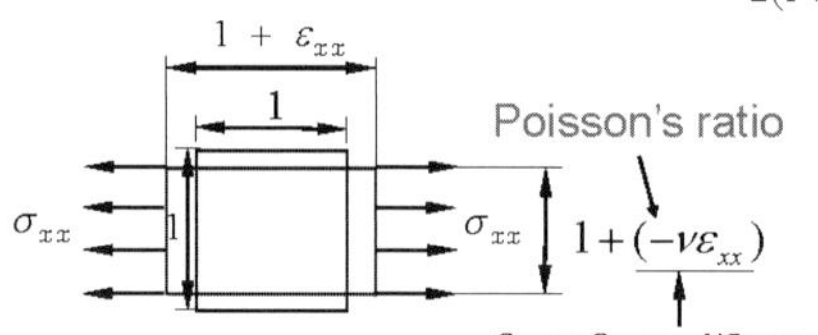

$$\varepsilon_{yy} = \varepsilon_{zz} = -\nu\varepsilon_{xx} = -\frac{\nu}{E}\sigma_{xx}$$

$$\begin{pmatrix} \varepsilon_x = \frac{1}{E}\left[\sigma_x - \nu(\sigma_y + \sigma_z)\right] + \alpha\Delta T \\ \varepsilon_y = \frac{1}{E}\left[\sigma_y - \nu(\sigma_x + \sigma_z)\right] + \alpha\Delta T \\ \varepsilon_z = \frac{1}{E}\left[\sigma_z - \nu(\sigma_x + \sigma_y)\right] + \alpha\Delta T \\ \gamma_{xy} = \frac{1}{G}\tau_{xy},\ \gamma_{yx} = \frac{1}{G}\tau_{yz},\ \gamma_{zx} = \frac{1}{G}\tau_{zx} \end{pmatrix}$$

Coefficient of thermal expansion (α)

← Hooke's law for an isotropic material

Plastic deformation owing to stress

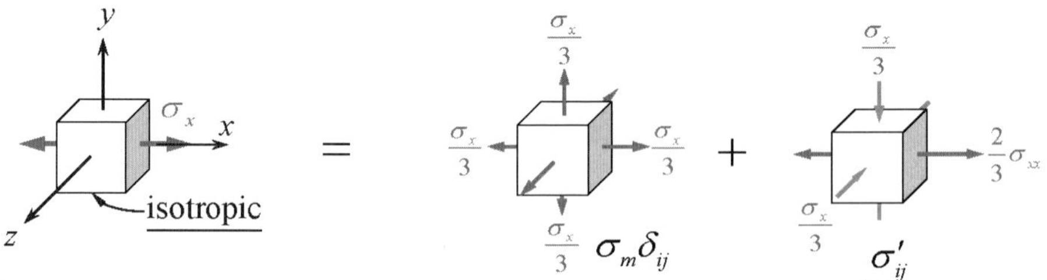

$\sigma_m \delta_{ij}$ $\qquad$ σ'_{ij}

$$\sigma_m = \frac{\sigma_x}{3}$$

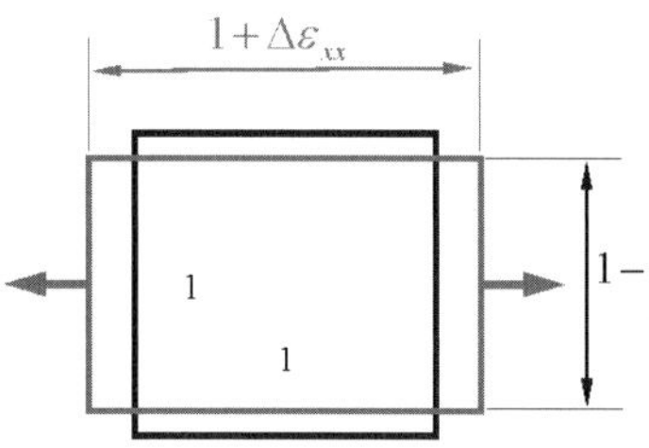

$$1 - \frac{1}{2}\Delta\varepsilon_{xx}$$

$$\sigma_{ij} = \begin{pmatrix} \sigma_x & 0 & 0 \\ 0 & 0 & 0 \\ 0 & 0 & 0 \end{pmatrix} = \begin{pmatrix} \frac{\sigma_{xx}}{3} & 0 & 0 \\ 0 & \frac{\sigma_{xx}}{3} & 0 \\ 0 & 0 & \frac{\sigma_{xx}}{3} \end{pmatrix} + \begin{pmatrix} \frac{2}{3}\sigma_{xx} & 0 & 0 \\ 0 & -\frac{\sigma_{xx}}{3} & 0 \\ 0 & 0 & -\frac{\sigma_{xx}}{3} \end{pmatrix}$$

$$\Delta\varepsilon_{ij} = \begin{pmatrix} \Delta\varepsilon_{xx} & 0 & 0 \\ 0 & -\frac{\Delta\varepsilon_{xx}}{2} & 0 \\ 0 & 0 & -\frac{\Delta\varepsilon_{xx}}{2} \end{pmatrix}$$

$$\sigma'_{xx} : \sigma'_{yy} : \sigma'_{zz} = \Delta\varepsilon_{xx} : \Delta\varepsilon_{yy} : \Delta\varepsilon_{zz}$$

$$\frac{\Delta\varepsilon_{xx}}{\sigma'_{xx}} : \frac{\Delta\varepsilon_{yy}}{\sigma'_{yy}} : \frac{\Delta\varepsilon_{zz}}{\sigma'_{zz}} = constant$$

Associated flow rule

- **Normality due to Drucker's postulate:** Strain rate tensor is normal to yield surface for incompressible materials

Normality

$$\cdot\ \dot{\varepsilon}_{ij} = \dot{\lambda}\frac{\partial f}{\partial \sigma'_{ij}} \text{ 또는 } \Delta\varepsilon_{ij} = \Delta\lambda\frac{\partial f}{\partial \sigma'_{ij}}$$

$$\frac{\dot{\varepsilon}_{xx}}{\sigma'_{xx}} = \frac{\dot{\varepsilon}_{yy}}{\sigma'_{yy}} = \frac{\dot{\varepsilon}_{zz}}{\sigma'_{zz}} = \frac{\dot{\varepsilon}_{xy}}{\sigma'_{xy}} = \frac{\dot{\varepsilon}_{yz}}{\sigma'_{yz}} = \frac{\dot{\varepsilon}_{zx}}{\sigma'_{zx}} = \dot{\lambda}$$

- **For von Mises yield criterion**

Strain rate represents plastic strain rate.

$$\cdot\ f\left(\sigma'_{pq}\right) = \frac{1}{2}\sigma'_{ij}\sigma'_{ij} - k^2$$

$$\cdot\ \dot{\varepsilon}_{ij} = \dot{\lambda}\frac{\partial f}{\partial \sigma'_{ij}} = \dot{\lambda}\sigma'_{ij},\quad \Delta\varepsilon_{ij} = \Delta\lambda\frac{\partial f}{\partial \sigma'_{ij}} \rightarrow \sigma'_{ij} = \frac{1}{\dot{\lambda}}\dot{\varepsilon}_{ij}$$

$$\cdot\ \dot{\lambda} = \frac{3}{2}\frac{\dot{\bar{\varepsilon}}}{\bar{\sigma}} \leftarrow \dot{\bar{\varepsilon}} = \sqrt{\frac{2}{3}\dot{\varepsilon}'_{ij}\dot{\varepsilon}'_{ij}},\quad \bar{\sigma} = \sqrt{3J_2} = \sqrt{\frac{3}{2}\sigma'_{ij}\sigma'_{ij}}$$

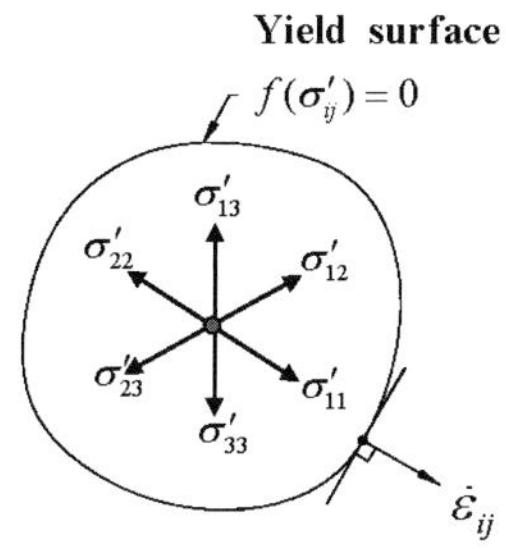

<Normality>

$$\sigma'_{ij} = \frac{2}{3}\frac{\bar{\sigma}}{\dot{\bar{\varepsilon}}}\dot{\varepsilon}_{ij} = \frac{2}{3}\frac{\bar{\sigma}}{\sqrt{\frac{2}{3}\dot{\varepsilon}_{kl}\dot{\varepsilon}_{kl}}}\dot{\varepsilon}_{ij}$$

$\bar{\sigma}$ ← Flow stress given by user

$\sqrt{\frac{2}{3}\dot{\varepsilon}_{kl}\dot{\varepsilon}_{kl}}$ ← Zero in the elastic region

$$\cdot\ \frac{\partial f}{\partial \sigma'_{ij}} = \frac{\partial}{\partial \sigma'_{ij}}\left(\frac{1}{2}\sigma'_{pq}\sigma'_{pq} - k^2\right) = \frac{1}{2}(\delta_{ip}\delta_{jq}\sigma'_{pq} + \sigma'_{pq}\delta_{ip}\delta_{iq}) = \frac{1}{2}(\sigma'_{ij} + \sigma'_{ij}) = \sigma'_{ij}$$

Idealization of deformation and flow stress

Idealization of deformation

- $\dot{\varepsilon}_{ij} = \dot{\varepsilon}_{ij}^{\ p} + \dot{\varepsilon}_{ij}^{\ d}$
  - $\cdot\ \dot{\varepsilon}_{ij}^{\ p}$: Plastic strain-rate
  - $\cdot\ \dot{\varepsilon}_{ij}^{\ d}$: Difference strain-rate
- *Elastoplastic* : $\dot{\varepsilon}_{ij}^{\ d} = \dot{\varepsilon}_{ij}^{\ e}$
  - $\cdot\ \dot{\varepsilon}_{ij}^{\ e}$: Elastic strain rate
- *Rigid – plastic* : $\dot{\varepsilon}_{ij}^{\ d} = 0$

Idealization of flow stress

- Perfectly plastic : $\bar{\sigma}$ = constant
- Elastoplastic : $\bar{\sigma} = \bar{\sigma}\left(\bar{\varepsilon}^e, \bar{\varepsilon}^p\right)$
- Rigid plastic : $\bar{\sigma} = \bar{\sigma}\left(\bar{\varepsilon}^p\right)$
- Rigid-viscoplastic : $\bar{\sigma} = \bar{\sigma}\left(\bar{\varepsilon}^p, \dot{\bar{\varepsilon}}^p\right)$
- Rigid-thermoviscoplstic : $\bar{\sigma} = \bar{\sigma}\left(\bar{\varepsilon}^p, \dot{\bar{\varepsilon}}^p, T\right)$

Example of flow stress model at room temperature

- $\bar{\sigma} = Y_o\left(1 + \frac{\bar{\varepsilon}}{b}\right)^n,\ \bar{\sigma} = K\bar{\varepsilon}^n,\ \bar{\sigma} = Y_o + K\bar{\varepsilon}^n$
  - $\cdot\ Y_o$: Initial yield stress
  - $\cdot\ K$: Strength coefficient
  - $\cdot\ n$: Strain hardening exponent

Example of flow stress model at elevated temper.

- $\bar{\sigma} = C\bar{\varepsilon}^n\dot{\bar{\varepsilon}}^m,\ \bar{\sigma} = C\dot{\bar{\varepsilon}}^m$
  - $\cdot\ n$: Strain hardening exponent
  - $\cdot\ m$: Strain rate dependency
  - $\cdot\ C$: Strength constant of hot material

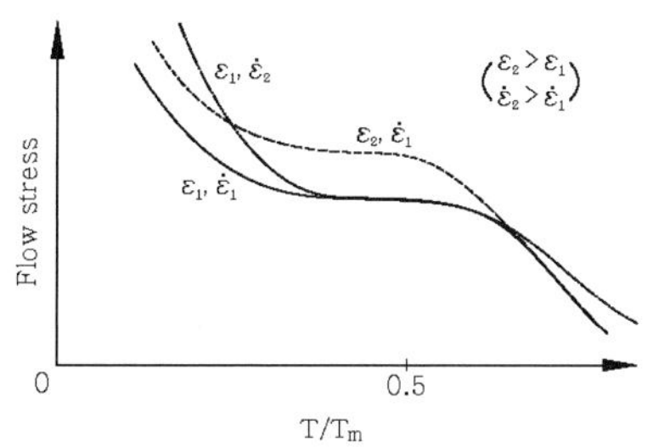

6.2.6 Elastoplasticity

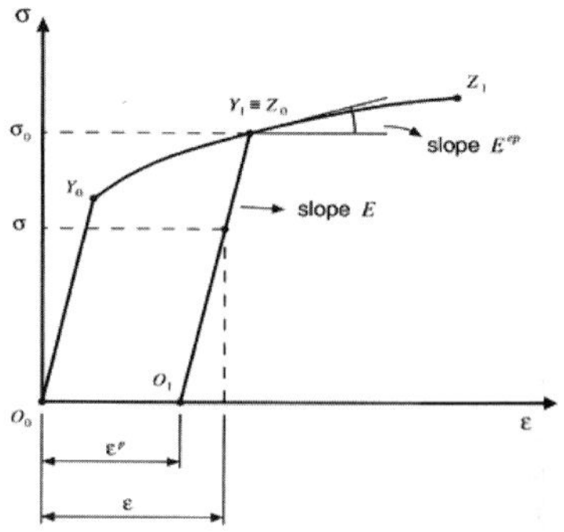

One-dimensional elastoplastic constitutive model

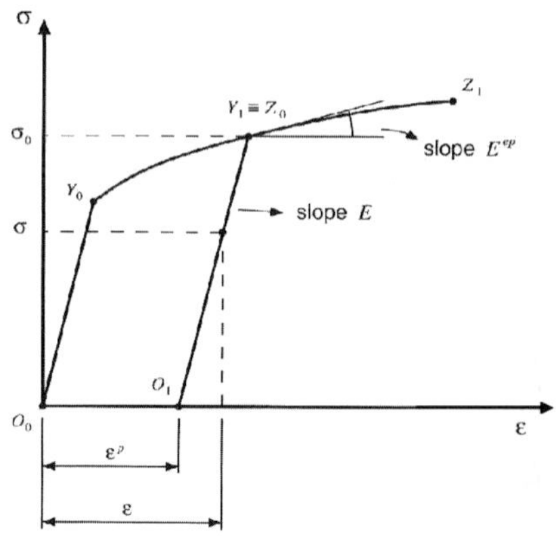

Idealization of uniaxial tension experiment. Mathematical model

1. Strain decomposition into sum of an elastic component and a plastic component.

$$\varepsilon = \varepsilon^e + \varepsilon^p$$

2. Elastic uniaxial constitutive law

$$\sigma = E\varepsilon^e$$

3. The yield function and the yield criterion

-yield function

$$\Phi(\sigma,Y) = |\sigma| - Y \qquad \Phi(\sigma,Y) \le 0$$

-yield criterion (for plastic yielding)

$$\text{If} \quad \Phi(\sigma,Y) < 0 \Rightarrow \dot{\varepsilon}^p = 0,$$

$$\text{If} \quad \Phi(\sigma,Y) = 0$$

$$\Rightarrow \begin{cases} \dot{\varepsilon}^p = 0 & \text{for elastic unloading} \\ \dot{\varepsilon}^p \neq 0 & \text{for plastic loading} \end{cases}$$

One-dimensional elastoplastic constitutive model

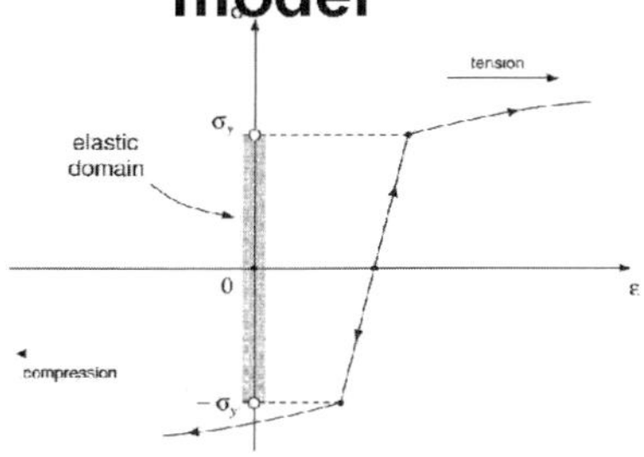

Uniaxial model. Elastic domain

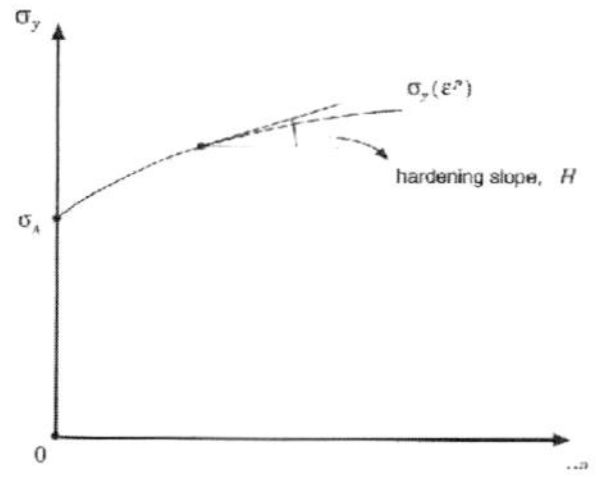

One dimensional model.
Hardening curve

4. Plastic flow rule

$$\dot{\varepsilon}^p = \dot{\gamma}\, sign(\sigma)$$

$$sign(a) = \begin{cases} +1 & if \quad a \geq 0 \\ -1 & if \quad a < 0 \end{cases}$$

$\dot{\gamma}$: plastic multiplier $\quad \dot{\gamma} \geq 0$

Complementary condition

$$\Phi\dot{\gamma} = 0$$

The above equation implies that

$$\Phi < 0 \Rightarrow \dot{\gamma} = 0 \Rightarrow \dot{\varepsilon}^p = 0$$

$$|\sigma| = Y \Rightarrow \Phi = 0 \Rightarrow \dot{\gamma} \geq 0$$

5. Hardening Law

$$Y = Y(\bar{\varepsilon}^p) \qquad \bar{\varepsilon}^p = \int_0^t |\dot{\bar{\varepsilon}}^p|\, dt$$

In a monotonic tensile test $\quad \bar{\varepsilon}^p = \varepsilon^p$

In a monotonic compression test $\quad \bar{\varepsilon}^p = -\varepsilon^p \Rightarrow \dot{\bar{\varepsilon}}^p = |\dot{\varepsilon}^p|$

In view of the plastic flow rule $\quad \dot{\bar{\varepsilon}}^p = \dot{\gamma}$

One-dimensional model - Summary

1. Elastoplastic split of the axial strain $\quad \varepsilon = \varepsilon^e + \varepsilon^p$

2. Uniaxial elastic law $\quad \sigma = E\varepsilon^e$

3. The yield function $\quad \Phi(\sigma, Y) = |\sigma| - Y$

4. Plastic flow rule $\quad \dot{\varepsilon}^p = \dot{\gamma}\, sign(\sigma)$

5. Hardening Law $\quad Y = Y(\bar{\varepsilon}^p) \qquad \dot{\bar{\varepsilon}}^p = \dot{\gamma}$

6. Loading/unloading criterion $\quad \Phi \leq 0 \qquad \dot{\gamma} \geq 0 \qquad \Phi\dot{\gamma} = 0$

Plastic multiplier / elastoplastic tangent modulus

Determination of the plastic multiplier

During the plastic flow, the value of yield function remains constant

$$\Phi = |\sigma| - Y = 0 \quad \Rightarrow \quad \dot{\Phi} = 0$$

Consistent condition: During the plastic flow, current stress always coincides with current yield stress

Hardening modulus: $H = H(\bar{\varepsilon}^p) = \dfrac{dY}{d\bar{\varepsilon}^p}$

By taking the time derivative of the yield function

$$\dot{\Phi} = sign(\sigma)\dot{\sigma} - H\dot{\bar{\varepsilon}}^p \Rightarrow sign(\sigma)\dot{\sigma} = H\dot{\bar{\varepsilon}}^p$$

From elastic law $\dot{\sigma} = E(\dot{\varepsilon} - \dot{\varepsilon}^p)$

From hardening law $\dot{\bar{\varepsilon}}^p = \dot{\gamma}$

$$\Rightarrow \dot{\gamma} = \frac{E}{H+E} sign(\sigma)\dot{\varepsilon} = \frac{E}{H+E}|\dot{\varepsilon}|$$

Elastoplastic tangent modulus

In FEM, we need an elastoplastic tangent modulus, a relationship between stress and total strain rate:

$$\dot{\sigma} = E^{ep}\dot{\varepsilon}$$

From the above equations, we have $E^{ep} = \dfrac{EH}{E+H}$

Generalization of elastoplastic constitutive model

1. Additive decomposition of the strain tensor

$$\varepsilon = \varepsilon^e + \varepsilon^p$$

2. General elastic law

$$\boldsymbol{\sigma} = \mathbf{C}\boldsymbol{\varepsilon}^e$$

3. The yield function

$$\Phi = \Phi(\sigma, \varepsilon^p, \alpha)$$

α : A set of internal variables associated with hardening

4. Plastic flow rule

$$\dot{\varepsilon}^p = \dot{\gamma}\ \mathbf{N}(\sigma, \varepsilon^p, \alpha)$$

5. Hardening law

$$\dot{\alpha} = \dot{\gamma}\ H(\sigma, \varepsilon^p, \alpha)$$

6. Loading/unloading criterion

$$\Phi \le 0 \qquad \dot{\gamma} \ge 0 \qquad \Phi\dot{\gamma} = 0$$

AFDEX Elasto-Plastic Module

◆ Elasto-plastic analysis in AFDEX
- Instant switch between rigid-plastic analysis and elasto-plastic analysis
- Integrated with the established AFDEX capabilities & UI
- The state of art implementation of geometric and material nonlinearities
- Forming analysis with remeshing and springback analysis
- Material Model: von Mises yield criterion

◆ 2D Element
- 4-node quadrilateral element for plane strain and axi-symmetric problem.
- Displacement based B-bar formulation: remedy for volumetric locking

◆ 3D Element
- 4-node tetrahedron element
- (u/p) mixed formulation : remedy for volumetric locking
- Pressure stabilization and good in-plane bending performance by using bubble function

Nonlinearities in Metal forming Simulation

(Material) **(Geometry)** **(Contact)**

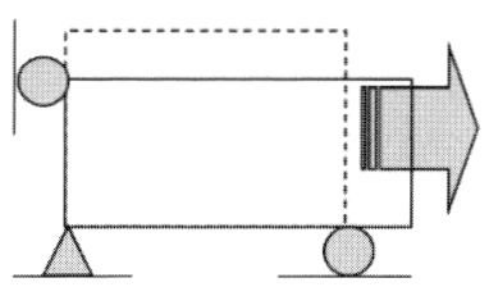

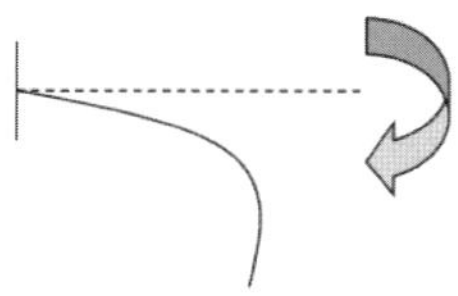

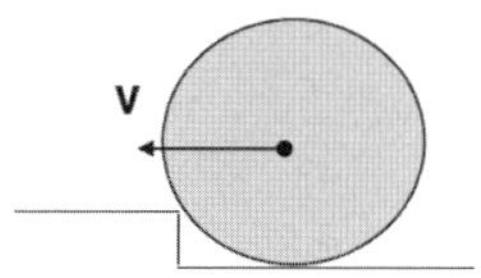

◆ AFDEX has successfully resolved these nonlinearities with rigid-plastic FEM.

◆ Elasto-plastic FEM has difficulties in resolving these nonlinearities

◆ Material and Geometrical Nonlinearities , Sound Element Technology :
New implementation of the established tech.

◆ Contact Nonlinearity : Improvement of the existing capability of AFDEX

Nonlinearities in Elastoplastic FEM

Resolution of Contact nonlinearity by using existing AFDEX implementations

Contact Nonlinearity

< Contact Scheme >

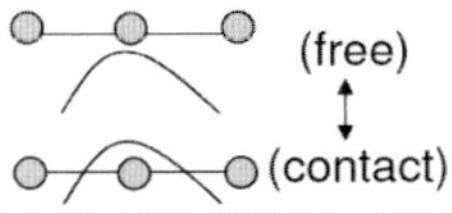

Geometric Nonlinearity ($\mathbf{B}$) $\Delta\boldsymbol{\varepsilon} = (\mathbf{B}_L + \mathbf{B}_{NL})\mathbf{u}$

< Element Technology>

$$\underbrace{\int_v \mathbf{B}_L^T \mathbf{C} \mathbf{B}_L dv + \int_v \mathbf{B}_{NL}^T \boldsymbol{\sigma} \mathbf{B}_{NL} dv}_{\text{Convergence}} = \underbrace{\mathbf{F}^{ext} - \int_v \mathbf{B}_L^T \boldsymbol{\sigma} dv}_{\text{Accuracy}}$$

Material Nonlinearity ($\boldsymbol{\sigma}$)

< Material Modeling >

$\boldsymbol{\sigma} = \boldsymbol{\sigma}_n + \Delta\boldsymbol{\sigma}$ where $\Delta\boldsymbol{\sigma} = \mathbf{C}(\Delta\boldsymbol{\varepsilon} - \Delta\boldsymbol{\varepsilon}^P) = \mathbf{C}(\mathbf{B}_L \Delta\mathbf{u} - \Delta\boldsymbol{\varepsilon}^P)$

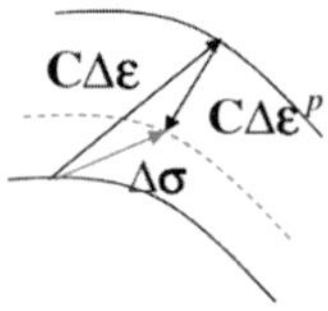

Implementation of geometric nonlinearity

Representations for stress calculation based on polar decomposition

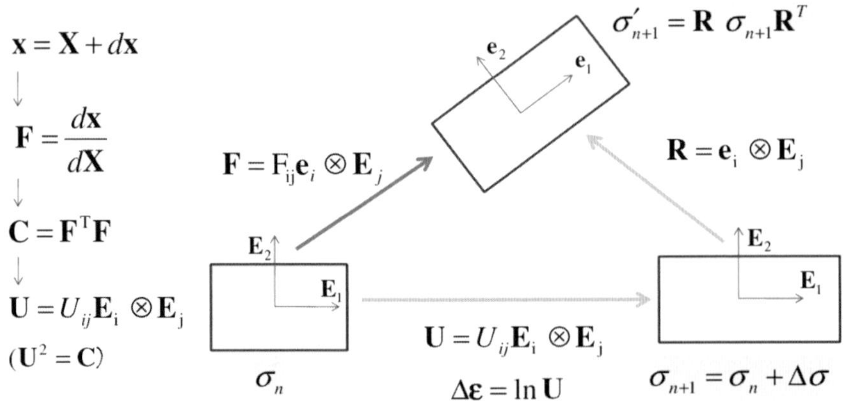

Stress Integration: $\sigma_{n+1} = \sigma_n + \Delta\sigma = \sigma_n + \mathbf{C}(\Delta\varepsilon - \Delta\varepsilon^P)$

(material nonlinearity)

Implementation of material nonlinearity

- Nonlinearity in Plasticity

$$\sigma_{n+1} = \sigma_n + \Delta\sigma$$

$$\Delta\sigma = \mathbf{C}\Delta\varepsilon^{e} = (\Delta\varepsilon - \boxed{\Delta\varepsilon^{p}})$$

Stress-Potential

(Nonlinearity : unknown) $$\Delta\varepsilon^{p} = \lambda \frac{\partial\bar{\sigma}}{\partial\sigma}$$

magnitude direction

Consistency Condition : (yield function=hardening) $$\bar{\sigma}(\sigma_n + \Delta\sigma) = \rho(\bar{\varepsilon}_n + \Delta\bar{\varepsilon}^{p})$$

- First Implementation
  - Von-Mises yield function with linear Isotropic/Kinematic Hardening
  - Radial-return mapping
  - Consistent tangent stiffness

2D Element: quadrilateral element with B-Bar method

Hughes T.J.R. (2000)

standard B matrix : 4pt. integration

$$B_a = \begin{bmatrix} B_1 & 0 & 0 \\ 0 & B_2 & 0 \\ 0 & 0 & B_3 \\ 0 & B_3 & B_2 \\ B_3 & 0 & B_1 \\ B_2 & B_1 & 0 \end{bmatrix}$$

in which $B_i = \dfrac{\partial N_a}{\partial x_i} \quad 1 \le i \le 3$

Shear part: 4pt. Intg.

$$B_a^{dev} = B_a - B_a^{dil}$$

Dilatational part: 1pt. Intg.

$$\bar{B}_a^{dil} = \frac{1}{3}\begin{bmatrix} \bar{B}_1 & \bar{B}_2 & \bar{B}_3 \\ \bar{B}_1 & \bar{B}_2 & \bar{B}_3 \\ \bar{B}_1 & \bar{B}_2 & \bar{B}_3 \\ 0 & 0 & 0 \\ 0 & 0 & 0 \\ 0 & 0 & 0 \end{bmatrix}$$

$$\bar{B}_a = B_a^{dev} + \bar{B}_a^{dil}$$

In details, this is given as:

$$\bar{B}_a = \begin{bmatrix} B_5 & B_6 & B_8 \\ B_4 & B_7 & B_8 \\ B_4 & B_6 & B_9 \\ 0 & B_3 & B_2 \\ B_3 & 0 & B_1 \\ B_2 & B_1 & 0 \end{bmatrix}$$

$$B_4 = \frac{\bar{B}_1 - B_1}{3} \qquad B_5 = B_1 + B_4$$

$$B_6 = \frac{\bar{B}_2 - B_2}{3} \qquad B_7 = B_2 + B_6 \qquad \bar{B}_i = \frac{\int_{\Omega^e} B_i d\Omega}{\int_{\Omega^e} d\Omega}$$

$$B_8 = \frac{\bar{B}_3 - B_3}{3} \qquad B_9 = B_3 + B_8$$

-50-

3D Element: 4 node MINI tetrahedral element

➢Mixed Formulation (u/p):

✓ 3 displacement d. o. f. + 1 pressure d. o. f. per node

✓ Remedy for volume locking

➢Bubble function (MINI) :

✓Stabilization of pressure oscillation

➢Condensation of displacement of bubble node

✓Final d. o. f. of element: 4 d. o. f. per node X 4 nodes = 16 d. o. f.

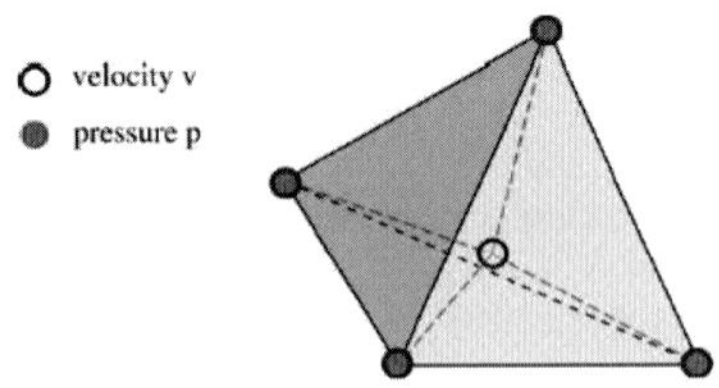

6.2.7 Friction

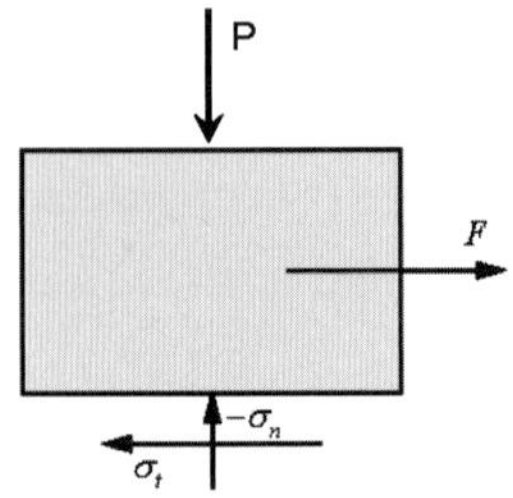

Law of friction

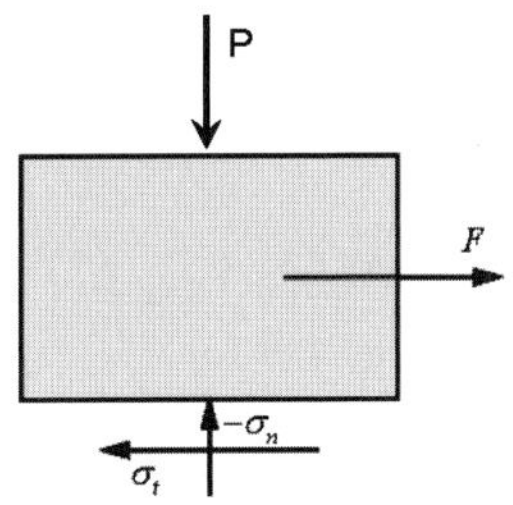

⊙ Law of Coulomb friction

$$\sigma_t = -\mu \, \sigma_n \, sign(v_t)$$

Coef. of Coulomb friction (μ) — Normal stress (σ_n)

⊙ Law of constant shear friction

$$\sigma_t = m \, k \, sign(v_t)$$

Friction factor (m) — Shear yield stress (k)

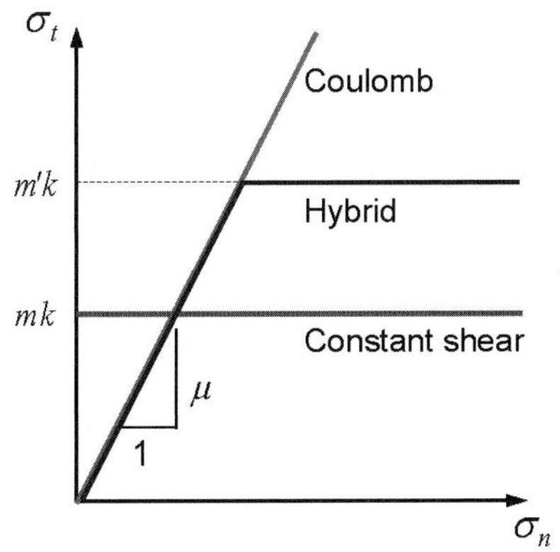

⊙ Hybrid

$$\sigma_t = -\mu \sigma_n g(v_t - \overline{v}_t)$$

$$\sigma_t = m' k \; g(v_t - \overline{v}_t)$$

$$g = \left(-\frac{2}{\pi} \tan^{-1} \frac{(v_t - \overline{v}_t)}{a} \right)$$

Calculation of frictional coefficient in AFDEX

$$\mu = \mu_0 W_P(P) \; W_T(T) \; W_E(\varepsilon)$$

Piecewise linear function defined by sample points

- P: Normal pressure
- T: Temperature
- ε : Effective strain

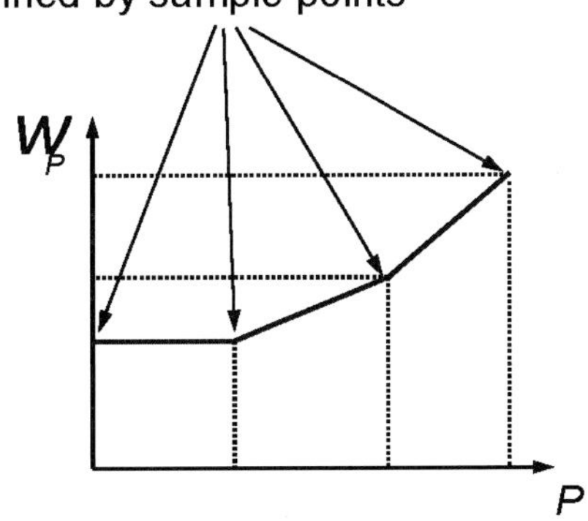

Effect of friction on cold upsetting

✓ Test process geometry

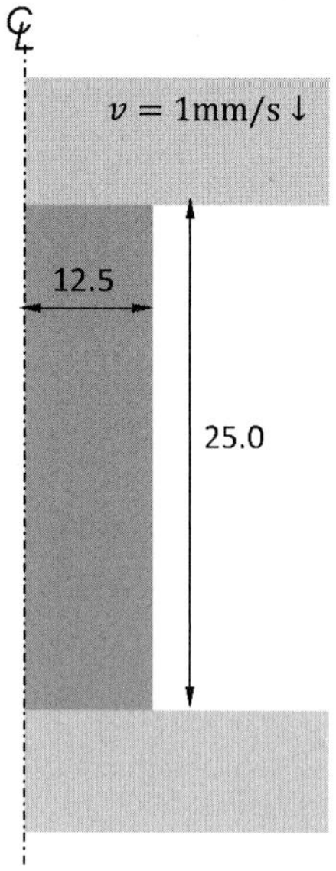

✓ Initial mesh system

No remeshing during simulation

✓ Flow stresses tested

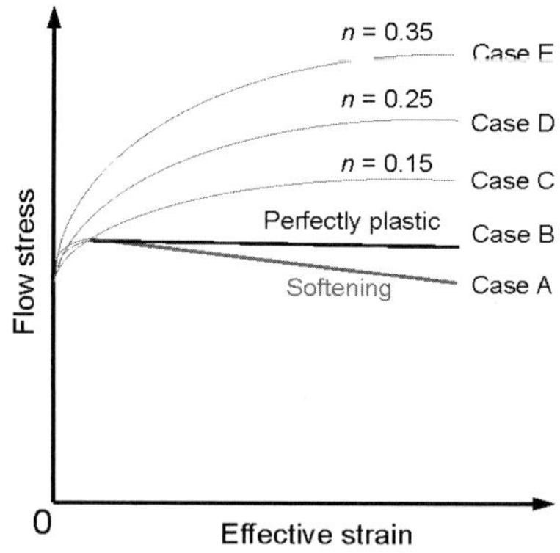

✓ Frictional condition: 10 Cases defined in next page

✓ Number of simulations: 50

Definition of frictional coefficients tested

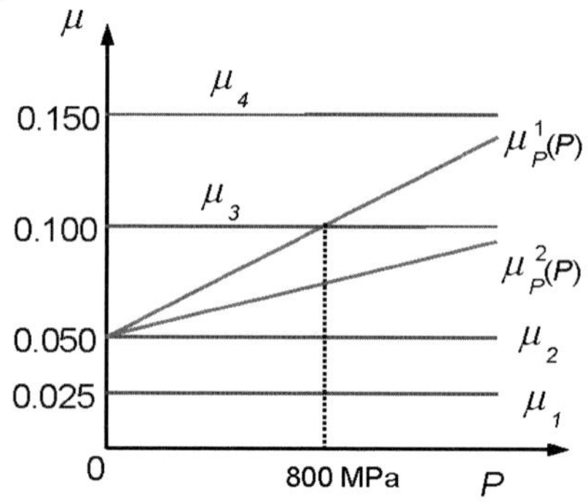

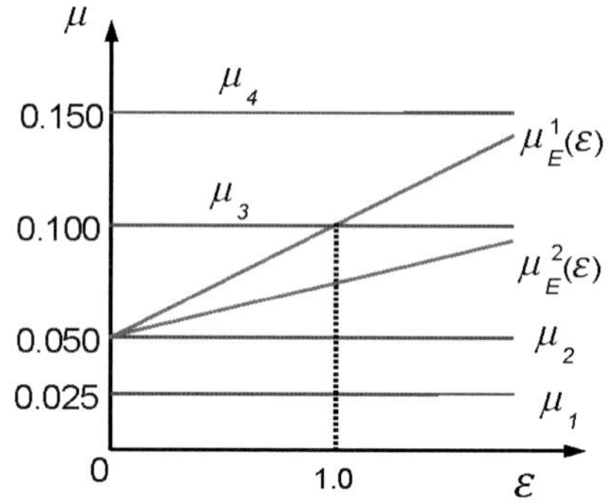

✓ Constant frictional coefficients (Case 1-4): μ_1 μ_2 μ_3 μ_4

✓ Frictional coefficients depending on pressure (Case 5, 6): $\mu_P^1(P)$ $\mu_P^2(P)$

✓ Frictional coefficients depending on strain (Case 7, 8): $\mu_E^1(\varepsilon)$ $\mu_E^2(\varepsilon)$

✓ Frictional coefficients depending on both pressure and strain (Case 9, 10):
$\mu_P^1(P)\,\mu_E^1(\varepsilon)$ $\mu_P^2(P)\,\mu_E^2(\varepsilon)$

Effect of friction on cold upsetting

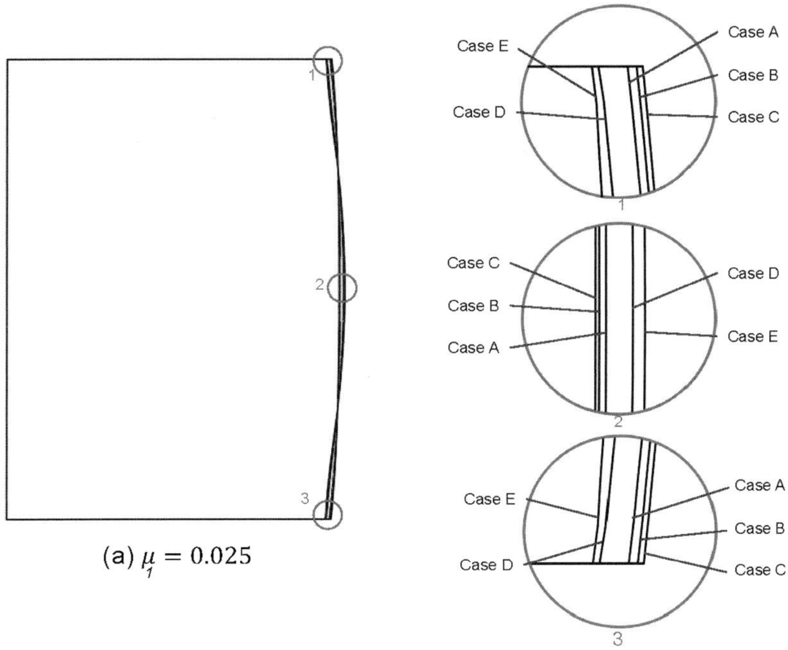

(a) $\mu_1 = 0.025$

Effect of friction on cold upsetting

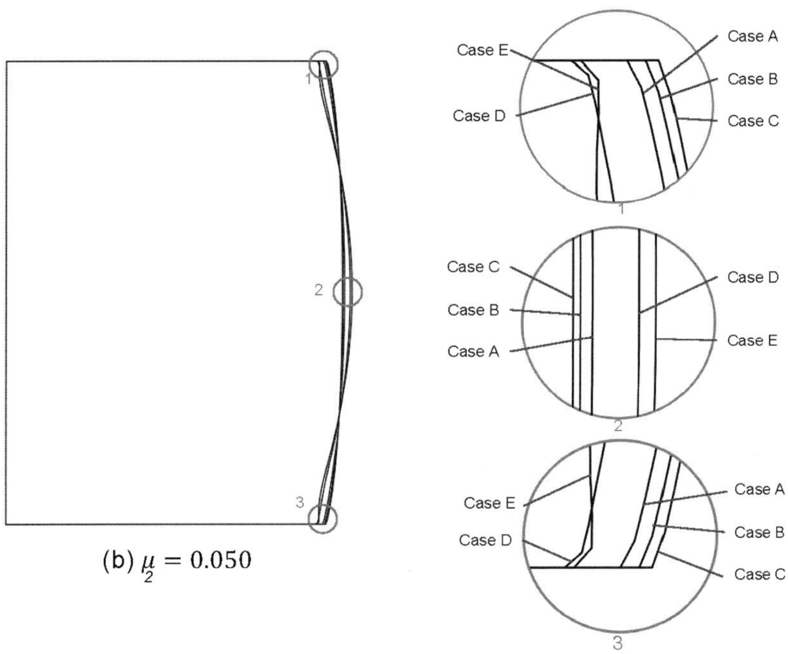

(b) $\mu_2 = 0.050$

Effect of friction on cold upsetting

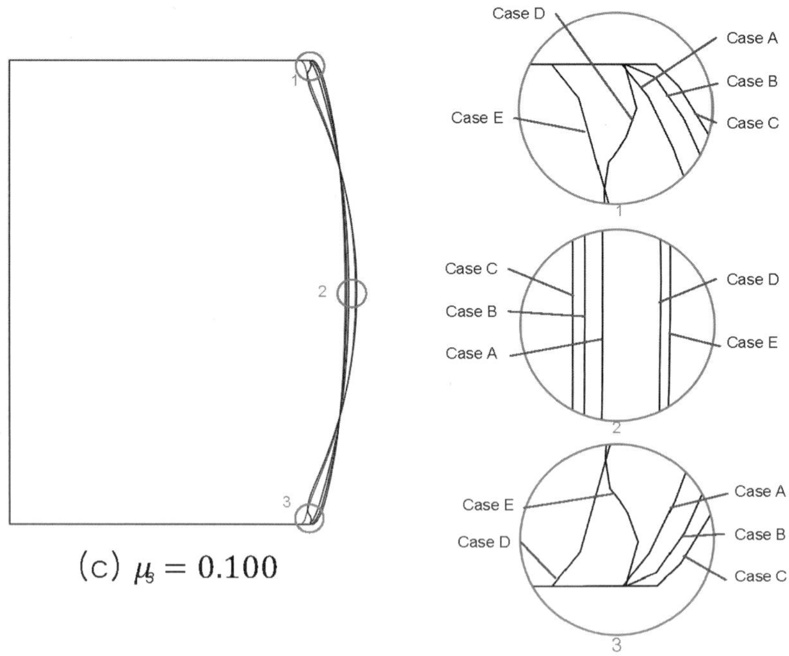

(c) $\mu_3 = 0.100$

Effect of friction on cold upsetting

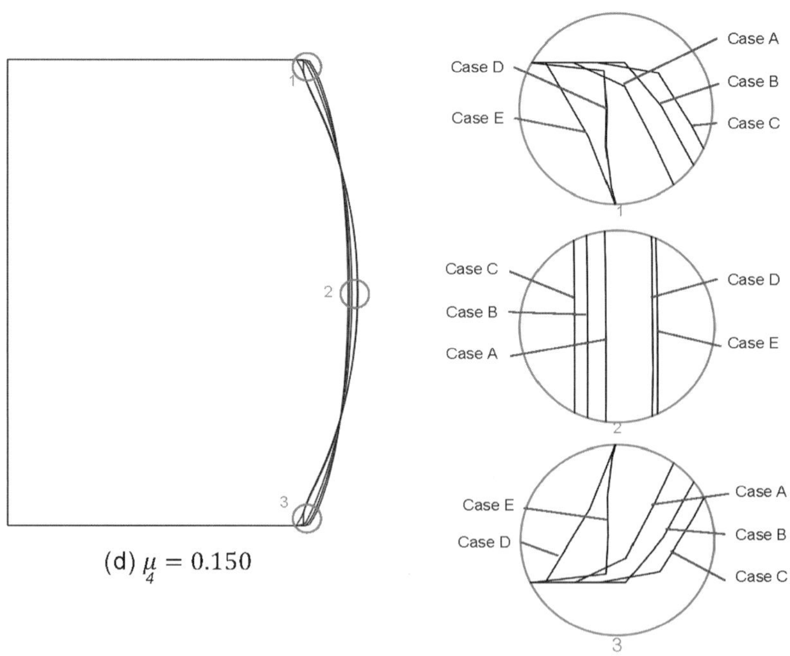

(d) $\mu_4 = 0.150$

Effect of friction on cold upsetting

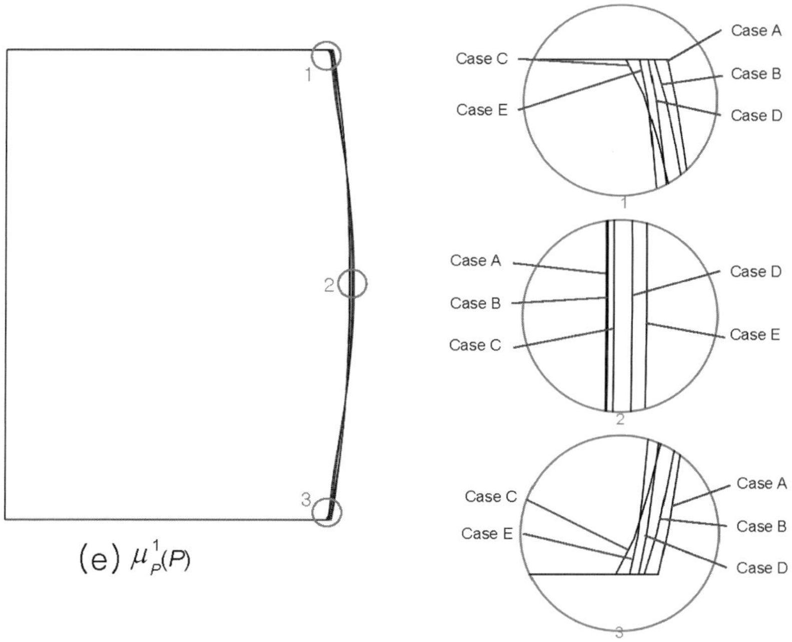

(e) $\mu_P^1(P)$

Effect of friction on cold upsetting

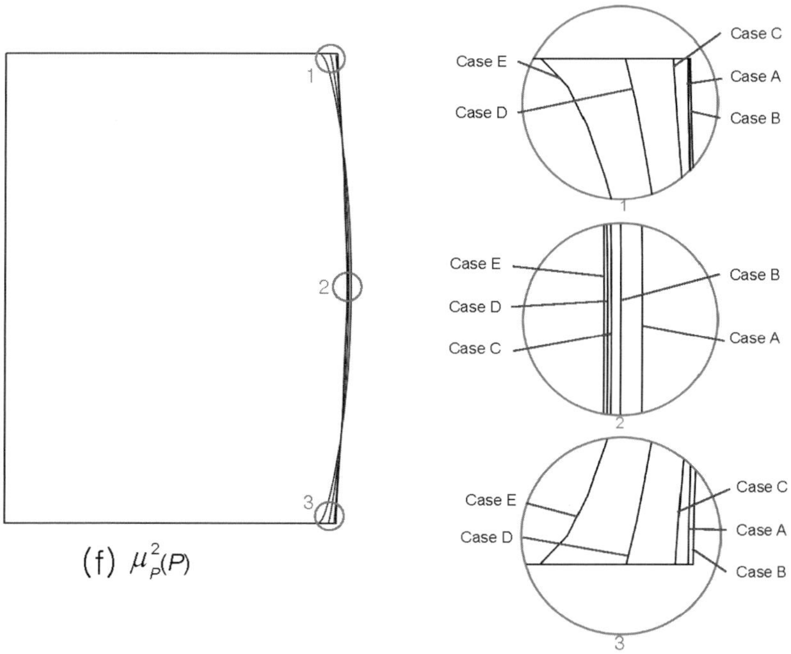

(f) $\mu_P^2(P)$

Effect of friction on cold upsetting

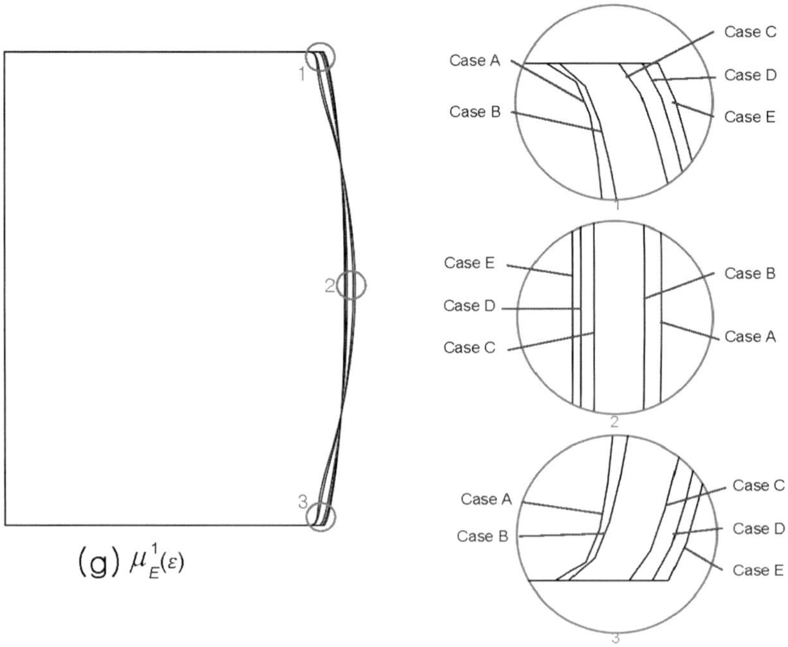

(g) $\mu_E^1(\varepsilon)$

Effect of friction on cold upsetting

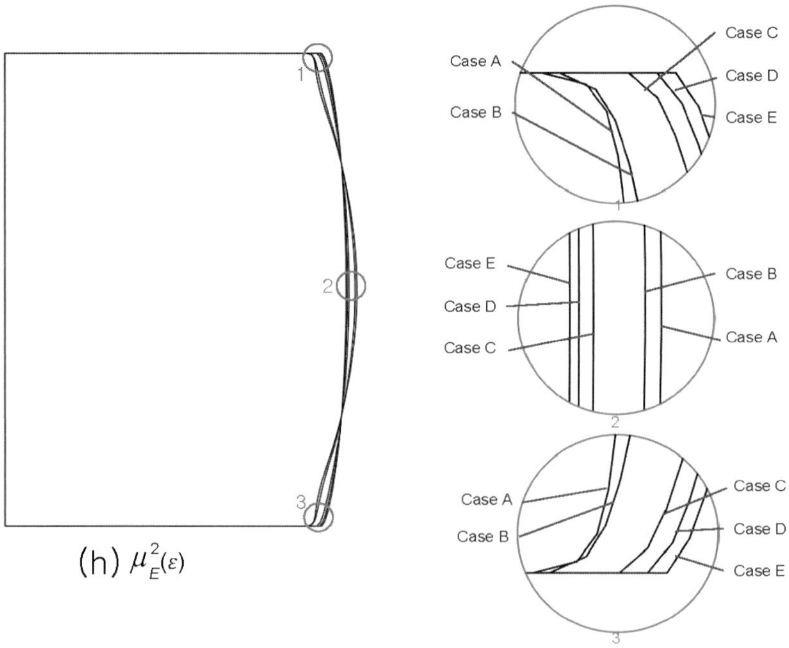

(h) $\mu_E^2(\varepsilon)$

Effect of friction on cold upsetting

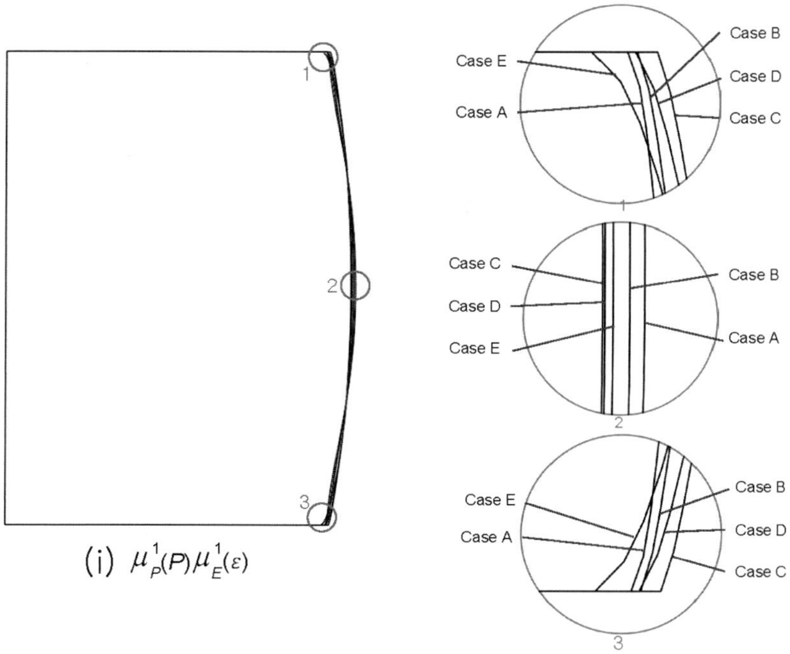

(i) $\mu_P^1(P)\mu_E^1(\varepsilon)$

Effect of friction on cold upsetting

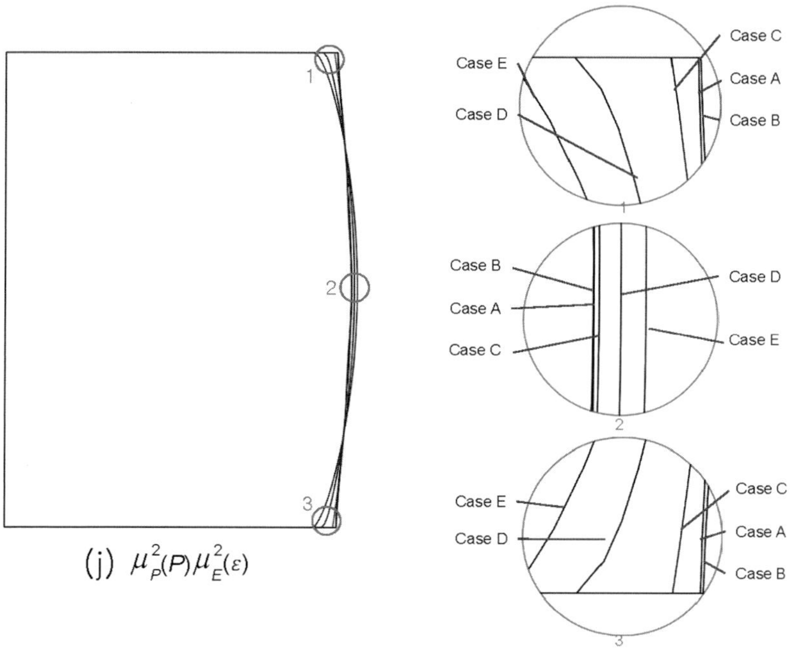

(j) $\mu_P^2(P)\mu_E^2(\varepsilon)$

6.2.8 Incompressibility

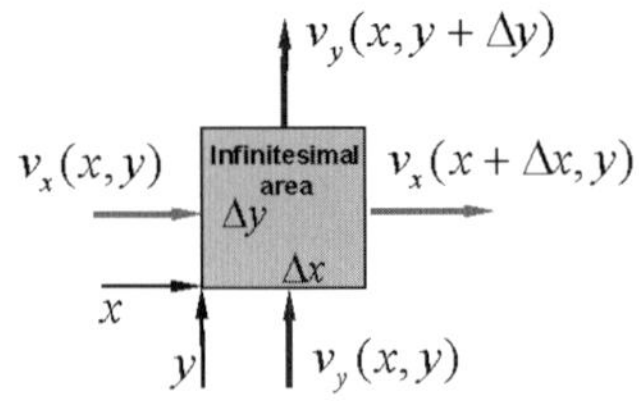

Incompressibility condition

Law of mass conservation

- Incompressibility condition
  - $\cdot\ \varepsilon_{ii} = u_{i,i} = 0$
  - $\cdot\ \dot{\varepsilon}_{ii} = v_{i,i} = 0$

$$\frac{\partial \boldsymbol{v}_x}{\partial \boldsymbol{x}} + \frac{\partial \boldsymbol{v}_y}{\partial \boldsymbol{y}} = 0$$

- Law of mass conservation
  - $\cdot\ (\rho v_i)_{,i} + \frac{\partial \rho}{\partial t} = 0$

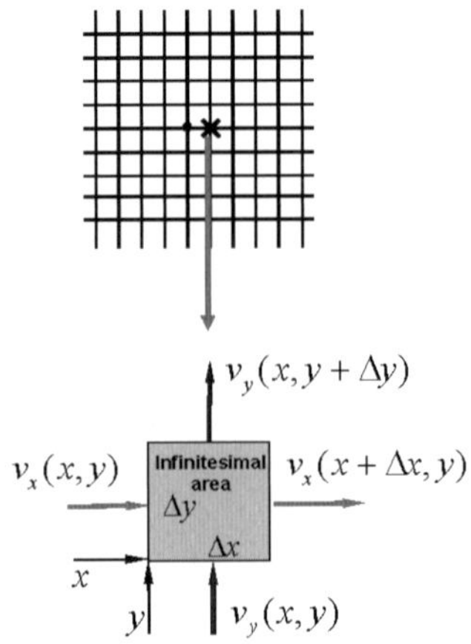

$$(v_x(x+\Delta x, y) - v_x(x, y))\Delta y + (v_y(x, y+\Delta y) - v_y(x, y))\Delta x = 0$$
$$(v_x(x+\Delta x, y) - v_x(x, y)) / \Delta x + (v_y(x, y+\Delta y) - v_y(x, y)) / \Delta y = 0$$

6.3 Heat transfer

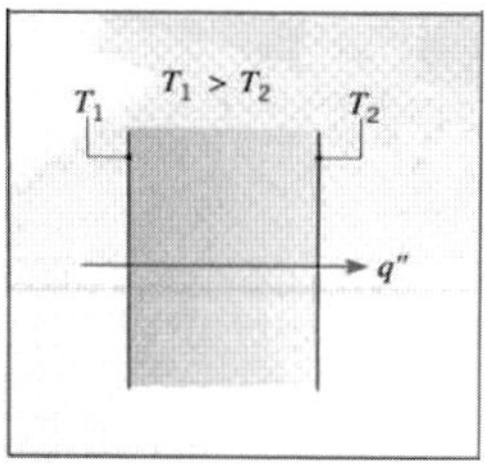

Heat transfer phenomena in solid

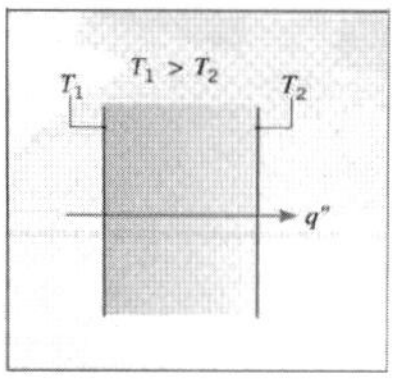

Fourier's law of heat conduction

- **One-dimensional**

$$q_x = -k\frac{\Delta T}{\Delta x}, \quad -k\frac{dT}{dx}$$

Coefficient of heat conduction

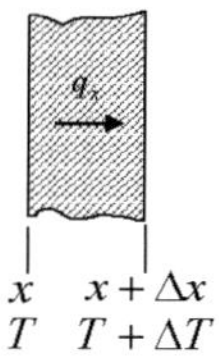

- **2 or 3-dimensional**

$$q_x = -k\frac{\partial T}{\partial x}, \; q_y = -k\frac{\partial T}{\partial y}, \; q_z = -k\frac{\partial T}{\partial z}$$

$$\mathbf{q} = -k\nabla T$$ ← Heat flux

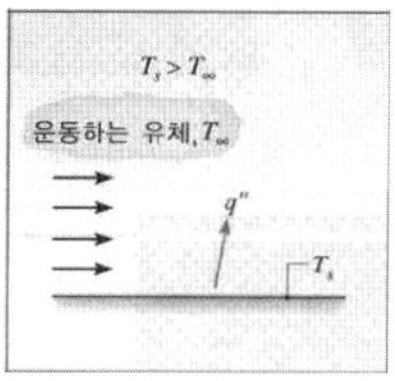

Law of heat convection

$$q_c = h_q(T - T_\infty)$$

Heat transfer coefficient

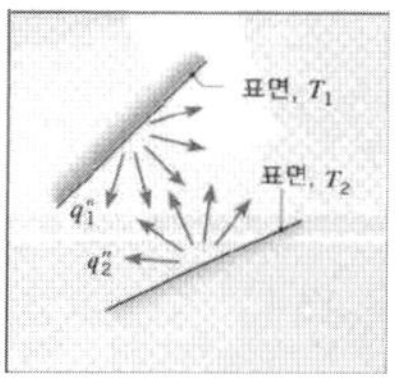

Law of radiation

$$q_r = \sigma\varepsilon(T^4 - \overline{T}_q^{\,4})$$

Stefan-Boltzmann constant

Theory and law of heat conduction

Equation of heat conduction

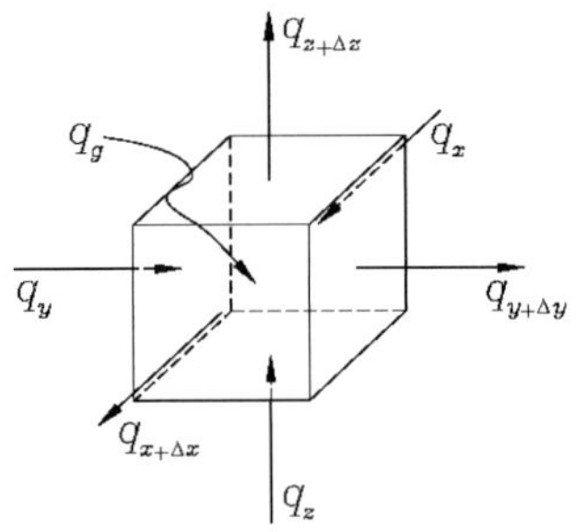

- $(-q_{x+\Delta x}+q_x)\Delta y\Delta z+(-q_{y+\Delta y}+q_y)\Delta z\Delta x$
  $+(-q_{z+\Delta z}+q_z)\Delta x\Delta y+q_g\Delta x\Delta y\Delta z=\rho c\frac{\partial T}{\partial t}\Delta x\Delta y\Delta z$

  Thermal capacity

- $q_{x+\Delta x}=q_x+\frac{\partial q_x}{\partial x}\Delta x,\quad etc.$
- $-q_{x+\Delta x}+q_x=-\frac{\partial q_x}{\partial x}\Delta x=\frac{\partial}{\partial x}\left(k\frac{\partial T}{\partial x}\right)$

$$\frac{\partial}{\partial x}\left(k\frac{\partial T}{\partial x}\right)+\frac{\partial}{\partial y}\left(k\frac{\partial T}{\partial y}\right)+\frac{\partial}{\partial z}\left(k\frac{\partial T}{\partial z}\right)+q_g=\rho c\frac{\partial T}{\partial t}$$

$$q_g=(0.9\sim1.0)\bar{\sigma}\dot{\bar{\varepsilon}}$$

Equation of heat conduction

Boundary conditions

$T=\bar{T}$ **on** $\mathbf{S}_T$

$k\nabla T\cdot\mathbf{n}=kT_{,i}n_i=-\sigma\varepsilon(T^4-\bar{T}_q^{\,4})-h_q(T-\bar{T}_q)$ **on** $\mathbf{S}_q$

6.4 Heat treatment and carburizing

6.4.1 Heat treatment

6.4.2 Carburizing

6.4.1 Heat treatment

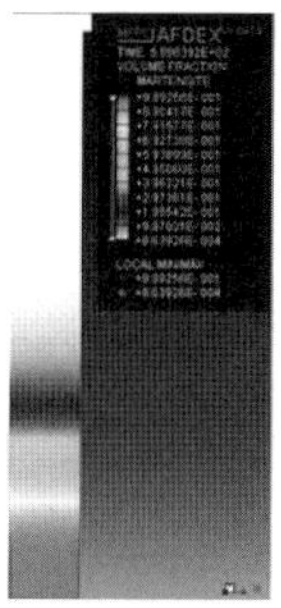

Theoretical background

◆ Components and Phases

- Components:
  The elements or compounds which are present in the mixture (e.g., Al and Cu)
- Phases:
  The physically and chemically distinct material regions that result (e.g., α and β).

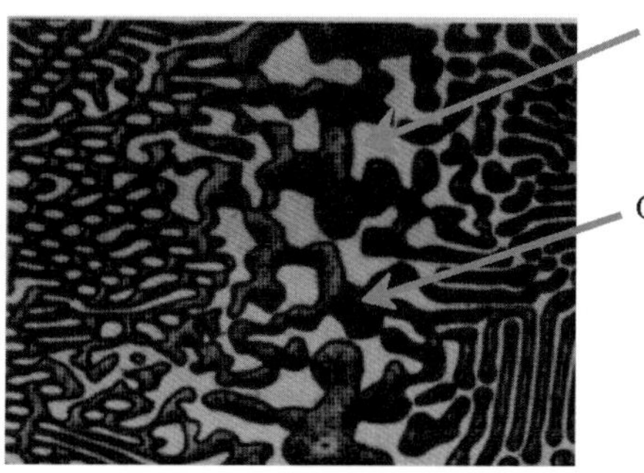

Aluminum-Copper Alloy

Introduction

◆ Phase Diagram(Iron-Carbon(Fe-C))

• 2 important points

-Eutectic (A): $L \Rightarrow \gamma + Fe_3C$

-Eutectoid (B): $\gamma \Rightarrow \alpha + Fe_3C$

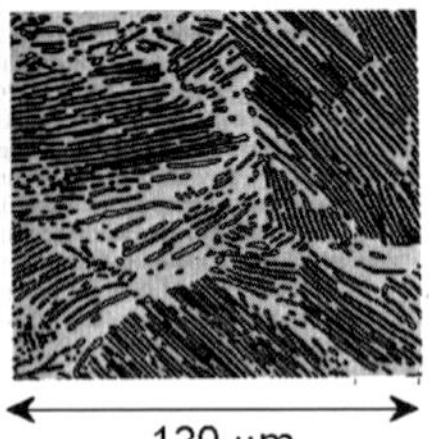

Pearlite : alternating layers of α and Fe_3C phases

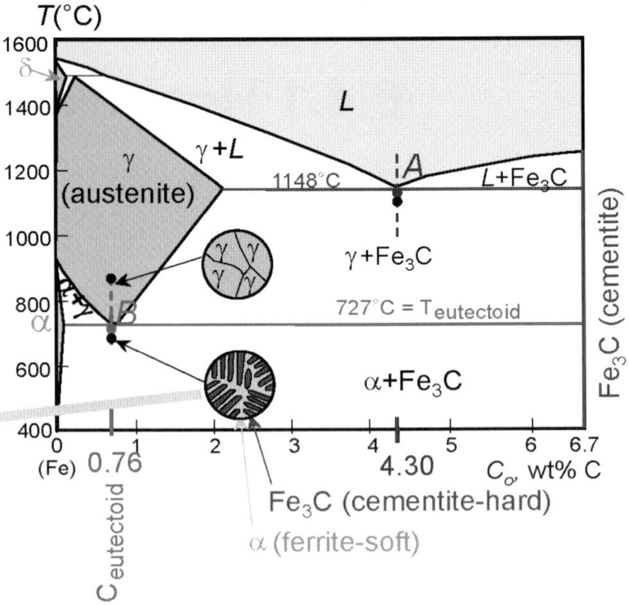

Basic of phase transformation

Phase Transformation

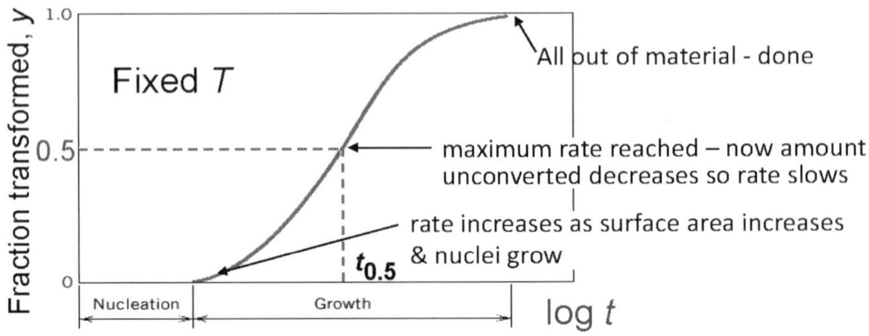

Avrami rate equation => $y = 1 - \exp(-bt^n)$

y : fraction transformed **t : time**

– b & n fitted by using TTT diagram for specific sample

76

Basic of phase transformation

- TTT(IT) Diagram
  - Time-Temperature-Transformation diagram
  - Phase transformation during holding at specific temperature (Isothermal Transformation)

- Diffusional transformation

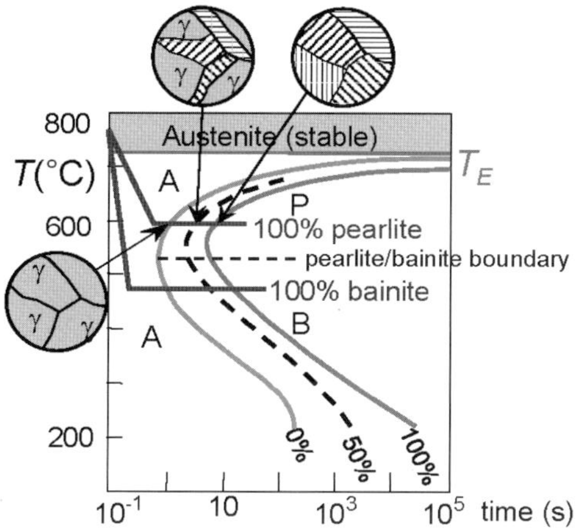

- Pearlite
  -- alternating layers of α and Fe3C phases

- Bainite:
  -- α lathes (strips) with long rods of Fe3C
  -- diffusion controlled.

77

Basic of phase transformation

- Non-diffusional transformation
  - Phase transformation
    -- γ(FCC) to Martensite (BCT)
    (involves single atom jumps)

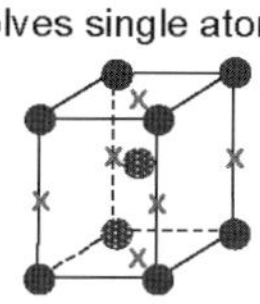

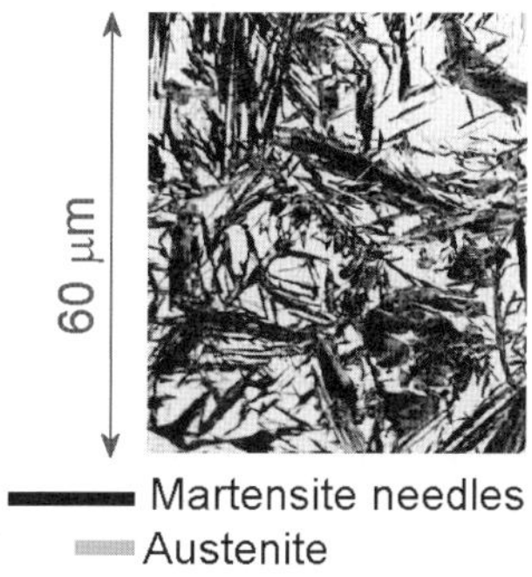

  - Transformation Diagram

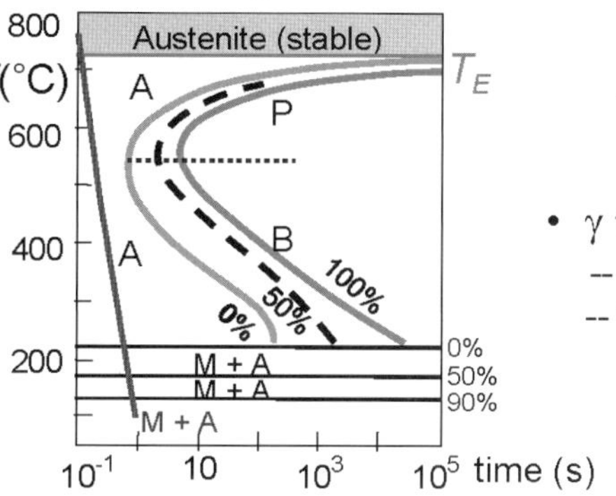

- γ to M transformation
  -- is rapid!
  -- % transf. depends on T only.

78

Kinetics of phase transformation

- Diffusive transformation
  - Using Modified JMA Kinetics for Pearlite, Bainite transformation

$$y = 1 - \exp(-bt^n)$$

- Non-diffusive transformation
  - Using Koistinen Marburger martensite kinetics model

$$y = 1 - \exp\{-0.011(Ms - T)\}$$

Investigator	Martensite Kinetics model	Year
Harris Cohen	$y = 1 - 9.96 * 10^{-15} * \{455 - (Ms - T)\}^{5.32}$	1949
Koistinen Marburger	$y = 1 - \exp\{-0.011(Ms - T)\}$	1959
Inoue	$y = 1 - \exp\{k(T)\}$	1854
Skrotzki	$y = 1 - [(T - Mf)/(Ms - Mf)]^2$	1991
DANTE	$dy/dT = v_m(fm + f_{Enm})^{am}(1 - f_m)^{bm-1} fadT$	2000

79

Phase transformation simulation in AFDEX

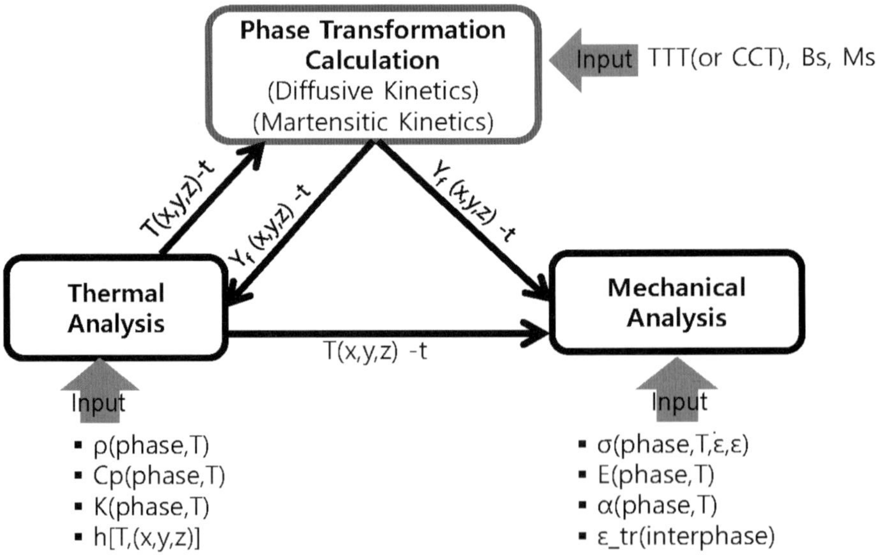

80

Phase transformation simulation in AFDEX

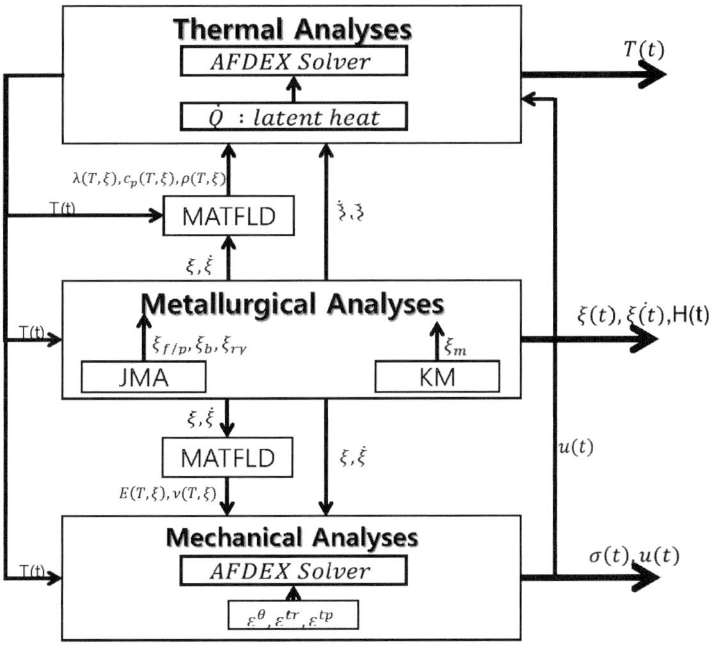

81

Verification : Jominy test

Jominy test system

Testing

Microscopic analysis

H = 1.5 mm

Verification : Jominy test

- 2D Jominy simulation

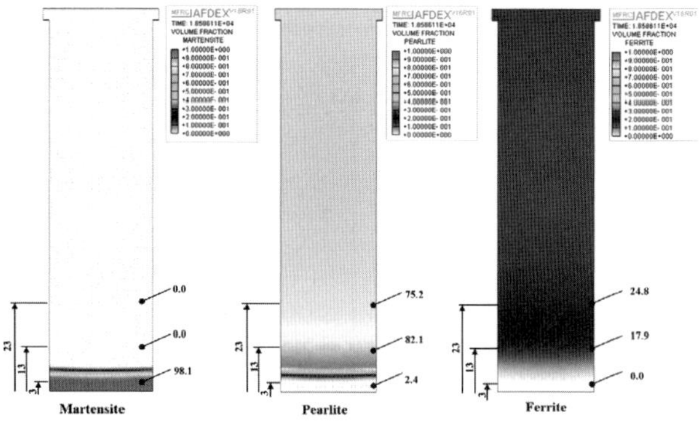

- Temperature history in 2D/3D

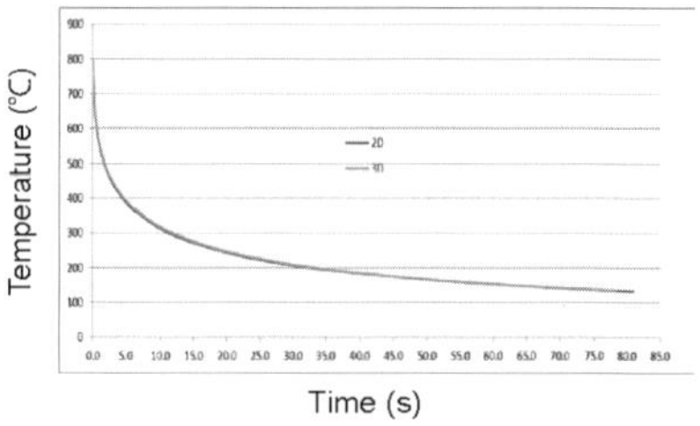

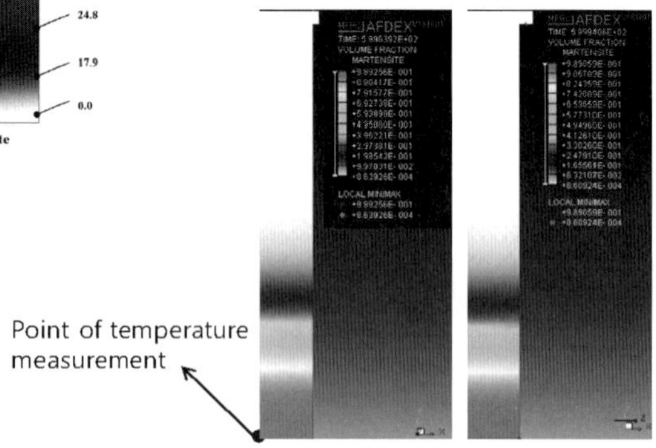

Comparison of 2D and 3D

Verification : Jominy test

- Prediction Model(Maynier et al)

Hv = Hv(composition, cooling rate)

$$= \sum_i X_i Hv_i$$

※ X_i : volume fraction of each phase
※ Hv_i : Hardness in Vickers of each phase
※ Cooling rate(Vr) = cooling rate at 700℃ in degrees Celsius per hour

- Hardness prediction(HV)

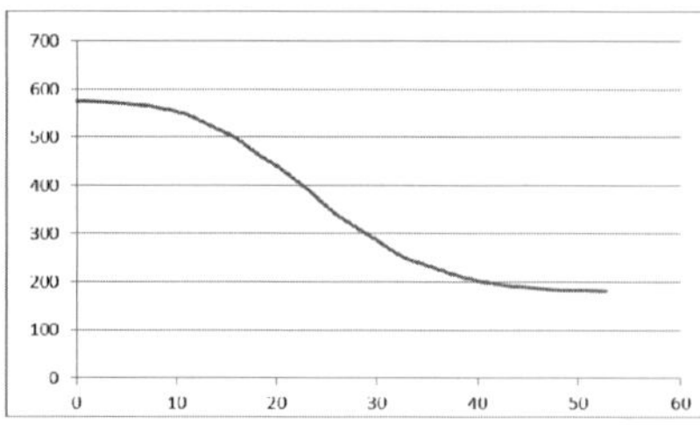

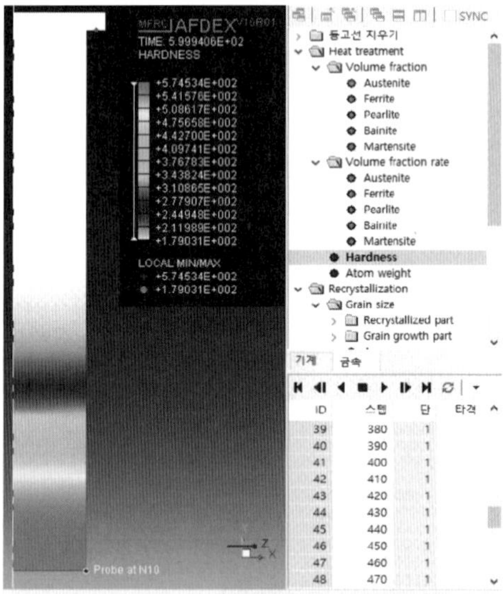

Quenching test for tie rod end

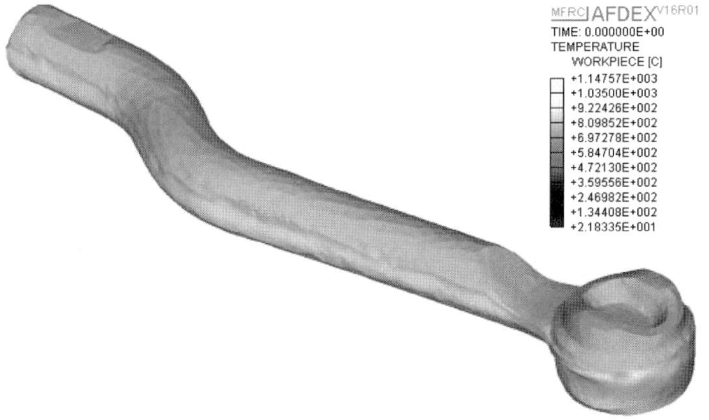

6.4.2 Carburizing

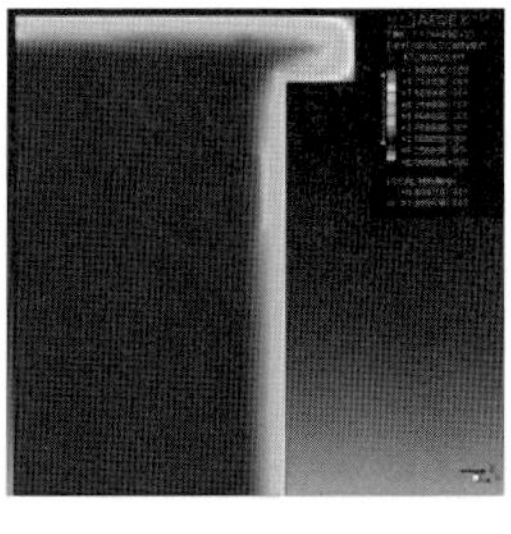

Diffusion

- How do we quantify the amount or rate of diffusion?

$$J \equiv \text{Flux} \equiv \frac{\text{moles (or mass) diffusing}}{(\text{surface area})(\text{time})} = \frac{\text{mol}}{\text{cm}^2\text{s}} \text{ or } \frac{\text{kg}}{\text{m}^2\text{s}}$$

- Measured empirically
  - Make thin film (membrane) of known surface area
  - Impose concentration gradient
  - Measure how fast atoms or molecules diffuse through the membrane

$$J = \frac{M}{At} = \frac{1}{A}\frac{dM}{dT}$$

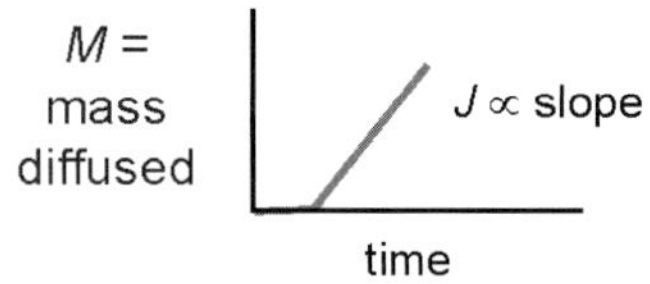

- Steady state diffusion
  - Rate of diffusion independent of time
  - Flux proportional to concentration gradient = $\frac{dC}{dx}$

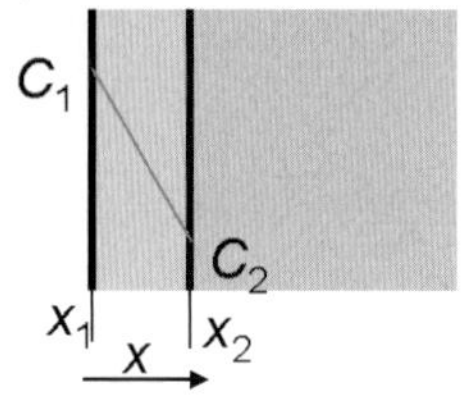

Fick's first law of diffusion

$$\boxed{J = -D\frac{dC}{dx}}$$

$D \equiv$ diffusion coefficient

if linear $\frac{dC}{dx} \cong \frac{\Delta C}{\Delta x} = \frac{C_2 - C_1}{x_2 - x_1}$

87

Diffusion

- Diffusion coefficient(D)

$$D = D_o \exp\left(-\frac{Q_d}{RT}\right)$$

D_0 = pre-exponential [m²/s]

Q_d = activation energy [J/mol or eV/atom]

R = gas constant [8.314 J/mol-K]

T = absolute temperature [K]

- Non-Steady state Diffusion
  - The concentration of diffusing species is a function of both time and position C = C(x,t)
  - In this case Fick's Second Law is used

$$\boxed{\frac{\partial C}{\partial t} = D\frac{\partial^2 C}{\partial x^2}}$$

88

Carburizing(2D)

- **Test conditions**
  - Carburizing temp. 930℃
  - Carbon potential : 1.0
  - Holding time : 120min

Results of another S/W

Max : 0.965

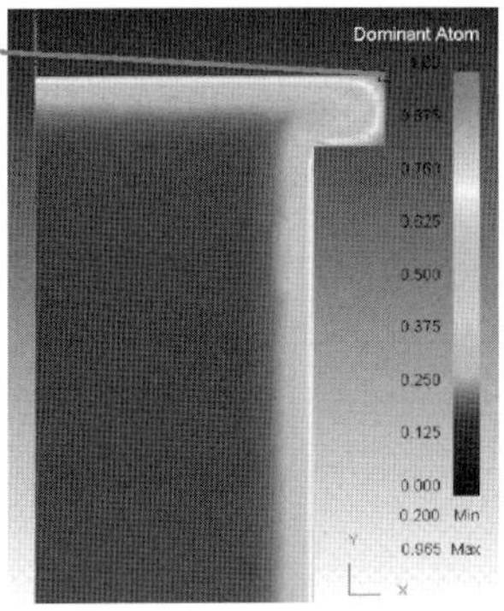

Results of AFDEX-HEAT

Max : 0.961

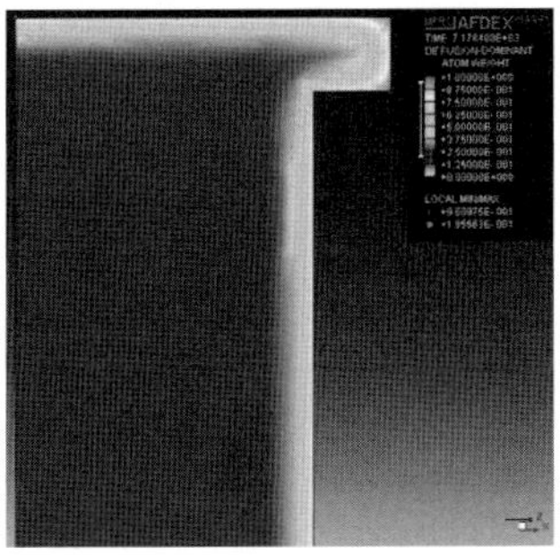

89

6.5 Induction heating

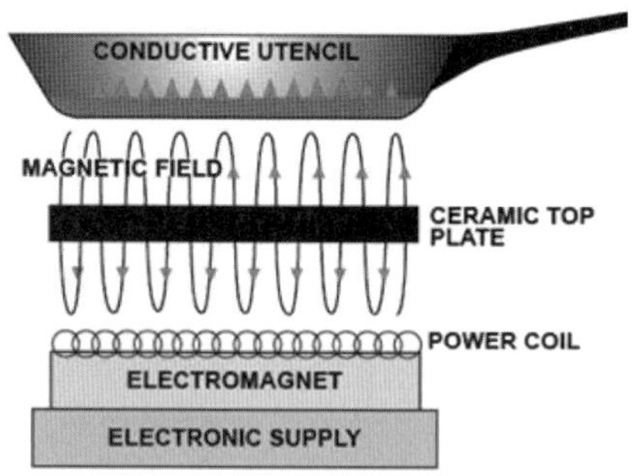

http://portableinductioncooktopreviews.com/how-does-induction-cooking-work/

Maxwell's equations

Maxwell's equations

- Gauss's law

$$\nabla \cdot D = \rho_f$$

- Gauss's law for magnetism

$$\nabla \cdot B = 0$$

- Maxwell-Faraday equation

$$\nabla \times E = -\frac{\partial B}{\partial t}$$

- Ampere's circuital law

$$\nabla \times H = J_f + \frac{\partial D}{\partial t}$$

- E : electric field
- D : electric displacement
- B : magnetic induction
- H : magnetic field

- J : current density
- ρ : electric charge density
- ϵ : permittivity
- μ : permeability

Potential formulations

$$B = \nabla \times A$$

$$E = -\nabla V - \frac{\partial A}{\partial t}$$

- A : magnetic potential
- V : electric potential

Constitutive relations

$$D = \epsilon E$$

$$H = \frac{1}{\mu} B$$

Ohm's law

$$J_f = J_s + \sigma E$$

- σ : conductivity

Eddy-current problem

Eddy current

- A changing magnetic field creates an electric field due to the Maxwell-Faraday equation ($\nabla \times E = -\frac{\partial B}{\partial t}$).
- Voltage differences are induced on circuits by the electric field ($E = -\nabla V$).
- An eddy current is created by the voltage difference ($I = V/R$).

Time-harmonic Maxwell's equations

- e.g. Eddy currents induced by alternate current sources
- $E = E_o e^{iwt}$, $B = B_o e^{iwt}$

Maxwell's equation in terms of magnetic vector potential

- substitute the magnetic potential formula to Maxwell's equations

$\nabla \times \frac{1}{\mu}(\nabla \times A) + \epsilon \frac{\partial E}{\partial t} = J_s + \sigma E$

Magneto-quasi-static approximation

- low frequency (e.g. Alternate current (AC))
- $\epsilon \frac{\partial E}{\partial t}$ term can be ignored

$\nabla \times \frac{1}{\mu}(\nabla \times A) + \sigma(\frac{\partial A}{\partial t} + \nabla V) = J_s$

Two dimensional geometry modes

2D Cartesian

Electromagnetic fields are independent of z.

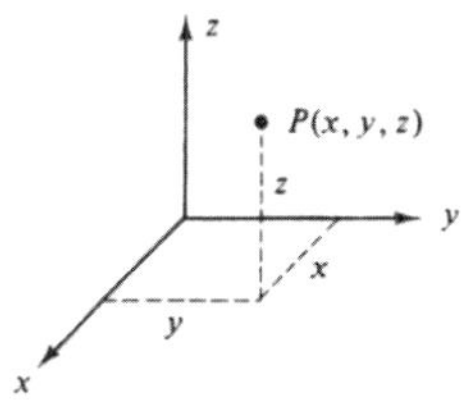

$A = A_z \hat{k}$

$\mathrm{B} = B_x \hat{\imath} + B_y \hat{\jmath}$

$$-\nabla \cdot \frac{1}{\mu}(\nabla A) + \sigma(iwA + \nabla V) = J_s$$

Axisymmetric

Electromagnetic fields are independent of θ.

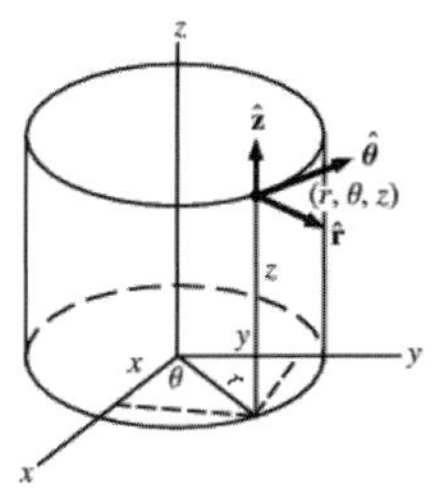

$A = A_\theta \hat{\theta}$

$\mathrm{B} = B_r \hat{r} + B_z \hat{z}$

$$-\frac{\partial^2 A}{\partial r^2} - \frac{\partial^2 A}{\partial z^2} - \frac{1}{r}\frac{\partial A}{\partial r} + \frac{A}{r^2} + \sigma(iwA + \nabla V) = J_s$$

Skin effect

Skin effect

- The alternate current flows mostly near the surface.
- If the frequency of an AC increases, the current becomes more concentrated near the surface.

Skin depth

- The depth when the current density is fallen to 1/e
- The number of mesh cells in the skin depth region should be more than 2.
- $\delta = \sqrt{\frac{2}{\omega\mu\sigma}}$

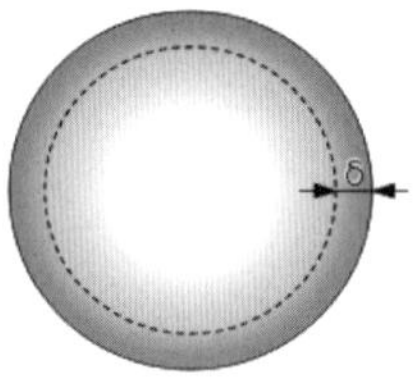

https://en.wikipedia.org/wiki/Skin_effect

Induction heating

Induction heating

- Total heat generation of the induction heating is the sum of the eddy current loss and hysteresis loss.

Eddy current loss

- Eddy current generates heat by the material resistance.
- Eddy current loss is a function of the electric field.
- $P_e = \sigma E^2$

Hysteresis loss

- A magnetic field in ferromagnetic material is retained, even when outer fields are removed.
- A power loss occurs when the magnetic field is changed in ferromagnetic material.
- Hysteresis loss is a function of frequency and magnetic fields.
- $P_h = K_h f B_m^{1.6}$

6.6 Microstructural evolution

6.6.1 Phenomenological model

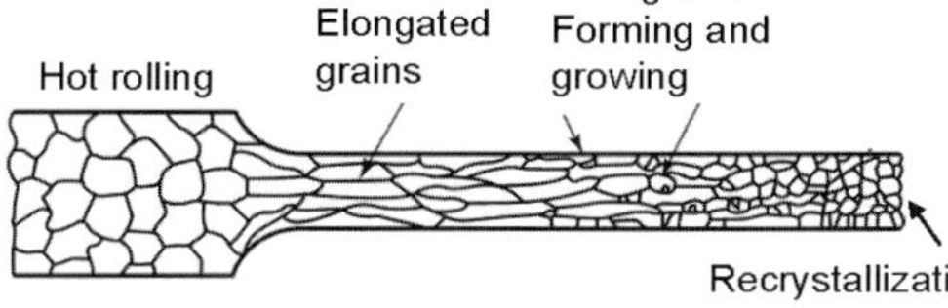

Microstructure evolutions

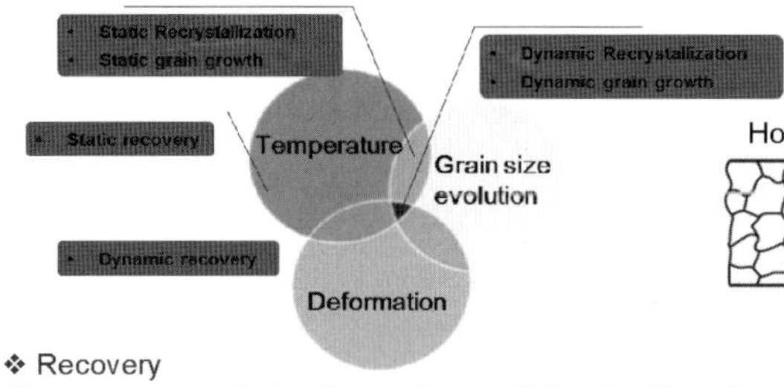

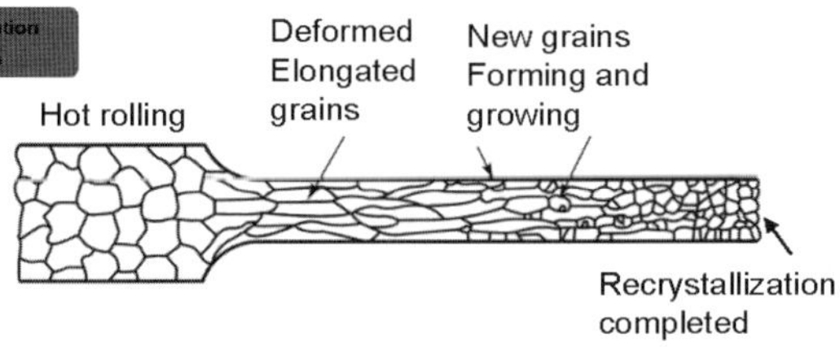

❖ Recovery

Recovery generally involves only a partial restoration of properties because t he dislocation structure is not completely removed, but reaches a metastable state

❖ Recrystallization

A further restoration process called recrystallization may occur in which new dislocation-free grains are formed within the deformed or recovered structure

-Dynamic recrystallization (DRX): involves the production of new grains during hot deformation processes

-Static recrystallization (SRX): Grain evolution after dynamic recrystallization

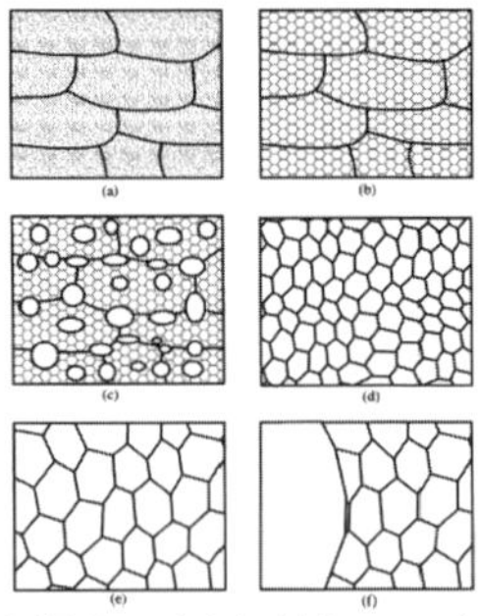

(a) Deformed state (b) Recovered (c) Partially recrystallized (d) Fully recrystallized (e) Grain growth (f) Abnormal grain growth

❖ Grain growth

Although recrystallization removes the dislocations, the material still contains grain boundaries, which are thermodynamically unstable. Further annealing m ay result in grain growth, in which the smaller grains are eliminated, the larger grains grow, and the grain boundaries assume a lower energy configuration

Approaches

❖ Phenomenological model

This expresses mathematically the results of observed phenomena without paying detailed attention to t heir fundamental significance. In other words, the phenomenological model lacks a physical background that accounts for experimental observations.

❖ Physically-based on internal variable model

This accounts for physical aspects of the ma terial behavior, such as the constitutive behavi or and the dynamic microstructural developme nt in the hot working of metals and alloys.

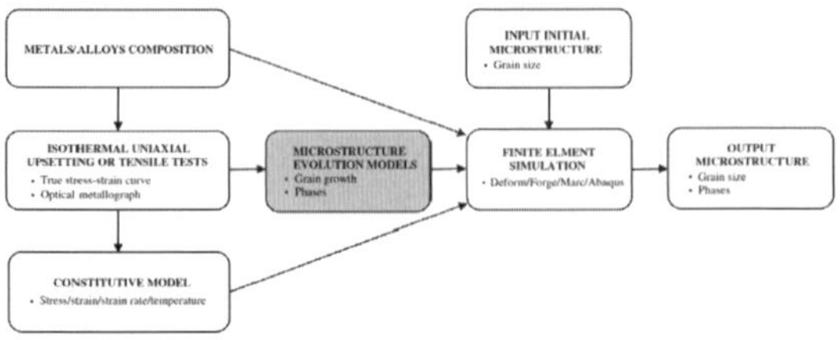

❖ Mesoscale modelling

According to their differences in physical methodology and numerical algorithms, the m esoscopic modelling tools are explicitly grouped into different categories, e.g., the Monte Carlo (MC) model, the Cellular Automaton (CA) model, vertex models and phase-field (P F) models.

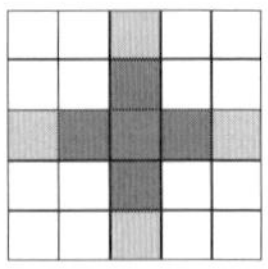

❖ Advanced statistical model

The artificial neural network (ANN) model is a typical statistical model.

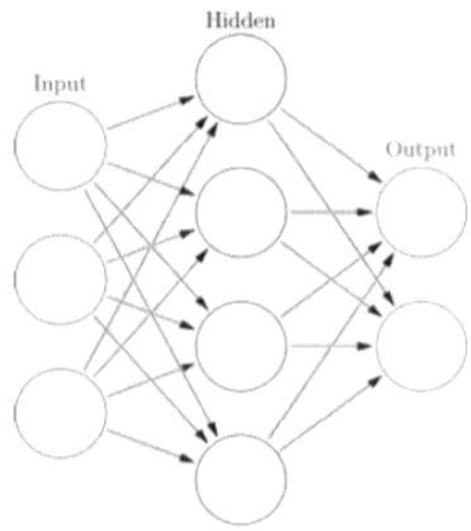

JMAK model

The Johnson–Mehl–Avrami–Kolmogorov (JMAK) model

❖ Theory

The number of nuclei which would have appeared in the recrystallized volume is $\dot{N}X_v dt$ and therefore the total number of nuclei dN' which would have formed, including the 'phantom' nuclei is given by:

$$dN' = \dot{N}dt = dN + \dot{N}X_v dt$$

If the volume of a recrystallizing grain is V at time t, then the fraction of material which would have recr ystallized if the phantom nuclei were real (X_{VEX}) is known as the extended volume and is given by:

$$X_{VEX} = \int_0^t V dN'$$

If the incubation time is much less than t, then

$$V = f\dot{G}^3 t^3$$

where f is a shape factor (4 π/3 for spheres). Thus

$$X_{VEX} = fG^3 \int_0^t t^3 \dot{N} dt$$

If $\dot{N}$ is constant then

$$X_{VEX} = \frac{f\dot{N}\dot{G}^3 t^4}{4})$$

During a time interval *dt*, the extended volume increases by an amount dXVEX. As the fraction of unrecrystallized material is $1 - X_V$ then

$$\begin{cases} dX_{VEX} = \frac{dX_V}{1 - X_V} \\ X = \int_0^{X_V} dX_{VEX} = \int_0^{X_V} \frac{dX_V}{1-X_V} = \ln\frac{1}{1-X_V} \\ X_V = 1 - \exp(-X_{VEX}) \end{cases}$$

⇒

$$X_V = 1 - \exp(\frac{-f\dot{N}\dot{G}^3 t^4}{4})$$

$X_V = 1 - \exp(-Bt^n)$ (JMAK equation)

DRX, SRX and Grain growth equations

- For DRX

Fraction recrystallized (*X*) and grain size (*d*) are given by

$$X_{DRX} = 1 - exp\left[-\beta_D\left(\frac{\varepsilon - a_3\varepsilon_p}{\varepsilon_{0.5}}\right)^{k_d}\right]$$
$$\varepsilon_{0.5} = a_4 {d_0}^{h_4} \varepsilon^{n_4} \dot{\varepsilon}^{m_4} \exp(Q_4/RT) = c_4$$

Kinetics

The material variables are : *T(temperature)*, β_D, a_3, k_d, a_4, h_4, n_4, m_4, Q_4, c_4, d_0

$$d_{DRX} = a_5 {d_0}^{h_5} \varepsilon^{n_5} \dot{\varepsilon}^{m_5} \exp(Q_5/RT) + c_5$$

Grain size

The material variables are : *T(temperature)*, a_5, h_5, n_5, m_5, Q_5, c_5, d_0

- For SRX

Fraction recrystallized (*X*) and grain size (*d*) are given by

$$X_{SRX} = 1 - exp\left[-\beta_s\left(\frac{t}{t_{0.5}}\right)^{k_s}\right]$$
$$t_{0.5} = a_6 {d_0}^{h_s} \varepsilon^{n_6} \dot{\varepsilon}^{m_6} \exp(Q_6/RT)$$

Kinetics

The material variables are : *T(temperature)*, β_s, k_s, a_6, h_6, n_6, m_6, Q_6

$$d_{SRX} = a_6 {d_0}^{h_6} \varepsilon^{n_6} \dot{\varepsilon}^{m_6} \exp(Q_6/RT) + c_6$$

Grain size

The material variables are : *T(temperature)*, a_6, h_6, n_6, m_6, Q_6, c_6

- For grain growth

$$d_g = [{d_0}^m + a_7 t exp\left(-\frac{Q_7}{RT}\right)]^{1/m}$$

The material variables are : *T(temperature)*, a_7, m, Q_7

Grain size prediction-DRX

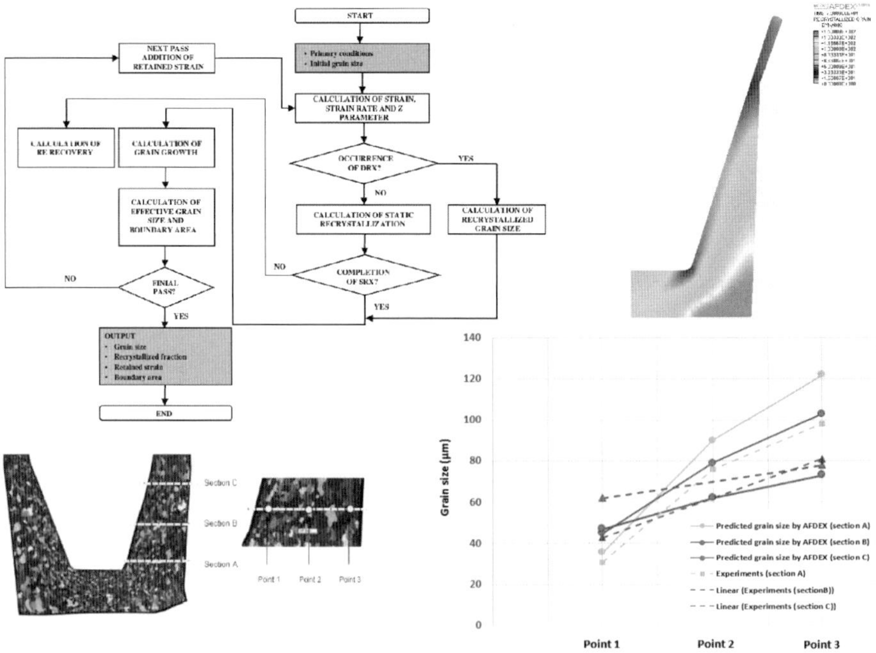

Grain size prediction-Grain growth

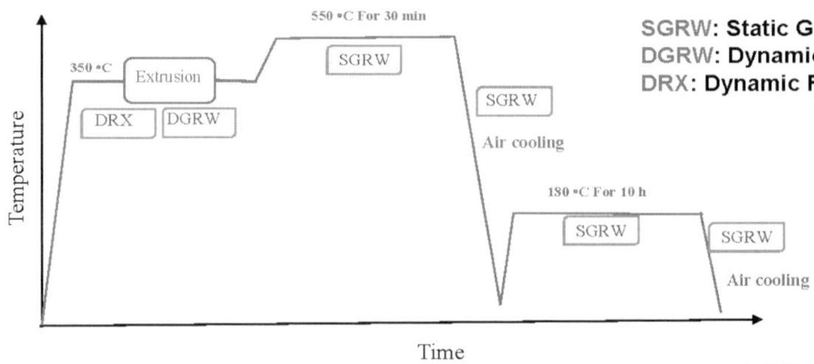

SGRW: **Static Grain Growth**
DGRW: **Dynamic Grain Growth**
DRX: **Dynamic Recrystallization**

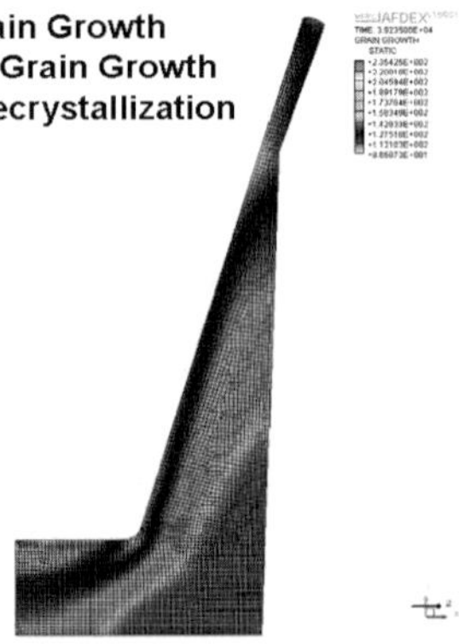

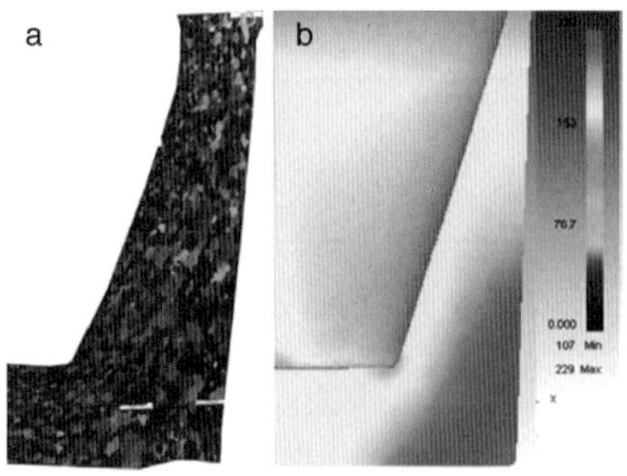

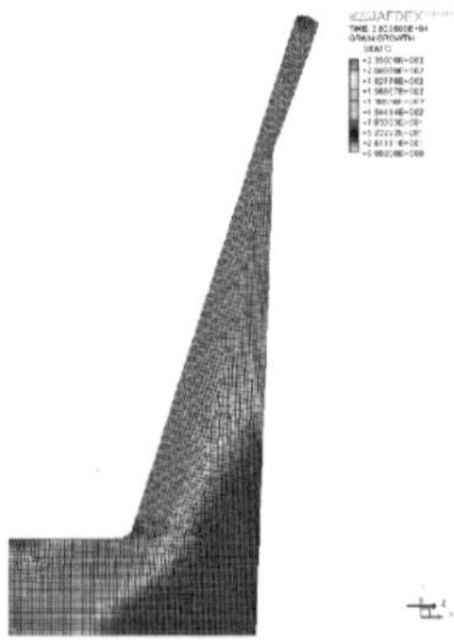

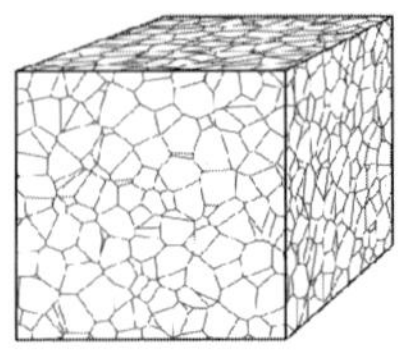

6.6.2 Multi-scale model

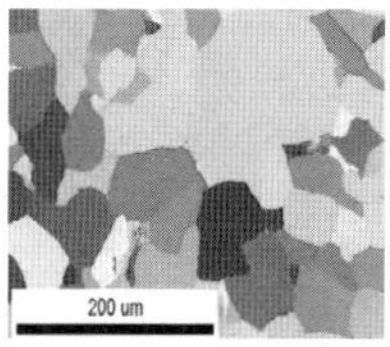

Multi-scale model

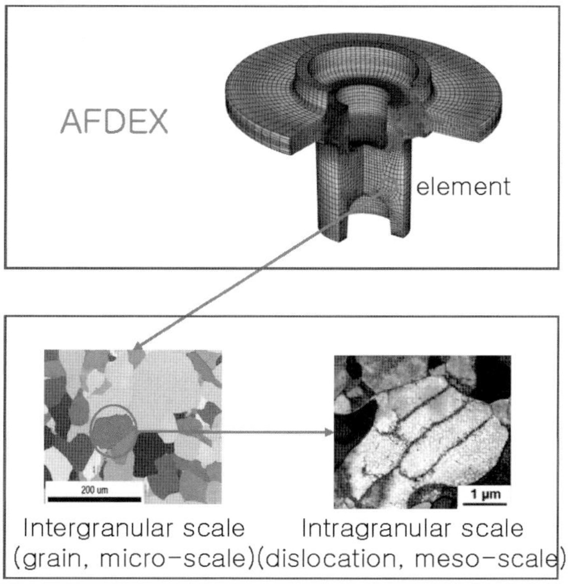

Grain refinement kinetics

- Grain refinement is activated by deformation around room temperature ($T<0.5T_M$).
- It is the continuous recovery process evolved by the segregation of grains by annihilation of dislocations through cross-slip, climb and arrangement of dislocations in low-angle (2–5°) sub-grain boundaries.

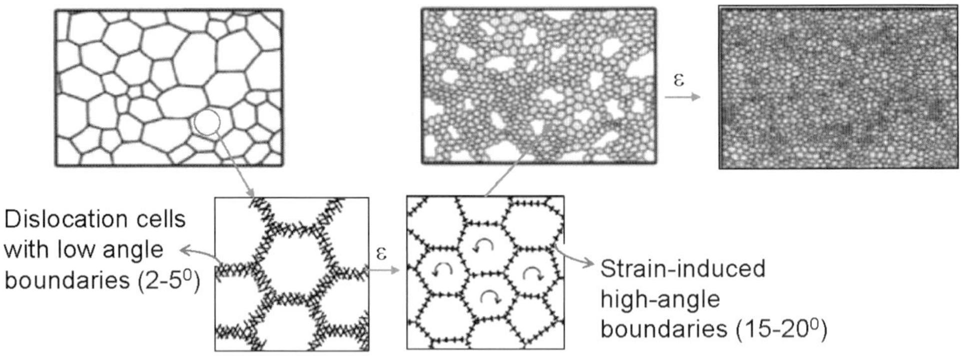

Discontinuous dynamic RCX kinetics

Discontinuous dynamic recrystallization occurs at elevated temperatures ($T>0.5T_M$) and is characterized by a two step process.

Nucleation (Necklace Pattern)

Grain Growth

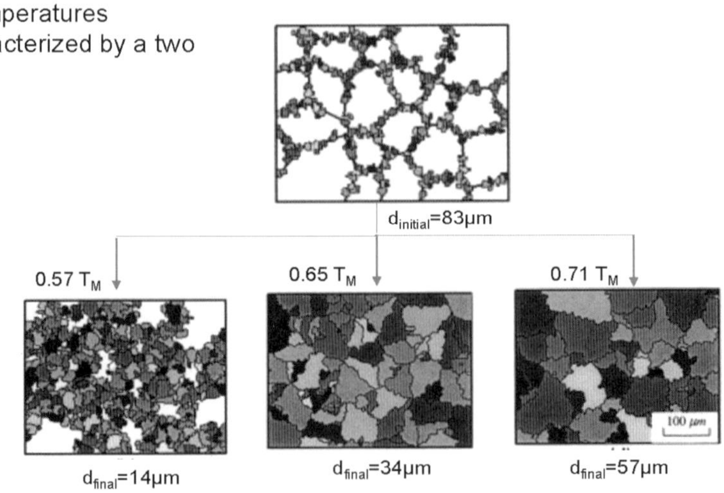

Model development

A multiscale microstructure based model is developed to predict the extent of dynamic recrystallization and grain size evolution during a thermo-mechanical deformation process

Intragranular Scale	Intergranular Scale
µm	mm
µs	ms

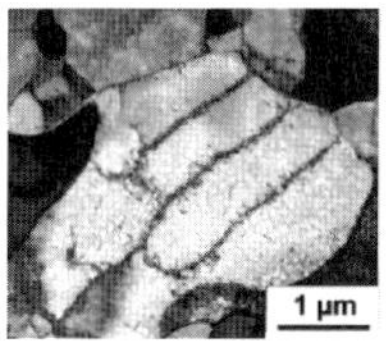

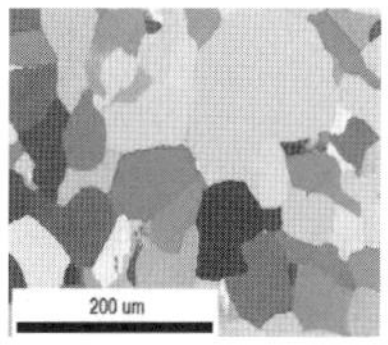

Subgrain structures	Polycrystal grain structures
Dislocation Dynamics	Recrystallization Kinetics

Flow chart of prediction

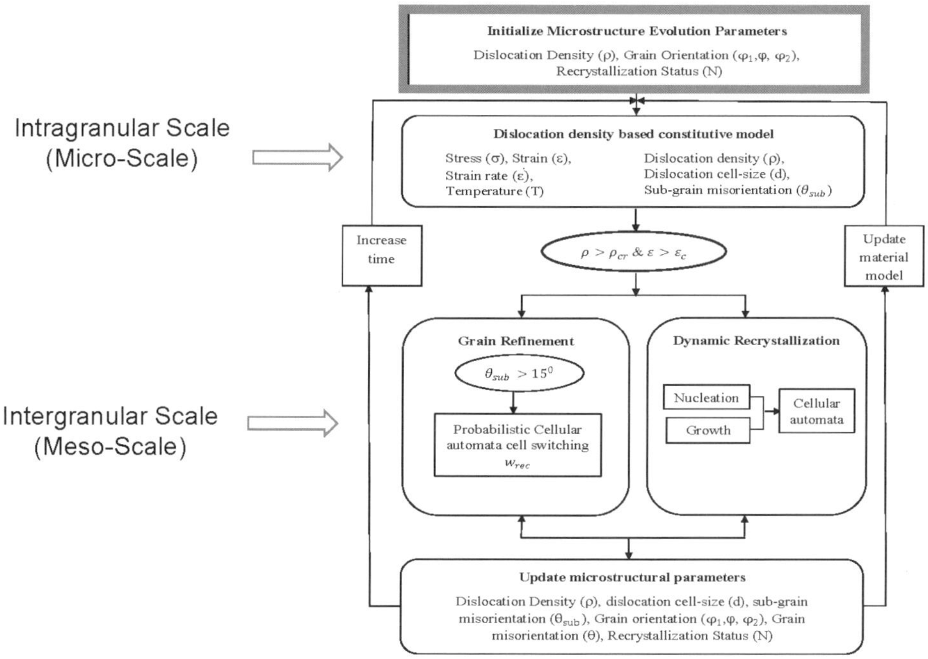

Initial Microstructure

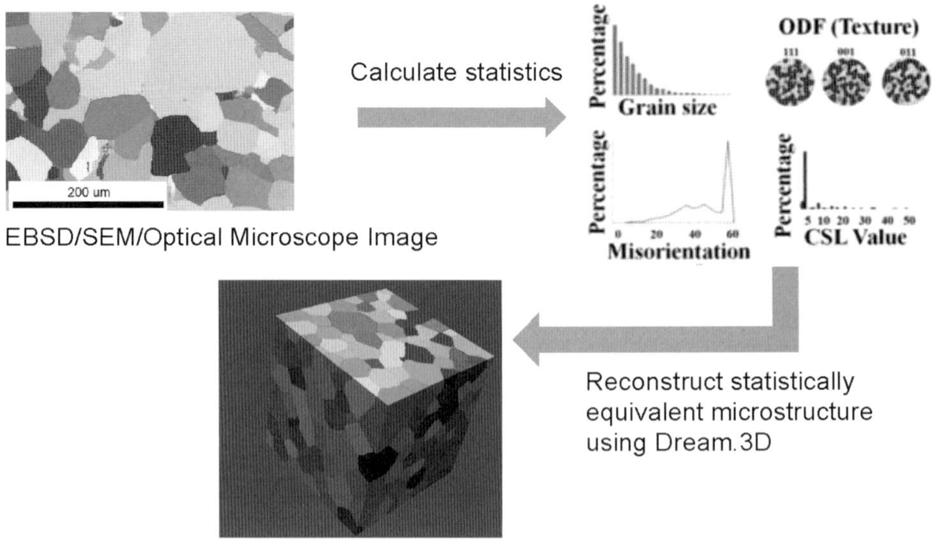

Multi-pass compression test of copper

- ✓ Multi-pass compression test conducted at room temperature is chosen as the benchmark to study the extent of grain refinement occurring under large strain deformation in polycrystalline Copper.
- ✓ Copper samples are compressed at a strain rate of 0.001/s in multiple steps upto a strain of 5.6.
- ✓ The loading direction is changed by 90 after each step.

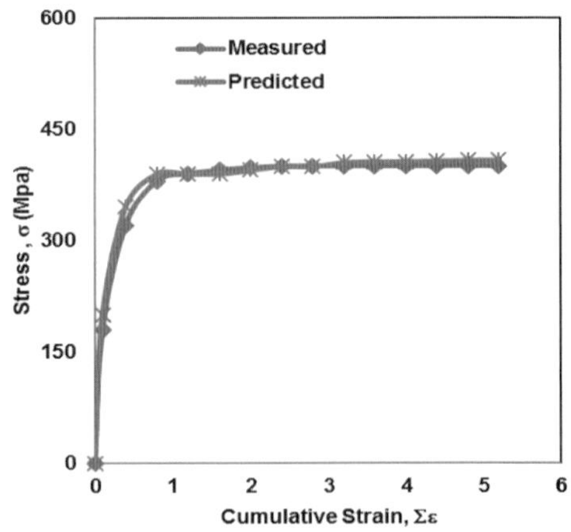

Comparison of the experimental stress- cumulative strain curves and the predicted simulation

Multi-pass compression-dislocation density evolution

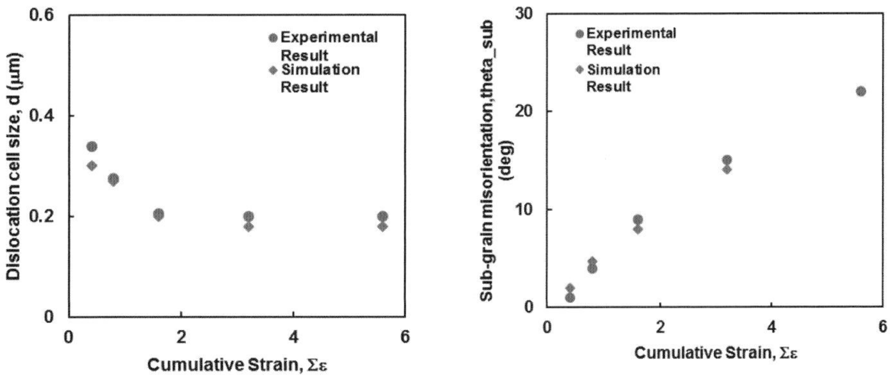

Multi-pass compression-grain size evolution

Experimental results report copper with an initial average grain size of 60μm gets refined to 0.2μm upon large strain deformation.

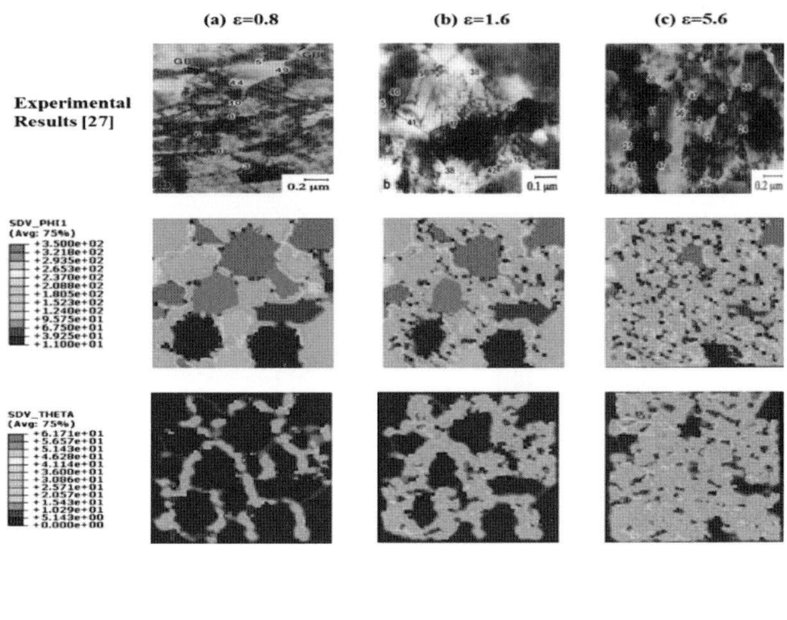

Hot compression test – dynamic RCX

Hot compression tests of copper are simulated to validate the discontinuous dynamic recrystallization kinetics of the model with respect to varying temperatures and initial grain sizes.

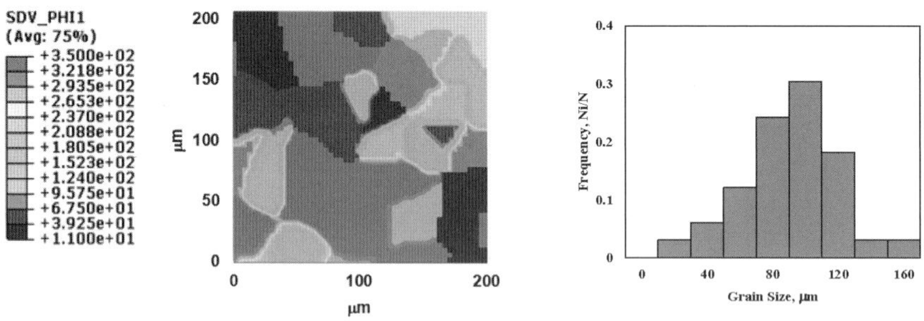

Initial microstructure with an initial average grain size of 78μm

Hot compression-temperature dependent evolution

Hot compression tests of Copper carried out at a constant strain rate of $0.002s^{-1}$ and varying temperatures of 725K, 775K, 875K, 975K and 1075K has shown that the final average grain size increases with increase in temperature.

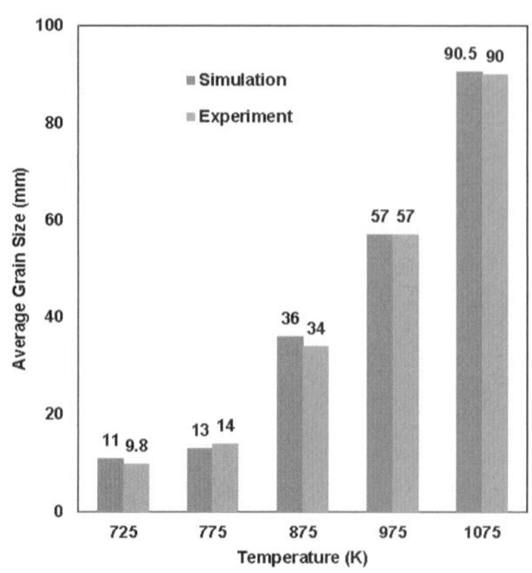

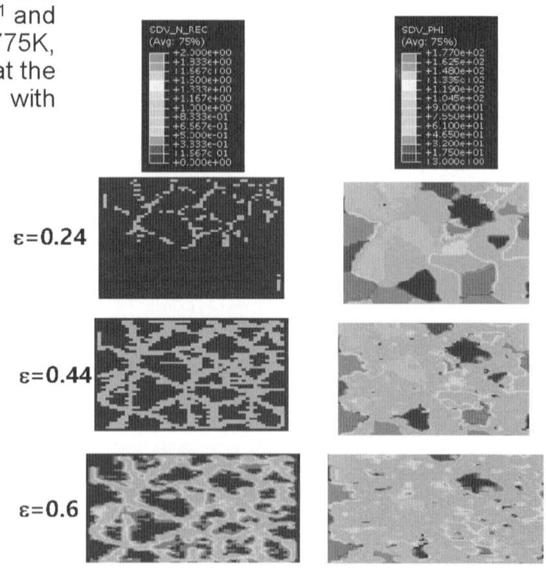

6.7 Damage model and fracture

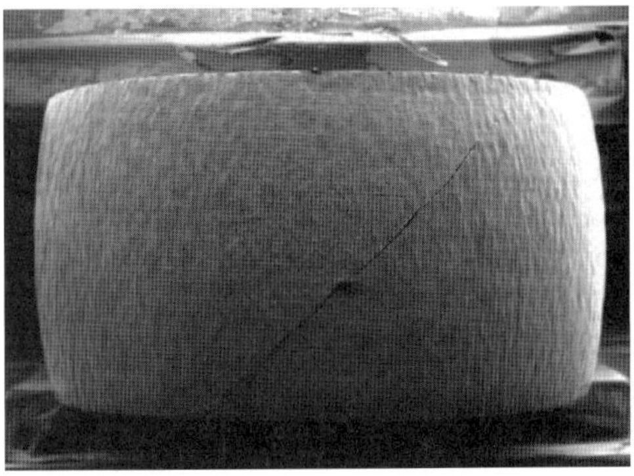

단조제품의 파단

Fracture of forging parts

119/67

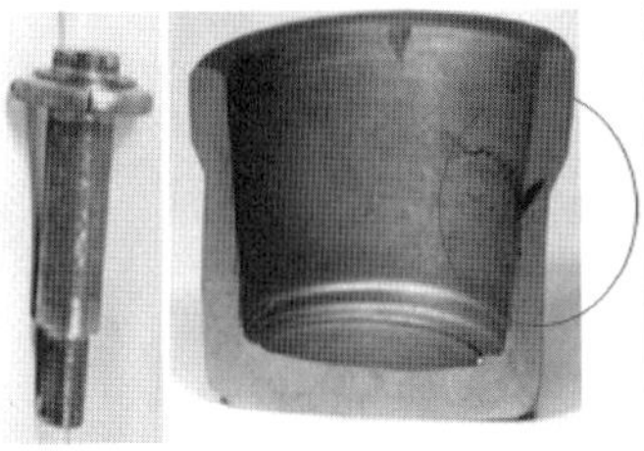

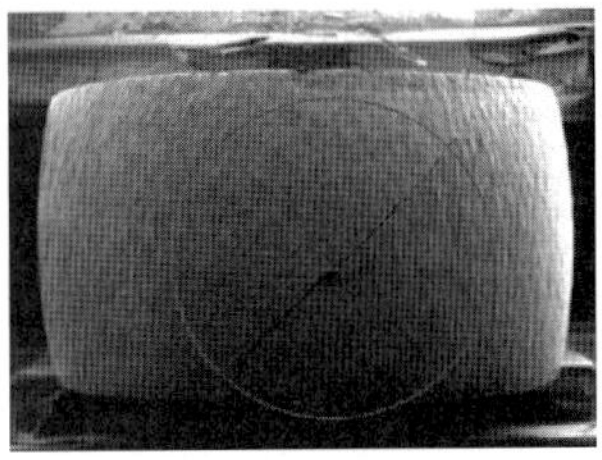

Forging

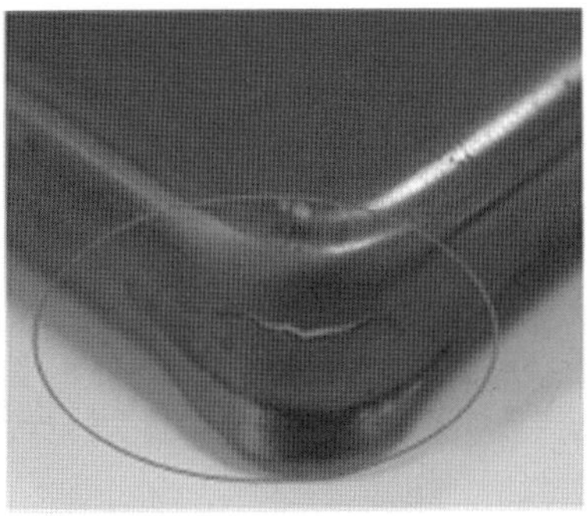

Thick plate

Orbital forming

인장시험으로부터 응력-변형률 커브(1D)

Stress – Strain Curve from tensile test(1D)

120/67

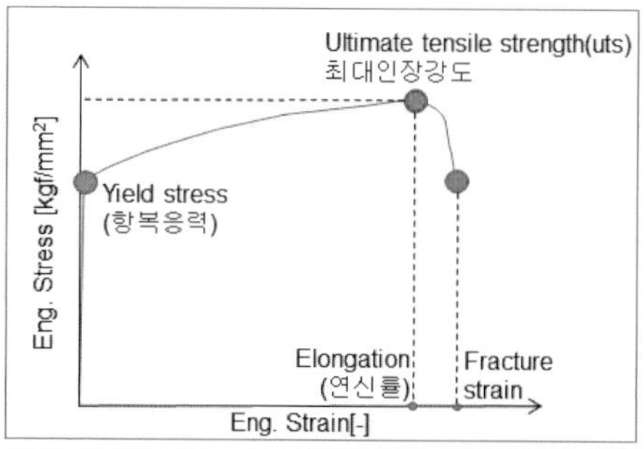

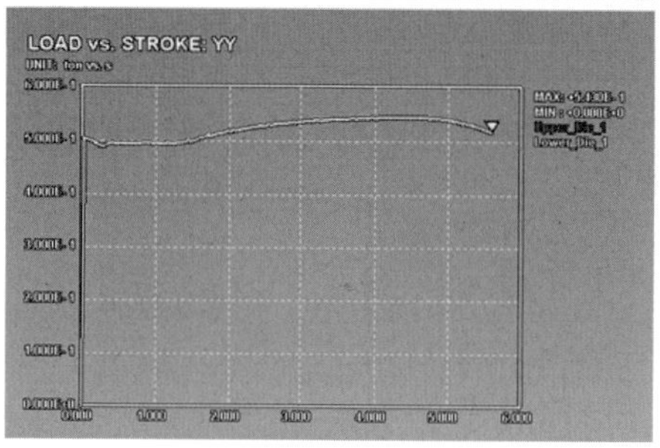

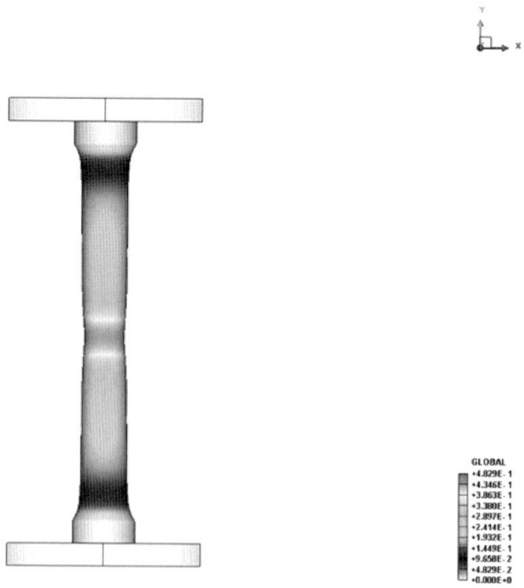

인장 시험에서 1차원 파단 예측

How to determine – 1D failure

121/67

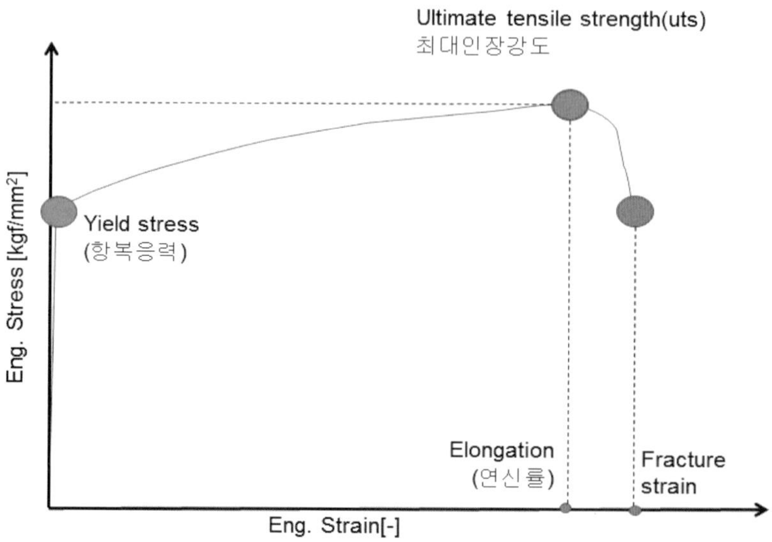

성형한계도 (FLD, 2차원)
Forming Limit Diagram (2-D)

122/67

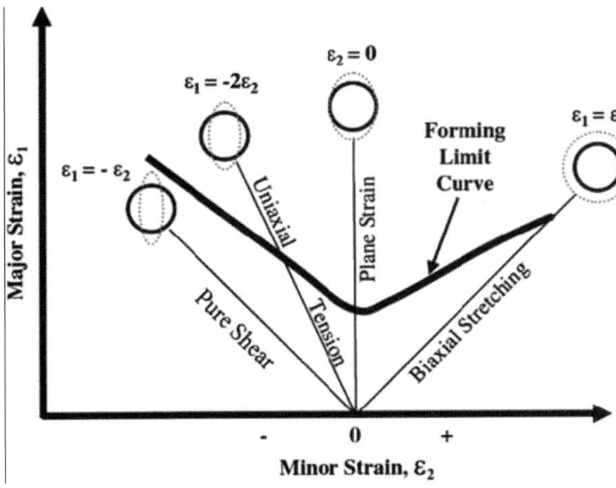

Concept of FLD and forming limit according to different stain paths

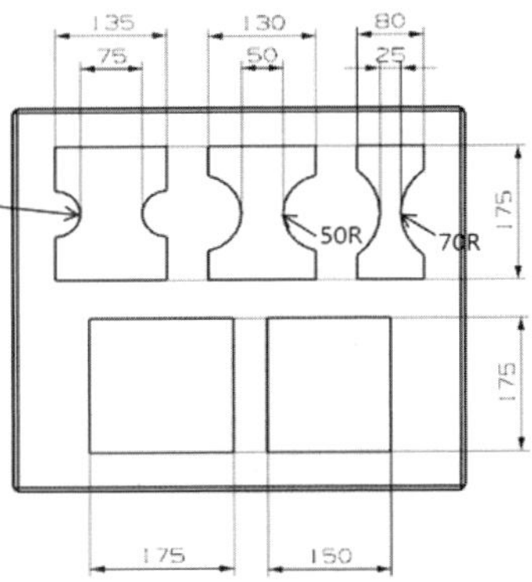

Specimens for FLD test

이차원 FLD 구하는 방법
How to determine 2D FLC

123/67

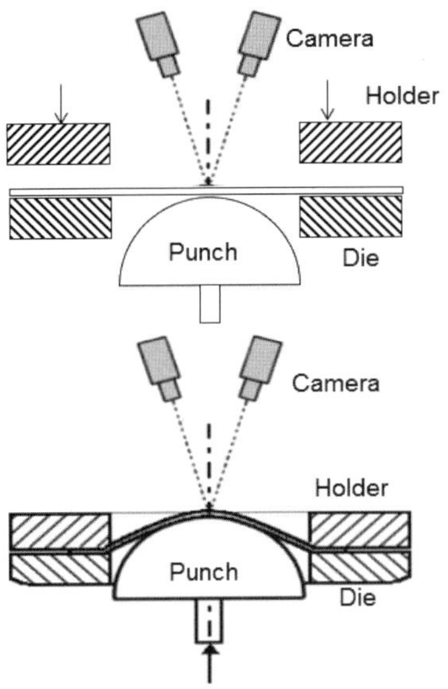

Strain measurement during dome test(FLD)

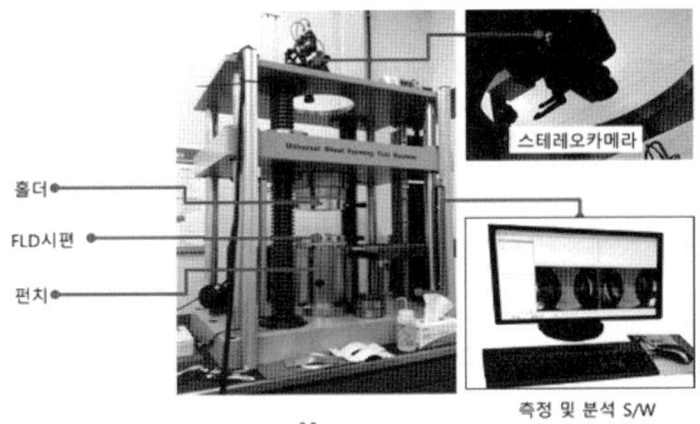

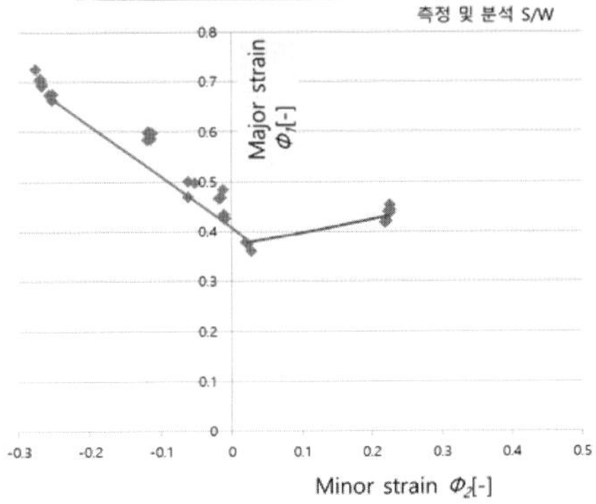

이차원 FLD를 통한 파단 예측 한계 124 124/67

Limitation of 2D FLD

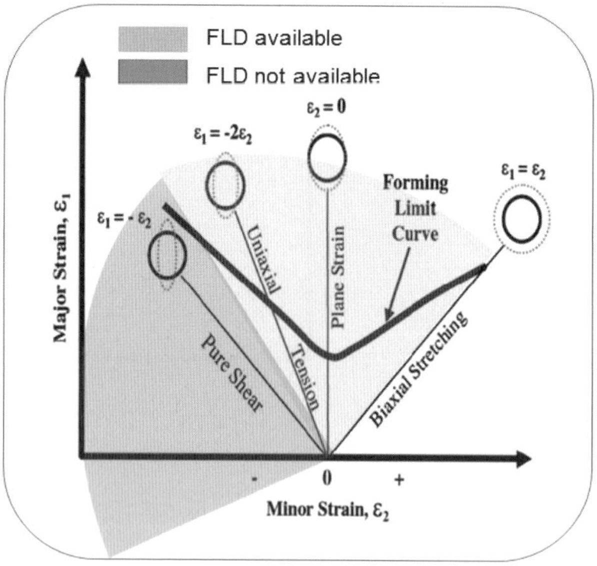

FLD를 통한 파단 예측의 한계

- 단축인장 ~ 양축인장 구간에서 성형한계 예측
- 일정 응력비($\alpha = \frac{\sigma_2}{\sigma_1}$)로 전단 실험어려움
- 일정한 성형 경로
- 오직 평면 응력 상태 (σ_3=0)에서 가능

Solution

- 삼축응력 상태 고려
- DIC 도입으로 국부변형률 측정
- Triaxiality 파단 한도(TFD) 도입 필요

삼축응력상태의 파단 한계 곡선과 시편 (3D) 125/67

Triaxiality Failure Diagram (3D) and Specimens

- TFD Specimens and stress triaxiality

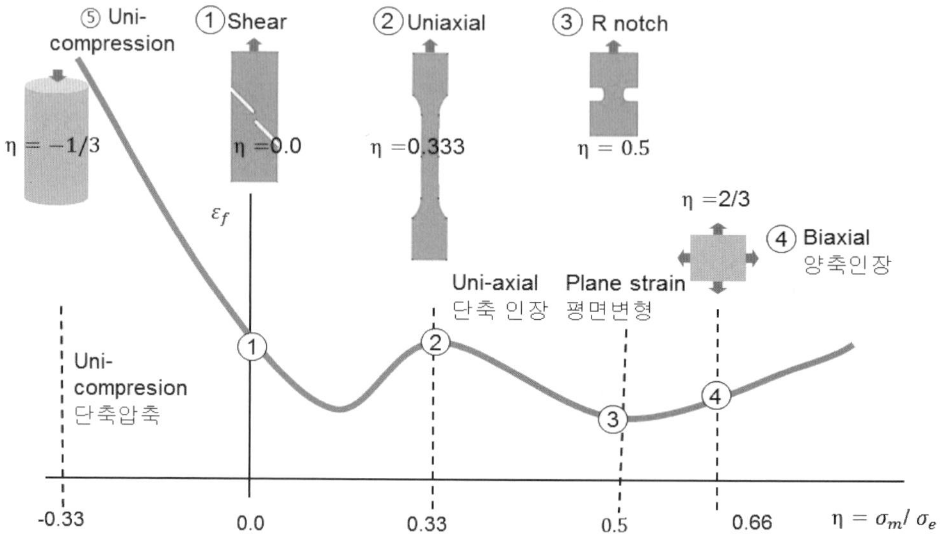

DIC(Digital Image correlation) 변형률 측정

126/167

Full filed strain measurement using Digital Image correlation

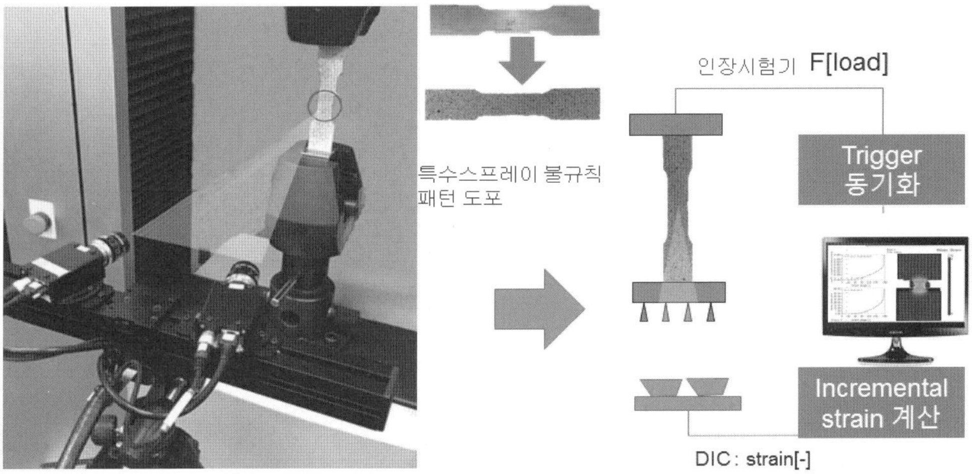

- 인장 시험을 하면서 카메라로 국부 변형률 측정

DIC 단축인장시험(1)

127/167

DIC for uniaxial tensile test

Tension

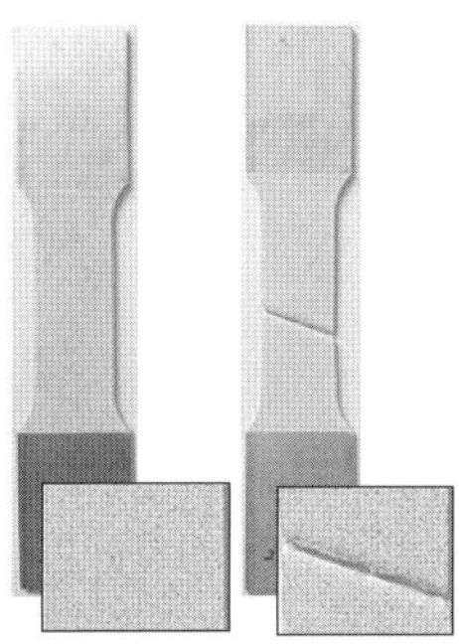

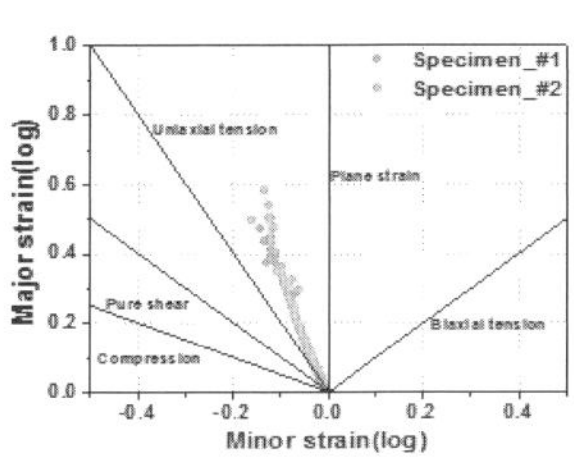

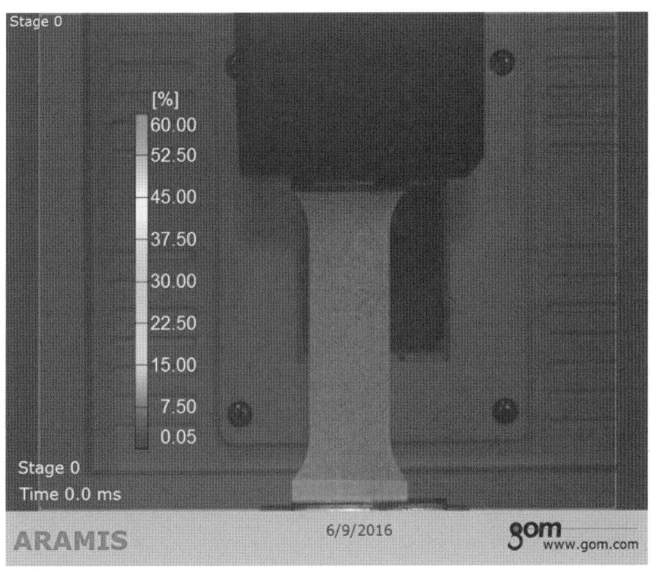

DIC 평면변형 인장시험(2)

128/[illegible]

DIC for plain strain tensile test

Large R

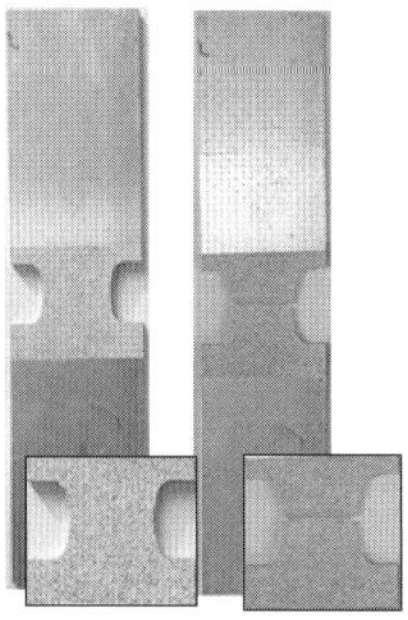

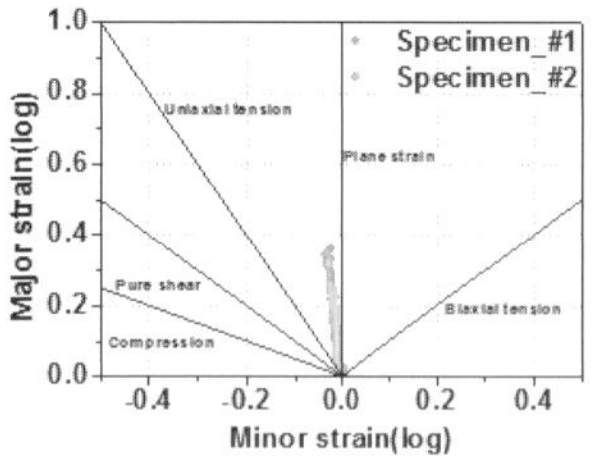

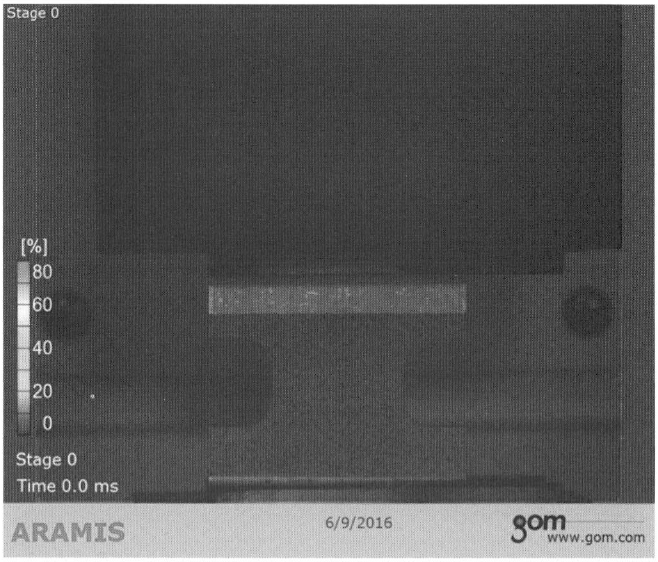

DIC 전단시험(3)

129/[illegible]

DIC for shear test

shear

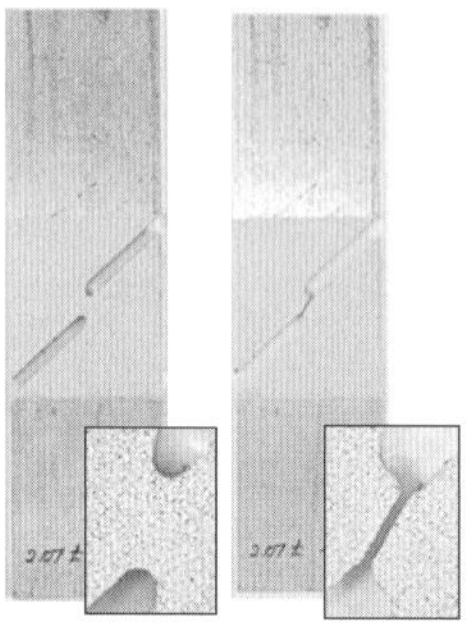

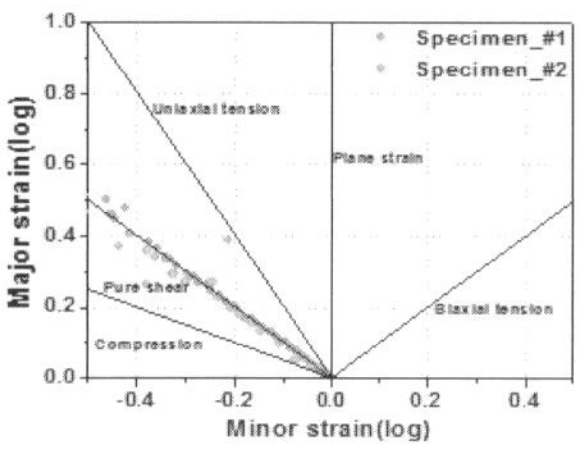

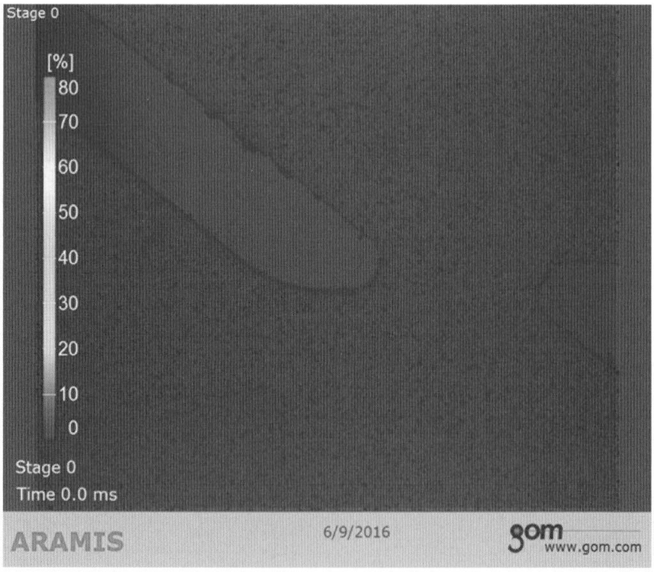

손상함수 파라미터 최적화를 통한 TFD 결정

Determination of TFD using damage parameters optimization

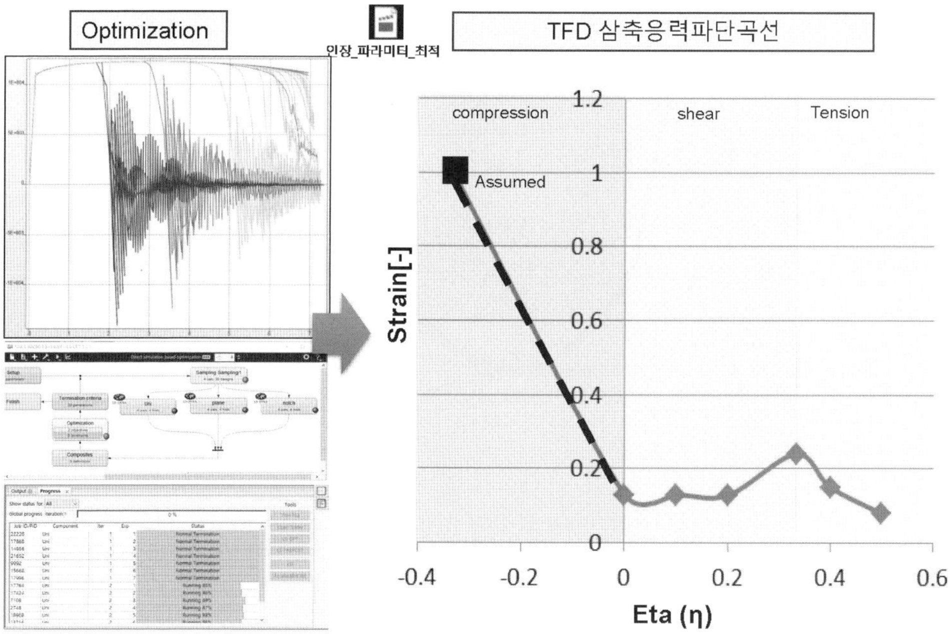

DIC측정결과와 유한요소해석 결과 비교

Comparison of fracture strain between DIC and FE result

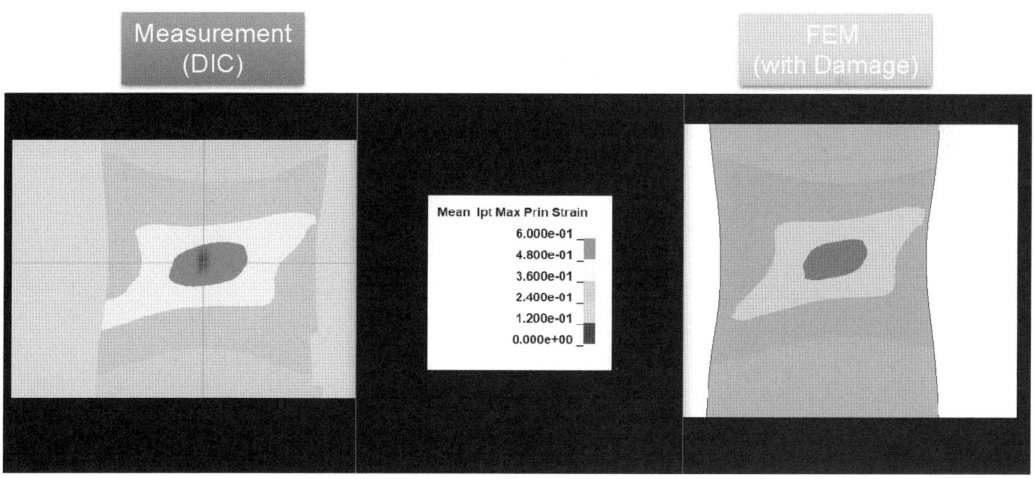

Ls-Dyna
Lsopt

TFD 커브의 이해

Concept of TFD curve

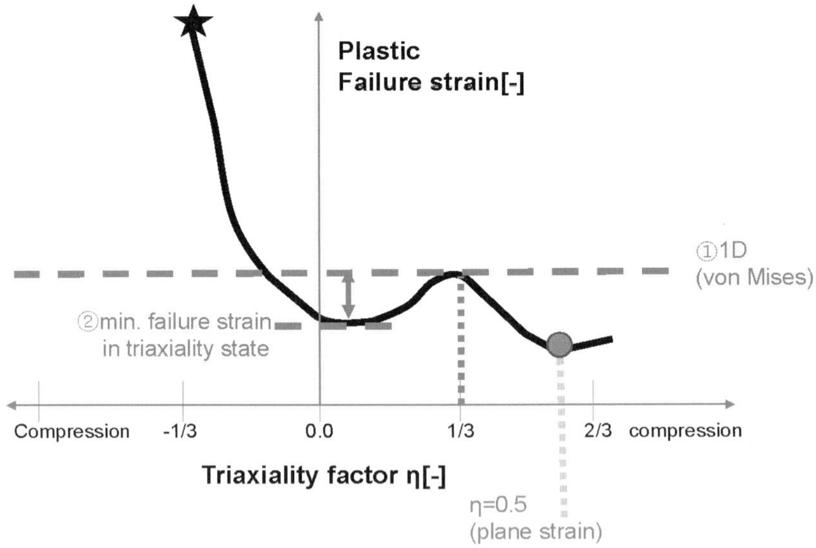

AFDEX에서 손상모델 적용

Application of damage model in AFDEX software

- Click ① → ② → ③
- Select damage model from list ④

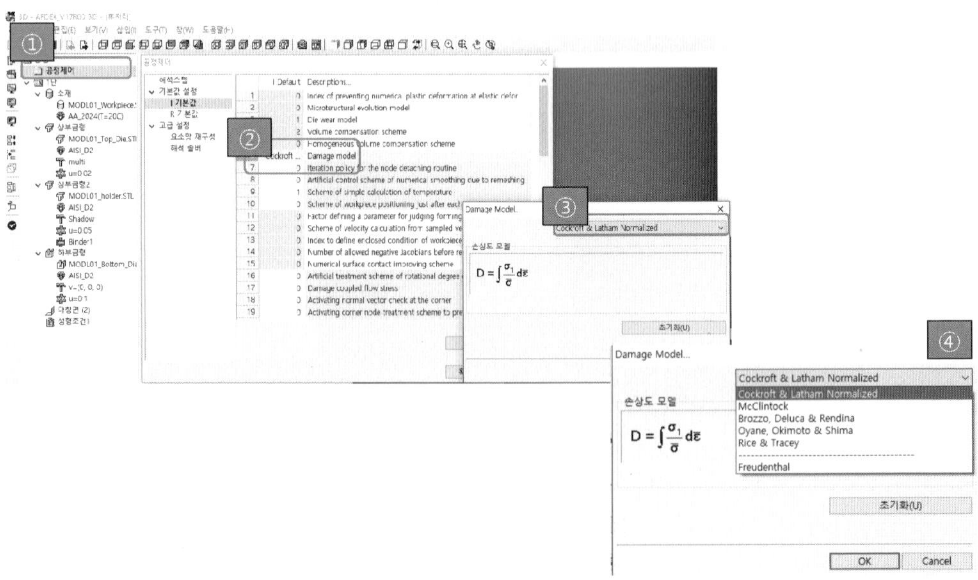

AFDEX에서 사용되는 손상모델

Damage analysis in AFDEX software

(1) Fruedeltahal Model (1950) $\frac{1}{C_1}\int_0^{\bar{\varepsilon}_f} \bar{\sigma}\, d\bar{\varepsilon} = I_1$

(2) Cockcroft & Latham (1968) $\frac{1}{C_2}\int_0^{\bar{\varepsilon}_f} (\frac{\sigma^*}{\bar{\sigma}})\, d\bar{\varepsilon} = I_2$

(3) Brozzo Model (1950) $\frac{1}{C_3}\int_0^{\bar{\varepsilon}_f} \frac{2}{3}(\frac{\sigma^*}{\sigma^*-\sigma_m})\, d\bar{\varepsilon} = I_3$

(4) Rice & Tracy (1968) $\frac{1}{C_7}\int_0^{\bar{\varepsilon}_f} \exp(C_6\frac{\sigma_m}{\bar{\sigma}})\, d\bar{\varepsilon} = I_7$

(5) Oyane model (1980) $\frac{1}{C_{10}}\int_0^{\bar{\varepsilon}_f} (C_9 + \frac{\sigma_m}{\bar{\sigma}})\, d\bar{\varepsilon} = I_{10}$

(6) McClintock (1968) $\frac{1}{C_{14}}\int_0^{\bar{\varepsilon}_f} (C_{13}\frac{\sigma_m}{\bar{\sigma}} + C_{12}\frac{\tau}{\bar{\sigma}})\, d\bar{\varepsilon} = I_{14}$

Bai& Wierzbicki (2014)

$\bar{\varepsilon}_p^{crit} = f(\eta, \bar{\theta})$

$$\varepsilon_p^{crit} = C1 + C2 + C3$$
$$C1 = [0.5\cdot(D_1e^{-D2\cdot\eta} + D_5e^{-D6\cdot\eta}) - D_3e^{-D4\cdot\eta}]\bar{\theta}^2$$
$$C2 = [0.5\cdot(D_1e^{-D2\cdot\eta} - D_5e^{-D6\cdot\eta})]\bar{\theta}$$
$$C3 = D_3e^{-D4\cdot\eta}$$

-삼축응력비 $\eta = \frac{\sigma_m}{3\bar{\sigma}} = \frac{\sigma_1+\sigma_2+\sigma_3}{3\bar{\sigma}}$, 주방향과의 각도 $\bar{\theta}$ (normalized lode coefficient)

- 재료상수들 D1, D2, D3, D4, D5, D6 material parameters and they should be identified from several tests considering stress triaxiality

B&W model

Bai& Wierzbicki (2014)

$\bar{\varepsilon}_p^{crit} = f(\eta, \bar{\theta})$

$$\varepsilon_p^{crit} = C1 + C2 + C3$$
$$C1 = [0.5\cdot(D_1e^{-D2\cdot\eta} + D_5e^{-D6\cdot\eta}) - D_3e^{-D4\cdot\eta}]\bar{\theta}^2$$
$$C2 = [0.5\cdot(D_1e^{-D2\cdot\eta} - D_5e^{-D6\cdot\eta})]\bar{\theta}$$
$$C3 = D_3e^{-D4\cdot\eta}$$

-삼축응력비 $\eta = \frac{\sigma_m}{3\bar{\sigma}} = \frac{\sigma_1+\sigma_2+\sigma_3}{3\bar{\sigma}}$, 주방향과의 각도 $\bar{\theta}$ (normalized lode coefficient)

- 재료상수들 D1, D2, D3, D4, D5, D6 material parameters and they should be identified from several tests considering stress triaxiality

$$\eta = \frac{\sigma_m}{\bar{\sigma}} \quad (1)$$

η = Triaxiality

$$\sigma_m = \frac{(\sigma_x + \sigma_y + \sigma_z)}{3} \quad (2)$$

σ_m = Mean stress

$$\bar{\sigma} = \sqrt{\frac{1}{2}\left[(\sigma_x-\sigma_y)^2 + (\sigma_y-\sigma_z)^2 + (\sigma_z-\sigma_x)^2 + 6(\tau_{xy}^2 + \tau_{yz}^2 + \tau_{zx}^2)\right]} \quad (3)$$

$\bar{\sigma}$ = Equivalent stress

$$\bar{\varepsilon}_f = f(\eta, \bar{\theta}) \quad (4)$$

$\bar{\varepsilon}_f$ = Equivalent strain to fracture

$$\bar{\theta} = 1 - \frac{2}{\pi}\arccos((\frac{r}{\bar{\sigma}})^3) \quad (5)$$

$\bar{\theta}$ = Load angle

$$r = [\frac{27}{2}(\sigma_1 - \sigma_m)(\sigma_2 - \sigma_m)(\sigma_3 - \sigma_m)]^{1/3} \quad (6)$$

r = Third invariant of the deviatoric stress tensor

삼축응력지수 η의 계산과 결과 확인(AFDEX)

Implementation of η into AFDEX

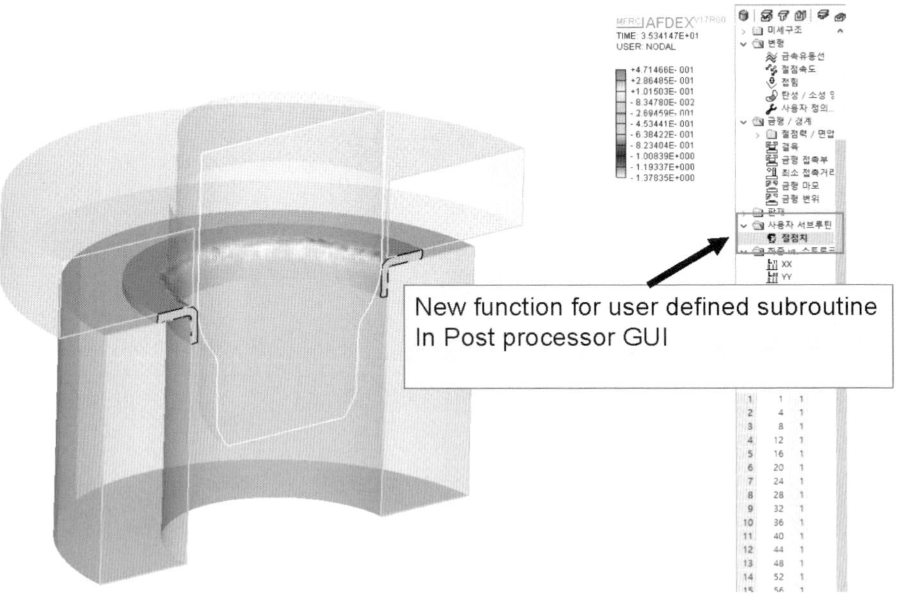

벤치마킹 모델(I)

Bench Mark Model(I)

- Thick sheet stamping (Burring)

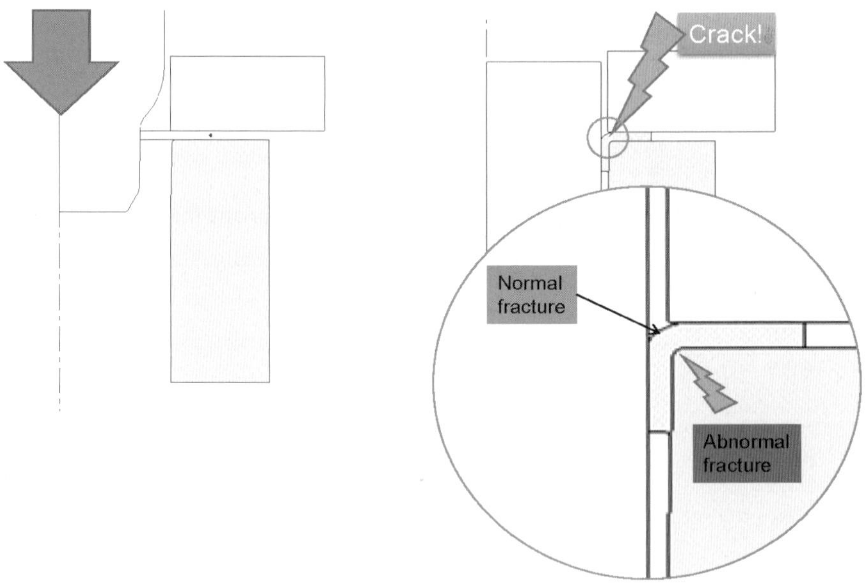

후판 버링 시뮬레이션
Thick plate burring

Material	Al2024-T5
Thickness	mm
Die_Radius(R_D)	
Punch_Radius(R_P)	
Outer radius	
Inner radius	
Punch stroke	

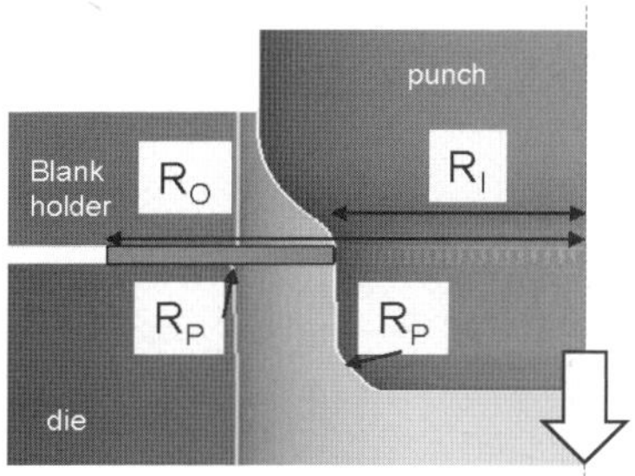

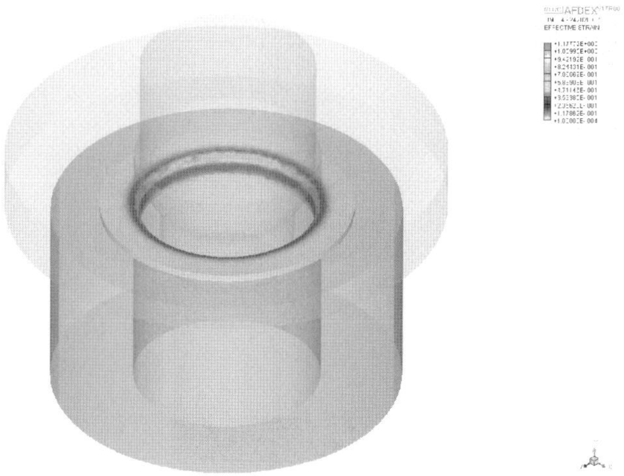

후판 버링공정에서 삼축 응력
Stress triaxiality during the burring process of thick plate

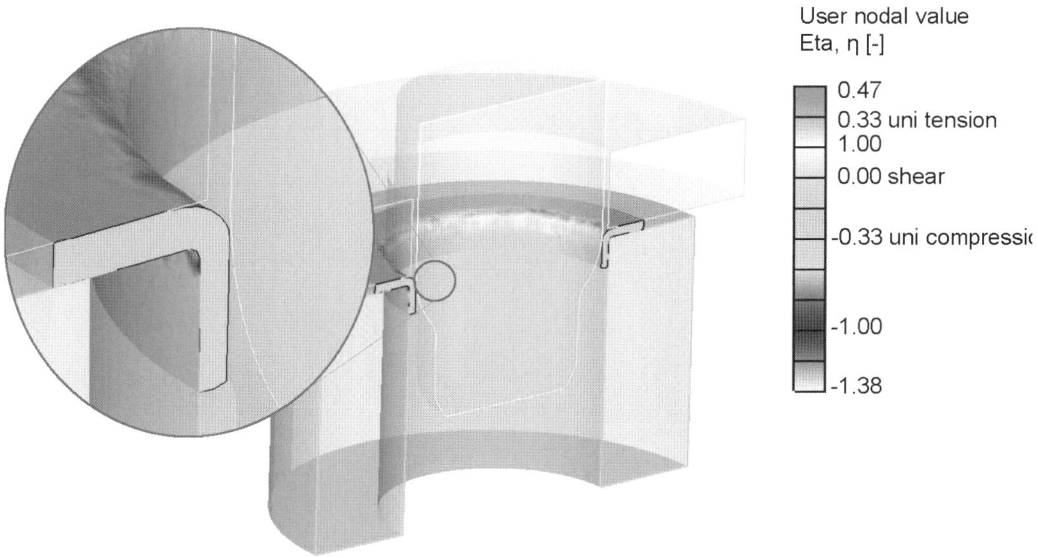

파단예측해석(1) AFDEX

Damage analysis(1)

Normalized Cockcroft & Latham

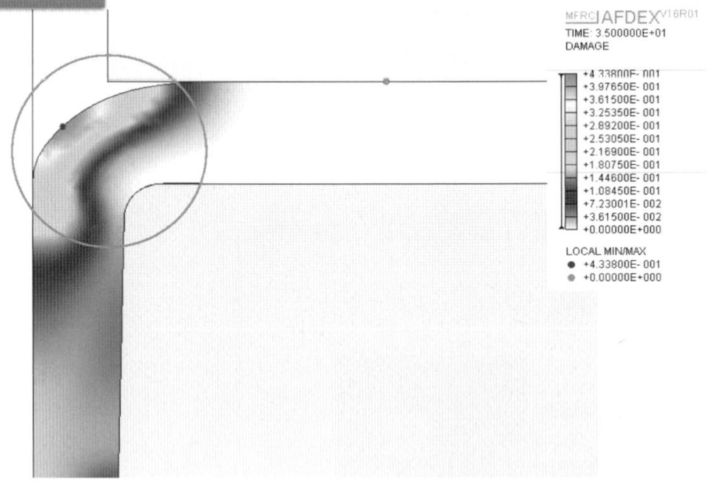

$$\frac{1}{C_2}\int_0^{\bar{\varepsilon}_f}\left(\frac{\sigma^*}{\bar{\sigma}}\right)d\bar{\varepsilon} = I_2$$

파단예측해석(2) AFDEX

Damage analysis(2)

Maclintock

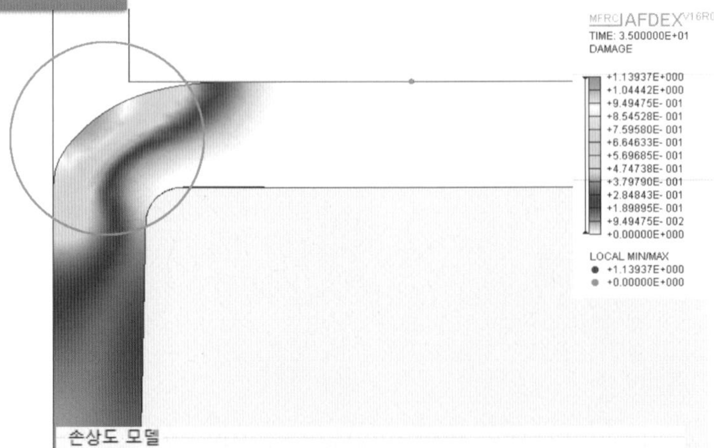

손상도 모델

$$D = \int\left(\frac{2}{\sqrt{3}(1-n)}\sinh\left(\frac{\sqrt{3}(1-n)}{2}\frac{\sigma_1+\sigma_3}{\bar{\sigma}}\right)+\frac{\sigma_1-\sigma_3}{\bar{\sigma}}\right)d\bar{\varepsilon}$$

변형률 경화계수 (n)	1

파단예측해석(3) AFDEX
Damage analysis(3)

Rice and Tracy

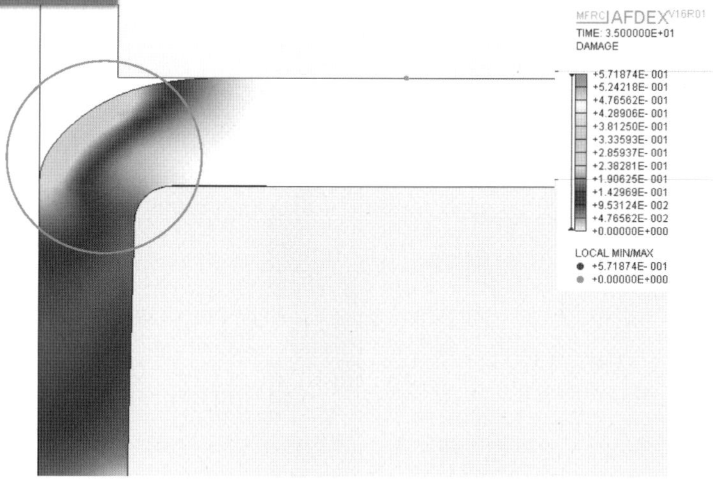

$$\frac{1}{C_7}\int_0^{\bar{\varepsilon}_f} \exp\left(C_6 \frac{\sigma_m}{\bar{\sigma}}\right) d\bar{\varepsilon} = I_7$$

파단예측해석(4) AFDEX
Damage analysis(4)

Oyane

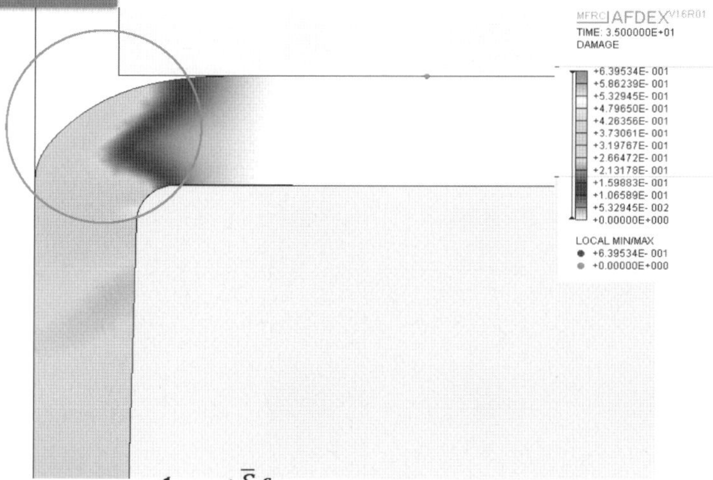

$$\frac{1}{C_{10}}\int_0^{\bar{\varepsilon}_f} \left(C_9 + \frac{\sigma_m}{\bar{\sigma}}\right) d\bar{\varepsilon} = I_{10}$$

파단예측해석(5) AFDEX
Damage analysis(5)

Brozzo

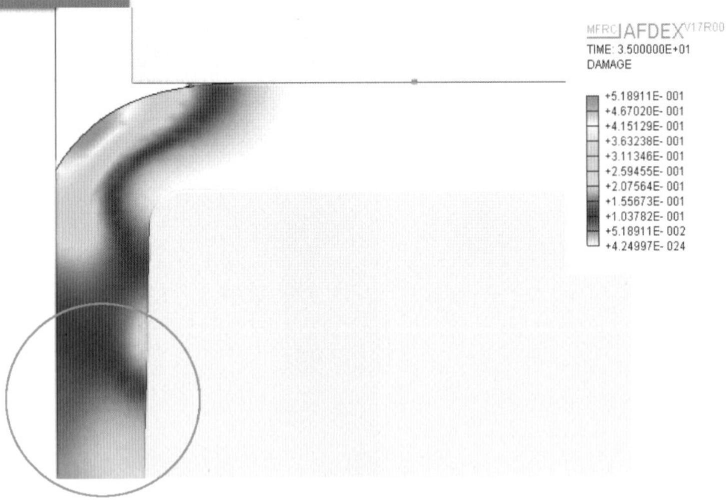

$$D=\frac{2}{3}\int_0^{\bar{\varepsilon}_f}\left(\frac{\sigma_1}{\sigma_1-\sigma_m}\right)d\bar{\varepsilon}$$

유저서브루틴 적용 파단예측해석(6)
Damage analysis(6) using User-Subroutine

User Subroutine TFD (B&W)

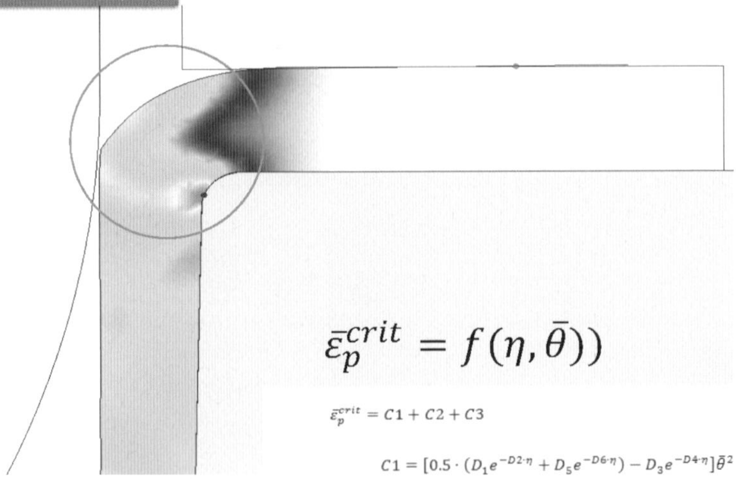

$$\bar{\varepsilon}_p^{crit} = f(\eta,\bar{\theta}))$$

$$\bar{\varepsilon}_p^{crit} = C1 + C2 + C3$$

$$C1 = [0.5\cdot(D_1 e^{-D2\cdot\eta} + D_5 e^{-D6\cdot\eta}) - D_3 e^{-D4\cdot\eta}]\bar{\theta}^2$$

$$C2 = [0.5\cdot(D_1 e^{-D2\cdot\eta} - D_5 e^{-D6\cdot\eta})]\bar{\theta}^{\square}$$

$$C3 = D_3 e^{-D4\cdot\eta}$$

참고 :
B&W model TFD(Al2024-T5)

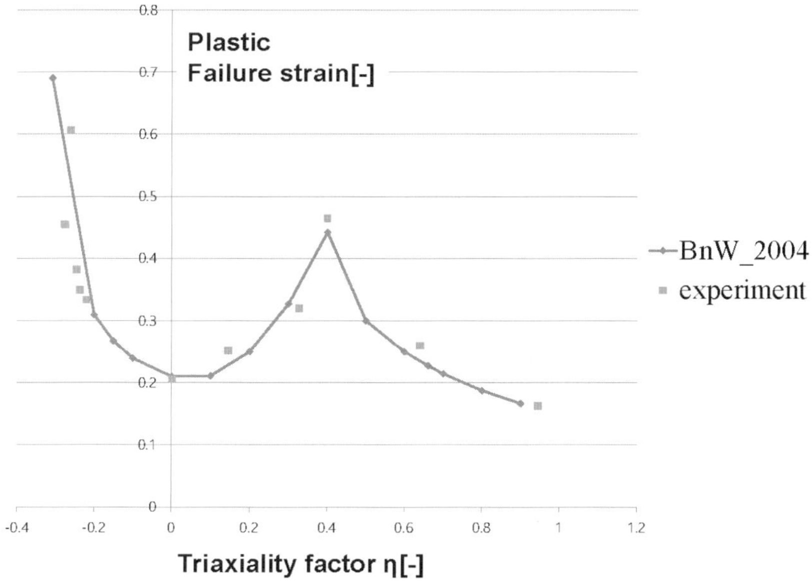

전단 파단 벤치마킹(II)
Shear Fracture of forming parts

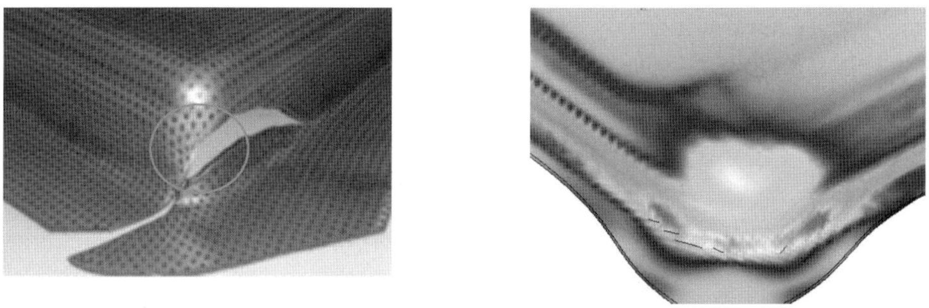

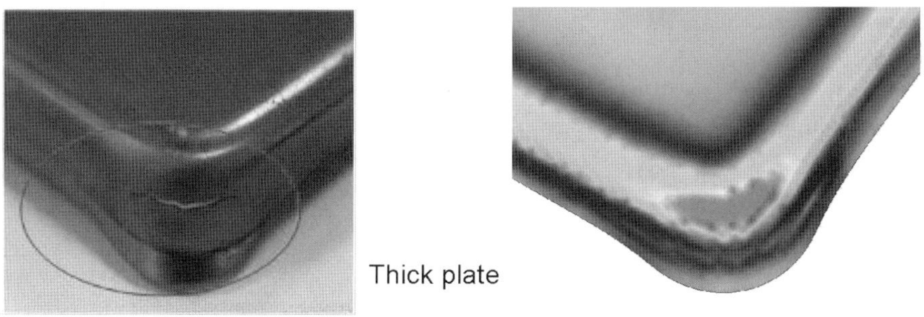

Thick plate

6.8 Die life

Die Life – Hot forging

Die failure mechanisms

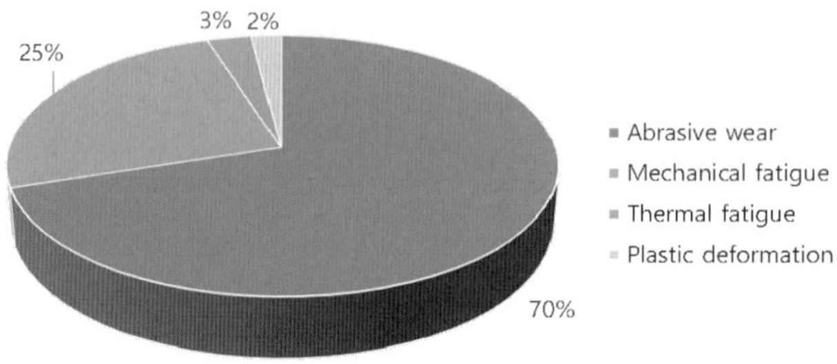

E. Doege, B.-A. Behrens, Handbuch Umformtechnik: Grundlagen, Technologien, Maschinen, Springer-Verlag Berlin Heidelberg, Berlin, Heidelberg, 2010.

Die failure mechanisms:

- ❖ Wear
- ❖ Plastic deformation

} Gradual, can be detected from shape of the workpiece

- ❖ Thermo-mechanical fatigue — Fatigue cracks keep growing, but not evident on workpiece. So when crack reaches a macro depth, die fails suddenly

-149-

Example problem 1 – Finisher die - Crankshaft

◈ Workpiece Information

- ▶ S45C (T=800-1300°C)
- ▶ A solid cylinder
- ▶ Diameter x Height: 90.0 mm × 370.0 mm
- ▶ Initial temperature: 1200℃

◈ Information about dies

- ▶ SKD61
- ▶ Friction: Graphite + Water_Hot(Steel)
- ▶ Crank Press
- ▶ Initial temperature: 300℃

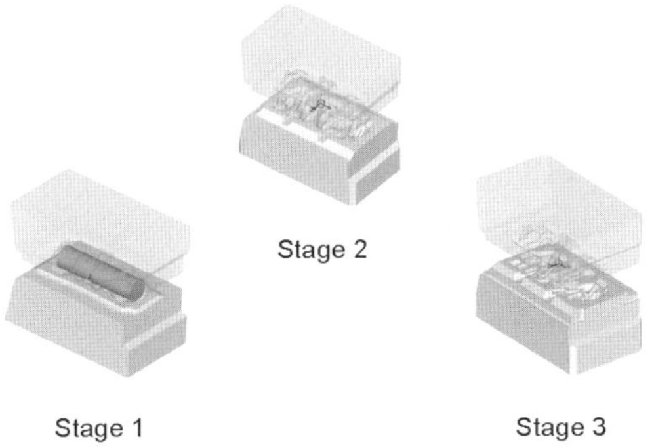

<Process design>

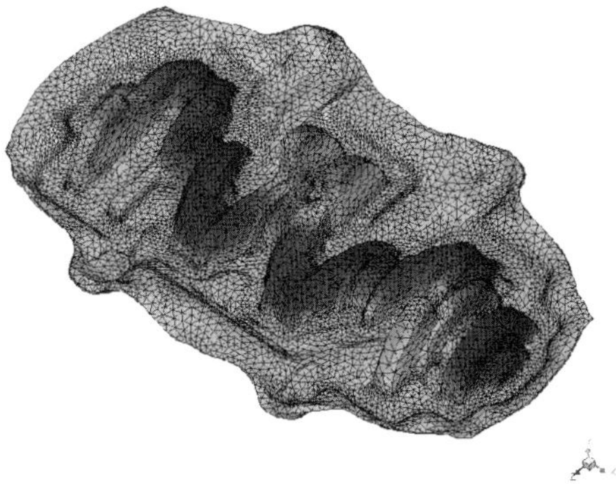

<Final product>

-150-

Example problem 1 – Finisher die - Crankshaft

Temperature

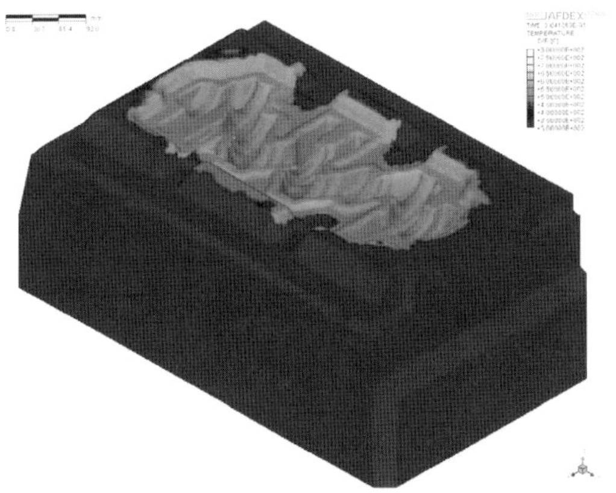

Effective stress

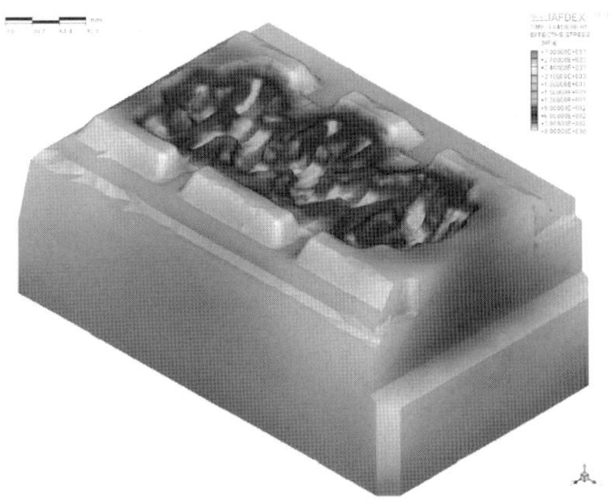

-151-

Prediction of die wear

Modified Archard's wear model

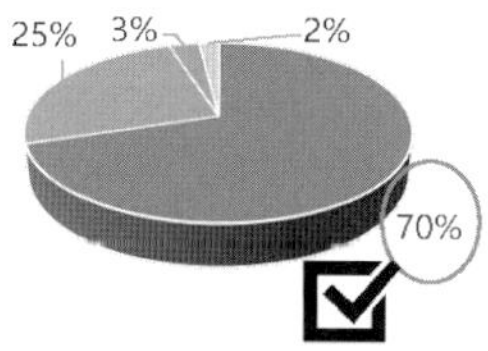

$$w = k\sum_{\text{inc}=1}^{n}\left[\frac{\sigma_N}{H(\vartheta, t_t)}v_{\text{rel}}\Delta t\right]\text{inc}$$

w	Wear depth
σ_N	Normal contact stress
$H(\vartheta, t_t)$	Hardness (H) as a function of temperature (ϑ) and process duration (t_t)
v_{rel}	Relative velocity between workpiece and tool
Δt	Duration of one time increment
k	Wear coefficient, determined by matching the computed and measured wear profiles

-152-

Die wear animation

Modified Archard's wear model [4]

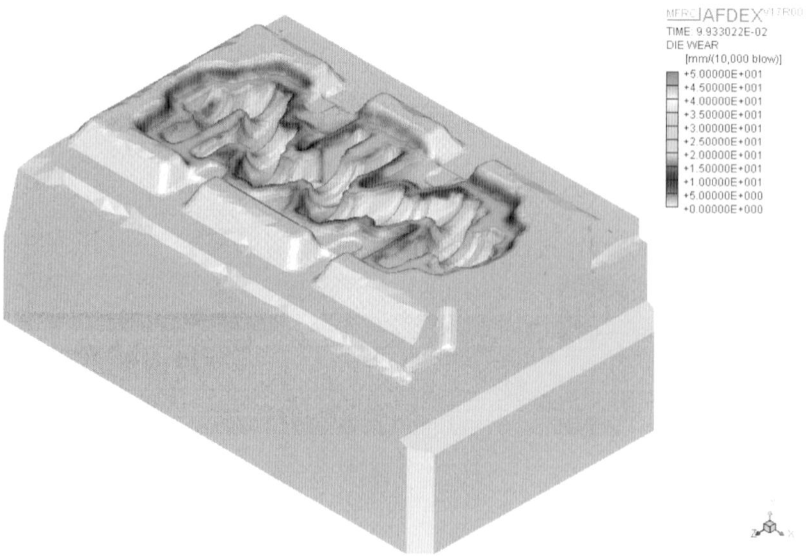

-153-

Thermo-mechanical fatigue life assessment

✓ Factors affecting thermo-mechanical fatigue:

1. Surface thermal gradient
2. Minimum and maximum temperature
3. Heating/Cooling rate
4. Stress evolution

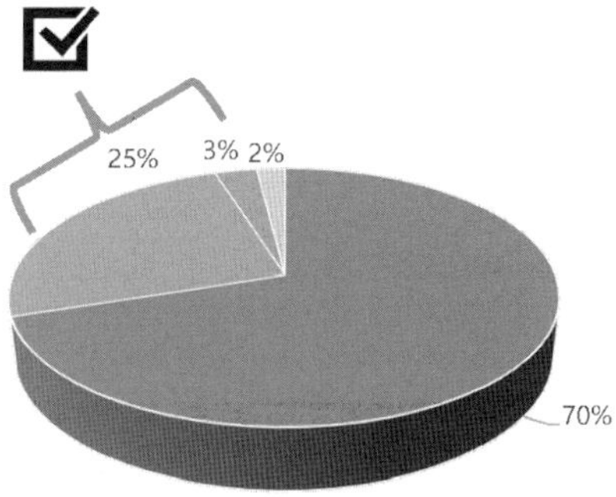

✓ Two methods:

1. Response surface modelling technique – Statistical approach
2. An empirical approach based on total deformation

-154-

Thermo-mechanical fatigue assessment

✓ **Method 1**

Design Of Experiments (DOE) and Response Surface Methodology (RSM) technique

G. A. Berti, M. Monti, "Thermo-mechanical fatigue life assessment of hot forging die steel", Fatigue Fract Engg Mater Struct, Vol. 28, pp 1025-1034

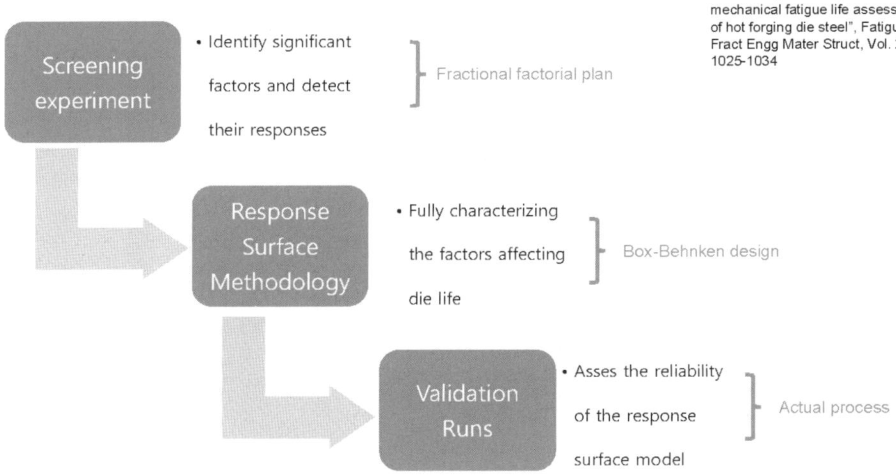

-155-

Thermo-mechanical fatigue assessment

✓ Method 1

1. Identifying significant factors – ANOVA to find curvature in response

> 1. Maximum temperature (During the forming phase)
> 2. Minimum temperature
> 3. Ratio of equivalent von Mises stress to yield strength at temperature T

2. Use RSM (Box-Behnken Design) to quantify relationship between response and significant factors

$$\begin{aligned}N = {} & 1.384 \cdot 10^6 - 3376.982 \cdot T_{max} - 450.922 \cdot T_{min} \\ & - 4.372 \cdot 10^5 \cdot \sigma_{eq}/Y(T) + 2.317 \cdot T_{max}^2 \\ & + 0.904 \cdot T_{min}^2 + 82713.542 \cdot (\sigma_{eq}/Y(T))^2 \\ & - 0.259 \cdot T_{max} \cdot T_{min} + 439.219 \cdot T_{max} \cdot (\sigma_{eq}/Y(T)) \\ & + 22.656 \cdot T_{min} \cdot (\sigma_{eq}/Y(T))\end{aligned}$$

N = Predicted number of cycles to failure
T_{max} = Maximum temperature cycle
T_{min} = Minimum temperature cycle
σ_{eq} = Equivalent von Mises stress
$Y(T)$ = Yield strength at temperature T

3. Validation runs to estimate the error percentage – Maximum error is under 7%

Specimen	T_{max} (°C)	T_{min} (°C)	Heating time (s)	Cooling time (s)	$\sigma_{eq}/Y(T)$	N_E (cycles)	N (cycles)	Error (%)
16	596	341	1.30	0.75	0.50	27 902	29 796	6.8
17	650	289	2.60	1.00	0.57	9842	8500	−13.6
18	679	324	3.60	1.20	0.63	909	930	2.3
19	613	347	1.30	0.75	1.12	4931	6178	25.3

Minimum temperature was under the minimum temperature of experimental plan

The ratio $\sigma_{eq}/Y(T)$ is above plastic limit and large values of maximum stress

-156-

Thermo-mechanical fatigue assessment

✓ Method 1

Example – Estimating the number of cycles for lower finisher die of a crankshaft

Number of cycles – Contour plot

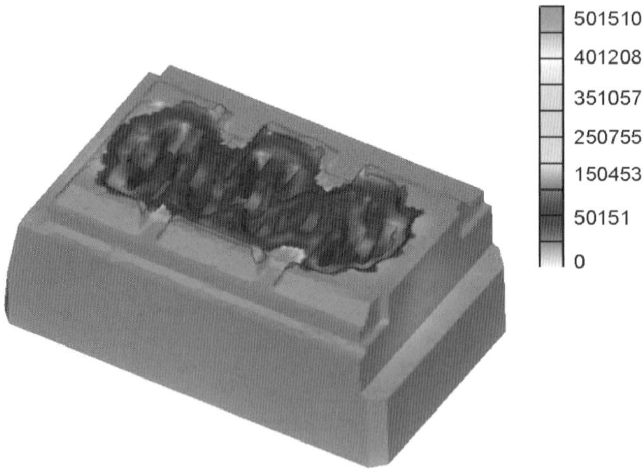

-157-

Die life based on plastic deformation

Increase in die temperature → Thermal softening → Reduction of die hardness → **Plastic Deformation**

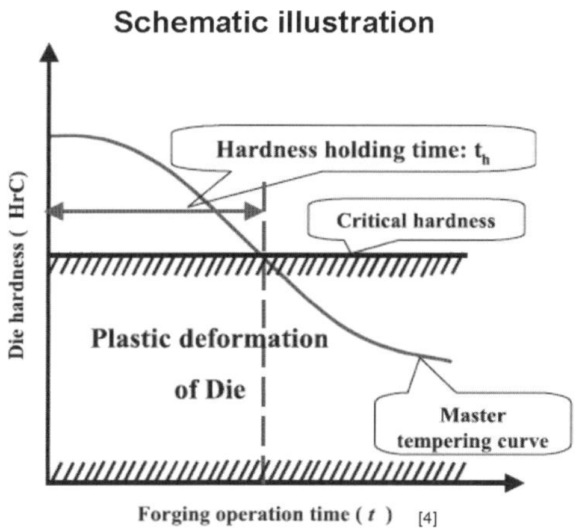

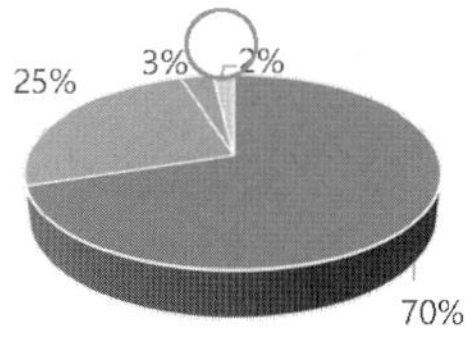

$$\text{Die service life} = \frac{\text{Hardness holding time (th)}}{\text{One forging cycle time}}$$

(Maximum production quantity)

-158-

Example problem 2 – Planetary carrier RR/FT & Gear spider

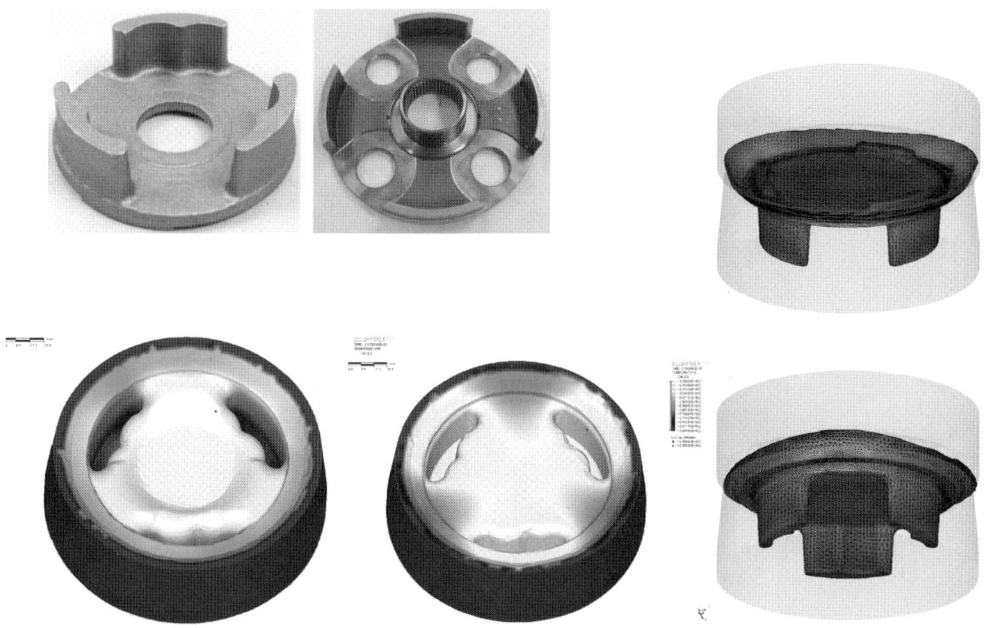

MFCAE 2017 by HanHo Ind.

-159-

Example problem 2 – Planetary carrier RR/FT & Gear spider

✓ **Die wear predictions**

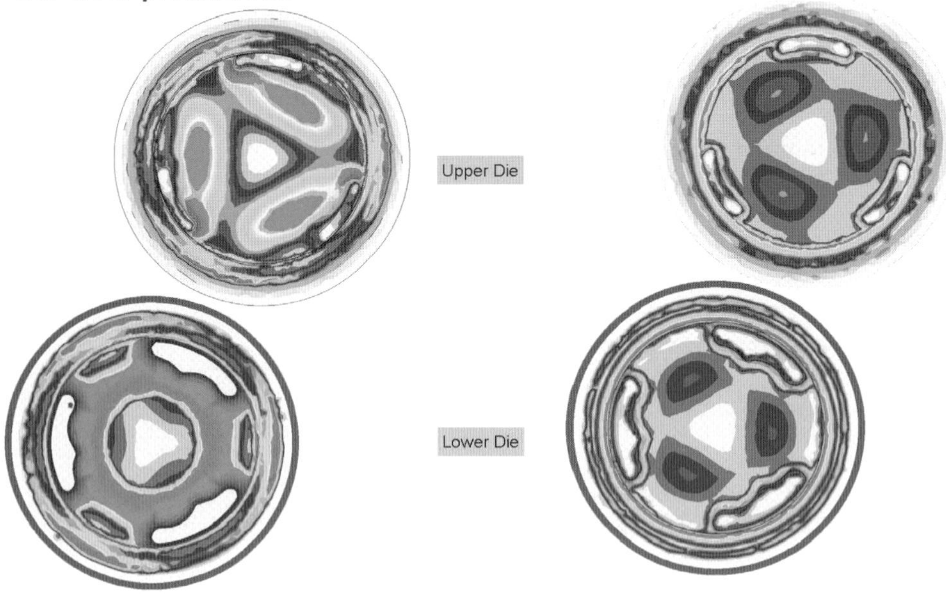

Stage 1 Stage 2

-160-

Example problem 2 – Planetary carrier RR/FT & Gear spider

✓ **Die wear experiments**

Stage 1(Blocker) Stage 2(Finisher)

-161-

6.9 Summary

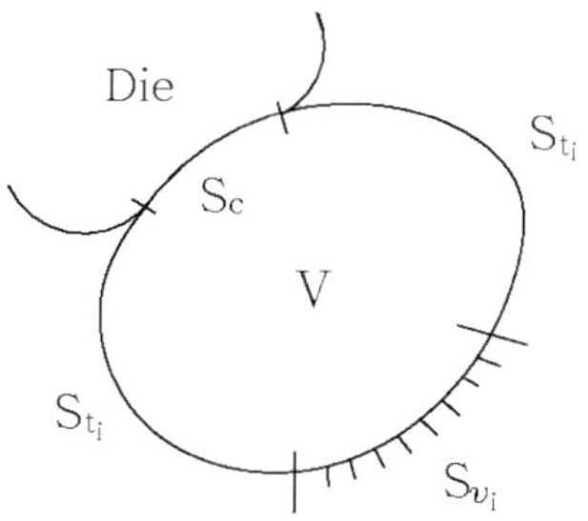

Summary – Natural phenomena and mechanics

Law	Details	Equation	Related contents
Newton	Requirement on equilibrium	$\sum F_i = m a_i,\ \sum M_i = I \alpha_i$	
	Equation of equilibrium	$\sigma_{ji,j} + f_i = 0,\ \sigma_{ij} = \sigma_{ji}$	Navier-Cauchy equation
	Equation of motion	$\sigma_{ji,j} + f_i = \rho \dot{v}_i$	Navier-Stokes equation
Energy	Equation of heat conduction	$\left(k\phi_{,i}\right)_{,i} + q_g = \rho c \dfrac{\partial \phi}{\partial t}$	For solid
	Law of energy conservation	$\left(k\phi_{,i}\right)_{,i} + q_g = \rho c \left(\dfrac{\partial \phi}{\partial t} + \phi_{,j} v_j\right)$	For fluid
Mass	Equation of continuity	$v_{i,i} = 0$	Incompressible material
		$\left(\rho v_i\right)_{,i} + \dfrac{\partial \rho}{\partial t} = 0$	Compressible material
Constitu-tive	Hooke's law	$\sigma_{ij} = 2\mu\varepsilon_{ij} + \lambda\varepsilon_{kk}\delta_{ij},\ \varepsilon_{ij} = \dfrac{1}{E}\left[(1+\nu)\sigma_{ij} - \nu\sigma_{kk}\delta_{ij}\right]$	They satisfy the second law of thermodynamics.
	Plastic flow rule	$\sigma'_{ij} = \dfrac{2}{3}\dfrac{\bar{\sigma}}{\dot{\bar{\varepsilon}}}\dot{\varepsilon}_{ij}$	
	Fourier of heat conduction	$q_i = -k\phi_{,i}$	
	......		
Miscell-aneous	Displacement- strain relation	$\varepsilon_{ij} = \dfrac{1}{2}\left(u_{i,j} + u_{j,i}\right)$	
	Velocity-strain rate relation	$\dot{\varepsilon}_{ij} = \dfrac{1}{2}\left(v_{i,j} + v_{j,i}\right)$	
	Essential BC	$u_i = \bar{u}_i,\ v_i = \bar{v}_i,\ \phi = \bar{\phi}$	
	Natural BC	$t_i^{(\mathbf{n})} = \sigma_{ji} n_j = \bar{t}_i,\ q_i = -k\phi_{,i} = \bar{q}_i$	

Continuum mechanics – Displacement method

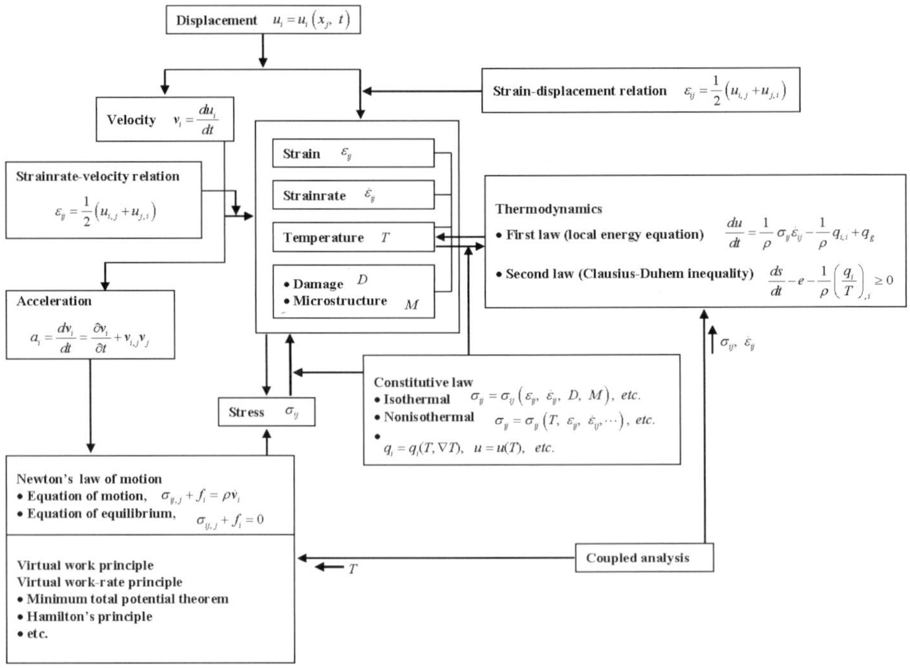

Summary – Solid mechanics

Item	Elasticity	Plasticity	Constants
Definition of problem	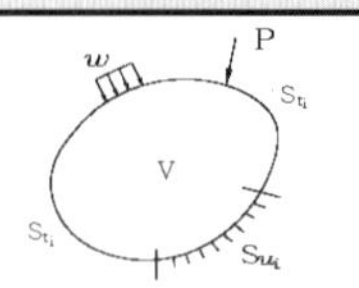	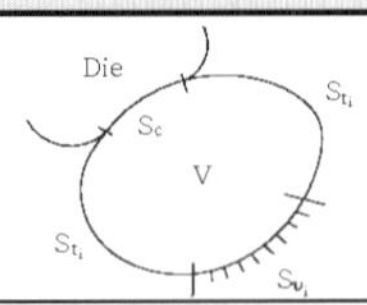	
Unknown	u_i	v_i, p	
Equation of equilibrium	$\sigma_{ij,j} + f_i = 0$ in V		X
Displacement- strain relation	$\varepsilon_{ij} = \frac{1}{2}(u_{i,j} + u_{j,i})$		X
Velocity-strain rate relation		$\dot{\varepsilon}_{ij} = \frac{1}{2}(v_{i,j} + v_{j,i})$	
Constitutive law	$\sigma_{ij} = 2\mu\varepsilon_{ij} + \lambda\varepsilon_{kk}\delta_{ij}$ $\varepsilon_{ij} = \frac{1}{E}[(1+\nu)\sigma_{ij} - \nu\sigma_{kk}\delta_{ij}]$	$\sigma'_{ij} = \frac{2\bar{\sigma}}{3\dot{\bar{\varepsilon}}}\dot{\varepsilon}_{ij}$	E, ν or μ, λ $\bar{\sigma} = \bar{\sigma}(\bar{\varepsilon}, \dot{\bar{\varepsilon}}, \phi)$
Incompressibility	Unnecessary in general. For incompressible material $u_{i,i} = 0$	$v_{i,i} = 0$	X
Boundary conditions	$u_i = \bar{u}_i$ on S_{u_i} $\sigma_{ij}n_j = \bar{t}_i$ on S_{t_i}	$v_i = \bar{v}_i$ on S_{v_i} $\sigma_{ij}n_j = \bar{t}_i$ on S_{t_i} $\lvert\sigma_t\rvert = \lvert\mu\sigma_n\rvert$ or mk on S_c $u_n = \bar{u}_n$ on S_c	$\bar{u}_i$, $\bar{v}_i$ $\bar{t}_i$ m or μ $\bar{u}_n$

Detailed description of an elastic problem

Indicial notation

- **Equation of equilibrium**

$$\frac{\partial \sigma_x}{\partial x}+\frac{\partial \tau_{yx}}{\partial y}+\frac{\partial \tau_{zx}}{\partial z}+f_x=0$$
$$\frac{\partial \tau_{xy}}{\partial x}+\frac{\partial \sigma_y}{\partial y}+\frac{\partial \tau_{zy}}{\partial z}+f_y=0$$
$$\frac{\partial \tau_{xz}}{\partial x}+\frac{\partial \tau_{yz}}{\partial y}+\frac{\partial \sigma_z}{\partial z}+f_z=0$$
$$\tau_{xy}=\tau_{yx},\ \tau_{xz}=\tau_{zy},\tau_{zx}=\tau_{xz}$$

Indicial notation:
$$\left(\begin{array}{l}\sum_i \frac{\partial \sigma_{ij}}{\partial x_i}+f_i=0\\ \sum_i \sigma_{ij,i}+f_i=0\\ \sigma_{ij,i}+f_i=0\end{array}\right)$$

Stress-strain relation

$$\varepsilon_x=\frac{1}{E}\left[\sigma_x-v\left(\sigma_y+\sigma_z\right)\right]+\alpha\Delta T$$
$$\varepsilon_y=\frac{1}{E}\left[\sigma_y-v\left(\sigma_x+\sigma_z\right)\right]+\alpha\Delta T$$
$$\varepsilon_z=\frac{1}{E}\left[\sigma_z-v\left(\sigma_x+\sigma_y\right)\right]+\alpha\Delta T$$
$$\gamma_{xy}=\frac{\tau_{xy}}{G},\gamma_{yz}=\frac{\tau_{yz}}{G},\gamma_{zx}=\frac{\tau_{zx}}{G}$$

Indicial notation:
$$\sigma_{ij}=2\mu\varepsilon_{ij}+\lambda\varepsilon_{kk}\delta_{ij}$$

- **Displacement-strain relation**

$$\varepsilon_x=\frac{\partial u}{\partial x},\quad \varepsilon_y=\frac{\partial v}{\partial y},\quad \varepsilon_z=\frac{\partial w}{\partial z}$$
$$\gamma_{xy}=2\varepsilon_{xy}=\frac{\partial u}{\partial y}+\frac{\partial v}{\partial x},\quad \gamma_{yz}=\frac{\partial v}{\partial z}+\frac{\partial w}{\partial y},\ \gamma_{zx}=\frac{\partial w}{\partial x}+\frac{\partial u}{\partial z}$$

Indicial notation:
$$\varepsilon_{ij}=\frac{1}{2}\left(u_{i,j}+u_{j,i}\right)$$

Deformation and heat transfer problems

Elasticity

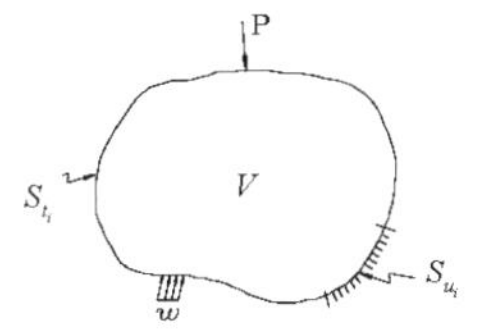

- **Equation of equilibrium**
  - $\sigma_{ij,j}+f_i=0\ in\ V$
- **displacement-strain relation**
  - $\varepsilon_{ij}=\frac{1}{2}(u_{i,j}+u_{j,i})$
- **stress-strain relation**
  - $\sigma_{ij}=2\mu\varepsilon_{ij}+\lambda\varepsilon_{kk}\delta_{ij}-(3\lambda+2\mu)\alpha\Delta T\delta_{ij}$
- **Boundary condition**
  - $u_i=\overline{u_i}\ on\ S_{u_i}$
  - $t_i^{(n)}=\sigma_{ij}n_j=\overline{t_i}\ on\,S_{t_i}$

Rigid-plasticity

- **Equation of equilibrium**
  - $\sigma_{ij,j}+f_i=0\ in\ V$
- **velocity-strainrate relation**
  - $\dot{\varepsilon}_{ij}=\frac{1}{2}(v_{i,j}+v_{j,i})$
- **stress-strainrate relation**
  - $\sigma_{ij}=-p\delta_{ij}+\sigma'_{ij}$
  - $\sigma'_{ij}=\frac{2}{3}\frac{\bar{\sigma}}{\dot{\bar{\varepsilon}}}\dot{\varepsilon}_{ij}=\frac{2}{3}\frac{\bar{\sigma}}{\sqrt{\frac{2}{3}\dot{\varepsilon}'_{kl}\dot{\varepsilon}'_{kl}}}\dot{\varepsilon}_{ij}$
- **Incompressibility condition**
  - $v_{ij}=0$
- **Boundary condition**
  - $v_i=\overline{v_i}\ on\ S_{v_i}$
  - $t_i^{(n)}=\sigma_{ij}n_j=\overline{t_i}^{(n)}\ on\ S_{t_i}$
  - $v_n=\overline{v_n}\ on\ S_c$
  - $\sigma_t=-\mu\sigma_n g(v_t)\ on\ S_c$

    or
  - $\sigma_t=-mkg(v_t)\ on\ S_c$
  - $g(v_t)=-\frac{2}{\pi}\tan^{-1}\frac{(v_t-v_t)}{a}$

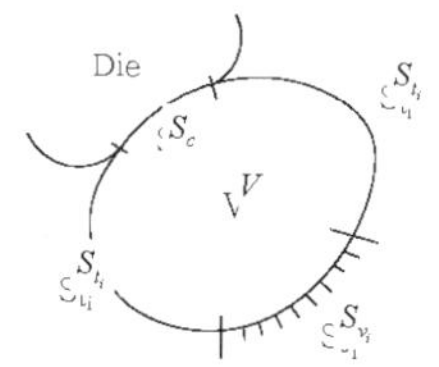

Heat transfer

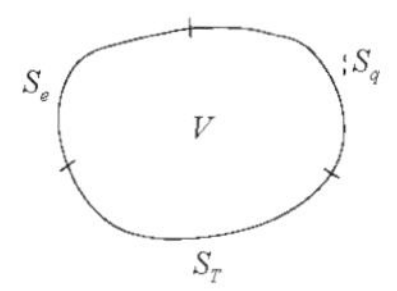

- **Equation of heat conduction**
  - $(kT_{,i})_{,i}+q_g=\rho c\frac{\partial T}{\partial t}\ in\ V$
- **Boundary condition**
  - $T=\overline{T}\ on\ S_T$
  - $kT_{,i}n_i=-h_q(T-T_q)\ on\ S_q$
  - $kT_{,i}n_i=-\sigma\varepsilon(T^4-T_e^4)-h_e(T-T_e)\ on\ S_e$

Input: Young's modulus, Poisson's ratio, Flow stress, Frictional condition, Die velocity, Thermal conditions

Elastoplasticity and heat transfer problems

Elasticity

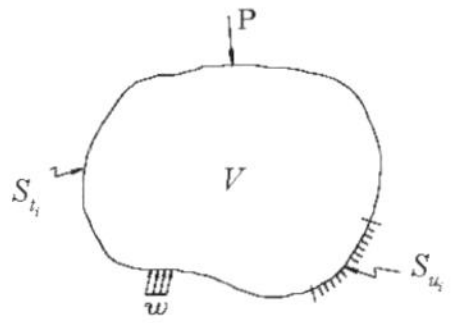

- **Equation of equilibrium**
  - $\sigma_{ij,j} + f_i = 0 \ in\ V$
- **displacement-strain relation**
  - $\varepsilon_{ij} = \frac{1}{2}(u_{i,j} + u_{j,i})$
- **stress-strain relation**
  - $\sigma_{ij} = 2\mu\varepsilon_{ij} + \lambda\varepsilon_{kk}\delta_{ij} - (3\lambda + 2\mu)\alpha\Delta T\delta_{ij}$
- **Boundary condition**
  - $u_i = \bar{u}_i \ on\ S_{u_i}$
  - $t_i^{(n)} = \sigma_{ij}n_j = \bar{t}_i \ on\ S_{t_i}$

Elastoplasticity

- **Equation of equilibrium**
  - $\sigma_{ij,j} + f_i = 0 \ in\ V$
- **velocity-strainrate relation**
  - $\dot{\varepsilon}_{ij} = \frac{1}{2}(v_{i,j} + v_{j,i})$
- **Additive decomposition of strain**

$$\varepsilon = \varepsilon^e + \varepsilon^p$$

- **stress integration**

$$\sigma_{n+1} = \sigma_n + \dot{\sigma}\Delta t \qquad \dot{\sigma} = E^{ep}\dot{\varepsilon}$$

- **Incompressibility condition**

$$\dot{\varepsilon}_{ii}^p = 0$$

- **Boundary condition**
  - $v_i = \bar{v}_i \ on\ S_{v_i}$
  - $t_i^{(n)} = \sigma_{ij}n_j = \bar{t}_i^{(n)} \ on\ S_{t_i}$
  - $v_n = \bar{v}_n \ on\ S_c$
  - $\sigma_t = -\mu\sigma_n g(v_t) \ on\ S_c$

  or
  - $\sigma_t = -mkg(v_t) \ on\ S_c$
  - $g(v_t) = -\frac{2}{\pi}\tan^{-1}\frac{(v_t - v_t)}{a}$

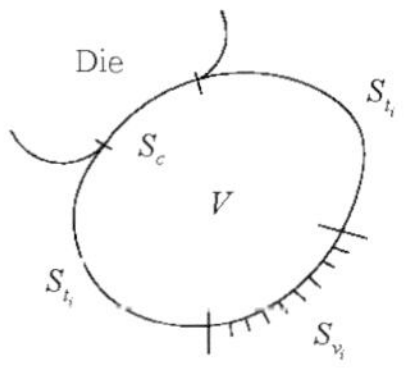

Heat transfer

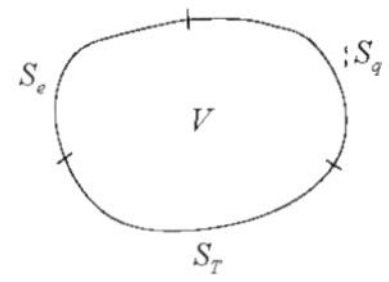

- **Equation of heat conduction**
  - $(kT_{,i})_{,i} + q_g = \rho c\frac{\partial T}{\partial t} \ in\ V$
- **Boundary condition**
  - $T = \bar{T} \ on\ S_T$
  - $kT_{,i}n_i = -h_q(T - T_q) \ on\ S_q$
  - $kT_{,i}n_i = -\sigma\varepsilon(T^4 - T_e^4) - h_e(T - T_e) \ on\ S_e$

Input: Young's modulus, Poisson's ratio, Flow stress, Frictional condition, Die velocity, Thermal conditions

7. Major factors affecting FE solutions

7.1 Summary of major factors

7.2 Mesh generation and remeshing

7.3 Flow stress

7.4 Friction, lubrication and wear

저자: 전만수

7.1 Summary of major factors

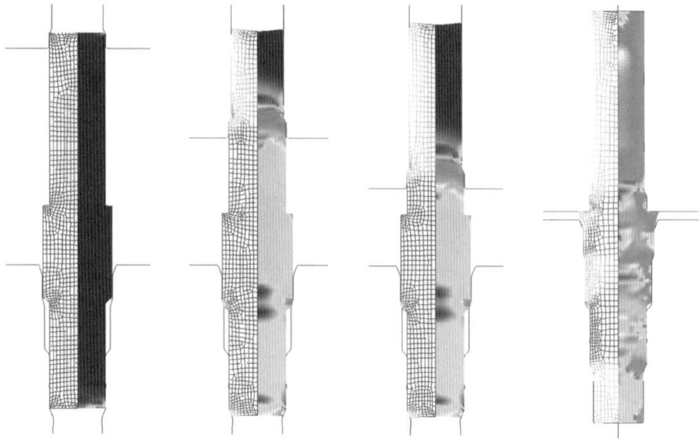

Flow stress at the room temperature

Flow stress

- A function of strain, strain rate and damage.
- Hollomon-Ludwik model: $\overline{\sigma} = K\overline{\varepsilon}^n$, K : strength coefficient, n : strain-hardening exponent.

Strain-hardening exponent

- As n increases, plastic region increases.
- Strain-hardening exponent has great influence on plastic deformation including local defect, buckling, and internal/external cracks.

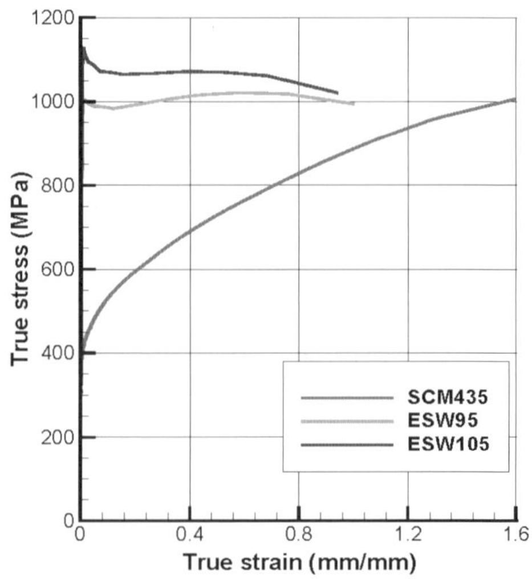

Flow stress at the elevated temperature

Flow stress at the elevated temperature

- ○ A function of strain, strain rate, temperature and damage.
- ○ $\bar{\sigma} = C(\varepsilon, T)\dot{\bar{\varepsilon}}^{m(\varepsilon, T)}$
  - -*C* : Hot strength coefficient, *m* : strain rate-hardening exponent.
  - -*C* and *m* are functions of temperature and strain.

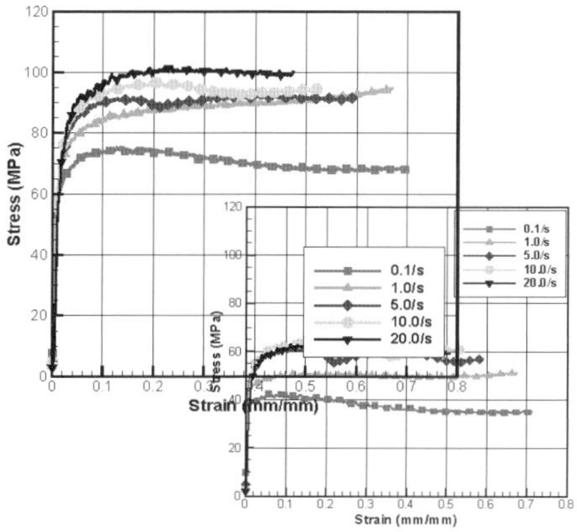

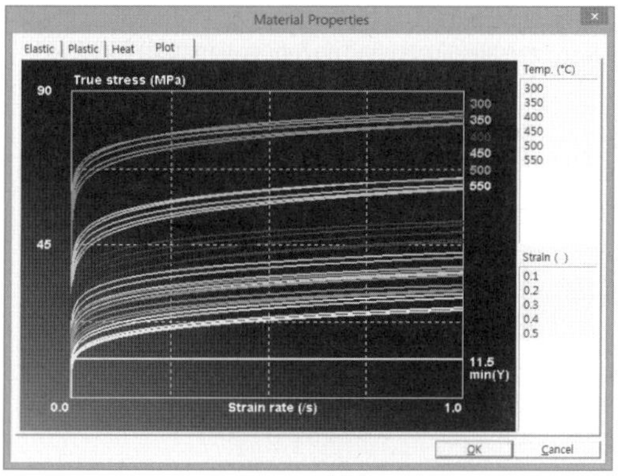

Law of friction

Friction

- ○ Tangential (frictional) stress is strongly dependent on normal stress.
- ○ In case of low normal stress, frictional stress varies linearly with normal stress.
- ○ In case of high normal stress, increase rate in frictional stress reduces as normal stress increases.
- ○ In cold forging, low frictional region distributes widely.

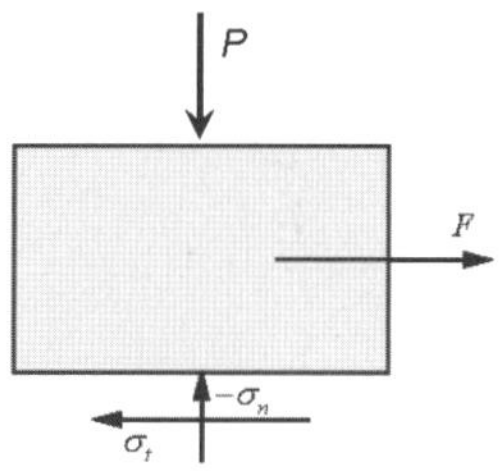

Coulomb friction, Constant shear friction, Hybrid friction

- ○ Law of Coulomb friction: Frictional stress = Normal stress x coefficient of Coulomb friction (μ)

$$|\sigma_t| = \mu|\sigma_n|$$

- ○ Law of constant shear friction = Shear yield stress(k) x friction factor(m)

$$|\sigma_t| = mk$$

- ○ Law of constant shear friction can not reflect the effect of normal stress on the frictional stress.
- ○ For most cases, especially for cold forgings, law of Coulomb friction is recommended.
- ○ Hybrid friction model is strongly recommended for special cold forging processes having long containers in forward extrusion and hot forging processes with complicated geometries .

Damage

- ○ In theory of ductile fracture, fracture of a material occurs when cumulative damage reaches its critical damage value, one of material properties varying with its fabrication history.
- ○ Brittle fracture occurs when the maximum principal stress reaches allowable stress and the fracture surface is normal to the axis of the maximum principal stress.
- ○ A ductile material becomes brittle as the cumulative strain increases. Therefore, the ductile fracture as well as brittle fracture should be considered at the same time.
- ○ Damage has more or less influence on decrease in flow stress.
- ○ Optimal theory of ductile fracture is dependent on material and process as well as material condition including its fabrication history.

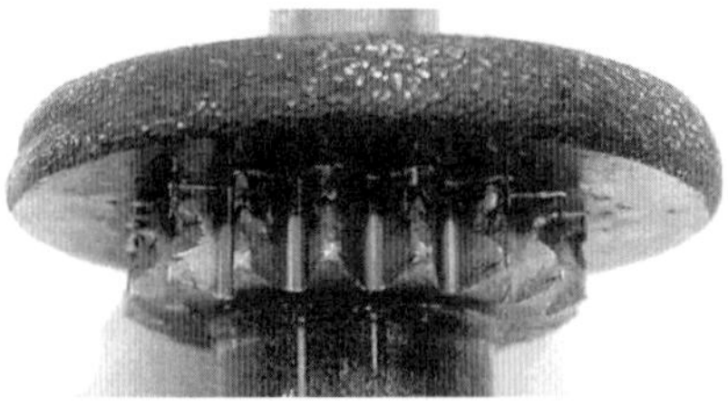

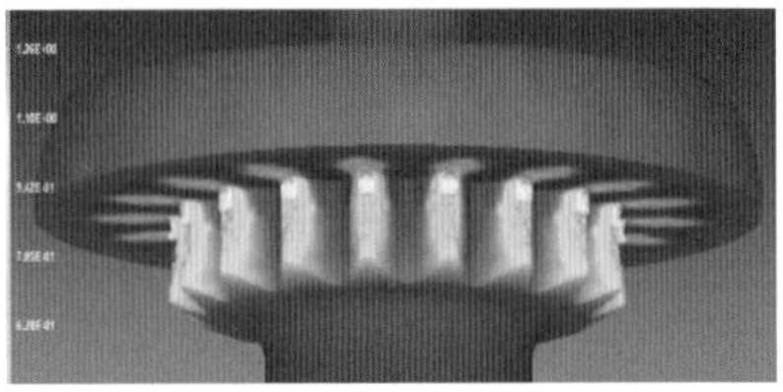

FLD (Formability Limit Diagram)

- ○ FLD (Formability limit diagram): Diagram of maximum and minimum strains in a plane together with critical formability limit curve.
- ○ FLD is mostly used to evaluate soundness of sheet metal forming processes.

- ○ FLC is the V-type curve which is the border of safety and failure of the deformed material.
- ○ FLC_0 is the limit maximum principle strain in the plane strain condition.

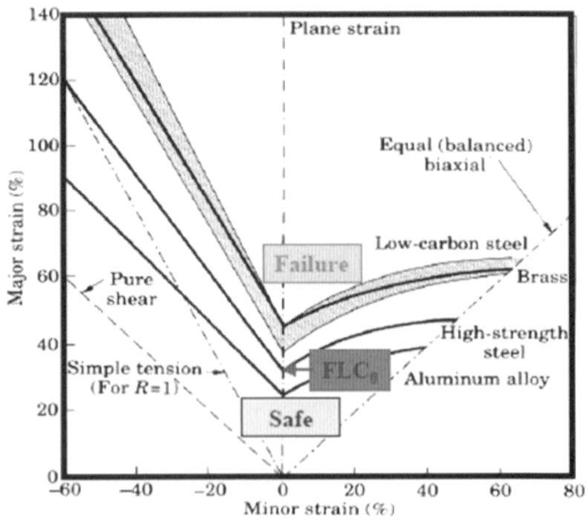

Element type

Quadrilateral element

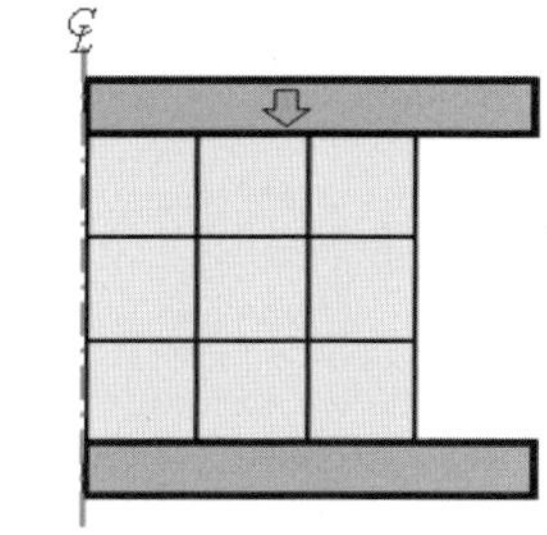

16	Number of nodes	16
32	Total degrees of freedom	32
12	Fixed degrees of freedom	12
9	Constraints due to incompressibility	18
11	Number of unknowns	3

Triangular element

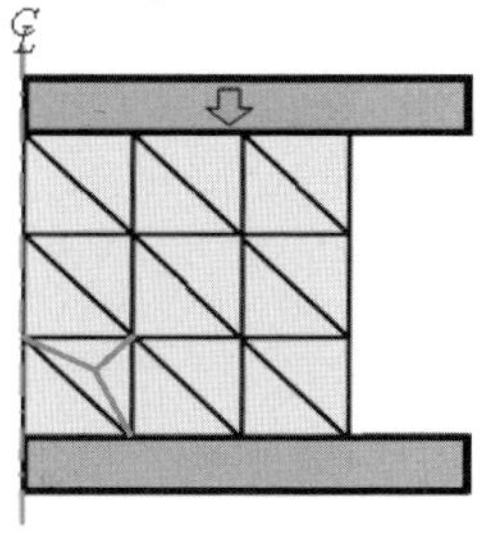

MINI-Element

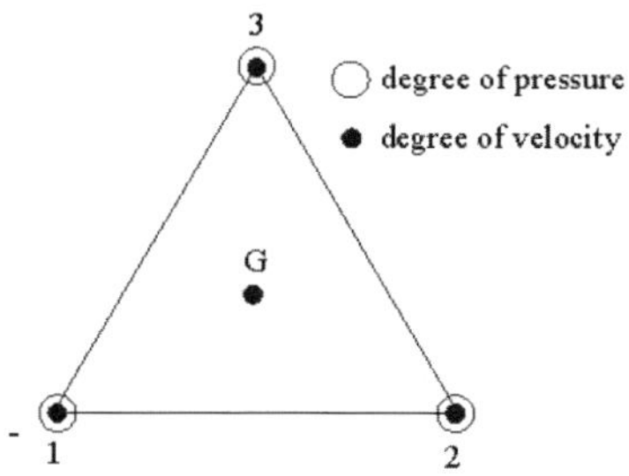

Comparison of predictions

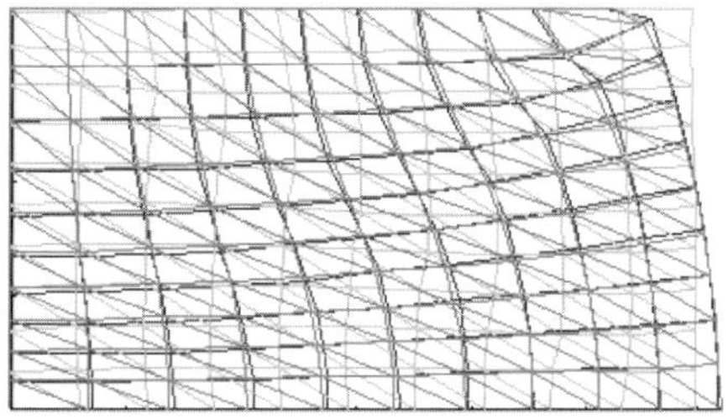

MINI-Element

Mesh system

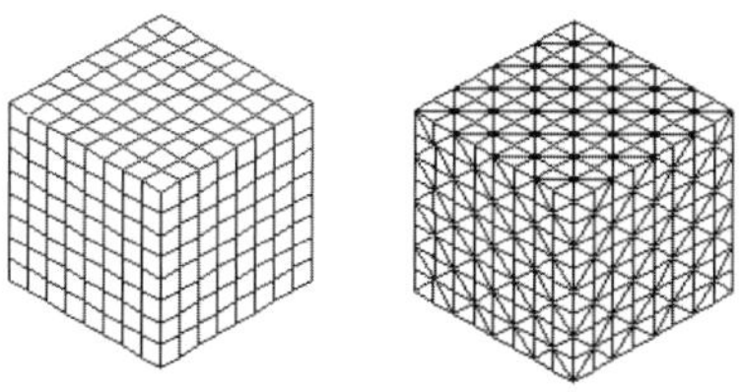

Hexahedral and Tetrahedral MINI-element

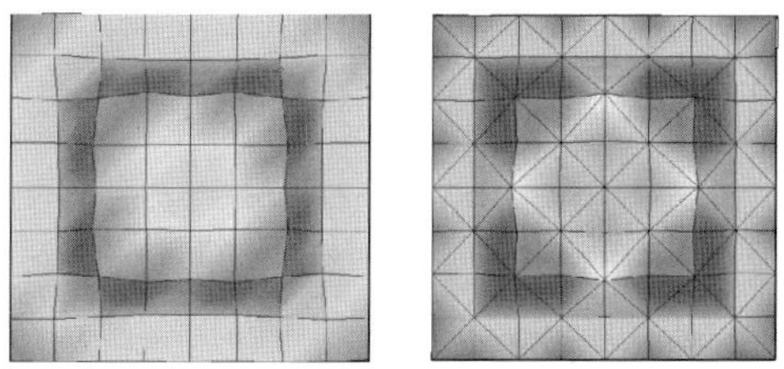

Hexahedral

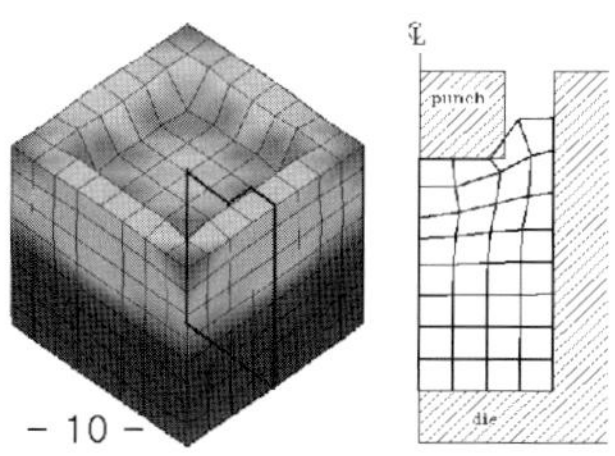

Tetrahedral

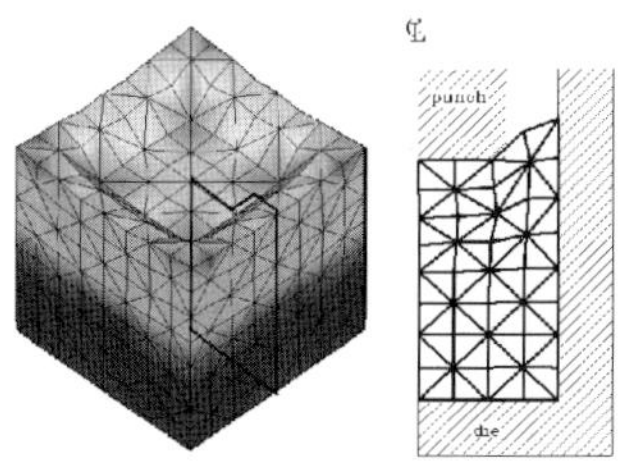

MINI-element

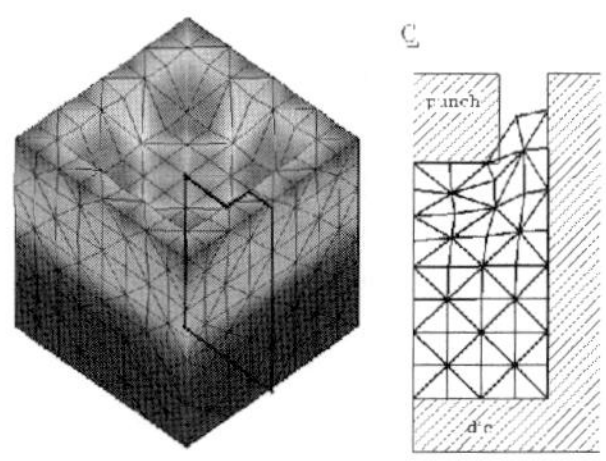

- 10 -

Intelligent remeshing– Maintenance of BCs

2D

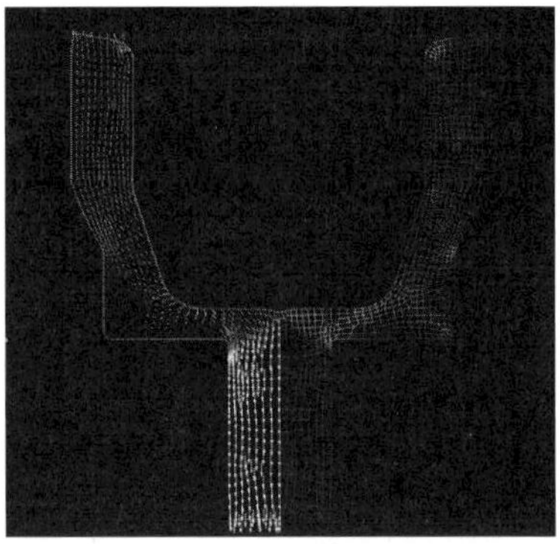

3D

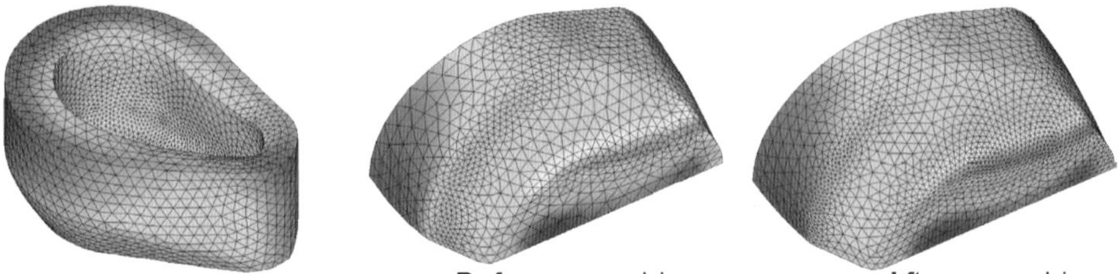

Before remeshing After remeshing

Number of elements or nodes

○ Increase in number of elements generally means the increase in accuracy of the predictions. However, so much increase in number of remeshings may deteriorate the solution accuracy.

○ Remeshing inherently causes numerical smoothing of state variables including effective strain and damage which are all important for solution accuracy itself.

○ Proper number of elements is recommended because too many elements not only increase computational time but they also decrease solution accuracy. Proper number of elements can be defined as a near-minimum number which can sufficiently describe the geometry of the material.

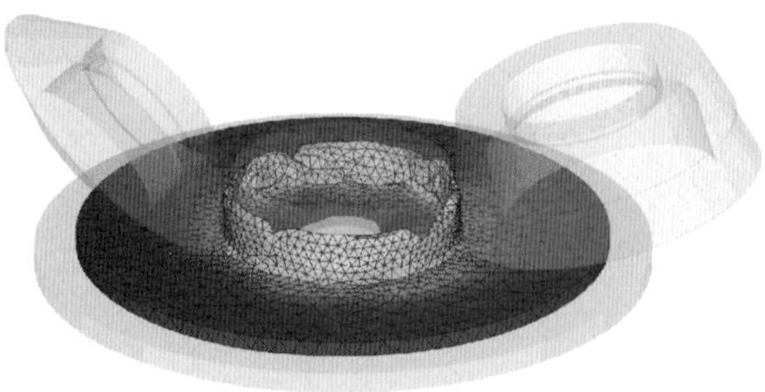

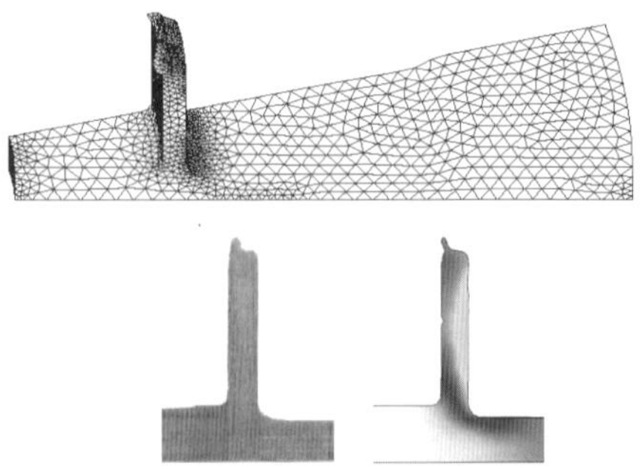

Treatment of incompressibility condition

Lagrange's multiplier method and penalty method

- There are two approaches, i.e., Lagrange's multiplier method and penalty method.
- In Lagrange's multiplier method, hydrostatic pressure is unknown. So total number of unknowns increases, which increases solution accuracy at the expanse of computational efficiency.
- Penalty method imposes the incompressibility without increase in number of unknowns.
- Lagrange's multiplier method is advantageous from the standpoint of numerical stability.

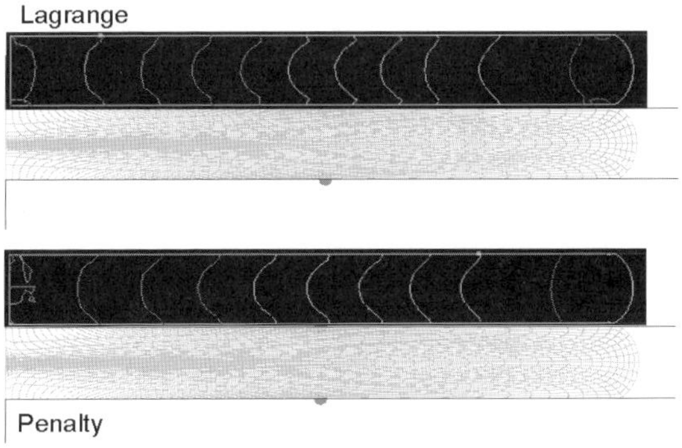

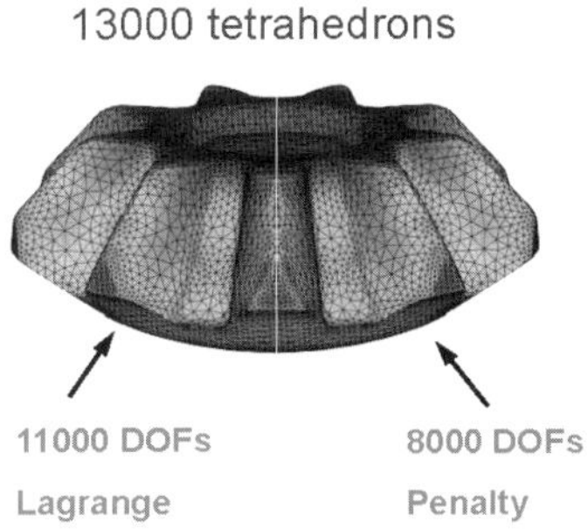

DOF, Degree Of Freedom = Number of Unknowns

Time increment and number of solution steps

- Fixed time increment can cause deep penetration of material into die or improper separation of material from the die. So minimum penetration depth should be considered. Of course, if the minimum penetration depth at one solution step is too small, progress of simulation will be much decelerated.
- Thus, proper total number of solution steps and proper minimum penetration depth should be input.
- Number of solution steps and minimum penetration depth have more or less influence on numerical volume change which can be one of barometers for checking integrity of the simulation.
- AFDEX supports an intelligent scheme to determine those values for general metal forming processes. However, users should pay attention to them, especially for special problems including ring rolling, etc.

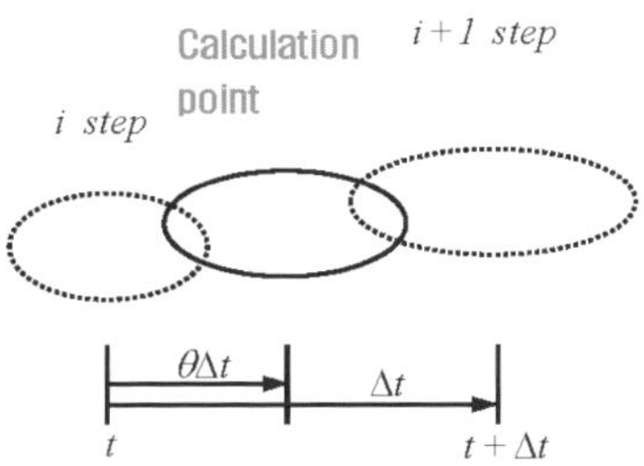

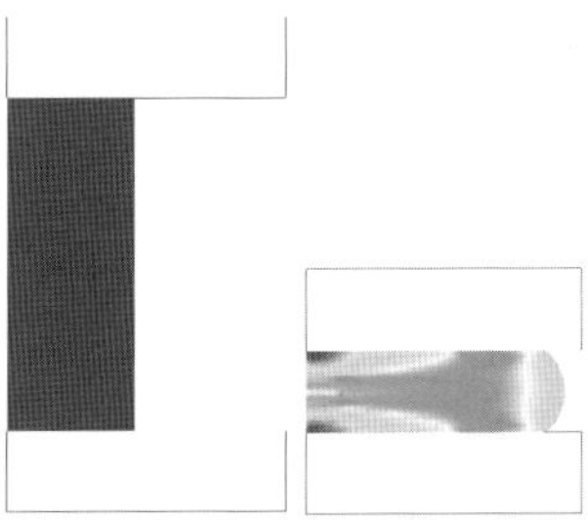

Number of solution steps	Volume change [%]
19	1.18
24	0.84
31	0.74
52	0.28
68	0.28
86	0.02

Minimum allowable effective strain rate

von Mises yield criterion and its associated flow rule

- ○ $\sigma'_{ij} = (2\bar{\sigma}/3\dot{\bar{\varepsilon}})\dot{\varepsilon}_{ij}$ causes numerical problem when $\dot{\bar{\varepsilon}}$ approaches to zero. Its minimum value is thus applied when it is less than the value, called minimum allowable effective strain rate.
- ○ When the minimum allowable effective strain rate is quite greater than a proper value, the solution can be more easily obtained. However, some smoothed solution, for example, numerical plastic deformation in especially long bar extrusion can be achieved.
- ○ Contrarily, when it is quite less than a proper value, the distinct difference between elastic region and plastic region can be achieved at the expanse of solution convergence and computational efficiency.

- $\sigma'_{ij} = \frac{2}{3}\frac{\bar{\sigma}}{\dot{\bar{\varepsilon}}}\dot{\varepsilon}_{ij} \quad if \quad \dot{\bar{\varepsilon}} > \dot{\bar{\varepsilon}}_{min}$
- $\sigma'_{ij} = \frac{2}{3}\frac{\bar{\sigma}}{\dot{\bar{\varepsilon}}_{min}}\dot{\varepsilon}_{ij} \quad if \quad \dot{\bar{\varepsilon}} < \dot{\bar{\varepsilon}}_{min}$

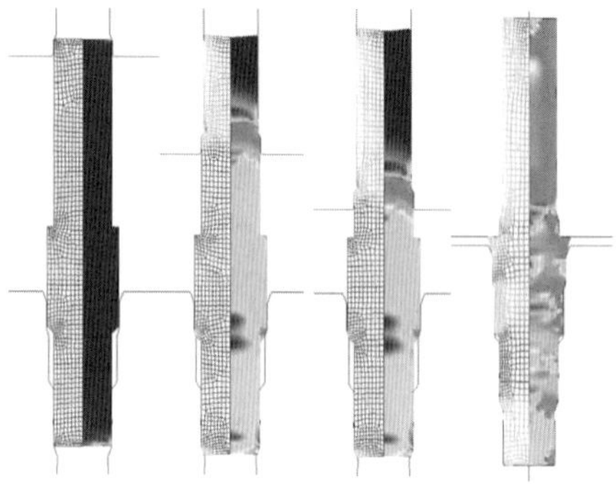

Smoothing due to remeshing

Remeshing and numerical smoothing

- ○ Linear isotropic limits element system predicts uncontinuous state variables along the element boundaries, including stress, strain, effective strain rate, damage, etc.
- ○ Strain and damage are inherently exposed to numerical smoothing during remeshing.
- ○ This numerical smoothing essentially deteriorates the accuracy of the predictions.

Local and global remeshings

- ○ One of the ways to minimize the numerical smoothing is to reduce the number of remeshings.
- ○ In some situations, minimized remeshings can cause rough matching of material with die and too much element distortion, which can increase inaccuracy.
- ○ One of realistic way is to employ local remeshing together with global remeshing.

Example of smoothed damage

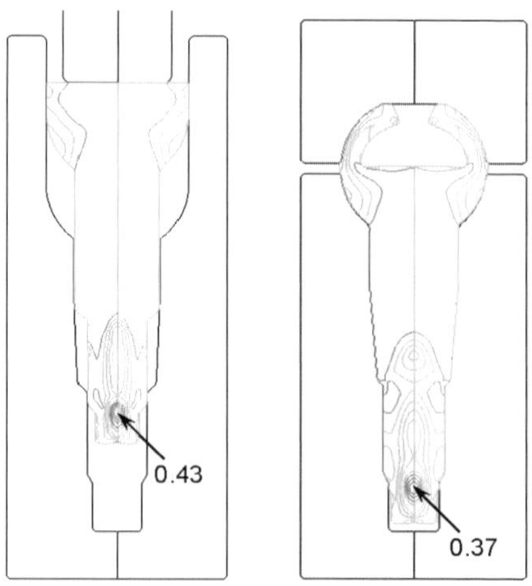

7.2 Mesh generation and remeshing

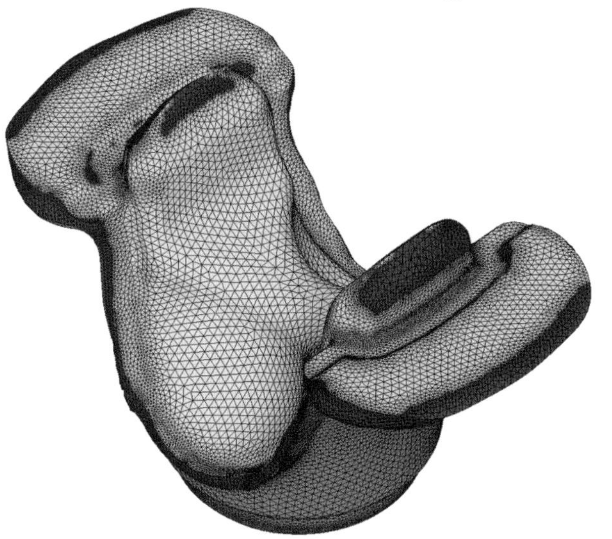

Remeshing criterion

- Criteion 1 – Angle of corner

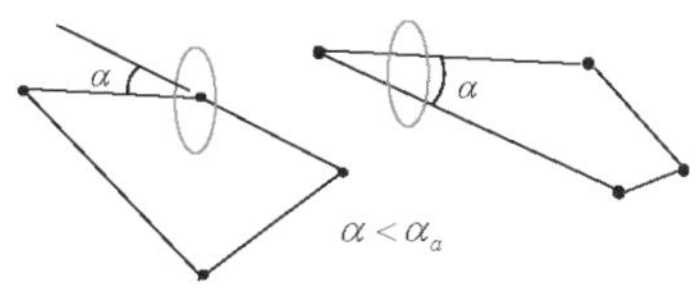

- Criterion 2 – relative change of internal angle

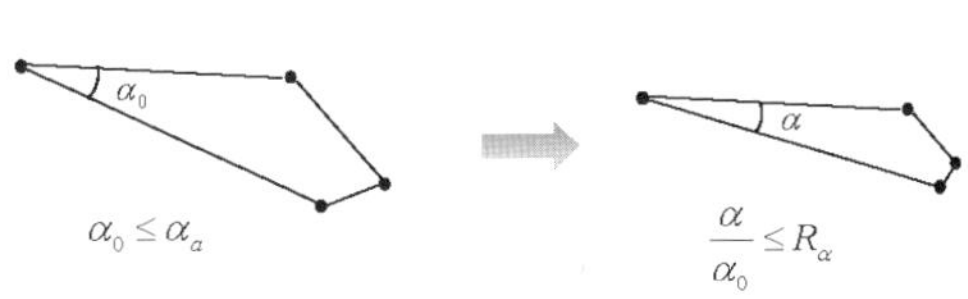

- Criterion 3 – maximum distance between die and material

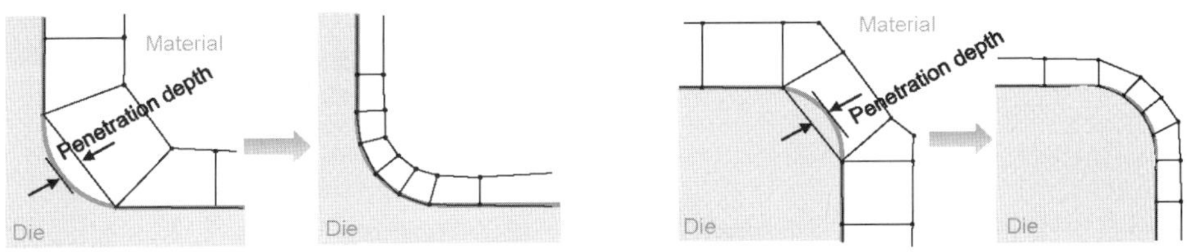

- Criterion 4 – Strain of surface edge

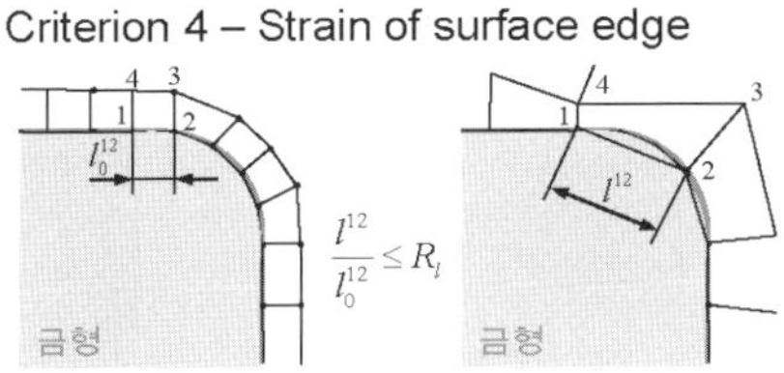

Numerical smoothing phenomena

- Reason of smoothing of state variables when the least-square method is employed

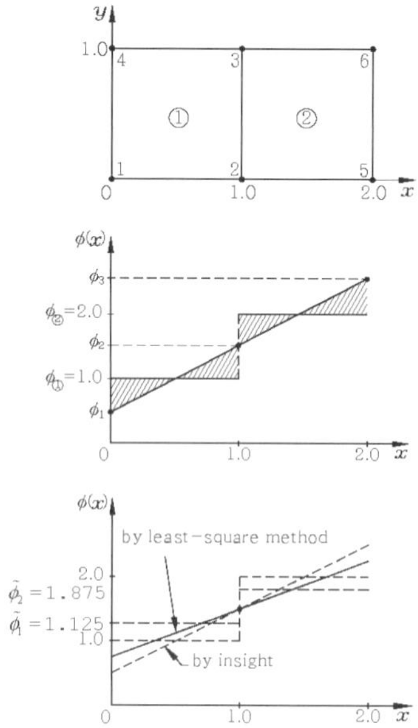

$$E(\phi_1,\phi_2,\phi_3)$$
$$=\int_0^1((\phi_2-\phi_1)x+\phi_1-1)^2dx+\int_1^2((\phi_3-\phi_2)x+2\phi_2-\phi_3-2)^2dx$$
$$=\frac{1}{3}(\phi_1^2+2\phi_2^2+\phi_3^2+\phi_1\phi_2+\phi_2\phi_3-3\phi_1-9\phi_2-6\phi_3+15)$$

For the error function $E(\phi_1,\phi_2,\phi_3)$ to be minimal

$$\frac{\partial E}{\partial \phi_i}=0,\ i=1,2,3$$

⬇

$$2\phi_1+\phi_2-3=0$$
$$\phi_1+4\phi_2+\phi_3-9=0$$
$$\phi_2+2\phi_3-6=0$$

⬇

$$\phi_1=0.75,\quad \phi_2=1.50,\quad \phi_3=2.25$$

Elemental values calculated by their related nodal values

$$\tilde{\phi}_{①}=1.125,\ \tilde{\phi}_{②}=1.875$$

Numerical smoothing- AFDEX3D vs RPI

- Research in RPI (Shepard group)

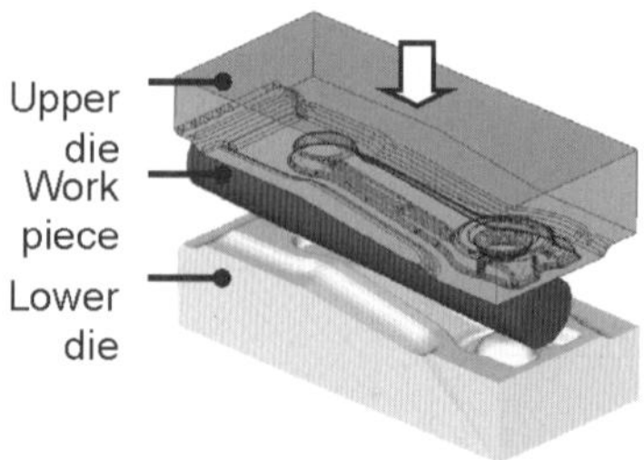

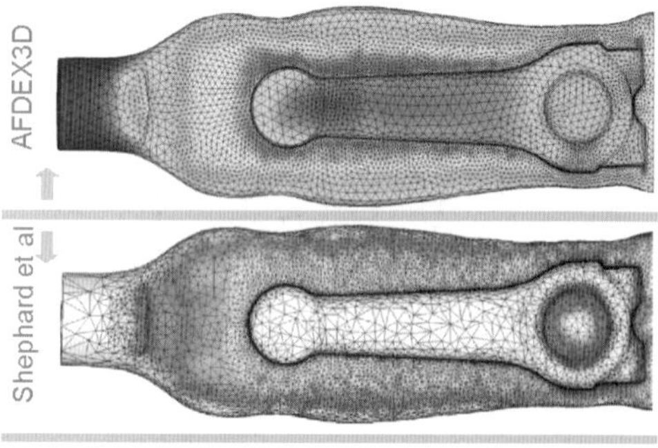

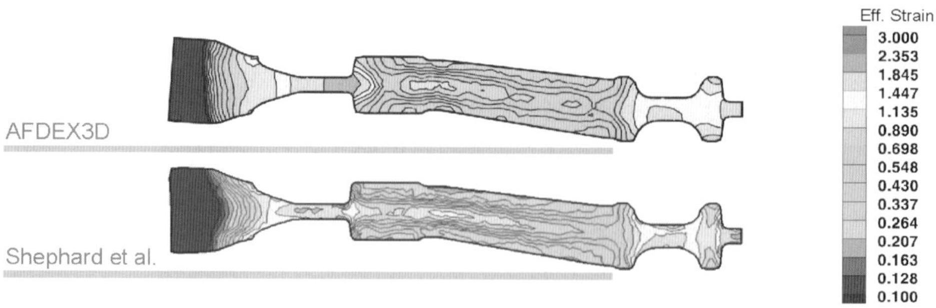

2D, Optimized quadrilateral FE mesh system

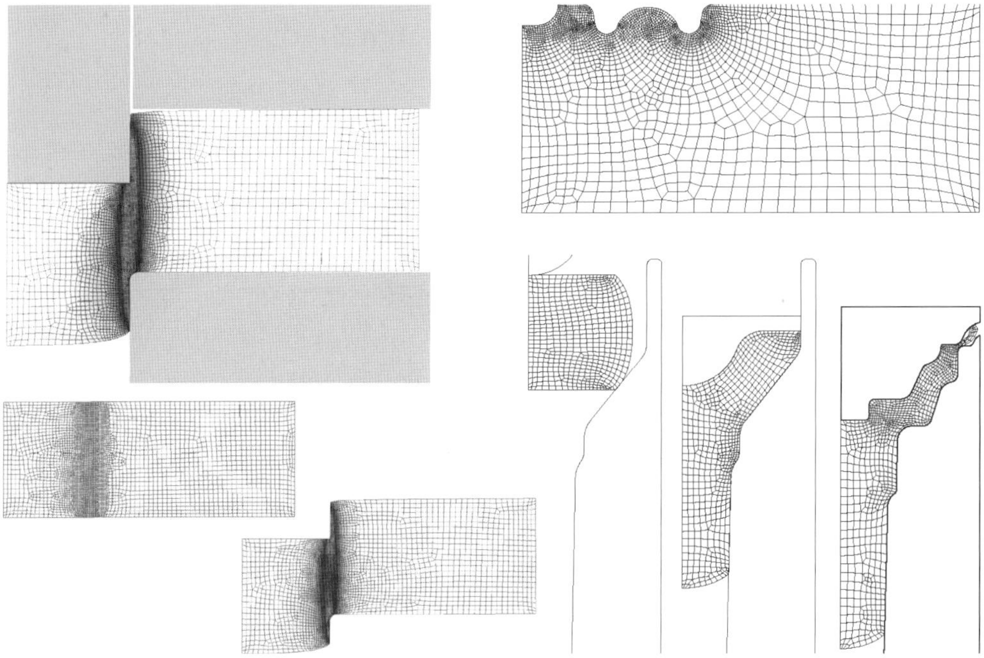

3D, Optimized tetraheral FE mesh system

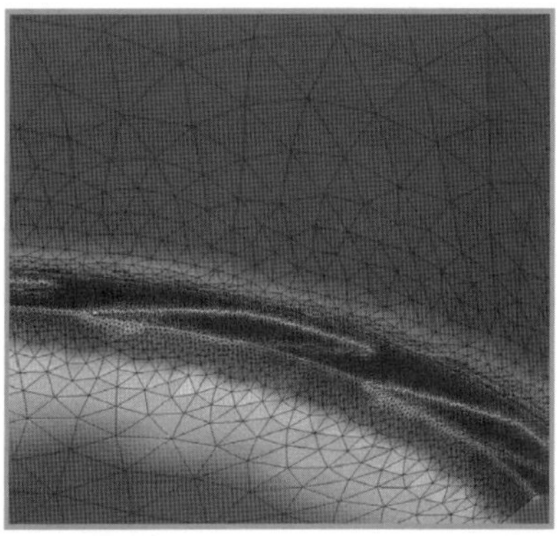

Better looking mesh is
also better for solution.

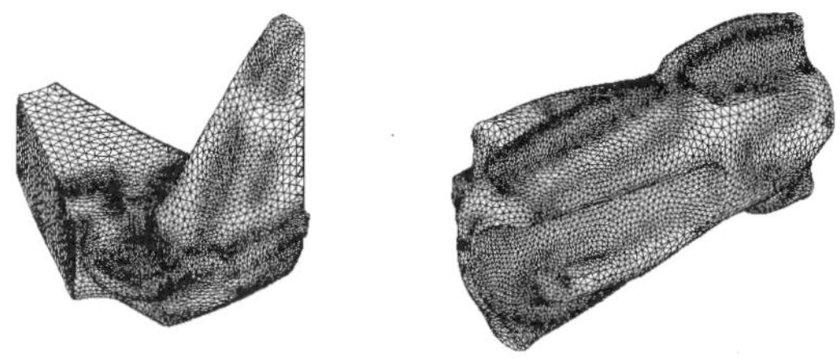

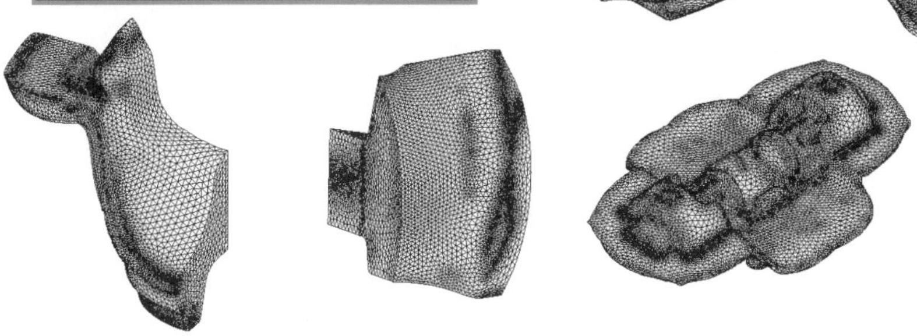

Intelligent remeshing first developed for bearing parts

2D – Quadrilateral

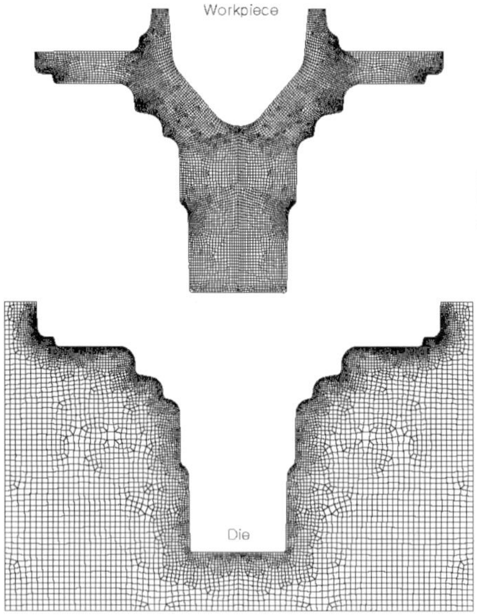

3D - Tetrahedron

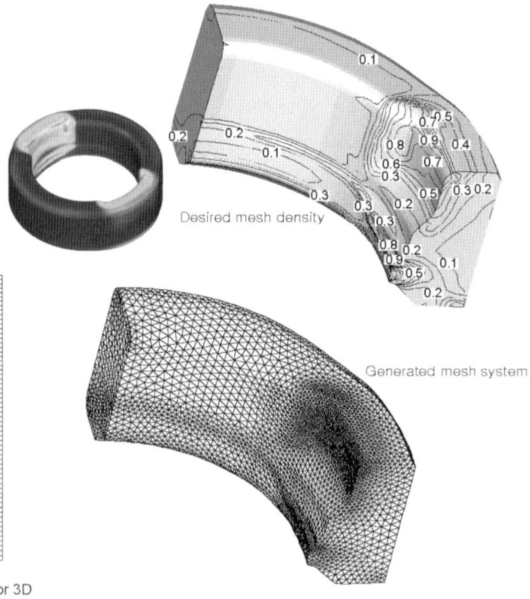

Int. J. Num. Methods Eng., 1999 for 2D / Fin. Ele. Ana. Des., 2007 for 3D

3D, Optimized tetraheral FE mesh system

Maintaining boundary conditions during remeshing is directly related to solution accuracy.

Smaller number of elements is beneficial, if they are sufficient enough to describe the material geometry.

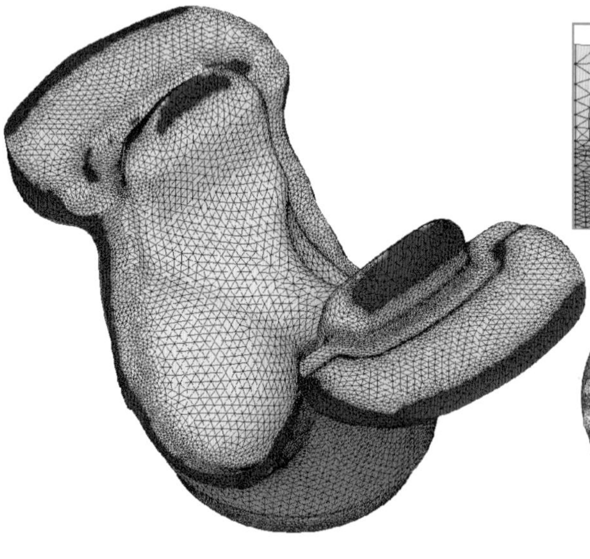

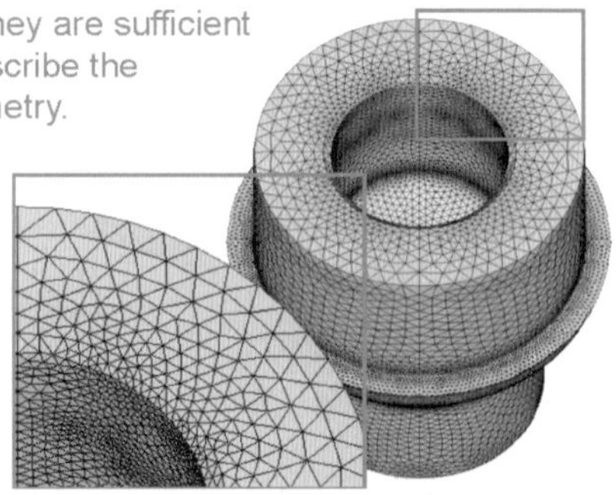

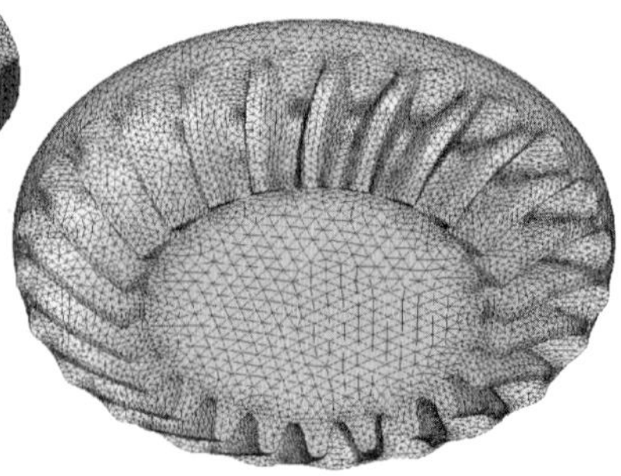

Mesh density control considering possible contact

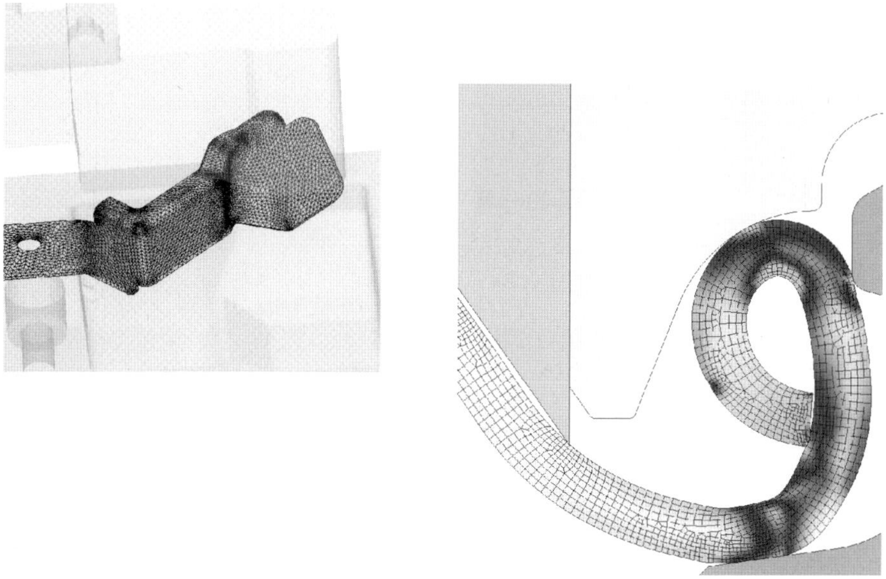

Mesh density control considering possible contact is important especially in plate forging.

Extreme mesh density control

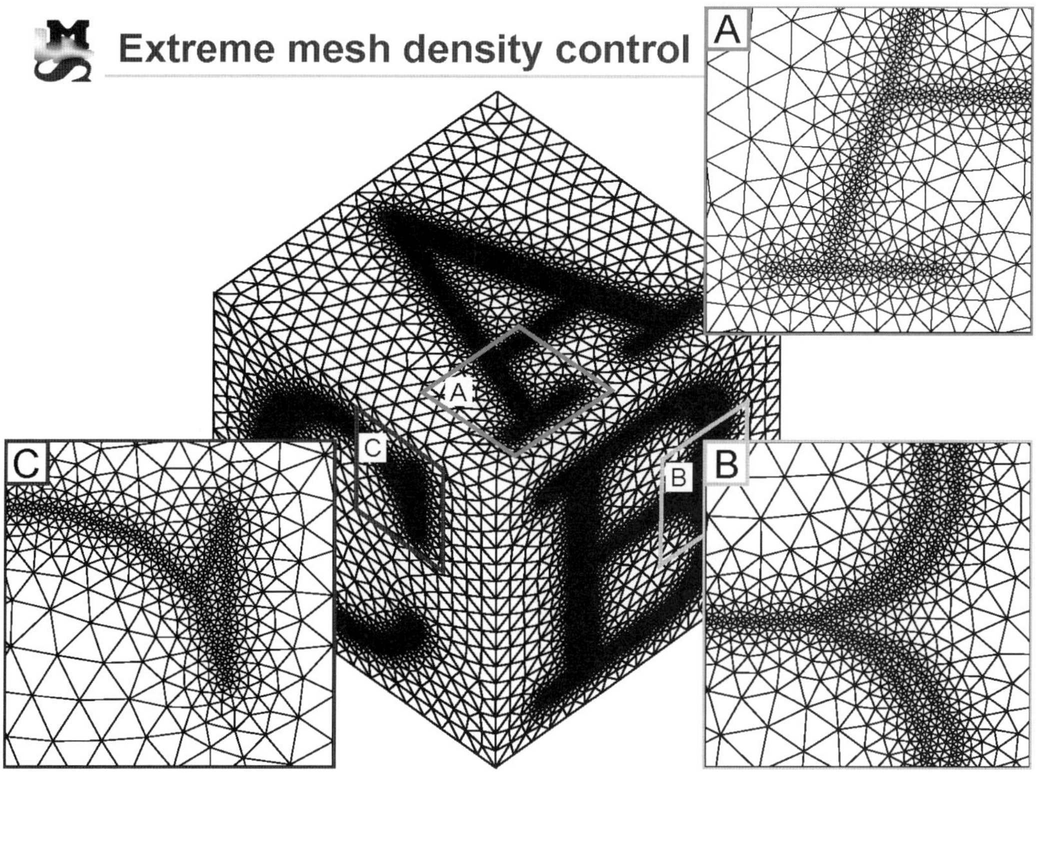

Application of extreme mesh density control

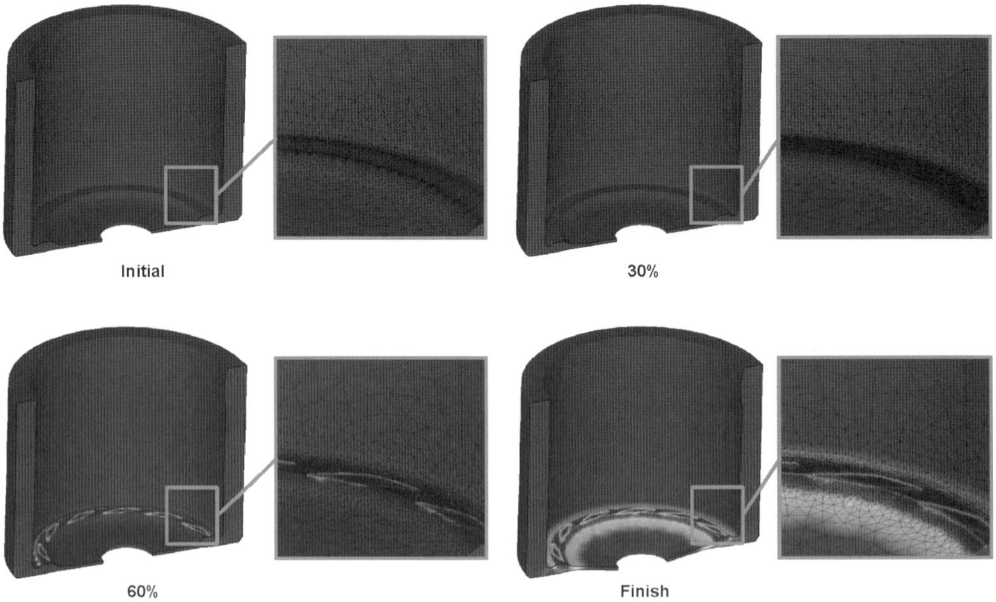

Layered mesh system

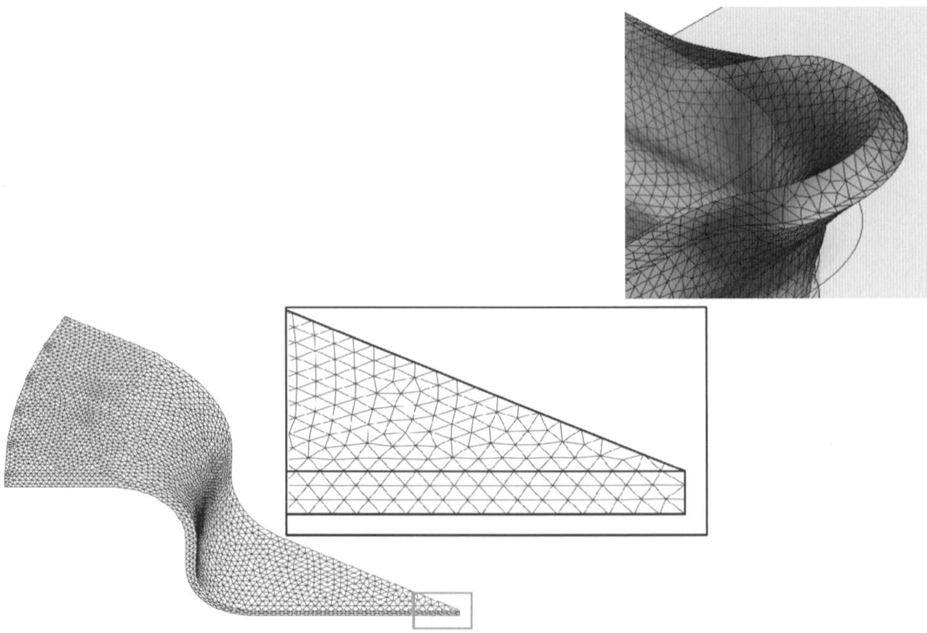

Application of local remeshing technique

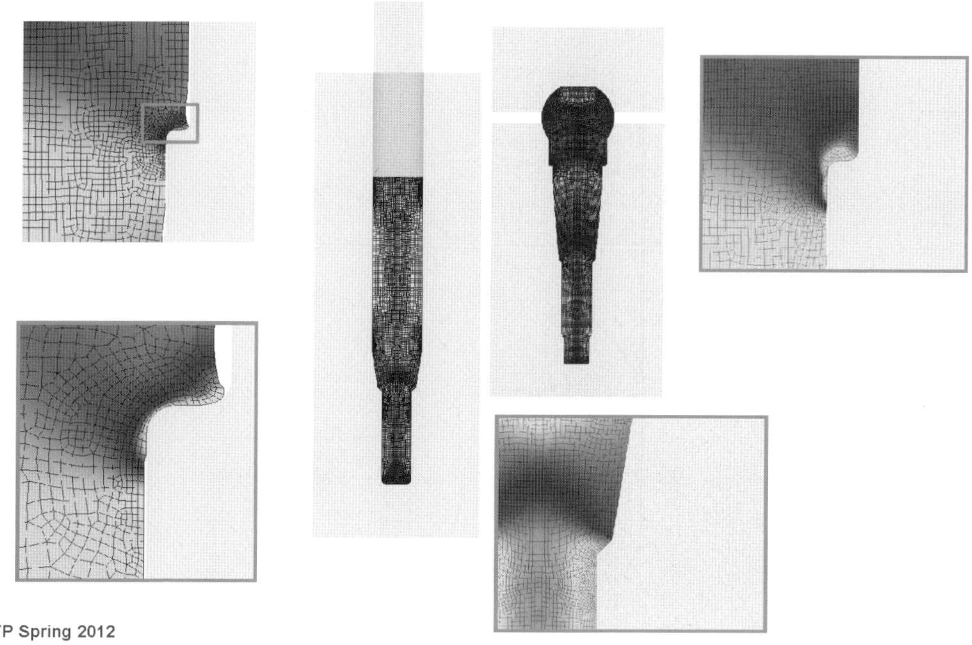

KSTP Spring 2012

Problem in temperature analysis

- Comparison of FE predictions with analytical solutions

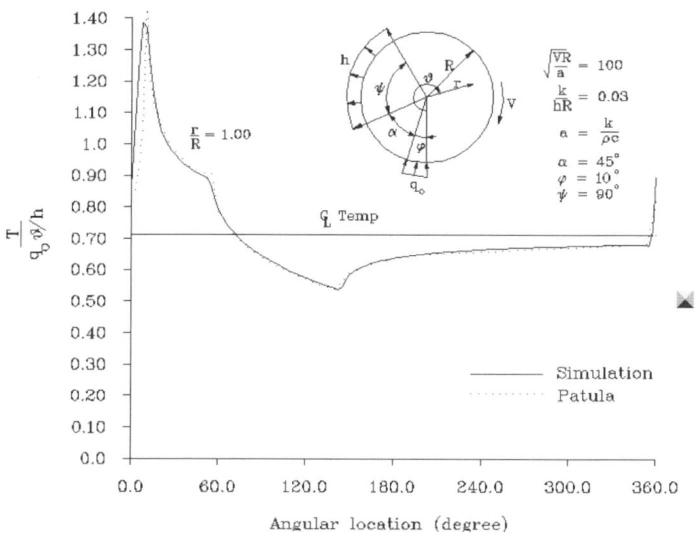

- FE analysis model

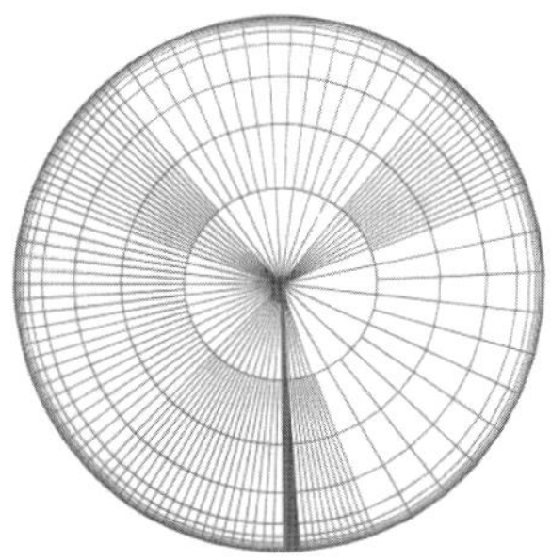

- Temp. dist. in strip rolling

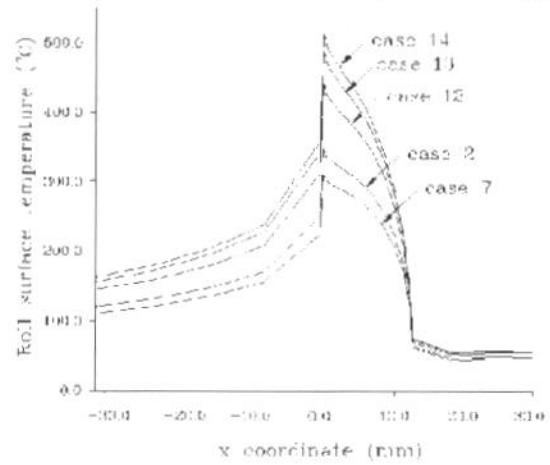

In general, precision prediction of temperature near material-die contact region is quite difficult due to mesh density problem and drastic change of temperature, i.e., too great temperature gradient.

7.3 Flow stress

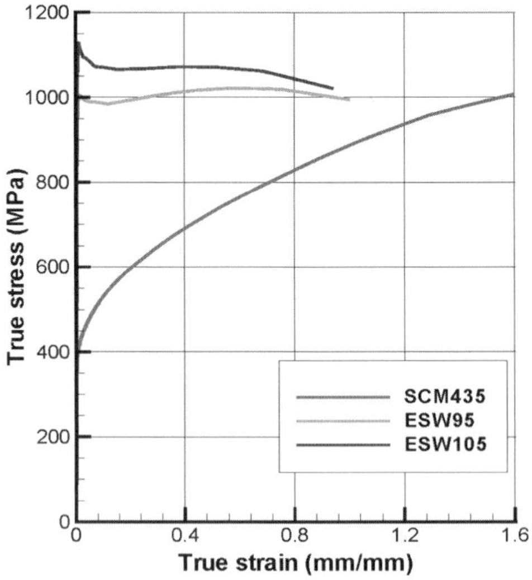

Variation of ductility with temperature

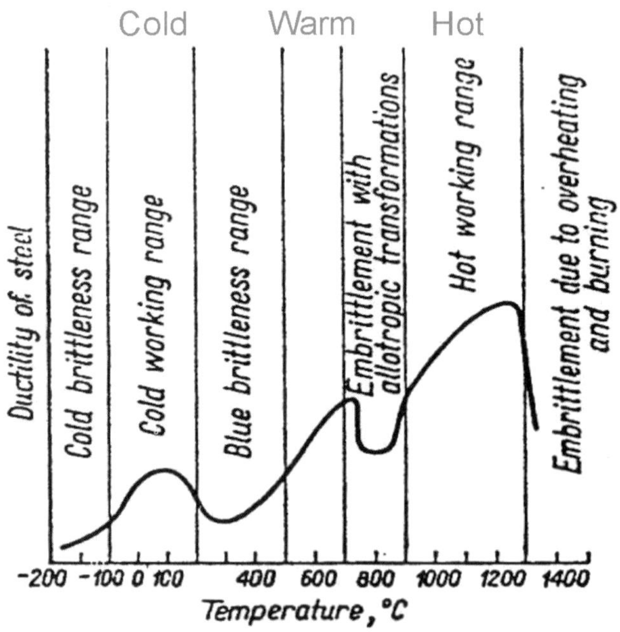

Flow stress-temperature and deformation

Effect of temperature, strain, and strain rate

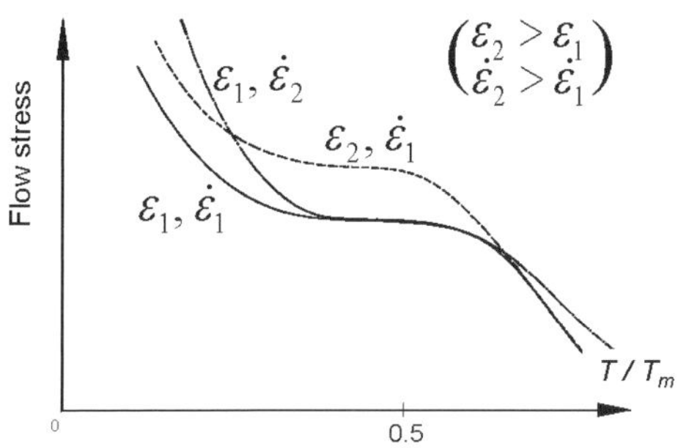

Effect of strainrate at the elevated temperature

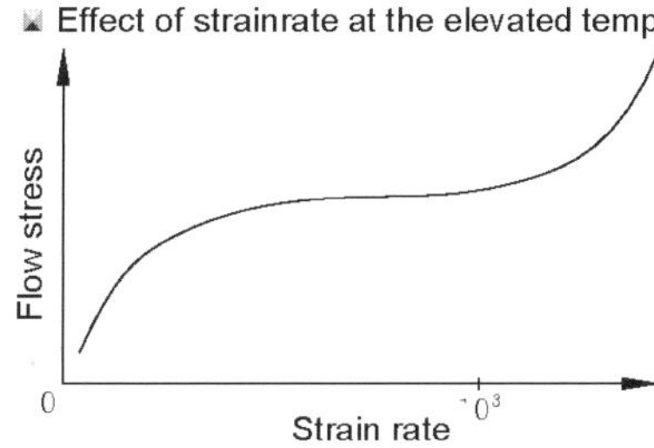

Effect of strain

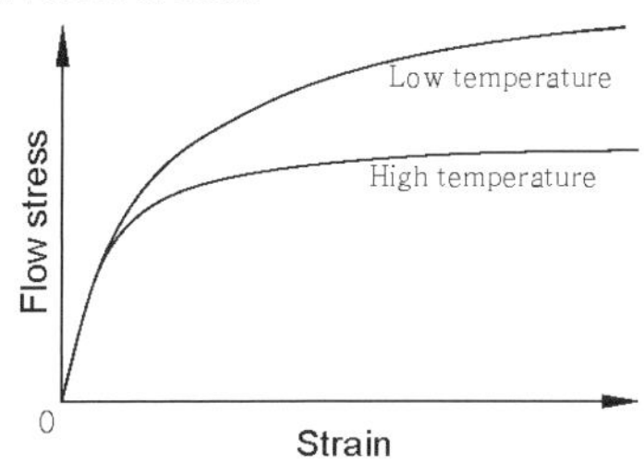

Flow stress model for cold metal forming

- $\bar{\sigma} = Y_0\left(1+\frac{\bar{\varepsilon}}{b}\right)^n$
- $\bar{\sigma} = K\bar{\varepsilon}^n$ ← Hollomon's law

Y_0:Minimum yield strength, b:Strain reduction ratio

K:Strength coefficient, n:Strain hardening exponent

Flow stress model for thermoviscoplastic material

- $\bar{\sigma} = C\bar{\varepsilon}^n\dot{\bar{\varepsilon}}^m$
- $\bar{\sigma} = C\dot{\bar{\varepsilon}}^m$

· n: Strain hardening exp., m: Strainrate hardening exp.,

C: High temperature strength coefficient

Flow stresses obtained by compression and tensile tests

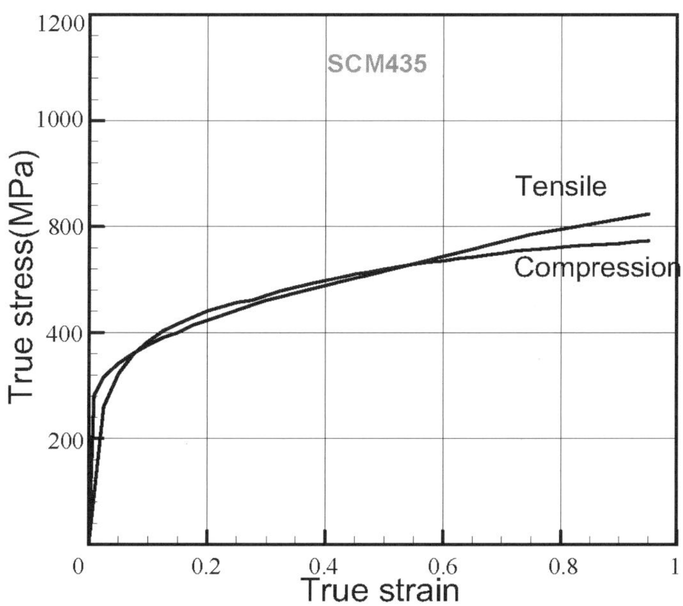

Engineering and true stress-strain curves

- Flow stress curves of SCM435 and ESW105

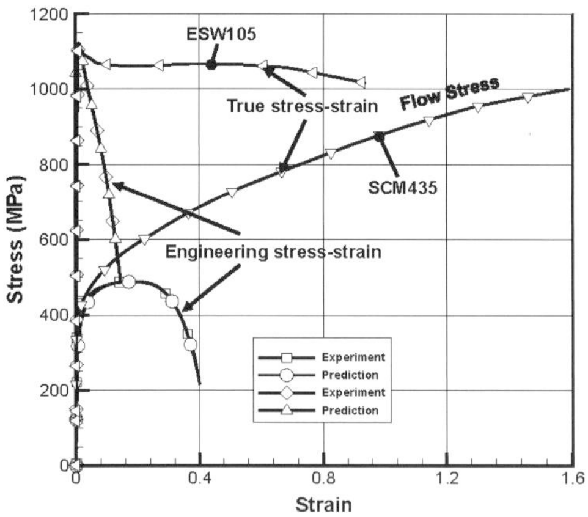

<Global view>

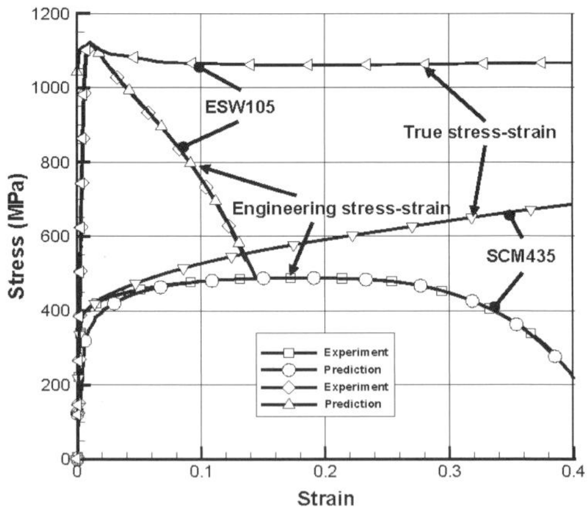

<Detailed view>

Tensile test

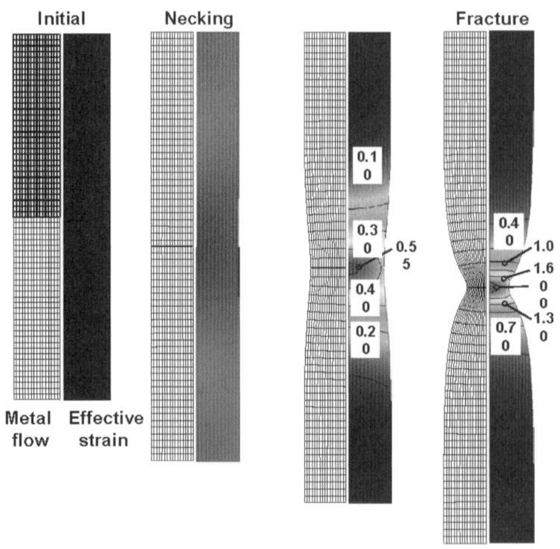

<SCM435>

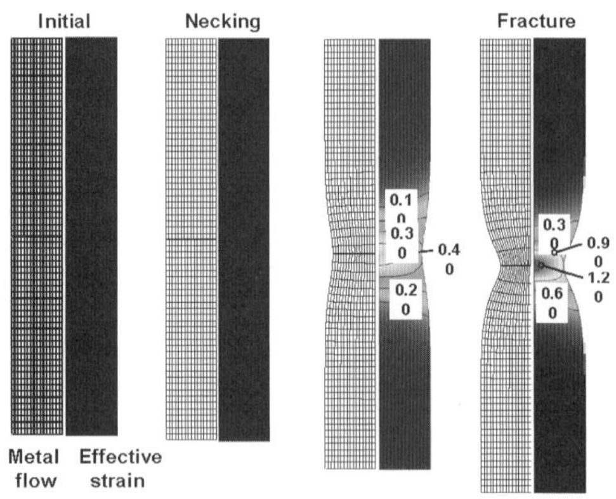

<ESW105>

Cone indentation

- Cone indentation predicted

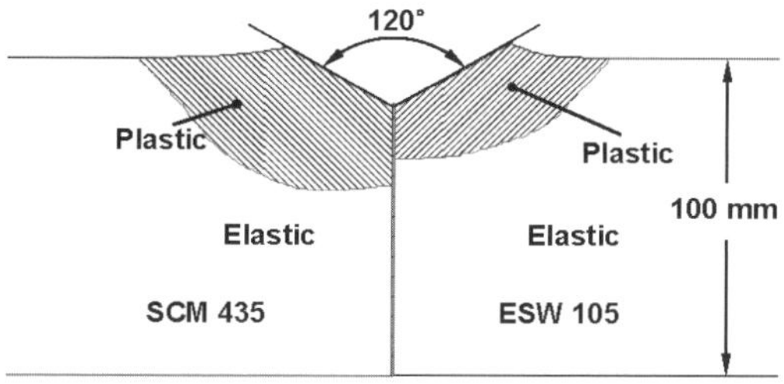

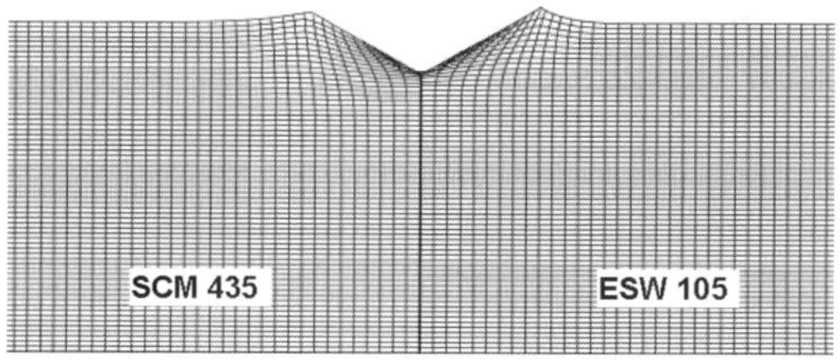

Cylinder compression

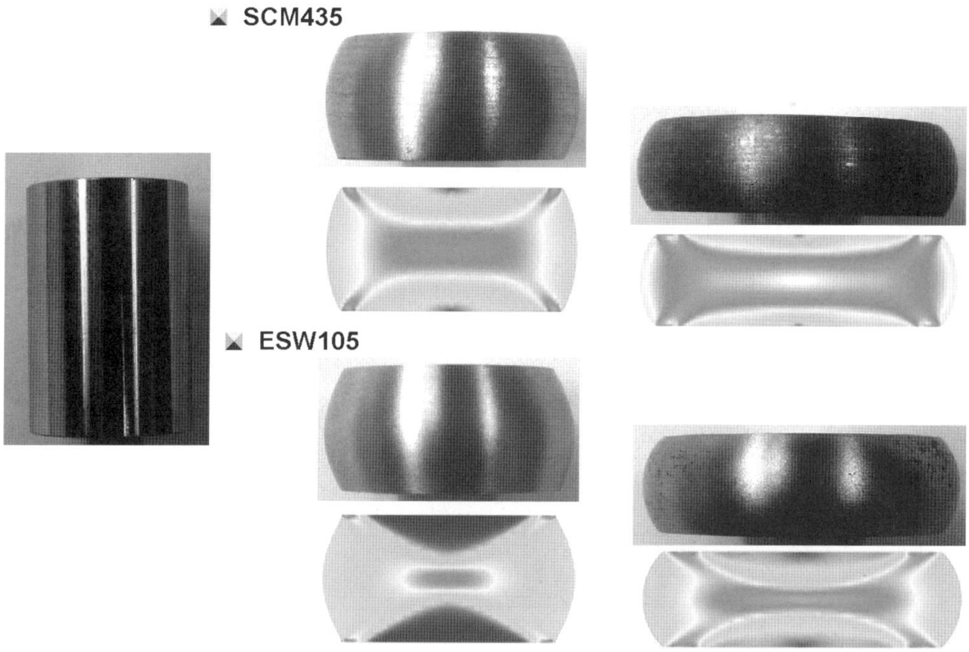

Forward extrusion

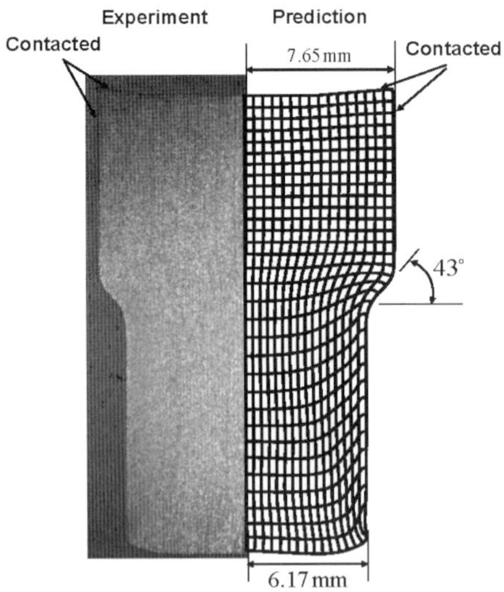

<SCM435>

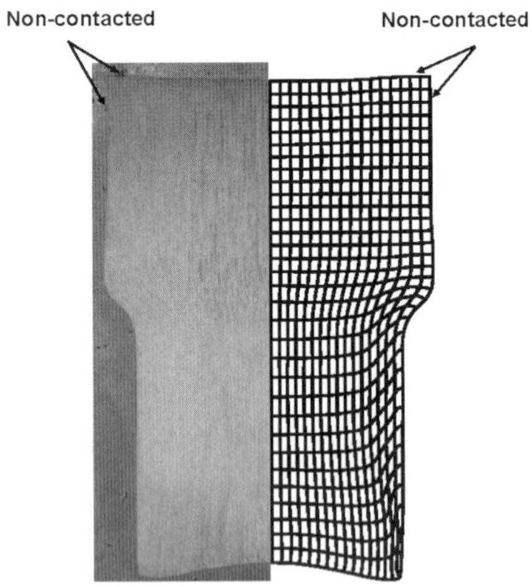

<ESW105>

Backward extrusion

- (Left) Metal flow lines, (Right) Effective strain

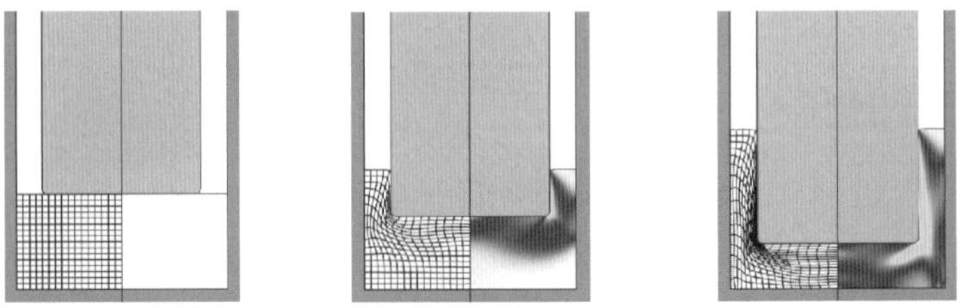

<ESW105>

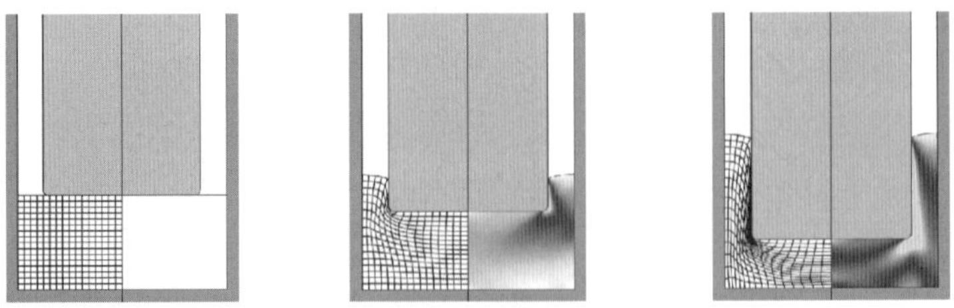

<SCM435>

Forward and backward extrusion

(Left) Metal flow lines, (Right) Effective strain

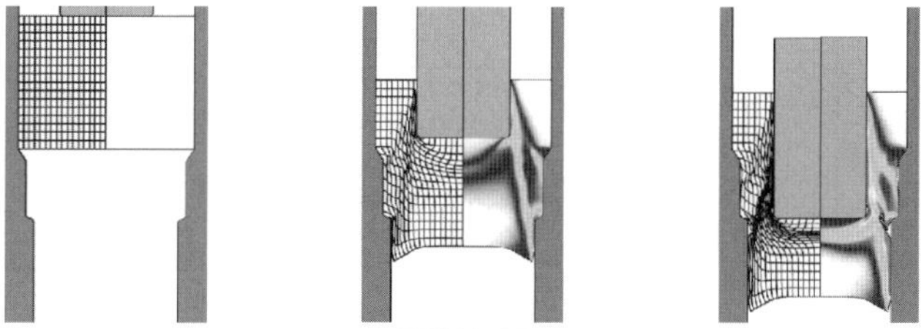

<ESW105>

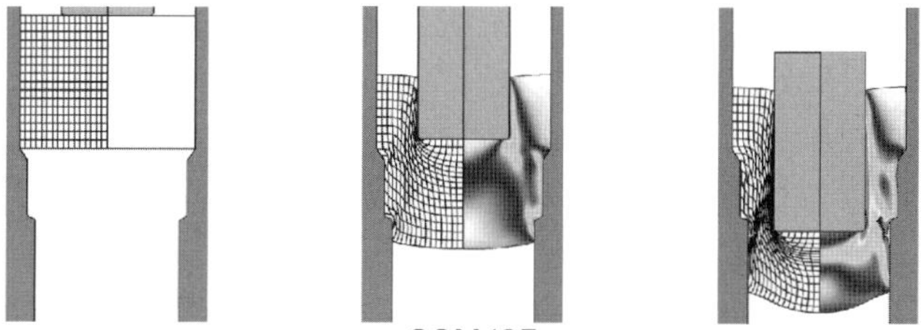

<SCM435>

Heading

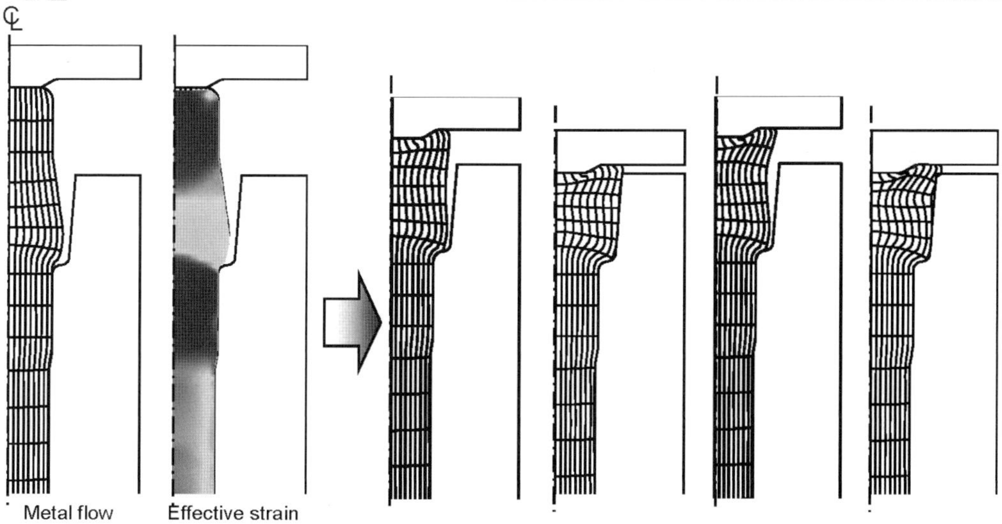

Metal flow Effective strain

Initial shape (SCM435) SCM435 ESW105

○ The above heading process was developed for SCM435. This comparison emphasizes the importance of new process design for new material especially when the strain hardening behaviors are quite different.

Fineblanking

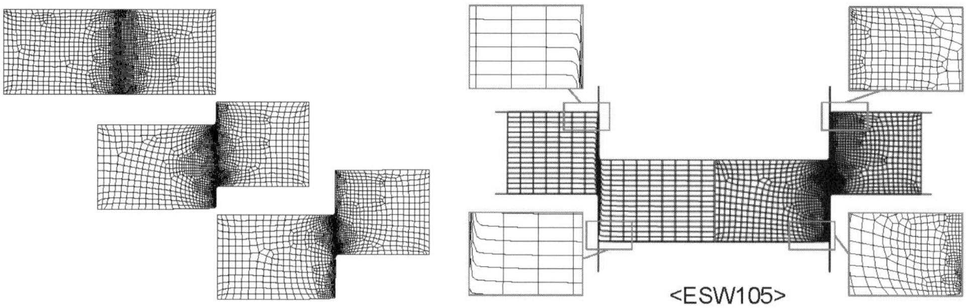

<ESW105>

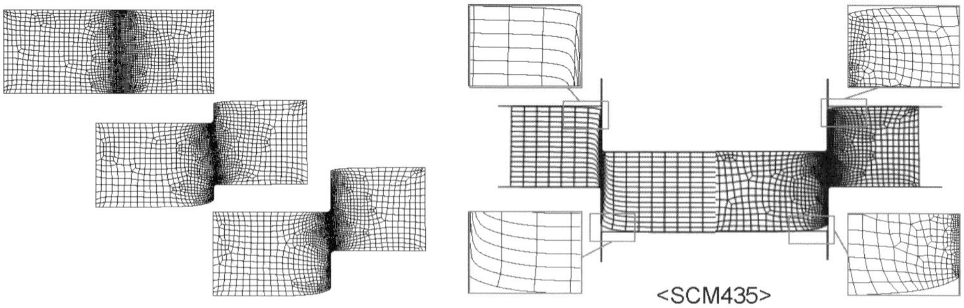

<SCM435>

Forward extrusion process for ball-stud forging

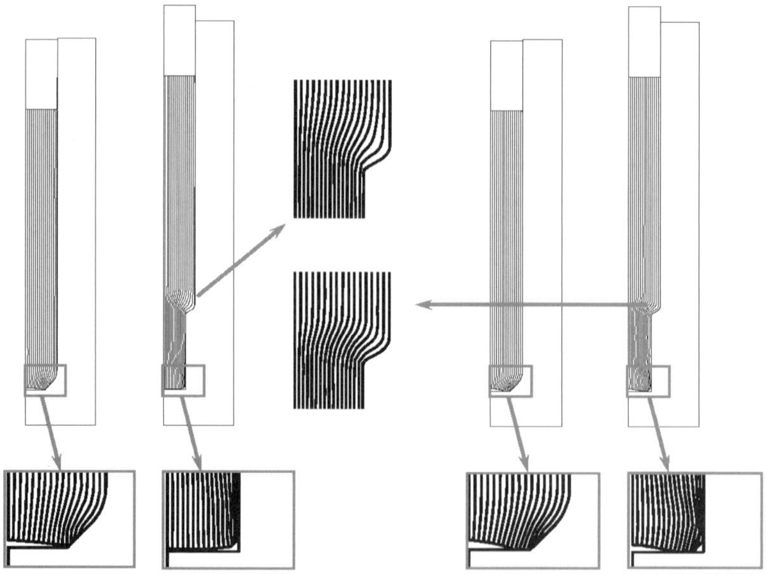

⊙ SCM435 ⊙ ESW105

Bauschinger effect

Compression test of the specimen elongated by tensile test

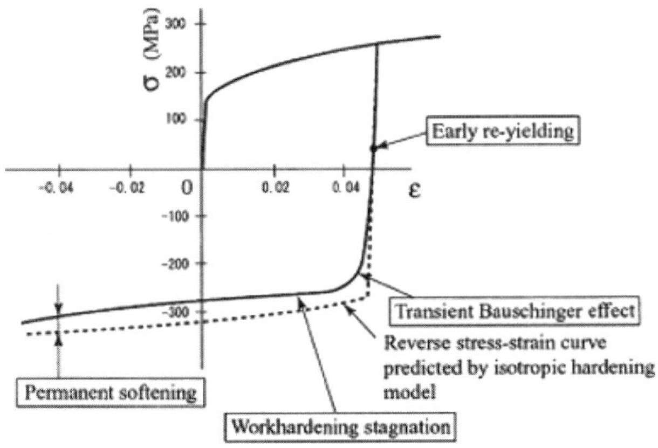

Compressive flow stress of drawn specimen

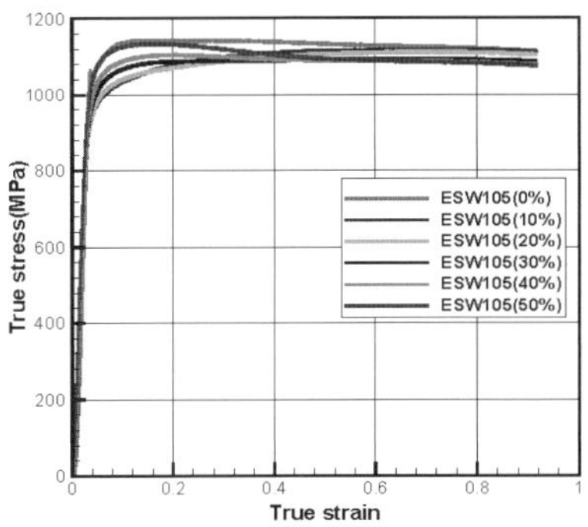

For ESW105

Specimen was drawn.

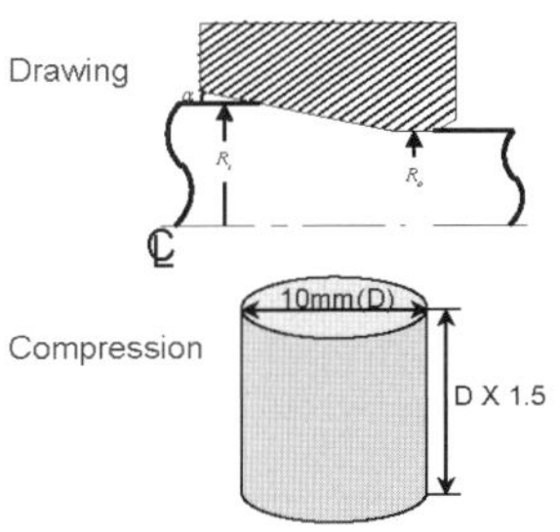

Number in bracket ( ) means reduction of area in drawing.

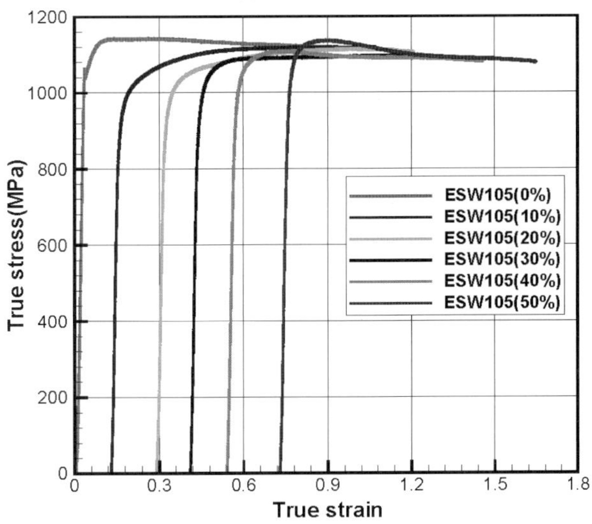

Compressive flow stress of drawn specimen

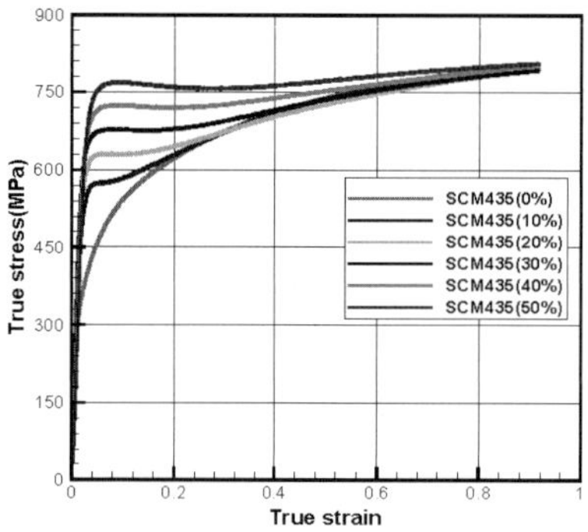

For SCM435

Specimen was drawn.

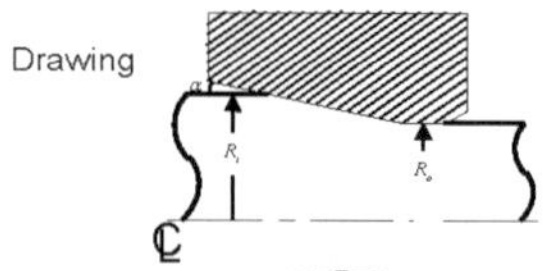

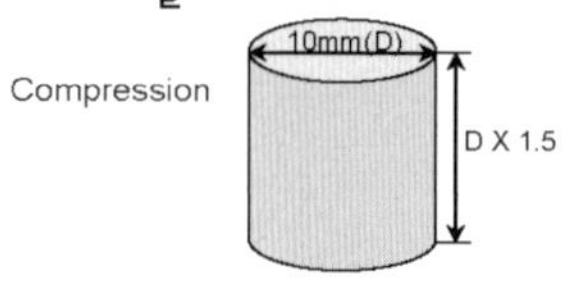

Number in bracket ( ) means reduction of area in drawing.

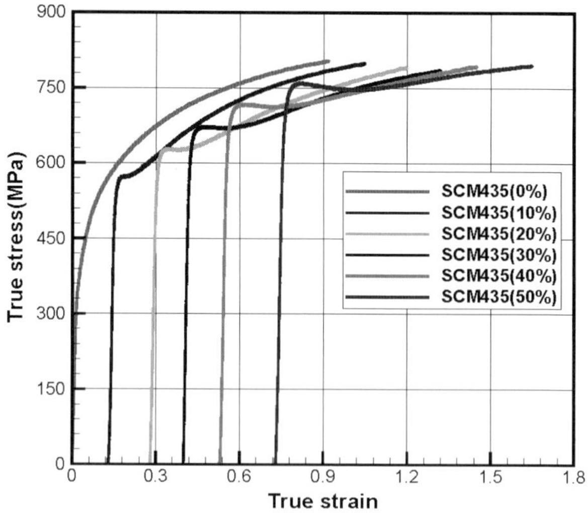

Hot tensile and compression tests of SCr420H

Tensile test

Maximum reduction of area

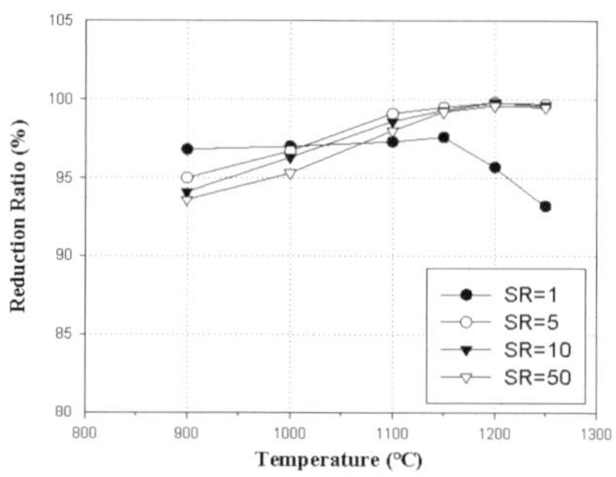

Compression test and material properties

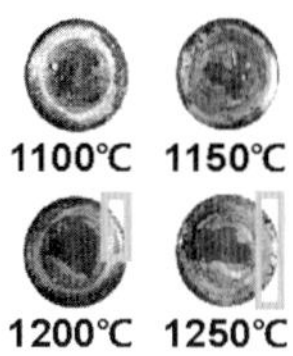

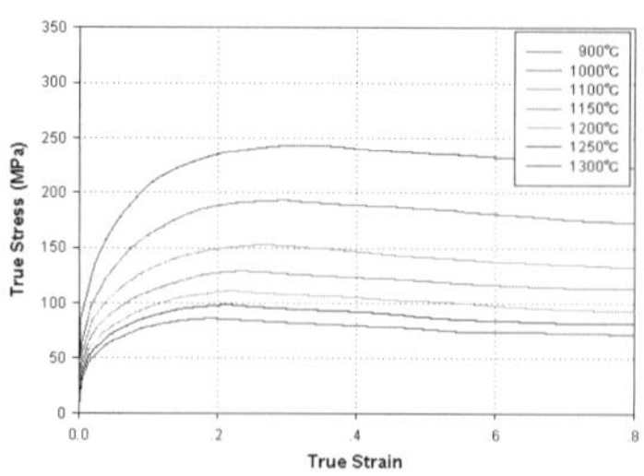

$$\bar{\sigma} = C\dot{\bar{\varepsilon}}^{m}$$

온도	900		1000		1100		1150		1200		1250		1300	
변형율	C	m	C	m	C	m	C	m	C	m	C	m	C	m
0.1	168.480	0.096	130.860	0.099	101.710	0.120	89.186	0.111	76.791	0.114	66.806	0.125	68.861	0.130
0.2	189.290	0.098	148.640	0.106	118.460	0.121	100.860	0.112	84.673	0.121	71.988	0.130	64.688	0.125
0.3	194.180	0.099	160.700	0.110	118.670	0.124	99.204	0.118	82.826	0.127	68.870	0.142	61.819	0.138
0.4	190.240	0.106	146.280	0.118	108.070	0.132	94.111	0.129	77.670	0.139	64.225	0.167	67.600	0.164
0.5	188.960	0.110	138.260	0.125	101.890	0.142	87.891	0.146	73.227	0.149	60.024	0.167	63.676	0.168
0.6	179.860	0.112	132.420	0.139	96.890	0.162	83.630	0.166	70.078	0.166	67.717	0.171	61.648	0.174
0.7	176.900	0.110	129.440	0.132	92.787	0.168	80.677	0.161	68.826	0.167	66.625	0.170	60.686	0.176
최대응력	194.160	0.101	160.910	0.110	116.290	0.121	101.840	0.114	86.888	0.121	72.680	0.129	64.861	0.126

Hot behavior of bearing steel STB2

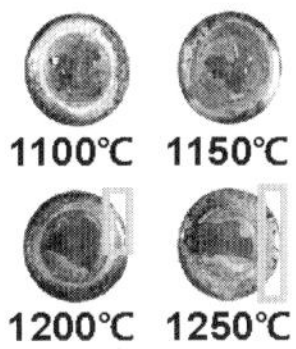

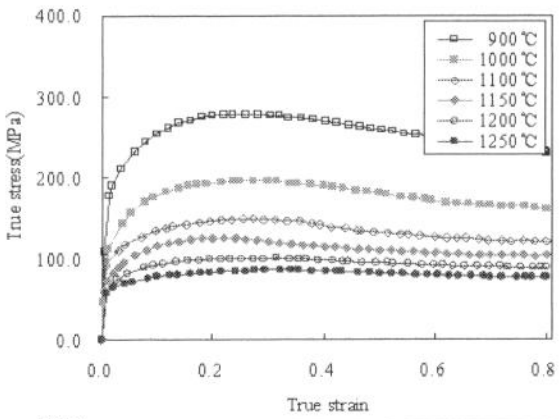

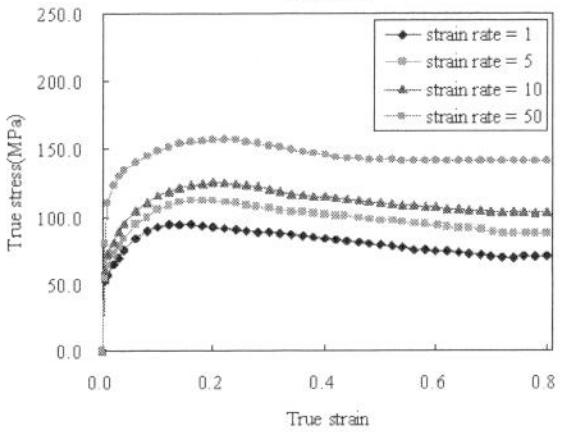

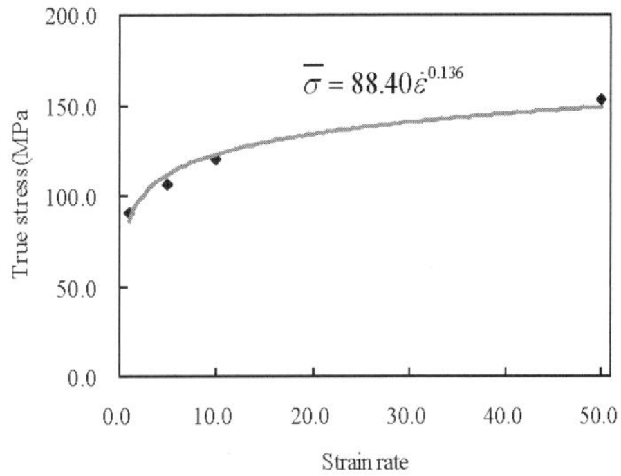

$$\bar{\sigma} = C\dot{\bar{\varepsilon}}^{m}$$

Temp. (℃)	900		1000		1150	
Strain(ε)	*C*	*m*	*C*	*m*	*C*	*m*
0.1	182.20	0.151	142.00	0.124	89.05	0.123
0.3	190.20	0.151	151.60	0.126	88.40	0.136
0.5	176.60	0.154	138.80	0.123	78.20	0.149
0.7	168.50	0.145	126.00	0.130	69.01	0.178

Reason of fracture of STB2 material in hot forging

Tensile test

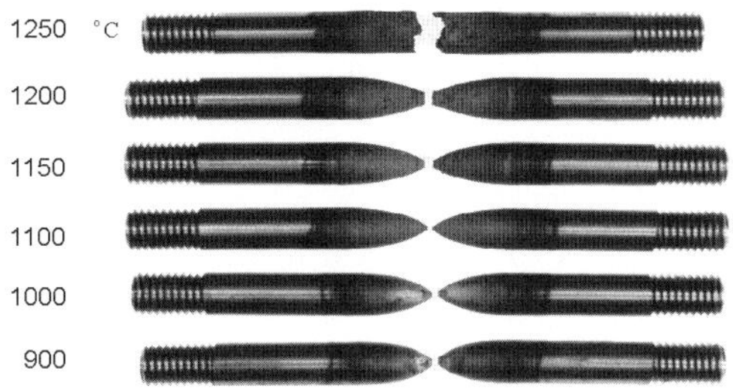

Maximum reduction of area

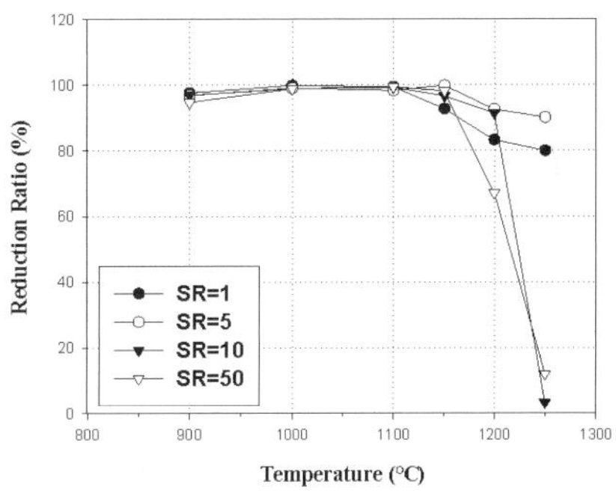

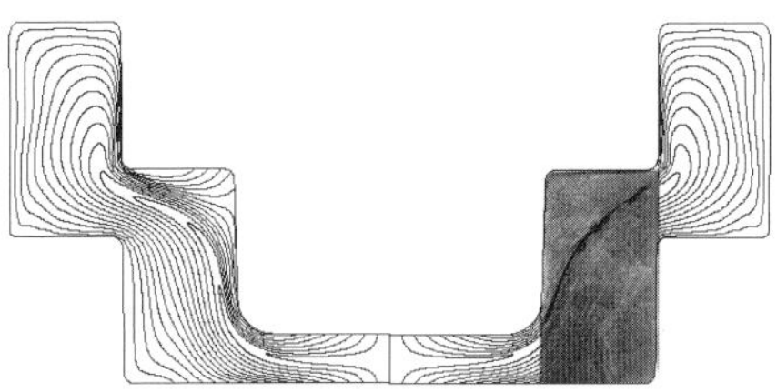

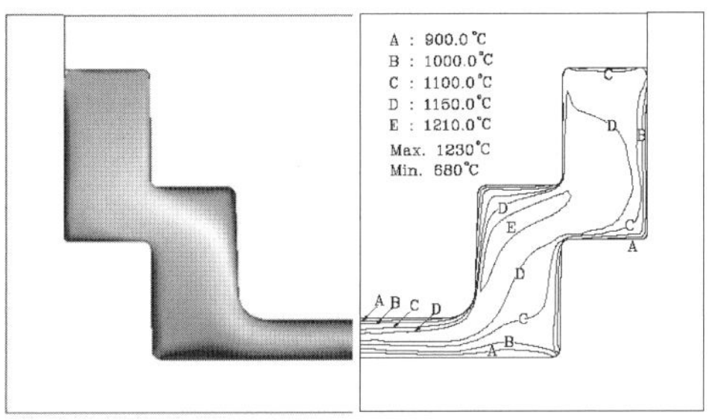

Dependence of flow stress of S35C on temp.

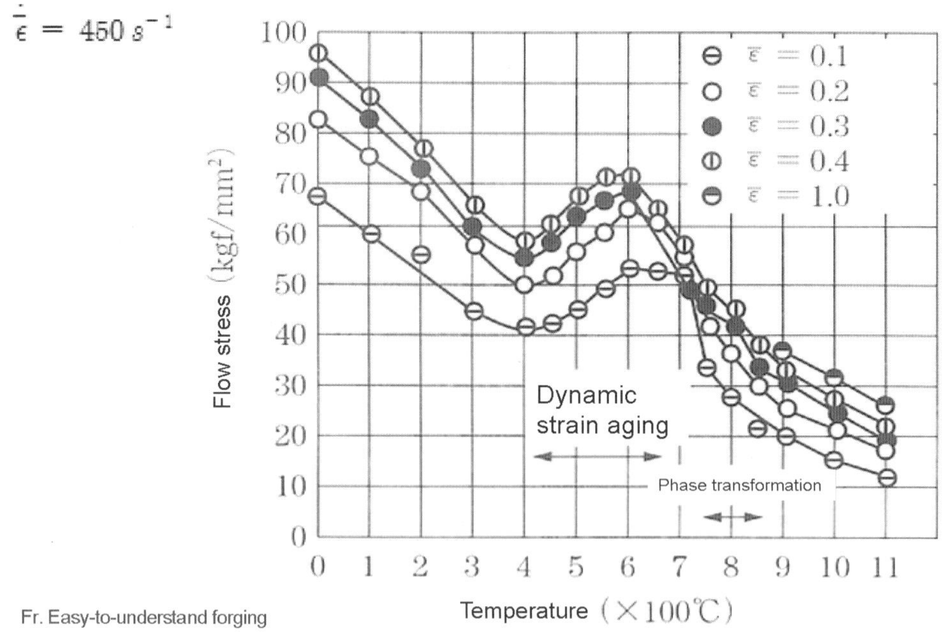

Fr. Easy-to-understand forging (JSTP)

Dependence of flow stress of S35C on strain rate

at the room temperature

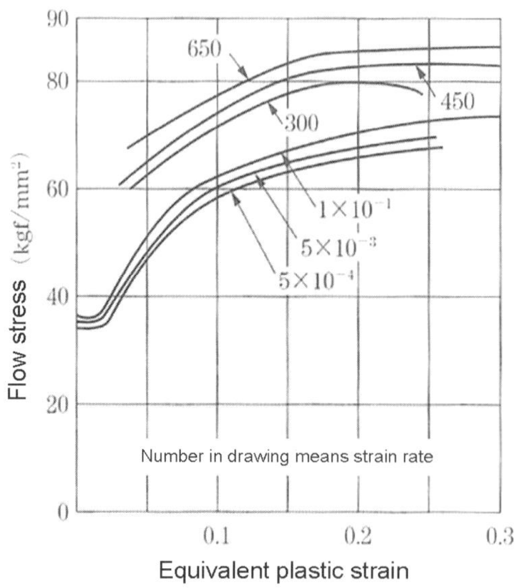

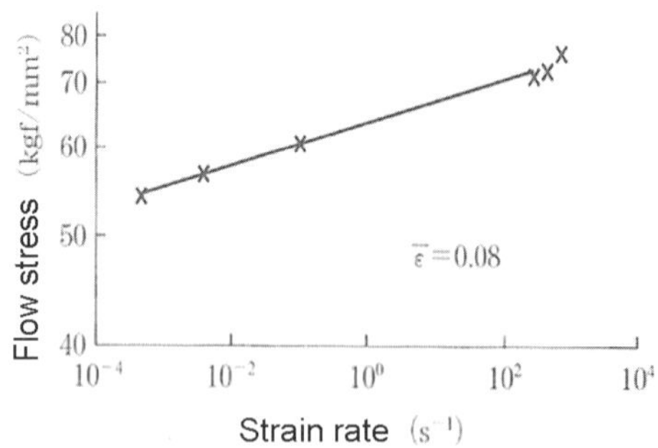

Fr. Easy-to-understand forging (JSTP)

Flow stress of stainless steel

■ Flow stress at the room temperature

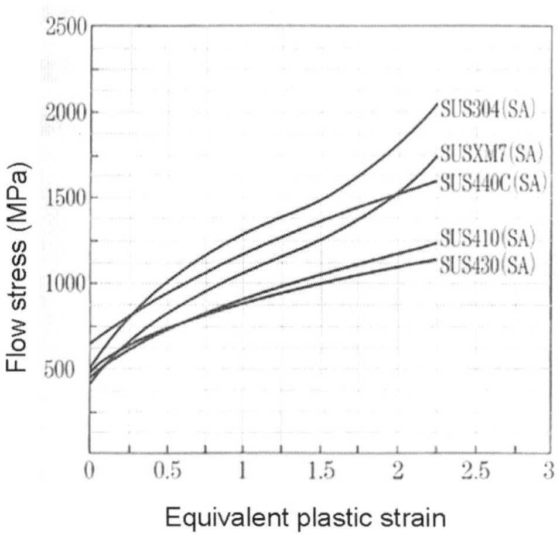

■ Dependence of flow stress on temperature (Effective strain = 1.0)

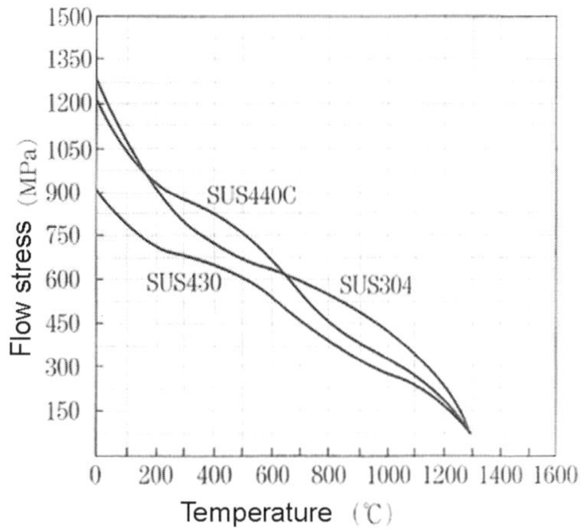

Fr. Easy-to-understand forging (JSTP)

Vicker's hardness-effective stress relation

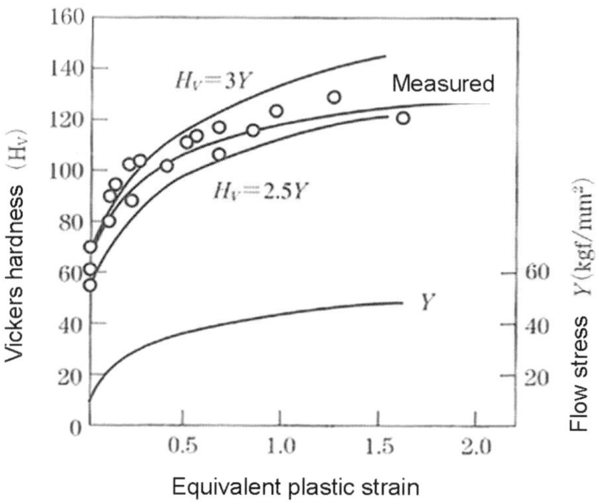

Fr. Easy-to-understand forging (JSTP)

Equivalent hardness

HV	HB	HRA	HRB	HRC	HS
600		78.6	-	55.2	74
550	505	77.0	-	52.3	71
500	465	75.3	-	49.1	66
450	425	73.3	-	45.3	62
400	379	70.8	-	40.8	55
350	331	68.1	109	35.5	50
300	284	65.2	105	29.8	42
250	238	61.6	101	22.2	36
200	190	-	90	(11.0)	29
150	143	-	79	-	22
120	114	-	67	-	19

7.4 Friction, lubrication and wear

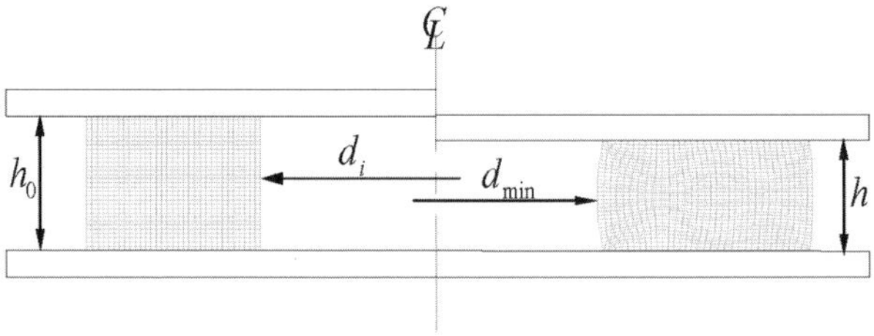

Upsetting, friction hill and barreling in ring compression

- Homogeneous compression
- Friction, friction hill

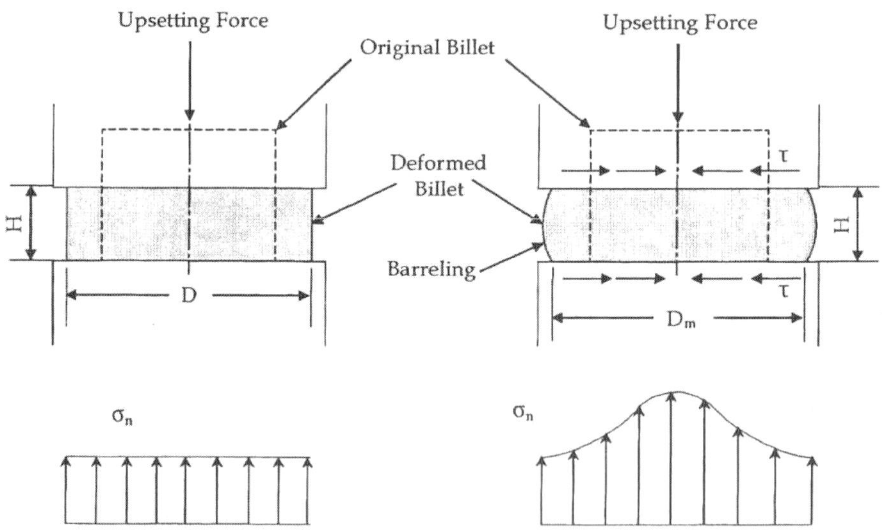

(a) (b)

Variation of frictional stress with normal stress

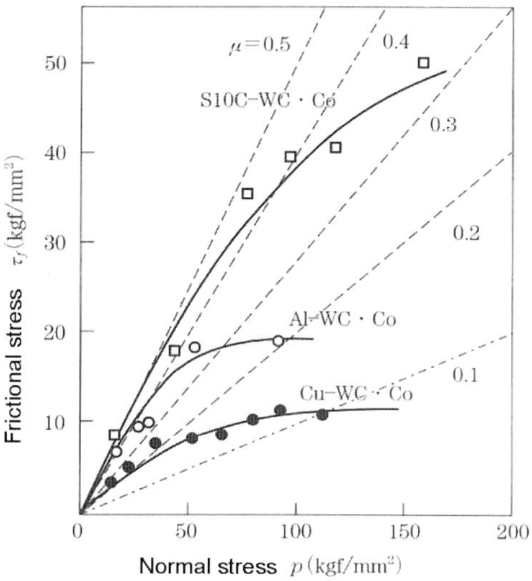

Frictional stress-normal stress relationship
in non-lubricated conditions

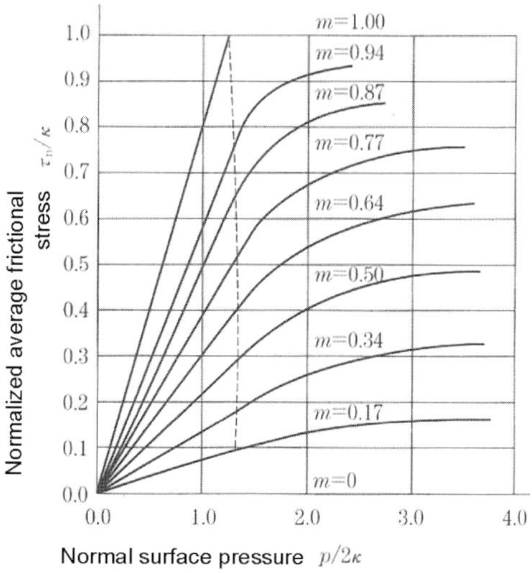

Frictional stress-normal stress relationship

Mechanism of friction and wear

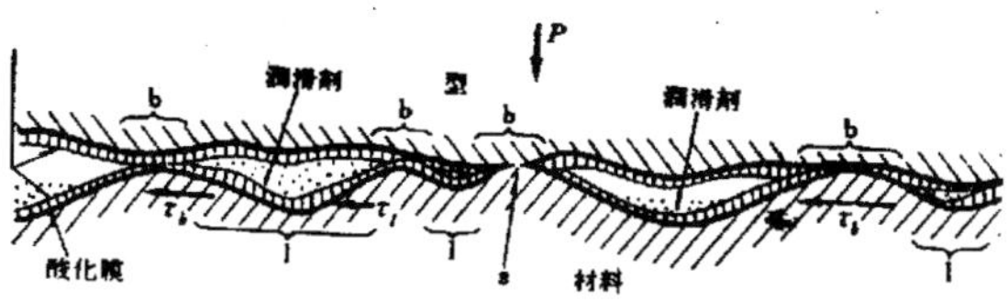

-S: Contact
-b: Boundary friction
-e: Fluid lubrication

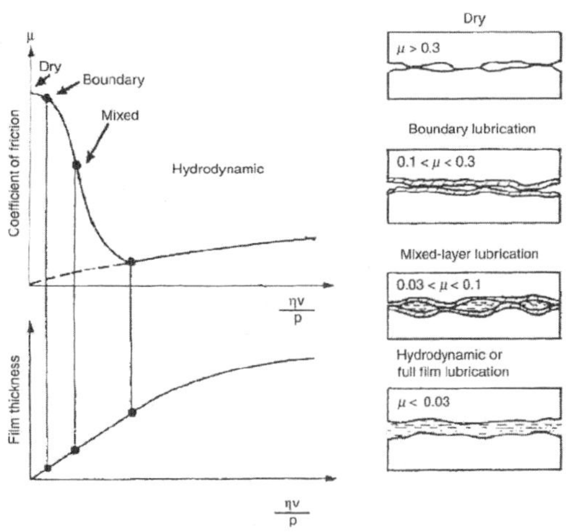

Stribeck curve showing onset of various lubrication mechanisms. [Schey, 1983]

Law of friction

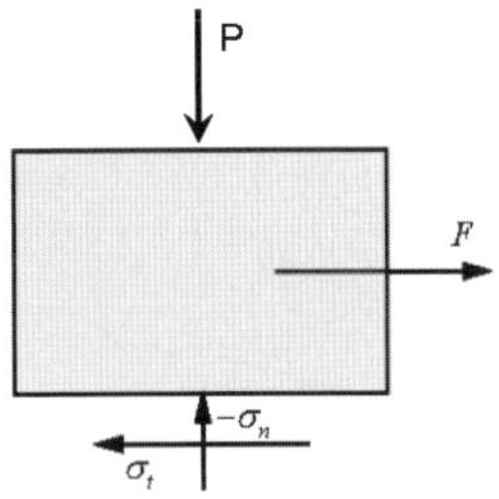

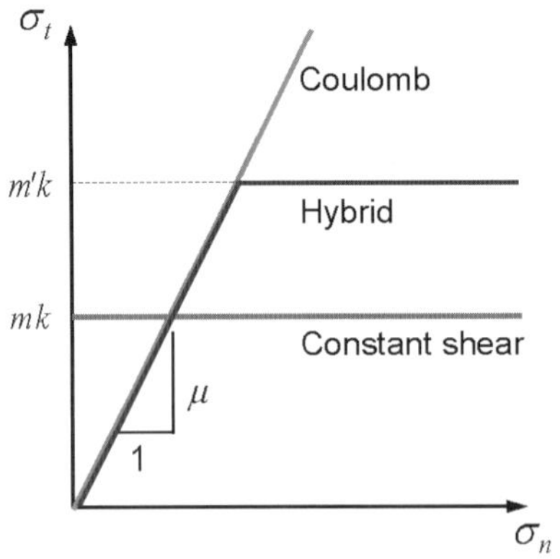

- Law of Coulomb friction

$$\sigma_t = -\mu \, \sigma_n \, sign(v_t)$$

Coef. of Coulomb friction (μ) — Normal stress (σ_n)

- Law of constant shear friction

$$\sigma_t = m \, k \, sign(v_t)$$

Friction factor (m) — Shear yield stress (k)

- Hybrid

$$\sigma_t = -\mu \sigma_n g(v_t - \bar{v}_t)$$
$$\sigma_t = m' k \; g(v_t - \bar{v}_t)$$
$$g = \left(-\frac{2}{\pi} \tan^{-1} \frac{(v_t - \bar{v}_t)}{a} \right)$$

Coefficient of Coulomb friction

- Gubkin

Different temperatures of deformed metal	Friction coefficients of: steel and alloy steels		aluminium and aluminium alloys		magnesium and magnesium alloys		heavy non-ferrous metals and alloys		nickel and heat resisting non-ferrous alloys	
	Rate of deformation, m/sec									
	< 1	> 1	< 1	> 1	< 1	> 1	< 1	> 1	< 1	> 1
(0.8–0.95) T_m	0.40	0.35	0.50	0.48	0.40	0.35	0.32	0.30	0.28	0.25
(0.5–0.8) T_m	0.45	0.40	0.48	0.45	0.38	0.32	0.34	0.32	0.26	0.25
(0.3–0.5) T_m	0.35	0.30	0.35	0.30	0.32	0.24	0.26	0.24	0.24	0.20

Friction coefficient for deformation without heating and with lubrication 0.06–0.12 depending on the lubricant and surface condition.

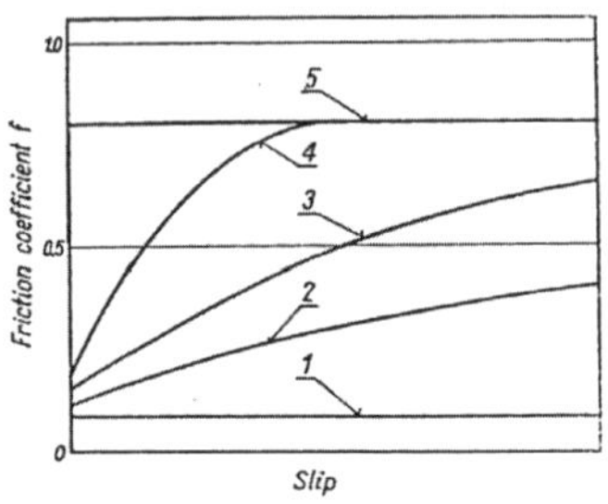

- Orowan
  1. **Lubricated surfaces and low pressure**
  2. **Lubricated surfaces and high pressure**
  3. **Matt surfaces and low pressure**
  4. **matt surfaces and high pressure**
  5. **Surfaces without lubricant abs high pressures**

Ring compression and friction

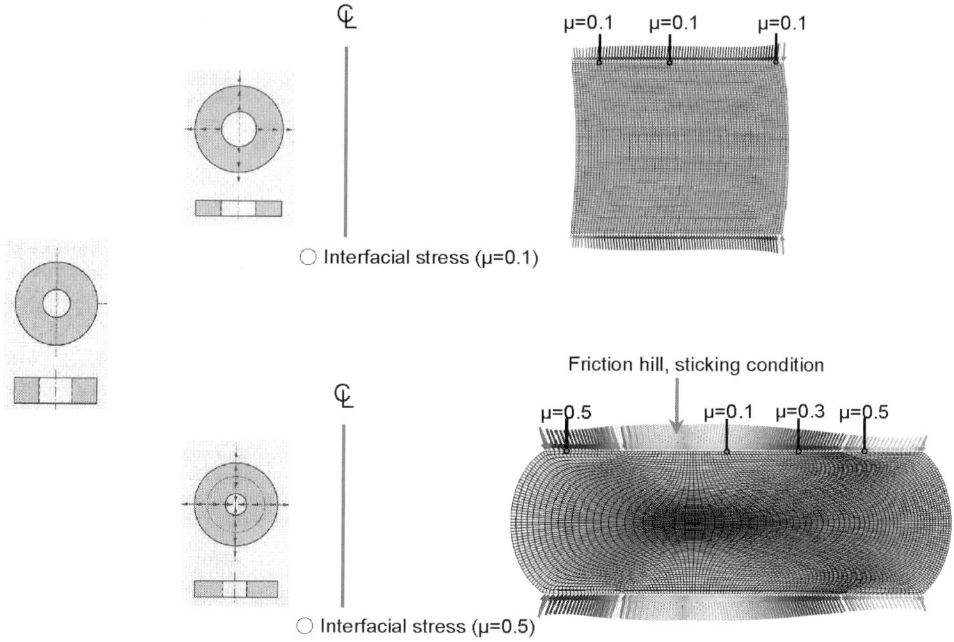

Evaluation of friction – ring compression

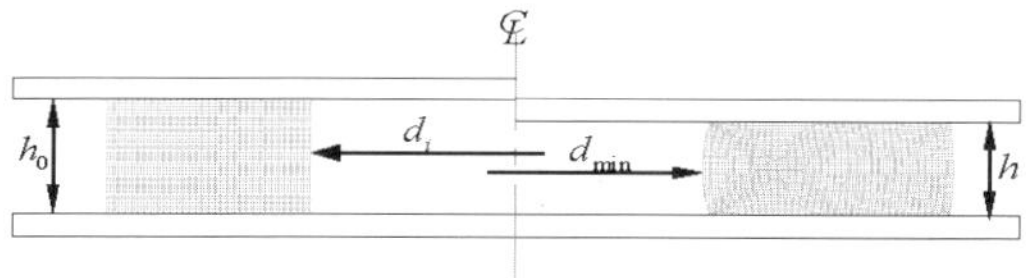

Curve for evaluation of friction

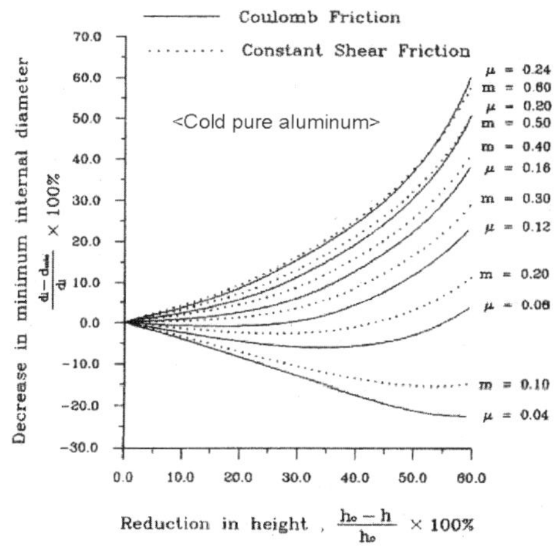

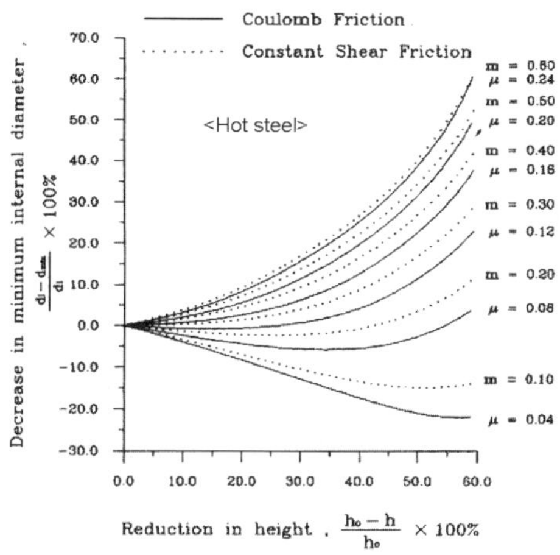

Effect of friction on tall cylinder compression

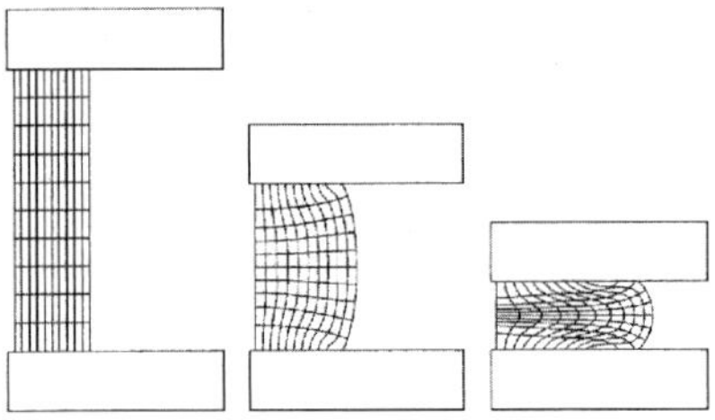

(a) Coulomb friction

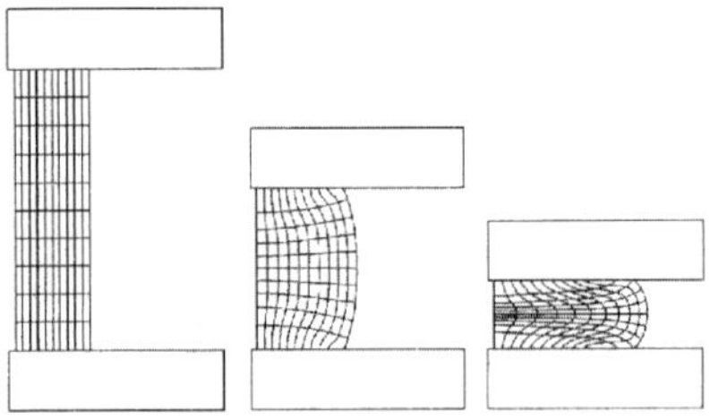

(b) Constant shear friction

<Metal flow>

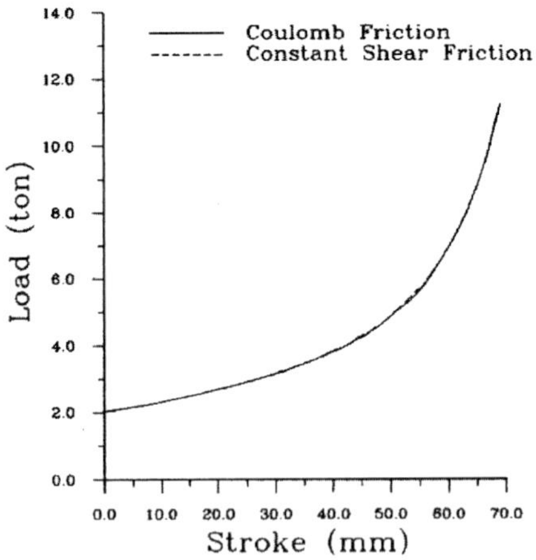

<Forming load>

Effect of friction on short cylinder compression

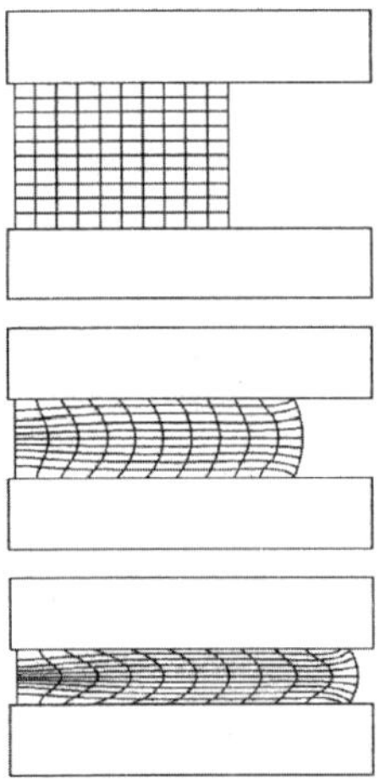

(a) Coulomb friction.

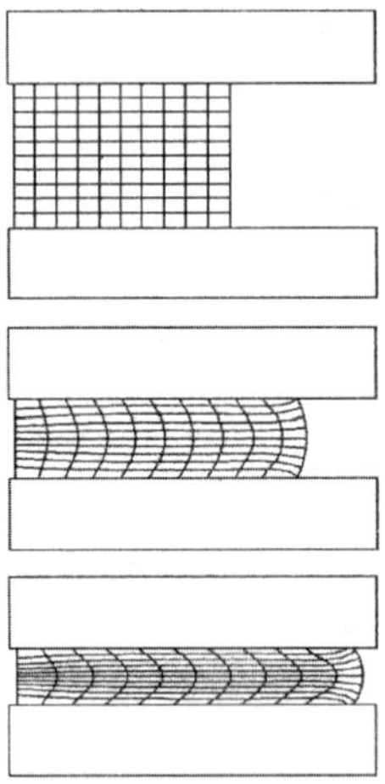

(b) Constant shear friction.

<Metal flow for short ring compression>

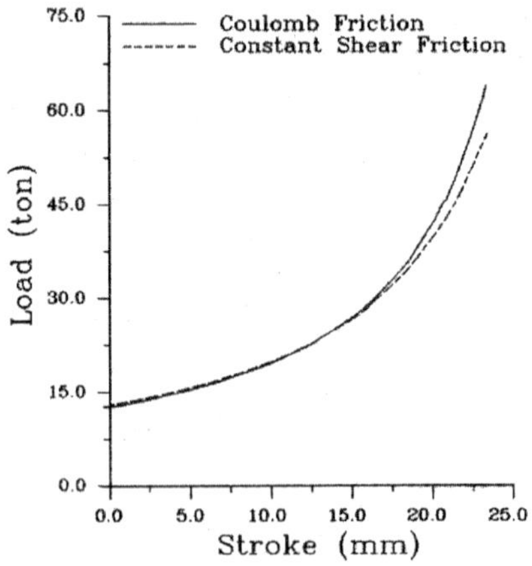

<Forming load>

Effect of laws of friction on predictions

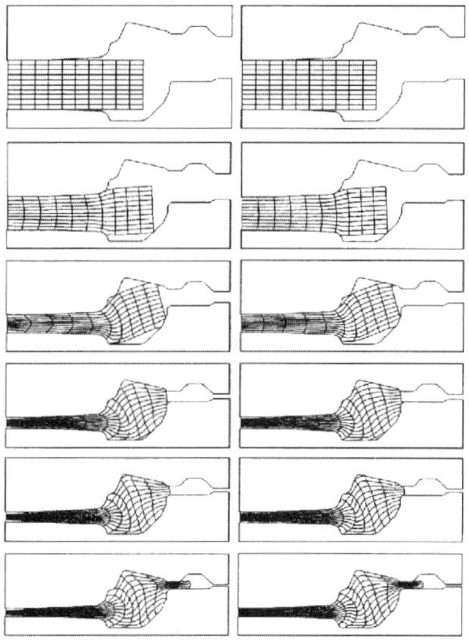

<Metal flow>

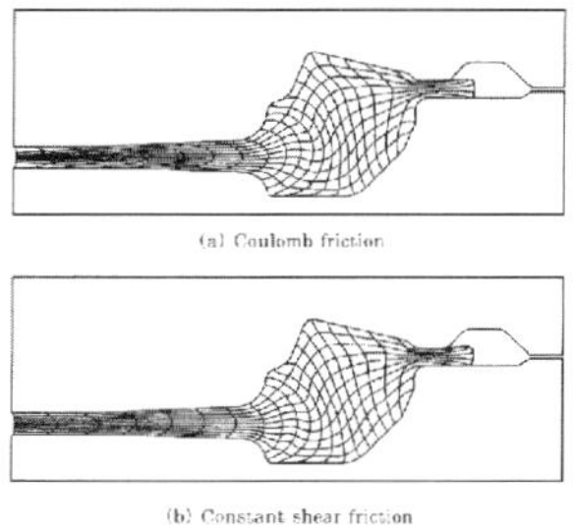

<Detail comparison>

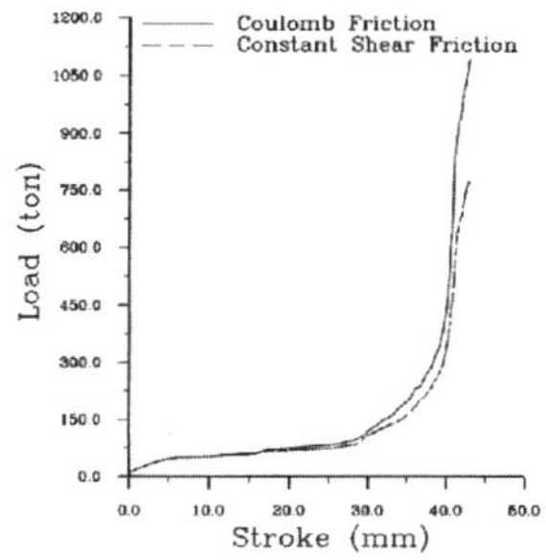

<Comparison of forming load>

Friction dominant or sensitive examples

- 2D – Forward extrusion
  - -Long container
  - -Large reduction of area

Effective strain rate

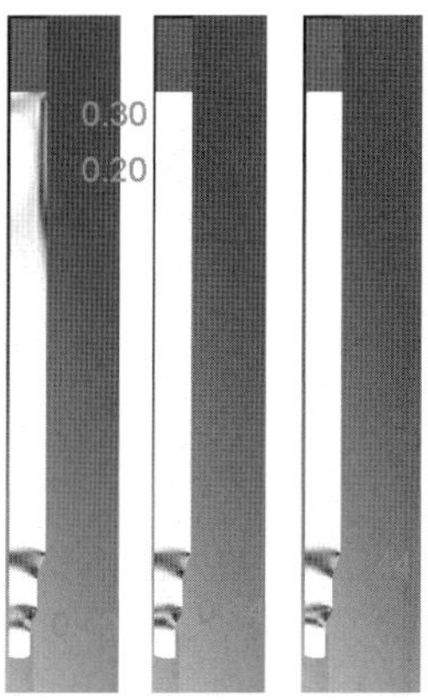

Coulomb Constant Hybrid

Normal pressure

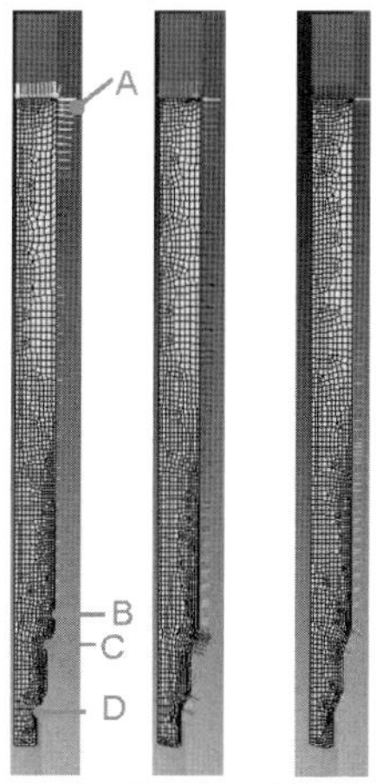

Coulomb Constant Hybrid

	Coulomb	Constant	Hybrid
A	-12551.1	-2945.3	-4109.3
B	-2095.4	-2513.3	-2585.1
C	-2195.9	-1770.0	-2129.0
D	-1716.4	-1798.5	-1700.0

- 3D – Backward extrusion
  - -Large reduction of area

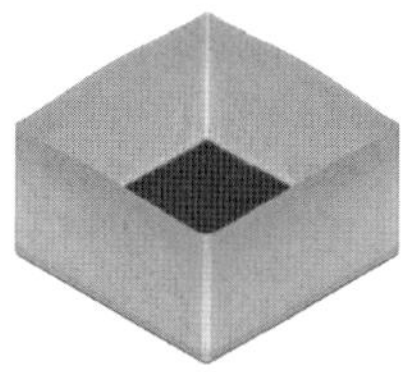

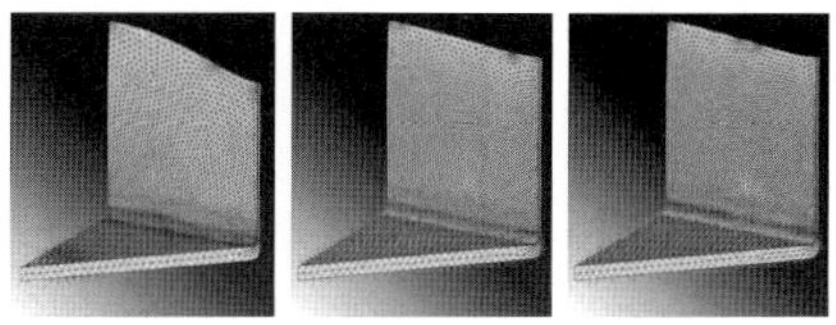

Coulomb Constant Hybrid

Wear

- Abrasive attrition
- Adhesive attrition

Archard wear model

$$w = \int_0^t \sigma_t \left| u_t - \sigma_t^D \right| dt$$

$$w = k\int_0^t \frac{\sigma_n \left| u_t - u_t^D \right|}{3H} dt$$

$$H = H_0 + H_1 e^{-H_2 T}$$

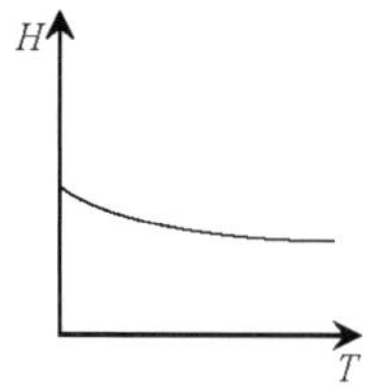

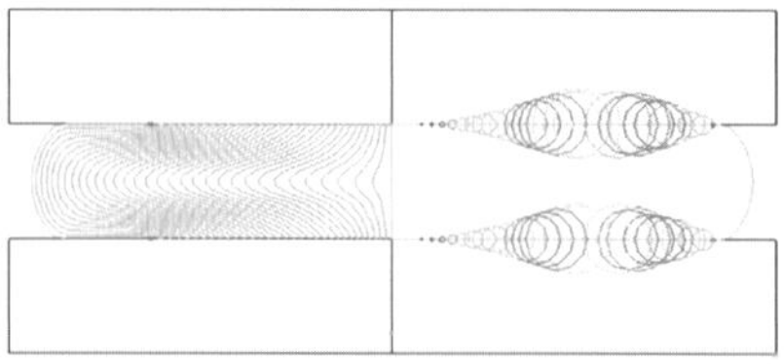

8. Special Topics

8.1 Bearing parts forging

8.2 Automatic multi-stage forging

8.3 Plate forging and sheet forming

8.4 Material identification

8.5 Radial forging, swaging, and open-die forging

저자: 김민철, 엄재근, 문호근, 이민철, 전만수, 정완진,
홍석무, M. Irani

8.1 Bearing parts forging

8.1.1 Effect of forging simulation on bearing industry

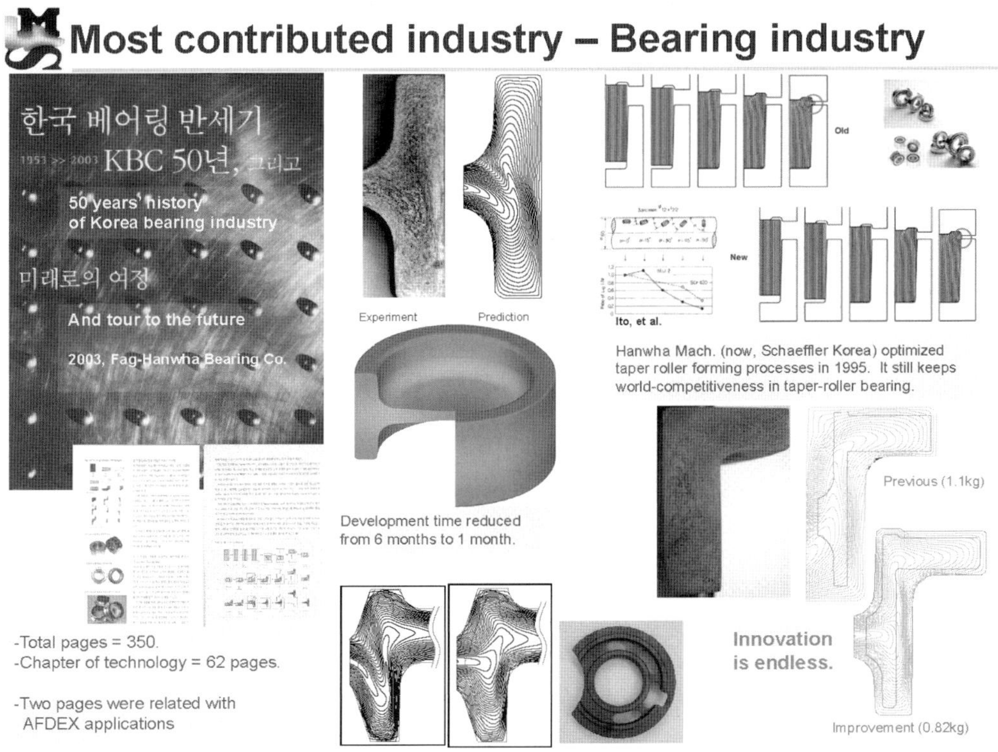
Most contributed industry – Bearing industry
한국 베어링 반세기
1953 >> 2003 KBC 50년, 그리고
50 years' history of Korea bearing industry
미래로의 여정
And tour to the future
2003, Fag-Hanwha Bearing Co.
-Total pages = 350.
-Chapter of technology = 62 pages.
-Two pages were related with AFDEX applications
Experiment
Prediction
Development time reduced from 6 months to 1 month.
Old
New
Ito, et al.
Hanwha Mach. (now, Schaeffler Korea) optimized taper roller forming processes in 1995. It still keeps world-competitiveness in taper-roller bearing.
Previous (1.1kg)
Innovation is endless.
Improvement (0.82kg)

8.1.2 Cold forging

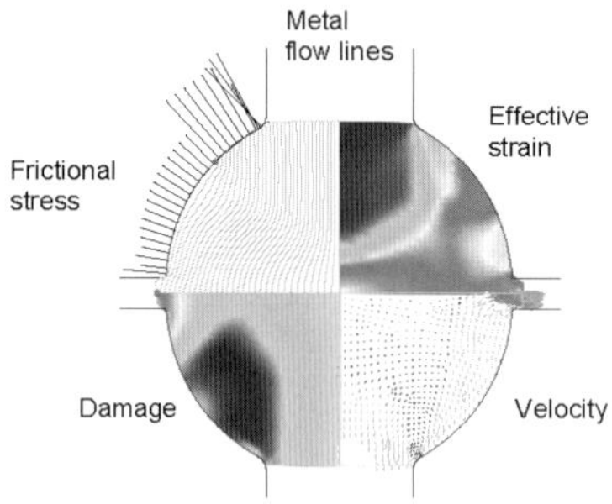

First AFDEX-applied bearing part in 1995

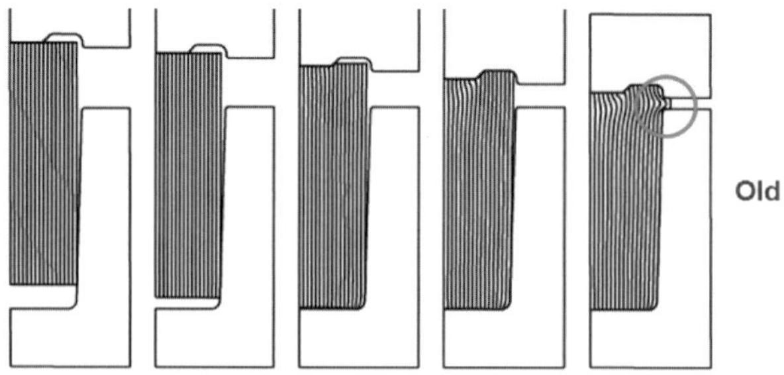

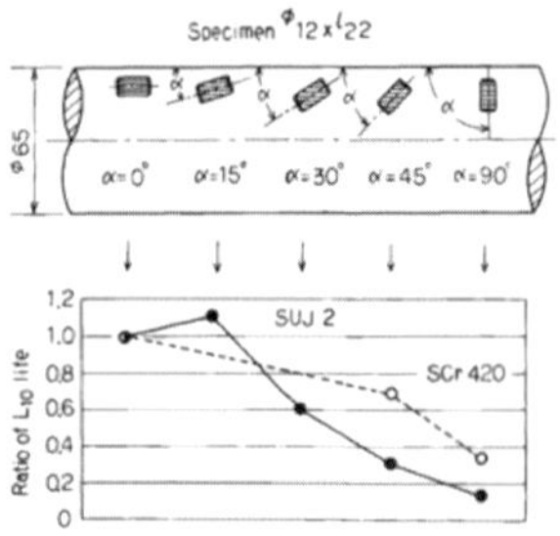

Ito et al.

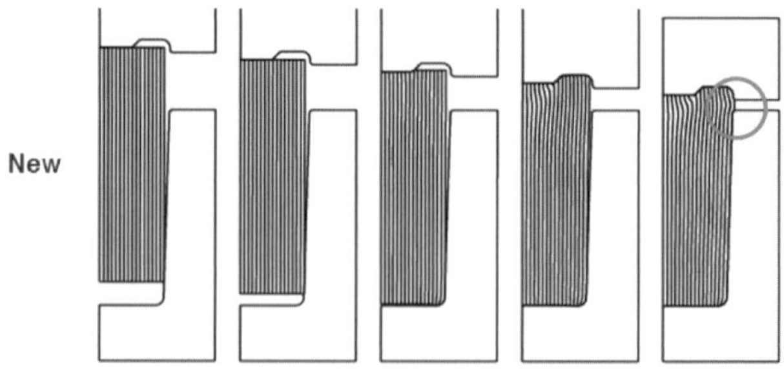

MFCAE 1996, Ph.D. Thesis (M.H. Choi), 2015

The company could realize process design optimization, which has been one of key factors of global competitiveness of the company especially in taper roller bearing sector.

Optimized product quality

Nahm, A. H., Research Engineer, Aircraft Engine Business Group, General Electric Company, Cincinnati, Ohio 45215 Effect of Grain Flow Orientation on Rolling Contact Fatigue Life of AISI M-50

About 6% of cost-down was achieved in 1999.

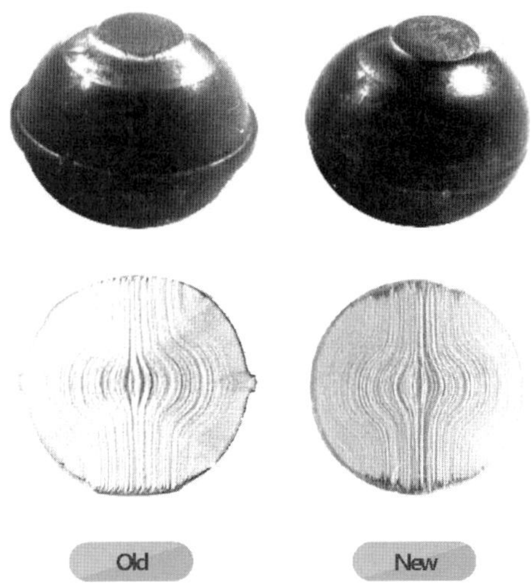

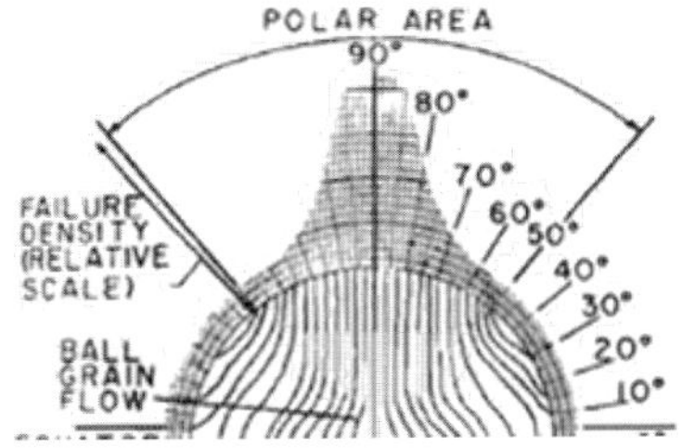

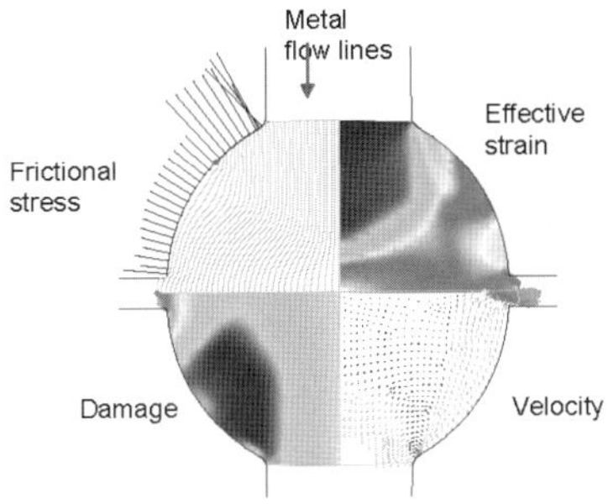

Forging Simulation (MS Joun, Jinsaem Media, 2014)

Mesh density control considering possible contact

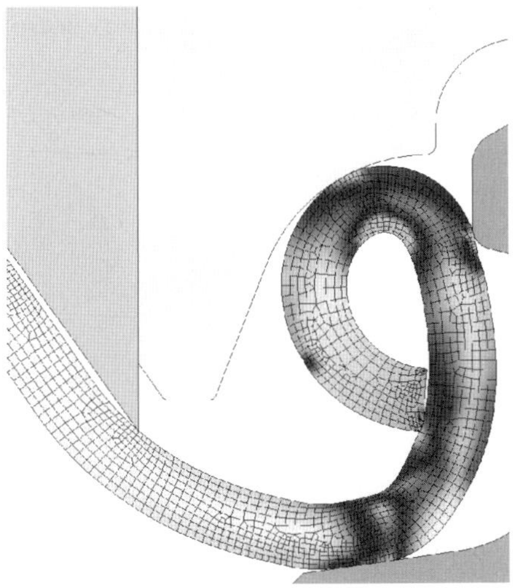

Mesh density control considering possible contact is important especially in plate forging.

Air-trapping treating function first developed for bearing parts

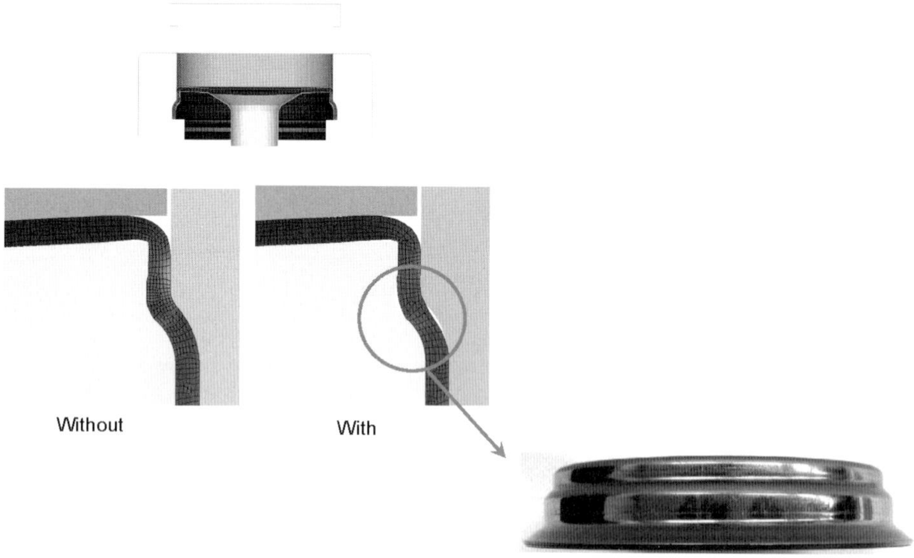

Int. J. Mater. Prod. Technol. 2014

CV-joint inner race forging simulation

• Effective strain

• Die contact area

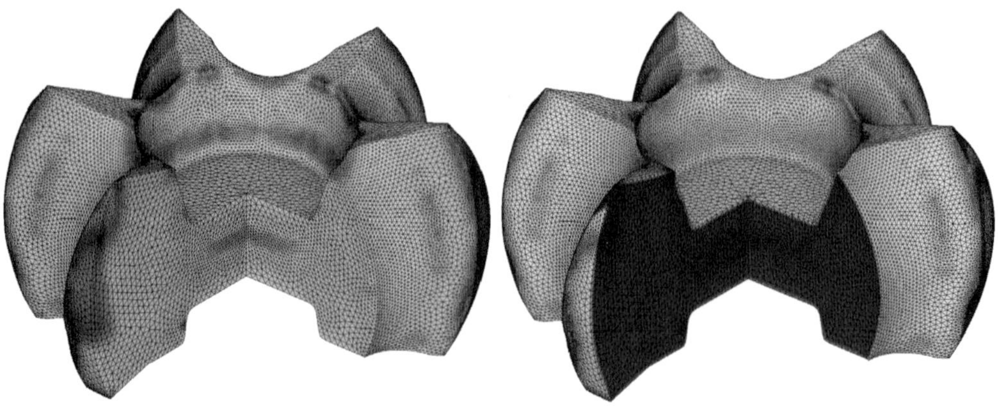

MFCAE 2008

Tripod forging simulation

• Effective strain

• Die contact

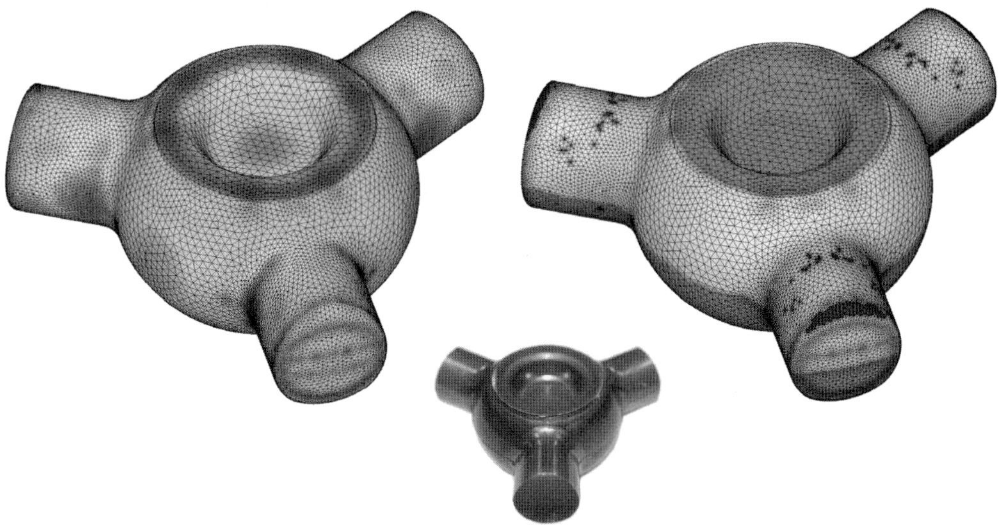

MFCAE 2008

8.1.3 Hot forging

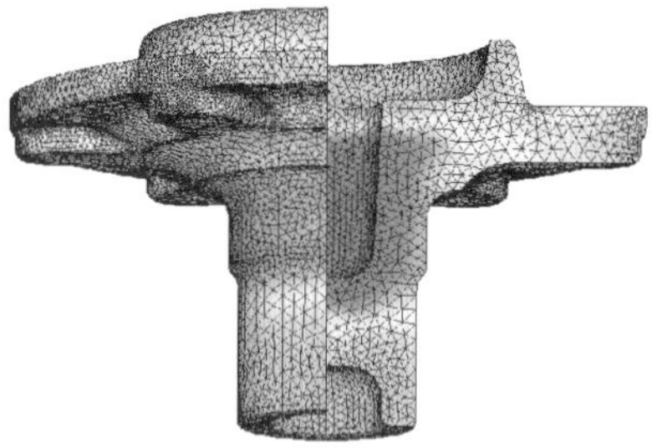

Unsound metal flow lines

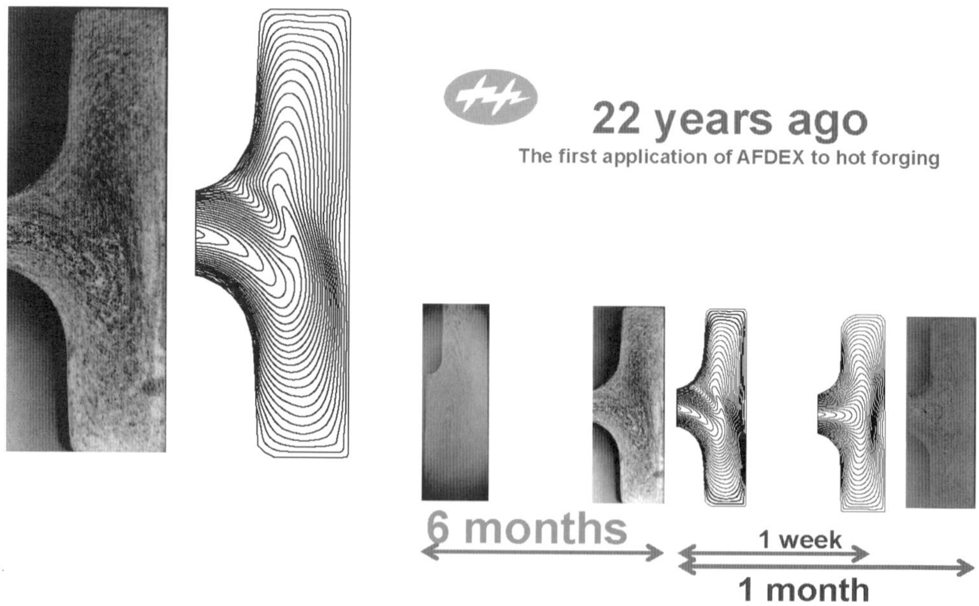

Trans. ASME J. Eng. Mat. Tech. 1998 / Trans. ASME J. Eng. Mat. Tech. 2007.

Simulation of a forging process with a spring attached die

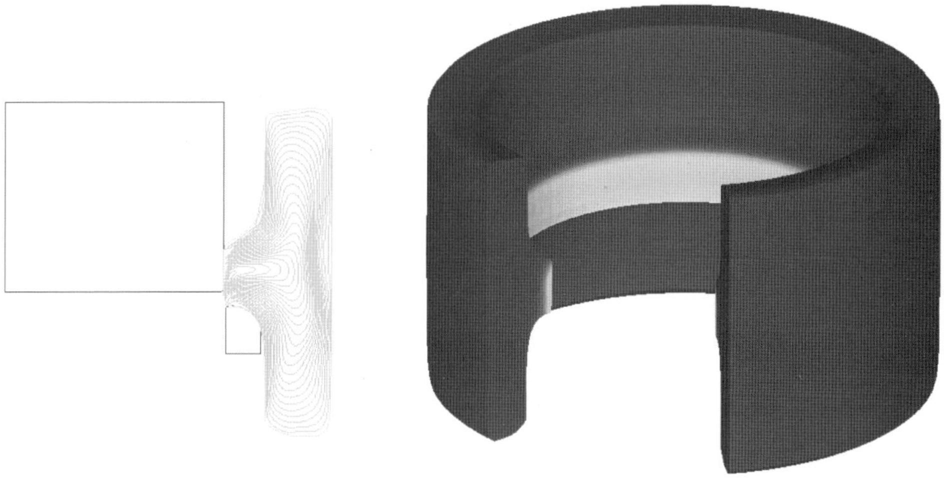

Int. J. Mach Tools Manuf., 2000

Fully automatic simulation first realized in 1995 for the hub bearing outer race

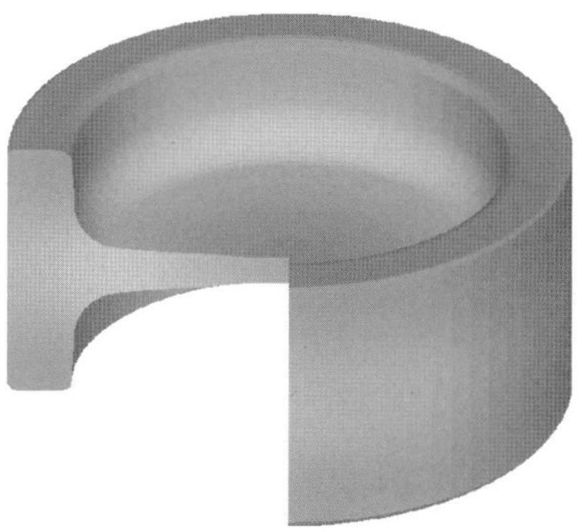

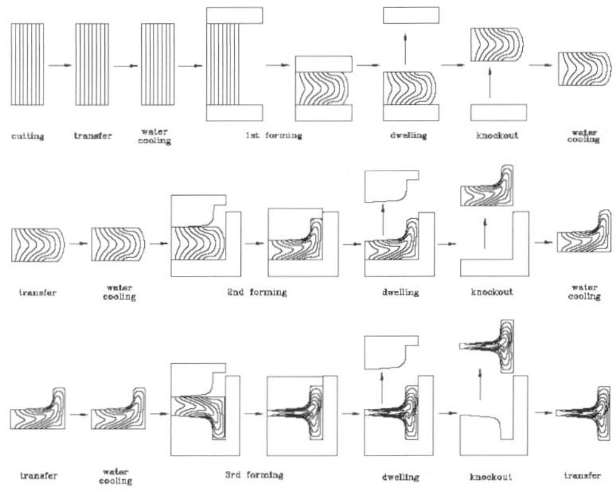

After AFDEX was developed in 1995, Korean forging companies became independent of industrialized countries. Fully automatic simulation function (any user intervention has been needed in simulating the hub bearing forging process) can make even non-expert employ the simulation technology. The first commercial version released in 1996 was based on the fully automatic simulation function.

Grain flow function first developed for bearing parts in 1995

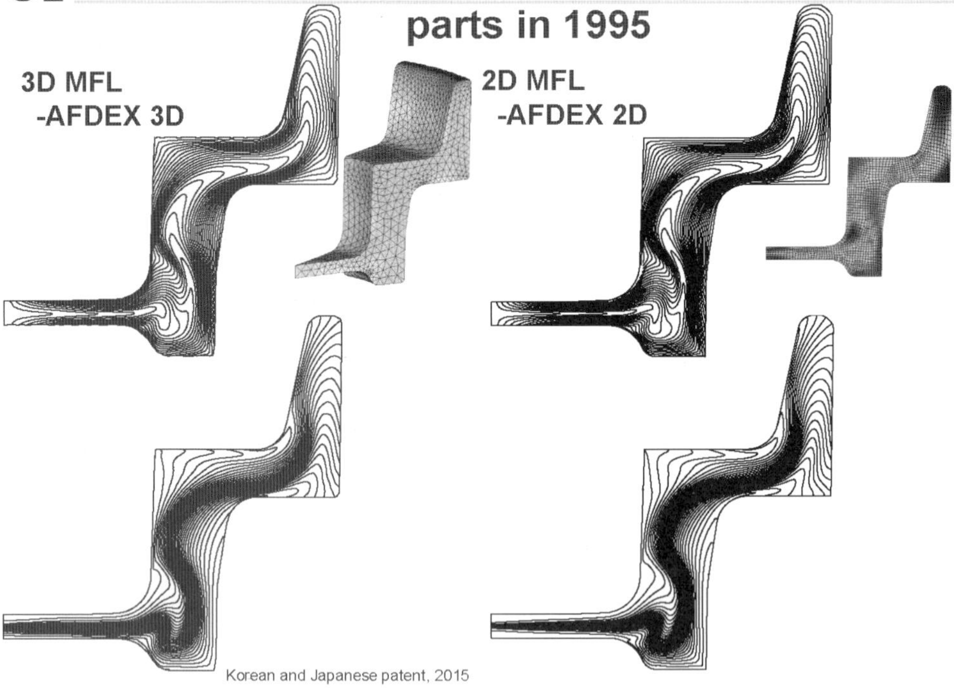

Korean and Japanese patent, 2015

Study on internal fracture occurring in hot forging of STB2 material

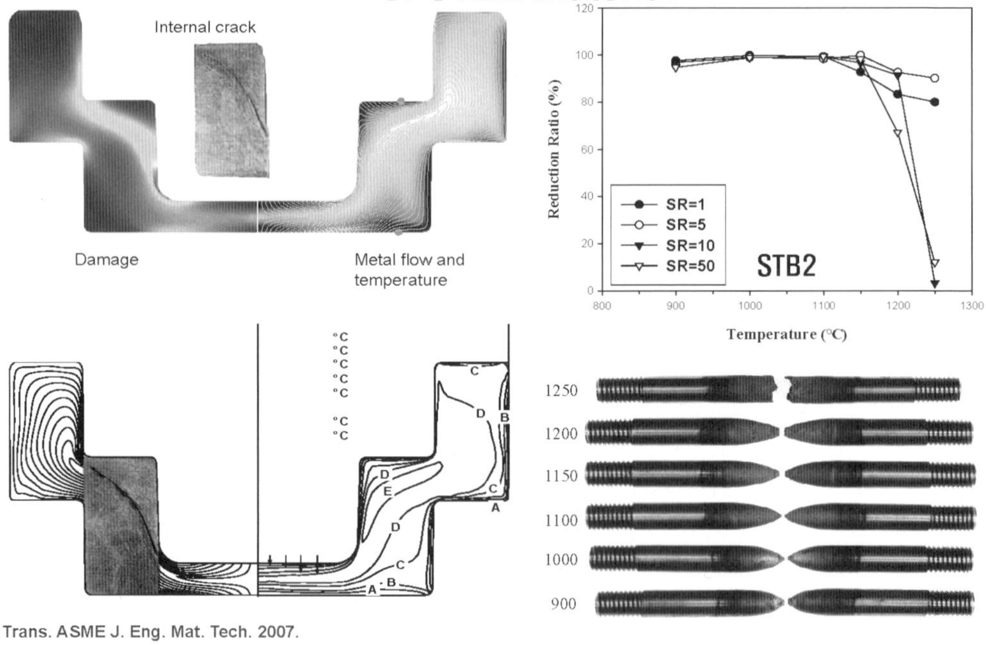

Trans. ASME J. Eng. Mat. Tech. 2007.

Air-trapping treating function first developed for bearing parts

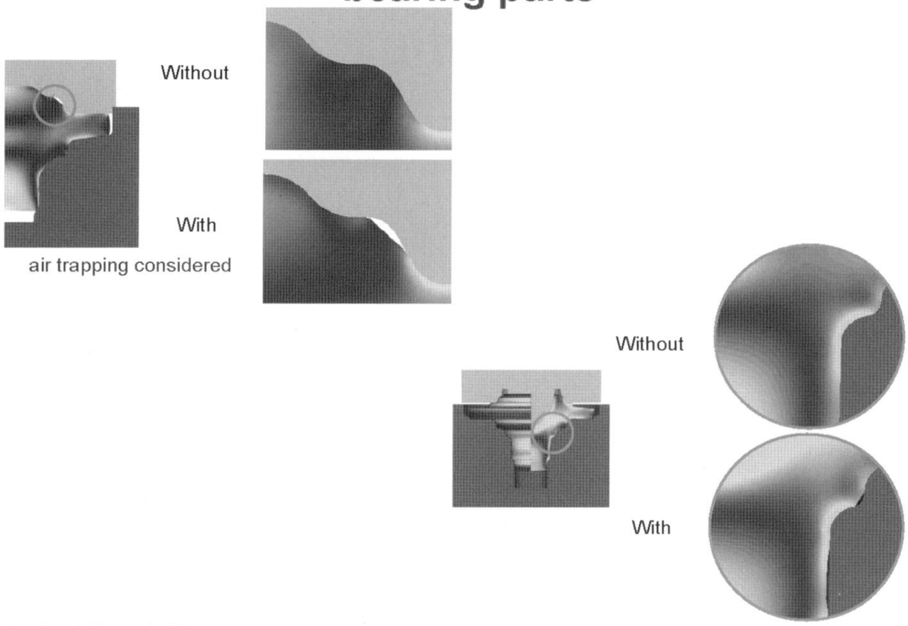

Int. J. Mater. Prod. Technol. 2014

Simulation of a hub hot forging process

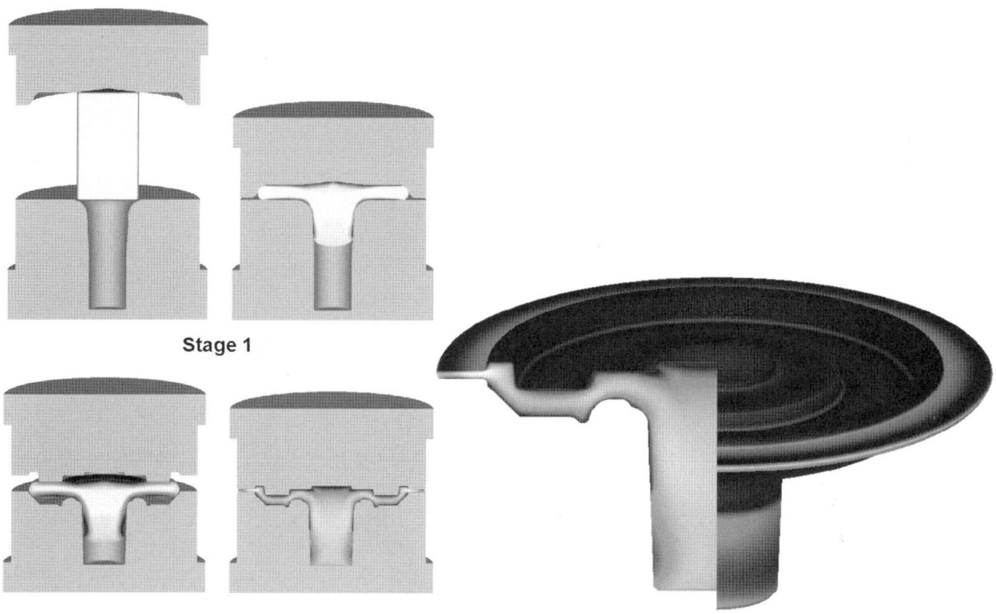

MFCAE 2008

Korea first near-net shape hub forging in 2001

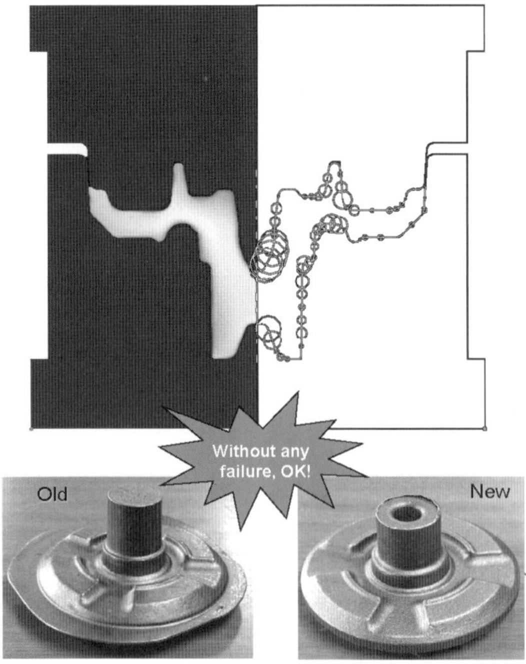

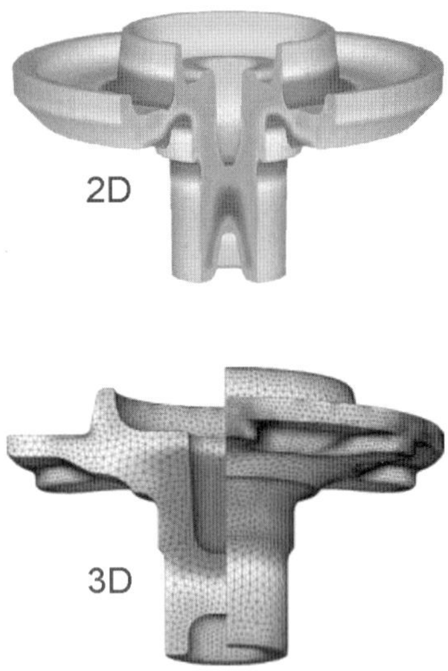

2D and 3D processes are different

The first flashless forging of hub fabricated in Korea, 1999, using a new process developed by Seju (currently CENTRAL MOTEK) and GNU(MS Joun) without any failure.

Predictions - Effective strain and grain flow

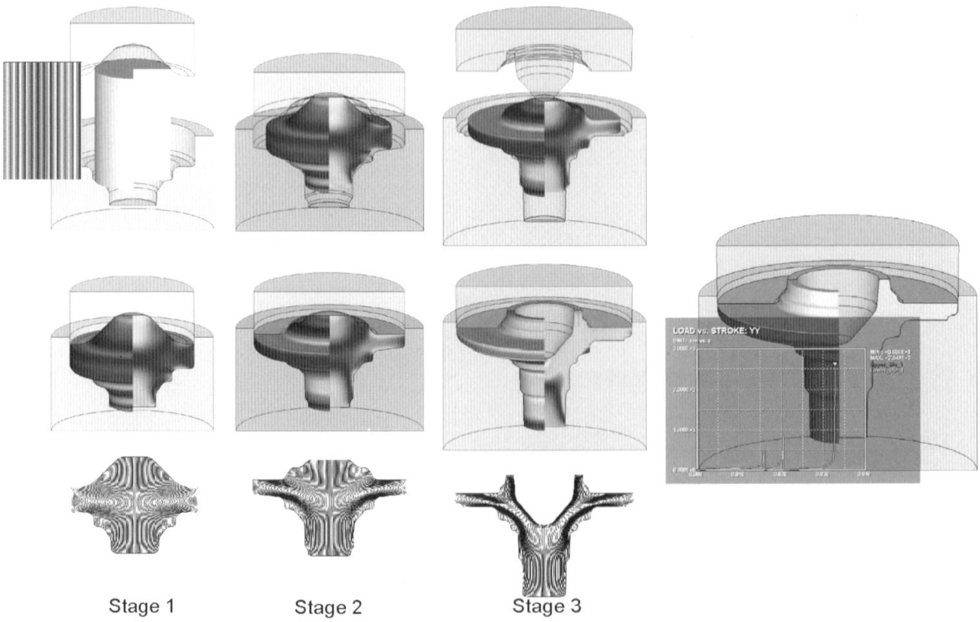

Hub spindle forging simulation

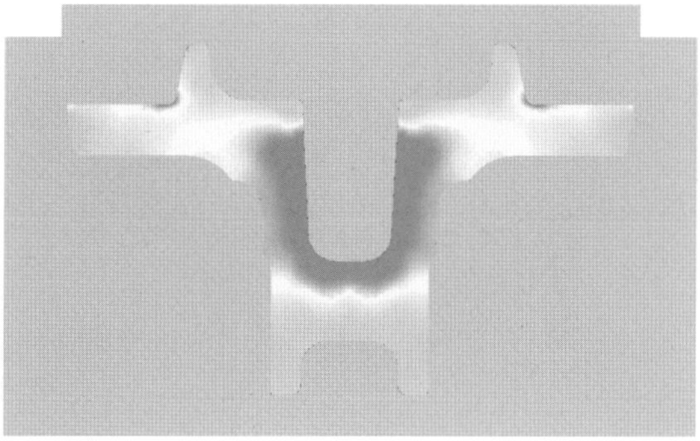

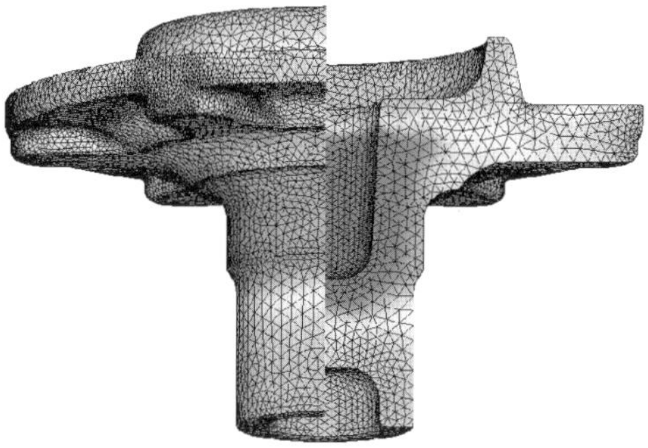

MFCAE 2008

Optimal parts design considering metal flow lines

- Conventional process design
- Optimal process design with an improved part design

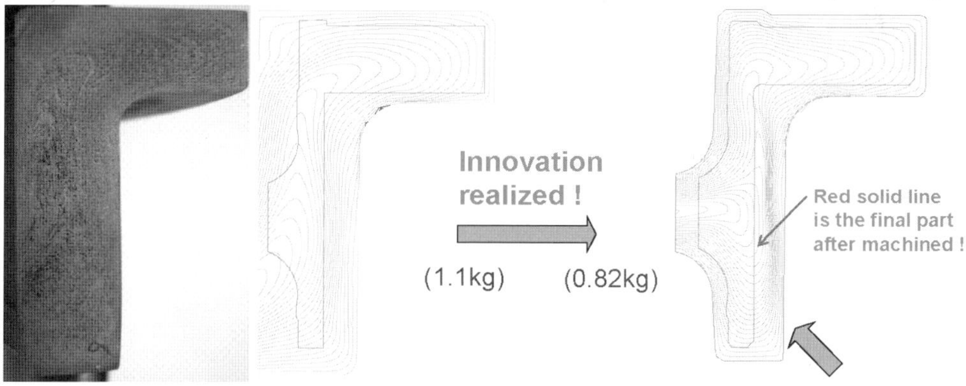

Innovation is endless to minimize machining cost and scrap generation !

KSTP, Autumn Conf., 2013

Optimal parts design considering metal flow lines

■ Improvement of macrosegregation region

Non-optimized

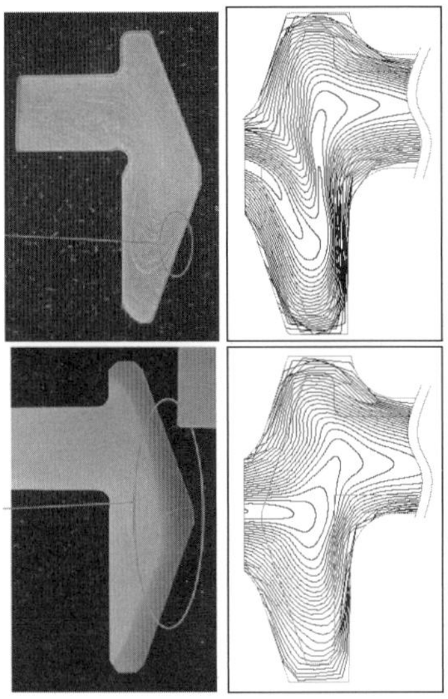

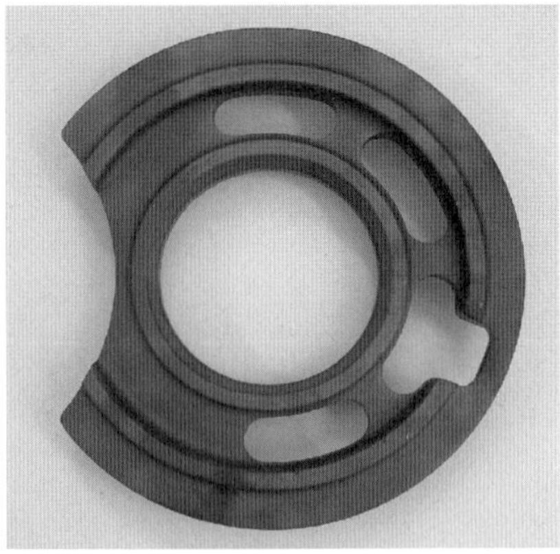

Optimized

KSTP Autumn, pp110-113 , 2013

Minimization of scrap – Green manufacturing

Old large scrap

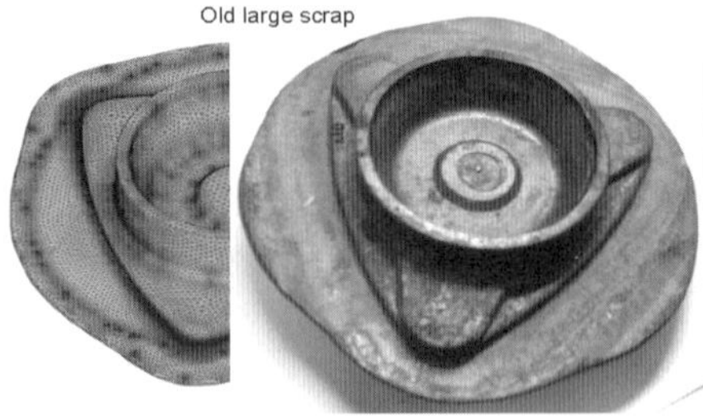

New reduced scrap

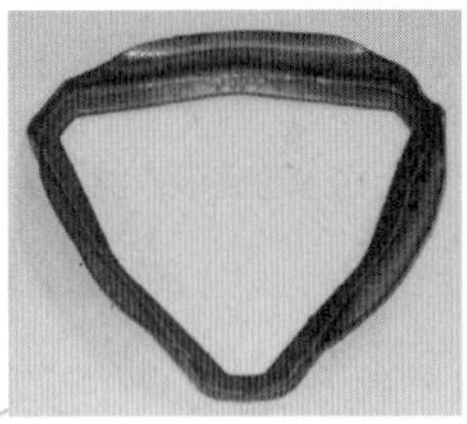

Optimized scrap for automation

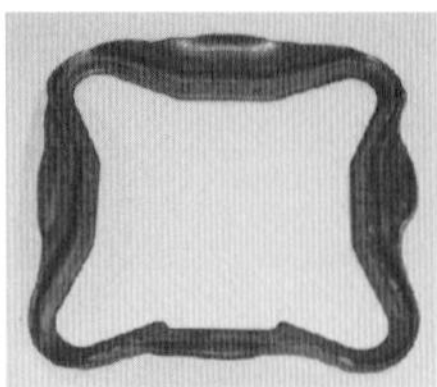

Old New

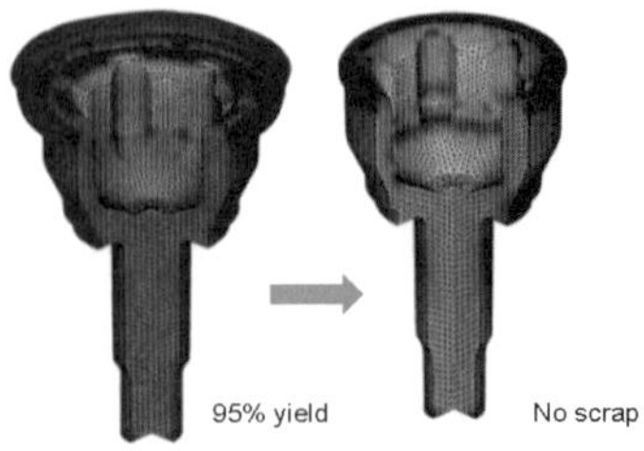

Dongeun Forging Co.

Closed die forging without flash

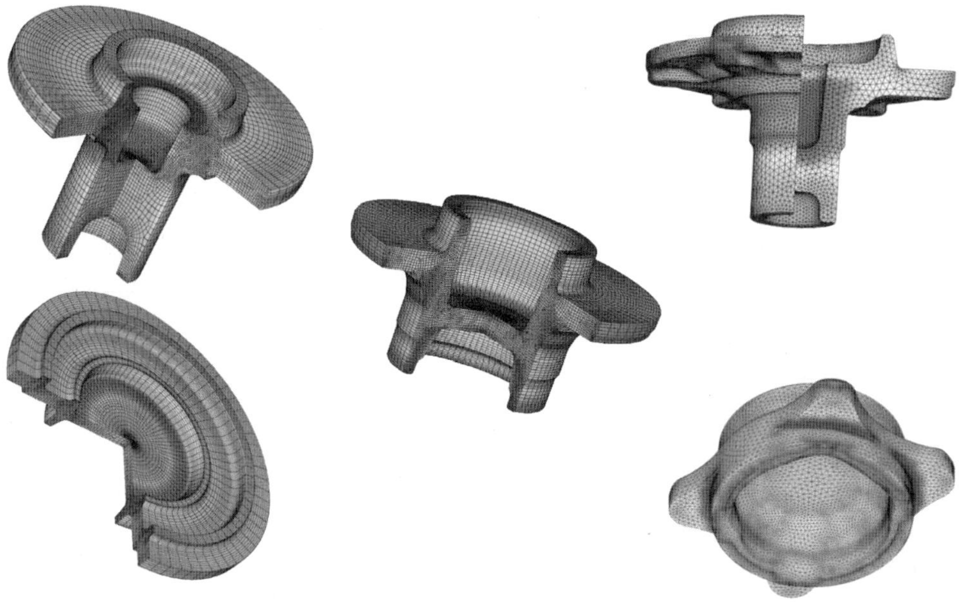

Simulation of a hub forging process

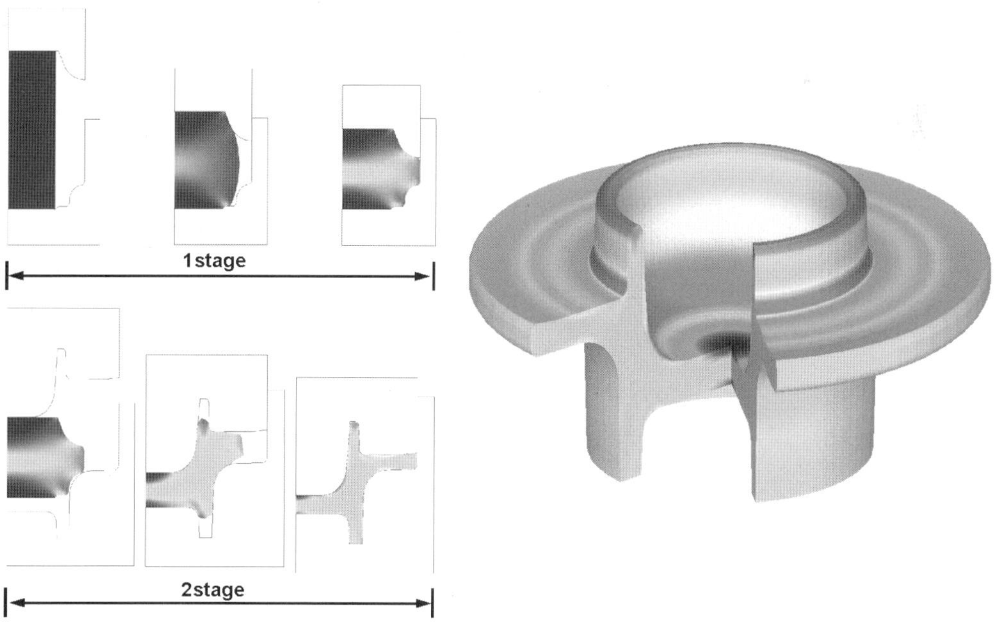

Simulation of a spindle hot forging process

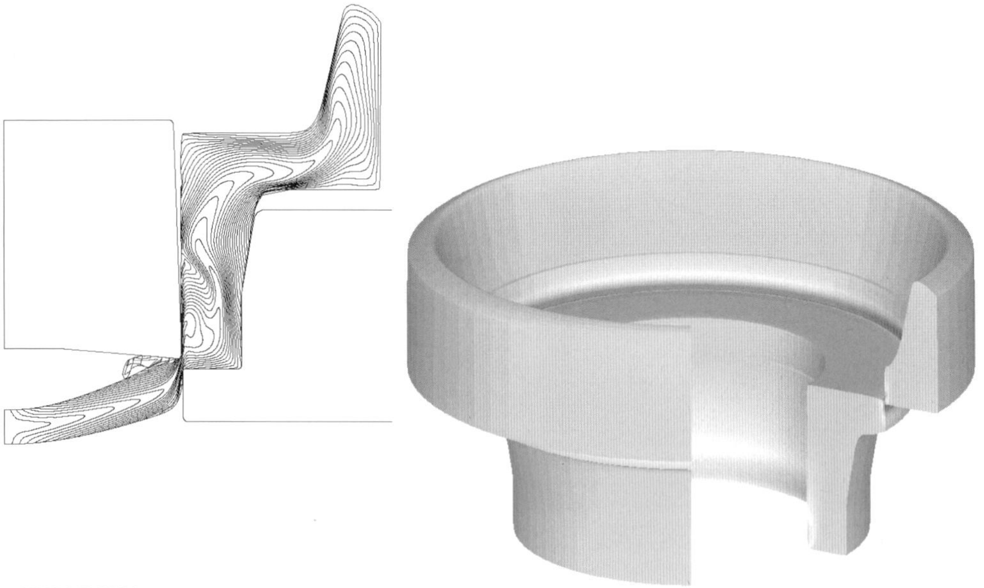

MFCAE 2008

Simulation of defect formation in 2-stage hot forging

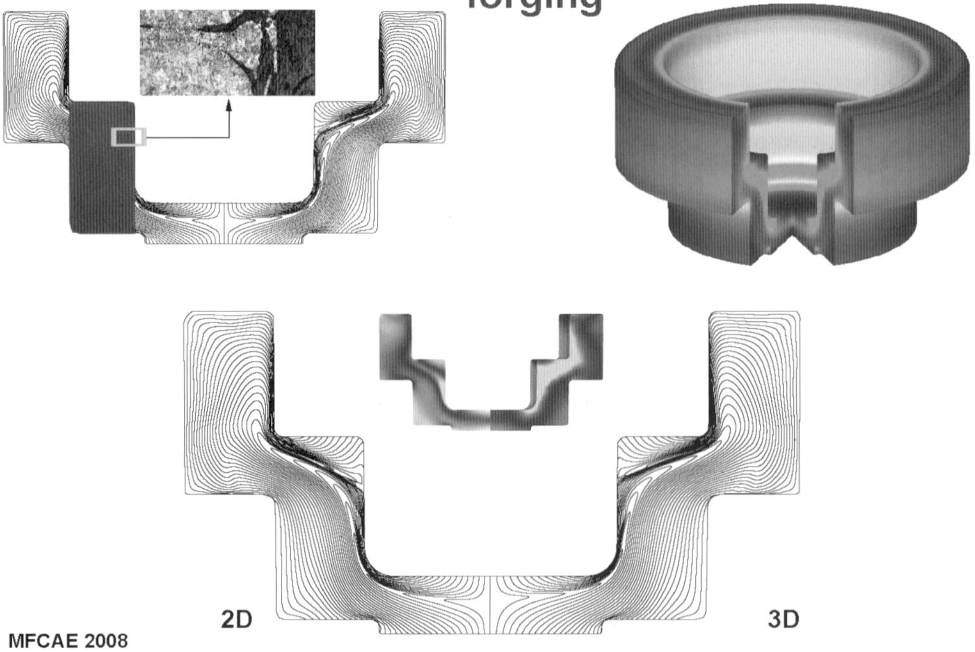

MFCAE 2008

Simulation of a simultaneous piercing and trimming process

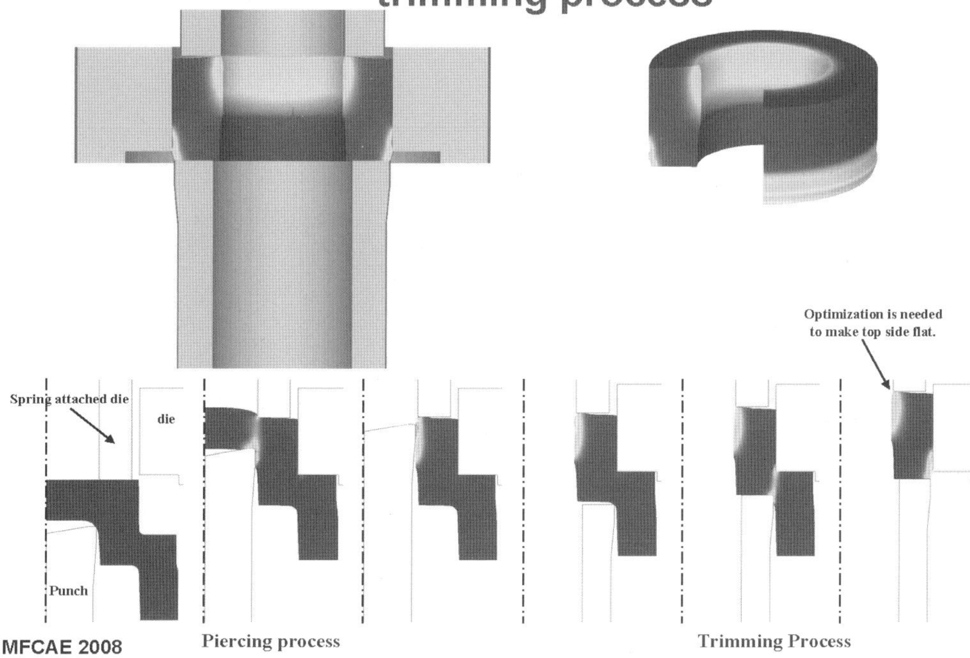

MFCAE 2008

Outer ring forging simulation

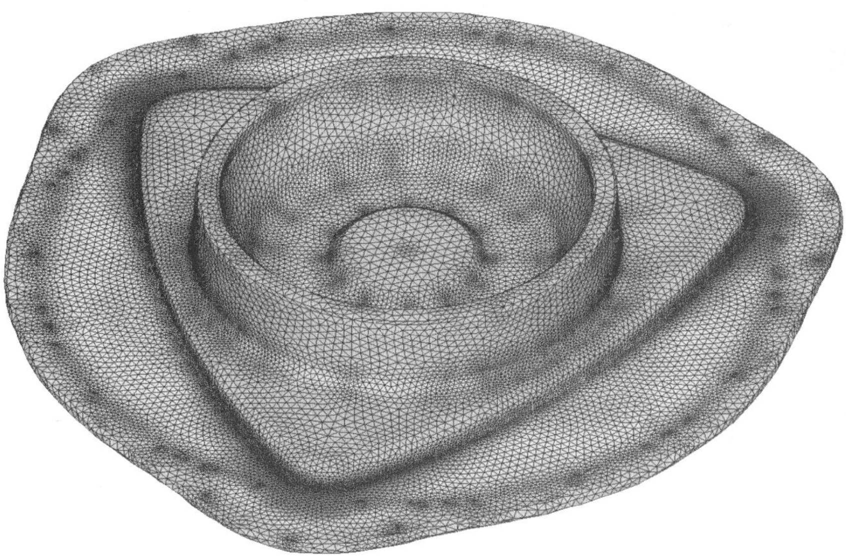

MFCAE 2008

Hub forging simulation

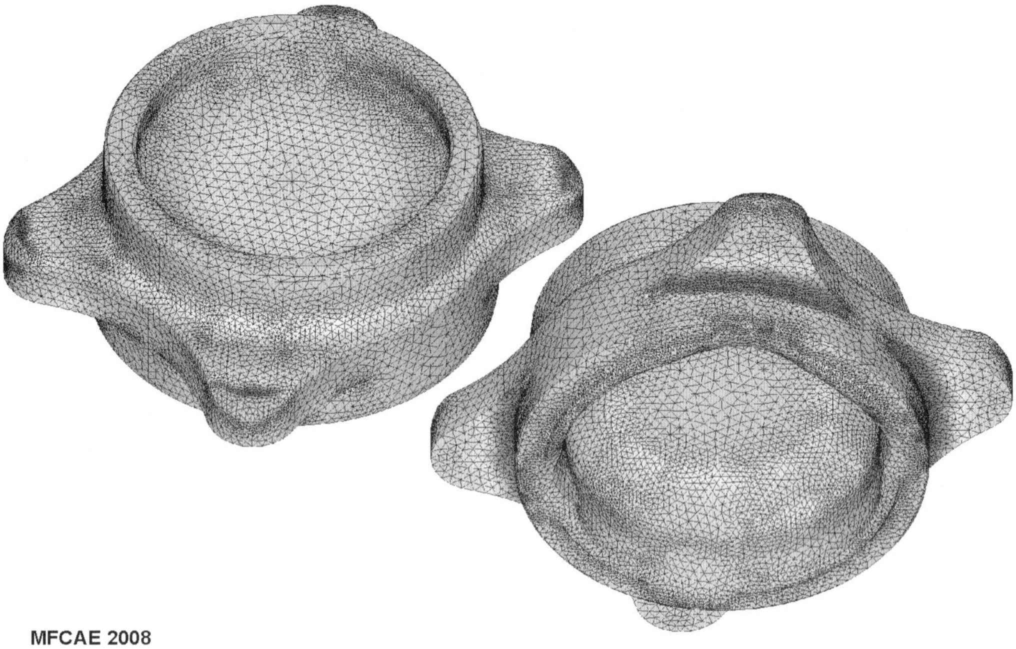

MFCAE 2008

Hub spindle forging simulation

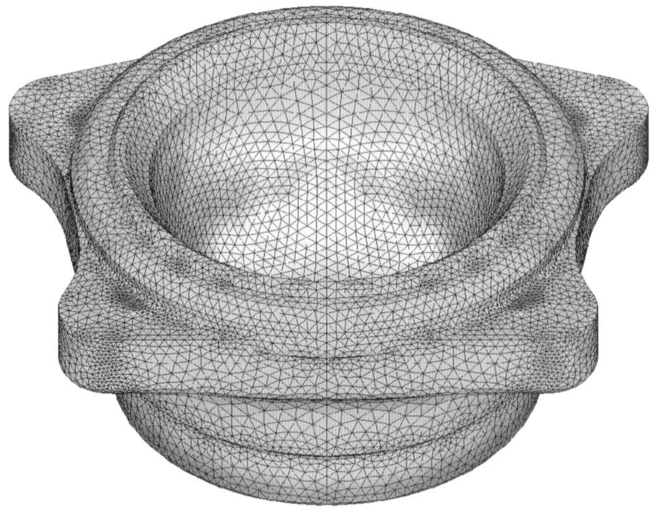

MFCAE 2008

8.1.4 Combined forging

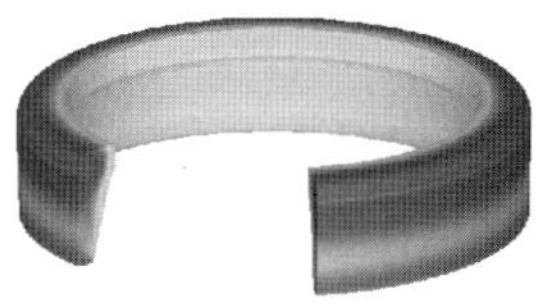

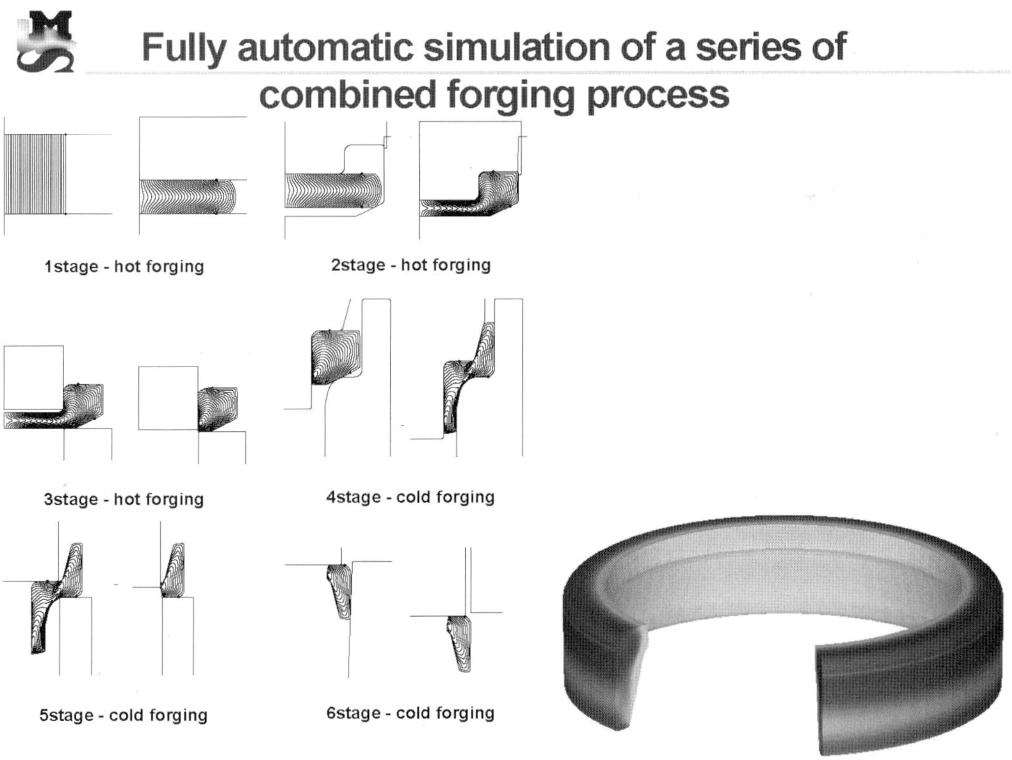

8.1.5 Rotary forging

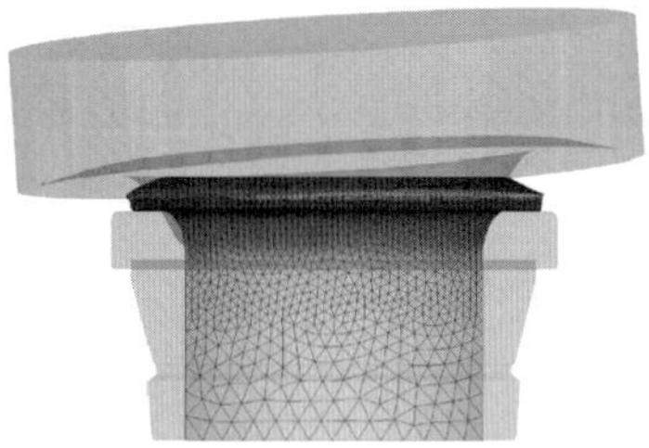

Assembly of hub bearing unit

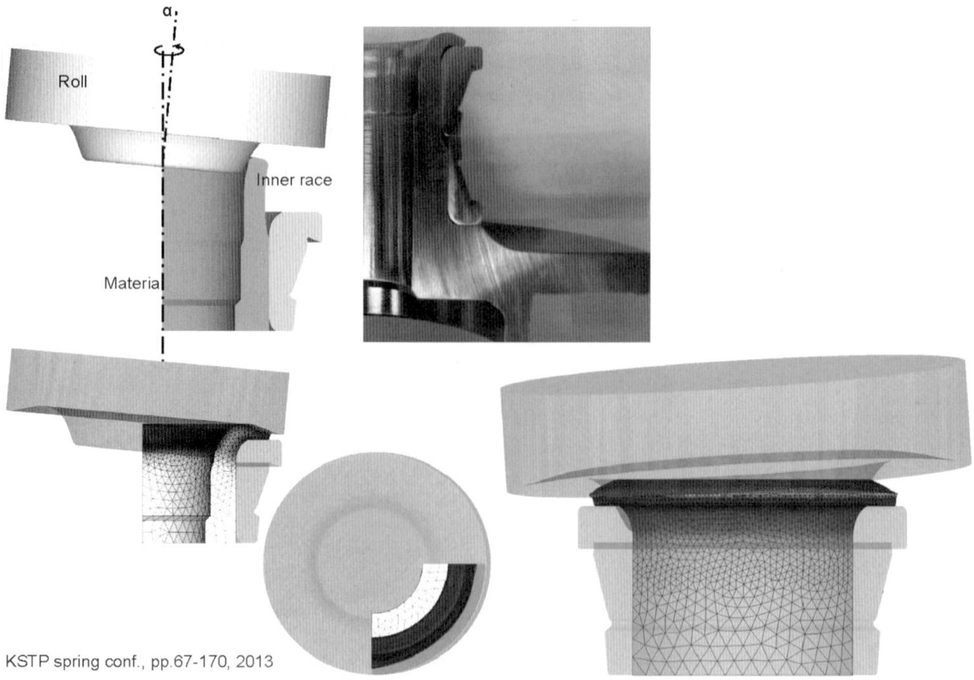

KSTP spring conf., pp.67-170, 2013

8.1.6 Ring rolling

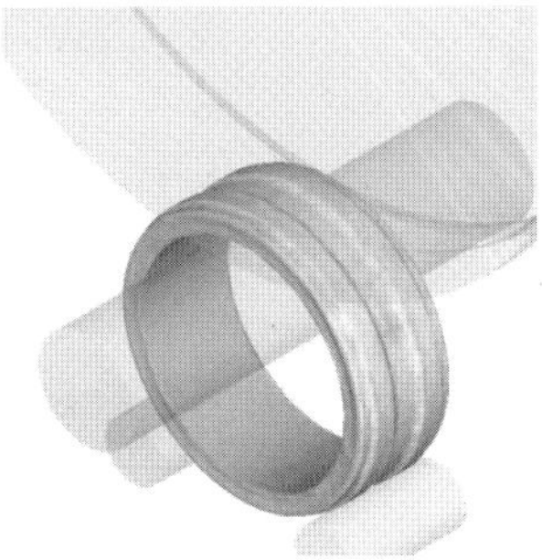

Adjustment and verification of flow stresses at low strain-rate

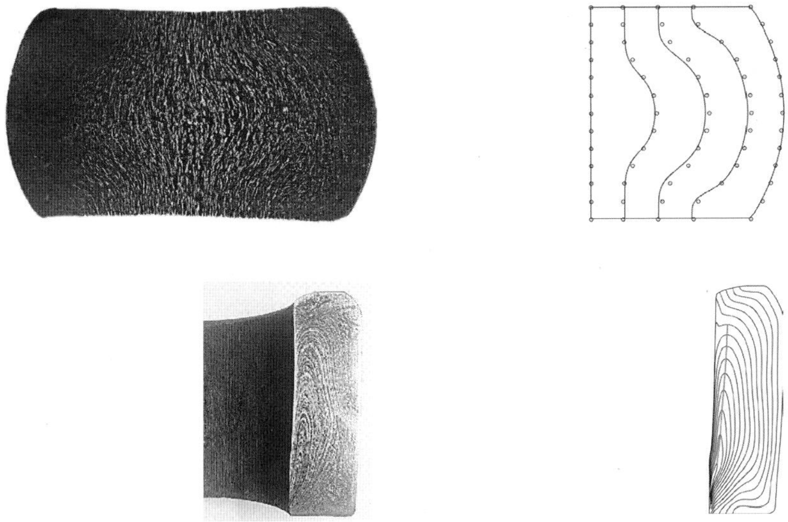

Experiments | Predictions

KSTP 2014

Grain flow prediction of a ring-rolling-after-forging of a bearing part

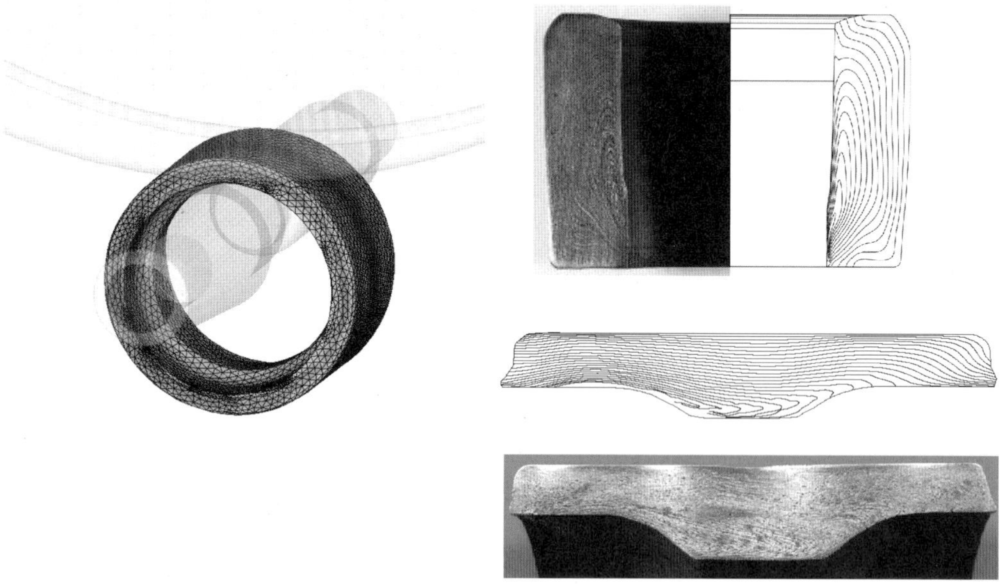

The Korean Society of Mechanical Engineers, pp.129-132, 2014

Outer race ring rolling

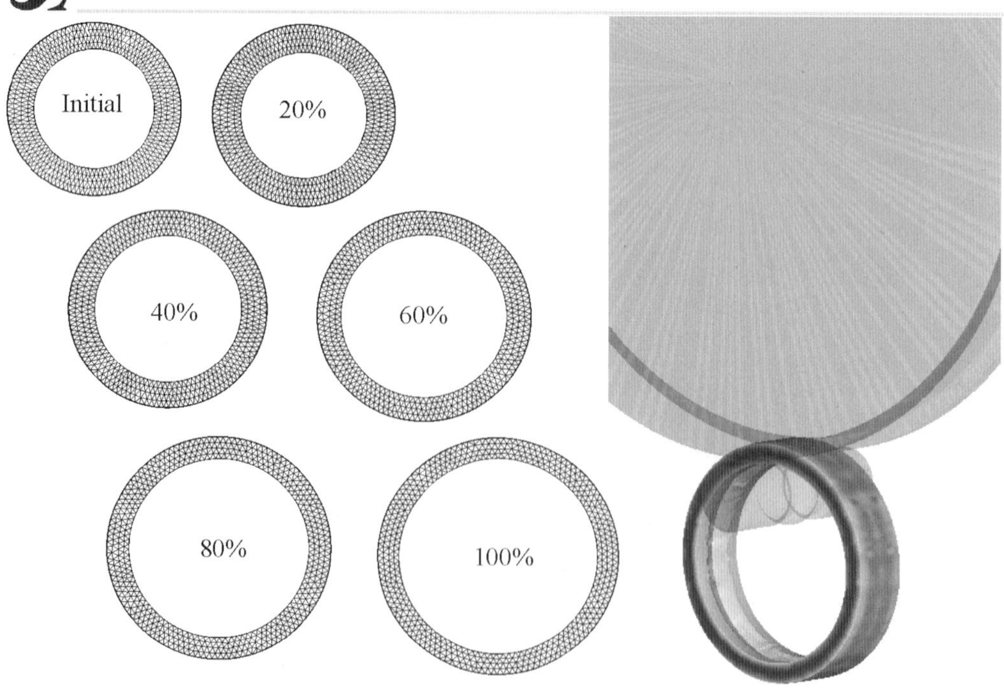

Ring rolling

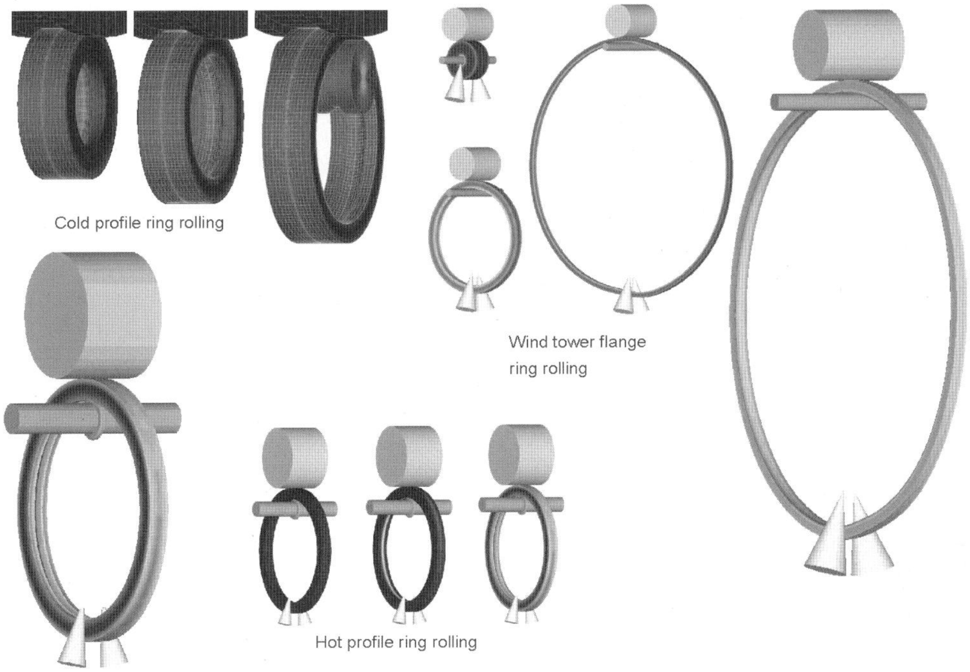

Profile ring rolling

Inner race ring rolling

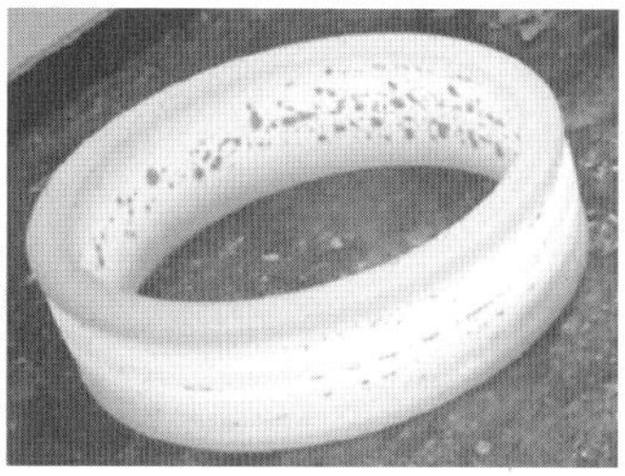

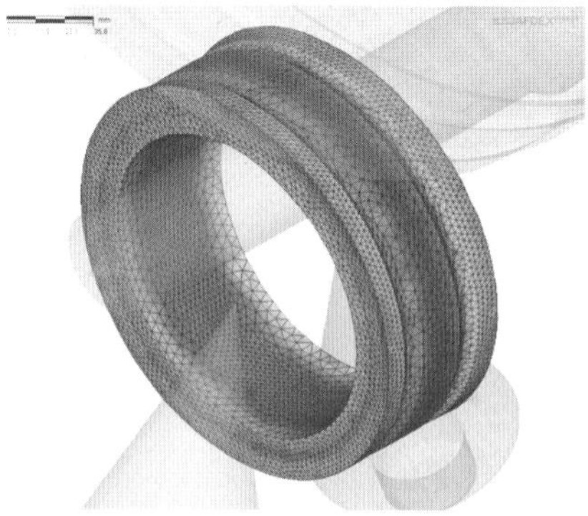

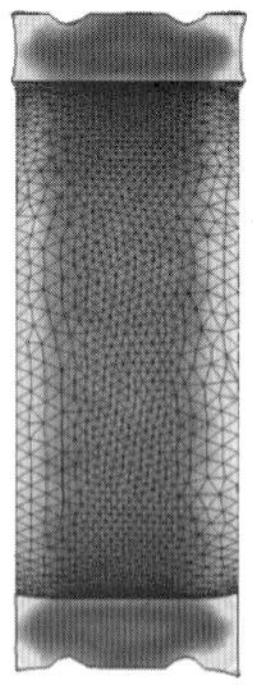

Cage of CV Joint

- Ring rolling of inner race of CV Joint

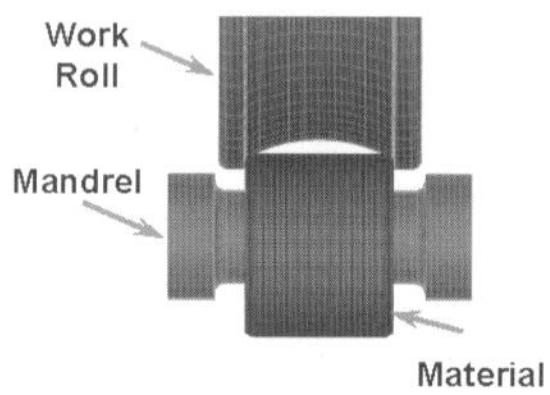

- Comparison of Pre and Exp.

(a) Predictions

(b) Experiments

	Maximum diameter	
	Analysis	Experiment
Initial	41.600	41.623
Final	52.444	52.544

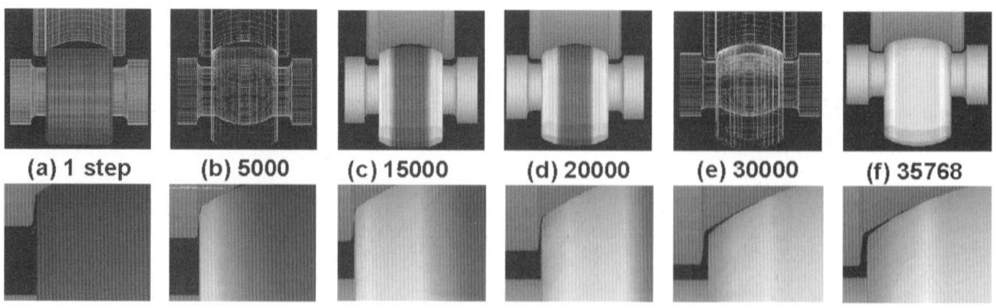

(a) 1 step (b) 5000 (c) 15000 (d) 20000 (e) 30000 (f) 35768

KSTP 2007

Taper roller bearing race

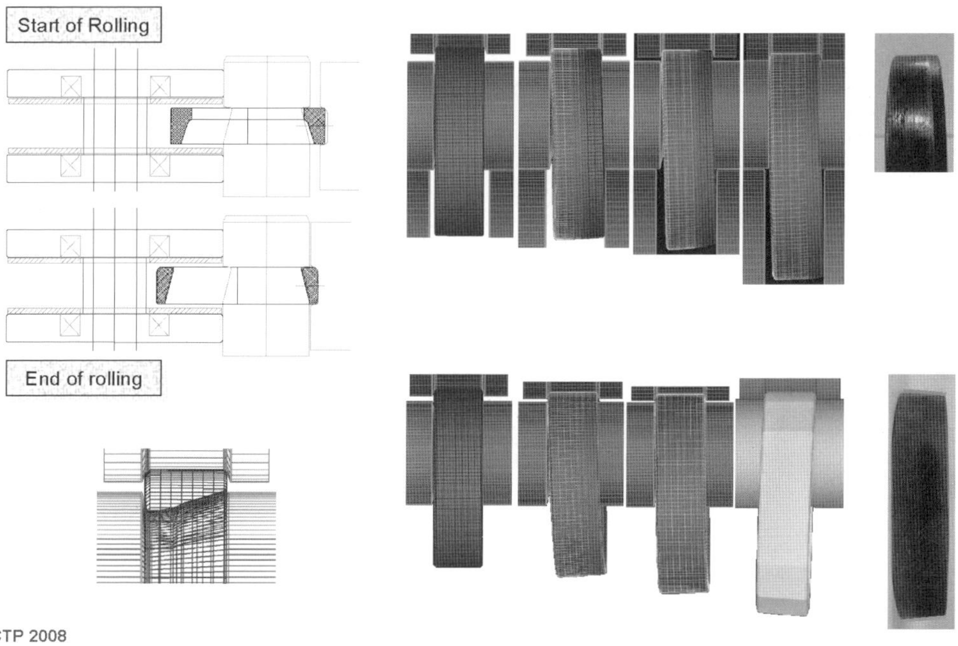

ICTP 2008

Polygonal shape defect

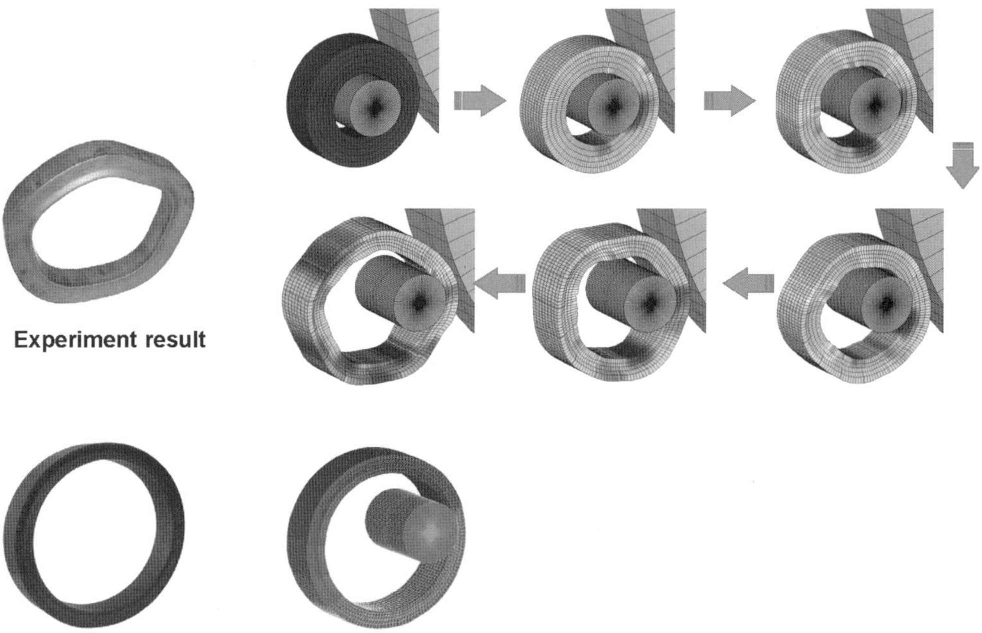

Int. J. Mech. Sci. 2008

Central under-filling defect

- Tape roller bearing race ring rolling

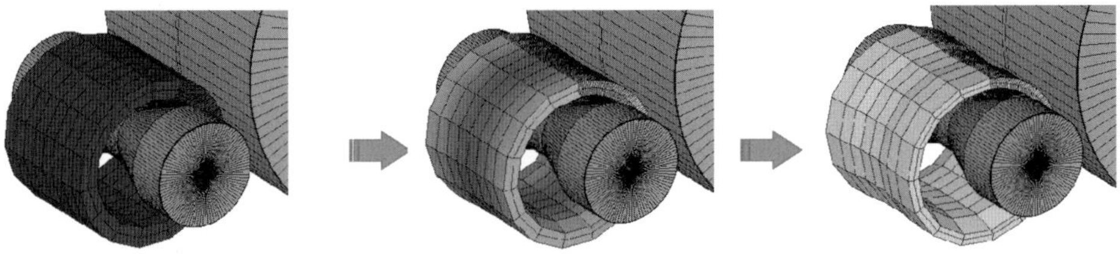

- Experiment result

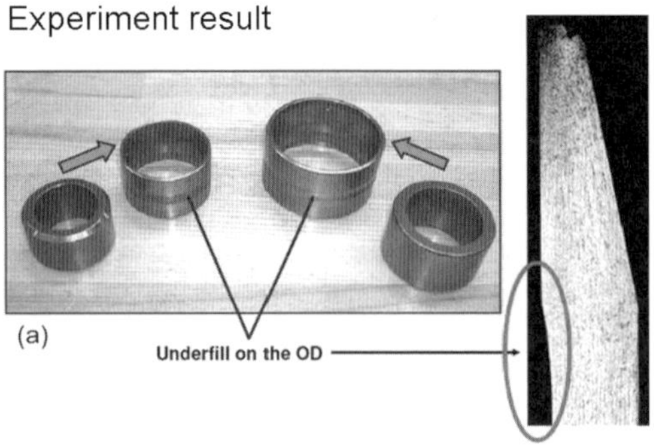

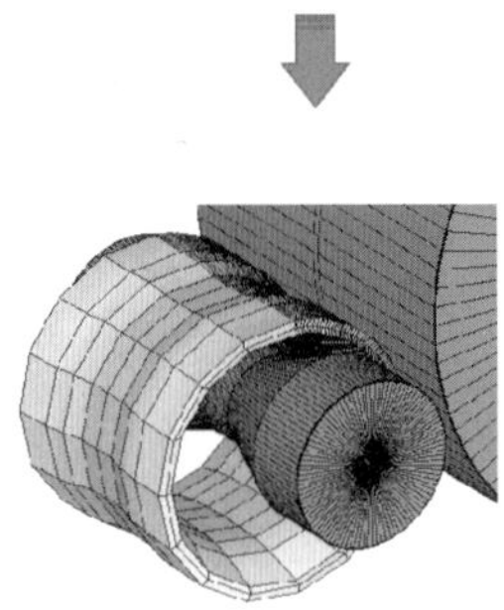

8.2 Automatic multi-stage forging

8.2.1 Typical products

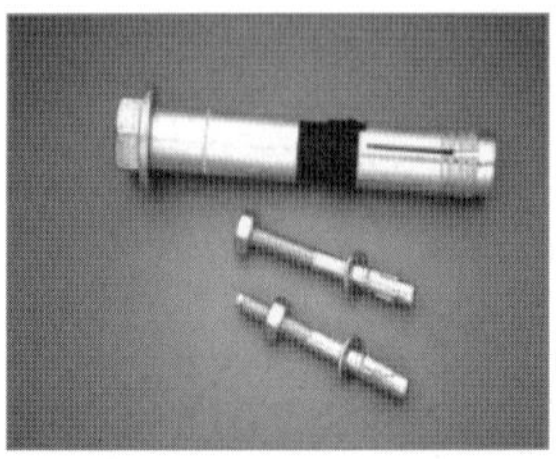

Fasteners

Jinhap, Poongang, Taeyang Metal, Yungshin Metal

Non-standard products

Seongjin FOMA

Micro-formed products

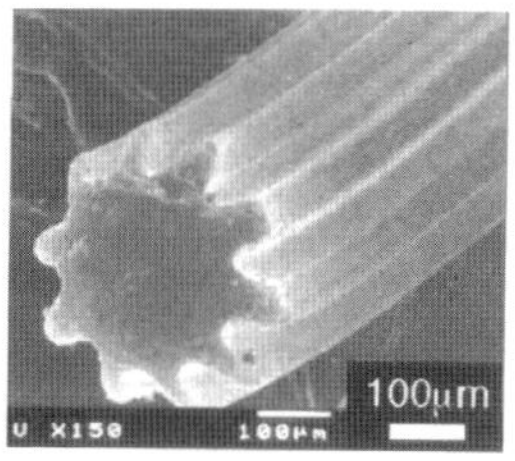

<Forward-extruded micro gear shaft>

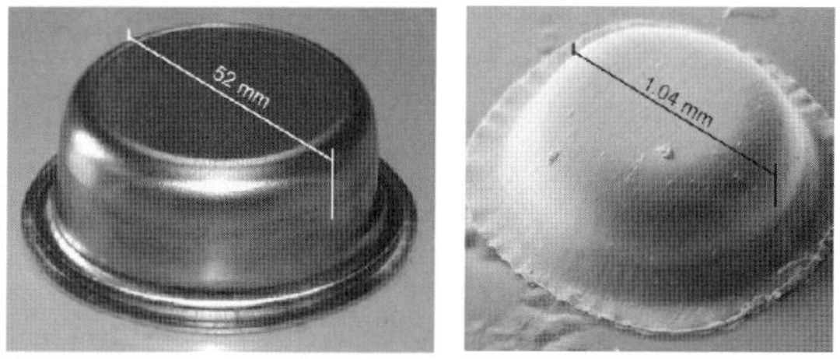

<Comparison of macro and micro deep drawing cups >

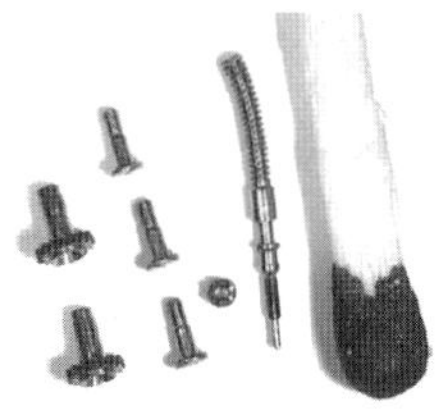

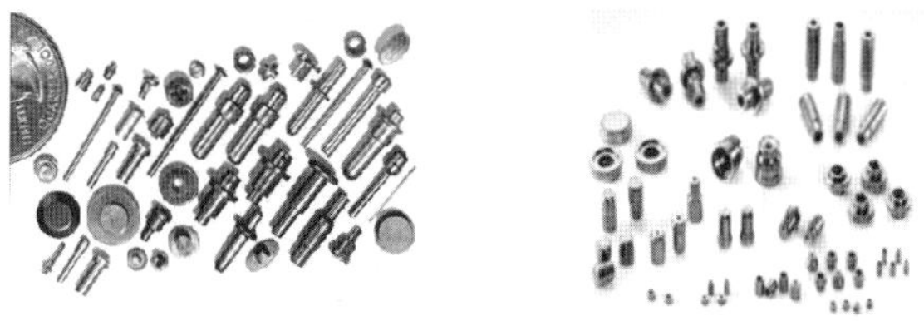

<Cold headed micro parts>

8.2.2 Plastic deformation behavior of material

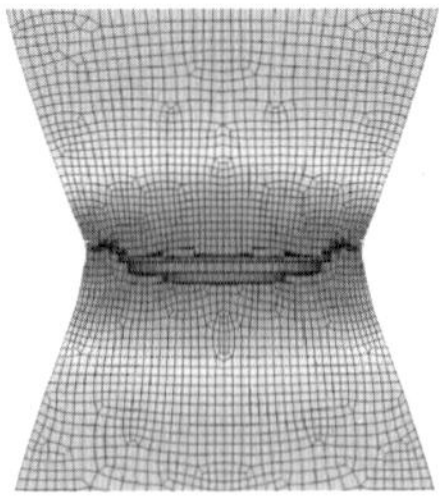

3-8

Tensile test at the room temperature

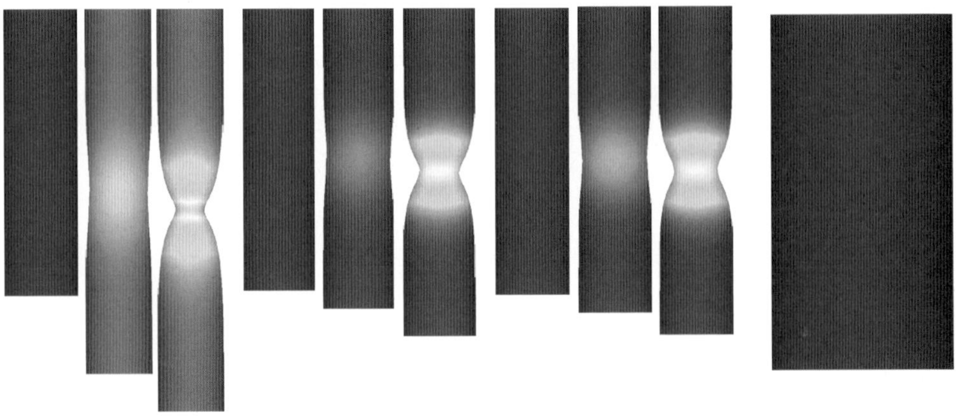

<SCM435> <ESW95> <ESW105>

-ESW, a preheat-treated steel, has so good mechanical properties to be used for auto parts.
-Here, ESW was used on behalf of low-strain hardening material.

Flow stresses obtained by compression and tensile tests 3-9

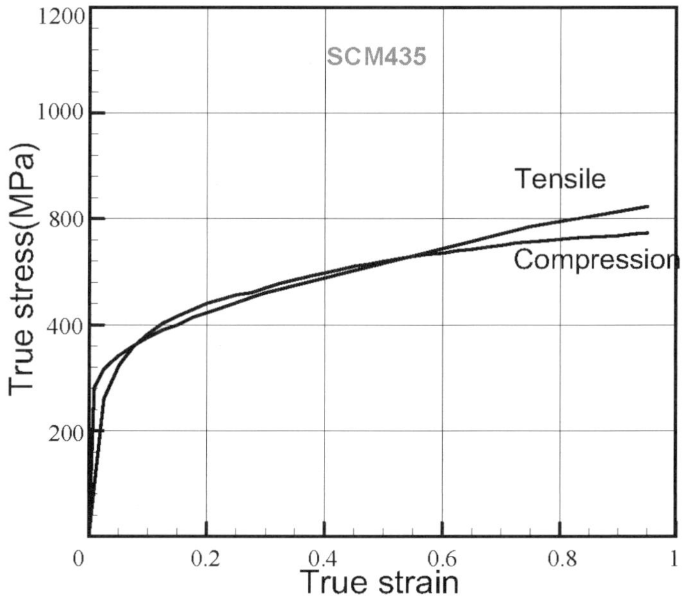

Bauschinger effect 3-10

Compression test of the specimen elongated by tensile test

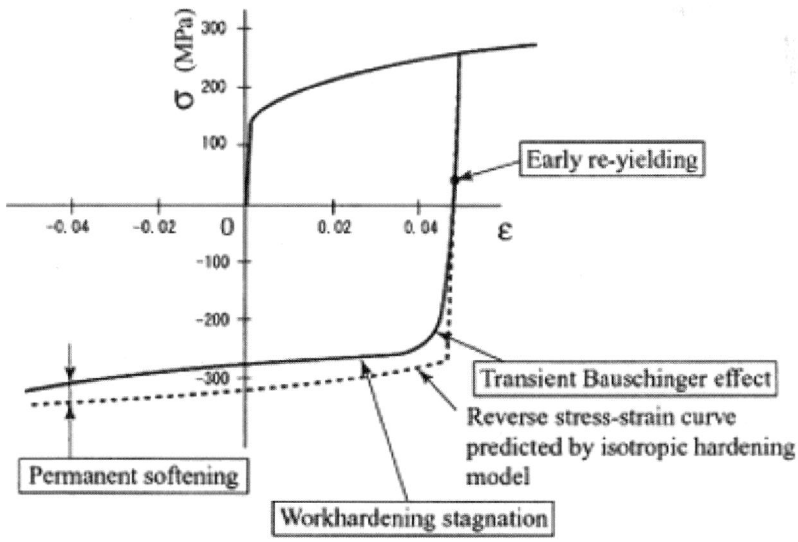

3-11

Compressive flow stress of drawn specimen

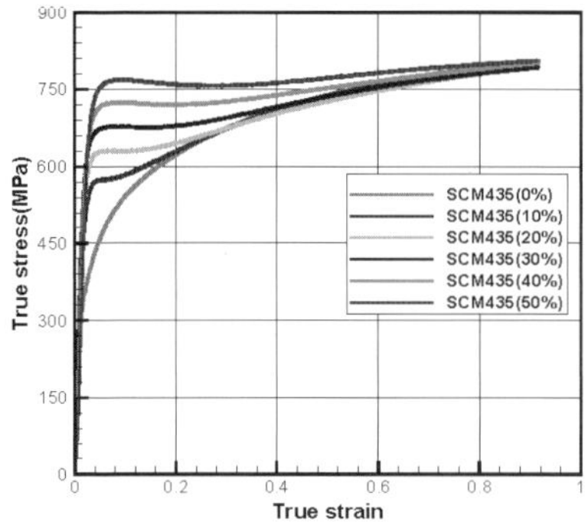

For SCM435

Number in bracket ( ) means reduction of area in drawing.

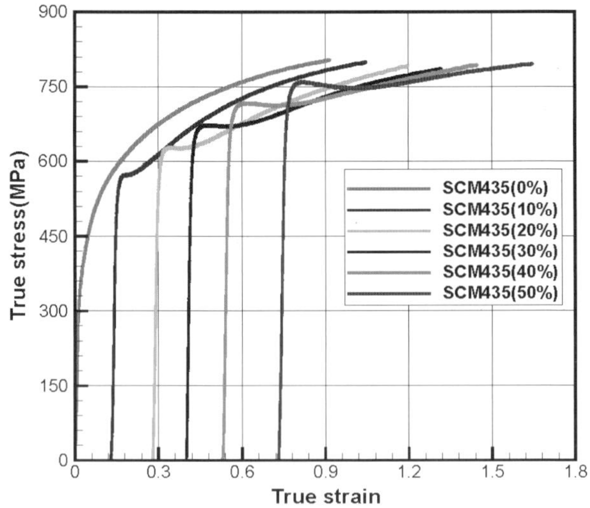

Specimen was drawn.

Drawing

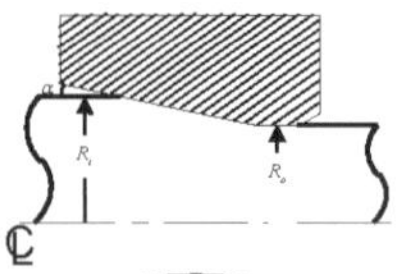

Compression

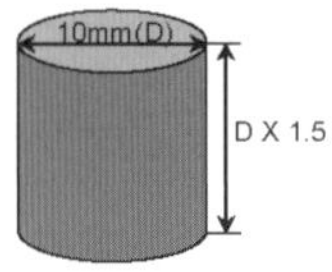

3-12

Compressive flow stress of drawn specimen

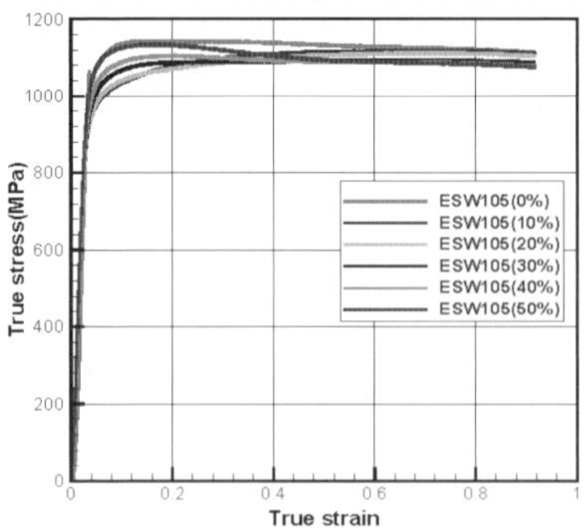

For ESW105

Number in bracket ( ) means reduction of area in drawing.

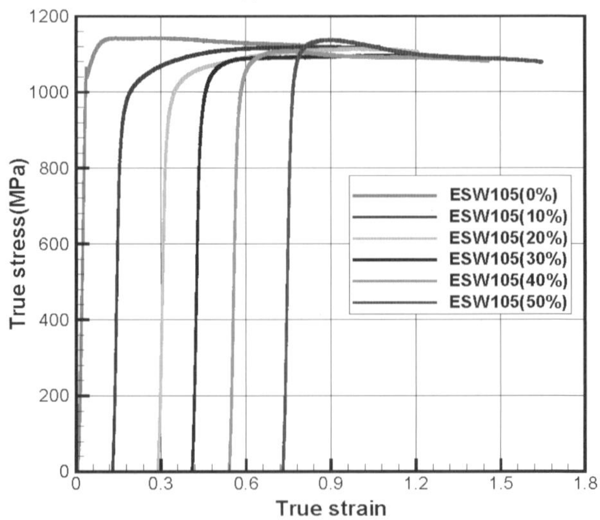

Specimen was drawn.

Drawing

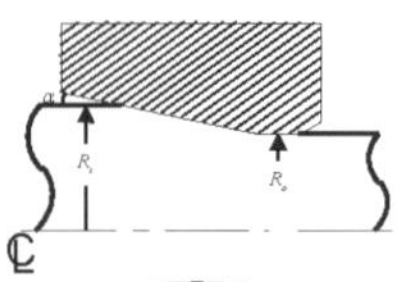

Compression

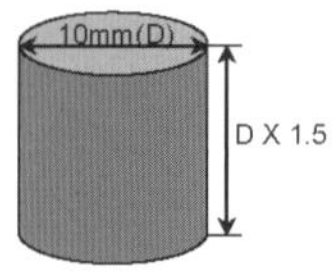

3-13

Acquisition of flow stress from tensile test

AFDEX/MAT
was used.

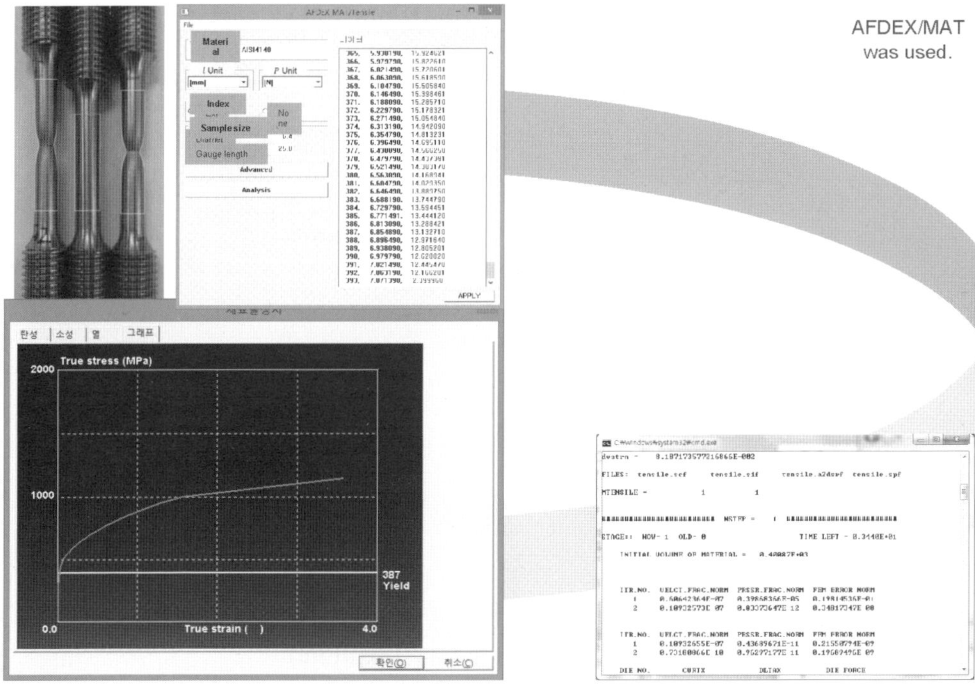

3-14

Application examples of AFDEX/MAT

- Tensile load-elongation curves

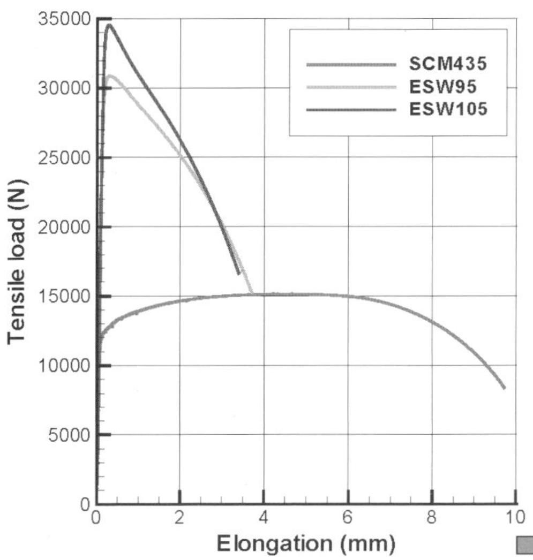

- True stress-strain curves

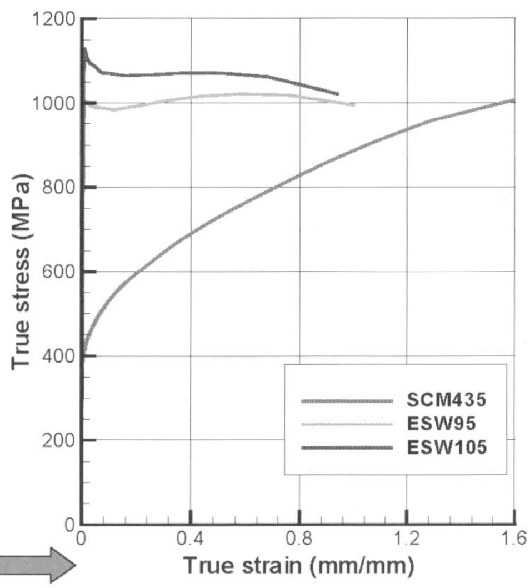

AFDEX/MAT

3-15

Comparison of predictions and experiments

Tensile test

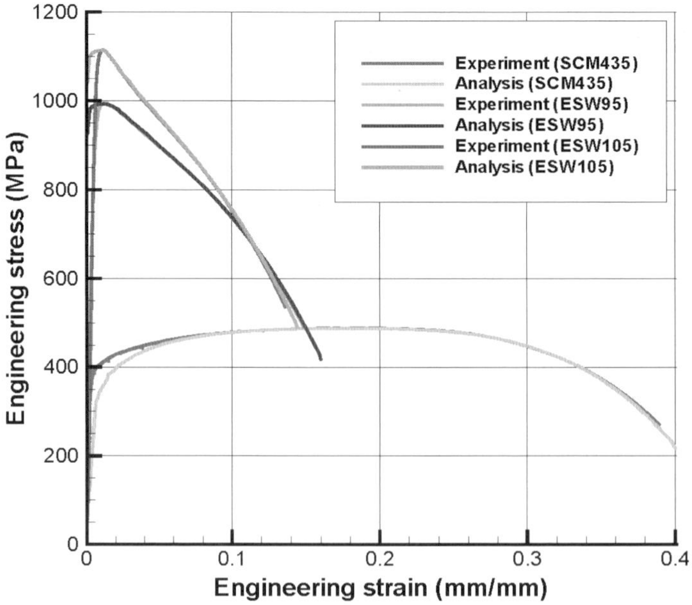

Accuracy - Fracture prediction in tensile test

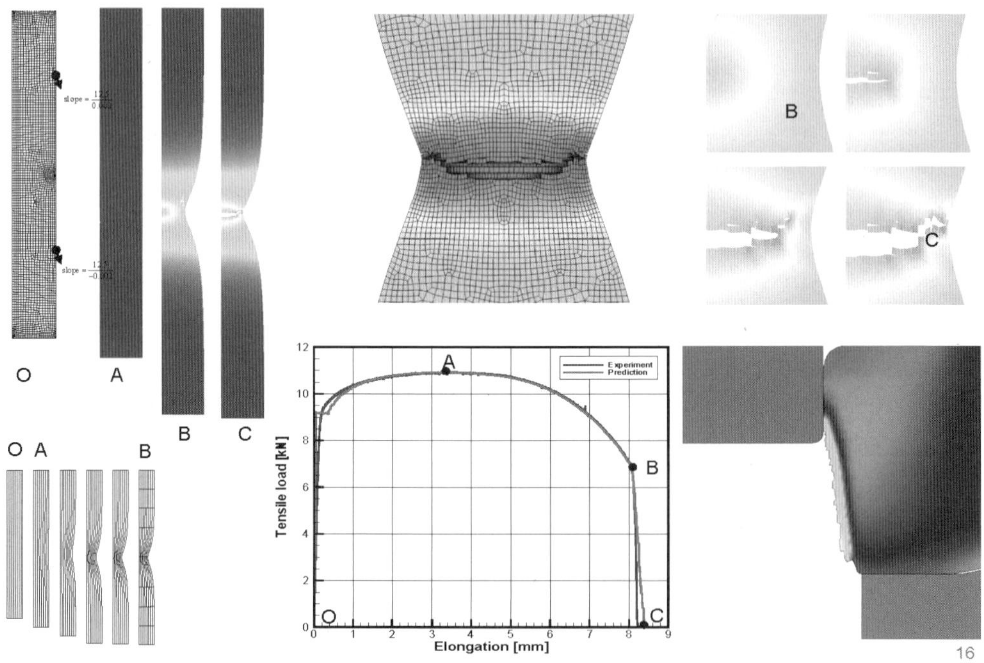

16

3-17

Engineering and true stress-strain curves

- Flow stress curves of SCM435 and ESW105

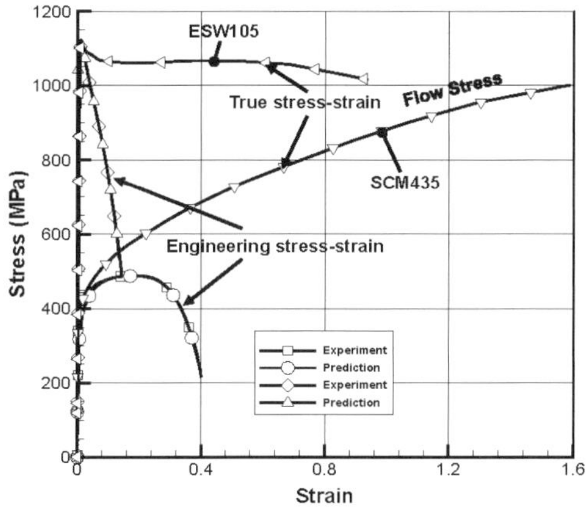

<Global view>

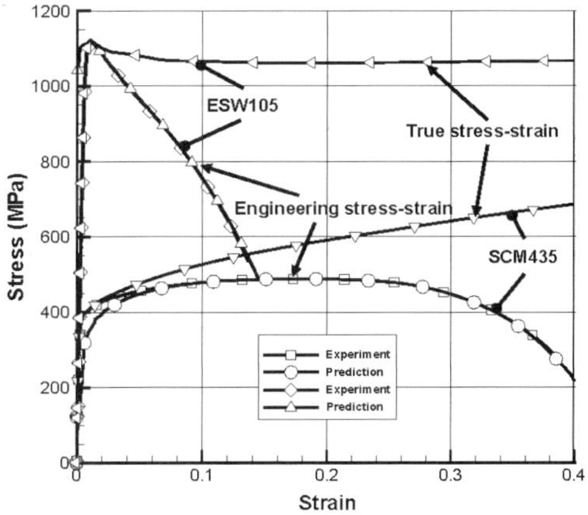

<Detailed view>

3-18

Tensile test

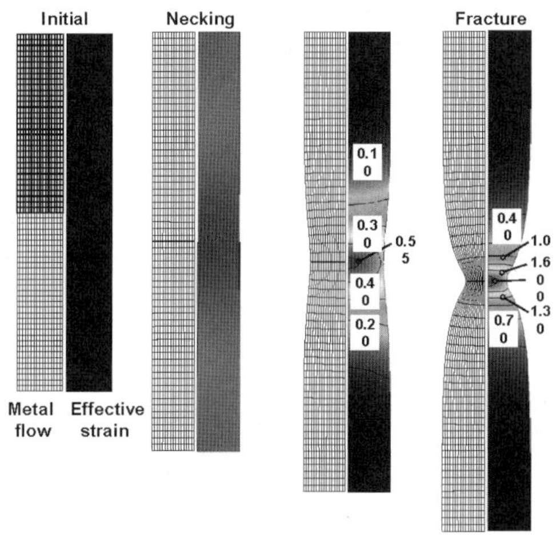

<SCM435>

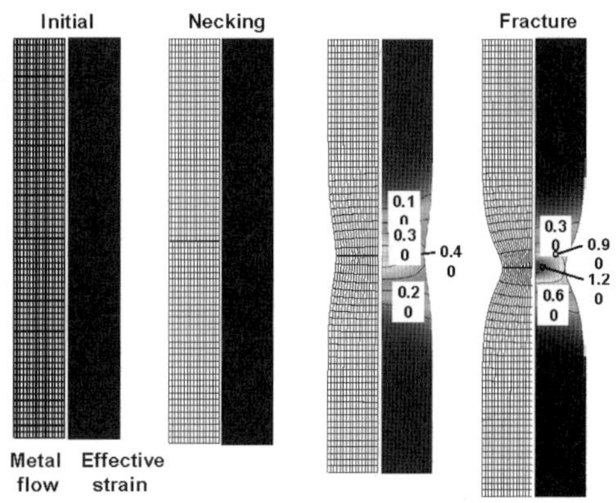

<ESW105>

Cone indentation

3-19

- Cone indentation predicted

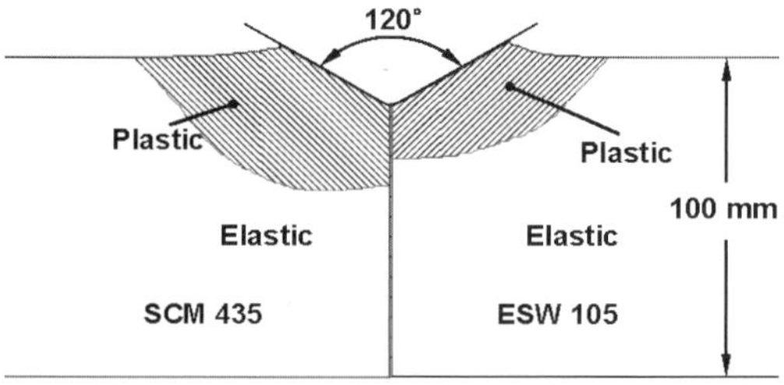

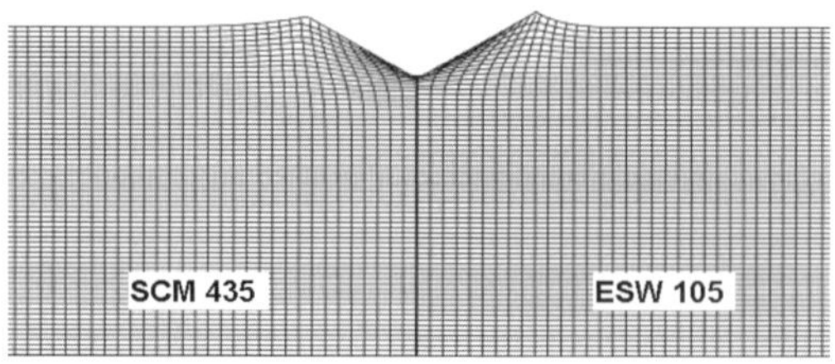

Cylinder compression

3-20

- **SCM435**

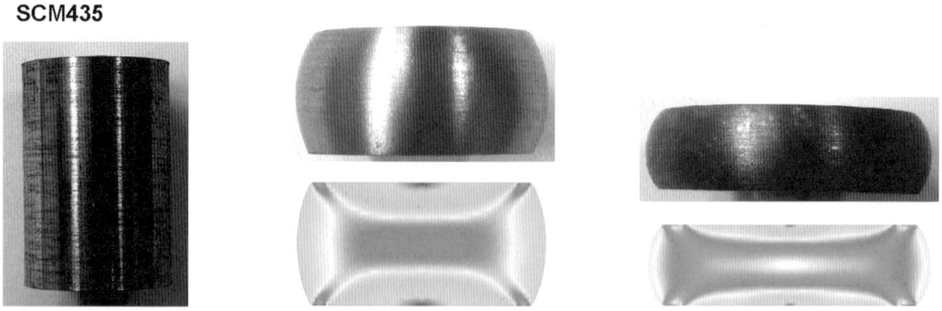

- **ESW105**

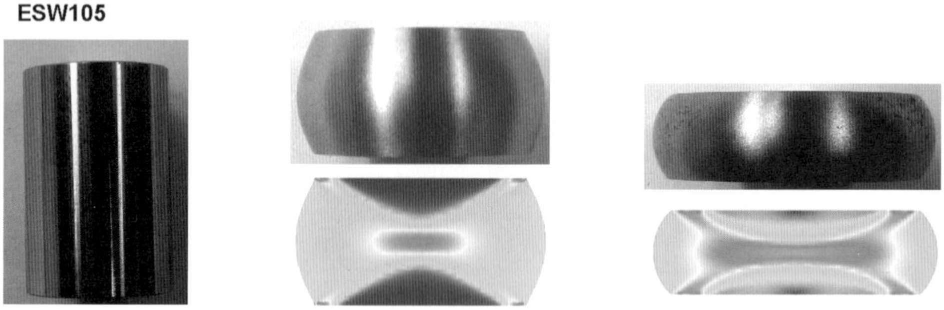

Forward extrusion

SCM435 ESW105

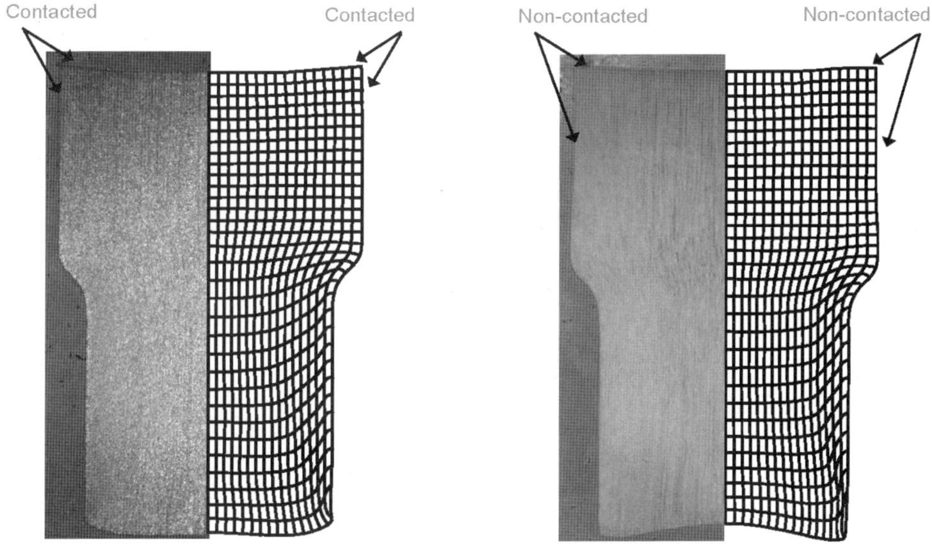

21

Backward extrusion

- (Left) Metal flow lines, (Right) Effective strain

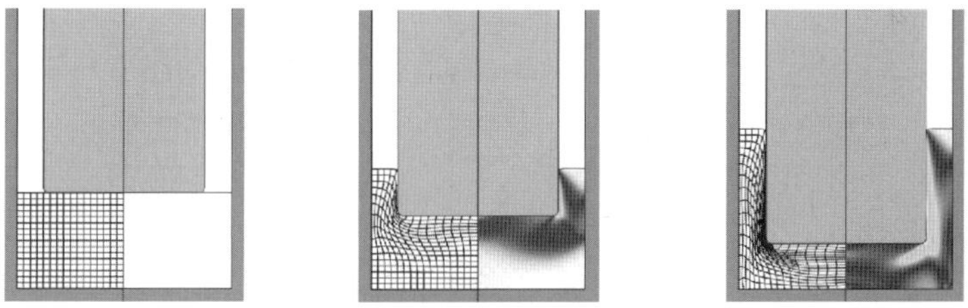

<ESW105>

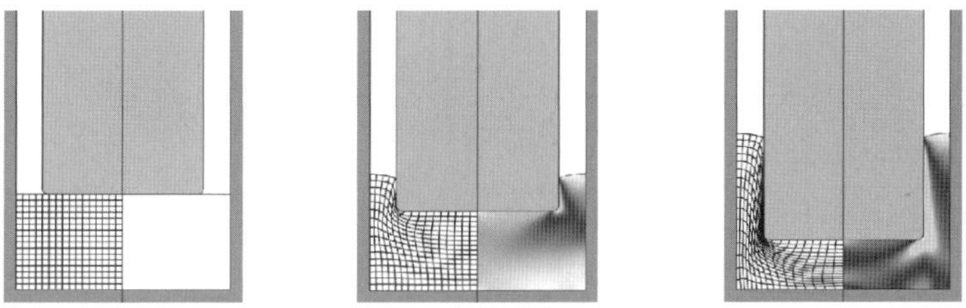

<SCM435>

Forward and backward extrusion

(Left) Metal flow lines, (Right) Effective strain

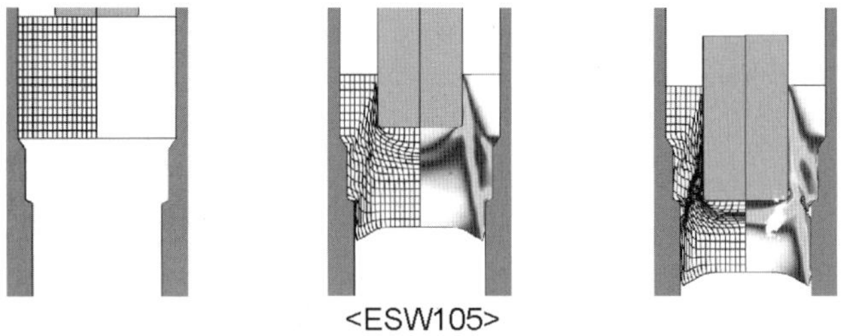

<ESW105>

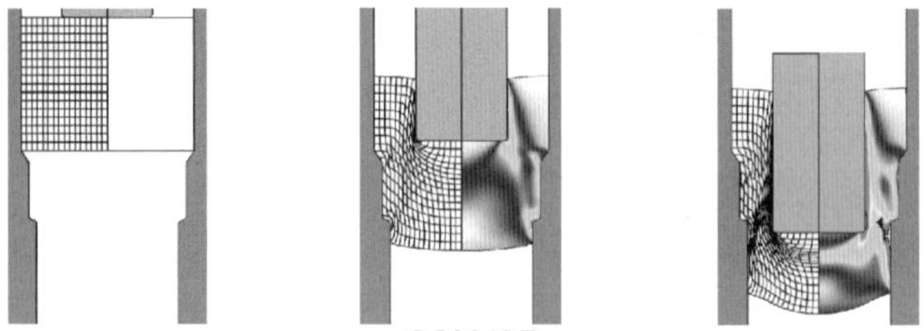

<SCM435>

Heading

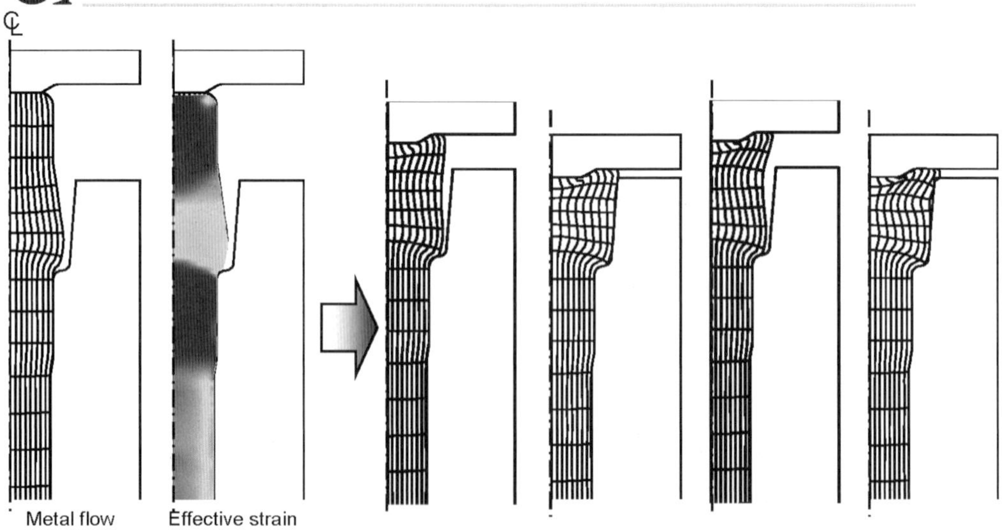

Initial shape (SCM435) SCM435 ESW105

The above heading process was developed for SCM435. This comparison emphasizes the importance of new process design for new material especially when the strain hardening behaviors are quite different.

Fineblanking

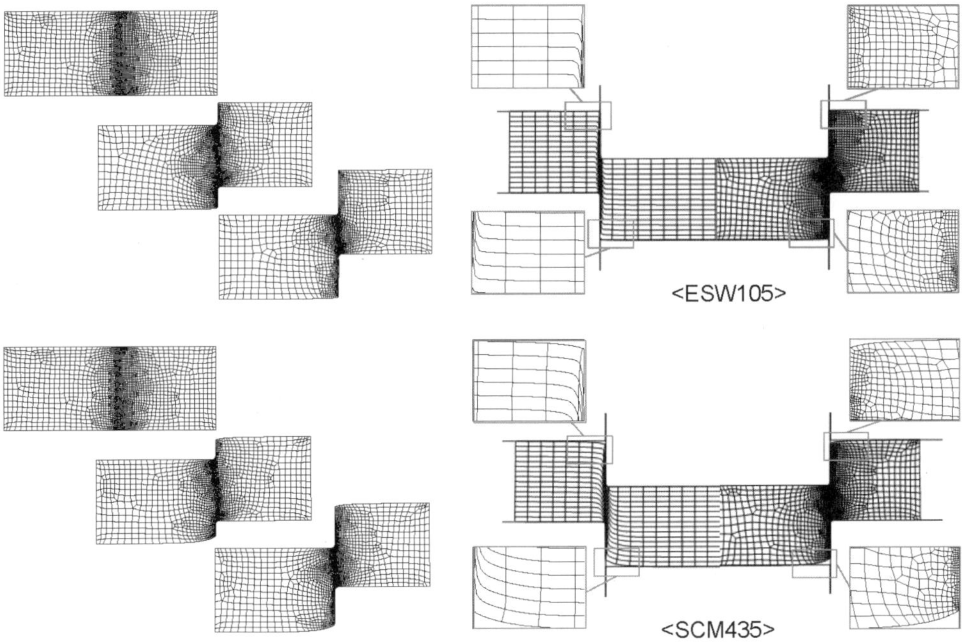

Forward extrusion process for ball-stud forging

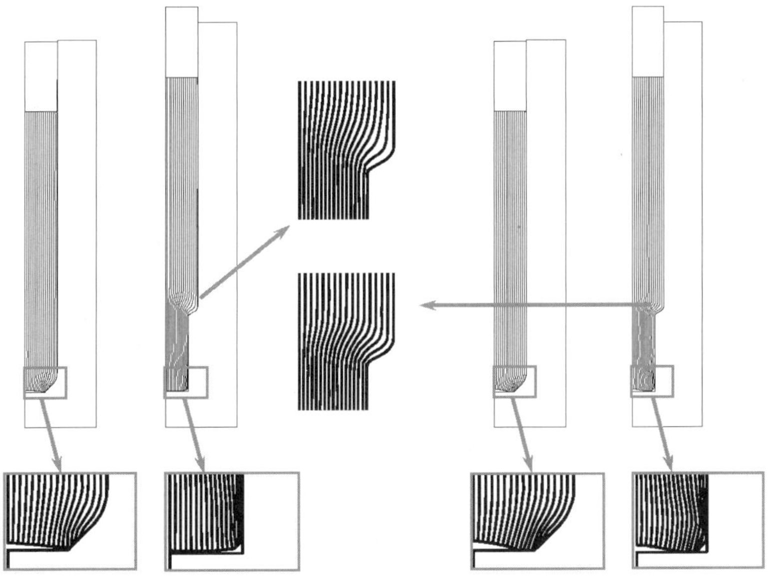

⊙ SCM435 ⊙ ESW105

Chevron defect in extrusion

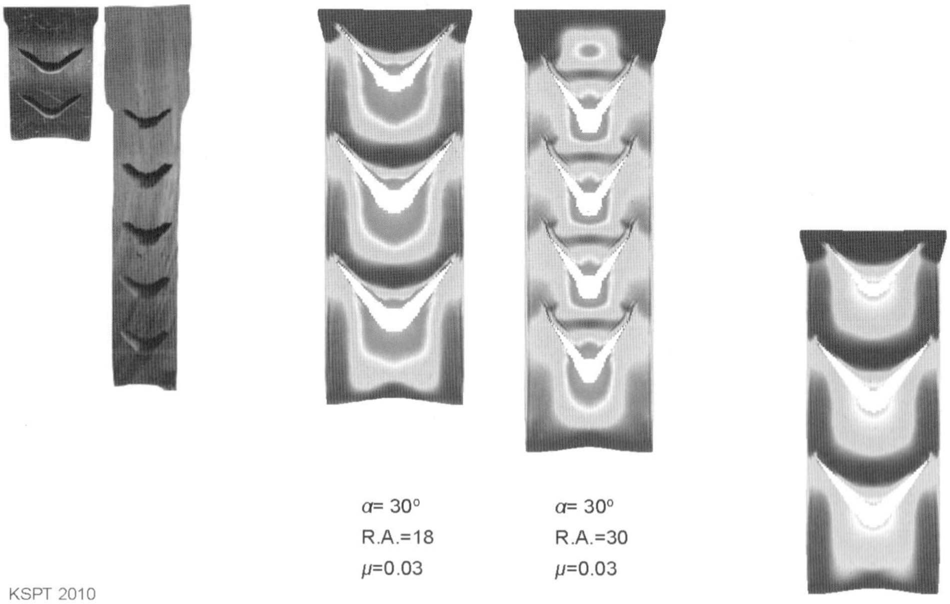

KSPT 2010 27

8.2.3 Application examples of cold forging

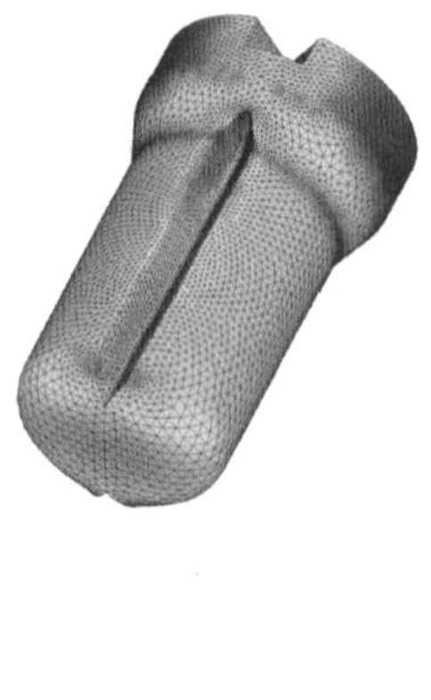

Basic processes

Upsetting

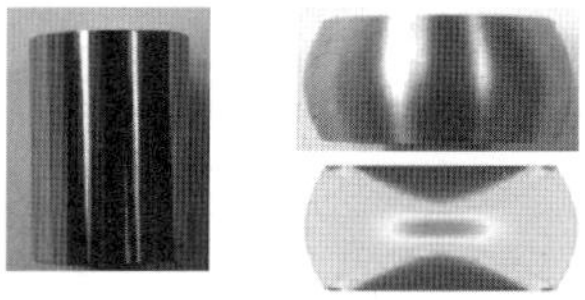

Forward extrusion

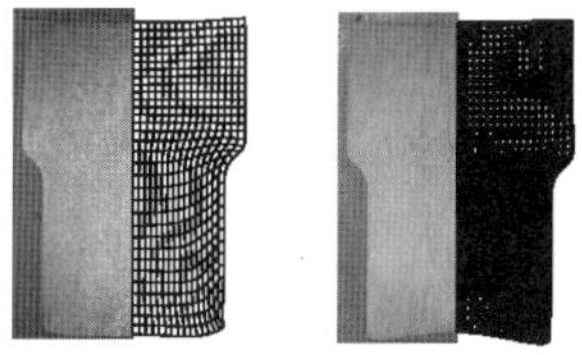

Backward extrusion

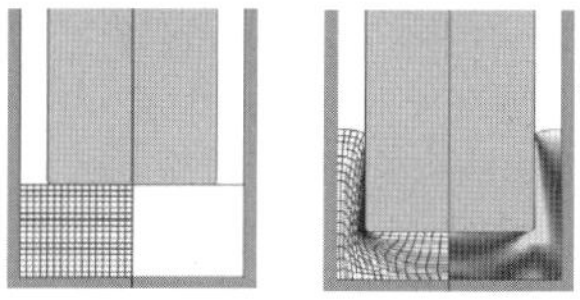

Forward/Backwasd

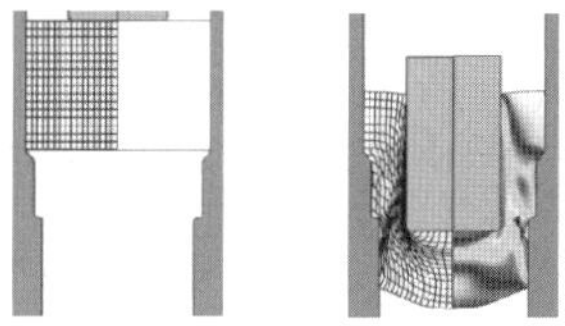

Heading

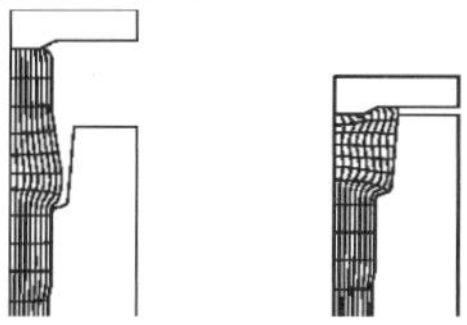

Piercing/Trimming

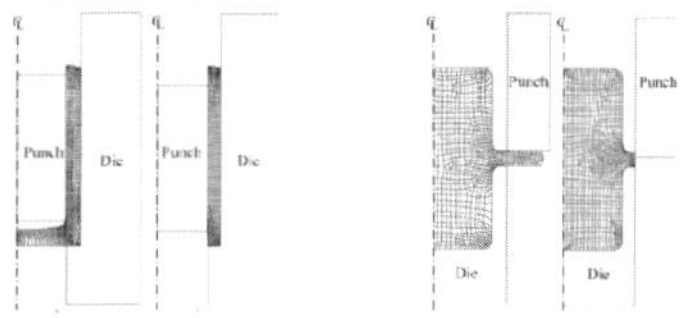

Ball-stud cold forging process, 1996

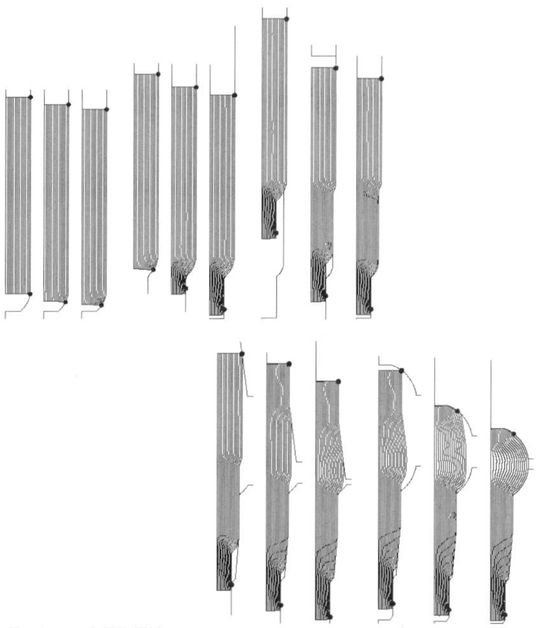

Before AFDEX was developed in 1996, Korean ball-stud companies were just makers and they became independent of industrialized countries from 1996.

Cold forging, automobile part

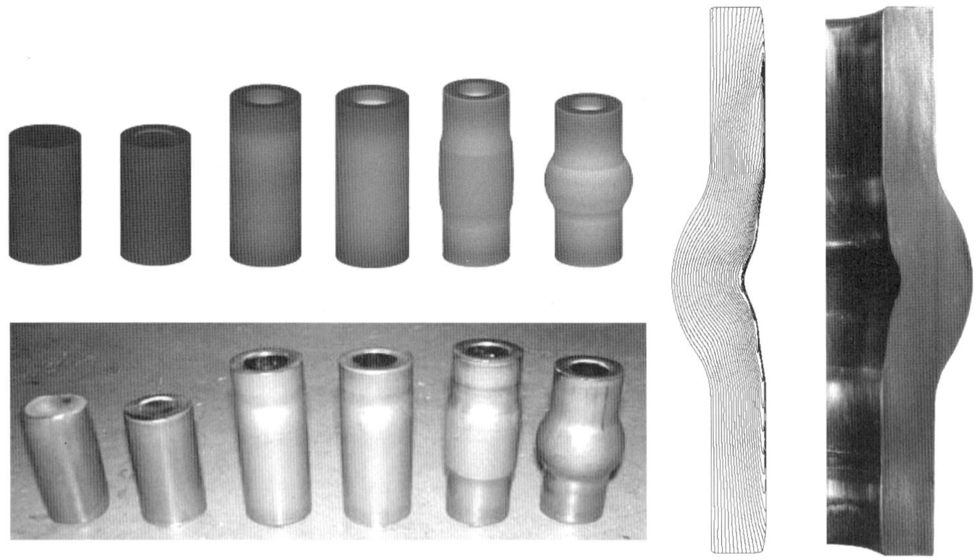

KSME Spring 2006

2D/3D combined simulation

Five-stage automatic cold forging sequence

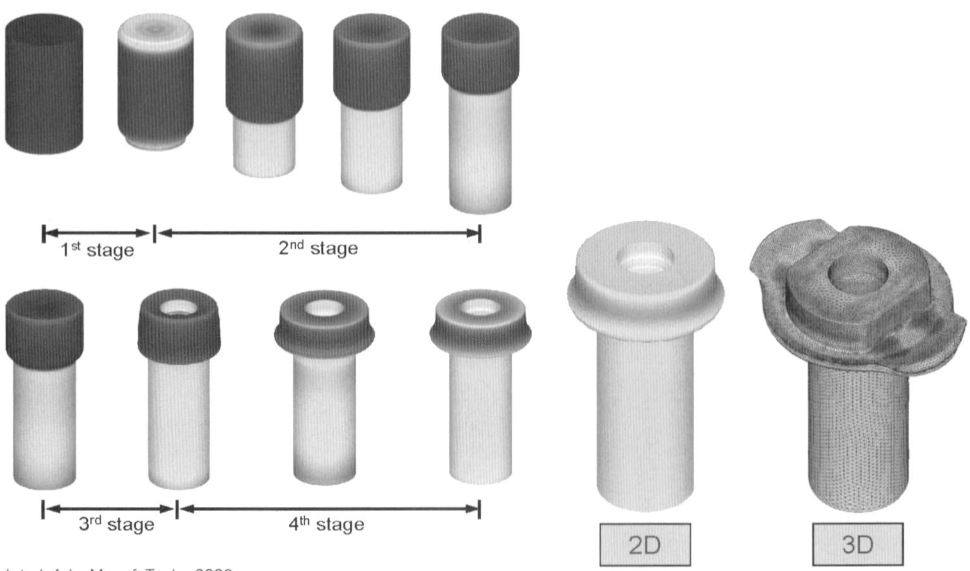

Int. J. Adv. Manuf. Tech., 2008

32

Ball-stud cold forging process, 1999

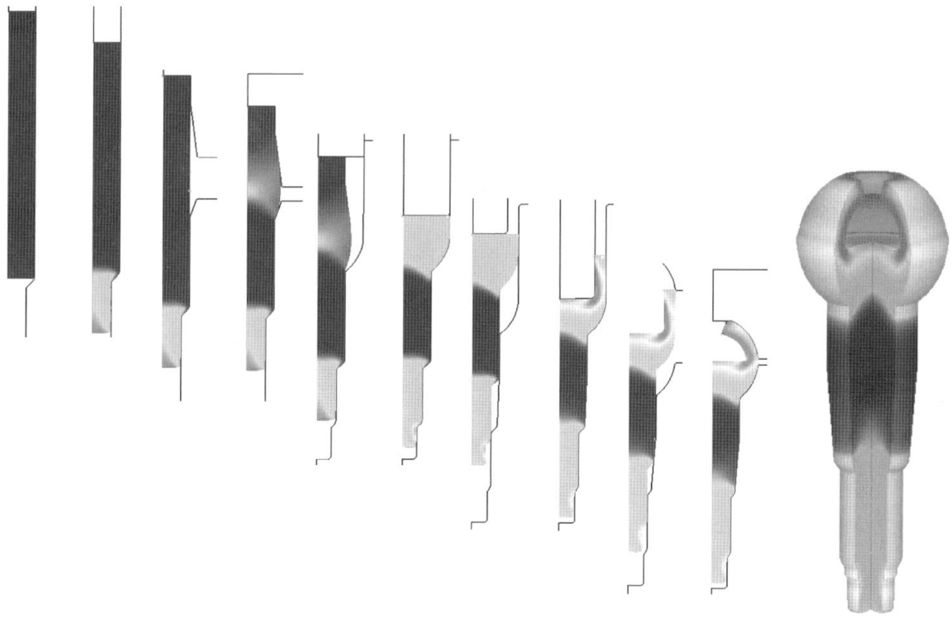

Ball-stud forging/necking process, 1999

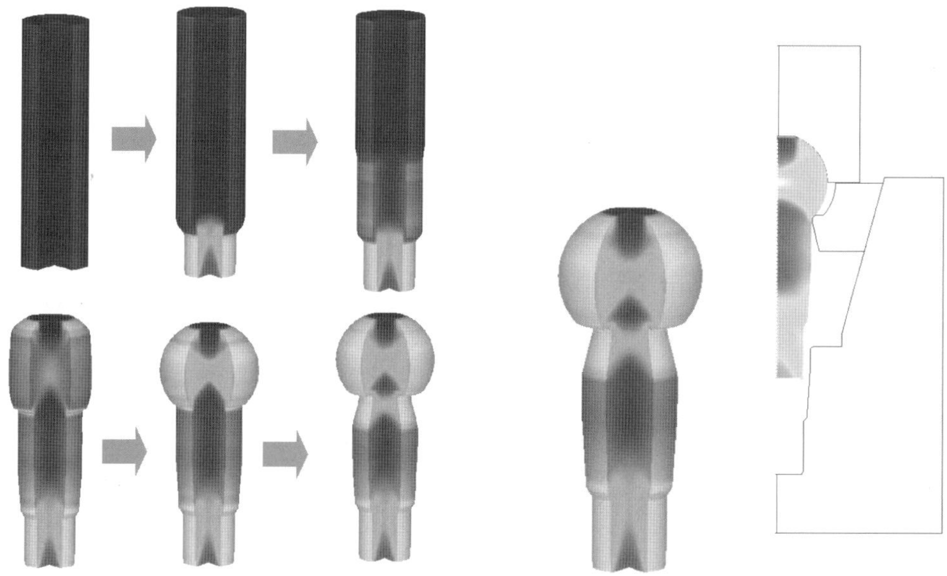

Nipple forging process

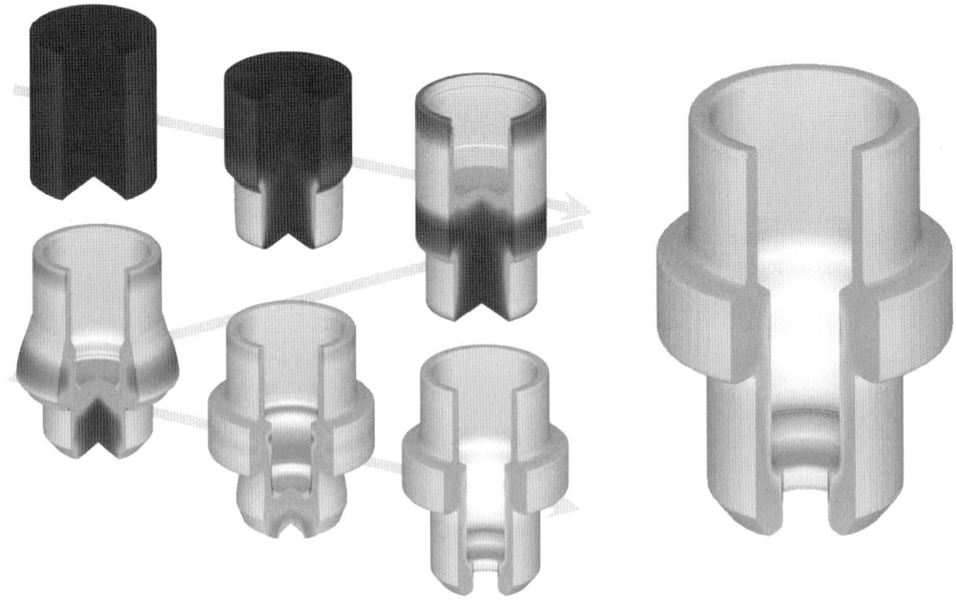

Housing cold forging process, 1999

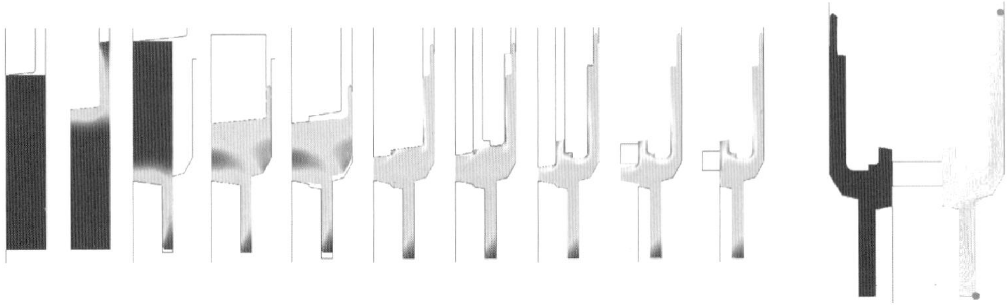

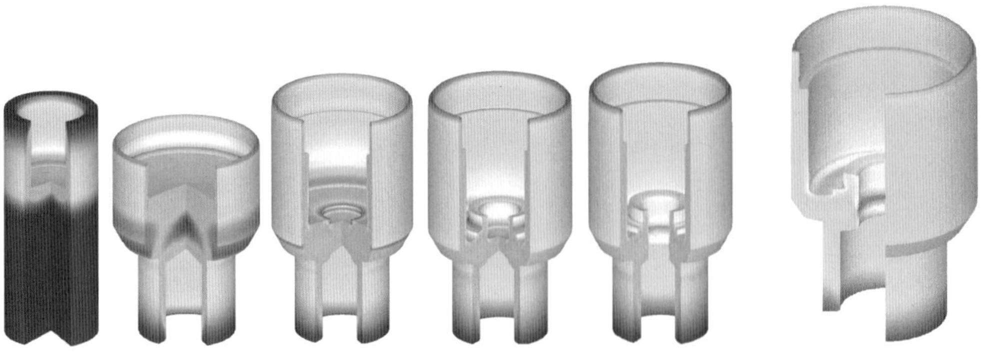

Optimized product quality, 1995

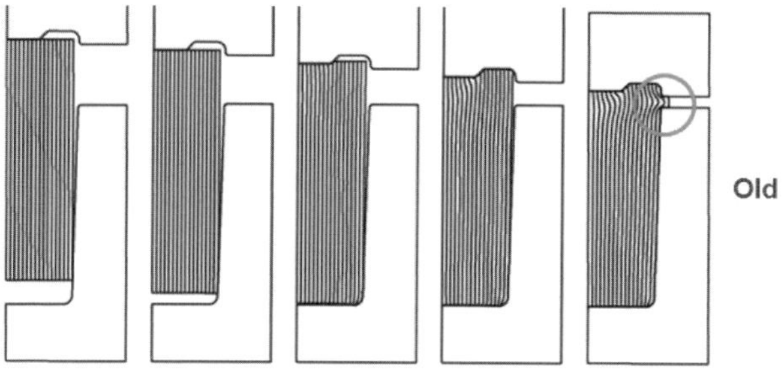

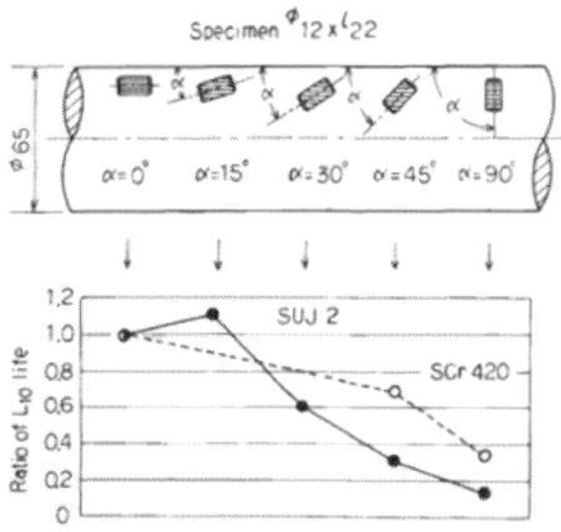

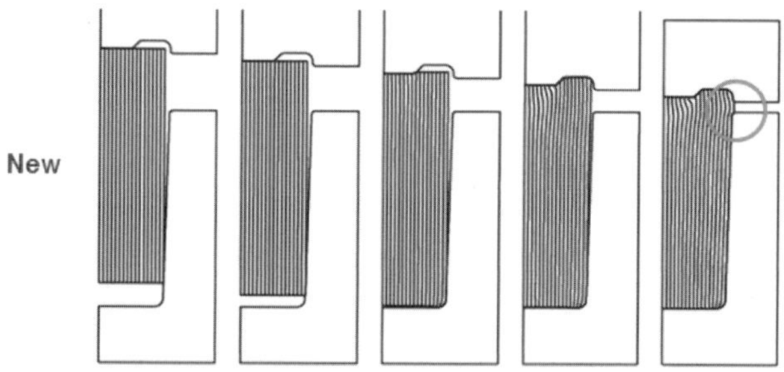

Ito et al.

Ph.D. Thesis (M.H. Choi), 2015

Optimized product quality

Nahm, A. H., Research Engineer, Aircraft Engine Business Group, General Electric Company, Cincinnati, Ohio 45215 Effect of Grain Flow Orientation on Rolling Contact Fatigue Life of AISI M-50

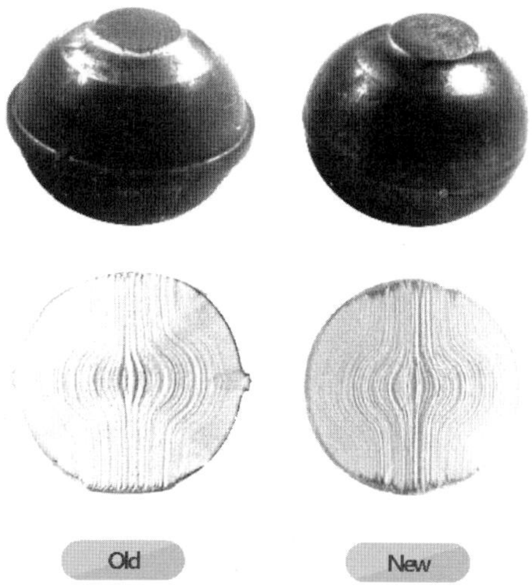

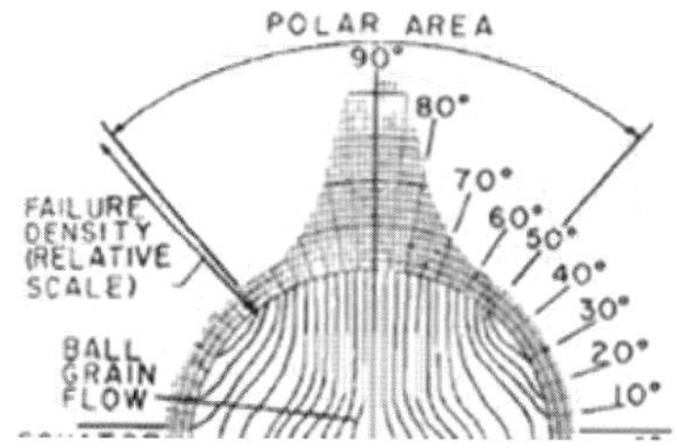

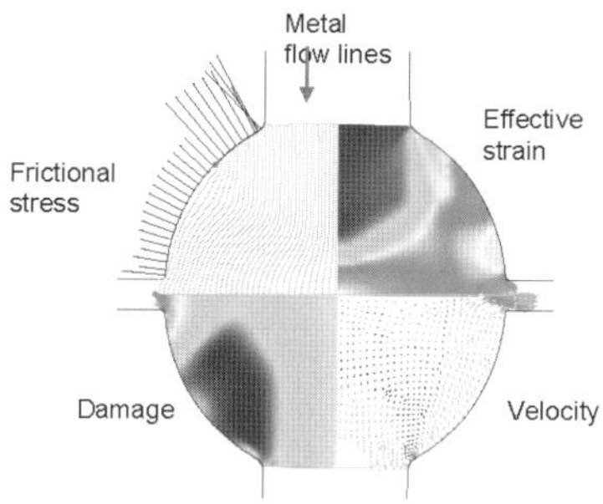

Forging Simulation (MS Joun, Jinsaem Media, 2014)

Overlapping defect due to malfunction of tools

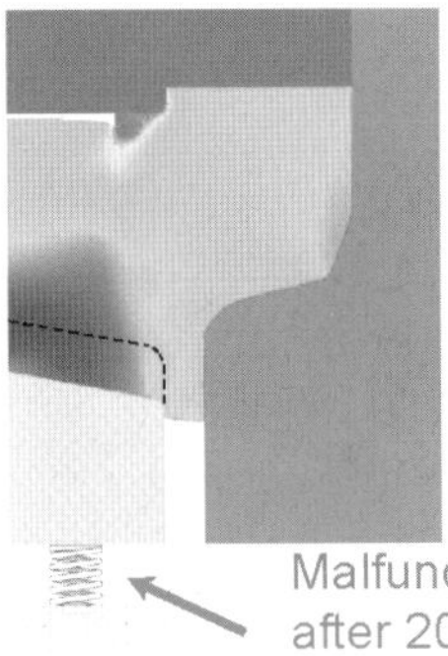
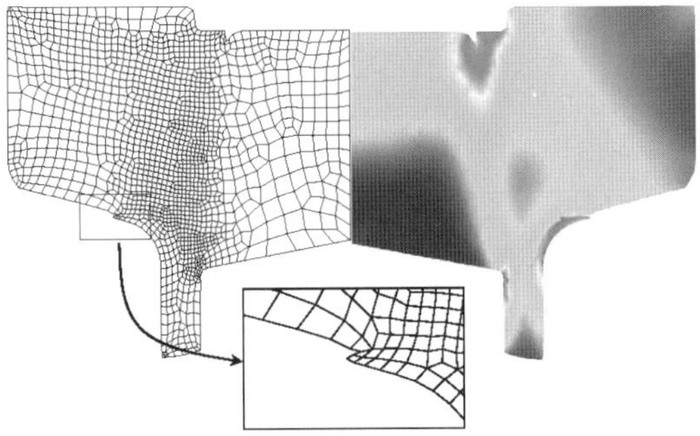

Malfunctioned
after 20000 strokes.
They had tried to find the solution from due expansion
due to temperature rise for two years.

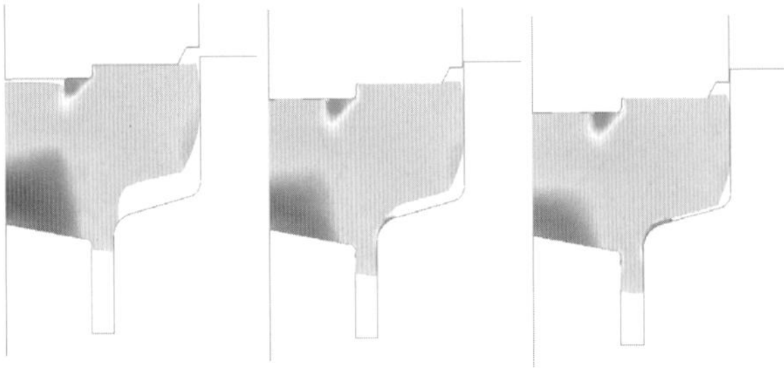
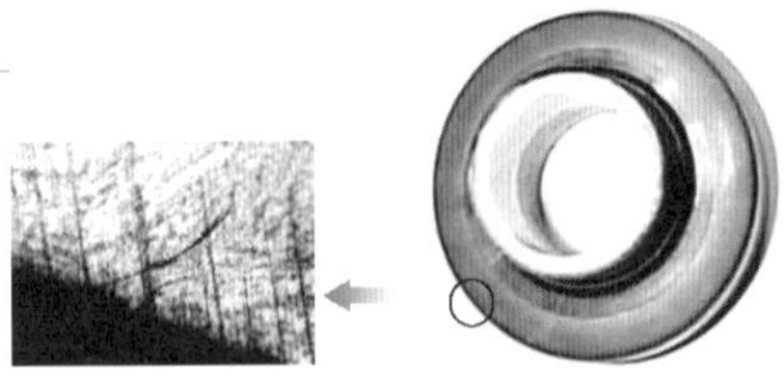

A stepped pipe forming

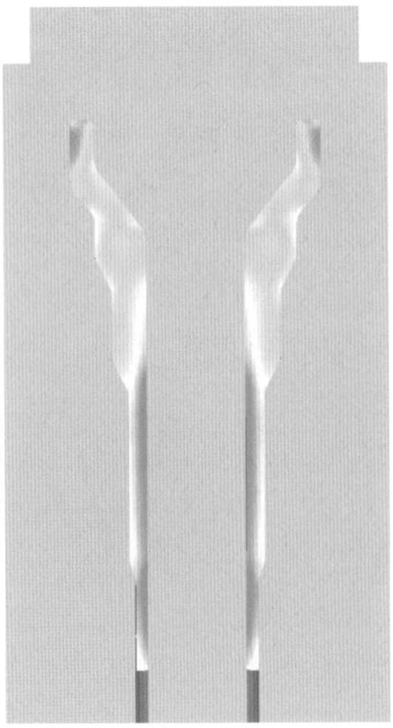
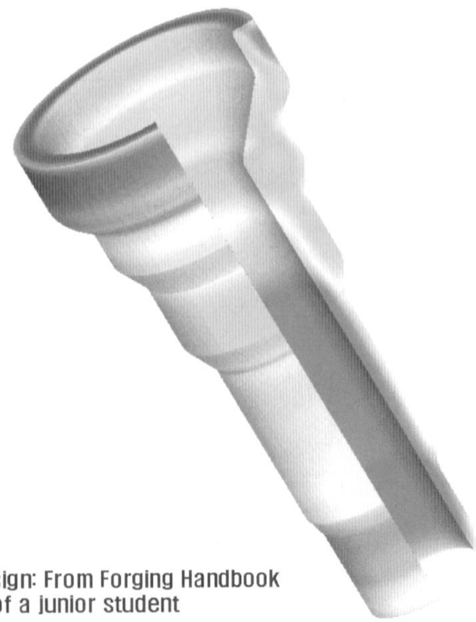

-Process design: From Forging Handbook
-Homework of a junior student

Cold forging process with sliding dies

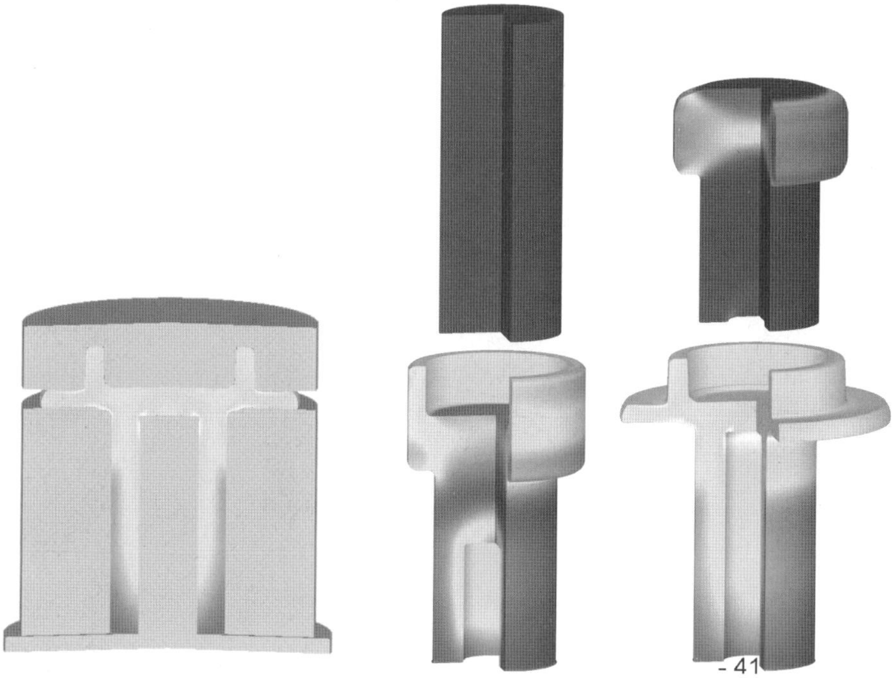

3D simulation of ball-stud cold forging process

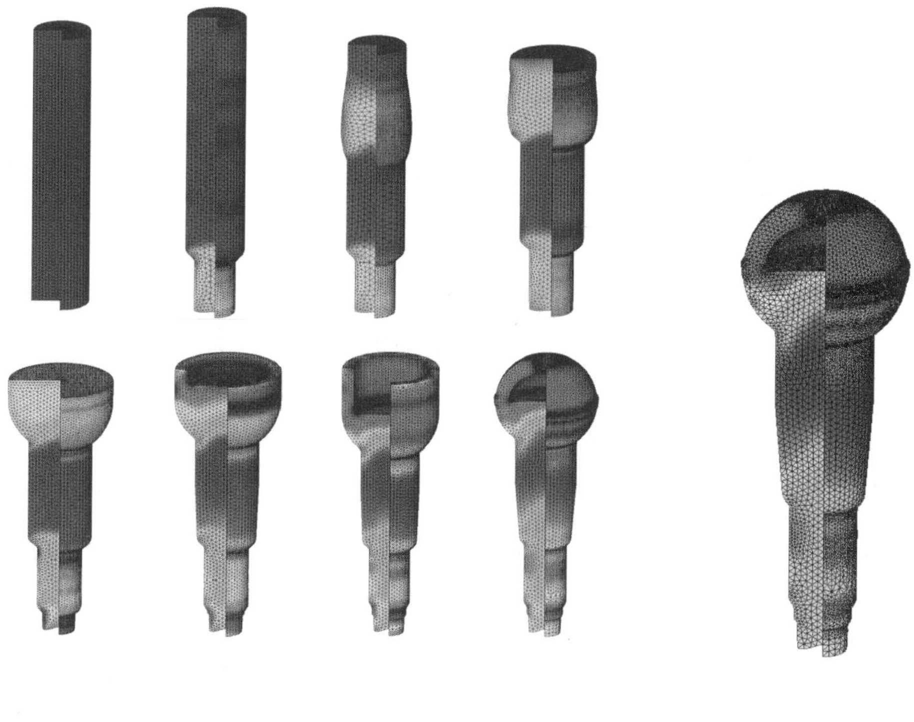

Chevron defect in extrusion

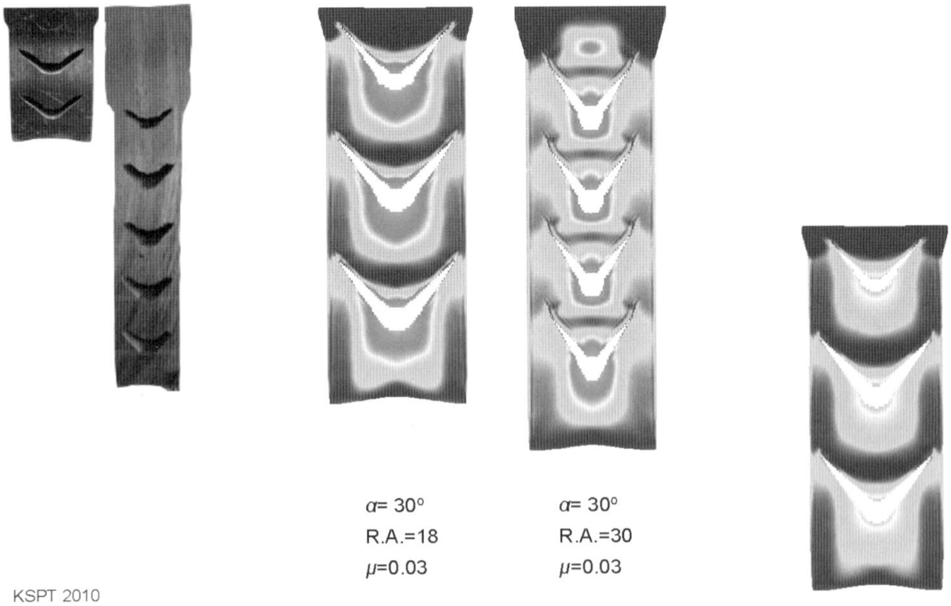

KSPT 2010

43

Bolt forging with emphasis on flashes

Nut forming

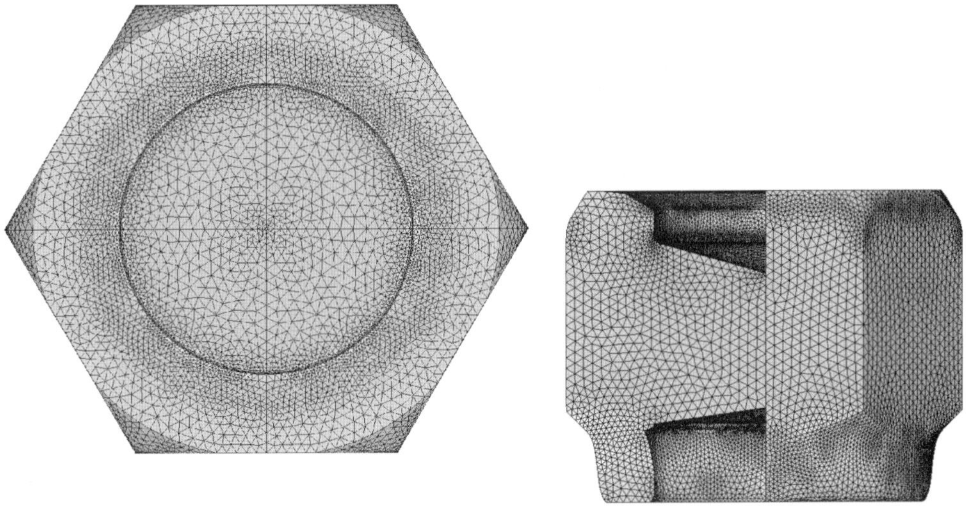

Special bolt forging

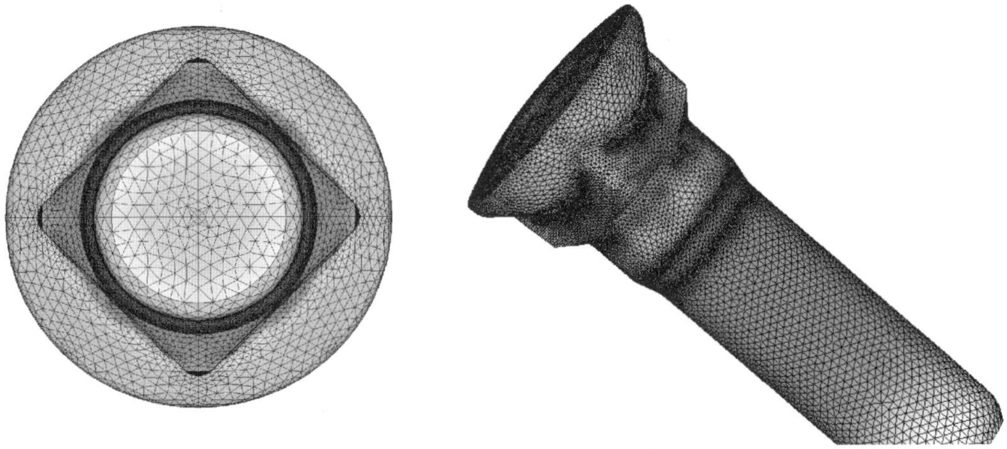

Mounting pipe

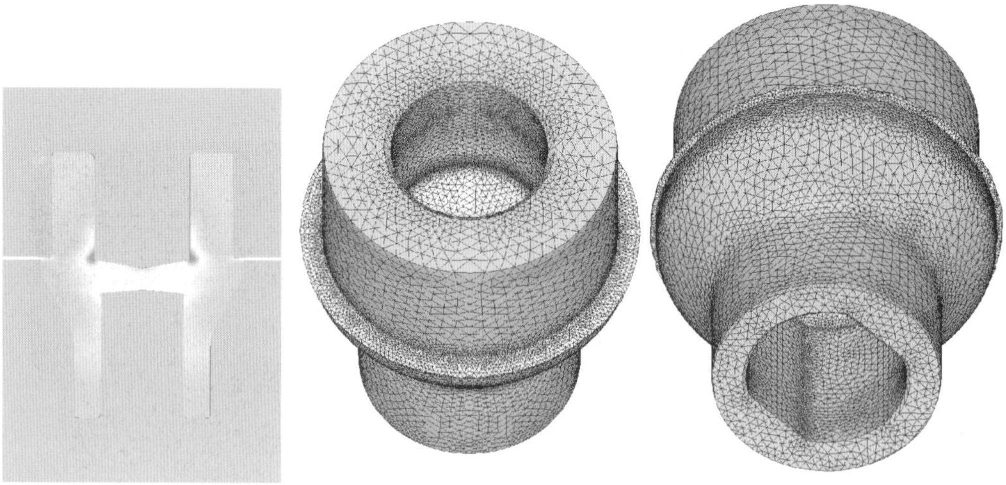

Thread rolling

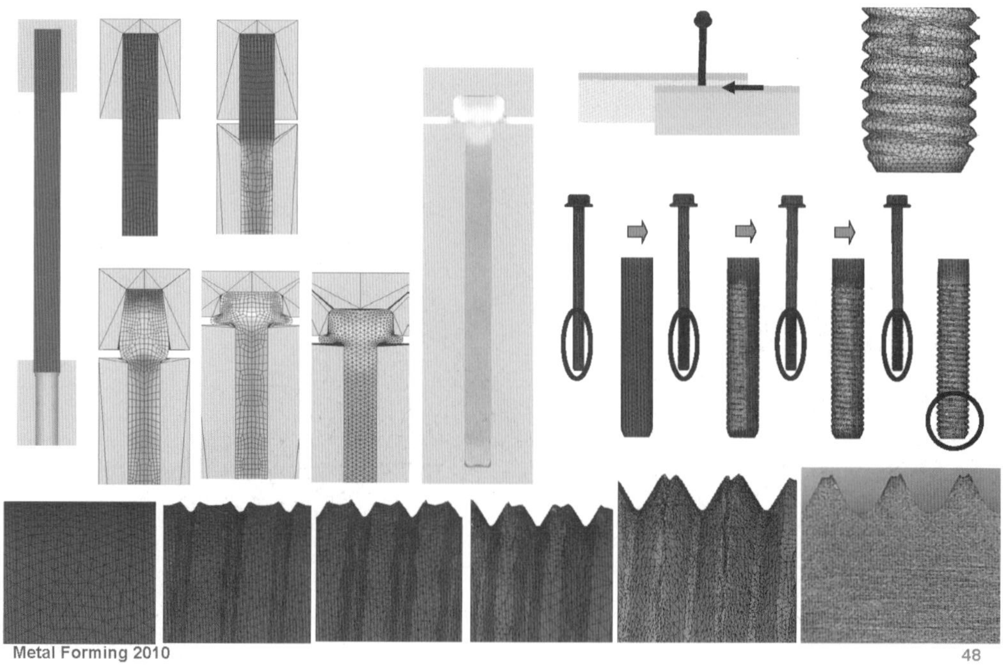

Shaft

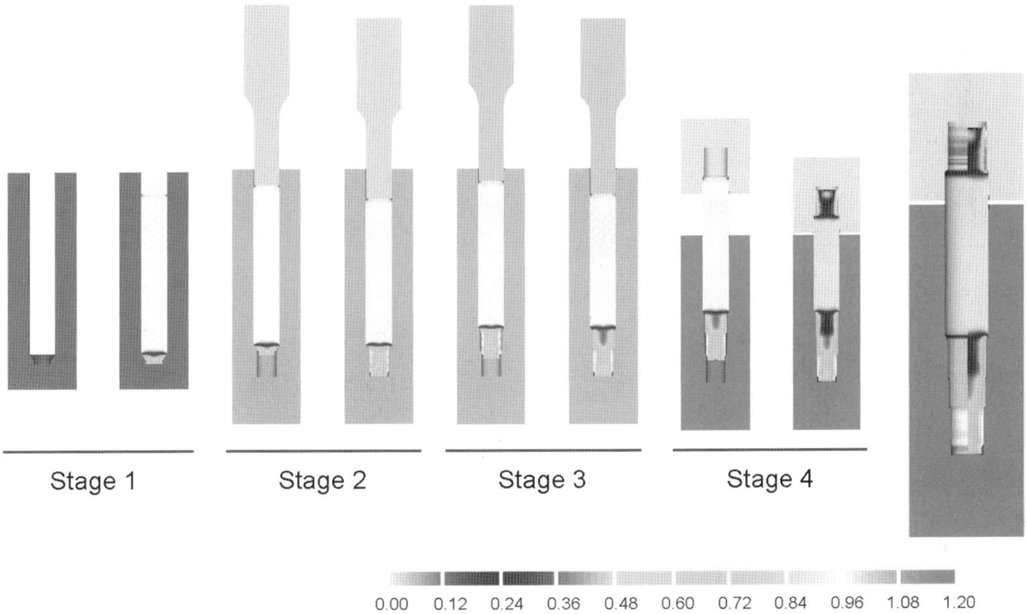

Cylinder head bolt

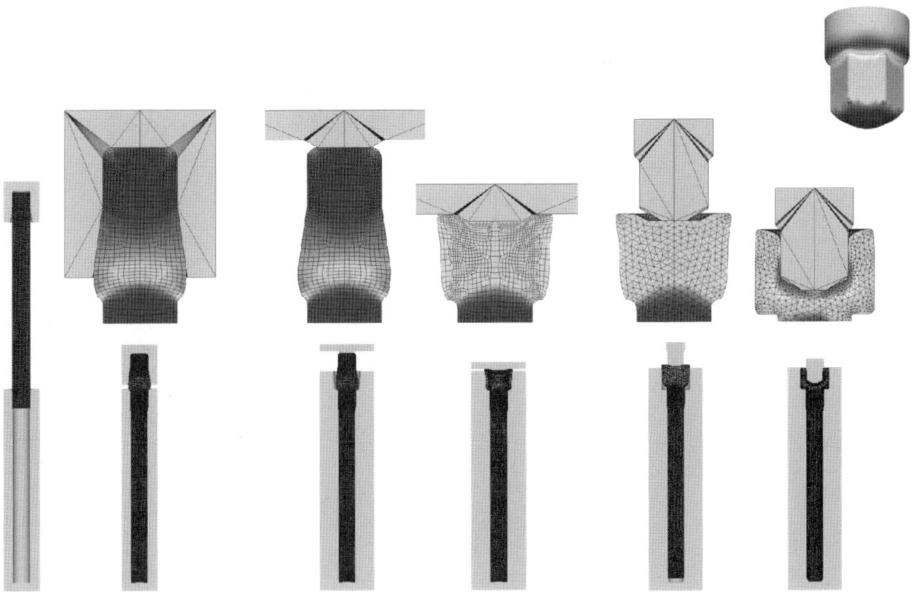

Bolt M6

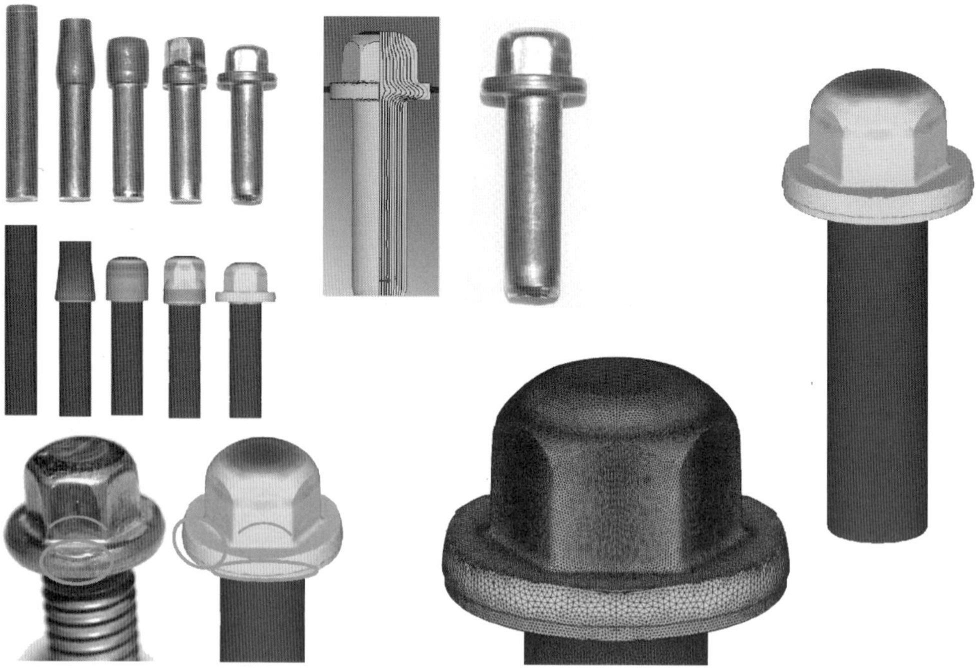

Long bolt with hex head

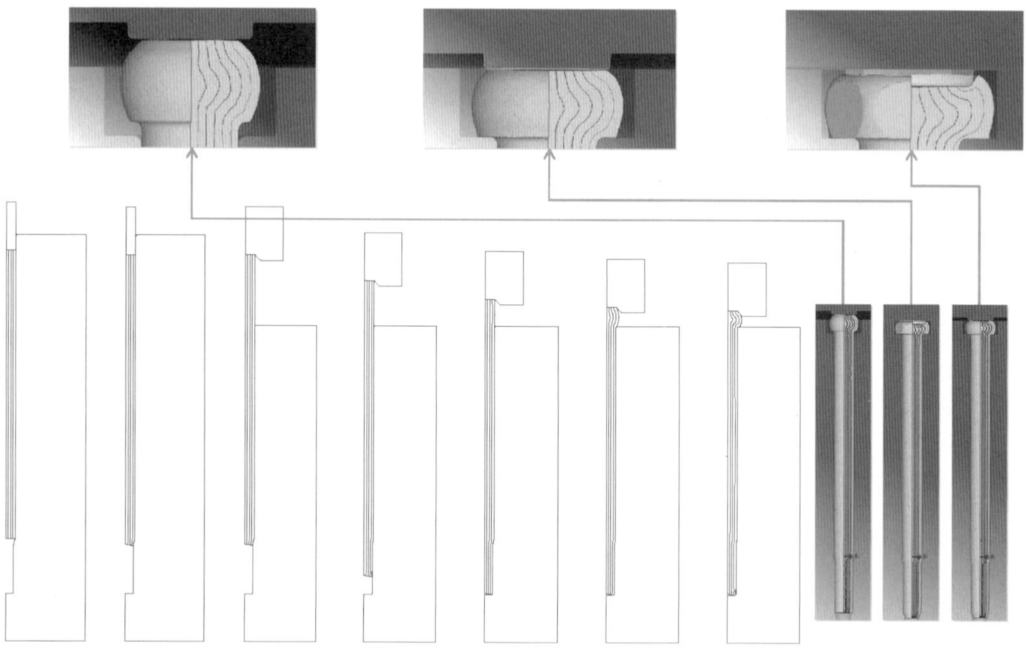

Cylinder bolt [M6 x 19L]

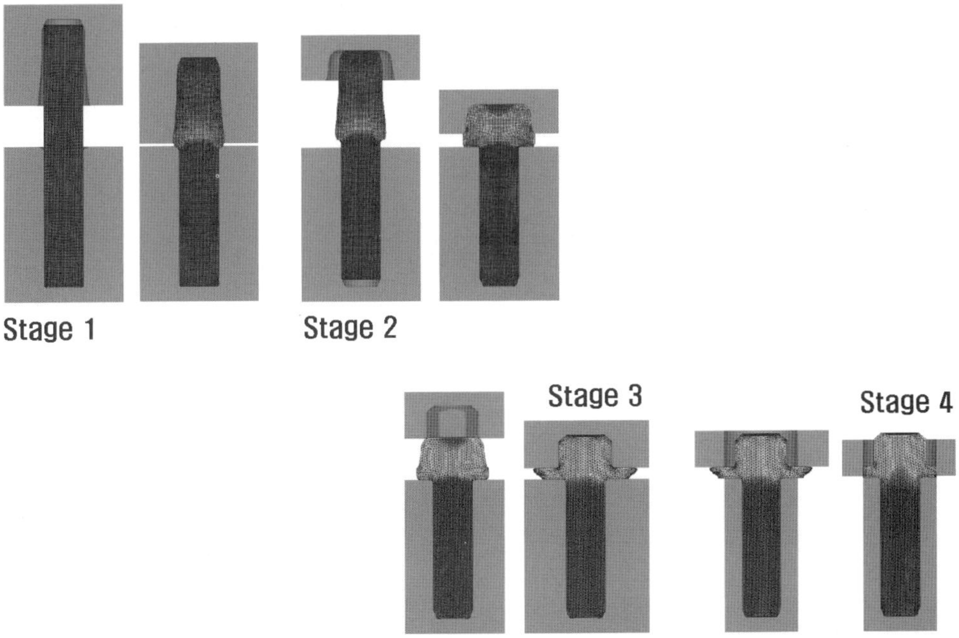

Hex bolt forming

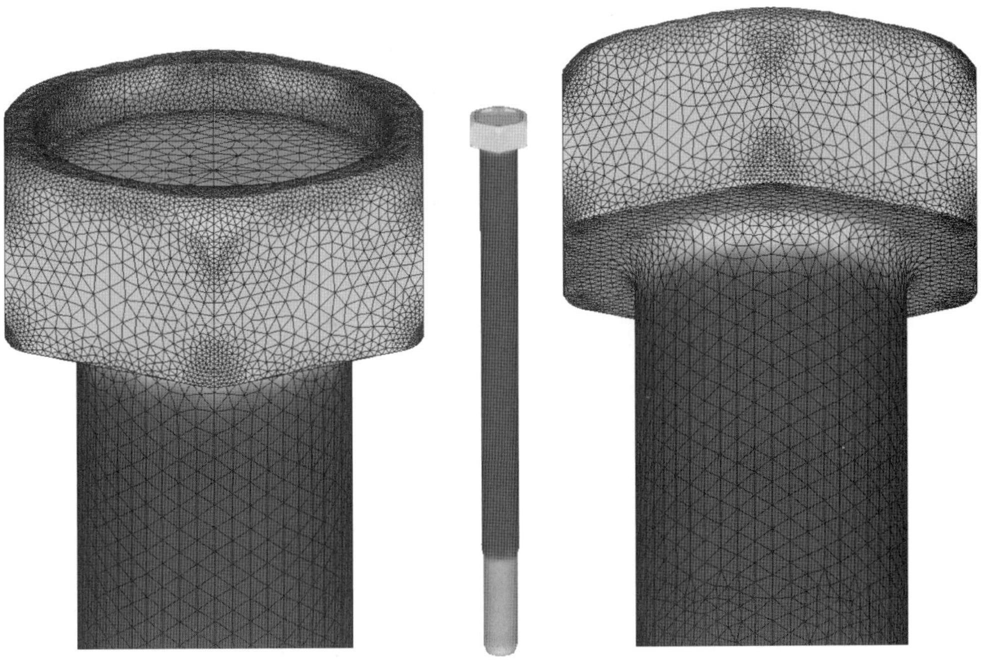

Temperature/metal flow lines in bolt heading

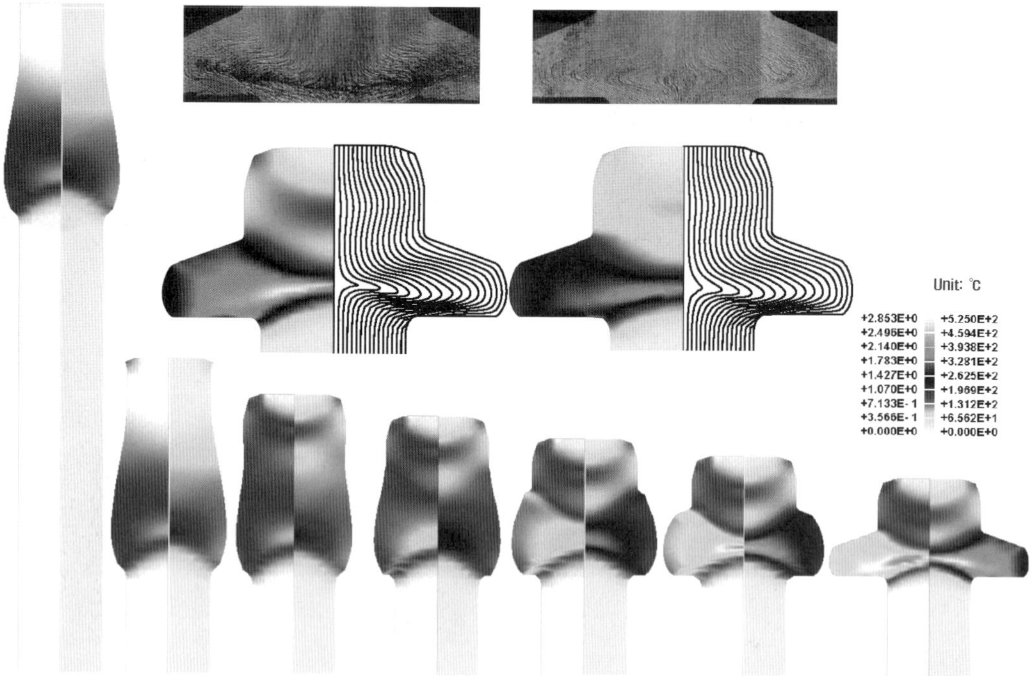

Precision shaft forging process

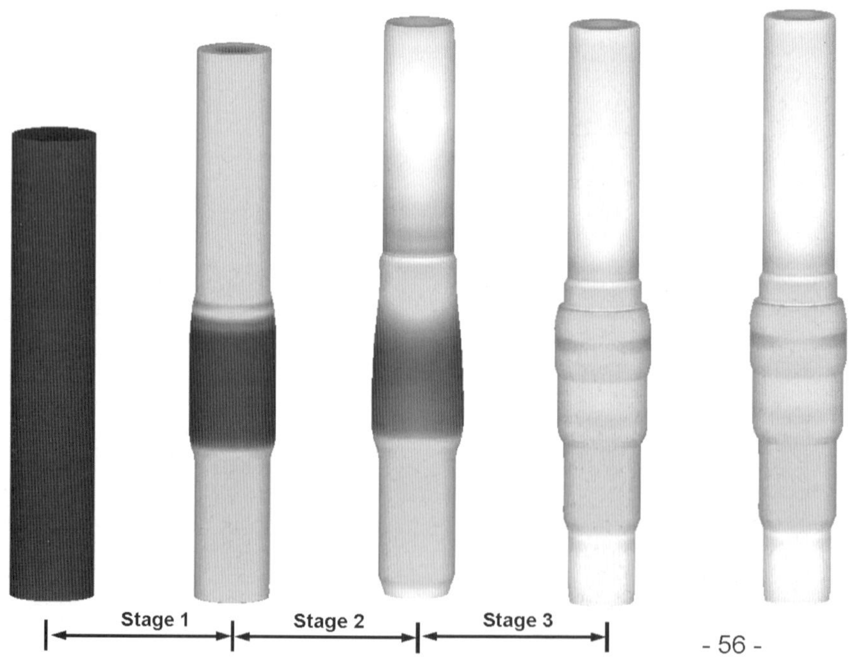

- 56 -

Pipe-bolt forging process

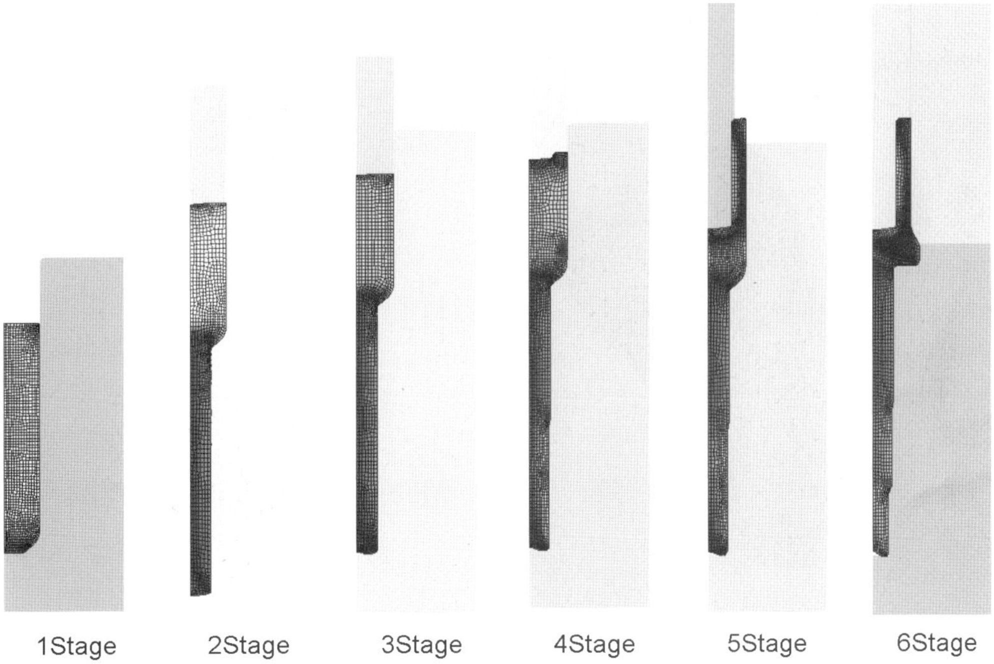

2D and 3D

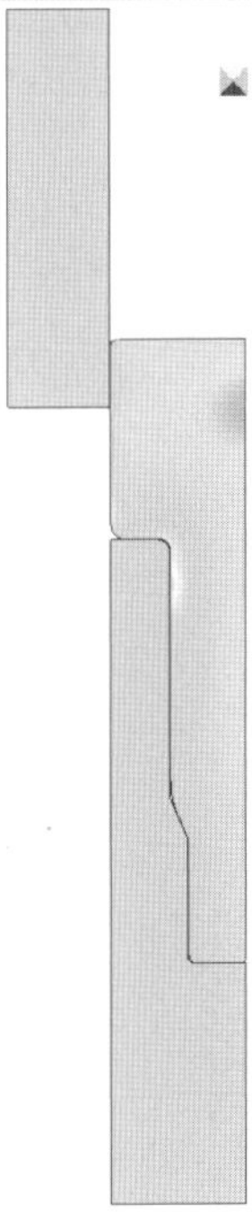

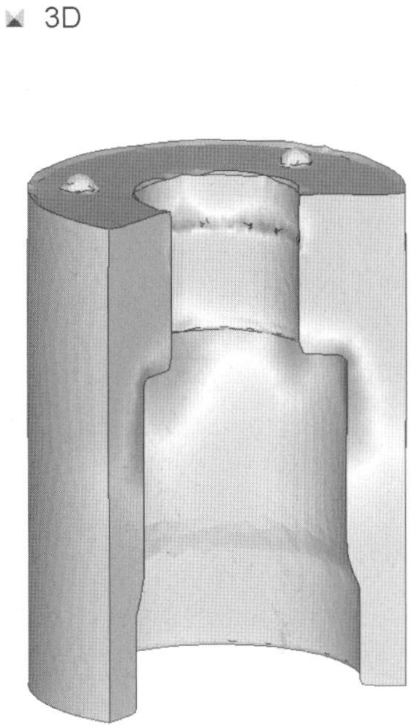

Microforming

• **Effective strain**

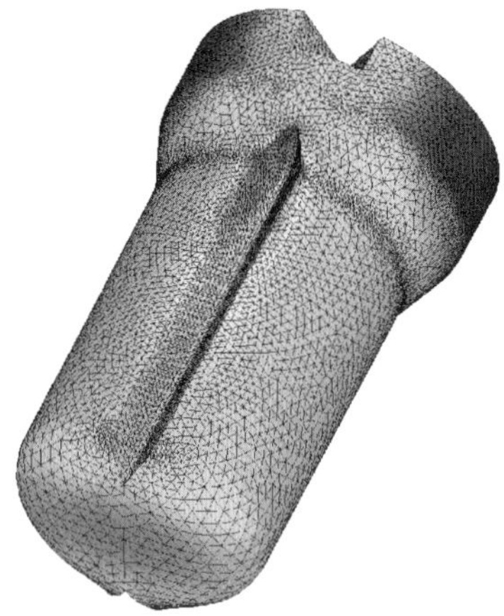

- 59 -

Special bolt

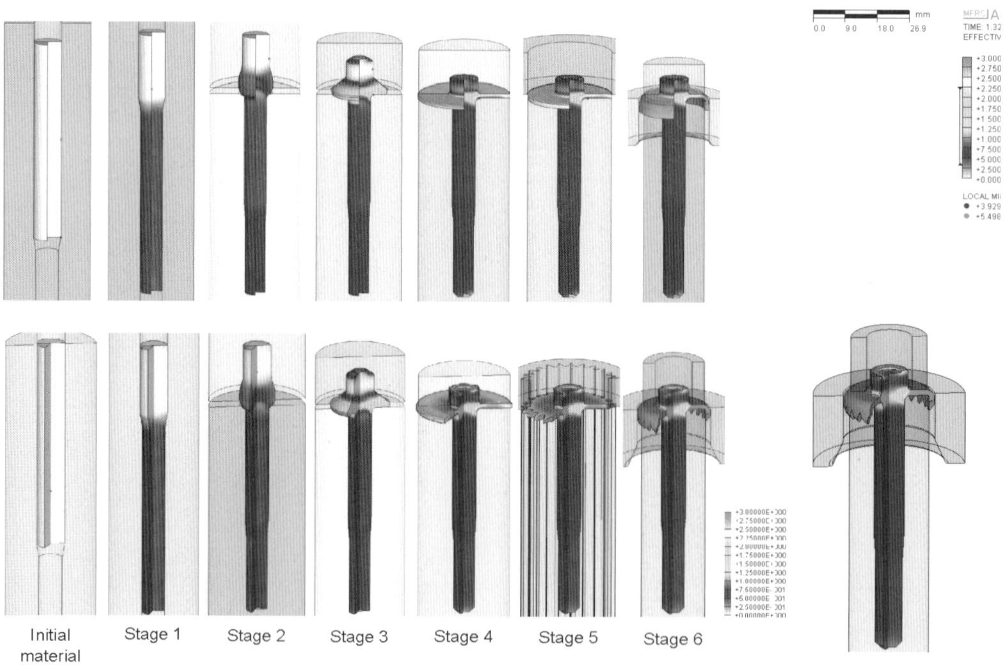

Initial material | Stage 1 | Stage 2 | Stage 3 | Stage 4 | Stage 5 | Stage 6

Light head ball-stud

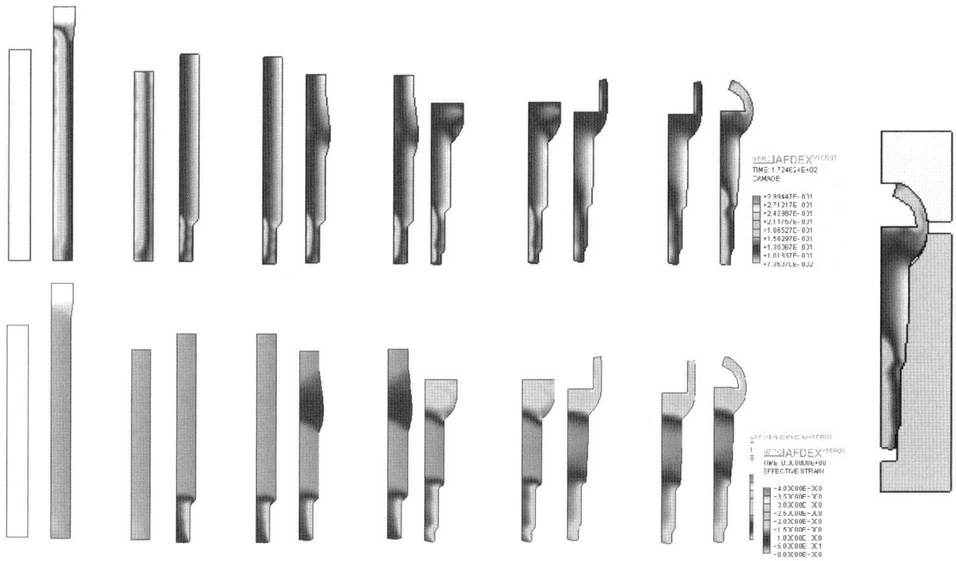

Extruded shaft

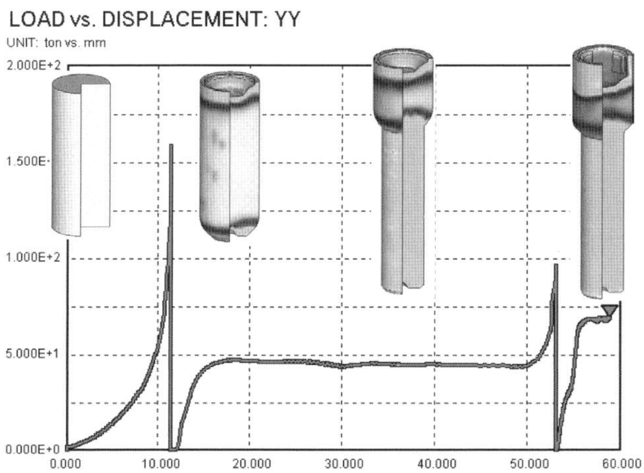

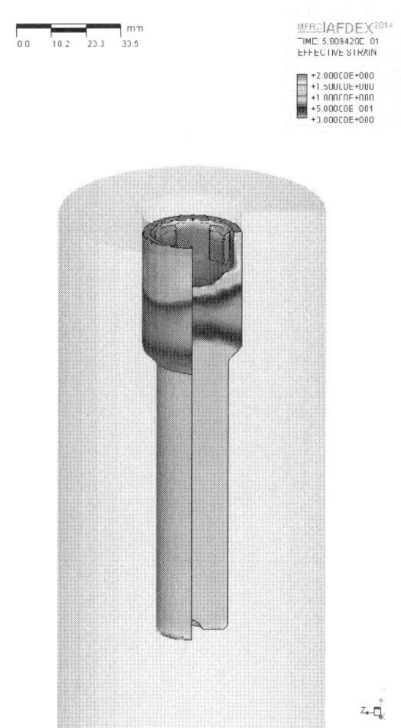

Folding defects

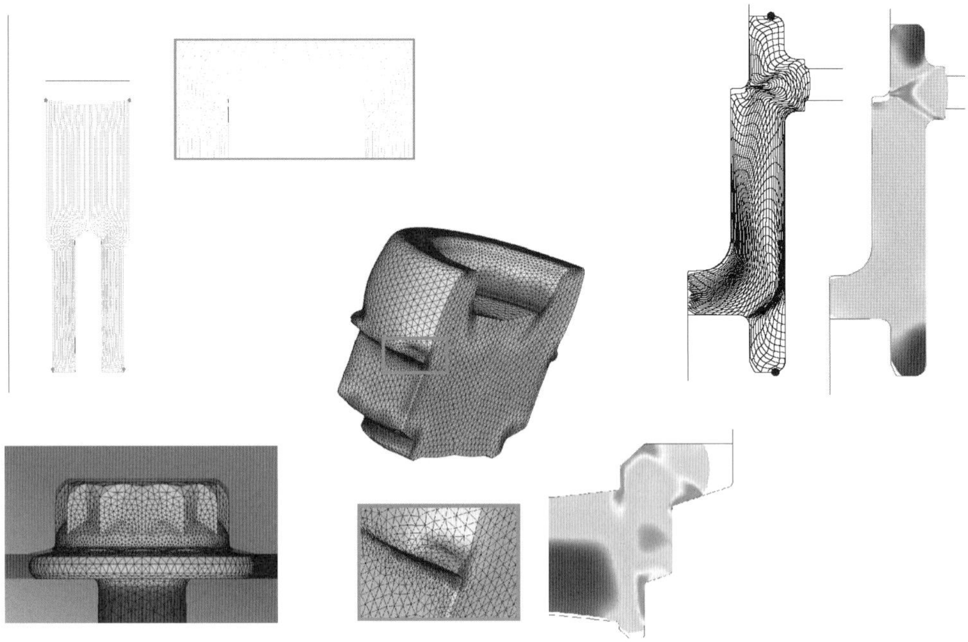

63

Buckling of tube

Crack prediction

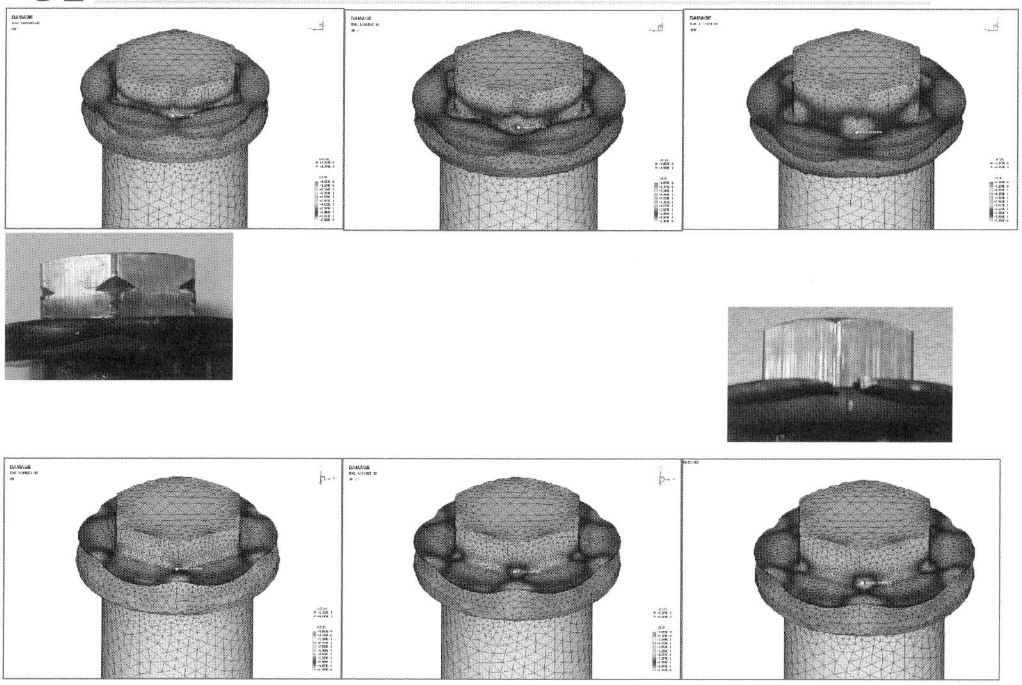

Prevention of Chevron defect

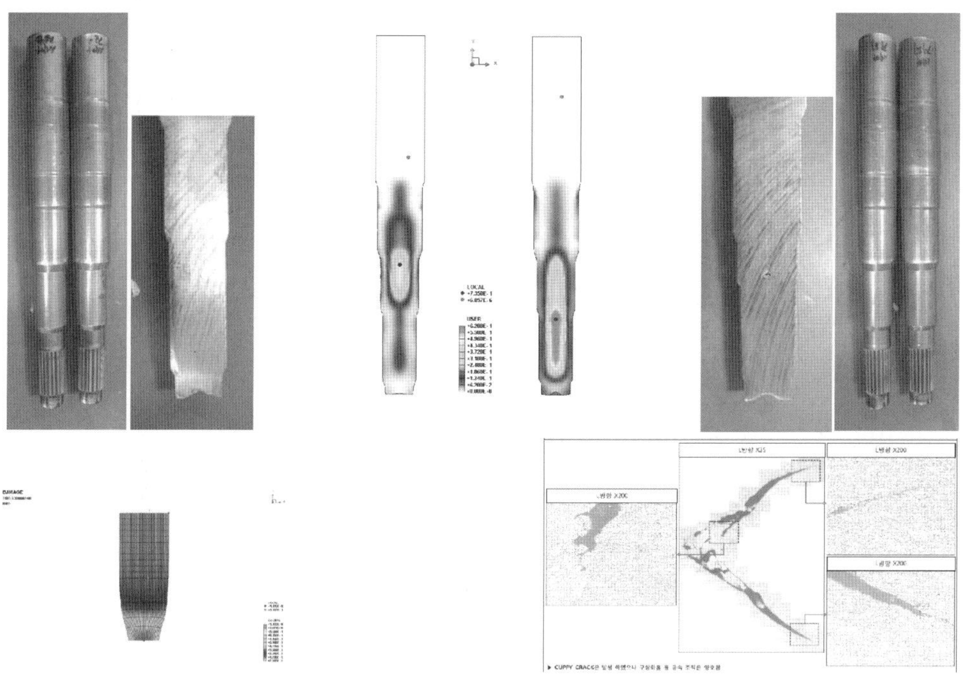

8.2.4 Application examples of hot forging

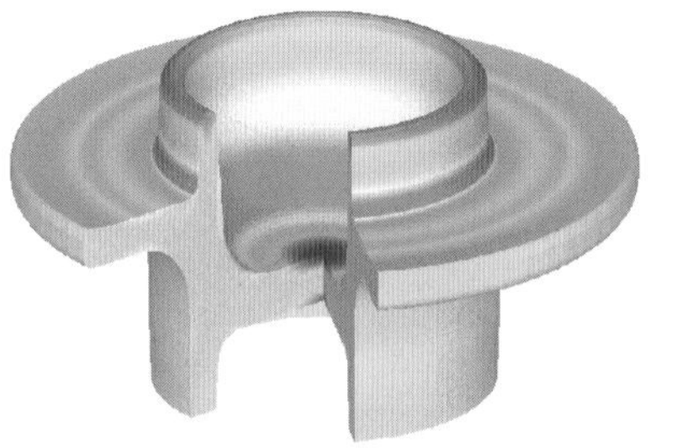

Hot former forging process

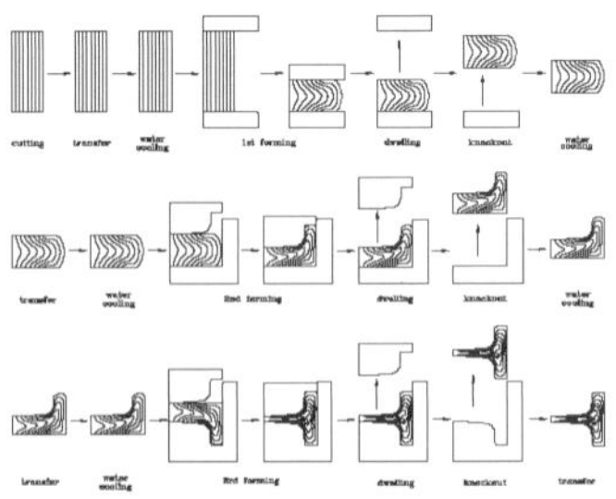

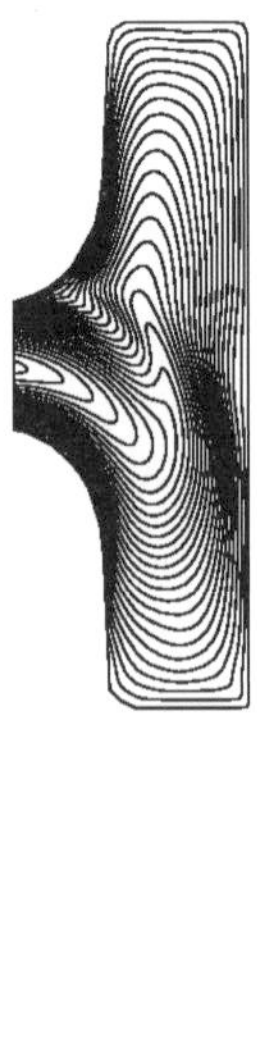

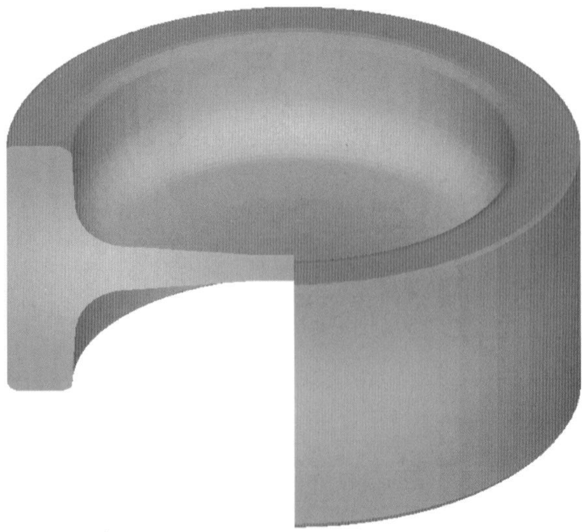

Trans. ASME, J. Eng. Mat. Tech., 1998.

Internal defect due to hot shortness

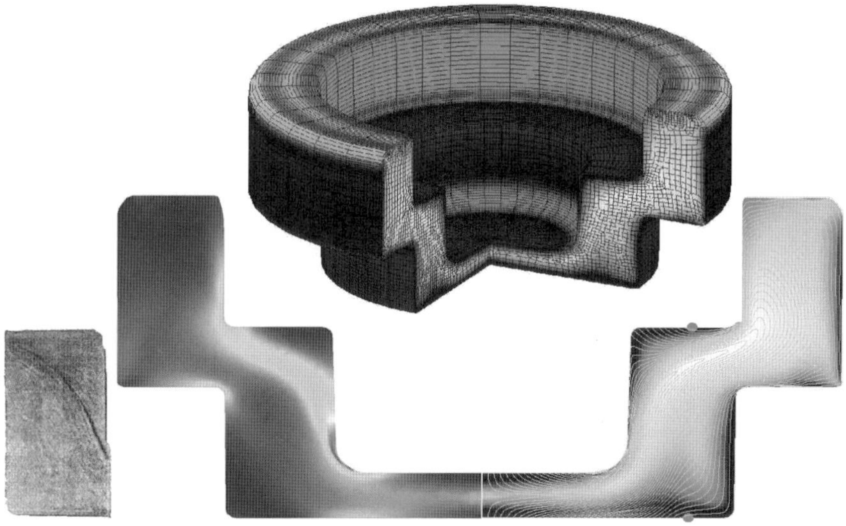

Internal crack   Damage $(D = \int_0^{\varepsilon_f} \overline{\sigma} \, d\overline{\varepsilon})$ Metal Flow and Temperature

Trans. ASME, J. Eng. Mat. Tech., 2007.

Hub forging process

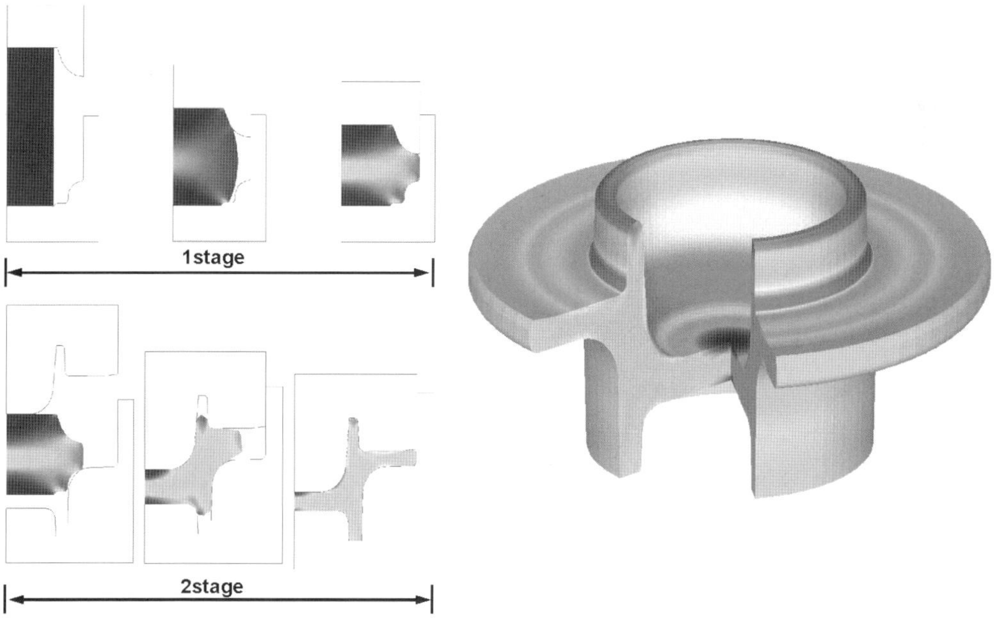

Forging process with a spring attached die

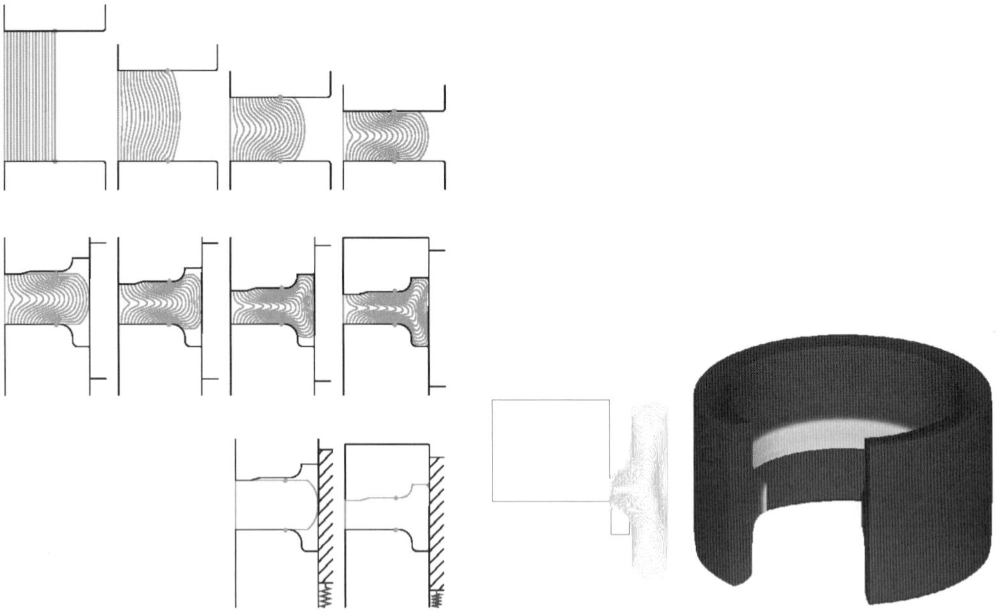

Int. J. Mach Tools Manuf., 2000

Optimal parts design considering metal flow lines

Conventional process design First design Optimal design

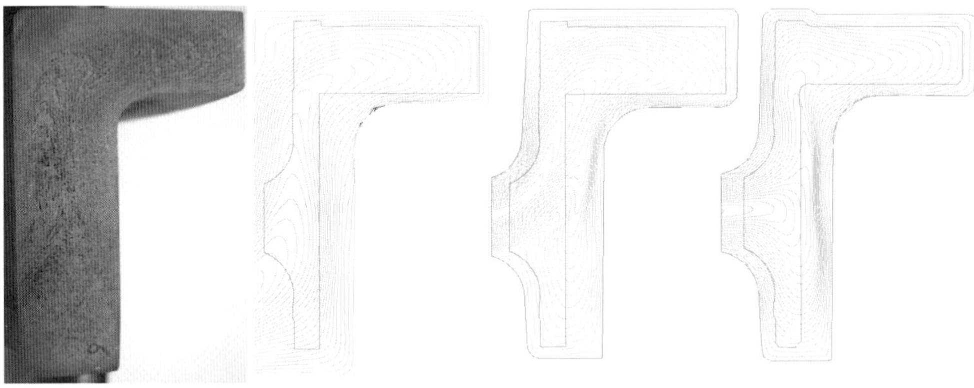

(1.1kg) (0.91kg) (0.82kg)

KSTP 2007

8.2.5 Application example of combined forging

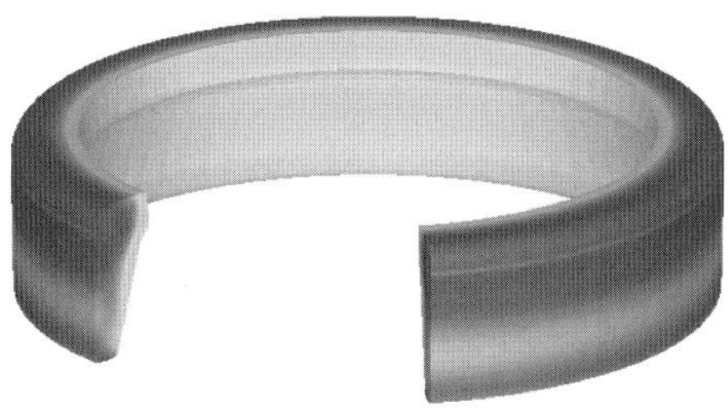

Compound forging process

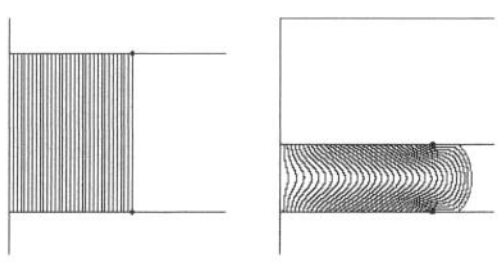

1stage - hot forging

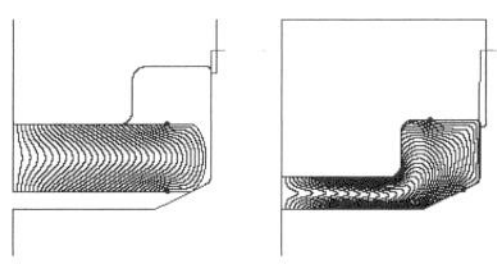

2stage - hot forging

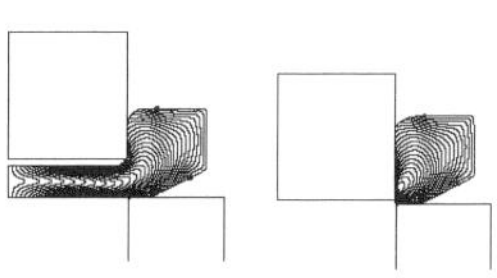

3stage - hot forging

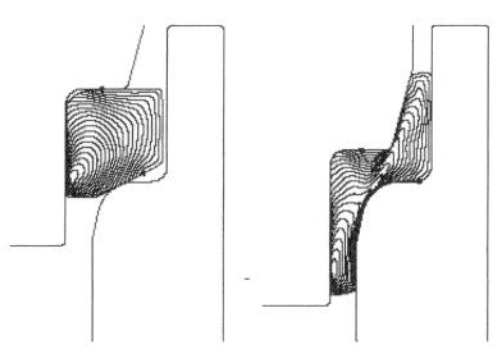

4stage - cold forging

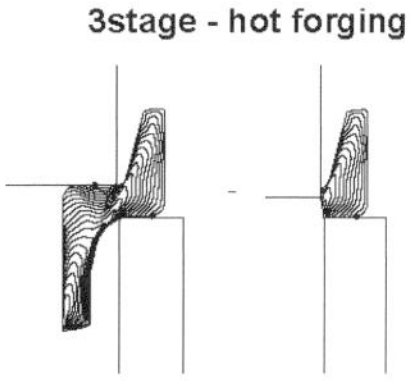

5stage - cold forging

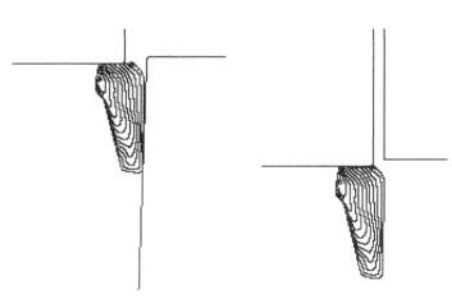

6stage - cold forging

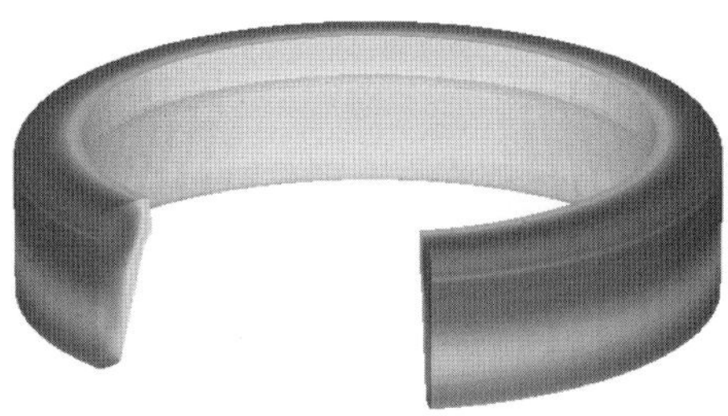

8.2.6 Die structural analysis

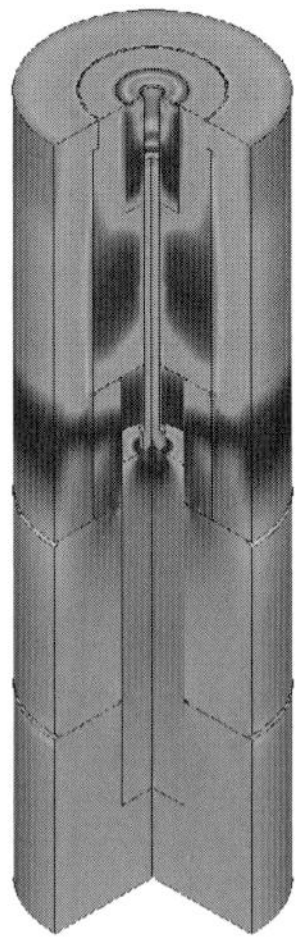

Die structural analysis, shaft forging process

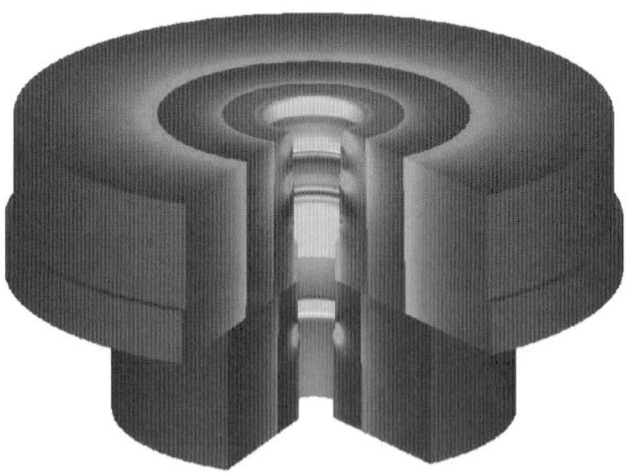

- 76 -

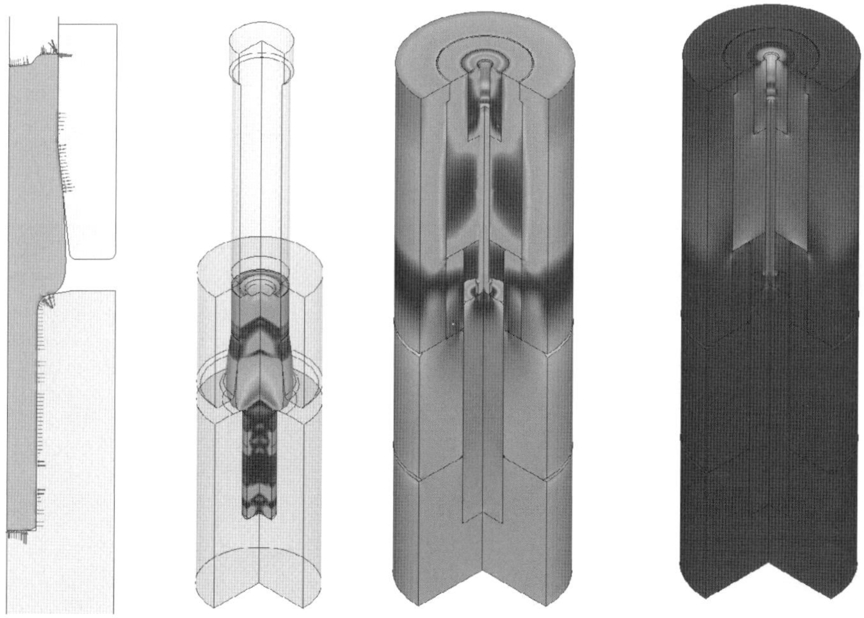

Interfacial stress Effective stress Hydrostatic pressure

Die structural analysis

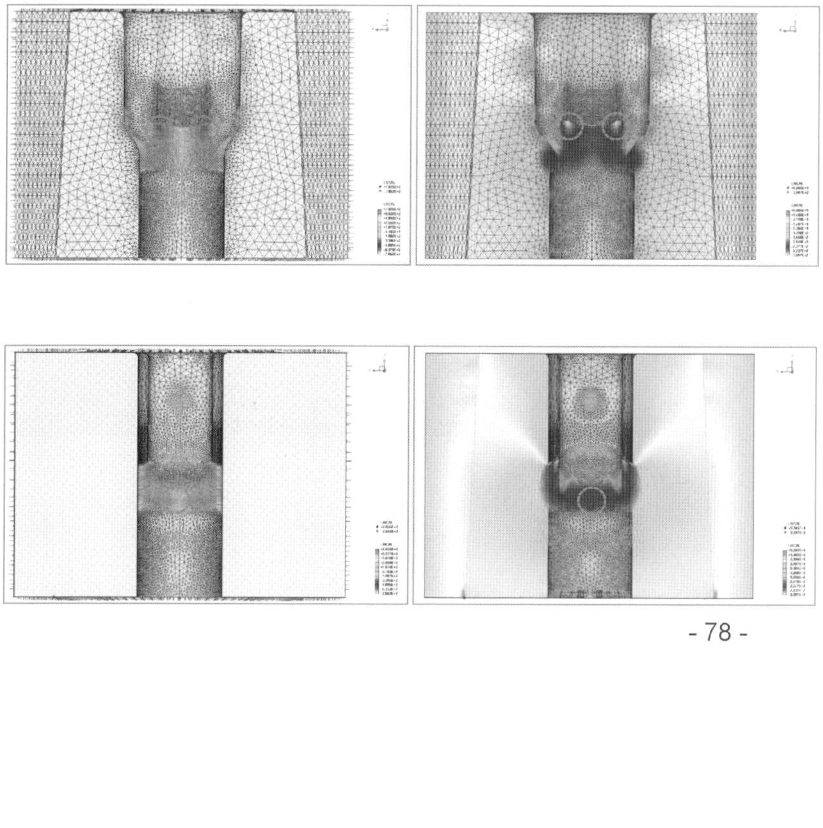

Die fracture prediction

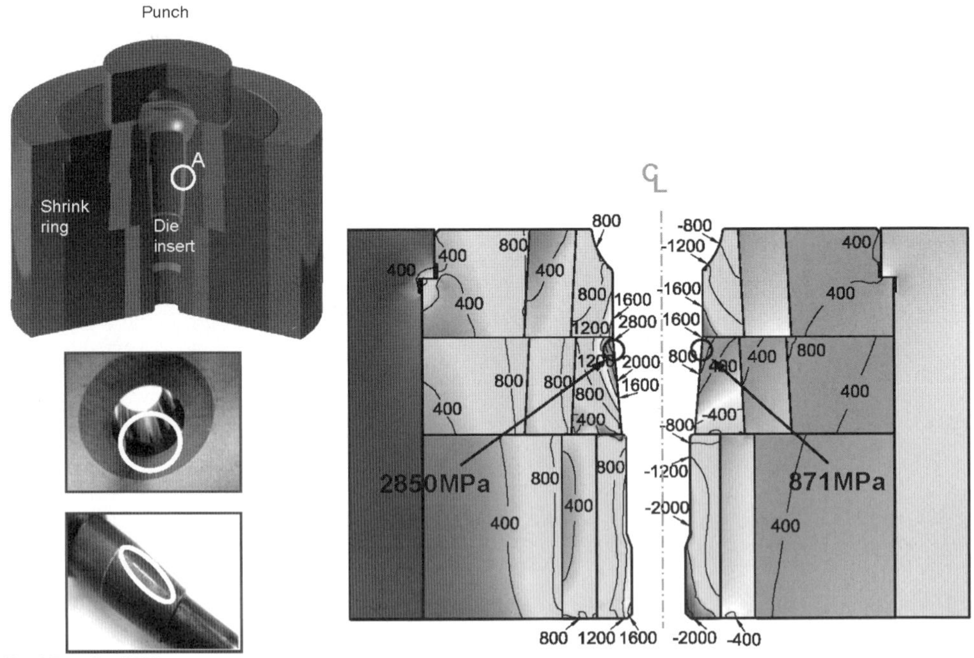

Metal Forming 2010

3D die sturctural analysis

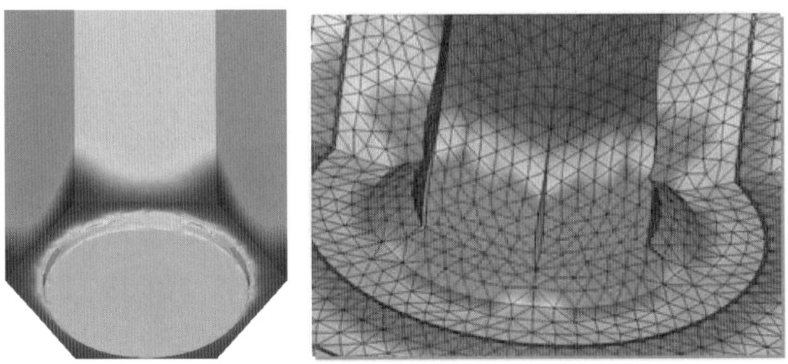

Successive die structural analysis

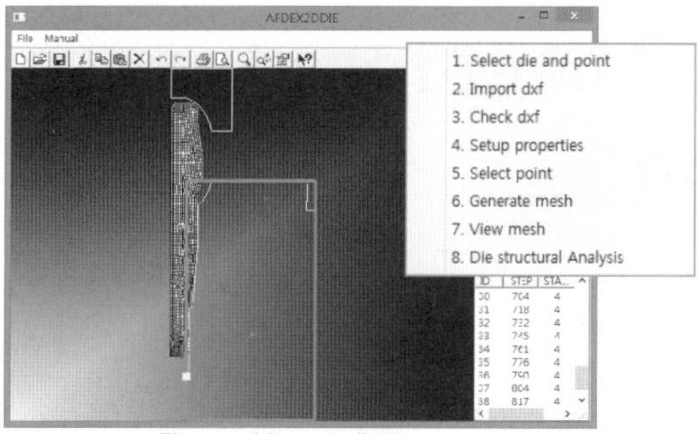

Flow problem predictions

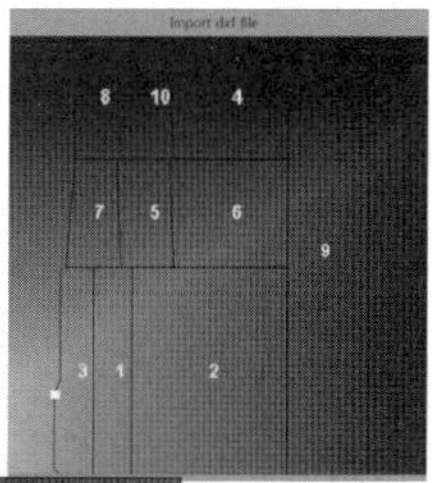
Die design

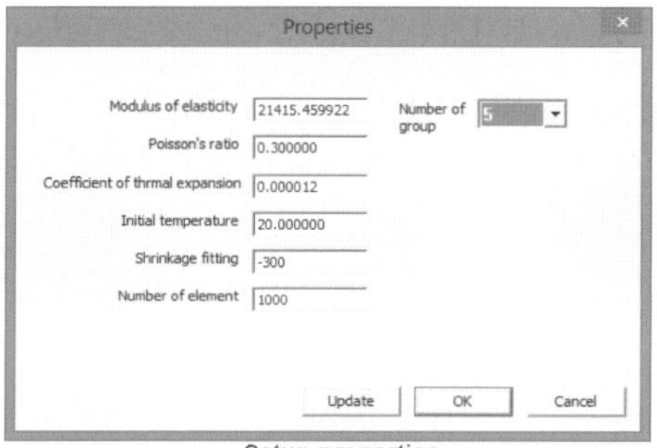

Setup properties

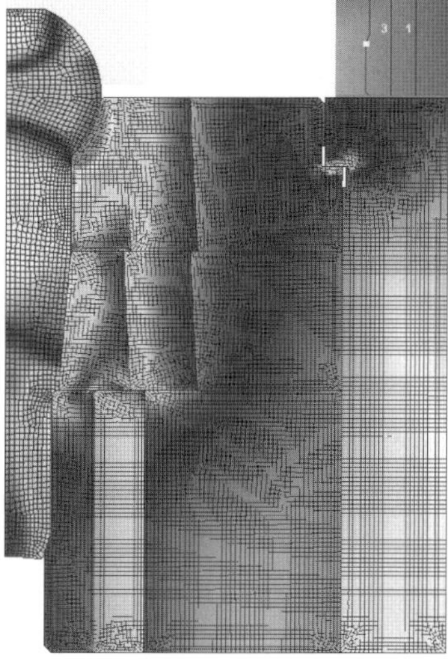
Effective stress

Successive die structural analysis

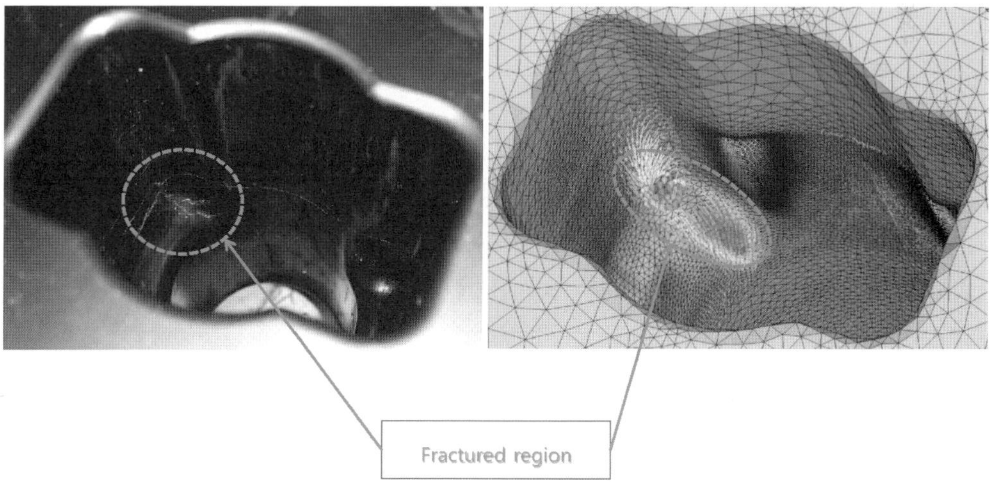

8.3 Plate and sheet forming simulation

8.3.1 Layered mesh system

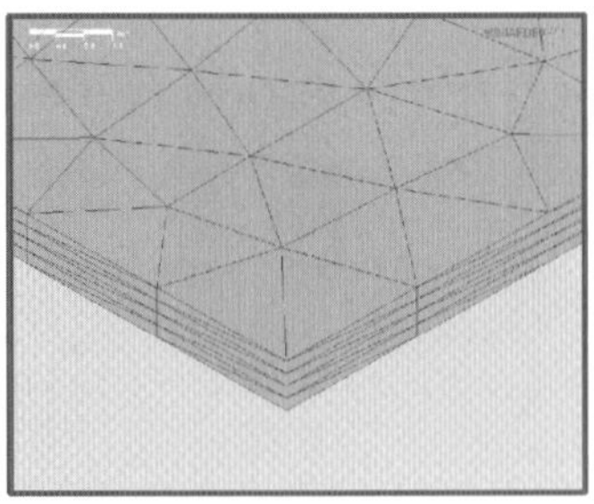

Multi-layered mesh generation scheme

Basic algorithm

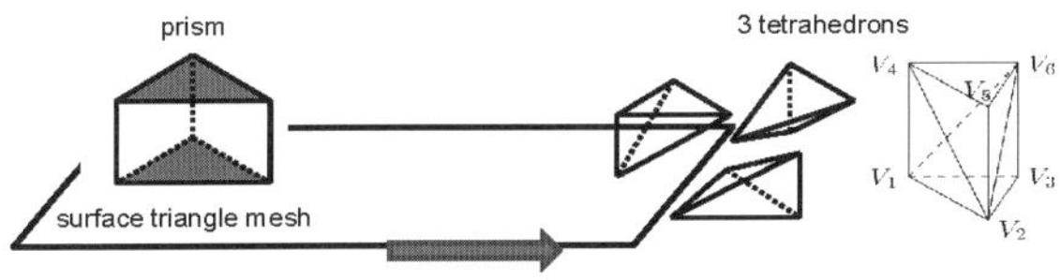

2 layers

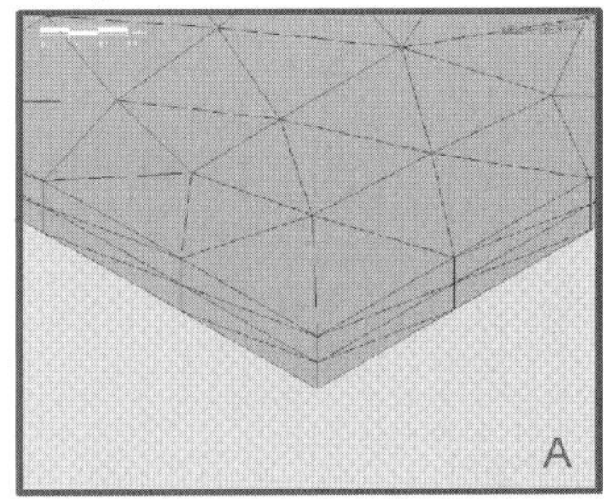

Application

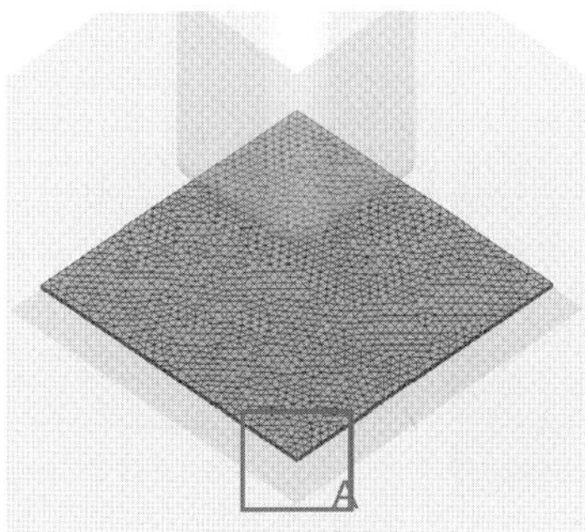

4 layers

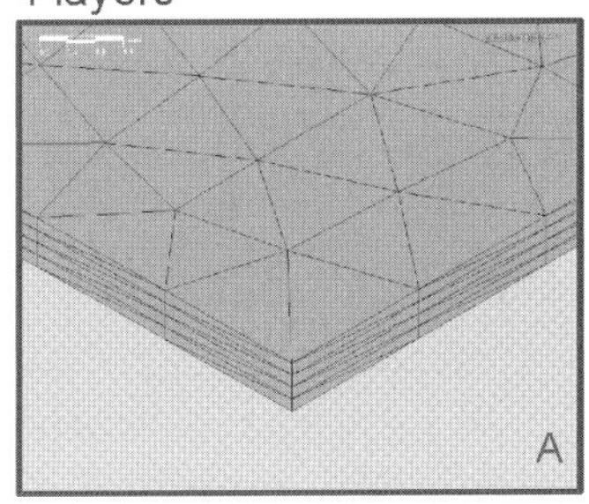

3

Effect of number of layers on predictions

square cup deep drawing

Blank holding force= 19400 N

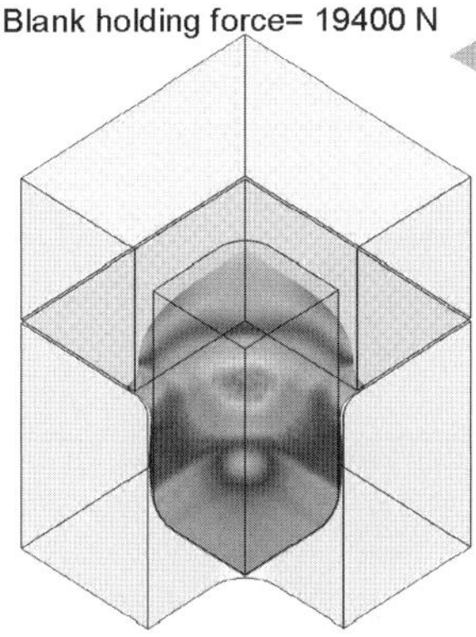

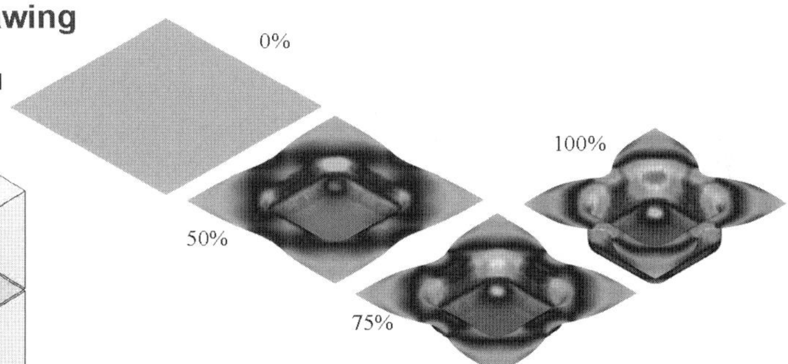

	DX, DY	Error (%)	DD (mm)	Error (%)
Tetrahedral, Layer 1	27.07	3.25	15.28	0.52
Tetrahedral, Layer 2	**27.83**	**0.42**	**15.41**	**0.32**
Tetrahedral, Layer 3	**27.97**	**0.06**	**15.35**	**0.08**
Tetrahedral, Layer 4	**28.00**	**0.19**	**15.32**	**0.27**

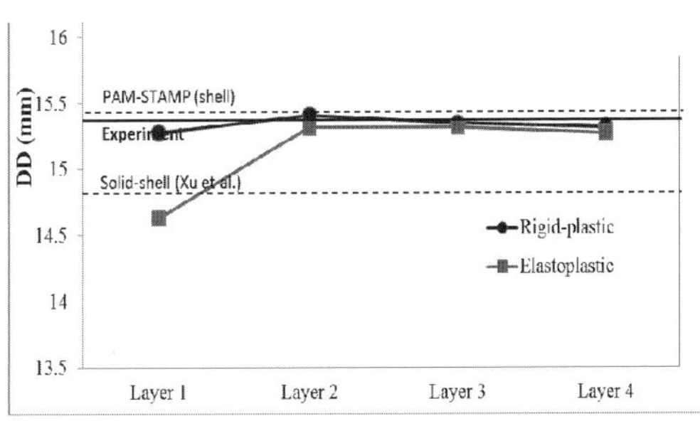

8.3.2 Plate forging

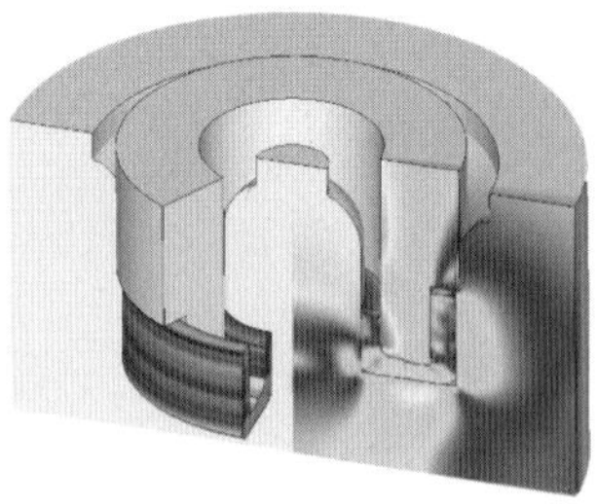

Progressive plate forging

✓ **Vibration motor base plate**

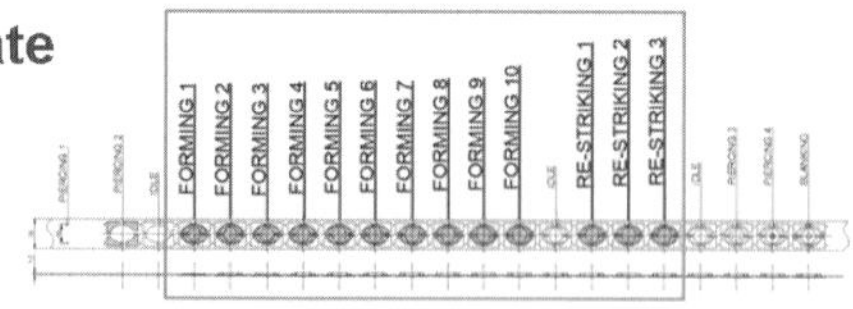

✓ 대칭면 활용 ¼ 해석

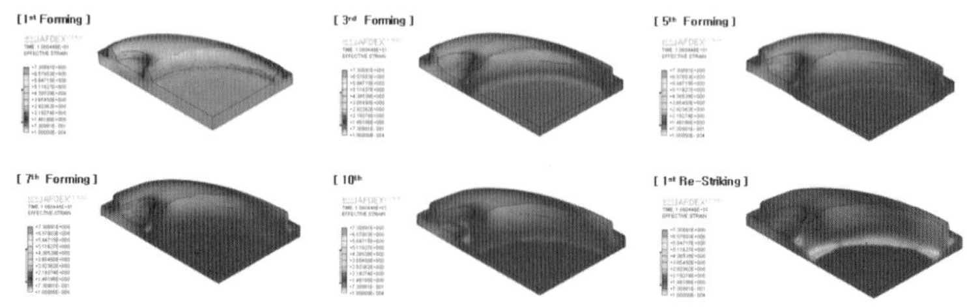

[3rd Re-Striking]

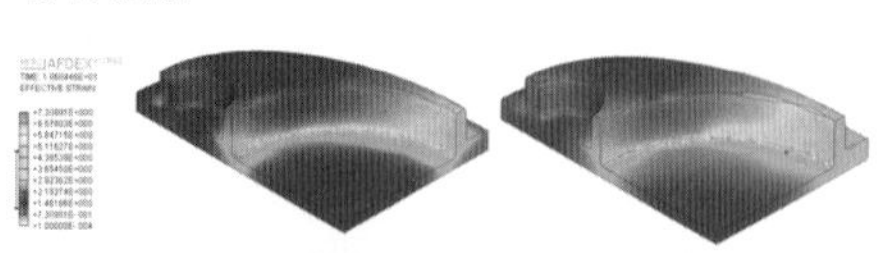

감소성, 탄소성 유효변형율 비교		
	감소성	탄소성
Max	4.8511	5.2315
Min	1.0556	1.4946

✓ 3rd Re-Striking 후 제품 형상 비교

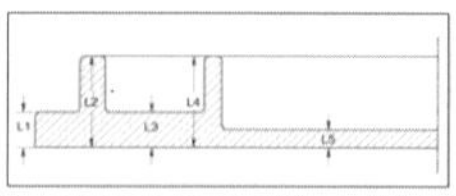

	L1	L2	L3	L4	L5
감소성	0.7172	1.8672	0.7172	1.8672	0.3672
탄소성	0.7192	1.8692	0.7192	1.8692	0.3692
도면 치수	0.7	1.85	0.7	1.85	0.35

단위 : mm

Boss forming

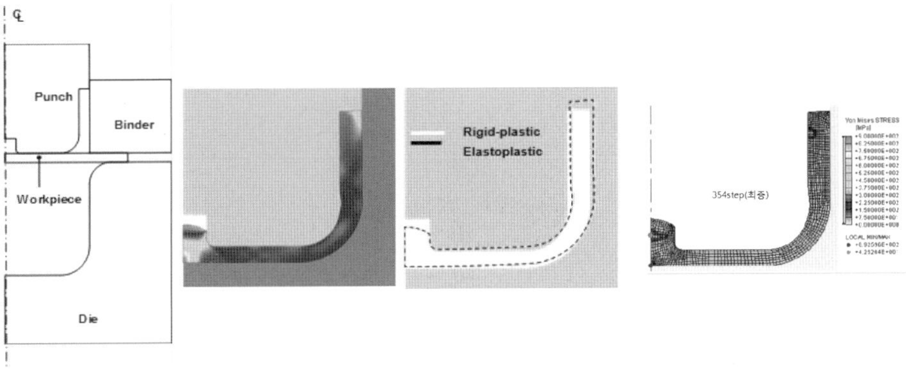

7

Plate forging simulation

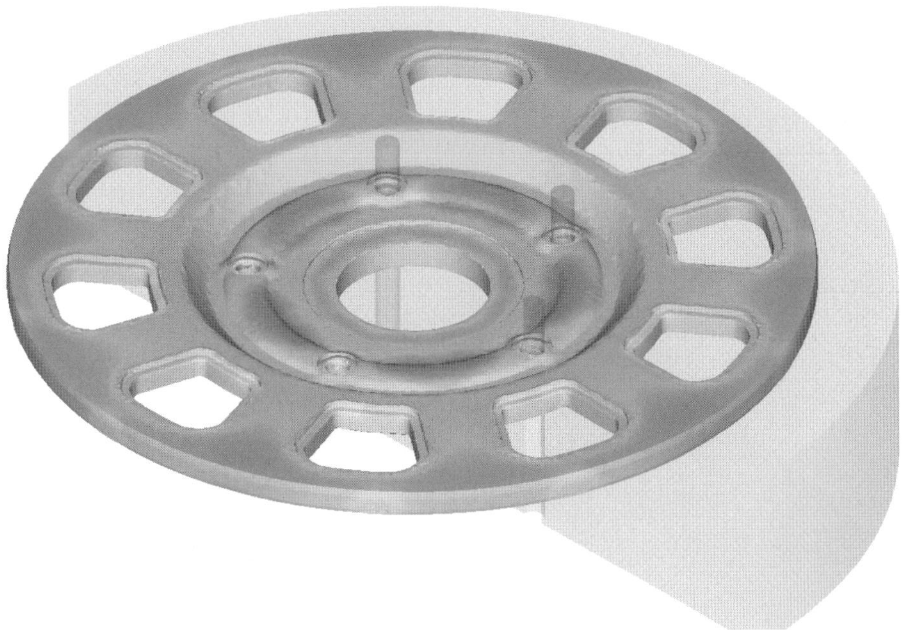

Marking simulation and evaluation

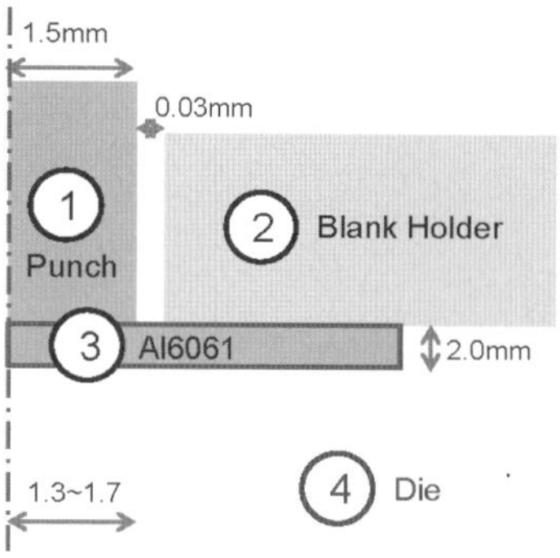

Parameter	Value
n	0.1936
K (MPa)	207.64
Frictional coefficient	0.15
Punch speed (mm/s)	0.833
Blank holder force (N)	210.92

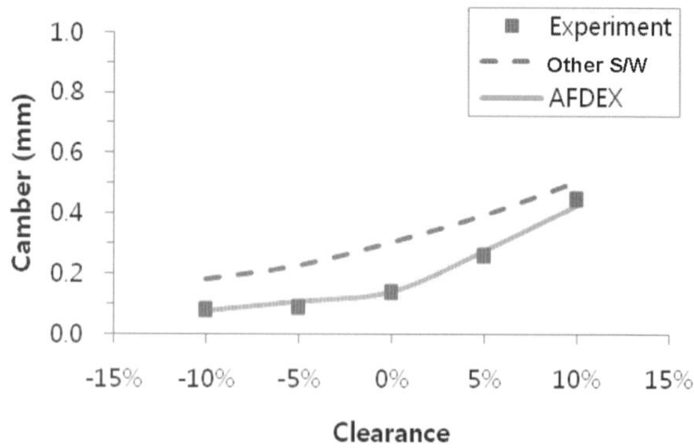

By Prof. W. J. Chung, Seoul National Univ. of Sci. and Tech.

Axi-symmetric plate forging

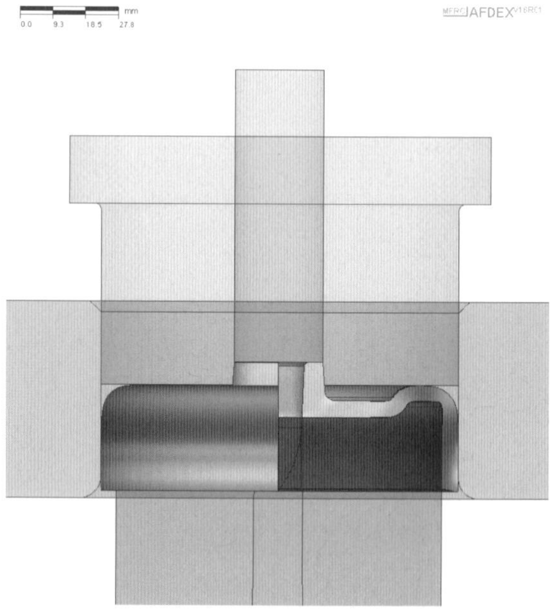

KSTP Fall 2016.

Battery case impact backward extrusion

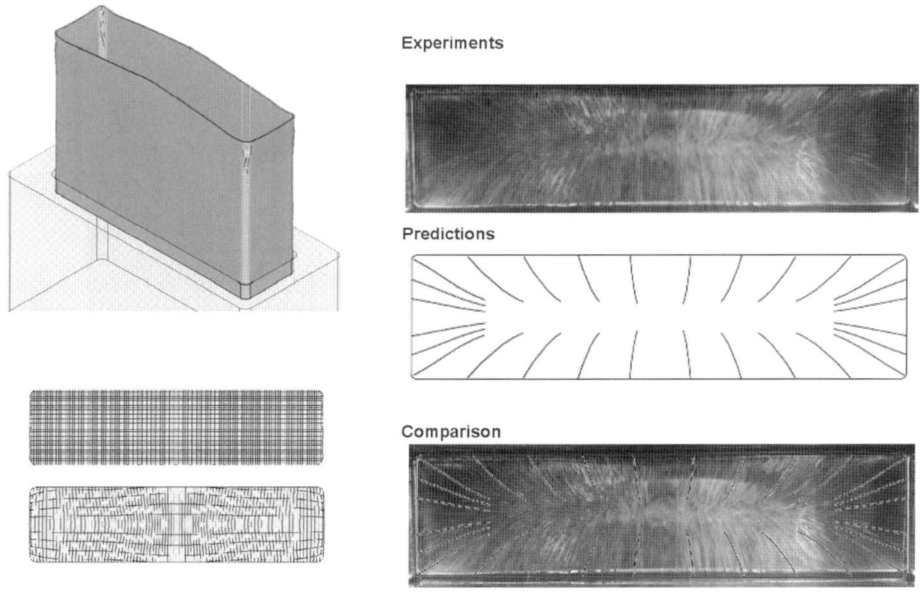

KSTP 2014 Spring Meeting
KSTP Fall 2016

Plate forging with mesh refinement

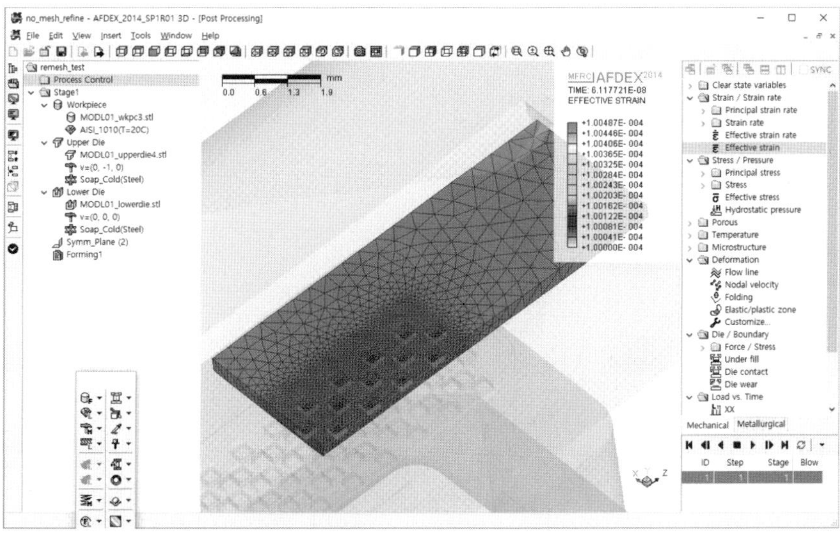

KSTP Fall 2016.

Complete forging simulation of a cold forging process

by elastoplastic finite element method

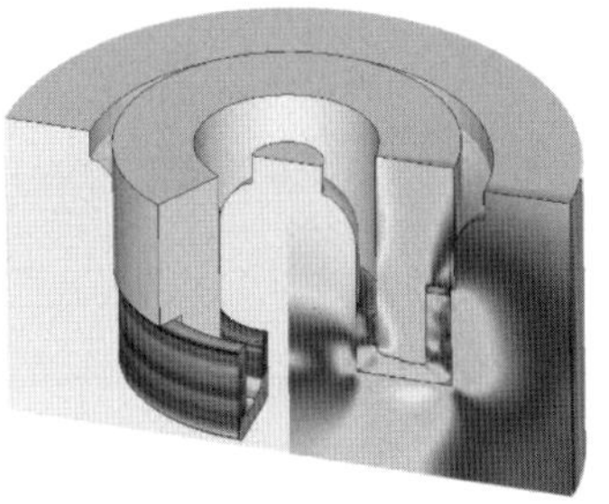

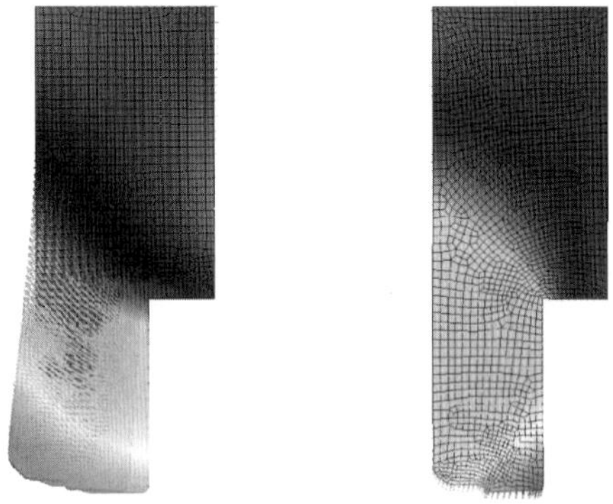

Max. displacement: 13.7 mm　　Max. displacement: 0.4 mm

KSTP Fall 2016

Air pocketing phenomenon analysis

- Cold forging

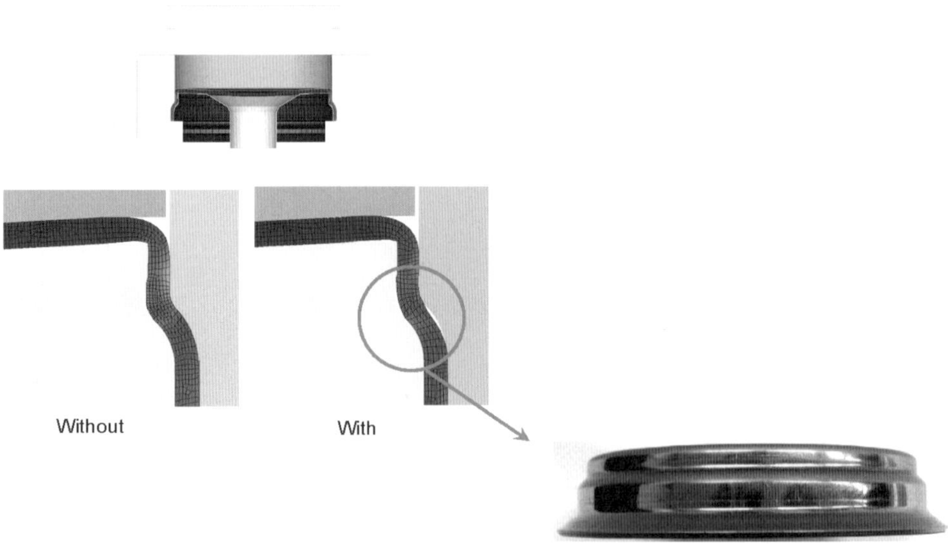

AMPT 2012, Australia (11582p)

Hot plate forging

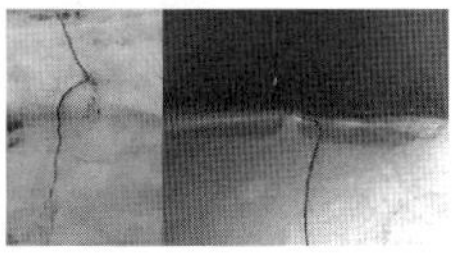

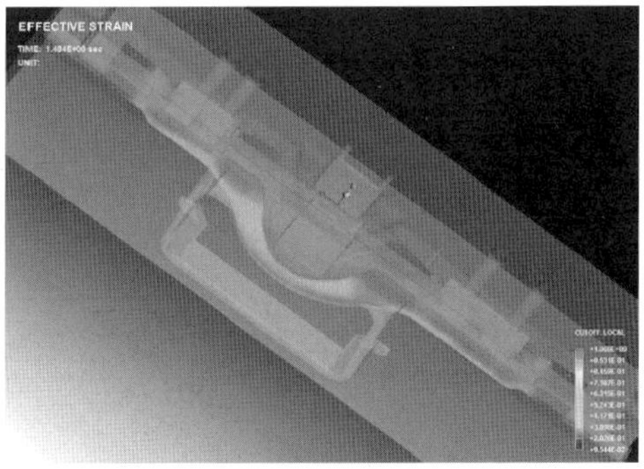

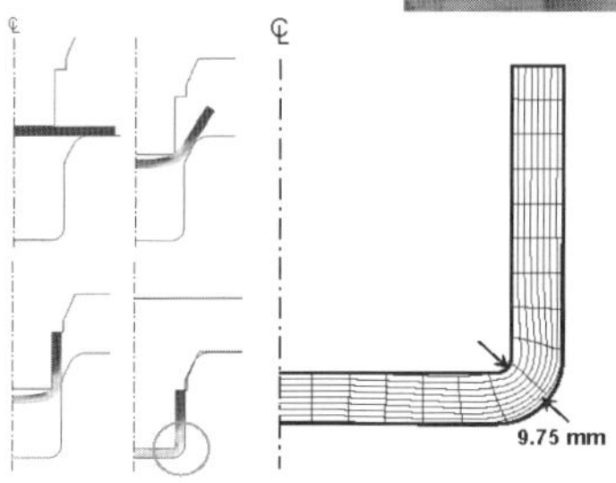

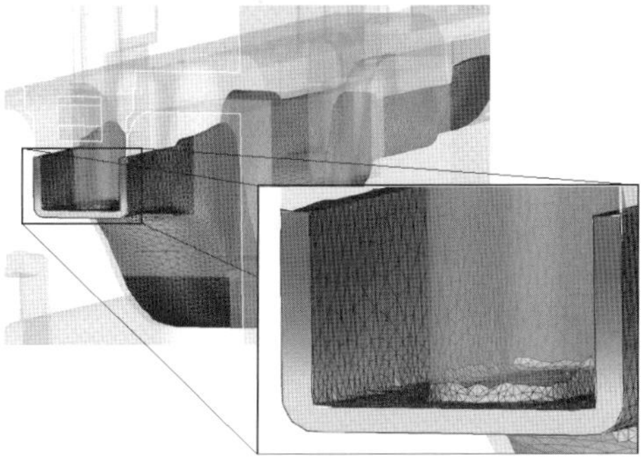

Air pocket : LPI fuel filter housing

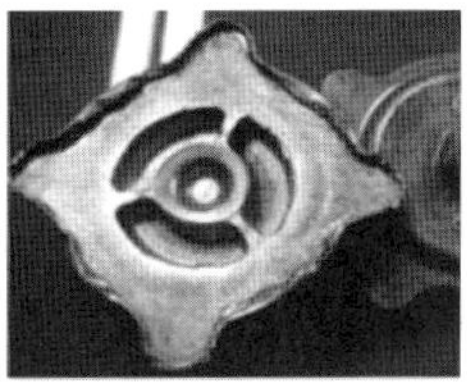

Under-filled forging
Because of air pocket
between workpiece and die

- **Material Property**

Material	Al6061
Yield Stress (MPa)	100.034
Work hardening coef.(n)	
Poisson's ratio (ν)	0.3
Young's modulus(GPa)	71.38

- **Process conditions**

No. mesh	2000
Punch Stroke (mm)	50.0
Coefficient of Friction (μ)	0.15

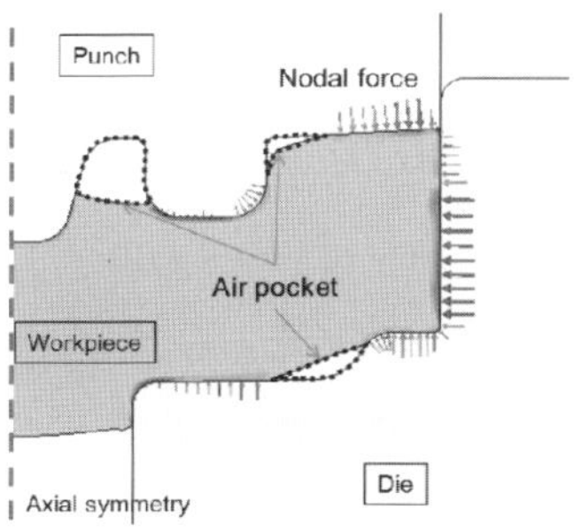

Schematic diagram of air pocket

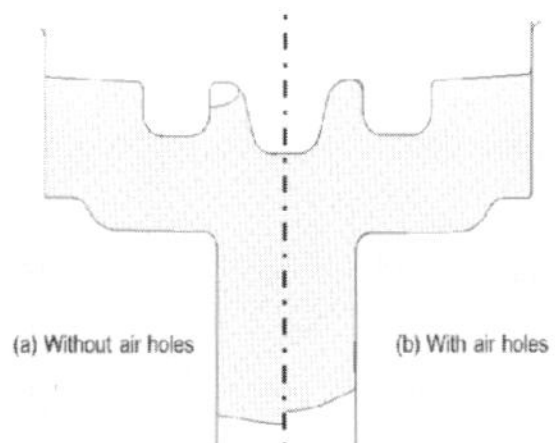

Comparison of simulation results
between (a)with (b)without air pocket

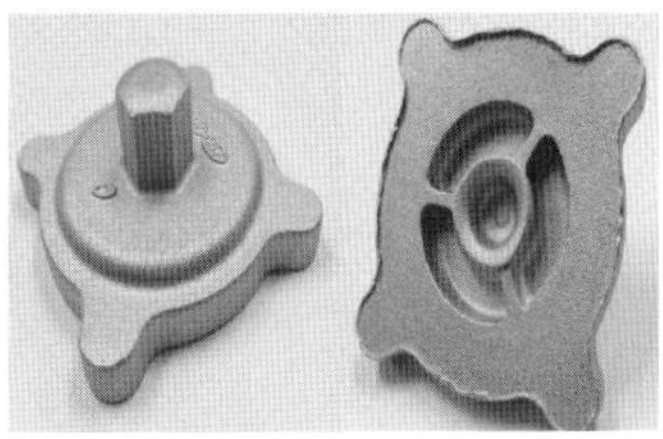

Improved forging part

16

Air vent forging after deep drawing

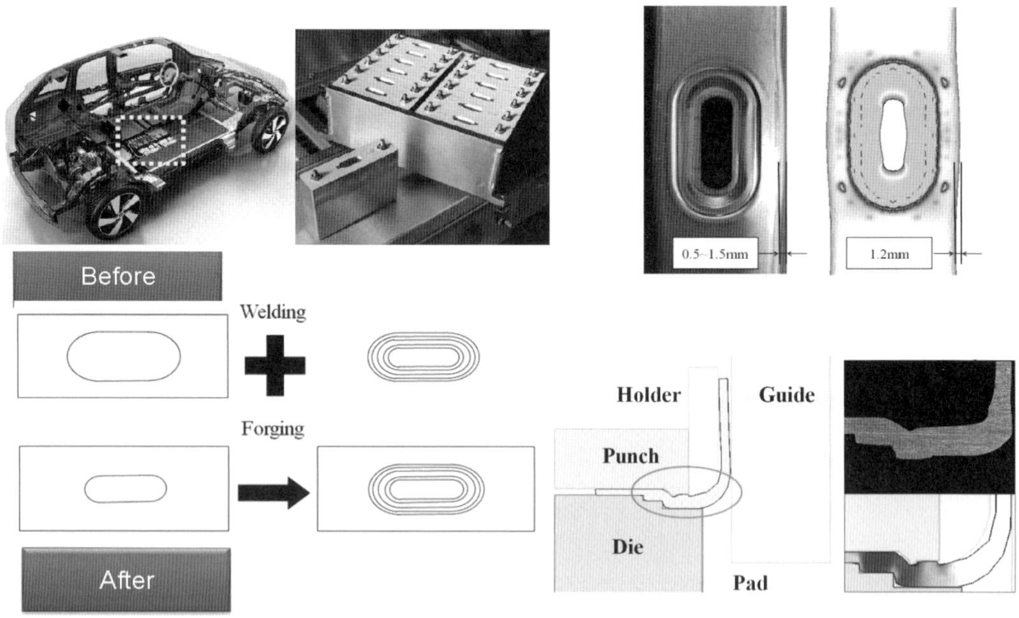

17

8.3.3 Clad-metal plate forging

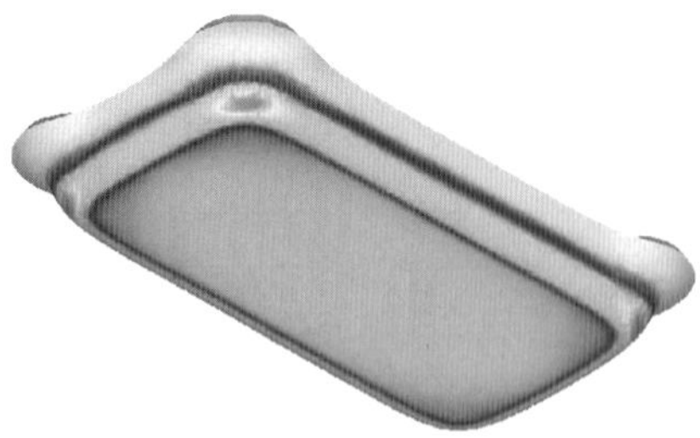

FE Modeling of Ti-Al clad-plate

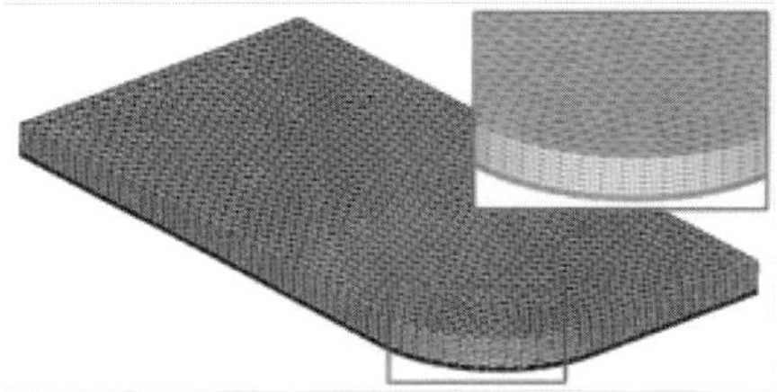

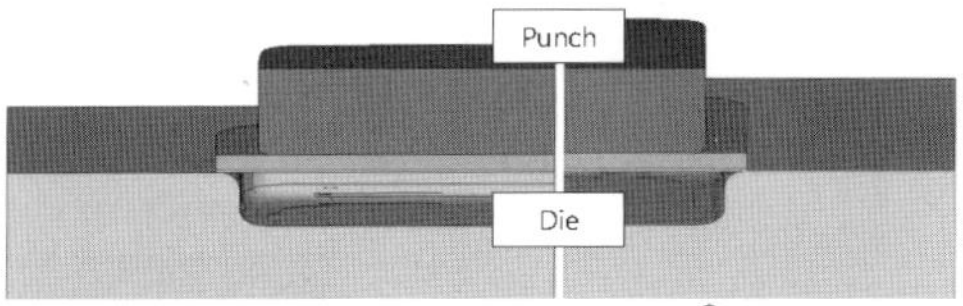

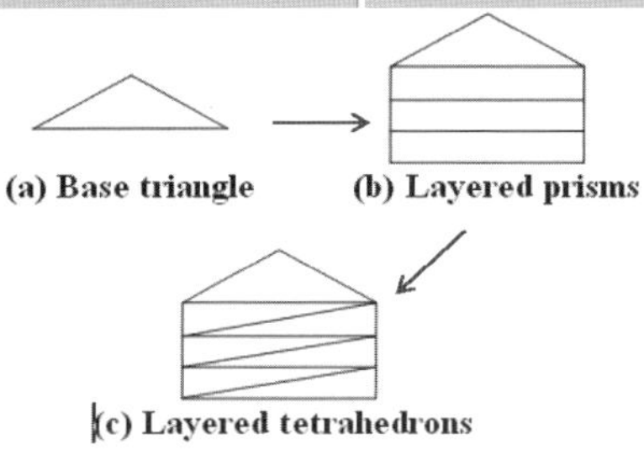

- ✓ Multiple layer mesh generation
- ✓ Different material mesh generation
- ✓ Creation of a film mesh (coating)

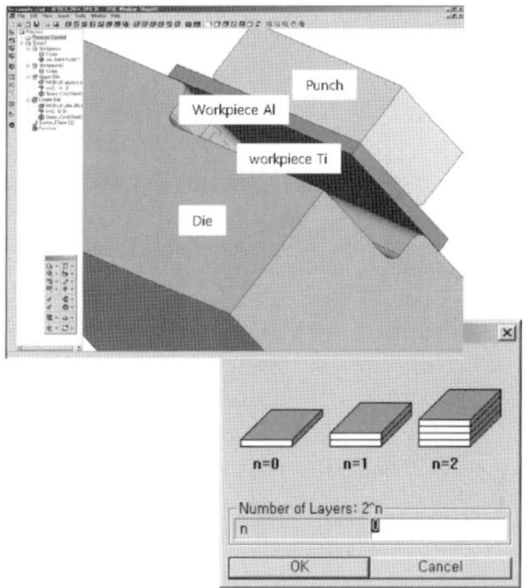

19

Elastoplastic vs. Rigid-plastic

✓ Elstoplastic ✓ Rigid-plastic

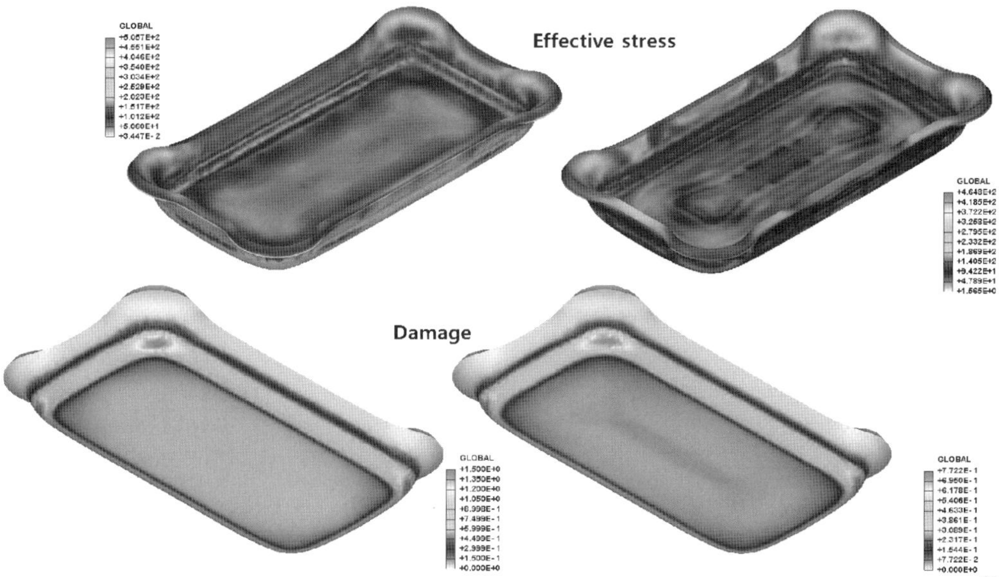

20

Failure prediction during deep drawing

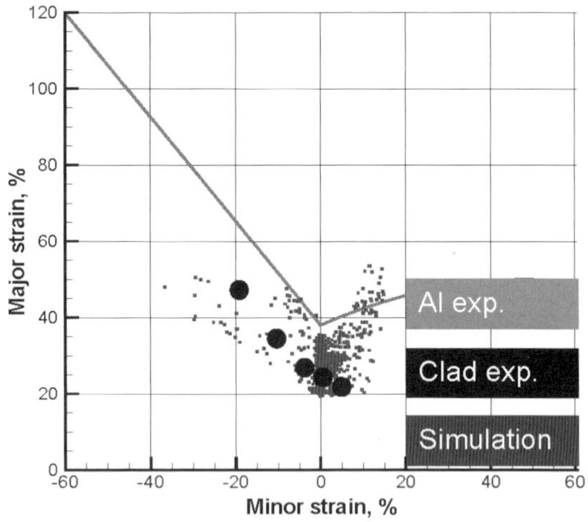

21

Forming of clad-sheet

- Process information

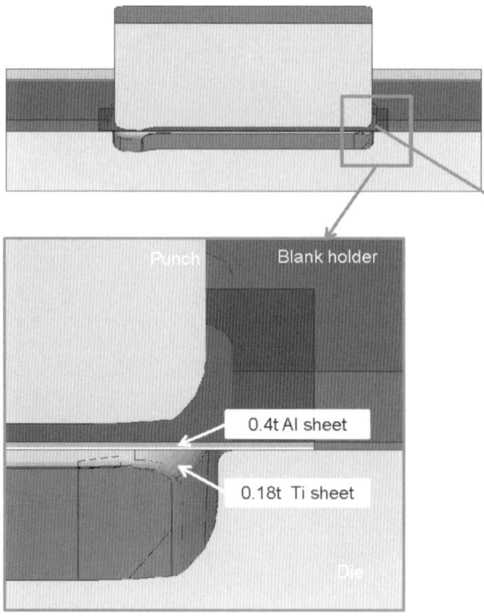

- Flow stress
  - ✓ Aluminum : $\bar{\sigma} = 75.11\ (1 + \frac{\bar{\varepsilon}}{0.01})^{0.23}$ MPa
  - ✓ Titanium : $\bar{\sigma} = 264.06\ (1 + \frac{\bar{\varepsilon}}{0.01})^{0.13}$ MPa
- Punch velocity
  - ✓ Constant: -10 mm/s
- Friction
  - ✓ Coefficient of Coulomb friction : $\mu = 0.05$

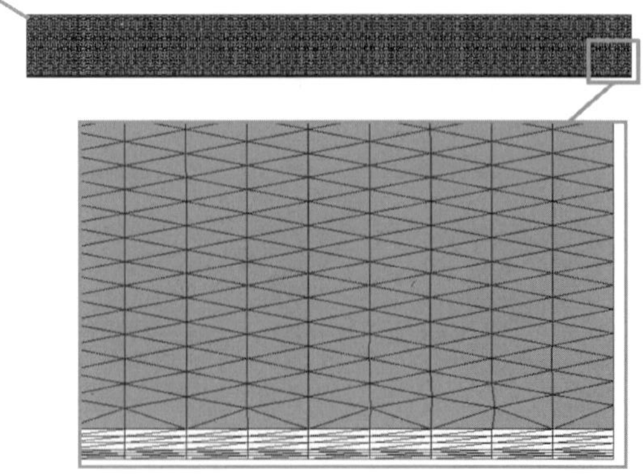

22

Forming of clad-sheet

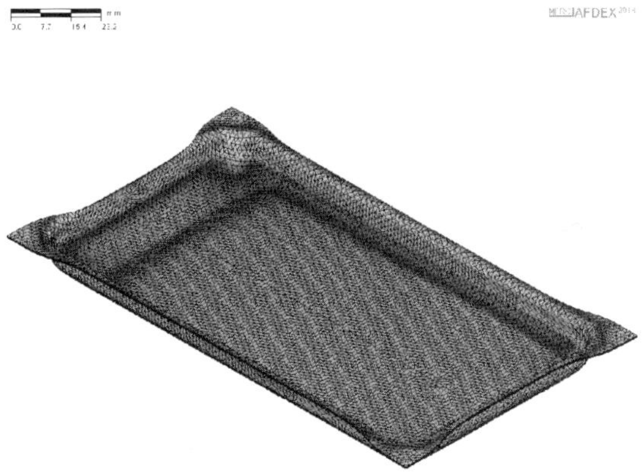

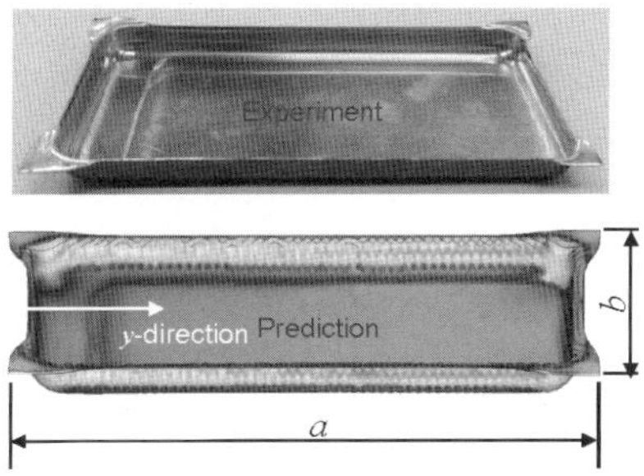

	a (mm)	b (mm)
Experiment	126.9	67.9
Prediction	126.7	68.3

23

8.3.4 Sheet metal forming

Springback of L-bending

AFDEX vs. ANSYS

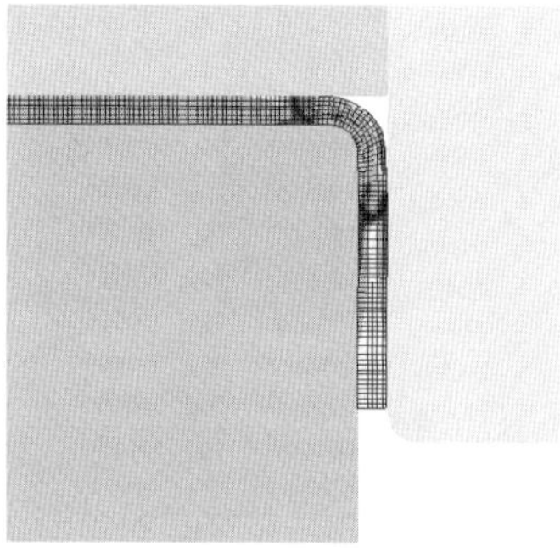

Before springback

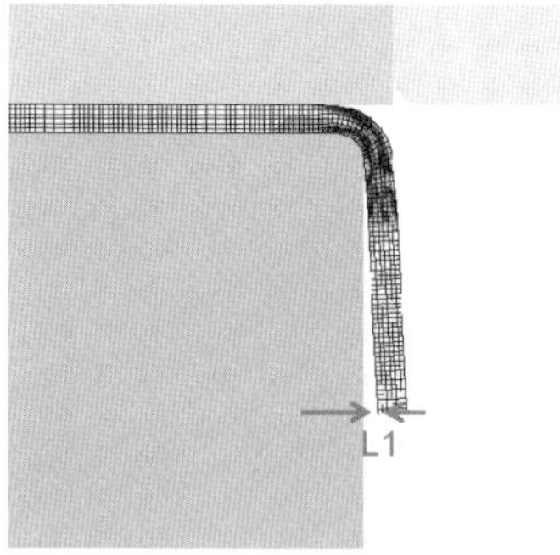

After springback

L_1	AFDEX : 2.492 mm / ANSYS : 2.249 mm

Springback of 3 point bending

AFDEX vs. ANSYS

½ symmetry

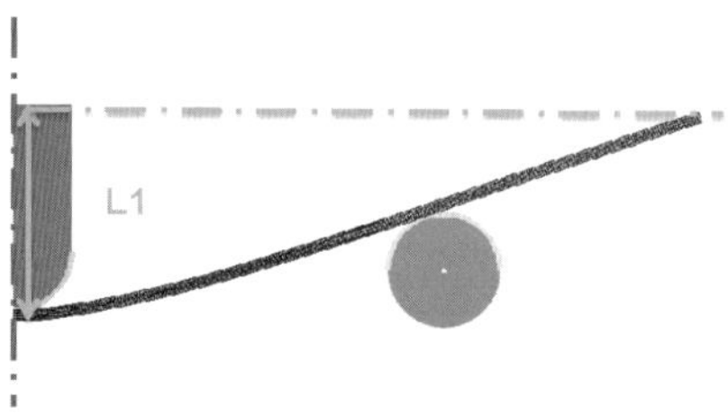

Before springback

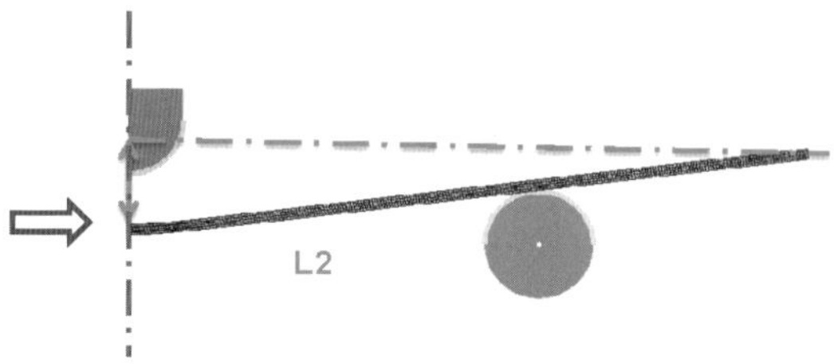

After springback

L1-L2	AFDEX : 22.92 mm / ANSYS : 20.61 mm

V bending

DP780, 소재의 스프링 백 유무

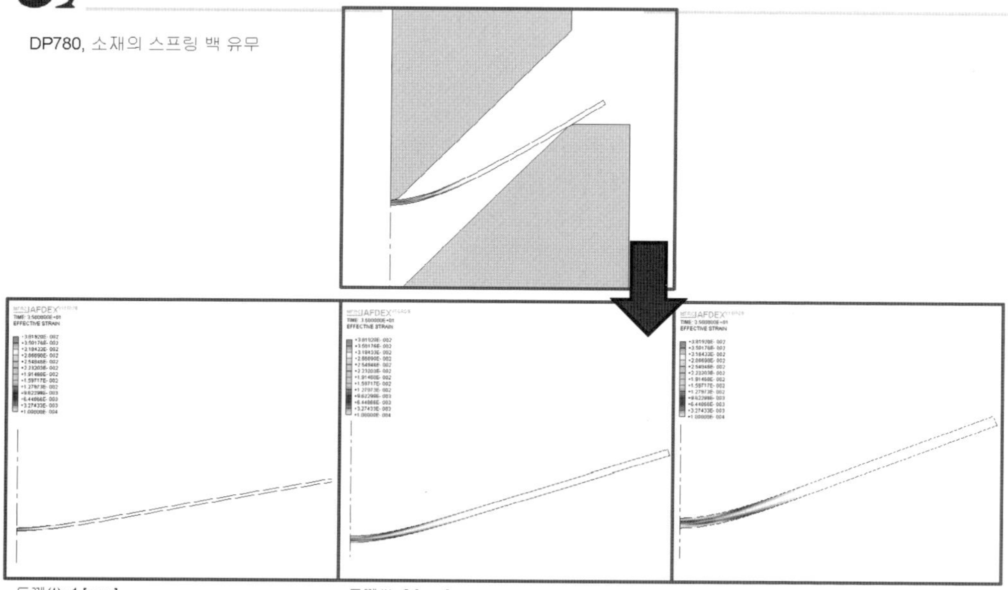

두께(t): 1 [mm] 두께(t): 2 [mm] 두께(t): 3 [mm]

- ✓ 두께(t):1,2,3[mm]에서 벤딩 후, 스프링 백이 나타남.

· AFDEX V16_R001 이용함.
· Remesh 사용하지 않음.

U draw bending

DP780, 소재의 스프링 백 유무

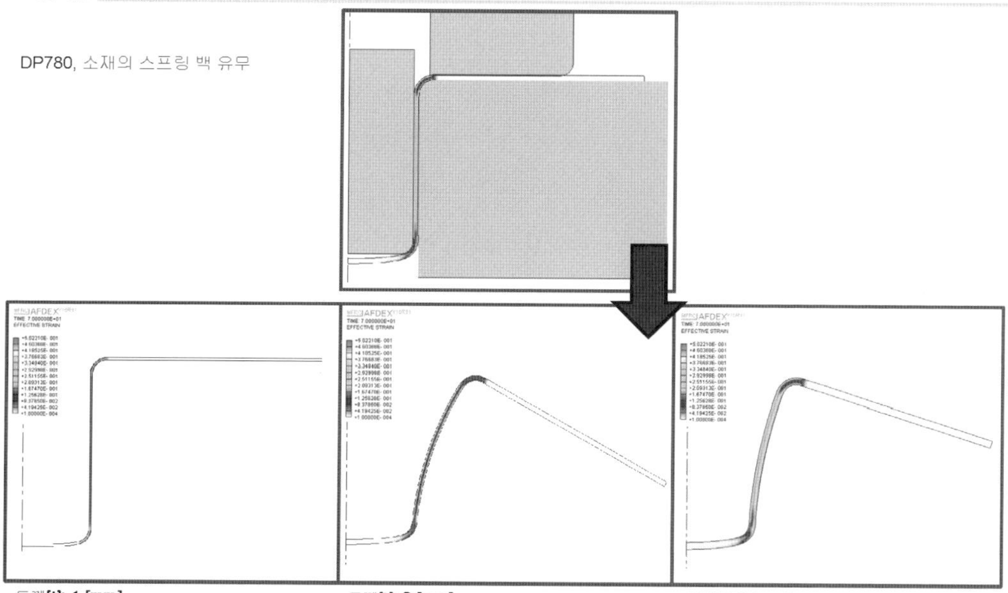

두께(t): 1 [mm] 두께(t): 2 [mm] 두께(t): 3 [mm]

- ✓ 두께(t):1[mm]에선 드로잉 후, 되었지만 스프링 백이 나타나지 않음.
- ✓ 두께(t):2,3[mm]에서는 드로잉 후, 스프링 백이 나타남.

· AFDEX V16_R001 이용함.
· Remesh 사용하지 않음.

Analysis of square cup deep drawing

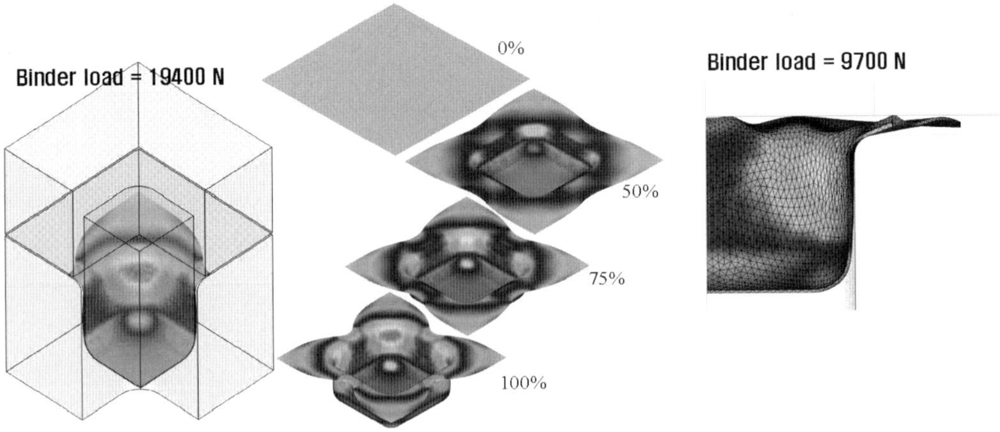

	DX, DY	Error (%)	DD (mm)	Error (%)
Experiment results	27.95	-	15.36	-
AFDEX, Tetrahedral, Layer 2	**27.83**	**0.42**	**15.41**	**0.32**
Solid-shell (Xu et al.)	27.17	2.87	14.79	3.85
PAM-STAMP (shell)	28.43	1.69	15.46	0.65

29

Plate forging with shadow die

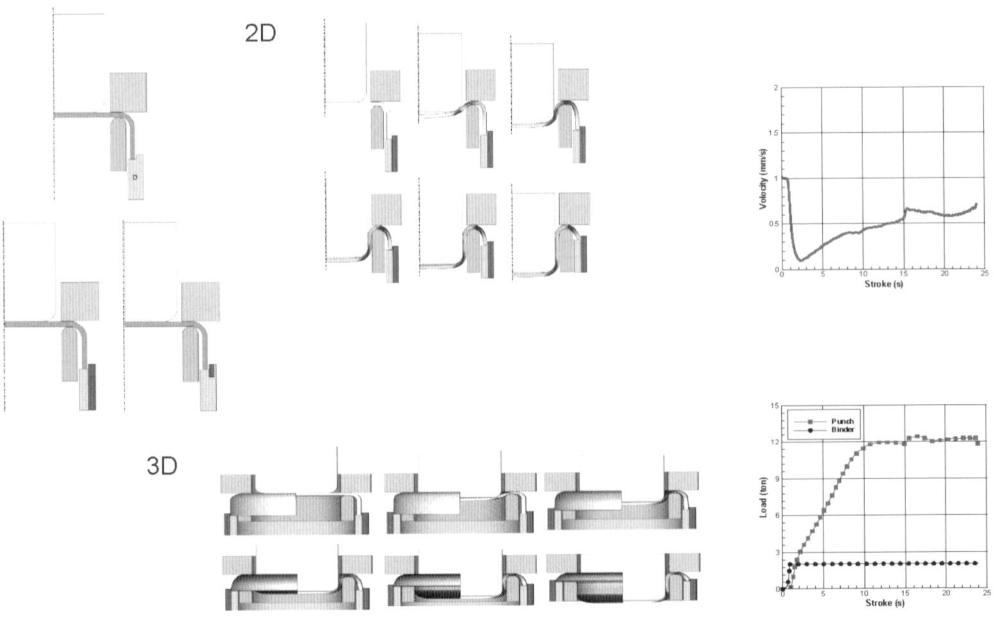

C-Type USB deep drawing

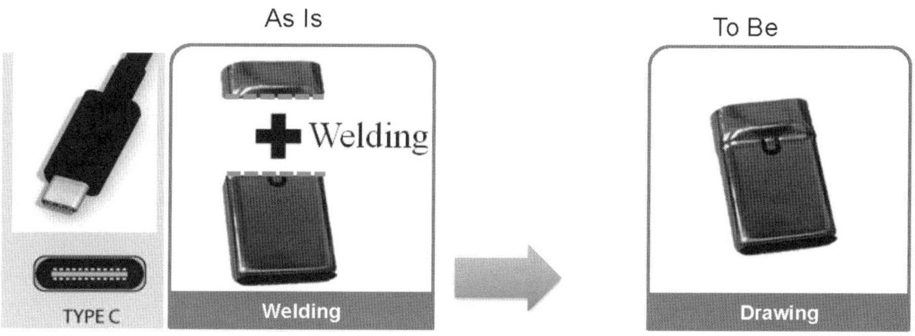

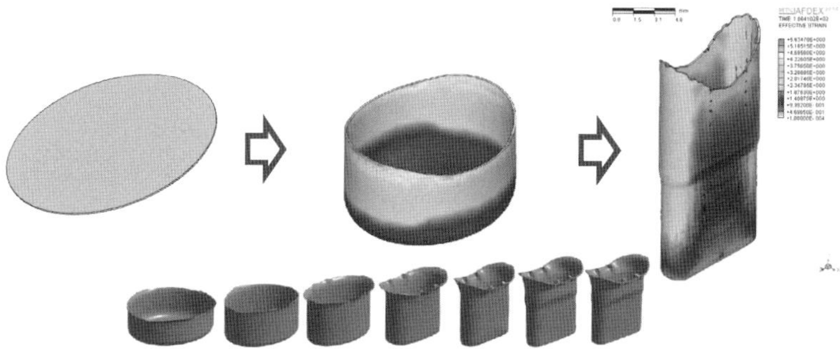

31

Multi-stages deep drawing (round battery can)

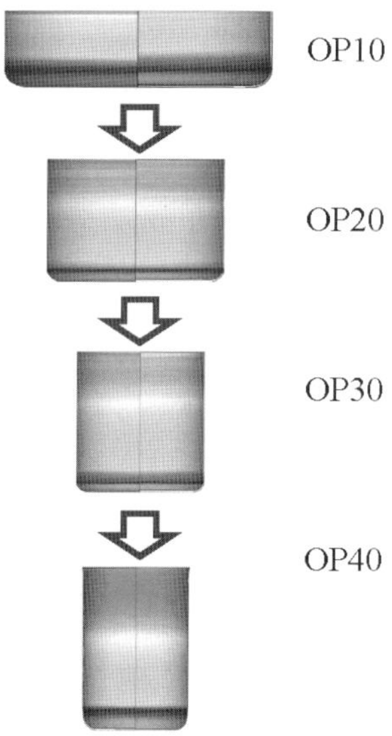

Wall height [mm]	Experiment	FEM
OP10	12.92	13.00
OP20	25.66	26.38
OP30	34.24	36.20

32

8.3.5 Progressive forming

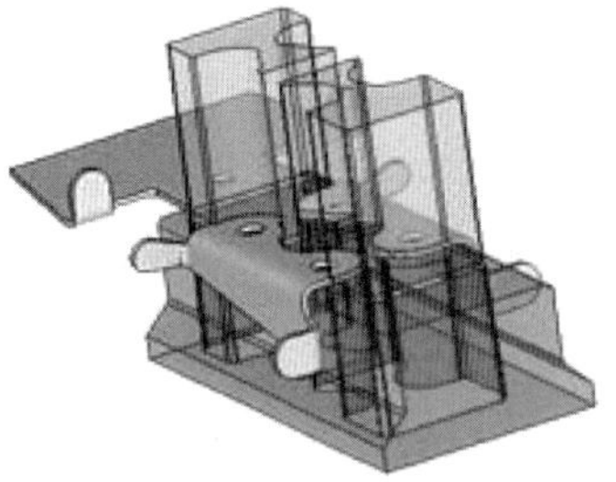

Progressive forming of a bulge cup

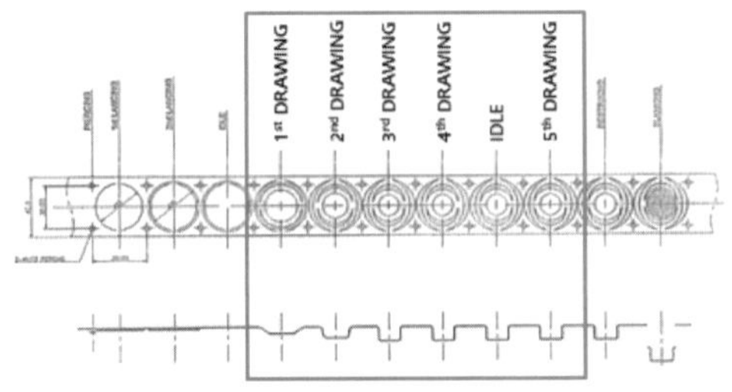

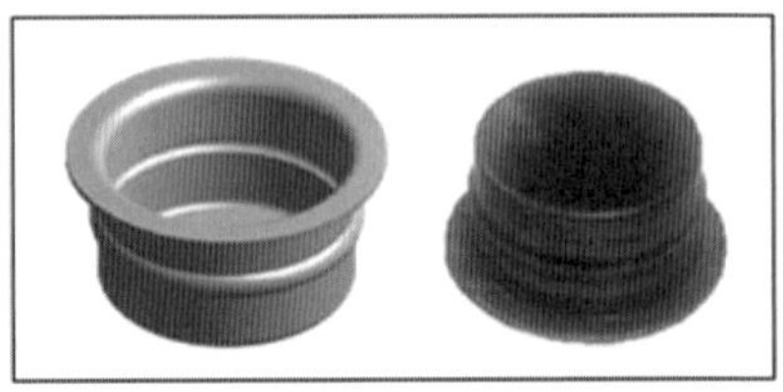

» IDLE 공정을 제외하고 해석을 진행하였음.

1) 유효변형률

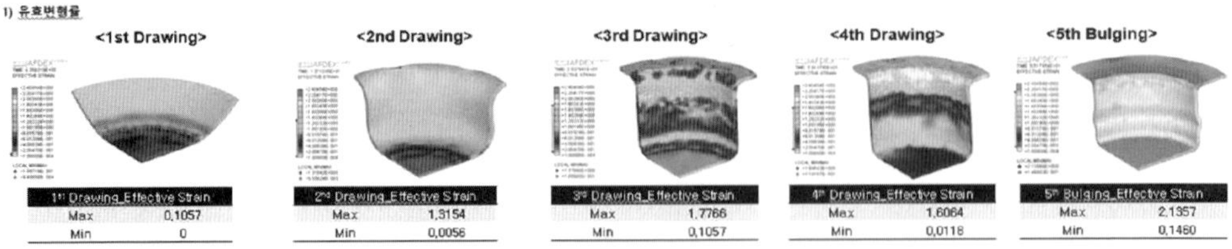

Progressive forming

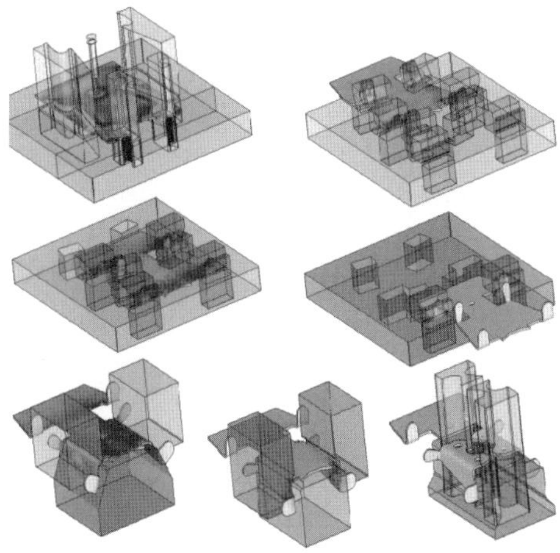

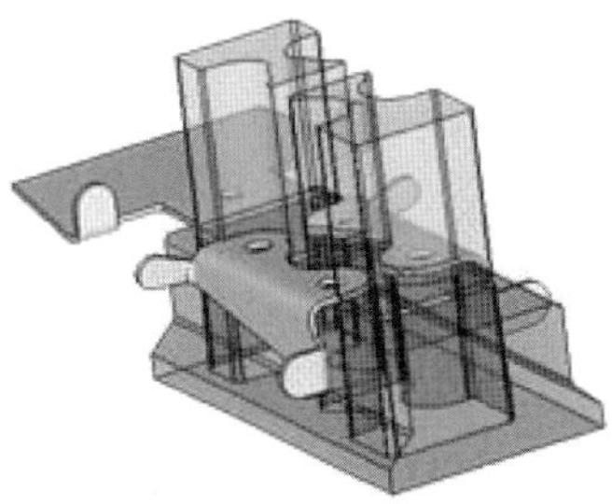

Multi-stages deep drawing (EV car battery case)

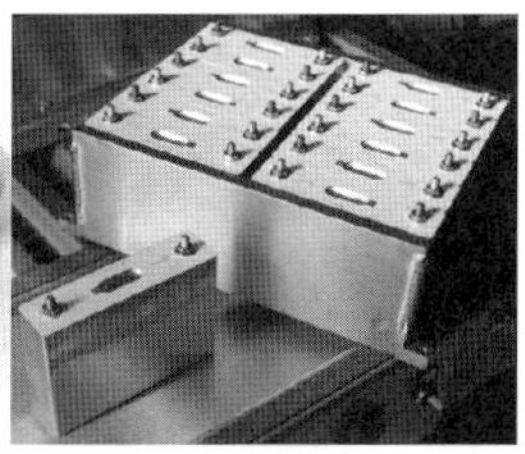

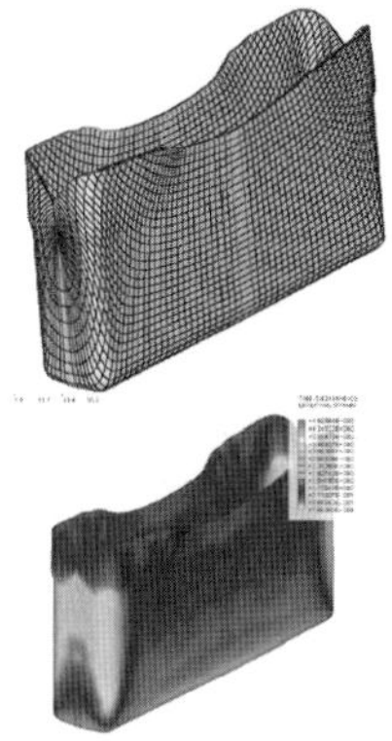

36

Ironing : Motor housing

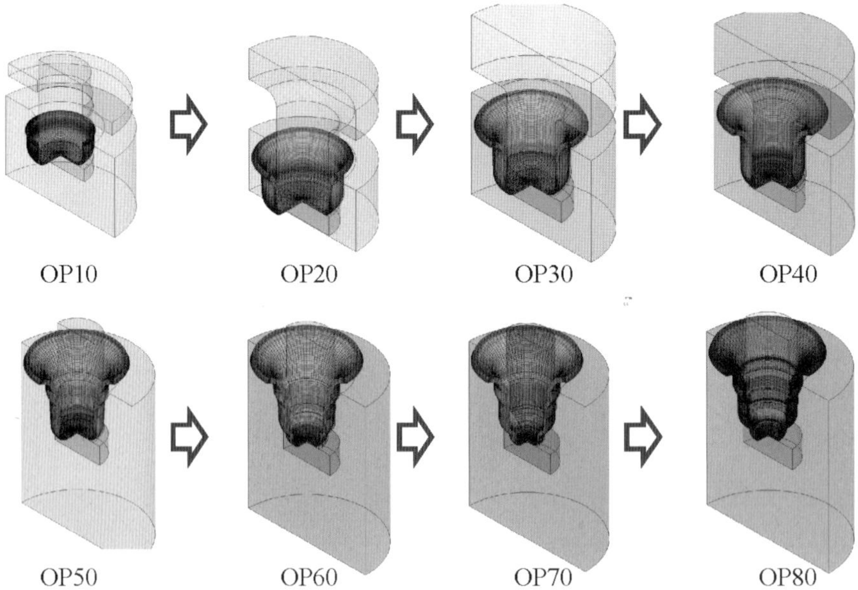

37

Die design for bending operations

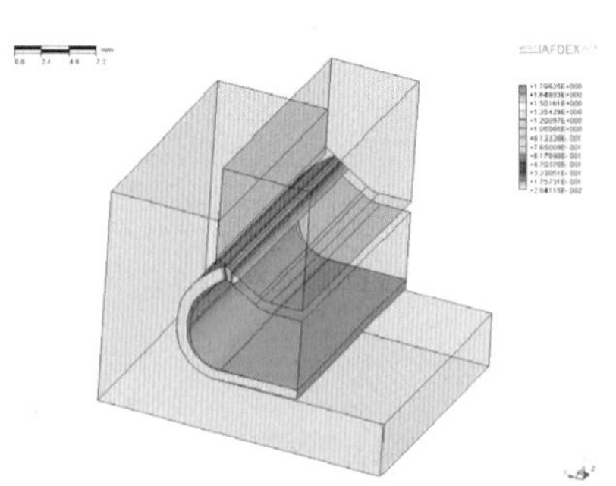

Die design of U-bending

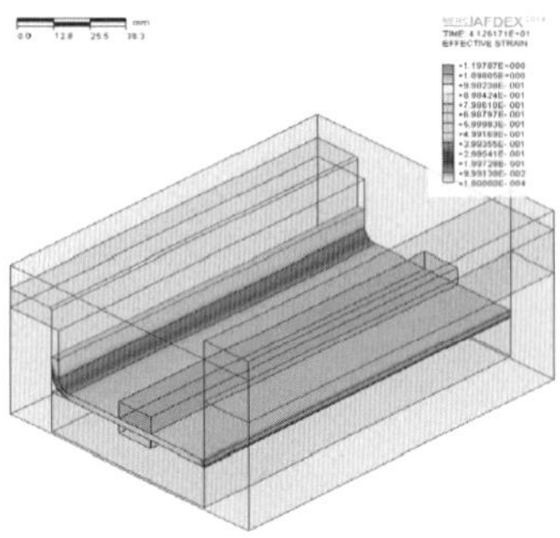

Die design of L-bending

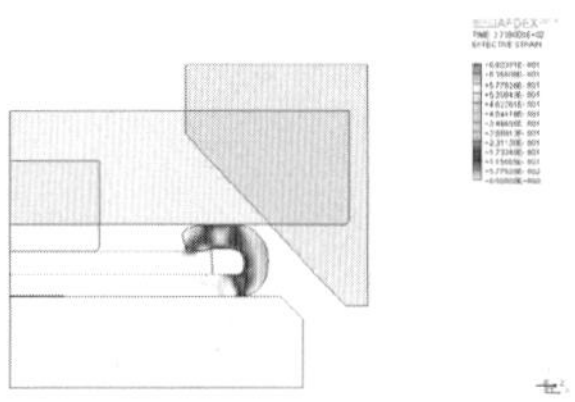

Die design of Hemming

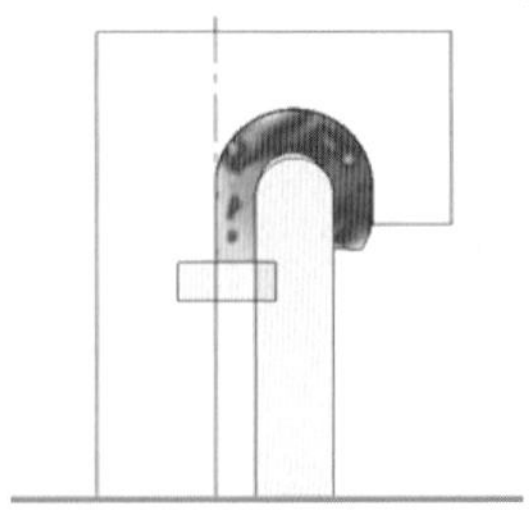

Die design of curling

38

T-Pipe forming

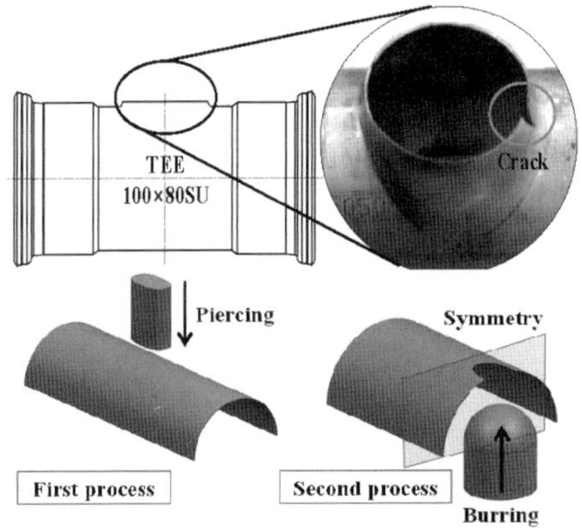

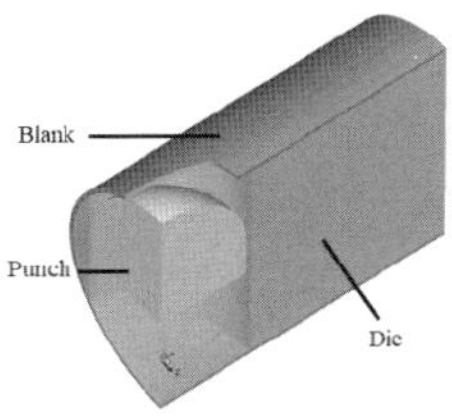

▪ Burring ¼ modeling

▪ Material Property

Material	SUS304
Thickness(mm)	2.0
Yield Stress (MPa)	90
Work hardening coef.(n)	0.5
Poisson's ratio (ν)	0.28
Young's modulus(GPa)	193

▪ Process conditions

Punch Velocity (m/s)	1
Punch Stroke (mm)	50.0
Coefficient of Friction (μ)	0.1

• Thickness

✓ AFDEX Thickness

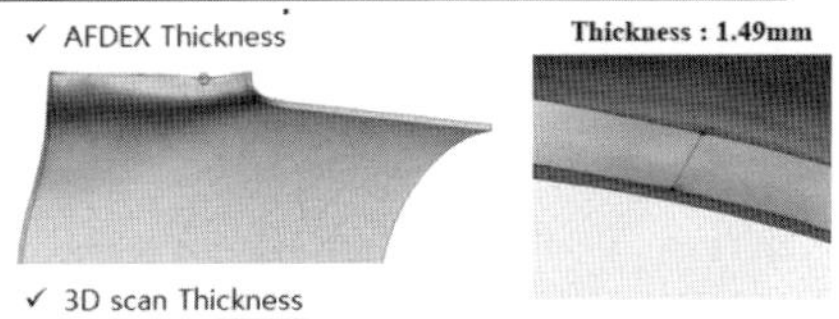

✓ 3D scan Thickness

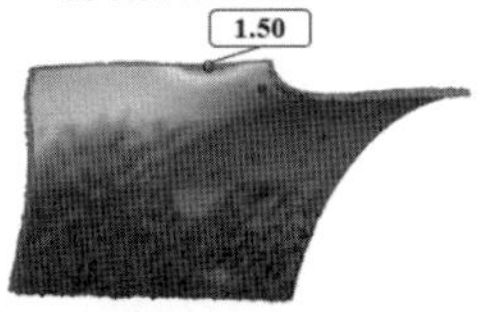

• Height

3D scan result

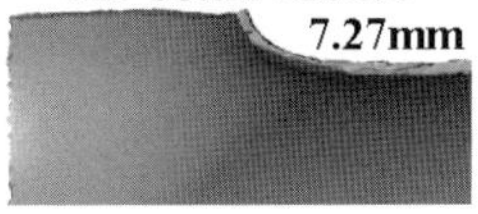

39

8.3.6 Blanking

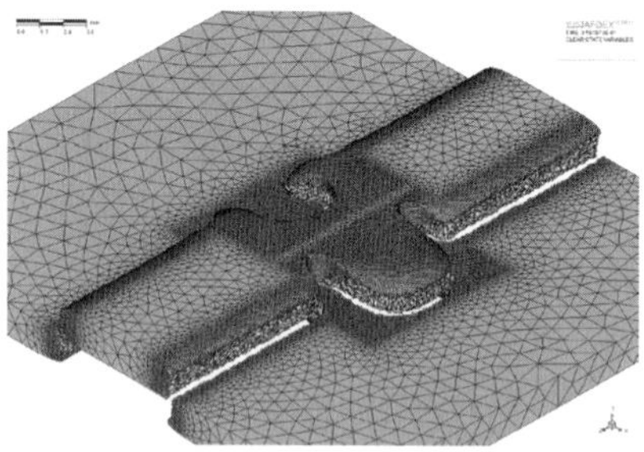

Treatment of blank holding force

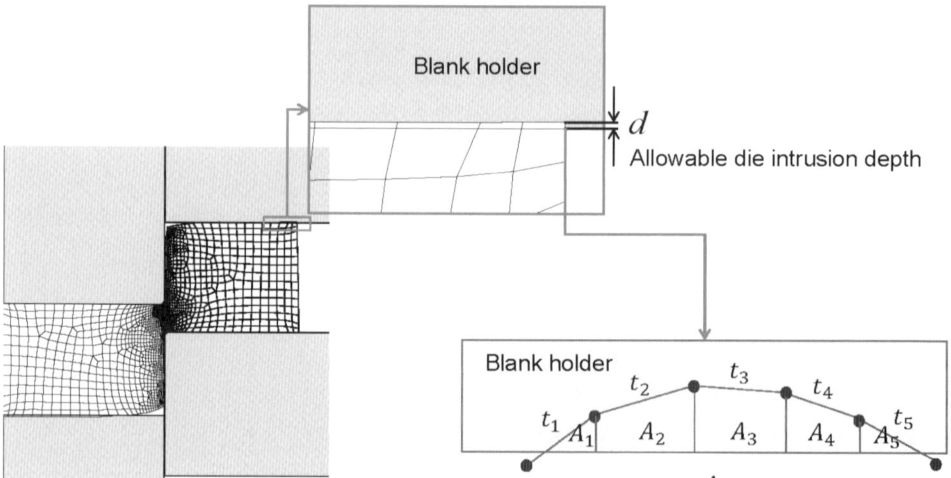

$$t_i = \frac{A_i}{\sum_{i=1}^{n} A_i} \times F_{Die}$$

Assigned load is distributed proportionally to die intrusion volume.

42

Fine blanking simulation

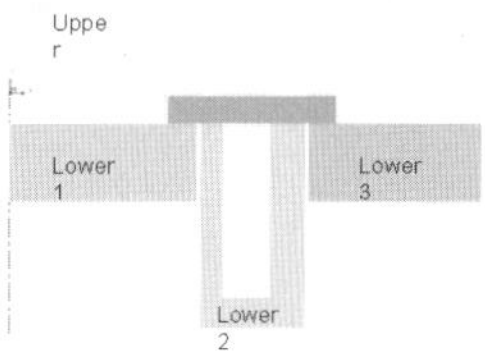

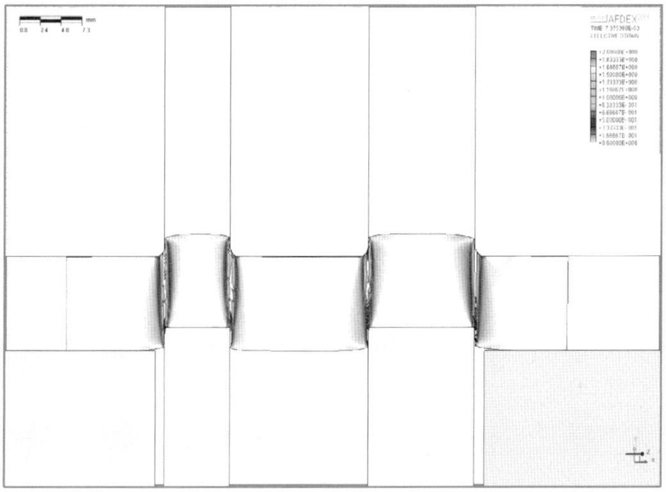

Application of load assigned blank holder and ejector

Fine blanking simulation

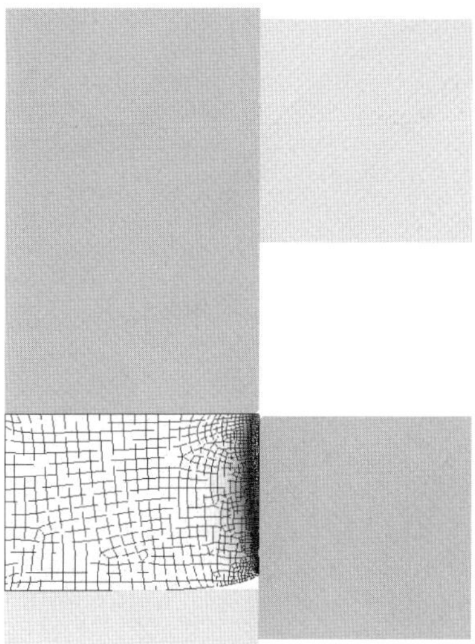

AFDEX

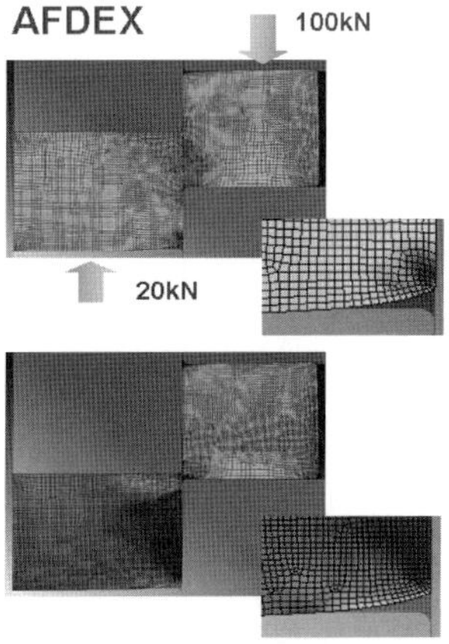

Other software

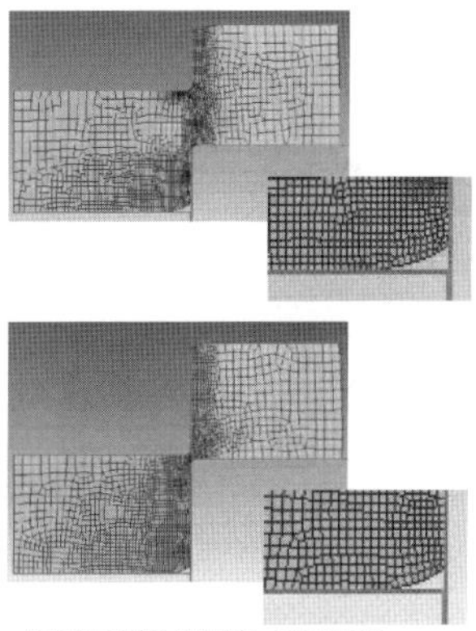

ASPF 2012 (China, Suzhou)

Effective strain-rate

44

Fine blanking simulation

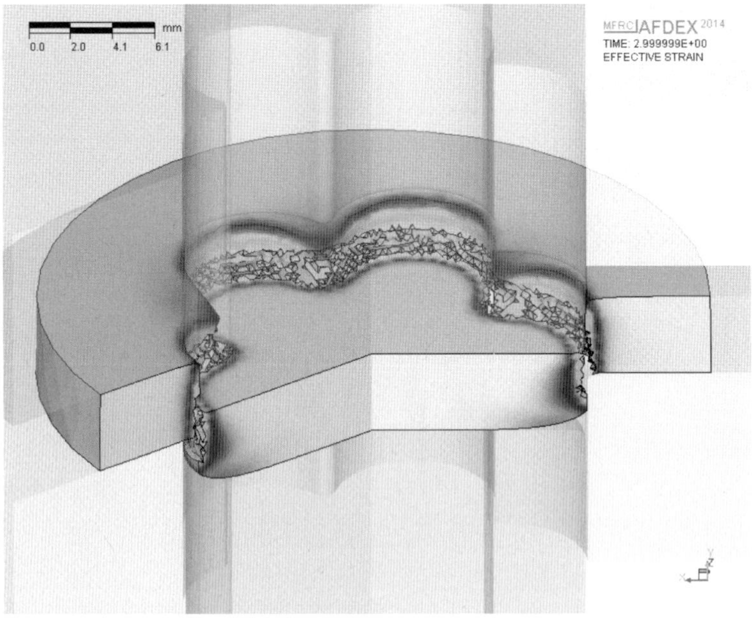

Fine blanking of plate

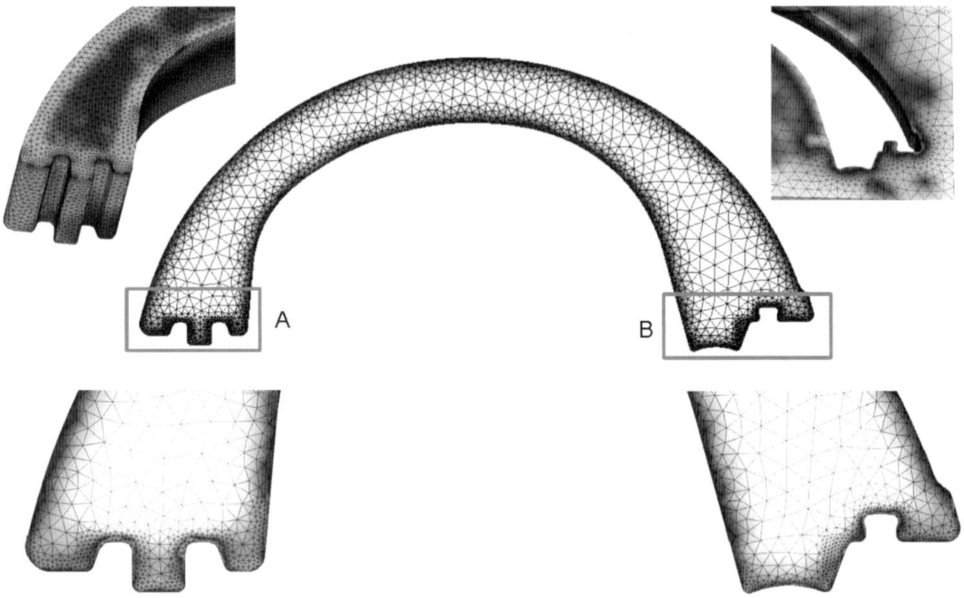

Detailed view(A)

Detailed view(B)

3D mesh refinement

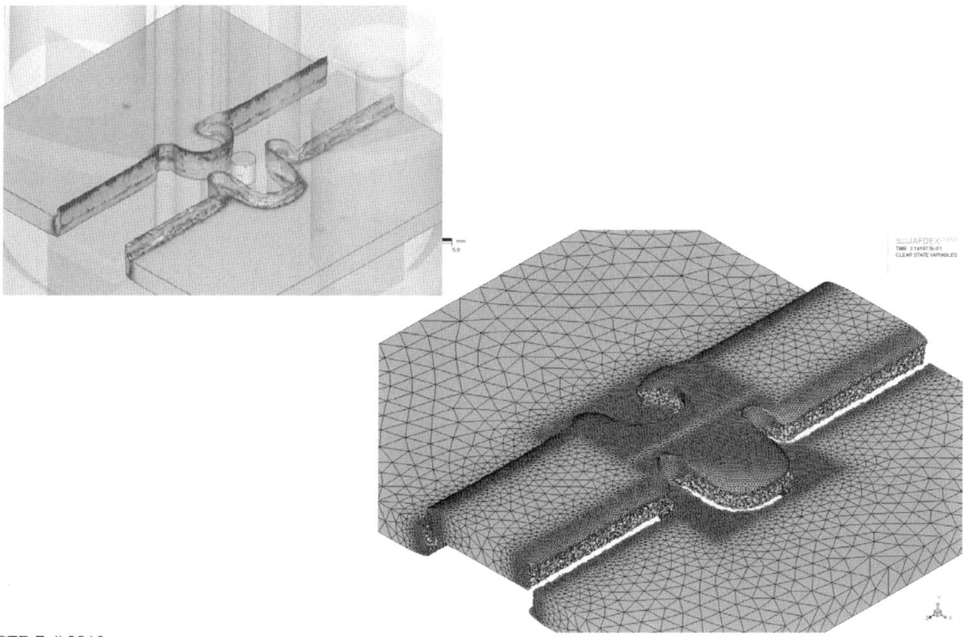

KSTP Fall 2016.

Thick plate piercing simulation

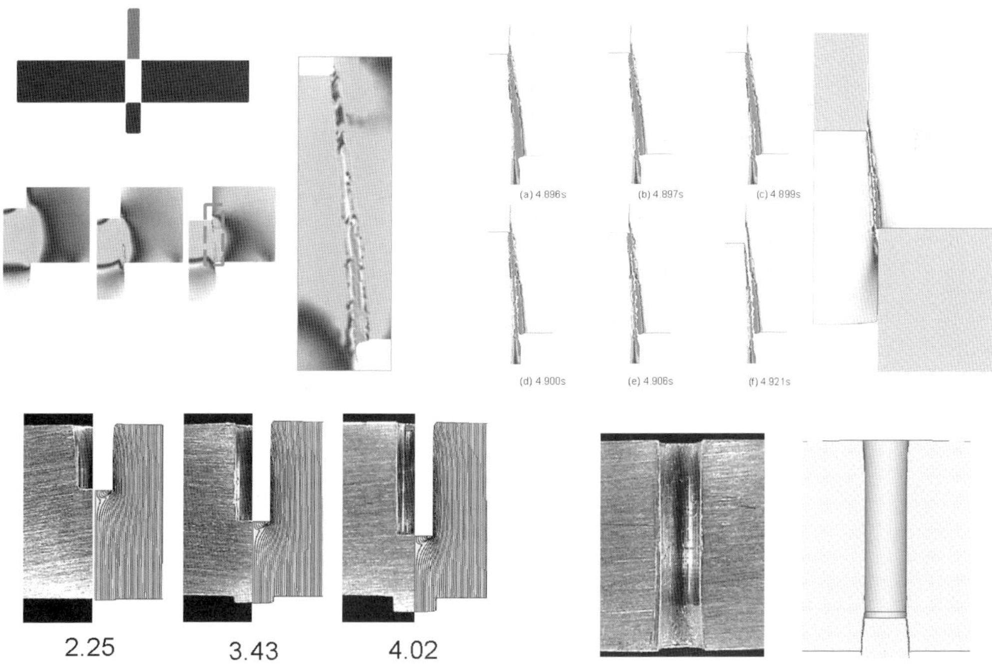

Self-piercing riveting

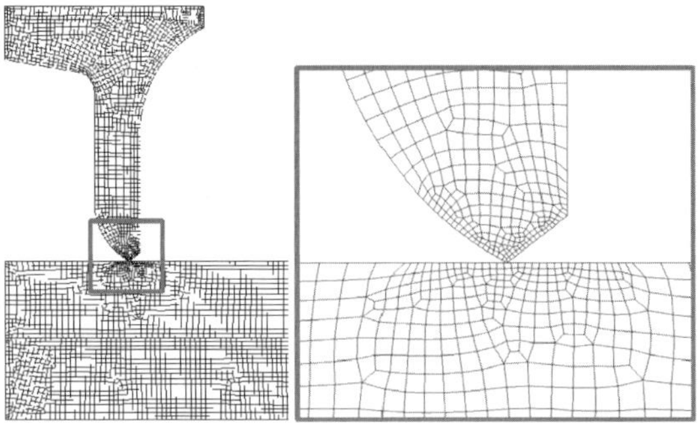

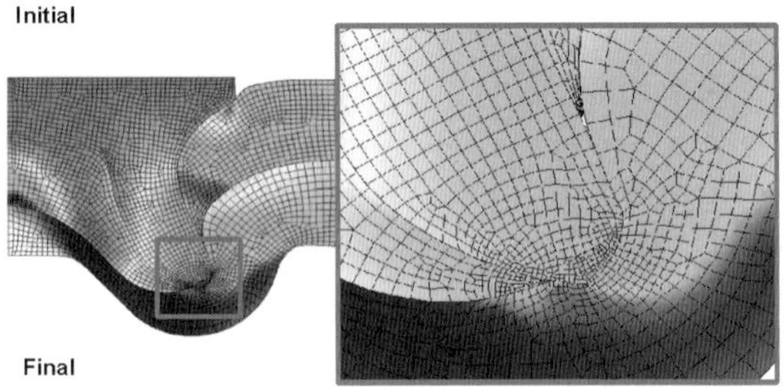

8.4 Material Identification

8.4.1 Flow stress from cold tensile test

Acquisition of flow stress from tensile test

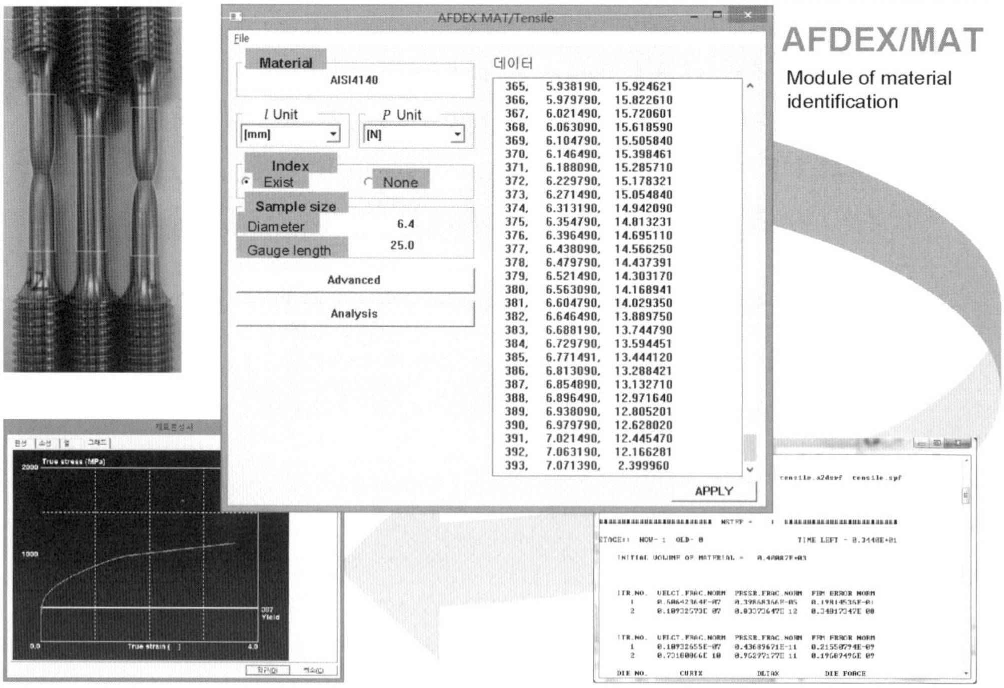

Application examples of AFDEX/MAT

✓ **Tensile test at the room temperature**

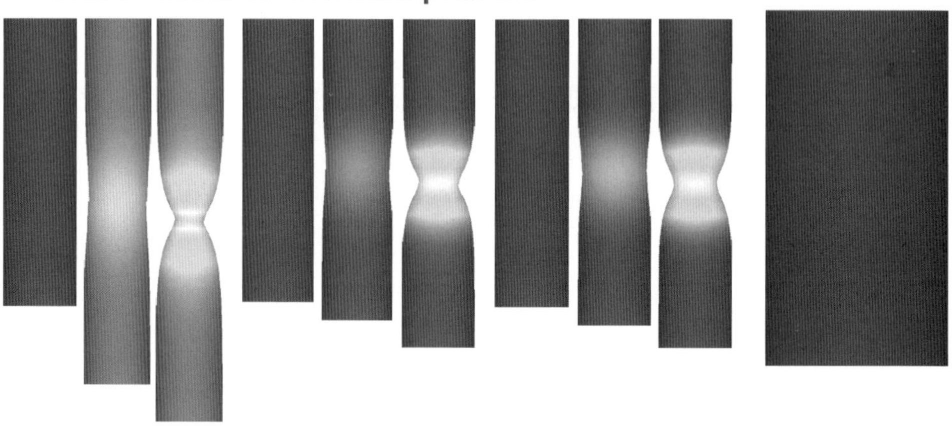

<SCM435> <ESW95> <ESW105>

-ESW, a preheat-treated steel, has so good mechanical properties to be used for auto parts.

-Here, ESW was used on behalf of low-strain hardening material.

Application examples of AFDEX/MAT

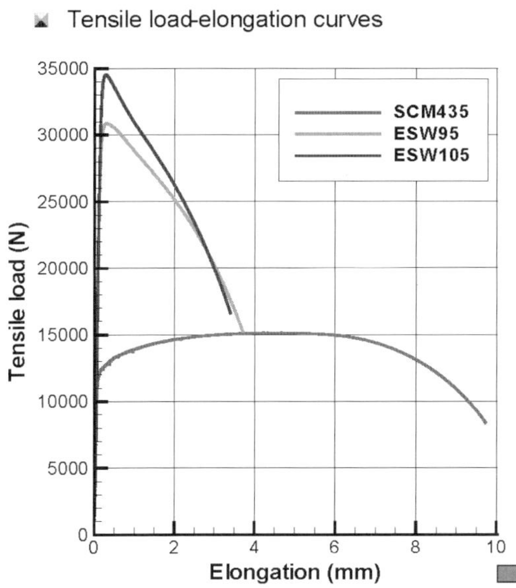

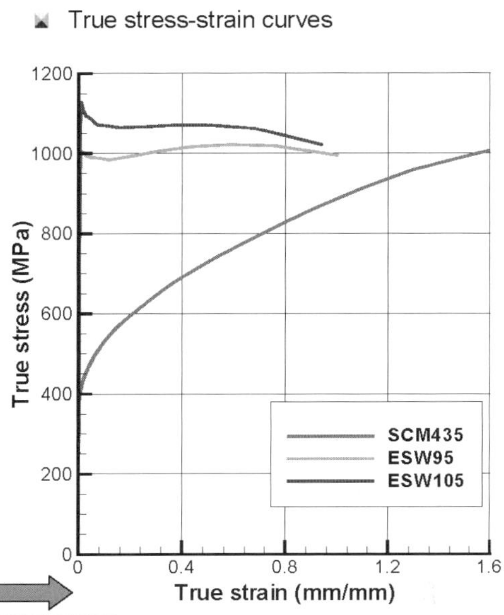

Comparison of predictions and experiments

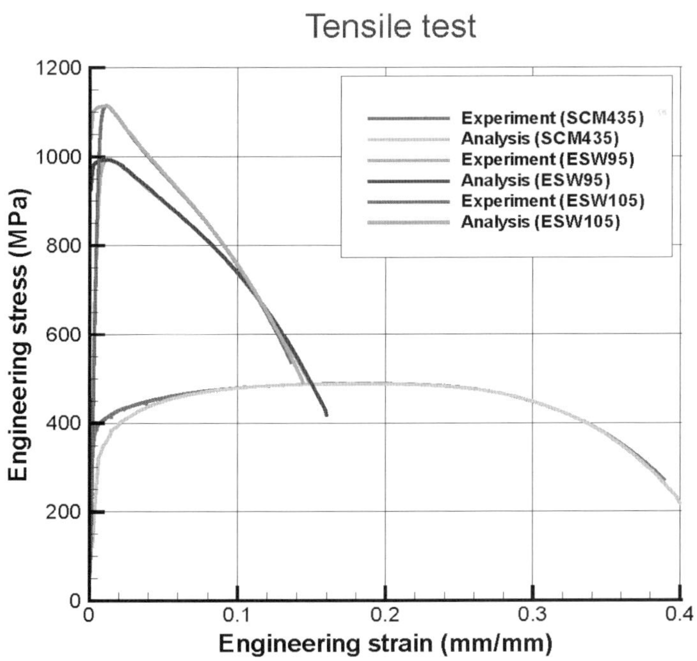

8.4.2 Flow stress from hot compression test

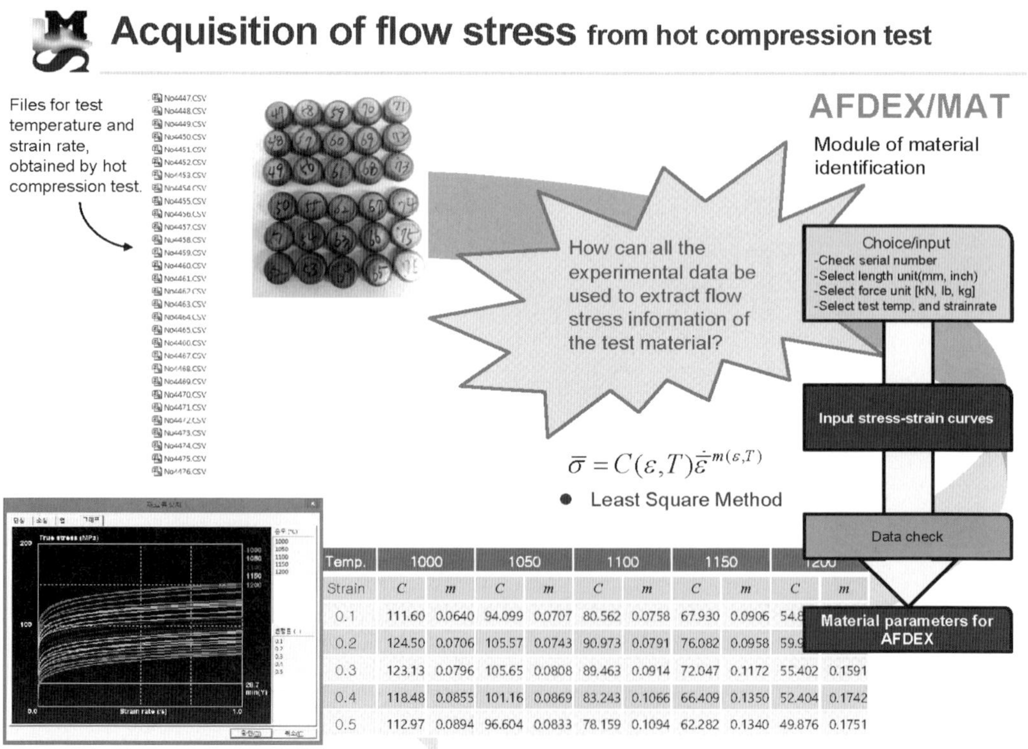

Application to Al6082 at elevated temperature

Stress-strain curves obtained by hot compression test = input data

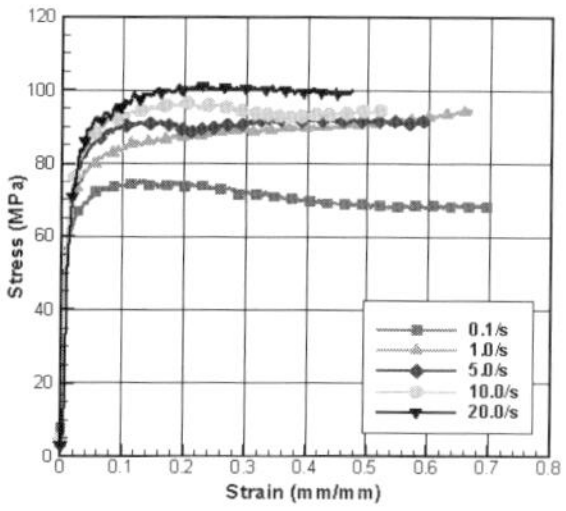

Temperature: 300 °C

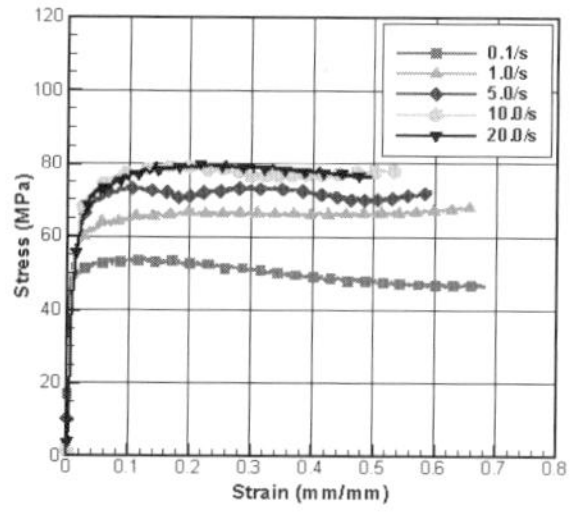

Temperature: 350 °C

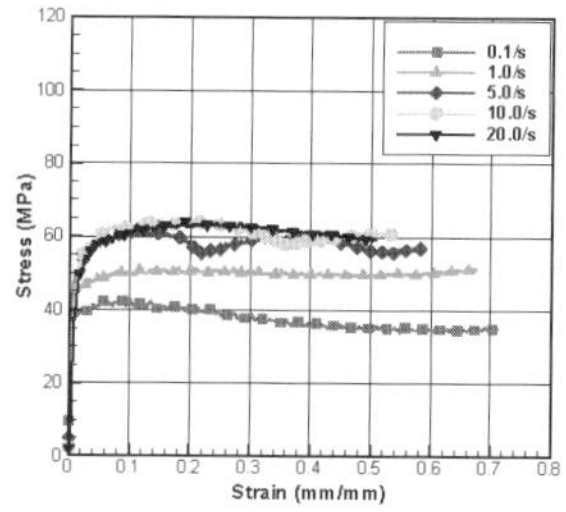

Temperature: 400 °C

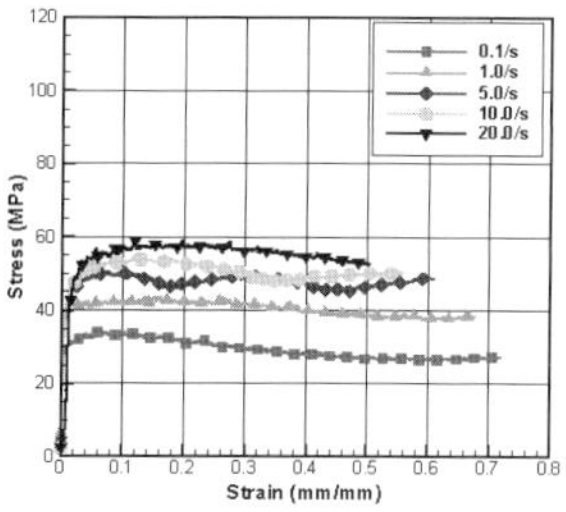

Temperature: 450 °C

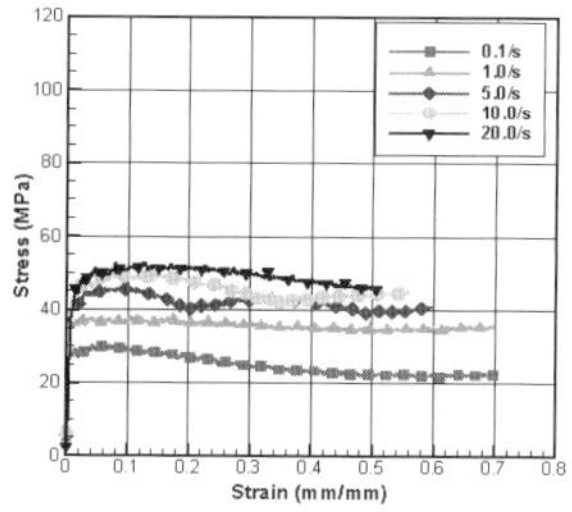

Temperature: 500 °C

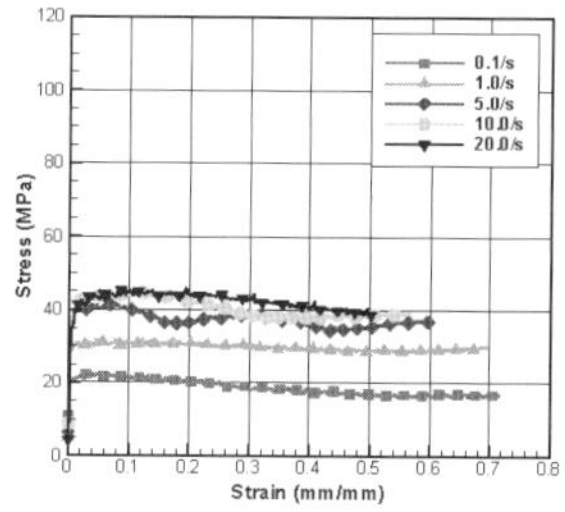

Temperature: 550 °C

Application to Al6082 at elevated temperature

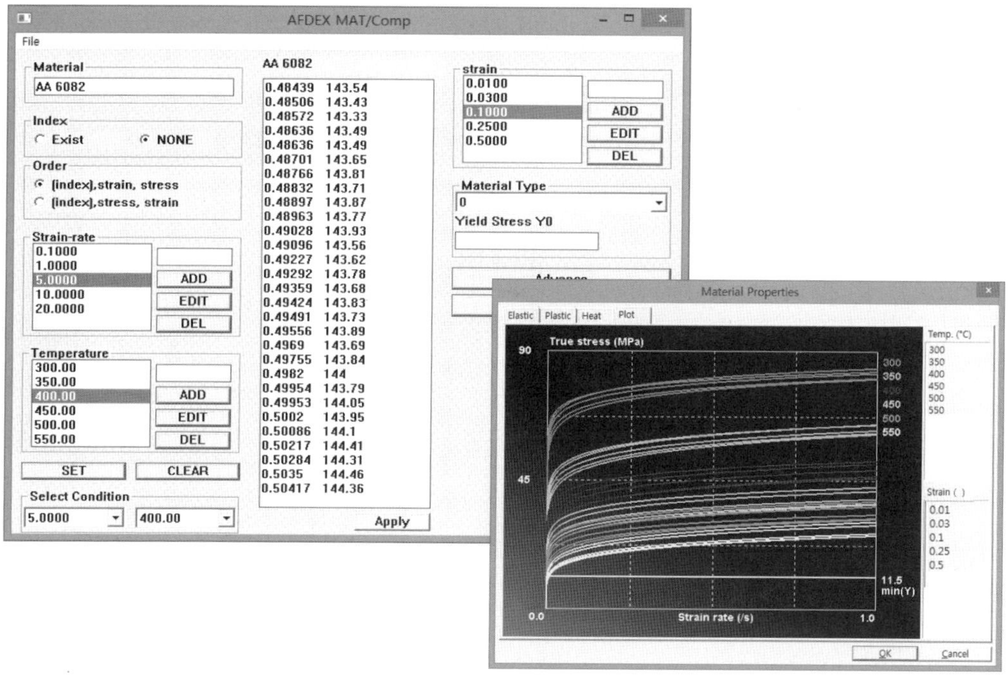

Application to Al6082 – flow stress parameters

$$\bar{\sigma} = C(\varepsilon, T)\dot{\bar{\varepsilon}}^{m(\varepsilon, T)}$$

Temperature [°C]	Strain [mm/mm]	Hot strength coefficient, C [MPa]	Strain rate hardening exponent, m
300	0.01	59.947877	0.013891
	0.03	74.511327	0.038682
	0.10	83.491843	0.049373
	0.25	84.639311	0.055143
	0.50	83.612423	0.060983
350	0.01	51.981840	0.027419
	0.03	60.007117	0.050479
	0.10	64.263350	0.069293
	0.25	64.075202	0.078071
	0.50	61.962331	0.083067
400	0.01	42.868227	0.022956
	0.03	47.728667	0.063042
	0.10	51.267648	0.074938
	0.25	49.476272	0.090539
	0.50	47.302731	0.093467

Temperature [°C]	Strain [mm/mm]	Hot strength coefficient, C [MPa]	Strain rate hardening exponent, m
450	0.01	37.276146	0.076303
	0.03	40.639365	0.089144
	0.10	42.489470	0.100116
	0.25	40.592783	0.111849
	0.50	37.370445	0.121652
500	0.01	34.534427	0.076508
	0.03	36.455361	0.101598
	0.10	37.456420	0.108473
	0.25	34.726328	0.125264
	0.50	32.353452	0.125031
550	0.01	29.694233	0.119925
	0.03	31.024802	0.124556
	0.10	31.136650	0.137385
	0.25	29.401557	0.142721
	0.50	27.153190	0.141299

Application to Al6082 - verification

- **Comparison experiment with algorithm for temperature of 300 °C and strain of 0.1**

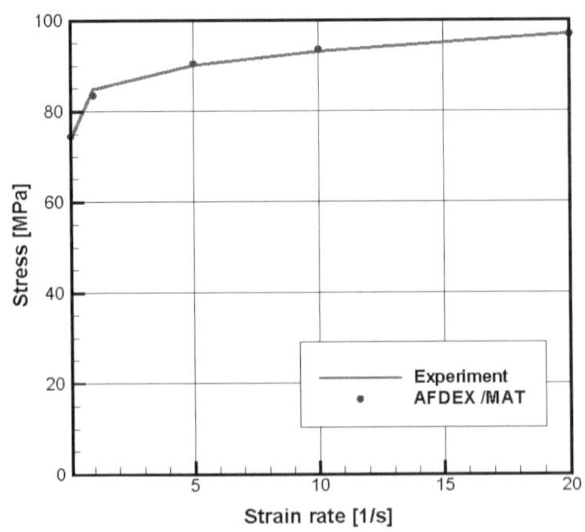

Strain rate [1/s]	Stress [MPa]		Error [%]
	Experiment	AFDEX /MAT	
0.1	73.8612	74.5196	0.89
1.0	84.8228	83.4918	1.57
5.0	90.0613	90.3970	0.37
10.0	93.0688	93.5442	0.51
20.0	96.9327	96.8009	0.14

8.4.3 Flow stress from cold compression test

Acquisition of flow stress from cold compression test

✓ Methodology

-Minimizing the maximum error between predictions and experiments of upsetting force-reduction curve

-Using AFDEX with HyperStudy

✓ Specimen and reduction

-Diameter: 12.5 mm

-Height: 25.0 mm

-Reduction of height: 50%

✓ Design variables and initial values

-Design variables: 12 flow stresses at the sampled strains of 0.03, 0.05, 0.1, 0.15, 0.2, 0.25, 0.3, 0.35, 0.4, 0.45, 0.5 and one sample strain between 0.0 and 0.03.

✓ Fixed process variables

-Coefficient of Coulomb friction: 0.03

-Punch speed: 1.0 mm/s

✓ Experiments

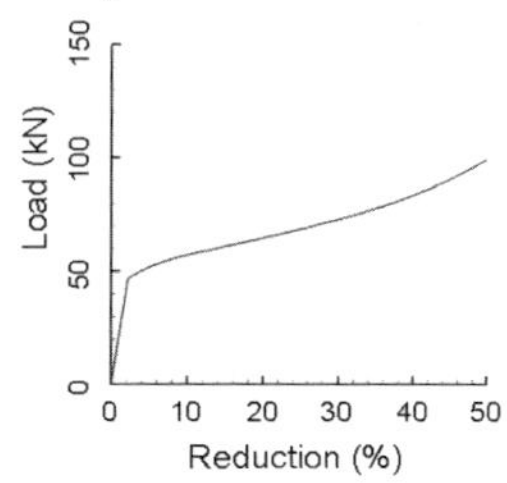

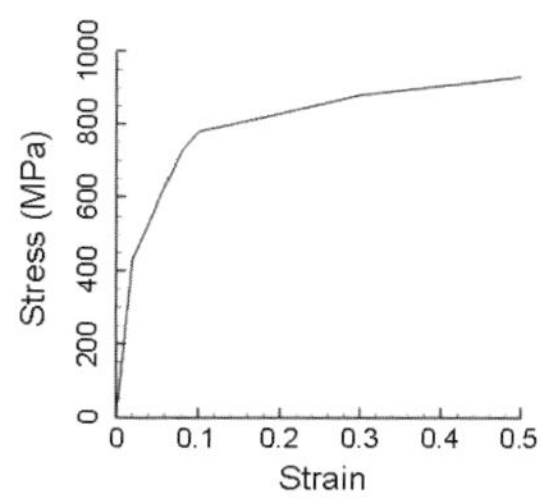

Initial guess of sampled flow stress

Acquisition of flow stress from cold compression test

✓ Optimized flow stress and initial guess

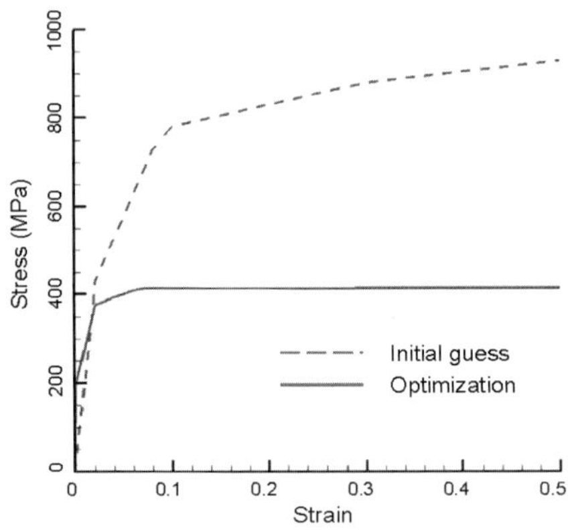

✓ Convergence and error

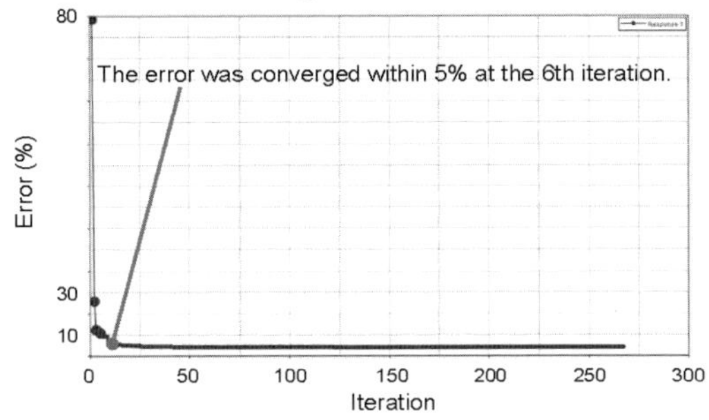

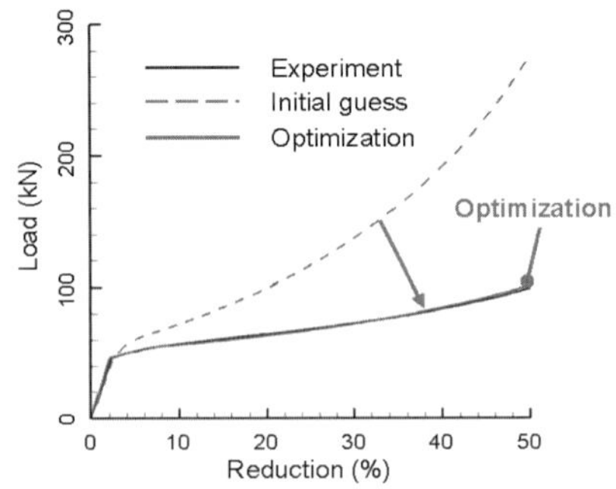

8.4.4 Material properties for predicting microstructural evolution

Obtaining DRX/SRX parameters

✓ **Laboratory method**

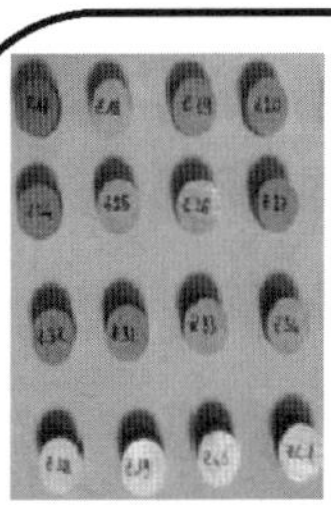

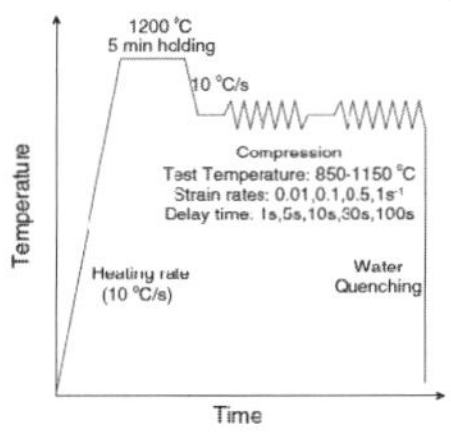

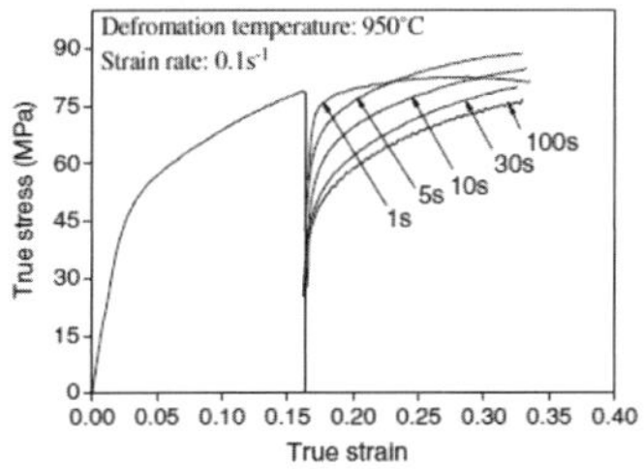

Large number of experiments
Hard execution
Costly procedure

✓ **Practical method**

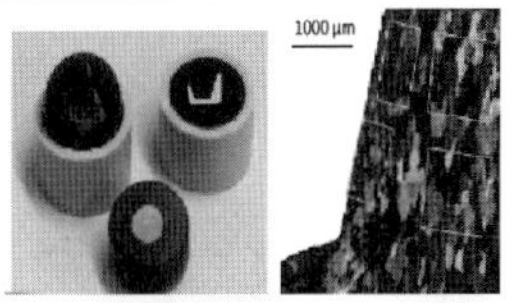

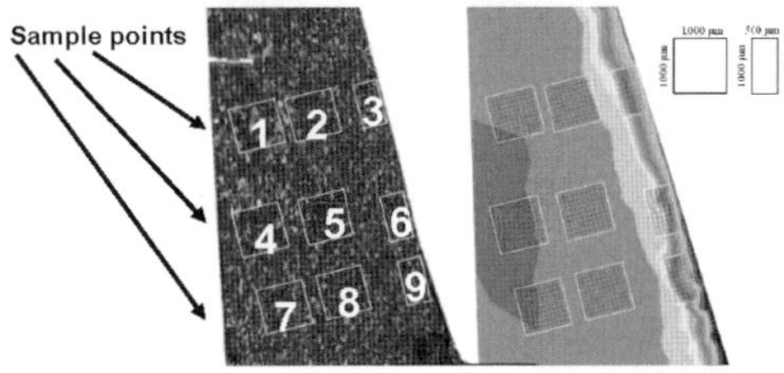

Grain size measurement at sample points:
1- Cutting
2- Sample preparation
3- Etching (Picric acid at 50-60℃)

EBSD and Hardness test (for Kinetics)

FEA - Optimization approach

$$d_{DRX} = a_5 d_0^{h_5 \to 1} \varepsilon^{n_5} \dot{\varepsilon}^{m_5} \exp(Q_5/RT) + c_5{}^{\to 0}$$

The material variables are:
Given by the user: T(temperature), a_5, h_5, n_5, m_5, Q_5, c_5, d_0

$a_5 = 7.22$ $\quad n_5 = -0.985$ $\quad m_5 = -0.105$ $\quad T = 350\ ^\circ\mathrm{C}$

Objective Function:

$$\varphi_0 = \sum_{i=1}^{n} \left(d_{DRX,\exp(i)} - d_{DRX,sim(i)}\right)^2$$

$6 < a_5 < 8$ $\quad a_{5,initial\ value} = 6.5$
$-1 < n_5 < 0$ $\quad n_{5,initial\ value} = -0.5$
$-1 < m_5 < 0$ $\quad m_{5,initial\ value} = -0.5$

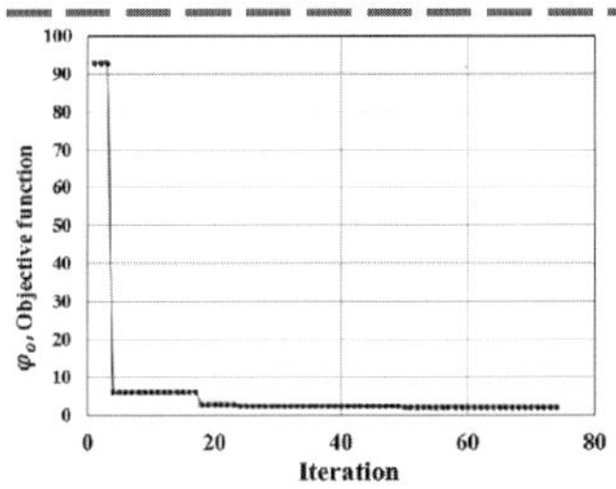

Global Response Surface Method (GRSM) is employed for optimization

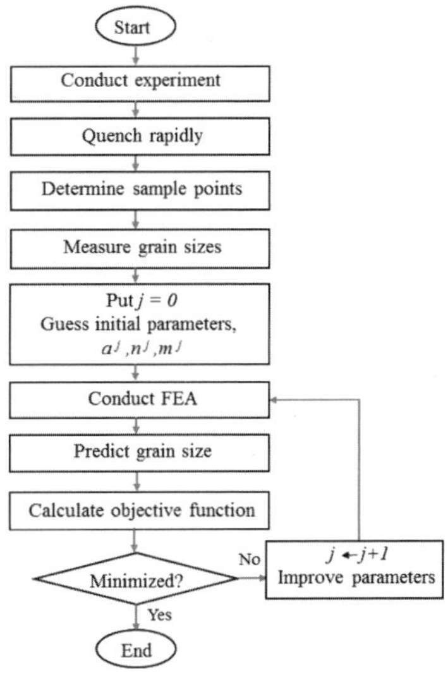

Optimization results

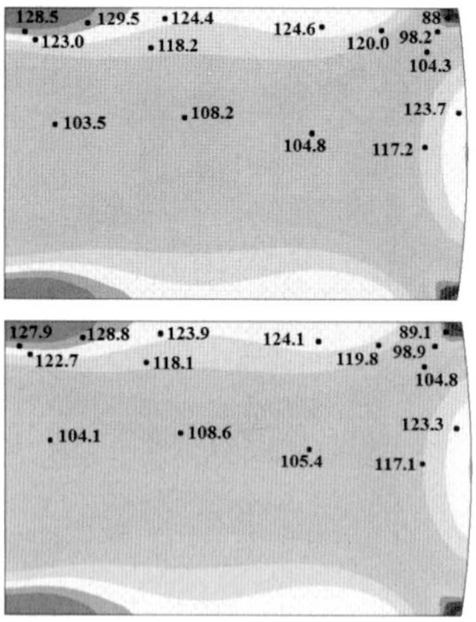

Comparison between the optimized and reference DRX parameters.

DRX Parameter	Reference	Optimized
a	7.22×10^{12}	7.4×10^{12}
m	-0.105	-0.107
n	-0.985	-0.929

Predicted grain size using reference DRX parameters (target) and optimized DRX parameters.

Sample point	Target (μm)	Optimized (μm)	Error (%)
1	128.5	127.9	0.5
2	129.5	128.8	0.6
3	123.0	122.7	0.3
4	124.4	123.9	0.4
5	124.6	124.2	0.4
6	118.2	118.1	0.1
7	120.0	119.8	0.1
8	88.0	89.1	1.3
9	98.2	99.0	0.8
10	104.3	104.8	0.5
11	123.7	123.3	0.3
12	104.8	105.4	0.5
13	103.5	104.1	0.6
14	108.2	108.6	0.4
15	117.2	117.1	0.1

Numerical characteristics of the approach

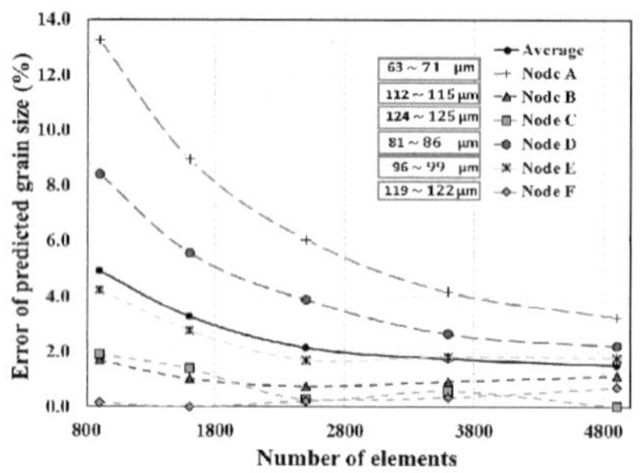

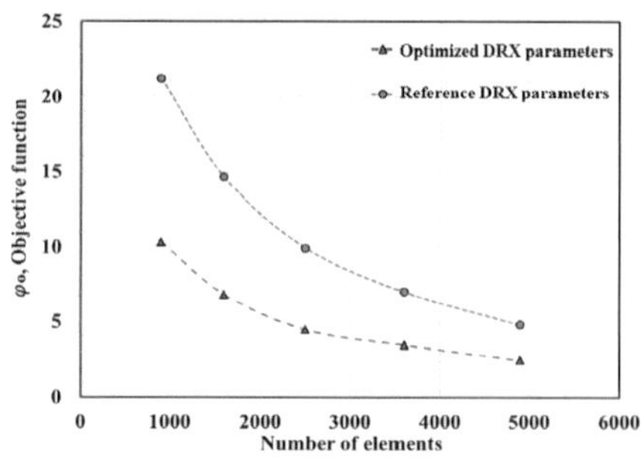

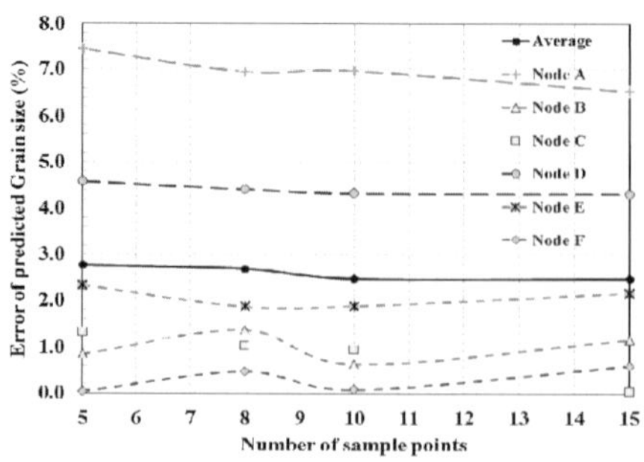

8.5 Radial forging, swaging, and open-die forging

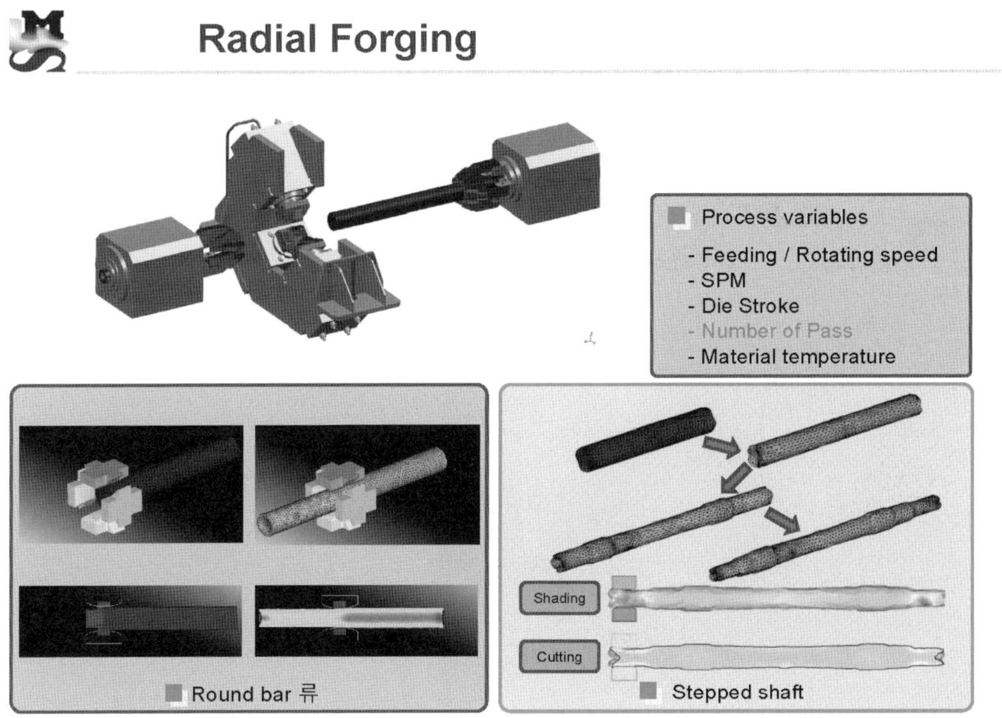

Analysis model of radial forging

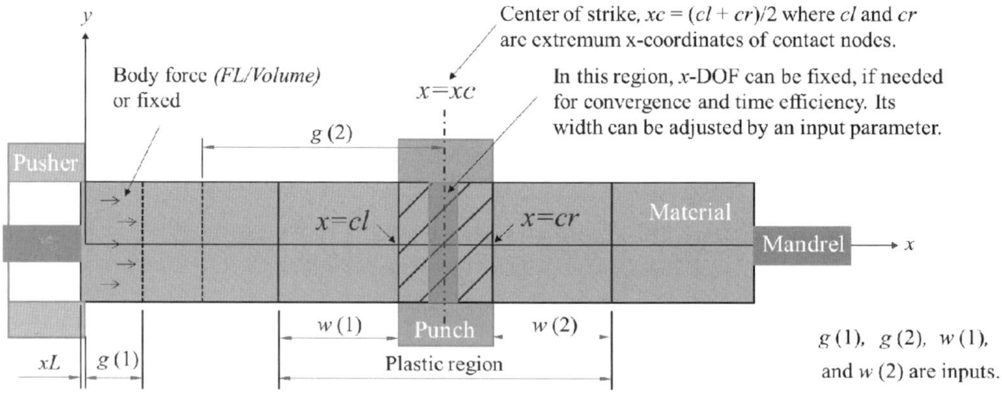

1. Material rotates periodically.
2. Pusher (manipulator) moves with material periodically.
3. Punch moves periodically with profile motion.
4. Pusher can also be placed additionally or alone on the right of material.

The positions of punch and/or pusher with material can be adjusted before each new period.

If xc-g (2) < g (1), g (1) is replaced by xc-g (2).

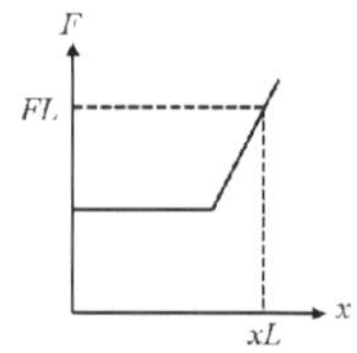

Example 1 of radial forging process

➢ **Loading speed = 75.0 mm/s**

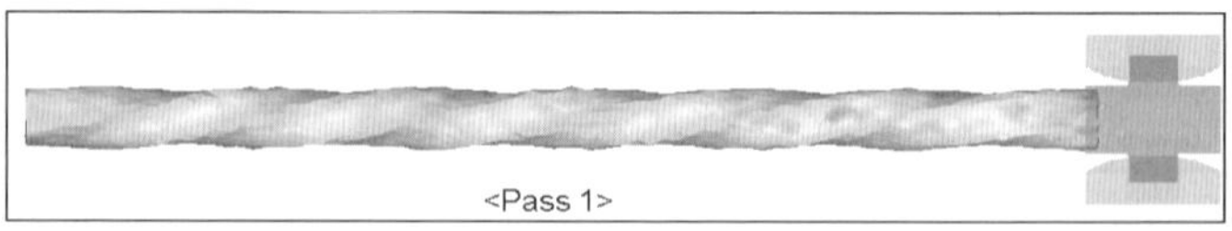

Forging time = 53 seconds

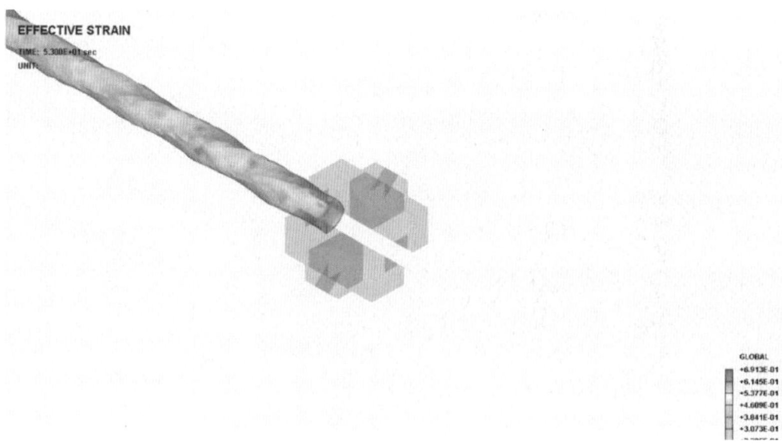

Example 2 of radial forging process

➢ **Loading speed = 25.0 mm/s**

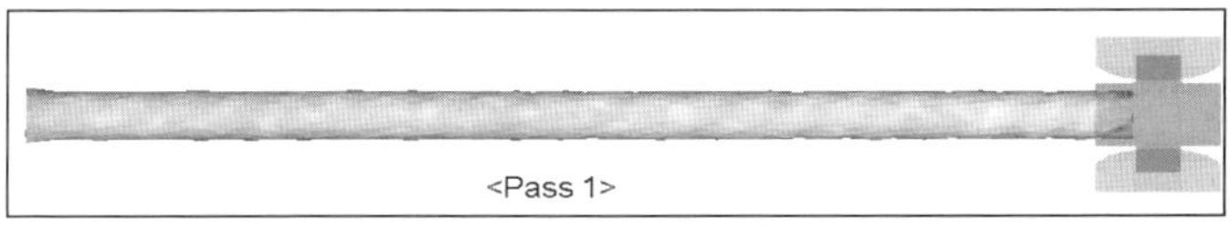

Forging time = 165 seconds

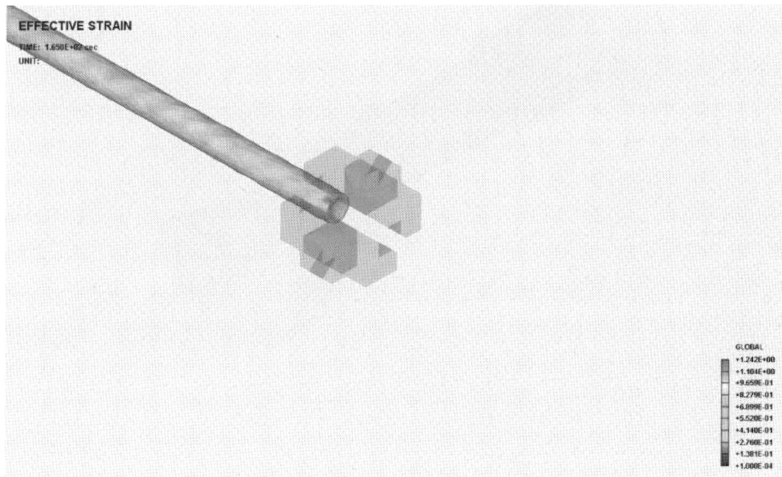

Example 3 of radial forging process

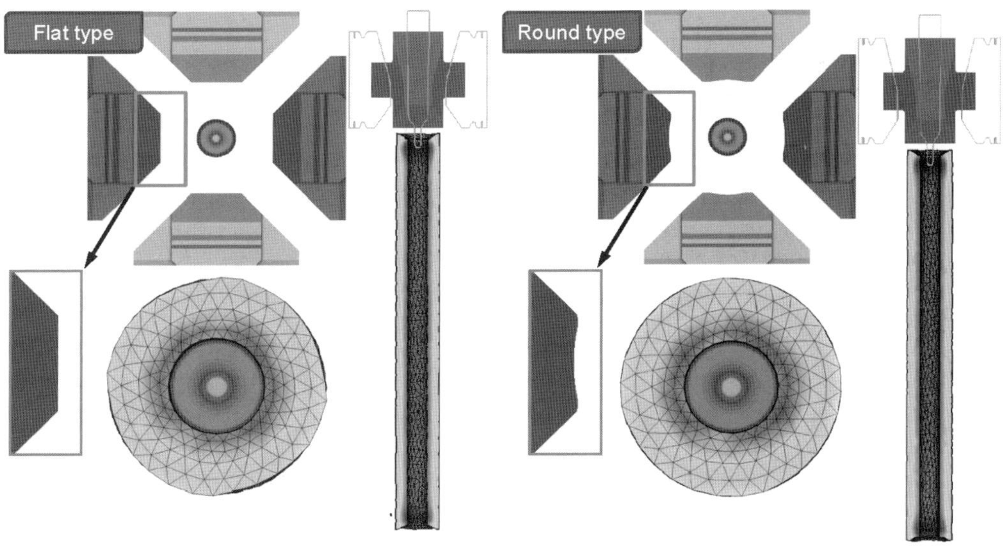

Example 4 of radial forging process

➢ **Hollow shaft : Hyundai Wia**

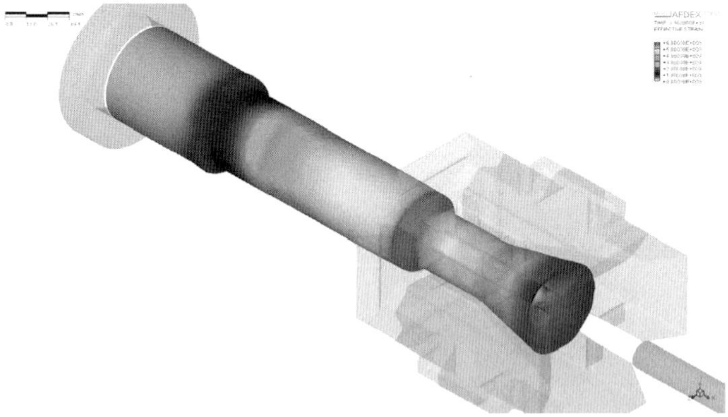

9. Hot Issues

저자: 전만수

9.1 Complete metal forming simulation

9.1.1 Extrusion

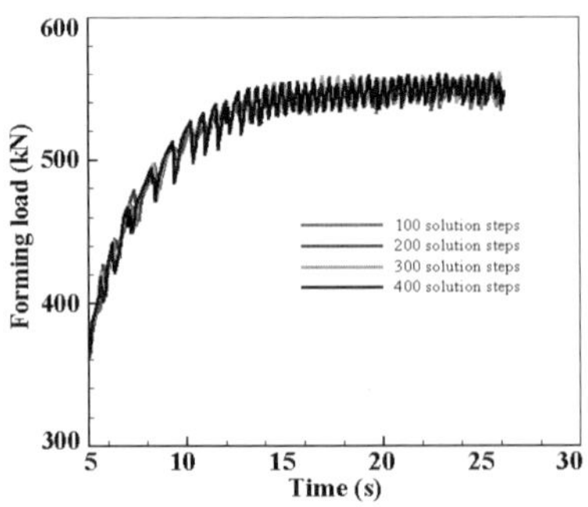

Complete forging simulation 1 - 2D, forward extrusion

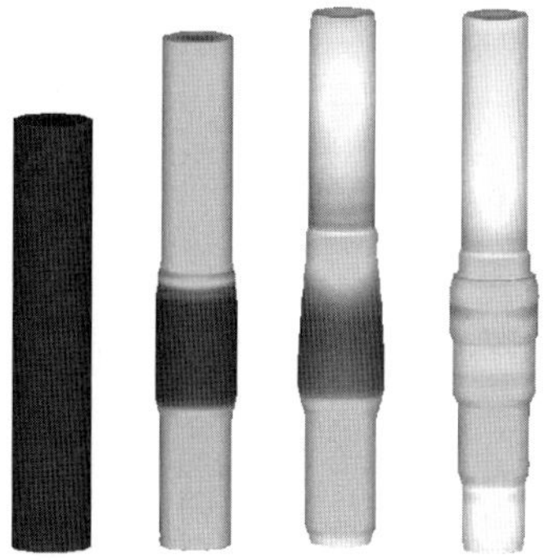

Typical open extrusion processes to form stepped shaft

$$\sigma_{ij}' = \frac{2}{3}\frac{\bar{\sigma}}{\dot{\bar{\varepsilon}}}\dot{\varepsilon}_{ij}$$

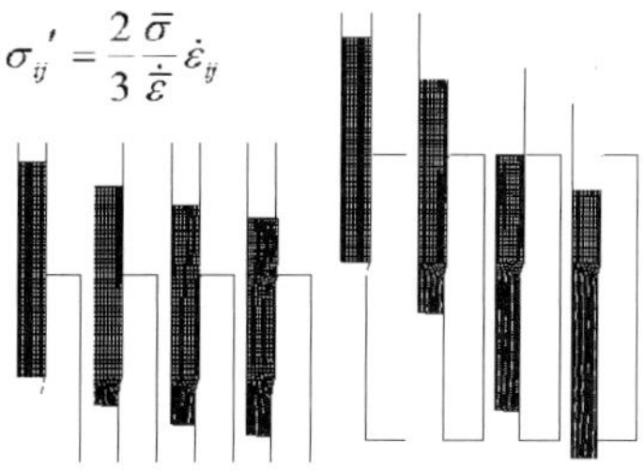

KSTP Spring 2017

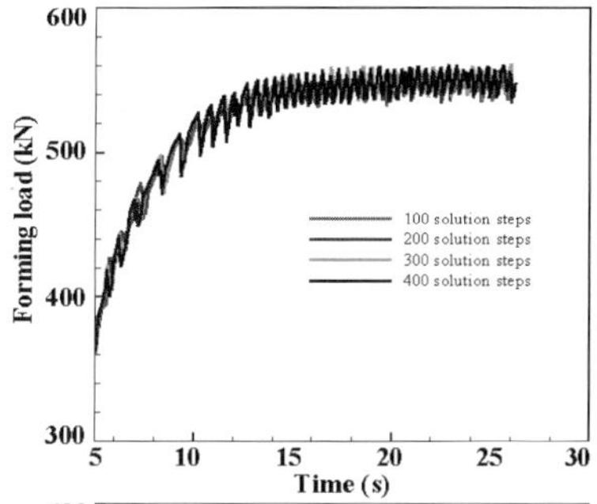

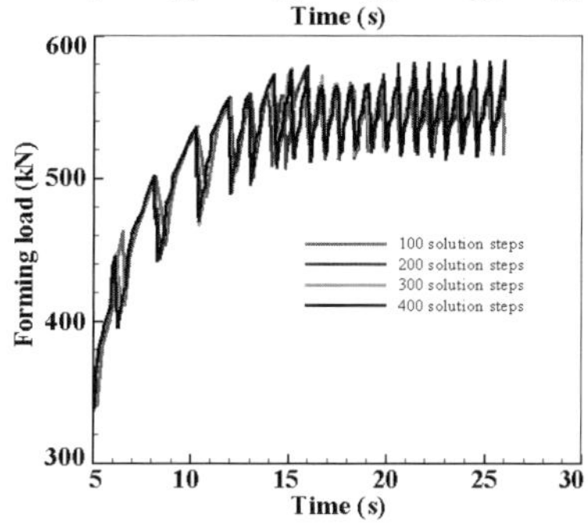

Case 4

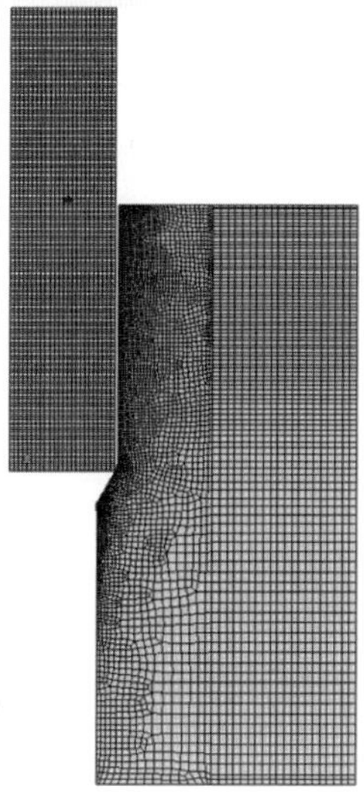

Complete forging simulation 1 - 2D, forward extrusion

Cases	Material	Die
Case 1	Rigid-plastic	Rigid
Case 2	Elastoplastic	Rigid
Case 3	Rigid-plastic	Elastic
Case 4	Elastoplastic	Elastic

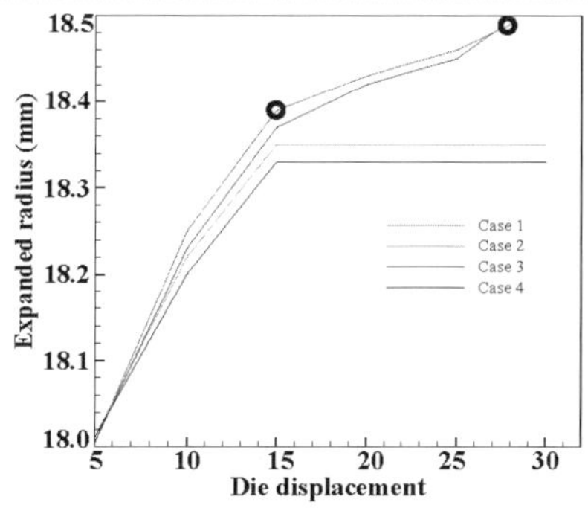

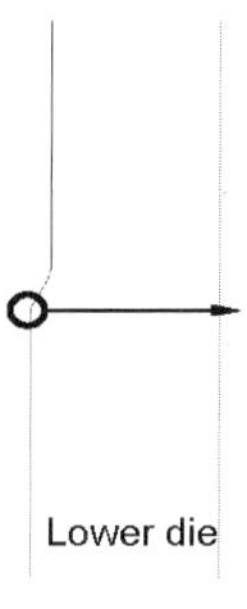

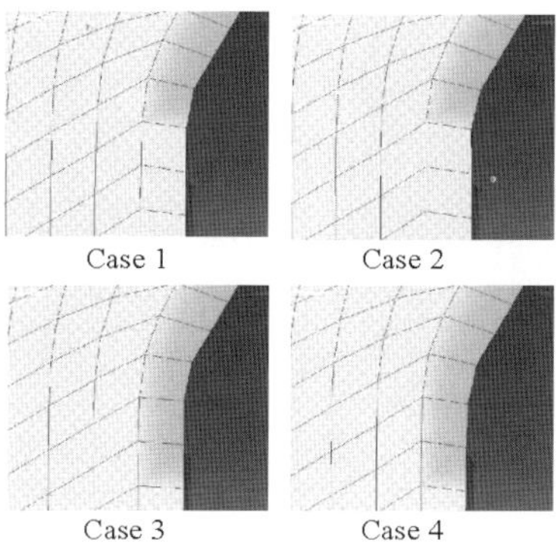

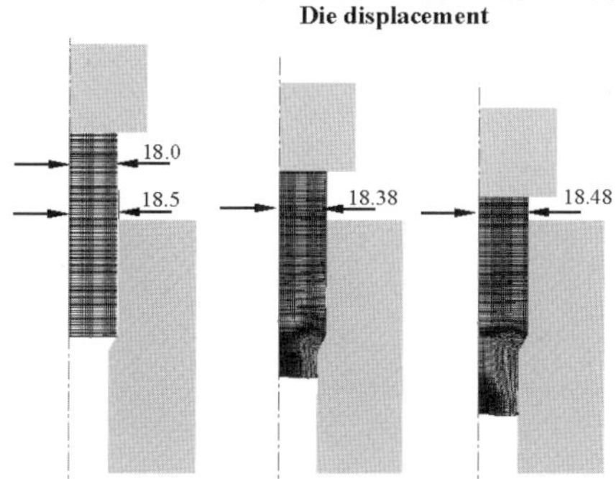

Case 1

Complete forging simulation 1 - 2D, forward extrusion

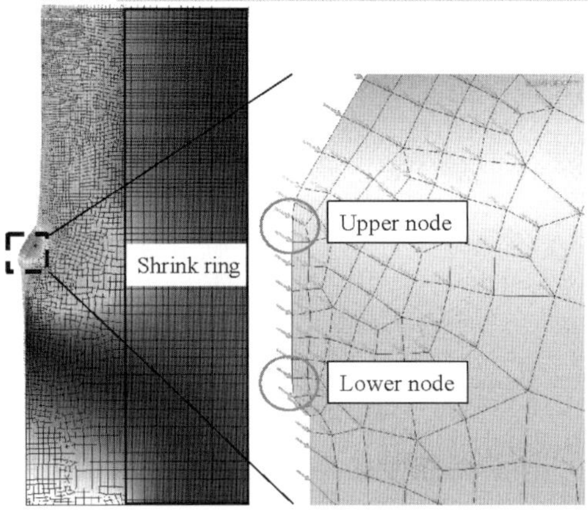

Cases	Material	Die
Case 1	Rigid-plastic	Rigid
Case 2	Elastoplastic	Rigid
Case 3	Rigid-plastic	Elastic
Case 4	Elastoplastic	Elastic

Die Material		SKD 11	WC
Case 3	Upper	0.0665	0.0222
	Lower	0.0612	0.0206
Case 4	Upper	0.0651	0.0219
	Lower	0.0598	0.0202

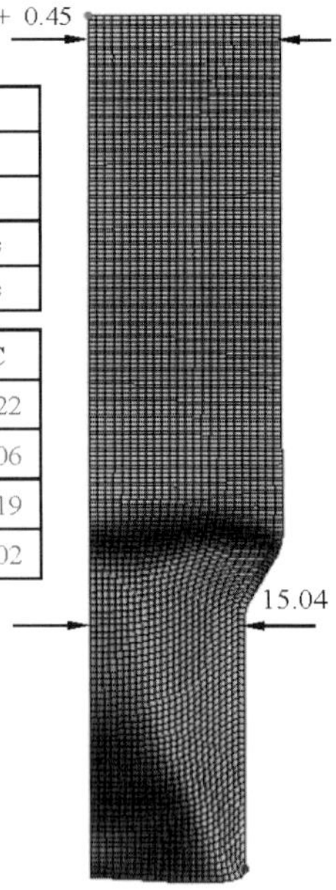

Case 4

Case	Limit initial radius (mm)
1	18.15
2	18.22
3	18.18
4	18.26

Rigid-plastic	Radius at die orifice (mm)
Case 1	14.99
Case 3	15.05

Elastoplastic	Radius at die orifice (mm)
Case 2	14.98
Case 4	15.04

Complete forging simulation 1 - 2D, forward extrusion

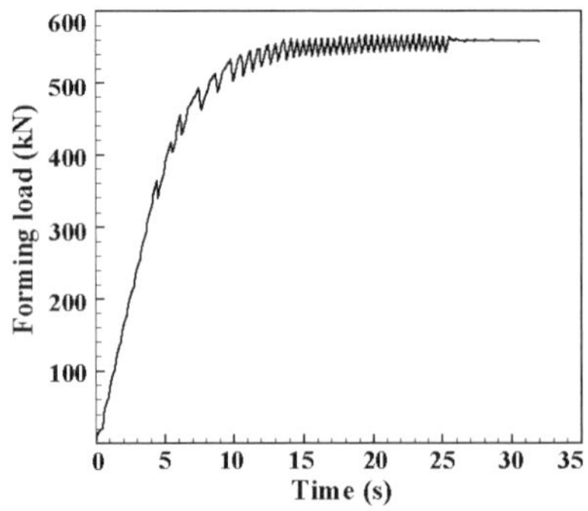

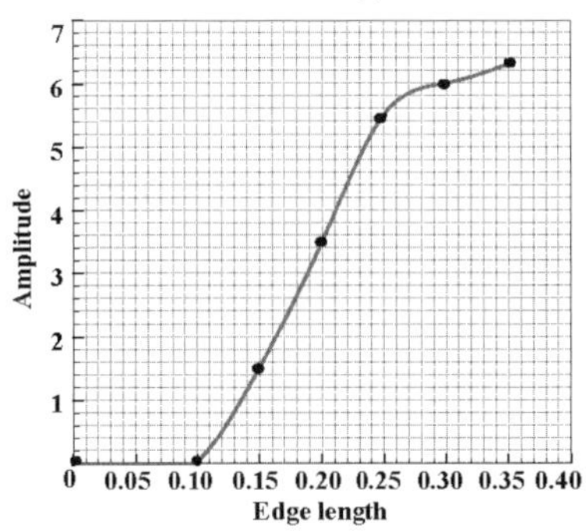

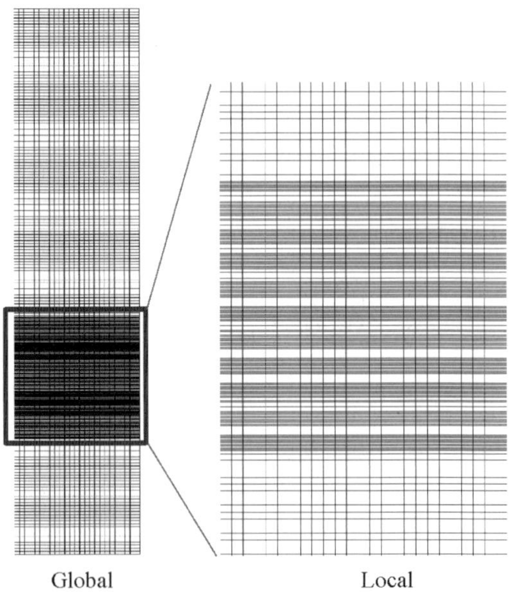

Mesh system

Complete port-hole extrusion simulation

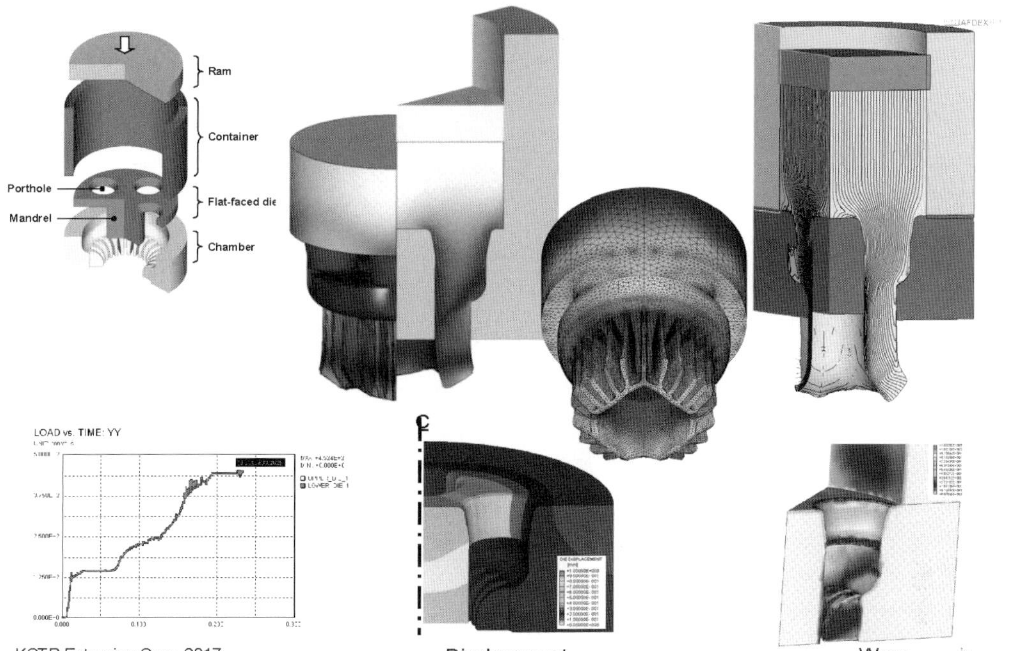

KSTP Extrusion Sym. 2017 | Displacement | Wear

9.1.2 Axi-symmetric hot extrusion

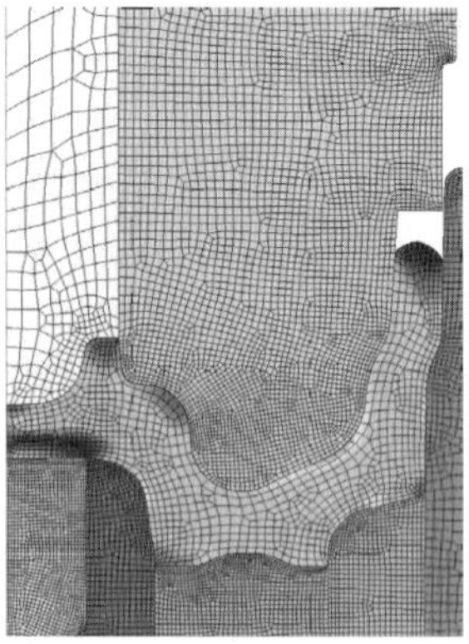

Complete forging simulation 2- 2D, Combined dies, Fully coupled analysis of dies and material in terms of deformation and heat transfer

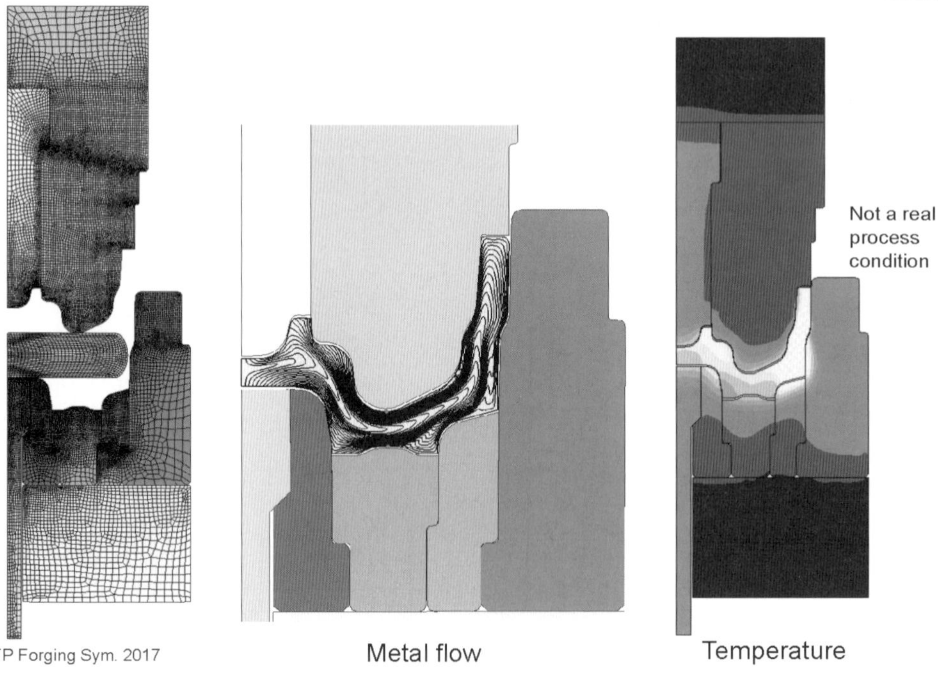

KSTP Forging Sym. 2017 Metal flow Temperature

Complete forging simulation 2- 2D, Combined dies, Fully coupled analysis of dies and material in terms of deformation and heat transfer

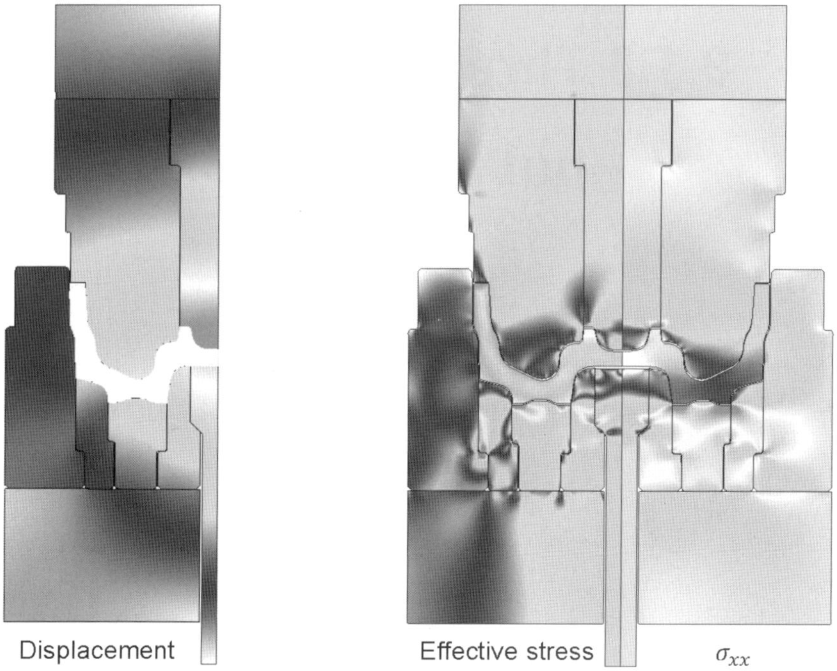

Displacement　　Effective stress　　σ_{xx}

Complete forging simulation 2- 2D, Combined dies, Fully coupled analysis of dies and material in terms of deformation and heat transfer

An instant when forming loads are the same with each other

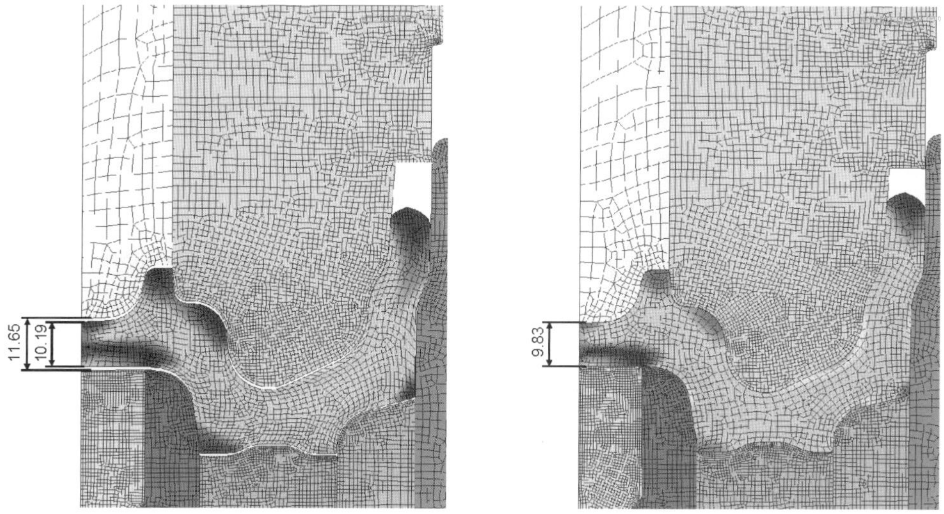

Rigid die　　Considering die elastic deformation

9.1.3 Three-dimensional hot extrusion

Complete forging simulation 3 - 3D, Fixed scroll, Fully coupled analysis of deformation as well as heat transfer

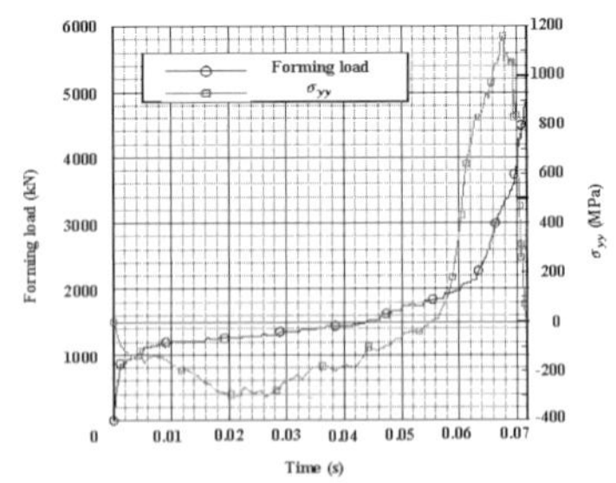

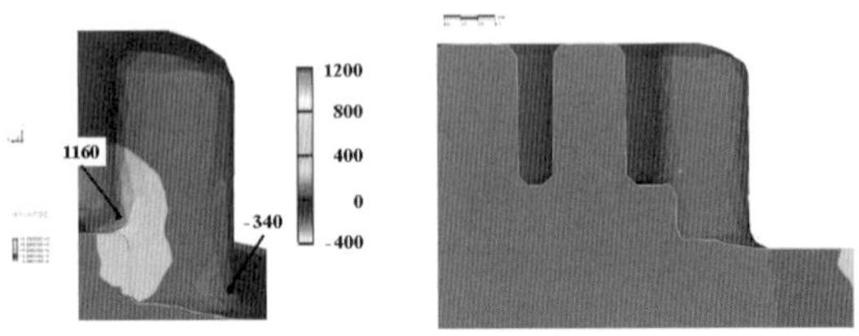

Simulation Cases		
	Material	Die
Case 1	Viscoplastic	Rigid
Case 2	Viscoplastic	Elastic
Case 3	Thermoviscoplastic	Rigid
Case 4	Thermoviscoplastic	Elastic

KSTP Spring 2017

Complete forging simulation 3 - 3D, Fixed scroll, Fully coupled analysis of deformation as well as heat transfer

	Material	Die
Case 4	Thermoviscoplastic	Elastic

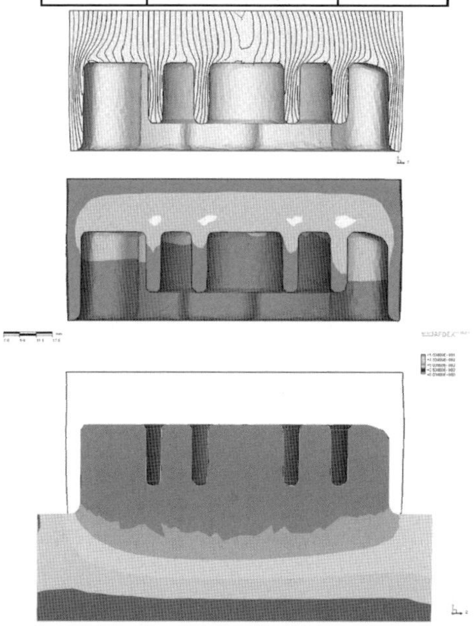

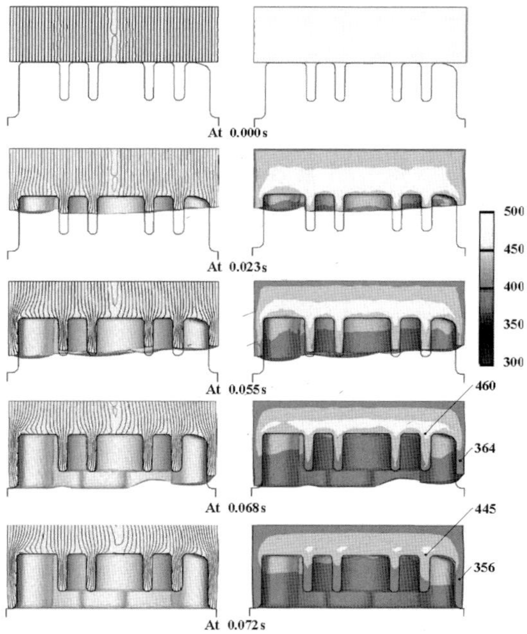

(a) Metal flow lines (b) Temperature (°C)

Complete forging simulation 3 - 3D, Fixed scroll, Fully coupled analysis of deformation as well as heat transfer

Simulation Cases		
	Material	Die
Case 1	Viscoplastic	Rigid
Case 2	Viscoplastic	Elastic
Case 3	Thermoviscoplastic	Rigid
Case 4	Thermoviscoplastic	Elastic

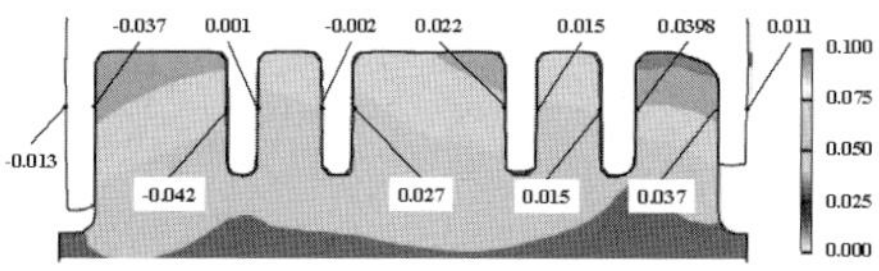

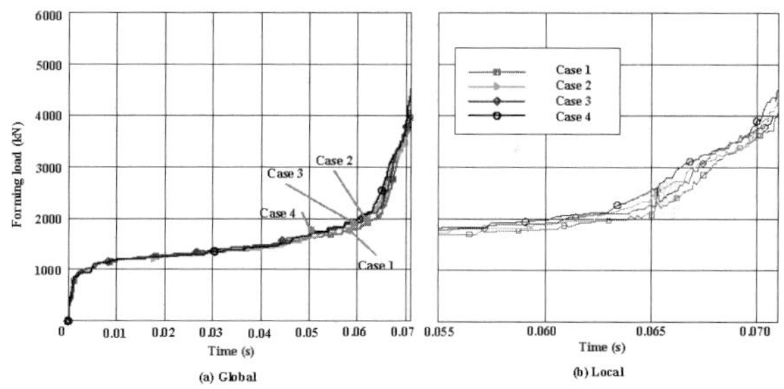

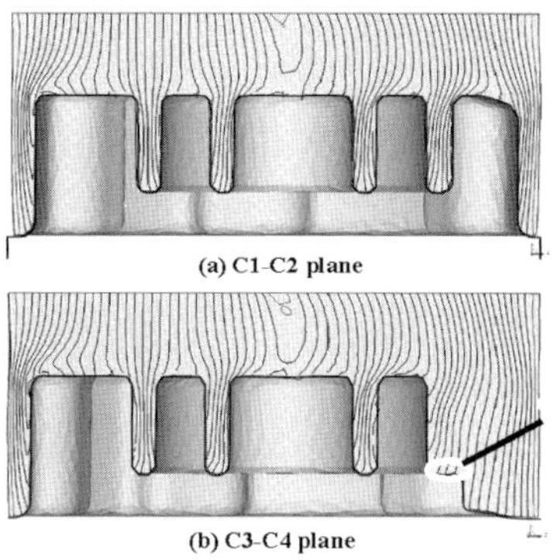

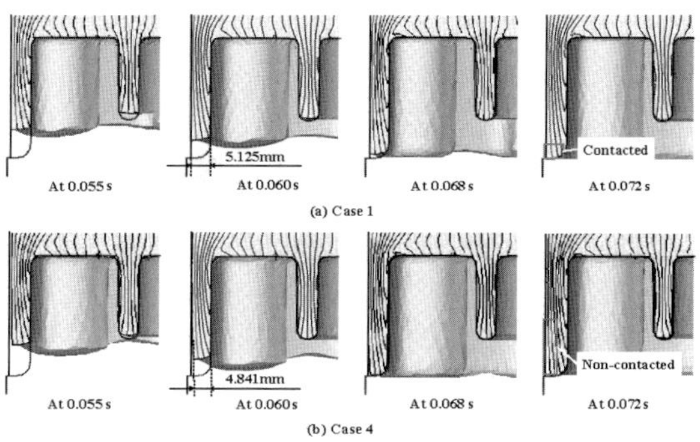

Complete forging simulation 3 - 3D, Fixed scroll, Fully coupled analysis of deformation as well as heat transfer

	Material	Die
Case 1	Viscoplastic	Rigid
Case 2	Viscoplastic	Elastic
Case 3	Thermoviscoplastic	Rigid
Case 4	Thermoviscoplastic	Elastic

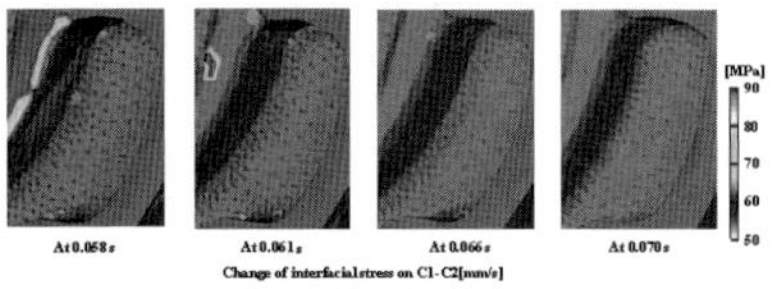
Change of interfacial stress on C1-C2[mm/s]

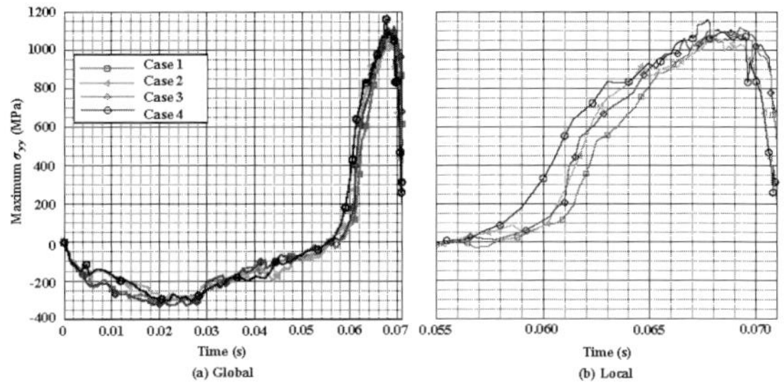

(a) Global (b) Local

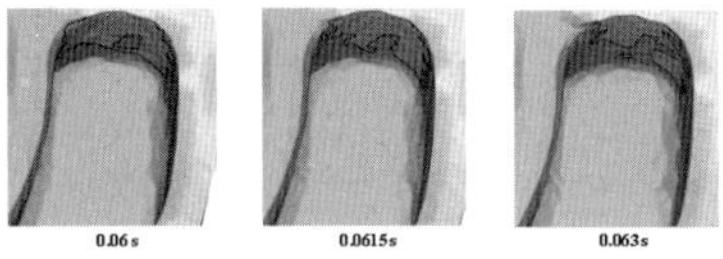

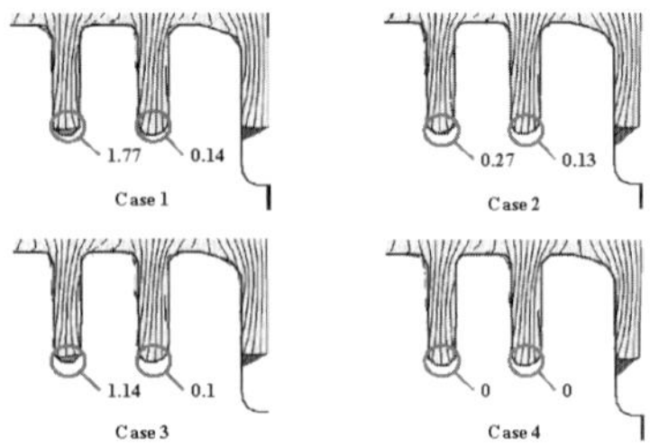

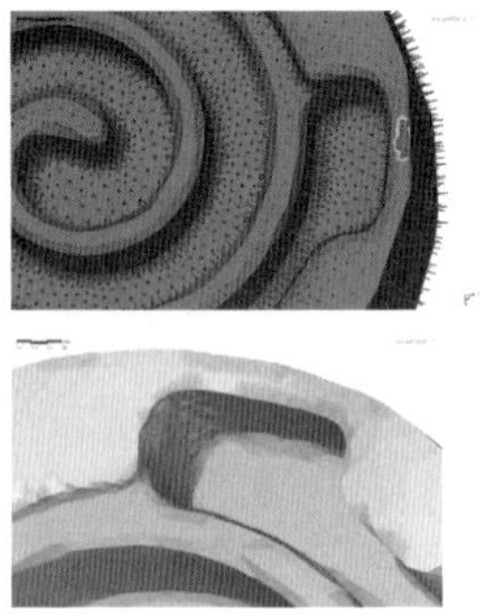

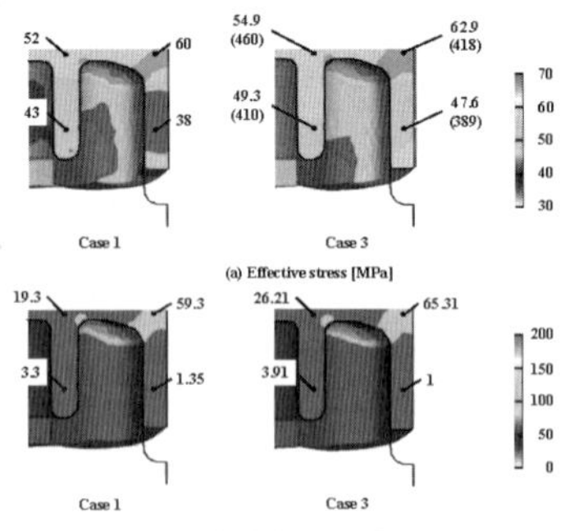

(a) Effective stress [MPa]
(b) Effective strain rate [/s]

Complete forging simulation 3 - 3D, Fixed scroll, Fully coupled analysis of deformation as well as heat transfer

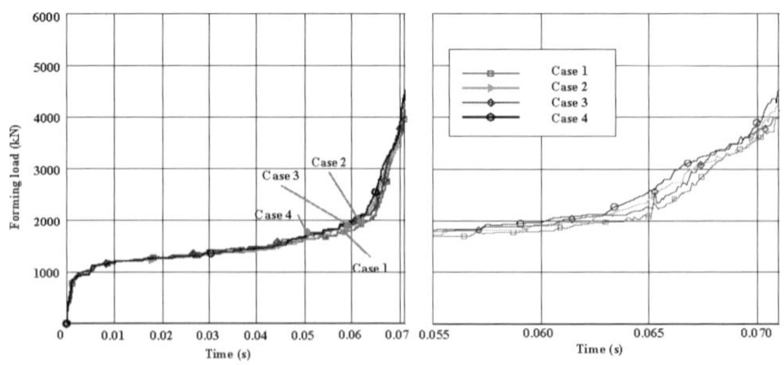

(a) Global (b) Local

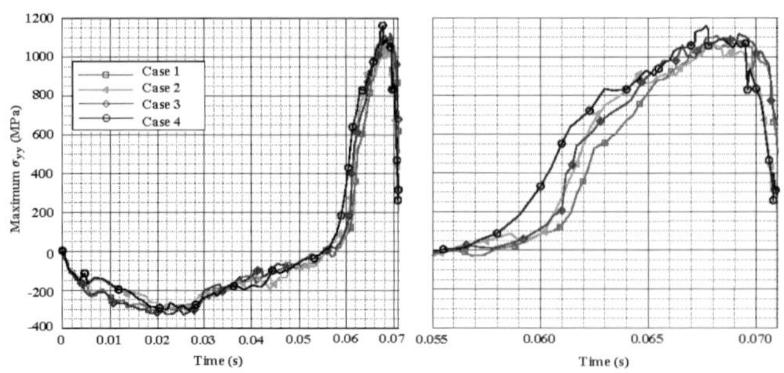

(a) Global (b) Local

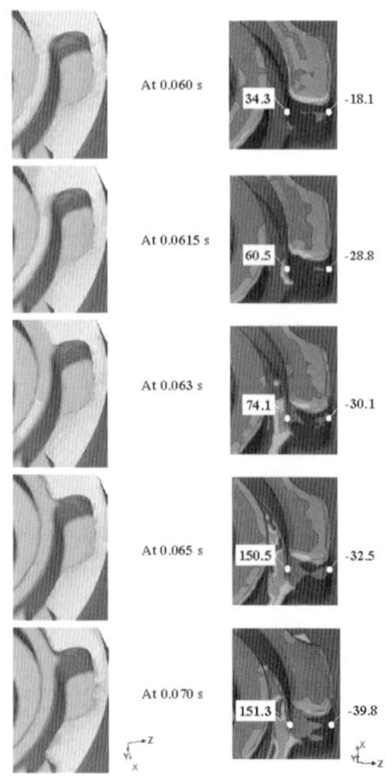

(a) Die contact with material (b) Interfacial stress [MPa]

Complete forging simulation 3 - 3D, Fixed scroll, Fully coupled analysis of deformation as well as heat transfer

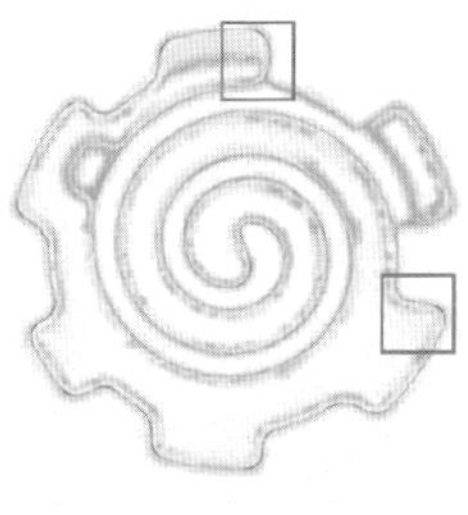

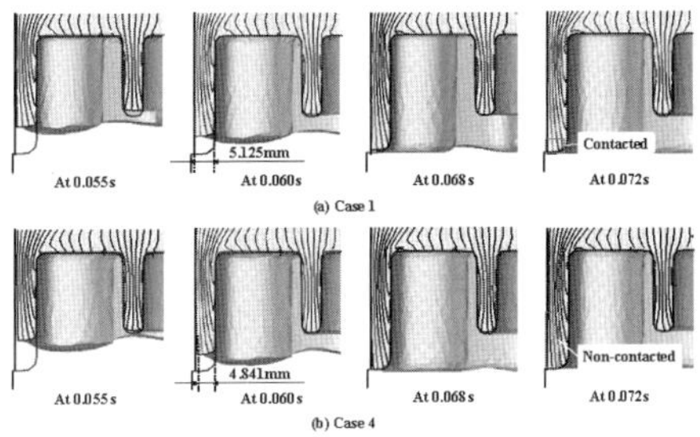

9.2 Hottest issues

9.2.1 Induction heating

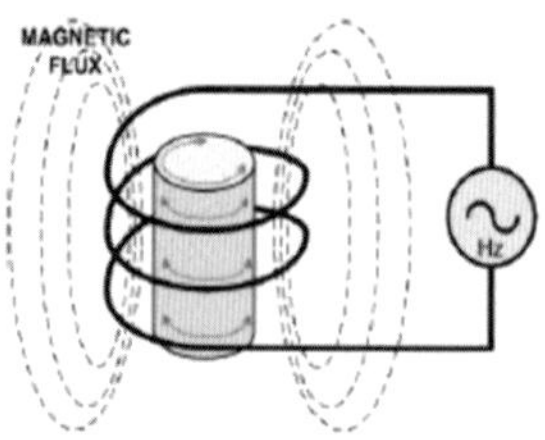

Induction heating of a cylindrical workpiece (1)

- Problem definition:

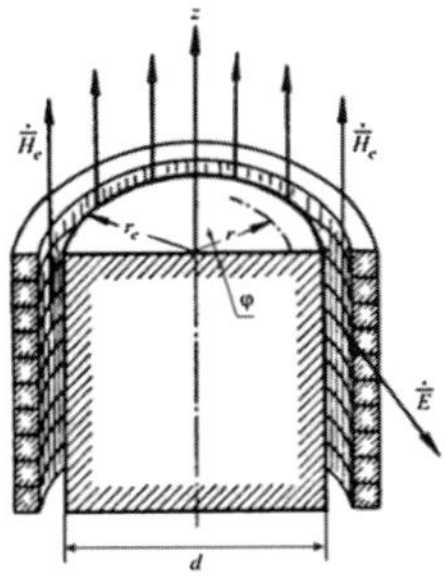

- Axisymmetric configuration
- Infinite cylindrical workpiece of homogeneous material
- Eddy current is induced by outer solenoid.
- There are skin effects for different AC frequency.
- Analytic solutions exist.

Lupi, Sergio, Michele Forzan, and Aleksandr Aliferov. "Induction and direct resistance heating." *Theory and Numerical* (2015).

- Analytic solutions for different skin depths

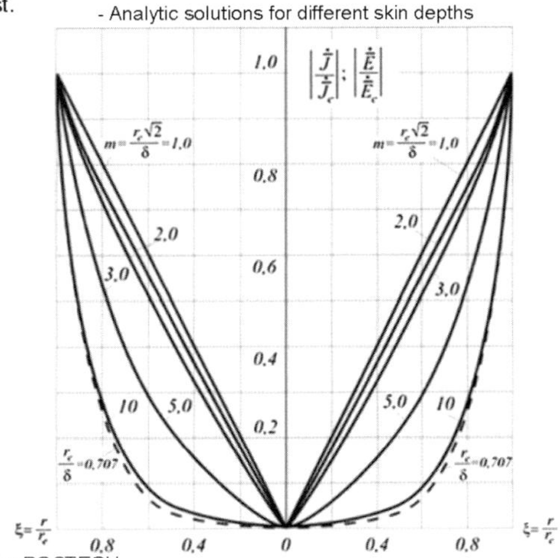

- Analytic solutions

$$\frac{\partial^2 H}{\partial r^2} + \frac{1}{r}\frac{\partial H}{\partial r} - j\frac{w\mu H}{\rho} = 0$$

$$m = \frac{\sqrt{2}r_e}{\delta}, \delta = \sqrt{\frac{2}{w\mu\sigma}}, \xi = \frac{r}{r_e}$$

J_1 and J_0 are bessel functions

Current density $J = \sqrt{-j}H_e \frac{\sqrt{2}}{\delta}\frac{J_1(\sqrt{-j}m\xi)}{J_0(\sqrt{-j}m)}$

Tech. Report of Cooperative Research, 2017, submitted to MFRC by POSTECH

Induction heating of a cylindrical workpiece (1)

- Comparison of analytic and FEM results

- $r_e = 0.1m$
- Copper : $\mu = \mu_0$, $\sigma = 6 \times 10^7$
  - $m = 0 : f = 0$
  - $m = 2 : f = 0.85$
  - $m = 3 : f = 1.91$
  - $m = 5 : f = 5.31$
  - $m = 10 : f = 21.236$

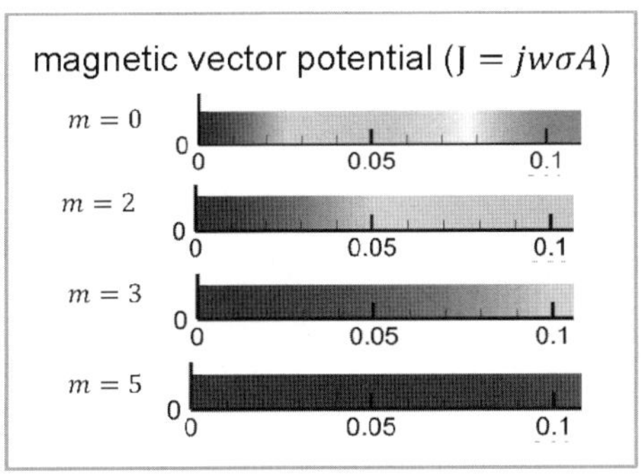

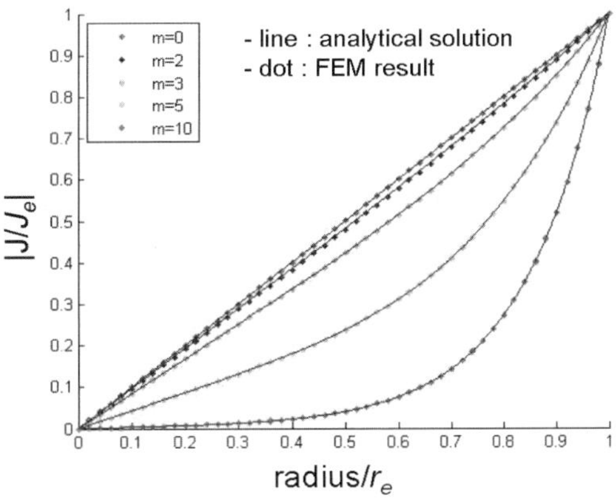

Tech. Report of Cooperative Research, 2017, submitted to MFRC by POSTECH

Induction heating of a cylindrical workpiece (2)

- Objective: predict eddy current density of conducting rod
- Design parameters:
  - Radius a = 50 mm , b = 90 mm, c = 110 mm
  - Height L = 500 mm, copper rod
  - External current density $J_0 = 1.0 \times 10^7\ A/m^2$
  - Frequency f = 50 Hz

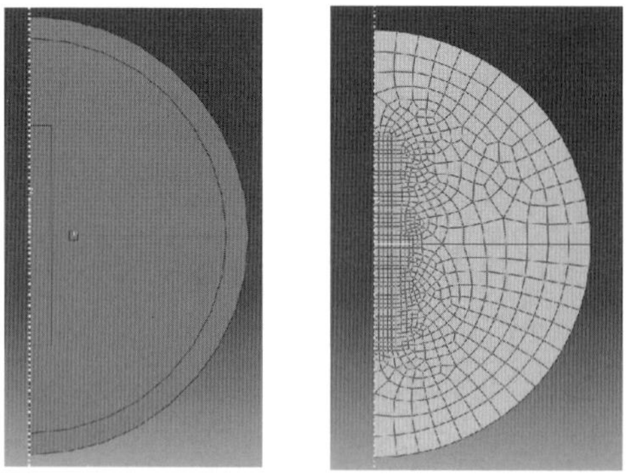

- Geometry and mesh plot

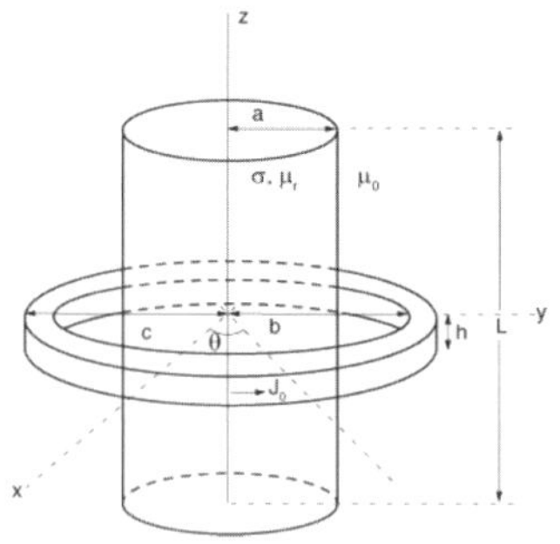

Bowler, J. R., and T. P. Theodoulidis, "Eddy Current Induced in a Conducting Rod of Finite Length by a Coaxial Encircling Coil," Journal of Physics D: Applied Physics, vol. 38, pp. 2861–2868, 2005.

Tech. Report of Cooperative Research, 2017, submitted to MFRC by POSTECH

Induction heating of a cylindrical workpiece (2)

- Electric Field plot
  - Electric Field result along the middle of the rod (z=0)
  - Red line : imaginary part of the electric field
  - Blue line : real part of the electric field

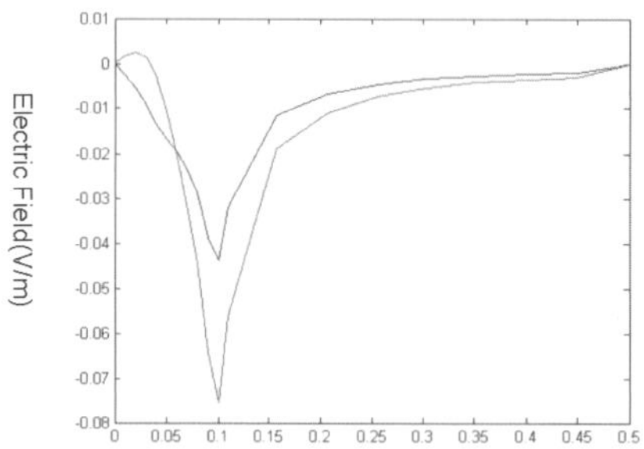

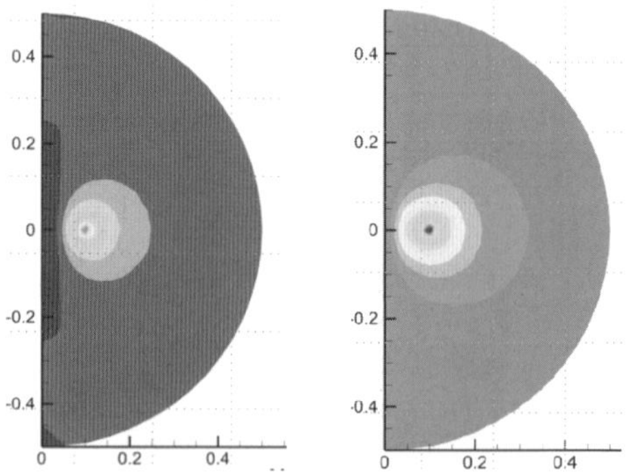

- Real and Imaginary part of the magnetic vector potential

Tech. Report of Cooperative Research, 2017, submitted to MFRC by POSTECH

Induced heat generation

- FEM formulation of the axisymmetric Maxwell equations

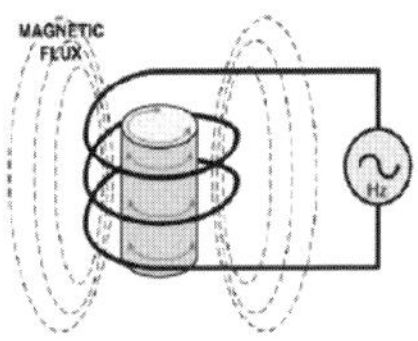

$$\begin{pmatrix} \int_{S_e} \left[\frac{1}{\mu r}\nabla r\phi_i \cdot \nabla r\phi_j + i w \sigma r \phi_i \phi_j\right] dS & \int_{S_e} r\phi_i \, dS \\ \int_{S} -i w \sigma \phi_i \, dS & \int_{S} dS \end{pmatrix} \begin{pmatrix} A_i \\ J_k \end{pmatrix} = \begin{pmatrix} 0 \\ I_k \end{pmatrix}$$

- Electro-magnetic field

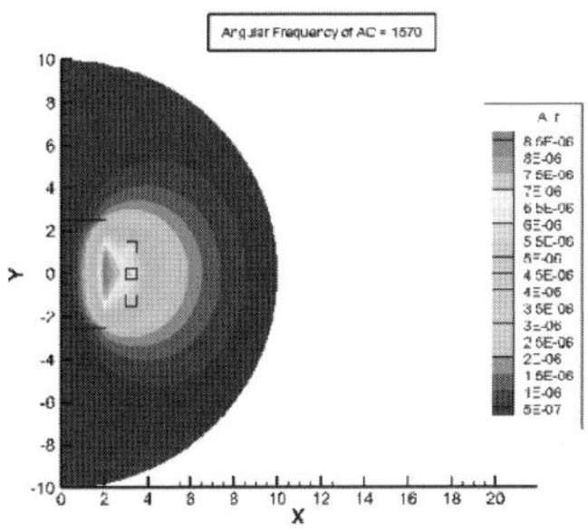

Heat generation

- Induction heating

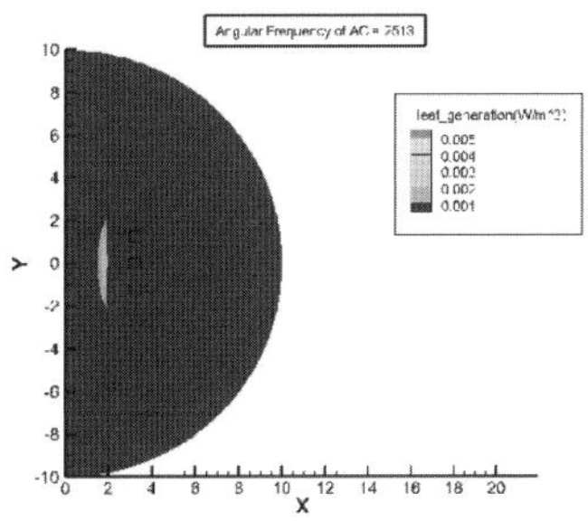

Tech. Report of Cooperative Research, 2017, submitted to MFRC by POSTECH

9.2.2 Heat treatment

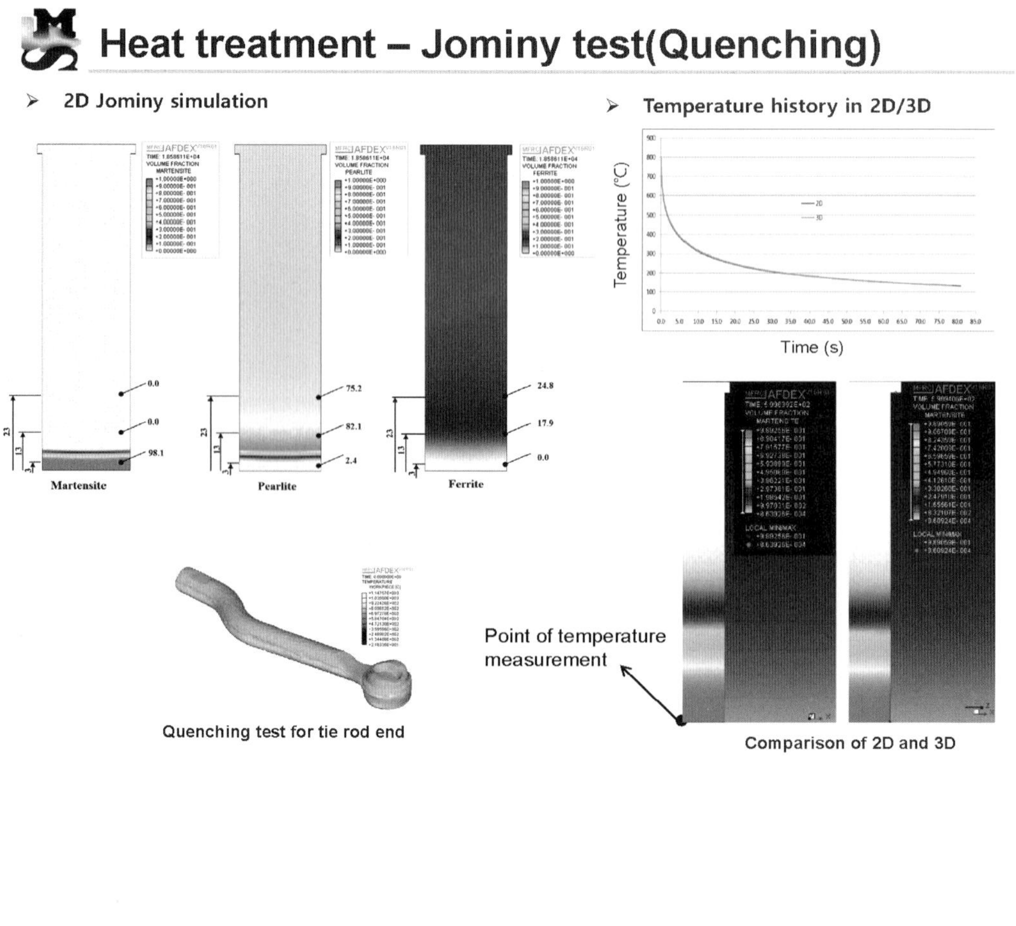

Verification : Jominy test

Jominy test system

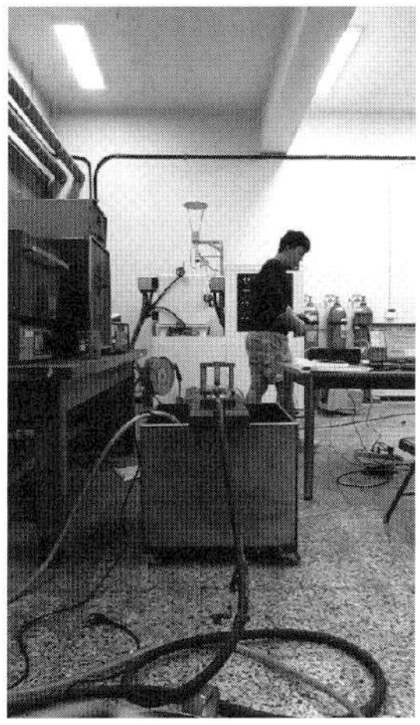

Testing

Microscopic analysis

H = 1.5 mm

Heat treatment - Carburizing

➢ Test conditions

- Carburizing temp. 930℃
- Carbon potential : 1.0
- Holding time : 120min

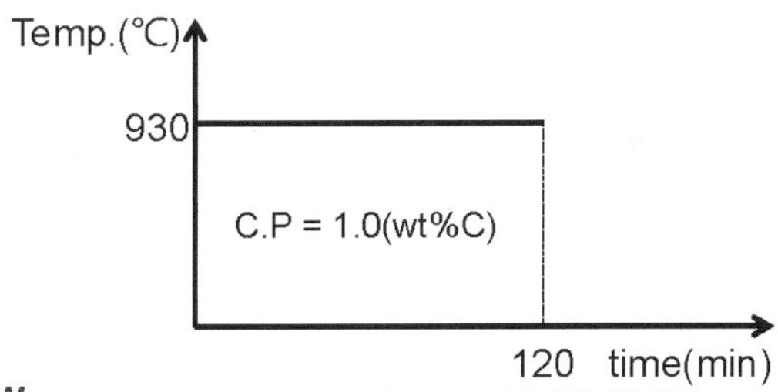

Results of another S/W

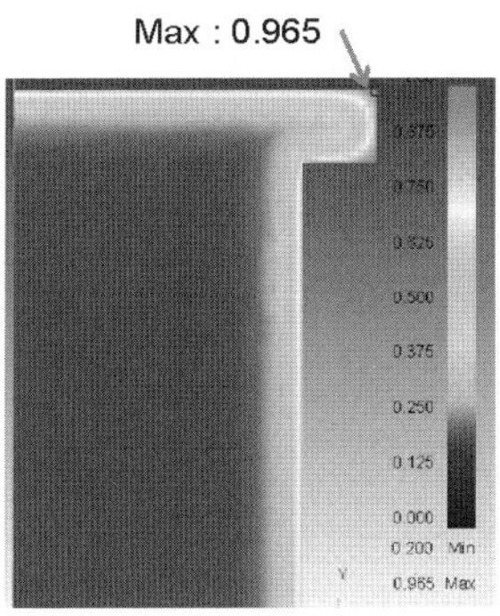

Results of AFDEX-HEAT

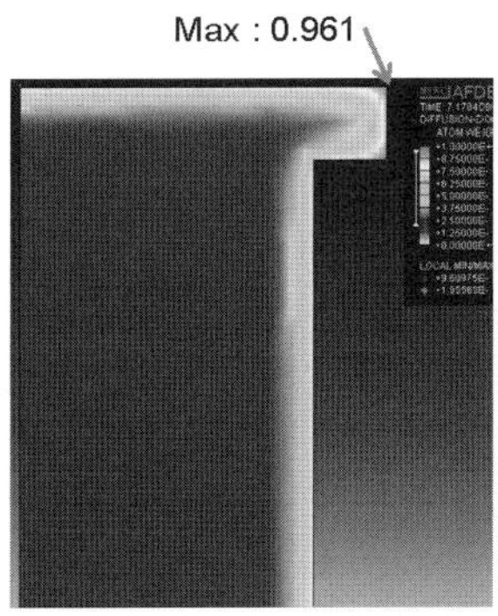

9.2.3 Microstructure evolution and material identification

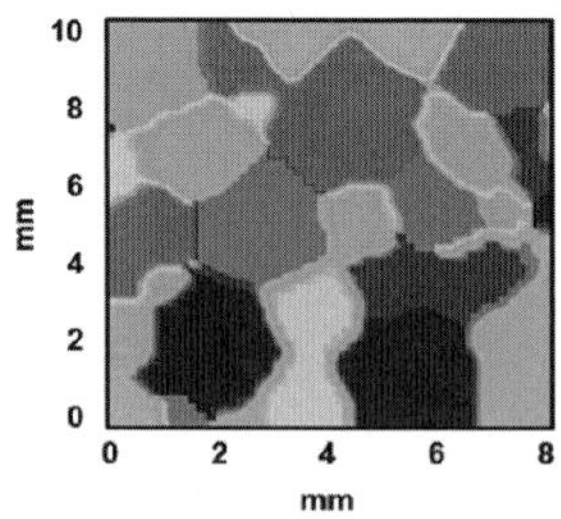

Microstructural evolution and grain size prediction with material identification

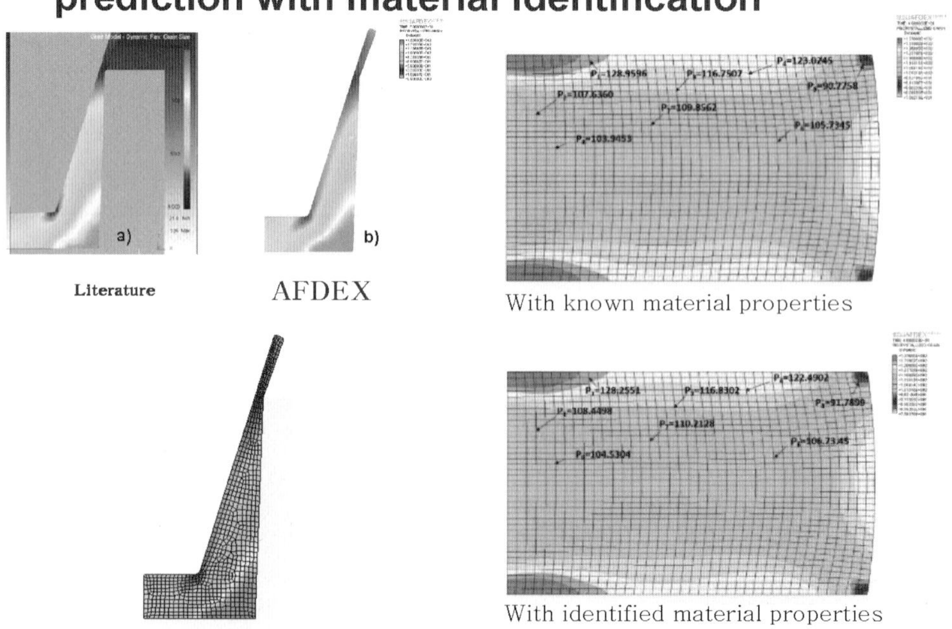

KSTP Spring 2017

Obtaining Kinetic & Grain Size Parameters

$$d_{DRX} = a_5 d_0^{h_5} \varepsilon^{n_5} \dot{\varepsilon}^{m_5} \exp(Q_5/RT) + c_5$$

The material variables are:

Given by the user: T(temperature), a_5, h_5, n_5, m_5, Q_5, c_5, d_0

$a_5 = 7.22$ $n_5 = -0.985$ $m_5 = -0.105$ $T = 350\,^{\circ}C$

Objective Function:

$$\varphi_0 = \sum_{i=1}^{n} (d_{DRX,\exp(i)} - d_{DRX,sim(i)})^2$$

$6 < a_5 < 8$	$a_{5,initial\ value} = 6.5$
$-1 < n_5 < 0$	$n_{5,initial\ value} = -0.5$
$-1 < m_5 < 0$	$m_{5,initial\ value} = -0.5$

$$\varphi_1 = \sum_{i=1}^{n} (r_{DRX,tar(i)} - r_{DRX,pre(i)})^2$$

$$r_{drx} = 1 - \exp\left[-\beta\left(\frac{\varepsilon - a\varepsilon_p}{\varepsilon_{0.5}}\right)^k\right]$$

$0.0 < a < 2.0$

$0.0 < \beta < 2.0$

$0.0 < k < 2.0$

$a^0 = 1.0, \beta^0 = 0.5$ and $k^0 = 0.5$.

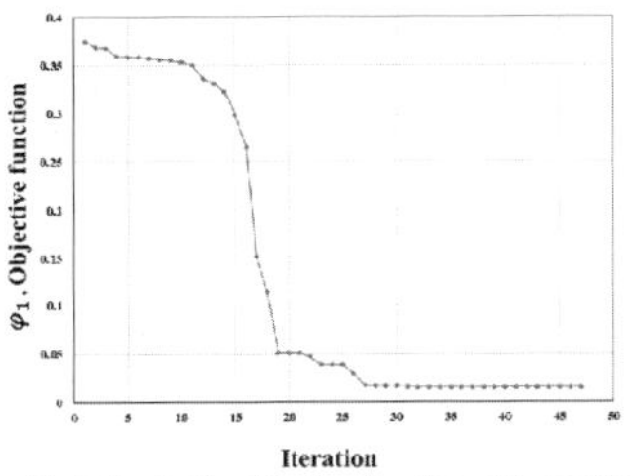

Variation in the objective function with iterations.

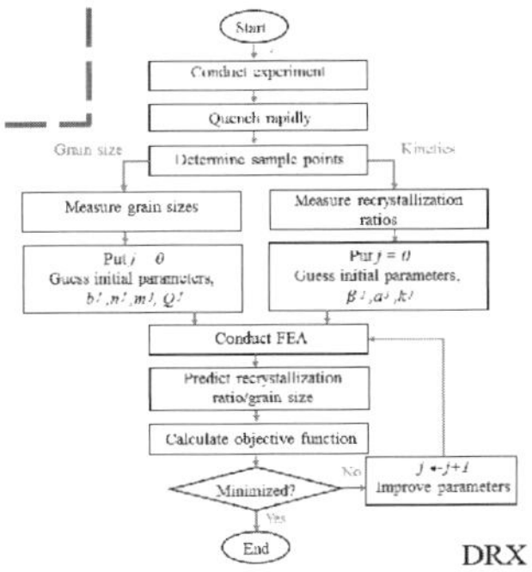

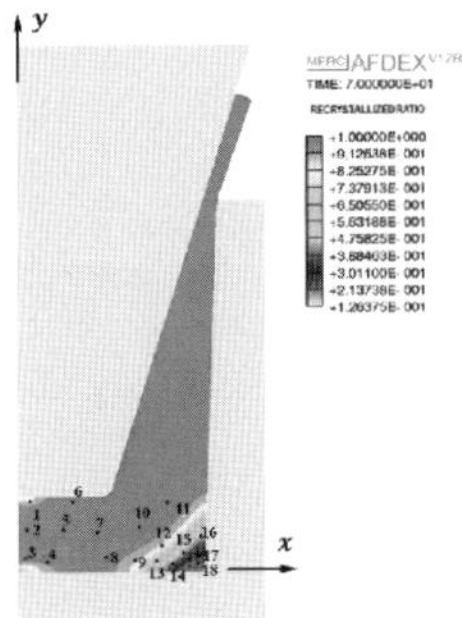

DRX ratio at final stroke and sample points.

Multi-scale microstructure evolution

Multi-Scale Microstructure Evolution Model

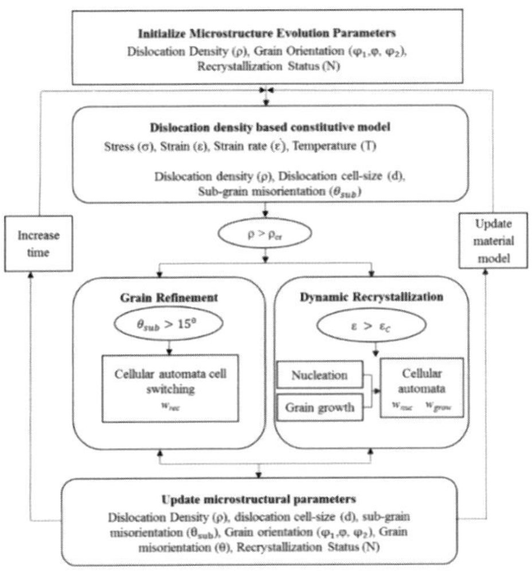

Micro-scale prediction

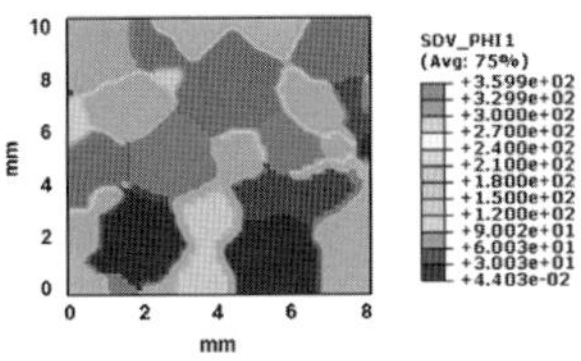

Grain refinement with strain (Copper at room temperature)

Tech. Report of Cooperative Research, 2017, submitted to MFRC by Purdue University

9.2.4 Optimal Process design

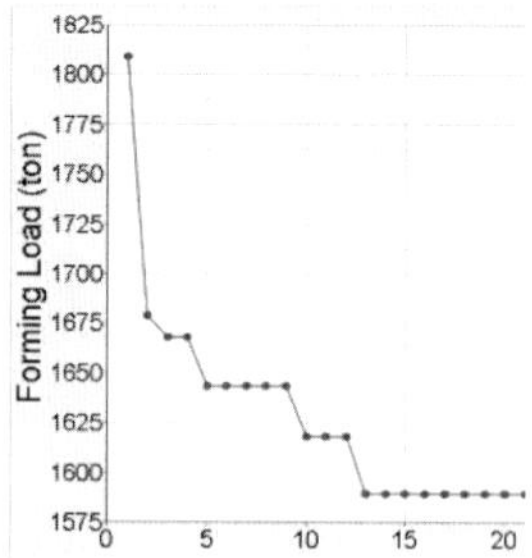

Previous research on optimal process design

✓ **Optimized multi-pass drawing**

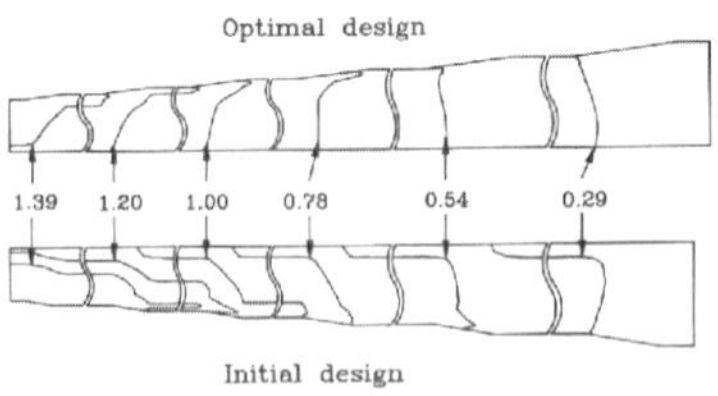

M. S. Joun et al., Int. J. Mach. Tools Manuf., 1993.

✓ **Optimal die shape in extrusion**

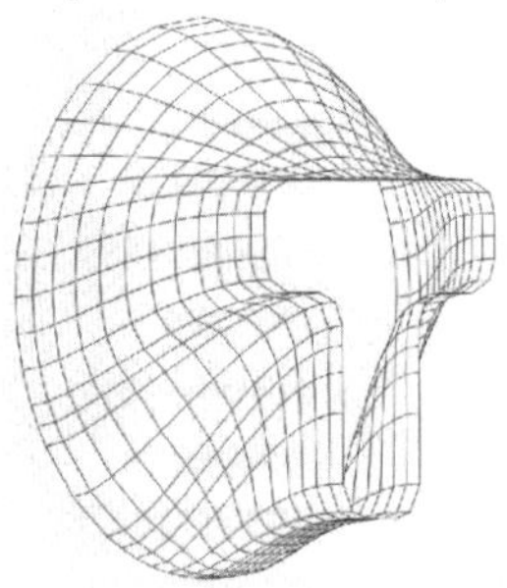

M. S. Joun, et al., Int. J. Num. Methods Eng., 1998.

✓ **Non-steady-state optimal preforming shape design**

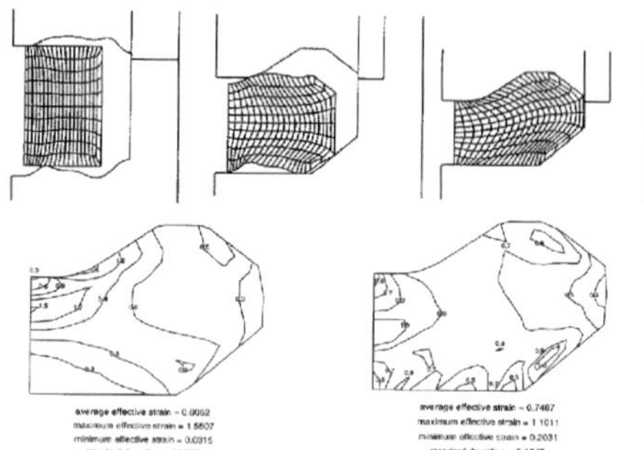

For uniform effective strain (isothermal)

S. H. Chung, et al., Int. J. Num. Methods Eng., 1998.

Quantification of optimization target

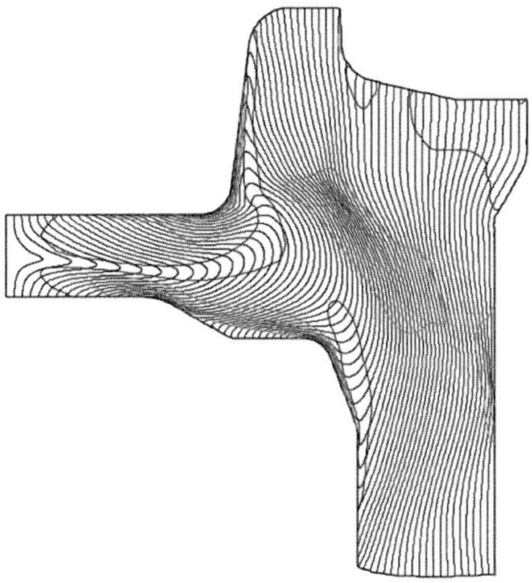

Soundness of grain flow

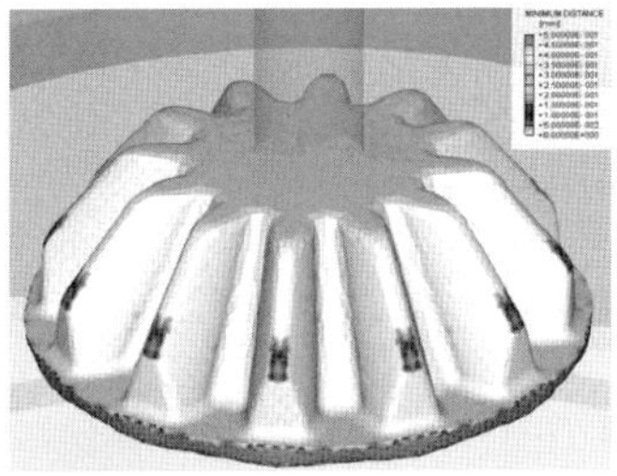

Underfilled distance

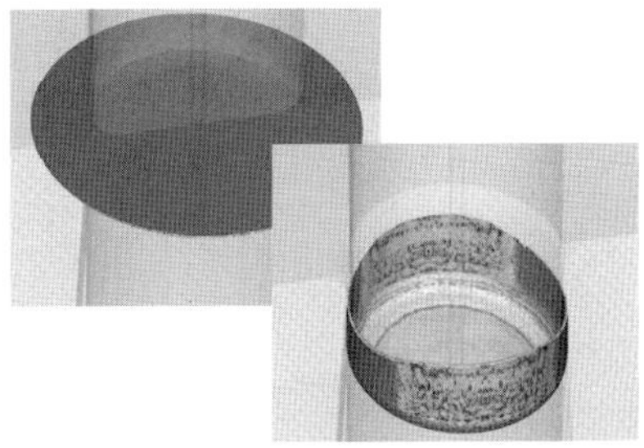

Thickness variation

Optimal process design

✓ Process definition:

-2-stage hot forging, isothermal, SCr420H
-Press: 2500 ton, mechanical
-Friction: μ = 0.2

Design variable: Radii of point 1 and 2

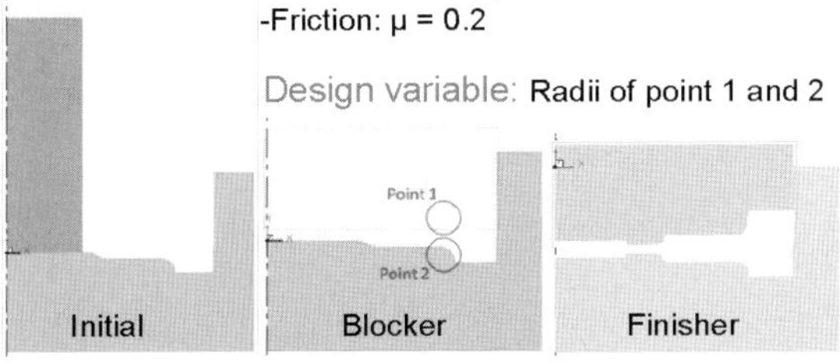

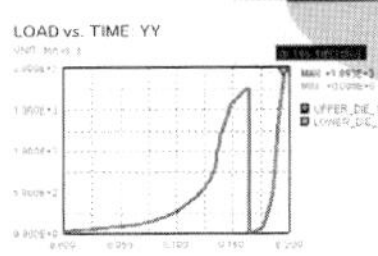

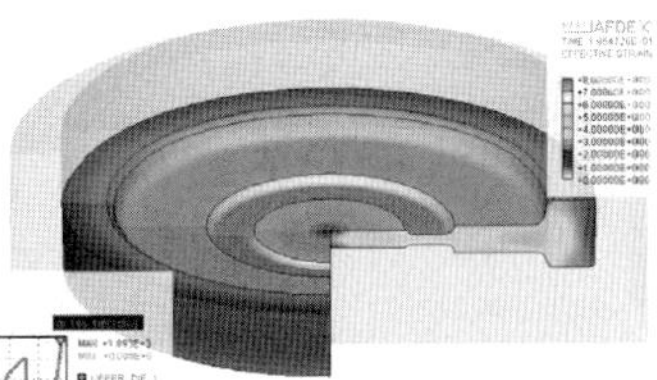

✓ Objective: Maximum load of finisher process

✓ Design variables and their constraints and initial designs:
- -Radius of Point 1: 2~13 mm (0.5 mm incremental), Initial value: 6.0
- -Radius of Point 2: 2~8.5 mm (0.5 mm incremental), Initial value: 4.0 mm
- -Initial forming loads: 1800 ton for blocker + 2030 ton for finisher

✓ Constraints:
- -forming load in the blocker process < 1600 ton

✓ Optimization schemes
- -Algorithm: GRSM (Global Response Surface Method)
- -Maximum repetition number of analysis: 100 times
- -Initial sample points: 4 points

✓ Optimal design:
- -Radii of point 1 and point 2: 11 and 7.5 mm, respectively
- -Forming load in blocker and finisher stages: 1595 and 1589 tons, respectively

-Forming loads versus iteration

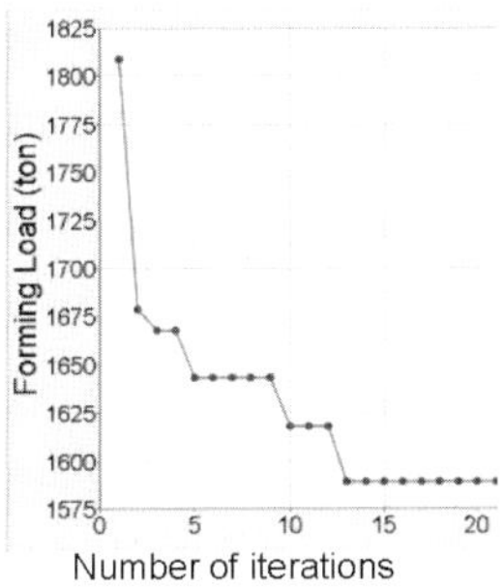

MFCAE 2016.

Minimization of punch load in 3D piercing

✓ Piercing of open die forged part

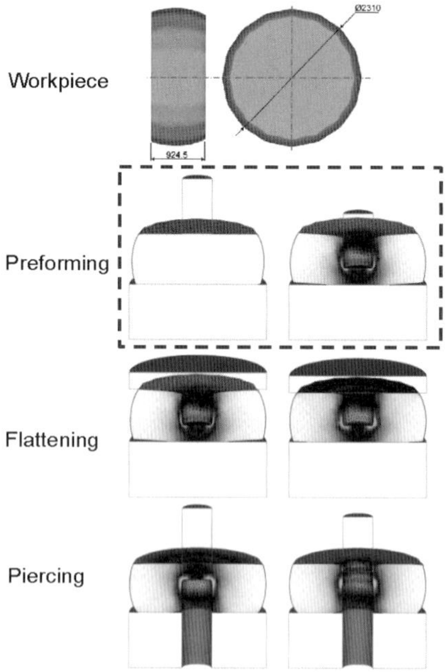

✓ Preforming punch shape design to minimize forming load (a, b)

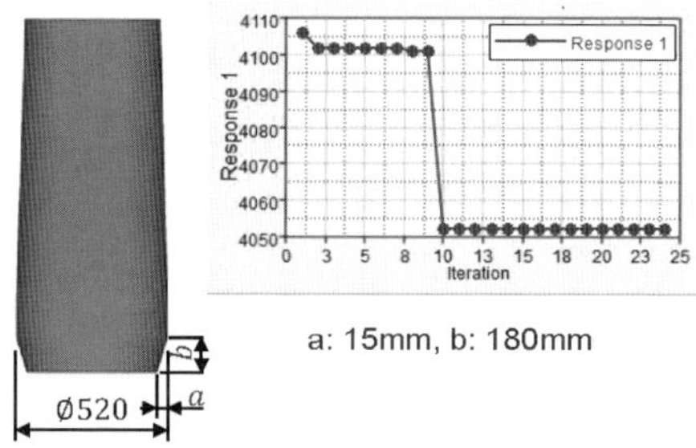

a: 15mm, b: 180mm

✓ Comparison of punch load

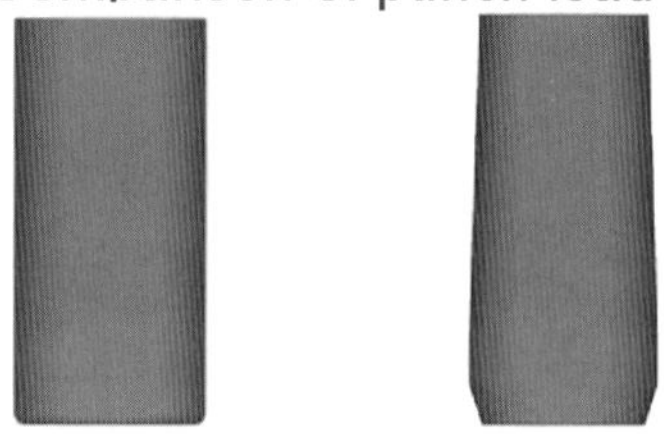

Initial punch: 4460 ton   Optimal punch: 4050 ton

9.3 Conclusions

Innovation

- First: Die making by CAM
- Second: Process design by CAE
- Third: Part design by CAE

Concluding remarks

Forging is a measure of national power!

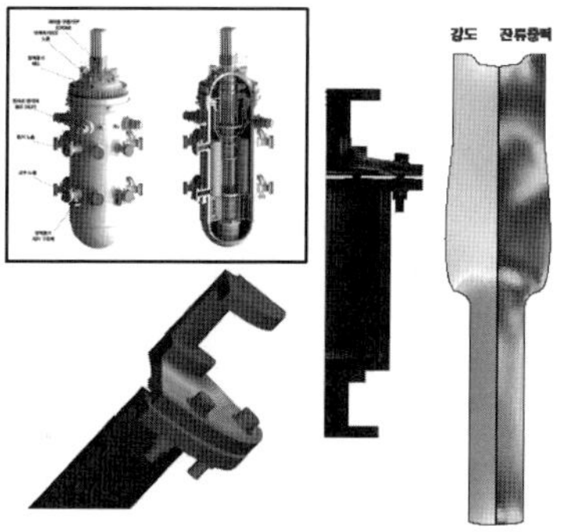

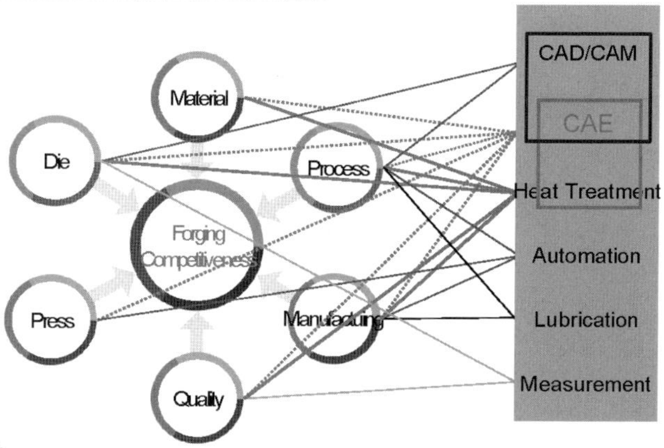

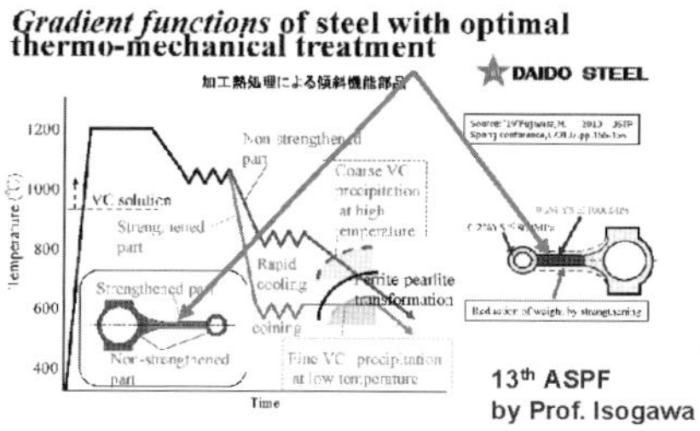

13th ASPF
by Prof. Isogawa

Innovation

- First: Die making by CAM
- Second: Process design by CAE
- Third: Part design by CAE

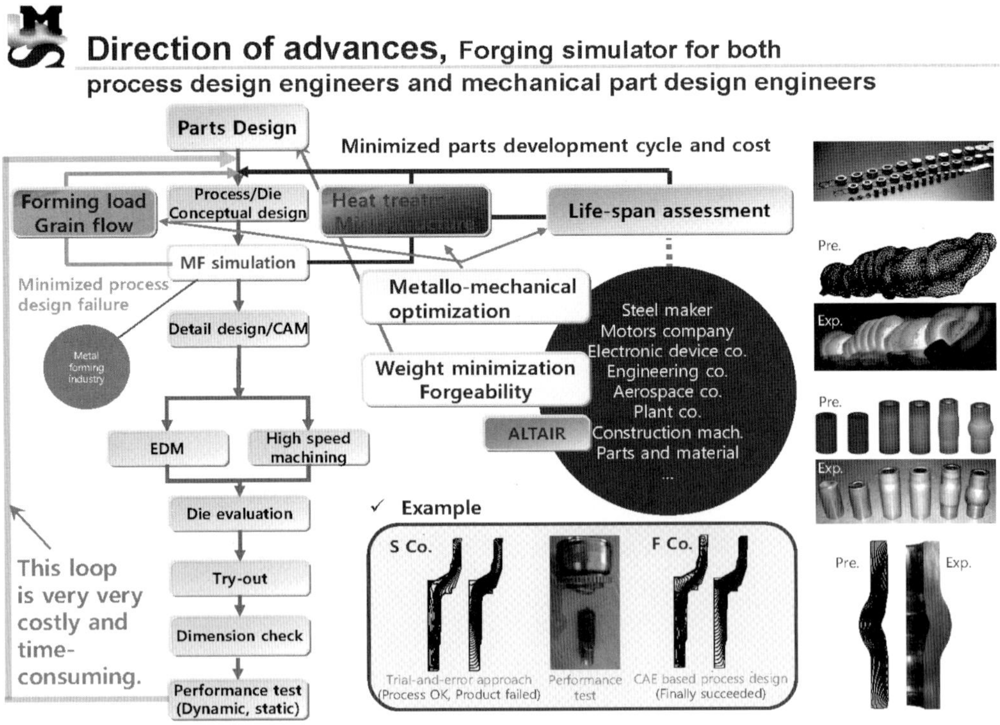
Direction of advances, Forging simulator for both
process design engineers and mechanical part design engineers
Parts Design
Minimized parts development cycle and cost
Forming load
Grain flow
Process/Die
Conceptual design
Life-span assessment
MF simulation
Minimized process
design failure
Metallo-mechanical
optimization
Detail design/CAM
Metal
forming
industry
Weight minimization
Forgeability
Steel maker
Motors company
Electronic device co.
Engineering co.
Aerospace co.
Plant co.
Construction mach.
Parts and material
...
ALTAIR
EDM
High speed
machining
Die evaluation
✓ Example
This loop
is very very
costly and
time-
consuming.
Try-out
Dimension check
Performance test
(Dynamic, static)
S Co.
F Co.
Trial-and-error approach
(Process OK, Product failed)
Performance
test
CAE based process design
(Finally succeeded)
Pre.
Exp.
Pre.
Exp.
Pre.
Exp.

소성가공 시뮬레이션

- 이론과 활용 -

발 행 일 • 2017년 9월 15일

저 자 • 김민철, 문호근, 엄재근, 유동현,
이광오, 이민철, 전만수, 정석환,
정완진, 홍석무, M. Irani
발 행 자 • 최봉조
발 행 처 • 진샘미디어
주 소 • 서울시 은평구 연서로 5길28
부호아파트102동 상가 5호
전 화 • 02)353-4421
F A X • 02)353-4431

Home-page • www.jinsaem.co.kr
신고번호 • 제311-2005-000025호

I S B N • 979-11-85504-90-2 (93550)

정가 35,000원

이 교재는 경상대 뿌리산업 인력양성사업단의 소성가공 CAE 교과목의 강의 자료 목적으로 개발되었다.